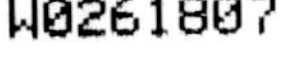

Operations Research Proceedings 1991

DGOR

Papers of the 20th Annual Meeting
Vorträge der 20. Jahrestagung

Edited by / Herausgegeben von
W. Gaul, A. Bachem, W. Habenicht
W. Runge, W. W. Stahl

With 163 Figures / Mit 163 Abbildungen

Springer-Verlag

Berlin Heidelberg New York
London Paris Tokyo
Hong Kong Barcelona
Budapest

Prof. Dr. Wolfgang Gaul
Universität Karlsruhe (TH)
Kaiserstraße 12
W-7500 Karlsruhe 1

Prof. Dr. Achim Bachem
Universität zu Köln
Weyertal 86-90
W-5000 Köln 41

Prof. Dr. Walter Habenicht
Universität Hohenheim
Schloß Osthof
W-7000 Stuttgart 70

Prof. Dr. Walter Runge
Universität Rostock
Parkstraße 6
O-2500 Rostock 1

Prof. Dr. Wolfgang W. Stahl
Europäisches Studienprogramm für Betriebswirtschaft
Pestalozzistraße 73
W-7410 Reutlingen

ISBN-13: 978-3-540-55410-3   e-ISBN-13: 978-3-642-46773-8
DOI: 10.1007/978-3-642-46773-8

2142/7130-543210 – Printed on acid-free paper

Vorwort

Die 20. Jahrestagung der Deutschen Gesellschaft für Operations Research – DGOR – wurde in der Zeit vom 4. bis 6. September 1991 an der Universität Hohenheim durchgeführt. Sie bot für ca. 350 Tagungsteilnehmer und Referenten aus 14 Ländern ein umfangreiches und vielseitiges Programm zu wichtigen und aktuellen Themen des OR.

Von den 181 anläßlich der Tagung gehaltenen Vorträgen wurden 79 Langfassungen in den vorliegenden Proceedingsband übernommen. Über die übrigen Beiträge kann man sich anhand der abgedruckten Abstracts bzw. Kurzfassungen einen Überblick verschaffen. Insgesamt wird damit das wissenschaftliche Spektrum der präsentierten Beiträge in umfassender Weise in diesem Proceedingsband dokumentiert. Einige der Vorträge, die nicht in ihrer Langfassung im Proceedingsband wiedergegeben sind, werden in anderen wissenschaftlichen Publikationen veröffentlicht bzw. basieren auf bereits veröffentlichten Arbeiten. Literaturhinweise bzw. Sonderdrucke können in diesen Fällen von den Autoren direkt angefordert werden.

Das Verzeichnis der Autoren und Referenten am Ende des Proceedingsbandes soll allen Interessierten helfen, untereinander in Kontakt zu treten.

Das wissenschaftliche Programm der Tagung war in bewährter Weise in Plenarveranstaltungen und Sitzungen der ausgewählten Sektionen gegliedert. Diese Gliederung wurde im wesentlichen für den Proceedingsband übernommen. Änderungen ergaben sich, weil die Plenarvorträge und die Beiträge der Studentenpreisträger im Proceedingsband am Anfang in eigenen Abschnitten dargestellt werden und in zwei Fällen Sektionen, die im Tagungsprogramm getrennt ausgewiesen waren, mit den thematisch am engsten verwandten Sektionen vereinigt wurden.

Im einzelnen sind weitere Abschnitte für folgende Teilgebiete zusammengestellt worden: Anwendungsberichte aus der Praxis; OR bei Banken, Handel und Versicherungen; OR in Umweltschutz und Gesundheitswesen; Produktionsplanung und -steuerung; Logistik und Lagerhaltung; F&E- und Projektmanagement; OR im Marketing; Lineare und nichtlineare Optimierung; Kombinatorische Optimierung/Komplexitätstheorie; Dynamische Systeme und Simulation; Fuzzy Sets; Stochastische Systeme und Warteschlangen; Statistik, Datenanalyse, Prognose; Entscheidungstheorie und Mehrzielentscheidungen; Decision Support Systems und Expertensysteme; Wirtschaftsinformatik und OR in der Daten- und Wissensverarbeitung.

Im Rahmen dieser Teilgebiete wurden viele wichtige, international interessierende Richtungen des OR angesprochen, wobei die internationale Ausrichtung der Tagung auch dadurch zum Ausdruck kommt, daß fast ein Viertel der Beiträge von Referenten aus dem Ausland gehalten wurden. Hervorzuheben ist zusätzlich das große Interesse bei den Wissenschaftlern aus den neuen Bundesländern, die bei dieser Tagung ein Forum zur Darstellung ihrer Ergebnisse fanden und mit ihren Vorträgen einen beträchtlichen Anteil am wissenschaftlichen Programm der Tagung hatten.

Innerhalb der einzelnen Abschnitte wurden die Beiträge aus Übersichtlichkeitsgründen alphabetisch angeordnet.

Stellvertretend für die vielen Vorträge, Begrüßungs- und Schlußworte sollen hier nur die Plenarvorträge explizit genannt werden. Im Eröffnungsvortrag sprach W.-R. Heilmann über Anwendungen des OR im Tertiären Sektor. In parallelen Sitzungen referierten R.L. Francis über "Locational Analysis" und M. Pinedo über "Scheduling". Zum Abschluß der Tagung sprachen J.N. Hooker über Wissensverarbeitung unter Unsicherheit und T.R. Gulledge über Analysemöglichkeiten zur Verbesserung wirtschaftlicher Prozesse.

Wie schon in früheren Jahren veranstaltete die DGOR einen Studentenwettbewerb, in dem Diplomarbeiten aus dem Bereich Operations Research prämiert werden, die dann von den Preisträgern anläßlich der Jahrestagung präsentiert werden. Mein Glückwunsch geht an die Herren U. Bankhofer und M. Fauser, deren Beiträge in den Proceedingsband aufgenommen wurden.

Als neuer Programmpunkt, zu dem es im vorliegenden Tagungsband allerdings keine schriftliche Ausarbeitung gibt, wurde anläßlich der Jahrestagung 1991 ein Praxisforum durchgeführt, das Gelegenheit zu Diskussionen und Gedankenaustausch im größeren Kreis bot und helfen soll, den Transfer von gemeinsam interessierenden Fragestellungen und Lösungsmöglichkeiten zwischen Theorie und Praxis zu intensivieren.

Abschließend möchte ich allen danken, die an der Durchführung der 20. DGOR-Jahrestagung und der Fertigstellung des zugehörigen Proceedingsbandes Anteil hatten.

Der finanzielle Rahmen wurde durch Spender mitgestaltet, denen an anderer Stelle gesondert gedankt wird.

Daneben gilt mein Dank den Vortragenden für Ihren Beitrag, den Sektions- und Sitzungsleitern für die Unterstützung bei der Durchführung, den Gutachtern im Referee-Prozeß für die kritische Durchsicht der eingegangenen Manuskripte und den Mitgliedern des Programmausschusses für ihre Mithilfe, insbesondere aber Herrn Kollegen W. Habenicht und seiner "Crew" für die geglückte Tagungsorganisation vor Ort. Zu nennen sind hier auch Frau Niedzwetzki von der Geschäftsstelle der DGOR für vielfältige Hilfe und der Springer-Verlag – Frau Bopp und Herr Dr. Müller – für die Unterstützung bei der Drucklegung.

Mir selbst ist es ein besonderes Anliegen, von meinen Mitarbeitern Herrn U. Lutz zu erwähnen, der sich in einer Art und Weise engagiert hat, die wohl nur ich in etwa abschätzen kann.

Karlsruhe, im Januar 1992   W. Gaul

Programmausschuß

W. Gaul, Karlsruhe (Vorsitzender); A. Bachem, Köln; W. Habenicht, Hohenheim;
W. Runge, Rostock; W.W. Stahl, Reutlingen

Sektionsleiter

Sektionen

Sektionsleiter	Sektionen
R. Daduna, Friedrichshafen	Anwendungsberichte aus der Praxis
W.M. Häußler, München	OR bei Banken, Handel und Versicherungen
O. Rentz, Karlsruhe; H.D. Haasis, Karlsruhe	OR in Umweltschutz und Gesundheitswesen
G. Wäscher, Heidelberg	Produktionsplanung und -steuerung
W. Domschke, Darmstadt	Logistik und Lagerhaltung
W. Popp, Bern; J. Schwarze, Hannover	F&E- und Projektmanagement
B. Wierenga, Rotterdam	OR im Marketing
U. Rieder, Ulm; A. Bachem, Köln	Lineare und nichtlineare Optimierung
U. Derigs, Köln	Kombinatorische Optimierung/Komplexitätstheorie
H. Tempelmeier, Braunschweig	Dynamische Systeme und Simulation
H. Rommelfanger, Frankfurt	Fuzzy Sets
K.H. Waldmann, Karlsruhe	Stochastische Systeme und Warteschlangen
O. Opitz, Augsburg	Statistik, Datenanalyse, Prognose
R. Vetschera, Konstanz	Entscheidungstheorie und Mehrzielentscheidungen
P. Chamoni, Bochum	Decision Support Systems und Expertensysteme
P. Stahlknecht, Osnabrück; M. Schader, Mannheim	Wirtschaftsinformatik und OR in der Daten- und Wissensverarbeitung

Wir danken den folgenden Firmen und Institutionen, die die Tagung finanziell und durch Sachmittel unterstützt haben:

Deutsche Forschungsgemeinschaft (DFG)
Landeshauptstadt Stuttgart
Ministerium für Wissenschaft und Kunst Baden-Württemberg
Universität Hohenheim
Daimler Benz AG
Häussler GmbH
Landesgirokasse Stuttgart
Robert Bosch GmbH
strässle Datentechnik GmbH, Industrie Informatik

Inhaltsverzeichnis

OR bei Banken, Handel und Versicherungen

OR im Umweltschutz und Gesundheitswesen

Produktionsplanung und -steuerung

Logistik und Lagerhaltung

F & E- und Projektmanagement

OR im Marketing

Lineare und nichtlineare Optimierung

Kombinatorische Optimierung / Komplexitätstheorie

Dynamische Systeme und Simulation

Fuzzy Sets

Stochastische Systeme und Warteschlangentheorie

Statistik, Datenanalyse, Prognose

Entscheidungstheorie und Mehrzielentscheidung

Decision Support Systeme und Expertensysteme

Wirtschaftsinformatik und OR in der Daten- und Wissensverarbeitung

ANWENDUNGEN DES OPERATIONS RESEARCH IM TERTIÄREN SEKTOR - KÖNNEN FINANZDIENSTLEISTUNGEN GEPLANT UND GESTEUERT WERDEN?

Wolf-Rüdiger Heilmann, Karlsruhe

1. Als ich begann, mich auf den heutigen Vortrag einzustimmen und vorzubereiten, habe ich mich zunächst auf meine erste Teilnahme an einer DGOR-Tagung zurückbesonnen. Dies war die 6. Jahrestagung, die im September 1977 an der Christian-Albrechts-Universität zu Kiel stattfand. Einer von mehreren Gründen für meine Teilnahme war die Absicht, die Resultate meiner Dissertation über stochastische dynamische Optimierung zu "verkaufen", wie man mit frivolem Sarkasmus unter frischpromovierten Assistenten damals sagte und wohl auch heute noch sagt. Im Unterschied zu damals will ich Ihnen heute nichts verkaufen, keine wissenschaftliche Theorie und auch keinen Versicherungsschutz, allenfalls eine Botschaft aus dem Schnittstellenbereich von Versicherungstheorie und -praxis.

Aber es gibt signifikantere und gewichtigere Unterschiede zwischen der damaligen und der heute zu eröffnenden Tagung. Nichts zeigt dies deutlicher als ein Blick in die Programme der beiden Veranstaltungen bzw. in den Proceedings-Band von 1977 /1/. Letzterer enthält die bei weitem meisten - nämlich 19 - Beiträge in der Sektion "Produktionsplanung und Lagerhaltung", und die von mir heute abzuhandelnde Thematik spiegelte sich damals nur innerhalb der Sektion "Investitions- und Finanzplanung" in zwei Vortragsausarbeitungen und einem Extended Abstract wider, in denen es im wesentlichen um Portfolioplanung ging. In keiner Überschrift eines seinerzeitigen Proceedings-Beitrages finden sich Begriffe wie Finanzdienstleistungen, Versicherungen, Banken oder Bausparkassen. Im übrigen gibt es weitere gravierende Unterschiede zwischen den Sektions- und Vortragsthemen von damals und heute, aber darauf will ich hier nicht explizit eingehen. Derartige Veränderungen werden allerdings im weiteren Verlauf meines Vortrages en passant sehr deutlich werden.

2. Wie läßt es sich nun begründen, daß diese 20. DGOR-Jahrestagung nicht nur mit einem Finanzdienstleistungs-Thema eröffnet wird, sondern auch eine ganze Sektion mit dem Titel "OR bei Banken, Handel und Versicherungen" enthält? Vielleicht gilt ja auch für das Operations Research eine Art "Drei Sektoren-Hypothese" über die abwechselnde Dominanz der OR-Anwendungen in den verschiedenen Sektoren der Gesamtwirtschaft? Es ist mir ein Anliegen, mit meinem Vortrag einen Beitrag zur Klärung dieser Frage zu leisten.

Ich beginne mit einigen vielleicht ein wenig lästigen, aber nötigen begrifflichen Abgrenzungen, die methodisch begründet sind und keinerlei Werturteile implizieren. Der Versuch, vor diesem Auditorium exakt zu definieren und ausführlich zu diskutieren, was Operations Research sei, wäre wohl überflüssiger, als die berühmten Eulen nach Athen oder, um es gleich mathematisch-quantitativ zu wenden und auch in der geographischen Nähe zu bleiben, Euler nach Basel zu tragen. Vielleicht provoziere ich nicht allzuviel Heiterkeit auf der einen und Widerspruch auf der anderen Seite, wenn ich für diesen Vortrag unter OR zunächst all das subsumiere, was der formalisierten Vorbereitung, Findung und Unterstützung von Entscheidungen dient. Vor etlichen Jahren hätte man möglicherweise statt "formalisiert" noch "quantitativ" sagen können, aber inzwischen ist an die Seite des mathematisch-kalkulatorischen Konzepts der große Komplex EDV/Informatik getreten, und es ist vielleicht nicht übertrieben festzustellen, daß Mathematik und Informatik gerade im Bereich des Operations Research eine besonders geglückte und fruchtbare Symbiose eingegangen sind.

Nach diesem sehr weitgefaßten Einstieg muß ich nun für die Zwecke dieses Vortrages eine Reihe von einschneidenden Abgrenzungen vornehmen. Es versteht sich von selbst, daß ich auf einige sehr grundlegende Modelle und Methoden nicht eingehen werde, beispielsweise auf mehr oder weniger triviale Rechenverfahren von der Zinsrechnung über die Maximierung hinreichend glatter Funktionen bis zur kanonischen Lösung linearer Programme oder auf einfache EDV-Anwendungen, bei denen der Computer auf dem Schreibtisch eine ähnliche Rolle spielt wie früher und teilweise noch heute das Fließband in der Fertigung. Auch die große Vielfalt von in engerem Sinne statistischen Verfahren, beispielsweise Schätz-, Zeitreihen- und Prognoseverfahren, Filtermethoden und ökonometrische Modelle sowie eine Reihe konkreter EDV-Anwendungen wie Computer Aided Selling und Home Banking werde ich nicht behandeln. Ferner werde ich gemäß Neigung und Kompetenz meine Anwendungsbeispiele eher für die Mathematik als für die Informatik und vornehmlich im Bereich des Versicherungswesens wählen.

3. Ich komme nun zum zweiten Kernbereich meines Themas, dem Tertiären Sektor. Was zeichnet ihn gegenüber dem Primären und dem Sekundären Sektor unserer Volkswirtschaft aus, und wodurch ist es gerechtfertigt, ihn als Anwendungsgebiet des Operations Research in Frage zu stellen, wie es die Überschrift meines Vortrags tut oder zumindest insinuiert? Aus der wohl immer noch kontrovers geführten Debatte über Besonderheiten von Dienstleistungen in Abgrenzung zu materiellen Gütern möchte ich hier nur zwei Schlagworte herausgreifen, die häufig als dienstleistungsspezifische Merkmale hervorgehoben werden, nämlich die Intangibilität, also Nichtgreifbarkeit, die darauf abstellt, daß Dienstleistungen nicht physisch präsent sind, und die Integration eines externen Faktors, was besagen soll, daß die Erstellung von Dienstleistungen nicht ohne die Mitwirkung des Kunden möglich ist. Auch die Qualitätsbegriffe und damit die Qualitätsmessung von Dienstleistungen werden kontrovers diskutiert, und es gibt dafür (mindestens) fünf Definitionsansätze, nämlich den
- absoluten (transcendent),
- produktorientierten (product-based),
- kundenorientierten (user-based),

  - herstellungsorientierten (manufacturing-based) und
  - wertorientierten (value-based)

Qualitätsbegriff (vgl. GARVIN /5/ bzw. STAUSS und HENTSCHEL /18/).

Um es stark verkürzt zu sagen: Der "human factor" im Dienstleistungsbereich erscheint so dominierend, daß den Möglichkeiten der Messung, Formalisierung, Quantifizierung und Programmierung enge Grenzen gesetzt sind und selbst da, wo das Management nach OR-Kriterien planen und steuern könnte, ganz andere Mechanismen und Phänomene greifen als rationale und objektivierbare Kalküle und Schemata. In dem bekannten Lehrbuch der Betriebswirtschaftslehre von WÖHE /20/ werden diese Vorbehalte zusammengefaßt in dem Satz "Damit scheiden diejenigen betriebswirtschaftlichen Probleme, die durch ein Vorherrschen menschlicher Entscheidungsfreiheit gekennzeichnet sind, größtenteils aus dem Forschungsgebiet von Operations Research aus."

Auf den ersten Blick scheint die Praxis in deutschen Unternehmen diesen negativen Befund zu bestätigen. Ich habe für den heutigen Vortrag keine eigene systematische Erhebung durchgeführt, aber wenn ich mich stütze auf das,

  - was publiziert wird,
  - was nicht publiziert wird (weil es möglicherweise nichts Berichtenswertes oder Vorzeigbares zu publizieren gibt) und
  - was mir aus eigener Erfahrung und Anschauung oder durch Bericht bekannt ist,

könnte ich zu dem Schluß gelangen, mit der Implementierung und Nutzung von OR-Modellen und -Methoden in dem von mir hier verstandenen Sinne sei es nicht weit her in der (Finanz-)Dienstleistungsbranche in Deutschland und, schlimmer noch, es fehle auch, zumindest im Bereich des Top Management, an entsprechenden Kenntnissen über und an der nötigen Aufgeschlossenheit für das Operations Research.

Bei näherem Hinsehen ist der Befund nicht ganz so eindeutig. So gibt es in der Tat in Tagungsbänden und Journalen, in Diplom- und Doktorarbeiten und sonstigen Veröffentlichungen eine große Anzahl von Praxisberichten, Fallstudien und Expertisen über konkrete praktische Umsetzungen von OR-Konzepten in Dienstleistungsunternehmen. Schaut man allerdings ein wenig genauer hin, so muß man mit Blick auf meine heutige Thematik schon wieder sehr stark relativieren und einschränken. Die meisten Beispiele beziehen sich nämlich auf ein ganz schmales Segment von Ressorts oder Fachabteilungen. Aus dem Bereich der Planung und Steuerung der Produktion von Finanzdienstleistungen bleiben nur einige wenige OR-Anwendungen im eigentlichen Sinne übrig.

Diese Behauptung wird erhärtet beispielsweise durch das Ergebnis einer Studie von MEYER ZU SELHAUSEN und SCHOLZ /12/ aus dem Jahre 1985 und durch

Übersichtsartikel in einschlägigen Handwörterbüchern (FEILMEIER und JUNKER /4/ im Handwörterbuch der Versicherung /3/, MEYER ZU SELHAUSEN /11/ im Bank- und Versicherungslexikon /15/).

Die vorstehenden Aussagen gelten allerdings nicht für den Bankenbereich in den USA. Folgt man einer bereits 1981 veröffentlichten Studie von COHEN, MAIER und VAN DER WEIDE /2/, so gibt es dort eine Fülle von konkreten Anwendungen von OR- bzw. Management Science-Konzepten in der Praxis.

Aus dem oben konstatierten Mangel an Publikationen über erfolgreiche OR-Anwendungen bei der Produktion von Finanzdienstleistungen allein darf im übrigen noch nicht geschlossen werden, daß es solche Anwendungen nicht gibt. Vielen Praktikern fehlt die Möglichkeit oder die Bereitschaft, die Ergebnisse ihrer Arbeit zu veröffentlichen, und auch die Unternehmen sind verständlicherweise an der Preisgabe von firmeneigenem Know-how und internen Daten nicht unbedingt interessiert. Es gibt demzufolge Anlaß zu der Vermutung, daß die der Öffentlichkeit zugänglichen Berichte über erfolgreiche OR-Adaptionen in der Versicherungs- und Bankenpraxis wenn schon nicht die Spitze eines Eisberges, so vielleicht doch die sichtbare Oberfläche einer Eisscholle mittlerer Stärke darstellen.

Ich möchte im folgenden einige OR-Modelle auflisten, die in der Literatur (vgl. etwa /4/, /11/) als bereits realisierte oder zumindest potentielle Anwendungsfälle exemplarisch genannt werden.

Im Bereich Versicherungen:

1. Das dynamische Bilanzmodell von ZUR LINDEN, WINTER und HILDMANN /22/
   Wesentliche Größen der Bilanz und der Gewinn- und Verlustrechnung werden mit Hilfe von Einflußfaktoren wie Ausscheidewahrscheinlichkeiten, Neugeschäftsentwicklung, Kosten, Kapitalerträgen etc. prognostiziert.

2. Das Schadenversicherungs-Planungsmodell von WILDE /19/
   Die Auswirkungen unterschiedlicher Absatzstrategien und Umweltszenarien werden auf (Plan-)Jahresabschluß, Wachstumsraten etc. projiziert.

3. Das integrierte Gesamtmodell eines Lebensversicherungsunternehmens von GESSNER /6/
   Alle wesentlichen quantitativen Zusammenhänge eines Lebensversicherungsunternehmens werden modellhaft abgebildet, so daß über das Kontrollinstrument von Sollzins und Istzins eine mittelfristige Unternehmensplanung erfolgen kann.

Ferner gibt es eine ganze Reihe von computergestützten Verfahren für Detailaufgaben, etwa in den Bereichen Außendienst und Vermögensverwaltung.

Im Bereich Banken:
Hier sind in erster Linie Konzepte zur Lösung konkreter Problemstellungen zu nennen, beispielsweise
1. Aktiv-Passiv-Steuerung,
2. Kreditvergabe,
3. Wertpapiergeschäft,
4. Bilanzstruktur-Management.

Es ist allerdings zu beachten, daß viele der unter diese Bereiche fallenden Anwendungen ihren OR-spezifischen Touch vorwiegend aus der Einbeziehung von Schätz- und Prognoseverfahren oder der zu Grunde liegenden Computerunterstützung beziehen.

4. Wenn ich in meinen Ausführungen für einen Moment innehalte und das bisher Gesagte resümiere, so muß ich feststellen, daß die Moll-Töne, die Fragezeichen und Einschränkungen überwiegen. Wo bleibt das Positive? Ich habe es mir für die zweite Hälfte meines Vortrages aufgehoben, und zwar nicht aus didaktischen oder rhetorischen Gründen, sondern weil es weniger einen bereits erreichten Status quo als vielmehr eine denkbare zukünftige Entwicklung betrifft. Dabei möchte ich im folgenden so vorgehen, daß ich einige OR-Instrumentarien (oder sollte ich sagen "tools" oder "equipments"?) hervorhebe, die ich für besonders vielversprechend oder originell halte. Ich beginne mit einem ganz alten "Hut", den ich mir - hoffentlich nicht betriebsblind durch meine eigenen wissenschaftlichen Anfänge - im Gegensatz zu physischen Kopfbedeckungen immer wieder sehr gern aufsetze.

1. Stochastische dynamische Optimierung (siehe die Sektionen 8 und 13 dieser Tagung)
   Das Versicherungsgeschäft wird im wesentlichen durch die folgenden In- und Output-Größen beschrieben: die Beiträge der Versicherungsnehmer, die Erträge aus Kapitalanlagen, die Schadenszahlungen an Versicherte oder Begünstigte, die Ausschüttungen an die Träger des Versicherungsgeschäfts, beispielsweise die Dividende der Aktionäre einer Versicherungsaktiengesellschaft, und die Kosten des Versicherungsbetriebes (Innen- und Außendienst). Zentrale Aufgabe des modernen, betriebswirtschaftlich orientierten Versicherungsmathematikers ist die Kontrolle des im wesentlichen aus diesen stochastischen Variablen zusammengesetzten Risikoprozesses. Dies geschieht beispielsweise durch die Kalkulation der Beiträge, durch den Transfer von (Teil-)Risiken auf Mit- und Rückversicherer und durch die Bildung von Reserven.

Es liegt auf der Hand, daß sich diese Problematik durch ein Modell der stochastischen dynamischen Optimierung abbilden läßt, und in der Tat wurden für konkrete Fragestellungen entspechende Lösungsansätze entwickelt, etwa

> von REISCHEL /14/, bei dem der Gesamtnutzen der Ausschüttungen in einer vorgegebenen Planungsperiode unter Variation der Rückversicherungsnahme und der Teilausschüttungen maximiert wird;
> von SCHOTT /16/, bei dem der Gesamtnutzen für das Versicherungsunternehmen unter Variation der Sicherheitszuschläge in den Beiträgen maximiert wird;
> von HEILMANN /8/, der die Frage untersucht, ob es im Sinne einer längerfristigen Gewinnmaximierung sinnvoll ist, durch "Dumpingpreise" und Hinnahme sogenannter technischer Verluste höhere Marktanteile zu erzielen.

Ähnliche Modellansätze lassen sich für das Bank- und Bauspargeschäft vorstellen. Beim Bausparen beispielsweise ist die Wartezeit das eigentliche Kriterium für die Güte der Dienstleistung (vgl. /21/), und diese kann über die Zuteilungsmasse gesteuert werden. In letztere gehen ein: Sparbeiträge, Guthabenzinsen, Tilgungsleistungen, Wohnungsbauprämien und möglicherweise aufgenommene Fremdmittel. Es fließen ab: die zugeteilten Bausparsummen (Bausparguthaben und Bauspardarlehen), die Guthaben gekündigter Verträge und die Fortsetzerreserve. Es ist evident, daß auch die hierdurch vorgegebene Kontrollaufgabe durch Verfahren der stochastischen Optimierung behandelt werden kann.

2. Simulation (siehe Sektion 11 dieser Tagung)
Ich bin mit den modernen Techniken der Simulation nicht hinreichend vertraut, aber bereits der mir bekannte, gewissermaßen klassische Ansatz (Monte Carlo-Verfahren u.ä.) erscheint mir auf viele Fragestellungen meines Themenkreises relativ leicht und sinnvoll anwendbar, wird aber nach meinem Eindruck bisher noch viel zu selten realisiert. Dabei bieten sich die Bestände der Finanzdienstleister für Simulationen geradezu an, denn mit deren Hilfe können nicht nur Szenarien entwickelt und diskutiert, sondern auch Parameter wie Ruinwahrscheinlichkeiten geschätzt und Ertrags- und Solvenzkriterien u.ä. überprüft werden.

3. Fuzzy Sets (siehe Sektion 12 dieser Tagung)
Hier spreche ich nicht nur das jüngste, sondern - zumindest in bezug auf den Gegenstand meiner Ausführungen - sicherlich noch bei weitem anwendungsfernste Teilgebiet des OR im Rahmen dieses Vortrages an. Dabei möchte ich ausdrücklich betonen, daß ich nicht etwa dafür plädiere, die

außerordentlich bewährten und erfolgreichen Modelle und Methoden der Kapitalmarkt- und Risikotheorie etc., die auf Ergebnissen der Wahrscheinlichkeitstheorie und Statistik basieren, durch Fuzzy Set-Verfahren zu ersetzen. Phänomene wie Zufälligkeit, Unsicherheit und Volatilität werden durch stochastische Modelle hervorragend abgebildet.

Aber es gibt darüber hinaus in vielen Bereichen der wirtschaftlichen Praxis Daten und Parameter, die von Natur aus vage und ungenau sind und lediglich aus Gründen der Operationalität und (scheinbaren) Objektivität fixiert werden und so in Richtlinien, Handbücher und Tabellenwerke eingehen. Besonders treffende Beispiele hierfür sind die Risikoklassen in verschiedenen Versicherungszweigen, Krankheits- und Invaliditätsgrade in der Personenversicherung und Bonitätskriterien aller Art. Hier könnte man durch Anwendung von Fuzzy Logic und Fuzzy Decision Making zu vielleicht komplizierteren, aber auch sachgerechteren und realitätsnäheren Ansätzen und Lösungen kommen. Einen Eindruck davon vermittelt die Arbeit von LEMAIRE /9/.

4. Wissensbasierte Systeme, Künstliche Intelligenz et al. (siehe Sektion 16 dieser Tagung)
Hierunter möchte ich auch all das subsumieren, was als Expertensystem oder Entscheidungsunterstützungssystem firmiert. Wohl kaum ein Bereich innerhalb des Dreiecks Mathematik-Informatik-Wirtschaftswissenschaften hat in den letzten Jahren soviel Publizität erfahren und einen so heftigen Methodenstreit provoziert wie dieser Komplex. Ich fühle mich nicht berufen, hierzu Bewertungen und Prognosen abzugeben, sondern möchte mich auf einen Hinweis beschränken, der eine frühere Bemerkung aufgreift, nämlich daß gerade in diesem Bereich die Praxis schon weiter vorangeschritten ist, als es die publizistischen Erfolgsmeldungen vermuten lassen. Zumindest in denjenigen Unternehmen des Finanzdienstleistungssektors, die ihren EDV-Apparat schon seit langem zielstrebig und in Abstimmung und Kooperation mit der Hard- und Softwareindustrie auf- und ausgebaut haben, sind derartige Systeme (meist unter anderen - bescheideneren - Namen oder sogar namenlos) in großer Vielfalt bereits implementiert und realisiert und kommen nicht nur in mathematischen Abteilungen, sondern beispielsweise auch in der Betriebsorganisation, der Unternehmensplanung und im Vertrieb zum Einsatz. Dennoch ist die Entwicklung in diesem Bereich bei weitem noch nicht abgeschlossen oder auch nur absehbar, vgl. /10/ und /13/.

5. Ich möchte zum Abschluß meiner Betrachtungen weniger ein Fazit ziehen als vielmehr eine Perspektive eröffnen. Ohne die Grenzen der Formalisierbarkeit von wirtschaftlichen Entscheidungsprozessen zu verkennen, ohne die Probleme bei der Implementierung von OR-Verfahren zu unterschätzen und ohne den Einfluß nicht

steuerbarer sozialer, psychologischer, irrationaler, ... Faktoren gerade im Dienstleistungsbereich zu leugnen, komme ich zu dem Schluß, daß der wissenschaftliche Fortschritt und der ökonomische Wettbewerb zu einer immer stärkeren Durchdringung der wirtschaftlichen Praxis durch OR-Verfahren führen werden. Hierbei schließe ich den kundenorientierten Bereich Verkauf, Vertrieb, Außendienst etc. ausdrücklich ein, in dem ich durchaus spezifische Schwierigkeiten, aber gleichzeitig besonders große Potentiale für modernes Controlling auf OR-Basis sehe. Ich fühle mich in dieser Auffassung bestärkt durch entsprechende Meinungsäußerungen und Lösungsvorschläge namhafter Vertreter der Finanzdienstleistungsbranche, vgl. etwa /17/ und /7/.

Wie könnte ich also den Tenor meines Vortrages vor diesem Auditorium besser charakterisieren als mit dem bekannten Wort

"Es gibt viel zu tun - packen wir's an!"

<u>Literatur</u>:

/1/   Brockhoff, K., et al. (Hrsgb.)
     Proceedings in Operations Research 7.
     Würzburg: Physica-Verlag (1978)

/2/   Cohen, K.J.; Maier, S.F.; van der Weide, J.H.
     Recent Developments in Management Science in Banking.
     Management Science 27, 1097-1119 (1981)

/3/   Farny, D., et al. (Hrsgb.)
     Handwörterbuch der Versicherung.
     Karlsruhe: Verlag Versicherungswirtschaft (1988)

/4/   Feilmeier, M.; Junker, M.
     Operations Research.
     Handwörterbuch der Versicherung, 469-473 (1988)

/5/   Garvin, D.A.
     What Does "Product Quality" Really Mean?
     Sloan Management Review 25, 25-43 (1984)

/6/   Gessner, P.
     Ein integriertes Gesamtmodell eines Lebensversicherungsunternehmens - Ansatz
     zur Unternehmensplanung in der Lebensversicherung.
     Zeitschrift für Operations Research 23, B67-B87 (1979)

/7/   Hammer, G., et al. (Hrsgb.)
     Planung und Prognose in Dienstleistungsunternehmen.
     Karlsruhe: Verlag Versicherungswirtschaft (1986)

/8/   Heilmann, W.-R.
     Optimale Preispolitik auf Versicherungsmärkten.
     Versicherungsmärkte im Wandel, 109-119 (1987)

/9/   Lemaire, J.
     Fuzzy Insurance.
     ASTIN Bulletin 20, 33-55 (1990)

/10/ Ludwig, J.,
Wissensbasierte Systeme in der Versicherungswirtschaft.
Versicherungswirtschaft 1290-1295 (1988).

/11/ Meyer zu Selhausen, H.
Operations Research.
Bank- und Versicherungslexikon, 501-507 (1990)

/12/ Meyer zu Selhausen, H.; Scholz, G.
Distinctive Scenarios for OR-Activities in German Business Firms.
OR-Spektrum 7, 237-248 (1985)

/13/ Meyersiek, D.
Strategisches Management von Informationstechnik und Systemen in Versiche-
rungsunternehmen.
Versicherungswirtschaft 540-545 (1988)

/14/ Reischel, M.
Dynamische Rückversicherungs- und Ausschüttungspolitik beim Risikogeschäft.
Karlsruhe: Verlag Versicherungswirtschaft (1981)

/15/ Schierenbeck, H. (Hrsgb.)
Bank- und Versicherungslexikon.
München: R. Oldenbourg Verlag (1990)

/16/ Schott, W.
Steuerung des Risikoreserveprozesses durch Sicherheitszuschläge im Versiche-
rungsunternehmen.
Karlsruhe: Verlag Versicherungswirtschaft (1990)

/17/ Schwebler, R.
Plädoyer für eine analytische Unternehmensplanung in der Versicherungswirt-
schaft.
Karlsruhe: Verlag Versicherungswirtschaft (1979)

/18/ Stauss, B.; Hentschel, B.
Dienstleistungsqualität.
Wirtschaftswissenschaftliches Studium, 238-244 (1991)

/19/ Wilde, K.D.
Modellgestützte strategische Planung in der Versicherung.
Karlsruhe: Verlag Versicherungswirtschaft (1983)

/20/ Wöhe, G.
Einführung in die Allgemeine Betriebswirtschaftslehre, 16. Aufl.
München: F. Vahlen Verlag (1986)

/21/ Zink, A.
Bauspartechnische und betriebswirtschaftliche Aspekte der Steuerung der
Wartezeit bei Bausparkassen.
Planung und Prognose in Dienstleistungsunternehmen, 233-244 (1986)

/22/ zur Linden, E.; Winter, N.; Hildmann, M.
Untersuchungen über den Einfluß unterschiedlicher Planungsgrundlagen und
Steuerungsmaßnahmen auf den zukünftigen Geschäftsverlauf von Lebensversi-
cherungsunternehmen - ein dynamisches Bilanzmodell.
Zeitschrift für die gesamte Versicherungswissenschaft 68, 169-212 (1979)

A Review of Models for Locational Analysis

Richard L. Francis

Department of Industrial and Systems Engineering
University of Florida
Gainesville, Florida 32611

Almost every model for solving a location problem is either a

(1) Planar Model ,

(2) Network Model , or

(3) (Mixed) Integer Programming Model.

While there is quite a long history for planar models, models in the last two categories have mostly been developed and analyzed in the last thirty years by operations researchers. Which type of model may be best for a suitable problem is highly dependent upon the budget and time available, the computer facilities available, the data available, the accuracy needed, and whether or not the user wants insight or numbers.

We review some of the major types of models in each category, and identify relevant literature, including survey papers and books, useful for further reading.

FUNCTIONAL ECONOMIC ANALYSIS

Thomas R. Gulledge, George Mason University, USA

Abstract: In 1989 the Department of Defense (DoD) implemented an ambitious information management improvement program known as Corporate Information Management (CIM). The popular press has reported that the Pentagon expects to save 35 billion dollars over five years with the CIM initiative. As part of the CIM initiative, the Director of Defense Information has directed that all DoD investments in automated information systems be evaluated in a Functional Economic Analysis framework. This paper reports on a model that was developed for performing Functional Economic Analysis. The approach is demonstrated with an application to a Contract Payment processing center within the Defense Financial and Accounting Services functional area.

INTRODUCTION: According to a recent General Accounting Office report, the U.S. Department of Defense (DoD) spends about $9.2 billion annually to acquire, operate, and maintain automated information systems. It is generally accepted that many inefficiencies exist throughout the DoD information management process. Hence, in 1989 the Corporate Information Management (CIM) initiative was established with the following objectives:

1. ensure the standardization, quality, and consistency of data from the Department's multiple management information systems,

2. identify and implement management efficiencies throughout the information system life cycle, and

3. eliminate duplicate development and maintenance of multiple information systems designed for the same requirement.

The initiative is wide-ranging and ambitious, but impending budget reductions initiated a redefining of the CIM objectives into long-term and short-term during the spring of 1991:

> CIM seeks to help DoD over the long-term (1) implement new or improved business methods through the use of modern technology -- for example, how it pays its civilian employees or manages its $100 billion inventory -- and create more uniform practices for common functions, and (2) improve the standardization, quality, and consistency of data from Defense's multiple automated information systems to meet common functional requirements. In the near term, CIM is intended to eliminate or reduce the duplicative design, development, operation, and maintenance of information systems that perform the same function /1/.

In a recent presentation /7/, the Director of Defense Information stated that the objective of CIM is to increase military effectiveness while meeting the Defense Management Review functional cost reduction targets, and deploying information technology in support of functional

Operations Research Proceedings 1991
© Springer-Verlag Berlin Heidelberg 1992

cost reduction and effectiveness objectives. Budget urgency has initiated this re-orientation of the CIM initiative with more emphasis on cost reduction. This paper is concerned mainly with the short-term cost reduction objectives of the CIM initiative.

The remainder of the paper is organized as follows. The next section describes Functional Economic Analysis (FEA), the general approach for justifying CIM savings through cost reductions. The following section describes our approach to performing FEA's, a combination of expert judgement, cost modeling, and analytic network modeling. In the remaining sections we provide an application to a contract payment processing center within the Defense Financial and Accounting Services functional area.

FUNCTIONAL ECONOMIC ANALYSIS: Functional Economic Analysis seeks to improve present business processes by: reducing costs, improving response time, improving quality, and reducing error flow rates. Functional Economic Analysis is a modeling approach that provides a uniform basis for analysis and comparison of alternative investment and management practices. The approach takes into account the costs, benefits, and risks associated with new ways of doing business or managing organizations. Since July 1991, all DoD investments in automated information systems must be evaluated in a Functional Economic Analysis framework.

The approach, as outlined by the Director for Defense Information, is not specific. In fact he has stated on several occasions that there is no single methodology for performing Functional Economic Analysis. However, there are some high level characteristics that seem to apply. All alternatives are evaluated relative to current procedures and technology. In our terminology we call this evaluation standard the baseline. Alternatives to the baseline must be generated. These alternatives represent reconfigurations of the baseline in terms of work flow, new management practices, new technologies, consolidation, or other measures that lead to increased efficiency and cost savings.

The difference between the cost of the baseline and the cost of the alternative is called the savings. The probability distribution of the present value of the savings must be estimated and displayed over a prespecified planning horizon for each alternative-baseline pair. Since savings continue to accrue after the end of the planning horizon, the residual savings (i.e., salvage value) must also be considered.

Other than the above general description, little guidance was given for preparing FEA's. In the next section we present a quite general approach that should be applicable to most DoD functional areas. Of course each application will be different because every functional area is comprised of different tasks and activities.

<u>A MODEL FOR BUSINESS PROCESS REDESIGN</u>: Since DoD budgets are shrinking, the emphasis of this model is cost savings. However, investment in new technology is not precluded if future cost savings result. We also present this model at a fairly high aggregation level. The aggregation level is justified mainly by expediency; i.e., FEA's must be completed in FY91. However, there is a second reason that is supported by the Electronic Data Systems (EDS) experience in restructuring information management at General Motors.

In the presence of tremendous uncertainty, there is a tendency toward excessive planning. In redesigning GM's corporate information management procedures, EDS (in conjunction with GM line managers) planned for approximately nine months. Implementation was vigorously initiated, even though all implementation alternatives were not clearly understood. The process was iterative -- new alternatives and new ways of managing information resources were discovered during implementation. Lower aggregation levels were examined in greater detail in later iterations[1].

Our approach combines industrial process flow modeling with activity based accounting /5/. These concepts are included in a dynamic network model for cost and risk analysis. Each concept is described in turn in the following sections.

<u>PROCESS FLOW MODELING</u>:

<u>Baseline Models</u>: Before current business practice is altered, it is important to understand current operations. If for no other reason this provides a baseline for estimating savings that result from business process redesign. We define two baseline concepts to help us understand the organization's current information management practices:
1.   the baseline process model, and
2.   the baseline cost model.
An industrial engineering process flow chart is constructed for the organization's current operations. For our purposes, this flow chart is

---

[1] This approach is consistent with that advocated by the Assistant Secretary of Defense for Program Analysis and Evaluation /2/. In these times of declining budgets and perceived changing threat we should change our approach to analysis. We must shift to a broad-based approach that takes a first-pass solution attempt at the new problems of the 1990's. We must be willing to provide timely decision support because declining budgets will not wait for detailed model development nor algorithm refinement.

known as the baseline process model.

An example process flow chart is presented in Figure 1. Construction of this chart requires a precise definition of all products or outputs and a sequential listing of all activities performed. This listing must provide a clear understanding of the activity type, its location, the party responsible for the activity, and the service time distribution for the activity. Furthermore, it is necessary to determine all resources consumed by the activity for a given workload. This includes personnel, processing, communications, storage, etc.

If a cost measure can be traced to each activity, we call the cost populated process flow chart the baseline cost model. Tracing cost to the baseline activities is no trivial task, especially since DoD accounting systems capture cost by program element, not by process activity. Our activity-based approach for costing the baseline is described in the next section, but the following general observation is made at this time.

There is usually considerable uncertainty in DoD cost analysis /3/. It is customary to provide interval cost estimates to bound the uncertainty. In the cost analysis literature this interval is called "cost risk." The accuracy of this interval estimate usually depends on the sophistication of the estimation technique. These techniques range from subjective interval estimates to formal cost models. Our approach uses a dynamic cost model.

Alternative Models: As noted by Strassmann /6/, most savings in process redesign don't come from automation or investment in new technology. The big savings come from new management practices and new ways of organizing work flows[2]. In terms of the baseline process model, this means that activities may be merged or eliminated; i.e., the baseline process model must be reconfigured by functional management so that it represents alternative management practices.

This reconfiguration is known as the alternative process model. In principle there are an infinite number of alternative process models. The alternatives could be minor modifications to the existing process; or they could be radical redesigns, including new information systems development and integration. One alternative that could be considered is purchasing the existing product or service from an outside contractor on

---

[2]This statement has been supported in the literature. As noted in a recent issue of **The Economist** /8/, one reason for the disappointing productivity gains from information technology is "that productivity-enhancing technology is overlaid on old ways of doing business, with all of the concomitant costs of the old ways."

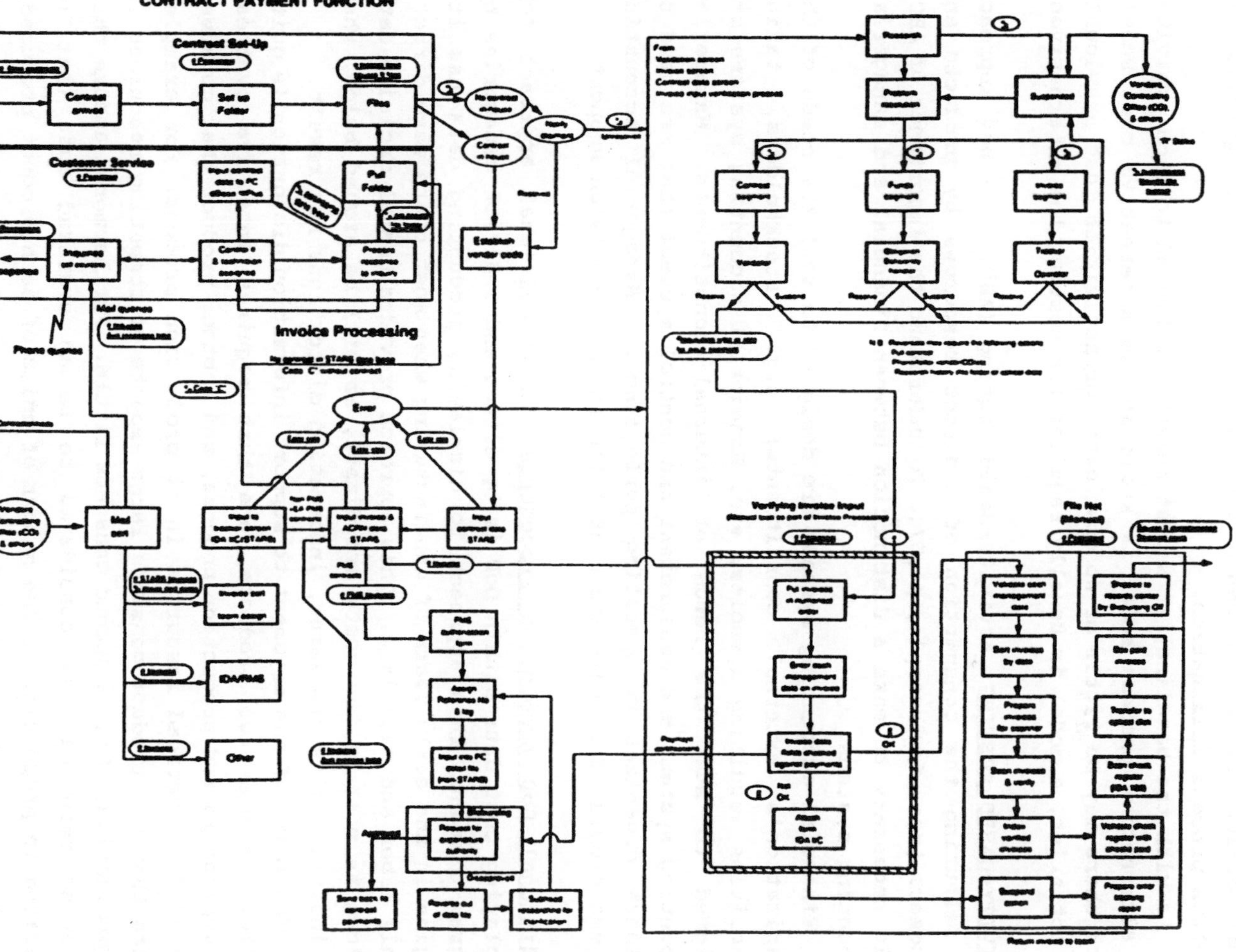

Figure 1. Process Flow Chart for a Contract Payment Processing Center

a fee-for-service basis, hence the most radical reconfiguration is complete process elimination.

As with the baseline, if a cost measure is traced to each activity, the alternative process model is known as the alternative cost model. Since there may be little or no cost data for activities that previously did not exist, a model is usually required for costing the alternatives.

ACTIVITY-BASED COSTING: Activity-Based Costing (ABC) is a new approach for measuring the consumption of indirect resources by products and customers [see, for example, /4,5/]. To understand the importance of ABC, it is necessary to make a distinction between financial and managerial accounting systems.

Financial accounting systems are designed to meet the needs of the organization's external constituents; e.g., stockholders, taxing authorities, auditing agencies, etc. Managerial accounting systems are designed to meet the needs of internal constituents. Managerial accounting systems are measurement and control systems that are used to evaluate organization operating performance. Managerial accounting systems provide data that are useful for internal decision support.

Traditional DoD Accounting Procedures: The traditional approach for displaying cost data within DoD is by direct and indirect categories by program element. This approach to displaying accounting data has its origins in the early years of manufacturing when most costs were direct, mainly labor and materials. This approach provides useful decision data as long as most of the costs are direct, as will be argued below, when the indirect costs are large, information distortions may result.

The logic of the argument to support information distortion is quite simple. Assume two products, one that requires intensive overhead consumption in its production process, and another product that consumes very little overhead resources in it production process. For example, assume that one product consumes large amounts of computing resources in its production, while a second consumes little. Furthermore, assume that computing resources are considered to be an overhead cost that is allocated in proportion to the number of units of each product produced. Given this scenario, product number two will appear to be more costly than it really is, while product number one will appear to be less costly. That is, the cost data is distorted, and distorted data may lead to suboptimal decision support.

Activity-Based Procedures: A more accurate accounting system would trace the overhead costs to the activities that actually incurred the cost.

This is extremely important in the context of Functional Economic Analysis since the approach requires activity modification, combination, or elimination. If one varies an activity, then one needs to know variable costs associated with that activity. As a final point in this argument, we note that it is almost always impossible to trace all costs (direct and indirect) to activities. Some costs are inherently fixed, and as such they must be allocated. Hopefully these costs will be small.

The importance of the above argument is reenforced in Figure 2. The left panel shows a traditional financial breakout of costs into direct and indirect categories.

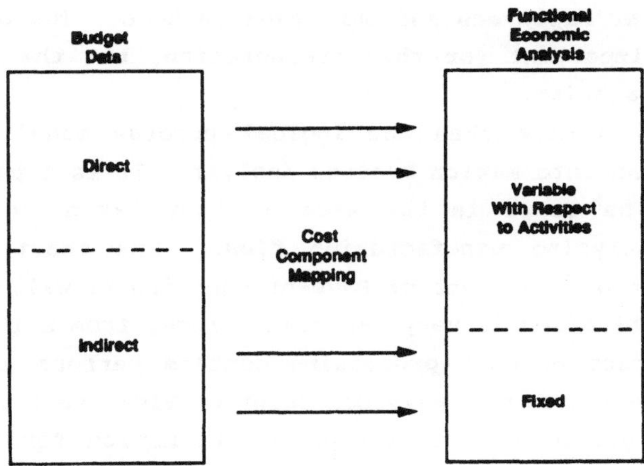

Figure 2. Cost Component Mapping for FEA

For Functional Economic Analysis, the costs on the left must be mapped to activities. Assuming that most direct costs are variable, then the task at hand is to trace the indirect costs to the incurring activity. Our mapping procedure is constructed by a combination of expert judgement, historical cost data, and data generated by cost models.

<u>THE CONTRACT PAYMENT FUNCTIONAL AREA</u>: To demonstrate our methodology an example from the Contract Payment DoD functional area is selected. The Contract Payment CIM Functional Group defines the Contract Payment mission and scope as follows:

> Contract Payment is a function within the Finance and Accounting discipline. The mission of Contract Payment is to verify that payment and associated performance terms of the contract or like-agreement have been met; ascertain the monetary entitlement due the payee; ensure that payments are scheduled and approved for timely

      release according to laws and regulations; and assure the integrity and availability of contract payment information for customers and other users. The scope of the Contract Payment function begins with a requirement for payment. It ends when all payment terms and conditions of the contract or like-agreement have been met and associated information has been provided.

The Contract Payment function is DoD wide and includes many processing centers. This research encompasses all of these centers, but for purposes of presenting the approach, a single center is examined.

<u>THE BASELINE PROCESS MODEL FOR CONTRACT PAYMENT</u>: Figure 1. is the process flow chart for a Navy contract payment processing center. This chart was constructed by Contract Payment functional managers with the help of Navy processing center employees and our research team. The details of this chart are not important for this presentation, but the focus requires additional explanation.

Figure 1. is more than the logical process model that is often constructed by an information systems analyst. It is a physical process flow model. The focus is the same as that taken by an industrial engineer in analyzing manufacturing flow. The chart describes the physical process of the Contract Payment function as well as the logical flow. This distinction is very important since, from a logical point of view, all contract payment processing centers perform essentially the same task. However, from a physical point of view, each center operates differently; e.g., different degrees of automation for performing the same logical tasks.

For business process redesign Figure 1 could be radically altered. That is, activities could be combined, eliminated, or replaced by new technology. Hence a proper understanding of the physical process flow is essential. In the Functional Economic Analysis methodology, Figure 1. is called the baseline process model.

<u>THE BASELINE COST MODEL FOR CONTRACT PAYMENT</u>: As previously noted, the baseline cost model is defined as the baseline process model with all relevant costs traced to each activity. In terms of Figure 1, this requires the assignment of variable cost to each activity that consumes resources in processing contract payments.

Our approach uses continuous system simulation to generate variable cost predictions for each activity in Figure 1. This system simulation is accomplished by using a systems dynamics approach, combined with a methodology for characterizing cost risk at each node in the process flow network. This is accomplished within the context of a Hyper-Card

Analytic Network Model (HAN).[3]

HAN presents the baseline process model as a linked network of calculation nodes. The links are the operations performed on the nodal values; e.g., add, subtract, multiply, divide, exponentiation, and polynomial look-up. The cost risk is specified as a beta probability distribution at each node, with the distribution's parameters estimated from the maximum, minimum, and mean resource projections at each node.

HAN supports snapshot, linear, dynamic, and animated modes of operation. Snapshot performs calculations at a selected point in time. Linear performs calculations at a selected set of input values and is used for parameter sensitivity analysis. Dynamic is used for continuous system dynamic simulation. Animation plots are presented for selected numeric values around the nodal blocks as dynamic simulation proceeds.

The output of the model displays cost by activity and the total process cost for a fixed work load; e.g., 1000 contracts or invoices. This output includes an estimated probability distribution for total cost. This estimated probability distribution is based on the estimated beta distributions that are specified for each activity in the process flow chart.

<u>ALTERNATIVE MODELS AND PRESENTATION OF FINANCIAL RESULTS</u>: In principle the alternative process and cost models are constructed in the same way as the baseline models. In practice these models are more difficult to construct because cost data may not be available for activities that don't yet exist. That is, the alternative process flow chart is made up of new or modified activities that currently don't exist. To determine the resource usage of these activities we rely on expert judgement, analogous benchmarking with other systems, and costs generated by the HAN model.

Figure 3. is used to summarize the FEA procedure, including the presentation of the financial results. After specifying a workload (e.g., 1000 contracts), the baseline process flow model is constructed. The HAN model is executed, and a total cost is computed for processing the workload. The same procedure is followed for each alternative process flow configuration. The dashed lines connecting the baseline and alternative models represent the assertion that much insight is gained into alternative process configurations from performing the baseline analysis.

At this point the total cost of the baseline and each alternative

---

[3]This model was designed and coded by Henry A. Neimeier of the MITRE Corporation.

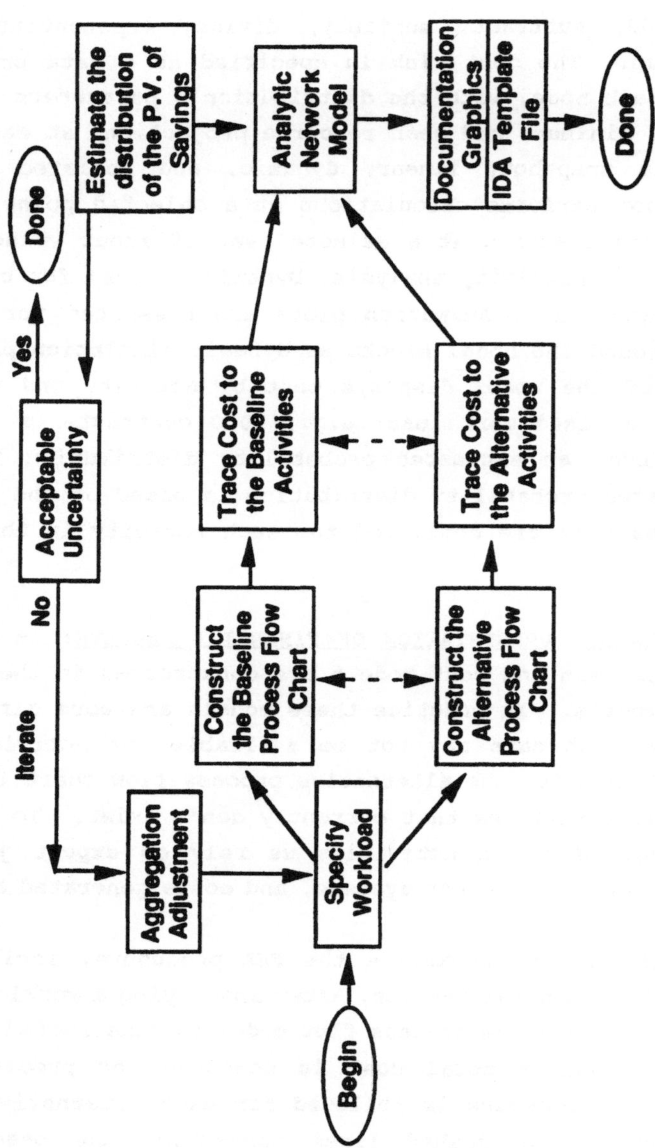

Figure 3. Functional Economic Analysis Process

has been estimated. By year, the cost of each alternative is subtracted from the cost of the baseline. This difference is called the savings. HAN estimates the probability distribution of the present value of the savings for a given discount rate and planning horizon. An example of this distribution is presented in Figure 4.

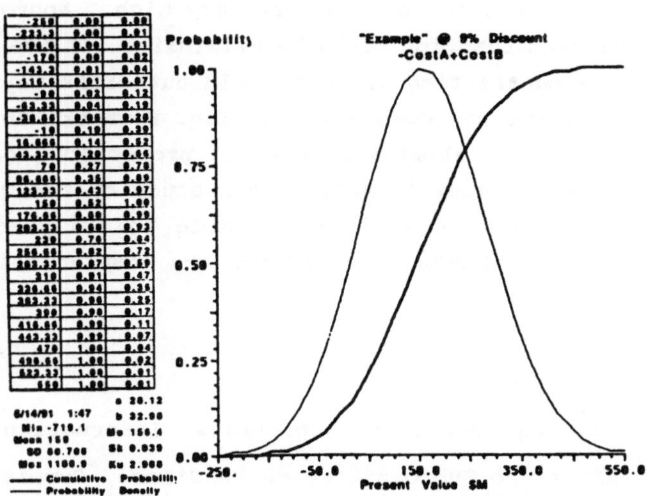

Figure 4. Probability Distribuion of Savings Present Value

Notice that for this example the estimated variance is large, indicating much uncertainty in the activity cost estimates. Hence in Figure 3, the question must be asked: Is this uncertainty acceptable? If the answer is yes, the initial analysis is complete, and one proceeds to sensitivity analyses. If the answer is no, the two courses of action are possible. It may be possible to obtain more accurate cost data at those activities with the largest variances. If this is not possible, then the only remaining course of action is to reconfigure the process flow model at a finer aggregation level, collect additional data, and repeat the entire procedure. Presumably this additional level of detail will lead to additional understanding and accuracy, and a tighter variance for the distribution of savings.

RESULTS FOR THE CONTRACT PAYMENT FUNCTION: In defining the alternative process flow charts for the Contract Payment function, a number of possibilities were considered. None of the numerical results are directly comparable to the simple example presented above because the complete analysis spans eleven processing centers. However, the following general alternatives were identified and quantified: 1) a minor adjustment in the baseline process flows with some investment in technology, 2) a major modification of the process flow with a heavy investment in Electronic Data Interchange (EDI), 3) a migration to a new system that is being developed by the Corps of Engineers, and 4) a radical alternative that requires a change in procurement law.

In analyzing the alternatives, the following points were discovered. For the investment in EDI, the savings are very high. Approximately 75% of the Contract Payment function could be eliminated. If the law could be changed so that the contracting officer could authorize payment, it may be possible to eliminate the complete function. However, this change is unlikely because it would eliminate internal protection against fraud. The Corps of Engineers system is still under study by the Office of the Secretary of Defense, and we will not be able to fully evaluate this alternative until internal economic analyses are completed in the second quarter of 1992.

<u>Literature</u>:

/1/   Bowlin, Samuel W.
      Challenges Facing Defense's Corporate Information Management
      Initiative.
      Statement Before the Subcommittee on Readiness, Committee on Armed
      Services, House of Representatives, GAO/T-IMTEC-91-10, Washington,
      D.C., April, 1991.

/2/   Chu, David S.C.
      World Change and Military Operations Research.
      OSD Sponsor's Plenary Session, 59th Symposium of the Military
      Operations Research Society, West Point, 1991.

/3/   Fisher, Gene H.
      Cost Considerations in Systems Analysis
      New York: American Elsevier (1971).

/4/   Kaplan, Robert S.
      New Systems for Measurement and Control.
      The Engineering Economist 36, 201-218 (1991).

/5/   O'Guin, Michael C.
      Activity-Based Costing: Unlocking Our Competitive Edge.
      Manufacturing Systems 8, No. 12, 35-43 (1990).

/6/   Strassmann, Paul A.
      The Business Value of Computers.
      New Canaan, Connecticut: The Information Economics Press (1990).

/7/   Strassmann, Paul A.
      The Managerial Context for the DoD Open Systems Architecture.
      Presentation at a George Mason University Symposium, June 19, 1991.

/8/   Too Many Computers Spoil the Broth.
      The Economist 320, No. 7721, 30 (August 24, 1991).

/9/   United States General Accounting Office.
      Corporate Information Management Savings Are Not Supported.
      GAO/IMTEC-91-18, Washington, D.C., February, 1991.

Mathematical Programming Methods for Reasoning under Uncertainty *

J. N. HOOKER

GSIA, Carnegie Mellon University, Pittsburgh, PA 15213 USA

Matematisk Institut, Århus Universitet, 8000 Århus, Denmark

Abstract

We survey three applications of mathematical programming to reasoning under uncertainty: a) an application of linear programming to probabilistic logic; b) an application of nonlinear programming to Bayesian logic, a combination of Bayesian inference with probabilistic logic; and c) an application of integer programming to Dempster-Shafer theory, which is a method of combining evidence from different sources.

1 Introduction

In recent years the methods of mathematical programming have been applied to reasoning under uncertainty. We will present the basic ideas behind three of these applications: that of linear programming to probabilistic logic, that of nonlinear programming to Bayesian logic, and that of integer programming to Dempster-Shafer theory. A mathematical programming approach not only provides a practical means of computing inferences, as in probabilistic logic and Dempster-Shafer theory, but it can suggest new types of logic for dealing with uncertainty, as in the case of Bayesian logic.

Probabilistic logic replaces the "true" and "false" of propositional logic with probabilities. It was originally conceived by George Boole, who came very close to realizing that one could reason in probabilistic logic by solving what we now call a linear programming problem [3, 4, 18, 20, 30]. Probabilistic logic is an attractive alternative to the "confidence factors" often used in expert systems, not only because it, unlike they, is well grounded in theory, but also because it has some attractive practical features. Nonetheless probabilistic logic does not receive the attention it deserves, and when it does receive attention, it is often in the form of skepticism about the possibility of solving the computational problem it poses. But thanks to recent applications of column generation techniques for linear programming, the computational problem is now well solved for fairly large instances.

Bayesian logic extends probabilistic logic by applying its semantics to Bayesian inference, and in particular to Bayesian networks, which represent dependence and independence relations among propositions [32]. Bayesian networks are perhaps best known for their role in influence diagrams [33], which are a recent alternative to decision trees. Bayesian logic combines the advantages of probabilistic logic (flexible input requirements, ability to deal with molecular propositions, mathematical programming model) with those of Bayesian networks (ability to capture causal and conditional independence relations).

Dempster-Shafer theory [34] addresses the problem of mathematically combining evidence from sources that may conflict, a problem that probabilistic logic cannot solve. But it can pose an onerous

---

*This work is partially supported by AFOSR grant 91-0287.

Operations Research Proceedings 1991
© Springer-Verlag Berlin Heidelberg 1992

computational problem, and we show here how that problem can be attacked with a particular type of integer programming model known as a *set covering* model.

More detailed treatments of these topics can be found in [1, 8].

We should remark in passing that mathematical programming methods can also be applied to *inductive reasoning*, which is important for the construction of expert systems and other rule bases. Some of these methods are deterministic [35, 23], but one approach [5, 6] infers rules from noisy data. It treats inductive inference as a statistical regression problem in which the fitted formula is a logical rather than a numerical formula. See [5] for a readable introduction.

2 Probabilistic Logic

Probabilistic logic is the result of George Boole's effort to capture uncertainty in logical inference [3, 4]. Its formulas are identical to those of propositional logic, but they are assigned continuous probability values rather than simply truth or falsehood.

In a probabilistic knowledge base, each formula is assigned a probability or an interval within which its probability lies. Some conditional probabilities may be specified (or bounded) as well. The inference problem is to determine the probability with which a given conclusion can be drawn. It turns out that this probably can be any number in an interval of real numbers.

In his study of Boole's work [18, 20], T. Hailperin pointed out that the problem of calculating this interval can be naturally captured in a linear programming model, which Boole himself all but formulated. About a decade later N. Nilsson reinvented probabilistic logic and its linear programming formulation [30], and his paper sparked considerable interest [9, 13, 14, 16, 17, 28, 29, 31, 36, 37]. Hailperin provides a historical survey of probabilistic logic in [19].

The theoretical advantage of probabilistic logic, relative to the confidence factors commonly used in expert systems, is that it provides a principled means of computing the probability of an inference rather than an *ad hoc* formula. The main practical advantage is that it allows one to use only as much probabilistic information as is available. A perennial weakness of probability-based reasoning, such as that in decision trees and influence diagrams, is the necessity of supplying a large number of prior and conditional probabilities before any results can be computed. Probabilistic logic makes no such demands.

If one is unhappy with a *range* of probabilities for the inferred proposition, he can obtain a point value by finding an entropy-maximizing solution. This was in fact suggested in Nilsson's paper [30]; see also [26]. But this approach not only poses a much harder, nonlinear computational problem, but it could mislead by deriving a point probability value when a possibly wide range of probabilities are consistent with the known probabilities.

2.1 A Linear Programming Model

Suppose that we have a knowledge base consisting of three formulas,

$$x_1 \tag{1}$$
$$x_1 \supset x_2$$
$$x_2 \supset x_3.$$

A *possible world* is an assignment of truth values, true or false, to every atomic proposition x_j. In propositional logic, a *model* is simply a possible world, and x_3 can be inferred from (1) because x_3 is true in every model in which (1) is true.

Suppose, however, the formulas (1) are not known with certainty but have probabilities 0.9, 0.8 and 0.7, respectively. Suppose also that the conditional probability of x_3, given that x_1 and x_2 are true, is 0.8. That is,

$$Pr(x_3|x_1, x_2) = Pr(x_1, x_2, x_3)/Pr(x_1, x_2) = 0.8. \tag{2}$$

We want to know what probabilities can consistently be assigned x_3.

Probabilistic logic solves this problem by letting a model be, not a possible world, but a distribution of probabilities over all possible worlds.

In this example, there are $2^3 = 8$ possible worlds, corresponding to the 8 truth assignments,

$$(x_1, x_2, x_3) = (0,0,0), (0,0,1), (0,1,0), (0,1,1), \tag{3}$$
$$(1,0,0), (1,0,1), (1,1,0), (1,1,1).$$

Therefore, if we let $p_1, \ldots, p_8$ respectively be the probabilities assigned to these 8 worlds, we can write the equations,

$$\begin{bmatrix} 0 & 0 & 0 & 0 & 1 & 1 & 1 & 1 \\ 1 & 1 & 1 & 1 & 0 & 0 & 1 & 1 \\ 1 & 1 & 0 & 1 & 1 & 1 & 0 & 1 \\ 0 & 0 & 0 & -0.8 & 0 & 0 & 0 & 0.2 \end{bmatrix} \begin{bmatrix} p_1 \\ \vdots \\ p_8 \end{bmatrix} = \begin{bmatrix} 0.9 \\ 0.8 \\ 0.7 \\ 0 \end{bmatrix} \tag{4}$$

$$\sum_{i=1}^{8} p_i = 1, \quad p_i \geq 0, \quad i = 1, \ldots, 8.$$

The 8 columns of the matrix correspond to the 8 possible worlds (3). Since x_1 is true in the last 4 worlds (indicated by the 1's in the first row of the matrix), (4) says that x_1's probability 0.9 is the sum of the probabilities $p_5, \ldots, p_8$ of these 4 worlds. The probabilities 0.8 and 0.7 of $x_1 \supset x_2$ and $x_2 \supset x_3$ are similarly computed in rows 2 and 3. The last row of the matrix equation is simply the result of writing (2) in the form,

$$Pr(x_1, x_2, x_3) - 0.8 Pr(x_1, x_2) = 0,$$

which is equivalent to,

$$p_8 - 0.8(p_4 + p_8) = 0.$$

The constraints in the last line of (4) ensure that $(p_1, \ldots, p_8)$ is a probability distribution.

The unknown probability π_0 of x_3 is given by,

$$\pi_0 = \begin{bmatrix} 0 & 1 & 0 & 1 & 0 & 1 & 0 & 1 \end{bmatrix} p = c^T p. \tag{5}$$

It is clear that π_0 can have any value $c^T p$ for which p solves (4). Since (4) and (5) are linear, the possible values of π_0 lie in an interval that can be found by minimizing and maximizing $c^T p$ subject to the constraints in (4). This is a linear programming problem. The minimum value of $c^T p$ is 0.5, and the maximum value is 0.7, which means that π_0 can be any probability in the range from 0.5 to 0.7.

2.2 Column Generation Techniques

A serious difficulty with the linear programming model of the probabilistic inference problem is that the number of variables p_j can increase exponentially with the number of atomic propositions. This problem can be alleviated using column generation techniques, which are well known in mathematical programming. Their rationale is that they introduce variables into the problem only as they are needed to improve the solution, so that only a small fraction of the total variable set may eventually be used.

Column generation was suggested for probabilistic logic by Nilsson [30] and by Georgakopolous, Kavvadias and Papadimitriou [14] in their paper on probabilistic satisfiability. Three column generation methods for probabilistic logic have been developed in detail—those proposed by Hooker [21], by Jaumard, Hansen, Aragaö and Brun [22, 7], and by Kavvadias and Papadimitriou [24].

The second and third methods above have been computationally tested, with promising results. Jaumard et al., for instance, solve problems with 70 atomic propositions and 100 clauses in about a minute on a Sun Sparc computer. About 600 columns are generated, out of a possible 2^{70}.

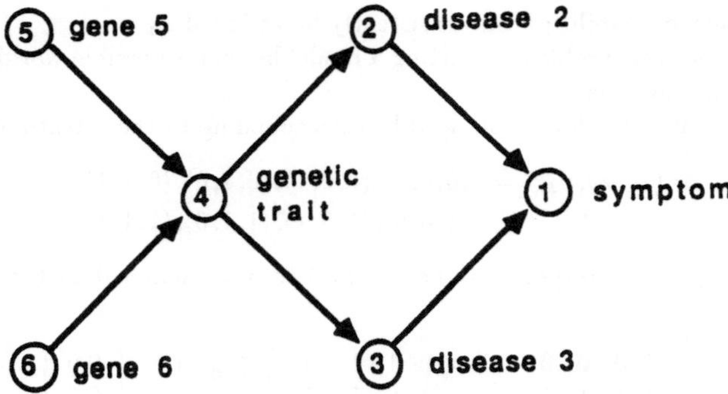

Figure 1: A simple Bayesian network.

3 Bayesian Logic

One weakness of probabilistic logic is that it fails to take into account what may be our most useful source of probabilistic knowledge—the independence of events. We can understand the world only if we assume that most events are significantly influenced by relatively few other events.

An adequate knowledge base should therefore incorporate independence assumptions when they can be made. Ordinary probabilistic logic cannot do this, since independence assumptions give rise to nonlinear constraints that destroy the linearity of its linear programming model. But we can accommodate independence assumptions in a nonlinear programming model, provided there are not too many of them.

A useful device for capturing independence constraints is a Bayesian network [32]. Bayesian networks encode events as nodes and dependence as arcs, and they can capture complex conditional independence relations (i.e., which events are independent, given the occurrence or nonoccurrence of certain other events) [32]. Lauritzen and Spiegelhalter developed a computational approach to solving Bayesian networks [25].

Andersen and Hooker [1] applied the semantics of probabilistic logic to Bayesian networks to obtain "Bayesian logic," which has both the flexibility of the former and the expressive power of the latter. In particular, two weakness of Bayesian networks vanish when they are combined with probabilistic logic: a) their demand for a large number of prior and conditional probabilities as input data, b) their inability to accommodate molecular (as opposed to atomic) propositions without making possibly unwarranted independence assumptions.

3.1 Bayesian Networks

A Bayesian network is a directed network in which each node represents an event and each arc a probabilistic dependence. For our purposes, an event is always the truth or falsehood of a proposition, so that we can identify nodes with propositions.

An example is depicted in Fig. 1, in which a symptom (node 1) can be evidence for either disease 2 or disease 3 (nodes 2 and 3). The occurrence of the diseases can in turn be influenced by the presence of a certain genetic trait (node 4), to which one is predisposed by the possession of either of two particular genes (nodes 5 and 6).

In classical Bayesian networks, each node j is associated with atomic proposition x_j. The probability that x_j is true is $Pr(x_j)$, and the probability that x_j is false is the probability $Pr(\neg x_j) = 1 - Pr(x_j)$ that its denial $\neg x_j$ is true. It will be convenient to let X_j be a variable whose value is either x_j or $\neg x_j$. The *conditional probability* of X_i given X_j is $Pr(X_i|X_j) = Pr(X_iX_j)/Pr(X_j)$, where $Pr(X_iX_j)$

is an abbreviation for $Pr(X_i \wedge X_j)$. Two propositions X_i and X_j are *independent* if $Pr(X_i, X_j) = Pr(X_i)Pr(X_j)$. *Conditional independence* is defined as follows: X_i and X_j are independent, given that a set S of propositions are true, if $Pr(X_iX_j|S) = Pr(X_i|S)Pr(X_j|S)$.

The essence of a Bayesian network is that the probability that a node is true, when conditioned on the truth values of all the other nodes, is equal to the probability it is true, conditioned only on the truth values of its immediate predecessors. In Fig. 1 the probability of observing the symptom depends (directly) only on which diseases the patient has, which is to say $Pr(x_1|X_2X_3X_4X_5X_6) = Pr(x_1|X_2X_3)$ for all values of $X_2, \ldots, X_6$. To put it differently, any influence on the probability of the symptom other than the diseases is mediated by the diseases.

Two nodes i, j in a Bayesian network are (conditionally) independent if X_i, X_j are (conditionally) independent for all values of X_i, X_j. Clearly, two nodes are independent if they have no common ancestor. Two nodes are conditionally independent, given any fixed set of truth values for a set S of nodes, if they have no common ancestor when the nodes in S are removed from the network.

3.2 Possible World Semantics for Bayesian Networks

It is straightforward to interpret a Bayesian network with the semantics of probabilistic logic. When we specify prior or conditional probabilities, we use the same sort of constraints as in ordinary probabilistic logic. For instance, suppose in the example of Fig. 1 that the conditional probabilities of observing the symptoms are,

$$
\begin{aligned}
Pr(x_1|x_2x_3) = 0.95 \quad & Pr(x_1|\neg x_2x_3) = 0.8 \\
Pr(x_1|x_2\neg x_3) = 0.7 \quad & Pr(\neg x_2\neg x_3) = 0.1.
\end{aligned}
\tag{6}
$$

Suppose also that the predisposition to either disease is captured in the following conditional probabilities.

$$
\begin{aligned}
Pr(x_2|x_4) = 0.4 \quad & Pr(x_2|\neg x_4) = 0.05 \\
Pr(x_3|x_4) = 0.2 \quad & Pr(x_3|\neg x_4) = 0.1.
\end{aligned}
\tag{7}
$$

(6) and (7) can be written as linear constraints, as before. We can of course specify bounds, rather than exact values, for any of these probabilities.

We can also associate nodes with molecular propositions. For instance, let us fix the conditional probabilities $Pr(x_4|X_5X_6)$ of having the genetic trait so that the patient has it precisely when he has one or both of the genes. Thus,

$$
\begin{aligned}
Pr(x_4|x_5x_6) = 1 \quad & Pr(x_4|\neg x_5x_6) = 1 \\
Pr(x_4|x_5\neg x_6) = 1 \quad & Pr(x_4|\neg x_5\neg x_6) = 0.
\end{aligned}
\tag{8}
$$

This in effect associates the molecular proposition $x_5 \vee x_6$ with node 4, even within the framework of a conventional Bayesian network. But the network of Fig. 1 is inappropriate, because it shows nodes 5 and 6 as independent, and we may have no reason to suppose they are independent. We might remove the independence assumption by drawing an arrow from, say, node 5 to node 6. But then we could not solve the network unless we knew the conditional probability $Pr(x_6|x_5)$. In a conventional Bayesian network, then, there is no way to associate a molecular proposition with a node without making possibly unwarranted independence assumptions or presupposing conditional probabilities that may not be available.

Probabilistic logic, however, provides an easy solution to this dilemma. We simply omit nodes 5 and 6 from the Bayesian network, but retain the conditional probability statements (8). This in effect associates $x_5 \vee x_6$ with node 4 without making additional assumptions.

Finally, let us suppose that we can estimate prior probabilities for the occurrence of the two genes:

$$
Pr(x_5) = 0.25 \quad Pr(x_6) = 0.15.
\tag{9}
$$

It remains to encode the conditional independence constraints. Using the definition of conditional probability, we can compute the joint probability distribution of the atomic propositions $x_1, \ldots, x_4$ in Fig. 1 as follows. (We omit x_5 and x_6 since we dropped the corresponding nodes.)

$$Pr(X_1 X_2 X_3 X_4) = Pr(X_1 | X_2 X_3 X_4) Pr(X_2 | X_3 X_4) Pr(X_3 | X_4) Pr(X_4) \tag{10}$$

The computation is valid for any substitution of x_j or $\neg x_j$ for each X_j. Due to the structure of the Bayesian network, two of the conditional probabilities in (10) simplify as follows:

$$Pr(X_1 | X_2 X_3 X_4) = Pr(X_1 | X_2 X_3) \tag{11}$$
$$Pr(X_2 | X_3 X_4) = Pr(X_2 | X_4). \tag{12}$$

This means that the joint probability in (10) can be computed,

$$Pr(X_1 \ldots X_4) = Pr(X_1 | X_2 X_3) Pr(X_2 | X_4) Pr(X_3 | X_4) Pr(X_4). \tag{13}$$

We conclude that the independence constraints (11) and (12) are adequate for calculating the underlying joint distribution and therefore capture the independence properties of the network. Again using the definition of conditional probability, we write (11) and (12) as the following nonlinear constraints:

$$Pr(X_1 X_2 X_3 X_4) Pr(X_2 X_3) = Pr(X_1 X_2 X_3) Pr(X_2 X_3 X_4) \tag{14}$$
$$Pr(X_2 X_3 X_4) Pr(X_4) = Pr(X_2 X_4) Pr(X_3 X_4). \tag{15}$$

Here each variable X_j varies over x_j and $\neg x_j$. To treat (14) and (15) as constraints, we must define each probability $Pr(F)$ in terms of the vector p. This is readily done by treating each '$Pr(F)$' as a variable and adding a constraint of the form,

$$Pr(F) = a^T p, \tag{16}$$

where,

$$a_j = \begin{cases} 1 & \text{if } F \text{ is true in world } j, \\ 0 & \text{otherwise.} \end{cases} \tag{17}$$

Now suppose we want to calculate bounds on the probability $Pr(x_2 | x_1 x_3)$ that a patient with disease 3 and the genetic condition has disease 2. We minimize and maximize $Pr(x_1 x_2 x_3) / Pr(x_1 x_3)$ subject to a) the linear constraints representing (6)-(9), b) the independence constraints (14) and (15), and c) constraints of the form (16) that define all variables $Pr(F)$, including $Pr(x_1 x_2 x_3)$ and $Pr(x_1 x_3)$. In this case we obtain the bounds 0.2179 and 0.2836.

3.3 Computational Considerations

The exponential explosion of variables p_j in probabilistic logic remains when nonlinear independence constraints are added. In [1] we show how to apply Benders decomposition to the nonlinear programming problem, so that the linear part can be isolated in a subproblem. This allows application of the same column generation techniques that are being used for ordinary probabilistic logic.

Also if the problem is formulated naively, the number of nonlinear constraints required to capture independence relations can grow exponentially with the number of nodes in the network. But we show in [1] that if the constraints are properly formulated, their number grows only linearly with the number of nodes for a large class of networks.

Specifically, we show that the number of nonlinear constraints grows exponentially, not with the size of the entire network, but with the size of the largest "extended ancestral set" in the network. When the size of this set is bounded, the number of constraints grows linearly with the number of nodes. To have an approximate understanding of this claim, we can imagine that the nodes of a Bayesian network are people, and the immediate predecessors of a node are that person's parents. (We assume a person can have more than two parents.) Beginning with any person in the network, we group his parents so that no parent in one group has a common ancestor with anyone in another. We do the same with his grandparents, and so on with earlier generations. The resulting groups are "ancestral sets." An ancestral set joined by all the parents of its members is an "extended ancestral set." If all the extended ancestral sets are small, the problem is relatively easy to solve.

4 Dempster-Shafer Theory

In an effort to develop a more adequate mathematical theory of evidence than Bayesian statistics, G. Shafer [34] extended some statistical ideas of A. P. Dempster [11, 12] to obtain a theory that is closely related to probabilistic logic. A readable exposition of the role of Dempster-Shafer theory in expert systems can be found in [15]. We will present the basic ideas of Dempster-Shafer theory and show how an integer programming model can help solve its inference problems.

4.1 Basic Ideas of Dempster-Shafer Theory

Dempster-Shafer theory is best introduced with an example. Sherlock Holmes is investigating a burglary of a shop and determines, by examining the opened safe, that the burglar was left-handed. Holmes also has evidence that the theft was an inside job. One clerk in the store is left-handed, and Holmes must decide with what certainty he can accuse the clerk.

We first identify a *frame of discernment*, which is very much like a set of possible worlds: it is a set Θ of exhaustive and mutually exclusive possible states of the world. If L means that the thief is left-handed (and $\overline{L}$ that he is not), and if I means that he is an insider (and $\overline{I}$ that he is not), then in this case we have the four possible states $LI, L\overline{I}, \overline{L}I, \overline{L}\,\overline{I}$. Every subset of Θ corresponds to a proposition in the obvious way: $\{LI\}$ to the proposition that the thief was a left-handed insider, $\{LI, L\overline{I}\}$ to the proposition that he was left-handed, and so on.

We next assign *basic probability numbers* to each subset of Θ, to indicate Holmes' degree of belief in the corresponding proposition. Perhaps the evidence from the safe leads Holmes to assign a probability number of 0.9 to the set $\{LI, L\overline{I}\}$, indicating the "portion of belief" that is "committed to" the hypothesis that the thief is left-handed. Since the basic probabilities numbers must sum to one, Holmes assigns the remaining 0.1 to the entire frame $\Theta = \{LI, L\overline{I}, \overline{L}I, \overline{L}\,\overline{I}\}$, indicating that this portion of belief is committed to no particular hypothesis. This defines a basic probability function m_1, with $m_1(\{LI, L\overline{I}\}) = 0.9$, $m_1(\Theta) = 0.1$, and $m_1(A) = 0$ for all other subsets A of Θ. Evidence of an inside job is treated similarly to obtain a second basic probability function m_2. In this example, either piece of evidence focuses belief on a single subset of Θ other than Θ itself, but belief can in general be divided among several subsets.

Our next task is to combine the left-handed evidence with the insider evidence. For this Shafer uses Dempster's combination rule, which produces a new basic probability function $m = m_1 \oplus m_2$. The combined basic probability $m(C)$ of a set C is the sum of $m_1(A)m_2(B)$ over all sets A and B whose intersection is C. If m_2 is given by $m_2(\{LI, \overline{L}I\}) = 0.8$ and $m_2(\Theta) = 0.2$, the results are displayed in Table 1. For instance, Holmes should commit $(0.9)(0.8) = 0.72$ of his belief to the proposition that the thief is a left-handed insider (i.e., the left-handed clerk). A portion 0.18 of his belief is committed to the more general proposition that the burglar was left-handed, and 0.08 to the general proposition that he was an insider. A small portion 0.02 remains uncommitted.

If some of the intersections are empty, Shafer normalizes the other basic probabilities so that they sum to one. Thus if we define,

$$\tilde{m}(C) = \sum_{\substack{A,B \subset \Theta \\ A \cap B = C}} m_1(A)m_2(B), \tag{18}$$

then,

$$m(C) = m_1 \oplus m_2(C) = \frac{\tilde{m}(C)}{1 - \tilde{m}(\emptyset)}. \tag{19}$$

Table 1: Dempster's Combination Rule

$m_2(\Theta) = 0.2$	$m(\{LI, L\overline{I}\}) = 0.18$	$m(\Theta) = 0.02$
$m_2(\{LI, \overline{L}I\}) = 0.8$	$m(\{LI\}) = 0.72$	$m(\{LI, \overline{L}I\}) = 0.08$

$m_1(\{LI, L\overline{I}\}) = 0.9 \qquad m_1(\Theta) = 0.1$

If there are three basic probability functions, then $m = (m_1 \oplus m_2) \oplus m_3 = m_1 \oplus (m_2 \oplus m_3)$, and similarly for larger numbers of functions.

Now that the composite basic probability function m has been computed, it remains to determine how much credence should be placed in each subset of Θ. To do this Shafer defines a *belief function* Bel, where $Bel(A)$ is the total credence that should be given a subset A of Θ. He takes $Bel(A)$ to be the sum of the basic probability numbers of all subsets of A:

$$Bel(A) = \sum_{B \subset A} m(B). \tag{20}$$

Thus the belief allotted to a proposition is the sum of the basic probability numbers of all the propositions that entail it. For instance, the belief Holmes should allocate to the guilt of the clerk is $Bel(\{LI\}) = 0.72$, since the only subset of $\{LI\}$ with a positive basic probability is $\{LI\}$ itself. The belief he should allocate to the proposition that the thief was left-handed is $Bel(\{LI, L\overline{I}\}) = 0.72 + 0.18 = 0.9$. No credence is given to the proposition that the thief is either a left-handed outsider or a right-handed insider, since no subset of $\{L\overline{I}, \overline{L}I\}$ has a positive basic probability.

4.2 A Set Covering Model

The difficulty of combining basic probability functions increases exponentially with the number of functions. To see this, take the simplest case in which each basic probability functions m_i assigns a positive value to only one set S_i other than the entire frame Θ (i.e., m_i is a *simple support function*). To compute $\tilde{m}(C)$ using formula (18), we must enumerate all intersections of S_i's that are equal to C. Equivalently, if $T_j = S_j \setminus C$, we must enumerate all intersections of T_j's that are empty. If $S_1, \ldots, S_{k'}$ contain C and $S_{k'+1}, \ldots, S_k$ do not, we must check all $2^{k'}$ subsets of $\{T_1, \ldots, T_{k'}\}$ to find those whose intersection is empty.

There are various ways to make the enumeration more efficient. Barnett [2] describes a method that applies when each simple support function assigns probability to a singleton. We will present a method valid for all simple support functions that is based on a set covering model. Let us say that an intersection of the sets in a subset S of $\{T_1, \ldots, T_{k'}\}$ is *minimally empty* if the intersection of the sets in no proper subset of S is empty. Then we need only enumerate minimally empty intersections when computing $\tilde{m}(C)$ with formula (18). But some care must be taken in doing the computation. A *set covering problem* has the form,

$$Ax \geq e \tag{21}$$
$$x_j \in \{0,1\}, \quad j = 1, \ldots, N$$

where A is a 0-1 matrix and e is a vector of 1's. The columns of A correspond to sets and the rows to elements the sets collectively contain. We set

$$a_{ij} = \begin{cases} 1 & \text{if set } j \text{ contains element } i, \\ 0 & \text{otherwise.} \end{cases}$$

Thus a vector x solves (21) if the union of the sets j for which $x_j = 1$ contains all the elements. Such an x is called a *cover*. We say x is a *prime cover* if it properly contains no cover; that is, if no cover y satisfies $y \leq x$ with $y_j \neq x_j$ for some j.

Let us associate the sets $\overline{T}_1, \ldots, \overline{T}_{k'}$ with the columns of A and the elements in their union with the rows of A, where $\overline{T}$ is the complement of T. It is clear that if x is a cover, then the intersection of the sets T_j such that $x_j = 1$ is empty. Furthermore, if x is a prime cover, then the intersection is minimally empty. It therefore suffices to generate all the prime covers for (21) and to use them in an appropriate calculation to obtain $\tilde{m}(C)$. We will first show how to generate the prime covers and then how to do the calculation.

We can obtain an initial cover simply by finding a feasible solution x^1 of (21), such as $x^1 = (1, 1, \ldots, 1)$. We can reduce x^1 to a prime cover y^1 by removing sets from the cover, one by one, until no further sets can be removed without producing a noncover. Suppose, then, that we have generated distinct prime covers $y^1, \ldots, y^t$. To obtain a $(t+1)$-st distinct prime cover, we add the following constraints to (21) and use an integer programming algorithm to find a feasible solution x^{t+1} of the resulting system:

$$\sum_{\substack{j \\ y^\tau_j = 1}} x_j \leq e^T y^\tau, \quad \tau = 1, \ldots, t, \tag{22}$$

where e is a vector of ones. Note that each constraint in (22) excludes any cover that contains a cover already enumerated. We next reduce x^{t+1} to a prime cover y^{t+1}, which clearly must be distinct from the prime covers already generated. The process continues until there is no feasible solution of (21) with the additional constraints (22).

Now that we know how to generate all the prime covers, we can illustrate the calculation of $\tilde{m}(C)$. Let us suppose that sets $S_1, \ldots, S_4$ contain C and that a remaining set S_5 does not. Thus the formula for $\tilde{m}(C)$ is,

$$\sum_{\substack{U_1 \in \{S_1, \Theta\} \\ \vdots \\ U_4 \in \{S_4, \Theta\}}} m_1(U_1) m_2(U_2) m_3(U_3) m_4(U_4) m_5(\Theta). \tag{23}$$

Let us also suppose that there are three prime covers,

$$\{\overline{T}_1, \overline{T}_2\} \tag{24}$$
$$\{\overline{T}_2, \overline{T}_3\}$$
$$\{\overline{T}_4\}$$

Consider first the terms of (23) that correspond to the prime cover $\{\overline{T}_1, \overline{T}_2\}$ (i.e., the terms containing both $m_1(S_1)$ and $m_2(S_2)$):

$$\sum_{\substack{U_3 \in \{S_3, \Theta\} \\ U_4 \in \{S_4, \Theta\}}} m_1(S_1) m_2(S_2) m_3(U_3) m_4(U_4) m_5(\Theta). \tag{25}$$

Since each m_i is a simple support function, we have $m_i(S_i) + m_i(\Theta) = 1$ for each i, and (25) can be simplified to

$$m_1(S_1) m_2(S_2) m_5(\Theta). \tag{26}$$

Consider next the terms of (24) that correspond to the prime cover $\{\overline{T}_2, \overline{T}_3\}$.

$$\sum_{\substack{U_1 \in \{S_1, \Theta\} \\ U_4 \in \{S_4, \Theta\}}} m_1(U_1) m_2(S_2) m_3(S_3) m_4(U_4) m_5(\Theta).$$

Some of these terms, namely those containing $m_1(S_1)$, have already been accounted for in (26). The sum of the remaining terms simplifies to,

$$m_1(\Theta)m_2(S_2)m_3(S_3)m_5(\Theta). \tag{27}$$

By a similar process we remove redundant terms from the summation

$$\sum_{\substack{U_1 \in \{S_1,\Theta\} \\ U_2 \in \{S_2,\Theta\} \\ U_3 \in \{S_3,\Theta\}}} m_1(U_1)m_2(U_2)m_3(U_3)m_4(S_4)m_5(\Theta).$$

that corresponds to the prime cover $\{\overline{T}_4\}$. After removing redundancies, we obtain the sum of three terms:

$$m_1(S_1)m_2(\Theta)m_4(S_4)m_5(\Theta) \tag{28}$$
$$m_1(\Theta)m_2(S_2)m_3(\Theta)m_4(S_4)m_5(\Theta) \tag{29}$$
$$m_1(\Theta)m_2(\Theta)m_4(S_4)m_5(\Theta) \tag{30}$$

$\tilde{m}(C)$ is now equal to the sum of (26)-(30). A precise statement of this algorithm will appear in [8].

References

[1] Andersen, K. A., and J. N. Hooker, Bayesian logic, to appear in *Decision Support Systems.*

[2] Barnett, J. A., Computational methods for a mathematical theory of evidence, Information Sciences Institute, University of Southern California (not dated).

[3] Boole, G., *An Investigation of the Laws of Thought, on which are Founded the Mathematical Theories of Logic and Probabilities.* Dover Publications (New York, 1951). Original work published 1854.

[4] Boole, G., *Studies in Logic and Probability*, ed. by R. Rhees, Watts and Co (London) and Open Court Publishing Company (La Salle, Illinois, 1952).

[5] Boros, E., P. L. Hammer and J. N. Hooker, Boolean regression, working paper 1991-30, Graduate School of Industrial Administration, Carnegie Mellon University, Pittsburgh, PA 15213 USA, 1991.

[6] Boros, E., P. L. Hammer, and J. N. Hooker, Predicting cause-effect relationships from incomplete discrete observations, working paper 1991-22, Graduate School of Industrial Administration, Carnegie Mellon University, Pittsburgh, PA 15213 USA, 1991.

[7] Brun, T., Structure probabiliste en logique des propositions, Memoire d'Ingénieur, École des Hautes Études Commerciales, Montréal, Canada (1988).

[8] Chandru, V., and J. N. Hooker, *Optimization Methods for Logical Inference*, to be published by Wiley, 1992.

[9] Chen, S. S., Some extensions of probabilistic logic, in *Uncertainty in Artificial Intelligence* **2**, ed. J. F. Lemmer and L. N. Kanal, North-Holland (1988).

[10] Dubois, D., and H. Prade, A tentative comparison of numerical approximate reasoning methodologies, *International Journal Man-Machine Studies* **27** (1987) 149-183.

[11] Dempster, A. P., Upper and lower probabilities induced by a multivalued mapping, *Annals of Mathematical Statistics* bf 38 (1967) 325-339.

[12] Dempster, A. P., A generalization of Bayesian inference, *Journal of the Royal Statistical Society (Series B)* **30** (1968) 205-247.

[13] Dubois, D., and H. Prade, A tentative comparison of numerical approximate reasoning methodologies, *International Journal Man-Machine Studies* **27** (1987) 149-183.

[14] Georgakopolous, G., D. Kavvadias and C. H. Papadimitriou, Probabilistic satisfiability, *Journal of Complexity* **4** (1988) 1-11.

[15] Gorden, J., and E. H. Shortliffe, The Dempster-Shafer theory of evidence, in B. G. Buchanan and E. H. Shortliffe, eds., *Rule-Based Expert Systems: The MYCIN Experiments of the Stanford Heuristic Programming Project*, Addison-Wesley (Reading, MA, 1984).

[16] Grosof, B. N., An inequality paradigm for probabilistic reasoning, in *Uncertainty in Artificial Intelligence* 1, ed. J. F. Lemmer and L. N. Kanal, North-Holland (1986).

[17] Grosof, B. N., Non-monotonicity in probabilistic knowledge, in *Uncertainty in Artificial Intelligence* 2, ed. J. F. Lemmer and L. N. Kanal, North-Holland (1986).

[18] Hailperin, T., *Boole's Logic and Probability*, Studies in Logic and the Foundations of Mathematics v. 85, North-Holland (1976).

[19] Hailperin, T., Probability logic, *Notre Dame Journal of Formal Logic* **25** (1984) 198-212.

[20] Hailperin, T., *Boole's Logic and Probability*, Second Edition, Studies in Logic and the Foundations of Mathematics v. 85, North-Holland (1986).

[21] Hooker, J. N., A mathematical programming model for probabilistic logic, working paper 05-88-89, Graduate School of Industrial Administration, Carnegie Mellon University, Pittsburgh, PA 15213 (July 1988).

[22] Jaumard, B., P. Hansen and M. P. Aragaö, Column generation methods for probabilistic logic, mauscript, GERAD, École des Hautes Études Commerciales, 5255 avenue Decelles, Montrél QC Canada H3T 1V6 (December 1989).

[23] Kamath, A. P., N. K. Karmarkar, K. G. Ramakrishnan, M. G. C. Resende, A continuous approach to inductive inference, Mathematical Sciences Research Center, AT& T Bell Laboratories, Murray Hill, NJ 07974 USA.

[24] Kavvadias, D., and C. H. Papadimitriou, A linear programming approach to reasoning about probabilities, to appear in *Annals of Mathematics and Artificial Intelligence*.

[25] Lauritzen, S. L., and D. J. Spiegelhalter, Local computations with probabilities on graphical structures and their application to expert systems, *Journal of the Royal Statistical Society* **B** **50** (1988) 157-224.

[26] Lemmer, J. F., and S. W. Barth, Efficient minimum information updating for Bayesian inferencing in expert systems, Proceedings of the National Conference on Artificial Intelligence, Pittsburgh, PA, 1982. Morgan Kaufmann (Los Altos, CA, 1982) 424-427.

[27] Loveland, D. W., *Automated Theorem Proving: A Logical Basis*, North-Holland (1978).

[28] McLeish, M., Probabilistic logic: some comments and possible use for nonmonotonic reasoning, in *Uncertainty in Artificial Intelligence* 2, ed. J. F. Lemmer and L. N. Kanal, North-Holland (1986).

[29] McLeish, M., Nilsson's probabilistic entailment extended to Dempster-Shafer theory, in *Uncertainty in Artificial Intelligence* 3 (1989) 23-34.

[30] Nilsson, N. J., Probabilistic logic, *Artificial Intelligence* 28 (1986) 71-87.

[31] Paass, G., Probabilistic logic, in *Non-standard Logics for Automated Reasoning*, ed. P. Smets em et al., Academic Press (New York, 1988) 213-251.

[32] Pearl, J., *Probabilistic Reasoning in Intelligent Systems: Networks of Plausible Inference*, Morgan Kaufmann (San Mateo, California, 1988).

[33] Shachter, R. D., Evaluating influence diagrams, *Operations Research* 34 (1986) 871-82.

[34] Shafer, G., *A Mathematical Theory of Evidence,* Princeton University Press, 1976.

[35] Trantaphyllou, E., A. L. Soyster and S. R. T. Kumara, Generating logical expressions from positive and negative examples via a branch-and-bound approach, manuscript, Industrial and Systems Engineering, Pennsylvania State University, University Park, PA 16802 USA.

[36] Ursic, S., Generalizing fuzzy logic probabilistic inferences, in J. F. Lemmer and L. N. Kanal, eds., *Uncertainty in Artificial Intelligence*, North-Holland (Amsterdam, 1988) 337-364.

[37] Wise, B. P., and M. Henrion, A framework for comparing uncertain inference systems to probability, *Proceedings of Workshop on Uncertainty and Probability in Artificial Intelligence*, AAAI (Los Angeles, 1985). (xx)

SCHEDULING: THEORY, ALGORITHMS AND SYSTEMS DEVELOPMENT

Michael Pinedo, Columbia University, New York

Khosrow Hadavi, Siemens Corporate Research, Princeton

Abstract: In this paper we give a brief historical overview of the research done in scheduling theory and its applications. We discuss the most recent developments as well as the directions in which the field is going.

1. Introduction

During the last four decades an enormous amount of research has been done on the many different aspects of scheduling. Researchers and practitioners from various fields, including Operations Research, Industrial Engineering and Computer Science, have dedicated their attention to sequencing and scheduling.

In the fifties and sixties these efforts resulted in a large number of algorithmic techniques suitable for deterministic scheduling problems. In the seventies, when complexity theory came of age, several classification schemes for deterministic scheduling problems were developed, which were useful as they partitioned scheduling problems into "easy" and "hard" problems. During the last decade a significant amount of theoretical research has been done in stochastic scheduling problems. Also during this period, with the advent of the microcomputer on the factory floor, universities as well as corporate research and development centers have begun to design and develop scheduling systems for factory floor use and other applications.

In this paper we give a brief overview of the history of the field and we discuss the directions in which the field is going.

2. Overview of the Theory

There exists a useful and fairly complete classification scheme, which encompasses a large number of deterministic models of interest /4/. In this classification scheme job j has a release date r_j, a

Operations Research Proceedings 1991
© Springer-Verlag Berlin Heidelberg 1992

due date d_j, a weight (priority factor) w_j and a processing time p_{ij} on machine i (when the job's processing time does not depend upon the machine the subscript i is omitted). The classification scheme is based on a triplet $\alpha \mid \beta \mid \gamma$. The α refers to the machine environment. Well studied machine environments include the single machine (1), machines in parallel (P), the flow shop (F) and the common job shop (J). The second field may contain zero or one or more entries which refer to processing characteristics and constraints. For example, if preemptions are allowed, *prmt* is included; if there are precedence constraints, *prec* is included; if there are sequence dependent setup times, s_{jk} is included, and so on. The third field refers to the objective function. The objective function can be, for example, the minimization of the makespan or completion time of the last job (C_{max}), the minimization of the flow time or sum of completion times ($\sum C_j$), the number of jobs completed after their due dates ($\sum U_j$), and so on. In this framework the problem $P \mid prmt, s_{jk} \mid C_{max}$ thus refers to the problem where the makespan has to be minimized with machines in parallel, sequence dependent setup times and preemptions allowed.

The first algorithms developed for scheduling problems were basically simple sorting rules which rank the jobs according to priority functions. Well-known examples are Earliest Due Date (EDD) first, Shortest Processing Time (SPT) first, Longest Processing Time (LPT) first, and so on. Such rules are useful mainly because of their simplicity; they are in practice often used as dispatching rules. The sorting function can, of course, be more complicated. For example, jobs may be ranked in decreasing order of their weight divided by their processing time, that is, in decreasing order of w_j/p_j. This last rule is in the scheduling literature often referred to as the Weighted Shortest Processing Time (WSPT) first rule and is basically equivalent to the so-called $c\mu$-rule in the queueing literature. Scheduling problems for which an optimal sequence can be obtained through a simple sort are computationally among the easiest ones. For example, it is known that the EDD rule minimizes the maximum lateness on a single machine when the jobs are subject to due dates, while the SPT rule minimizes the flow time on parallel machines. Such problems are thus solvable in polynomial time and therefore easy.

There are many (but not too many) other scheduling problems which also can be solved in polynomial time. Often, single machine problems and parallel machine problems with preemptions can be solved efficiently. Some of these problems can be formulated as Linear Programs. Consider, for example, the problem where n jobs, all available at time 0, have to be processed on m identical machines in parallel with preemptions allowed in such a way that the makespan is minimized. This problem can be formulated easily as a Linear program. Unfortunately, the great majority of scheduling problems are NP-hard and can therefore not be formulated as Linear Programs. However, they often can be formulated fairly easily as other types of Mathematical Programs, namely Integer

Programs or Disjunctive Programs. Examples of such problems are $F \mid\mid C_{max}$ and $J \mid\mid C_{max}$.

The two computational techniques which are most often used when dealing with such problems are Dynamic Programming and Branch and Bound. Dynamic Programming can be used in a forward mode as well as in a backward mode. The backward mode may at times be difficult to implement as the makespan may not be known in advance; the forward mode can often be applied more easily. Branch and Bound has several advantages over Dynamic Programming and appears to be more widely used. One advantage is that it is not necessary to carry out the computation till an optimal schedule is found; after a given amount of computation time the procedure can be stopped and the best schedule obtained so far is feasible. Branch and Bound can also easily be used in conjunction with problem specific heuristics; a heuristic can be used independently to obtain an initial feasible schedule, which is then used as a bound in the Branch and Bound procedure. During the seventies powerful bounding techniques have been developed, Lagrangean Relaxation being the best known among them.

As Branch and Bound and Dynamic Programming are very time consuming in practice, simple priority rules are often used for problems which are NP-hard. The use of these rules on NP-hard problems has lead many researchers to perform worst case analyses of such rules. For example, when LPT is applied to the (nonpreemptive) $P \mid\mid C_{max}$ problem it can be shown that the resulting makespan cannot be larger than 4/3 times the optimal makespan /2/.

Theoretical research in scheduling has focussed mainly on models with a single objective. In practice, of course, there are multiple objectives which have to be dealt with. These objectives may have different weights and the weights may actually vary over time. A schedule which is optimal with respect to one objective may be atrocious with respect to another. Lately, researchers have been able to find optimal schedules for some multiple objective models. For example, it is easy to find an optimal schedule for $P \mid prmt \mid \alpha_1 C_{max} + \alpha_2 \sum C_j$, where α_1 and α_2 are the respective weights of the two objectives.

During the last ten years a great deal of research has been done on stochastic scheduling. In these problems the assumption is that the actual processing times of the jobs are not known in advance. The processing time of a job is assumed to be a random variable of which only the distribution is known in advance; the actual processing time is only known *after* the job has been completed. This research in stochastic scheduling has yielded fundamental new insights. One of these insights is the following: It may at times be surprisingly easy to determine the optimal policy for the stochastic counterpart of an NP-hard deterministic problem. A rule which may be only a heuristic in a deterministic setting may optimize the expected objective in a stochastic setting. This observation has a certain effect on algorithms which are to be used in real life settings. If there is a certain amount of randomness in the system it does not pay to invest the computer time needed for finding the very best solution under the assumption that all data are fixed.

3. Empirical Procedures

In real life, with actual scheduling systems, the theoretical procedures presented in the previous section often are not applicable. To obtain an optimal schedule for a real life problem with only 10 jobs can easily take 24 hours on a RISC workstation. As most schedulers would like to have a schedule within 30 seconds, good heuristics are of the utmost importance.

A significant amount of research has been done on sophisticated dispatching rules which use global information. Dispatching rules are often used to determine the order in which jobs are processed either on a single machine or on a bank of parallel machines. The priority rules discussed in the previous section are basically simple dispatching rules designed with a specific (simple) objective function in mind. One objective often encountered in practice is the minimization of the sum of the weighted tardinesses, i.e., $\sum w_j T_j$, where the tardiness T_j of job j is defined as $\max(C_j - d_j, 0)$ with C_j being the completion time of job j. It is clear that the two heuristics which may play a role with regard to this objective are EDD and WSPT. If all the due dates are very close to zero, i.e., the situation is very tight, then clearly WSPT will perform well. On the other hand, if the due dates are spread out, EDD will do well. Somehow a mixture has to be found between EDD and WSPT. Several mixtures have been proposed in the literature, one of which being the so-called Apparent Tardiness Cost first (ATC) rule /5/. If a machine is freed at time t the following index factor is computed for each one of the jobs waiting to be processed.

$$I_j(t) = \frac{w_j}{p_j} \exp\left(-\frac{\max(d_j - p_j - t, 0)}{k\bar{p}}\right),$$

where k is a so-called look-ahead or scaling factor and $\bar{p}$ is the average processing time of the jobs waiting. The $d_j - p_j - t$ represents the remaining slack of job j, that is the amount of time the start of job j can be postponed without causing job j to be late. It is clear that the value of k has a big impact on how the rule behaves. If $k = \infty$, the rule reduces to the WSPT rule, while if $k = 0$ the rule reduces to the Minimum Slack first rule when all jobs have a positive slack, and to the WSPT rule among the jobs which are going to be late when one or more jobs have zero or negative slack. The parameter k can function thus as a control parameter. That is, if a given set of jobs has to be scheduled, then first the characteristics of the job set have to be captured in a number of different factors, such as the Due Date Tightness factor

$$\tau = 1 - \frac{\sum d_j}{n.C_{max}}$$

and the Due Date Range factor

$$R = \frac{\max d_j - \min d_j}{C_{max}}.$$

A significant amount of research has been done in developing functions f which map τ and R to an appropiate k, i.e., $k = f(\tau, R)$ /2/.

This rule illustrates how composite heuristics can be constructed which combine several heuristics into one rule in order to deal with one or more objectives.

Composite rules tend to be very problem specific. In contrast with these rules a great deal of attention has been paid to more generic solution procedures which are less problem specific. Two well-known search techniques are simulated annealing and tabu-search. These two techniques are fairly similar to one another and are based on the same concepts. For both techniques the concept of *neighbourhood* needs to be defined. For example, any given schedule of n jobs on a single machine has as neighbours all schedules which can be obtained through a swap of any two adjacent jobs in the given schedule. Simulated annealing as well as tabu-search proceed through *moves* from one schedule to another; the next schedule is always a neighbour of the previous one. A move may even be allowed when the objective deteriorates. This characteristic is essential as it gives the search routine a chance to move away from a local minimum. The sequence in which the various neighbours of a given schedule are considered as candidates for a move may be the same in simulated annealing and tabu-search. However, the two techniques are fundamentally different in the decision mechanisms which determine whether a move will be made. In simulated annealing this mechanism is based on a probabilistic approach. If the move results in an improvement, the move is made; if the move results in a deterioration of the objective function, then the move is made with a probability which depends on the iteration and on the amount with which the objective deteriorates. Because of the probabilistic nature of the mechanism, there is no danger of cycling. With tabu-search, if the current schedule represents a local minimum, a move to a worse neighbour is made according to a deterministic routine; this can cause cycling. In order to avoid cycling a so-called *tabu-list* is kept. Whenever a move is made the reverse move is put at the top of the tabu-list; all other entries are pushed one position down, while the bottom entry drops from the list.

Some research has been done comparing the effectiveness of simulated annealing with the effectiveness of tabu-search on scheduling problems. The results of one study which compared the two techniques applied on the same test problems indicated that simulated annealing was slightly slower but resulted in slightly better schedules.

4. Systems Development and Implementation

As said before, during the last decade an enormous amount work has been done on the development of scheduling systems. Because of these efforts it has become evident how many differences there are between theoretical scheduling models and scheduling problems in practice. Some of these differences are the following:

(i) Real life scheduling problems often require scheduling systems which are *reactive*. In many environments there may be at all times an *existing* schedule which needs to be updated because of new jobs or modified because of an unforeseen disruption. It is often highly desirable that the new schedule in one way or another is not too different from the original schedule. In the scheduling literature these types of problems have hardly been addressed.

(ii) In real life information is often fuzzy. For example, it may be *preferable* to process a job on one machine instead of on another. This type of information may be hard to capture concisely in a mathematical model.

(iii) In practice there are often *many* objective functions. The various objectives may have different weights which may change over time, dependent upon the status quo of the environment. These types of multi-objective scheduling problems have not received much attention in the literature either.

There are other mostly implementation issues which have had considerable impact on the development and implementation of scheduling systems.

(i) Databases which are inaccurate, inconsistent or incomplete. In practice, it turns out that databases are seldom 100% complete or accurate, which then may lead to schedules which are not feasible.

(ii) User interfaces which are not sufficiently user friendly. For the scheduler to use the system it is of the utmost importance that the interface is to his liking. If he does not feel comfortable with the system he may not use the system at all.

(iii) Response time of the system. The scheduler usually does not like to wait more than 30 seconds for the schedule generation module to come up with a schedule; a longer wait would cause aggravation. The response time when the scheduler is in an editing mode has to be even shorter.

Scheduling systems often consist' of a number of important segments or modules. The more important modules are the database management module, the schedule generation module and the schedule editing module. Here we only discuss the design of schedule generation modules.

There have been several approaches for the design of schedule generation modules. One approach, coming from the Operations Research community, emphasizes optimization; one or more objectives are formulated and an optimization procedure is utilized to obtain an optimal or close to optimal schedule. Another approach, coming from the.Artificial Intelligence community, emphasizes constraint satisfaction. All constraints or scheduling rules are embedded in a knowledge base and an attempt is made to obtain a *feasible* schedule. This approach often leads to the use of programming languages with object-oriented extensions such as Prolog, LISP or C++. Lately, these two approaches have been converging and systems have been designed with a knowledge base which consists of a library of rules in addition to the usual database. In these hybrid systems constraint satisfaction and optimization are intertwined.

One example of a system which has been developed in a corporate research environment and implemented in one of the most difficult machine environments (namely semiconductor manufacturing) is the Requirements Driven Scheduling (ReDS) system /3/. ReDS has been developed at the Siemens Corporate Research Center in Princeton and implemented in a VLSI development line in Germany. ReDS uses heuristics for its release strategies and divide and conquer as well as least commitment planning for the real time generation of its schedules. An example of a system which has been developed in a academic setting and implemented in industry is the ISIS system. This system, which has been developed at Carnegie-Mellon University and implemented in a turbine blade manufacturing facility of Westinghouse Electric, is based on constraint satisfaction. A beam search is used in the space of all the constraints and each partial result is evaluated until an acceptable solution is obtained. Another example of a system developed in an academic setting and designed for industry is the FlexFlo system, which has been developed at Columbia University in collaboration with the Corporate Research Center of International Paper. It is designed for a flexible flow shop and emphasizes constraint satisfaction as well as optimization.

5. Discussion

The current development and (not always successful) implementation of scheduling systems has a significant impact on the research in scheduling. It focuses attention on the real problems which often have been disregarded by the researchers in academia and provides testing grounds for the evaluation of new algorithms. It also brings to light disciplines which are associated and have to be taken into consideration in order to develop and implement systems successfully.

Literature

/1/ Bhaskaran, K.; Pinedo, M.

Dispatching

Handbook of Industrial Engineering, Chapter 83, J. Wiley, NY (1991)

/2/ Graham, R.

Bounds on Multiprocessing Anomalies

SIAM J. of Appl. Math., 17, 263-269 (1969)

/3/ Hadavi, K.; Voigt, K.

An Integrated Planning and Scheduling Environment

Proceedings of AI in Manufacturing Conference, Long Beach (1987)

/4/ Lawler, E.L.; Lenstra, J.K.; Rinnooy Kan, A.H.G.; Shmoys, D.B.

Sequencing and Scheduling: Algorithms and Complexity.

Report BS-R8909, Centre for Mathematics and Computer Science, Amsterdam (1989).

/5/ Vepsalainen, A.; Morton, T.

Priority Rules for Job Shops with Weighted Tardiness Costs.

Management Science 34, 1035-1047 (1987)

Statistiksoftware am PC - eine Marktanalyse

Udo Bankhofer, Augsburg

Zusammenfassung: In diesem Beitrag werden die wesentlichen Ergebnisse einer mit Hilfe von Verfahren der multivariaten Datenanalyse erstellten Marktübersicht über die für Personal Computer verfügbaren Statistiksoftwarepakete dargestellt. Im Vordergrund stehen dabei die Möglichkeiten einer Segmentation des Gesamtmarktes sowie die Untersuchung einiger ausgewählter Statistiksoftwarepakete im Hinblick auf ihre numerische Stabilität.

Abstract: This paper presents the essential results of a market survey of statistical software for personal computers using methods of multivariate data analysis. The possibilities to classify the whole market and the examination of some selected statistical programs concerning their numerical stability will be in the centre of the contribution.

1 Problemstellung

Mit zunehmender Leistungsfähigkeit moderner Mikrocomputer stieg in den letzten Jahren auch die Bedeutung der Statistiksoftware als wichtiges Analyse- und Planungswerkzeug. Die am Markt angebotenen Softwarelösungen unterscheiden sich neben der zum Teil erkennbaren Spezialisierung auf bestimmte Methodengebiete vor allem hinsichtlich der Anzahl und des Umfangs der verfügbaren Prozeduren sowie im Preis. Mit Hilfe von Verfahren der multivariaten Datenanalyse sollte daher eine Marktübersicht über die für Personal Computer verfügbaren Statistiksoftwarepakete erstellt werden. Dazu war, in Anlehnung an die einschlägige Literatur, eine bereits bestehende Klassifikation der Statistiksoftware aufzuzeigen und eine weitere Analyse innerhalb einer einzigen Kategorie durchzuführen. Diese Analyse hatte im wesentlichen das Ziel, die Ähnlichkeitsbeziehungen der Softwarepakete aufzudecken und mehrere disjunkte Klassen zu bilden. Des weiteren sollten die Ähnlichkeitsbeziehungen zur grafischen Veranschaulichung in einen entsprechend dimensionierten Raum projiziert werden. Die daraus ableitbaren taxonomischen Aufgabenstellungen waren folglich die Klassifikation und die Repräsentation.

Gemäß der Zielformulierung gliederte sich die Untersuchung in vier Abschnitte: Diskussion der Datenbasis, Datengewinnung, Datenaufbereitung sowie Datenauswertung einschließlich der Interpretation der Ergebnisse (vgl. /6/, S. 6 f.).

2 Diskussion der Datenbasis

2.1 Abgrenzung der zu untersuchenden Statistiksoftwarepakete

Eine Abgrenzung der zu untersuchenden Objekte erfolgte anhand einer in der einschlägigen Literatur vorgenommenen Klassifikation der Statistiksoftware. Danach läßt sich die Statistiksoftware primär

Operations Research Proceedings 1991
© Springer-Verlag Berlin Heidelberg 1992

in Statistiksoftwarepakete mit allgemeinem Methodenspektrum und Statistiksoftwarepakete für spezielle Methodengebiete einteilen (vgl. /3/, S. 3 f.). Eine Unterscheidung der Softwarepakete der beiden Kategorien ergibt sich anhand des Umfangs an statistischen Prozeduren, so daß durch Definition eines Mindestumfangs an statistischen Prozeduren eine problemlose Zuordnung möglich war. In Anlehnung an WOODWARD et al. (1988) und RASKIN (1989) sollten die folgenden Prozeduren als Mindestumfang vorhanden sein, um von einem Statistiksoftwarepaket mit allgemeinem Methodensprektrum sprechen zu können: univariate deskriptive Statistiken, Kreuztabellen, Korrelationsrechnung, Regressionsrechnung, t-Tests, nichtparametrische Tests, Varianzanalyse sowie statistische Grafiken.

In der folgenden Untersuchung standen nun Statistiksoftwarepakete mit allgemeinem Methodenspektrum im Mittelpunkt des Interesses. Innerhalb dieser Kategorie wurden schließlich 42 Softwarepakete gefunden. Bei den Statistiksoftwarepaketen für spezielle Methodengebiete konnte eine weitere Einteilung in Statistiksoftwarepakete für Testverfahren, für multivariate Verfahren, zur Ökonometrie und multiplen Regressionsrechnung, zur Zeitreihenanalyse und Prognoserechnung sowie für spezielle Interessen erarbeitet werden, die jedoch im Rahmen einer allgemeinen Marktanalyse nicht weiter verfolgt wurde.

2.2 Festlegung des Merkmalkatalogs

Zur Beschreibung der 42 näher zu analysierenden Statistiksoftwarepakete mit allgemeinem Methodenspektrum wurden 118 Merkmale ausgewählt. Zur Differenzierung erschienen die folgenden Bereiche als essentiell:

- **Allgemeine Programmkennzeichen und -erfordernisse** (Betriebssystem, erforderlicher Arbeitsspeicher, Co-Prozessor Unterstützung, Preis u.a.)

- **Benutzerkomfort** (Benutzeroberfläche, Betriebsart, On-line-Hilfe, Produktunterstützung u.a.)

- **Datenmanagement** (maximale Zahl von Fällen/Variablen, Editor, Datenmanipulationen u.a.)

- **Import und Export von Dateien, Output** (Reportdatei, Drucker, Plotter)

- **Numerische Genauigkeit und Zeitverhalten** (Ergebnisse praktischer Tests)

- **Statistische Prozeduren** (deskriptive Statistik, statistische Testverfahren, multivariate statistische Analyse, statistische Grafiken)

Bei der Festlegung der Merkmale sollte zum einen ein möglichst hohes Informationsniveau erreicht und zum anderen eine objektive Beschreibung der Softwarepakete, die über alle möglichen Benutzerprofile Geltung besitzt, gewährleistet werden.

3 Datenerhebung und Datenaufbereitung

Im Rahmen der nachfolgenden Datengewinnung wurde zunächst auf Sekundärdaten zurückgegriffen. Die danach noch fehlenden Daten wurden im Anschluß mittels einer primärstatistischen Datenerhebung gewonnen. Dazu erfolgte zum einen eine schriftliche Befragung der Vertreiber der Softwarepakete, zum anderen mußten die Merkmale zur numerischen Genauigkeit und zum Zeitverhalten durch einzelne praktische Tests erhoben werden, für deren Durchführung 9 der 42 Statistiksoftwarepakete zur Verfügung standen. Im einzelnen wurde die numerische Genauigkeit der Softwarepakete bei der multiplen Regression, der univariaten deskriptiven Statistik, der einfachen Varianzanalyse und der Berechnung von Verteilungswerten überprüft. Eine Untersuchung des Zeitverhaltens erfolgte anhand des Imports von ASCII-Dateien und der Berechnung einer multiplen Regression. Über die Ergebnisse der praktischen Tests hinaus wurden zusätzlich die Einflußfaktoren auf die numerische Genauigkeit eines Statistiksoftwarepakets untersucht. Hierzu sind, neben dem verwendeten Algorithmus, der vorgegebenen Genauigkeit sowie der verwendeten Hard- und Systemsoftware, vor allem auch die Genauigkeit der gegebenen Daten und, im Falle der multiplen Regression, das verwendete Regressionsmodell zu zählen (vgl. /2/, /5/).

Mit den erhobenen Daten konnte die Datenmatrix aufgestellt werden. Die dabei noch vorliegenden "missing values" mußten im Hinblick auf die dadurch entstehenden Probleme bei den multivariaten Ansätzen gesondert behandelt werden. Bei fünf Merkmalen erschien es zweckmäßig die "missing values" durch das arithmetische Mittel des entsprechenden Merkmals zu ersetzen. Nach Vorliegen eines ersten Klassifikationsergebnisses erfolgte dann eine Anpassung dieser "missing values" an die Klassenzentroide. Für die Auswertung mit multivariaten Verfahren lag schließlich eine Datenmatrix mit 42 Zeilen und 99 Merkmalen vor. Bei der Berechnung der merkmalsweisen Distanzen wurden die für die vorliegenden Merkmalstypen relevanten Distanzindizes verwendet (vgl. /6/, S. 34 ff.). Eine Aggregation der Distanzen erfolgte mit dem Ziel, für die merkmalsweisen Distanzen vergleichbare Spannweiten zu erhalten.

4 Datenauswertung und Interpretation der Ergebnisse

Im Rahmen der Datenauswertung konnte zunächst durch einfache deskriptive Ansätze, bei denen die Informationen mehrerer Merkmale zusammengefaßt wurden, eine übersichtliche Darstellung des Leistungsumfanges der Softwarepakete erreicht werden.

4.1 Numerische Genauigkeit

Bei einer Analyse der Ergebnisse der praktischen Tests zur numerischen Genauigkeit konnte festgestellt werden, daß diese im Falle der multiplen Regression bei den meisten hier explizit untersuchten Softwarepaketen in erster Linie durch die maximal mögliche Zahl der Dezimalstellen in den ausgegebenen Ergebnissen determiniert wird. Durch entsprechende lineare Transformationen der

Ausgangsdaten konnten in fast allen Fällen genauere Ergebnisse erzielt werden. Der nachfolgenden Tabelle können im einzelnen die Resultate der Tests zur multiplen Regression und zur Berechnung von Verteilungswerten entnommen werden. Diese beiden Bereiche wurden exemplarisch gewählt, da im Fall der multiplen Regression die damit verbundenen Probleme bei der Invertierung der Kreuzproduktematrix und im Fall der Berechnung von Verteilungswerten die Rundungsfehler bei einer numerischen Integration oder einer Approximation der Verteilungsfunktion bzw. ihrer Inversen über Taylor-Reihen ersichtlich werden.

Programmname	CSS	NCSS	P-STAT	S-PLUS	SAS	SPSS	STASY	Stat-graphics	Systat	Max.-werte
Datensatz von Longley (6 unabh. Variablen)	9,00	8,71 (9,00)	7,45 (9,00)	7,01	6,94 (7,86)	6,58 (9,00)	4,04	6,83 (8,80)	8,76 (9,00)	9,00
Datensatz von Longley (3 unabh. Variablen)	9,00	8,52 (9,00)	7,69 (9,00)	7,21	6,67 (9,00)	7,16 (9,00)	3,99	7,70 (9,00)	9,00	9,00
Multikollinearität 1	3	1	2	1	3	1	0	3	3	3
Multikollinearität 2	3	3	1	1	3	1	2	3	3	3
$N(\mu,\sigma)$		6,65	6,65	7,57	9,00			6,31	8,81	9,00
Inverse $N(\mu,\sigma)$		6,22	6,91	3,96	8,00			5,88	8,00	8,00
Inverse χ^2-Verteilung		5,09	6,00	5,74	7,00			3,63	6,38	7,00
Inverse t-Verteilung		4,90	6,50	4,40	7,00			4,66	7,00	7,00
Inverse F-Verteilung		4,47	5,79	3,98	6,00			5,44	6,00	6,00

Tabelle 1: Ergebnisse der Experimente zur numerischen Genauigkeit

In der rechten Spalte der Tabelle sind die jeweils bestmöglichen Werte angegeben. Bei den Ergebnissen der Longley-Daten handelt es sich jeweils um die Anzahl der durchschnittlich übereinstimmenden Stellen der Regressionskoeffizienten mit der "besten Lösung", die von LONGLEY (1967) bzw. von BEATON et al. (1976) ermittelt wurde. Im Fall des Regressionsmodells mit 6 unabhängigen Variablen läßt sich eine Variable annähernd als Linearkombination von drei anderen Variablen darstellen (Determinationskoeffizient $R^2 = 0,996$). Beim Modell mit 3 unabhängigen Variablen wurden drei dieser vier Variablen eliminiert, so daß zwischen den im Modell verbleibenden Variablen lediglich eine geringe Korrelaton vorliegt. Die in Klammern angegebenen Werte entprechen den, falls möglich, verbesserten Ergebnissen nach durchgeführter linearer Transformation der Ausgangsdaten.

Im Rahmen der beiden Multikollinearitätstests wurde das Verhalten der Softwarepakete bei einem Rangabfall der Beobachtungsmatrix aufgrund einer linearen Beziehung zwischen mehreren erklärenden Variablen sowie einer zu geringen Zahl von Beobachtungswerten untersucht. Die erhalten Ergebnisse ließen sich dabei in folgende Kategorien einteilen: richtige Diagnose mit entsprechender Meldung (3), allgemeine Meldung über das Vorliegen von Störungen (2), Berechnung der Regressionskoeffizienten ohne die Ausgabe einer entprechenden Meldung, das Vorliegen von Multikollinearität ist jedoch am Ergebnis erkennbar (1) sowie Berechnung der Regressionskoeffizienten, das Vorliegen von Multikollinearität wird dabei nicht berücksichtigt (0).

Bei der Berechnung von Verteilungswerten wurden zu jeder Verteilung mehrere über den Definitionsbereich gestreute Werte gewählt. Die erhaltenen Ergebnisse geben die Anzahl der jeweils durchschnittlich übereinstimmenden Stellen mit den tabellierten Werten von REINFELDT, TRÄNKLE (1976) an. Bei den Softwarepaketen CSS, SPSS und STASY ist eine entsprechende Berechnung nicht möglich.

SAS ereicht im Bereich der Verteilungen als einziges Softwarepaket jeweils die Maximalwerte, während es bei der numerischen Berechnung der multiplen Regression ein Ergebnis im hinteren Drittel der Testkandidaten erzielt. Bei Betrachtung aller Resultate der Tabelle 1 weist Systat im Mittel die größte numerische Stabilität auf.

4.2 Marktsegmentierung

Im Rahmen der multivariaten Ansätze erfolgte die Auswertung der Daten auf einem Personal Computer mit Hilfe des Datenanalyse-Lernprogramms MSTAT-PC, das vom Institut für Statistik und Mathematische Wirtschaftstheorie der Universität Augsburg entwickelt wurde (vgl. /1/). Zur Klassifikation der 42 Softwarepakete wurden zunächst die drei agglomerativen Verfahren Complete Linkage, Single Linkage und Average Linkage durchgeführt, die annähernd zu den gleichen Resultaten führten. Die nachfolgende Abbildung zeigt als Beispiel das Ergebnis des Complete Linkage Verfahrens in Form eines Dendrogramms, da mit diesem Verfahren eine Trennung in Marktsegmente besonders deutlich zum Ausdruck kommt.

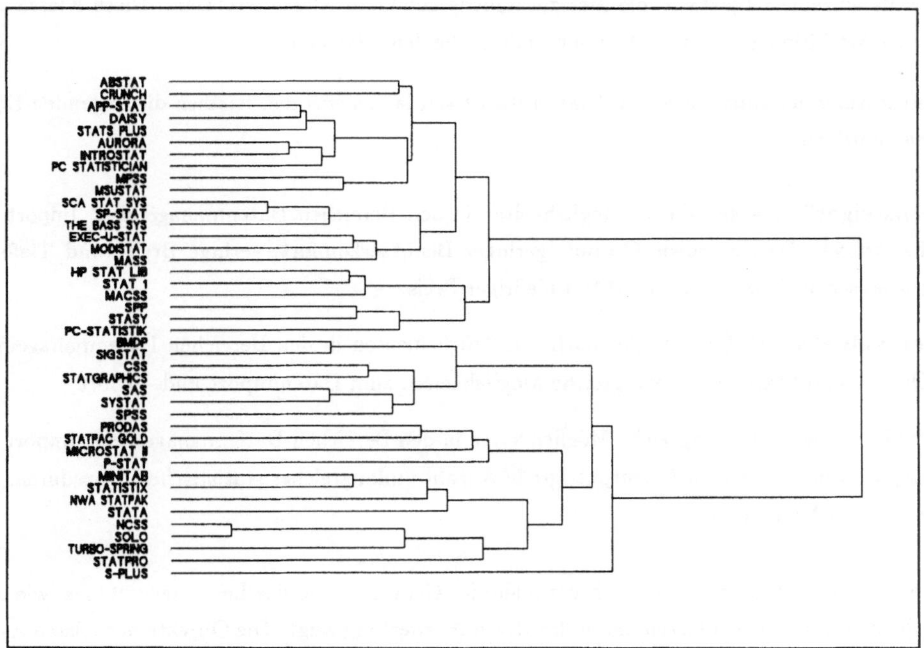

Abbildung 1: Dendrogramm des Complete Linkage Verfahrens

Aufgrund des erheblichen Sprunges zwischen den letzten beiden Fusionen spricht dieses Verfahren deutlich für die Bildung von zwei Klassen. Darüber hinaus sind die Ähnlichkeiten zwischen einzelnen Softwarepaketen, wie beispielsweise NCSS und Solo, gut erkennbar. Des weiteren fällt die Außenseiterposition von S-PLUS auf, das bei der Bildung von drei Klassen eine eigene Klasse darstellen würde.

Mit einem anschließenden Austauschverfahren sollte, ausgehend von einer vorgegeben Klassifikation, durch eine Verlagerung der Objekte eine Verbesserung der Klassifikation erreicht werden (vgl. /6/). Im Rahmen dieser Untersuchung wurde das Austauschverfahren KMEANS (auf Basis einer Distanzmatrix) verwendet, wobei jeweils die Ergebnisse der drei agglomerativen Verfahren als Startpartion gewählt wurden. Dieses Verfahren führte einheitlich zur Bildung der folgenden drei Klassen:

$K_1 = A =$ {ABstat, APP-STAT, Aurora, Crunch, DAISY, Exec*U*Stat, Introstat, MacSS, MASS, Microstat, Modistat, MPSS, MSUSTAT, PC Statistician, PC-STATISTIK, SCA, SP-Stat, SPP, STASY, Stat 1, STATS PLUS, The BASS System}

$K_2 = B =$ {HP, Minitab, NWA Statpak, Prodas, S-PLUS, Stata, Statistix, StatPac Gold, Statpro}

$K_3 = C =$ {BMDP, CSS, NCSS, P-STAT, SAS, Sigstat, Solo, SPSS, Statgraphics, Systat, Turbo Spring-Stat}

Bei einem Vergleich mit dem Ergebnis des Complete Linkage Verfahrens kann festgestellt werden, daß jeweils einzelne Objekte in die hier zusätzliche gebildete Klasse wechseln. Diese Klasse stellt somit eine Art "Bindeglied" zwischen den anderen beiden Klassen dar.

Bei Betrachtung der entsprechenden Klassenstatistiken lassen sich den Klassen die folgenden Eigenschaften zuordnen:

K_1 **"Einsteiger"-Klasse:** Wenig Möglichkeiten in den Bereichen Datenmanagement, Import und Export von Dateien sowie Output, geringer Benutzerkomfort, geringe Breite und Tiefe der statistischen Prozeduren, im Mittel niedriger Preis

K_2 **"Individualisten"-Klasse:** Ausreichende Möglichkeiten in den Bereichen Datenmanagement, Output und Statistik , umfangreiche Möglichkeiten zum Datenimport und -export

K_3 **"Profi"-Klasse:** Umfangreiche Möglichkeiten in den Bereichen Datenmanagement, Import und Export von Dateien sowie Output, große Anzahl umfangreicher statistischer Prozeduren, teilweise sehr hoher Preis

Die Klassen unterscheiden sich danach vor allem im Gesamtbetrag des Leistungsumfangs, wie auch ein Vergleich mit den Ergebnissen der deskriptiven Auswertung zeigt. Die Objekte der Klasse K_1 besitzen dabei im Durchschnitt einen geringen Leistungsumfang, während die Statistiksoftwarepakete der Klasse K_3 durch eine hohe Leistungsbreite und -tiefe gekennzeichnet sind. Der Leistungsumfang der Objekte der Klasse K_2 liegt entsprechend zwischen dem der anderen beiden Klassen. Dennoch ist eine komparative Reihung der Klassen in der Form von "K_3 besser als K_2 besser als K_1" aufgrund der unterschiedlichen Benutzerprofile nicht möglich. Auch eine eindeutige Einordnung in einzelne Preissegmente kann aufgrund der hohen Varianz des Preises in den drei Klassen nicht durchgeführt werden, während im Mittel jedoch eine Zunahme des Preises mit steigendem Klassenindex erkennbar ist. Der hohe Preis einiger Statistiksoftwarepaketes ist auch nicht ausschließlich auf die Anzahl und den Umfang der verfügbaren Prozeduren zurückzuführen, sondern wird auch entscheidend von anderen Faktoren wie Systemoffenheit, Produktunterstützung, Prestige und über die Statistik hinausgehende Möglichkeiten des Softwarepaketes determiniert.

Mit Verfahren der Repräsentation sollten die 42 Statistiksoftwarepakete als Punkte in einem euklidischen Raum möglichst niedriger Dimension dargestellt werden. Dabei soll die relative Lage der sich ergebenden Punkte die Ähnlichkeit bzw. Verschiedenheit der Objekte möglichst gut zum Ausdruck bringen (vgl. /6/, S. 109). Eine Repräsentation der Softwarepakete erfolgte zunächst mittels der multidimensionalen Skalierung unter Anwendung des Verfahrens von Kruskal (vgl. /6/, S. 130 ff.). Um eine bessere Interpretation der Achsen zu ermöglichen, wurden die Informationen der Merkmale zu einem Gesamtleistungswert für jeden der fünf Bereiche Datenmanagement, Import/Export, Output, statistische Prozeduren sowie Grafiken zusammengefaßt. Die nachfolgende Abbildung zeigt als Beispiel das Ergebnis einer Repräsentation im $\mathbb{R}^2$. Der angegebene, auf das Intervall [0;1] normierte Stresswert von 0.0241 kann nach der entsprechenden Stressformel 2 von Kruskal als sehr gut bezeichnet werden (vgl. /6/, S. 138).

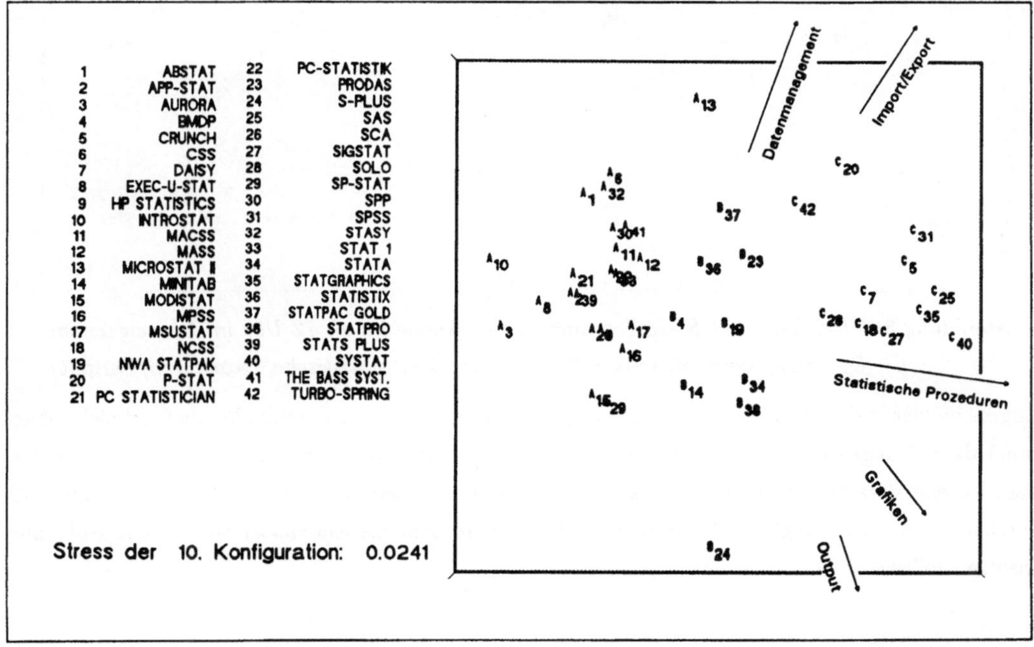

Abbildung 2: Repräsentation von 42 Statistiksoftwarepaketen im $\mathbb{R}^2$

Da die Berechnung einer Hauptkomponentenanalyse und anschließende grafische Darstellung im $\mathbb{R}^2$ zu einer fast identischen Konfiguration der 42 Objekte führte, konnten die dort ermittelten Ladungsvektoren als Merkmalsachsen zur qualitativen Interpretation in die Abbildung 2 übertragen werden. Die ermittelte Klassifikation kann aufgrund der relativ getrennten Anordnung der drei Klassen bestätigt werden. Die bereits angesprochene Stellung der Klasse $K_2 = B$ als eine Art "Bindeglied" zwischen den anderen beiden Klassen kommt in der grafischen Darstellung ebenfalls gut zum Ausdruck. Die im Dendrogramm erkennbaren Ähnlichkeiten zwischen einzelnen Staistiksoftwarepaketen werden durch die Nähe der entsprechenden Punkte ersichtlich. Auch die festgestellte Außenseiterposition von S-PLUS wird bestätigt. Eine Elimination dieses Außenseiters aus den Berechnungen brachte jedoch im Hinblick auf die minimal veränderete Konfiguration der restlichen Objekte keine weiteren Erkenntnisse.

Bei einem Stresswert von 0,0467 ergibt sich die eindimensionale Darstellung der "Top Ten" in Abbildung 3. Die Achse repräsentiert von links nach rechts eine wachsende Leistungsbreite und -tiefe. Anhand der Sterndiagramme ist die Leistungsfähigkeit der 10 Softwarepakete in den Bereichen Datenmanagement, Import und Export, Grafiken, statistische Prozeduren sowie Output ersichtlich.

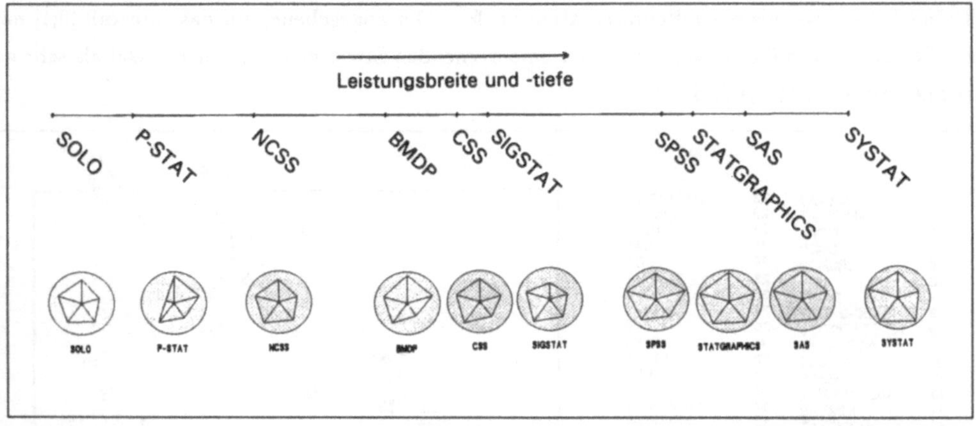

Abbildung 3: "Top Ten" mit Sterndiagrammen (Merkmale im ab 12 Uhr im Uhrzeigersinn: Datenmanagement, Import/Export, Grafiken, statistische Prozeduren, Output)

Angesichts der in dieser Arbeit ausgewerteten gemischten Datenmatrix sollte abschließend nicht ohne Ironie darauf hingewiesen werden, daß kein einziges der 42 untersuchten Statistiksoftwarepakete in der Lage ist, eine derartige multivariate Analyse im Falle einer gemischten Datenmatrix problemadäquat durchzuführen. Hier liegt mit Sicherheit ein Bereich, in dem die Entwickler von Statistiksoftware ansetzen sollten.

5   Literaturhinweise

/1/ Bausch, T.; Opitz, O.: Benutzerhandbuch zum interaktiven Datenanalyse-Lernprogramm MSTAT-PC, Arbeitspapiere zur mathematischen Wirtschaftsforschung, Heft 103/1990

/2/ Beaton, A.; Rubin, D.; Barone, J.: The Acceptability of Regression Solutions: Another Look at Computational Accuracy, JASA, Vol. 71, S. 158-168 (1976)

/3/ Beutel, P.; Schubö, W.: SPSS 9 : Statistik Programmsystem für die Sozialwissenschaften, Stuttgart (1983)

/4/ Longley, J.W.: An Appraisal of Least Squares Programms from the Point of View of the User, JASA, Vol. 62, S. 819-841 (1967)

/5/ Longley, J.W.: Least Squares Computations and the Condition of the Matrix, Communal Statistical-Simulation Computation, B10(6), S. 593 ff. (1981)

/6/ Opitz, O.: Numerische Taxonomie, Stuttgart (1980)

/7/ Raskin, R. u.a.: Statistical Software for the PC: Testing for Significance, PC Magazine, 14.03.1989, S. 103 ff. (1989)

/8/ Reinfeldt, M.; Tränkle, U.: Signifikanztabellen statistischer Testverteilungen, München (1976)

/9/ Woodward, W.; Elliott, A.; Gray, H.; Matlock, D.: Directory of Statistical Microcomputer Software, New York (1988)

LAGERHALTUNGSPROBLEME MIT ABHÄNGIGER NACHFRAGE

Michael Fauser, Karlsruhe

Zusammenfassung: Wir betrachten ein endlichstufiges instationäres Einproduktmodell mit verderblichen Gütern, partieller Vormerkung und partieller Stornierung von MILLER (1986). In diesem wird nicht vorausgesetzt, daß die Nachfragen während der einzelnen Perioden stochastisch unabhängig sind, sondern es werden mittels exponentieller Glättung erster Ordnung Abhängigkeiten berücksichtigt. Dies erfordert allerdings einen zweidimensionalen Zustandsraum. Miller zeigte, daß eine Reduktion auf einen eindimensionalen Zustandsraum möglich ist.
Es wird im Wesentlichen über Resultate aus der Diplomarbeit des Verfassers zu folgenden Fragen berichtet:
- exakte Behandlung des zugehörigen dynamischen Programms
- hinreichende Bedingungen für die Existenz optimaler (S,S)–Politiken
- Vergleich mit dem entsprechenden Modell mit unabhängiger Nachfrage
- Ausdehnung auf den Fall von Lieferverzögerungen
- Untersuchung eines Modells mit Verkaufserlösen.

Abstract: We deal with a finite horizon nonstationary one product inventory model with a partial decay of goods, partial backlogging and a partial return of demand. This model was first considered by MILLER (1986). Dependence of demand is modelled with aid of first order exponential smoothing. This requires a two dimensional state space. Miller showed that a reduction to a one dimensional state space is possible. We will mainly discuss results of the diploma thesis of the author to the following questions:
- a rigorous treatment of the corresponding dynamic program
- sufficient conditions for the existence of optimal (S,S)–policies
- comparison with the corresponding model with independent demand
- extension to the case of a fixed lead time
- analysis of a model with revenue.

I. Das Modell von Miller

Es handelt sich um ein endlich–stufiges instationäres Einproduktmodell, bei dem zugelassen wird, daß die Güter verderblich sind, daß eine teilweise Vormerkung unbefriedigter Nachfrage erfolgt, und daß ein Teil der Nachfrage storniert wird und damit in der Folgeperiode wieder zur Verfügung steht.

Operations Research Proceedings 1991
© Springer-Verlag Berlin Heidelberg 1992

Obwohl in unserem Lagerhaltungsproblem stochastisch abhängige Nachfragen auftreten, läßt es sich durch ein Kontrollmodell mit stochastisch unabhängigen Störungen modellieren.

Mit N werde der Horizont und mit $B \in \mathbb{R}^+ \cup \{\infty\}$ $(\mathbb{R}^+ := (0,\infty))$ die Lagerkapazität bezeichnet. Die Daten werden im folgenden rückwärts indiziert.

(i) Zustände: $(b_n, m_n) \in (-\infty, B] \times \mathbb{R}^+$ mit

b_n = Lagerbestand auf Stufe n, d.h. n Perioden vor dem Ende, unmittelbar <u>vor</u> der Bestellung

m_n = "Nachfragemittel" auf Stufe n

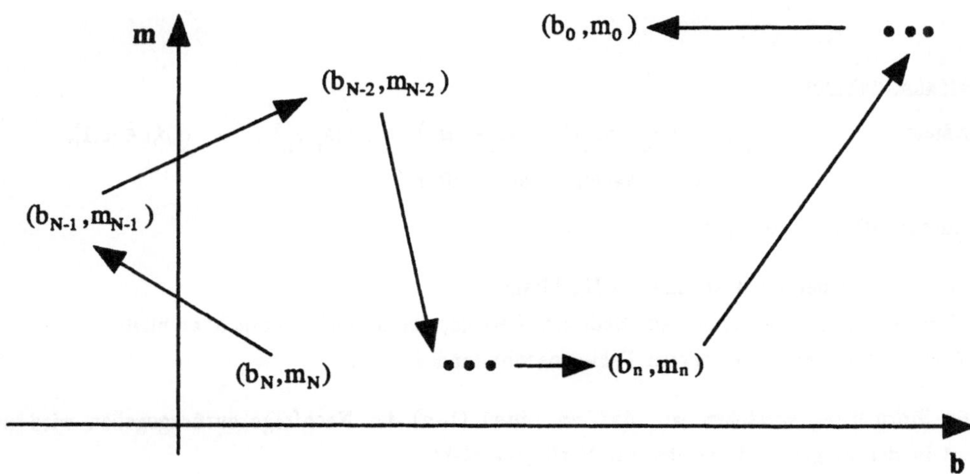

Wir starten also auf Stufe N im Anfangszustand, kommen nach einer Periode auf Stufe N − 1 usw. und sind zum Schluß, also nach Projektende, auf Stufe 0. Da wir ein Modell mit Vormerkung betrachten, kann der Bestand auch negative Werte annehmen. Weiterhin erkennen wir, daß wir einen zweidimensionalen Zustandsraum haben, wogegen wir im entsprechenden Modell mit stochastisch unabhängiger Nachfrage nur einen eindimensionalen Zustandsraum hätten. Das ist auch der Grund dafür, warum meistens Modelle behandelt werden, bei denen vorausgesetzt wird, daß die Nachfragen während der einzelnen Perioden stochastisch unabhängig sind, obwohl dies in der Realität oft nicht erfüllt sein dürfte.

(ii) Aktionen:

a_n = Lagerbestand auf Stufe n, unmittelbar <u>nach</u> der Bestellung,

es werden also $a_n - b_n$ Einheiten bestellt.

(iii) Übergangsgesetz:

Zufällige Nachfrage Z_n auf Stufe n:

Z_n = multiplikativ durch $X_n \geq 0$ gestörtes Mittel M_n

$$\text{(d.h.} \quad Z_n = M_n X_n \; , \; X_1, ..., X_N \text{ stochastisch unabhängig)}$$

und M_n durch exponentielle Glättung erzeugt

$$\text{(d.h.} \quad M_n = (1 - e_n) \cdot M_{n+1} + e_n \cdot Z_{n+1} \;) \tag{1}$$

e_n = Glättungsfaktor, $0 \leq e_n < 1$

Falls alle Glättungsfaktoren den Wert 0 haben, erhalten wir das Modell mit stochastisch unabhängiger Nachfrage.

<u>Übergangsfunktion:</u>

Bestände $\qquad : \quad b_{n-1} = \beta(a_n - \alpha z_n)^+ - \delta(a_n - \alpha z_n)^- =: T(a_n, z_n) \; , \qquad \alpha, \beta, \delta \in [0,1],$

$\qquad\qquad\qquad\qquad$ wobei z_n = Nachfrage auf Stufe n

Nachfragemittel $\; : \;$ wie (1)

$\alpha =$ Anteil der nicht stornierten Nachfrage

$\beta =$ Anteil des Bestandes am Ende der Periode, der weiterhin brauchbar bleibt

$\delta =$ Anteil des vorgemerkten Fehlmengenbestandes

Unter Stornierung verstehen wir, daß ein Anteil $(1-\alpha)$ der Nachfrage zurückgegeben wird und damit in der Folgeperiode wieder zur Verfügung steht:

- $\alpha = 1$ bedeutet dabei, daß keine Stornierung erfolgt. Dieser Fall wird in der Literatur meist vorausgesetzt.

- $\alpha = 0$ entspricht einer vollständigen Stornierung der Nachfrage (z.B. Verleihfirmen, Reparaturmodelle).

Die folgenden Standardfälle sind in unserem Übergangsgesetz enthalten:

$$\beta = \alpha = \delta = 1 \quad : \quad b_{n-1} = a_n - z_n \qquad \text{"Backorder" – Fall}$$

$$\beta = \alpha = 1, \; \delta = 0 : \quad b_{n-1} = (a_n - z_n)^+ \qquad \text{"Lost Sales" – Fall}$$

(iv) Kostenstruktur:

Die Kostenstruktur sei klassisch, d.h. mit $\mathbb{R}_+ := [0,\infty)$

$h_n \in \mathbb{R}_+$: Lagerungskosten $\left.\vphantom{\begin{array}{c}a\\a\\a\end{array}}\right\}$

$p_n \in \mathbb{R}_+$: Fehlmengenkosten $\qquad$ pro Einheit auf Stufe n,

$c_n \in \mathbb{R}_+$: Bestellkosten

und es treten keine fixen Bestellkosten auf.

Die erwarteten Einstufenkosten haben dann die folgende Gestalt:

$$r_n(b,m,a) := c_n(a - b) + h_n \cdot E(a - mX_n)^+ + p_n \cdot E(a - mX_n)^-$$

(v) Terminale Kostenfunktion:

$$C_0(b,m) := -k_1 b^+ + k_2 b^-$$

$k_1 \in \mathbb{R}_+$: Schrottwert eines Gutes nach Projektende

$k_2 \in \mathbb{R}_+$: Fehlmengenkosten je Einheit nach Projektende

Für $B = \infty$ fordern wir noch zusätzlich

$$c_n + \sum_{i=0}^{n-1} \beta^i \cdot h_{n-i} > \beta^n \cdot k_1 \tag{2}$$

II. Ergebnisse

Mit $C_n(b,m)$ bezeichnen wir die minimalen erwarteten Kosten für das n – stufige Modell bei einem Lagerbestand b und einem Nachfragemittel m.

Satz 1:

a) $C_n(b,m) = \inf_{b \leq a \leq B} [r_n(b,m,a) + EC_{n-1}(T(a,mX_n),(1-e_n+e_nX_n)\cdot m)]$

$ =: \inf_{b \leq a \leq B} W_n(b,m,a).$

b) $C_n(\cdot,m)$ ist gleichmäßig L – stetig bzgl. m mit rekursiv berechenbaren L – Konstanten.

c) $a \to W_n(b,m,a)$ hat eine kleinste Minimalstelle $f_n(b,m)$ und $(f_N,...,f_1)$ ist optimale Politik.

Teil b) ermöglicht es, die Teile a) und c) in natürlicher Form zu beweisen.

Miller setzt voraus, daß die Lagerkapazität unendlich ist. Allerdings stellt er nicht die von uns in (2) gemachten Voraussetzungen an die Kostenstruktur. Die Existenz der Größen C_n und einer optimalen Politik ist dann aber nicht gesichert.

Bemerkung 1:

Satz 1 gilt auch, falls die Lagerkapazität B durch $B_n \cdot m$ ersetzt wird, d.h. es sind Aktionen $a \in [b, B_n \cdot m]$ zulässig, wobei $B_n \geq \dfrac{\beta \cdot B_{n+1}}{1 - e_{n+1}}$ sei. Das kann beispielsweise dann auftreten, wenn einem Gut bei wachsender Nachfrage mehr Lagerraum reserviert wird.

Im folgenden wird die auf MILLER (1986) zurückgehende Zustandsreduktion formuliert, mit der unser dynamisches Programm mit stochastisch abhängiger Nachfrage dann nicht mehr schwerer zu lösen ist als ein entsprechendes Programm mit stochastisch unabhängiger Nachfrage. Die Idee zu dieser Zustandsreduktion lieferte eine Arbeit von SCARF (1960).

Satz A (Zustandsreduktion, MILLER (1986)):

a) Sei nun $B = \infty$. Dann ist C_n homogen vom Grad 1, und es gilt

$C_n(b,m) = m \cdot K_n(\tfrac{b}{m})$, wobei $K_0(b) = C_0(b,m)$ und K_n berechenbar ist als

$K_n(b) = \inf_{a \geq b} [r_n(b,1,a) + E\{(1-e_n+e_nX_n) \cdot K_{n-1}(T(a,X_n)/(1-e_n+e_nX_n))\}]$

$ =: \inf_{a \geq b} L_n(b,a).$

b) $a \to L_n(b,a)$ hat eine kleinste Minimalstelle $g_n(b)$, und es gilt $f_n(b,m) = m \cdot g_n(\tfrac{b}{m})$.

An dieser Stelle wird ersichtlich, warum wir uns auf Modelle ohne fixe Bestellkosten beschränkt haben. Es wäre sonst C_n nicht mehr homogen, und die Zustandsreduktion in Satz A wäre nicht mehr durchführbar.

Bemerkung 2:

Ersetzen wir (wie in Bem. 1) B durch $B_n \cdot m$, wobei $B_n \geq \dfrac{\beta \cdot B_{n+1}}{1 - e_{n+1}}$ sei, so gilt Satz A

analog mit $K_n(b) := \inf_{b \leq a \leq B_n} [r_n(b,1,a) + E\{(1-e_n+e_n X_n) \cdot K_{n-1}(T(a,X_n)/(1-e_n+e_n X_n))\}]$

Es werden nun hinreichende Bedingungen für die Existenz optimaler (S,S) – Politiken angegeben. Diese sind nicht in den sehr allgemeinen Bedingungen in der Arbeit von SCHÄL (1976) enthalten.

Satz 2 (Optimalität von (S,S) – Politiken):

Gilt $k_1 \leq k_2$ und eine der folgenden Bedingungen

    (*i*) $\alpha = 0$, es sind nur Aktionen a ≥ 0 zulässig,

    (*ii*) $\beta \leq \delta$,

    (*iii*) $\alpha = 1$, $h_1 + p_1 \geq \beta k_1 - \delta k_2$, $h_n + p_n \geq (\beta - \delta)c_{n-1}$, $2 \leq n \leq N$,

so ist

    a) die Funktion $K_n(\cdot)$ konvex, $0 \leq n \leq N$,

    b) und es existiert eine optimale (S,S) – Politik.

Man erkennt, daß im Falle einer vollständigen Stornierung der Nachfrage ($\alpha = 0$), oder falls keine Stornierung der Nachfrage erfolgt ($\alpha = 1$), nur recht schwache Voraussetzungen erfüllt sein müssen. Anhand von Gegenbeispielen kann man zeigen, daß die Bedingungen scharf sind. Es kann sogar für den "Lost Sales" – Fall ein realistisches Beispiel angegeben werden, für welches keine optimale (S,S) – Politik existiert. Die Bedingungen und die Gegenbeispiele konnten mit Hilfe von umfangreichen Computerexperimenten gefunden werden.

Bezüglich des Vergleichs des Modells mit stochastisch abhängiger Nachfrage mit dem zugehörigen Modell mit stochastisch unabhängiger Nachfrage fand MILLER (1986) folgendes Resultat:

Satz B (Flexibilität, MILLER (1986)):

Für $\alpha = 0$ (vollständige Stornierung der Nachfrage) führt das Modell mit abhängiger Nachfrage auf Stufe N immer zu flexibleren Aktionen (d.h. zu einer größeren Menge zulässiger Aktionen in der Folgeperiode, in unserem Fall also zu kleineren Bestellungen) als das entsprechende Modell mit unabhängiger Nachfrage (und gleichen Einzelverteilungen).

58

__Bemerkung 3:__

Miller gab in seiner Arbeit Argumente für und gegen die Gültigkeit von Satz B im Falle $\alpha \neq 0$ an. Mit erheblichem Aufwand konnten wir ein Gegenbeispiel finden, welches zeigt, daß die Aussage von Satz B im Falle $\alpha \neq 0$ nicht mehr gilt.

Es werden nun Lieferverzögerungen zugelassen, wobei nicht – wie sonst üblich – der Backorder–Fall vorausgesetzt wird. Allerdings werden das Modell und die Beweise dann sehr aufwendig, und der Zustandsraum bläht sich stark auf. Für Lieferverzögerungen um wenige Perioden scheinen die Modelle aber noch anwendbar zu sein.

__Satz 3__ (Lieferverzögerung):

Im Falle einer Lieferverzögerung um λ Perioden läßt sich für $\beta = \delta = 1$ der $(\lambda+1)$ – dimensionale Zustandsraum auf einen eindimensionalen Zustandsraum reduzieren (Beweisidee von Miller).

Für $\beta \neq 1$ oder $\delta \neq 1$ ist wenigstens eine Reduktion um eine Dimension möglich.

III. Ein Modell mit Verkaufserlösen

Wir wollen nun das Modell von Miller verallgemeinern, indem wir zusätzlich zu den Lagerungs–, Fehlmengen– und Bestellkosten noch Verkaufserlöse berücksichtigen. Diese Modellerweiterung scheint vor allem im Hinblick auf unser allgemeines Übergangsgesetz sinnvoll, da ein Einbeziehen entgangener Verkaufserlöse in die Fehlmengenkosten schwierig ist.

Es seien nun (i), (ii), (iii), (v) wie im Modell von Miller und in (iv) sei zusätzlich

$v_n \in \mathbb{R}_+$: Verkaufserlös pro Einheit auf Stufe n

Die erwarteten Einstufenkosten haben dann die folgende Gestalt:

$$r_n(b,m,a) := c_n(a-b) + h_n \cdot E(a-mX_n)^+ + p_n \cdot E(a-mX_n)^- - v_n \alpha m E X_n + v_n \alpha(1-\delta) \cdot E(a-\alpha m X_n)^-$$

Wir nehmen also an, daß die Ware an den Kunden immer zu dem Preis verkauft wird, der beim Auftreten der Nachfrage gültig war.

__Satz 4:__

Die Sätze 1 und A gelten entsprechend.

Die Existenz optimaler (S,S) – Politiken kann wiederum unter schwachen Voraussetzungen gesichert werden. Allerdings sind dazu andere Beweistechniken als im Modell ohne Verkaufserlöse erforderlich.

Satz 5 (Optimalität von (S,S) – Politiken):

Gilt $k_1 \leq k_2$ und eine der folgenden Bedingungen

(*i*) $\quad \alpha v_n \geq c_{n-1}$, $2 \leq n \leq N$, $v_1 \geq k_2$,

(*ii*) $\quad \beta \leq \delta$,

(*iii*) $\quad \delta = 1$, $v_n \geq c_{n-1}$, $2 \leq n \leq N$, $v_1 \geq k_2$,

so existiert eine optimale (S,S) – Politik.

Literatur:

/1/ Miller, Bruce L.
Scarf's State Reduction Method, and a Dependent Demand Inventory Model.
Operations Research 34, 83 – 90 (1986).

/2/ Scarf, H.
Some Remarks on Bayes Solutions to the Inventory Problem.
Naval Res. Logist. Quart. 7, 591 – 596 (1960).

/3/ Schäl, M.
On the Optimality of (s,S) – Policies in Dynamic Inventory Models with Finite Horizon.
SIAM J. Appl. Math. 30, 528 – 537 (1976).

EIN MODELLSYSTEM ZUR ABLEITUNG VON ENERGIE-STRATEGIEN

Gottfried Beckmann, Zittau

Elke Lehmann, Zittau

Otto Schweicke, Zittau

Zusammenfassung: Vorgestellt wird ein Modellsystem, mit dem begründete Aussagen zur Entwicklung der Energiewirtschaft in den neuen Bundesländern bis zum Jahr 2020 abgeleitet werden. Es besteht aus den Hauptbausteinen Prognosemodell, Datenbank und Optimierungsmodell. Die Ergebnisse zeigen, daß sich in der Energiewirtschaft der neuen Länder ein radikaler Wandel auf technisch - technologischem Gebiet und in der Energieträgerstruktur vollziehen wird.

Abstract: A model system is presented which permits scientific statements to be derived about the development of power industry in the new federal states by the year 2020. It consists of the main constituents prognoses model, database and optimisation model. The results show that a radical change will occur in the technical and technological field and in the structure of energy carriers related to the power industry of the new federal states.

Problem- und Zielstellung

Seit mindestens einem Jahrzehnt hat es für das Territorium der vormaligen DDR keine strategischen und konzeptionellen Arbeiten mehr für das Gesamtsystem der Energiewirtschaft gegeben. Unter dem Namen *ZITTAUER ENERGIEKONZEPT 2020* wurde an der Technischen Hochschule Zittau in interdisziplinärer Arbeit ein Energiesystemmodell geschaffen, dessen Hauptbestandteile ein Prognosemodell, eine Datenbank und ein Optimierungsmodell darstellen. Das Ziel besteht darin, mit Hilfe dieses Modellsystems bilanzierte Entwicklungslinien für die Energiewirtschaft der neuen Bundesländer bis zum Jahr 2020 unter Beachtung der bisherigen Besonderheiten und der zu erwartenden längeren Übergangsphase zu untersuchen.

Prognosemodell

Ausgangspunkt für die Energiebedarfsprognose ist der Entwurf von Szenarien als konsistente Fallstudien, mit denen die Spanne der möglichen Endzustände für die Energiewirtschaft der neuen Länder im Jahr 2020 unter Beachtung des Umfeldes abgesteckt wird. Für jedes Szenario wurden Pfade als energetische Wege, die in Fünf-Jahres-Abschnitten von der Gegenwart zur Zukunft des Jahres 2020 führen, ausgearbeitet. Um die Energiebedarfsentwicklung für einen Pfad zu quantifizieren und zu strukturieren, wird das Prognosemodell genutzt.

Operations Research Proceedings 1991
© Springer-Verlag Berlin Heidelberg 1992

Für das Gesamtsystem resultiert der Bedarf Q an Gebrauchsenergie aus den Bedarfswerten Q_m der einzelnen Sektoren (Bauwesen, Verkehr, verarbeitende Industrie, ... , Bevölkerung/Haushalte):

$$Q = \sum_{m \geq 1} Q_m \tag{1}$$

Der Gebrauchsenergiebedarf eines Sektors m ist im wesentlichen von der Nettoproduktion P_m und der Gebrauchsenergieintensität ie_m abhängig. Während in der Nettoproduktion die Wirtschaftsentwicklung ihren Ausdruck findet, charakterisiert letztere den spezifischen Energiebedarf eines Sektors:

$$Q_m = f(P_m, ie_m) \tag{2}$$

Die Beschreibung der zeitlichen Entwicklung des Energiebedarfs eines Sektors erfolgt mit den jährlichen Wachstumsraten w der Produktion, die vor allem Strukturveränderungen und Technologiewandel berücksichtigen, sowie mit Senkungsraten s der Energieintensität, in denen insbesondere der Einfluß der rationellen Energienutzung erfaßt wird:

$$P_m = f(w_m(t)) \quad , \quad ie_m = f(s_m(t)) \tag{3}$$

Dabei werden für die einzelnen Fünf - Jahres - Abschnitte exponentielle Ansätze mit jeweils verschiedenen aber konstanten Raten verwendet.

Um den Energiebedarf der nichtproduzierenden Bereiche sowie für die Bevölkerung bzw. privaten Haushalte zu ermitteln, werden anstelle der Produktionswerte spezielle Kenngrößen (Beschäftigtenzahlen, Zahl der privaten Haushalte, ...) zugrundegelegt.

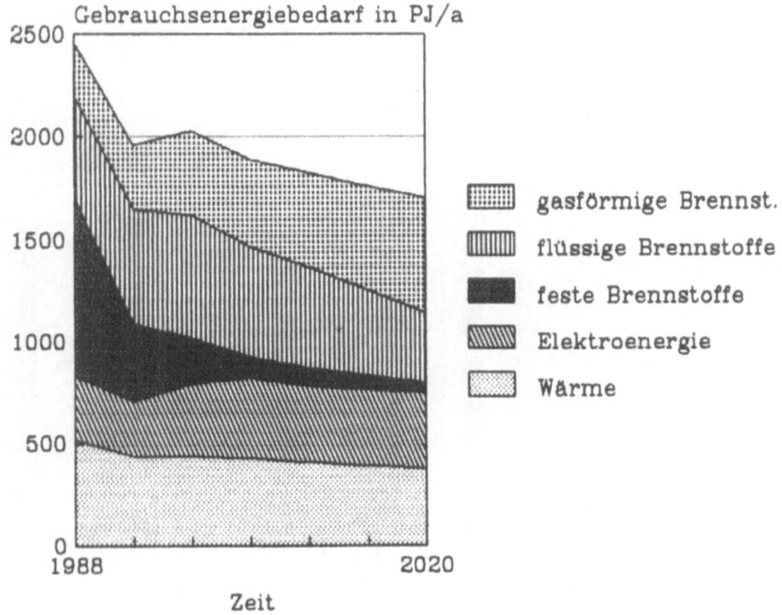

Bild 1: Entwicklung der Gebrauchsenergiestruktur nach Energieträgern im Pfad 5

In einem iterativen Verfahren werden die sektoral ermittelten Bedarfswerte durch globale Kontroll-
rechnungen überprüft. Mit Hilfe von zeitabhängigen Anteilsfaktoren wird schließlich der Bedarf nach
Gebrauchsenergieträgern (Elektroenergie, feste, flüssige und gasförmige Brennstoffe sowie Prozeß-
und Raumwärme) strukturiert. Bild 1 zeigt die Bedarfsstruktur nach Gebrauchsenergieträgern am
Beispiel des Pfades 5. Dieser Pfad unterstellt eine Angleichung an das vorhandene Wirtschafts-
und Energieniveau der ursprünglichen Bundesländer bis zum Jahr 2005 verbunden mit intensivem
Energiesparen.

Datenbank

Um den Bedarf an Elektroenergie, Raum- und Industriewärme sowie Gas decken zu können, ist
der Einsatz entsprechender Versorgungstechnologien erforderlich. Der Technologiedatenspeicher ist
daher neben den Ergebnissen der Prognoserechnungen sowie Brennstoff-, Preis-, Zins- und Kostendaten wesentlicher Bestandteil einer Datenbank für Energiesystemmodelle. Er erfaßt eine Vielzahl
von Technologien für die Elektroenergie- und Wärmeversorgung, wobei sowohl gegenwärtig vorhandene (z.B. der 500-MW-Braunkohleblock) als auch in anderen Ländern erprobte und verfügbare (z.B.
Blockheizkraftwerke) sowie absehbare neue Technologien (z.B. Anlagen mit Kohlevergasung) aufgenommen worden sind.

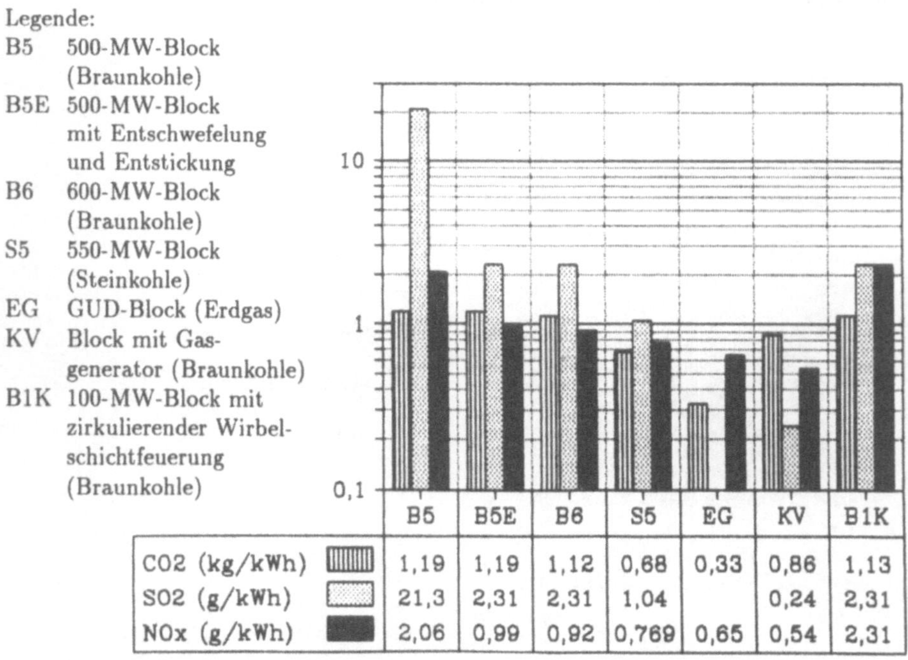

		B5	B5E	B6	S5	EG	KV	B1K
CO2 (kg/kWh)		1,19	1,19	1,12	0,68	0,33	0,86	1,13
SO2 (g/kWh)		21,3	2,31	2,31	1,04		0,24	2,31
NOx (g/kWh)		2,06	0,99	0,92	0,769	0,65	0,54	2,31

Bild 2: Spezifische Emissionswerte fossilbefeuerter Kraftwerke

Jede Technologie wird durch bestimmte Kennzahlen charakterisiert, die man in spezifische Emissionswerte (vgl. Bild 2), technisch-ökonomische und Kostenkennzahlen einteilen kann.

Die Kosten jeder Technologie werden durch die spezifischen Investitionskosten ki, die spezifischen leistungsproportionalen Betriebskosten klb und die spezifischen arbeitsproportionalen Kosten ka beschrieben.

Wesentliche technisch-ökonomische Kennziffern sind u.a. der spezifische Brennstoffverbrauch bn, die Arbeitsverfügbarkeit va, der elektrische Eigenverbrauch aev sowie die Bauzeit nb und die Nutzungsdauer n.

Lineares Modell zur Struktur- und Einsatzweiseoptimierung

In das Optimierungsmodell gehen der Elektroenergie-, Wärme- und Gasbedarf, der mit dem Prognosemodell erarbeitet wurde und die Technologien zur Bedarfsdeckung mit ihren Kennzahlen ein. Ziel der Struktur- und Einsatzweiseoptimierung ist es, mögliche effektive Energieträger- und Anlagenstrukturen für die neuen Bundesländer abzuleiten.

Nicht in die Optimierung einbezogen werden die regenerativen Energiequellen. Diese entziehen sich zur Zeit noch einer ökonomisch orientierten Optimierung. Daher wird das wirtschaftlich nutzbare Potential an regenerativen Energiequellen als bedarfssenkende Größe mit steigender Tendenz bei den Bedarfsprognosen fest eingeplant.

Die Anlagenstruktur- und Einsatzweiseoptimierung läßt sich in die Thematik der dynamischen Optimierung einordnen, wird aber hier basierend auf der linearen Optimierung mathematisch modelliert. Das Optimierungsmodell ist dynamisch in dem Sinne, daß es die zeitliche Entwicklung in sechs Fünf-Jahres-Abschnitten im Zusammenhang betrachtet, wobei die Verbindung über die getätigten Investitionen und deren längerfristige Nutzung hergestellt wird. Als Zielkriterium wurde die Minimierung der diskontierten Gesamtkosten gewählt. Der Barwertansatz sorgt für die Berücksichtigung zeitlicher Effekte. In die Diskontrate ist eine mittlere Teuerungsrate eingeschlossen. Ausgangspreisniveau ist das des Jahres 1990.

Im folgenden wird stets ein fester Zeitabschnitt betrachtet, insofern nicht anders ausgewiesen.

Der Bedarf an Elektroenergie wird auf drei Lastbereiche (Grundlast, Mittellast, Spitzenlast) verteilt.

Jedem Lastbereich ist eine Bilanzungleichung zugeordnet:

$$\sum_{i\geq 1}(1 - aev_i)A_{ki} \geq (1 + NV)A_k \quad , \qquad k = G, M, S \tag{4}$$

Dabei sind

A_{Gi}, A_{Mi}, A_{Si} - durch die Technologie i erzeugte elektrische Arbeit (brutto) pro Jahr in der
Grund-, Mittel- bzw. Spitzenlast,

64

aev_i - Eigenverbrauch der Technologie i,

NV - Netzverlust im betrachteten Zeitabschnitt.

Der Bedarf $\quad A = A_G + A_M + A_S \quad$ an Elektroenergie pro Jahr (netto) ist für jeden Zeitabschnitt vorgegeben. Für die Raum- und Industriewärme müssen die Bilanzgleichungen

$$\sum_{i \geq 1} A_i = W \tag{5}$$

erfüllt werden, wobei

A_i - die durch die Technologie i der Raum- bzw. Industriewärme erzeugte Wärmemenge,

W   - vorgegebene Wärmemengen, die durch die Technologien der Raum- bzw. Industriewärme

       bereitzustellen sind (Wärmebedarf).

Eine entsprechende Bilanz wird für die Stadtgasproduktion aufgestellt.

Die Arbeit A_i jeder Versorgungstechnologie i geht ein in die Rohstoff- und Schadstoffbilanzen:

$$\sum_{i \geq 1} b_{ji} A_i = B_j \tag{6}$$

$$\sum_{i \geq 1} c_{ki} A_i = C_k \tag{7}$$

Dabei sind

b_{ji} - spezifischer Verbrauch durch die Technologie i am Rohstoff j,

c_{ki} - spezifischer Ausstoß des Schadstoffes k durch die Technologie i,

B_i - Gesamtbedarf am Rohstoff j pro Jahr des betrachteten Zeitabschnittes,

C_k - Gesamtausstoß des Schadstoffes k pro Jahr des betrachteten Zeitabschnittes.

Für Technologien der Elektroenergieerzeugung gelte $\quad A_i = A_{Gi} + A_{Mi} + A_{Si}$

Die Gleichungen (6) und (7) werden zu $\leq$ - Ungleichungen, falls B_j und C_k als obere Schranken vorgegeben sind.

Zwischen Arbeit und Leistung einer Technologie der Elektroenergie- bzw. Wärmeversorgung besteht folgender Zusammenhang:

$$m \cdot va \cdot T_k \cdot P_k \leq A_k \leq va \cdot T_k \cdot P_k \quad , \qquad k = G, M, S \tag{8}$$

mit

P_G, P_M, P_S - genutzte elektrische Leistung der Technologie in der Grund-, Mittel- bzw. Spitzenlast,

va - Arbeitsverfügbarkeit der Technologie,

T_G, T_M, T_S - jährliche Benutzungsstundenzahl der Technologie in der Grund-, Mittel- bzw. Spitzen-

       last,

m - $0 \leq m < 1$.

Die genutzte elektrische Leistung $P = P_G + P_M + P_S$ einer Technologie geht ein in deren Leistungsbilanz:

$$P \leq P1 + P2 + ... + PEND \tag{9}$$

Dabei sind

$Pk, k = 1, 2, ..., END$ - installierte Leistungen, die sich im betrachteten Zeitabschnitt im k-ten Zeitabschnitt ihrer Verfügbarkeit befinden.

Auf Grund der Beziehung

$$P1_z \geq P2_{z+1} \geq ... \geq PEND_{z+\frac{n}{5}+1} \tag{10}$$

wird die Aussonderung nicht mehr benötigter installierter Leistung vor Ablauf der Nutzungsdauer ermöglicht, wobei

n - Nutzungsdauer der im Zeitabschnitt z installierten Leistung $P1$ der Technologie.

Weitere Restriktionen betreffen u.a. die Versorgung mit Fernwärme und die Gegendruckstromerzeugung sowie die installierten Leistungen vorhandener Technologien zu Beginn des Betrachtungszeitraumes.

Für jede Technologie i gehen im betrachteten Zeitabschnitt folgende Kosten in die Zielfunktion ein:

$$\sum_{i \geq 1} (da_i \cdot A_i + dlb_i \cdot P_i + di_i \cdot P1_i) \tag{11}$$

mit

da_i - spezifische diskontierte arbeitsproportionale Kosten der Technologie i ,

dlb_i - spezifische diskontierte leistungsproportionale Betriebskosten der Technologie i ,

di_i - spezifische diskontierte Investitionskosten der Technologie i.

Um spezielle Umweltanforderungen in der Zielfunktion zu berücksichtigen, wurden gesonderte Untersuchungen unter Einrechnung einer CO_2 - Abgabe durchgeführt.

Eine Eigenart des LO - Modells besteht darin, daß die angebotenen Technologien seriell (d.h. nacheinander und nicht gleichzeitig) bewegt werden. Das ist die Folge der als konstant anzunehmenden Aufwandszuwächse. Die zunächst nicht erkennbaren Nebenoptima (solche bei geringen Abweichungen der Eingabewerte) müssen durch Sensitivitätsbetrachtungen deutlich gemacht werden.

Auswertung der Ergebnisse

Die Ergebnisse der Optimierung hängen entscheidend von den gewählten Restriktionen und den Bewertungsfaktoren in der Zielfunktion ab. Letztere wiederum werden wesentlich von den Energieträgerpreisen beeinflußt.

Um trotz Ungewißheit bei der Preisentwicklung mit begründeten Energieträgerpreisen in die Rechnungen hineingehen zu können, werden spieltheoretische Ansätze genutzt. Erste Informationen kann man erhalten, indem man zunächst einen ausgewählten Energieträger untersucht. Betrachtet man Pfad 5, so sind z.B. für die Steinkohle (SK) Preise von 90, 105, 120, 135 und 150 DM/t interessant (Importsteinkohle). Höhere Preise haben keinen Einfluß mehr auf die Anlagenstruktur. Mit

E_i - Variante i der für den SK-Preis i erhaltenen optimalen Anlagenstruktur,

F_j - Zustand j der möglichen SK-Preise,

$e_{ij}(p,5)$ - diskontierte Gesamtkosten ($p = dk$) bzw. CO_2 - Emission ($p = CO_2$) bei vorgegebener Anlagenstruktur i und einem SK-Preis j im Betrachtungszeitraum (Pfad 5)

kann eine Spielmatrix $((eij))$ aufgestellt und nach verschiedenen Entscheidungskriterien (z.B. SAVAGE- oder BAYES-LAPLACE-Prinzip) ausgewertet werden. Basierend auf Untersuchungen mit der Matrix $((e_{ij}(CO_2,5)))$ wird z.B. unabhängig vom gewählten Entscheidungsprinzip ein Steinkohlepreis von 135 DM/t empfohlen (vgl. Bild 3).

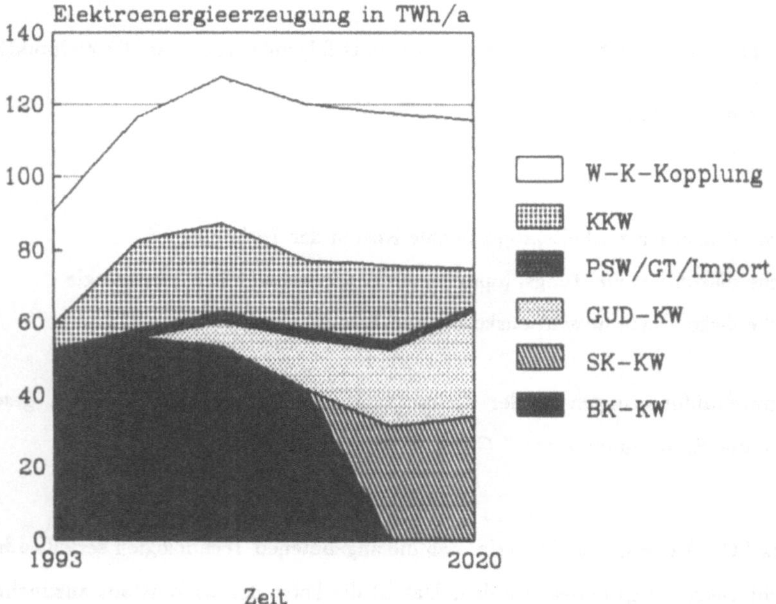

Bild 3 : Struktur der Elektroenergieerzeugung des Pfades 5 bei einem Steinkohlepreis von 135 DM/t

Darüberhinaus sind entscheidungstheoretische Untersuchungen für einzelne Zeitabschnitte des Betrachtungszeitraumes von Interesse.

Die Ergebnisse der Optimierung zeigen, daß bei wirtschaftlicher Energienutzung der kumulierte Aufwand für die gesamte Energiewirtschaft um 25 bis 30 % gesenkt werden kann. Für die künftige Entwicklung der Energieversorgung sollte beachtet werden, daß die Technologien der Wärme-Kraft-Kopplung (W-K-Kopplung) weitgehend unabhängig von Brennstoffpreisen eine effektive Erzeugervariante darstellen.

Die Rechnungen haben ergeben, daß der Braunkohleverbrauch zwar rapide zurückgehen wird, die Braunkohle (BK) aber auch nach 2000 einen erheblichen Anteil der Stromerzeugung tragen kann, wenn moderne Kraftwerkstechnologien, z.B. mit integrierter Kohlevergasung (GUD-KW), zur Anwendung kommen.

Bei einem Einsatz von Technologien auf Basis Kernkraft (KKW) ist klar, daß die Probleme sowohl der technischen als auch der politischen Akzeptanz von großem Einfluß sein werden. Andererseits weisen Rechnungen mit einer CO_2 - Abgabe darauf hin, daß unter Nutzung der Kernenergie eine erhebliche Senkung der Schadstoffemission (CO_2, SO_2, NO_x) möglich wäre.

Durch regenerative Energiequellen lassen sich auch in der Zukunft nur relativ bescheidene Anteile des Elektroenergiebedarfes decken. Jedoch kann die dezentral mit regenerativen Energiequellen erzeugte Wärme im Jahre 2020 den beträchtlichen Umfang von 20 bis 30 % des Heizwärmebedarfes annehmen. Das führt zu einer entsprechenden Reduzierung der konventionellen Wärmeerzeugerleistung mit allen positiven Begleiterscheinungen.

Aus den Untersuchungen werden Vorschläge für Exekutiven und Wirtschaftsverbände für die konsequente Durchsetzung des rationellen und umweltbewußten Energieeinsatzes abgeleitet.

<u>Literatur:</u>

/1/ Hedrich, P.
Ein Mehrjahresmodell für die Optimierung des Energieimportes zur Deckung des Gebrauchsenergiebedarfes.
Wirtschaftswissenschaften, H. 3, Berlin 1967

/2/ Walbeck, M.; Wagner, H.-J. u.a.
Energie und Umwelt als Optimierungsaufgabe (Das MARNES-Modell).
Berlin, Heidelberg, New York, London, Paris, Tokyo: Springer Verlag (1988)

/3/ ZE 2020 - Zittauer Energiekonzept für das Territorium der vormaligen DDR bis zum Jahre 2020.
Wiss. Berichte der TH Zittau, Nr. 1307 (Zittau 1990), H. 27

Das diesem Artikel zugrundeliegende Vorhaben wurde mit Mitteln des Bundesministers für Forschung und Technologie unter dem Förderkennzeichen 03 30 E 20 170 gefördert. Die Verantwortung für den Inhalt dieser Veröffentlichung liegt bei den Autoren.

SCUSY
Simulation von Container-Umschlag-Systemen

Carsten Boll

Hochschule Bremerhaven

SCUSY ist ein PC-gestütztes stochastisches Simulationssystem, mit dessen Hilfe die zahlreichen Einflußgrößen und Wechselwirkungen zwischen den technischen, betrieblichen und verkehrlichen Komponenten in Containerterminals analysiert werden können.

Eingangsgrößen sind u.a. das Layout der Umschlagsanlage, Ganglinien der Schiffe, Lkw's und Waggons, jeweils getrennt nach Import- und Exportcontainern, Verweilzeit im Terminal, Leistungsdaten der eingesetzten Umschlaggeräte sowie Strategien für den Geräteeinsatz und die Lagerorganisation.

Durch eine systematische Variation der Eingangsparameter wird der Modellanwender in die Lage versetzt, nicht nur verschiedene Umschlagssysteme und ihre Varianten zu testen, sondern er erhält auch Erkenntnisse darüber, in welchen Paramterbereichen (z.B. Fläche, Kajenlänge, Containeraufkommen etc.) Vor- und Nachteile der simulierten Terminalsysteme zutage treten.

Zur Visualisierung der Bewegungsabläufe wurde eine Animationssoftware entwickelt, die der Benuzer optimal mitlaufen lassen kann. Dadurch können z.B. etwaige logische Unstimmigkeiten des Simulationsmodells selbst oder der vorgegebenen Strategien schnell erkannt werden.

An die Simulation schließt sich eine detaillierte Zeit- und Kostenauswertung an.

WERFTVERSORGUNG BEI EINER LUFTFAHRTGESELLSCHAFT - ZUR ENTWICKLUNG EINES DV - GESTÜTZTEN PLANUNGSSYSTEMS

Gerold Carl , Frankfurt

Stefan Voß , Darmstadt

Zusammenfassung: In dieser Arbeit wird der Transportdienst der *Deutschen Lufthansa AG* auf ihrer Wartungsbasis am Flughafen Frankfurt/Main untersucht, für den derzeit ein DV-gestütztes Planungs- und Steuerungssystem entwickelt wird bzw. existierende Ansätze modifiziert und erweitert werden sollen. Es werden einfache Tourenplanungs-Heuristiken verwendet, wobei als Ziel das Herausarbeiten möglicher Unterschiede hinsichtlich der beiden Zielsetzungen *Maximierung der Auslieferungsqualität* sowie *Minimierung des Betriebsmitteleinsatzes* verfolgt wird.

Abstract: In this paper we analyse the transportation system of the *Deutsche Lufthansa AG* for an intramurual transportation of goods at the maintenance center at the airport Frankfurt/Main. The scope lies in improving on an existing computer aided system while using simple vehicle routing heuristics whereas two objectives, namely *maximizing service quality* and *minimizing operation costs*, are considered.

1. Einführung

Die Deutsche Lufthansa AG unterhält auf dem Flughafen Frankfurt/Main eine große technische Wartungsbasis. Zur Versorgung dieser Basis existiert ein Transportdienst, der die Werftbereiche sowie weitere Dienststellen mit den benötigten Materialien von einem zentralen Lagerbereich sowie einem weiteren Lager aus versorgt.

Frühere Untersuchungen haben gezeigt, daß sich die Effizienz des Transportdienstes durch DV-gestützte Maßnahmen steigern läßt (vgl. Carl (1989) sowie Carl und Voß (1990)). Basierend auf diesen Arbeiten wird derzeit ein Tourenplanungssystem entwickelt, das auf einem verallgemeinerten Traveling Salesman-Problem mit zwei Depots aufbaut. Nach einer theoretischen Untersuchung und Entwicklung eines heuristischen Lösungsansatzes wurde ein erstes, in der Praxis anwendbares Testsystem aufgebaut, mit dem die Funktionsfähigkeit der Heuristik in der realen Anwendung überprüft wurde.

In dieser Arbeit geben wir zunächst einen Überblick über die *Problemsituation Transportdienst*. Daran anschließend stellen wir zwei Ansätze vor, die auf einfachen Tourenplanungs- bzw. Traveling Salesman-Heuristiken beruhen, und vergleichen sie miteinander. Ziel ist dabei das Herausarbeiten möglicher Unterschiede hinsichtlich der beiden Zielsetzungen *Maximierung der Auslieferungsqualität* sowie *Minimierung des Betriebsmitteleinsatzes*. Abschließend werden einige Hinweise auf zukünftige Untersuchungen gegeben.

Operations Research Proceedings 1991
© Springer-Verlag Berlin Heidelberg 1992

2. Problemsituation Transportdienst

Die Deutsche Lufthansa AG unterhält auf dem Flughafen Frankfurt/Main eine große technische Wartungsbasis, die neben einem umfangreichen Materiallager u.a. drei Flugzeughallen und diverse Werkstätten umfaßt. Auf der Basis werden neben den konzerneigenen Flugzeugen auch die Maschinen von angeschlossenen Fluggesellschaften (ATLAS - Partner) sowie von Kunden in vorgegebenen Intervallen diversen Wartungsmaßnahmen unterzogen. Diese Arbeiten sind mit einer Vielzahl von Materialbewegungen verbunden, so daß zur Versorgung der Basis ein Transportdienst eingerichtet wurde. Dieser versorgt ausgehend von einem zentralen Lagerbereich sowie einem zweiten Lager die Werftbereiche und weitere Dienststellen mit den benötigten Materialien und übernimmt auch etwaige anfallende Rücktransporte.

Die Anforderungen nach Materialien ergeben sich zu einem großen Teil aus den während der Aktivitäten in den Hallen insbesondere an den Flugzeugen sowie in den Werkstätten festgestellten Materialbedarfe und sind daher nicht im voraus planbar. Dies hat zudem zur Folge, daß die Anforderungen verschiedenen Dringlichkeitsstufen angehören und daher unterschiedlich schnell zur Auslieferung kommen müssen:

- *Eilauslieferungen* von gerade gelandeten bzw. zu startbereiten Flugzeugen. Hier stehen aufgrund der einzuhaltenden Start– und Landezeiten unter Umständen nur wenige Minuten für die Auslieferung zur Verfügung.

- *Hallenversorgung* zur Belieferung der Empfangspunkte in den Flugzeughallen. Da dies in der Regel Anforderungen für am Boden stehende Flugzeuge betrifft, wird dieser Auslieferungsart ein Zeitraum von höchstens 20 Minuten eingeräumt.

- *Werkstattversorgung* zur Bedienung der Werkstätten. Da hier vor allem ausgelagerte Arbeiten stattfinden, ist diese Auslieferungsart nicht so zeitkritisch wie die beiden vorhergehenden und ist daher mit einem Auslieferungszeitraum von 1 Stunde versehen.

- *Basisauslieferung* bezeichnet die Versorgung der übrigen Dienststellen auf der Lufthansa-Basis; für diese steht eine Zeitspanne von 2 Stunden zur Verfügung.

Aus den in den beiden Lägern ankommenden Anforderungen sollen Touren für die einzelnen Transporte zusammengestellt werden. Wie lang bzw. umfangreich eine Tour maximal sein kann, hängt von der Anzahl der vorhandenen Mitarbeiter ab. Der Transportdienst auf der Lufthansa-Basis steht rund um die Uhr an allen Tagen der Woche zur Verfügung. Dabei arbeiten 60 % der Fahrer in einem Schichtdienst, die restlichen 40 % in einem Tagdienst. Die Anzahl der Mitarbeiter für den Schichtdienst ist bis auf etwaige Krankheitsfälle gut im voraus zu planen. Im Tagdienst ist demgegenüber eine Gleitzeitregelung vorhanden, die die Einsatzplanung der Mitarbeiter bis auf die für alle verbindliche Kernzeit schwierig macht. Aus diesem Grund werden die zeitkritischen ersten beiden Auslieferungsarten von den Mitarbeitern des Schichtdienstes erledigt, während sich der Tagdienst auf die Werkstatt– und Basisversorgung konzentriert. Für den der Studie von Carl und Voß (1990) zugrundeliegenden Untersuchungszeitraum der 47. Kalenderwoche 1988 ergaben sich die in Tab. 1 wiedergegebenen Daten für die zur Verfügung stehenden Mitarbeiter sowie den von ihnen tatsächlich beanspruchten Betriebsmitteleinsatz (Istzeiten in Stunden, ermittelt anhand der Betriebsstundenzähler der verwendeten Fahrzeuge).

Tabelle 1. Istzeiten der Kalenderwoche 47 / 88

Personalverfügbarkeit (Anzahl Fahrer) / Betriebsmitteleinsatz (Betriebsstunden)

Tag	324	325	326	327	328	329	330
Frühschicht	2 / 3	2 / 3	3 / 7	3 / 6	3 / 6	3 / 6	2 / 4
Mittelschicht	- / -	- / -	- / -	1 / 2	1 / 2	- / -	- / -
Spätschicht	2 / 3	2 / 3	3 / 5	3 / 7	3 / 5	3 / 5	3 / 6
Nachtschicht	2 / 2	2 / 3	2 / 3	2 / 4	2 / 4	2 / 2	2 / 3
Tagdienst	1 / 2	- / -	4 / 9	4 / 9	4 / 8	4 / 13	4 / 9
Summe	7 / 10	6 / 9	12 / 24	13 / 28	13 / 25	12 / 26	11 / 22

Insgesamt stellt sich das zu lösende Problem in der angegebenen vereinfachten Form als ein Tourenplanungsproblem mit mehreren Fahrzeugen dar, bei dem die Kosten für den Betriebsmitteleinsatz (und damit die Länge der Touren) zu minimieren sind. Zudem ist jedoch eine möglichst hohe Auslieferungsqualität zu erreichen, wobei folgende Aspekte bzw. daraus resultierende Nebenbedingungen einzuhalten sind:

– Trennung des Lagerbereiches in zwei Depots
– unterschiedliche Auftragsprioritäten in Form von mehr oder minder restriktiven einseitigen Zeitfenstern
– kontinuierlicher nicht-deterministischer Auftragseingang
– gegebene Fuhrparkgröße (sowie Arbeitskräfteanzahl)

Vgl. zu dieser grundlegenden Problemstellung auch Carl und Voß (1990). Dort werden darüber hinaus auch einige organisatorische Veränderungen vorgeschlagen. Von diesen soll im folgenden zumindest eine wiedergegeben werden, da sie im Zusammenhang mit den Lösungsansätzen im folgenden Abschnitt vorausgesetzt wird.

Im Gegensatz zu der bisherigen bzw. früheren Praxis auf der Lufthansa-Basis wird angenommen, daß jeder Mitarbeiter sowohl des Tag- als auch des Schichtdienstes jede Art der Auslieferung vornehmen kann. Damit werden die Fahrer des Transportdienstes nicht mehr festen Aufgabenbereichen (z.B. nur Basisauslieferung) bzw. stark eingegrenzten räumlichen Bereichen zugeordnet. Diese Prämisse soll bewirken, daß einerseits unproduktive An- und Abfahrten zu und von den Auslieferungspunkten durch einen größeren Wirkungskreis reduziert werden sowie eine gleichmäßigere Belastung aller Fahrer insbesondere bei Belastungsspitzen erzielt wird. Andererseits wird ermöglicht, daß jeder Fahrer uneingeschränkt bezüglich der in einer Tour anzufahrenden Punkte eingesetzt werden kann.

Da die Anzahl der Fahrzeuge und der Mitarbeiter durch die betriebliche Situation vorgegeben ist, soll der erforderliche Betriebsmitteleinsatz bezüglich der erbrachten Leistung mit einem durchschnittlichen Kostensatz pro gefahrener Entfernungseinheit bewertet werden. Dies soll gewährleisten, daß die Summe der Entfernungen aller gebildeten Touren möglichst gering werden kann. Tendenziell kann eine Tourenplanung einer fristgerechten Auslieferung aller Materialanforderungen innerhalb der vorgegebenen Auslieferungszeiten nicht immer gerecht werden. Da jedoch die Einhaltung dieser Zeitfenster zentraler Punkt des vorliegenden Problems ist, soll vermöge geeigneter Zeitstrafen ein korrigierender Einfluß auf die Tourenplanung ausgeübt werden.

Die tatsächlichen monetären Auswirkungen einer zu späten Materialauslieferung können durch eine Vielzahl von Faktoren beeinflußt werden und sind somit nicht immer meßbar (Unzufriedenheit der Passagiere bei Verspätungen etc.). Demzufolge bewerten wir Zeitüberschreitungen mit einem fiktiven, linearen Kostensatz pro angefallener verspäteter Zeiteinheit, so daß sich kostenbezogene Kombinationen aus Betriebsmitteleinsatz und Zeitstrafen bilden lassen. Damit können wir ein Tourenplanungsproblem mit der folgenden kombinierten Zielsetzung betrachten:

> Bilde Touren, so daß die Summe aus gewichtetem Betriebsmitteleinsatz und den gewichteten Zeitstrafen für verspätete Auslieferung minimiert wird.

3. Vergleich zweier heuristischer Lösungsansätze

Im folgenden beschreiben wir zwei Lösungsansätze, die sich im wesentlichen hinsichtlich der zugrundeliegenden Auslieferungsstrategie unterscheiden (vgl. hierzu auch Breitenbach et al. (1991)). Der erste Ansatz verfolgt als Strategie das Sammeln von Aufträgen, wohingegen der zweite Ansatz jeweils eine sofortige Auslieferung anstrebt.

1. Ansatz: Sammeln der Aufträge

Im Rahmen einer rollierenden Planung, bei der die Fahrzeuge jeweils in festgelegten Abständen starten, wird primär die Minimierung des Betriebsmitteleinsatzes verfolgt (gegebenenfalls entstehende Stillstandszeiten werden bewußt in Kauf genommen). Ziel dieses Ansatzes ist die Schaffung einer Dispositionsmasse durch das Sammeln von Aufträgen. Noch nicht ausgelieferte sowie zwischen dem Start zweier Touren eingehende Materialanforderungen werden bei der Berechnung der nächsten Tour gemäß ihrer Prioritäten (vermöge der noch zur Verfügung stehenden Auslieferungszeit) mit in die Planung einbezogen.

In Abb. 1 ist die Vorgehensweise dieser als TRASS (*Transportsteuerungssystem*) bezeichneten Vorgehensweise schematisch dargestellt. Anwendung findet dabei die einfache heuristische Vorgehensweise Nearest Insertion sowie ein nachgeschaltetes 2-optimales Vertauschungsverfahren (vgl. z.B. Domschke (1990)).

Als Folge der Strategie von TRASS sind die ermittelten Touren im Schnitt besser ausgelastet als bei der bisherigen Planung; andererseits erhöhen sich die Strafkosten für Zeitüberschreitungen bei Nichteinhaltung von Zeitfenstern. Darüber hinaus besteht die Gefahr der Überlastung des Systems durch den nicht-deterministischen Auftragseingang. Dieser letzte Punkt könnte jedoch durch eine Vergrößerung des Fuhrparks und somit einer Verkürzung der Intervalle entschärft werden.

Abbildung 1. Verfahrensvergleich von TRASS und TOP

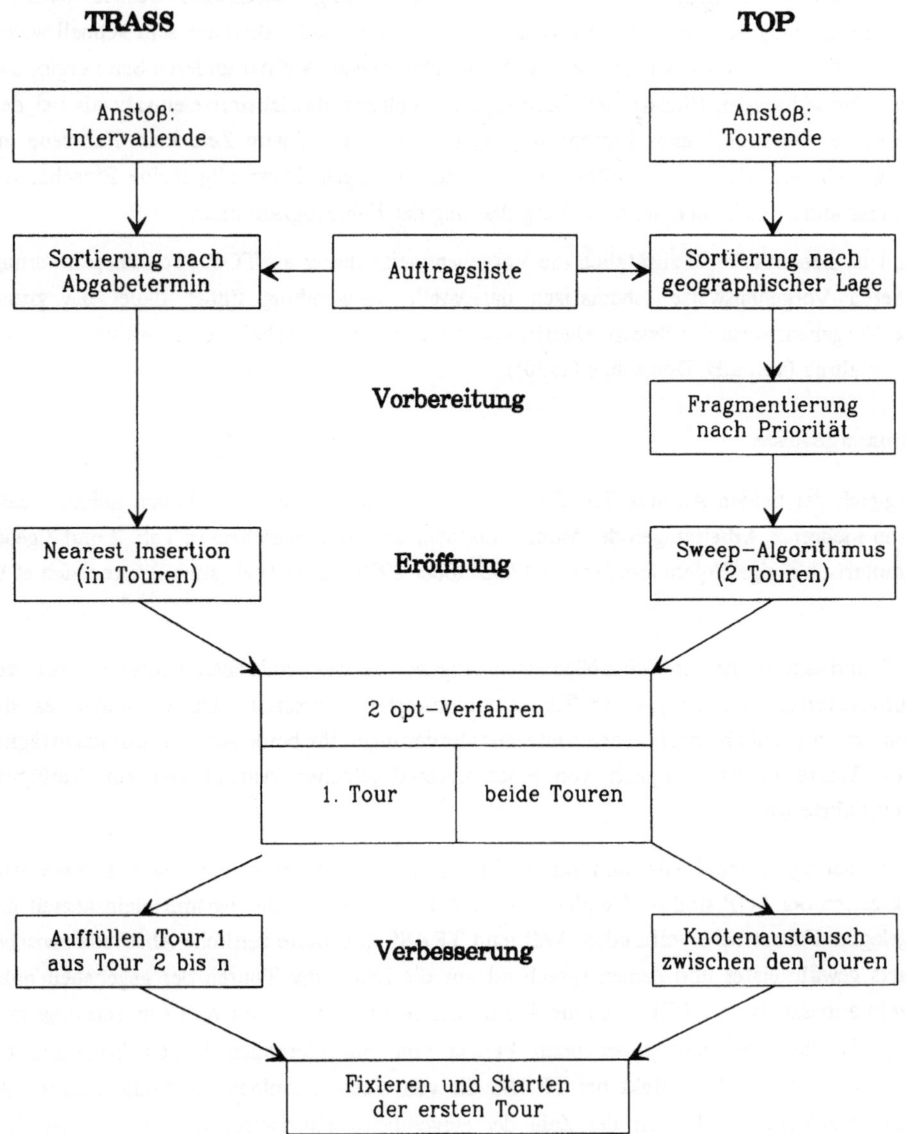

2. Ansatz: sofortige Auslieferung

Die zweite Strategie versucht, alle Aufträge so schnell wie möglich auszuliefern, um Strafkosten für Terminüberschreitungen so gering wie möglich zu halten. Sowie ein Fahrzeug verfügbar ist, wird eine Tour sofort bei Vorliegen mindestens eines Auftrages gestartet. Zur Bildung nachfolgender Touren werden die bereitstehenden Aufträge nach geographischer Lage ihrer Zielpunkte sortiert und den nächsten beiden zu planenden Touren zugewiesen. Abweichend vom

Prinzip des ersten Ansatzes wird dabei eine Fragmentierung der Auftragsliste vorgenommen, die Aufträge niedriger Priorität zeitweilig von der Auslieferung ausschließt. Daraus resultiert einerseits die Bildung von zunächst relativ kurzen Touren, so daß Fahrzeuge sehr schnell wieder für die Auslieferung weiterer Materialien zur Verfügung stehen. Auf der anderen Seite ergibt sich durch den fortwährenden Einsatz der Fahrzeuge ein höherer Betriebsmitteleinsatz als bei dem ersten Ansatz. Darüber hinaus besteht die Gefahr, daß für längere Zeit kein Fahrzeug zur Verfügung steht und dadurch die Strafkosten wieder ansteigen. Diese allgemeine Einschätzung des Ansatzes ändert sich auch bei einer Vergrößerung der Fahrzeugzahl nicht.

In Abb. 1 ist neben TRASS zusätzlich die Vorgehensweise dieser als TOP (*Tourenoptimierung*) bezeichneten Vorgehensweise schematisch dargestellt. Anwendung findet dabei die grundsätzliche Vorgehensweise des Sweep-Algorithmus sowie ein nachgeschaltetes 2-optimales Vertauschungsverfahren (vgl. z.B. Domschke (1990)).

Simulationsergebnisse

Ein Vergleich der beiden Ansätze TRASS und TOP wurde in Simulationsläufen anhand realer Daten von mehreren Arbeitstagen des Monats Oktober 1990 durchgeführt. In Tab. 2 und 3 geben wir exemplarisch einige Ergebnisse für den 17. Oktober 1990 wieder (vgl. auch Breitenbach et al. (1991)).

In Tab. 2 sind eine Reihe von Zeitgrößen sowie Angaben zu den gefahrenen Touren in Form von Tagesdurchschnitts- beziehungsweise Tagessummenwerten dargestellt. Dabei handelt es sich bezüglich der tatsächlich angefallenen Materialanforderungen für beide Ansätze um nachträglich ermittelte Werte in Abhängigkeit von einer unterschiedlichen Anzahl von zur Verfügung stehenden Fahrzeugen.

Erkennbar geringere maximale und durchschnittliche Verspätungszeiten sowie frühere Auslieferungszeiten bei TOP sind im Vergleich zu TRASS mit höherer Betriebsmitteleinsatzzeit und zurückgelegter Fahrstrecke verbunden. Während TRASS konstante zeitliche Abstände zwischen Tourstarts gewährleistet und dementsprechend nur die Länge der Touren der gegebenen Fahrzeuganzahl anpasst, ist bei TOP auch die Anzahl der gefahrenen Touren vom Anforderungsprofil abhängig, da das Verfahren außer beim Fehlen von Anforderungen keinen Stillstand der Fahrzeuge vorsieht. Deshalb sinkt bei TRASS die von einem einzelnen Fahrzeug während des Tages zurückgelegte Strecke mit der Zahl der eingesetzten Fahrzeuge, während sie bei TOP sogar ansteigt.

Die Ergebnisse in Tab. 2 zeigen, daß TOP hinsichtlich der Auslieferungsqualität und TRASS hinsichtlich der Werte zum Betriebsmitteleinsatz zu besseren Ergebnissen führt. In Tab. 3 stellen wir die beiden Zielsetzungen *Minimierung des Betriebsmitteleinsatzes* sowie *Maximierung der Auslieferungsqualität* einander gegenüber. Dabei kann ein direkter Vergleich zwischen TRASS und TOP nur über die o.a. gewichteten Werte für den Betriebsmitteleinsatz bzw. für anfallende Verspätungen vorgenommen werden. Die angegebenen Werte in Tab. 3 beziehen sich dabei auf von Seiten der Deutschen Lufthansa AG angenommenen Gewichtungen von einer Geld-

Tabelle 2. Simulationsergebnisse

	Fahrzeuganzahl	TRASS	TOP
durchschnittliche Verspätung über alle verspäteten Aufträge (in Minuten)	2	16.80	13.02
	3	7.32	5.58
	4	4.80	4.44
durchschnittliche Verfrühung über alle Aufträge (in Minuten)	2	0.01	5.16
	3	10.20	15.48
	4	16.80	21.90
maximale Verspätung einer Auslieferung (in Minuten)	2	90.0	44.4
	3	24.0	21.0
	4	18.0	16.2
Anzahl geplanter Touren	2	20	36
	3	29	65
	4	39	95
gesamte Fahrstrecke (in km)	2	72	79
	3	98	134
	4	122	171
durchschnittliche Tourlänge (in km)	2	3.60	2.20
	3	3.41	2.05
	4	3.13	1.80
durchschnittliche zeitliche Tourlänge (in Minuten)	2	33.0	20.2
	3	29.7	18.0
	4	27.3	16.0
verplante Betriebsmitteleinsatzzeit (in Industriestunden)	2	11.00	12.12
	3	14.35	19.50
	4	17.74	25.65

Tabelle 3. Vergleich angefallener Kosten

Fahrzeuganzahl	Entfernungskosten		Verspätungskosten		Gesamtkosten	
	TRASS	TOP	TRASS	TOP	TRASS	TOP
2	5.53	6.08	75.60	48.97	81.13	55.05
3	7.53	10.30	25.74	10.32	33.27	20.62
4	9.38	13.15	10.00	5.25	19.38	18.40

einheit pro Stunde Verspätung und 1/13 Geldeinheiten pro zurückgelegtem Kilometer der Fahrzeuge (die Durchschnittsgeschwindigkeit der Fahrzeuge am 17. Oktober 1990 betrug 13 km/h).

Allgemein läßt sich für die vorliegenden Ausgangsdaten feststellen, daß bei steigender Fahrzeuganzahl die entfernungsabhängigen Kosten bei TOP stärker ansteigen als bei TRASS. Demgegenüber verringern sich jedoch die Unterschiede hinsichtlich der Auslieferungsqualität, gemessen an den aufgetretenen Verspätungszeiten.

4. Ausblick

Zusammenfassend läßt sich zum Einsatz der beiden Tourenplanungsverfahren TRASS und TOP für die beschriebene Problemstellung festhalten, daß nicht nur die Wahl geeigneter Verfahren ein Problem darstellt, sondern auch die Bewertung der Kostenfaktoren und damit der Vergleich der Verfahren selbst mit Schwierigkeiten verbunden ist. Es zeigt sich, daß bei unterschiedlicher

Gewichtung der Kostenfaktoren in der Zielfunktion bzw. für verschiedene Zielfunktionen keines der beiden Verfahren präferiert werden kann.

Die Grenzen der Bewertung von Verfahren werden beim Versuch der Einbeziehung qualitativer Faktoren deutlich. Notwendiger organisatorischer Kontroll- und Anpassungsaufwand oder Robustheit der Verfahren gegenüber exogenen Störungen sind demzufolge wichtige Kriterien bei der Beurteilung von Tourenplanungsverfahren für den praktischen Einsatz (vgl. hierzu auch Breitenbach et al. (1991) sowie Diruf (1990)).

Als Ausblick auf weitere Forschung hinsichtlich der Werftversorgung der Deutschen Lufthansa AG am Flughafen Frankfurt/Main lassen sich insbesondere Aspekte bei der Einbeziehung von geeigneten Lagerhaltungs- und Kommissionierpolitiken betrachten. Dazu läßt sich die Werftversorgung zunächst als ein dreistufiger Prozeß auffassen:

1. Die Werkstätten etc. fordern Teile aus dem Materiallager an.
2. Die Anforderungen sind nach einem geeigneten Verfahren unter Berücksichtigung vorgegebener Prioritäten zu bearbeiten (derzeit nach einem First In - First Out - Prinzip), d.h. aus dem Lager zu holen und zu kommissionieren.
3. Nach der Kommissionierung der angeforderten Teile werden diese über den Transportdienst ihren jeweiligen Bestimmungsorten zugeführt. (Hierbei greift die von uns behandelte Tourenplanung ein.)

Weitere Forschung sollte sich mit einer simultanen Planung der Kommissionierung und des Transportdienstes befassen. Darüber hinaus sollten Interdependenzen mit Aspekten der Lagerhaltungspolitik berücksichtigt werden. Hierbei können insbesondere auch frühere Arbeiten (z.B. Schröder (1976), vgl. auch Schneeweiß (1981)) in eine simultanen Planung der Ersatzteilbevorratung für die Deutsche Lufthansa AG sowie ihrer angeschlossenen ATLAS-Partner mit einfließen.

Literatur

Breitenbach, C.; G. Carl und S. Voß: Transportkostenminimierung versus Servicegradmaximierung im Rahmen einer computergestützten Tourenplanung. Arbeitspapier, FG Operations Research, TH Darmstadt.

Carl, G. (1989): Optimierungsmöglichkeiten innerbetrieblicher Transportvorgänge am Beispiel des bedarfsgesteuerten Materialtransports der Deutschen Lufthansa AG. Diplomarbeit, FG Operations Research, TH Darmstadt.

Carl, G. und S. Voß (1990): Optimierungsmöglichkeiten innerbetrieblicher Transportvorgänge – Anwendungsbeispiel bei einer Luftfahrtgesellschaft. OR Spektrum 12, S. 227 – 237.

Diruf, G. (1990): Probleme und Entwicklungstendenzen der computergestützten Tourenplanung. Zeitschrift für Planung 1, S. 5 – 23.

Domschke, W. (1990): Logistik: Rundreisen und Touren. 3. Aufl., Oldenbourg, München und Wien.

Schneeweiß, C. (1981): Modellierung industrieller Lagerhaltungssysteme. Springer, Berlin u.a.

Schröder, H. (1976): Ein integriertes Modell für die Bewirtschaftung eines Mehrlagersystems im Bereich der Ersatzteilbevorratung. In: Dathe, H.N. et al., Proceedings in Operations Research, Physica, Würzburg und Wien, S. 61 – 69.

Betriebliche Aspekte des Einsatzes von leistungsfähigen DV-Systemen für die Planung und Betriebssteuerung im öffentlichen Personenverkehr

Dr. Joachim R. Daduna
Dornier GmbH / PBES
Postfach 1420
D - 7990 FRIEDRICHSHAFEN

Der Einsatz von DV-Systemen in der Planung und Betriebssteuerung bei den Betrieben des öffentlichen Personen(nah)verkehrs (ÖPNV) bildet schon heute in vielen Fällen einen unverzichtbaren Bestandteil des betrieblichen Alltags. Es ist derzeit zu erkennen, daß in absehbarer Zeit kein Betrieb mehr auf solche Systeme verzichten können wird, wenn er ein attraktives und leistungsfähiges Beförderungsangebot bieten will.

Wesentliche betriebliche Funktionen, die mit Hilfe von DV-Systemen bearbeitet werden, sind:

- ° Zentrale Verwaltung der Betriebsdaten
- ° Fahrplanerstellung (Linienplanung / Anschlußplanung)
- ° Operationale Planung (Fahrzeugumläufe / Einzeldienste / Dienstreihenfolgen)
- ° Fahrgastinformation
- ° Betriebsüberwachung
- ° Disposition (Personal / Fahrzeuge)

Verfahren aus dem Operations Research bilden hierbei eine wichtige Komponente, da durch diese die Leistungsfähigkeit der Systeme erheblich beeinflußt wird. Für den Anwender sind allerdings auch andere Aspekte von Bedeutung, so die Gestaltung der Benutzeroberfläche, einschließlich der interaktiven Bearbeitungsmöglichkeiten. Anhand von Beispielen wird erläutert, inwieweit OR-Verfahren in solchen Systemen zum Einsatz kommen und welche Ergebnisse aus Sicht der Anwender erreicht werden können. Außerdem ist die Frage der Akzeptanz in diese Überlegungen einzubeziehen.

DIE VORBEREITUNG INSTANDHALTUNGSSTRATEGISCHER ENTSCHEIDUNGEN AUF DER BASIS EINES MODELLS DER ZUSTANDSABHÄNGIGEN INSTANDHALTUNG

Gerhard Große, Zittau

Zusammenfassung: Ein bekanntes Modell der prophylaktischen Instandhaltung (Blockerneuerung mit minimaler Instandsetzung bei Systemausfall) wird durch zustandsabhängige Instandsetzungen erweitert, deren Wirkung durch den Kontrollwirkungsgrad beschreibbar ist. Als Optimierungsziel dienen wahlweise die zeitliche Verfügbarkeit oder die Verfügbarkeitskosten je Zeiteinheit. Terminvarianten erlauben eine Prognose des Systemverhaltens bei Abweichungen vom optimalen Zyklus.

Abstract: A known model of preventive maintenance (block replacement with minimal repair) is extended by condition based maintenance, whose effectiveness can be determined by means of the control efficiency. Aim of optimization is optionally the temporal availability or the cost of availability in unit of time. Versions of date allow prediction of system behavior, in case the cycle deviates from the optimum.

Die Wirtschaftlichkeit der prophylaktischen Instandhaltung ergibt sich aus den Aufwendungen für vorbeugende Instandhaltungsmaßnahmen einerseits und für die Überwindung schadensbedingter Ausfälle andererseits. Als Kriterium dienen üblicherweise die Verfügbarkeitskosten (auch Gebrauchskosten), die die Kosten für Instandhaltungsleistungen und stillstandsbedingte Verluste (Ausfallkosten) zusammenfassen /1/,/2/. Ein für komplexe Anlagen bedeutsames, in /3/ beschriebenes Modell ist die vorbeugende Ersetzung definierter Anlagenumfänge (block replacement) nach starrem Zyklus mit Minimalinstandsetzung (d.h. die Ausfallrate nicht beeinflussende Instandsetzung) bei schadensbedingtem Ausfall.

Die optimale Periode t_p der prophylaktischen Ersetzung ergibt sich durch Minimierung der Zielfunktion

$$Z^* = \frac{1}{t_p}[c_p + M(t_p)c_m] \tag{1}$$

mit c_p, c_m Erwartungswerte der Verfügbarkeitskosten für den Umfang einer prophylaktischen Ersetzung bzw einer Minimalinstandsetzung

       $M(t_p)$ Erwartungswert der Anzahl der Ausfälle während einer Periode t_p.

Operations Research Proceedings 1991
© Springer-Verlag Berlin Heidelberg 1992

In der Praxis versucht man, Ausfälle dadurch zu vermeiden, daß man in regelmäßigen Abständen den Schädigungszustand des Systems kontrolliert und abhängig vom Befund eine Instandsetzung mit zustandsverbessernder Wirkung durchführt (zustands- bzw. befundabhängige Instandsetzung). Folge und Umfang der daraus resultierenden Maßnahmen zeigt Bild 1. Neben der Ersetzungsperiode t_p ist zusätzlich die Kontrollperiode t_k zu bestimmen. Für diesen Fall lautet die erweiterte Zielfunktion /4/

$$Z^* = \frac{1}{t_p}[c_p + (m-1)c_k + B(t_k,t_p)c_b + M(t_k,t_p)c_m] \tag{2}$$

mit $\quad t_p = mt_k \quad$ und

$c_k, c_b \quad$ Erwartungswerte der Verfügbarkeitskosten für eine Kontrolle bzw. eine befundabhängige Instandsetzung

$M, B \quad$ Erwartungswerte der Anzahl der Ausfälle bzw. der notwendigen befundabhängigen Instandsetzungen während einer Periode t_p.

Zur Beschreibung der zustandsverbessernden Wirkung der befundabhängigen Instandsetzung wird als Kennwert der *Kontrollwirkungsgrad* ϑ mit der Eigenschaft $0 \leq \vartheta \leq 1$ verwendet. Er bezeichnet den Anteil an der durch Instandhaltung beeinflußbaren Anzahl der Ausfälle, der wegen der befundabhängigen Instandsetzungen vermieden wird. ϑ drückt damit die durch befundabhängige Instandsetzung bewirkte relative Reduzierung der Ausfallanzahl aus (Bild 2).

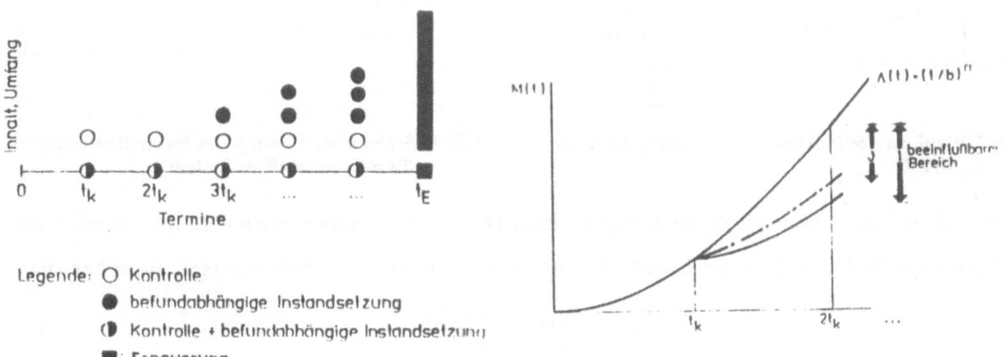

Bild 1: Zustandsabhängige Bestimmung von Instandhaltungsinhalten und -umfängen bei feststehenden Terminen nach starrem Zyklus

Bild 2: Definition des Kontrollwirkungsgrades

Unterstellt man, daß die Abnutzung des Systems durch die WEIBULL-Verteilung

$$F(t) = P(T < t) = 1 - \exp[-(\frac{t}{b})^a] \tag{3}$$

der Funktionsdauer T mit $a > 1$ (d.h. mit wachsender Ausfallrate) beschrieben wird und ignoriert die Ganzzahligkeit des Faktors m, so erlauben die Näherungen

$$M(t_k, t_p) \approx [1 - \vartheta + \vartheta m^{1-a}](t_p/b)^a \tag{4}$$

$$B(t_k, t_p) \approx \vartheta[1 - m^{1-a}](t_p/b)^a \tag{5}$$

eine stetige Optimierung mit den suboptimalen Perioden

$$t_{k,opt} = b \; [\frac{c_k}{(a - 1)\vartheta(c_m - c_b)}]^{\frac{1}{a}} \tag{6}$$

$$t_{p,opt} = b \; [\frac{c_p - c_k}{(a - 1)[(1 - \vartheta)c_m + \vartheta c_b]}]^{\frac{1}{a}} \tag{7}$$

Wegen des flachen Verlaufs der Zielfunktion in der Umgebung des Optimums ist die Abweichung vom diskreten Optimum praktisch ohne Bedeutung (Bild 3). Die verwendeten Näherungen liegen auf der sicheren Seite, d.h. in Wirklichkeit sind weniger Ausfälle als nach der Rechnung zu erwarten.

Für $m = 1$ ist $t_p = t_k$, d.h. Kontrollen und befundabhängige Instandsetzungen finden nicht statt. (2) geht dann in (1) über. Notwendige Bedingung dafür, daß (2) bessere Ergebnisse als (1) liefert, ist ein negativer Anstieg von (2) für $m = 1$ (Bild 3).

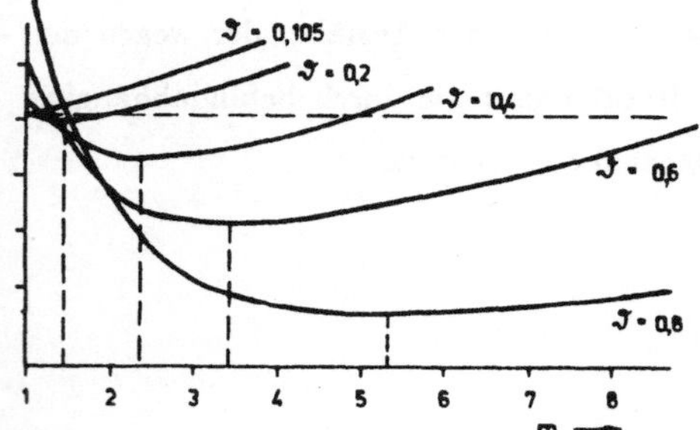

Bild 3: Verlauf der Zielfunktion Z^* in Abhängigkeit von m und ϑ

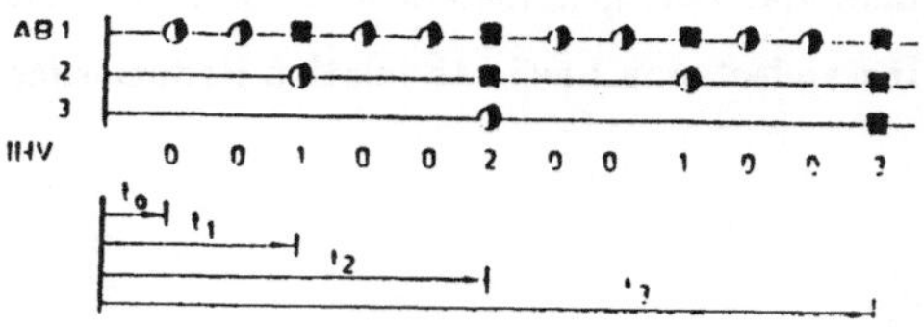

Bild 4: Schema der Bildung von Instandhaltungsvorhaben für ein mehrstufiges System

Daraus läßt sich ein Kennwert G der Kontroll- bzw. Diagnosewürdigkeit gewinnen, mit dessen Hilfe die notwendige Bedingung für die Effektivität zustandsabhängiger Instandsetzungen angebbar ist:

$$G = \vartheta \frac{c_p}{c_k}(1 - \frac{c_b}{c_m}) > 1 \tag{8}$$

Je größer dieser Kennwert ist, desto wirksamer sind Kontrollen und befundabhängige Instandsetzungen. Das gilt umsomehr,

- je größer der Kontrollwirkungsgrad ϑ,
- je teurer eine prophylaktische Erneuerung c_p,
- je billiger eine Kontrolle c_k des Schädigungszustandes,
- je billiger eine befundabhängige Instandsetzung c_b und
- je teurer eine Minimalinstandsetzung c_m nach Ausfall

ist. Da stets $\vartheta < 1$ und $c_b/c_m > 1$, muß deutlich $c_p/c_k > 1$ erfüllt sein, d.h. Kontrollen dürfen nicht allzu teuer werden. Ist insgesamt der Kostenkennwert

$$\frac{c_p}{c_k}\left(1 - \frac{c_b}{c_m}\right) < 1 \tag{9}$$

so kann auch ein Erhöhen des Kontrollwirkungsgrades ϑ durch verbesserte Diagnosemethoden die Effektivität der zustandsabhängigen Instandsetzung nicht mehr sichern. Damit wird deutlich, daß die Wirksamkeit der Methode der zustandsabhängigen Instandhaltung maßgeblich durch Kosten- relationen bestimmt wird. Der Einfluß des Kontrollwirkungsgrades ϑ bewirkt mit wachsendem ϑ häufigere Kontrollen, kürzere Kontroll- und längere Erneuerungsperioden.

Für mehrstufige Systeme, in denen Abnutzungseinheiten mit

$$T_{i-1} \le E(T) < T_i \qquad (i = 1, 2, ..., N - 1) \tag{10}$$

zu je einem Abnutzungsbereich (AB) i zusammengefaßt werden, lassen sich nach der aus Bild 4 er- sichtlichen Weise Instandhaltungsvorhaben (IHV) bilden, die sich aus einem festen Erneuerungsum- fang und einem variablen Umfang befundabhängiger Instandhaltungsmaßnahmen zusammensetzen. Bild 4 zeigt dies für $N = 3$ Abnutzungbereiche. Mit der Vereinbarung

$$
\begin{aligned}
c_0 &= c_{k1} \\
c_i &= \dot{c}_{pi} + c_{k,i+1} \qquad (i = 1, 2, ..., N - 1) \\
c_N &= c_{pN}
\end{aligned}
$$

lautet die Zielfunktion für das mehrstufige System

$$Z^*(t_0, t_1, ..., t_N) = \frac{c_0}{t_0} + \sum_{i=1}^{N} \frac{1}{t_i}[c_i - c_{i-1} + B_i(t_i, t_{i-1})c_{bi} + M_i(t_i, t_{i-1})c_{mi}] \tag{11}$$

Wegen $t_i = m_i t_{i-1}$ ist (11) eine Verallgemeinerung von (2). Bei Verwendung von Näherungen, die (4) und (5) entsprechen, lassen sich die Perioden aus (11) iterativ bestimmen.

Der Nutzen derartiger Rechnungen besteht darin, daß für die so berechneten Perioden t_i oder auch für beliebig vorgegebene Perioden die Verfügbarkeitskosten je Zeiteinheit bestimmt und miteinan- der verglichen werden können. Verwendet man statt der Verfügbarkeitskosten c_p, c_k, c_b, c_m die ent- sprechenden Stillstandsdauern d_p, d_k, d_b, d_m, so liefern (2) bzw. (11) die zeitlichen Verfügbarkeiten. Darüberhinaus kann mittels $M(t_k, t_p)$ die erwartete Anzahl der Ausfälle je Periode prognostiziert werden.

In Engpaßsituationen, z.B. wenn wegen dringenden Produktionsbedarfs das System nicht oder nicht genügend lange für eine prophylaktische Instandsetzung abgeschaltet werden darf, ist die Frage zu beantworten, ob es günstiger sei, ein vorgesehenes Instandhaltungsvorhaben i auf einen späteren

Termin um εt_i zu verschieben oder dessen Umfang auf einen Anteil η $(0 < \eta < 1)$ zu verringern. Läßt man befundabhängige Instandsetzungen außer acht, so liefert das Modell den Zusammenhang

$$\eta = 1 - \frac{(1 + \varepsilon)^a + (1 - \varepsilon)^a - 2}{2^a - 2} = g(\varepsilon, a) \tag{12}$$

Das ergibt eine Grenzkurve (Bild 5), die folgende Aussage ermöglicht: ist η größer als der Wert der Grenzkurve an der Stelle ε, so ist die Umfangsreduzierung besser (weil weniger Ausfälle) als die Terminverschiebung.

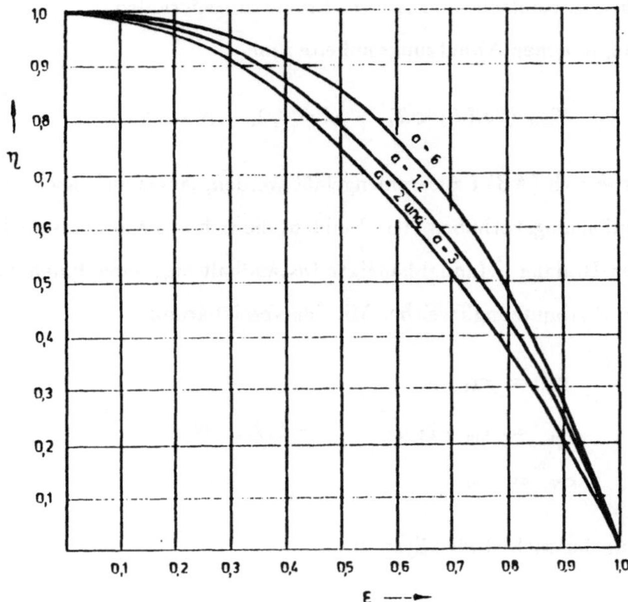

Bild 5: Äquivalenz zwischen Terminverschiebung um εt_i und Umfangsreduzierung auf η

Daraus erhält man die einfache Regel:

Hat man die Wahl zwischen Reduzierung des Erneuerungsumfangs auf den Anteil η oder einer Terminverschiebung um εt_i und liegt der Punkt (ε, η) im Diagramm über der Grenzkurve, so ist die Umfangsreduzierung der Terminverschiebung vorzuziehen. Liegt (ε, η) unter der Grenzkurve (was in etwa zwei Drittel aller möglichen Fälle zutrifft), so ist die Terminverschiebung günstiger.

Die Grenzkurve ist gegenüber dem Formparameter a der WEIBULL-Verteilung nahezu unempfindlich.

Als Daten sind Angaben zum Ausfallverhalten der Systemelemente (Störungsstatistik), zu Stillstandsdauern und Kosten der planmäßigen und unplanmäßigen Instandhaltungsmaßnahmen und zum Kontrollwirkungsgrad erforderlich. Ihre Erfassung wie auch die Ergebnisberechnung wird durch ein dialogorientiertes PC-Programm ISTRA unterstützt.

<u>Literatur:</u>

/1/   Beckmann,G.; Marx,D.:

Instandhaltung von Anlagen.

Leipzig: Deutscher Verlag für Grundstoffindustrie (1987)

/2/   Krause,H.; Amberg,J.:

Kennzahlen zum Steuern und Kontrollieren der Verfügbarkeitskosten.

Maschinenmarkt, Würzburg 90 (1984) 34, S. 852-855

/3/   Barlow,R.E.; Proschan,F.:

The mathematical theory of reliability.

New York-London-Sidney: John Wiley Sons, Inc. (1965)

/4/   Große,G.:

Rechnergestützte Entscheidungsvorbereitung zur zustandsabhängigen Instandhaltung und Rekonstruktion komplexer Anlagen.

Dissertation B, Universität Rostock (1988)

MODELLGESTÜTZTE FESTLEGUNG VON STEUERUNGSPARAMETERN FÜR DIE VERTRIEBSLOGISTIK IN EINEM UNTERNEHMEN DER PHARMAINDUSTRIE

Karl Inderfurth / Thomas Jensen / Dirk Meier-Barthold
Universität Bielefeld, Fakultät für Wirtschaftswissenschaften

Zusammenfassung

Ausgehend von der Analyse eines bestehenden Dispositionssystems werden modellgestützte Alternativen für die Dimensionierung von Losgrößen und Sicherheitsbeständen im Bereich der Vertriebslogistik eines multinationalen Pharmaunternehmens entwickelt.

Die gewählten Modellierungen ermöglichen die explizite Einbeziehung verschiedener stochastischer Einflußgrößen bei einer effizienten Ermittlung der für die alternativen Dispositionsregeln zu optimierenden Steuerungsparameter.

Simulationsergebnisse zeigen, daß mittels der vorgeschlagenen Dispositionsalternativen die vorgegebenen Lieferservicegrade erreicht und z.T. sogar überschritten werden, während gleichzeitig für eine Vielzahl der in die Studien einbezogenen Einzelprodukte beträchtliche Verringerungen der relevanten Kosten erzielt werden konnten.

Abstract

Based on the results of a simulation study alternative rules for placing orders and determining safety stocks for the distribution planning system of an international producer of pharmaceutical goods are presented.

The alternative control rules take into account explicitly the influence of several stochastic variables and permit efficient calculations of the control parameters which have to be optimized.

Further simulation results show that the developed control rules are able to meet the prespecified service levels and for many of the analysed products allow for significant reductions of the relevant costs.

Operations Research Proceedings 1991
© Springer-Verlag Berlin Heidelberg 1992

1 Einführung

Die Hauptaufgabe des in dieser Arbeit untersuchten Bereichs der Vertriebslogistik eines multinationalen Pharmakonzerns besteht in der zentralen Versorgung der (Vertriebs-)Tochtergesellschaften bzw. Ländervertretungen mit Arzneimitteln. Abgekoppelt von den eigentlichen (mehrstufigen) pharmazeutischen Produktionsprozessen und den sich anschließenden Formgebungs- und Verpackungsvorgängen bildet die Vertriebslogistik das Bindeglied zwischen den Absatzplanungen der Vertriebsorganisationen und der zentralen Produktionsplanung und ist verantwortlich für den Materialfluß von der Übergabe der fertig verpackten Arzneimittel durch die Produktion über Zwischenlagerungsvorgänge bis hin zum Eingang der Erzeugnisse bei den Tochtergesellschaften.

2 Aufbau des vorliegenden Dispositionssystems

Das im Bereich der Vertriebslogistik implementierte Dispositionssystem umfaßt:

- eine mittelfristige Disposition monatsweiser Belieferung der Tochtergesellschaften im Rahmen einer quartalsweise rollierenden Planung

- eine kurzfristige Disposition zur laufenden Plananpassung im operativen Bereich.

Für die in dieser Arbeit betrachtete Aufgabe der mittelfristigen Disposition ergibt sich aufgrund der extrem langen Durchlaufzeiten im Bereich der Pharmaproduktion bei der angewandten bedarfsgesteuerten Planung ein Planungshorizont für die Planung des Produktionsnachschubs, der neben dem 6 Quartale umfassenden Bedarfsplanungszeitraum 2 Festquartale als Vorlauf, sowie eine bis zu 3 Monate umfassende Transportzeit (TZ) beinhaltet.

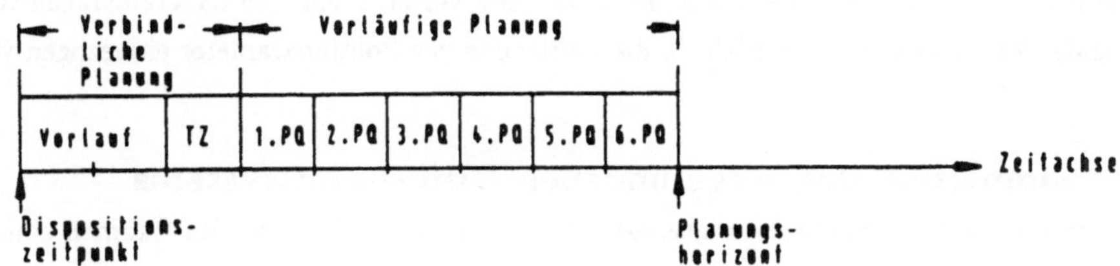

Abbildung 1: Planungshorizont für die Produktionsnachschubplanung

2.1 Steuerungsparameter

Die implementierte Dispositionsregel basiert auf der Kombination von **Mindestbeständen** zur Absicherung gegen stochastische Einflußgrößen und der Festlegung von Bestellmengen durch die **Aggregation** monatlicher Bedarfsmengen gemäß produktorientiert fixierter **Lieferrhythmen**.

Während der Mindestbestand über einen als **Sollreichweite** in Monaten vorzugebenden Parameter als ein Vielfaches der durchschnittlichen monatlichen Nachfrage festgelegt wird, erfolgt die Steuerung des Lieferrhythmus durch zwei Parameter. Eine **Konzentrationszahl** K bestimmt die Anzahl der zu einer Lieferung zusammenzufassenden Bedarfsmonate, ein **Konzentrationspunkt** determiniert den Zeitpunkt der Bestellung unter Berücksichtigung der Transportzeit in Abhängigkeit der vorgegebenen Konzentrationszahl (i.a. wird mit $K = 3$ ein Quartalsrhythmus gewählt, der gerade dem Planungsrhythmus des Endfertigungsbereichs in der Produktion entspricht).

Aus der Kombination dieser Steuerungsparameter ermittelt sich eine Bestellgrenze, die zusammen mit der vorgegebenen Konzentrationszahl K als Parameter einer (t, S)-Lagerhaltungspolitik interpretiert werden kann:

⇒ **Bestellzyklus** t = Konzentrationszahl K

⇒ **Bestellgrenze** S = geplante Nachfrage der K – Folgeperioden + Mindestbestand

mit: Mindestbestand = Sollreichweite * durchschnittlich geplante monatliche Nachfrage

2.2 Anforderungen an ein verbessertes Dispositionssystem

Als ein wesentlicher Ansatzpunkt für die Entwicklung verbesserter Dispositionsregeln wurde im Rahmen dieser Arbeit versucht, die Stochastik der Nachfrageprognosen und die Streuungen der Transportzeiten explizit in die Optimierungskalküle für die Ermittlung alternativer Politikparameter der mittelfristigen Disposition einzubeziehen. Eine weitere Anforderung ergibt sich aufgrund der vorgefundenen, planerisch weitgehend von dem Bereich der Produktion abgekoppelten Einbindung der Vertriebslogistik. Da in dem beschriebenen Dispositionssystem Zielkriterien des Produktionsbereichs wie z.B. gleichmäßige Kapazitätsauslastungen aber auch die durch komplexe Rüstkostenhierarchien gekennzeichnete Reihenfolgeproblematik nicht berücksichtigt werden, können Produktionsglättungsmaßnahmen zu – aus Sicht des Vertriebs – "verfrühten" Lieferterminen durch die Produktion führen. Die durch diese nicht mit Sicherheit prognostizierbare Vordatierung von Lieferaufträgen verursachten Bestandswirkungen sollten ebenfalls in die Festlegung der Politikparameter einbezogen werden.

2.3 Simulation des vorgefundenen Dispositionssystems

Als Grundlage für die Konzeption alternativer Dispositionsregeln wurde im Rahmen einer Vorstudie ein Simulationsmodell des bestehenden Dispositionsystems entwickelt, mit dem die vorgefundene Bestellzyklus/Bestellgrenzenregel unter Verwendung der oben beschriebenen Parameter getestet wurde.

Die für die Dimensionierung von Sicherheitsbeständen wesentliche Wiederbeschaffungszeit setzt sich zusammen aus dem Vorlauf der vorgeschalteten Produktionsstufe, der produktspezifischen Transportdauer sowie dem Bestellzyklus. Verkürzt wird dieser Zeitraum durch die Vordatierung der Belieferungen durch die Produktion, die maximal die Zeitspanne eines Bestellzyklus bzw. eines Quartals annehmen kann (vgl. Abb. 2.3).

Für die Vordatierung und die Transportzeiten sowie für die monatlichen Nachfragemengen wurden für ausgewählte Produkte aus vorliegenden empirischen Daten Wahrscheinlichkeitsverteilungen

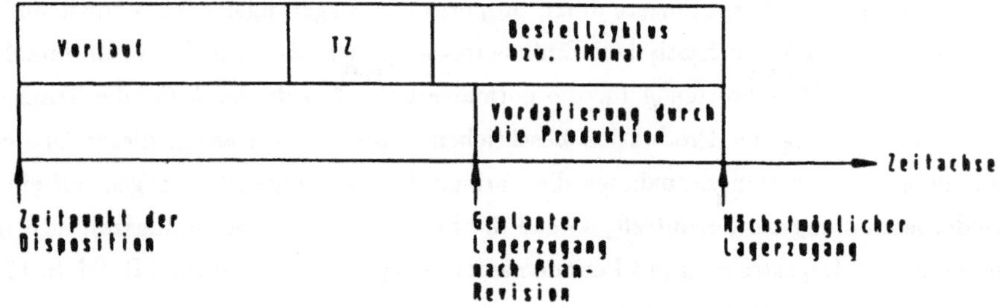

Abbildung 2: Die Wiederbeschaffungszeit unter Berücksichtigung der Vordatierung.

ermittelt. Unter der Annahme, daß die einzelnen stochastischen Einflußgrößen jeweils durch unabhängige, normalverteilte Zufallsvariable beschrieben werden können, und die Reihenfolge der Belieferungen der Reihenfolge der auslösenden Bestellungen entspricht, können Erwartungswert und Varianz der gemeinsamen Verteilung dieser Störgrößen berechnet werden. Konnte die Normalverteilungsannahme für Nachfragemengen und Transportzeiten i.a. durch die empirischen Daten bestätigt werden, so wurde die stochastische Vordatierung für die Simulation des Dispositionssystems durch eine Dreiecksverteilung modelliert, die – wie auch empirisch festzustellen – Vordatierungen mit zunehmender Länge immer geringere Wahrscheinlichkeiten zuordnet. Für die Parameteroptimierung im Rahmen der noch darzustellenden Dispositionsalternativen wurde dagegen mit einer Normalverteilungsannahme gearbeitet.

Im Rahmen dieser Simulationsumgebung wurden in einem ersten Schritt für ausgewählte Endprodukte mit unterschiedlichen Kostenstrukturen, Transportdauern und Bedarfsmustern neben den durch die Ist-Dispositionsregeln bei vorgegebenen Steuerungsparametern (Sollreichweite und Konzentrationszahl) verursachten durchschnittlichen Lagerhaltungskosten (Kapitalbindungs- und Rüstkosten) die sich ergebenden Beta-Servicegrade ermittelt.

Während die auf diese Weise mittels des Ist-Dispositionssystems erzielten Lieferserviceniveaus als Vorgabe für die Steuerungsparameter der zu entwickelnden Alternativen dienen, werden die ermittelten durchschnittlichen Lagerhaltungskosten als Vergleichsmaßstab für die Güte der im folgenden beschriebenen alternativen Dispositionsregeln verwendet.

3 Darstellung der entwickelten Dispositionsalternativen

3.1 Alternative I: Optimierung der Parameter einer Bestellzyklus/Bestellgrenzen-Politik

In einem ersten Schritt wurde unter Beibehaltung einer (t, S)-Politik eine Optimierung der Politik-Parameter unter der Vorgabe eines Beta-Servicegrades vorgenommen. Dabei wurde das Dispositionsproblem durch ein stationäres stochastisches Lagerhaltungssystem mit periodischer Überprüfung und Lieferverzögerung modelliert (vergleiche hierzu z.B. [2]).

Im einzelnen wird das System spezifiziert durch proportionale Lagerungskosten h sowie auflagefixe Beschaffungskosten F. Alle stochastischen Einflußgrößen werden als normalverteilte unabhängige Zufallsvariable mit den Mittelwerten μ für die normalverteilte Nachfrage, λ für die Transportzeit und v für die Vordatierung der Produktion beschrieben. Aus den Varianzen dieser Größen wird unter Ausnutzung der Verteilungsannahmen die Varianz der Nachfrage σ^2, bezogen auf einen Monat der Wiederbeschaffungszeit, ermittelt, so daß die Stochastik der Beschaffungszeit sich in einer Vergrößerung der Nachfragestreuung pro Periode niederschlägt (vergleiche dazu z.B. [1], S. 124-130). Nicht befriedigte Nachfrage wird vorgemerkt.

Unterstellt man als Zielkriterium die Minimierung der erwarteten Lagerhaltungskosten pro Periode bei gleichzeitiger Einhaltung eines vorzugebenden Beta-Servicegrades als Nebenbedingung, so lassen sich unter sukzessiver Ermittlung von Bestellzyklus und Bestellgrenze und mittels zweckmäßiger numerischer Approximationen die gesuchten Politikparameter t^* und S^* ohne großen Rechenaufwand bestimmen (vgl. dazu [3], S. 124 ff.).

Für einen gegebenen Bestellzyklus t berechnet sich damit die optimale Bestellgrenze als:

$$S^* = (t + \lambda - v) * \mu + q_I * \sigma * \sqrt{(t + \lambda - v)} \tag{1}$$

mit q_I als Sicherheitsfaktor, der von t und den Parametern μ, σ, λ, v sowie vom Servicegrad β abhängt.

Der optimale Wert für den Bestellzyklus t^* kann im allgemeinen nur über eine aufwendige Enumeration bestimmt werden. Simulationsergebnisse für die untersuchten Produkte zeigen jedoch, daß ein globales Kostenminimum mit einem optimalen Bestellzyklus t^* existiert. Dieser optimale Bestellzyklus befindet sich in der Nähe der Reichweite der klassischen Losgröße, so daß für Näherungslösungen auf die aufwendige Simulation zur Ermittlung der optimalen Politikparameter verzichtet werden kann.

3.2 Alternative II: Optimierung der Parameter der Bestellpunkt/Bestellgrenzen-Politik

In einem weiteren Schritt wurde eine Bestellpunkt/Bestellgrenzenregel als alternative Dispositionsstrategie untersucht. Der Übergang zu einer (s, S)-Lagerhaltungspolitik – wiederum unter Vorgabe eines Beta-Servicegrades – eröffnet im Vergleich zu der vorgestellten (t, S)-Politik ein erhöhtes Anpassungspotential an die einwirkenden Störgrößen, setzt damit jedoch gleichzeitig ein entsprechend flexibleres Planungssystem ohne feste Zyklusorientierung voraus.

Unter Beibehaltung der bereits für die Dispositionsalternative I beschriebenen Annahmen und die Anwendung verschiedener Approximationen ist auch für dieses Modell eine effiziente Bestimmung der Politikparameter möglich. Insbesondere erfolgt eine sukzessive Ermittlung des optimalen Bestellpunktes s^* und des Abstands D^* zur gesuchten Bestellgrenze S^*. Als weitere Vereinfachung wird die klassischen Losgröße D_{Kl} als Näherung für den optimalen Bestellabstand D^* benutzt, um eine Dekomposition des modellierten stochastischen Lagerhaltungsproblems in eine deterministische Festlegung der Bestellmenge und in die die stochastischen Störgrößen berücksichtigende Ermittlung des Bestellpunktes vorzunehmen. Diesen erhält man nach weiteren Approximationsschritten (vergleiche dazu [3], S. 237 ff.) aus der Beziehung:

$$s^* = (\lambda + 1 - v) * \mu + q_{II} * \sigma * \sqrt{(\lambda + 1 - v)} \tag{2}$$

Wie bei der Alternative I bestimmt sich q_{II} in Abhängigkeit der Parameter μ, σ, λ und dem Servicegrad β. Zusätzlich gehen in die Bestimmung des Sicherheitsfaktors jetzt jedoch neben der mit dem Bestellpunkt abzustimmenden Bestellmenge D (approximiert durch D_{Kl}.) die Kostensätze h und F ein. Die gesuchte Bestellgrenze S^* ermittelt sich abschließend als $S^* = s^* + D_{Kl}$.

3.3   Beurteilung der entwickelten Dispositionsalternativen

Die Performance der entwickelten Dispositionsalternativen wurde abschließend im Rahmen des im Abschnitt 2.3 vorgestellten Simulationsmodells überprüft, indem unter Vorgabe der aus der Simulation des Ist-Dispositionssystems gewonnenen Servicegrade die durchschnittlichen Lagerhaltungskosten und die realisierten erwarteten Servicegrade bei Anwendung der optimierten Politikparameter für beide Alternativen ermittelt wurden.

Zunächst zeigt sich, daß die Servicegradvorgaben generell eingehalten und – insbesondere für niedrigere Servicegradvorgaben – tendenziell sogar überschritten werden (vergleiche Abb. 3). [1]

Abbildung 3: Servicegradvorgabe und realisierter Servicegrad der untersuchten Produkte für die Dispositionsalternative I im Vergleich zur Ist-Disposition.

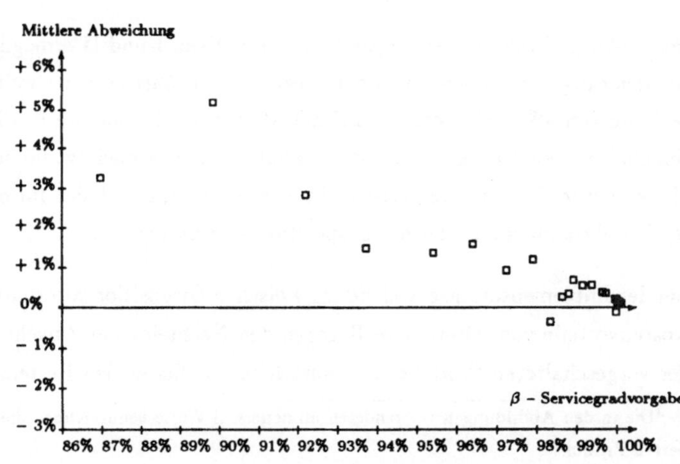

Mit zunehmender Differenz der ermittelten optimalen Bestellzyklen t^* von den in der Ist-Situation vorgegebenen K-Zahlen signalisieren die vorgestellten Alternativen ein beträchtliches Kostensenkungspotential von bis zu 70% (vgl. dazu Abb. 4).

Eine gesonderte Untersuchung zeigt, daß ein Verzicht auf die Einbeziehung der stochastischen Vordatierung in die Parameterbestimmung (wie dies in der Ist-Disposition der Fall ist) zu einer unnötigen weiteren Erhöhung der realisierten Servicegrade führt, verbunden mit einer Erhöhung der Lagerhaltungskosten um 5-10%.

Abbildung 4: Relative Kostenveränderung gegenüber der Ist-Situation für die Dispositionsalternative I.

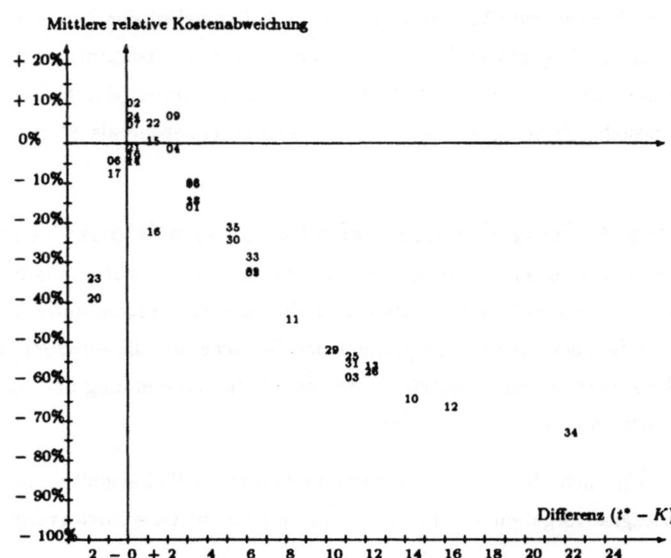

Im direkten Vergleich der Dispositionsalternativen I und II ermöglicht Alternative II eine genauere Ansteuerung der vorgegebenen Servicegrade und führt zu einer weiteren durchschnittlichen Kostensenkung von 4% – 8% bezogen auf die Alternative I wobei i.d.R. die Servicegradvorgaben ebenfalls eingehalten werden (vgl. Abb. 5[2]). Da approximationsbedingt für sehr kleine optimale Bestellzyklen die Servicegradvorgabe teilweise nicht erreicht wird, bietet sich für diese Fälle die Anwendnung einer (t, S)-Politik entsprechend der Dispositionsalternative I an.

Bei der Implementationsentscheidung zwischen Dispositionsalternative I und II gilt es schließlich, die Kostenvorteile von Alternative II gegen den Nachteil einer Abkehr von einer – in Abstimmung mit der vorgeschalteten Produktion – einfach zu handhabenden Bestellzyklusregel abzuwägen.

---

[2]Die in den Abbildungen verwendeten numerischen Werte kennzeichnen die im Rahmen der Untersuchung analysierten Produkte.

Abbildung 5: Relative Kostenänderung und absolute Servicegradänderung von Alternative II gegenüber Alternative I.

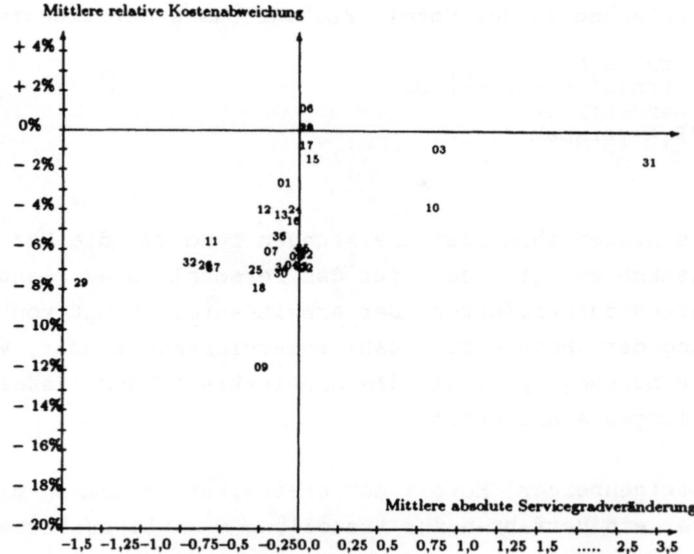

Literatur

[1] KLEMM, H., MIKUT, M.; Lagerhaltungsmodelle, Berlin 1974.

[2] SCHNEEWEISS, CH.; Modellierung industrieller Lagerhaltungssysteme, Berlin u.a. 1981.

[3] SCHNEIDER, H.; Servicegrade in Lagerhaltungsmodellen, Berlin 1979.

Dienstplanung in der Hotellerie auf Basis der linearen Programmierung

Dr. Gerhard Muche
CP Controlling Partner GmbH
Alte Landstr. 48
W-2075 Ammersbek II

Hotels bieten ihre Dienstleistungen rund um die Uhr an. Allein dieser Tatbestand zwingt dazu, für das Personal eine Planung des zeitlichen Einsatzes durchzuführen. Der Arbeitsanfall hängt von der täglichen Auslastung der Hotels ab. Zahl reservierter Zimmer, Veranstaltung etc. sind Prognosegrößen, um die Arbeitskräfte dem Bedarf angepaßt in den Abteilungen einzusetzen.

Die Steigenberger Hotels AG erarbeitet zusammen mit CP Controlling Partner ein Verfahren zur Erstellung der wöchentlichen Dienstpläne mit Hilfe von Personalcomputern. Mit zwei Wochen Vorlauf werden die Dienstzeiten der Arbeitskräfte gemäß dem prognostizierten Arbeitsanfalls und den vertraglichen Bedingungen unter Berücksichtigung von Arbeitnehmer-Wünschen erstellt. Kurzfristige Aktualisierungen sind ebenso wie die Erfassung der eingetretenen Zustände möglich.

Dem Verfahren liegt ein Modell der linearen Programmierung mit Ganzzahligkeitsbedingungen zugrunde. Optimierungsziel ist der knappste Personaleinsatz unter Berücksichtigung von Bedarfsdeckung und Einhaltung vertraglicher Abmachungen. Die Zielfunktion steuert darüber hinaus den zeitlichen Einsatz der Arbeitskräfte derart, daß mögliche Überstunden gleichmäßig auf die Arbeitskräfte verteilt werden.

Die Dienstpläne werden von Abteilungsleitern erstellt. Diese benötigen keinerlei Vorbildung von OR-Verfahren. Bildschirm-Gestaltung und Drukker-Ausgaben sind an das bisher praktizierte manuelle Verfahren zur Dienstplan-Erstellung angelehnt. Generierung und Lösung des linearen Modells vollzieht das System selbsttätig. Eine Datenbank enthält alle Daten zu Arbeitskräften, Tarifwerk und Abteilungscharakteristika. Anbindung an externe Systeme sichern Aktualität der Planungsgrundlage. Die einzelnen Abteilungen umfassen 10 - 50 Mitarbeiter. Im Endstadium sollen mit dem System dezentral 4000 Mitarbeiter in die Planung einbezogen werden.

Interaktive Optimierung von Transportprozessen mit TRANSPORT

Wolfgang Ness

Datenverarbeitungszentrum Neubrandenburg GmbH

TRANSPORT stellt ein integriertes Programmsystem zur Optimierung
von Transportproblemen im Dialog mit dem Computer dar. Es ist
insbesondere bestimmt für Transportverteilungsprobleme, die dem
klassischen Transportmodell entsprechen. Das Kernstück des Opti-
mierungssystems TRANSPORT bildet das Optimierungsprogramm TRANS
von ILOTECH Berlin. Es erlaubt auch die Lösung von erweiterten
Modellen, die über das klassische Transportproblem hinausgehen
(offenes TP, zweiseitig beschränktes TP, Binärproblem) und läßt
verschiedene Zielfunktionen für die Optimierung zu. Dadurch wird
ein weiter Kreis von möglichen Anwendungen unterstützt.

Neben der eigentlichen Durchführung der Optimierungsrechnungen
bietet das System TRANSPORT dem Nutzer umfangreiche Unterstützung im Umfeld des Optimierungsprozeßes, insbesondere bei der
Datenbereitstellung und der Analyse der Optimierungsergebnisse.

So kann der Aufwand für die Bereitstellung der Entfernungs- bzw.
Kostenmatrix deutlich reduziert werden. Mit Hilfe spezieller
Programme lassen sich Entfernungsdaten vom Großrechner überneh-
men, Teilmatrizen aus einer Entfernungsdatenbasis erstellen und
Matrizen zusammenfassen.

Spezielle Algorithmen erlauben es, die optimale Lösung des
Transportproblems zu analysieren und Schlußfolgerungen für eine
zielgerichtete Datenänderung abzuleiten. Es können normierte
Dualvariable und Stabilitätsbereiche der optimalen Lösung bestimmt werden. Die Entwicklung der Zielfunktion durch Veränderung
einzelner Aufkommens- und Bedarfswerte läßt sich auch über den
Stabilitätsbereich hinausgehend verfolgen. Falls gewünscht, ist
es im Ergebnis der Lösungsanalyse möglich, mit einer nochmaligen
Optimierung auf Basis der geänderten Daten den Zielfunktionswert
weiter zu verbessern.

In über 40 Anwendungen des klassischen Transportproblems bzw.
erweiterter Modelle gesammelte Erfahrungen sowohl auf Mainframe-
Anlagen sowie PC fanden in das integrierte System TRANSPORT
Niederschlag. Es zeigte sich die breite Palette der mit dem klassischen Transportmodell lösbaren Aufgabenstellungen. Durch Aufnahme von Gewinnkoeffizienten anstatt der in der Transportmatrix
allgemein üblichen Aufwandskoeffizienten (Transportkosten, Entfernungen) konnte beispielsweise das Transportmodell zu einem
Gewinnmanager für Vertriebsunternehmen ausgestaltet werden.

Möglichkeiten und Grenzen der Anwendung von Methoden des Operations
Research für die Begründung von Instandhaltungsstrategien

Dr. Günter Poethe
Rud.-Breitscheid-Str. 10
O-2200 Greifswald

Mit der quantitativen und qualitativen Entwicklung der Betriebsmittel
und ihrer fortschreitenden Verknüpfung zu Produktionsanlagen entstand
in den fünfziger Jahren die verstärkte Notwendigkeit einer planmäßigen
Instandhaltung. Neben die für Instandsetzungen von Betriebsmitteln
vorrangig angewendeten Ausfallstrategien traten weitere, die für noch
funktionstüchtige Ausrüstungen zu bestimmten Anlässen (z.B. Ablauf
einer gegebenen Nutzungsperiode) Inspektionen und vorbeugende
Instandsetzungen vorsehen.
Allerdings erfordern nun diese Strategien die bewußte Gestaltung der
Instandhaltung einschließlich der Fixierung von Strategieparametern.
Wegen des stochastischen Charakters der Lebensdauer von Betriebsmitteln
war und ist das bis heute eine komplizierte Angelegenheit.

Vom Verfasser wurden für die Erdölverarbeitung und Petrolchemie der
ehemaligen DDR über einen längeren Zeitraum Untersuchungen dazu durch-
geführt, für die Strategiebegründung Methoden der Zuverlässigkeits- und
Erneuerungstheorie, der digitalen Simulation und der mathematischen
Statistik anzuwenden. Dabei offenbarten sich erhebliche Schwierigkeiten
bezüglich einer geschlossenen Modellierung der Entscheidungssituation
sowie der Bereitstellung des erforderlichen Datenmaterials.
Trotzdem wurde als Endergebnis ein Näherungsverfahren für die
Ermittlung günstiger Termine und Umfänge von Komplexmaßnahmen der
Anlageninstandhaltung erreicht, das nach seiner rechentechnischen
Aufbereitung nach Einschätzung des Instandhaltungsmanagements im
Untersuchungsbetrieb wesentlich zur Objektivierung des Instandhaltungs-
bedarfs beitragen konnte.
Im Vortrag wird auf einzelne Aspekte des Problemlösungsprozesses
eingegangen. Zugleich wird die Notwendigkeit aufgezeigt, für die
Begründung der planmäßigen Instandhaltung in Zukunft die
wahrscheinlichkeitstheoretischen Methoden durch Verfahren der
technischen Diagnostik zu ergänzen.

OR in der DDR - Versuch einer Schlußbilanz

Prof. Dr. Klaus-Jürgen Richter
Hochschule für Verkehrswesen "Friedrich List"
Friedrich-List-Platz 1
O - 8010 Dresden

In der zweiten Hälfte der fünfziger Jahre begannen Universitäten und
Hochschulen sowie Forschungsinstitute in der DDR, sich mit OR zu befassen. Betont wurde die Konzentration auf die verfahrenstechnischen
Seiten von OR mit dem Ziel, OR-Verfahren für die Zwecke der "sozialistischen Planwirtschaft" zu nutzen. Bevorzugt wurden die Bezeichnungen "Operationsforschung" (OF) und Unternehmensforschung. Die
rasch einsetzende Verbreitung fand ihren Gipfel in der Einbettung
von OR in die "Marxistisch-Leninistische Organisationswissenschaft"
(MLO) am Ende der sechziger Jahre. Das breit angelegte MLO-Konzept,
das mit den Grundsätzen des "Neuen ökonomischen Systems der Planung
und Leitung der Volkswirtschaft" korrespondierte, wurde durch die
Beschlüsse des VIII. Parteitags der SED 1971 praktisch verworfen
und durch das sowjetische Konzept der "Automatisierten Systeme der
Leitung" (ASL) ersetzt. Die Entwicklungsphase von OR war damit jäh
abgebrochen worden. Eine gewisse Rückbesinnung erfolgte zu Beginn
der achtziger Jahre, hervorgerufen durch wachsende volkswirtschaftliche Schwierigkeiten. Sie führte zum Konzept der Produktions-
Transport-Optimierung (PTO).
OR war in der DDR stets durch die zentralistische Wirtschaftsord-
nung geprägt: Es dominierten beispielsweise Naturalgrößen gegenüber monetären Größen, hierarchisch strukturierte Modellkonzepte
erlangten keine generelle Verbreitung, und deterministische Ansätze
wurden bevorzugt.
Die analoge Entwicklung vollzog sich hinsichtlich der Einbeziehung
von OR, seit Anfang der siebziger Jahre "Ökonomisch-mathematische
Modellierung"(ÖMM), in die akademische Ausbildung, bei der die Beziehungen zur Betriebswirtschaft zugunsten derjenigen zur Mathematik zunehmend vernachlässigt wurden. Die systemhafte Verbindung mit
der Informatik und vor allem mit der Logistik vollzog sich nur lang-
sam.
Die unter diesen Umständen erzielten Ergebnisse werden zusammenfassend kurz gewertet.

ANWENDUNG MATHEMATISCHER METHODEN ZUM FESTLEGEN DER LINIENFÜHRUNG UND ZUM GESTALTEN VON FAHR-UND DIENSTPLÄNEN IM STÄDTISCHEN ÖFFENTLICHEN PERSONENVERKEHR

Siegfried Rüger, Dresden

Zusammenfassung: Für das Festlegen der Linienführung städtischer öffentlicher Personenverkehrsmittel, für das Verknüpfen von Fahrplänen verschiedener Linien und für das Bilden von Diensten für das Fahrpersonal werden mathematische Methoden einschließlich einfacher Beispiele zu ihrer Anwendung vorgestellt.

Abstract: In this paper mathematical methods including some simple case studies for their application are presented to show the line layout of urban passenger means, the linkage of timetables of different lines and the formation of train crew services.

1. Einleitung

Bei der Einsatzvorbereitung im städtischen öffentlichen Personenverkehr gibt es eine Reihe von Aufgaben, die für Operation Research-Methoden geeignet sind. Freilich darf dabei nicht übersehen werden, daß in der Regel sehr restriktive Randbedingungen vorhanden sind, die sowohl das Anwenden der entsprechenden Algorithmen als auch das Überführen etwaiger Ergebnisse in die Praxis erschweren. Im Bild 1 soll zunächst ein Überblick über die bei der Einsatzvorbreitung im Personenverkehr anstehenden Einzelaufgaben und die zwischen ihnen bestehenden Beziehungen gegeben werden.

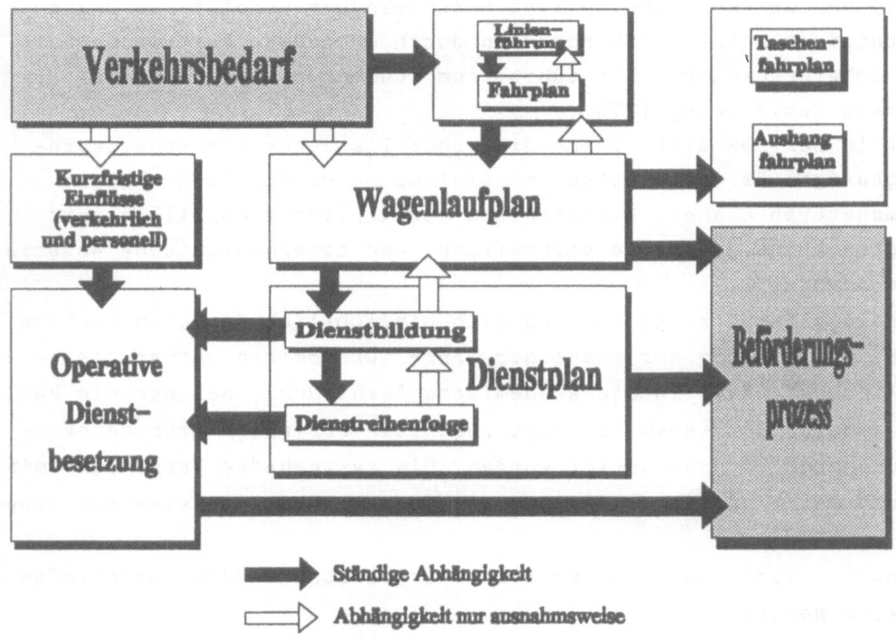

Bild 1: Einzelaufgaben bei der Einsatzvorbereitung im Personenverkehr

Operations Research Proceedings 1991
© Springer-Verlag Berlin Heidelberg 1992

Ausgangspunkt ist stets der Verkehrsbedarf, der im Beförderungsprozeß als dem Ergebnis aller Überlegungen mit möglichst hoher Qualität befriedigt werden soll. Dabei sind wirtschaftliche Vorgaben zu beachten. Schließlich erzwingen sowohl die politisch und sozial begrenzten Fahrpreise, als auch die von der öffentlichen Hand bereitgestellten Mittel ein Niedrighalten der Kosten. In diesem Beitrag erfolgt ein Begrenzen auf die Probleme der Linienführung, des Fahrplanes und der Dienstbildung als wesentliche Bestandteile einer künftig anzustrebenden komplexen Lösung.

2. Linienführung

Für eine Optimierung stehen zwei Kriterien zur Verfügung, die in der Regel in ihrer Zielstellung einander widersprechen [1].

Einmal kann versucht werden, bei vorgegebenen Verkehrsströmen möglichst viele Direktverbindungen anzubieten und so die Anzahl der Umsteigevorgänge zu minimieren. Das führt sehr schnell zu einem hohen und nicht realisierbaren Aufwand. Wird dieser aber begrenzt und als Restriktion in den Algorithmus eingeführt, wird erfahrungsgemäß der Spielraum, in dem alle möglichen Lösungen liegen, so klein, daß durch eventuelle Veränderungen der Linienführung, die stets mit gewissen Problemen verbunden sind, höchstens geringe Verbesserungen zu erzielen sind. Wenn für alle starken Verkehrsströme, beispielsweise in der Verbindung der Stadtteile mit dem Zentrum, durchgehende Fahrtmöglichkeiten gegeben sind, was fast ausnahmslos zutreffend ist, ist ein Anwenden dieses Kriteriums wenig sinnvoll und deshalb auch nicht üblich.

Bedeutsamer ist die Zielstellung, eine gegebene Verkehrsaufgabe mit einem Minimum an Fahrzeugen oder Fahrpersonal und damit den geringsten Kosten zu lösen. Von den Restriktionen her läßt sich hierbei sichern, daß für die stärksten Verkehrsströme eine durchgehende Bedienung erfolgt.

Die Vorgehensweise ist so, daß für jede sinnvolle Endpunktkombination der entstehende Aufwand ermittelt wird. Für jeden Endpunkt lassen sich zwei Gleichungen wie folgend für den Endpunkt A bilden [1]. Dabei wird unterstellt, daß die allgemein mit I und J umschriebenen Endpunktbezeichnungen von A bis Z laufen.

$$\sum_{J=A}^{Z} x_{AJ} = 1 \qquad x_{IJ} \in \{0,1\} \qquad (1)$$

$$\sum_{I=A}^{Z} x_{IA} = 1 \qquad x_{IJ} \in \{0,1\} \qquad (2)$$

x_{IJ} Unbekannte zum Beschreiben, ob eine Linie von I nach J einzurichten ist ($x_{IJ} = 1$ => ja; $x_{IJ} = 0$ => nein).

Die Unbekannte mit gleichen Indexbestandteilen x_{II} beschreibt gemäß Definition den Fall einer Radiallinie vom Endpunkt I zum Stadtzentrum.

Ergibt sich aus den Randbedingungen, daß an einem Endpunkt nicht eine, sondern mehrere Linien beginnen und enden, steht anstelle der 1 auf der rechten Seite der Gleichungen (1) und (2) deren Anzahl.

Als Zielfunktion gilt

$$\sum_{I=A}^{Z}\sum_{J=A}^{Z} x_{IJ}\, c_{IJ} \overset{!}{=} \text{Minimum} \qquad x_{IJ} \in \{0,1\} \qquad (3)$$

$$[c_{IJ}] = \text{Züge bzw. Zugstunden}$$

c_{IJ} Aufwandswert für das Einrichten einer Linie von I nach J

Die in den Gleichungen (1) bis (3) dargestellten Beziehungen entsprechen genau dem Transportproblem der linearen Optimierung. Sie lassen sich mit einem der dafür bekannten Algorithmen eindeutig einer Lösung zuführen.

Wegen der bereits erwähnten Probleme, die eine Veränderung der Linienführung in der gesamten Öffentlichkeit einer Stadt auslöst, sollte nicht um jeden Preis die optimale Lösung durchgesetzt werden. Sie gibt aber in jedem Fall die Möglichkeit eines Vergleiches mit der bestehenden Situation und Hinweise auf sinnvolle Verbesserungen. Das soll am Beispiel des Straßenbahnnetzes der Stadt Potsdam dargestellt werden. Bild 2 zeigt den in der Mitte der achtziger Jahre bestehenden Ausgangszustand.

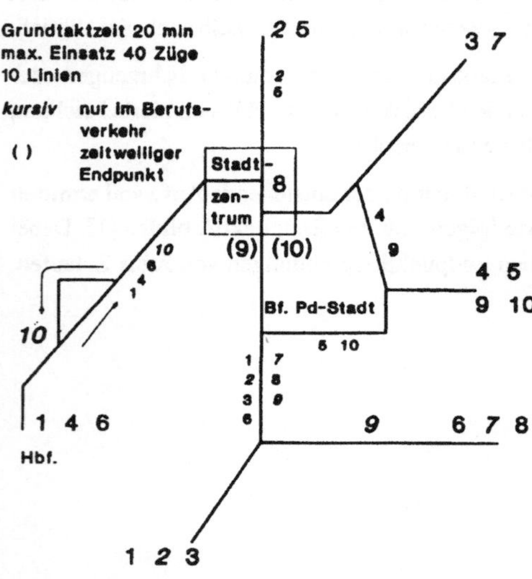

Bild 2: Straßenbahnnetz Potsdam nach dem Fahrplan 1989/90 (schematische Darstellung)

Aus zwei Gründen bestand dringender Handlungsbedarf. Einmal konnte seit Jahren der fahrplanmäßige Einsatz personell nicht mehr abgesichert werden. Zum anderen kamen durch Umsetzungen aus Berlin größere Fahrzeuge zum Einsatz. Eine für die neuen Bedingungen manuell durchgeführte Optimierung führte zu drei untereinander gleichberechtigten Lösungen, die den Zugbedarf auf drei Viertel reduzierten. Bild 3 zeigt diejenige von ihnen, die im Spätsommer 1989 in der Öffentlichkeit zur Diskussion gestellt wurde.

Die Einwände gegen dieses Liniennetz konzentrierten sich auf den Wegfall der Linie 4. Deshalb wurde in der politisch brisanten Zeit des Herbstes 1989 und im darauffolgenden Winter die optimale Lösung insofern variiert, daß diese Linie erhalten bleibt. Der Zugbedarf sank dadurch immerhin noch auf 82,5% des bisherigen Wertes ab. Dieses Netz, das Bild 4 zeigt, wurde mit Fahrplanwechsel 1990 mit gutem Erfolg in die Praxis überführt.

3.   Fahrplan

Bei dem im öffentlichen städtischen Personenverkehr vorherrschenden starren Fahrplan kommt einer sorgfältigen Gestaltung der Verknüpfungen eine erhebliche Bedeutung zu, da sich die negativen Auswirkungen schlechter Lösungen sehr oft wiederholen. Natürlich setzt das für die betroffenen Linien einheitliche Taktzeiten oder zumindest deren ganzzahliges Vielfache voraus, eine Bedingung, die häufig erfüllt ist.

Für das mathematische Behandeln des Problems müssen die zu beachtenden Bedingungen in Form eines Graphen anschaulich dargestellt werden. Das wird an einem einfachen Beispiel in den Bildern 5 und 6 gezeigt.

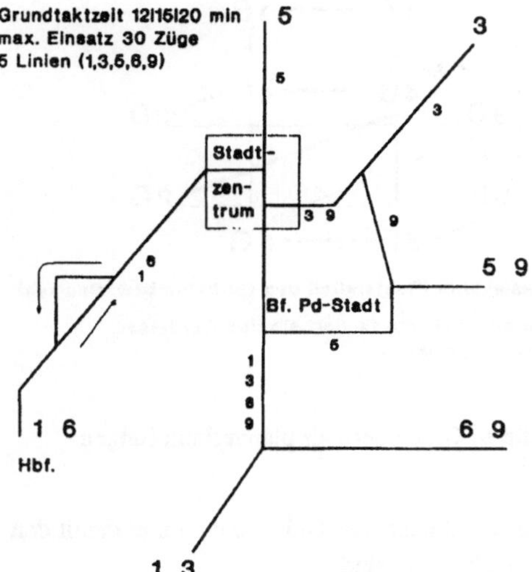

Bild 3: Straßenbahnnetz Potsdam gestrafft
Variante A (schematische Darstellung)

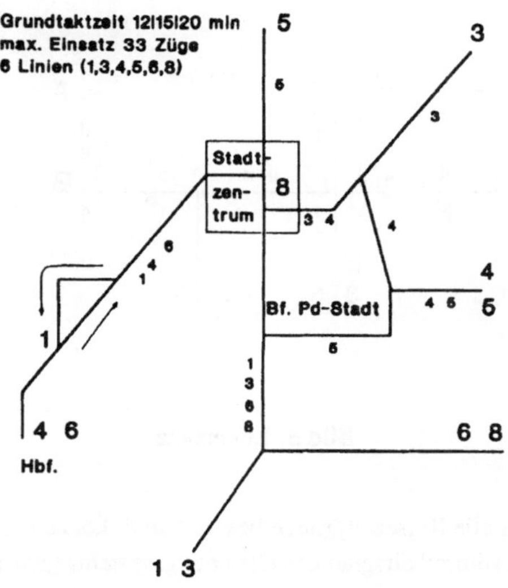

Bild 4: Straßenbahnnetz Potsdam nach dem
Fahrplan 1990/91 (schematische Darstellung)

In dem Netz nach Bild 5 sollen auf allen Strecken, die von zwei Linien befahren werden, möglichst gleichmäßige Zugfolgezeiten zustande kommen. Außerdem sollen in B günstige Anschlüsse zwischen den Linien 1 und 4 bestehen. Diese Sachverhalte beschreibt der Graph in Bild 6. Darin werden die Ecken den Abfahrts-Endpunkten der Linien und die Kanten den geforderten Verknüpfungen zugeordnet.

Für die weitere Bearbeitung ist das Gerüst oder der Baum des Graphen zu bilden. Das kann im Prinzip willkürlich erfolgen. Es ist aber zu beachten, daß davon jede Ecke erfaßt wird und daß keine Schleifen entstehen dürfen. Im Bild 6 sind die Kanten, die dem Gerüst oder Baum angehören, stark gezeichnet. Sie werden als Basiskanten bezeichnet. Auf der Grundlage dieses Graphen werden nunmehr nach bestimmten einfachen Regeln Gleichungen aufgestellt.

Für jede Kante, die *nicht* Bestandteil des Gerüstes oder Baumes ist (Nichtbasiskante), gilt

$$f(t_f) + f(t_z) + f(t_w) \equiv 0 \quad (\text{mod } t_T) \tag{4}$$

t_f Reisezeit [min]

t_z Zugfolgezeit [min]

t_w Wendezeit [min]

t_T Taktzeit [min]

Damit wird

$$n_{\text{Gleichungen}} = n_{\text{Nichtbasiskanten}} \tag{5}$$

$$= n_{\text{Kanten}} - n_{\text{Basiskanten}}$$

$$= n_{\text{Kanten}} - (n_{\text{Ecken}} - 1)$$

n Anzahl allgemein

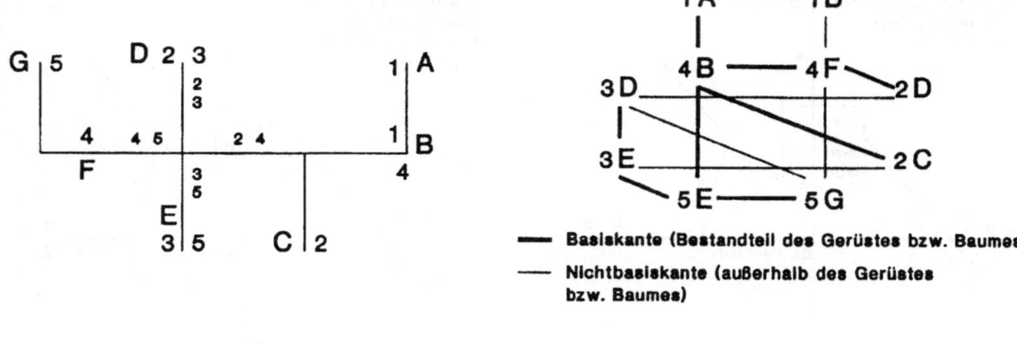

Bild 5: Liniennetz   **Bild 6:** Graph der Fahrplanverknüpfungen

Da alle Reisezeitgrößen bekannt sind, können Aussagen über die Anzahl der Unbekannten und damit den Bestimmtheitsgrad des Gleichungssystems gemacht werden. Unbekannt sind

    die Zugfolgezeiten   (eine je Kante zwischen Ecken verschiedener Linien) und

    die Wendezeiten   (eine je Kante zwischen Ecken derselben Linie).

Mithin wird

$$n_{\text{Unbekannte}} = n_{\text{Kanten}} \tag{6}$$

$$n_{\text{Freiheitsgrade}} = n_{\text{Kanten}} - (n_{\text{Kanten}} - (n_{\text{Ecken}} - 1)) \tag{7}$$

$$= n_{\text{Ecken}} - 1$$

Das Gleichungssystem ist also in allen praktisch sinnvollen Fällen unterbestimmt. Die Lösung könnte nun so erfolgen, daß soviel Unbekannte, wie Freiheitsgrade vorhanden sind, möglichst günstig festgelegt werden. Alle anderen Werte lassen sich danach errechnen. So entstehen aber in der Regel teilweise recht ungünstige Ergebnisse.

Günstiger ist es daher, die Gleichungen als ein System von Funktionen aufzufassen, bei denen es soviel unabhängige Variable gibt, wie Freiheitsgrade vorhanden sind. Hierbei werden zunächst für alle Variablen Bereiche festgelegt, in denen die entsprechenden Werte liegen sollen. Diese werden nach bestimmten Regeln iterativ eingeschränkt [1].

Es ist mehrfach versucht worden, das Verfahren für einen Rechnereinsatz aufzubereiten. Das ist aber bisher über das Beherrschen von Teilschritten nicht hinausgekommen. Alle vorliegenden Anwendungen beruhen auf einer manuellen Bearbeitung. Um dabei bei großen Netzen den Überblick zu behalten, sind diese häufig in überschaubare Teilnetze aufgelöst worden. Ein verhältnismäßig aktuelles Beispiel ist der am 2. Juni 1991 in Kraft getretene Fahrplan der Berliner S-Bahn. Als am 1. Juli 1990 bei der Berliner S-Bahn in Berlin-Friedrichstraße die beiden seit dem 13. August 1961 getrennten Netzteile wieder zusammengefügt wurden, geschah das auf der Basis der bis dahin bestehenden Fahrpläne, deren Konstruktion freilich ganz andere Randbedingungen zugrunde lagen. Aus dieser Situation heraus wurden die Linien von Erkner (heute S 3) und Königs Wusterhausen (heute S 6) nach Wannsee geführt. Zwischen Charlottenburg und Friedrichstraße entstanden hierbei ungleichmäßige Zugfolgezeiten, die berechtigt Anlaß zur Kritik waren. Bereits im Sommer 1990 konnte mit dem vorgestellten Verfahren nachgewiesen werden, daß unter Beachten der übrigen im Netz bestehenden Restriktionen der erwähnte Mangel nicht zu umgehen ist, solange die Linien S 3 und S 6 mit möglichst gleichmäßigen Zugfolgezeiten bis Wannsee geführt werden. Es zeigt sich aber auch, daß durch ein Verlängern der von Strausberg- Nord kommenden Linie (heute S 5) bis Wannsee bei gleichzeitigem Zurückziehen der Königs Wusterhausener Linie S 6 eine gute Fahrplanlösung möglich wird. Das ist mit dem Fahrplanwechsel am 2. Juni 1991 realisiert worden.

4. Dienstbildung

Es handelt sich hier um die komplizierteste Einzelaufgabe der Einsatzvorbereitung im Personenverkehr. Sie ist im Spannungsfeld von drei Zielstellungen zu lösen, von denen sich teilweise widersprechende Anforderungen ausgehen. Einmal sind selbstverständlich alle Wagenläufe über ihre gesamte Einsatzzeit mit Fahrpersonal zu besetzen. Hier existiert kaum Spielraum für Entscheidungen, allenfalls dadurch, daß zum Zwecke einer günstigeren Dienstbildung im nachhinein kleinere Korrekturen am Wagenlaufplan oder gar Fahrplan erfolgen. Das kann aber nur auf Ausnahmefälle begrenzt bleiben. Zum zweiten ist die gegebene Verkehrsaufgabe mit der geringsten Arbeitszeitsumme und damit minimalem Personalaufwand zu lösen, um die Kosten niedrig zu halten. Schließlich darf die soziale Komponente nicht übersehen werden, wonach die Dienstbildung einen erheblichen Einfluß auf die wegen der notwendigerweise sehr unregelmäßigen Arbeitszeiten ohnehin ungünstigen Arbeits- und Lebensbedingungen der Angehörigen des Fahrpersonals hat. Hier liegen erhebliche Entscheidungsspielräume, die in der Praxis meist aufgrund langjähriger Erfahrungen der Bearbeiter in unterschiedlicher Qualität ausgefüllt werden. Ziel einer mathematischen Methode muß es sein, die vorhandenen Möglichkeiten aufzudecken und daraus die für die jeweiligen Bedingungen günstigste Lösung zu entwickeln. Für diese Aufgabenstellung drängt sich eine interaktive Rechnerbearbeitung geradezu auf.

Die Probleme und der theoretische Ansatz sollen an einem stark vereinfachten Beispiel demonstriert werden. Es seien drei Wagenläufe über eine bestimmte Zeit nach Bild 7 zu besetzen.

Vergleicht man die eingetragene maximale Dienstlänge mit der Einsatzzeit der Wagenläufe, werden für Nummer 1 und 3 je 2 1/2, für Nummer 2 zwei, insgesamt also 7 Dienste benötigt. Hierbei wird stillschweigend unterstellt, daß halbe Dienste zulässig sind. Diese werden üblicherweise zu geteilten Diensten zusammengefaßt. Das ist eine Dienstform, die vor allem im städtischen öffentlichen Personenverkehr vorkommt und die wegen der großen zeitlichen Ausdehnung und des doppelt anfallenden Weges zur und von der Arbeit unbeliebt ist. Neben der Forderung nach einem geringen Arbeitskräftebedarf sollten also möglichst viele durchgehende Dienste entstehen. Das läßt sich in gewissen Grenzen dadurch erreichen, daß innerhalb der Dienste zielgerichtet teilweise von einem zu einem anderen Wagenlauf übergegangen wird. Da Ablösungen nur an bestimmten Punkten und damit zu festgelegten Zeiten erfolgen können, ist es kompliziert, hierfür brauchbare oder gar optimale Lösungen zu finden. Das wird wesentlich durch das Einführen des Dienstdurchlaufs als einer Folge von Diensten und Dienstteilen erleichtert. Danach muß jeder Wagenlauf

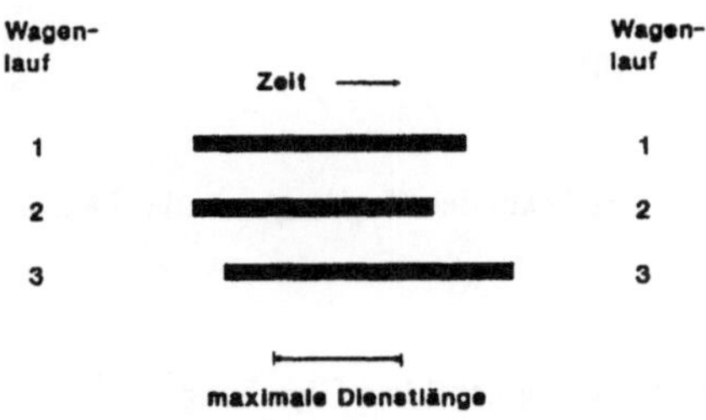

Bild 7: Einsatzzeiten dreier Wagenläufe

- ° über seine gesamte Einsatzzeit
- ° von einem und nur einem Dienstdurchlauf
- ° gleichzeitig

erfaßt werden. Daraus ergibt sich die zwangsläufige Folgerung, daß ein Dienstdurchlauf nur beim Ausrücken beginnen und beim Einrücken enden kann. Wird innerhalb eines Dienstes von einem Wagenlauf zum anderen übergegangen, geht auch der Dienstdurchlauf mit über. Es entsteht ein Vorwärtsübergang. Damit auf dem Wagenlauf, auf den der oder bei mehreren der letzte Übergang erfolgte, nunmehr keine zwei Dienstdurchläufe gleichzeitig vorhanden sind, was ja der Definition widerspräche, muß der bisher dort befindliche Dienstdurchlauf mit einem Rückwärtsübergang auf den Wagenlauf gelangen, auf dem der oder bei mehreren der erste Vorwärtsübergang begann. Das ist freilich nur möglich, wenn eine Ablösung erfolgt, da nur dann innerhalb eines Dienstdurchlaufes für kurze Zeit gleichzeitig zwei Arbeitskräfte vorhanden sind.

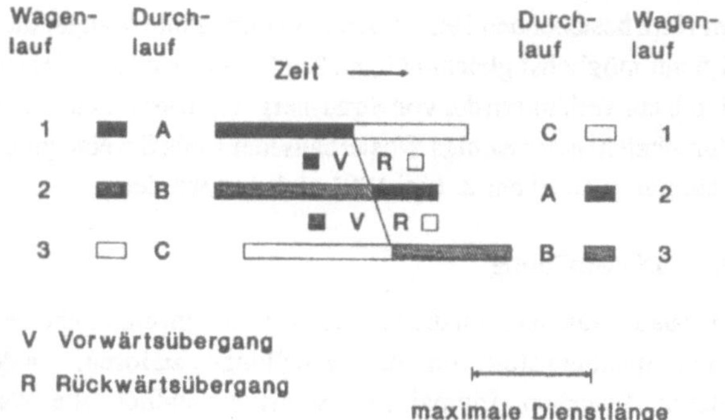

Bild 8: Dienstabläufe mit Vor- und Rückwärtsübergängen

Ferner können Rückwärtsübergänge vor dem Ausrücken oder nach dem Einrücken eines Wagenlaufes erfolgen. Der Sachverhalt wird in Bild 8 anhand des einfachen Beispiels aus Bild 7 dargestellt.

Ein Dienstdurchlauf, der mit dem Ausrücken auf einem bestimmten Wagenlauf (Zug) beginnt, kann auf allen vorhandenen Wagenläufen (Zügen) enden. Gleiches gilt für jedes Ende eines Dienstdurchlaufes hinsichtlich seines Beginns. Das führt für jeden von ihnen zu Gleichungen in der als (8) und (9) dargestellten Form. Für jede Ausrückezeit, zu der stets ein Dienstdurchlauf beginnen muß, läßt sich eine Gleichung aufstellen. Diese lautet für den i-ten ausrückenden Zug

$$\sum_{j=1}^{n} x_{ij} = 1 \qquad x_{ij} \in \{0,1\} \qquad\qquad (8)$$

x_{ij} Unbekannte zum Beschreiben, ob ein auf dem i-ten ausrückenden Zug beginnender Dienstdurchlauf auf dem j-ten einrückenden Zug endet.

Weiterhin gilt für jede Einrückezeit die hier für den j-ten einrückenden Zug gebildete Gleichung

$$\sum_{i=1}^{n} x_{ij} = 1 \qquad x_{ij} \in \{0,1\} \qquad\qquad (9)$$

x_{ij} kann dabei nur die Werte 0 (Dienstdurchlauf wird nicht gebildet) oder 1 (Dienstdurchlauf wird gebildet) annehmen.

Die Auswahl ist nun so zu treffen, daß die Anzahl der benötigten und die der geteilten Dienste minimal wird, wobei innerhalb bestimmter Grenzen zwischen beiden Werten eine Wechselwirkung besteht. Bewertet man jeden denkbaren Dienstdurchlauf mit der Anzahl der zu seiner Realisierung erforderlichen Dienste und Dienstteile, führt das zu der Zielfunktion (10).

$$\sum_{i=1}^{n} \sum_{j=1}^{n} x_{ij}\, c_{ij} \stackrel{!}{=} \text{Minimum} \qquad x_{ij} \in \{0,1\} \qquad (10)$$
$$[c_{ij}] = \text{Dienste und Dienstteile}$$

c_{ij} Aufwandswert für das Element x_{ij}

Auch hier liegt wieder das Transportproblem der linearen Optimierung vor. Das Anwenden eines der dafür bekannten Lösungsalgorithmen führt meist zu einer Menge untereinander gleichberechtigter Ergebnisse. Diese sagen aus, welche Wagenlauf-Ausrückezeiten mit welchen Wagenlauf-Einrückezeiten zu einem Dienstdurchlauf zusammenzufügen sind. In einem nachfolgenden Schritt ist dann noch die Lage der etwa notwendigen Übergänge zwischen verschiedenen Wagenläufen festzulegen. Durch den Umstand, daß zu Vorwärtsübergängen ein über deren Gesamtzeit laufender Rückwärtsübergang gehört und letztere nur bei Ablösungen in dem betreffenden Dienstdurchlauf oder beim Aus- und Einrücken möglich sind, läßt sich das systematisch machen. Angestrebt wird hierbei, die mit Vorwärtsübergängen verbundene unproduktive Verlustzeit so gering wie möglich zu halten [1]. Teilschritte sind für die rechentechnische Behandlung aufbereitet worden.

Gegenüber der in der Praxis üblichen empirischen Herangehensweise zeigt das Verfahren, welche günstigste Lösung unter den jeweiligen Randbedingungen zu erzielen und auf welchem Wege diese zu erreichen ist. Ferner wird es möglich, ohne die im allgemeinen als notwendig angesehene jahrelange Erfahrung brauchbare Lösungen zu entwickeln. So wurde beispielsweise unter der Leitung des Verfassers in den siebziger und achtziger Jahren für die Rostocker und Schweriner Straßenbahn die Dienstbildung mit der beschriebenen mathematischen Methode durch Studentengruppen der Hochschule für Verkehrswesen "Friedrich List" Dresden vorgenommen. Die Ergebnisse waren bemerkenswert und wurden in die Praxis überführt. Es kam in dem einen Fall zu einer dringend erforderlichen Verstärkung des Verkehrsmitteleinsatzes im Berufsverkehr ohne Steigerung der Arbeitskräfteanzahl und im anderen Fall zu einem Vermindern des Personalbedarfs.

5.   Schlußbemerkungen

Im Ergebnis jahrzehntelanger Forschungen und Anwendungen liegen an der Hochschule für Verkehrswesen "Friedrich List" Dresden für die Einzelaufgaben Linienführung, Fahrplan und Dienstbildung im städtischen öffentlichen Personenverkehr praktikable mathematische Methoden vor. Sie werden auch den Studenten des entsprechenden Studienschwerpunktes im Studiengang Verkehrsingenieurwesen vermittelt. Sie haben sich in manueller Anwendung mehrfach auf dem Gebiet der neuen Bundesländer bewährt. Ihre rechentechnische Umsetzung ist jedoch bislang über erste Ansätze nicht hinausgekommen. Das aktuelle Bemühen, die gesamte Einsatzvorbereitung über Arbeitsplatzrechner laufen zu lassen, läßt hier eine Weiterentwicklung erwarten.

Literatur:

[1] Rüger, S.; Transporttechnologie städtischer öffentlicher Personenverkehr Berlin, transpress (1986)

Ein Verfahren zur Disposition von Komplettladungen im Güterfernverkehr

Joachim Schmidt, Karlsruhe

1. Einführung

Im folgenden wird die Dispositionsproblematik betrachtet, die bei der Planung von Komplettladungstransporten im Güterfernverkehr auftritt. Unter einem Komplettladungstransport versteht man einen Transport, der die gesamte Ladekapazität eines Fahrzeuges benötigt.

Ein wesentliches Unterscheidungsmerkmal der Disposition im gewerblichen Güterfernverkehr gegenüber der Disposition im Werkverkehr besteht in der Möglichkeit, Transportaufträge alternativ selbst durchzuführen (Spedition im Selbsteintritt) oder Aufträge an Frachtführer zu vergeben. Es wird demzufolge nicht die kostenminimale Verplanung des gesamten Auftragsbestandes gesucht, sondern eine optimale Auswahl.der im Selbsteintritt durchzuführenden Aufträge.

Die Auswahl der Aufträge erfolgt anhand des erzielbaren Deckungsbeitrags, welcher sich wie folgt berechnet:

> Auftragserlös
> - fixe, auftragsgebundene Kosten
> - variable Transportkosten
> ______________________________
> = dispositionsspezifischer Deckungsbeitrag

Die variablen Transportkosten sind die Fahrtkosten vom Beladeort zum Entladeort und die Kosten der Leerfahrt zur Aufnahme der Ladung. Im folgenden wird für Belade- und Entladeorte pauschal der Begriff Ladestelle verwendet. Ein Fahrzeugumlauf ist eine Sequenz von Aufträgen, die von einem Fahrzeug durchgeführt wird. Die variablen Transportkosten und damit der dispositionsspezifische Deckungsbeitrag sind abhängig von der Verplanung der Aufträge zu Fahrzeugumläufen (siehe hierzu Schmidt (1989)).

Gesucht ist eine Auswahl der durchzuführenden Aufträge (Auswahlproblem) und die Zusammenstellung dieser Aufträge zu Fahrzeugumläufen (Verplanungsproblem), so daß die dispositionsspezifischen Deckungsbeiträge maximiert werden. Das Auswahl- und das Verplanungsproblem müssen daher simultan gelöst werden.

Operations Research Proceedings 1991
© Springer-Verlag Berlin Heidelberg 1992

Dabei kann zu jedem Zeitpunkt durch ein Fahrzeug nur jeweils ein Auftrag transportiert werden. Die Fahrzeuge können an unterschiedlichen Standorten stationiert sein, wobei die Fahrzeugumläufe nicht an ihrem Ausgangsort enden müssen.
Als weitere Randbedingungen sind bei der Optimierung zu berücksichtigen:

(B1)   Umladeverbot: Jeder von einem Fahrzeug übernommene Transportauftrag muß vollständig durch dieses Fahrzeug ausgeführt werden.

(B2)   Wahl des Verkehrsträgers: Transporte können fremdvergeben werden (Spediteur und Frachtführer) oder selbst durchgeführt werden (Spediteur im Selbsteintritt).

(B3)   Transportbeschränkung: Die Durchführung eines Transportes erfordert eine bestimmte Fahrzeugklasse oder ein spezielles Fahrzeug. Transportbeschränkungen ergeben sich z. B. durch die erforderliche Ladekapazität oder die technische Fahrzeugausstattung (Ladehilfen etc.).

(B4)   Kundenzeitschranken: Die Be- und Entladung muß innerhalb der vorgegebenen Öffnungszeit des Kunden (der Ladestelle) erfolgen. Dabei ist für jede Ladestelle sowohl ein frühester als auch ein spätester Zeitpunkt vorgegeben.

(B5)   Veränderliche Auftragsdaten: Für bereits erteilte Aufträge können sich Angaben wie z. B. der Liefertermin ändern. Erteilte Aufträge können storniert und neue Aufträge angenommen werden.

2. Modellformulierung

Die beschriebene Aufgabenstellung stellt eine Kombination eines Auswahlproblems, wie es das Knapsack-Problem darstellt, und eines Vehicle-Routing und Scheduling Problems (VRSP) dar.

Das in der Aufgabenstellung enthaltene VRSP läßt sich z. B. als Traveling Salesman-Problem mit Zeitfensterbedingungen beschreiben (siehe z. B. Domschke (1990)), wobei die Möglichkeit des Frachtführereinsatzes zusätzlich berücksichtigt werden muß.
Für die Modellierung soll jedoch auf Ansätze aus dem Bereich der Vehicle Scheduling-Probleme (VSP) zurückgegriffen werden. In Carraresi und Gallo (1984) findet sich eine Übersicht von Formulierungen unterschiedlicher Vehicle Scheduling-Probleme mit graphentheoretischen Hilfsmitteln.

Die Aufgabenstellung wird auf ein Problem zur Bestimmung eines maximalen Summen-Matchings auf einem Graphen $G = [V,E,c]$ zurückgeführt. Dieses Problem wird im folgenden auch kurz als Matching-Problem (abgekürzt: MP) bezeichnet.

Die Knotenmenge V wird durch die Ladestellen gebildet. Die Kantenmenge E stellt die möglichen Verknüpfungen der Ladestellen dar. Die unterschiedlichen Anfangs- und Endstandorte der Fahrzeuge bilden die Knotenteilmengen Q und S.

Es werden folgende Kantentypen unterschieden :

<u>Auftragskante:</u>   Verbindung des Be- und Entladeortes eines Auftrages.

<u>Verknüpfungskante:</u> Verbindung des Be- und Entladeortes unterschiedlicher Aufträge.

<u>Fahrzeugkante:</u>   Verbindung des Fahrzeugstandortes q_i und des Beladeortes der Aufträge.

Für jeden Auftrag existiert genau eine Auftragskante. Für die Fahrzeug- und Verknüpfungskanten erfolgt die Kantenbewertung c durch die dispositionsspezifischen Deckungsbeiträge. Bei der Bewertung der Fahrzeugkanten werden die spezifischen Kostenwerte der an den Standorten q_i befindlichen Fahrzeuge verwendet. Für die Bewertung der Verknüpfungskanten wird ein einheitlicher Fahrzeugtyp angenommen. Die Auftragskanten werden mit den erzielbaren Erlösen beim Einsatz eines Frachtführers bewertet. Die Bedingung (B3) wird explizit nur für die Fahrzeugkanten berücksichtigt.

Die Bedingung (B4) soll ebenfalls durch die Kantenbewertung ausgedrückt werden. Für zeitlich ungültige Kombinationen wird eine hinreichend negative Bewertung verwendet, so daß diese Kanten innerhalb der Lösung des MPs nicht ausgewählt werden. Diese Vorgehensweise erlaubt jedoch nur die Berücksichtigung der Kundenzeitschranken bei direkter Kombination zweier Aufträge. Die durch die Fahrzeugumläufe bestimmten Ankunftszeiten an einer Ladestelle, die zu einer Verletzung einer Kundenzeitschranke führen können, werden durch die Kantenbewertung nicht berücksichtigt.

In der Disposition im Güterfernverkehr stellen die Kundenzeitschranken eng begrenzte Zeiträume von wenigen Stunden dar. Die Fahrzeit und die gesetzlich vorgeschriebene Ruhezeit, welche die Ausführungsdauer eines Auftrages maßgeblich bestimmt, kann dagegen Zeitspannen bis zu mehreren Tagen umfassen. Dadurch läßt sich eine zeitliche Sortierung der Aufträge anhand ihrer Kundenzeitschranken durchführen. Die folgende Abbildung veranschaulicht die Interpretation einer Lösung des MPs als Fahrzeugeinsatzplan. Die als Lösung des MPs ausgewählten Kanten E^* sind in der Abb.1 hervorgehoben. Die Aufträge mit zeitgleicher Lage der Kundenzeitschranken sind untereinander dargestellt. Sie können nicht zu einem Fahrzeugumlauf zusammengefaßt werden.

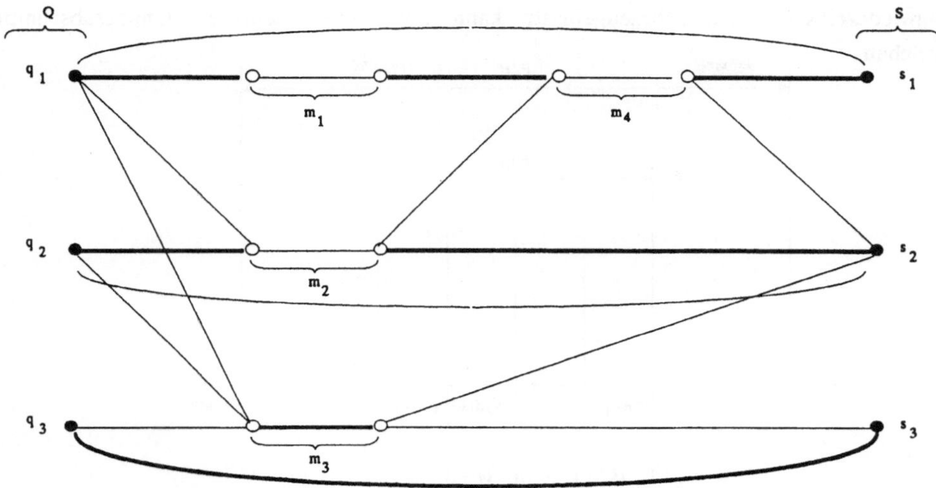

Abb. 1: Die Darstellung des Fahrzeugeinsatzplans als Graph

Ausgehend vom Standort q_1 werden die Aufträge m_1 und m_4 durchgeführt, wobei das Fahrzeug sich zum Ende dieses Umlaufes in s_1 befindet. Vom Standort q_2 wird der Auftrag m_2 durchgeführt und das Fahrzeug nach s_2 bewegt. Das Fahrzeug am Standort q_3 wird nicht eingesetzt. Es fährt leer von q_3 nach s_3. Der Auftrag m_3 wird an einen Frachtführer vergeben. Die als Lösung des MPs ausgewählten Kanten stellen aufgrund der topologischen Struktur des Graphen immer Fahrzeugumläufe, ausgehend von den Anfangsstandorten Q zu den Endstandorten S, dar.

3. Ein heuristischer Lösungsansatz

Zur Lösung eines solchen MPs wird bei Derigs (1980) ein FORTRAN-Programm angegeben, welches auf einem Verfahren von Edmonds (1965) beruht. Die Bedingungen (B3) und (B4) werden bei der Modellierung des Problems bisher nur eingeschränkt berücksichtigt (siehe Kapitel 2). Die Lösung des MPs stellt daher nicht notwendigerweise durchführbare Fahrzeugumläufe dar. Im folgenden wird eine heuristische Vorgehensweise beschrieben, welche diese Randbedingungen berücksichtigt.

Der in Abb.1 dargestellte Graph läßt sich durch die Kundenzeitschranken der Aufträge segmentieren. Damit ist eine zeitliche Unterteilung in planungsrelevante Zeitfenster möglich (siehe Abb. 2). Innerhalb eines Planungsabschnittes ist keine gleichzeitige Ausführung von Aufträgen möglich. Ein Fahrzeug führt pro Planungsabschnitt höchstens einen Auftrag durch. Die Planungsabschnittslänge pl ist daher durch die zu erwartende kürzeste Zeitdauer einer Auftragsdurchführung gegeben. Die Planungsabschnittslänge ist für alle Planungsabschnitte gleich. Wird ein Fahrzeug nicht eingesetzt, ist pl die kürzeste sinnvolle Zeitspanne bis zu einem möglichen

Fahrzeugwiedereinsatz. Ein Fahrzeugeinsatz kann aber über mehrere Planungsabschnitte hinwegreichen.

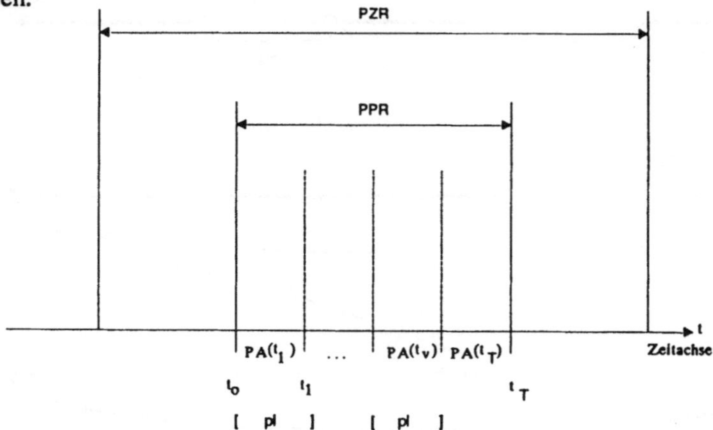

PZR: =   Planungszeitraum; Zeitabschnitt für den überhaupt Aufträge (mit hoher "Unsicherheit")
         vorliegen oder noch berücksichtigt werden müssen.

PPR: =   Planungsperiode; für dieses Zeitintervall liegen Aufträge mit geringer Unsicherheit vor.
         Diese Aufträge werden für die Festlegung von vorläufigen Zuordnungen berücksichtigt.

$PA(t_v)$: =   Planungsabschnitt; Zeitabschnitt für den Zuordnungen getroffen oder Teilladungen
               zusammengefaßt werden (z. B. kleinste sinnvolle Fahrzeugwiedereinsatzintervalle).

t_v: =   Beginn des Planungsabschnittes PA (t_v).

pl: =   Die Planungsabschnittslänge.

T: =   Das Ende der Planungsperiode.

Abb. 2: Die planungsrelevanten Zeitfenster

Die durch die Bedingung (B5) ausgedrückte Unsicherheit bezüglich der Planungsdaten nimmt mit steigendem Periodenindex t_i zu. So ist eine Änderung der Planungsdaten innerhalb des Planungsabschnittes $PA(t_T)$ wahrscheinlicher als für den Abschnitt $PA(t_1)$. Zum Zeitpunkt t_0 muß meistens nicht die Zuordnung für alle Planungsabschnitte definitiv festgelegt werden. Die in (B4) und (B5) formulierten Randbedingungen der Aufgabenstellung werden für die schrittweise Überprüfung und Fixierung der zunächst ermittelten Lösung verwendet.

Es sollen nur die Fahrzeugkanten fixiert werden, da sie den für den Abschnitt $PA(t_1)$ relevanten Teil der Lösungsmenge E^* darstellen. Nach Ablauf eines Fixierungsschrittes wird der Planungsabschnitt $PA(t_1)$ nicht mehr weiter betrachtet. Daher wird die Planungsperiode PPR um einen Planungsabschnitt "weitergeschoben", d. h. der Abschnitt $PA(t_1)$ wird entfernt und der Abschnitt $PA(t_T)$ kommt hinzu.

Um eine Fixierung der Fahrzeugkanten zu ermöglichen muß folgende Iteration durchgeführt werden:

(S1) Durch die Fahrzeugkanten sind die Zuordnungen von Fahrzeugen zu Ladungen aus $PA(t_1)$ bestimmt.

(S2) Aufgrund der gewählten Fahrzeuge werden die Kantenbewertungen der Verknüpfungskanten mit fahrzeugspezifischen Kostenwerten aktualisiert (bei Verletzung von (B3) oder (B4) erfolgt eine hinreichend negative Bewertung). Werden dadurch Kantenbewertungen ungültig, stellt die ausgewählte Verknüpfungskante eine nicht realisierbare Verbindung der Aufträge dar. Falls alle Bewertungen gültig bleiben, beende die Iteration.

(S3) Durch einen Korrekturalgorithmus wird eine Abschätzung für die zu erwartende Verschlechterung des bisher ermittelten Fahrzeugumlaufes bestimmt.

(S4) Die Fahrzeugkantenbewertungen, bei denen in den nachfolgenden Planungsabschnitten ungültige Zuordnungen festgestellt wurden, werden um die in (S3) ermittelten Zusatzkosten erhöht. Dieser Schritt wird auch für die nicht in E^* enthaltenen Fahrzeugkanten durchgeführt, die mit der verplanten Ladestelle inzident sind.

(S5) Erneute Lösung des MPs mit veränderten Bewertungen für $PA(t_1)$.

(S6) Gehe zu (S1).

Eine Fixierung der Fahrzeugkanten kann erfolgen, falls alle Kanten des Planungsabschnittes $PA(t_1)$ mit Zusatzkosten bewertet wurden oder keine ungültigen Kanten in den Folgeperioden auftreten.

4. Ergebnisse

Bei der Konzeption stand eine Verwendbarkeit für unterschiedliche Aufgabenstellungen im Güterfernverkehr im Vordergrund. Es sollen nun exemplarisch zwei Anwendungsfälle vorgestellt werden.

4.1 Versorgung von Vertriebsstützpunkten und Großkunden eines Getränkeherstellers

Bei diesem Beispiel handelt es sich um einen Anwendungsfall aus dem Werkfernverkehr. Da jedoch eine Auftragsauswahl möglich ist, treffen auch hier die in Kapitel 1 beschriebenen dispositiven Merkmale des gewerblichen Güterfernverkehrs zu. Disponiert werden ca. 40 Fernverkehrslastzüge, bestehend aus Motorwagen und Anhänger. Die Dauer der Fahrzeugumläufe liegt zwischen einem halben Tag und zwei Tagen (die Planungsabschnittslänge beträgt einen halben Tag). Die kleinste Auftragsmenge umfaßt die Ladekapazität einer halben Lastzugeinheit (Motorwagen oder Anhänger). Solche sogenannten Teilladungen werden in einem hier nicht beschriebenen vorgelagerten Verfahrensschritt zu Komplettladungstransporten zusammengestellt. Die Fahrzeuge sind an sechs unterschiedlichen Standorten stationiert, wobei die Umläufe nicht zwangsläufig am Heimatstandort enden müssen. Bisher werden der Fuhrpark der Vertriebsstützpunkte und der des Werkes getrennt disponiert. Es müssen drei Fahrzeugtypen bezüglich dispositionsrelevanter Merkmale unterschieden werden.

Die Vetriebsstützpunkte führen im Sortiment außer den Produkten des Getränkeherstellers auch andere Waren. Es werden folgende Auftragsarten unterschieden :

-       Transport vom Getränkehersteller zum Vertriebsstützpunkt,
-       Transport von einem Fremdlieferanten zum Vertriebsstützpunkt,
-       Direktbelieferung von Großkunden.

Der Transport vom Getränkehersteller zum Vertriebsstützpunkt kann durch den Fuhrpark des Werkes oder des Vertriebsstützpunktes erfolgen. Für die einzelnen Vertriebsstützpunkte sind unterschiedliche, in regionaler Nähe zu den Standorten dieser Stützpunkte liegende Fremdlieferanten zu berücksichtigen.

Es ist auszuwählen, ob bestimmte Produkte beim Lieferanten vom eigenen Fuhrpark abgeholt werden sollen oder ob eine Lieferung bis zum Vertriebsstützpunkt erfolgen soll. Diese Entscheidung ist sowohl für das Werk als Lieferant eines Vertriebsstützpunktes als auch für die Fremdlieferanten zu treffen. Dies entspricht der für den gewerblichen Güterfernverkehr beschriebenen Möglichkeit des Frachtführereinsatzes. In diesem Anwendungsfall bestimmt sich der Auftragserlös (hier Abholvergütung genannt) durch die Preisdifferenz zwischen dem Einkaufspreis bei Abholung und dem Einkaufspreis bei Lieferung.

Durch den Einsatz der rechnergestützten Disposition wird eine zentrale Planung für den gesamten Fuhrpark unter Beibehaltung der dezentralen Standorte möglich. Dies bietet gegenüber der bisherigen dezentralen Fahrzeugdisposition den Vorteil, daß ein Kapazitätsausgleich zwischen den Vertriebsstützpunkten und dem Werk erfolgen kann, falls lokale Überhänge bei Ladungen oder Fahrzeugen auftreten. Bei saisonal bedingten Ladungsüberhängen für den Gesamtfuhrpark sind die Kosten für einen Frachtführereinsatz zu minimieren (z .B. durch Anlieferung der Produkte mit den geringsten Abholvergütungen). Gleichzeitig wird jedoch der bei einem zentral stationiertem Fuhrpark auftretende Nachteil eines hohen Leerkilometeranteiles vermieden, der hier durch regionale Fremdlieferanten verursacht würde.

4.2 Straßentransport von Seecontainern von und zu einem Seehafen

Es wird die Zustellung und Abholung von Seecontainern beim Endkunden disponiert. Darüber hinaus sind Transporte in den Fahrzeugumläufen enthalten, bei denen der Container nur als Laderaum genutzt wird (Beladung beim Kunden A, Entladung beim Kunden B). Durch diese Transporte soll ein Teil der Leerfahrten minimiert werden, die bei der Kombination von Abholungen und Zustellungen auftritt. Solche Transporte können teilweise noch während der Planung der Fahrzeugumläufe akquiriert werden. Dies erfordert eine hohe Flexibilität innerhalb der Disposition (kurzfristige Umplanung bereits gebildeter Zuordnungen). In der Praxis werden ca. 30 % der Dispositionsentscheidungen für den laufenden Tag wieder verändert.

Die Fahrzeugumläufe beginnen und enden immer am Seehafen. Bei der Planung muß zwischen zwei Containertypen und mehreren Subtypen unterschieden werden. Es sind täglich ca. 400 Containertransporte für die Liefergebiete Benelux, Deutschland, Schweiz und Österreich zu planen. Die Planungsaufgabe wurde gemäß der räumlichen Aufteilung der Liefergebiete und den zu berücksichtigenden Containertypen in mehrere Teilplanungen separiert. Die Länge einer Planungsperiode umfaßt eine Woche. Die Zuordnung der Transportaufträge erfolgt tageweise (Planungsabschnitt).
Bisher wurden bei Datenänderungen (Terminverschiebungen, neue Aufträge) bereits erstellte Planungen manuell abgeändert, wobei aus Zeitgründen möglichst wenige Umläufe modifiziert wurden. Durch den Einsatz des Planungssystems kann eine erneute Optimierung unter veränderten Auftragsdaten sehr schnell durchgeführt werden. Dadurch wird jede Dispositionsentscheidung unter Berücksichtigung des aktuellen Informationsstandes optimal getroffen.

Durch die Berücksichtigung spezieller Randbedingungen des Güterfernverkehrs (Frachtführereinsatz, dynamische Planung) konnten Aufgabenstellungen gelöst werden, bei denen ein Einsatz von herkömmlichen Tourenplanungsprogrammen (depotbezogene Tourenplanung) nicht zweckmäßig erscheint.

Literatur:

Burkard, R.; Derigs, U.: Assignment and Matching Problems: Solution Methods with FORTRAN-Programs. Springer, Berlin (u. a.), (1980).

Carraresi,P.; Gallo,G.: Network models for vehicle and crew scheduling. European Journal of Operational Research 16, S. 139-151, (1984).

Derigs, U.: Programming in Networks and Graphs. Springer, Berlin (u. a.), (1988).

Domschke, W.: Logistik: Rundreise und Touren. Oldenburg (u. a.) 3. Auflage, (1990).

Edmonds, J.: Maximum Matching and a Polyhedron with 0,1-Vertices. Journal of Research of the National Bureau of Standards, B 12, (1965).

Schmidt, Kh.: Die Einzelkosten- und Deckungsbeitragsrechnung als Instrument der Erfolgskontrolle und Fahrzeugeinsatzdisposition im gewerblichen Güterfernverkehr. Dissertation, Frankfurt, (1989).

Anwendungen von Verfahren der Transportoptimierung in der Leicht- und Lebensmittelindustrie

Axel Stolze

Halle

Unter dem Gesichtspunkt der Applikation zählen die Methoden und Verfahren der Transportoptimierung zu den am intensivsten genutzten Komplexen des Operations Research. Am Institut für Wirtschaftsinformatik der Universität Halle wird seit vielen Jahren an diesem Gegenstand gearbeitet. In enger Verbindung mit Betrieben und Einrichtungen sind in den zurückliegenden Jahren zahlreiche praktische Untersuchungen durchgeführt worden. Grundsätzlich wurde dabei eine kontinuierliche Problembearbeitung von der Problemanalyse bis zur praktischen Umsetzung und Wartung des Projektes angestrebt. Die Hauptanwendungen lagen auf den Gebieten Liefergebietsoptimierung, Rundfahrt- und Tourenoptimierung sowie Produktions-Transport-Optimierung.

Während die Untersuchungen zunächst in Betrieben mit unterschiedlichsten Produktionsinhalten angesiedelt waren, konzentrieren sich die Arbeiten seit 1986 schwerpunktmäßig auf die Getränkeindustrie. Die wesentlichsten Effekte lagen dabei in einer Reduzierung der insgesamt zurückzulegenden Entfernungen, Verminderung der Anzahl einzusetzender Fahrzeuge, insbesondere aber in einer klareren und überschaubareren Disposition (täglich) zu realisierender Transportabläufe. Die theoretisch ermittelten Einsparungen konnten mit fünf bis 20 Prozent angegeben werden.

Zur Anwendung kamen die verschiedenen bekannten mathematischen Modelle zur Lösung von Transportproblemen. Die rechentechnische Realisierung erfolgte auf 16-bit-PC der Betriebe bzw. der Universität. Die einzelnen Projekte wurden über Praktikums- und Diplomarbeiten (z.T. Vertragsforschung) umgesetzt. Während der Einführungsphase wurde den Betrieben Hilfestellung gewährt.

In Auswertung der zahlreichen Anwendungsprojekte wurde eine allgemeine "Technologie zur Anwendung der Transportoptimierung in der Getränkeindustrie" erarbeitet. Darüber hinaus konnten für die drei genannten Hauptanwendungen verallgemeinerte Ablaufschwerpunkte, die immer in den Komplexen Aufgabenstellung, Aufbereitung des Datenmaterials, Lösungsvorgehen und praktische Realisierung zusammengefaßt waren, erstellt, den Interessenten übergeben und auch zahlreich publiziert werden.

Zum heutigen Stand des Kreditscoring

Walter M. Häußler

Hypo-Bank, München

Der folgende Beitrag gibt einen Überblick über den heutigen Stand des Kreditscoring und zeigt mögliche zukünftige Entwicklungen auf.

Erörtert werden u.a. die derzeitigen Quantifizierungsverfahren wie z.B. direkte Quantifizierungen mittels Punktebewertungen oder Diskriminanzanalysen und indirekte Quantifizierungen mittels Nächste-Nachbarn-Regeln oder ähnlicher Methoden. Hingewiesen wird auf die Gefahren, die von unbedarft angewandten mathematischen Verfahren ausgehen und damit wegen nicht plausibler Resultate oft zur Ablehnung derartiger Verfahren in der Praxis führen. Erörtert werden deshalb auch mögliche Vorkehrungen und Abhilfen gegen diese (praktischen) Fallstricke. Danach wird der engere Entscheidungsprozeß der Kreditvergabe vorgestellt und Möglichkeiten aufgezeigt, wie differenziertere Beurteilungen auf Basis von z.B. Risikoklassen mit den resultierenden Punktebewertungen (=Scores) unterstützt werden können.

Einige typische Anwendungsfelder bei Banken, Versandhäusern und Kartenemittenten werden behandelt und, soweit möglich, typische Systeme vorgestellt.

Abschließend wird noch darauf eingegangen, ob und auf welchen Anwendungsgebieten verfeinerte Verfahren wie z.B. Expertensysteme oder neuronale Netzwerke Verbesserungen bei der Prüfung der Kreditwürdigkeit erbringen könnten.

Die Konzeption des Deutschen Rentenindex REX

Wolfgang Kirschner

Bayerische Hypotheken- und Wechsel-Bank, München

Ausgehend von der allgemeinen Problematik zur Konstruktion von Rentenindices wird die Vorgehensweise bei der Erstellung des deutschen Rentenindex REX dargestellt. Neben der Betrachtung von alternativen Konzeptionsmöglichkeiten wie sie teilweise bei anderen Indices realisiert sind, werden in diesem Zusammenhang auch Anwendungsbereiche und deren Auswirkungen auf die Indexkonstruktion vorgestellt.

Seit Mai dieses Jahres existiert neben dem deutschen Aktienindex DAX auch ein Pendant auf der Rentenseite, der REX. Im Gegensatz zu Aktienindices wirft die Konzeption von Rentenindices einige zusätzliche Probleme auf. Mit ein Grund liegt in der Eigenschaft einer sich ständig verkürzenden Restlaufzeit bei festverzinslichen Wertpapieren. Dadurch ergeben sich je nach Fälligkeit der Papiere unterschiedlich starke Kursschwankungen. Würden - wie bei Aktienindices - einfach die Kurse gewichtet aufaddiert, so entstünden allein aufgrund der Laufzeiteffekte Kursveränderungen, die die eigentliche Unsicherheitsgröße - ein veränderlicher Zins - überlagern. Dadurch kann das Ziel eines Index, einen zeitlichen Vergleich der Indexentwicklung zu ermöglichen, nicht mehr gewährleistet werden. Um dieses Problem auszuschalten, besteht der REX aus einem Bondportfolio mit fiktiven Wertpapieren, die stets eine konstante Laufzeit aufweisen. Mittels einer multiplen Regressionsanalyse werden aus Renditen realer Bonds die Kurse der fiktiven Titel bestimmt.

Im Anschluß daran werden Indexerweiterungen erläutert, wie z.B. der REX als Performanceindex, als Laufindex bzw. als Basis von derivativen Finanzinstrumenten wie z.B. Optionen und Futures. Dies steht besonders unter dem Aspekt, wie ein Index aus fiktiven Titeln all diesen Anforderungen gerecht werden kann. Exemplarisch wird die Verwandtschaft zwischen der Konzeption bestehender Bondfutures an der DTB und der LIFFE diskutiert.

OPTIMALE FESTZINSÜBERHÄNGE UND ZINSTERMINPOSITIONEN IM BILANZSTRUKTURMANAGEMENT VON BANKEN

Wolfgang Kürsten, Passau

Zusammenfassung: Es wird ein entscheidungstheoretisches Modell vorgestellt, das die Charakterisierung optimaler Festzinsüberhänge ("Gaps") in der Bilanzstruktur von Banken, die sich Zinsänderungsrisiken gegenübersehen, gestattet. Als risikominimale Position resultiert ein aktivischer Festzinsüberhang bzw. eine positive Fristentransformation der Bank. Die Größe der Gap als Basis für die Messung von Zinsänderungsrisiken wird in dieser Sicht kritisch hinterfragt. Die simultane Optimierung von Bilanzstruktur und Financial Futures Engagements führt zu einer Vergrößerung der Gap, berührt direkt die Ertragslage der Bank. Financial Futures haben damit auch "reale Produktionseffekte", die nicht auf Spekulationsmotive zurückgehen.

Abstract: A decision theoretic framework is presented which allows for a characterization of optimal balance sheet gaps of banks facing interest rate risk. A risk minimizing position requires the gap to be positive, i.e. the bank performs positive maturity intermediation. In this view, using the size of the gap as a measure for the accepted interest rate risk is questionable. If the balance sheet gap and a Financial Futures position are optimized simultaneously, the gap increases which directly affects the bank's profits. This "production effect" of Financial Futures is valid without any speculative motives of the bank's risk management.

1. Einführung

Die in Bankbilanzen üblicherweise anzutreffenden offenen Festzinsüberhänge sind eine wesentliche Ursache für das Zinsänderungsrisiko, dem sich Banken gegenübersehen. Betreibt die Bank beispielsweise eine positive Fristentransformation, indem sie kurzfristig kontrahierte Einlagen zu langfristig zinsgebundenen Konditionen an ihre Kreditkunden weitergibt, so schlägt sich dies in einem aktivischen Festzinsüberhang des betreffenden Bilanzausschnitts nieder. In Phasen unerwarteter Zinssteigerungen geht hiermit die Gefahr einer Verringerung der Zinsmarge, also ein Zinsänderungsrisiko einher. Offene Festzinsüberhänge, allgemeiner: Zinselastizitätsüberhänge gehen ihrerseits auf verschiedene Ursachen zurück. Neben den (institutionell bedingten) Schwierigkeiten simultanen Aktiv–Passiv–Managements werden vor allem die Ertragschancen gezielter Fristentransformation bei nicht–flacher Zinsstruktur (SCHIERENBECK (1987)) sowie (angebliche) Präferenzen der Kreditkunden für langfristig fixe Zinskonditionen (v. FURSTENBERG (1973)) bzw. Zinssensi-

Operations Research Proceedings 1991
© Springer-Verlag Berlin Heidelberg 1992

tivitäten im Einlageverhalten der Depositenkunden als Ursachen genannt. Neuere Arbeiten betonen die Entstehung offener Festzinsüberhänge als Resultante einer optimalen Balance zwischen verschiedenen Risikoarten, wie etwa Verbundeffekten zwischen zukünftiger Kreditnachfrage und Depositenzins (MORGAN/SMITH (1987)) oder Trade–offs zwischen Zinsänderungs– und Kreditausfallrisiken (SANTOMERO (1983), KÜRSTEN (1991)).

In diesem Beitrag soll demgegenüber gezeigt werden, daß schon das Zinsänderungsrisiko *allein* eine Optimierung der Bilanzstruktur erforderlich macht, als deren Ergebnis die Bank freiwillig offene Festzinsüberhänge ("non–zero Gaps") eingehen wird. Es erfolgt also eine *Umkehrung* der vorherrschenden Sichtweise: Zinsänderungsrisiken sind nicht ausschließlich als Folge offener Festzinsüberhänge, als Gap–induziert anzusehen, sondern bedingen ihrerseits erst die Entstehung solcher Überhänge, induzieren Gaps. Hierzu stellen wir in Kapitel 2 ein entscheidungstheoretisches Modell vor, das die Berechnung optimaler Festzinsüberhänge für eine Bank gestattet, die sich unsicheren zukünftigen Aktiv– und Passivzinsen gegenübersieht. Es wird sich zeigen (Kapitel 3), daß eine Aktivmanagement betreibende Bank zur Minimierung des Zinsänderungsrisikos non zero Gaps eingehen, genauer: *positive* Fristentransformation betreiben muß. Als Konsequenz wird insbesondere festzuhalten sein, daß Zinsänderungsrisikomaße, die direkt an dem von der Bank eingegangenen Festzinsüberhang festmachen (SCHOLZ (1979)), theoretisch inadäquat sind. Das optimale Ausmaß der Fristentransformation kann (muß) weiter ausgedehnt werden, wenn die Bank Zinstiteltermingeschäfte in ihr Portefeuille aufnimmt und dieses Portefeuille bzgl. der Kassavariablen "Gap" und der Futuresposition *simultan* optimiert (Kapitel 4). Damit gewinnen Financial Futures – neben der risikovernichtenden – eine bisher nicht diskutierte *ertragssteigernde*, "reale" Dimension, die ausdrücklich nicht auf Spekulationsgewinne zurückgeht. Kapitel 5 beschließt den Beitrag mit einem kurzen Ausblick.

2. Modellkontext

Wir betrachten einen 2–Periodenkontext mit exogener Kreditnachfrage nach 2–Perioden–Krediten, L. Zur Wahl stehen zweiperiodige ("langfristige") Kredite (Volumen L_2) mit festem Zins $(R_2^A)^2 = (1+r_2^A)^2$ (r_2^A = spot rate für den Zeitraum $[0,2]$) sowie einperiodige ("kurzfristige") Kredite (Volumen L_1) mit Zins R_1^A, die am Ende der Periode 1 (t=1) zu den dann herrschenden Aktivsätzen $\tilde{R}_1^A$ prolongiert werden. Aus Sicht des Entscheidungszeitpunkts t=0 ist der Aktivzins $\tilde{R}_1^A$ unsicher. Auf der Passivseite verfügt die Bank über einen Bestand D_2 langfristig disponibler Mittel (z.B. Depositen–Bodensatz) sowie über kurzfristig kontrahierte (z.B. Interbanken–) Gelder D_1. Die entsprechenden Passivzinssätze seien R_1^P und R_2^P bzw. $\tilde{R}_1^P$ für den aus Sicht von t=0 unsicheren Zins auf die in t=1 prolongierten Mittel $D_1 \tilde{R}_1^P$. Die zukünftigen Aktiv– und Passivsätze seien nicht vollständig korreliert: corr$(\tilde{R}_1^A, \tilde{R}_1^P) = \xi < 1$. Die (Fristigkeits–)

Struktur der zur Finanzierung des Kreditengagements herangezogenen Mittel, also die Aufteilung $D_1+D_2=L$, wird als gegeben unterstellt, da die Modellbank die Struktur ihrer Passiva als überwiegend marktdeterminiert, als etwa von den "Einlagegewohnheiten" der Depositenkunden geprägt, betrachtet. Hingegen verbleibt die entsprechende Struktur der Aktivseite $L_1+L_2=L$ als Entscheidungsvariable der Bank (*Aktivmanagement*).

Das durch die Bilanzstruktur induzierte *Zinsänderungsrisiko* manifestiert sich nun in drei Subrisiken: Erstens in einem *Festzinsrisiko*, wenn die Aktiva nicht fristenkongruent refinanziert sind ($L_1 \neq D_1$, $L_2 \neq D_2$), und zweitens in einem *variablen* Zinsänderungsrisiko, das sich in einer unsicheren Zinsmarge bei den kongruent kurzfristig kontrahierten Krediten niederschlägt und weiter in die zwei Komponenten *Basisrisiko* und *Elastizitätsrisiko* zerfällt. Das Basisrisiko resultiert aus dem nicht vollständigen Gleichlauf der stochastischen Aktiv– und Passivzinsen ($\xi<1$; für ein historisches Beispiel zum Basisrisiko vgl. insbesondere BANGERT (1987, S. 322 ff.)), das Elastizitätsrisiko aus eventuell unterschiedlichen Volatilitäten (Varianzen) dieser Zinssätze. Das Elastizitätsrisiko wird hier aus Raumgründen nicht weiter betrachtet (d.h. es sei $\text{Var}(\tilde{R}_1^A)=\text{Var}(\tilde{R}_1^P)$), ebenso sind unerwartete Einlagenabzüge oder Kreditausfälle (*Quantitätsrisiken*) nicht Gegenstand dieses Beitrags (einen möglichen Zugang zur Erfassung von Zinsänderungs– und Kreditausfallrisiken haben wir an anderer Stelle dargelegt, vgl. KÜRSTEN (1991)). Als Zielfunktion verwenden wir den Erwartungsnutzen des Eigenkapitals der Bank am Ende des Planungszeitraums ($t=2$). Wie in der Theorie zur Kreditvergabeeinzelentscheidung üblich (WILHELM (1982)), unterstellen wir hierbei als Verhaltenshypothese, daß systematische Abhängigkeiten zwischen dem in Rede stehenden Kreditengagement und der bisherigen Gesamtposition der Bank vom Entscheidenden nicht beachtet werden (können). Die relevante monetäre Zielgröße ist dann der Gewinn $\tilde{\pi}$ des Kreditengagements in $t=2$ unter Einhaltung der Bilanzrestriktion

$$\tilde{\pi} = L_2 \cdot (R_2^A)^2 + L_1 \cdot R_1^A \cdot \tilde{R}_1^A - D_2 \cdot (R_2^P)^2 - D_1 \cdot R_1^P \cdot \tilde{R}_1^P$$

$$\text{s.t.} \quad L = L_1 + L_2 = D_1 + D_2 \tag{1}$$

Setzt man $D_1=L-D_2$ aus der Bilanzgleichung ein, dividiert durch L und setzt für den Anteil der kurzfristigen (langfristigen) Kredite am gesamten Kreditvolumen $x=L_1/L$ ($1-x=L_2/L$) sowie $d=D_1/L$ bzw. $1-d=D_2/L$ für die entsprechenden Anteile kurz– bzw. langfristiger Mittel, erhält man

$$\pi = (1-x) \cdot (R_2^A)^2 + x \cdot R_1^A \cdot \tilde{R}_1^A - (1-d) \cdot (R_2^P)^2 - d \cdot R_1^P \cdot \tilde{R}_1^P \tag{2}$$

Unter Normalverteilungsannahmen (vgl. ähnlich WILHELM (1982)) ergibt sich mit dem (konkaven) Präferenzfunktional $EU(\cdot)=E(\cdot)-\frac{\lambda}{2} \cdot \text{Var}(\cdot)$ das Entscheidungsproblem

$$\max_{x \in [0,1]} \text{EU}(\pi) = \text{E}(\pi) - \frac{\lambda}{2}\text{Var}(\pi) , \tag{3}$$

wenn die Bank auf ein Aktivmanagement — hier: Optimierung der Relation zwischen lang— und kurzfristen Krediten — abstellt. Liegt der optimale Aktivparameter x aus (3) unter dem Passivparameter d ($x<d$), muß die Bank mehr Aktiva langfristig kontrahieren als Passiva, d.h. es liegt ein aktivischer Festzinsüberhang bzw., hier äquivalent, positive Fristentransformation vor. Im Fall $x>d$ ist der Festzinsüberhang passivisch, die Bank leistet eine negative Fristentransformation.

3. Optimale Festzinsüberhänge

Die Lösung des Problems (3), die wir hier aus Platzgründen nur im Ergebnis wiedergeben können (eine Explizierung des Beweises, die auch allgemeinere als die hier behandelten Fälle erfaßt, ist auf Anfrage vom Verfasser erhältlich), lautet für ein inneres Optimum

$$x = \frac{\text{E}(\tilde{R}_1^A) - {}_0R_{1,2}^A}{\lambda \cdot R_1^A \cdot \text{Var}(\tilde{R}_1^A)} + d \cdot \frac{R_1^P}{R_1^A} \cdot \xi \ , \text{ wobei } \xi = \text{corr}(\tilde{R}_1^A, \tilde{R}_1^P) \tag{4}$$

$$= \quad x_S \quad + \quad x_R$$

Der optimale Anteil kurzfristiger Kredite besteht aus einem *Spekulations—* und einem *Risikoterm*. Der Spekulationsterm x_S fällt mit wachsender Risikoaversion λ immer weniger ins Gewicht und ist positiv (negativ), wenn die für $t=1$ erwartete spot rate $\text{E}(\tilde{R}_1^A)$ über (unter) dem in $t=0$ herrschenden impliziten Terminzins ${}_0R_{1,2}^A$ des Zeitraums [1,2] liegt: bei Erwartung steigender kurzfristiger (Aktiv) Zinsen wird ein ceteris paribus größerer Teil des Kreditvolumens kurzfristig kontrahiert, die Bank betreibt *spekulative* Fristentransformation (et vice versa).

Für unsere Fragestellung interessanter ist der Risikoterm x_R. Ein Vergleich von x_R mit der Passivstruktur d gibt Auskunft über den unter reinen *Risiko*aspekten — x_R entspricht dem Minimum der Varianz von π — optimalen Festzinsüberhang. Offensichtlich tritt hier stets, solange eine nicht—negative Zinsspanne $R_1^A - R_1^P \geq 0$ erwirtschaftet wird, der Fall eines *aktivischen* Festzinsüberhangs ein, denn es gilt $x_R \leq d\xi < d$ (vgl. (4)). Formal liegt der Grund darin, daß die Bank die beiden Risikokomponenten Festzinsrisiko und Basisrisiko gegeneinander *ausbalancieren* muß. Während die Minimierung des isolierten Festzinsrisikos eine kongruente Bilanzstruktur erfordert ($x \cdot R_1^A = d \cdot R_1^P$), verlangt die Minimierung des isolierten Basisrisikos die Vergabe ausschließlich langfristiger Kredite ($x_R = 0$). Ein Gesamtminimum ist daher nur für $x_R < d \cdot R_1^P / R_1^A$ möglich.

Materiell erhalten wir damit als Ergebnis, daß ein portfoliotheoretisches Management der hier betrachteten Zinsänderungsrisiken stets *non–zero Gaps*, genauer: eine *positive* Fristentransformation *induziert*. Dann aber ist fraglich, ob die Messung von Zinsänderungsrisiken überhaupt, wie mancherorts vorgeschlagen wurde (SCHOLZ (1979), ROLFES (1985)), an der *tatsächlich* eingegangenen Gap der Bank festgemacht werden kann, oder ob nicht zuvor eine Korrektur um die risikominimale Gap $|d-x_R|$ erfolgen muß, bevor die dann verbleibende *Netto–Gap* als Risikomaß in Betracht gezogen wird. Denkbar ist beispielsweise, daß einer Bank mit aktivischem Festzinsüberhang nach Abzug der risikominimalen Gap nur noch eine geringfügige Netto–Gap verbleibt. Führt das Risiko–Management der Bank in dieser Situation einen Short–Hedge mit Financial–Futures durch mit dem Ziel, das Ergebnis der Bank gegen steigende Zinsen zu sichern, und orientiert dabei die Terminposition an der Höhe des tatsächlichen Überhangs, so würde hierdurch die Risikoposition insgesamt erhöht, nicht vermindert. Auch der Einsatz von *Zinsswaps* als Hedging–Instrument ist in dieser Sicht neu zu fassen, da sich die Netto–Gap nicht nur in der Größe, sondern auch im *Vorzeichen* von der tatsächlichen Gap unterscheiden kann. Ein an der tatsächlichen Gap angesetzter Swap kann dann die "falsche" fix–variable Richtung aufweisen und das Risiko der Bank ebenfalls erhöhen. Weitere Beispiele lassen sich finden.

4. Zinstiteltermingeschäfte und Fristentransformation

Die in der Literatur zum Financial Futures Hedging dominierende Fragestellung ist die Bestimmung optimaler Terminengagements bei *gegebener* Kassaposition (BÜSCHGEN (1988), MORGAN/SHOME/SMITH (1988)). Wir wollen jedoch den umgekehrten Weg beschreiten und die Auswirkungen von Futures auf die Kassaposition, d. h. hier: die optimale Gap der Bank untersuchen. Dies macht, ähnlich wie das Management gekoppelter Zinsänderungs– und Kreditausfallrisiken (KÜRSTEN (1991)), eine *simultane* Optimierung der Zielfunktion bzgl. des Kassa–Parameters x und der Futuresposition z erforderlich, ein Vorgehen, das beim Hedging realwirtschaftlicher Produktionsrisiken längst üblich, beim Financial Futures Hedging aber kaum verbreitet ist.

Aus Raumgründen müssen wir uns wieder auf den einfachsten Fall beschränken und auf die Diskussion allgemeinerer Fälle verzichten. Hierzu unterstellen wir zunächst – zum Ausschluß des Spekulationsmotivs – die Erwartungshypothese der Zinsstruktur $(E(\tilde{R}_1^A)-{}_0R_{1,2}^A=0)$ und die Martingaleffizienz des Futuresmarktes, d. h. für den Futureszins R_f (bzw. $\tilde{R}_f$) bei Kontraktabschluß in t=0 (bzw. bei Glattstellung in t=2) gilt $E(\tilde{R}_f)-R_f=0$. Weiter sei vereinfachend $Var(\tilde{R}_1^A)=Var(\tilde{R}_f)$ sowie $corr(\tilde{R}_1^A,\tilde{R}_f)=corr(\tilde{R}_1^P,\tilde{R}_f)=:\eta$ gesetzt. Die Gewinnfunktion lautet dann

$$\pi_f = \pi + z(R_f - \hat{R}_f) \, , \tag{5}$$

wobei $z>0$ ($z<0$) eine long (short) Position in Futures kennzeichnet. Die simultane Maximierung der (konkaven) Zielfunktion

$$\max_{\substack{x \in [0,1] \\ z \in \mathbb{R}}} EU(\pi_f) = E(\pi_f) - \frac{\lambda}{2} \operatorname{Var}(\pi_f) \tag{6}$$

ergibt in diesem Fall — die Spekulationsterme sind hier annahmegemäß Null — als Optimum (Varianzminimum) das Paar $(x_{R,f}, z_{R,f})$ zu

$$x_{R,f} = d \cdot \frac{R_1^P}{R_1^A} \cdot \frac{\xi - \eta^2}{1 - \eta^2} \tag{7a}$$

$$z_{R,f} = d \cdot R_1^P \cdot \eta \cdot \frac{\xi - 1}{1 - \eta^2} \tag{7b}$$

Offensichtlich ist die Futuresposition $z_{R,f}$, wie zu erwarten, long (short) für $\eta<0$ ($\eta>0$). Sie ist Null für den Fall, daß kein Basisrisiko übernommen wurde ($\xi=1$), da sich das verbliebene Festzinsrisiko dann schon durch "kongruentes" Aktivmanagement via $x \cdot R_1^A = d \cdot R_1^P$ vollständig beseitigen läßt (vgl. (7a) mit (4)). Wir interessieren uns aber vornehmlich für die Auswirkung des Terminengagements auf die optimale Gap der Bank. Ein Vergleich von (7a) mit (4) ergibt hier nach kurzer Rechnung

$$d - x_{R,f} > d - x_R \tag{8}$$

d. h. der Festzinsüberhang ist mit Futuresengagement größer als ohne Futuresengagement. Die Ursache liegt darin, daß die Bank wegen der Korrelation zwischen Futures— und Kassazinsen im Rahmen eines optimal diversifizierten Kredit—Futures—Portefeuilles mehr Zinsänderungsrisiko, genauer: Festzinsrisiko übernehmen kann (und muß) als bei isolierter Optimierung nur des Kreditengagements. Damit gewinnen Zinstiteltermingeschäfte neben dem üblichen Hedging-argument, und zwar *ohne* Rückgriff auf eventuelle, weil hier explizit ausgeschlossene Spekula-tionsmotive, eine *ertragssteigernde* Dimension: bei simultaner Optimierung wie unter (6) wirken Futures auf die Kassaposition "Gap" zurück und erlauben der Bank via (8) eine Ausweitung ihrer (positiven) Fristentransformation. Bei normaler Zinsstruktur geht damit eine Verbesserung der aus der Fristentransformation resultierenden Erfolgsbeiträge einher. Welche Konsequenzen sich hieraus für die aufsichtsrechtliche Limitierung von Futuresengagements im allgemeinen, bzw. für eine risikotheoretische Beurteilung der entsprechenden (erst novellierten) KWG—Grundsätze im beson-deren ergeben, bleibt noch auszuloten.

5. Ausblick

Das vorangegangene analytische Modell einer Aktivmanagement betreibenden Bank sollte — exemplarisch anhand des Zinsänderungsrisikos — zeigen, daß risikotheoretische Überlegungen bei der Entwicklung fundierter Meßgrößen für die diversen bankbetrieblichen Erfolgsrisiken unverzichtbar sind. In die Praxis eingegangene Orientierungsgrößen — wie etwa die Größe des offenen Festzinsüberhangs als Maß für das von der Bank übernommene Zinsänderungsrisiko — sind in dieser Sicht kritisch zu hinterfragen bzw. können sogar zu Fehlentscheidungen führen (vgl. Kapitel 3). Dabei ist sichtbar geworden, daß diese Überlegungen prinzipiell in Portefeuillekontext zu treffen sind, eine Feststellung, die nur auf den ersten Blick als schlichte Bestätigung bekannter Makrohedge—Konzepte erscheint. Unsere Ergebnisse gehen nämlich darüber insofern hinaus, als sie auf eine *simultane* Optimierung von Kassa— und Hedgingengagements und insbesondere auf die *Rückwirkungen* abstellen, die dabei auch eine Veränderung der — üblicherweise als gegeben unterstellten — Kassaposition (Fristentransformationsleistung der Bank) herbeiführen. Wie sich die diversen (innovativen) Hedginginstrumente *diesbezüglich* unterscheiden bzw. welche Instrumente den bankbetrieblichen Transformationsprozess bestmöglich unterstützen, bleibt eine interessante Aufgabe für weitere operationsanalytische Forschung.

Literatur:

/1/ Bangert, M.
Zinsrisiko—Management in Banken.
Wiesbaden: Gabler—Verlag (1987)

/2/ Büschgen, H.E.
Zinstermingeschäfte, Instrumente und Verfahren zur Risikoabsicherung an Finanzmärkten.
Frankfurt a. M.: Fritz Knapp Verlag (1988)

/3/ v. Furstenberg, G.M.
The Equilibrium Spread Between Variable Rates and Fixed Rates on Long—Term Financing Instruments.
Journal of Financial and Quantitative Analysis, Dec., 807—819 (1973)

/4/ Kürsten, W.
Zinsänderungsrisiko, Bonitätsrisiko und Hedging bei optimal zinsfix/—variabel kontrahiertem Kreditgeschäft.
Zeitschrift für betriebswirtschaftliche Forschung (erscheint 1991)

/5/ Morgan, G.E.; Shome, D.K.; Smith, S.D.
Optimal Futures Positions for Large Banking Firms.
The Journal of Finance 43, 175—195 (1988)

/6/ Morgan, G.E.; Smith, S.D.
Maturity Intermediation and Intertemporal Lending Policies of Financial Intermediaries.
The Journal of Finance 42, 1023—1034 (1987)

/7/   Rolfes, B.
      Ansätze zur Steuerung von Zinsänderungsrisiken.
      Kredit und Kapital 18, 529–552 (1985)

/8/   Santomero, A.M.
      Fixed Versus Variable Rate Loans.
      The Journal of Finance 38, 1363–1380 (1983)

/9/   Schierenbeck, H.
      Ertragsorientiertes Bankmanagement.
      Wiesbaden: Gabler Verlag 2. Auflage (1987)

/10/ Scholz, W.
      Zinsänderungsrisiken im Jahresabschluß der Kreditinstitute.
      Kredit und Kapital 12, 517–544 (1979)

/11/ Wilhelm, J.
      Die Bereitschaft der Banken zur Risikoübernahme im Kreditgeschäft.
      Kredit und Kapital 15, 572–601 (1982)

Asset Allocation an den internationalen Bondmärkten

Klaus P. Lücke

microPLAN GmbH, Eschborn

I. Problemstellung

'Asset Allocation' ist kein wissenschaftlich klar definierter Begriff. Seine Verwendung in der Praxis beinhaltet ein ganzes Bündel unterschiedlicher Ansätze des Portfolio-Managements. Insbesondere wird dabei zwischen strategischer ("Policy Asset Allocation"), taktischer und dynamischer Asset Allocation unterschieden /1/. Während das Hauptaugenmerk der strategischen Asset Allocation der langfristig gewünschten durchschnittlichen Portfolio-Strukturierung gilt, beinhaltet die taktische Asset Allocation eine Vielzahl kurzfristig orientierter Strategien zur Portfolio-Revision, die mehrheitlich dem Umfeld der technischen Analyse zuzurechnen sind. Unter dem weniger gebräuchlichen Begriff der dynamischen Asset Allocation werden vornehmlich eher mechanisch arbeitende Strategien der "Portfolio Insurance" subsumiert.

Während die dynamische Asset Allocation schwerpunktmäßig auf die Absicherung von Risiken abstellt, zielt die sich als "aktiv" verstehende takische Asset Allocation auf eine Verbesserung der Performance durch eine regelgestützte, systematische Ausnutzung von Kursschwankungen ab. Ziel der strategischen Asset Allocation hingegen ist die Konstruktion sog. "effizienter Portfolios" als Grundlage für längerfristig orientierte Diversifikations-entscheidungen. Ein Portfolio gilt als effizient, wenn seine Renditeerwartung für ein gegebenes Risikoniveau maximal ist. Die simultane Berücksichtigung von Risiko und Rendite der Assets sowie die Beachtung risikomindernder Diversifikationseffekte sind zentrales Merkmal der strategischen Asset Allocation.

Ziel dieses Artikels ist die Ableitung grundsätzlicher Regeln für die Anlagepolitik an den internationalen Bondmärkten aus der Sicht des deutschen Investors. Besonderes Augenmerk gilt dabei den Auswirkungen sowie dem Management der bei internationaler Wertpapieranlage entstehenden Währungsrisiken. Dabei werden neben den Verfahren der strategischen auch Ansätze der dynamischen Asset Allocation einbezogen. Die Stabilität der abgeleiteten Regeln wird anhand von Teilperioden-Betrachtungen verifiziert.

II. Software und Datenbasis

Die zur Durchführung der Untersuchung notwendigen Berechnungen - die Kalkulation von Returns und Risiken sowie die Bestimmung effizienter Portfolios mit einer Variante des quadratischen Optimierungsansatzes nach dem Verfahren von Hildreth und d'Esopo /2/ - wurden mit Hilfe des Softwarepaketes microBOND vorgenommen.

Als Benchmarks für den Anlageerfolg an den internationalen Bondmärkten wurden neben den entsprechenden Devisenkurszeitreihen die EFFAS/Datastream-Performance-Indizes für Frankreich,

Operations Research Proceedings 1991
© Springer-Verlag Berlin Heidelberg 1992

124

Großbritannien, Italien, Japan, die Niederlande, die Schweiz und
die USA herangezogen. Für den deutschen Markt ist der Rentenmarkt-
Performance-Index der BHF-Bank verwendet worden /3/.

Das in den Währungen der betrachteten Länder umlaufende und in US-
$ gemessene Volumen repräsentiert nach einer 1990 durchgeführten
Berechnung des schweizerischen Bankhauses Lombard Odier & Co.
zusammen ca. 90 Prozent der internationalen Bondmärkte. Die
verwendeten Indizes basieren auf der Kursentwicklung marktgängiger
Staatsanleihen und beinhalten - in ihrer Ausprägung als
Performance-Indizes - auch die laufenden Zinszahlungen. Neben den
Zeitreihen der Bond-Performance-Indizes sowie der Devisenkurse
wurden die Daten der kurzfristigen Geldmarktzinsen (Monatsgelder)
in die Untersuchung einbezogen. Alle Berechnungen basieren auf
monatlichen Werten von Januar 1985 bis einschließlich März 1991.
Der gewählte Zeitraum - reichlich sechs Jahre - wurde wesentlich
von der Verfügbarkeit der internationalen EFFAS-Indizes beeinflußt
/4/.

III. Anlageergebnisse und -Risiken im Untersuchungszeitraum

Im Untersuchungszeitraum sind im nationalen wie im internationalen
Rahmen Phasen sowohl sinkender als auch steigender Zinsen zu
beobachten gewesen. Während die Kapitalmarkt-Renditen in den
betrachteten Ländern im Trend einheitlich bis 1986 zurückgingen,
war anschließend bis 1988/89 eine teilweise gegenläufige
Entwicklung zu beobachten gewesen. Steigenden Zinsen z.B. in
Deutschland und den Niederlanden standen zunächst noch auf
niedrigem Niveau stagnierende Renditen in der Schweiz sowie noch
bis 1988/89 in der Tendenz weiter rückläufige Raten in Italien,
Frankreich und den USA gegenüber. Dem seit 1989 überaus kräftigen
Anstieg der Zinssätze in Deutschland, Japan, den Niederlanden und
der Schweiz sowie Großbritanniens standen nur vergleichsweise
mäßige Renditeerhöhungen in Frankreich, Italien und den USA
gegenüber. Lagen die amerikanischen Zinsen z.B. noch 1985 um ca. 4
1/2 %-Punkte über denen in Deutschland, war dieser Vorsprung bis
1990 weitgehend verschwunden. Seit Anfang 1991 ist sogar eine
positive Zinsdifferenz zugunsten Deutschlands zu beobachten. Die
teilweise divergierenden Renditetrends und Strukturverschiebungen
sind - neben anderen Faktoren - schwerpunktmäßig auf unterschiedliche konjunkturelle Tendenzen in den betrachteten Ländern zurückzuführen gewesen, zuletzt auch auf gewisse Positionsverluste
Deutschlands im Kampf gegen die Inflation.

Unter dem Blickwinkel der Asset Allocation sind die - trotz
zunehmender Integration der internationalen Finanzmärkte -
weiterhin beobachtbaren uneinheitlichen Renditetrends positiv zu
beurteilen. Dabei spielt insbesondere die Ausnutzung von
Diversifikationspotentialen eine Rolle. Vergleichbare Diversi-
fikationsmöglichkeiten an den nationalen Bondmärkten sind hingegen
kaum gegeben. So liegen die Korrelationen zwischen den nach
verschiedenen Laufzeit-Kategorien differenzierten Performance-
Indizes des BHF-Bank Rentenmarkt-Index deutlich über 0,9. Nur
unwesentlich geringer sind die Korrelationen mit anderen
Marktsegmenten, z.B. dem Pfandbrief-Bereich. Die Einbeziehung
ausländischer Märkte in die Asset Allocation-Entscheidung des Bond
Portfolio Managements scheint daher chancenreich. Dies zeigt auch
eine Gegenüberstellung der annualisierten monatlichen Returns und

Risiken (Standardabweichungen der annualisierten monatlichen Returns) der betrachteten Bondmärkte im Untersuchungszeitraum /5/.

Tabelle 1: Performance und Risiko 1/1985-3/1991
(in lokaler Währung)

Bond-Markt	Performance % p.a.	Risiko -/-
Frankreich	11,105	18,742
Niederlande	6,312	12,292
Schweiz	3,355	8,790
Großbritannien	10,175	26,237
USA	11,461	20,855
Deutschland	5,617	12,618
Italien	11,376	5,888
Japan	5,469	17,312
Mittelwert	8,109	15,342
Einschl. Diversifikationseffekt:		11,11

Wie Tabelle 1 zeigt, konnten im Zeitraum 1985 bis 1991 - jeweils in lokaler Währung - im Vergleich zur Anlage am deutschen Rentenmarkt überwiegend höhere durchschnittliche Erträge an den betrachteten ausländischen Bondmärkten erzielt werden. Allerdings fielen die entsprechenden Risiken ebenfalls zum Teil erheblich größer aus. Lediglich am schweizerischen wie am japanischen Markt lag der durchschnittliche Anlageerfolg niedriger als in Deutschland; vergleichsweise geringer waren die Volatilitäten des eidgenössischen sowie des italienischen Marktes. Am holländischen Bondmarkt konnte bei - im Vergleich zum deutschen Rentenmarkt - etwa gleich hohem Risikoniveau ein im Jahresdurchschnitt geringfügig höherer Anlageerfolg verbucht werden.

Nun ist allerdings eine vergleichende Betrachtung des Anlageerfolgs an den internationalen Bondmärkten in jeweils lokaler Währung aus der Sicht des deutschen Investors unrealistisch. Er hat die Währungskomponente zu berücksichtigen. Die Einbeziehung der Währung kann in zweierlei Weise geschehen: Entweder nimmt der Investor das mit einer Anlage in Fremdwährungstiteln verbundene Währungsrisiko bewußt inkauf, geht also implizit durch sein Engagement eine "Long-Position" in den jeweiligen Valuten ein, oder er sichert sich gegen eintretende Währungsveränderungen ab.

Tabelle 2 zeigt die im Analysezeitraum aus Sicht des deutschen Anlegers eingetretenen Performance- und Risikoziffern unter Einschluß der Währungskomponente. Im Vergleich zu Tabelle 1 fällt auf, daß die Einbeziehung der Währung das Performance-Risiko-Profil der Bondmärkte völlig verändert hat. Während sich der durschnittliche Ertrag von 8,109 % p.a. auf jahresdurchschnittlich 5,804 % vermindert hat, ist das Risiko an den ausländischen Märkten - mit Ausnahme von Frankreich und Holland - erheblich gestiegen. Die mittlere Standardabweichung hat sich um rund 8 %-Punkte (bei Berücksichtigung der Diversifikationseffekte um ca. 3 1/2 %-Punkte) vergrößert. Simulationsrechnungen haben ergeben, daß zur Kompensierung des zusätzlichen Währungsrisikos bei naiver Diversifikation die DM-Bond-Returns etwa mit -0,8 mit den DM-Returns der ausländischen Märkte korreliert sein müßten. Die effektiven Korrelationen liegen jedoch zwischen etwa +0,0 und +0,9.

Tabelle 2: Performance und Risiko 1/1985-3/1991
(in DM)

Bond-Markt	Performance % p.a.	Risiko -/-
Frankreich	9,478	18,413
Niederlande	6,348	12,356
Schweiz	3,117	14,851
Großbritannien	7,214	42,404
USA	1,177	41,502
Deutschland	5,617	12,618
Italien	8,299	10,421
Japan	5,185	34,700
Mittelwert	5,804	23,408
Einschl. Diversifikationseffekt:		14,68

Tabelle 3 zeigt den Anlageerfolg unter der Annahme, daß der Investor das Währungsrisiko abgesichert hat. Die Absicherung der Währungskomponente soll im Rahmen dieser Analyse durch die Annahme monatlich revolvierender Short-Positionen in den Fremdwährungen simuliert werden /6/. Es wird unterstellt, daß die Shortpositionen jeweils am Ende der monatlichen Anlageperioden glattgestellt werden. Mit einer solchen Strategie kann der in DM rechnende Investor das Währungsrisiko weitestgehend eliminieren. Steigt z.B. der Kurs der Anlagewährung während der monatlichen Halteperiode, so entsteht für die Bond-Anlage ein zusätzlicher Währungsgewinn. Dieser Währungsgewinn wird jedoch durch höhere Rückzahlungs- verpflichtungen aus der Short-Position kompensiert (vice versa). Nicht abgesichert ist bei einer solchen Vorgehensweise allerdings das Währungsrisiko auf die Kursveränderungen der festverzinslichen Wertpapiere, die jeweils während monatlichen Anlageperioden eintreten. Das hieraus verbleibende ungedeckte Währungsrisiko kann allerdings als sehr gering bezeichnet und im Rahmen der weiteren Analyse vernachlässigt werden.

Eine Absicherung des Währungsrisikos ist nicht kostenlos zu erhalten. Der Investor hat dabei - je nach Differenz der kurzfristigen Zinsen zwischen dem nationalen und dem Anlagemarkt - eine Prämie einzukalkulieren. Liegen die ausländischen Zinsen über denen in Deutschland, so fallen Kosten in Höhe der Zinsdifferenz an (der Anleger verschuldet sich in der Fremdwährung und legt das aufgenommene Geld in DM an). Sind die kurzfristigen Zinsen am heimischen Finanzplatz jedoch höher als im Ausland, kann der Investor eine Prämie aus dem Absicherungsgeschäft einstreichen, die seine Performance erhöht. Weitere Kostenfaktoren der Währungsabsicherung, die im wesentlichen aus der Differenz von Geld- und Briefnotierungen resultieren, sind üblicherweise gering und werden in der Literatur mit maximal ca. 0,4 % p.a. angegeben /7/.

Tabelle 3: Performance und Risiko 1/1985-3/1991
(bei Währungsabsicherung)

Bond-Markt	Performance % p.a.	Risiko -/-
Frankreich	7,076	18,691
Niederlande	5,633	12,288
Schweiz	4,316	8,849
Großbritannien	3,867	26,336
USA	9,111	20,738
Deutschland	5,617	12,618
Italien	3,466	6,080
Japan	8,511	17,149
Mittelwert	5,950	15,344
Einschl. Diversifikationseffekten:		11,09

Tabelle 3 zeigt, daß auf Grund der Absicherung der Währungs-
komponente das durchschnittliche Risiko beim "naiv"
diversifizierten Bond-Portfolio etwa auf das Niveau der "lokalen"
Ziffer gesenkt werden konnte. Demgegenüber liegt die
durchschnittliche Performance-Erwartung bei Absicherung des
Währungsrisikos knapp über derjenigen bei Einbeziehung der
Währungskomponente. Diese Ergebnisse zeigen, daß die Währung zwar
zu einer systematischen Ausweitung des Risikos führte, daß der
Markt aber gleichzeitig keine "Belohnung" - in Form einer
Verbesserung des durchschnittlichen Anlageerfolgs - für die
Übernahme dieses Risikos geboten hat. Ob und in welchem Ausmaß
eventuelle zusätzliche Diversifikationseffekte von der
Währungskomponente ausgehen, wird noch zu untersuchen sein. Die
Berechnungsergebnisse lassen jedoch die Vermutung zu, daß diese
Effekte gering sind, da sich die Währungen gegenüber der lokalen
Valuta überwiegend gleichgerichtet bewegen. So hat sich nahezu
einheitlich für alle Märkte die Währung als performancemindernd
auf den Anlageerfolg ausgewirkt.

IV. Effiziente internationale Bond-Portfolios 1985-1991

Neben dem Vergleich währungsgesicherter sowie ungesicherter
internationaler Bond-Anlagen soll im Rahmen der Analyse
effizienter Portfolios darüber hinaus untersucht werden, ob es
eine aussichtsreiche Strategie sein kann, nur einen Teil des
Währungsrisikos zu hedgen. Dahinter verbirgt sich die Frage nach
einem "optimalen" Absicherungsgrad. Zur Beantwortung dieser Frage
werden die Währungen im Rahmen eines Asset Allocation Modells als
eigenständige Anlagemedien betrachtet und mit vollständig
währungsgesicherten Bond-Investments zu effizienten Portfolios
gemischt. Der "optimale" Absicherungsgrad ergibt sich dann aus der
Differenz zwischen der währungsgesicherten Bond-Position und der
korrespondierenden Long-Position der entsprechenden Währung.

Schaubild 1 zeigt die annualisierten monatlichen Ertrag/Risiko-
Kombinationen aus DM-Sicht ohne Währungsabsicherung für die be-
trachteten Rentenmärkte im Untersuchungszeitraum 1985-1991 sowie
die ermittelte Linie der effizienten Portfolios. Das effiziente
Portfolio mit dem höchsten Ertrag (+9,478% p.a.) sowie dem größten
Risiko (+/- 18,413) beinhaltet ausschließlich Engagements am
französischen Rentenmarkt. Für weniger risiko- und ertragreiche
Portfolios ergeben sich sukzessive Beimischungen aus

italienischen, holländischen, schweizerischen und deutschen festverzinslichen Wertpapieren.

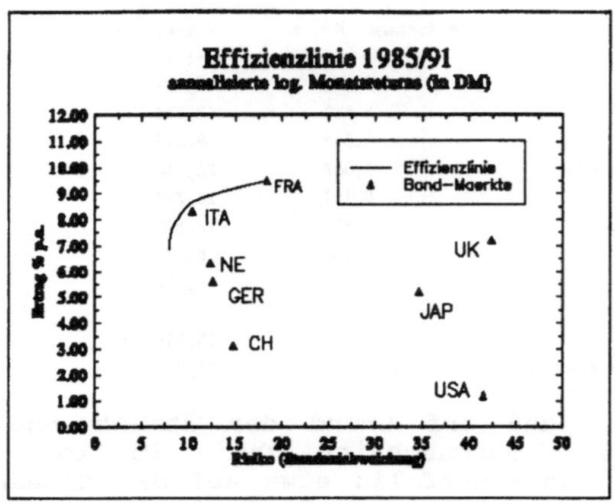

Schaubild 1: Internationale Diversifikation ohne Währungssicherung

Das effiziente Portfolio mit dem niedrigstem Ertrag und Risiko (+6,852% p.a. vs. +/-7,864) beinhaltet annähernd 55 Prozent Bond-Anlagen am italienischen Rentenmarkt, knapp 20 % niederländische Papiere, rund 14 % schweizer Obligationen und zu ca. 13 % deutsche Anleihen. Der Spread zwischen der niedrigsten und der höchsten Risikoziffer der effizienten Portfolios liegt bei über 10 %-Punkten, während die Rendite-Differenz nur etwas mehr als 1 1/2 %-Punkte beträgt. Anlagen in US-Bonds sowie japanischen Festverzinslichen sind in den effizienten Portfolios nicht vertreten, während Gilts trotz vergleichsweise attraktiver durchschnittlicher Performance (+7,2 %) im mittleren/unteren Risikobereich nur marginal (bis ca. 2 %) beigemischt wurden. Neben der vergleichsweise geringen Performance der US-Papiere ist ibs. der hohe, währungsbedingte Risikobeitrag sowohl der amerikanischen, japanischen und britischen Bondmärkte entscheidend für ihre Ausklammerung. Dies ist um so bemerkenswerter, als die Korrelationen der Wertpapieranlagen in Gilts, US-Bonds und japanischen Rentenpapieren im Untersuchungszeitraum nur mit ca. +0,0 bis +0,5 mit den übrigen Märkten korreliert waren, während z.B. die mit bis zu knapp 20 % vertretenen holländischen Papiere (Performance 6,3 % p.a.) Korrelationen z.B. mit Frankreich-Anlagen in Höhe von +0,6 und mit Deutschland-Positionen von annähernd +0,9 aufwiesen.

Schaubild 2 zeigt die Return/Risk-Kombinationen sowie die Linie der effizienten Portfolios bei vollständiger Absicherung der Währungsposition. Anlagen in Japan und den USA konnten im Rahmen dieses Szenarios ihre durchschnittliche Performance verbessern; vor allem aber stellte sich ihre Risikoposition deutlich günstiger dar.

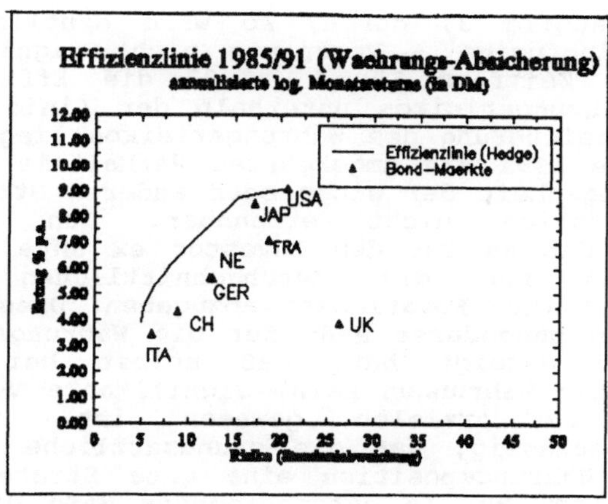

Schaubild 2: Vollständige Währungsabsicherung

Für Italien zeigte sich auf Grund hoher Absicherungskosten zwar ein Rückgang der Ertragserwartung; allerdings konnte auch die Risikoseite erheblich reduziert werden. In den effizienten Portfolios, deren oberer Eckpunkt nun durch Anlagen in US-Bonds markiert wird, ist nun auch Japan - ibs. im mittleren Risikobereich - stark vertreten. Obgleich sich die durchschnittlichen Korrelationen der US-Anlagen als auch der Japan-Engagements mit den Performance-Ziffern der übrigen Ländern eher vergrößert haben, sind ihre Anteile an den effizienten Portoflios auf signifikante Größenordnungen gestiegen.

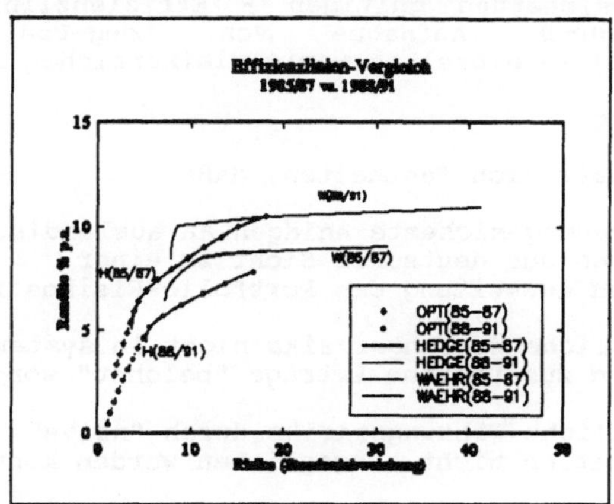

Schaubild 3: Teilperioden-Vergleich der Effizienzlinien

Im Vergleich der Effizienzlinien aus Schaubild 1 und Schaubild 2 zeigt sich zwar, daß die Linie der nicht währungsgesicherten Portfolios noch geringfügig oberhalb der Linie bei vollständiger Währungsabsicherung liegt. Führt man jedoch eine Teilperioden-

Betrachtung (Schaubild 3) durch, so wird deutlich, daß der - ohnehin nur geringfügige - Vorsprung nicht signifikant gewesen ist. Während im Zeitraum 1985 - 1987 die Effizienzlinie bei Übernahme des Währungsrisikos unterhalb der Linie der optimalen Portfolios bei Absicherung des Währungsrisikos liegt, ist für den Zeitraum 1988 bis 1991 ein umgekehrtes Verhältnis erkennbar. Ein eindeutige Überlegenheit der einen oder anderen Strategie ist für effiziente Portfolios nicht erkennbar. Nun ist aber zu berücksichtigen, daß es für den Investor ex ante sehr schwierig ist, Schätzungen für die durchschnittlichen Erträge der Anlagemedien sowie ihre Kovarianzen abzugeben. Dies gilt, wie wir gesehen haben, in besonderem Maße für die Währungskomponente. Da die Untersuchung gezeigt hat, daß selbst bei zuverlässigen Schätzungen für die Währungen keine signifikante Verbesserung des Effizienzgrades zu erzielen gewesen ist, erscheint die Schlußfolgerung zulässig, daß die grundsätzliche Vornahme einer Absicherung der Währungsposition eine gute Strategie darstellt. Sie vermindert nicht nur in entscheidendem Maße die Zahl der ex ante zu leistenden Prognosedaten; das Risiko von Fehl-Allokationen in der Portoflio-Zusammenstellung ist - wie Abbildung 3 zeigt - auch deutlich geringer. So liegt bei im Mittel etwa gleicher Performance-Erwartung das Risiko "naiv" diversifizierter Portfolios bei vollständiger Währungsabsicherung um ca. 3 1/2 %-Punkte niedriger.

Beim sog. "optimalen Hedging", d.h. der Analyse nur teilweise abgesicherter Währungspositionen, zeigte es sich, daß die Verfolgung dieser Strategie im Untersuchungszeitraum nur sehr begrenzt sinnvoll war. Diese Aussage gilt sowohl für die Gesamtperiode als auch für jede Teilperiode. Die Behandlung der Währungen als eigenständige Assets führte lediglich zu einer jeweils geringfügigen Verlängerung der - auch schon bei vollständiger Absicherung gültigen - Effizienzlinie im unteren Risikobereich durch Aufnahme von Long-Positionen (d.h. Teilabsicherungen) in einzelnen wenig risikoreichen EWS-Währungen.

V. Zusammenfassung

Zusammenfassend läßt sich festhalten, daß

- nicht währungsgesicherte Anlagen an ausländischen
  Bond-Märkten aus deutscher Sicht zu einer
  erheblichen Ausweitung des Portfolio-Risikos führen

- das zusätzliche Währungsrisiko nicht in systematischer
  Weise durch zusätzliche Erträge "belohnt" worden ist

- das zusätzliche Währungsrisiko durch "naive"
  Diversifikation nicht ausgeglichen werden konnte

- die Absicherung der Währungsposition zu einer Verminderung
  des Portfolio-Risikos auf etwa das Niveau bei
  "lokaler" Betrachtung führte

- die Performance-Minderung, die auf Grund einer Währungsabsicherung hingenommen werden mußte, den durchschnittlichen Anlageerfolg etwa auf das Niveau
  bei Übernahme des Währungsrisikos drückte

- eine systematische Überlegenheit effizienter Portoflios,
  die das Währungsrisiko einschließen, gegenüber vollständig
  währungsgesicherten effizienten Bond-Portfolios
  nicht nachgewiesen werden konnte

- eine Strategie nur teilweise abgesicherter Währungspositionen für Bond-Portfolios allenfalls eine
  marginale Bedeutung besitzt

- eine vollständige Währungsabsicherung, ibs.
  gegenüber Nicht-EWS-Währungen, bei internationalen
  Bond-Anlagen eine zu präferierende Strategie darstellt.

FuBnoten

/1/ Vgl. z.B. R.D. Arnott, F.J. Fabozzi: The Many Dimensions of the Asset Allocation
Decision, in: R.D. Arnott, F.J. Fabozzi: Asset Allocation. A Handbook of
Portfolio Policies, Strategies & Tactics, S. 1-6; M. Vogel: Anlagepolitik und
'Asset Allocation', in: Sparkasse 10/90 (107. Jahrgang), S. 446-448; M.
Keppler: Tactical Asset Allocation: Strategien zur Begrenzung des Risikos,
in: Das Wertpapier 1989, S. 651-653

/2/ Vgl. H.P. Künzi, W. Krelle, R. von Randow: Nichtlineare Programmierung, 2.A.,
Berlin/Heidelberg/NY 1979, S. 73-79. Die Implementierung des Verfahrens in
das Softwarepaket microBOND erfolgte unter Integration eines Konvergenz-
Beschleunigers.

/3/ Zu den Bond-Indizes vgl. Deutsche Vereinigung für Finanzanalyse und
Anlageberatung (DVFA): Datastream/EFFAS Bond-Indizes, Darmstadt o.J.

/4/ Der BHF-Bank Bond-Performance-Index ist bis 1967 rückwirkend verfügbar.

/5/ Zur Berechnungsweise vgl. Anhang 1

/6/ Zu den verschiedenen Alternativen einer Währungsabsicherung vgl.z.B. M.J.
Celebuski, J.M. Hill, J.J. Kilgannon: Managing Currency Exposures in
International Portfolios, in: Financial Analysts Journal, Jan-Feb 1990, S.
16-26

/7/ Vgl. z.B. L.R. Thomas: The Performance of Currency-Hedged Foreign Bonds, in:
Financial Analysts Journal, May-June 1989, S. 25-31 sowie P. Burik, R.M.
Ennis: Foreign Bonds in Diversified Portfolios: A Limited Advantage, in:
Financial Analysts Journal, March-April 1990, S. 31-40

<u>ANHANG 1</u>

DATEN-INPUT UND OPTIMIERUNGS-ANSATZ

Gegeben:

r_{it}: Rendite des Wertpapiers in Periode t (t = 1 ... T, i = 1 ... n)

mit

$$r_{it} = \ln\left(\frac{(K_t + \Delta C_t) \cdot W_t}{K_{t-1} \cdot W_{t-1}}\right)$$

K_t: Kurswert in Periode t
ΔC_t : Zins/Dividendenzufluß in Periode Δt
W_t: Währungskurs in Periode t
E0:   Geforderter Mindestertrag des Portfolios

Dann sind

$$\bar{r}_i \qquad = \frac{1}{T}\sum_{t=1}^{T} r_{it} \qquad \text{(mittlere Rendite des WP i)}$$

$$cov(r_i, r_j) \qquad = \frac{1}{T-1}\sum_{t=1}^{T} (r_{it} - \bar{r}_i)(r_{jt} - \bar{r}_j) \quad \text{(Kovarianz der WP i und j)}$$

Gesucht:

x_i Portfoliogewichte = Lösung der

<u>Optimierungsaufgabe</u>

$$\min_{x_1,...,x_n} Vp := \sum_{i,j=1}^{n} x_i x_j \, cov\,(r_i, r_j) \qquad \text{(Minimierung der Portfoliovarianz)}$$

Unter den Nebenbedingungen

$$Ep := \sum_{i=1}^{n} x_i \bar{r}_i \;\geqq\; E_0 \qquad \text{(Portfolioertrag > = } E_0\text{)}$$

$$\sum_{i=1}^{n} x_i \quad = 1 \qquad \text{(Normierung)}$$

$$x_i \qquad \geqq 0 \qquad \text{(Nichtnegativität)}$$

sowie evtl. weitere Nebenbedingungen auf Grund von Anlage-
richtlinien (z. B. $x_i < = x_{KRIT}$)

ANNUISIERUNG DES BONUS/MALUS IM MARKTZINSMODELL

Dr. Alfred W. Marusev, Spöck

Zusammenfassung: Ausgangspunkt des Beitrags ist die Frage, ob der Bonus/Malus des erweiterten Marktzinsmodells als Differenz zweier Barwerte (d.h. als Differenz zwischen dem Opportunitätszins lt. Grundmodell und den Opportunitätskosten lt. LP-Ansatz) zu ermitteln ist oder als Differenz der beiden Margen. Die Antwort legt fest, welche der beiden Größen unter allen Umständen (bei der Kalkulation von Leistungsstörungen und anderen Anschlußgeschäften und/oder einem Engpaßwechsel) konstant zu halten ist. Darin enthalten ist zugleich die Frage nach der "richtigen" Kapital-Basis für die Verrentung, die als einheitlicher Nenner für die Ermittlung von Prozentzahlen p.a. den Wert 100% repräsentiert.

Abstract: Starting point of this contribution is the question, whether the bonus/malus of the extended "opportunity costs concept" is to be determined by the difference of two cash values (e.i. the difference between the opportunity interest according to the basic model and the opportunity costs according to the LP approach) or by the difference of the two margins. The answer sets up, which of the two quantities must be maintained constant in any case (when calculating follow-up transactions and/or if the bottlenecksituation changes). This also includes the question of the "correct" capital base for the distribution over the periods, which - as a common denominator for the determination of the percentage p.a. - represents the value 100 percent.

Bei der Kalkulation von Bankprodukten mit Hilfe des (erweiterten) Marktzinsmodells ist der Bonus/Malus das in einen Barwert oder eine Marge umgerechnete Mehr oder Weniger an Konditionsbeitrag, das sich ergibt, wenn außer der Liquiditätsnebenbedingung (= Kassenneutralität) weitere Engpässe (z.B. im Grundsatz I und/oder II) zu beachten sind. Um in der gegebenen Engpaßkombination des Bankinstituts alle(!) Engpaßwirkungen des zu kalkulierenden Einzelgeschäfts vollständig abbilden bzw. kompensieren zu können, müssen als alternative Handlungsmöglichkeiten neben. den reinen Geld- und Kapitalmarkt-Darlehn des Grundmodells weitere Interbankengeschäfte mit ihren unterschiedlichen Engpaßwirkungen in die Betrachtung einbezogen werden. Deren "Stücklisten" für den LP-Ansatz sind rein formaljuristisch abzuleiten und haben z.B. durch die gesetzliche Festschreibung der Grundsatzwirkungen eine Quasi-Objektivierung erfahren. Durch die Einbeziehung von beispielsweise Kunden-

Operations Research Proceedings 1991
© Springer-Verlag Berlin Heidelberg 1992

geldern erster Bonität und Pensionsgeschäften entstehen - neben der geforderten Engpaßneutralität - die als Bonus/Malus zu bezeichnenden Mehrerlöse bzw. Mehrkosten gegenüber dem Grundmodell, welches nur den immer gültigen Engpaß Notenbankgeld kennt.

Anhand eines Echtfalls sollen die angesprochenen Elemente einzeln aufgezeigt und in ihrem Gesamtzusammenhang dargestellt werden. Dem Beispiel liegen folgende Zahlen zugrunde /15/ /10, 168/: Eine 1-jährige Spareinlage (in Höhe von 100.000 DM) wird mit 4% nominal verzinst. Der Mindestreservesatz ist 4,15%. Der Zinssatz am GKM (= Geld- und Kapitalmarkt) für 1-Jahresgeld (= Opportunität) beträgt 4,8%.

Die letzte Spalte (LS) auf der Left Hand Side (LHS) des nachfolgenden Gleichungssystems /9, 217/ enthält die Gesamt-"Stückliste" des zu kalkulierenden Sparbuchs, d.h. im Grundmodell den um die Mindestreserve korrigierten Cash flow:

	LS		Sparbuch		Mindestreserve
LNB_0	95.850	=	100.000	+	-4.150
LNB_1	-99.850		-104.000		4.150

LNB steht für Liquiditätsnebenbedingung. Da die Summe aus kompensatorischen Geschäften (incl. der Entnahme des Konditionsbeitrags-Barwerts KB_0) und zu kalkulierendem Einzelgeschäft stets Null sein muß (= "engpaßneutrale" Kalkulation), enthält die Right Hand Side (RHS) nur Nullen (= 0). x steht für GKM-Geschäfte (mit $x'A$ = Anlage am GKM und $x'R$ = vermiedene Anlage am GKM aus der Sicht der passivlastigen Gesamtbank bzw. "Refinanzierung" aus der Sicht des zu kalkulierenden Einzelgeschäfts).

	kompensatorische Geschäfte (incl. Entnahme des Konditionsbeitrags)		+	zu kalkulierendes Sparbuch		= 0
	LHS					RHS
	x		KB		LS	
LNB_0	-1 $\bullet$ $x'A_1$		- 1 $\bullet$ KB_0 +		95.850	= 0
LNB_1	1,048 $\bullet$ $x'A_1$		-		99.850	= 0

Bringt man die LS auf die RHS des Gleichungssystems, dann steht links die Basismatrix des umfassenderen LP-Ansatzes und rechts die mit -1 multiplizierte Gesamt-"Stückliste" des Sparbuchs /10, 168 f./. In den LNB-Zeilen der einzelnen "Stücklisten" (Spalten) kommt exakt der durch die Zinsstruktur determinierte Cash flow der

GKM-Geschäfte (= Handlungsalternativen am GKM) zum Ausdruck /9, 218/. Die Zielfunktion (Zfkt.) maximiert die Entnahme des Konditionsbeitrags-Barwerts aus dem Einzelgeschäft.

	$x'R_1$	$x'A_1$	KB_O		RHS
Zfkt.			1		Max
LNB_O	1	-1	-1	=	-95.850
LNB_1	-1,048	1,048			99.850

Die Lösung des LP-Ansatzes liefert den optimalen Handlungsmix unter strikter Einhaltung der Nebenbedingungen, d.h. den maximal möglichen Konditionsbeitrags-Barwert bei totaler Engpaßneutralität.

Konditionsbeitrags-Barwert KB_O =	573,28
GKM-Anlage $x'A_1$ =	95.276,72

Die Dualvariablen des LP-Ansatzes sind die sog. Zerobond-Abzinsfaktoren (ZB-AF), die auch auf andere Weise ermittelt werden können /1/ /5, 59 ff./ /6, 76 ff./ /13, 793 ff./ /10, 170/ /15/, z.B. sukzessiv /8, 25 ff./:

$$\text{ZB-Abzinsfaktor}_1 = \frac{1}{1 + i_1} = \frac{1}{1 + 4,8\%} = 0,9542$$

Für das zweite, dritte, ..., n-te Jahr mit dem GKM-Zinssatz i_2, i_3, ..., i_n gilt:

$$\text{ZB-Abzinsfaktor}_n = \frac{(1 - i_n \cdot \text{kumulierter ZB-Abzinsfaktor}_{n-1})}{(1 + i_n)}$$

In Fortführung der Beispielzahlen:

Jahr	GKM-Satz	ZB-Abzinsfaktor	kumulierte ZB-Abzinsfaktoren
1	4,80%	0,9542	0,9542
2	5,22%	0,9031	1,8573
3	5,68%	0,8464	2,7037

Der taggenaue ZB-Abzinsfaktor$_{n,m}$ für n Jahre und m Tage Laufzeit beträgt bei einem (evtl. durch banktübliche lineare Interpolation gewonnenen) GKM-Zinssatz $i_{n,m}$:

$$\text{ZB-Abzinsfaktor}_{n,\_} = \frac{(1 - i_{n,\_} \cdot \text{kumulierter ZB-Abzinsfaktor}_n)}{(1 + i_{n,\_} \cdot \frac{m}{360})}$$

Der taggenaue ZB-Abzinsfaktor stellt den heutigen Wert (= Barwert) von 1 DM Kassenwirkung an einem bestimmten Tag in der Zukunft dar. Extrahiert man aus den Nominalkonditionen von Bankprodukten den Cash flow, d.h. die Wirkung im Engpaß Kasse, dann braucht dieser Cash flow im Grundmodell nur noch mit den jeweiligen taggenauen Zerobond-Abzinsfaktoren multipliziert zu werden, um den Barwert (und damit die Vorteilhaftigkeit) des zu kalkulierenden Einzelgeschäfts zu bestimmen. Der Zerobond-Abzinsfaktor für Einnahmen und Ausgaben im Zeitpunkt t=0 ist gleich 1. Für den Beispielfall gilt also /13, 799 ff./ /9, 218/:

	ZB-Abzinsfaktor lt. Grundmodell	•	RHS (= −LS)	=	Barwert
LNB_0	−1,0000000000		−95.850		95.850,00
LNB_1	−0,9541984733		99.850		−95.276,72
	Konditionsbeitrags-Barwert KB_0				573,28

Das Ergebnis ist identisch mit der Lösung des LP-Ansatzes.

Dividiert man den Konditionsbeitrags-Barwert KB_0 durch den Barwert des durchschnittlich effektiv gebundenen Kapitals (= einheitlicher Nenner = 100%), dann ergibt sich die Konditionsmarge, die als konstante effektive Marge /3/ das Verhältnis zwischen den verrenteten Konditionsbeiträgen und ihrer Kapital-Basis in Prozent p.a. ausdrückt (= kapitalgewichtete Annuisierung von Barwerten). Für die Ermittlung dieser auf das einheitliche Laufzeitjahr bezogenen Marge werden wiederum die ZB-Abzinsfaktoren herangezogen /2, 33/ /7, 44 f./ /9, 218 f./ /10, 170/. In den Zahlen des 1-jährigen Sparbuchs:

$$\frac{573,28}{95.850 \cdot 0,9541984733} = \frac{573,28}{91.459,92} = 0,62681\%$$

Die Konditionsmarge ergibt sich auch im Sinne der klassischen Definition als Differenz von Zinsertrag und -aufwand:

```
Opportunitätszins                          = 4,80000% = Zinsertrag
Effektivzins lt. PAngV  4.000 : 95.850  =  4,17319% = Zinsaufwand
Konditionsmarge                            = 0,62681%
```

Die Multiplikation der Konditionsmarge mit dem durchschnittlich effektiv gebundenen Kapital im jeweiligen Laufzeitjahr ergibt den entsprechenden Konditionsbeitrag dieses Jahres (bzw. am Ende der Laufzeit) in Höhe von 0,62681% • 95.850 DM = 600,80 DM.

Im Beispielfall geht es nur um den Wert in t=1. Die Summe der Barwerte dieser im konstanten Verhältnis zur Kapital-Basis verrenteten Konditionsbeiträge ergibt wieder den Konditionsbeitrags-Barwert mit 600,80 DM • 0,9541984733 = 573,28 DM.

Die Endlosschleife zwischen Verbarwertung und Verrentung (= Annuisierung bzw. Margenbildung) zeigt noch einmal das folgende Bild /11/:

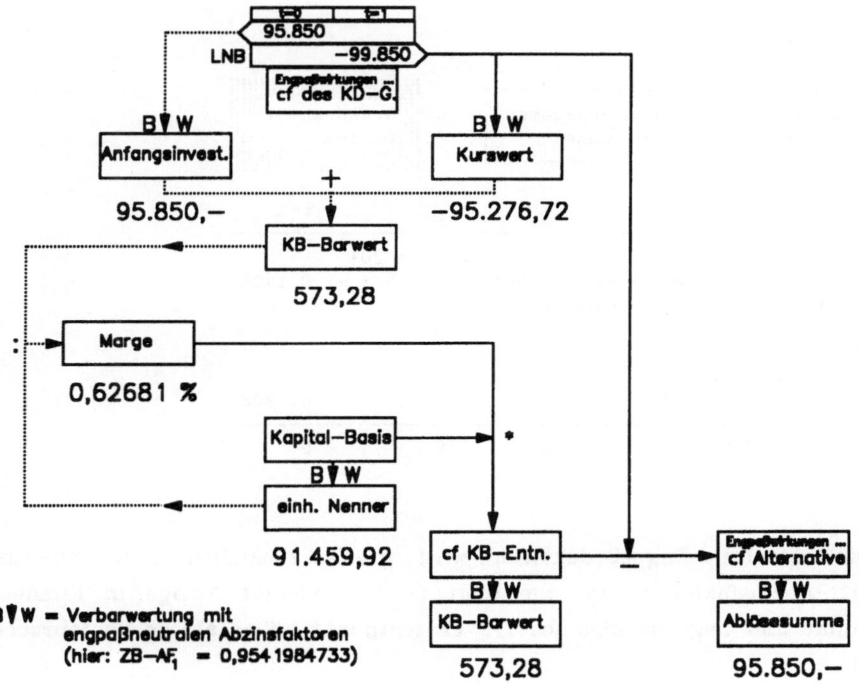

Nimmt man demgegenüber als Kapital-Basis das Nominalkapital in Höhe von 100.000 DM, dann errechnet sich die Nominalmarge für den Beispielfall wie folgt /4/:

$$\frac{573,28}{100.000 \cdot 0,9541984733} = \frac{573,28}{95.419,85} = 0,60080\%$$

Die Nominalmarge ergibt sich auch im Sinne der klassischen Definition als Differenz von Zinsertrag [korrigiert um die Mindestreserve] und Zinsaufwand /12, 173 f./:

```
Opportunitätszins  4,8% • [1 − 4,15%] = 4,60080% = Zinsertrag
Nominalzins                            = 4,00000% = Zinsaufwand
Nominalmarge                           = 0,60080%
```

138

Die Multiplikation der Nominalmarge mit dem Nominalkapital im jeweiligen Laufzeitjahr ergibt den entsprechenden Konditionsbeitrag dieses Jahres in Höhe von 0,60080% • 100.000 DM = 600,80 DM. Die Summe der Barwerte ergibt wieder KB_o mit 600,80 DM • 0,9541984733 = 573,28 DM.

Der synthetische 1-jährige Zerobond des Grundmodells hat Auswirkungen auf den Grundsatz I, die nur solange vernachlässigt werden dürfen, wie Eigenkapital keine knappe Ressource darstellt.

Geschäfte	Einnahmen-Ausgaben-Rechnungen		Grundsatz I-Bilanz
	t=0	t=1	t=1
			• 20%
$x'R_1$	0,9542 ———>	-0,9542 - - - - - ->	0,1908
Zins 4,8%	└————>	-0,0458	
synthetischer			
Zerobond	-0,9542	1	-0,1908
Summe	0	0	0

Sobald Grundsatz I als Engpaß deklariert wird, greifen zusätzlich zu den ZB-Abzinsfaktoren G1-Abzinsfaktoren /15/ wie folgt (KD'A bedeutet Anlage in Kundengeld erster Bonität und liegt im Zins um 1/8 Prozentpunkt höher als der entsprechende GKM-Satz):

Geschäfte	Einnahmen-Ausgaben-Rechnungen		Grundsatz I-Bilanz
	t=0	t=1	t=1
			• 20%
$x'R_1$	1,2519 ———>	-1,2519 - - - - - - - ->	0,2504
Zins 4,8%	└————>	-0,0601	
			• 100%
$KD'A_1$	-1,2504 ———>	1,2504 - - - - - - - ->	-1,2504
Zins 4,925%	└————>	0,0616	
Verbarwertung von			
Engpaßwirkungen	-0,0015		1
Summe	0	0	0

Da der ZB-Abzinsfaktor des Grundmodells in Höhe von -0,1908 Freiraum im Grundsatz I verzehrt, ist er um 0,1908 • -0,0015 = -0,0003 von bisher -0,9542 auf jetzt -0,9545 (= -0,9542 - 0,0003) zu verändern. Für den Beispielfall gilt bei einem Grundsatz I Engpaß:

Laufzeit	GKM-Geschäfte		Kundengeschäfte erster Bonität		Grundsatz I-engpaßbezogene ZB-Abzinsfaktoren	Grundsatz I-engpaßbezogene G1-Abzinsfaktoren
	Zinssatz	Engpaßwirkung im Grundsatz I	Zinssatz	Engpaßwirkung im Grundsatz I		
1 Jahr	4,80%	20%	4,925%	100%	0,9545	0,0015
2 Jahre	5,22%	20%	5,345%	100%	0,9036	0,0014
3 Jahre	5,68%	20%	5,805%	100%	0,8472	0,0013

Mit den Engpaßkombinationen variieren die Abzinsfaktoren /15/. Bei Grundsatz II- und/oder III-Engpässen treten G2- und/oder G3-Abzinsfaktoren auf, usw. /10, 171/.

Ermittelt man den Konditionsbeitrags-Barwert im erweiterten Marktzinsmodell bei einem Grundsatz I-Engpaß mit Hilfe der neuen ZB- und G1-Abzinsfaktoren, so ergibt sich bei einer direkten Eigenkapitalwirkung (EKW) des Sparbuchs in Höhe von 0 DM:

	ZB-Abzinsfaktor lt. erweitertem Marktzinsmodell	•	RHS (= -LS)	=	Barwert	
LNB_0	-1,0000000000		-95.850		95.850,00	Anfangsinvest.
LNB_1	-0,9544830878		99.850		-95.305,14	
	G1-Abzinsfaktor					Kurswert
EKW_1	-0,0014913798		0		0,00	
	Konditionsbeitrags-Barwert KB_0				544,86	

Die Konditionsmarge errechnet sich wieder mit (KB_0 : einheitlicher Nenner):

$$\frac{544,86}{95.850 \cdot 0,9544830878} = \frac{544,86}{91.487,20} = 0,59556\%$$

Der Konditionsbeitrag (= Konditionsmarge • durchschnittlich effektiv gebundenes Kapital) nach 1 Jahr beläuft sich auf 0,59556% • 95.850 = 570,85 DM. Der Barwert hiervon beträgt 570,85 DM • 0,9544830878 = 544,86 DM. Die Summe der Barwerte ergibt wieder KB_0.

Das Gleichungssystem für das Sparbuch im erweiterten Marktzinsmodell bei einem Grundsatz I-Engpaß lautet:

	kompensatorische Geschäfte (incl. Entnahme des Konditionsbeitrags)			+ zu kalkulierendes Sparbuch	= 0
	LHS				RHS
	x	KD	KB	LS	
LNB_0	$-1 \quad \bullet \ x'A_1 + 1$	$\bullet \ KD'R_1 - 1 \bullet KB_0 +$		95.850	= 0
LNB_1	$1,048 \bullet x'A_1 - 1,04925$	$\bullet \ KD'R_1$	$-$	99.850	= 0
EKW_1	$-20\% \quad \bullet \ x'A_1 + 100\%$	$\bullet \ KD'R_1$	$+$	0	= 0

In den "Stücklisten" (Spalten) der kompensatorischen Geschäfte sind jetzt - neben den Kundengeldern erster Bonität - die Eigenkapitalwirkungen explizit aufzuführen.

Bringt man die LS auf die RHS, dann steht links wieder die Basismatrix des folgenden LP-Ansatzes:

	$x'R_1$	$x'A_1$	$KD'R_1$	$KD'A_1$	KB_0	RHS
Zfkt.					1	Max
LNB_0	1	-1	1	-1	-1	-95.850
LNB_1	$-1,0480$	$1,0480$	$-1,04925$	$1,04925$		99.850
EKW_1	20%	-20%	100%	-100%		0

Die Lösung des Gleichungssystems bzw. LP-Ansatzes lautet:

Konditionsbeitrags-Barwert KB_0	=	544,86
GKM-Anlage $x'A_1$	=	119.131,42
Kundengeld-Refinanzierung $KD'R_1$	=	23.826,28

Der Unterschied der beiden Konditionsbeitrags-Barwerte beträgt 544,86 DM - 573,28 DM = -28,42 DM und stellt den Malus auf das kalkulierte Sparbuch bei einem Grundsatz I-Engpaß dar. Die Höhe des Malus kann auch mit den Kosten der im Grundmodell vernachlässigbaren Grundsatz I-Wirkungen der kompensatorischen Geschäfte in Höhe von -20% • 95.276,72 DM = -19.055,34 DM erklärt werden: -19.055,34 DM • G1-Abzinsfaktor = -19.055,34 DM • 0,0014913798 = -28,42 DM. Diese auch über das Tauschgeschäftsvolumen /9, 222/ oder die Differenz der Abzinsfaktoren /10, 171/ ableitbare Zahl kann jedoch nicht unmittelbar auf eine verbarwertete Kapital-Basis bezogen werden, sondern ist vorher weiter aufzuspalten, wie die folgenden Abbildungen zeigen. Dann ergibt sich entgegen früheren Aussagen /14, 161/ der annuisierte Bonus/Malus einfach als Differenz der beiden Konditionsmargen.

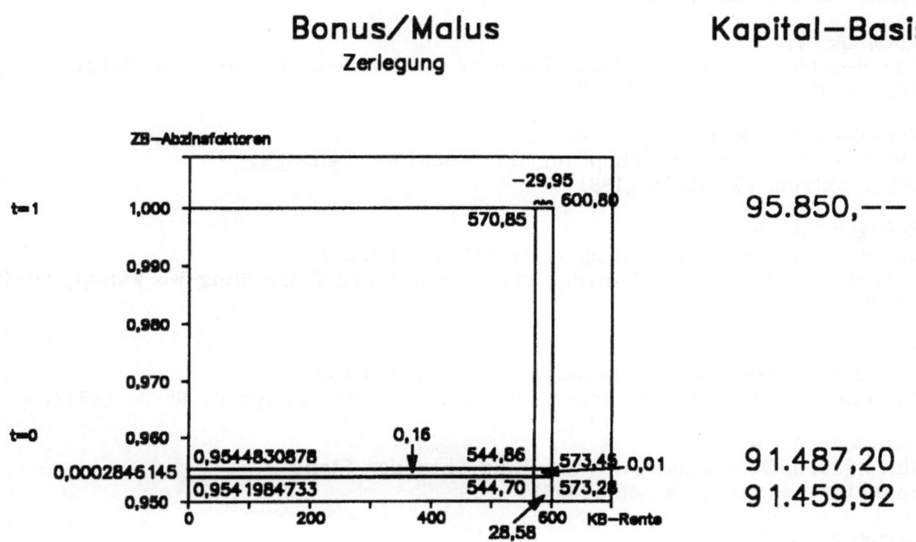

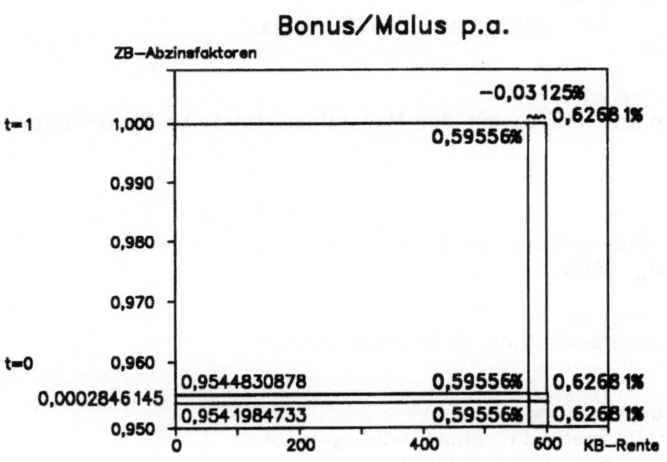

Literatur:

/1/   Grabiak, S.; Kotissek, N.; Küsters, H.; Marusev, A. W.
        Die moderne Marktzinsmethode im Tagesgeschäft der Banken.
        Zeitschrift für das gesamte Kreditwesen 17, 787-790 (1988)

/2/   Klewin, R.; Marusev, A. W.
        Von der Globalplanung einer Kreditgenossenschaft bis zur Einzelkalkulation.
        Sparkassen im Markt 15, 29-33 (1988)

/3/   Kotissek, N.
        Zur Berechnung des Konditionsbeitrags bei konstanter effektiver Marge.
        Bank und Markt 1, 34-37 (1987)

/4/   Kotissek, N.; Marusev, A. W.
        Die GuV-synchrone Abschöpfung der Konditionsbeiträge.
        OR-Spektrum 13, 45-54 (1991)

/5/   Marusev, A. W.
        Die Marktzinsmethode im Tagesgeschäft der Banken.
        Bank-Controlling 1988, Beiträge zum Münsteraner Controlling-Workshop, 59-68
        (1988)

/6/   Marusev, A. W.
        Die Marktzinsmethode im Tagesgeschäft der Banken.
        Tagungsband zum 6. Deutschen Personal Computer Kongreß, 68-94 (1989)

/7/   Marusev, A. W.
        Einzelgeschäftskalkulation - Ziele und aktueller Stand -
        Bank-Information 1, 44-46 (1990)

/8/   Marusev, A. W.
        Das Marktzinsmodell in der bankbetrieblichen Einzelgeschäftskalkulation.
        Frankfurt am Main: Knapp-Verlag (1990)

/9/   Marusev, A. W.; Siewert, K.-J.
        Das engpaßbezogene Bonus-/Malus-System im Marktzinsmodell.
        Die Bank 4, 217-224 (1990)

/10/   Marusev, A. W.; Siewert, K.-J.
        Engpaßbezogene Einzelgeschäftskalkulation als LP-Ansatz.
        Die Bank 3, 168-171 (1991)

/11/   Pfingsten, A.; Marusev, A. W.
        Kalkulation von Anschlußgeschäften mit der Marktzinsmethode im Multi-Engpaß-
        fall.
        erscheint demnächst

/12/   Schierenbeck, H.
        Ertragsorientiertes Bankmanagement, 2. Aufl.
        Wiesbaden: Gabler-Verlag (1987)

/13/   Schierenbeck, H.; Marusev, A. W.
        Margenkalkulation von Bankprodukten im Marktzinsmodell.
        ZfB 8, 789-814 (1990)

/14/   Schierenbeck, H.; Marusev, A. W.
        Zur Kritik an der Marktzinsmethode, Eine Stellungnahme.
        Österreichisches Bankarchiv 3, 155-162 (1991)

/15/   Schierenbeck, H.; Marusev, A. W.; Wiedemann, A.
        Einzelgeschäftsbezogene Aussteuerung von Engpässen mit Hilfe der Marktzins-
        methode.
        erscheint demnächst

Methoden der Performance-Messung bei Investmentfonds

Martin Schalk
Bayerische Hypotheken- und Wechsel-Bank, München

Der Beitrag bietet eine theoretische Einführung in die neueren Methoden der Performance-Bewertung bei Investmentfonds. Dabei wird im Gegensatz zu der Methode des Bundesverbandes Deutscher Investment-Gesellschaften (BVI) starkes Gewicht auf das Risiko der einzelnen Anlagemöglichkeiten gelegt. Im Mittelpunkt stehen folglich die auf der Kapitalmarkttheorie basierenden Maße von Sharpe, Treynor und Jensen. Es werden sowohl die Herleitungen der Maße aus der Kapitalmarkttheorie aufgezeigt, als auch die bestehenden Sonderformen (Half- und Semivarianz, sowie dreidimensionale Bewertung) kurz erläutert. Außerdem wird ein Ausblick auf die Einbindung der Arbitrage Pricing Theory gegeben.

Der empirischen Teil besteht aus der Anwendung dieser Methoden auf eine homogene Gruppe deutscher Aktieninvestmentfonds. Als Datenbasis stehen monatliche logarithmische Renditen der Fonds für den Zeitraum 1977 bis 1990 zur Verfügung. Um eine objektive Bewertung zu gewährleisten, wird als "Vergleichsmaßstab Aktienmarkt" erstmals der rückgerechnete, grundkapital-gewichtete Deutsche Aktienindex DAX verwendet und somit der Fehler der Anbindung des DAX an den früheren Börsenzeitungsindex beseitigt.

Das Resultat der Untersuchung ist eine Dominanz von simplen "Buy-and-Hold"-Strategien auf Basis des DAX gegenüber dem Durchschnitt der Aktieninvestmentfonds. Nur wenige Investmentgesellschaft sind in der Lage risikoadjustiert besser zu liegen als die Einfach-Strategie.

ZUR MARKTTECHNISCHEN SCHÄTZUNG DER FINANZMARKT-VOLATILITÄT

Rainer Stöttner, Tübingen

Abstract: An alternative measure of asset-price volatility is developed by drawing upon refined methods of technical analysis. Some straight-forward applications to financial management are shown.

Zusammenfassung: Es wird ein alternatives Verfahren zur Messung der Volatilität von Finanzmarktpreisen dargestellt. Außerdem werden konkrete Anwendungsmöglichkeiten im praktischen Finanz- und Portfolio-Management aufgezeigt.

1 Methodik der Markttechnischen Analyse (MTA)

Die methodischen Grundlagen der markttechnischen Analyse (MTA) sind andernorts (STÖTTNER 1989) ausführlich dargelegt worden. Im Kern stellt die MTA ein Verfahren dar, den Preis eines Vermögensobjekts aus dessen historischen Preisen zu "erklären". Insofern ähnelt die MTA sehr stark der Technischen Analyse ("Chartanalyse"). Diese verwendet jedoch plakative, intuitiv-heuristische Analyse-Kriterien, die sich einer wissenschaftlichen Überprüfung entziehen. Die MTA hingegen verwendet nur operationalisierbare, d.h. exakt definierbare und rechner-implementierbare Eigenschaften von Preis-Reihen. Dadurch werden ihre Aussagen testfähig.

2 Schätzung einer Preis-Bandbreite als Ziel

Im Hinblick auf ein strategisches Asset Management müssen gewinnbringende Kauf- bzw. Verkaufpreise abgeleitet werden. Dies läuft auf die Bestimmung des optimalen Kauf- bzw. Verkaufzeitpunkts (Timing) hinaus. Ein solches Vorhaben ist nur dann aussichtsreich, wenn Vermögenspreise um einen - ebenfalls zu bestimmenden - Mittelwert schwanken. Aufgrund der tendenziell zunehmenden Volatilität von Finanzvermögenspreisen besteht zumindest im Bereich des Finanzvermögens ein Ansatzpunkt für gewinnmaximierendes Trading.

2.1 Schätzung von Preis-Mittelwerten

Preis-Mittelwerte werden auf der Grundlage der Perioden-Tiefstpreise $Z_{1,t}$ und der Perioden-Höchstpreise $Z_{2,t}$ geschätzt. Der Perioden-Durchschnitt $Z_{3,t} = (Z_{1,t} + Z_{2,t})/2$ bildet den ersten Preis-Mittelwert. Der 3-Perioden-Preis-Mittelwert folgt unmittelbar als

Operations Research Proceedings 1991
© Springer-Verlag Berlin Heidelberg 1992

$$Z_{4,t} = (Z_{3,t} + Z_{3,t-1} + Z_{3,t-2})/3.$$

Analog ergeben sich die 6-, 12-, 24-, 36-, 48- und 96-Perioden-Preis-Mittelwerte als

$$Z_{5,t} = (Z_{4,t} + Z_{4,t-3})/2$$
$$Z_{6,t} = (Z_{5,t} + Z_{5,t-6})/2$$
$$Z_{7,t} = (Z_{6,t} + Z_{6,t-12})/2$$
$$Z_{8,t} = (Z_{6,t} + Z_{6,t-12} + Z_{6,t-24})/3$$
$$Z_{9,t} = (Z_{7,t} + Z_{7,t-24})/2$$
$$Z_{10,t} = (Z_{9,t} + Z_{9,t-48})/2$$

Es wird angenommen, daß die für einen Anleger relevante Referenz-Periode nicht länger als 4 Jahre und nicht kürzer als 3 Monate sei. Beträgt die Modell-Periode einen Monat, so kommen für Anlage-Entscheidungen die Preis-Mittelwerte Z_4 bis Z_9 in Betracht. Es liegt nahe, die unterschiedlich befristeten Mittelwert-Vorstellungen zu einer globalen Mittelwert-Vorstellung zu verdichten:

$$Z_{11,t} = (\Sigma Z_{i,t})/6, \quad i = 4,\ldots,9$$

Man kann vermuten, daß Z_{11} die Vorstellungen der Markt-Teilnehmer über den durchschnittlichen Marktwert eines Anlage-Objekts widerspiegelt. D.h., die Markt-Teilnehmer erwarten, daß der Preis, je nach Volatilität, mehr oder weniger stark um diesen Mittelwert schwankt. Zu beachten ist, daß Z_{11} im Zeitablauf entsprechend dem aktuellen Kursverlauf ständig angepaßt wird (gleitender Durchschnitt!). Preistrends erscheinen auf diese Weise hinreichend erfaßt.

2.2 Schätzung von Volatilitätsfaktoren und Bandbreiten

Wenden wir uns als erstes der exponentiellen Volatilitätsschätzung zu. Innerhalb einer Referenz-Periode von 48 Monaten werden die 3 größten Abweichungen zwischen den Perioden-Mittelwerten einer bestimmten Kategorie (z.B. 3-Perioden-Mittelwerte) gesucht. In den Vergleich einbezogen werden nur solche Mittelwerts-Ausprägungen, die höchstens so viele Perioden auseinanderliegen, wie der Stützzeitraum des Mittelwerts umfaßt. Beispiel: Im Falle des 3-Perioden-Mittelwerts Z_4 dürfen nur Z_4-Ausprägungen verglichen werden, die innerhalb der Referenz-Periode und höchstens 3 Monate auseinander liegen; beim 6-Perioden-Mittel Z_5 dürfen die Ausprägungen höchstens 6 Monate auseinander liegen usw. Der Grund liegt in der unterschiedlichen Sensibilität verschieden "langer"

Mittelwerte in Bezug auf die aktuelle Preisentwicklung. Da die Abweichungen die Grundlage für die Volatilitätsmessung darstellen, würde ohne Beschränkung des Vergleichszeitraums die Volatilitätsschätzung stark verzerrungsanfällig.

Die größte 3-Perioden-Abweichung ist

$$Z_{12,t} = \max\{ |Z_{4,T} - Z_{4,T-K}| \mid K=1,2,3; \ T=1,\ldots,48\}.$$

Die zweit- und drittgrößten Abweichungen folgen dann als

$$Z_{13,t} = \max\{ (|Z_{4,T^*} - Z_{4,T^*-L}|) < Z_{12,t} \mid L=1,2,3; \ T^*=1,\ldots,48\}$$
$$Z_{14,t} = \max\{ (|Z_{4,T^{**}} - Z_{4,T^{**}-M}|) < Z_{13,t} \mid M=1,2,3; \ T^{**}=1,\ldots,48\}.$$

Um ein Maß für die Volatilität zu erhalten, müssen die Abweichungen zur entsprechenden Bezugsbasis in Beziehung gesetzt werden. Im Falle von Z_{12} folgt der Schwankungskoeffizient

$$Z_{15,t} = Z_{12,t}/Z_{4,T}.$$

Da die Börse zu Übertreibungen neigt, empfiehlt es sich, die Schwankungskoeffizienten zu dämpfen. Umgekehrt wird die Volatilität in Phasen ausgeprägter, zumeist trügerischer Preisruhe leicht unterschätzt, so daß hier eine "Hebung" des Schwankungskoeffizienten angemessen erscheint. Beiden Anlässen wird die Radizierung des Schwankungskoeffizienten gerecht. Ist $Z_{15}<1$, erfolgt eine Hebung, ist $Z_{15}>1$, erfolgt eine Dämpfung:

$$Z_{16,t} = \sqrt{Z_{15,t}}$$

Um Selbstverstärkungstendenzen von Vermögenspreis-Änderungen gerecht zu werden, empfiehlt es sich, den Schwankungskoeffizienten ein weiteres Mal zu modifizieren, indem er als Exponentialfunktion gefaßt wird:

$$Z_{17,t} = \exp(Z_{16,t})$$

In analoger Weise wird für die zweit- und drittgrößten 3-Perioden-Abweichungen verfahren, so daß die Variablen $Z_{18,t}$ bis $Z_{23,t}$ anfallen. Um möglichen Verzerrungen durch Extrem-Situationen vorzubeugen, wird das arithemtische Mittel aus den 3-Perioden-Schwankungskoeffizienten genommen:

$$Z_{24,t} = (Z_{17,t} + Z_{20,t} + Z_{23,t})/3$$

Völlig analog wird bei den 6-, 12-, 24-, 36- und 48-Perioden-Mittelwerten verfahren. Die entsprechenden System-Variablen Z_{25} bis Z_{89} brauchen deshalb hier nicht abgeleitet zu werden. Die Z_{24} entsprechenden Mittelwerte sind Z_{37}, Z_{50}, Z_{63}, Z_{76} und Z_{89}. Da keiner dieser Werte als dominant gelten kann, empfiehlt sich wiederum eine Durchschnittsbildung zur Ableitung des globalen **exponentiellen Volatilitätsfaktors**

$$Z_{90,t} = (Z_{24,t} + Z_{37,t} + Z_{50,t} + Z_{63,t} + Z_{76,t} + Z_{89,t})/6$$

Bereits jetzt ist es möglich, mit Hilfe von Z_{90} eine **Bandbreite** zu schätzen, und zwar mit

$$Z_{91,t} = Z_{11,t}/Z_{90,t} \text{ als Untergrenze und}$$
$$Z_{92,t} = Z_{11,t} \cdot Z_{90,t} \text{ als Obergrenze.}$$

Die **exponentielle Volatilitätsschätzung** setzt an bestimmten Mittelwert-Reihen an und vergleicht unterschiedliche, zu verschiedenen Zeitpunkten beobachtete Ausprägungen einer bestimmten Reihe. Die lineare Volatilitätsschätzung hingegen knüpft an verschiedenen Mittelwert-Reihen an und vergleicht deren periodengleiche Ausprägungen. Der exponentielle Ansatz verwendet also gleiche Mittelwert-Reihen in unterschiedlicher Terminierung, der lineare Ansatz hingegen verwendet verschiedene Mittelwert-Reihen in gleicher Terminierung. Im einzelnen wird der 3-Perioden-Mittelwert Z_4 mit den weniger beweglichen 12-, 24-, 36- und 48-Perioden-Mittelwerten (Z_6, Z_7, Z_8 und Z_9) verglichen. Um Verzerrungen durch Extrem-Situationen zu vermeiden, wird wiederum aus den drei größten Mittelwert-Abweichungen der einfache Durchschnitt genommen.

Zunächst ist die größte Abweichung zwischen Z_4 und Z_6 innerhalb einer Referenz-Periode von 48 Monaten zu suchen:

$$Z_{93,t} = \max\{|Z_{4,T} - Z_{6,T}| \mid T=1,\ldots,48\}$$

Die zweit- und drittgrößten Abweichungen folgen analog als

$$Z_{94,t} = \max\{|Z_{4,T^*} - Z_{6,T^*}| \mid T^*=1,\ldots,48\}$$
$$Z_{95,t} = \max\{|Z_{4,T^{**}} - Z_{6,T^{**}}| \mid T^{**}=1,\ldots,48\}.$$

Der größte Volatilitätskoeffizient ergibt sich, indem die größte beobachtete Abweichung auf den kleinsten der beiden Vergleichs-Mittelwerte (Z_4, Z_6) bezogen wird. Die Wahl der kleinsten Bezugsbasis soll einer systematischen Unterschätzung der Volatilität vorbeugen:

$$Z_{96,t} = 1 + Z_{93,t}/[\min\{Z_{4,\tau}, Z_{6,\tau}\}]$$

Die zweit- und drittgrößten Volatilitätskoeffizienten folgen dann analog als

$$Z_{97,t} = 1 + Z_{94,t}/[\min\{Z_{4,\tau^*}, Z_{6,\tau^*}\}]$$
$$Z_{98,t} = 1 + Z_{95,t}/[\min\{Z_{4,\tau^{**}}, Z_{6,\tau^{**}}\}].$$

Das arithmetische Mittel aus den 3 größten Z_4-Z_{12}-Volatilitätskoeffizienten mißt die geglättete maximale Volatilität der Z_4-Reihe in Bezug auf die Z_{12}-Reihe:

$$Z_{99,t} = (Z_{96,t} + Z_{97,t} + Z_{98,t})/3$$

Damit erhält die Volatilität auch eine zeitliche Dimension. Im vorliegenden Fall z.B. wird die Volatilität durch den Vergleich zwischen dem 3- und dem 12-periodigen gleitenden Durchschnitt ermittelt. In völlig analoger Weise erfährt die Volatilität durch den Vergleich zwischen Z_4 einerseits und Z_7, Z_8 und Z_9 andererseits eine Präzisierung. Es lassen sich hierdurch die System-Variablen $Z_{100,t}$ bis $Z_{120,t}$ ableiten. Insgesamt liegen 4 verschiedene Volatilitätskoeffizienten Z_{99}, Z_{106}, Z_{113} und Z_{120} vor. Durch einfache Durchschnittsbildung folgt hieraus der globale lineare Volatilitätsfaktor

$$Z_{121,t} = (Z_{99,t} + Z_{106,t} + Z_{113,t} + Z_{120,t})/4.$$

Auch der lineare Schätz-Ansatz liefert unter Verwendung von Z_{11} eine volatilitätsgestützte **Bandbreite**, und zwar

$$Z_{122,t} = Z_{11,t}/Z_{121,t} \text{ als Untergrenze und}$$
$$Z_{123,t} = Z_{11,t} \cdot Z_{121,t} \text{ als Obergrenze.}$$

Z_{121} ist wesentlich kleiner als Z_{90}. Insofern erscheint der exponentielle Schätz-Ansatz eher geeignet, das Schwankungspotential in **Hausse- und Baisse-Phasen** wiederzugeben, während der lineare Schätzansatz die Volatilität in **Konsolidierungsphasen** und in Zeiten stark ausgeprägter Preisstagnation eher zutreffend wiedergeben dürfte. Gelingt es nicht, dynamische Preisphasen hinreichend zu terminieren, besteht ein Bedürfnis, wenigstens die Durchschnitts-Volatilität grob abgreifen zu können. Als Maß hierfür bietet sich der Durchschnitt aus exponentieller und linearer Volatilität an:[1]

$$Z_{134,t} = (Z_{90,t} + Z_{121,t})/2$$

Dieser **mittlere globale Volatilitätsfaktor** liefert unter Verwendung von Z_{11} die **Bandbreite**

$Z_{u,t} = Z_{11,t}/Z_{134,t}$ als Untergrenze und
$Z_{o,t} = Z_{11,t} \cdot Z_{134,t}$ als Obergrenze.

Der Z_u/Z_o-Korridor "zäunt" die Preisbewegung in aller Regel verläßlich ein. Es hat sich jedoch gezeigt, daß ein "fencing-in" ohne große Einbußen mit hoher Verläßlichkeit auch dann gelingt, wenn die Grenzen enger gezogen werden. Eine systematische Verkleinerung von Z_{134} ist daher anzustreben. Zur Reduzierung der Volatilität hat sich der Ansatz $Z_{134a,t} = (1 + 0.1 \cdot Z_{134,t})^2$ als brauchbar erwiesen.[2] Daraus folgt

$Z_{ua,t} = Z_{11,t}/Z_{134a,t}$ als Untergrenze und
$Z_{oa,t} = Z_{11,t} \cdot Z_{134a,t}$ als Obergrenze.

Bricht ein Preis ausnahmsweise aus seinem üblicherweise "respektierten" Korridor Z_{ua}/Z_{oa} aus, so kommt es häufig zu exzessiven Preisbewegungen ("Preisblasen").[3] Von ähnlicher Qualität ist ein langjähriger trendbedingter Auf- bzw. Abstieg sowohl des Preises als auch des Korridors Z_{ua}/Z_{oa}. Es besteht ein großes Interesse daran, auch derartige extreme Preisbewegungen einzuzäunen. Es hat sich gezeigt, daß diese "Crash"- und "Blow-off"-Grenzen (Z_{ub} bzw. Z_{ob}) sehr zuverlässig durch den langfristigen Preis-Mittelwert $Z_{11a,t} = (Z_{9,t} + Z_{10,t})/2$ und den Volatilitätsfaktor $Z_{134b,t} = (1 + 0.1 \cdot Z_{134,t})^5$ festgelegt werden können. Wir erhalten also

$Z_{ub,t} = Z_{11a,t}/Z_{134b,t}$ als "Crash"-Untergrenze und
$Z_{ob,t} = Z_{11a,t} \cdot Z_{134b,t}$ als "Blow-off"-Obergrenze.

---

1 Die System-Variablen Z_{124} bis Z_{133} interessieren hier nicht.
2 Bei sehr kleinen Z_{134}-Werten führt dieses Verfahren allerdings zu einer Vergrößerung des Volatilitätskoeffizienten.
3 Vgl. z.B. O.J. BLANCHARD, M.W. WATSON (1982); R.P. FLOOD, R.J. HODRICK (1990); P.M. GARBER (1990); E.N. WHITE (1990).

3 Praktische Anwendungen

Der Nutzen der abgeleiteten Bandbreiten im Rahmen des flexiblen Portfolio-Managements läßt sich unschwer bestimmen. Für den Test herangezogen wurden 453 deutsche und internationale Aktien (auf DM-Basis), die Edelmetalle Gold, Silber, Platin, Palladium sowie der US-$, der FAZ-Index und ein Renten-Index. Die *trading rule* initiiert Käufe, wenn (a) der Kurs auf Z_{ua} oder darunter, nicht jedoch unter Z_{ub} gefallen ist (antizyklisches Kaufsignal), (b) nach Unterschreiten von Z_{ub} (Stoploss!) wieder über Z_{ub} (Turnaround-Signal) oder (c) über Z_{oa} gestiegen ist (prozyklisches Kaufsignal). Antizyklische Zukäufe erfolgen nach 15% Kursrückgang, jeweils auf Basis des letzten Kaufkurses gerechnet. Verkäufe erfolgen grundsätzlich nach mindestens 13% Kursgewinn gemessen am durchschnittlichen Einstandspreis. Rückkäufe erfolgen, sofern ein Signal auftritt, frühestens 1 Monat nach dem letzten Verkauf. Je nach Daten-Verfügbarkeit liegt die Stützperiode zwischen 246 und 78 Monaten (Daten-Aktualität: Juni 1991).

Das durchschnittliche Ergebnis je Transaktion (Wertänderung in v.H. des Einstandspreises) beträgt 17,7% ("absolute Rendite"). Im Falle schwebender Transaktionen – hier ist ein Verkauf noch nicht erfolgt – wird der Bestand zum Monatsdurchschnittskurs Z_3 bewertet. Das heißt: Es werden alle Gewinne und Verluste, die durch Kauf und Verkauf von Vermögensobjekten entstehen, aufsummiert. Hinzugerechnet werden die Buchgewinne und Buchverluste derjenigen Vermögensobjekte, die noch im Bestand sind. Die so gewonnene Summe wird durch die Anzahl der bislang verkauften bzw. noch im Bestand befindlichen Vermögensobjekte dividiert. Die "absolute Rendite" von knapp 18% zeigt also, welche Wertänderung (in % des Kaufpreises) im Durchschnitt aller – aufgrund der dargelegten Anlage-Regel gekauften – Vermögensobjekte bislang eingetreten ist.

Die "absolute Rendite" wird berechnet, ohne den Zeitraum zu berücksichtigen, während dessen die Wertsteigerung eingetreten ist. Um die Performance einer Anlage-Regel zu messen, bedarf es einer "standardisierten" Rendite-Kennziffer. Üblich ist eine Standardisierung dergestalt, daß man die "absolute Rendite" auf einen einheitlichen Anlage-Zeitraum, etwa ein Jahr, umrechnet. Durch diese Umrechnung entsteht die "relative Rendite" (effektive Kapitalverzinsung *per annum*). In dem hier durchgeführten Test beläuft sie sich auf 126,7%. Die durchschnittliche "Investitionsdauer" (Kapitalbindungszeit) liegt bei 8,16 Monaten.

Vor leichtfertigen Interpretationen der erzielten Rendite *per annum* muß gewarnt werden. Die realisierbare Effektiv-Rendite dürfte deutlich niedriger liegen, und zwar vor allem aus zwei Gründen.

Erstens impliziert die Umrechnung der "absoluten Rendite" in die "relative Rendite", daß im Falle eines Verkaufs von Vermögensobjekten eine sofortige Wiederanlagemöglichkeit besteht. Davon kann selbst bei einem weltweiten Operieren nicht generell ausgegangen werden. Wenn an den Welt-Börsen ein "Seitwärtstrend" vorherrscht, sind sowohl antizyklische als auch prozyklische Kaufsignale selten.

Zweitens ist jeder Anleger mehr oder weniger gravierenden Restriktionen unterworfen: Möglicherweise ist er der psychischen Belastung nicht gewachsen, die eine konsequente Implementierung der Anlage-Strategie mit sich bringt. Erfahrungsgemäß sind z.B. nur wenige Anleger bereit, bei schwacher Börse entgegen der allgemeinen Marktmeinung als (antizyklischer) Käufer aufzutreten. Häufig mag ein Anleger eine Strategie auch deshalb nicht durchhalten, weil seine finanziellen Mittel erschöpft sind. Zumindest antizyklische Verbilligungsstrategien können einen extrem hohen finanziellen Spitzenbedarf nach sich ziehen, zumal dann, wenn sich die "Gleichlaufeigenschaften" internationaler Finanzmärkte verstärken.

Trotz diesen mahnenden Vorbehalten demonstriert die hier vorgestellte Anlage-Regel, daß die Erzielung respektabler Über-Renditen möglich ist, sofern sich der Anleger einer rigorosen Trading-Disziplin unterwirft. Diese impliziert die Bereitschaft zu aktivem und flexiblem Portfolio-Management und die Abkehr vom Buy&Hold-Prinzip.

Eine weitere Anwendung ist nicht nur mikroökonomisch, sondern auch makroökonomisch - etwa im Rahmen der Konjunkturanalyse - von Bedeutung. Es läßt sich erstaunlich gut nachweisen, daß Finanzmärkte über sehr stabile Volatilitäts-Grenzen verfügen. Damit lassen sich z.B. "Crash"- oder "Blow-off"-Niveaus für Zinssätze, Wechselkurse, Aktien-Indices zumindest ebenso treffsicher angeben wie für einzelne Aktien. Dies bedeutet, daß angegeben werden kann, auf welchem Niveau mit einer Explosion oder Implosion einer Preisblase mit hoher Wahrscheinlichkeit zu rechnen ist. Stößt der Kurs in den Bereich von Z_{ob} vor ("Explosion"), ist mit einem Platzen der Preisblase, d.h. einem Crash, zu rechnen. Fällt der Preis in den Bereich von Z_{ub} zurück ("Implosion"), ist ein Ende des Preisverfalls, d.h. ein Turnaround, hochwahrscheinlich.

Literatur:

/1/   Blanchard, O.J.; Watson, M.W.
        Bubbles, Rational Expectations, and Financial Markets, in:
        P. Wachtel (Hrsg.), Crises in the Economic and Financial
        Structure.
        Lexington, Mass., 295-316 (1982).

/2/   Flood, R.P; Hodrick, R.J.
        On Testing for Speculative Bubbles, in:
        The Journal of Economic Perspectives 4/2, 85-101 (1990).

/3/   Garber, P.M.
        Famous First Bubbles, in:
        The Journal of Economic Perspectives 4/2, 35-54 (1990).

/4/   Heri, E.
        Irrationales rational gesehen: Eine Übersicht über die Theorie
        der "Bubbles", in:
        Schweizerische Zeitschrift für Volkswirtschaft und Statistik,
        2, 163-185 (1986).

/5/   Stöttner, R.
        Finanzanalyse - Grundlagen der markttechnischen Analyse.
        München, Wien: R. Oldenbourg (1989).

/6/   White, E.N.
        The Stock Market Boom and Crash of 1929 Revisited, in:
        The Journal of Economic Perspectives 4/2, 67-84 (1990).

Nutzung medizinischer Informationen durch den Einsatz eines wissensbasierten Systems

Florian Erkelenz
Institut für Wirtschaftsinformatik
Grevener Str. 91
4400 Münster

Im Gesundheitswesen ist medizinisches Wissen an den verschiedensten Stellen und zur Bewältigung der unterschiedlichsten Aufgaben erforderlich. So z.B. bei den Krankenversicherungen, welche u.a. die Gewährung medizinischer Leistungen zu beurteilen haben. Diese Aufgaben werden in der Regel jedoch nicht von medizinischen Fachkräften, sondern von Verwaltungssachbearbeitern durchgeführt. Das notwendige medizinische Wissen mußten diese sich im Laufe ihrer Verwaltungstätigkeit aneignen.

Zur Unterstützung solcher Aufgabenstellungen im administrativen Bereich des Gesundheitswesens sind Instrumente dringend erforderlich, die medizinisches Wissen erfassen und den Entscheidungsträgern problemorientiert zur Verfügung stellen können.

Am Institut für Wirtschaftsinformatik wird z.Zt. für eine große Betriebskrankenkasse ein wissensbasiertes System realisiert, das die Sachbearbeiter bei der Beurteilung der medizinischen Angemessenheit von Verweildauern im Krankenhaus unterstützen soll. Das erforderliche umfangreiche medizinische Wissen wird für dieses System auf unterschiedlichen Differenzierungs- und Vertiefungsstufen erfaßt und den Sachbearbeitern fallorientiert zur Verfügung gestellt.

Entwicklungswerkzeuge sind die Expertensystemshell ESE und das Datenbanksystem DB2. Das softwaretechnische Entwicklungsziel des Projekts ist die Realisierung eines wissensbasierten Moduls, welches in das bestehende Anwendungssystem der Krankenkasse integrierbar ist.

Diese Form des Lösungsansatzes auf der Basis wissensbasierter Technologien ermöglicht die dringend erforderliche Verbesserung der Entscheidungsqualität des administrativen Bereichs, ohne daß gleichzeitig Änderungen in der Aufbau- und Ablaufstruktur notwendig werden. Der Grundgedanke dieser Systementwicklung ist sicherlich auch auf vergleichbare administrativen Aufgabenstellungen in anderen Bereichen des Gesundheitswesens übertragbar.

Ein Optimiermodell zur Analyse umweltverträglicher produktionssynchroner Fertigungssteuerungsprinzipien

Dr. rer. pol. Hans-Dietrich Haasis
Institut für Industriebetriebslehre und industrielle Produktion (IIP)
Universität Karlsruhe (TH)
Hertzstr. 16, W-7500 Karlsruhe 21

Kurzfassung

In diesem Bericht werden ausgehend von einer Darstellung betrieblicher
Umweltschutzanforderungen und möglichen Anpassungsmaßnahmen im Produktionsbereich zunächst Zielkonflikte umweltverträglicher und zugleich
produktionssynchroner Fertigungssteuerungsprinzipien aufgezeigt. Zielkonflikte ergeben sich u. a. durch einerseits verminderte Lager-
energiekosten, Lagerverluste, Lagermengen, Lagerrisiken und Lager-
flächen und andererseits erhöhten Transportemissionen, Verpackungs-
mengen, Materialumschlags- und Transportrisiken und Transportenergie-
kosten. Weitere Einflüsse betreffen beispielsweise Rückkopplungen auf
den Produktionsprozeß durch zusätzliche An- und Abfahrvorgänge bzw.
Umrüstarbeiten oder umweltschutzinduzierte Reaktionsmöglichkeiten bei
Variation der Einsatzmenge und -art von Rohstoffen. Die Kompromißlö-
sung basiert auf einer abgestimmten Stoff- und Energieflußoptimierung
entlang der betrieblichen und außerbetrieblichen Produktionskette.

Eine umweltverträgliche produktionssynchrone Fertigungssteuerung beinhaltet sowohl eine produktionssynchrone Beschaffung (Inputseite) als
auch, als entsprechendes Gegenstück auf der Outputseite, eine produktionssynchrone Weiterverarbeitung bzw. Entsorgung. Zur Beantwortung
der Frage, inwieweit eine produktionssynchrone Beschaffung, d. h. eine
Beschaffung "just in time" die Umweltverträglichkeit der betrieblichen
Leistungserstellung beeinflußt, wird ein nichtlineares, statisches,
deterministisches Optimiermodell aufgestellt. Als Zielfunktion wird
die Summe der Beschaffungs-, Transport- und Lagerkosten minimiert. Für
ein Anwendungsbeispiel wird das Modell numerisch gelöst. Aus den Ergebnissen werden Empfehlungen für umweltverträgliche produktionssynchrone Fertigungssteuerungsprinzipien abgeleitet.

Anwendung der linearen Kontrolltheorie auf umweltintegrierte Produktionssysteme

Hans-Dietrich Haasis, Karlsruhe
Thomas Spengler, Karlsruhe

Zusammenfassung: Zur Vermeidung einer transmedialen Problemverlagerung gasförmiger Schadstoffemissionen in die Medien Wasser und Boden ist eine integrierte Betrachtung dieser drei Umweltmedien erforderlich /1/. Im Rahmen dieses Vortrags wird eine Methodik vorgestellt, mit deren Hilfe fiskalische Steuerungsinstrumente (Emissionssteuern, Abfallabgaben, ...) hinsichtlich ihrer Auswirkungen auf umweltintegrierte Produktionssysteme analysiert werden können. Hierzu wird zunächst ein einfaches Produktionssystem beschrieben, das sukzessive um die Komponenten Rauchgasreinigung und Reststoffaufbereitung mit Einsatzfaktorsubstitution erweitert wird. Unter Einbeziehung schadstoffgehaltsabhängiger Energieträgerpreise, Emissionssteuern sowie Abfallabgaben wird das zugrundeliegende optimale Kontrollproblem formuliert und mit Hilfe des Pontryagin´schen Maximumprinzips gelöst. Aus den Ergebnissen lassen sich Aussagen über die optimale Kapazitätsentwicklung der eingesetzten Umweltschutztechniken ableiten.

Abstract: Taking into account the integrated aspect of environmental control options, shifting of pollutants from one to another medium or from one to another substance have to be avoided. Therefore, in this paper an environmental integrated production system will be analyzed and the relevant linear optimal control problem will be formulated. Including taxes on emissions and by-products, the problem will be solved by using Pontryagin's maximum principle.

1. Lineare Kontrolltheorie

Probleme der Form

$$\max_{u \in \Omega} \; J = \int_{0}^{\infty} F(x(t),u(t),t) \cdot e^{-\delta t} \, dt$$

$$\text{u.d.N. } \dot{x} = f(x(t),u(t),t)$$
$$x(0) = x_0$$
$$u(t) \in \Omega$$

werden in der Literatur /2/,/3/ als Kontrollprobleme bezeichnet. Hierbei kennzeichnet x(t) den Systemzustand; x_0 entsprechend den vorgegebenen Anfangszustand. Mit Hilfe der

Operations Research Proceedings 1991
© Springer-Verlag Berlin Heidelberg 1992

Kontrollvariablen u(t) aus dem vorgegebenen Steuerbereich Ω kann der Systemzustand im Zeitablauf verändert werden. Die Werte der Zielfunktion $F(x(t),u(t),t)$ werden mit dem Faktor $e^{-\delta t}$ auf den Startzeitpunkt $t=0$ abdiskontiert; die Steuerung $u(t)$ ist so zu wählen, daß das Funktional J maximiert wird. Zur Lösung mit Hilfe des Pontryagin'schen Maximumprinzips wird die Hamiltonfunktion $H = F(x(t),u(t),t) + \lambda \cdot f(x(t),u(t),t)$ gebildet, wobei $\lambda \varepsilon \mathbb{R}$ den Schattenpreis des Zustandes $x(t)$ bezeichnet. Die notwendigen Optimalitätsbedingungen lauten:

(1) u muß für alle $t \varepsilon [0,\infty]$ so gewählt werden, daß H maximal wird; d.h. $\dfrac{\delta H}{\delta u}=0$;

bzw. für $u \varepsilon [u_{min},u_{max}]$ kann das Minimum auch auf dem Rand des Steuerbereiches angenommen werden

(2) $\dot{\lambda} = \delta\lambda - \dfrac{\delta H}{\delta x}$

(3) $\dot{x} = f(x(t),u(t),t) = \dfrac{\delta H}{\delta\lambda}$

Ist die Hamiltonfunktion linear in der Kontrollvariablen u, so liegt ein lineares Kontrollproblem vor, welches im folgenden ausschließlich betrachtet wird. Die Lösungen des linearen Kontrollproblems heißen "Zweipunktlösungen" (Bang-Bang-Lösungen), da die Kontrollvariable von einer Intervallgrenze des Steuerbereiches zur anderen springt. Verschwindet die Umschaltfunktion $\sigma(t)$ (partielle Ableitung der Hamiltonfunktion nach u) auf einem Zeitintervall positiver Länge, so liegt ein singulärer Pfad vor, d.h. u nimmt Werte aus dem Innern des Steuerbereiches an.

2. Ein einfaches Produktionssystem

Das vorliegende Produktionssystem (Abb.1) erzeugt aus einem Einsatzfaktor r und dem Einsatz eines Energieträgers e das Endprodukt x sowie gasförmige Emissionen g, die mit einer Emissionssteuer a_g belegt sind. Die Optimieraufgabe besteht darin, den fest vorgegebenen jährlichen Bedarf des Endproduktes x gewinnmaximal zu produzieren. Als Optimiervariable steht der Schadstoffgehalt s des Energieträgers e zur Verfügung.

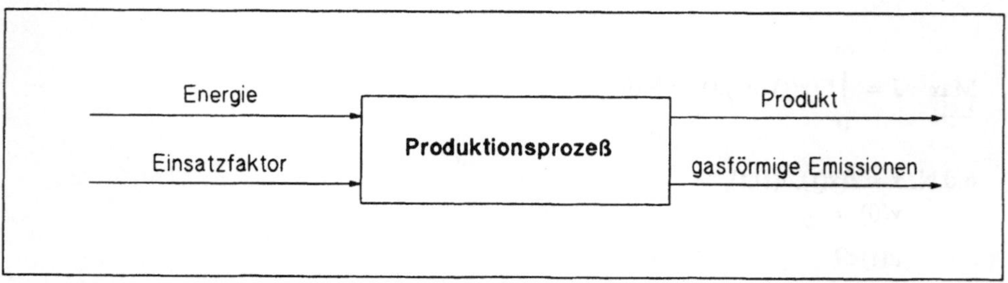

Abb.1: Ein einfaches Produktionssystem

Im einzelnen werden folgende Zusammenhänge vorausgesetzt:

Jährliche Produktionsmenge	:	$x(t) = x = \text{const}$
Energiebedarf	:	$e(x) = c_e \cdot x$, mit $c_e = \text{const} > 0$
Inputfaktorbedarf	:	$r(x) = c_r \cdot x$, mit $c_r = \text{const} > 0$
Schadstoffgehalt des Energieträgers	:	s, mit $s\ \varepsilon\ [\underline{s}\ ;\ \bar{s}]$ und $s\ \varepsilon\ [0\ ;\ 1]$
Gasförmige Emissionen	:	$g(s,x) = s \cdot c_e \cdot x$
Inputfaktorpreis	:	$p_r = \text{const} > 0$
Produktverkaufspreis	:	$p_p = \text{const} > 0$
Energieträgerpreis	:	$p_e(s) = (1-s) \cdot p_{eo}$, mit $p_{eo} = \text{const} > 0$
Emissionssteuer	:	$a_g(s,x) = a_g \cdot s \cdot c_e \cdot x$, mit $a_g = \text{const} > 0$
Abdiskontierungsfunktion	:	$e^{-\delta t}$, mit $\delta = \text{const} > 0$

Formal ergibt sich das Optimierungsproblem zu:

$$\underset{s}{\text{Max}}\quad J = \int_0^\infty [xp_p - c_r xp_r - c_e x(1-s)p_{eo} - a_g s c_e x] \cdot e^{-\delta t}\, dt$$

Als Lösung lassen sich 3 Fälle unterscheiden:

(1) $\quad a_g > p_{eo} ==> s = \underline{s}$

(2) $\quad a_g = p_{eo} ==> s\ \varepsilon\ [\underline{s}\ ;\ \bar{s}]$

(3) $\quad a_g < p_{eo} ==> s = \bar{s}$

3. Produktionssystem mit Rauchgasreinigung

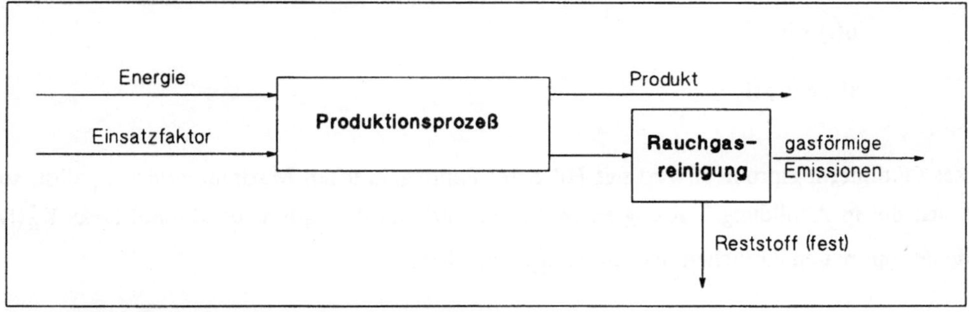

Abb.2: Produktionssystem mit Rauchgasreinigung

Zur Minderung der gasförmigen Emissionen soll nun eine Rauchgasreinigungsanlage installiert werden (Abb.2), deren Abscheidekapazität proportional zum Kapitalstock K_R ist. Als Nebenprodukt fällt ein fester Reststoff b an, für den eine Abfallabgabe zu entrichten ist. Der Kapitalstock der Rauchgasreinigungsanlage vermindert sich jedes Jahr um den Abschreibungssatz m. Er kann allerdings jährlich durch die Investition u erhöht werden.

Zusätzlich gelten folgende Zusammenhänge:

Kapitalstock der Rauchgasreinigung : $K_R(t)$, mit $0 < K_R(t) < K_{Rmax}$

Gasförmige Emissionen : $g(K_R,s,x) = (1 - \dfrac{K_R}{K_{Rmax}}) \cdot s \cdot c_e \cdot x$

Reststoffanfall : $b(K_R,s,x) = \dfrac{K_R}{K_{Rmax}} \cdot s \cdot c_e \cdot x$

Emissionssteuer : $a_g(K_R,s,x) = a_g \cdot (1 - \dfrac{K_R}{K_{Rmax}}) \cdot s \cdot c_e \cdot x$

Abfallabgabe : $a_a(K_R,s,x) = a_a \cdot \dfrac{K_R}{K_{Rmax}} \cdot s \cdot c_e \cdot x$

Mit der Zustandsvariablen $K_R(t)$ sowie den beiden Steuervariablen Schadstoffgehalt des Brennstoffes s und jährliche Investitionen in den Kapitalstock u ergibt sich die Bewegungsgleichung des Kapitalstocks. Es läßt sich somit das folgende lineare Kontrollmodell formulieren:

$$\underset{s,u}{\text{Max}} \quad J = \int_0^\infty [xp_p - c_r xp_r - c_e x(1-s)p_{eo} - a_g(K_R,s,x) - a_a(K_R,s,x) - u] \cdot e^{-\delta t} \, dt$$

$$\text{u.d.N.} \quad \dot{K}_R(t) = u - m \cdot K_R(t)$$
$$K_R(0) = K_{Ro}$$
$$K_R(t) < K_{Rmax} \quad \text{für alle t}$$
$$u(t) \, \varepsilon \, [\underline{u} ; \bar{u}]$$
$$s(t) \, \varepsilon \, [\underline{s} ; \bar{s}]$$

Dieses Optimierungsproblem wird mit Hilfe des Pontryagin'schen Maximumprinzips gelöst, so daß sich die in Abbildung 3 gezeigten zeitlichen Verläufe des optimalen Kapitalstocks $K_R^*(t)$ sowie der optimalen jährlichen Investition $u_R^*(t)$ ergeben.

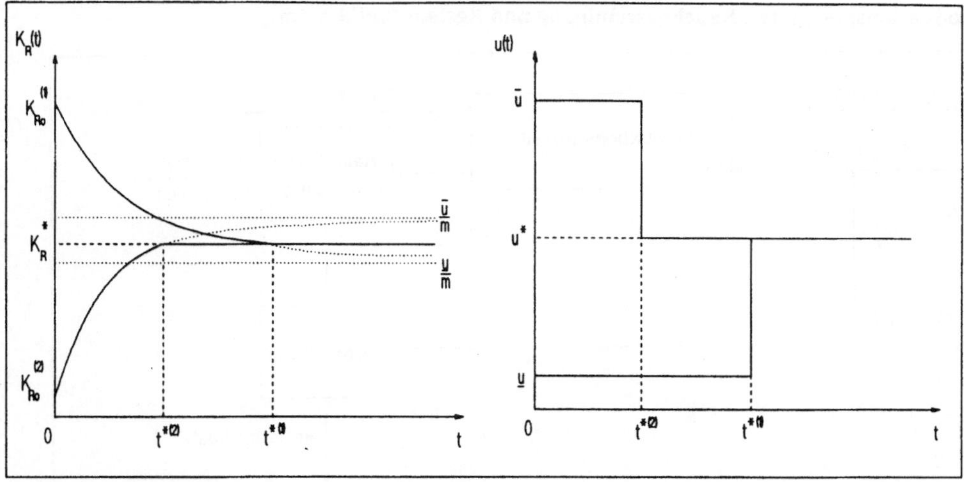

Abb.3: Entwicklung des Kapitalstocks $K_R(t)$ und zugehörige Investitionen u(t)

Für die Anfangsbedingung K_{Ro} = 0 gilt:

$$K_R(t) = \begin{cases} \dfrac{\bar{u}}{m} \cdot (1\text{-}e^{\text{-}mt}), \text{ für } t < t^* \\[2em] K_R^* = \dfrac{p_{eo}\text{-}a_g}{a_a\text{-}a_g} \cdot K_{Rmax}, \text{ für } t > t^* \end{cases}$$

$$u(t) = \begin{cases} \bar{u}, \text{ für } t < t^* \\ m \cdot K_R^*, \text{ für } t > t^* \end{cases}$$

t^* bezeichnet hierbei den Umschaltzeitpunkt der Steuervariablen u(t). Der optimale Brennstoffschadstoffgehalt berechnet sich zu:

$$s(t) = \begin{cases} \bar{s}, \text{ für } K_R(t) < K_R^* \\[1.5em] s^* = \dfrac{\delta + m}{(a_g\text{-}a_a) \cdot c_e \cdot x} \cdot K_{Rmax}, \text{ für } K_R(t) = K_R^* \end{cases}$$

4. Produktionssystem mit Rauchgasreinigung und Reststoffaufbereitung

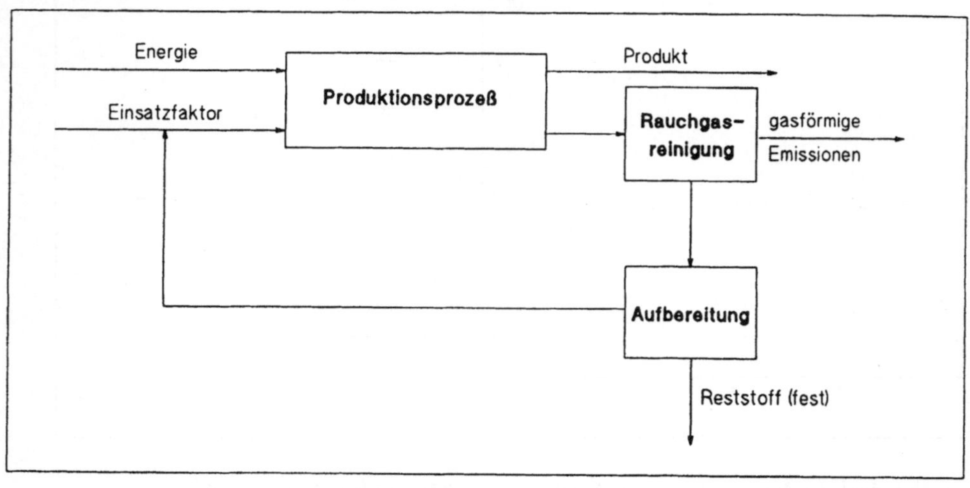

Abb.4: Umweltintegriertes Produktionssystem

Zur Aufbereitung der Reststoffe und Rückführung in den Produktionsprozeß soll nun eine Reststoffaufbereitungsanlage installiert werden, deren Aufbereitungskapazität ebenfalls proportional zum Kapitalstock K_A ist (vgl. Abb.4). Der Kapitalstock der Aufbereitungsanlage vermindert sich jährlich um den Abschreibungssatz n, kann jedoch durch die Investition v erhöht werden. Unter der Voraussetzung, daß der aufbereitete Reststoff den Einsatzfaktor r substituieren kann, lassen sich folgende Zusammenhänge formulieren:

Kapitalstock der Aufbereitung: $K_A(t)$, mit $0 < K_A(t) < K_{Amax}$

Gasförmige Emissionen   : $g(K_R,s,x) = (1 - \dfrac{K_R}{K_{Rmax}}) \cdot s \cdot c_e \cdot x$

Reststoffanfall   : $b(K_A,K_R,s,x) = (1 - \dfrac{K_A}{K_{Amax}}) \cdot \dfrac{K_R}{K_{Rmax}} \cdot s \cdot c_e \cdot x$

Rezyklatanfall   : $w(K_A,K_R,s,x) = \dfrac{K_A}{K_{Amax}} \cdot \dfrac{K_R}{K_{Rmax}} \cdot s \cdot c_e \cdot x$

Einsatzfaktorbedarf   : $r(K_A,K_R,s,x) = (c_r - \dfrac{K_A \cdot K_R}{K_{Amax} \cdot K_{Rmax}} \cdot s \cdot c_e) \cdot x$

Emissionssteuer   : $a_g(K_R,s,x) = a_g \cdot (1 - \dfrac{K_R}{K_{Rmax}}) \cdot s \cdot c_e \cdot x$

Abfallabgabe   : $a_a(K_A,K_R,s,x) = a_a \cdot (1 - \dfrac{K_A}{K_{Amax}}) \cdot \dfrac{K_R}{K_{Rmax}} \cdot s \cdot c_e \cdot x$

Einsatzfaktorkosten   : $c_r(K_A,K_R,s,x) = p_r \cdot c_r \cdot x - p_r \cdot \dfrac{K_A}{K_{Amax}} \cdot \dfrac{K_R}{K_{Rmax}} \cdot s \cdot c_e \cdot x$

Mit den beiden Zustandsvariablen $K_R(t)$, $K_A(t)$ sowie den drei Steuervariablen $u(t)\ \varepsilon\ [\underline{u}\ ;\ \bar{u}]$,

$v(t)\ \varepsilon\ [\underline{v}\ ;\ \bar{v}]$, $s(t)\ \varepsilon\ [\underline{s}\ ;\ \bar{s}]$ läßt sich das lineare Kontrollproblem wie folgt formulieren:

$$\underset{s,u,v}{\text{Max}} \int_0^\infty [xp_p - c_r(K_A,K_R,s,x) - c_e x(1-s)p_{eo} - a_g(K_R,s,x) - a_a(K_A,K_R,s,x) - u - v] \cdot e^{-\delta t}\ dt$$

$$\text{u.d.N.}\quad \dot{K}_A(t) = v - n \cdot K_R(t)$$

$$\dot{K}_R(t) = u - m \cdot K_R(t)$$
$$K_A(0) = K_{Ao}$$
$$K_R(0) = K_{Ro}$$
$$K_A(t) < K_{Amax},\ \text{für alle } t$$
$$K_R(t) < K_{Rmax},\ \text{für alle } t$$

$$u(t)\ \varepsilon\ [\underline{u}\ ;\ \bar{u}]$$

$$v(t)\ \varepsilon\ [\underline{v}\ ;\ \bar{v}]$$

$$s(t)\ \varepsilon\ [\underline{s}\ ;\ \bar{s}]$$

Das optimale Wachstum der Kapitalstöcke für die Rauchgasreinigungsanlage und für die Reststoffaufbereitungsanlage ergibt sich wiederum unter Anwendung des Pontryagin'schen Maximumprinzips. Die zeitlichen Verläufe sowohl der Zustandsvariablen $K_A(t)$, $K_R(t)$ als auch der Steuervariablen $u(t)$, $v(t)$ entsprechen der Darstellung in Abbildung 3. Die im Umschaltzeitpunkt der Steuervariablen erreichten gleichgewichtigen Kapitalstöcke K_A^*, K_R^* lassen sich aus nachstehenden Formeln ermitteln:

$$K_A^* = \frac{a_a - a_g}{p_r + a_a} \cdot K_{Amax} + \sqrt{\frac{a_g - p_{eo}}{p_r + a_a} \cdot \frac{\delta + m}{\delta + n} \cdot K_{Amax} \cdot K_{Rmax}}$$

$$K_R^* = \sqrt{\frac{a_g - p_{eo}}{p_r + a_a} \cdot \frac{\delta + n}{\delta + m} \cdot K_{Amax} \cdot K_{Rmax}}$$

Für den gleichgewichtigen Brennstoffschadstoffgehalt ergibt sich folgender Zusammenhang :

$$s^* = \sqrt{\frac{(\delta + m) \cdot (\delta + n)}{(p_r + a_a) \cdot (a_g - p_{eo}) \cdot c_e^2 \cdot x^2} \cdot K_{Amax} \cdot K_{Rmax}} \ \cdot$$

Der Umschaltzeitpunkt t_B^* zur Brennstoffumstellung ist erreicht, wenn die nachstehende Gleichung erfüllt ist:

$$(1 - \frac{K_R(t_B^*)}{K_{Rmax}}) \cdot a_g + (1 - \frac{K_A(t_B^*)}{K_{Amax}}) \cdot \frac{K_R(t_B^*)}{K_{Rmax}} \cdot a_a - \frac{K_A(t_B^*)}{K_{Amax}} \cdot \frac{K_R(t_B^*)}{K_{Rmax}} \cdot p_r \overset{!}{=} p_{eo} \cdot$$

5. Modelldiskussion

Gegenstand der Untersuchung war ein einfaches Produktionsmodell, das sukzessive um eine Rauchgasreinigungsanlage und eine Reststoffaufbereitungsanlage erweitert wurde. Die Modellierung als lineares Kontrollproblem und anschließende Lösung mit dem Maximumprinzip von Pontryagin ergab die optimale zeitliche Entwicklung der Kapazitäten von Rauchgasreinigung und Reststoffaufbereitung bei gegebenen umweltpolitischen Instrumenten, wie Emissionssteuer und Abfallabgabe. Es zeigte sich, daß das entsprechende Kapazitätswachstum durch eine Exponentialfunktion beschrieben werden kann. In den Umschaltzeitpunkten t^*, die von den technischen, wirtschaftlichen und umweltpolitischen Parametern des Systems abhängen, wird die gleichgewichtige Kapazität K^* erreicht, die bis zum Ende des Planungshorizontes konstant bleibt. Diese Zweipunkt-Lösung (Bang-Bang-Lösung) ist typisch bei linearen Kontrollproblemen. Eine der Realität besser entsprechende Modellierung als nichtlineares Kontrollproblem hätte andere optimale Lösungen zur Folge. Reale Produktionsprozesse sind in der Regel durch Nichtlinearitäten gekennzeichnet, so daß es sich beim linearen Ansatz um eine starke Vereinfachung handelt. Trotzdem können die erzielten Ergebnisse zur Analyse der Auswirkungen fiskalischer Instrumente auf die Entwicklung umweltintegrierter Produktionssysteme beitragen.

6. Literatur

/1/   Wicke, L.; Haasis, H,-D.; Schafhausen, F.; Schulz, W.
      Betriebliche Umweltökonomie.
      München (1991)

/2/   Feichtinger, G.; Hartl, R. F.
      Optimale Kontrolle ökonomischer Prozesse.
      Berlin, New York (1986)

/3/   Wacker, H.
      Lineare Kontrolltheorie mit Anwendung auf ein Werbungsproblem.
      WISU 4/89, 226-231 (1989)

Integration eines multivariaten Logitmodells in das Kläranlagenexpertensystem KLEX als induktive Lernkomponente

Martin Lukanowicz, Wien

Zusammenfassung: Diese Arbeit beschreibt den Aufbau eines hybriden Kläranlagenexpertensytems KLEX und dessen induktive Lernkomponente. Die Wissensbasis kann aus von Experten bewerteten Szenarien oder aus Kläranlagenmeßwerten der Betriebsprotokolldatenbank mittels eines multivariaten Logitmodells und dessen Transformation in Regeln erzeugt werden. Das multivariate Logitmodell wird durch die Phasen Modellaufbau und Modellreduktion erzeugt, wobei zur Bestimmung der Parameter ein nichtlinearer Schätzer verwendet wird.

Abstract: This paper presents the design of a hybride Waste Water Treatment Expertsystem KLEX and its knowledge acquisition method. The knowledgebase can be generated by a multivariate logitmodel and the transformation of the model into rules. The multivariate logitmodel is built by the steps model generation and model reduction and uses a nonlinear estimator. Scenarios estimated by experts or purification plant measures from the operating database can be used as input for the multivariate logitmodel.

1 Einleitung

KLEX soll Klärwärter bei ihren Aufgaben auf kleinen und mittleren Kläranlagen unterstützen. Die Unterstützung soll zwei Bereiche umfassen. Einerseits soll KLEX dem Klärwärter im Störfall bei der Fehlersuche in der Kläranlage Hilfestellung bieten. Andererseits soll das System KLEX im täglichen Routinebetrieb eine optimale Betriebsführung (z.B. optimaler Reinigungsgrad) ermöglichen.

Infolge der „Lernfähigkeit" des Systems, welche durch ein multivariates Logitmodell ermöglicht wird, kann die Wissensbasis automatisch erweitert und an die Eigenheiten einer bestimmten Kläranlage angepaßt werden.

Operations Research Proceedings 1991
© Springer-Verlag Berlin Heidelberg 1992

2 Warum eine Expertensystemlösung?

Das Ziel einer Abwasserreinigungsanlage, nämlich Einhaltung bzw. Unterschreitung von geforderten Grenzwerten im Ablauf, wird — die entsprechende Anlagentechnik vorausgesetzt — vor allem durch eine optimale Betriebsführung erreicht. Gerade auf kleinen und mittleren Kläranlagen entspricht der Ausbildungsgrad des Klärfachpersonals oft nicht den Erfordernissen. Das im Expertensystem zur Verfügung gestellte Expertenwissen soll einen wesentlichen Beitrag zur Unterstützung des Klärfachpersonals bei der Betriebsführung und Verwaltung der Kläranlage leisten.

In KLEX wird besonderer Wert darauf gelegt, daß auch Personen ohne EDV-Erfahrung problemlos mit KLEX umgehen können. Das Expertensystem bietet wichtige Hilfestellungen für die Betriebsführung und Überwachung der Kläranlage. Es soll nicht nur Entscheidungsfindungen erleichtern bzw. sogar erst ermöglichen, sondern auch durch gezieltes Einschränken von Problemfeldern bei der Beseitigung bzw. Vermeidung von Störungen behilflich sein. Die Forderung nach Vorhersehbarkeit von Störfällen ist in der BRD schon gesetzliche Grundlage.

3 Aufbau des Expertensystems

In der Literatur (vergl. [Shap83,Brat86,Schn87]) werden eine Fülle von Wissensrepräsentationsformen beschrieben, die jedoch in ihren Ausprägungsformen (Regeln, Frames, Semantische Netze, Konzeptuale Graphen usw.) nur eine sehr unbefriedigende Abbildung des Problemfeldes erlauben. Jede dieser Repräsentationsformen erlaubt nur eine bestimmte Sichtweise des Zusammenhangs des abzubildenden Wissens darzustellen. Ziel ist es, diese unterschiedlichen Techniken im Expertensystem KLEX zu integrieren.

Die Einbeziehung unterschiedlicher Repräsentationsformen scheint notwendig zu sein, da das fachspezifische Wissen über Kläranlagen in einer Repräsentationsform nur sehr schwierig abzubilden ist. Das Wissen, das aus der Literatur und Expertenbefragungen gewonnen werden kann, läßt sich zum Teil durch Regeln darstellen. Für die Abbildung von Begriffen (Kläranlagenkomponenten) bieten sich Objekte an, wobei durch die Verwendung von Vererbungsmechanismen eine kompakte und konsistente Darstellung möglich ist. Da Zustände und Beziehungen in Kläranlagen keineswegs dichotom sind, d.h. sie sind eher vom Typ „mehr oder weniger" als vom Typ „ja oder nein", muß es möglich sein diese Unschärfe und Unsicherheit (vgl. [Shap83]) abzubilden.

Die Wissensbasis von KLEX besteht aus folgenden Grundkomponenten:

- Wissensbasis mit theoretischen Grundlagen der Abwasser- und Kläranlagentechnik (entspricht inhaltlich den Grund- und Fortbildungskursen für Klärwärter in Österreich [KGK89]).

- Wissensbasis mit dem Fachexpertenwissen (hier soll sowohl Expertenwissen aus Universitäten, als auch Praxiswissen von Klärwärtern einfließen).

- Wissensbasis, welche die Konfiguration der Kläranlage enthält.

- Durch das System erlerntes Wissen.

Als Inferenzmechanismen sind Rückwärts- und Vorwärtsverkettung vorgesehen.

4 Multivariates Logitmodell als induktive Lernkomponente

Induktives Lernen wird in KLEX durch die Schätzung eines ökonometrischen Modells erreicht. Das Datenmaterial, aus dem mittels eines multivariaten Logitmodells Regeln gewonnen werden können besteht aus:

- Einer Datenbasis, die ausgehend von Expertenangaben über die Zusammenhänge zwischen abhängigen und unabhängigen Systemvariablen durch Konstruktion von Szenarien, für die der Experte die abhängige Variable angibt, erzeugt wird (vergl. [Luka90]).

- Kläranlagenmeßwerten aus der Betriebsprotokolldatenbank

Aufgrund dieses Datenmaterials kann ein multivariates Logitmodell wie folgt geschätzt werden:

$$P_{i_k} = \frac{exp^{\beta_{i_k} + \sum_{j=1}^{n_{i_k}} \sum_{l=1}^{m_j} Y_{j_l} * \beta_{i_k j_l}}}{1 + exp^{\beta_{i_k} + \sum_{j=1}^{n_{i_k}} \sum_{l=1}^{m_j} Y_{j_l} * \beta_{i_k j_l}}}$$

i_k ... Index abhängige Variable i; Intervall k

j_l ... Index unabhängige Variable j; Intervall l

n_{i_k} ... Anzahl der erklärenden Variablen für Variable i; Intervall k

m_j ... Anzahl der Intervalle der unabhängigen Variablen j

P_{i_k} ... bedingt Wahrscheinlichkeit für abhängige Variable i; Intervall k

Y_{j_l} ... Schaltervariable für unabhängige Variable j; Intervall l

β_{i_k} ... Interzept für abhängige Variable

$\beta_{i_k j_l}$ ... Parameter für den Zusammenhang zwischen abhängiger Variablen i; Intervall k und unabhängiger Variablen j; Intervall l

Vorgangsweise bei der Transformation der Kläranlagenmeßwerte in eine Wissensbasis:

- Metrische unabhängige Variable werden vom Experten (z.b. zulässige Höchstwerte) oder durch ein statistisches Verfahren (z.B. Quantile) in Intervalle unterteilt. Jedem Intervall wird eine Schaltervariable zugeordnet.

- In der Modellaufbauphase wird bei allen Variablenpaaren (abhängige mit allen unabhängigen Schaltervariablen) untersucht, ob die unabhängige Variable zur Verbesserung der Summe der Fehlerquadrate (Der Fehler zwischen geschätzter und tatsächlicher abhängiger Variable $SSE = \sum_{i=1}^{n}(P_i - Y_i)^2$) beiträgt. Es wird mittels eines „normed fit" Tests darüber entschieden, ob diese Variable in das Modell aufgenommen wird (z.B. 2% Verbesserung).

- Das Modell, welches alle Variable enthält, die einzeln betrachtet die SSE verbesserten, wird geschätzt.

- In einer Modellreduktionsphase werden nicht signifikante (t-Test), unabhängige Variablenintervalle aus dem Modell entfernt.

- Es wird das reduzierte Modell geschätzt. Dieses Modell berücksichtigt alle unabhängigen signifikanten Variablen, die zu einer Verbesserung der SSE führen.

- Das reduzierte Modell wird in eine Wissensbasis transformiert.

5 Automatisch generierte Wissensbasis

Die Interpretation des multivariaten Logitmodells als Regeln läßt sich durch ein Beispiel veranschaulichen. Folgende Wissensbasis stellt den, in Regeln übersetzten, Ausschnitt des multivariaten Logitmodells dar, der den Zusammenhang zwischen der abhängigen Variablen „Ammonium-Stickstoff" und den Meßwerten aus der Betriebprotokolldatenbank wiedergibt. Am Ende jeder Zeile der Regeln ist in Klammer die systeminterne Variablenintervallnummer und der entsprechende Parameter des multivariaten Logitmodells angegeben.

```
NH4-N Abl. (mg/l) =< 0.81 WENN:, (86) -1.674:
      NH4-N Zul. (mg/l) =< 29.0  (38) 0.813
      I: O2 (mg/l) =< 2.0  (62) -0.697


NH4-N Abl. (mg/l) > 0.81 UND =< 1.5 WENN: (87) -1.172:
      NH4-N Zul. (mg/l) > 35.0 UND =< 40.0  (40) 0.878
```

```
NH4-N Abl. (mg/l) > 1.5 UND =< 3.325 WENN: (88) -1.464:
       Abw. pH =< 7.75  (18) 0.673


NH4-N Abl. (mg/l) > 3.325 WENN: (89) -1.702:
       NH4-N Zul. (mg/l) > 40.0  (41) 0.855
       I: O2 (mg/l) =< 2.0  (62) 0.686
```

Es zeigt sich, daß der Ammonium-Stickstoffgehalt im Ablauf der Kläranlage von nur drei Meßwerten statistisch signifikant beeinflußt wird. Als Prognosewert wird die Regel mit der größten bedingten Wahrscheinlichkeit gewählt. Mit diesen einfachen Regeln konnte in ca. 40% der Fälle eine exakte Prognose über den Ammonium-Stickstoffgehalt im Ablauf der Kläranlage abgegeben werden.

Die einzelnen Variablenintervalle können qualitativ als niederer bis hoher Ammonium-Stickstoffgehalt interpretiert werden. Die Parameter aus dem multivariaten Logitmodell entsprechen Zusicherungsfaktoren für die einzelnen Regeln (Interzept) bzw. für die „Bedingungen". Als Verknüpfungsmechanismus der Parameter findet im Gegensatz zur Bayes'schen Wahrscheinlichkeitsfortpflanzung das multivariate Logitmodell Verwendung.

6 Prognosegüte des multivariaten Logitmodells

Durch das multivariate Logitmodell konnten alle abhängigen Variablen (biologischer Sauerstoffbedarf in 5 Tagen, chemischer Sauerstoffbedarf, Ammonium-Stickstoff, Nitrat-Stickstoff, Nitrit-Stickstoff und Phosphat im Ablauf) zwischen 40% und 58% korrekt prognostiziert werden. In weiteren 20% bis 30% der Fälle lag die Prognose ein Variablenintervall unter bzw. über dem tatsächlichen Variablenintervall. Es zeigte sich jedoch auch, daß bei falscher Prognose die bedingten Wahrscheinlichkeiten der Intervalle einer Variablen annähernd gleich hoch waren und als zusätzliches Kriterium berücksichtigt werden sollten.

Bei der Variablen „Phosphat" war in 86,4% der Fälle die Abweichung zwischen prognostiziertem Variablenintervall und empirischem Intervall maximal +/− ein Intervall, wobei in 83,3% der Fälle das richtige Intervall am ersten oder zweiten Rang prognostiziert wurde. Folgende Tabelle zeigt die Prognosegüte für Phosphat.

<table>
<tr><td colspan="11" align="center">Prognosegüte für Phosphat</td></tr>
<tr><td rowspan="2">Abwei-
chung</td><td colspan="8" align="center">Rang</td><td colspan="2" rowspan="2">Σ</td></tr>
<tr><td colspan="2">1</td><td colspan="2">2</td><td colspan="2">3</td><td colspan="2">4</td></tr>
<tr><td>-3</td><td></td><td></td><td></td><td></td><td>2</td><td>(0,5)</td><td>5</td><td>(1,2)</td><td>7</td><td>(1,7)</td></tr>
<tr><td>-2</td><td></td><td></td><td>6</td><td>(1,4)</td><td>9</td><td>(2,1)</td><td>2</td><td>(0,5)</td><td>17</td><td>(4,0)</td></tr>
<tr><td>-1</td><td></td><td></td><td>58</td><td>(13.8)</td><td>13</td><td>(3,1)</td><td>1</td><td>(0,2)</td><td>72</td><td>(17,1)</td></tr>
<tr><td>0</td><td>242</td><td>(57,6)</td><td></td><td></td><td></td><td></td><td></td><td></td><td>242</td><td>(57,6)</td></tr>
<tr><td>1</td><td></td><td></td><td>38</td><td>(9,0)</td><td>10</td><td>(2,4)</td><td>1</td><td>(0,2)</td><td>49</td><td>(11,7)</td></tr>
<tr><td>2</td><td></td><td></td><td>5</td><td>(1,2)</td><td>10</td><td>(2,4)</td><td>9</td><td>(2,1)</td><td>24</td><td>(5,7)</td></tr>
<tr><td>3</td><td></td><td></td><td>1</td><td>(0,2)</td><td>6</td><td>(1,4)</td><td>2</td><td>(0.5)</td><td>9</td><td>(2,1)</td></tr>
<tr><td>Σ</td><td>242</td><td>(57,6)</td><td>108</td><td>(25,7)</td><td>50</td><td>(11,9)</td><td>20</td><td>(4,7)</td><td>420</td><td>(99,9%)</td></tr>
</table>

Spalten: Rang des richtigen Variablenintervalls in sortierten, bedingten Wahrscheinlichkeiten

Zeilen: Abweichung vom Variablenintervall

Da die Abwasserreinigung ein dynamischer Prozeß ist, d.h. auch Einflußfaktoren vergangener Tage sind von Bedeutung (z.B. Fäkalienanlieferung), ist zur weiteren Verbesserung der Prognosegüte notwendig, die zeitverzögerte Wirkung von Einflußgrößen in das Modell einzubeziehen. Dies kann durch Aufnahme von weiteren Variablen (zb. gleitender Durchschnitt einer bereits betrachteten Variablen) in das multivariate Logitmodell geschehen.

Literatur

[KGK89]   N.N.: Klärwärter Grundkurs, Vortragsunterlagen, Institut für Wassergüte und Landschaftswasserbau der Technischen Universität Wien und Österreichischer Wasserwirtschaftsverband, Juli 1989

[Luka90]   Lukanowicz M.: Klex — Ein Expertensystem zur Unterstützung von Klärfachpersonal bei der Betriebsführung von Kläranlagen, VT-Newsletter, Zeitung des Vereins der Verfahrenstechnik an der TU-Graz, 5. Jahrgang Heft 1/1990

[Brat86]   Bratko I.: Prolog – Programmierung für die Künstliche Intelligenz, Addison-Wesley, Reading Massachusetts, 1986

[Schn87]   Schnupp P.; Nguyen Huu C.T.: Expertensystem-Praktikum, Springer-Verlag, Berlin, 1987

[Shap83]   Shapiro E.: Logic Programs with Uncertainties: A Tool for Implementing Rule-Based Systems, Proc. 8th International Joint Conference on Artificial Intelligence, S. 529–532, Karlsruhe, 1983

AUSWERTUNG EINER STUDIE ZU DEN BEDINGUNGEN DER RÜCKFÄLLIGKEIT BEHANDELTER DROGENABHÄNGIGER MIT VERSCHIEDENEN METHODEN DER KATEGORIELLEN DATENANALYSE

Maria Overbeck-Larisch, Darmstadt
Helmut Kampe, Darmstadt

Zusammenfassung: Von zentraler Bedeutung für den Rückfall Suchtkranker ist das Drogenverlangen. Dieser Beitrag enthält die Ergebnisse einer Studie zu den Auftretensbedingungen des Drogenverlangens.
Im Rahmen des linearen und des loglinearen Modells der kategoriellen Datenanalyse war es möglich, den Einfluß gewisser Auslösereize auf die verschiedenen Komponenten des Drogenverlangens zu quantifizieren. Weiterhin wurde untersucht, in welchem Maße gewisse psychopathologische Variablen wie Depression und Stress die Reagibilität auf diese Auslöserkomplexe verstärken. Schließlich wurde mit Methoden der logistischen Regressionsanalyse die Frage beantwortet, wie die Abstinenzdauer das aktuelle Auftreten der Komponenten des Drogenverlangens und die Reaktionsbereitschaft auf die Auslöserkomplexe beeinflußt.

Abstract: The craving for drugs is of central importance to the relapse of drug addicts. This article contains the results of a study concerning the occurence conditions of coercive drug craving .
Within the frame of the linear and loglinear model of categorical data analysis it was possible to determine quantitatively the effect of certain condition stimuli on the different components of craving for drugs. Moreover, it was studied to which degree certain psychopathological variables like depression and stress do influence the readiness to respond to these condition stimuli. Finally, by methods of logistic regression analysis it was possible to answer the question whether the time of abstinence does influence the craving for drugs and the condition stimuli.

Hintergrund der Studie

Eines der größten Probleme bei der Behandlung Suchtkranker ist der Rückfall nach einer Langzeittherapie. Mehr als die Hälfte der behandelten Drogenabhängigen wird innerhalb des ersten Jahres nach Abschluß der Therapie wieder rückfällig (vgl. KAMPE und KUNZ /1/). Aber auch nach jahrelanger Abstinenz können Suchtkranke plötzlich von heftigen Anfällen des Drogenverlangens überrascht werden.). Das Drogenverlangen ist der Kern der psychischen Abhängigkeit, es kann an Hand von drei Komponenten näher spezifiziert werden (vgl. LINDESMITH /2/, WIKLER /4/, MARLATT /3/):
Die erste Komponente bezieht sich auf gedankliche Prozesse. Im Vordergrund stehen mehr oder weniger unabweisbare Gedanken, die um die Planung der Drogenbeschaffung und um

Operations Research Proceedings 1991
© Springer-Verlag Berlin Heidelberg 1992

Teile des Selbstverabreichungsrituals kreisen. In der Sondersprache Drogenabhängiger wird dieser Zustand als **"Schußgeilheit"** bezeichnet. (Wir gebrauchen diesen Ausdruck , es lassen sich nur umständliche oder englischsprachige Alternativen formulieren.) Die zweite Komponente repräsentiert die **Entzugskopien**. Das sind vorwiegend körperliche Beschwerden, die Ähnlichkeiten mit Entzugssymptomen haben. Die dritte Komponente beschreibt die **Effektkopien**, also körperliche Sensationen, die an die positiven Wirkungen des Drogenkonsums erinnern.

Zu den Auftretensbedingungen des Drogenverlangens wurde 1989 in Hessen eine Studie durchgeführt, in die alle Neuaufnahmen von vier therapeutischen Einrichtungen einbezogen wurden. Im Laufe eines Jahres wurden so 158 Personen erfaßt. Ziel der Studie war es u.a., die folgenden Fragen zu beantworten:

Frage 1: Wie wird das aktuelle Auftreten des Drogenverlangens von der Reaktionsbereitschaft auf gewisse Auslösereize (Drogengedanken, drogenbezogene Situationen und bestimmte negative Gefühlslagen) beeinflußt ?

Frage 2: In welchem Maße verstärken bildhafte Vorstellungsproduktivität, Streßanfälligkeit und depressive Belastung die Reagibilität auf diese Auslöserkomplexe ?

Frage 3: Wie beeinflußt die Abstinenzdauer das aktuelle Auftreten der Komponenten des Drogenverlangens und die Reaktionsbereitschaft auf die Auslöserkomplexe ?

Hierzu wurde den Drogenabhängigen ein Fragebogen vorgelegt, mit dem neben den Daten zur Person, zum familiären und sozialen Hintergrund, zu Drogenkonsum und Drogenkarriere insbesondere Daten zu den in Abbildung 1 dargstellten Variablen erhoben wurden.

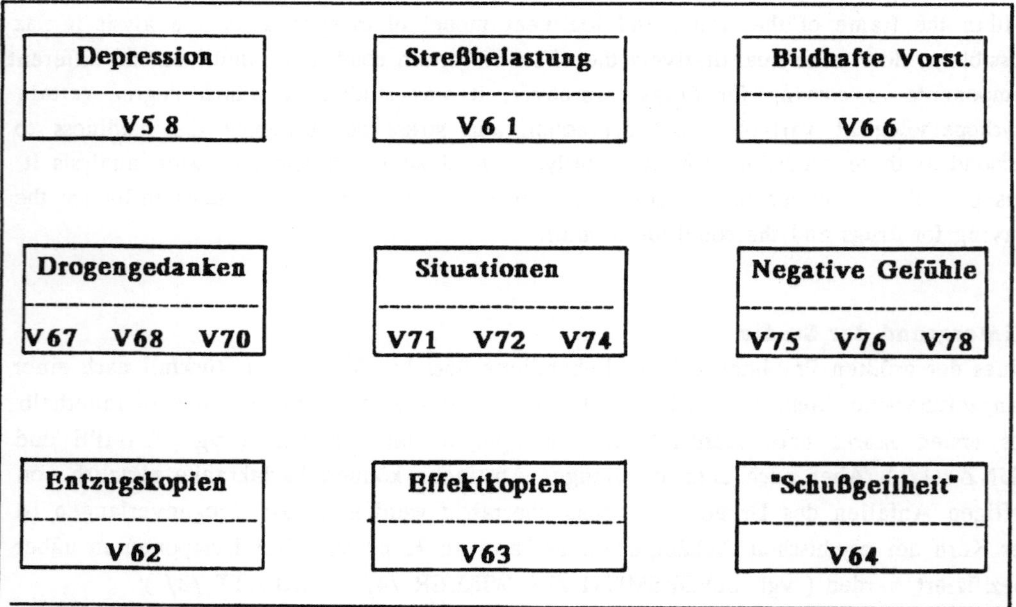

Abb.1 Variablengruppen

Die obere Ebene der Abbildung 1 betrifft die psychopathologischen Variablen Depression, Streßbelastung und Belastung durch bildhafte Vorstellungen. Die mittlere Ebene beinhaltet die Variablen der Auslöserkomplexe. Dabei beschreiben die Variablen V67 bzw. V68 bzw. V70 die (selbstberichtete) Reagibilität auf Drogengedanken mit Entzugskopien bzw. mit Effektkopien bzw. mit "Schußgeilheit". Analog beschreiben die Variablen V71, V72, V74 die Reagibilität auf drogenrelevante Situationen und V75, V76, V78 die Reagibilität auf negative Gefühlszustände mit den drei Komponenten des Drogenverlangens. Die untere Ebene beinhaltet die drei Komponenten des Drogenverlangens.

Alle in Abbildung 1 dargestellten Variablen wurden mehrstufig erfaßt. Für die statistische Analyse wurden sie jedoch dichotomisiert. Bei den psychopathologischen Variablen wurde nach dem Median in die beiden Kategorien "ja" (hoch belastet) und "nein" (niedrig belastet) eingeteilt. Bei den Variablen der Auslöserkomplexe bedeutet "ja", daß der Patient mindestens gelegentlich reagiert und "nein", daß der Patient nie reagiert. Analog bedeutet bei den Komponenten des Drogenverlangens "ja",daß der Patient in der letzten Zeit die entsprechenden Symptome hatte.

Statistische Analyse zu Frage 1

Alle folgenden Berechnungen wurden mit den SAS-Prozeduren FREQ, CATMOD und LOGISTIC durchgeführt .

Mit dem Chi-Quadrat-Test wurde zunächst die Abhängigkeit zwischen jeder Variablen der Auslöserkomplexe und jeder Komponente des Drogenverlangens überprüft.

Danach wurde die Frage 1 im Rahmen des linearen Modells der kategoriellen Datenanalyse untersucht. Der Fragestellung entsprechend wäre es wünschenswert, ein lineares Modell zu formulieren, das alle 9 Auslöser als Faktorvariable und die Komponenten des Drogenverlangens als die Koordinaten eines dreidimensionalen Responsevektors enthält, und das gewisse Wechselwirkungen zwischen den Faktorvariablen berücksichtigt. Dies war aus Gründen des Stichprobenumfangs nicht möglich. Es wurden daher nur Modelle ohne Wechselwirkungen mit drei dualen Faktorvariablen X_1, X_2, X_3 und einer dualen Responsevariablen Y verwendet. β_0 bezeichnet das Intercept, β_i (i=1,2,3) bezeichnet den Differentialeffekt von X_i="ja" . Die folgende Tabelle 1 zeigt die gerechneten Modelle, das Ergebnis der Modellüberprüfung und die Parameterschätzungen. Diese sind fett gedruckt, wenn sie signifikant (α=5%) von 0 verschieden sind. Sie fehlen, wenn das lineare Modell verworfen wird (Prob<25%).

Faktoren			Response	Chi-Square	Parameterschätzungen			
X_1	X_2	X_3	Y	Prob	β_0	β_1	β_2	β_3
V67	V71	V75	V62	0.49	**0.42**	**0.15**	0.04	**0.11**
V68	V72	V76	V63	0.09				
V70	V74	V78	V64	0.66	**0.55**	**0.17**	-0.01	**0.15**

Tab.1 Parameterschätzungen (WLS-Schätzer) in den linearen Modellen zu Frage 1

Lesebeispiel : Das lineare Modell beschreibt den Einfluß der Faktorvariablen V67, V71 und V75 auf die Responsevariable V62 angemessen (Prob=0.49>0.25). Im linearen Modell ist der Einfluß von V71 nicht signifikant, der von V67 und V75 ist es. Die Wahrscheinlichkeit für das Auftreten von Enzugskopien ist 0.42+0.15+0.04+0.11, falls der Patient angibt, auf drogenrelevante Gedanken,Situationen und Gefühle zu reagieren.

Danach wurden die Frage 1 im Rahmen loglinearer Modelle der Form
$$\ln(p_{ijkl}) = u + u_1(i) + u_2(j) + u_3(k) + u_4(l) + u_{12}(i,j) + u_{13}(i,k) + u_{14}(i,l) + u_{23}(j,k) + u_{24}(j,l) + u_{34}(k,l)$$
untersucht. Die folgende Tabelle 2 zeigt die gerechneten Modelle, das Ergebnis der Modellüberprüfung und die Schätzungen für die interessierenden Wechselwirkungen. Diese sind wieder fett gedruckt, wenn sie signifikant ($\alpha = 5\%$) von 0 verschieden sind.

Variablen				LR-Test	Parameterschätzungen		
X_1	X_2	X_3	X_4	Prob	u_{14}	u_{24}	u_{34}
V67	V71	V75	V62	0.30	**0.31**	0.06	**0.23**
V68	V72	V76	V63	0.90	**0.27**	**0.20**	0.06
V70	V74	V78	V64	0.72	**0.34**	0.18	**0.36**

Tab.2 Parameterschätzungen (ML-Schätzer) in den loglinearen Modellen zu Frage 1

Statistische Analyse zu Frage 2

Das Vorgehen war identisch zu dem bei Frage 1. Die folgenden Tabellen 3 und 4 enthalten die Ergebnisse der Parameterschätzungen im linearen und loglinearen Modell.

Faktoren			Response	Chi-Square	Parameterschätzungen			
X_1	X_2	X_3	Y	Prob	β_0	β_1	β_2	β_3
V58	V61	V66	V67	0.79	**0.69**	0.02	0.02	**0.22**
V58	V61	V66	V68	0.72	**0.49**	0.02	**0.10**	**0.18**
V58	V61	V66	V70	0.25	**0.60**	0.00	0.04	**0.24**
V58	V61	V66	V71	0.51	**0.72**	0.03	**0.06**	0.12
V58	V61	V66	V72	0.35	**0.65**	0.03	-0.04	0.02
V58	V61	V66	V74	0.09				
V58	V61	V66	V75	0.05				
V58	V61	V66	V76	0.55	**0.32**	0.07	0.07	0.07
V58	V61	V66	V78	0.63	**0.72**	0.03	0.02	**0.19**

Tab.3 Parameterschätzungen (WLS-Schätzer) in den linearen Modellen zu Frage 2

| Variablen | | | | LR-Test | Parameterschätzungen | | |
X_1	X_2	X_3	X_4	Prob	u_{14}	u_{24}	u_{34}
V58	V61	V66	V67	0.94	0.12	0.19	**0.71**
V58	V61	V66	V68	0.72	0.07	**0.22**	0.32
V58	V61	V66	V70	0.30	0.05	0.13	**0.47**
V58	V61	V66	V71	0.53	0.14	0.25	0.23
V58	V61	V66	V72	0.44	0.03	-0.05	0.13
V58	V61	V66	V74	0.99	**0.36**	0.01	**0.97**
V58	V61	V66	V75	0.32	0.19	0.12	0.32
V58	V61	V66	V76	0.59	0.18	0.14	0.15
V58	V61	V66	V78	0.43	0.15	0.20	**0.54**

Tab.4 Parameterschätzungen (ML-Schätzer) in den loglinearen Modellen zu Frage 2

Statistische Analyse zu Frage 3

Auch diese Frage wurde zunächst mit dem Chi-Quadrat-Test auf Unabhängigkeit untersucht. Hierzu wurde auch die Variable Abstinenzdauer nach dem Median dichotomisiert. Eine Abhängigkeit von der Abstinenzdauer ergab sich nur bei den 4 Variablen V58, V62, V64, V67, aber auch nur dann, wenn $\alpha = 10\%$ angenommen wurde.

Danach wurde die Frage 3 mit den Methoden der logistischen Regression untersucht. In den Modellgleichungen

$$\pi_x := P(\text{ Responsevariable } Y = \text{"ja"} \, / \, X = x)$$

$$\text{logit}(\pi_x) = \beta_0 + \beta_1 x \qquad \pi_x = \exp(\beta_0 + \beta_1 x)/(1 + \exp(\beta_0 + \beta_1 x))$$

ist die stetige Faktorvariable X die Abstinenzdauer. Als duale Responsevariable Y wurde jede der Variablen aus Abbildung 1 genommen.

Das logistische Regressionsmodell erwies sich in nur 4 Fällen als brauchbar, und auch nur dann, wenn ein Signifikanzniveau von $\alpha = 10\%$ angenommen wurde. Die Tabelle 5 zeigt das Ergebnis der Parameterschätzungen für diese 4 Variablen

| Response | 2LogL | Parameter | |
Y	Prob	β_0	β_1
V67	0.08	**2.67**	**-0.08**
V75	0.09	**1.79**	**-0.06**
V62	0.03	**0.92**	**-0.07**
V64	0.07	**1.77**	**-0.07**

Tab.5 Parameterschätzungen im logistischen Regressionsmodell (Regressor = Abstinenzdauer)

Bezeichnet man mit π_x die Wahrscheinlichkeit, nach x-monatiger Abstinenz

a) Entzugskopien zu haben (V62),

b) "schußgeil" zu werden (V64),

c) auf Drogengedanken mit Entzugskopien zu reagieren (V67),

d) auf negative Gefühle mit Entzugskopien zu reagieren (V75),

so zeigen die Abbildungen 2 und 3, wie sich diese Belastungen mit der Abstinenzdauer abbauen, wobei zu beachten ist, daß an der Studie nur Patienten mit Abstinenzdauern von höchstens 30 Monaten teilgenommen haben. Die Schätzer von π_x für x>30 sind also "extrapolierte" Werte.

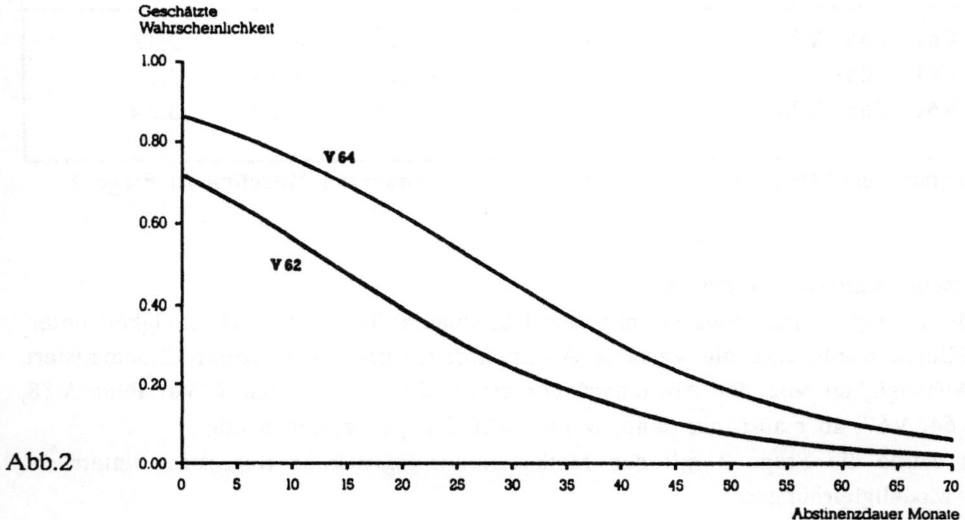

Abb.2

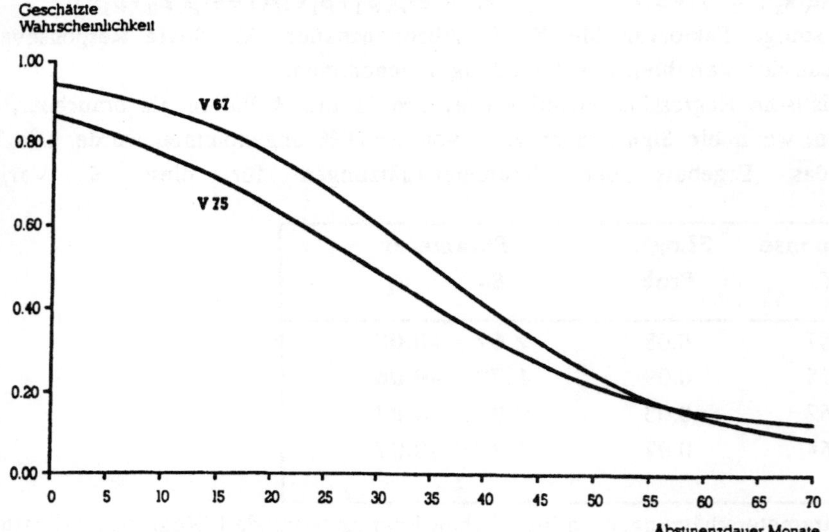

Abb.3

Zusammenfassung und Interpretation der Ergebnisse

Die folgende Abbildung 4 vergleicht die die Frage 1 betreffenden Ergebnisse der Signifikanzprüfungen, wie sie mit dem linearen bzw. loglinearen Modell und mit dem Chi-Quadrat-Test auf Unabhängigkeit erzielt wurden.

V62 Auftreten von Entzugskopien		Reagibilität mit Entzugskopien auf		
		Gedanken V67	Situationen V71	Gefühle V75
	lineares Modell	XXXXX		XXXXX
	loglin. Modell	XXXXX		XXXXX
	Chi-Square Test	XXXXX		XXXXX

V63 Auftreten von Effektkopien		Reagibilität mit Effektkopien auf		
		Gedanken V68	Situationen V72	Gefühle V76
	lineares Modell	///////////////////////////////////		
	loglin. Modell	XXXXX	XXXXX	
	Chi-Square Test	XXXXX	XXXXX	

V64 Auftreten von "Schußgeilheit"		Reagibilität mit Schußgeilheit auf		
		Gedanken V70	Situationen V74	Gefühle V78
	lineares Modell	XXXXX		XXXXX
	loglin. Modell	XXXXX		XXXXX
	Chi-Square Test	XXXXX	///////	///////

Abb.4 : Zusammenhang zwischen dem aktuellen Auftreten der drei Komponenten des Drogenverlangens und den Auslöserkomplexen.

Legende : **XXXXX** Es besteht ein signifikanter Zusammenhang ($\alpha = 5\%$).
/////// Das Modell wird verworfen, bzw. der Chi-Quadrat-Test wird wegen schwach besetzter Zellen nicht interpretiert.

Damit ergibt sich die folgende **Antwort auf Frage 1:**
Zwischen der selbstberichteten Bereitschaft, auf Gedanken und negative Gefühle mit Entzugskopien bzw. mit Schußgeilheit zu reagieren, und dem tatsächlichen Auftreten dieser beiden Komponenten des Drogenverlangens besteht offensichtlich ein enger Zusammenhang. Der Einfluß der situationsbezogenen Reagibilität läßt sich nur bei den Effektkopien erkennen.

Ein entsprechender Vergleich für die Ergebnisse zur Frage 2 zeigt, daß die Zusammenhänge zwischen den psychopathologischen Variablen und den Auslöserkomplexen nicht so zwingend sind. Obwohl die Modelle meistens nicht verworfen werden, erweisen sich die Zusammenhänge zwischen den Variablen selten als signifikant. Übereinstimmende Ergebnisse zwischen dem linearen und loglinearen Modell bzw. zwischen einem der Modelle und dem Chi-Quadrat-Test führen zu der folgenden **Antwort auf Frage 2:**
Als gesichert kann der Einfluß der Streßanfälligkeit auf die Bereitschaft angesehen werden, bei Drogengedanken mit Effektkopien und in drogenbezogenen Situationen mit Entzugskopien zu reagieren. Weiterhin haben die bildhaften Vorstellungen einen deutlichen Einfluß auf die Bereitschaft,
- bei Drogengedanken mit Entzugskopien und mit "Schußgeilheit"
- bei negativen Gefühlen mit "Schußgeilheit"   zu reagieren.

Der Vergleich der Ergebnisse des Chi-Quadrat-Tests und der logistischen Regressionsanalyse ergibt die folgende **Antwort auf Frage 3:** Die Abstinenzdauer beeinflußt
- die Wahrscheinlichkeit für das Auftreten von Entzugskopien bzw. von "Schußgeilheit"
- die Wahrscheinlichkeit, bei Drogengedanken mit Entzugskopien zu reagieren.

Literatur zum Drogenproblem
/1/   Kampe,H. & Kunz,D.
       Was leistet Drogentherapie? Evaluation eines stationären Behandlungsprogramms
       Beltz-Verlag, Weinheim und Basel (1983)
/2/   Lindesmith,A.
       The Nature of Opiate Addiction
       The University of Chicago Libraries, Chicago, Ill. (1937)
/3/   Marlatt,G.A. & Gordon,G.R.
       Relapse Prevention
       Guilford Press, New York and London (1985)
/4/   Wikler,A.
       Recent Progress in Research on the Neurophysiological Basis of Morphine Addiction
       Amer. J. of Psychiat. 105 (1948)

Literatur zu den statistischen Methoden

/5/   Bishop, Y.M.M., Fienberg,S.E. & Holland,P.W.
       Discrete Multivariate Analysis
       MIT-Press, Cambridge and London (1975)
/6/   Forthofer,R.N. & Lehnen,R.G.
       Public Programm Analysis - A New Categorical Data Approach
       Lifetime Learning Publications, Belmont Cal. (1981)
/7/   Freeman Jr., D.H.
       Applied Categorical Data Analysis
       Marcel Dekker Inc., New York (1981)
/8/   Neter,J. ,Wassermann,W. & Kutner,M.H.
       Applied Linear Regression Models
       R.D.Irwin Inc (1983)

An der statistischen Auswertung des Datenmaterials dieser Studie waren im Rahmen von Diplom- und Projektarbeiten folgende Studentinnen und Studenten der Fachhochschule Darmstadt beteiligt: Baus,Günther   Granacher,Rene   Keller,Ute   Ritter,Susanne

COST–EFFICIENT EMISSION CONTROL STRATEGIES FOR EUROPEAN COUNTRIES

Dipl.–Ing. P. Ruß, Dr. H.–D. Haasis, Dipl.–Ing. C. Oder, Prof. Dr. O. Rentz
Institute for Industrial Production (IIP), University of Karlsruhe

Abstract: In view of increasing economic and environmental problems, energy supply strategies as well as air pollutant emission reduction strategies are required. These strategies should be designed in accordance with the specific situation of a country or region. Concepts on future energy pathways, which should be efficient with respect to both economic development and environmental protection have to be devised.
At the institute for Industrial Production (IIP), Karlsruhe, cost-efficient future emission control strategies are being developed for various European countries, for instance Germany, Spain, Finland, Turkey and Lithuania. The authors are performing research projects in collaboration with research institutes in these countries.
By using the energy-environmental model EC-EFOM-ENV as an analytic tool, cost-efficient mixtures of technological emission control measures, including fuel switching, substitution of energy conversion technologies, and application of emission control technologies are being identified to comply with different emission control targets and existing legal regulations. The model is able to deal with various pollutants, like NO_x, SO_2, and CO_2.
In this paper, the methodological approach and selected results are presented.

Zusammenfassung: Angesichts wirtschaftlicher Schwierigkeiten und zunehmender Umweltprobleme sind sowohl Strategien für die zukünftige Energieversorgung als auch Strategien zur Verminderung der Schadstoffemissionen erforderlich. Bei der Entwicklung derartiger Strategien muß jedoch Rücksicht auf die individuellen Gegebenheiten des jeweiligen Landes oder der Region genommen werden. Konzepte für künftige in Hinblick auf die wirtschaftliche Entwicklung wie auch auf den Umweltschutz effiziente Energiepfade müssen erstellt werden.
Am Institut für Industriebetriebslehre und Industrielle Produktion (IIP) der Universität Karlsruhe (TH) werden kosten-effiziente Emissionsminderungsstrategien für verschiedene europäische Länder (z.B. Deutschland, Spanien, Finnland, die Türkei und Litauen) entwickelt. Diese Forschungsprojekte werden von den Autoren in Zusammenarbeit mit Instituten in den jeweiligen Ländern durchgeführt. Mit Hilfe des Energie- und Umweltmodelles EC-EFOM-ENV werden kosten-effiziente Maßnahmenbündel identifiziert mit deren Hilfe verschiedene Emissionsreduktionsziele unter Berücksichtigung existierender Gesetze und Normen erreicht werden können. Zu den in Frage kommenden Maßnahmen gehören Brennstoffsubstitution, alternative Energieumwandlungstechnologien, die Anwendung von Emissionsminderungstechnologien sowie Energiesparmaßnahmen. Dabei werden verschiedene Schadstoffe wie NO_x, SO_2 oder CO_2 untersucht.
In diesem Artikel wird die angewandte Methodik beschrieben sowie ausgewählte Ergebnisse vorgestellt.

1. Introduction

The economic development of a country relies to a large extent on the availability and supply conditions of energy, although a "decoupling" of economic growth and energy consumption has been observed in industrialized countries. As it has been observed in the two oil crises during the 70's, a shortage in the supply of energy resources greatly affects economic development. As a result, increasing attention has been paid to energy policies and energy planning. Furthermore, the discussion on natural limits with regard to economic development has been revived, referring to the fact that

Operations Research Proceedings 1991
© Springer-Verlag Berlin Heidelberg 1992

the world's energy system relies on exhaustible resources, especially on oil. In the course of these developments several energy studies have been carried out, which were based upon systems analysis approaches by using different energy models /3, 9/. These studies aim at the development of least-cost energy supply strategies.

In recent years, general interest was drawn to another aspect of energy consumption and conversion: the close relation between energy use and air pollution. Along with the conversion of energy, emissions are produced simultaneously causing damage to environment, human health, etc. The focus has been on acid rain mainly and therefore on the air pollutants sulphur dioxide (SO_2) and nitrogen oxides (NO_x); nowadays additionally on carbon dioxide (CO_2) and volatile organic compounds (VOC). Due to the close interrelations between energy conversion and air pollution, emission control measures will influence the energy system and vice versa. Thus, when developing energy supply strategies, integrated approaches are needed, which take into account the environmental impacts of energy supply simultaneously. For this purpose, energy-environmental models (or emission control models) have been developed, aiming at the development of cost-efficient emission reduction strategies /1, 7/. At the Institute for Industrial Production (IIP)/University of Karlsruhe, the energy flow optimization model EC-EFOM , which has been extended by environmental modules (to EC-EFOM-ENV) /1, 7, 6/, is in use for studies in European, Asian and South American countries.

2. Methodology

The energy-environmental model EC-EFOM-ENV is a linear dynamic optimization model. It is driven by an exogenous demand for useful or final energy. The whole energy chain, starting from the primary energy supply, passing through the intermediate sectors (eg electricity generation) and ending in the demand sectors (industry, households, transportation, etc) is represented by linear equations. Figure 1 shows the structure of the model, which is organized in a modular way with each module or sub-system containing a set of alternative energy conversion techniques. Besides already existing energy conversion techniques possible future high-efficient, low-emission techniques, eg fluidized bed combustion or combined cycle processes with integrated coal gasification for electricity production, which could possibly be used by the end of this century, are also included. The techniques are represented and described by conversion efficiency, installed capacity, investment, cost, ancillaries and by-products etc. The modular structure allows a global and sectorial optimization, eg flow and capacity planning in the central electricity subsystem. The optimization criterion in use at present is the minimization of cumulated annual costs (present value) for the time span 1980-2010. The optimization function is composed of the variable cost coefficient $CV_{i,t}$ (proportional to the energy or material flow), the fixed cost coefficient $CF_{i,t}$ and the capital cost coefficient $CI_{i,t}$ (both proportional to the new invested capacities):

$$000BCOST = \sum_{t=T_0+1}^{T_p} \left(PWF_t \sum_{i=1}^{N} \left(CV_{i,t}E_{i,t} + ADCAP_{i,t}(CF_{i,t}X_{it} + CI_{i,t}W_{it}) \right) \right) \tag{1}$$

i	energy/material link identifier,
t	year identifier ($t=T_0,...,T_p$),
N	number of links,
T_o	starting year (or base year),
T_p	horizon year,
$ADCAP_{i,t}$	new invested capacity of technology i at year t, expressed as annual energy/material flow,
$CF_{i,t}$	COST-FIX, fixed costs of equipment of link i at year t,
$CI_{i,t}$	COST-INV, investments of equipment invested on link i in year t,
$CV_{i,t}$	COST-VAR, variable costs of energy (material) flowing on link i at year t,

$$F_{i,t} \qquad \text{energy/material flow of link i,}$$
$$PWF_t \qquad \text{present value factor in year t.}$$

The system of linear equations is generated by the model evaluating the topological and numerical information of the EC-EFOM-ENV data base.

The flow balance equations apply the Kirchhoff law at each node:

$$\sum_{i \in JI_{kp}} F_{ip} = \sum_{j \in JO_{kp}} \frac{F_{jp}}{\eta_{jp}} \tag{2}$$

$$\begin{array}{ll} m & \text{node identifier,} \\ JI_{m,t} & \text{index set of links entering node m in year t,} \\ JO_{m,t} & \text{index set of links leaving node m in year t,} \\ N & \text{number of links,} \\ \eta_{i,t} & \text{efficiency of technology link i at time t.} \end{array}$$

Capacity-flow constraints follow the scheme:

$$F_{i,t} \leq AV_{i,t} \left(RCAP_{i,t} + \sum_{u=T_0}^{t} ADCAP_{u,t} \right) \tag{3}$$

$$u \geq t - DV_{i,t} \qquad i = 1, ..., N \qquad t = 1, ..., T_p$$

$$\begin{array}{ll} t,u & \text{year identifier,} \\ AV_{i,t} & \text{availability of technology-link i in year t,} \\ DV_{i,t} & \text{technical lifetime of technology i,} \\ RCAP_{i,t} & \text{residual capacity of initial stock in base year } T_0 \text{ of technology i} \\ & \text{in year t, expressed as annual energy/material flow.} \end{array}$$

Besides these elementary types of equations more than 30 categories of restrictions can be distinguished: economic, technical and political constraints, eg input/output restrictions at nodes, upper and lower bounds on flows or capacities, demand equations, exogeneous constraints.

For the various environmental modules additional (in-)equations have to be modelled.

The total amount of pollutant k (eg CO_2, SO_2, NO_x, VOC) can be limited for each year t by the following set of inequations:

$$\sum_{j \in EET} e_{j,k,t} F_{j,t} \leq L_{k,t} \qquad k \in K, \quad t = 1, .., T_p \tag{4}$$

$$\begin{array}{ll} j & \text{identifier for environmental activities, either emitting} \\ & \text{or emission reduction measure,} \\ k & \text{pollutant identifier,} \\ EET & \text{index set of all emitting and emission reduction measures,} \\ K & \text{set of pollutants considered,} \\ e_{j,k,t} & \text{emission factor of link j for pollutant k and year t,} \\ L_{k,t} & \text{upper global emission limit for pollutant k in year t.} \end{array}$$

Despite the simple structure of the equations, the model is a complex tool due to its comprehensive representation of the entire energy system. Up to about 10,000 rows and columns have been generated, the density (share of non-zero elements) of the matrix is about 0.06 %.

The originally energy orientated model has been extended by environmental modules aiming at the representation of emission characteristics of the energy supply structure of a country or region, administrative emission reduction regulations and future technical options for the reduction of emissions. Of course, the model must be able to deal with different environmental policies, for example emission

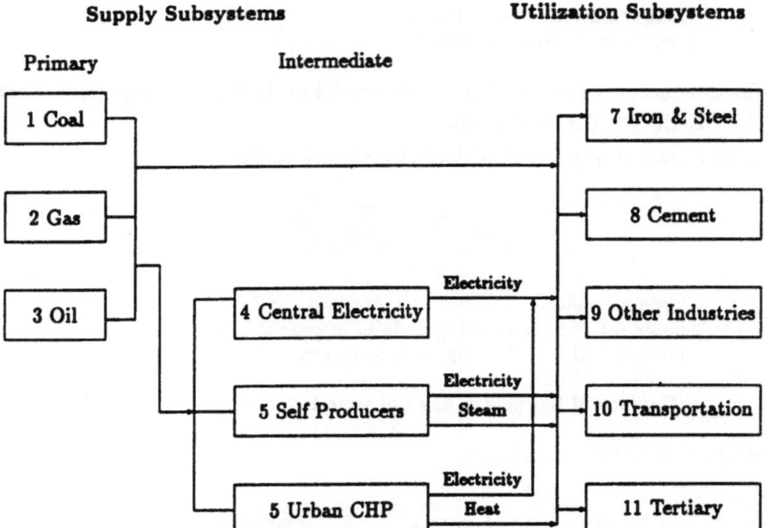

Figure 1: Modular structure of EC-EFOM

standards (eg 200 mg/m^3 NO$_x$), fuel specifications (eg 0.3 % sulphur content of gasoil) and fuel and technology related emission factors. For this purpose, the emission characteristics of the different fuels in different energy conversion processes are represented by means of emission factors resulting in a representation of the emission flow in the energy system. For each energy conversion process, the possibility of reducing emissions is provided by applying several emission control measures. These are, for example, the dry limestone injection process and the wet limestone process for SO$_2$-reduction, and combustion modification measures and the selected catalytic reduction process (SCR) for NO$_x$-reduction. Administrative emission reduction regulations are represented by additional constraints in the model.

These capabilities allow the investigation of different reduction measures as well as the evaluation of their effectiveness. The reduction measures, which can be assessed with the EC-EFOM-ENV model can be grouped together according to the following characteristics:

- fuel switching and improvement of fuel quality,
- emission reduction techniques,
- technology substitution, ie use of less-emitting techniques,
- energy conservation and efficiency improvements.

Moreover, these measures can be combined to form numerous mixed strategies in order to achieve pre-defined standards or general emission levels. Therefore national bubble policies as well as the impact of emission standards can be evaluated.

3. Selected Results for CO$_2$ Emission Reduction

Throughout the last couple of years the EC-EFOM-ENV model has been used to derive emission reduction strategies for several European countries. Besides analyses of the German situation, research projects have been carried out in collaboration with research institutes in Spain, Finland, Turkey, and Lithuania, see eg /2, 5, 4/. In the near future the EC-EFOM model will be used to evaluate cost-efficient pathways to reduce pollutant emissions in other Eastern European countries.

Most of the evaluations focussed on NO_x and SO_2 emissions /7/, but the model recently also has been used to derive CO_2 emission reduction strategies /8/. For this purpose the model was extended to be able to take into account energy conservation measures.

In the following, some keypoints of the results of a research project carried out for the DG XII of the Commission of the European Community will be discussed.

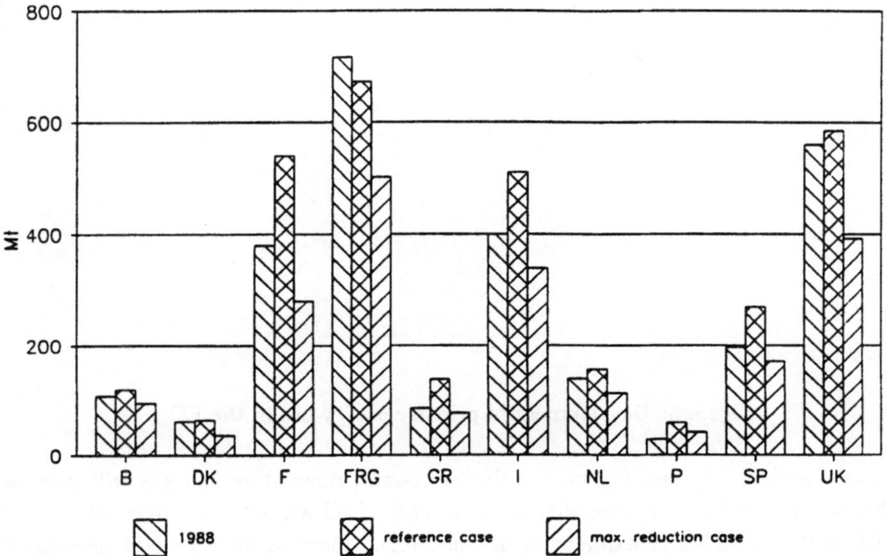

Figure 2: National CO_2 emissions in EUR-12 in 1988 and 2005 in Mt/a

In Figure 2 the evolution of CO_2 emissions in the Member States of the European Community are depicted. The three columns for each country are:

- emissions in the reference year 1988;
- emissions in 2005 for the reference case, ie without imposing any CO_2 emission ceiling - a "business as usual" scenario;
- the lowest emission level achievable in 2005.

The Federal Republic of Germany emits the most CO_2 (717.3 Mt in 1988) within the European Community. However, the Federal Republic of Germany is also the only country, in which the emissions decrease by 2005 in the reference case. This means that in the Federal Republic of Germany the cost-effective pathway would lead to a CO_2 reduction of 35.2 Mt without any CO_2 reduction target being imposed. All the figures given refer to the Federal Republic of Germany in borders prior to October 3, 1990.

The largest percentual increase of CO_2 emissions for the reference case relative to 1988 emission levels occurred in Portugal (109%), Greece (63.7%), France (42%) and Spain (37%). For the European Community as a whole (without Ireland) in the reference case CO_2 emissions will rise (CO_2 emissions in 1988: 2672 Mt) steadily till 2010. The total CO_2 emissions will amount to 2923 Mt in 2005 and 3111 Mt in 2010. If all Member States of the European Community did their best in lowering their CO_2 emissions a reduction of 23.5% of 1988 levels would be possible for the European Community. The primary energy consumption of the European Community will increase from 47,900 PJ in 1988 to 57,800 PJ (+20.6%) for the reference case in 2010 or 55,000 PJ (+14.9%) for the maximum

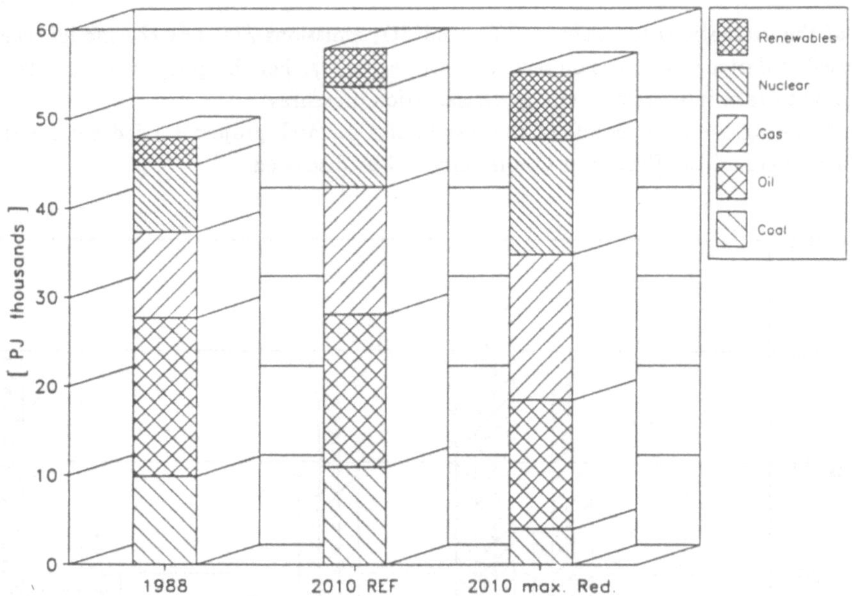

Figure 3: Development of primary energy use in the EC

reduction cases respectively (see Figure 3). Nuclear power, renewables and gas will increase their shares, whereas coal and oil will lose shares. The share of oil will decrease from 37.2% (1988) to 27.7% (REF 2010) or 26.2% (maximum reduction 2010). There is only a slight decrease for the maximum reduction case compared to the reference case, since in the transport sector hardly any fuel switching away from oil is possible. The share of coal will decrease from 20.7% (1988) to 18.9% (REF 2010). This is only a small cut due to the fact that coal and coal technologies are rather cheap compared with other fuels and the related technologies. However, if a CO_2 emission limit is imposed, the coal share will decrease drastically. For the maximum reduction case, the coal share will drop to 7.3% in 2010. For this case the shares of nuclear and renewables will increase to 23.5% and 13.6% respectively.

According to the model results for Germany a maximum CO_2 reduction of 32% is feasible until 2010. This number equals the figure given by the "Enquete Kommission" of the German parliament. In the analyses energy conservation measures played a key role. The results indicate, that significant CO_2 emission reduction may be achieved at a net benefit or at low cost and therefore not affecting too much the economic development, if the cost-effective potential of energy conservation measures is used. To proove this, results of model runs with energy conservation measures excluded have been compared with the results with energy conservation measures included.

Figure 4 shows that there are energy conservation measures, which already cost-effective without any emission constraint. The total discounted system cost for a CO_2 reduction of 25 % achieved with energy conservation (indicated as MURE case 25%) is cheaper than the reference case (REF) without CO_2 reduction imposed. Furthermore without energy conservation the maximum achievable CO_2 emission reduction is only 20%. A 30% reduction of CO_2 emissions compared with 1988 levels in the Federal Republic of Germany would cause additional costs of DM[85] 11.3 bn. For this case the average additional energy system costs are approximately DM[85] 60 per ton of CO_2 reduced, whereas for a 20% reduction without energy conservation measures the additional cost would be approximately DM[85] 140 per ton CO_2 (ie the reduction of the amount of CO_2 that equals the

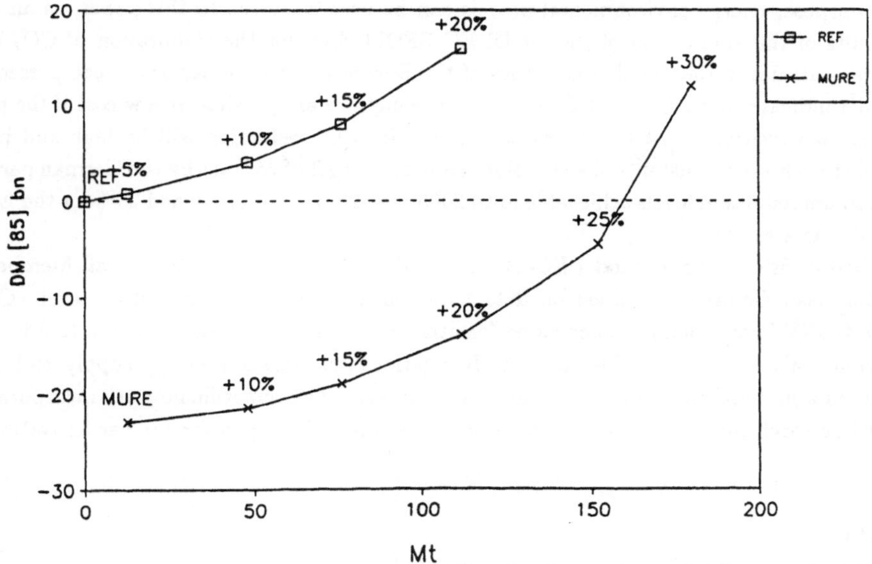

Figure 4: Cost curve for Germany – CO_2 emission redcution in 2010

amount emitted by burning one ton of steam coal would cause additional system costs of DM[85] 165 to 385).

The potential and the penetration of CO_2 emission reduction measures depend on the structure of the national energy systems, which are rather different within the European Community. Nevertheless, to meet CO_2 reduction targets, the following measures were cost-effective in almost every member country:

- energy conservation measures in traffic and households,
- combined heat and power generation, especially fuelled with biomass or waste,
- use of natural gas for power generation as well as for heating purposes,
- solar boilers for the tertiary sector,
- additional nuclear capacity.

There are many ways to enforce the different cost-effective measures identified in this report, but it is difficult to establish the desired behaviour of all economic agents involved. Special attention should be paid to energy conservation measures. A possible set of actions towards the realization of a cost-effective CO_2 emission reduction would be:

- standards on fuel consumption per kilometer of cars, traffic measures,
- limits on emissions from power and heat generation sectors,
- standards on electricity consumption of electrical appliances,
- stimulation of the use of combined heat and power generating processes,
- stimulation of the use of renewable energy sources,
- standards on the insulation of buildings.

4. Conclusions

Apart from economic objectives, the reduction of emissions has become a major objective, when developing energy supply strategies resulting in the need for cost-efficeint emission reduction strategies.

For this purpose, energy-environmental models can be used as tools. In this paper, as an example some results of the application of the model EC-EFOM-ENV for the elaboration of CO_2 emission reduction strategies in the member countries of the European Community have been presented.

The results indicate that significant CO_2 emission reductions are possible at low cost if the potential for energy conservation is used. Otherwise the cost for CO_2 reduction will be high and it will be impossible to achieve for instance the emission reduction target of 25% set by the German parliament. The maximum reduction levels achievable until 2005 are 32% for Germany and 23% for the European Community as a whole.

The applied decision support model EC-EFOM-ENV has been implemented for all Member States of the European Community, based on data bases on a comparable aggregation level. Currently EC-EFOM-ENV is also being implemented for other European countries. Hence, a tool is available for decision makers, which is able to quantify relationships between energy supply and emission reduction on a national as well as on an international level. The scientific network incorporating the associated research institutes has proven to be successful and is open for further activation in the future.

References

/1/ Commission of the European Communities (ed.)
Energy and Environment - Methodology for Acid Air Pollution Assessment in Europe,
Brussels, CEC (1990)

/2/ Haasis, H.-D.; Wietschel, M.; Lehtilä, A; Pirilä, P.
Analysis and evaluation of emission reduction strategies in Finland and the Federal Republic of Germany by using a decision support model.
Proc. Espoo (1991)

/3/ Häfele, W. (ed.)
Energy in a Finite World.
Cambridge Mass., Ballinger (1981)

/4/ Oder, C.; Haasis, H.-D.; Rentz, O.
Analysis and Evaluation of the Lithuanian Energy System.
to be published in: Energy (1991)

/5/ Plinke, E.; Haasis, H.-D.; Rentz, O.; Sivrioglu, M.
Analysis of Energy and Environmental Problems in Turkey by Using a Decision Support Model.
Ambio 19, 2, 75-81 (1990).

/6/ Remmers, J.; Morgenstern, Th.; Schons, G.; Haasis, H.-D.; Rentz, O.
Integration of Air Pollution Control Technologies in Linear Energy-Environmental Models.
European Journal of Operational Research, 47, 3, 306-316 (1990)

/7/ Rentz, O.; Haasis, H.-D.; Morgenstern, Th.; Remmers, J.; Schons, G.
Optimal Control Strategies for Reducing Emissions from Energy Conversion and Energy Use in all Countries of the European Community.
KfK-PEF Series No. 72 (1990)

/8/ Russ, P.; Haasis, H.-D.; Morgenstern, Th.; Perelló-Aracena, F.; Plinke, E.; Remmers, J.; Schons, G.; Rentz, O.
Development of Strategies for Reducing Air Pollutant Emissions in the European Community.
International Journal of Energy Research, 14, 833-847 (1990)

/9/ Van der Voort, E. et al.
Energy Supply Modelling Package EFOM 12C Mark I, Mathematical Description
Louvain-la-Neuve, CEC (1984)

Energy Forecasting in Latin-American Countries

Dipl.-Ing. Ignacio Zuazagoitia, Dipl.-Ing. Peter Ruß
Institute for Industrial Production (IIP)
University of Karlsruhe
Hertzstr. 16, W-7500 Karlsruhe 21, Federal Republic of Germany

Abstract

The energy situation of the world is highly discussed today. Energy
planning cannot be possible without a reasonable knowledge of past and
present energy consumption. Demand forecasts would be made either on
the basis of statistical evaluations and projections of past consump-
tions trend, or on the basis of specific technical studies. In general, the relatively sophisticated econometric and input-output approaches are easier to apply in developed countries, while data and
manpower constraints indicate that simpler techniques will be more effective in developing countries.

The principal purpose of this article is to analyse the simple relations among main economic, social and energy variables of Latin-Ame-
rican countries, to forecast in the next 30 years the primary energy
consumption and production, energy exports and imports, as well as the
final energy consumption for each of these countries.

The long-term forecastings of primary energy are based on the explanatory variables gross domestic product (GDP) and population, representing the respective economic and social variables. The utilized
methodology is to correlate these variables by country and year, by
using of the statistical method of less squares. The high significance
of respective determination coefficients of the found relations con-
firm the intimate interdependence that exists between energy, economic
and social indicators.

NEUE WEGE ZUR ARBEITSTEILIGEN STEUERUNG DER AUFTRAGSFERTIGUNG

Winfried Brecht, Leipzig
Armen Grigorjan, Leipzig

Zusammenfassung: Eine neue Methode zur bestandsregelnden Auftragsfreigabe für die Fertigung wurde entwickelt. Sie basiert auf einer Konzeption zur arbeitsteilig-parallelen Lösung komplexer Entscheidungsprobleme der Fertigungssteuerung. In ersten vergleichenden Testrechnungen zeigten sich beachtliche Wirkungen auf Bestände und Kapazitätsauslastungen. Weitere Untersuchungen sollen Grundlagen für echtzeitnahe Anwendungen des Freigabeverfahrens innerhalb von komplexen Werkstatt-Simulationsmodellen schaffen.

Abstract: A new method for the controlled input of production orders into the production process was developed. This method is based on a parallel processing concept for the solution of complex decision problems in production control. Preliminary test results showed marked improvement in both inventory levels and the efficient usage of capacity. Further studies will provide a basis for the real-time application of this method within the simulation of complex production processes.

Problemstellung und Lösungskonzept

In Konzepten des computerintegrierten Betriebes (CIM) wird der *Produktionsplanung und -steuerung (PPS)* von Scheer /9/ und anderen eine zentrale Integrationsfunktion zuerkannt. Marktgängige PPS-Systeme offenbaren jedoch vor allem Bemühungen zur Datenintegration bei unübersehbaren *Schwachstellen* im Hinblick auf eine wirksame Integration *entscheidungsunterstützender Komponenten!*

Diese werden jedoch insbesondere benötigt bei komplexen Entscheidungen des Unternehmens zur

- langfristigen Sicherung der Absatz- und Potentialentwicklung
- mittelfristigen Ressourcenbereitstellung für bereits vorliegende und noch zu erwartende Aufträge
- Angebotserarbeitung, insbesondere bzgl. Produktgestaltung, Preis und Liefertermin
- kurzfristigen Fertigungssteuerung, d.h. insbesondere Steuerung der Auftragsdurchläufe durch die Fertigung.

Besonders bei der außergewöhnlichen Vielfalt der in den letzten Jahren entwickelten Leitstandssysteme zur *Fertigungssteuerung* ist es u.E. nicht gelungen, zur bestmöglichen Gestaltung bzw. Einhaltung wichtiger Zielkriterien der Fertigung, wie

- *Liefertermine* bzw. daraus abgeleitete Fertigungstermine,
- *Lieferfristen*, bestimmt als Durchlaufzeit der Aufträge durch alle produktionsvorbereitenden und -durchführenden Bereiche,
- *Bestände* an Zwischenprodukten bzw. angearbeiteten und auf weitere Bearbeitung wartenden Aufträgen in der Fertigung,

Operations Research Proceedings 1991
© Springer-Verlag Berlin Heidelberg 1992

- *Kapazitätsauslastungen* bzw. durch temporären Auftragsmangel, Rüstarbeiten o.a. bedingte Wartezeiten (Stillstände) der Arbeitssysteme,
- auftragsbezogene *Fertigungskosten*,
- auftragsbezogene *Qualitätsanforderungen*,

bei echtzeitnahen und damit situationsadäquaten Steuereingriffen befriedigende Kompromißlösungen zu gewährleisten.

Deshalb wird von den Verfassern ein Konzept zur Zerlegung (Dekomposition) der komplexen Entscheidungsproblematik sowie zur *arbeitsteilig-parallelen*, auf mehreren (Hierarchie-)Ebenen und ggf. mehreren Computern betriebenen Lösung der Teilprobleme verfolgt (vgl. ähnliche von Krallmann initiierte Bemühungen /1/). Dieses Konzept dient als Grundlage für die Entwicklung folgender entscheidungsunterstützender Komponenten, welche die o.g. Zielkriterien mit unterschiedlicher Schwerpunktbildung und unter Anwendbarkeit verschiedener Lösungsansätze - von *Optimierungsmodellen* bis zu *wissensbasierten Ansätzen* - steuernd und regulierend beeinflussen sollen:

1. *Ressourcenbeschaffer*, der eine vorausschauende Anpassung der Ressourcenverfügbarkeit an die Auftragsanforderungen sichert
2. *Auftragsfreigeber*, der als "Pförtner" des Fertigungssystems bereits durch seine "Einlaßregulierung" möglichen Stauwirkungen innerhalb des Systems vorbeugt
3. *Materialflußsteuerer*, der als "Platzanweiser" jedem neu ankommenden oder in einem Bearbeitungsvorgang abgeschlossenen Auftrag die "richtige" Warteschlange (bzw. einen entsprechenden "Warteraum") zur weiteren Bearbeitung zuweist
4. *Arbeitszuteiler*, der einer freiwerdenden Maschine den nächsten zu bearbeitenden Auftrag aus der betreffenden Warteschlange zuteilt.

Mit der *Auftragsfreigabekomponente* befindet sich ein bedeutendes Teilsystem bereits in einer breiten Erprobungsphase. Der mit dem *Normalreichweiten-Modell* zugrundegelegte neue Denkansatz, die methodische Prinziplösung, erste Erprobungsergebnisse periodenweiser Auftragsfreigaben sowie Aktivitäten zur Realisierung echtzeitnaher ("tropfenweiser") Auftragsfreigaben im Rahmen eines flexiblen Werkstatt-Simulationssystems sollen im folgenden nach einer kurzen Wertung der bisher praktizierten belastungsorientierten Auftragsfreigabe vorgestellt werden.

Belastungsorientierte Auftragsfreigabe (BOA)

Die von MERTENS /7/, WIENDAHL /11/ und anderen geübte Kritik an klassischen Termin- und Kapazitätsplanungssystemen, die mit hohem Zeitaufwand am Mainframe im Batchbetrieb teilweise "minutiös" ausbilanzierte doch meist schnell überholte Pläne erzeugten, hat überwiegend zum völligen Verzicht auf derartige Entscheidungshilfen in marktgängigen PPS-Systemen geführt. Eine Ausnahme bildet das vor über 10 Jahren nach Anregungen von Kettner /6/ maßgeblich von BECHTE /2/ am Institut für Fabrikanlagen der TU Hannover entwickelte Verfaheren der *belastungsorientierten Auftragsfreigabe (BOA)*, welches nach Darstellungen von WIENDAHL /11/ aufgrund von Praxisberichten in einigen PPS-Systemen erfolgreich genutzt und auch weiterentwickelt wird (vgl. vor allem die Arbeiten von Erdlenbruch /4/ und Wedemeyer /10/).

Das in /11/ ausführlich beschriebene BOA-Verfahren besticht einerseits durch Wirksamkeit trotz Einfachheit! Anderseits veranlaßte gerade die Einfachheit des Auswahlverfahrens bei schwer durchschaubarer Wirkung von Belastungsschranken, Abzinsungen der Auftragszeiten und entsprechenden Verzerrungen des Belastungsdiagramms im Zeitverlauf (im Bild 1 anhand von 8 gleichförmig über die Maschinen M1-M2-M3 laufenden Aufträgen mit allgemein gleichgroß angenommenen Bearbeitungszeiten verdeutlicht) die Verfasser zur Suche nach einem plausibleren Denkmodell und damit u.U auch verbesserungsfähigem Freigabemechanismus. Die Ergebnisse dieser Suche werden nachfolgend überblicksmäßig dargestellt.

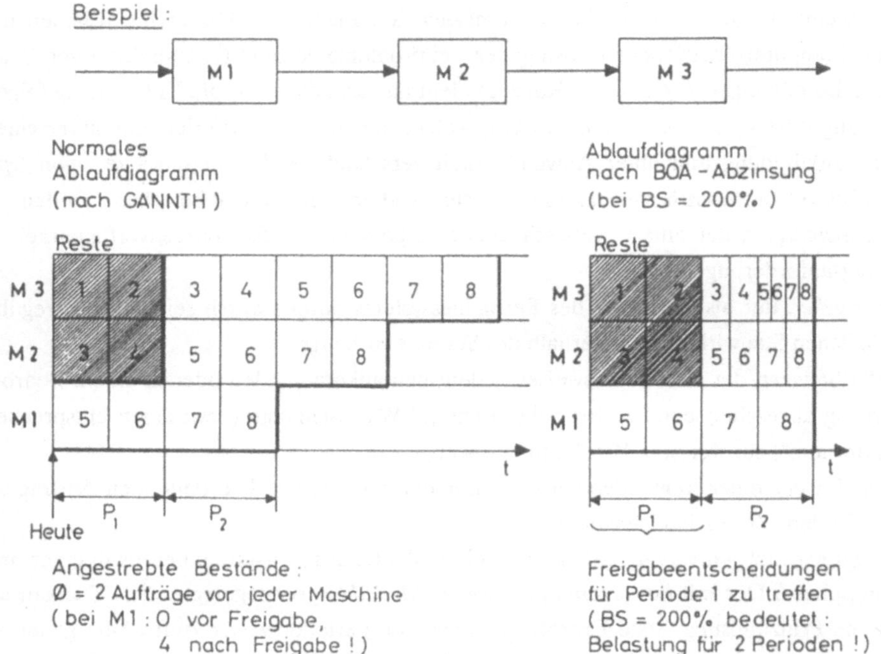

Bild 1: Auswirkungen von BOA-Abzinsungen der Auftragszeiten

Bestandsregelnde Auftragsfreigabe (BRAF)

Die bestandsregelnde Auftragsfreigabe läuft in folgenden 2 *Phasen* ab:

Phase 1: Ermittlung des Auswahl- bzw. Entscheidungsspielraumes

Phase 2: Auswahlprozeß für die freizugebenden Aufträge

In *Phase 1* von BRAF werden im **1.Schritt** aus den anhand von Arbeitsfortschrittsmeldungen aktualisierten "Rest"-Arbeitsplänen aller in der Fertigung befindlichen Aufträge deren voraussichtliche Ist-Reichweiten (d.h. in vergleichbaren Zeiteinheiten ausgedrückte Kapazitätsbelastungen) für alle Arbeitssysteme (Maschinen/-gruppen) abgeleitet. Dabei können auch direkte und indirekte Bestände - ausgedrückt als voraussichtliche Kapazitätsbelastungen durch direkt vor dem jeweiligen Arbeitssystem wartende Aufträge oder erst nach Abschluß anderer Arbeitsgänge vor dem Arbeitssystem eintreffende und somit indirekt wartende Aufträge - unterschieden werden (vgl. Bild 2, oben; Maschinendurchläufe der Aufträge analog Bild 1).

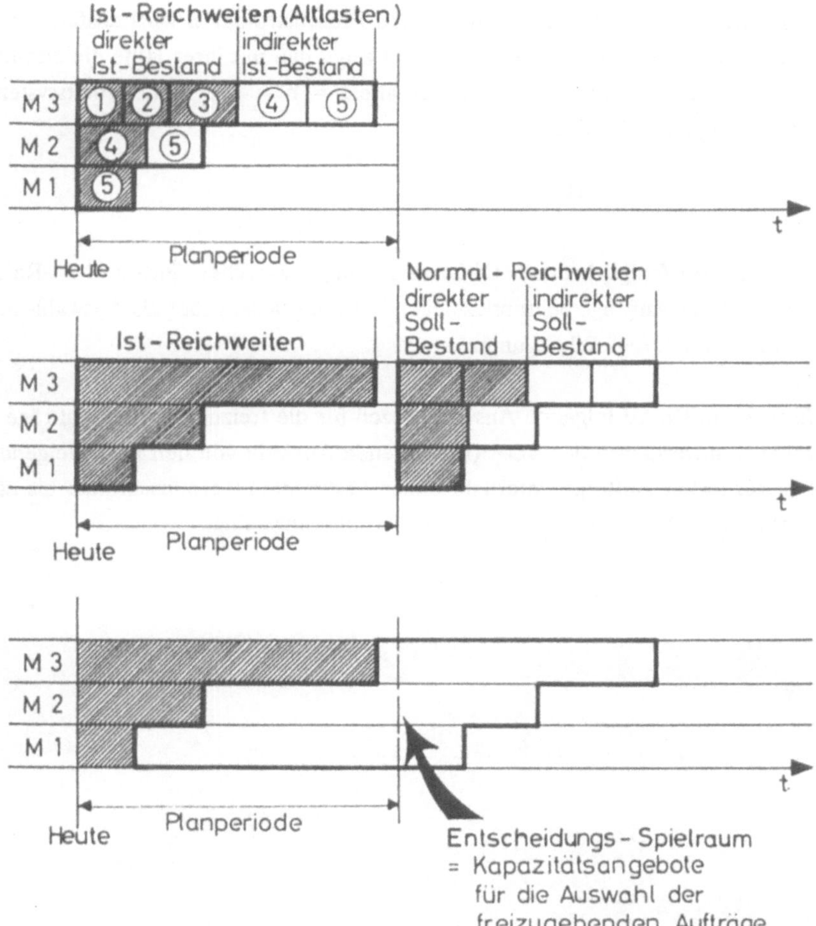

Bild 2: Ergebnisse der ersten Phase von BRAF

Im **2.Schritt** von *Phase 1* geht es darum, aus den für das Ende der Planperiode anzustrebenden Soll-Beständen an direkt vor jedem Arbeitssystem wartenden Aufträgen deren Soll- bzw. *Normal-Reichweiten* unter Berücksichtigung der indirekten Belastungen abzuleiten. Dafür können analog zu den Koeffizienten des direkten und vollen Materialaufwandes in Verflechtungsmodellen hier *Koeffizienten der direkten und vollen Belastungswirksamkeit* einer (Arbeitszeit-)Einheit direkt wartender Auftragsbestände genutzt werden. Dabei zeigen die letzlich benötigten Koeffizienten v_{hi} der vollen Belastungswirksamkeit an, welche Belastungen im allgemeinen eine (Arbeitszeit-)Einheit vor dem Arbeitssystem h wartender Bestände am (direkten oder indirekten Nachfolger-)System i bewirkt. Die Allgemeinheit bezogen auf eine repräsentative Auftragsmenge kann z.B durch eine relativ große Anzahl simulierter Aufträge gesichert werden.

Auf die Ermittlung der Koeffizienten bei unterschiedlichen Prozeßstrukturen wird ausführlich in /5/ eingegangen. Die Verwendung der Koeffizienten in (1) zeigt, daß mit ihrer Hilfe die Normal-Reichweiten r_i aus den direkten Soll-Beständen b_h für alle $i = h = 1, \ldots, m$ Arbeitssysteme abgeleitet werden können (vgl. Bild 2, Mitte, rechts).

$$r_i = \sum_{h=1}^{m} b_h * v_{hi} \qquad (1)$$

Im 3.Schritt von *Phase 1* wird lediglich durch Differenzbildungen zwischen Soll- und Ist-Reichweiten das für die Auswahl der Aufträge zugrundezulegende Kapazitätsangebot als Auswahl- bzw. Entscheidungsspielraum ermittelt (vgl. Bild 2, unten).

Der nunmehr in *Phase 2* von BRAF folgende Auswahlprozeß für die freizugebenden Aufträge ist ausgehend vom Grobauswahlverfahren der BOA (fortlaufende Auswahl von den nach steigenden Starttermin-Vorgaben sortierten Aufträge unterhalb eimer bestimmten Terminschranke bis zum Überschreiten von Belastungsschranken) nahezu beliebig verfeinerungsfähig.

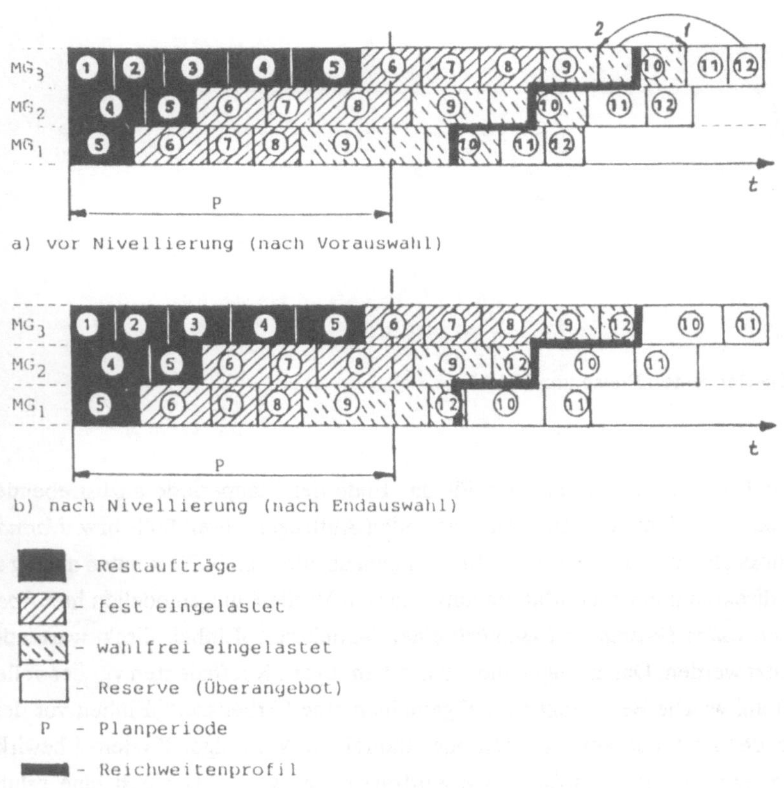

Bild 3: Ergebnisse der zweiten Phase von BRAF

Als Zielstellung für die Auswahl kann vereinfacht folgendes Minimum der relativen Soll-Ist-Abweichungen gelten:

$$1/m \sum_{i=1}^{m} \left| 1 - (ist_i + \sum_{j=1}^{n} a_{ij} * x_j)/soll_i \right| \; --> \; min \; ! \qquad (2)$$

mit ist_i = Ist-Reichweite für Arbeitssystem i
       $soll_i$ = Soll-Reichweite für Arbeitssystem i
       a_{ij} = Belastung des Arbeitssystems i durch den freigebbaren Auftrag j
       x_j = 0-1-Entscheidung über die Auswahl (Freigabe) des Auftrages j

Unter ähnlicher Zielstellung wurde bereits 1986 von BRECHT nach unbefriedigenden Experimenten mit der linearen stetigen und 0-1-Optimierung ein *heuristisches Verfahren* zur Lösung von Auftragsverteilproblemen entwickelt /3/ und von GRIGORJAN auch in das Auftragsfreigabesystem integriert /5/. Es umfaßt eine dialoggeführte Vorauswahl und eine belastungsnivellierende Endauswahl von Aufträgen mit vielfältigsten Eingriffs- und Manipulationsmöglichkeiten für den Nutzer. Die Wirkungsweise des Verfahrens wird grob anhand von Bild 3 verdeutlicht.

Für die vorgesehenen Testrechnungen zum Vergleich von BOA und BRAF wurde von GRIGORJAN eine umfangreiche Umgebung zur Simulation der Auftragseingänge und der nach den Auftragsfreigaben ablaufenden Fertigungsprozesse sowie zur statistischen Auswertung der vielfältigen Simulationsergebnisse geschaffen.

In ersten Testreihen konnten bei BRAF selbst im Fall der Nutzung des groben BOA-Auswahlverfahrens im Vergleich zu BOA bereits Vorteile bzgl. der Erreichung von relativ hohen Kapazitätsauslastungen bei niedrigerem Bestandsniveau festgestellt werden (vgl. Bild 4). Diese Ergebnisse ermutigten zu Experimenten in der neuen Qualität einer *echtzeitnahen* und damit "tropfenweisen" Freigabe einzelner Aufträge, deren verändertes Arbeitsprinzip und Anliegen abschließend kurz charakterisiert werden soll.

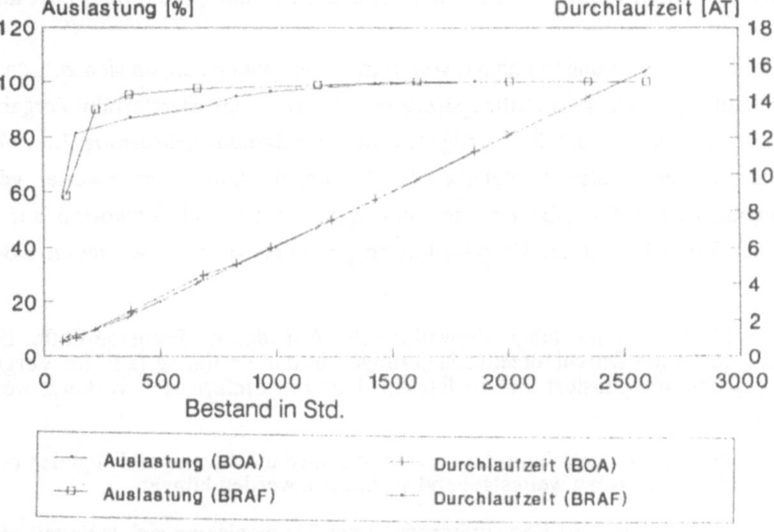

Bild 4: Ergebnisvergleich von BOA und BRAF

Echtzeitnahe Auftragsfreigaben

Wenn die bisher den Auftragsfreigaben zugrundegelegte Planperiode auf eine Länge von *"Null"* zu-
sammengeschoben wird, so können die Soll-Reichweiten mit den aktuellen Ist-Reichweiten der
Fertigungsbestände in jedem beliebigen *Zeitpunkt* verglichen werden. Damit könnten z.B. bei Nutzung eines in kleinsten konstanten Zeittakten ablaufenden Simulationsmodells im Extremfall pro
Zeittakt die Soll-Ist-Abweichungen der Reichweiten festgestellt sowie Möglichkeit und Zweck-
mäßigkeit der Freigabe *eines* weiteren Auftrages überprüft werden. Dabei ist die Möglichkeit einer
Auftragsfreigabe gegeben, wenn zumindest ein in seiner konstruktiven und technologischen Vorbereitung abgeschlossener Auftrag an einem bestimmten Sammelpunkt auf zentraler Ebene vorliegt. Dieser als *"Freigabe-Puffer"* bezeichnete zentrale Sammelpunkt kann über die Berücksichtigung bestimmter *"Terminpuffer"* in den Lieferfristen der Aufträge auf eine nahezu beliebige mittlere Anzahl von freigebbaren Aufträgen "eingestellt" werden, womit ein zweckmäßiger Auswahl-
bzw. Entscheidungsspielraum geschaffen werden kann. Erste Vorstellungen hierzu wurden von
BRECHT bereits in /3/ entwickelt. Mit Hilfe eines von NIEMEYER auf der Grundlage der flexiblen Simulations-Shell *"AMTOS"* (Automaton based Modelling and Task Operating System - vgl.
/8/) geschaffenen komplexen *Werkstatt-Simulationssystems* wird erstmals eine problemlose Umsetzung dieser Vorstellungen im Rahmen einer Forschungskooperation möglich.

Die wichtigsten Bausteine für eine Realisierung der bereits charaterisierten 2 Phasen von *BRAF*
wurden von BRECHT in PASCAL implementiert und in das Werkstatt-Simulatiossystem mit
Unterstützung von seiten des Systementwicklers integriert. Der Auswahlprozeß wurde entsprechend der Zielstellung (2) organisiert, nur wird die relative Abweichungssumme in jedem Zeittakt
unter Einbeziehung von

a) *keinem* Auftrag (j = 0)

b) je *einem* der im Freigabe-Puffer befindlichen Aufträge j = 1, . . .,n

berechnet und entsprechend dem Minimum aller j eine *Einzelentscheidung* (kein oder ein Auftrag
freizugeben) getroffen.

Bei den erst angelaufenen Testrechnungen anhand von fiktiven Beispielen zeigten sich zunächst im
Vergleich zur bisher häufig praktizierten Auftragsfreigabe bei erreichter Starttermin-Vorgabe lt.
Durchlaufterminierung vor allem beträchtliche Möglichkeiten der *Bestandsreduzierung*. Im Folgen-
den sollen insbesondere die erwarteten zusätzlichen Effekte der punktuell-tropfenweisen gegen-
über der periodisch-gebündelten Freigabe experimentell quantifiziert und Antworten auf eine
Fülle neuer bzw. bisher kaum beachteter Fragestellungen gefunden werden. So stehen z.B. die
Fragen,

- ob und in welchem Maße die notwendige Verweilzeit der Aufträge im Freigabe-Puffer durch
  Bestands- und entsprechende Durchlaufzeitreduzierungen in der Fertigung (z.B. im Vergleich
  zur FIFO-Freigabe) überkompensiert und so letzlich doch die Lieferfristen verkürzt werden
  können,

- ob und wie Terminüberschreitungen bei relativ niedrigem Bestandsniveau und zugleich relativ
  hohem Kapazitätsauslastungsniveau weitestgehend vermieden werden können,

- ob und wie Belastungsabgleichs- und Kapazitätsanpassungs-Mechanismen sich rationell ergän-
  zend und echtzeitnah zusammenwirken können.

Über entsprechende Ergebnisse wird später an anderer Stelle zu berichten sein.

Literatur:

/1/   Albayrak, S.
        Verteilte wissensbasierte Systeme in der Fertigung.
        In: Wissensbasierte Systeme in der Betriebswirtschaft.
        Grundlagen, Entwicklung, Anwendungen.
        Hrsg.: Ehrenberg, D.; Krallmann, H.; Rieger, B.
        Berlin: Schmidt (1990)

/2/   Bechte, W.
        Steuerung der Durchlaufzeit durch belastungsorientierte Auftragsfreigabe
        bei Werkstattfertigung.
        Düsseldorf: VDI, Fortschrittberichte, Reihe 2, Nr. 70(1984)

/3/   Brecht, W.
        Projektierung, Planung und Steuerung der betrieblichen Produktion.
        Beiträge zur Rechnerunterstützung betriebswirtschaftlicherEntscheidungsprozesse.
        Habilitation.
        Leipzig: Technische Hochschule (1989)

/4/   Erdlenbruch, B.
        Grundlagen neuer Auftragssteuerungsverfahren für die Werkstattsteuerung.
        Düsseldorf. VDI, Fortschrittberichte, Reihe 2, Nr. 71(1984)

/5/   Grigorjan, A.
        Vergleichende Untersuchungen zur Auftragsfreigabe.
        Dissertation (Entwurf).
        Leipzig: Technische Hochschule (1991)

/6/   Kettner, H., Jendralski, J.
        Fertigungsplanung und Fertigungssteuerung - ein Sorgenkind der Produktion.
        VDI-Z 121(1979)9, S410-416

/7/   Mertens, P.
        Industrielle Datenverarbeitung.
        Teil 1: Administrations- und Dispositionssysteme. 7.Auflage
        Wiesbaden: Gabler (1988)

/8/   Niemeyer, G.
        Projekt- und Prozeßplanung auf dem PC.
        Das universelle Planungsverfahren AMTOS.
        München Wien: Oldenbourg (1987)

/9/   Scheer, A.-W.
        Der computergesteuerte Industriebetrieb. 4.Auflage.
        Berlin u.a.: Springer (1990)

/10/   Wedemeyer, H.-G.
        Entscheidungsunterstützung in der Fertigungssteuerung mit Hilfe der Simulation.
        Düsseldorf: VDI, Fortschrittberichte, Reihe 2, Nr.176(1989)

/11/   Wiendahl, H.-P.
        Belastungsorientierte Fertigungssteuerung.
        Grundlagen, Verfahrensaufbau, Realisierung.
        München: Hanser (1987)

Die Planung von Puffern bei Variantenfertigung

Maria Decker

Universität Mannheim

Bedingt durch die wachsende Variantenvielfalt einzelner Produkte findet man immer häufiger Fertigungslinien, auf denen Produkte oder Varianten mit unterschiedlichen Bearbeitungszeiten nacheinander ohne gesonderte Umrüstvorgänge produziert werden. Man denke hierbei etwa an die Montagebänder in der Automobilindustrie. Um eine Überlastung der Fertigung durch zeitintensive Varianten bzw. das "Aushungern" von Stationen zu verhindern, ist hierbei der Reihenfolgeplanung besondere Aufmerksamkeit zu schenken. Ebenso sollten Puffer eingerichtet werden, an denen die Reihenfolge umgestellt und den Bedürfnissen der nachfolgenden Stationen angepaßt werden kann.

Diese Pufferproblematik, d.h. insbesondere die Frage, wo und wieviele Puffer bei einer gegebenen Fertigungsstruktur (Anzahl der Arbeitsstationen und der zu fertigenden Aufträge, Verteilung der Bearbeitungszeiten) eingerichtet werden sollen, ist Gegenstand der vorliegenden Betrachtung. Es geht in dieser Untersuchung nicht darum, Puffer als Mittel zur Bewältigung stochastischer Störungen oder zur Durchführung der Qualitätskontrolle und -nachbesserung zu betrachten, wie dies normalerweise in der Literatur geschieht. Diese Funktionen haben Puffer natürlich auch; hier soll primär ihr Einfluß auf die Reihenfolgeplanung und den in diesem Zusammenhang relevanten Zielkriterien wie Minimierung von Durchlaufzeiten oder Verspätungen, Vermeidung von Kapazitätsüber- oder unterlastung, usw. untersucht werden.

Dazu werden zunächst zwei Heuristiken und dann ein exaktes Verfahren vorgestellt, die unter Berücksichtigung von Reihenfolgeaspekten die einzurichtenden Puffer angeben. Die exakte Methode stellt dabei einen DP-Algorithmus dar und ist stark an das aus der Lagerhaltung bekannte Wagner-Whitin-Verfahren angelehnt.

Da für die Reihenfolgeplanung insbesondere die Bearbeitungszeiten von Bedeutung sind, wird schließlich noch eine Heuristik diskutiert, welche die Pufferplazierung allein aufgrund einer Analyse dieser Größen vornimmt. Die Reihenfolgebestimmung wird nur insofern berücksichtigt, als bei dieser Analyse die gleichen Zielvorstellungen zum Tragen kommen wie bei ihr.

Zum Schluß werden noch einige Gesichtspunkte hinsichtlich der Pufferdimensionierung angesprochen, insbesondere die Bestimmung der benötigten Puffergröße und Maßnahmen zu ihrer Reduzierung.

Integrated Scheduling of Flexible Manufacturing and Assembly Systems

Janez Dekleva, Matjaz Gaberc, Janez Kusar
University of Ljubljana, Yugoslavia

Abstract:

An integrated system of master and fine scheduling of a flexible manufacturing (FMS) and assembly system (FAS) is discussed in this presentation.

Up to now the scheduling procedures were divided into two separate scheduling: one for the FMS and the other for the assembly. The proposed system offers an integrated schedule covering both systems of production process with master scheduling based on typical network schedules, and defined for single orders, while the operations for either FAS or FMS are defined within the activities of typical network schedule. The master schedule is based on critical capacities control. The scheduling of FMS is obtained by use of Non - delay procedure.

The effect of reduced utilization of machining tools of FMS, as observed at the end of the period covered by the master schedule, will be eliminated by the proposed introduction and timing of new orders.

Control of Flexible Manufacturing Systems with Modified Non Delay Algorithm

Janez Dekleva, Matjaz Gaberc, Tomaz Setnicar
University of Ljubljana, Yugoslavia

The paper presents the use of the modified Non Delay algorithm as a basis of a supervision system for production control in flexible manufacturing system.

Some basic characteristics of scheduling of flexible manufacturing systems are presented. A rescheduling procedure for fault reduction is also taken into account.

Each production activity is marked by two events; the start and the end. Both events are of decisive importance for the process of system control. At start of an activity a command is generated. A message is a information on the termination of activity. All events which could occur by supervision of flexible manufacturing systems are described. These events are used for analysis of possible decisions.

Feasible conflict situations and suitable salvation for their elimination are also discussed.

The part of diagnostic system which provide the status informations of all elements of flexible manufacturing systems is also presented in this paper.

AN APPROACH TO EXPERT SYSTEM FOR EXTENDED PRODUCTION FLOW ANALYSIS

Janez Dekleva, Ljubljana
Darko Menart, Ljubljana

Abstract: In this paper an expert system for the Extended Production Flow Analysis (EPFA) is proposed. EPFA investigates production flow in the enterprise on two successive levels (known as Factory Flow Analysis - FFA and Group Analysis - GA). The paper discusses the experiences within the Production Flow Analysis and attempts to formalize the necessary steps in the analysis.
The model and formalization of rules for both levels of the proposed expert system are described in the case study.

Zusammenfassung: Im Aufsatz wird ein Expertensystem für die erweiterte Fertigungsflußanalyse (EFFA) vorgeschlagen. Durch die EFFA wird der Fertigungsfluß auf zwei Ebenen (genannt Makro- und Mikroanalyse) untersucht.
Im Aufsatz werden ebenso die Erfahrungen im Gebrauch von EFFA beschrieben und ein Versuch gemacht, die notwendigen Analyseschritte zu formalisieren.
In einem Beispiel werden das Modell und das Formalisierung der Regeln für beide Ebenen des vorgeschlagenen Expertensystems gezeigt.

Introduction

Production Flow Analysis (PFA) was devised with intention to solve some tasks in the production system. The Material Flow which was subject of analysis should obtain the simplest possible form with the shortest possible throughput time. The improved Material Flow should enable the manufacturing of majority of parts within a single department or at least in a smallest number of departments. The functional layout of production is converted into cell production. This transformation is based on identification of clusters (families) of parts and corresponding groups of machine tools. The realization of cellular system of production is based on the optimal layout.
The PFA was introduced by John Burbidge who designed the necessary steps for each level of analysis, based on his exceptionally broad knowledge and global expertise /1/.
The PFA found a broad acceptance very early but it became obvious from the very beginning that the technique would be even more successful on individual levels if one could apply precise algorithms or models and finally if one could obtain the computer support.

Operations Research Proceedings 1991
© Springer-Verlag Berlin Heidelberg 1992

Experiences with PFA

In /4/ a set of statistical data was published for Factory Flow Analysis (FFA) and for Group Analysis (GA) for a number of cases which were the subject of our investigation. We had even less success with other methods /2/,/7/,/8/,/9/ as was reported in /3/. We could enlarge the statistics with 6 additional cases, but the message of the statistics would not be any different.

In the same paper /4/ we described our difficulties in applying the binary matrix machines/parts (packs) for GA. For those cases we proposed the variant procedure based on the Modified Incidence Matrix. The application of the Modified Incidence Matrix was successful only in combination with the clustering of parts. This time we would like to use the clustering of parts for both levels of PFA, i.e. Factory Flow Analysis (FFA) and Group Analysis (GA). This suggestion is based on the fact that in some of our cases it was impossible to distinguish between the exceptional and the standard parts /4/ by use of procedure proposed in /1/. It is our belief that the PFA should be performed by experienced engineers and that unexperienced people although formally qualified are less successful /5/.

Having this in mind two possible solutions can be recommended:
- the development of corresponding Expert System /6/ and
- greater formalization of different steps proposed by J. L. Burbidge for particular levels of analysis.

Under the assumption that we opted for the integral diagnostic model /6/ in designing the proposed expert system we are faced with two different kinds of knowledge: experiential and fundamental. We believe that by structuring and representing fundamental knowledge several answers for the second solution will simultaneously appear.

The Structure of Production System

The PFA is supported by the real and control spheres of production system.

The real sphere which is characterized by material processes - material flow belongs to them - is divided into individual departments within which the material is either stored, manufactured or controlled. Between individual manufacturing processes and control tests, the part either rests (storage) or is in the process of movement (transportation).

For our purposes the real sphere will be represented by a set of the total number of departments P.

$$P = \{ p_1, p_2, ..., p_q, ..., p_Q \},$$

where Q equals the number of individual departments and p_q is the qth department. We know that the realization of the real sphere is based on the accepted technological process. In metal cutting industries, different machine tools, equipment for thermal treatment, cleaning, painting, protection, etc ..., represent the elements of the technological system. We can define it as the set of machines S,

$$S = \{ s_1, s_2, ..., s_m, ..., s_M \},$$

where M equals the number of machines and s_m is m^{th} machine.

The PFA requires the knowledge of the location of individual groups of machines. We define the groups of machines as subsets $S_q \subseteq S$, where S_q is the group of machines within the department p_q.

$$S_q = \{ s_{1_q}, s_{2_q}, ... \},$$

We propose the new set for defining the production system.

$$S = S^q = \{ S_1, S_2, ..., S_q, ..., S_Q \},$$

The control sphere is responsible for the planning and the control of material flow within the real sphere. It is concerned with the observation of the differences between the planned and the actual state of the material flow and with the suitable decision making when the growth of the observed differences is too large. We are going to discuss only those areas of control sphere which are responsible for the execution of PFA through the design or correction of manufacturing routings. It is the department of process planning that we have in mind. This unit is not only responsible for the selection of the technology but it has a major impact on the planning of organization. Furthermore it is responsible for the design of routing of the individual parts, for different corrections of routing based on the PFA and, finally, for the permanent improvement of technological processes. Figure 1 represents PFA in real and control sphere of production system.

The permanent obligation of this unit is to create and to maintain the technological data base, where for each individual part o_j;

$$o_j \in O = \{ o_1, o_2, ..., o_j, ..., o_J \}$$

the totality of technological data is collected from the route sheet T_j. PFA is rooted in the knowledge of the sequence of operations taken from the set of all operations K and in corresponding sequence of machines on which the planned operations are executed. Actually we need the sequence of pairs (k,s), where $k \in K$ and $s \in S$. This in fact represents a relation between two sets, the set of all available operations and the set of all available machine tools (located within the real sphere). For the part o_j we have to obtain the corresponding sequence of pairs or relation $R_j(K,S) \subseteq T_j$, where

$$R_j(K,S) \subseteq \{ (k,s) \mid (k,s) \in K \times S \},$$

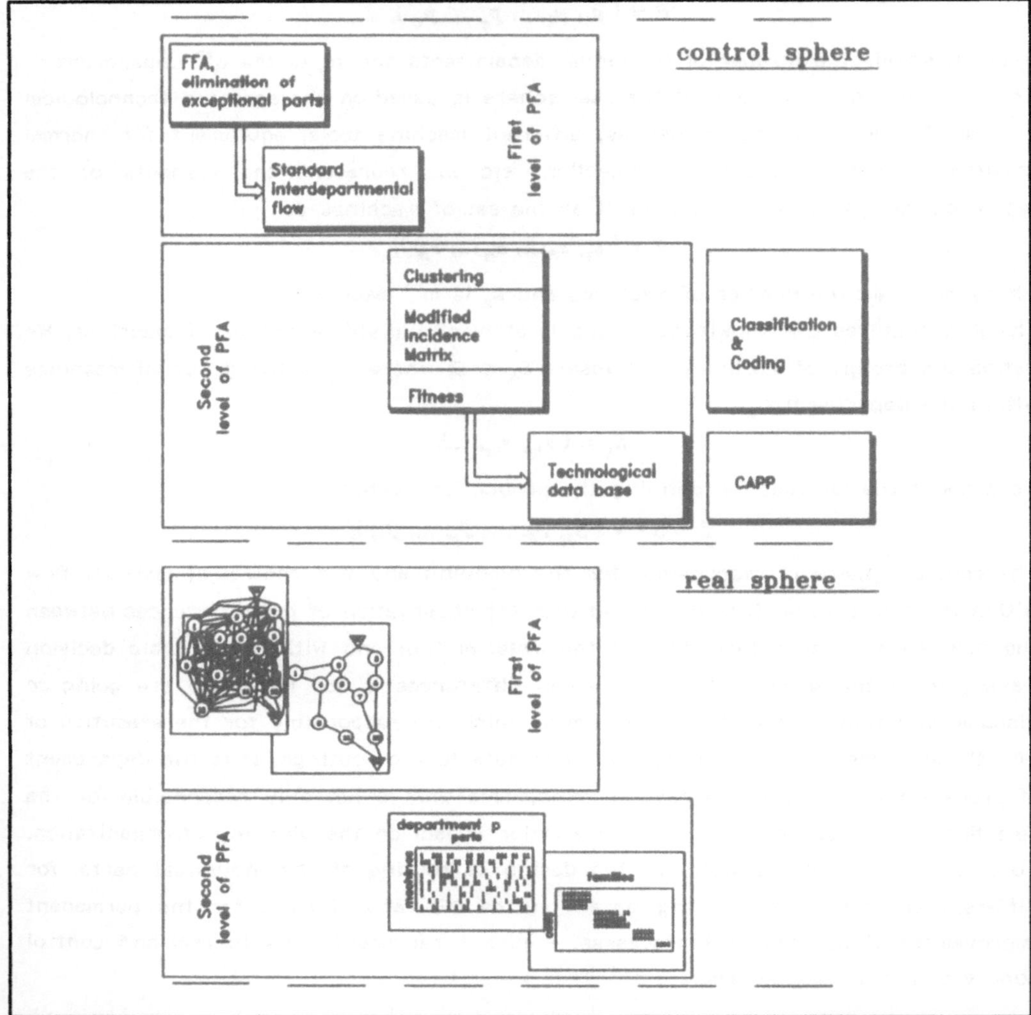

Figure 1: PFA in real and control sphere of production system

Extended Production Flow Analysis

The procedure is divided into the following seven steps.

Step 1 – Existing Cumulative Directed Graph

In the first level of PFA, i.e. Factory Flow Analysis we are looking for the cumulative directed graph of all parts O (the quantity of each part equals one) included into the annual program. Smaller sample of exceptional parts Q_v; $Q_v \subseteq O$ is used for some analysis.

The directed graph is obtained from partial technological data $R_j(K,S) \subseteq T_j$, which can be further simplified into $R_j(K,S^q)$ where

$$R_j(K,S^q) \subseteq \{(k,s_q)|\ (k,s_q) \in K \times S^q\}$$

Through the above sequence of pairs $R_j(K,S^q)$, one can easily obtain the new binary relation $R_j(S^q,S^q)$, i.e. the sequence of directed arcs which are needed for the construction of the directed graph of jth part:

$$G_j = \left\{ S^q,\ R_j^q(S^q,S^q)|S^q = \{\ S_1,S_2,...S_q,...S_Q\ \},\ R_j^q(S^q,S^q) \subseteq S^q \times S^q \right\}$$

where S^q is the vertex (department) within the graph, and $R_j^q(S^q,S^q)$ are directed arcs, i.e. the routing between vertices (departments).

The cumulative directed graph is a superposition of individual directed graphs of all parts $j = 1...J$.

Step 2 – Clustering of Parts

The set of all parts O should be subdivided into the clusters (families) with the similarity of shape, dimensions and technology. For the PFA the clustering is mostly acceptable due to the fact that the data from the routing are available. Clusters (families) represent subsets within a set of parts O, $D_r \subseteq O$, $r = 1,...R$, where R is the number of clusters (families).

Step 3 – Standard Interdepartmental Flow

Each predefined cluster (family) is represented by a composite part. The routings for all composite parts are controlled and if necessary corrected. They represent the so called typical (standard) routings. The goal criteria is the simplest possible interdepartmental flow with the minimal number of required departments.

Step 4 – First Correction of Routings

The routings of all parts must be adapted according to the standard flow, i.e. the typical routings. Instead of hitherto T_j: for $j=1,2,...J$, the new routing became T_{jn}, and that means the updating of the technological data base.

At this point the Factory Flow Analysis as the obligatory phase for the transformation of functional production system to the cell production system is finished. For the second phase Modified Incidence Matrix Method is chosen. The method uses clusters defined in the second step.

Step 5 – Sequence of operations

In the fourth step of the procedure the routings of all parts are corrected according to the standard flow in production system i.e. according to the typical routings of composite parts. Older routings T_j are converted into the new routings T_{jn}. The corrections were performed on the department level so that the flow within one department is practically the same except in the case when there are some changes

202

in locations of machines or organizational modification.

Let us repeat the initial goal of the procedure to finish every single part in the minimal number of different departments, if possible in only one. Suppose that we have a workshop d with the set of machines

$$S_d = \{S_{d1}, S_{d2}, ..., S_{dm}, ...S_{dM}\}$$

From the technological data base binary relations for individual parts are obtained

$$R_{ri}(K,S_d) \subseteq \{(k,s_{dm}) \mid (k,s_{dm}) \in R_{ri}(K,S_d)\}$$

where $i \in E_r = \{1,2,...i,..I\}$ and I is the number of elements in the cluster (family) r. Series of first elements in pairs represents the sequences of operations and series of second elements defines the physical flow between machines/tools.

Step 6 - Modified Incidence Matrix

Modified Incidence Matrices (vertex - vertex) for particular part are defined. The elements in matrix S_{k1} describe the adjacency of the two vertices and are defined as follows:

$$S_{kl} = \begin{cases} a^+, & a^+ \text{ arcs from } k \text{ to } l \\ 0, & \text{no connections between } k \text{ and } l \\ a^-, & a^- \text{ arcs from } l \text{ to } k \end{cases}$$

Step 7 - Selection of Machines

The modified matrices for all parts of the cluster (family) r are summed up.

$$\sum_{i=1}^{I} S_r \quad or. \quad \sum_{i=1}^{I} (S_{kl})_r$$

and the number of connections for particular machine is evaluated.

$$\sum_{l=1}^{M_r} \sum_{r=1}^{R} (S_{kl})_r + \sum_{l=1}^{M_r} \sum_{r=1}^{R} (S_{lk})_r$$

where M_r stands for the number of machines. From the set of machines S_d the subset of machines S_{dr} used for the manufacturing of parts in cluster (family) r is defined. From the set S_{dr} the subset $S_{dr\ min}$ is specified. This subset $S_{dr\ min}$; $S_{dr\ min} \subseteq S_d$, represents those machines whose number of connections is equal or greater than P_{min}, where $P_{min} > 0$.

$$(s_{dk} \in S_{dr\ min}) \rightarrow \left(\sum_{l=1}^{M_r} \sum_{r=1}^{R} (S_{kl})_r + \sum_{l=1}^{M_r} \sum_{r=1}^{R} (S_{lk})_r \right) \geq P_{min}$$

At the end of this procedure the obtained functional production system is transformed to the cellular production system.

<u>**Knowledge base**</u>

Production systems based on production rules "cause → consequence" and "situation → action" for representing knowledge in knowledge base are used. Those rules are structured and grouped into classes which correspond to particular steps of EPFA.

```
IF      part X belongs to the family r
    .AND.
        FOR i = first TO last operation
        IF      machine(operation(i))  is  one  of  the
                machines required for manufacturing the
                composite part of family r
        NEXT
THEN    technological process of the part X is OK
ELSE    correction of technological process for the part
        X is necessary
```

Figure 2: general rule for technological processes correction

```
IF      number of connections for machine Y is greater
        than F_min
    .AND.       number of machines in cell is smaller
                than the maximum number of machines in
                the cell
THEN    add the machine Y to machine cell
ELSE    remove the machine Y
```

Figure 3: general rule for selecting machines to the cell

<u>**Case study**</u>

The annual production program of the machine shop in the enterprise TOMOS Koper was divided into 15 different clusters (families). Let us take a group of shafts as an example. We selected the representative sample of 12 parts. Their connections between departments are shown in the figure 4 and is result from the step one of the procedure.

According to the described procedure the composite part was designed with its technological data. The matrix for this composite part (step 3 in the procedure) is represented in the figure 5 and the matrix according to step 4 for the whole family in the figure 6.
Following the procedure five different machines (3331, 3341, 3312, 3431 and 1314) are selected in the step seven.

<u>**Conclusions**</u>

The described formalization of PFA may be of some help for its future applications aimed to the realization of a cellular system of production. The case study proves that the flow for the entire family can be simplified only with few correction in technological data base and with the selection of proper machine tools

from \ to	3331	3341	3342	3312	3431	3940	3111	3122	3124	3911	1314
3331	0	20	2	0	0	0	0	0	0	0	0
3341	0	0	3	17	0	0	0	0	0	0	9
3342	0	0	0	3	0	1	0	0	0	0	1
3312	0	9	1	0	11	0	0	0	0	0	0
3431	11	0	0	0	0	0	0	0	0	0	0
3940	0	0	0	0	0	0	0	0	0	0	1
3111	0	0	0	0	0	0	0	2	0	0	0
3122	0	0	0	0	0	0	0	0	2	2	0
3124	0	0	0	0	0	0	0	2	0	0	0
3911	0	0	0	0	0	0	0	0	0	0	0
1314	0	0	0	0	0	0	0	0	0	0	0

Figure 4: The matrix of material flow for cluster of shafts

	3331	3341	3312	3431	1314
3331	0	2	0	0	0
3341	0	0	2	0	1
3312	0	1	0	1	0
3431	1	0	0	0	0
1314	0	0	0	0	0

Figure 5: Matrix of material flow for the composite part

	3331	3341	3312	3431	1314
3331	0	22	0	0	0
3341	0	0	22	0	11
3312	0	11	0	11	0
3431	11	0	0	0	0
1314	0	0	0	0	0

Figure 6: Matrix of material flow for the family of shafts

Literature:

/1/ Burbidge J. L.: *Production Planning*, Heinemann, 1971.

/2/ Chan H. M., Milner D. A.: Direct Clustering Algorithm for Group Formation In Cellular Manufacture, *Journal of Manufacturing Systems*, Vol.1, No.1, pp.65-75, 1982.

/3/ Dekleva J., Menart D.: Advantages and Disadvantages of Different Production Cell Identification Methods, *Advances in Production Management Systems 85*, E. Szelke, J. Browne, editors, North-Holland, pp. 73-82, 1986.

/4/ Dekleva J., Menart D.: Extensions of Production Flow Analysis, *Journal of Manufacturing Systems*, Vol. 6, No. 2, pp. 93-105, 1987.

/5/ Dekleva J., Kušar J., Menart D., Starbek M., Zavadlav E.: Extended Production Flow Analysis, *Robotics & Computer Integrated Manufacturing*, Vol. 4, No. 1/2, pp. 63-68, 1988.

/6/ Fink P. K., Lusth J. C.: Expert System and Diagnostic Expertise in the Mechanical and Electrical Domains, *IEEE Transactions on System, Man, and Cybernetics*, Vol. SMC-17, No. 3, pp. 340-349, 1987.

/7/ King J. R.: Machine Component Grouping in Production Flow Analysis, *International Journal of Production Research*, Vol. 18, No. 2, pp. 213-232, 1980.

/8/ McAuley J.: Machine Grouping for Efficient Production, *The Production Engineer*, Vol. 51, No. 2, pp. 53-57, 1972.

/9/ Rajagopalan R., Batra J. L.: Design of Cellular Production System, A Graph – Theoretic Approach, *International Journal of Production Research*, Vol.13, No.6, 1975.

Produktionsplanung und -steuerung bei Einzel- und Kleinserienfertigung

Andreas Drexl, Kiel

Die Planung und Steuerung der Produktion bei Einzel–/Auftragsfertigung sowie bei Kleinserienfertigung wirft produktionswirtschaftliche Probleme mit höchstem Komplexitätsgrad auf. Mit der Entwicklung von Methoden zur Bewältigung dieser Probleme befaßt sich insbesondere die Netzplantechnik.

Zunächst wird gezeigt, wie sich Vorgänger–Nachfolgerbeziehungen zwischen Arbeitsgängen und (auftragsspezifische) Termine einheitlich durch geeignete Definition von Reihenfolgebeziehungen modellieren lassen /2/. Darauf aufbauend werden Möglichkeiten der Integration mehrerer Netzpläne (mit deren Hilfe sich die Situation bei Kleinserienfertigung darstellen läßt) in einen übergeordneten Netzplan bei gleichzeitiger Vereinheitlichung der Folgebeziehungen skizziert.

Es folgt ein Überblick über insbesondere deterministische Modelle und Methoden zur Kapazitätsplanung in Netzwerken /3/. Im Mittelpunkt stehen dabei Modelle mit Zeit–/Ressourcen–Tradeoffs bei beschränkter Perioden– und Gesamtkapazität sowie eine Diskussion unterschiedlicher Zielsetzungen, die bei der Produktionsplanung und –steuerung zu verfolgen sind /6/. Darüber hinaus werden neuere exakte /1/ und heuristische /5/ Lösungsmethoden skizziert, wobei unter den Heuristiken wegen ihrer Leistungsfähigkeit stochastische Konstruktionsmethoden von besonderem Interesse sind.

Abschließend werden wesentliche Komponenten des EUREKA–Projektes PRISMA (Production Improvement in Small Batch Machine Tool Assembly) skizziert. Es wird gezeigt, wie im Arbeitspaket "Montageplanung und –steuerung" einige neuere der oben genannten Modelle und Methoden in einem state–of–the–art Montage–Leitstand (von den Softwarehäusern DAT AG und S.C.O. Automation) implementiert wurden /4/.

Literatur

/1/ Demeulemeester, E.; Herroelen, W.: A branch–and–bound procedure for the multiple resource–constrained project scheduling problem. Research Report, Leuven (1991).

/2/ Domschke, W.; Drexl, A.: Einführung in Operations Research, 2. Auflage. Berlin: Springer–Verlag (1991).

/3/ Domschke, W.; Drexl, A.: Kapazitätsplanung in Netzwerken – Ein Überblick über neuere Modelle und Verfahren. OR Spektrum 13, 63–76 (1991).

/4/ Drexl, A.; Esser, H.; Eversheim, W.; Grempe, R.: CIM im Werkzeugmaschinenbau – Der PRISMA Montageleitstand (in Vorbereitung).

/5/ Drexl, A.; Grünewald, J.: Nonpreemptive multi–mode resource–constrained project scheduling. Erscheint in IIE Transactions.

/6/ Słowinski, R.; Soniewicki, B.; Węglarz, J.: DSS for multiobjective project scheduling subject to multiple–category resource constraints. Research Report, Poznań (1991).

Comparison of Heuristic Methods for Flow-shop Sceduling

Serpil Erdogmus Erol, Aynur Ceylan
Gazi University, Ankara, Turkey

The flow-shop sequencing problem is a production scheduling problem in
which each of n jobs must be processed by each of m machines in the same
sequence. Schedules are evaluated by aggregate quantities that involve information about all jobs, resulting in one-dimensional performance measures.
One of the most frequently used performance measures is makespan. The optimal sequence for very small problems may be determined by complete enumeration or integer programming especially branch and bound techniques. The computer processing time required by all these techniques prevent their practical application in large-scale problems.

Many good heuristics have been developed for the flow-shop problems.
Although heuristic algorithms don't quarantee optimal solutions,they are
economical and commonly accepted methods of solving large-scale problems.

In this research,the results of six heuristics which have good performance in a flow-shop environment are compared. The comparisons are made by
testing randomly generating 20 datas for each of 64 problems. The processing
time for tested problems are generated as integer between 1-99 according to
uniform distribution. Six computer programs for each of six heuristic
algorithms are written in basic language. The results from this research
lead to the efficient scheduling method for application to practical flow-
shop problems of small size.

Decomposition Approach Resulting in Optimal Solution
of Just-in-time Production Problems

Serpil Erdogmus Erol, Gülsen Kumtas

Gazi University, Ankara, Turkey

In recent years, firms have to continue to exist under the dynamical social, economic and politic conditions. This could only be achieved by using available resources efficiently at the right time and right place. Just-in-time production system's applications were started in Japan after the World War II. It is viewed as a level of perfection achieved by continuous elimination of the wasteful use of resources. The main objective of the system is the reduction of working capital, administrative and manufacturing costs.

Targets set by JIT, such as zero inventories, zero set up times, zero breakdowns, zero defects,...etc., are difficult to reach. Therefore, JIT requires a continuous improvement process and the participation and commintment of all departments and levels within an organization.

Producing the right item in the right quantities with high quality and the right time makes planning, coordination and training very important.

In this research, JIT production system which is very new for Turkey, which is one of the developing country in the world, was investigated and industries at where the system could be applied were determined. A mathematical programming model is constructed for the Kanban system in a deterministic multi-stage capacitated production setting. The solution is obtained by the use of LINDO. A decomposition approach was presented which reduce the large-size model to small-size model but at the same time achieve the optimality.

Mehrkriterielle Auftragsdisposition

Jochen Ester; Hanno Pliquet
TU Chemnitz
PSF 964
O-9010 Chemnitz

Für die operative Steuerung eines Fertigungs- bzw. Verarbeitungssystems ist es zweckmäßig, den Disponenten bzw. Dispatcher _rechnergestützt_ entscheiden zu lassen. Man benötigt hierfür ein Beratungssystem, das sehr wirkungsvolle entscheidungstheoretische Komponenten enthalten muß.

Das Problem besteht in der Echtzeitfähigkeit solcher Algorithmen in Verbindung mit der Dialogführung. Im allgemeinen sind nämlich die zu lösenden Entscheidungsaufgaben hinreichend kompliziert und unterscheiden sich in dieser Hinsicht kaum von strategischen Problemen, für die normalerweise genügend Zeit zur Verfügung steht.

Zu beachten ist vor allem der mehrkriterielle Charakter der Entscheidungen, da eine Zurückführung der Aufgabe auf ein reines monetäres Kriterium nicht möglich und auch nicht erstrebenswert erscheint.

Die Unsicherheiten in der Entscheidungsfindung können teilweise mit Hilfe des Rückkopplungsprinzipes beseitigt werden, da mit Hilfe moderner Leitsysteme eine Zustandserfassung des Systems erfolgen kann.

Entwickelt wurde ein Entscheidungsalgorithmus, der auf der Basis eines Warteschlangennetzes und einer flexiblen Auswahlfunktion Entscheidungsvorschläge für die Einlastung der Aufträge und deren Durchschleusung generiert. Die Auswahlfunktion wird dabei so erzeugt, daß unterschiedliche Zielstellungen über unterschiedliche, interaktiv zu wählende Gewichtungen berücksichtigt werden können.

Hinsichtlich der Struktur des Systems und der Technologie gibt es keine nennenswerten Einschränkungen. So sind beispielsweise Zyklen, Parallelbearbeitung bzw. Ausweichtechnologien, Splittung der Aufträge usw. möglich.

Zur Beurteilung von PPS-Systemen

von

Günter Fandel

Abstract

Um Produktionsplanungs und -steuerungssysteme (PPS-Systeme) beurteilen zu können, müssen analog zur produktionstheoretischen Aktivitätsanalyse an die Mengen von Informationsverarbeitungsaktivitäten bei PPS-Systemen Anforderungen in Form von Axiomen gestellt werden, die diese Mengen erfüllen müssen, damit sie als taugliche Informationstechnologien akzeptiert werden können. Die Formulierung derartiger Axiome lehnt sich zum Teil an das Axiomensystem von Koopmans an und beinhaltet andererseits problemspezifische Erweiterungen.

Nach der Diskussion allgemeiner Effizienzdefinitionen wird die Frage behandelt, wie Module von PPS-Systemen in ihrer Planungsgüte nach bestimmten Kriterien beurteilt werden können. Konkrete Beispiele sollen den Bewertungsprozeß veranschaulichen.

Simulation in der dispositiven Produktionssteuerung

Prof. Dr. sc. techn. Martin Frank
Institut für Angewandte Informatik
Fakultät Informatik
Technische Universität Dresden
Mommsenstr. 13
O-8027 Dresden

Bisherige Hauptanwendungssphäre der ereignisorientierten diskreten Simulation war die entwurfsbegleitende Leistungsanalyse z.B. im Rahmen von Aufgaben der Fabrikplanung. Zunehmend findet sie nunmehr auch für Aufgaben der Produktionssteuerung Aufmerksamkeit, und zwar insbesonders zur prospektiven Belegungsplanung. Hier bietet die Methode der ereignisorientierten Simulation gegenüber den herkömmlichen Terminierungsverfahren einige Vorteile, speziell auch in Richtung einer realitätsnahen Problembeschreibung.

Aus diesem Anwendungsbereich resultieren jedoch auch neue Anforderungen an die Gestaltung der Simulationssoftware, die in Gegenüberstellung zu Anforderungen aus der Entwurfsunterstützung verdeutlicht werden. Ein Hauptproblem ist dabei die on-line-Datenversorgung des Simulationsmodells.

An einem speziellen Simulationssystem für Fertigungsprozesse wird dargestellt, in welcher Weise diesen Anforderungen in rationeller Weise entsprochen werden kann, ohne von Grund auf neue Softwaresysteme entwickeln zu müssen. Eine Pilotversion des TOMAS genannten Systems wurde in der dispositiven Steuerung von Fertigungsprozessen des Maschinenbaus und der Elektrotechnik erprobt. Über dabei gewonnene Erfahrungen wird berichtet.

Ein bestandsgeregeltes Produktionsplanungs- und -steuerungssystem für kontinuierliche Prozesse

Lothar Friedrich
Institut für Wirtschaftswissenschaften Berlin

Horst Zakrzewski, Harald Mushack
Leistungselektronik Stahnsdorf AG

Von einem Projektteam wurde das PSS-System "Stahnsdorfer-Stausee-System (SSS)" entwickelt, das die im realen Prozeß vorhandenen Störungen (der reale Prozeß ist der gestörte Prozeß) in den Mittelpunkt der Untersuchungen für eine ganzheitliche Lösung stellt.

Die Philosophie von SSS geht davon aus, daß die Störungen durch Puffer unvollendeter Erzeugnisse in betriebswirtschaftlich effektivem Maße kompensiert werden müssen. Der SSS-Maßstab ist das Kostenmimimum der gegenläufigen Anteilskosten von Pufferhöhe und Stillstandsdauer der Arbeitsplatzkomplexe. Das Kostenmimimum legt für jeden Arbeitsplatzkomplex eine optimale Bestandsnorm fest.

Der Kerngedanke des SSS zur Planung und Steuerung des Gesamtprozesses geht davon aus, daß die optimale Bestandsnorm als zentrale Regelgröße des Systems ständig durch geeignete Regelmaßnahmen im optimalen Bereich gehalten wird. Die SSS-Philosophie kann mit einem Stausee-System verglichen werden, in dem man sich durch effektive Pegelstände vor Überschwemmungs- und Trockenperioden, d.h. vor Störungen schützt.

Aufbau-, Ablauf- und Abstimmungsorganisation des SSS werden CIM-orientiert mit heuristischen-, stochastischen- und Optimierungs-Instrumentarien realisiert; moderne Simulationswerkzeuge werden eingesetzt.

Das SSS – ursprünglich lediglich für die neu errichtete Chipfabrik der LESAG entwickelt – ist jedoch so weitgefaßt und flexibel ausgelegt, daß es neben der Chargenproduktion auf viele kontinuierliche Prozesse sowie auf Einzel- und Kleinserienfertigung angewandt werden kann.

Wissensbasierte Systeme in der Produktionssteuerung

Peter Gmilkowsky, Suhl

Klaus Gröpler, Ilmenau

Frank Roth, Suhl

Die Planung und Steuerung von Produktionssystemen ist eines der Hauptprobleme von CIM. Die Steuerung solcher Produktionssysteme basiert auf adaptiven Systemen mit dynamischer Vorwärtsanpassung. Zur Bestimmung der Steuerungsstrategie für diskrete Produktionsprozesse nutzt das Steuerungssystem ein Simulationsmodell, welches mit einem wissensbasierten System (XPS) zusammenarbeitet.

Implementierung eines Verfahren zur Reihenfolgebestimung in der Produktionsplanung bei produktiosprogrammabhängigen Kapazitäten

Manfred Gronalt und Martin Schmid

Institut für Höhere Studien,
Abteilung Betriebswirtschaft und Operations Research
Stumpergasse 56, A-1060 Wien

Mit diesem Ansatz soll dem Produktionsplaner ein Instrument zur Verfügung gestellt werden, das ihm ermöglicht, den zukünftigen Wochenproduktionsplan einer in Planung befindlichen Anlage EDV-unterstützt unter Berücksichtigung der wechselnden Kapazitätsrestriktionen zu erstellen.

Bei der Planung dieser neuen Fertigungsanlage, die sowohl Teilefertigung als auch Montage enthält, wird mit Hilfe der diskreten Simulation eine Engpaßanalyse durchgeführt. Dabei zeigt sich, daß die Kapazität der Teilefertigung produktionsprogrammabhängig ist. Die Teilefertigung besteht aus fünf Maschinen, an denen jeweils ein bestimmter Teiletyp in 15 Variationen hergestellt werden kann. Aufgrund dieser Typenvielfalt werden diese Zwischenprodukte auftragsbezogen gefertigt. Die Gesamtkapazität der Teilefertigung hängt von der gleichmäßigen Belastung aller Maschinen ab. Andererseits schränken die technischen Restriktionen der Montage den Gestaltungsspielraum im Produktionsprogramm der Teilefertigung wesentlich ein. Da auch die Endprodukte auftragsbezogen gefertigt werden, kann jeweils nur ein bestimmter Teiletyp assembliert werden.

Die Ermittlung der Kapazität der Teilefertigung erfolgt mittels diskreter Simulation, wobei alle möglichen Maschinenkombinationen vollständig enumeriert werden. Die so erhaltenen Daten, die die Kapazitätsgrenze in Abhängigkeit vom Produktionsprogramm darstellen, werden als Inputgrößen des Verfahrens verwendet. Die Marktsituation erlaubt wochenweise Produktionsplanung. Die in einer Woche zu fertigende Menge muß nun auf einzelne Tage aufgeteilt werden und für jeden Tag muß eine Reihenfolge der zu erzeugenden Endprodukte mit gleichzeitiger Kapazitätsprüfung der Teilefertigung bestimmt werden. Dazu wird mit Hilfe einer einfachen Regel eine Startlösung der Reihenfolgeplanung erzeugt. Ist diese unzulässig, d.h. die beim Assemblieren benötigten Einbauteile können aufgrund der beschränkten Kapazität der Teilefertigung nicht rechtzeitig erzeugt werden, so werden iterativ unter Einbeziehung verschiedener Regeln Austauschschritte vorgenommen.

Als besonderes Problem der Reihenfolgeplanung gilt, daß die Kapazität der Teilefertigung erst aufgrund der ermittelten Reihenfolge an den einzelnen Tagen feststeht.

ZUR ANWENDUNG NETZPLANORIENTIERTER TERMINIERUNGS-VERFAHREN IN DER PRODUKTIONSPLANUNG UND -STEUERUNG

Hans-Otto Günther

*Universität Wien
Institut für Betriebswirtschaftslehre
Türkenstr. 23, A-1090 Wien*

Innerhalb der gebräuchlichen computergestützten Produktionsplanungs- und -steuerungssysteme (sog. PPS-Systeme) wird häufig auf Darstellungsweisen und Verfahren der Netzplantechnik zurückgegriffen, um die terminlichen Abhängigkeiten zwischen den verschiedenen Produktionsaufträgen aufzuzeigen und Fertigungstermine zu kalkulieren. Die logischen Vorrangbeziehungen werden aus den in den Stammdaten gespeicherten Erzeugnisstrukturen abgeleitet, und die Vorgangsdauern ergeben sich aufgrund der Materialbedarfsrechnung sowie der in den Arbeitsplänen gespeicherten Bearbeitungszeiten, so daß formal die Anwendungsvoraussetzungen für die Netzplantechnik gegeben sind.

Der Einsatz der Netzplantechnik stößt jedoch innerhalb der Produktionsplanung und -steuerung auf enge Anwendungsgrenzen: (1) Kapazitätsbeschränkungen bleiben außer acht. (2) Die für eine variantenreiche Montagefertigung typische Auftragsvielfalt läßt die Terminnetze auf eine fast unüberschaubare Größe anwachsen. (3) Konventionelle Terminrechnungen übersehen die Überlappung der Fertigungsvorgänge, die sich aus der Umsetzung des Just-in-Time-Prinzips ergibt.

Die Intentionen des Vortrags sind zweierlei: (1) Er nimmt zur Netzplantechnik als populärem, aber problematischem Verfahren der Auftragsterminierung kritisch Stellung. (2) Er revitalisiert konventionelle Terminierungsverfahren im Sinne einer Durchlaufzeitverkürzung nach dem Just-in-Time-Prinzip.

Zur Bestimmung optimaler Lösungen für mehrstufige, kapazitierte Losgrößenprobleme

Friedhelm Hahn
Universität Bayreuth
Lehrstuhl für Produktionswirtschaft
Postfach 10 12 51, 8580 Bayreuth

Wenn man im Rahmen des Material Requirements Planning in einer mehrstufigen Produktionsstruktur bei einem vorgegebenen Primärbedarf über die Stücklistenauflösung die Nettobedarfe auf den einzelnen Stufen bestimmt, so stellt sich das Problem der zeitlichen Zusammenfassung der Bedarfe auf den einzelnen Stufen zu Losen. Während hierfür insbesondere bei Vorliegen einer konvergierenden Fertigungsstruktur optimierende Verfahren für den Fall unbeschränkter Kapazitäten entwickelt wurden, sind dem Verfasser keine Ansätze bekannt, die knappe Kapazitäten auf allen Stufen berücksichtigen und mit angemessenem Rechenaufwand zu einer optimalen Lösung führen.
Ziel des Vortrages soll es daher sein, zunächst für eine serielle Produktionsstruktur ein Branch-and-Bound-Verfahren zu entwickeln, mit dessen Hilfe sich in vertretbarer Rechenzeit optimale Lösungen bestimmen lassen, die z.B. als Referenzlösungen zur Beurteilung der Qualität von Heuristiken dienen können. Grundlage des Verfahrens stellt dabei eine Umformulierung des gemischt-ganzzahligen Ansatzes dar, die im Rahmen einer Relaxation eine erzeugnisorientierte Zerlegung des Problems in leichter lösbare Teilprobleme ermöglicht und damit zu besseren Abschätzungen für die Zielfunktionswertuntergrenzen führt.
Anschließend werden Überlegungen zur Übertragbarkeit des gewählten Ansatzes auf generelle Produktionsstrukturen angestellt.

PC-gestützte Simulation zur "Belastungsorientierten Auftragsfreigabe"

Prof. Dr. Reinhard Haupt/stud. rer. pol. Alexander Brauner,
Universität Bayreuth, Allgemeine Betriebswirtschaftslehre,
Postfach 10 12 51, 8580 Bayreuth

Das Produktionsplanungs- und -steuerungs- (PPS-)System der "Belastungsorientierten Auftragsfreigabe" (BOA) (Wiendahl) ist aus der Kritik an den Schwachstellen traditioneller PPS-Systeme entstanden, die aufgrund langer Durchlaufzeiten der Aufträge eine hohe Kapitalbindung an Halbfabrikate-Beständen aufweisen. Mit der erklärten Zielsetzung der *Bestandsregelung* ist die Steuerungsphilosophie von BOA einem *Just-in-time*-Denken verwandt: Durch möglichst späte Einsteuerung von Aufträgen in die Fertigung sollen Warteschlangen vor den Maschinen und damit Durchlaufzeiten und Bestände gesenkt werden. Dabei wird der Auftragszufluß durch die Parameter
- *"Vorgriffshorizont"* (Terminschranke) in der Dringlichkeitsprüfung
  und
¬ *"Einlastungsprozentsatz"* (Belastungsschranke) in der Machbarkeitsprüfung
gesteuert.
Aufgrund eines fiktiven Werkstattfertigungs-Modells (9 Arbeitssysteme, 20 Auftragstypen) wird die Leistungsfähigkeit von BOA simulativ überprüft (GPSS/PC). Als Aktionsparameter der Auftragseinsteuerung kommen unterschiedliche Einstellungskonstellationen von Termin- und Belastungsschranke zum Einsatz. Das Systemverhalten wird unter Bedingungen angespannter und ausgewogener Auftragsbelastungsniveaus, variabler Losgrößen und anderer externer Fertigungseinflüsse beobachtet. Modifikationen des Basiskonzepts von BOA, wie die Wahl maschinenspezifischer individueller Belastungsschranken, unterstützen die Aussagefähigkeit des Simulationsexperiments.

Ein heuristisches Verfahren zur Lösung des dynamischen mehrstufigen Mehrprodukt-Losgrößenproblems unter Kapazitätsbeschränkungen

Dipl.-Wirtsch.-Ing. Stefan Helber
Ludwig-Maximilians-Universität München
Institut für Produktionswirtschaft und Controlling
Rosenheimer Str. 139
8000 München 80

Prof. Dr. Horst Tempelmeier
Technische Universität Braunschweig
Fachgebiet Produktionswirtschaft
Pockelsstr. 14
3300 Braunschweig

Zusammenfassung

Wir betrachten eine generelle Erzeugnisstruktur, bei der jedes (Teil-) Produkt eines von mehreren Betriebsmitteln (Maschinen, Kapazitätsarten) in Anspruch nimmt. Ein Betriebsmittel kann von Produkten unterschiedlicher Dispositions- stufen belegt werden. Unter dynamisch schwankendem, determistischem Bedarf für die Endprodukte sollen kostenminimale Losgrößen gefunden werden, die hinsicht- lich der Kapazitäten zulässig sind.

Zur Lösung des Problems wird eine Kombination zweier bekannter heuristischer Verfahren vorgeschlagen, die jeweils Teilaspekte des Gesamtproblems behandeln. Der Mehrstufigkeit der Erzeugnisstruktur wird durch das Verfahren von Heinrich Rechnung getragen. Die Kapazitätsbeschränkungen werden durch eine auf dieses Problem zugeschnittene Modifikation des Verfahrens von Dixon berücksichtigt.

Erste Ergebnisse für kleinere Erzeugnisstrukturen (40 Produkte, 5 Produktions- stufen, 6 Kapazitätsarten, 16 Perioden) zeigen das Lösungspotential des Konzepts auf.

Eine Lagerzielmengenpolitik bei losweiser Fertigung und unsicherer Nachfrage im Einproduktfall

Dr. Hermann Jahnke, Institut für Logistik und Transport, Universität Hamburg, Von-Melle-Park 5, 2000 Hamburg 13

Für das Problem der Planung der Produktionsmenge im Einsortenfall bei unsicherer Nachfrage läßt sich unter bestimmten Annahmen (u.a. diskrete Zeiteinteilung, stationäre Nachfrage, Vormerkfall für Fehlmengen, Maximierung erwarteter Gewinne, unbeschränkte Produktionsgeschwindigkeit) zeigen, daß eine Lagerzielmengenpolitik optimal ist: Man erhält die Periodenproduktionsmenge als Differenz aus einem Lagerbestand, der aus dem Optimierungsvorgang hervorgeht einerseits und dem jeweils aktuellen Lagerbestand andererseits.
Im vorliegenden Papier wird diese einfache, und daher auch für die Praxis attraktive Politik auf den realistischeren Fall endlicher Produktions- geschwindigtkeit und losweiser Fertigung in kontinuierlicher Zeit übertragen.

Basierend auf Ergebnissen der Theorie der Warteschlangen und der regenerativen stochastischen Prozesse wird zunächst bei vorgegebener Losgröße eine von der Lagerzielmenge abhängende Kostengröße hergeleitet, die Lagerhaltungs- und Fehlmengenkosten umfaßt. Diese Zielgröße enthält Terme, die auf der Grenzverteilung der Schlangenlänge eines Warte- schlangensystems beruhen. Für sie wird für den Fall unvollständiger Verteilungskenntnis eine Approximation vorgeschlagen.
Die die Zielgröße minimierende Lagerzielmenge wird ermittelt. Der Fall eines – die Berücksichtigung der Fehlmengenkosten ersetzenden – vorgegebenen Servicegrades des Lagers wird erörtert.

In einem weiteren Schritt wird das Modell so erweitert, daß es die simultane Ermittlung von Lagerzielmenge und Losgröße möglich macht.

Abschließend wird untersucht, wie sich die vorgeschlagenen Methoden im revidierenden Einsatz bei Schätzung der unbekannten Verteilungsparameter verhalten.

Fertigungssysteme mit TOMAS modellieren und simulieren

Birgit Jasmand

Datenverarbeitungszentrum Neubrandenburg

TOMAS (Technology oriented modelling and simulation) ist ein
fachgebietsorientiertes Modellierungs- und Simulationssystem, das
sich bei Projektanalysen bewährt hat und auch als Komponente in
PPS-Systeme integriert wurde.

TOMAS bietet für die Abbildung der Teilprozesse eines Fertigungssystems verschiedene Bausteine an, die vom TOMAS-Benutzer zu
einem Modell verbunden werden müssen.

In Bild 1 wird das TOMAS-Modell eines flexiblen Fertigungssystems
mit drei Bearbeitungszentren (AP1, AP2 und AP3) und einem Hochre-
gallager (LAGER) dargestellt. Über die Bausteine TYP1 und TYP2
werden anhand einer Datei Fertigungsaufträge in das Modell einge-
schleust. STYP modelliert zusätzliche unregelmäßige Aufträge.
AUS bildet Störungen am Bearbeitungszentrum AP1 nach. Die fertigen Aufträge werden durch den Baustein WEG ausgeschleust.

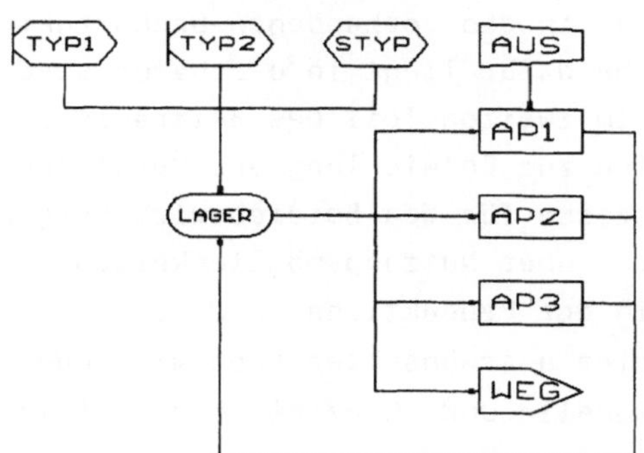

Bild 1 TOMAS-Modell eines flexiblen Fertigungssystems

Während der Simulation ist eine Animation des Ablaufs möglich.
Die Simulation führt zu bewerteten Ergebnisdaten über den Durch-
lauf der Fertigungsaufträge, wie Durchsatz, Durchlaufzeiten oder
Liegezeiten, und die Auslastung der Bearbeitungszentren (Auslastung, Stillstandszeiten, Belegungszeiten).

Zur Nutzung der Stochastik zwecks Verallgemeinerung von Modellergebnissen für produktionswirtschaftliche Entscheidungen

Prof. Dr. sc. Paul-Dieter Kluge
Institut für Produktionswirtschaft
Hochschule für Ökonomie Berlin
Hermann-Duncker-Straße 8

O-1157 Berlin

Der Beitrag dient der Erhöhung der Praktikabilität von OR-Modellen für produktionswirtschaftliche Entscheidungen, die besonders die Produktionsplanung und -steuerung (PPS) bzw. die Schaffung von Rahmenbedingungen für die PPS betreffen. Dazu wird zunächst gezeigt, daß die Abbildung wichtiger Einflußgrößen in Ablaufplanungsmodellen (bes. in Warteschlangen-, Reihenfolgenoptimierungs- und Netzplanmodellen) mittels gewöhnlicher Momente erster und zweiter Ordnung von Häufigkeitsverteilungen einschließlich der praktischen Interpretation von Schwankungskennzahlen zu zwar unscharfen, aber dennoch verallgemeinerungsfähigen Aussagen dieser Modellklasse führen. Die Praxisrelevanz solcher Verallgemeinerungen von Zusammenhängen zwischen Einfluß- und Kenngrößen wird an Beispielen von Ergebnissen komplexer Simulationsmodelle aus der Literatur sowie an Hand empirischer Betriebsdaten nachgewiesen. Dennoch fällt es erfahrungsgemäß dem Praktiker - aber auch vielen Theoretikern - schwer, diese Ergebnisse in die vorhandenen Denkstrukturen einzuordnen. Eine wesentliche Ursache dafür liegt in der Natur stochastischer Prozesse. Deshalb werden im zweiten Teil des Beitrages zunächst einige allgemeine Möglichkeiten zur Entwicklung des Verstehens von Eigenschaften stochastischer Prozesse für den Betriebswirt vorgestellt. Anschliessend wird eine Übersicht über Nutzungsmöglichkeiten der verallgemeinerten Modellergebnisse in der Produktions- und Kostentheorie, für die Schätzung beachtenswerter unerwünschter Nebenwirkungen bekannter Planungs- und Steuerungsmodelle und -konzepte, hinsichtlich der Fundierung verschiedener Bewertungsmethoden sowie bei der Generierung wissensbasierter Systeme für produktionswirtschaftliche Entscheidungen gegeben.

Die Bedarfsermittlung in einem Produktionsinformationssystem auf der Basis einer objektorientierten Datenbank

Birgid S. Kränzle
Universität Kaiserslautern
Postfach 3049
W-6750 Kaiserslautern

Objektorientierte Datenbanken können die Aufgabe der Bedarfsermittlung im Bereich der Produktion unterstützen.

Aufgrund des Wettbewerbs- und Konkurrenzdrucks wird es für Sachleistungsbetriebe immer wichtiger, im Bereich der Produktion flexibel auf Nachfrageveränderungen reagieren zu können. Dies erfordert auch eine schnelle und exakte Bedarfsermittlung der Teile, Betriebsmittel und Mitarbeiter zur Herstellung der unterschiedlichen nachgefragten Mengen an Erzeugnissen.

In dem Vortrag soll erstens eine objektorientierte Datenstruktur eines Produktionsinformationssystems vorgestellt werden. In ein solches Produktionsinformationssystem ist die Aufgabe der Bedarfsermittlung eingebettet. Zweitens werden Brutto-, Netto- und terminierter Bedarf von Teilen, Betriebsmitteln und Mitarbeitern anhand der objektorientierten Datenstruktur ermittelt.

Grundlage für die Modellierung der Datenbank bildet ein erweiterter, objektorientierter Objekttypenansatz. Dazu werden Elemente der strukturellen und verhaltensmäßigen Objektorientierung herangezogen. Diese Modellierung ergänzt die bekannte Modellierung relationaler Datenbanken um die Möglichkeit, feststehende Algorithmen, wie sie bei der Bedarfsermittlung vorliegen, aus dem Transformationsteil eines Informationssystems herauszunehmen und in der Datenbank zu verankern. Hierdurch wird insbesondere die Datenaktualität erhöht.

Produktionsprogrammplanung bei KANBAN-gesteuerter JIT-Fertigung

Dipl.-Kfm. Patrick Lermen
Universität des Saarlandes
Lehrstuhl für Betriebswirtschaftslehre,
insbes. Industriebetriebslehre
Im Stadtwald
6600 Saarbrücken

Seit Beginn der achtziger Jahre erscheinen in der betriebswirtschaftlichen Literatur in zunehmendem Maße Veröffentlichungen über Just-In-
Time-Produktion. Hierbei werden zwei grundsätzliche Möglichkeiten zur
Erreichung einer Just-In-Time-Produktion genannt, die Synchronfertigung und die KANBAN-Steuerung. Die Synchronfertigung beinhaltet i.d.R.
eine zentrale Festlegung der Produktionsmengen und Produktionstermine
für alle Fertigungsstellen bei Realisation des Bring-Prinzips. Mit
Hilfe der KANBAN-Konzepte wird eine dezentrale Fertigungssteuerung
mittels des Hol-Prinzips angestrebt. Im Rahmen dieses Vortrags soll
auf die KANBAN-Steuerung Bezug genommen werden. Eine Besonderheit von
KANBAN ist darin zu sehen, daß eine zentrale Vorgabe der Produktionsmengen lediglich für die oberste Fertigungsstufe (Endmontage) erforderlich ist. Die Endmontage ist dann für die Beschaffung der benötigten Materialien selbst verantwortlich. Diese Vorgehensweise wird über
alle Fertigungsstufen beibehalten, so daß jede Fertigungsstelle für
die Beschaffung der jeweils benötigten Materialien selbst zuständig
ist. Ein Vorteil dieses Systems ist darin zu sehen, daß keine arbeits-
gang- und maschinengenaue Material- und Terminplanung notwendig ist.
In der Literatur wird diesbezüglich von einem System selbststeuernder,
vermaschter Regelkreise gesprochen. Während der Ablauf einer KANBAN-
gesteuerten Just-In-Time-Produktion in der Literatur ausführlich analysiert wird, sind Ansätze zur Festlegung des Produktionsprogramms der
Endprodukte, die als Input des Systems benötigt werden, bisher weitgehend vernachlässigt worden. Daher wird an dieser Stelle die Konzeption
eines deckungsbeitragsoptimierenden Ansatzes zur operativen Produktionsprogrammplanung für Enderzeugnisse bei KANBAN-gesteuerter Just-
In-Time-Produktion vorgestellt.

Vergleich konnektionistischer Modelle und konventioneller Optimierungsverfahren am Beispiel der Maschinenbelegungsplanung

Wolfram Pietsch, Jukka Siedentopf, Alexander Teubner
Westf. Wilhelms-Universität Münster
Institut für Wirtschaftsinformatik
Grevener Str. 91
4400 Münster

Für die Erstellung von Maschinenbelegungsplänen wurden im Operations Research aufwendige Optimierungsverfahren konzipiert und entsprechende Programme entwickelt. Maschinenbelegungsprobleme sind klassische Vertreter der Klasse der np-vollständigen Probleme, also sichere Kandidaten für kombinatorische Explosion der Lösungsalternativen. Deshalb ist der Einsatz konventioneller Planungssysteme wegen der hohen Rechneranforderungen der gängigen Verfahren an die Hardware oft nicht praktikabel.

Es werden *Möglichkeiten* des Einsatzes konnektionstischer Modelle exemplarisch veranschaulicht und *Vorteile* gegenüber klassischen Verfahren diskutiert. Durch Anwendung eines spezifischen Modells, einem sogenannten Hopfield-Netz, können Maschinenbelegungsprobleme konnektionistisch gelöst werden. Dazu wird der Lösungsraum als Zustandsmatrix mit binären Einzelelementen sowie Nebenbedingungen (im Sinne von Penalty-Funktionen) und die Zielfunktion in einer sogenannten Energiefunktion repräsentiert. Gesteuert durch die Veränderungen der Energiefunktion wird die Zustandsmatrix im Rahmen der Problemlösung iterativ manipuliert, bis sie ein globales Minimum bzw. einen befriedigenden Wert erreicht.

Ein besonderes Problem bei der Optimierung mit Hilfe dieses konnektionistischen Modells stellt die Kalibrierung der Gewichte in der Energiefunktion dar. Wenn die Verletzung der Nebenbedingungen in der Modellformulierung zu niedrig bewertet wird, werden unzulässige Lösungen generiert; ist das Gewicht der Zielfunktion zu niedrig, sind suboptimale Lösungen zu erwarten.

Wegen des parallelen Ansatzes eignen sich konnektionistische Anwendungen besonders gut für die Implementierung auf *Transputern*; dadurch kann eine hohe Performanz garantiert bzw. die für konventionelle Architekturen gültige Komplexitätsschranke überwunden werden.

SYNCHRONISATIONSROUTINEN FÜR MEHRSTUFIGE LOSGRÖSSENMODELLE

Dipl.-Kfm. Bernd Pokrandt
Universität der Bundeswehr Hamburg
Fachbereich Wirtschafts- und Organisationswissenschaften
Holstenhofweg 85   D-2000 Hamburg 70

Ein wichtiger Aspekt der Produktionsplanung und -steuerung ist die gleichzeitige Planung der Losgrößen von Endprodukten und der im Fertigungsprozeß in sie eingehenden Baugruppen und Materialien. Solche allgemeinen Produktstrukturen lassen sich planerisch häufig auf sogenannte Montagestrukturen reduzieren, bei denen jede betrachtete Produktkomponente höchstens in eine übergeordnete Komponente eingeht.

Für diesen Fall lassen sich allein aus den Rüst- und Lagerungskosten Bedingungen herleiten, die die Bestimmung von Komponenten gestatten, die unabhängig vom Bedarfsverlauf stets gleiche Losauflagerhythmen aufweisen müssen. Die so identifizierten Komponenten können im Rahmen der Losgrößenplanung jeweils zu einer Komponente zusammengefaßt werden, indem die Rüst- und Stufenlagerungskosten summiert und letzlich die entsprechenden Losgrößen synchronisiert werden. Die Anwendung dieser Bedingungen auf die Produktstruktur kann durch verschiedene Algorithmen, die als Synchronisationsroutinen bezeichnet werden sollen, gesteuert werden.

Durch eine damit mögliche Synchronisation der Losgrößen einzelner Komponenten einer Produktstruktur kann die ursprüngliche Problemgröße beträchtlich reduziert und der im Rahmen der Produktionsplanung und -steuerung periodisch auftretende Rechenaufwand für die sich anschließende Losgrößenplanung signifikant vermindert werden.

Aus einer Simulationsuntersuchung ergibt sich, daß eine vom Verfasser entwickelte spezielle Synchronisationsroutine mit lediglich linear zum Problemumfang steigendem Rechenaufwand mehr Komponenten zusammenzufassen vermag als bisher bekannte Algorithmen.

Produktionsplanung und -steuerung für Fertigungsinseln

Stephan Schumacher, Bielefeld

Zusammenfassung: Die Aufteilung des Fertigungsbereichs in einzelne weitgehend selbständige Fertigungsinseln, in denen die Komplettfertigung von Komponenten erfolgt, schafft die Voraussetzungen für den Einsatz eines dezentralen Produktionsplanungs- und -steuerungssystems. Kennzeichen eines solchen Systems ist, daß die kurzfristige Planung und Steuerung der Abläufe in die Fertigungsinseln verlagert wird und nur die Grobplanung zentral für den gesamten Betrieb erfolgt. Diese Systeme lassen sich als hierarchische Planungssysteme konzipieren. Die Theorie der Hierarchischen Produktionsplanung ist auf die Produktionsplanung bei Fertigungsinseln übertragbar.

Abstract: Group Technology is a method of organization, in which the factory is divided into small organizational units (manufacturing cells) which complete sets of similar products and components and are provided with all facilities they need to do so. Decentralized production systems are suitable for use with Group Technology. Typical of these systems is that only the aggregate production planning is carried out for the whole plant whereas production control is transfered to the manufacturing cells. This paper shows that the principles of Hierarchical Production Planning can be applied to this situation.

1. Einleitung

Die Unternehmen der Klein- und Mittelserienfertigung decken in der Regel ein breites Produktionsprogramm ab, das eine hohe Zahl verschiedener Produkte und Varianten umfaßt. Dadurch ergibt sich für die Produktionsplanung und -steuerung das Problem, daß viele Aufträge mit meist verhältnismäßig kleinen Losgrößen eingeplant und verwaltet werden müssen. Zudem hat sie die flexible Reaktion auf sich ändernde Marktdaten sicherzustellen. Diese Anforderungen machen neue Konzepte in der Produktionsplanung und -steuerung erforderlich. Die auf das Planungssystem bezogenen, operativen Maßnahmen sind aber allein nicht ausreichend. Vielmehr müssen in der strategischen Planung durch eine Änderung der Aufbauorganisation des Fertigungsbereichs die Voraussetzungen für eine effektive Produktionsplanung und -steuerung geschaffen werden. Ein Ansatzpunkt ist, den bisher dominierenden Organisationstyp der Werkstattfertigung durch das Konzept der Gruppentechnologie zu ersetzen. Die Einführung der Gruppentechnologie führt zu einer Segmentierung des Fertigungsbereichs in selbständige Fertigungsinseln, die auf Grund ihrer Maschinenausstattung ein bestimmtes Teilespektrum weitgehend komplett fertigen können. Dies ermöglicht die Dezentralisierung der Produktionsplanung und -steuerung in der Form, daß die kurzfristige Ablaufplanung und Auftragsfreigabe aus dem zentralen Planungssystem ausgeklammert und in die Fertigungsinseln verlagert wird. Zentral für den gesamten Fertigungsbereich erfolgt nur noch die Grobplanung, die die Koordination der Teilbereiche sicherzustellen hat.

Im Rahmen dieses Beitrags wird die Konzeption eines solchen dezentralen PPS-Systems vorgestellt. Vorab werden die wesentlichen Eigenschaften der Gruppentechnologie angesprochen.

Operations Research Proceedings 1991
© Springer-Verlag Berlin Heidelberg 1992

2. Gruppentechnologie und Fertigungsinseln

Ziel der Gruppentechnologie ist es, durch eine Zerlegung des Planungsproblems in mehrere kleinere, getrennt zu lösende Teilprobleme eine
Reduktion der Plankomplexität zu erreichen. Voraussetzung hierfür ist
die Aggregation von Teilen zu Teilefamilien sowie von Maschinen zu
Fertigungsinseln. Bei der Teilefamilienbildung werden Teile mit gleicher oder ähnlicher Form, die gemeinsam gefertigt werden können, zu
Gruppen zusammengefaßt. Die Teile einer Teilefamilie durchlaufen die
gleichen Maschinen, die Reihenfolge ihrer Arbeitsgänge und die Bearbeitungszeiten sind weitgehend gleich.

Die zur Fertigung der Teile einer Teilefamilie benötigten Arbeitssysteme werden in einem Fertigungsbereich derart angeordnet, daß eine
Komplettbearbeitung der Produkte in der Fertigungsinsel möglich wird.
Damit ist die Gestaltung und die Maschinenausstattung der Fertigungsbereiche im wesentlichen an den zu fertigenden Teilefamilien ausge-
richtet. Hierdurch ergibt sich die Abgrenzung gegenüber der verrich-
tungsorientierten Werkstattfertigung, bei der die einzelnen Fertigungsbereiche (Werkstätten) nicht auf die Herstellung bestimmter Produkte, sondern auf spezielle Verrichtungen (z.B. Bohren) spezialisiert
sind und deshalb von allen Produkten durchlaufen werden. Die Abgrenzung gegenüber der Fließfertigung ergibt sich hingegen dadurch, daß in
den Fertigungsinseln unterschiedliche Bearbeitungsfolgen für die einzelnen Produkte zulässig sind.

Die Komplettfertigung von Endprodukten führt zu einer sehr engen Anbindung der Fertigungsinsel an die Endproduktnachfrage. Zudem ergibt
sich ein hoher Investitionsbedarf, da eine Reihe von Spezialmaschinen
mehrfach - für jede Fertigungsinsel getrennt - beschafft werden müssen. Daher eignet sich diese klassische Form der Gruppentechnologie
nur für Unternehmen der Großserienfertigung, die in großen Stückzahlen
ein eng umgrenztes Produktionsprogramm mit geringen Bedarfsschwankun-
gen produzieren. Für die in Europa vorherrschende Klein- und Mittelserienfertigung sind diese Bedingungen nicht gegeben. Deshalb ist hier
nicht die Komplettfertigung von Endprodukten innerhalb einer Fertigungsinsel, sondern nur die von Komponenten, die zur Herstellung der
Endprodukte benötigt werden, anzustreben. Zwischen den Fertigungsinseln sind dann im Gegensatz zur klassischen Definition der Gruppentechnologie (vgl. Burbidge [1975], S. 2) Lieferbeziehungen in der Form
zugelassen, daß eine Fertigungsinsel die von ihr gefertigten Komponenten an eine andere zur Weiterverarbeitung liefert. Durch Kombination
mit anderen Bauteilen bzw. durch eine entsprechende Weiterverarbeitung
werden die Komponenten in den nachfolgenden Fertigungsinseln so verändert, daß sich ein breites Angebotsspektrum ergibt. Die Spezialisierung der Teile soll dabei möglichst auf der Endstufe erfolgen, um die
Zahl der erforderlichen Fertigungsbereiche und damit auch die Komplexität des Gesamtsystems so gering wie möglich zu halten. Ein Flußdia-
gramm eines so aufgebauten Fertigungsbetriebes zeigt Abbildung 1.

Auf den unteren Fertigungsstufen finden sich in erster Linie Fertigungsinseln zur Herstellung standardisierter Bauteile, die in eine
große Zahl von Komponenten oder Endprodukten eingehen. Erst auf den

weiteren Stufen erfolgt die Spezifikation dieser Teile. Für Spezialanfertigungen ist eine Fertigungsinsel als Werkstatt eingerichtet. Die Zusammensetzung der Komponenten zu verkaufsfähigen Endprodukten erfolgt in den beiden Montagebereichen. In den einzelnen Fertigungsinseln sind unterschiedliche Anforderungen hinsichtlich Flexibilität und Produktivität gegeben. In Abhängigkeit von den Anforderungen sind deshalb die Organisationsformen der Inseln zu wählen. Während die standardisierten Komponenten mit gleichbleibend hohem Bedarf auf den unteren Stufen in Form einer Reihenfertigung gefertigt werden, ist in den Fertigungsinseln, in denen die Teilespezifikation erfolgt, eine Organisation der Fertigung zu wählen, die eine möglichst flexible Reaktion auf wechselnde Produktionsanforderungen gewährleistet. In diesen Bereichen wäre z.B. der Einsatz von flexiblen Fertigungssystemen denkbar.

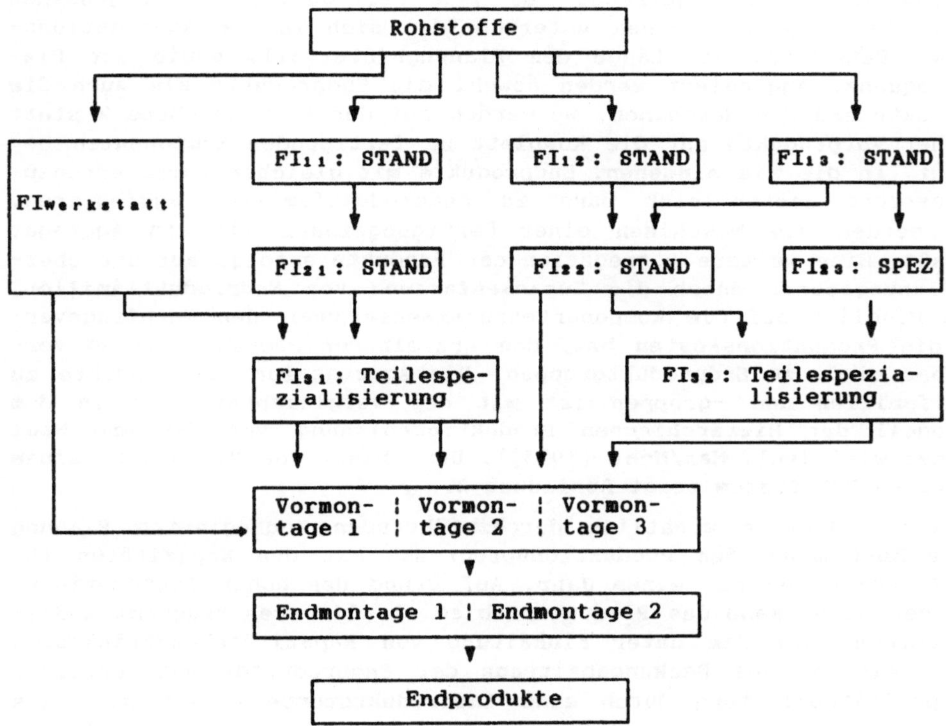

STAND: Die mit STAND gekennzeichneten Fertigungsbereiche erzeugen in erster Linie standardisierte Erzeugnisse.

SPEZ: SPEZ steht für die Produktion von stark spezialisierten Teilevarianten.

FI_{ij}: Fertigungsbereich j auf der Fertigungsstufe i

Abbildung 1: Modell eines modular aufgebauten Fertigungsbetriebes

Die Komplettfertigung der Komponenten führt im Vergleich zur Werkstattfertigung zu einer erheblichen Reduktion der innerbetrieblichen

Transporte und erhöht damit die Übersichtlichkeit der Abläufe in der Fertigung. Dadurch sinken der Koordinationsaufwand und die Problemkomplexität der Produktionsplanung. Zudem wird durch die Aufteilung des Fertigungsbereichs in Fertigungsinseln die Voraussetzung für eine dezentrale Produktionsplanung und -steuerung in der Form geschaffen, daß die kurzfristigen Planungsaufgaben und die Produktionssteuerung in die Fertigungsinseln verlagert werden und nur die Grobplanung zur Koordination der Fertigungsinseln für den gesamten Betrieb erfolgt.

3. Ausgestaltung des dezentralen Planungs- und Steuerungssystems

Das dezentrale PPS-System besteht aus drei Planungsebenen und einer Steuerungsebene. Die obersten zwei Ebenen beziehen sich auf den gesamten Betrieb, während die Planung auf der dritten Ebene und die Steuerung der Abläufe getrennt für jede Fertigungsinsel vorgenommen werden. Die einzelnen Ebenen unterscheiden sich in dem Aggregationsgrad der Daten und der Länge des Planungsintervalls sowie der Planungsfrequenz. Aggregiert werden sowohl die Endprodukte als auch die Vorprodukte und die Maschinen. So werden auf der Planungsebene 2 statt einzelner Vorprodukte nur die komplett zu fertigenden Komponenten betrachtet, in die sie eingehen. Endprodukte mit gleicher Komponentenzusammensetzung lassen sich dann zu Endproduktfamilien aggregieren. Ebenso werden die Maschinen einer Fertigungsinsel als ein Aggregat aufgefaßt. Eine weitere Aggregation der Produkte erfolgt auf der obersten Planungsebene durch die Zusammenfassung von Endproduktfamilien, die im Hinblick auf die Komponentenzusammensetzung, den Nachfrageverlauf, die Produktionskosten bzw. den erzielbaren Deckungsbeitrag vergleichbar sind, zu Endproduktgruppen. Die Aggregation der Produkte zu Produktfamilien und -gruppen ist mit der vergleichbar, die in dem Grundmodell der Hierarchischen Produktionsplanung von Hax und Meal verwendet wird (vgl. Hax/Meal [1975]). Den Ablauf der Planung in einem dezentralen PPS-System zeigt Abbildung 2.

Aufgabe der jeweils monatlich durchzuführenden aggregierten Planung ist die Abstimmung des Produktionsprogramms mit den Kapazitäten für einen Zeitraum von ca. einem Jahr. Auf Grund des hohen Aggregationsgrades der Daten kann das Planungsproblem als lineares Programm modelliert werden, bei dem unter Einhaltung von Kapazitätsbeschränkungen eine Maximierung des Deckungsbeitrags der Endproduktgruppen erfolgt. Die Kapazitätsbelastung durch eine Endproduktgruppe ergibt sich als Durchschnitt der jeweiligen Belastung der Fertigungsinsel durch die in der Gruppe enthaltenen Endprodukte. Problematisch ist aber, daß die einzelnen Endproduktgruppen Produktfamilien mit unterschiedlicher Komponentenzusammensetzung enthalten können und damit nicht exakt bestimmbar ist, welche Fertigungsinsel belastet wird, wenn eine bestimmte Endproduktgruppe gefertigt werden soll. Im Rahmen der aggregierten Planung ist die Verteilung der einer Endproduktgruppe zugeteilten Menge auf die in ihr enthaltenen Endproduktfamilien noch unbekannt. Zur Abschätzung wird deshalb der Anteil verwendet, der sich in der Vergangenheit ergeben hat. Die Summe der Anteile der Endproduktfamilien, die aus einer bestimmten Fertigungsinsel Komponenten be-

ziehen, entspricht dann der Wahrscheinlichkeit, daß die Insel durch
die Produktion der Endproduktgruppe belastet wird. Entsprechend ist
die durchschnittliche Kapazitätsbelastung der Fertigungsinsel um diesen Faktor abzuwerten.

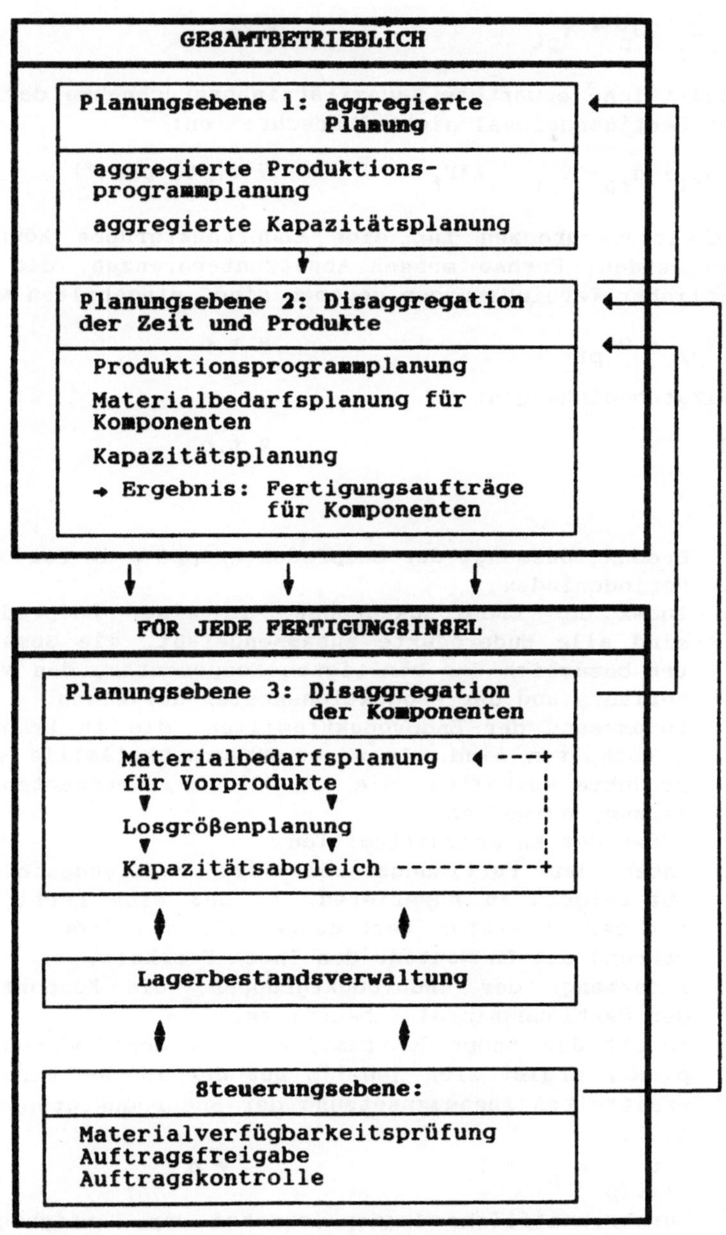

Abbildung 2: Planungsablauf in einem dezentralen PPS-System

Das Planungsproblem der aggregierten Planung ergibt sich damit wie folgt:

Als Zielfunktion wird die Maximierung des Deckungsbeitrags angestrebt:

$$\text{Max} \sum_{t=1}^{T} \sum_{p=1}^{P} DB_p \cdot Y_{pt}$$

Die durchschnittliche erwartete Kapazitätsinanspruchnahme darf die Kapazität einer Fertigungsinsel nicht überschreiten:

$$\sum_{i \in I(P)} a_{if} \cdot \alpha_{ip} \cdot Y_{pt} \leq KAP_f \qquad \forall\ f,\ t,\ p \in P(f)$$

Bestehende Absatzobergrenzen für eine Endproduktgruppe können nicht überschritten werden. Ebenso müssen Absatzuntergrenzen, die z.B. auf Grund vertraglicher Vereinbarungen gegeben sind, eingehalten werden:

$$UG_{pt} \leq Y_{pt} \leq OG_{pt} \qquad \forall\ t,p$$

Nichtnegativitätsbedingungen:

$$Y_{pt} \geq 0 \qquad \forall\ t,p$$

Dabei ist:

Y_{pt}:	Produktionsmenge der Endproduktgruppe p in Periode t.
$t = 1,\ldots,T$:	Periodenindex
$p = 1,\ldots,P$:	Index der Endproduktgruppe. In einer Endproduktgruppe sind alle Endprodukte zusammengefaßt, die Gemeinsamkeiten bezüglich der benötigten Komponenten, des Nachfrageverlaufs und der Produktionskosten aufweisen.
$I(p)$:	Indexmenge der Endproduktfamilien, die in Produktgruppe p enthalten sind. In einer Endproduktfamilie sind Endprodukte enthalten, die die gleiche Komponentenzusammensetzung aufweisen.
$i = 1,\ldots,I$:	Index der Endproduktfamilien
$f = 1,\ldots,F$:	Index der Fertigungsinsel. Die Fertigungsinseln sind aufsteigend zu numerieren, so daß eine Fertigungsinsel auf der untersten Fertigungsstufe den Index 1 bekommt, während die Endmontage den Index F erhält.
$P(f)$:	Indexmenge der Endproduktgruppen, die Komponenten aus der Fertigungsinsel f benötigen.
α_{ip}:	Anteil der Endproduktfamilie i in der Endproduktgruppe p. α_{ip} ergibt sich jeweils aus der in der Vergangenheit ermittelten Zusammensetzung der Endproduktgruppen. Dabei gilt: $$\sum_{i \in I(p)} \alpha_{ip} = 1 \qquad \forall\ p$$
a_{if}:	Durchschnittliche Inanspruchnahme der Fertigungsinsel f durch die Produktion einer Einheit der Endproduktfamilie i. Bezieht eine Endproduktfamilie i keine Komponenten aus der Fertigungsinsel f, gilt: $a_{if} = 0$.

DBₚ: (DB_p) Durchschnittlicher Deckungsbeitrag je Einheit der Endproduktgruppe p.

KAPғ: (KAP_f) Kapazität der Fertigungsinsel f. Als Kapazität wird die
Leistung der Fertigungsinsel in der Vergangenheit angesetzt. Im Falle von Leerzeiten aufgrund von Lieferaus-
fällen vorgelagerter Fertigungsinseln ist dieser Wert
entsprechend zu korrigieren.

Das unter Berücksichtigung der aggregierten Kapazitäten ermittelte
Produktionsprogramm für Endproduktgruppen ist Dateninput für die
zweite Planungsebene, auf der eine Disaggregation bezüglich der Zeit
und der Produkte erfolgt. Der Planungshorizont der ersten Ebene verkürzt sich auf die maximale Durchlaufzeit, die Plandaten werden wö-
chentlich aktualisiert. Die Kopplung der ersten und zweiten Ebene wird
dadurch erreicht, daß die für die Produktgruppe zugeteilten Mengen auf
die in ihr enthaltenen Produktfamilien verteilt werden. Für die Endproduktfamilien erfolgt dann in der Materialbedarfsplanung unter Einbeziehung der Lagerbestände die Bestimmung der zur Fertigung notwendigen Komponenten, die die einzelnen Fertigungsinseln zu liefern haben.
Die weitere Auflösung der Komponenten in Vorprodukte ist an dieser
Stelle nicht erforderlich. Vielmehr wird dies erst auf der nachfolgenden Planungsebene für jede Fertigungsinsel getrennt vorgenommen. An
die Ermittlung der aus dem Komponentenbedarf resultierenden durchschnittlichen Kapazitätsbelastung der einzelnen Fertigungsinseln ist
die grobe Terminierung der geplanten Aufträge gekoppelt. Zur Reduktion
des Rechenaufwandes kann hierfür die Engpaßkapazität oder die durchschnittliche Kapazität des Fertigungsbereichs herangezogen werden.

Auf Grund des hohen Aggregationsgrads der Daten können die beschriebenen Schritte der Planungsebene 2 in einem Linearen Programm zusammengefaßt und dann optimal gelöst werden. Zielsetzung ist die Minimierung
der Produktions- und Lagerhaltungskosten der Endproduktfamilien. Neben
Lagerrestriktionen müssen wie auf der ersten Planungsebene auch die
Kapazitätsbeschränkungen der einzelnen Fertigungsinseln berücksichtigt
werden.

Aus dem mit den Kapazitäten abgestimmten Produktionsprogramm resultieren die Fertigungsaufträge für Komponenten, die an die Fertigungsinseln übergeben werden.   Unter Heranziehung bestehender Lagerbestände
wird der exakte Teilebedarf errechnet, der von der Insel zu decken
ist. Daran gekoppelt ist die Losbildung. Entscheidungskriterium ist
hier die Minimierung von Umrüst- und Lagerkosten. Die festgelegten
Lose bilden die Grundlage für die Bestimmung der Kapazitätsbelastung.
Treten hierbei Unzulässigkeiten auf, wird erst innerhalb der Insel
versucht, diese zu beseitigen. Ist dies nicht möglich, muß eine Revision der Planung auf der zweiten Ebene angestoßen werden. Nach Ausgleich aller Unzulässigkeiten erhält man den für jede Fertigungsinsel
gültigen Produktionsplan, der den terminierten, zur Fertigung des jeweiligen Endprodukts notwendigen Teilebedarf festlegt.

Die Feinabstimmung der Fertigungsinseln wird in der Produktionssteuerung durch die Implementierung eines mit dem KANBAN-System vergleichbaren Ziehprinzips erreicht (vgl. Monden [1983], S. 13 f.). Die ein-

zelnen Fertigungsinseln fordern die für die geplanten Aufträge benötigten Teile bei den jeweils vorgelagerten Inseln an. Diese Nachfrage wird dann in der jeweiligen Fertigungsinsel zur Ermittlung der Auftragsreihenfolge herangezogen. Da sich sowohl die anfordernde als auch die liefernde Stelle an den Vorgaben der Planungsebene 2 orientieren, können unzulässige Kapazitätsbelastungen in den Fertigungsinseln weitgehend vermieden werden. Ein kontinuierlicher und gleichmäßiger Materialfluß ist damit gewährleistet. Die Koppelung der Steuerungs- mit der Planungsebene und insbesondere der Abgleich von Soll- und Istdaten wird über die Verbuchung der Lagerbestandsveränderungen erreicht. So stellen geplante Aufträge für die Fertigungsinsel einen Sollbestand dar, der bei Ablieferung der Auftragsmengen im Lager gelöscht wird.

Treten auf einer der Ebenen des dezentralen PPS-Systems Unzulässigkeiten auf, so wird zuerst innerhalb der Ebene versucht, diese auszugleichen. Hierzu ist im Rahmen der zentralen Planung zu überprüfen, ob einzelne Restriktionen des Linearen Programms gelockert werden können. Bei unzulässigen Planvorgaben, die erst in der jeweiligen Fertigungsinsel festgestellt werden, muß der zuständige Disponent kurzfristig Anpassungsmaßnahmen, wie z.B. die Anordnung von Überstunden oder die Umterminierung von Aufträgen, veranlassen. Erst wenn eine Beseitigung der Unzulässigkeiten innerhalb der betreffenden Ebene nicht möglich ist, wird über Rückkoppelungen eine Planrevision auf der übergeordneten Stufe angestoßen. Über die Rückkoppelungen erfolgt ebenso die Aktualisierung der Daten der oberen Ebenen durch die Ergebnisse der unteren.

Das beschriebene dezentrale Planungssystem ist hierarchisch aufgebaut. Die Teilaufgaben sind so angeordnet, daß der Detaillierungsgrad der Entscheidungen mit Fortschreiten des Planungsprozesses zunimmt, ihre zeitliche Reichweite dagegen abnimmt (vgl. Switalski [1989], S. 12]). Die Entscheidungen der jeweils übergeordneten Ebene stellen für den nachfolgenden Bereich Vorgaben dar, an denen sich dieser auszurichten hat (vgl. Switalski [1989], S. 64). Durch die Rückkoppelungen zwischen und innerhalb der Ebenen kann eine weitgehende Abstimmung der Ebenen erreicht werden. Nicht zuletzt erleichtert die Organisation des Fertigungsbereichs in Fertigungsinseln das bei hierarchischen Systemen meist nur sehr schwierig zu lösende Aggregations- und Disaggregationsproblem. So ergibt sich auf Grund der Komplettbearbeitung von Komponenten in Fertigungsinseln eine eindeutige Zuordnung von Maschinen und Produkten, die auch bei Disaggregation der Daten bestehen bleibt.

Literatur:

Burbidge, J.L., The Introduction of Group Technology, Heinemann, London / Melbourne / Toronto 1975
Hax, A.C. / Meal, H.C., Hierarchical Integration of Production Planning and Scheduling, in Geisler, M.A. (Hrsg.): Logistics, TIMS Studies in the Mangement Sciences, North Holland, Amsterdam 1975, S. 53 - 69
Switalski, M., Hierarchische Produktionsplanung, Konzeption und Einsatzbereich, Physica-Verlag, Heidelberg 1989
Monden, Y., Toyota Production System, Practical Approach to Production Management, Industrial Engineering and Management Press, Norcross 1983

Ganzheitliche Fabrikplanung

Dr.-Ing. habil. Dr. rer. nat. Werner Stanek
Hans-Böckler-Platz 1
4330 Mülheim a.d. Ruhr

Die Planung von Industriebetrieben verlangt bzgl. der Ausbildung aller seiner Teilsysteme eine durchgängige ganzheitliche, auf die komplexe Lösung ausgerichtete Betrachtungsweise von der Analyse über die Funktionsbestimmung, Strukturierung, Dimensionierung, Layoutgestaltung bis hin zur Validierung und Verifikation der Fertigungssteuerungslösung. Dabei ist der Dynamik im Planungsprozeß stärkere Aufmerksamkeit zu widmen. Ein Aspekt der Dynamik bezieht sich auf die Untersuchung des zeitabhängigen Verhaltens des Planungsgegenstandes, d. h. des Fertigungs- und Fertigungssteuerungsprozesses innerhalb der Planungsphasen mit Hilfe von Simulationsmodellen, und der andere Aspekt berücksichtigt die Dynamik im Planungsablauf selbst, d. h. die alternativ iterative Abarbeitung von Planungsaktivitäten in unterschiedlichen Planungsphasen mit unterschiedlichem Feinheitsgrad zur Sicherung einer schrittweisen Verbesserung der Projektqualität.
Von entscheidender Bedeutung ist die Nutzung von Modellsystemen der Operationsforschung. Diese gewährleisten die untrennbare Einheit von Planung und späterer Realisierung. So werden in Abhängigkeit von Punkt-, Linien- und Netzstrukturen und entsprechend der beiden Grundprinzipien der Fertigung, des Verfahrensprinzips (Werkstattfertigung) oder des Gegenstandsprinzips (Gruppenfertigung) aus einer Modell- und Algorithmenbank isomorphe mathematische Modelle validiert und Lösungsverfahren verifziert.

Produktionsplanung auf Basis eines Systems zur Einzelkosten- und Deckungsbeitragsrechnung

Prof. Dr. Siegmar Stöppler, Universität Bremen
Dr. Regina Fischer, Universität Bremen
Dr. Marlies Rogalski, Universität Bremen

Zusammenfassung

In diesem Beitrag wird dargestellt, inwieweit eine zweckneutrale Datenbasis, die für ein entscheidungsorientiertes Kostenrechnungssystem konzipiert wurde, geeignet ist, die Anforderungen der mittel- bis kurzfristigen Produktionsplanung zu erfüllen. Vorgestellt werden zunächst die für die Produktionsplanung wesentlichen Elemente des Kosten- und Erlöscontrollingsystems KOREX. Anschließend wird die Arbeitsweise des in KOREX implementierten Modellbauers beschrieben. Nach Vorgabe einiger weniger Informationen des Anwenders generiert dieser Modellbauer selbstständig lineare Entscheidungsmodelle aus der Datenbasis.

Summary

In this article we describe to which extend a database of a cost controlling system can be used for production planning. At first we present the elements of the controlling system KOREX, which are important for production planning. Then we describe the working method of the 'model builder' of KOREX. This 'model builder' generates independently a linear decision model out of the database requiring just information about the decision object and wether the objective function should be minimized or maximized.

Einleitung

Dieser Beitrag basiert auf einem Kosten- und Erlöscontrollingsystem (KOREX), das im Rahmen eines Forschungsprojekts an der Universität Bremen entwickelt wurde. Es wird aufgezeigt, inwieweit sich dieses System als Grundlage der Produktionsplanung eignet und welche Erweiterungen zu diesem Zweck notwendig sind. Nach einer kurzen Einführung in das Thema erfolgt die Vorstellung der für die Produktionsplanung wesentlichen Systemelemente (Bezugsgößen) von KOREX. Anschließend wird die Vorgehensweise eines Modellbauers beim Aufbau linearer Entscheidungsmodelle beschrieben.

Bei der Konzeption des Kosten- und Erlöscontrollingsystems KOREX wurden Elemente aus bestehenden Kostenrechnungssystemen aufgegriffen und weiterentwickelt. Das in KOREX zugrundegelegte Kostenzurechnungsprinzip (Identitätsprinzip) stammt aus der Einzelkosten- und Deckungsbeitragsrechnung von RIEBEL/5/. Nach Maßgabe dieses Prinzips werden in KOREX alle Kosten als Einzelkosten erfaßt. Dies führt zu einer Relativierung des Einzelkostenbegriffs, der nun nicht mehr ausschließlich kostenträgerbezogen angewandt wird. Alle Kosten werden als Einzelkosten an der Stelle erfaßt, wo auch über deren Exi-

Operations Research Proceedings 1991
© Springer-Verlag Berlin Heidelberg 1992

stenz und Höhe entschieden wird. Kosten werden weder in zeitlicher, noch in sachlicher Hinsicht geschlüsselt. Die Berücksichtigung verschiedener Einflußgrößen und somit die Definition verschiedener Einflußgrößenfunktion geht u.a. auf die **Betriebsmodelle/2/3/** zurück. Auch die Idee der **zweckneutralen Grundrechnung der Kosten,** wie sie schon von SCHMALENBACH propagiert wurde, fand Eingang in die Konzeption von KOREX, wurde hier aber wesentlich erweitert zu einer zweckneutralen Datenbasis. Es wird auf jegliche Berechnung oder Aggregation verzichtet und eine strikte Trennung zwischen Preis- und Mengengerüst durchgehalten, so daß nur kleinste Informationsbausteine abgespeichert werden.

Die zweckneutrale Datenbasis dient als Grundlage verschiedener Methoden der entscheidungsorientierten Kosten- und Erlösrechnung. Es stellte sich nun die Frage, ob diese Datenbasis nicht auch für andere betriebswirtschaftliche Methoden zu nutzen ist. Hier bot sich u.a. die Produktionsplanung an, die viele Schnittstellen zur Kosten- und Erlösrechnung hat, da z.B. Kosten, Erlöse und Deckungsbeiträge benötigt werden. Ein weiterer Aspekt der Produktionsplanung ist die Tatsache, daß sowohl Algorithmen zur Lösung linearer Entscheidungsmodelle entwickelt wurden, als auch EDV-Programme zur Bearbeitung dieser Probleme existieren. Der Nachteil der Verwendung dieser Programme besteht darin, daß das Formulieren mathematischer Modelle vielen Benutzern schwer fällt und viele Daten mühsam erfaßt und in die entsprechenden Programme eingespeist werden müssen, die in anderen Teilbereichen des Unternehmens schon vorhanden sind.

Durch die Erfassung kleinster Informationsbausteine enthält die zweckneutrale Datenbasis von KOREX auch die zur Produktionsplanung benötigten **technischen Koeffizienten** und die **Faktorverbrauchskoeffizienten.** Restriktionen, wie z.B. Absatzhöchstmengen, Beschaffungshöchstmengen, Kapazitäten usw. werden für die Kostenplanung nicht benötigt, an dieser Stelle wurde die Datenbasis entsprechend erweitert. Neben diesen Koeffizienten und Restriktionen werden für die Produktionsplanung noch weitere Daten benötigt, z.B. Opportunitätskosten zur Bewertung der Lagerbestände sowie der Rüstzeiten. Diese Daten lassen sich im Zusammenhang mit den Informationen der Datenbasis ermitteln.

Die Systematik der Bezugsgrößen

Der Kern des Systems sind Bezugsgrößen zur differenzierten Erfassung und Systematisierung der Unternehmensdaten. Wir unterscheiden bei den Bezugsgrößen **Entscheidungsobjekte** und **Einflußgrößen.**

Entscheidungsobjekte

Entscheidungsobjekte sind Einheiten des Unternehmens, für die entscheidungsrelevante Daten erfaßt oder ausgewiesen werden, etwa Produkte, Produktgruppen, Maschinen, Kunden, Regionen, usw. Für Entscheidungsobjekte können nur **Null/Eins-Entscheidungen** getroffen werden, d.h. es kann nur über deren Existenz entschieden werden. Quantitative

Entscheidungen werden in KOREX durch Einflußgrößen ausgedrückt. Alle Kosten und Erlöse eines Unternehmens werden als Einzelkosten und -erlöse bei dem Entscheidungsobjekt erfaßt bzw. ausgewiesen, bei dem sie gerade noch als Einzelkosten und -erlöse erfaßt werden können. Für alle in der betrieblichen Hierarchie untergeordneten Entscheidungsobjekte sind diese Kosten und Erlöse als Gemeinkosten und -erlöse anzusehen, für alle in der Hierarchie übergeordneten Entscheidungsobjekte sind dies Einzelkosten und -erlöse.

Das Entscheidungsobjektnetz

Zur Analyse der Erfolgsstruktur eines Unternehmens innerhalb der Deckungsbeitragsflußrechnung müssen die zwischen den Entscheidungsobjekten eines Unternehmens bestehenden Beziehungen (Über- und Unterordnungen) ermittelt und festgehalten werden. Die Anzahl der möglichen betrieblichen Hierarchien ist jedoch nicht auf eine beschränkt, verschiedenartige Fragestellungen bei der Umsatz- und Erfolgsanalyse (Deckungsbeitragsanalyse) bedingen auch unterschiedlich aufgebaute Zurechnungshierarchien/4/. Für produktionswirtschaftliche Fragestellungen ist z.B. eine Aggregation der Erlöse und Kosten nach Produktarten, Produktgruppen und Betriebsmittel geeignet. Eine Aggregation nach Auftragsposten, Aufträgen und Kunden ist eher für absatzwirtschaftliche Auswertungen sinnvoller. Doch jede Hierarchie ist nur eine von mehreren möglichen Projektionen des betrieblichen Geschehens und die Verwaltung mehrerer Hierarchien führt zu redundanten Daten und Mehraufwand bei der Datenpflege.

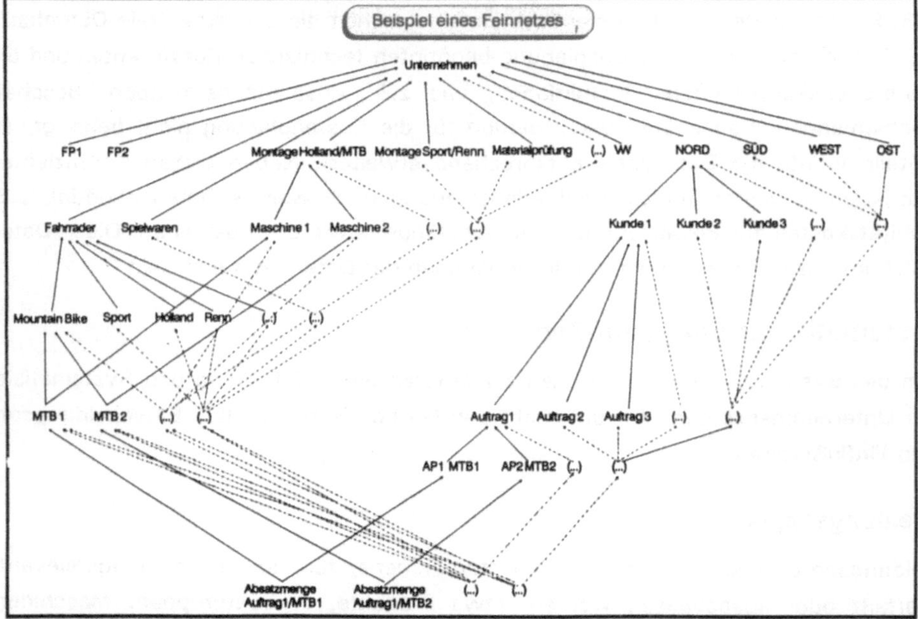

Die Zusammenfassung aller möglichen Zurechnungshierarchien führt zu einem **Netzwerk** (siehe Abbildung, entnommen aus /1/), welches für jedes Unternehmen beliebig definierbar ist. Alle Entscheidungsobjekte, für die Einzelkosten und -erlöse erfaßt oder verdichtet gesammelt bzw. ausgewiesen werden, gehen als Knoten in das Netz ein. Die semantischen Beziehungen zwischen den Entscheidungsobjekten sind die Kanten des Netzwerks. Diese Kanten sind gerichtet, da die Richtung der Aggregation der Einzelkosten und -erlöse nicht beliebig ist, es liegt ein **gerichteter Graph** vor.

Aus diesem Netzwerk werden bestimmte **Entscheidungsobjekthierarchien**, z.B. für die Erfolgsanalyse, ausgewählt. Entlang der gewählten Hierarchie werden die Kosten und Erlöse aggregiert und die Deckungsbeiträge der enthaltenen Entscheidungsobjekte ausgewiesen.

Einflußgrößen

Der Einsatz von Faktoren, die Leistungserstellung und somit die Höhe der Kosten und Erlöse wird von etlichen **quantitativen Entscheidungen über Einflußgrößen** geprägt. Einflußgrößen sind im mathematisch-statistischen Sinne **unabhängige Variablen**, die im Rahmen eines technisch-organisatorischen Prozesses andere abhängige Variablen, etwa den Faktorverbrauch und die Leistungserstellung bestimmen/3/.

Einflußgrößen können im Rahmen des betrieblichen Geschehens in **disponible** und **nicht-disponible Einflußgrößen** unterschieden werden/2/5/. Sind die Einflußgrößen von Entscheidungsträgern des Unternehmens in ihrer Menge variierbar, werden sie als disponible Einflußgrößen bezeichnet, z.B. Produktionsmenge, Losgröße, gefahrene Kilometer usw. Obliegt die Quantifizierung der Einflußgröße nicht dem Unternehmen, sondern werden sie von der Umwelt bestimmt, handelt es sich um nicht-disponible Einflußgrößen, etwa Temperatur, Tageslichtstunden usw.

Bei den nicht-disponiblen Einflußgrößen betrachten wir die **zeitlichen Einflußgrößen** (Anzahl Schichten, Arbeitstage, Monate, Quartale, Jahre usw.) gesondert. Die zeitlichen Einflußgrößen sind bekannt und im voraus genau bestimmbar.

Einflußgrößen werden als **primäre Einflußgrößen** bezeichnet, wenn sie direkt erfaßt bzw. geplant werden. Berechnet sich eine Einflußgröße aus anderen Größen, liegt eine **sekundäre Einflußgröße** vor. Die Art der Berechnung wird in allgemeingültigen **Definitions- und Verhaltensgleichungen** festgehalten. Je nach Problemstellung und Anwendung werden diese Formeln mit Fakten aus der Datenbasis belegt.

Über die Definitions- und Verhaltensgleichungen können nicht nur sekundäre Einflußgrößen berechnet werden, sondern jede beliebige andere Größe, die sich aus der zweckneutralen Datenbasis berechnen läßt. So können Größen, die für die Produktionsplanung relevant sind, über die Einflußgrößendefinition berechnet werden, z.B. Opportunitätskosten zur Bewertung von Lagerbeständen und Rüstzeiten. Möglich ist auch die Definition verschiedener **Kennzahlen**, etwa Produktivitätskennzahlen, Ergiebigkeitskennzahlen oder Umschlaghäufigkeiten.

Die Definitions- und Verhaltensgleichungen ermöglichen es, jegliche Information aus der Datenbasis zu ziehen, auch wenn diese zum Zeitpunkt der Konzeption noch nicht relevant war.

Einflußgrößenfunktionen

Mittels analytisch-technischer oder statistischer Verfahren lassen sich Beziehungszusammenhänge zwischen dem Verbrauch eines Faktors und den Einflußgrößen für ein spezifiziertes Entscheidungsobjekt ermitteln, wie z.B. den Stromverbrauch einer Maschine. Unter Berücksichtigung der Preise stellen diese Einflußgrößenfunktionen Kosten- und Erlösabhängigkeiten dar. Die einfachste Form ist die lineare Funktion. Häufig treten aber nicht-lineare Funktionsverläufe auf, wenn etwa Kapazitätsengpässe kurzfristig und schnell beseitigt werden sollen, wofür z.B. Mehrarbeitszeiten oder intensitätsmäßige Anpassungen in Frage kommen. Diese Funktionsverläufe können entweder stückweise linear oder echt nicht-linear sein. Echte nicht-lineare Funktionen bilden wir annäherungsweise durch stückweise linearisierte Funktionen ab. Die stückweise linearen oder stückweise linearisierten Funktionen können sowohl konkav, konvex als auch keins von beiden sein.

Das Bezugsgrößensystem als wesentliches Element von KOREX sowie die mittels diesem definierten Einflußgrößenfunktionen sind in folgender Abbildung zusammengefaßt.

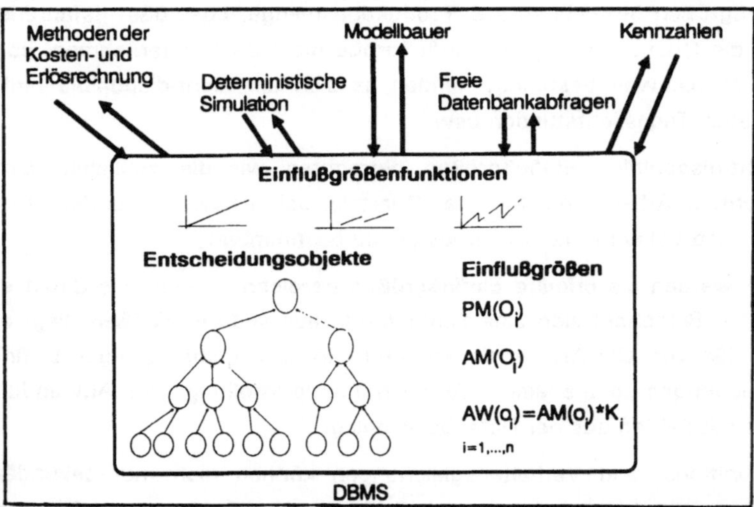

Die Bezugsgrößen und deren Zusammenhänge werden in einem relationalen Datenbanksystem verwaltet, auf das verschiedene betriebswirtschaftliche Anwendungen zugreifen können. Neben den **Methoden der entscheidungsorientierten Kosten- und Erlösrechnung** sind das vor allem die **deterministische Simulation**, wo über die Variation der Einflußgrößen verschiedene Umweltbedingungen simuliert werden können, die **freie Datenbankabfrage** für unvorhergesehene Anfragen der Anwender und das im Rahmen der Definition verschiedener Einflußgrößen bereits kurz angesprochene **Kennzahlenmodul. Für die Pro**-duktionsplanung von Bedeutung ist der **Modellbauer.**

Der Modellbauer

Am Beispiel der Erstellung eines linearen Modells, wie etwa zur Produktionsprogrammplanung, wollen wir nun die Arbeitsweise des Modellsbauers erläutern. Zunächst muß der Anwender einige Vorgaben zur Modellerstellung machen:

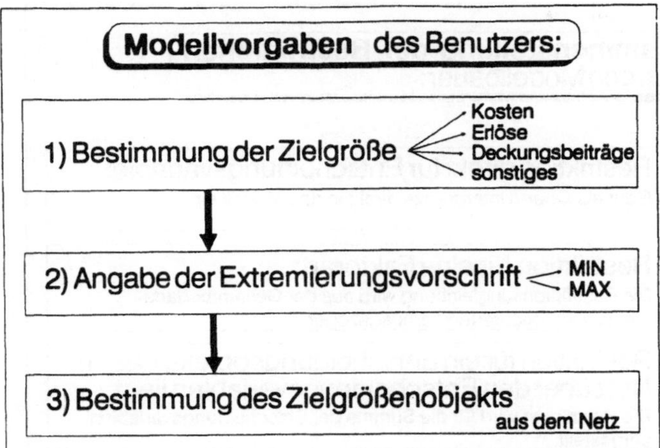

Das **Zielgrößenobjekt** ist ein Objekt aus dem Entscheidungsobjektnetz, z.B. ein bestimmter Unternehmensbereich. Über dieses Objekt bestimmt der Anwender den **Modellumfang.** Modellrelevant sind nach Vorgabe des Zielgrößenobjekts alle diesem Entscheidungsobjekt untergeordneten Objekte, z.B. die Produktgruppen und Produkte. Als Entscheidungsvariablen gehen die Einflußgrößen der an tiefster Stelle liegenden Entscheidungsobjekte ein, also z.B. die Produktions- und Absatzmengen der Produkte.

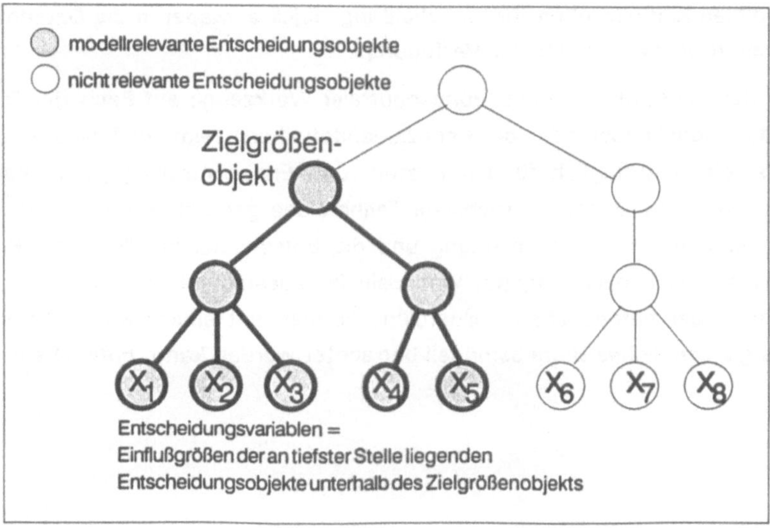

Mit den Modellvorgaben kann der Modellbauer aus den beteiligten Entscheidungsobjekten und Einflußgrößen sowie aus den in der Datenbasis vorhandenen zugehörigen Koeffizienten und Preisen die Zielfunktion aufbauen.

Durch die bekannten Entscheidungsobjekte und Einflußgrößen kann der Modellbauer nun die beteiligten Faktor- und Leistungsarten ermitteln. Es wird daraufhin überprüft, ob für die Elemente Restriktionen in der Datenbasis enthalten sind. Restriktionen können für Einflußgrößen bestimmter Entscheidungsobjekte oder für Faktorarten definiert werden.

Nach Erstellung der Restriktionen liegt ein komplettes Entscheidungsmodell vor, das mit Methoden der linearen Optimierung bearbeitet werden kann. Die optimale Lösung geht in Form von disponiblen Einflußgrößen für Entscheidungsobjekte wieder in die Datenbasis ein und steht für weitere Auswertungen zur Verfügung.

Die Möglichkeit der Konstruktion anwendungsneutraler Werkzeuge auf Basis der Datenbasis, wie etwa der Modellbauer oder die Kennzahlendefinition, zeigt, daß eine zweckneutrale Datenbasis, die ursprünglich für ein Kosten- und Erlöscontrollingsystem konzipiert wurde, sehr wohl auch für andere betriebliche Teilbereiche genutzt werden kann. Gerade die entscheidungsorientierte Kostenrechnung und die Entscheidungskalküle der Produktionsplanung ergänzen sich hervorragend, wenn sie im Zusammenhang gesehen werden. Die Synergieeffekte der betrieblichen Teilbereiche können mit einer zweckneutralen Datenbasis, die als ganzheitliches Betriebsmodell betrachtet werden kann, optimal ausgenutzt werden.

/1/   Fischer, R./ Rogalski, M.;
        Datenbankgestütztes Kosten- und Erlöscontrolling
        Konzept und Realisierung einer entscheidungsorientierten Erfolgsrechnung
        Wiesbaden 1991

/2/   Franke, R.;
        Ein Richtkostenmodell auf der Grundlage von Matrizen für die Zwecke der Planung,
        Kontrolle und Kalkulation (dargestellt am Beispiel eines Siemens-Martin Stahl-
        werks);
        Rheinisch-Westfälische Hochschule Aachen 1970

/3/   Laßmann, G.;
        Die Kosten- und Erlösrechnung als Instrument der Planung und Kontrolle in Indu-
        striebetrieben;
        Düsseldorf 1968

/4/   Riebel, P.;
        Einzelkosten- und Deckungsbeitragsrechnung;
        5. Auflage; Wiesbaden 1985

/5/   Stöppler, S.;
        Nachfrageprognose und Produktionsplanung bei saisonalen und konjunturellen
        Schwankungen;
        Würzburg 1984

Bestandteile einer Theorie zur Produktionsplanung und -steuerung

Dr.-Ing. H.-J. Warnecke
o. Prof. Dr.h.c. Dr.-Ing. E.h.

Dr.-Ing. Dipl.-Math. H. Kühnle

Der Beitrag setzt sich zum Ziel, auf der Grundlage der Problematik, die durch die Produktionsplanung und -steuerung zu bewältigen ist, ein übergreifendes PPS-Modell formal zu entwickeln. Das Modell gestattet es, sämtliche derzeit angewandten PPS-Methoden einzuordenen und ihre Arbeitsweisen vor dem Hintergrund konkreter Anwendungsbeispiele zu erläutern. Das verwendete Modell baut auf einem Systemmodell, das aus einem allgemeinen Zeitsystem, einem allgemeinen Modell der Einsatzfaktoren, zeitunabhängige und zeitabhängige Beziehungen zwischen den Einsatzfaktoren sowie Entscheidungsoperatoren aufgebaut ist. Durch Spezialisierung dieser Modellkomponten wird im Vortrag ein besonderer Schwerpunkt bei der Dispositionsabwicklung im Rahmen der PPS gelegt. Es werden die unterschiedlichen Möglichkeiten, die einstufigen Faktorenbelegungsprobleme, die aus dem Formalmodell resultieren, in unterschiedlicher Reihenfolge zu bearbeiten diskutiert und bestehenden PPS-Verfahrensweisen zugeordnet. Die Verfahrensweisen werden erläutert, wobei konkrete industrielle Anwendungsfälle im Vordergrund stehen.

Über die reine Einordnung von Methoden und Verfahren gestattet das vorgestellte Modell auch weiterführende Überlegungen in Richtung der Entwicklung von Produktionsplanungs- und -steuerungssystemen für spezielle Anwendungsfälle.

GRAPHIKUNTERSTÜTZTE SIMULATION IN DER
DEZENTRALEN FERTIGUNGSSTEUERUNG

Dipl.-Kfm. Michael Zell, Saarbrücken

Prof. Dr. August-Wilhelm Scheer, Saarbrücken

Summary: New developments in simulation technology support the integration of simulation in business information systems. Based on the perspectives of advanced simulation technologies, an architecture of an integrated simulation environment for shop floor scheduling is presented.

Zusammenfassung: Entwicklungstendenzen in der Simulationstechnik begünstigen die Integration der Simulation in betriebswirtschaftliche Informationssysteme. Am Beispiel der Fertigungssteuerung wird der Nutzen neuer Simulationstechnologien aufgezeigt; die dabei gewonnenen Erkenntnisse sind Grundlage für die anschließend entwickelte Architektur einer integrierten Simulationsumgebung für die Fertigungssteuerung.

1   Simulation in der Fertigungssteuerung

Die EDV-technische Unterstützung der Fertigungssteuerung im Rahmen integrierter, dezentral orientierter Produktionsplanungs- und -steuerungskonzepte findet ihren Niederschlag in der zunehmenden Verbreitung von Fertigungsleitstandssystemen, die mittlerweile einen hohen Entwicklungsstand hinsichtlich des Managements von Fertigungsinformationen sowie der Unterstützung bei der Disposition erreicht haben /1/.
In Zusammenhang mit sinnvollen Erweiterungen von Fertigungssteuerungssystemen wird verstärkt der Einsatz der Simulation genannt /2//3/; dabei versteht sich die Simulation als ein Instrument zur Entscheidungsunterstützung bei Einplanungs- und Umdispositionsmaßnahmen auf Basis der aktuellen Fertigungs- und Auftragssituation. Die Eignung der Simulation manifestiert sich dabei in den folgenden Aspekten:

> Durch die Dezentralisierung von Fertigungssteuerungsfunktionen und die Verlagerung von Entscheidungskompetenzen in dezentrale Fertigungsbereiche, z.B. Fertigungsinseln, werden kleinere Regelkreise geschaffen. Dabei ist in der Regel die Komplexität der Problemstellung immer noch so hoch, daß analytische Methoden aufgrund der notwendigen Prämissensetzung nur zu unbefriedigenden Ergebnissen führen, weshalb sich die Simulation grundsätzlich als Entscheidungsunterstützungsinstrument anbietet. Die mit der Bildung kleinerer Regelkreise einhergehende relative Überschaubarkeit des betrachteten Dispositionsbereichs bedingt, daß der Benutzer aktiv den Simulationsprozeß verfolgen und steuern kann. Insbesondere ist auch der Nutzen einer simulationsbegleitenden Visualisierung (Animation) wegen der Fülle der optisch wahrnehmbaren Eindrücke nur dann entsprechend hoch, wenn es sich um einen überschaubaren Fertigungsbereich handelt.

Operations Research Proceedings 1991
© Springer-Verlag Berlin Heidelberg 1992

- Durch die zunehmende flexible Automatisierung im Fertigungsbereich, die sich beispielsweise in der Verbreitung von flexiblen Fertigungssystemen und flexiblen Fertigungszellen niederschlägt, werden die einzelnen Bearbeitungs-, Transport- und Lagervorgänge technisch eindeutiger beschreibbar und sind somit leichter in ein aussagefähiges Simulationsmodell zu übertragen. Insgesamt ist es dadurch möglich, eine Vielzahl von steuerungsrelevanten Aspekten innerhalb eines Modells zu berücksichtigen und eine Anpassung an vorhandene Bereichs- und Dispositionsstrukturen zu gewährleisten.

- Die Tendenz zur Verlagerung von Funktionen des Produktionscontrolling in dezentrale Fertigungsbereiche wird durch die Möglichkeit eines simulativen, vorausschauenden Ermittelns relevanter Kennzahlen begünstigt. Die zahlreichen im Verlauf einer Simulation ermittelten Daten können für unterschiedliche Auswertungssichten mit unterschiedlichem Zeithorizont aufbereitet und verdichtet werden.

2 Entwicklungstendenzen in der Simulation aus Sicht der Fertigungssteuerung

Während bisher die Simulation im Produktionsbereich hauptsächlich dem ingenieurwissenschaftlich orientierten Simulationsexperten im Rahmen von Stand-Alone-Lösungen vorbehalten war, wird durch die Entwicklungstendenzen im der Simulationstechnik in den letzten Jahren die Integration der Simulation auch in eher betriebswirtschaftliche Informationssysteme begünstigt.

Shannon sieht hinsichtlich der Entwicklungsrichtungen der Simulation die folgenden wesentlichen Aspekte /4/:

- die Bereitstellung leistungsfähiger, endbenutzerorientierter Computer für die Durchführung von Simulationsstudien,
- die Fortschritte im Bereich von Graphik und Animation,
- die Möglichkeit der Nutzung von Programmierparadigmen der künstlichen Intelligenz, was ein Überdenken des traditionellen Ansatzes für die Gestaltung des Simulationsprozesses erfordert,
- die Fortschritte im Bereich der Datenbanktechnologie in Form relationaler und objektorientierter Datenbanken.

Die bestehenden Tendenzen hinsichtlich des Leistungsvermögens moderner Computer sollen an dieser Stelle vernachlässigt werden; im folgenden sollen die anderen angesprochenen Entwicklungsrichtungen diskutiert und auf ihre Relevanz für eine Anwendung in der Fertigungssteuerung untersucht werden.

2.1 Graphisch-Interaktive Simulation

Der Begriff der graphisch-interaktiven Simulation ("Visual Interactive Simulation") geht zurück auf Hurrion, der im Rahmen der Untersuchung von Problemen der Werkstattsteuerung die Notwendigkeit einer interaktiven, graphikunterstützten Simulation herausstellte /5/. Er sieht diesbezüglich folgende Schwerpunkte /6/:

- Entwicklung eines Simulationsmodells für ein System auf Basis graphischer Repräsentations-
  formen,
- Bereitstellung einer Methode zur Animation des Modells,
- Ermöglichung der Interaktion mit dem Modell, um alternative Strategien im Dialog zu erproben.

Bezogen auf die Fertigungssteuerung, dient die Animation als zusätzliches Gestaltungselement für die Benutzeroberfläche. Geht man von den möglichen Informationscodierungsformen numerische bzw. alphanumerische Darstellung, statische Graphik und dynamische Graphik aus, stellt eine Animation tatsächlicher oder simulierter Fertigungsabläufe eine zusätzliche, eher qualitativ orientierte Auswertungssicht dar und ermöglicht eine alternative, realitätsnahe Informationspräsentation. Neben der reinen Informationsfunktion ist auch der Aspekt der Interaktion des Anwenders mit dem System zu betrachten; die aus dem Einsatz einer graphisch-interaktiven Simulation resultierenden Vorteile basieren insbesondere auf der Möglichkeit einer interaktiv beeinflußbaren Animation, d.h. der Bereitstellung von Eingriffsmöglichkeiten in den laufenden Simulationsprozeß. Dazu gehört die Möglichkeit des Abrufs von Zusatzinformationen während der Simulation sowie die Unterstützung einer iterativen Vorgehensweise bei einer simulativen Disposition mit Steuerungsmöglichkeiten durch den Anwender.

2.2 Nutzung von Programmierparadigmen der Künstlichen Intelligenz für die Simulation (wissensbasierte Simulation)

Ein guter Überblick der Vorteile der Einbindung von Konzepten der Künstlichen Intelligenz in Simulationssysteme findet sich bei Shannon, Mayer und Adelsberger /7/. Darauf aufbauend sind in der Literatur bezüglich der Möglichkeiten zur Integration von Simulation und wissensbasierten Systemen mehrere Ansätze aufgezeigt worden /8//9//10/. Im wesentlichen lassen sich intelligente Front-End-Systeme zu existierenden (konventionellen) Simulationssystemen sowie integrierte, wissensbasierte Simulationsysteme bzw. -umgebungen auf der Basis von Programmierparadigmen der Künstlichen Intelligenz, insbesondere objektorientierter und regelbasierter Ansätze, unterscheiden.

Intelligente Front-End-Systeme sollen schwerpunktmäßig folgende Aufgaben erfüllen /11//12/:

- Halten unterschiedlicher Benutzermodelle, die alternative Sichtweisen auf die Simulation verkörpern,
- Unterstützung bei der Dialogführung durch Vorschläge und Handlungsanweisungen,
- Teilweise Übernahme von Entscheidungen auf Basis eines Zielmodells zur Entlastung des Benutzers,
- Erklärung der Ergebnisse der Simulation zur Erhöhung der Transparenz des Simulationsvorgangs.

Intelligente Front-End-Systeme für die Simulation im Bereich der Fertigungssteuerung zielen insbesondere auf eine Entscheidungsunterstützung des Disponenten in unterschiedlichen Simulationsphasen ab /13/; dazu gehört eine wissensbasierte Strategiekonfiguration auf Basis der aktuellen Dispositionssituation sowie die Selektion und Aufbereitung entscheidungsrelevanter Kennzahlen.

Die Nutzung objektorientierter Programmiersprachen (z.B. Smalltalk, C++) für die Simulation gewinnt aufgrund der besonderen Eignung dieses Sprachkonzepts, die sich auch in der zunehmenden Entwicklung von Klassenbibliotheken zur Unterstützung einfacher Simulationsmechanismen zeigt, an Bedeutung /14/. Aus Sicht der Fertigungssteuerung liegt der Nutzen vor allem in der Wiederverwendbarkeit vorhandener Klassenstrukturen und der Anpaßbarkeit an den spezifischen Aufbau des betrachteten Fertigungsbereichs sowie an die erforderlichen Dispositionsmechanismen. Während dem Aspekt des Entwurfs von Klassen hinsichtlich der physikalischen und informationellen Objektstrukturen auf Ebene des Fertigungsbereichs (Ressourcen- und Auftragsmodell) mittlerweile verstärkt Aufmerksamkeit gewidmet wird /15/, wird der Bereich der Entwicklung von entscheidungsbezogenen Strukturen wie Steuerungsstrategien und Kennzahlen bisher vernachlässigt.

Als wesentliche Entwicklung im Bereich integrierter wissensbasierter Simulationsumgebungen, die sowohl die Vorteile des regelbasierten wie auch des objektorientierten Paradigma nutzen, gilt Simulation Craft /16/; hier werden unterschiedliche Expertensysteme miteinander verknüpft, um den gesamten Simulationslebenszyklus (Modellerstellung, Experimentierphase und Problemlösung) abzudecken. Eine bekannte wissensbasierte Simulationsumgebung ist das auf der Expertensystemshell KEE aufbauende SimKit, das eine interaktive, streng objektorientierte Simulation unter Einbeziehung vielfältiger graphischer Darstellungsformen ermöglicht /17/.

2.3   Integrierte Datenbankumgebungen für die Simulation

Wesentliche Anstöße zur Diskussion der Problematik des Datenmanagements bei der Durchführung von Simulationsstudien wurden von Ören und Zeigler gegeben, die als einen grundlegenden Mangel bestehender Simulationssysteme das Fehlen geeigneter Softwaresysteme und Datenstrukturen zur Organisation von Simulationsmodellen und der durch sie erzeugten Daten herausstellen /18/. Sie klassifizieren die anfallenden Daten in:

> Daten zur Beschreibung des Experimentrahmens,
> Daten zur Beschreibung der Modellstruktur und zur Spezifikation des Modell-Outputs,
> vom Modell erzeugte Daten innerhalb eines bestimmten Experimentrahmens und
> Daten zur Beschreibung des zugrundeliegenden realen Systems.

Mittlerweile ist in der Literatur mehrfach die Forderung nach einem effizienten Daten- bzw. Informationsmanagement simulationsgestützter Entscheidungsprozesse erhoben worden /19//20/21/. Bisherige Forschungsansätze beschäftigen sich generell mit der Problematik des Datenmanagements in der Simulation, zum Teil wird ein besonderer Schwerpunkt auf den Einsatz der Simulation beim Entwurf von Produktionssystemen gelegt. Ein Strukturierungsansatz für das Datenmanagement bei einer simulationsgestützten Fertigungssteuerung auf Basis des Entity-Relationship-Modells findet sich bei Zell und Scheer /22//23/. Bezüglich der Gestaltung des Datenmanagements für die Fertigungssteuerung sind dabei zusätzliche Aspekte zu beachten, die sich aus den spezifischen Anforderungen der Problemstellung ergeben /24/:

- Bei der kurzfristigen Fertigungssteuerung wird von festen Kapazitäten ausgegangen; der Aspekt der Neuentwicklung von Modellen, z.B. für einen bestimmten Fertigungsbereich, und der Verwaltung von Modellen auf unterschiedlichen Entwicklungsstufen (Versionen) tritt zurück, hingegen kann sich die Notwendigkeit der Anpassung vorhandener Modelle an veränderte Fertigungs- und Dispositionsstrukturen ergeben.

- Es bietet sich an, Modelle auf unterschiedlichen Hierarchiestufen mit unterschiedlichem Detaillierungsgrad bereitzuhalten, um in Abhängigkeit der zeitlichen Nähe von Dispositionsentscheidungen Simulationen unterschiedlich detailliert durchführen zu können.

- Aufgrund der Anforderungen an eine zeitnahe Fertigungssteuerung ist es erforderlich, daß die aktuellen Daten des realen Systems in der Simulation Berücksichtigung finden; d.h., die Initialisierung eines Simulationslaufs muß auf den aktuellen Daten bezüglich der Fertigungssituation und des aktuellen Auftragsspektrums erfolgen (Online-Simulation).

- Zur Unterstützung des Entscheidungsprozesses sollte der Entscheidungsrahmen, also die zur Verfügung stehenden Parameter und Steuerungsstrategien, eindeutig abgegrenzt und systematisiert sein; für die ermittelten Daten aus Simulationsexperimenten müssen Selektions- und Verdichtungskriterien gebildet und entsprechende Strukturen vordefiniert werden.

- Die Bedeutung der Animation verlagert sich von einem Instrument zur Validierung von Simulationsmodellen zu einem Instrument zur Überprüfung der Effizienz von Fertigungssteuerungsstrategien; die Archivierung durchgeführter Animationsläufe erlaubt die Untersuchung dynamischer Ablaufstrukturen.

- Neben der Animation sollen eine Vielzahl elementarer und komplexer graphischer Objekte zur statischen Visualisierung von Kennzahlen und Zusammenhängen bereitgestellt werden.

- Benutzerspezifische Präferenzen hinsichtlich der Informationspräsentation, der Interaktionsgestaltung und der methodischen Unterstützung sollen in Form von Benutzerprofilen festgehalten werden.

3 Architektur einer Simulationsumgebung für die Fertigungssteuerung

Im folgenden wird die Architektur einer Simulationsumgebung für die Fertigungssteuerung dargestellt, die die dargestellten Entwicklungstendenzen berücksichtigt. Grundlage der Architektur ist die von Scheer entwickelte Architektur integrierter Informationssysteme (ARIS) /25/. Abbildung 1 zeigt die ARIS-Architektur, die sich aus den Sichtweisen Funktionen, Organisation, Daten und Steuerung zusammensetzt. In Abhängigkeit der Nähe zur Ressource Informationstechnik trifft Scheer eine weitere Unterteilung in die Beschreibungsphasen Fachkonzept, DV-Konzept und Implementierung.

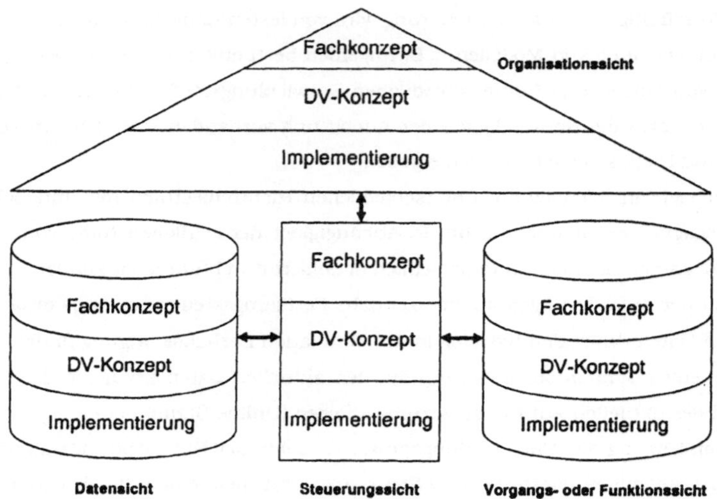

Abb. 1: ARIS-Architektur nach Scheer [Aus: Scheer, A.-W., Architektur integrierter Informationssysteme, S. 18]

Die Unterteilung bezüglich der betrachteten Sichtweisen führt zu einer Reduktion der Komplexität des Beschreibungsgegenstandes. Die Datensicht umfaßt Informationsobjekte, die als Ereignisse oder Umweltzustände interpretiert und auf der konzeptionellen Ebene in Form eines semantischen Datenmodells beschrieben werden können. Die Funktions- oder Vorgangssicht bezieht sich auf die Darstellung der Vorgangsregeln bzw. der Vorgangsstruktur; eine Funktion kann dabei als Verrichtung an einem Objekt zur Unterstützung bestimmter Zielsetzungen verstanden werden. Aspekte der Abbildung von Benutzern des Informationssystems bzw. der Berücksichtung von Organisationsstrukturen werden unter der Organisationssicht zusammengefaßt. Die Steuerungssicht schließlich führt die bisherigen Sichten zusammen und zeigt Aspekte bezüglich der dynamischen Gestaltung des Informationssystems auf.

Hinsichtlich der Unterteilung in Beschreibungsebenen beschreibt Scheer ein Phasenkonzept zur Umsetzung betriebswirtschaftlicher Tatbestände in die EDV-technische Realisierung. Die im Rahmen von ARIS berücksichtigten Phasen des Fachkonzeptes, des DV-Konzeptes und der technischen Implementierung haben dabei die folgende Bedeutung:

- Bei der Erstellung des Fachkonzeptes werden unabhängig von Implementierungsgesichtspunkten die einzelnen Sichten des Anwendungssystems modelliert, wobei formalisierte Beschreibungssprachen gewählt werden.

- Bei der Entwicklung des DV-Konzepts werden die Fachmodelle an die Anforderungen der Benutzerschnittstellen von Implementierungswerkzeugen angepaßt, wobei aber noch kein Bezug zu konkreten Werkzeugprodukten erfolgt.

Die Phase der Implementierung beschreibt die konkrete Umsetzung der Anforderungen in physische Datenstrukturen, Hardwarekomponenten und Programmsysteme.

Aufbauend auf der Architektur von Scheer wird im folgenden eine Architektur eines Informationssystems zur simulationsgestützten Fertigungssteuerung unter ausschließlicher Berücksichtigung des Fachkonzeptes beschrieben, die einen konzeptionellen Rahmen für die Entwicklung unternehmensspezifischer Simulationsumgebungen darstellt. Die Architektur geht aus Abbildung 2 hervor.

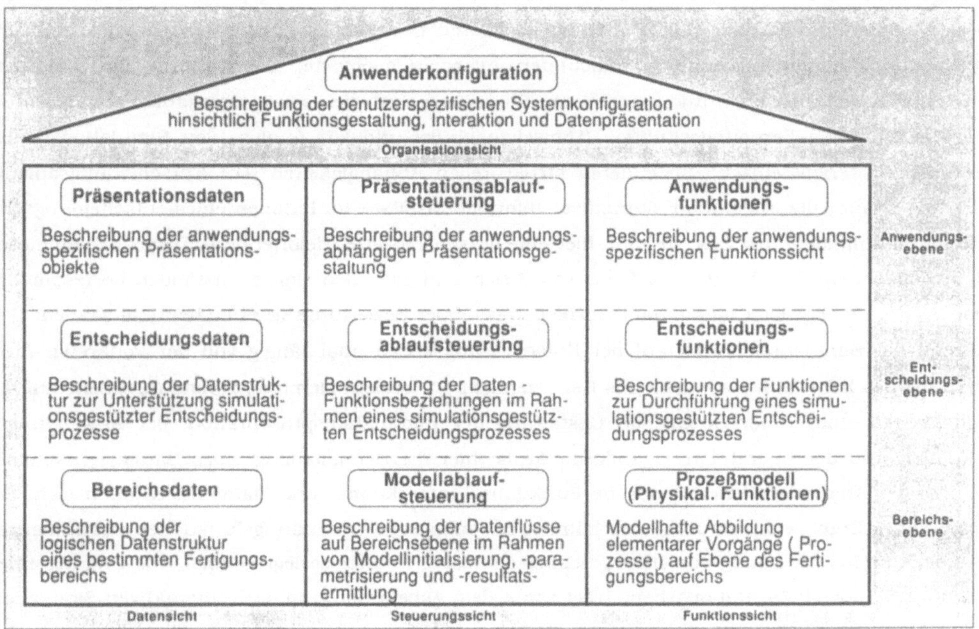

Abb. 2: Architektur eines Informationssystems zur simulationsgestützten Fertigungssteuerung

Als Sichten auf das Informationssystem werden ebenfalls Daten, Funktionen, Steuerung und Organisation herangezogen; die Organisationssicht kann aufgrund der Beschränkung des Informationssystems auf einen bestimmten, auch organisatorisch abgrenzbaren Ausschnitt interpretiert werden als Anwendersicht und bezieht sich auf die Möglichkeit einer individuellen Systemkonfiguration hinsichtlich der Funktions- und Interaktionsgestaltung sowie der Informationspräsentation.

Die Phase des Fachkonzepts wird in Erweiterung des bisherigen Architekturkonzeptes für die Sichten der Daten, der Funktionen und der Steuerung unterteilt in die drei Ebenen Bereichsebene, Entscheidungsebene und Anwendungsebene, um der spezifischen Entscheidungsproblematik und der Möglichkeit einer alternativen, graphikgestützten Systemgestaltung Rechnung zu tragen.

Die Bereichsebene bildet dabei die konkreten Abläufe zur Durchführung der Fertigung in einem bestimmten Fertigungsbereich ab. Sie wird durch eine modellhafte Abbildung der physikalischen Prozesse, die auf die Datenstrukturen des betrachteten realen Fertigungsbereichs zurückgreifen, repräsentiert. Dadurch wird die Verwaltung unterschiedlicher Basismodelle, z.B. mit unterschiedlichem Detaillierungsgrad, und deren Initialisierung mit den aktuellen Auftrags- und Ressourcenzustandsdaten gewährleistet; eine Trennung von informationellen Datenobjekten, wie z.B. alternative Arbeitspläne, von den physikalischen Modellstrukturen ermöglicht dabei eine flexible Gestaltung der Ablaufsteuerung auf der Bereichsebene.

Die Entscheidungsebene repräsentiert Daten, Funktionen und Abläufe bezüglich des betrachteten Entscheidungsprozesses. Sie stellt unabhängig von benutzerspezifischen Kriterien eine Übertragung des allgemeinen Stufenkonzeptes für die Simulation auf den Entscheidungsprozeß der simulationsgestützten Fertigungssteuerung dar. Die Datenstrukturen beziehen sich dabei auf die innerhalb der Entscheidungsfindung relevanten, verdichteten Informationsobjekte; dazu zählen die verfolgten Zielsetzungen, die möglichen und eingesetzten Steuerungsstrategien sowie Kennzahlen zur Beschreibung der aktuellen Fertigungssituation (Umweltzustände) und zur Analyse von Simulationsläufen (Bewertungskriterien) einschließlich deren strukturellen Abhängigkeiten. Die Entscheidungsablaufsteuerung erlaubt die Integration alternativer Informationsflüsse im Rahmen eines entscheidungsorientierten Simulationsprozesses; so kann hier eine wissensbasierte, zielorientierte Dispositionsphilosophie abgebildet werden, bei der auf Basis von Zielen und aktuellen Umweltzuständen korrespondierende Strategien abgeleitet und anhand korrespondierender Bewertungskriterien beurteilt werden.

Während der Simulationsprozeß auf der Entscheidungsebene unabhängig von der konkreten Ausgestaltung des Informationssystems aus Benutzersicht ist, bezieht sich die Anwendungsebene auf die Möglichkeiten einer unterschiedlichen Gestaltung der Informationspräsentation, der Anwendungsfunktionen und der Interaktion. Grundgedanke ist hier die Bereitstellung eines Baukastensystems, aus dem der Anwender seine spezifische Funktions-, Interaktions- und Datenpräsentationssicht erzeugen kann. Entscheidungsfunktionen können zu komplexen Anwendungsfunktionen zusammengefaßt oder durch Einbindung von Interaktionsmechanismen weiter zerlegt werden. Die Bildung einer Anwendungs- oder Präsentationsebene trägt somit dem Aspekt der graphisch-interaktiven Simulation mit der Möglichkeit alternativer graphischer Sichten auf Entscheidungsinformationsobjekte sowie der Einbindung unterschiedlicher Interaktionsphilosophien Rechnung.

Die konkrete Zuordnung von Anwendungs- bzw. Präsentationssichten zu bestimmten Anwendern in Form von Anwender- oder Benutzerprofilen wird durch die Organisationssicht abgebildet.

Die bei der Entwicklung der Architektur vorgenommene Trennung nach Sichten soll nicht die Unabhängigkeit der einzelnen Sichten betonen. Durch Einführung der Steuerungssicht ist die Verbindung von Daten und Funktionen gegeben; somit lassen sich auch objektorientierte Realisierungsansätze auf Basis der aufgezeigten Architektur ableiten. Durch die Unterteilung in Bereichs-, Entscheidungs- und Anwendungsebene wird die Zerlegung einer Simulationsumgebung in Teilmodule, die weitgehend isoliert entwickelt und erweitert werden können und über einfache, vordefinierte Schnittstellen miteinander kommunizieren, gefördert. Am Institut für Wirtschaftsinformatik wird in diesem Zusammenhang eine objektorientierte, graphikunterstützte Simulationsumgebung für die Fertigungssteuerung entwickelt; die Anpaßbarkeit an konkrete bereichs-, entscheidungs- und anwenderbezogene Bedürfnisse wird im Rahmen von Industrieprojekten aufgezeigt.

Literatur:

/1/   Scheer, A.-W.(Hrsg.), unter Mitarbeit von Kraemer, W., Zell, M.:
        Fertigungssteuerung - Expertenwissen für die Praxis.
        München, Wien 1991.

/2/   Schmidt, R.:
        Einsatzmöglichkeiten der Simulation in der Werkstattsteuerung, in: Halin, J. (Hrsg.):
        Simulationstechnik, 4. Symposium Simulationstechnik.
        Berlin et al. 1987, S. 520-538.

/3/   Zell, M.:
        Struktur einer integrierten Simulationsumgebung für die Fertigungssteuerung.
        Information Management 5(1990)3, S. 56-64.

/4/   Shannon, R.E.:
        Knowledge Based Simulation Techniques for Manufacturing.
        International Journal of Production Research 26(1988)5, S. 953-973.

/5/   Hurrion, R.D.:
        The Design Use and Required Facilities of an Interactive Visual Computer Simulation Language
        to Explore Production Planning Problems.
        Ph.D. Thesis, London 1976.

/6/   Hurrion, R.D.:
        Graphics and Interaction.
        In: Pidd, M. (Hrsg.): Computer Modelling for Discrete Simulation, Chichester et al. 1989, S.
        101-119.

/7/   Shannon, R.E., Mayer, R., Adelsberger, H.H.:
        Expert Systems and Simulation.
        Simulation 44(1985)6, S. 275-284.

/8/   O'Keefe, R.: Simulation and Expert Systems - A Taxonomie and some Examples.
        Simulation 46(1986)1, S. 10-16.

/9/   Widman, E.L., Loparo, K.A.:
        Artificial Intelligence, Simulation, and Modeling: A Critical Survey.
        In: Widman, L.E., Loparo, K.A., Nielsen, N.R. (Hrsg.): Artificial Intelligence, Simulation and Mo-
        deling, USA, Kanada 1989, S. 1-44.

/10/   Kitzmiller, C.T.:
        Simulation and AI: Coupling Symbolic and Numeric Computing.
        In: Henson, T. (Hrsg.): Artificial Intelligence and Simulation: The Diversity of Applications,
        Proceedings of the SCS Multiconference on Artificial Intelligence and Simulation, San Diego
        1988, S. 3-7.

/11/   O'Keefe, R.:
        The Role of Artificial Intelligence in Discret-Event Simulation.
        In: Widman, L.E., Loparo, K.A., Nielsen, N.R. (Hrsg.): Artificial Intelligence, Simulation and
        Modeling, USA, Kanada 1989, S. 359-380.

/12/   Treu, S.:
        Designing a "Cognizant Interface" between the User and the Simulation Software.
        Simulation 51(1988)6, S. 227-234.

/13/   Mertens, P., Ringlstetter, T.:
        Verbindung von wissensbasierten Systemen mit Simulation im Fertigungsbereich.
        OR Spektrum 11(1989)11, S. 205-216.

/14/   Kreutzer, W.:
        System Simulation: Programming Styles and Languages.
        Sydney et al. 1986, S. 102f.

/15/   Witte, T., Grzybowski, R.:
       Physikal and Informational Object Classes for Manufacturing Simulations.
       In: Tucci, S. et al. (Hrsg.): Proceedings of the Third European Simulation Multiconference, Rom
       1989, S. 56-61.

/16/   Sathi, N., Fox, M., Baskaran, V., Bouer, J.:
       Simulation Craft: An Artificial Intelligence Approach to the Simulation Life Cycle.
       In: Crosbie, R., Luker, P. (Hrsg.): Proceedings of the 1986 Summer Computer Conference, Reno
       1986, S. 773-778.

/17/   Stelzner, M., Dynis, J., Cummins, F.:
       The SimKit System: Knowledge-Based Simulation and Modeling Tools in KEE.
       Hrsg.: IntelliCorp GmbH, o.O. 1987.

/18/   Ören, T.I., Zeigler, B.P.:
       Concepts for Advanced Simulation Methodologies.
       Simulation 32(1979)3, S. 69-82.

/19/   Yancey, D.P.:
       Database Management Systems can Provide Way to Manage Information Generated in a
       Computer Simulation Program.
       Industrial Engineering (1987)5, S. 50-53.

/20/   King, S.F.:
       Information Analysis for Simulation Database Design.
       In: Murray-Smith u.a. (Hrsg.): Proceedings of the European Simulation Congress, Edinburgh
       1989, S. 148-152.

/21/   Ketcham, G.M., Shannon, R.E., Hogg, G.L.:
       Information Structures for Simulation Modeling of Manufacturing Systems.
       Simulation 52(1989)2, S. 59-67.

/22/   Zell, M., Scheer, A.-W.:
       Graphikunterstützte Simulation in der Fertigungssteuerung - Ein Ansatz zur strukturierten
       Informationsverarbeitung.
       Wirtschaftsinformatik 32(1990)2, S. 168-175.

/23/   Zell, M., Scheer, A.-W.:
       Datenstruktur einer graphikunterstützten Simulationsumgebung für die dezentrale
       Fertigungssteuerung.
       In: Reuter, A. (Hrsg.), Proceedings zur GI-20. Jahrestagung: Informatik auf dem Weg zum
       Anwender. Berlin et al. 1990, S. 26-35.

/24/   Zell, M.:
       Konzeption eines simulationsgestützten Informationssystems für die dezentrale Ferti-
       gungssteuerung.
       In: Breitenecker, F., Troch, I., Kopacek, P. (Hrsg.): 6. Symposium Simulationstechnik,
       Braunschweig 1990, S. 279-283.

/25/   Scheer, A.-W.:
       Architektur integrierter Informationssysteme.
       Berlin et al. 1991.

Tourenplanung und Standortplanung auf der Basis digitaler Straßennetze

Achim Bachem

Mathematisches Institut, Universität zu Köln

In diesem Vortrag werden wir über Erfahrungen beim Einsatz von Vehicle-Routing im Speditionsbereich verschiedener Branchen berichten. Die Erfahrungen der vergangenen Jahre haben gezeigt, daß die Funktionsbereiche der Logistik, inbesondere die Tourenplanung, ein erhebliches Rationalisierungspotential beinhalten. Im Hinblick auf die Wiedervereinigung und den EG-Binnenmarkt 1992 wird diesem Themengebiet immer mehr Bedeutung beigemessen. Beispielsweise werden innerhalb der EG die volkswirtschaftlichen Verluste durch Suchfahrten, nicht-optimale Streckenauswahl und Behinderung durch Staus auf jährlich 40 Milliarden DM geschätzt. Abgesehen von dem wirtschaftlichen Nutzen wird durch eine Optimierung der Touren- planung ein erheblicher Beitrag zur Verbesserung der Verkehrssicherheit und zur Verringerung der Umweltbelastung geleistet.

Für die strategische und operative Planung von Toureneinsätzen wurde im Rahmen eines umfangreichen Forschungsvorhabens am Mathematischen Institut ein System für die rechnerunterstützte Toureneinsatzplanung mit folgenden Zielen entwickelt:

- Reduzierung der Transportzeiten und Anzahl der Touren
- Entlastung des Disponenten durch interaktiven Eingriff in die Planung
- Ermittlung der optimalen Fuhrpark-Konstellation
- Ermittlung eines optimalen Depotstandortes
- Allgemeine Kostenreduzierung.

Die Qualität der Tourenplanung ist wesentlich abhängig von der Qualität der benötigten Ausgangsdaten, zu denen insbesondere die Entfernungsangaben zwischen den Kunden gehören. Für eine realistische Tourenplanung reicht eine Berechnung der Entfernungstabelle auf der Grundlage euklidischer Abstände nicht aus, da topographische Gegebenheiten der zugrundeliegenden Region (Flußverlauf, Gebirgszug u.ä.) die Ergebnisse stark verfälschen. Zusätzlich können in den hierarchisch geordneten Straßennetzen verschiedene Geschwindigkeitsstufen für die verschiedenen Hierarchien (Autobahnen, Bundes- und Landstraßen usw.) berücksichtigt werden. Wir werden in diesem Vortrag über algorithmische Verfahren berichten, die es erlauben, eine Routenplanung unter Berücksichtigung von Zeitfenstern auf der Grundlage von digitalisierten Straßennetzen durchzuführen. Anhand des von uns digitalisierten Straßennetzes Deutschlands 1:100.000 zeigen wir, welche Probleme bei der Lösung von Kürzeste-Wege-Algorithmen in solchen Large-Scale-Graphen mit über 250.000 Kanten auftreten. Insbesondere werden wir darauf eingehen, welche zusätzlichen Restriktionen aus der Praxis noch hinzukommen, damit ein solches System in der operativen Planung einsetzbar ist.

Ganzheitliche Strategien zur Festlegung von Sicherheitsbeständen unter Berücksichtigung von Kostenrelationen bei Fehlmengen

Georg Bol, Karlsruhe

Uwe Dittmann, Pforzheim

Bernhard Suchanek, Karlsruhe

Abstract: Most methods to determing security stocks of inventory systems assume a constant security stock or a security stock only dependent from temporal developments. In addition, service levels are normally introduced because of the problem to determine stock out costs. Nevertheless, the desired service levels contain the implication of certain stock out costs. On the one hand this paper investigates the question, which strategies can be realised beside the constant security stock, on the other hand the coherence of service level and stock out costs is treated.

Zusammenfassung: Bei der überwiegenden Anzahl von Verfahren, mit denen die Sicherheitsbestände eines Lagerhaltungssystems bestimmt werden, wird für die Berechnung von einem konstanten oder nur von zeitlichen Entwicklungen abhängigen Sicherheitsbestand ausgegangen. Darüber hinaus werden aufgrund der Problematik der Bestimmung von Fehlmengenkosten (–sätzen) i.d.R. Servicegradrestriktionen eingeführt, die allerdings ihrerseits bestimmte Fehlmengenkosten implizieren. Die vorliegende Arbeit beschäftigt sich einerseits damit, welche Strategien neben einem konstanten Sicherheitsbestand realisiert werden können, andererseits wird auf den Zusammenhang von Servicegrad und Fehlmengenkosten eingegangen.

1   Einleitung

Der gesamte Bereich Logistik beinhaltet bei vielen Unternehmen ein großes Rationalisierungspotential, das bei optimaler Ausschöpfung zu einer erheblichen Verbesserung des Betriebsergebnisses führen kann. Neben der Optimierung der Organisations- und Informationsstruktur können durch die Einführung von effizienten Berechnungs– und Analyseverfahren entscheidende Wettbewerbsvorteile erzielt werden.

Die vorliegende Untersuchung befaßt sich mit einer Aufgabe der Logistik, die – wie die Erfahrung zeigt – in der Praxis oft große Probleme bereitet: die Festlegung von Sicherheitsbeständen. Es wird dabei nicht darauf eingegangen, wie die Ursachen vermindert oder behoben werden können, die einen Sicherheitsbestand erforderlich machen, sondern die durch den Sicherheitsbestand auszugleichenden Risiko– und Unsicherheitsfaktoren des Lagerhaltungssystems werden als gegeben betrachtet. Die Untersuchung gliedert sich in 4 Abschnitte.

Im ersten Abschnitt wird eine Klassifikation der bestehenden Verfahren vorgenommen. Dabei werden die bekanntesten Verfahren der einzelnen Klassen kurz vorgestellt.

Operations Research Proceedings 1991
© Springer-Verlag Berlin Heidelberg 1992

Im zweiten Abschnitt wird ein zusätzliches Merkmal von Verfahren zur Festlegung von Sicherheitsbeständen vorgestellt: die Strategie der Realisierung des Sicherheitsbestandes. Dabei wird darauf eingegangen, welche Strategien bei den bekanntesten Verfahren realisiert werden, welche anderen Strategien praktiziert werden können und welche Vor- und Nachteile mit den verschiedenen Strategien verbunden sind.

Daran anschließend wird ein Ansatz zur Beurteilung einzelner Strategien und Verfahren zur Festlegung von Sicherheitsbeständen vorgestellt. Es steht dabei die Ermittlung von Fehlmengenkostensätzen im Vordergrund, die (mit einem Servicegrad) bei einer Strategie oder einem Verfahren unterstellt werden.

Im letzten Abschnitt erfolgt eine Zusammenfassung der Ergebnisse mit einem Ausblick auf weiterführende Arbeiten.

2 Verfahren zur Berechnung des Sicherheitsbestandes

Praxisrelevante Verfahren zur Berechnung von Sicherheitsbeständen gehen i.d.R. davon aus, daß die Zykluslänge (implizit) bekannt ist. Diese Verfahren können hinsichtlich zweier Kriterien unterschieden werden. Durch das erste Kriterium erfolgt eine Unterscheidung nach den verschiedenen formalen Zielsetzungen, die bei den einzelnen Verfahren verfolgt werden.

Bei diesen Verfahren sind drei unterschiedliche Zielsetzungen anzutreffen:

1. Minimierung der Gesamtkosten (bestehend aus Lagerungs- und Fehlmengenkosten)

2. Minimierung der Lagerungskosten unter Einhaltung einer vorgegebenen Lieferbereitschaft

3. Maximierung der Lieferbereitschaft unter Einhaltung eines vorgegebenen Budgets für die Lagerungskosten

Beim zweiten Klassifizierungsmerkmal geht es um die Frage, wie und welche den Sicherheitsbestand erforderlich machenden Risiko- und Unsicherheitsfaktoren des Lagerhaltungssystems in das jeweilige Berechnungsverfahren eingehen. Dabei sind zwei Kategorien von Verfahren zu unterscheiden: die klassischen, analytischen und die ganzheitlichen Verfahren.

Klassische, analytische Verfahren: Bei den klassischen, analytischen Verfahren erfolgt die Berechnung des Sicherheitsbestandes basierend auf einer Analyse der die Versorgungssicherheit gefährdenden Risiken. Die Risiko- und Unsicherheitsfaktoren des Lagerhaltungssystems werden dabei durch Verteilungsfunktionen beschrieben. Die eigentliche Berechnung des Sicherheitsbestandes erfolgt durch deren Synthetisierung über einen mathematischen Zusammmenhang. Die bekanntesten Verfahren dieser Kategorie sind die verschiedenen Bestellpunktverfahren (z.B. (s,x)-, (s,S)-Politiken) und Bestellzyklusverfahren (z.B. (t,x)-, (t,S)-Politiken) [2],[5],[7]. Bei diesen Verfahren wird entweder in festen Zeitabständen oder bei Erreichen oder Unterschreiten eines Meldebestands eine Bestellung ausgelöst, deren Höhe entweder eine konstante Größe ist oder das Anheben des Lagerbestand auf ein vorgegebenes Niveau bewirkt. Weitere Varianten entstehen durch unterschiedliche Annahmen bezüglich der vorhandenen Information über die aktuelle Höhe des Lagerbestandes und der in die Verfahren eingehenden Lieferzeit.

Ein prinzipielles Problem bei den klassischen, analytischen Verfahren besteht darin, daß die vorgegebene, einzuhaltende Lieferbereitschaft nicht mit der sich aus dem Modell ergebenden übereinstimmen muß. Insbesondere können auch systematische Abweichungen von der geforderten Lieferbereitschaft auftreten, die vom Modell nicht berücksichtigt werden [7]. Dies kann auf mehrere Gründe zurückgeführt werden. Zum einen müßten alle einen Sicherheitsbestand erforderlich machenden Risikofaktoren im Modell berücksichtigt werden. Dies erfolgt i.d.R. nicht, sondern es werden nur die wichtigsten Unsicherheitsfaktoren wie Nachfrage und Lieferzeit berücksichtigt. Ein weiterer Kritikpunkt stellt die Bestimmung der Verteilungsfunktionen für die betrachteten Risikofaktoren dar. Dabei werden einerseits Verteilungshypothesen unterstellt, zum anderen müßten eigentlich alle Korrelationen zwischen den Teilen berücksichtigt werden.

<u>Ganzheitliche Verfahren:</u> Die skizzierten Mängel bei den klassischen, analytischen Verfahren haben zu einem anderen Ansatz geführt, den Spicher im Jahre 1973 vorgestellt hat [9]. Seine Idee basiert auf einer ganzheitlichen Betrachtungsweise aller Risiko– und Unsicherheitsfaktoren des Lagerhaltungssystems. Die Ermittlung des Sicherheitsbestands wird bei den ganzheitlichen Verfahren durch einen Regelkreis realisiert. Der Sicherheitsbestand ist darin die Stellgröße, durch die eine festgestellte Istgröße (Regelgröße) mit der geforderten Sollgröße ($\rightarrow$ Regelabweichung) in Übereinstimmung gebracht werden soll. I.d.R. wird eine anzustrebende Lieferbereitschaft vorgegeben. Ein Vorteil der ganzheitlichen Verfahren kann daher in der besseren Einhaltung der angetrebten Ziellieferbereitschaft liegen. Wie gut die geforderte Ziellieferbereitschaft tatsächlich eingehalten wird, ist allerdings stark abhängig davon, wie das Modell auf Veränderungen (Entwicklungen) der Risikofaktoren reagiert. Im folgenden Abschnitt wird auf diese Problematik genauer eingegangen. Ein weiterer Vorteil der ganzheitlichen Verfahren ist in der relativ leichten Modifizierbarkeit begründet. Durch verschiedene Stellfunktionen lassen sich Modellvarianten entwickeln, die auf die Situation der verschiedenen Lagerartikel speziell abgestimmt sind und somit einerseits die geforderte Lieferbereitschaft besser garantieren und andererseits geringere Lagerbestände für deren Einhaltung benötigen.

3 Strategien der Realisierung von Sicherheitsbeständen

Ein weiteres, wichtiges Merkmal von Verfahren zur Berechnung von Sicherheitsbeständen stellt die verwendete Strategie der Realisierung des Sicherheitsbestandes dar. Durch die Strategie eines Verfahrens wird festgelegt, welche zyklusspezifischen Größen bei der Berechnung des Sicherheitsbestandes berücksichtigt werden. Jede Strategie impliziert eine SB-Berechnungsfunktion, die den Zusammenhang zwischen dem Sicherheitsbestand für einen Zyklus und den eingehenden zyklusspezifischen Größen herstellt.

<u>Klassische, analytische Verfahren:</u> Da die Sicherheitsbestandsberechnung bei den klassischen, analytischen Verfahren auf einer Bestimmung von Verteilungsfunktionen für die 'relevanten' Risikofaktoren basiert, kann zyklusspezifische Information bei der Bestimmung dieser Verteilungsfunktionen in die Berechnung einbezogen werden. I.d.R. werden die Erwartungswerte und Standardabweichungen von Normalverteilungen allerdings durch einen Glättungsprozeß ermittelt. Bei dieser Vorgehensweise werden keine Abhängigkeiten des Risikos von bestimmten Zyklusgrößen berücksichtigt. Der Sicherheitsbestand wird über die Zyklen,

die die Prognose beeinflußen, annähernd konstant gehalten bzw. ist von rein zeitlichen Entwicklungen der Unsicherheiten abhängig. Einige Autoren (z.B. [3]) weisen bereits darauf hin, daß der konstante Sicherheitsbestand hinsichtlich der erforderlichen Lagerbestände zu schlechten Ergebnissen führen kann. Sie schlagen vor, die Höhe des Sicherheitsbestands durch Verwendung einer Sicherheitszeit abhängig vom Tagesbedarf des jeweiligen Zyklus zu realisieren. Der Sicherheitsbestand entsteht dabei durch das Vorziehen der Liefertermine. Zur Berechnung der Sicherheitszeit geben sie ebenfalls analytische Verfahren an.

<u>Ganzheitliche Verfahren:</u> Bei den bekannten ganzheitlichen Verfahren wird für den beim Regelungsvorgang betrachteten Vergangenheitszeitraum ein konstanter [9] oder ein zur Zykluslänge proportionaler Sicherheitsbestand [8] realisiert. Im Gegensatz zu den klassischen, analytischen Verfahren sind die ganzheitlichen Verfahren allerdings wesentlich einfacher modifizierbar und bieten daher die Möglichkeit, durch unterschiedliche Strategien der Realisierung des Sicherheitsbestandes und somit durch verschiedene Varianten eines Grundmodells die Zusammenhänge von Unsicherheit und zyklusspezifischer Information der einzelnen Teile zu berücksichtigen. So kann der Sicherheitsbestand bspw. proportional zum Zyklusbedarf oder proportional zum Tagesbedarf des Folgezyklus festgelegt werden [10]. Jede Strategie führt zu einer speziellen Stellfunktion im Regelmodell, wobei die übrigen Modellkomponenten unverändert bleiben können. Durch die Stellfunktion wird in einem solchen Regelmodell die Höhe des Sicherheitsbestands festgelegt.

Betrachtet man die verschiedenen Verfahren zur Festlegung von Sicherheitsbeständen, so stellt man fest, daß eine Reihe unterschiedlicher Strategien der Realisierung von Sicherheitsbeständen verfolgt werden. Dies ist wohl darauf zurückzuführen, daß bei den Modellentwicklungen besondere Abhängigkeiten von Unsicherheiten und zyklusspezifischen Größen unterstellt wurden. So lassen sich leicht Lagerverläufe angeben, für die die einzelnen Strategien besonders geeignet sind.

Die verwendete Strategie kann einen großen Einfluß darauf haben, wie gut eine angestrebte Ziellieferbereitschaft eingehalten wird und mit welchen Sicherheitsbeständen diese erreicht wird. Eigene empirische Untersuchungen [10] bestätigen den Einfluß der Stratagien auf die Höhe der Lagerbestände. Dabei wurden verschiedene Strategien (konstanter Sicherheitsbestand, Sicherheitszeit, Sicherheitsbestand proportional zum Zyklusbedarf und Sicherheitsbestand proportional zum Tagesbedarf des Folgezyklus) im Rahmen eines ganzheitlichen Modells gegenübergestellt. Für Praxisdaten wurde untersucht, welche Sicherheitsbestände zur Einhaltung verschiedener Zielservicegrade für die einzelnen Strategien notwendig waren. Es stellte sich dabei heraus, daß keine der untersuchten Strategien für das untersuchte Teilespektrum deutlich bessere Ergebnisse liefert als die übrigen. Je nach Lagerverlauf der einzelnen Teile der Stichprobe sind unterschiedliche Strategien vorteilhaft. Es hat sich gezeigt, daß insbesondere bei hohen Zielservicegraden die von den einzelnen Strategien benötigten Sicherheitsbestände stark voneinander abweichen.

Eine wesentliche Aufgabe bei der Entwicklung von Strategien liegt in der Ermittlung von zyklusspezifischen Größen, die die Unsicherheit in einem Zyklus beeinflussen. In der Praxis setzt sich bspw. der Bedarf für einen Zyklus häufig aus einem sicheren Anteil (ermittelt durch Stücklistenauflösung des determinisischen Primärbedarfs) und einem Prognoseanteil (ermittelt durch Stücklistenauflösung des Prognosebedarfs) zusammen. Für diesen Fall bietet es sich an, den Anteil des Prognosebedarfs am Gesamtbedarf als zyklus-spezifische Größe bei der Ermittlung einer Strategie zu berücksichtigen.

Sind die Variablen festgelegt, die in die SB–Berechnungsfunktion eingehen, so besteht im Falle einer Service-gradvorgabe die Aufgabe darin, eine Funktion zu bestimmen, die einerseits den vorgegebenen Zielservicegrad gewährleistet und andererseits den dazu notwendigen Sicherheitsbestand minimiert. Bei Verwendung eines ganzheitlichen Modells läßt sich dafür folgendes Optimierungsproblem formulieren:

Sei:

A_i — Lageranfangsbestand von Zyklus i

E_i — Lagerendbestand von Zyklus i

t_i — Länge von Zyklus i

$V_i = A_i - E_i$ — Verbrauch in Zyklus i

n — Anzahl betrachteter Vergangenheitszyklen

$T = \sum_{i=1}^{n} t_i$ — Länge des betrachteten Zeitraums

$f \epsilon F$ — SB-Berechnungsfunktion aus einer Klasse F von Funktionen

$x^{(i)}$ — Ausprägungen der zyklusspezifischen Größen für Zyklus i

β — β–Servicegrad

Zielfunktion:

$$\sum_{\substack{i:E_i \geq 0}} f(x^{(i)}) \cdot t_i + \sum_{\substack{i:E_i < 0 \\ E_i < -f(x^{(i)})}} \left(f(x^{(i)}) \cdot \frac{A_i}{V_i} + \frac{f(x^{(i)})^2}{2V_i} \right) \cdot t_i + \sum_{\substack{i:E_i < 0 \\ E_i \geq -f(x^{(i)})}} \left(f(x^{(i)}) + E_i + \frac{E_i^2}{2V_i} - E_i \cdot \frac{A_i}{V_i} \right) \cdot t_i \to min$$

Nebenbedingung:

$$\frac{-\sum_{i:E_i + f(x^{(i)}) < 0} (E_i + f(x^{(i)}))}{\sum_{i=1}^{n} V_i} = 1 - \beta$$

In die Zielfunktion gehen die Veränderungen der Lagerbestände der einzelnen Zyklen ein, die durch den jeweiligen Sicherheitsbestand bei angenommenem gleichmäßigen Lagerabgang entstehen. Bei der Summation werden drei unterschiedliche Typen von Zyklen unterschieden.

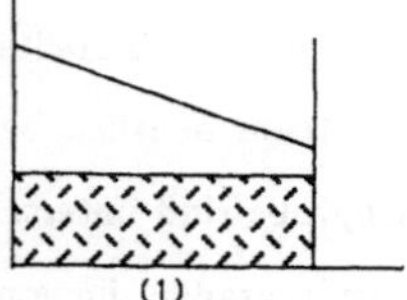

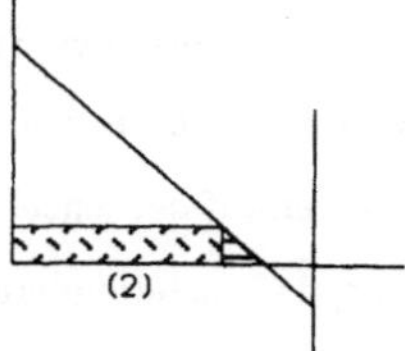

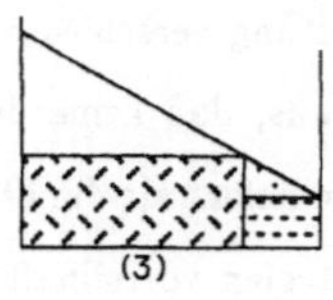

In der ersten Summe werden alle Zyklen berücksichtigt, bei denen auch ohne Sicherheitsbestand keine Fehlmenge aufgetreten wäre (vgl. (1)), in der zweiten Summe alle Zyklen, bei denen auch mit dem Sicher-heitsbestand eine Fehlmenge entstanden wäre (vgl. (2)) und in der dritten Summe alle Zyklen, bei denen zwar (ohne Sicherheitsbestand) eine Fehlmenge zu beobachten ist, die aber durch den Sicherheitsbestand vermieden worden wäre (vgl. (3)). Durch die Nebenbedingung wird das Verhältnis von Fehlmenge zum

Gesamtbedarf beschränkt. Die Komplexität des Problems hängt primär von zwei Faktoren ab. Diese sind die Anzahl der zyklusspezifischen Größen, die als Variable in die SB–Berechnungsfunktion einfließen und die Klasse von Funktionen, aus der die SB–Berechnungsfunktion bestimmt wird. So führt bspw. die Einschränkung auf lineare SB–Berechnungsfunktionen und Berücksichtigung von nur einer Zyklusgröße auf das Problem, eine Mischung aus einem konstanten Sicherheitsbestand über alle betrachteten Zyklen und einem pro Zyklus variablen, von der Zyklusgröße x abhängigen Sicherheitsbestand zu bestimmen.

Die SB–Berechnungsfunktion lautet für diesen Fall $f(x) = a_0 + a_1 \cdot x$, wobei die Parameter a_0 (konstanter Sicherheitsbestand) und a_1 (Proportionalitätsfaktor für Zyklusgröße x) bspw. entsprechend dem oben formulierten Problem zu bestimmen sind. Wird entweder $a_0 = 0$ oder $a_1 = 0$ gesetzt, so wird das Problem reduziert auf die Bestimmung eines konstanten oder rein proportionalen Sicherheitsbestandes. In diesem Fall muß der einzelne Parameter nur noch so bestimmt werden, daß o.g. Nebenbedingung erfüllt wird. Zur Lösung dieses Problems bieten sich z.B. Regelmodelle an ([8],[9]).

Es sei angemerkt, daß die notwendige Anzahl eingehender Vergangenheitszyklen mit der Anzahl der zu bestimmenden Parameter überproportional steigt.

4 Beurteilung von Strategien und Verfahren

Aus betriebswirtschaftlicher Sicht ist das eigentliche Ziel bei der Festlegung von Sicherheitsbeständen, die durch sie beeinflußbaren Kosten zu minimieren. Da die Quantifizierung der Fehlmengenkosten in der Praxis oft große Probleme bereitet, wird i.d.R. deren Umgehung durch die Vorgabe einer einzuhaltenden Ziellieferbereitschaft vorgenommen. Für eine solche Modellformulierung kann die Güte einer Strategie bzw. eines Verfahrens zur Festlegung von Sicherheitsbeständen prinzipiell durch zwei Kriterien beurteilt werden. Zum einen ist entscheidend, wie gut ein vorgegebener Servicegrad eingehalten wird, zum anderen sind die dafür benötigten Lagerbestände ausschlaggebend. Untersuchungen hinsichtlich dieser beiden Kriterien wurden bereits von mehreren Autoren durchgeführt (z.B. [4]).

Wenig eingegangen wird allerdings auf die Frage, wie hoch der Servicegrad unter Kostengesichtspunkten für einen Artikel gewählt werden soll. Daß mit einem vorgegebenen Zielservicegrad unterschiedlich hohe Fehlmengenkosten unterstellt werden können [1], wird dadurch deutlich, daß zu seiner Einhaltung je nach Strategie der Realisierung des Sicherheitsbestandes unterschiedliche Lagerbestände benötigt werden können. Insbesondere kann die gleichzeitige Festlegung der Höhe der Servicegrade für mehrere Teile Probleme bereiten, da dabei sowohl die Risikohaftigkeit der verschiedenen Teile als auch die Kosten berücksichtigt werden müssen, die durch Fehlmengen verursacht werden.

Eine Möglichkeit, die vorgegebenen Zielservicegrade (bzw. Strategien oder Verfahren) für einzelne Teile zu beurteilen, besteht darin, die unterstellten Fehlmengenkosten (–sätze) ex post zu ermitteln [10]. Lassen sich die disponierten Teile in Klassen mit annähernd gleichen Fehlmengenkostensätzen unterteilen, so können durch die Ermittlung des durchschnittlichen Fehlmengenkostensatzes einer Klasse Aussagen darüber gemacht werden, in welchen Relationen die Zielservicegrade (bzw. die von den einzelnen Verfahren oder Strategien benötigten Sicherheitsbestände) der verschiedenen Teile zueinander stehen. Durch die Verwendung eines ganzheitlichen Modells wird darüber hinaus die Möglichkeit geboten, die Sicherheitsbestände für die betrachteten Zyklen ex post so zu bestimmen, daß damit ein angenommener Fehlmengenkostensatz erreicht wird.

Voraussetzung für die Bestimmung von unterstellten Fehlmengenkostensätzen ist die Kenntnis der Entstehung der Fehlmengenkosten. Z.B. kann das Auftreten, die Höhe oder die Dauer einer Fehlmenge der wichtigste Kostenfaktor sein. Je nachdem ist der geeignete Typ von Servicegrad zu wählen. Seien bspw. die Fehlmengenkosten nur abhängig von der Höhe und der Dauer der Fehlmenge, dann ergeben sich die Gesamtkosten aus der Summe der Lagerungskosten und Fehlmengenkosten zu

$$K = l \cdot \frac{1}{T} \cdot \left[\sum_{i:E_i+f(x^{(i)})<0} \frac{(A_i + f(x^{(i)}))^2}{2V_i} \cdot t_i \; + \; \sum_{i:E_i+f(x^{(i)})\geq 0} (A_i + f(x^{(i)}) - \frac{V_i}{2}) \cdot t_i \right]$$

$$+ f \cdot \frac{1}{T} \left[\sum_{i:E_i+f(x^{(i)})<0} \frac{(E_i + f(x^{(i)}))^2}{2V_i} \cdot t_i \right]$$

mit

l Lagerungskostensatz (pro durchschnittlich im Betrachtungszeitraum auf Lager liegendem Teil) ,

f Fehlmengenkostensatz (pro durchschnittlich im Betrachtungszeitraum aufgetretenem

     Fehlteil) .

Die Summanden ergeben sich aus folgenden Darstellungen:

Aus der notwendigen Bedingung für eine Minimalstelle ergibt sich

$$\frac{f}{l} = \frac{\sum_{i:E_i+f(x^{(i)})<0} \frac{A_i + f(x^{(i)})}{V_i} \cdot f'(x^{(i)}) \cdot t_i \; + \; \sum_{i:E_i+f(x^{(i)})\geq 0} f'(x^{(i)}) \cdot t_i}{\sum_{i:E_i+f(x^{(i)})<0} \frac{-(E_i+f(x^{(i)}))}{V_i} \cdot f'(x^{(i)}) \cdot t_i}$$

Damit können die Fehlmengenkostensätze f bestimmt werden, die bei einem Zielservicegrad und einer bestimmten Strategie bzw. einem bestimmten Verfahren unterstellt werden. Liegen Vergangenheitsdaten vor, für die die unterstellten Fehlmengenkostensätze f ermittelt werden sollen, so vereinfacht sich obige Bedingung durch Annahme eines konstanten Sicherheitsbestandes über die eingehenden Zyklen zu

$$\frac{f}{l} = \frac{\sum_{i:E_i<0} \frac{A_i}{V_i} \cdot t_i \; + \; \sum_{i:E_i\geq 0} t_i}{- \sum_{i:E_i<0} \frac{E_i}{V_i} \cdot t_i}$$

5 Zusammenfassung und Ausblick

Die Betrachtung von Strategien der Realisierung von Sicherheitsbeständen führt dazu, daß bei der Festlegung von Sicherheitsbeständen der wichtigen Frage nachgegangen wird, welche Abhängigkeiten zwischen Risiko– und Unsicherheitsfaktoren und zyklusspezifischen Größen bestehen. Mit der Wahl der Strategie wird festgelegt, ob sich die Höhe des Sicherheitsbestandes für einen Zyklus an die zyklusspezifischen Größen anpaßt, durch die die Unsicherheit wesentlich beeinflußt wird. Mit der gewählten Strategie wird darüber entschieden, welche Sicherheitsbestände zur Einhaltung eines vorgegebenen Servicegrades erforderlich sind. In der vorliegenden Arbeit wurde eine Bedingung formuliert, mit der geeignete Strategien der Realisierung des Sicherheitsbestandes ermittelt werden können. Weiterführende Arbeiten werden sich intensiver mit der Frage zu beschäftigen haben, auf welche Strategien man sich bei der Auswahl unter Praxisgesichtspunkten beschränken sollte.

Einen noch größeren Einfluß auf die Höhe der Lagerbestände als die Strategie hat der vorgegebene Zielservicegrad. Mit ihm werden bestimmte Fehlmengenkosten (–sätze) unterstellt. Hier wurde ein Zusammenhang zwischen Fehlmengenkostensatz, Strategie und zu einem Servicegrad gehörenden Lagerverlauf hergeleitet. Dadurch wird es ermöglicht, unterstellte Fehlmengenkosten (–sätze) ex post zu ermitteln. Mit deren Kenntnis können bspw. Aussagen darüber gemacht werden, in welcher Relation die Servicegrade von Artikeln zueinander stehen, für die in der Realität gleiche Fehlmengenkostensätze angenommen werden. In zukünftigen Arbeiten werden die Zusammenhänge für andere Servicegraddefinitionen und weitere Fehlmengenkostenabhängigkeiten zu untersuchen sein.

Literatur

[1] ALSCHER, J.; SCHNEIDER, H.: *Zur Interdependenz von Fehlmengenkosten und Servicegrad*, KRP 6 (1982).

[2] HADLEY, G.; WHITIN, T.M.: *Analysis of inventory systems*, Englewood Cliffs, N.J: Prentice-Hall, Inc (1963).

[3] HARTMANN, H.: *Materialwirtschaft*, Gernsbach: DBV (1978).

[4] KÄSSMANN, G.; KÜHN, M.; SCHNEEWEISS, CH.: *Spicher's SB-Algorithmus Revisited - Feedback versus Feedforeward - Steuerung in der Lagerhaltung*, OR Spektrum (1986) 8:89-98.

[5] NADDOR, E.: *Lagerhaltungssysteme*, Frankfurt, Zürich: Verlag Harri Deutsch (1971).

[6] SCHNEEWEISS, CH.: *Modellierung industrieller Lagerhaltungssysteme*, Berlin, Heidelberg, New York: Springer Verlag (1981).

[7] SCHNEIDER, H.: *Servicegrade in Lagerhaltungsmodellen*, Berlin: Marchal und Matzenbacher (1979).

[8] SCHOLZ, K.H.: *Multi-Produkt Lagerhaltung mit Regelmodellen*, Dissertation Karlsruhe (1978).

[9] SPICHER, K.: *Der SB1-Algorithmus*, ZOR 19: B1-B12 (1975).

[10] SUCHANEK, B.: *Entwicklung eines Verfahrens zur Berechnung des Sicherheitsbestands unter Berücksichtigung von Risiko– und Unsicherheitsfaktoren*, Diplomarbeit Karlsruhe (1990), Institut für Statistik und Mathematische Wirtschaftstheorie.

Praktische Aspekte der Tourenplanung im Pressegrosso

Roland Dillmann, BUGH Wuppertal

Grossisten haben täglich zwischen 500 und 2000 Verkaufsstellen vor Ladenöffnung mit Presseerzeugnissen zu beliefern. Die Tourenpläne sind meist historisch gewachsen. Den steigenden Anforderungen nach früherer und umfangreicherer Belieferung wird mit provisorischen, gleichzeitig teuren und unzureichend wirkenden Hilfsmitteln wie Vortouren u.ä. begegnet. Deshalb suchen trotz negativer früherer Erfahrungen mit Logistik - Software Grossisten nach ersten erfolgreichen mathematisch fundierten Umstellungen seit einiger Zeit intensive wissenschaftliche Unterstützung.
Die Zielsetzung schließt Verkürzung der Touren, Vermeidung von Überladungen ebenso ein wie die Schaffung von Mindestpufferzeiten zur Abfederung verspäteter morgentlicher Belieferung durch die Verlage. Zielkonflikte werden durch Vorgabe von Mindestzielerreichungsgraden im Modell berücksichtigt.
Die Aktionsparameter reichen von einer zeitliche Neugestaltung des Beladevorgangs und damit verbundener Investitions - und Personalentscheidungen über Änderungen des Fahrzeugparks bis hin zur vollständigen Neugestaltung der Touren. Es ist also statt eines Lösungsvorschlages ein ganzes Spektrum von Alternativen zu erarbeiten. Die Datenlage ist problematisch trotz erheblicher Verbesserungen in der Erfassung von Straßenplänen und eines prinzipiell gut funktionierenden graphentheoretischen Modells zur mathematischen Abbildung der Problemstellung. Problemumfang und Datenlage legen die Verwendung von Heuristiken nahe und erfordern ein hohes Ausmaß an Improvisation und Eingehen auf den Einzelfall bei ihrer wissenschaftlichen Untersuchung .
Es wird ein heuristisches Instrumentarium vorgestellt, mit dem mehrere Tourenprobleme einer praktikablen Lösung zugeführt wurden. Benutzt werden konstruktive Verfahren; die Verbesserungsphase stützt sich auf Neueinordnung einzelner Kunden oder Teiltouren in den Tourenplan nach verschiedenen Prinzipien; wegen des numerischen Umfangs der zu lösenden Probleme wird die Problemlösung im Dialog mit graphischer Unterstützung bevorzugt. Erforderlich ist nicht nur die Anpassung von Software durch den OR - Fachmann auf den Einzelfall, sondern auch die Nutzung der persönlichen Erfahrung im Umgang mit Heuristiken bei der Untersuchung der einzelnen Planungsprobleme. Dem Anwender kann lediglich Software zur Pflege der Touren, nicht zu ihrer ersten Planung, überlassen werden, da Erfahrung im Umgang mit Heuristiken als typisches universitäres Wissen anzusehen ist, über die mit der Tourenplanung betraute Praktiker in Mittelbetrieben nur in Ausnahmen verfügen.
Zu diskutieren sind die Veränderungen der Wettbewerbssituation der einzelnen Verkaufsstellen nach Einführung eines neuen Tourenplans, der nicht nur zu Lieferverbesserungen, sondern auch zu Umlenkungen der Verkaufsströme führt und zahlreiche Verkaufsstellen zu früheren Öffnungszeiten zwingt. Die Neuplanung verursacht u.U. einen Bedarf nach erneuter Umstellung, da sie eine Revision der Planungen der einzelnen Verkaufsstellen auslösen kann. Dies ist von Interesse bei der Diskussion von Zielkonflikten zwischen Länge der Touren und Lieferung vor Öffnung, die sich bei der Diskussion um die Inkaufnahme von Umwegen zur Sicherung einer früheren Belieferung zeigen.

MODELLE UND VERFAHREN DER LOSGRÖSSEN- UND BESTELLMENGENPLANUNG - EIN ÜBERBLICK

Wolfgang Domschke , Armin Scholl und Stefan Voß , Darmstadt

Zusammenfassung: Diese Arbeit gibt eine Übersicht über Modelle und Lösungsverfahren zur Losgrößen- und Bestellmengenplanung. Im Anschluß an ein mögliches Klassifikationsschema werden insbesondere neuere Veröffentlichungen angegeben und kurz kommentiert.

Abstract: This paper provides a survey on models and algorithms for lot sizing with special emphasis on recent literature. After presenting a classification scheme certain references will be given and commented.

1. Einführung und Klassifikation

Unter einer *Losgröße* versteht man eine Anzahl gleichartiger Objekte, die auf einem Arbeitsträger (z.B. einer Maschine) nacheinander ohne Umrüsten zu fertigen sind. Entsprechend ist eine *Bestellmenge* eine Anzahl gleichartiger Objekte, die gleichzeitig bestellt werden bzw. zu liefern sind. Ein Optimierungsproblem mit der *Zielsetzung* der Minimierung der Gesamtkosten entsteht durch die Gegenläufigkeit von losfixen Rüst- bzw. Bestellkosten und variablen Lagerhaltungskosten; vgl. Abb. 1.

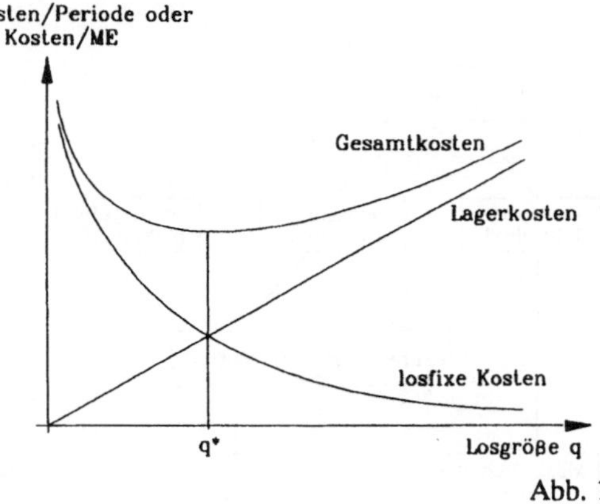

Abb. 1

Eine mögliche Klassifikation von Losgrößenproblemen geht von folgenden Kriterien aus:

1) **Informationsgrad** über die Daten: *deterministische* – *stochastische* Modelle

2) **Zeitliche Entwicklung von Modellparametern:** *statische* (*stationäre*) Modelle mit in der Regel unendlichem Planungshorizont – *dynamische* Modelle mit endlichem Planungshorizont (T Perioden)

3) **Anzahl der Produkte**

4) **Anzahl der Produktionsstufen:** *einstufige* – *mehrstufige* Modelle

5) **Kostenarten in der Zielfunktion:** vor allem *losfixe Rüst-* bzw. *Bestellkosten* und *variable Lagerhaltungskosten*; darüber hinaus u.a. *Fehlmengenkosten, Produktionskosten* bzw. *Einstandspreise* sowie *Qualitätssicherungskosten*

6) **Berücksichtigung von Kapazitäten:** *unkapazitierte* – *kapazitierte* Modelle

7) **Berücksichtigung von Fehlmengen:** keine Fehlmengen, Servicegrad (Lieferbereitschaft, Anteil unmittelbar ausführbarer Aufträge) = 100% – Verzugsmengen (*Vormerkfall*) oder verlorene Aufträge (*Verlustfall*)

8) **Zeitgrößen:** *unendliche* – *endliche Fertigungsgeschwindigkeiten* (Fertigungszeiten); *reihenfolgeunabhängige* – *reihenfolgeabhängige* Rüstzeiten

---

Operations Research Proceedings 1991
© Springer-Verlag Berlin Heidelberg 1992

Anhand der Klassifikationsmerkmale läßt sich eine Vielzahl verschiedener Modelle entwickeln. Abb. 2 gibt eine Übersicht wesentlicher Modellklassen, an der sich die folgenden Abschnitte orientieren. Dabei geben wir jeweils eine subjektive Auswahl von Literaturhinweisen, die bei weitem keinen Anspruch auf Vollständigkeit erhebt.

Für einen allgemeinen Überblick zur Losgrößen- und Bestellmengenplanung siehe z.B. Bahl et al. (1987), Bartmann und Beckmann (1989), Domschke et al. (1992), Fleischmann (1988), Kistner und Steven (1990), Orlicky (1975), Salomon (1991), Tempelmeier (1988).

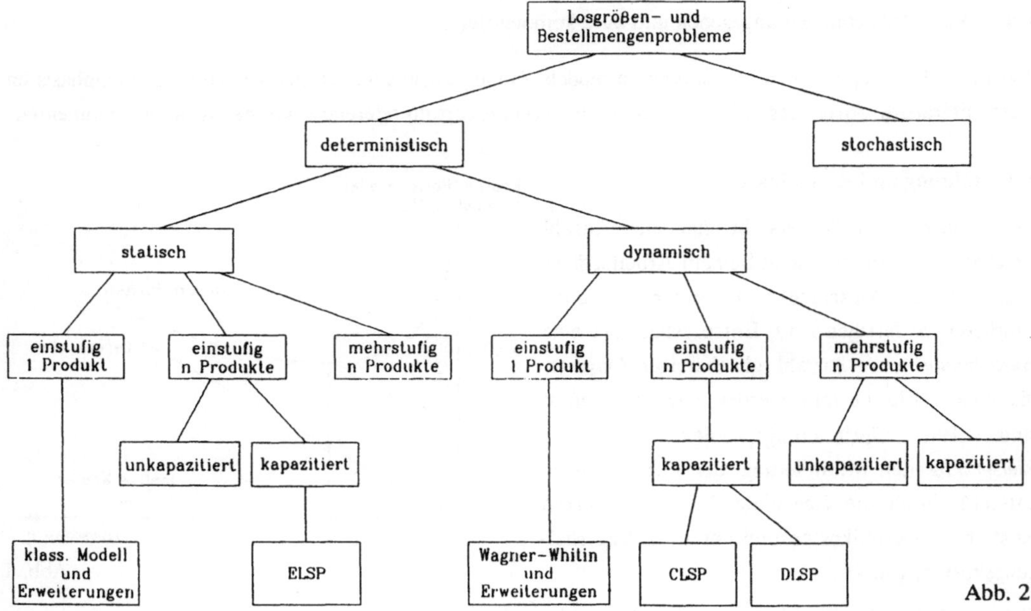

Abb. 2

2. Statisch - deterministische Modelle

Die einfachsten Losgrößenprobleme treten auf, wenn ein Endprodukt in einstufiger Produktion aus nur einem Vorprodukt oder Rohstoff erzeugt wird. Dabei lassen sich diese Modelle auf den Mehrproduktfall dann übertragen, wenn keine Kopplungen zwischen den Produkten auftreten.

2.1 Verallgemeinerungen des klassischen Losgrößenmodells

Ausgehend vom klassischen Modell (vgl. Harris (1913), Andler (1929), Erlenkotter (1990)) lassen sich u.a. folgende **Verallgemeinerungen** betrachten:

– *Fehlmengen* und *endliche Fertigungsgeschwindigkeit*; vgl. Hax und Candea (1984)
– *Rabatte in Bestellmengenmodellen*; vgl. Wissebach (1977), Hax und Candea (1984)
– *Teilsendungen*; vgl. Soom (1976)
– *Nichtlineare Bedarfsverläufe*; zyklisch - Wissebach (1977), monoton wachsend - Naddor (1971)
– *veränderliche Einstandspreise*; sinkend - Lackes (1990), steigend - Yanasse (1990)
– *Sammelbestellungen*; vgl. Kaspi und Rosenblatt (1991)
– variable und *sprungfixe Lagerhaltungskosten*; vgl. Rao und Bahari-Kashani (1990)

2.2 Einstufige kapazitierte Mehrproduktmodelle

Das *Economic Lot Scheduling Problem* (ELSP) entsteht durch Verallgemeinerung des klassischen Modells auf mehrere Produkte und die Betrachtung von Fertigungszeiten und reihenfolgeunabhängigen Rüstzeiten; vgl. Elmaghraby (1978). Ziel ist die Ermittlung kostenminimaler zeitinvarianter Losgrößen und daraus resultierender Zyklusdauern. Dabei ist zu beachten, daß die Maschine gleichzeitig nur von einer Produktart belegt werden darf. Es handelt sich um ein NP-schweres Problem, für das in der Literatur fast ausschließlich Heuristiken beschrieben werden; vgl. Bomberger (1966), Dobson (1987), Doll und Whybark (1973), Hanssmann (1962), Hsu (1983), Jones und Inman (1989), Schweitzer und Silver (1983), Zipkin (1991). Eine Erweiterung des ELSP auf identische parallele Maschinen betrachtet Carreno (1990).

2.3 Mehrstufige Mehrproduktmodelle

Die Komplexität derartiger Modelle hängt u.a. sehr stark vom Vorhandensein von Kapazitätsrestriktionen und der betrachteten *Produktstruktur* ab. Exakte Verfahren für unkapazitierte Modelle mit konvergierender Struktur beschreiben z.B. Crowston et al. (1973) sowie Schwarz und Schrage (1975). Heuristiken für allgemeine Strukturen stammen z.B. von Maxwell und Muckstadt (1985), Roundy (1986, 1989) und Bastian (1987). Vgl. zu heuristischen Verfahren auch Heinrich (1987).

3. Dynamisch – deterministische Modelle

Bei dynamischen Modellen geht man von einem in gleichlange Perioden unterteilten endlichen Planungshorizont aus. Für eine Übersicht siehe z.B. de Bodt et al. (1984); vgl. auch Schenk (1991).

3.1 Einstufige Einproduktfertigung

Das einfachste (Wagner–Whitin–) Modell geht von losfixen Rüstkosten und linearen zeitabhängigen Lagerhaltungskosten sowie zeitinvarianten Fertigungsstückkosten aus. Ziel ist die Ermittlung der im Zeitablauf veränderlichen Losgrößen, die zu minimalen Gesamtkosten im Planungszeitraum führen.

Exakte Verfahren: Das beschriebene Modell läßt sich mit Hilfe Dynamischer Optimierung in $O(T)$ lösen, wobei T die Anzahl der betrachteten Perioden bezeichnet; vgl. Wagelmans et al. (1989), Federgruen und Tzur (1991) sowie Erickson et al. (1987) und van Hoesel et al. (1991). Eine Reihe weiterer Verfahren besitzen den Rechenaufwand $O(T^2)$; vgl. Bastian (1990), Chyr et al. (1990), Evans (1985), Krarup und Bilde (1977), Saydam und McKnew (1987), Schmidt (1991), Wagner und Whitin (1958).

Heuristische Verfahren: Trotz der effizienten Lösbarkeit des einfachen Wagner-Whitin-Modells existiert eine Vielzahl von Heuristiken, deren Berechtigung lediglich in ihrer Anwendung im Rahmen einer rollierenden Planung (s.u.) sowie als methodische Grundlage für Verfahren verallgemeinerter Modelle besteht. Beispiele hierfür sind die Verfahren von Silver und Meal (1973), Groff (1979), das Least unit cost- und das Part period-Verfahren. Für Verfahrensvergleiche siehe z.B. Baker (1989), Chand (1982), Knolmayer (1985), Robrade (1991), Schmidt (1991), Yilmaz und Boe (1988), Zoller und Robrade (1987).

Es werden u.a. folgende **Verallgemeinerungen** des einfachen Wagner-Whitin-Modells betrachtet:

- *variable Fertigungskosten*; lösbar in $O(T \log T)$, vgl. Wagelmans et al. (1989)
- *Rabatte auf Einkaufspreise*; vgl. Bogaschewsky (1988, 1989), Federgruen und Lee (1990) sowie die dort angegebene Literatur, ter Haseborg (1990)
- *Fehlmengen*; vgl. Choo und Chan (1990), Webster (1989)

– *veränderlicher Planungshorizont* (*rollierende Planung*); vgl. Bastian (1990), Chand (1982, 1983), Chand et al. (1990), Robrade (1991), Zoller und Robrade (1987)
– *Sammelbestellungen*; vgl. Bogaschewsky (1988) und Joneja (1990)
– *Lerneffekte*; vgl. Chand und Sethi (1990)
– *Kapazitätsrestriktionen*; vgl. Schenk (1991) sowie die dort angegebene Literatur
– *Eigenfertigung* versus *Fremdbezug*; vgl. Lee und Zipkin (1989)

3.2 Einstufige Mehrproduktmodelle

In dieser Problemklasse werden insbesondere das *Capacitated Lot-Sizing Problem* (CLSP) und das *Discrete Lot-Sizing and Scheduling Problem* (DLSP) betrachtet. Komplexitätsaussagen zu einer Vielzahl von kapazitierten Modellen machen Bitran und Yanasse (1982) sowie Florian et al. (1980).

3.2.1 Capacitated Lot-Sizing Problem

Es unterscheidet sich von Wagner-Whitin-Modellen durch die Berücksichtigung mehrerer Produkte, deren Fertigung auf einer Maschine zeitlichen Kapazitätsbeschränkungen unterliegt.

Heuristiken für das CLSP: *Eröffnungsverfahren* verfolgen in der Regel ein sukzessives Ausweiten von Losreichweiten, bis bestimmte Kostenkriterien erfüllt sind; vgl. z.B. Dixon und Silver (1981) sowie Günther (1987) und Lozano et al. (1991). Sie sind zumeist von heuristischen Regeln für das einfache Wagner-Whitin-Modell abgeleitet. Weitere Verfahren beschreiben Cattrysse et al. (1990 a); zu *Verbesserungsverfahren* siehe z.B. Dixon und Silver (1981) sowie Dogramaci et al. (1981).

Exakte Verfahren für das CLSP sind zumeist Branch & Bound-Verfahren; vgl. z.B. Gelders et al. (1986). Zur Bestimmung unterer Schranken siehe u.a. Chen und Thizy (1990) sowie Marsten (1975).

Eine **Verallgemeinerung** mit *Rüstzeiten* betrachten z.B. Trigeiro et al. (1989) und Salomon (1991).

3.2.2 Discrete Lot-Sizing and Scheduling Problem

Im Gegensatz zum CLSP werden hier so kurze Perioden betrachtet, daß jeweils nur ein Produkt gefertigt werden kann. Für aufeinanderfolgende Produktionsperioden desselben Gutes fällt dabei nur einmaliges Rüsten an. Gesucht ist eine kostenminimale Produktionsreihenfolge; es ist also keine Losgrößenplanung im eigentlichen Sinne durchzuführen. Für Verfahren zur Lösung des DLSP siehe Cattrysse et al. (1990 b), Fleischmann (1990) und Salomon (1991).

Verallgemeinerungen des DLSP betrachten z.B. Fleischmann und Popp (1989) (*reihenfolgeabhängige Rüstkosten*), Salomon (1991) sowie Magnanti und Vachani (1991) (*Rüstzeiten*).

3.3 Mehrstufige Mehrproduktmodelle

Hier unterscheidet man vor allem zwischen *unkapazitierten* und *kapazitierten* Modellen sowie nach der *Produktstruktur*; vgl. z.B. Heinrich (1987) sowie die Übersichtsartikel von Bahl et al. (1987), Gupta und Keung (1990) sowie Goyal und Gunasekaran (1990).

Spezielle Arbeiten zu unkapazitierten Problemen sind Afentakis et al. (1984), van Beek et al. (1985), Blackburn und Millen (1982), Heinrich (1987), Rosling (1986) sowie Zangwill (1969). Kapazitierte Modelle betrachten Billington et al. (1983), Pochet und Wolsey (1991), Roll und Karni (1991) sowie Maes et al. (1991), wobei letztere darauf hinweisen, daß für allgemeine Probleme mit Rüstzeiten bereits die Frage nach der Existenz einer zulässigen Lösung NP-vollständig ist.

4. Stochastische Modelle

Allgemeine Darstellungen findet man z.B. in Bartmann und Beckmann (1989), Hochstädter (1969) sowie Schneeweiß (1981). Spezielle Probleme behandeln z.B. Casimir (1990), Karmarkar und Yoo (1991) und Li et al. (1991).

Literaturverzeichnis

Afentakis, P.; B. Gavish und U. Karmarkar (1984): Computationally efficient optimal solutions to the lot-sizing problem in multistage assembly systems. Management Science 30, S. 222 – 239.

Andler, K. (1929): Rationalisierung der Fabrikation und optimale Losgröße. Oldenbourg, München.

Bahl, H.C.; L.P. Ritzman und J.N.D. Gupta (1987): Determining lot sizes and resource requirements: a review. Operations Research 35, S. 329 – 345.

Baker, K.R. (1989): Lot-sizing procedures and a standard data set. Journal of Manufacturing and Operations Management 2, S. 199 – 221.

Bartmann, D. und M.J. Beckmann (1989): Lagerhaltung. Springer, Berlin u.a.

Bastian, M. (1987): Zur Losgrößenbestimmung in mehrstufigen Mehrgütersystemen mit allgemeiner Fixkostenstruktur bei stationärer Nachfrage. In: Opitz, O. und B. Rauhut (Hrsg.), Ökonomie und Mathematik. Springer, Berlin u.a., S. 101 – 116.

Bastian, M. (1990): Lot-trees: a unifying view and efficient implementation of forward procedures for the dynamic lot-size problem. Computers & Operations Research 17, S. 255 – 263.

van Beek, P.; A. Bremer und C. van Putten (1985): Design and optimization of multi-echelon assembly networks: savings and potentialities. EJOR 19, S. 57 – 67.

Billington, P.J.; J.O. McClain und L.J. Thomas (1983): Mathematical programming approaches to capacity-constraint MRP systems: review, formulation and problem reduction. Management Science 29, S. 1126 – 1141.

Bitran, G.R. und H.H. Yanasse (1982): Computational complexity of the capacitated lot size problem. Management Science 28, S. 1174 – 1186.

Blackburn, J.D. und R.A. Millen (1982): Improved heuristics for multi-stage requirements planning systems. Management Science 28, S. 44 – 56.

de Bodt, M.A.; L.F. Gelders und L.N. van Wassenhove (1984): Lot sizing under dynamic demand conditions: a review. Engineering Costs and Production Economics 8, S. 165 – 187.

Bogaschewsky, R. (1988): Dynamische Materialdisposition im Beschaffungsbereich - Simulation und Ergebnisanalyse. Bundesverband Materialwirtschaft, Einkauf und Logistik e.V., Frankfurt/Main.

Bogaschewsky, R. (1989): Dynamische Materialdisposition im Beschaffungsbereich. Zeitschrift für Betriebswirtschaft 59, S. 855 – 874.

Bomberger, E.E. (1966): A dynamic programming approach to a lot size scheduling problem. Management Science 12, S. 778 – 784.

Carreno, J.J. (1990): Economic lot scheduling for multiple products on parallel identical processors. Management Science 36, S. 348 – 358.

Casimir, R.J. (1990): The newsboy and the flower-girl. OMEGA 18, S. 395 – 398.

Cattrysse, D.; J. Maes und L.N. van Wassenhove (1990 a): Set partitioning and column generation heuristics for capacitated dynamic lotsizing. EJOR 46, S. 38 – 47.

Cattrysse, D.; M. Salomon, R. Kuik und L.N. van Wassenhove (1990 b): Heuristics for the discrete lotsizing and scheduling problem with setup times. Working paper, Kath. Universiteit Leuven.

Chand, S. (1982): A note on dynamic lot-sizing in a rolling horizon environment. Decision Sciences 13, S. 113 – 119.

Chand, S. (1983): Rolling horizon procedures for the facilities in series inventory model with nested schedules. Management Science 29, S. 237 – 249.

Chand, S. und S.P. Sethi (1990): A dynamic lot sizing model with learning in setups. Operations Research 38, S. 644 – 655.

Chand, S.; S.P. Sethi und J.-M. Proth (1990): Existence of forecast horizons in undiscounted discrete-time lot size models. Operations Research 38, S. 884 – 892.

Chen, W.-H. und J.-M. Thizy (1990): Analysis of relaxations for the multi-item capacitated lot-sizing problem. Annals of Operations Research 26, S. 29 – 72.

Choo, E.U. und G.H. Chan (1990): Two-way eyeballing heuristics in dynamic lot sizing with backlogging. Computers & Operations Research 17, S. 359 – 363.

Chyr, F.; T.-M. Lin und C.-F. Ho (1990): A new approach to the dynamic lot size model. Engineering Costs and Production Economics 20, S. 255 – 263.

Crowston, W.B.; M. Wagner und J.F. Williams (1973): Economic lot size determination in multi-stage assembly systems. Management Science 19, S. 517 – 527.

Dixon, P.S. und E.A. Silver (1981): A heuristic solution procedure for the multi-item, single-level, limited capacity lot-sizing problem. Journal of Operations Management 2/1, S. 23 – 39.

Dobson, G. (1987): The economic lot-scheduling problem: achieving feasibility using time-varying lot sizes. Operations Research 35, S. 764 – 771.

Dogramaci, A.; J.C. Panayiotopoulos und N.R. Adam (1981): The dynamic lot-sizing problem for multiple items under limited capacity. AIIE Transactions 13, S. 294 – 303.

Doll, C.L. und D.C. Whybark (1973): An iterative procedure for the single-machine multi-product lot scheduling problem. Management Science 20, S. 50 – 55.

Domschke, W.; A. Scholl und S. Voß (1992): Ablaufplanung (in Vorbereitung)

Elmaghraby, S.E. (1978): The economic lot scheduling problem (ELSP): review and extensions. Management Science 24, S. 587 – 598.

Erickson, R.E.; C.L. Monma und A.F. Veinott (1987): Send-and-split method for minimum-concave-cost network flows. Mathematics of Operations Research 12, S. 634 – 665.

Erlenkotter, D. (1990): Ford Whitman Harris and the economic order quantity model. Operations Research 38, S. 937 – 946.

Evans, J.R. (1985): An efficient implementation of the Wagner-Whitin algorithm for dynamic lot-sizing. Journal of Operations Management 5, S. 229 – 235.

Federgruen, A. und C.-Y. Lee (1990): The dynamic lot size model with quantity discount. Naval Research Logistics 37, S. 707 – 713.

Federgruen, A. und M. Tzur (1991): A simple forward algorithm to solve general dynamic lot sizing models with n periods in O(n log n) or O(n) time. Management Science 37, S. 909 – 925.

Fleischmann, B. (1988): Operations-Research-Modelle und -Verfahren in der Produktionsplanung. Zeitschrift für Betriebswirtschaft 58, S. 347 – 372.

Fleischmann, B. (1990): The discrete lot-sizing and scheduling problem. EJOR 44, S. 337 – 348.

Fleischmann, B. und T. Popp (1989): Das dynamische Losgrößenproblem mit reihenfolgeabhängigen Rüstkosten. In: Pressmar, D. u.a. (Hrsg.), Operations Research Proceedings 1988, Springer, Berlin u.a., S. 510 – 515.

Florian, M.; J.K. Lenstra und A.H.G. Rinnooy Kan (1980): Deterministic production planning: algorithms and complexity. Management Science 26, S. 669 – 679.

Gelders, L.F.; J. Maes und L.N. van Wassenhove (1986): A branch and bound algorithm for the multi item single level capacitated dynamic lotsizing problem. In: Axsäter, S. et al. (Hrsg.), Lecture Notes in Economics and Mathematical Systems 266: Multi-Stage Production Planning and Inventory Control, Springer, Berlin u.a., S. 92 – 108.

Goyal, S.K. und A. Gunasekaran (1990): Multi-stage production-inventory systems. EJOR 46, S. 1 – 20.

Groff, G.K. (1979): A lot sizing rule for time-phased component demand. Production and Inventory Management 20/1, S. 47 – 53.

Günther, H.O. (1987): Planning lot sizes and capacity requirements in a single stage production system. EJOR 31, S. 223 – 231.

Gupta, Y.P. und Y. Keung (1990): A review of multi-stage lot-sizing models. International Journal of Operations & Production Management 10, S. 57 – 73.

Hanssmann, F. (1962): Operations Research in production and inventory control. Wiley, New York - London.

Harris, F.W. (1913): How many parts to make at once. Factory, The Magazine of Management 10, S. 135 - 136 und S. 152. Nachdruck in: Operations Research 38 (1990), S. 947 - 950.

ter Haseborg, F. (1990): Dynamische Materialdisposition im Beschaffungsbereich. Zeitschrift für Betriebswirtschaft 60, S. 705 - 730.

Hax, A.C. und D. Candea (1984): Production and inventory management. Prentice-Hall, Englewood Cliffs.

Heinrich, C.E. (1987): Mehrstufige Losgrößenplanung in hierarchisch strukturierten Produktionsplanungssystemen. Springer, Berlin u.a.

Hochstädter, D. (1969): Stochastische Lagerhaltungsmodelle. Springer, Berlin u.a.

van Hoesel, S.; A. Wagelmans und A. Kolen (1991): A dual algorithm for the economic lot-sizing problem. EJOR 52, S. 315 - 325.

Hsu, W.-L. (1983): On the general feasibility test of scheduling lot sizes for several products on one machine. Management Science 29, S. 93 - 105.

Joneja, D. (1990): The joint replenishment problem: new heuristics and worst case performance bounds. Operations Research 38, S. 711 - 723.

Jones, P.C. und R.R. Inman (1989): When is the economic lot scheduling problem easy? IIE Transactions 21, S. 11 - 20.

Karmarkar, U.S. und J. Yoo (1991): The stochastic dynamic product cycling problem. William E. Simon Graduate School of Business Administration, University of Rochester, New York.

Kaspi, M. und M.J. Rosenblatt (1991): On the economic ordering quantity for jointly replenished items. International Journal of Production Research 29, S. 107 - 114.

Kistner, K.-P. und M. Steven (1990): Produktionsplanung. Physica, Heidelberg.

Knolmayer, G. (1985): Ein Vergleich von 30 "praxisnahen" Lagerhaltungsheuristiken. In: Ohse, D. u.a. (Hrsg.), Operations Research Proceedings 1984, Springer, Berlin, S. 223 - 230.

Krarup, J. und O. Bilde (1977): Plant location, set covering and economic lot size: an O(mn)-algorithm for structured problems. In: Collatz, L. et al. (Hrsg.), Optimierung bei graphentheoretischen und ganzzahligen Problemen, Birkhäuser, Basel - Stuttgart, S. 155 - 180.

Lackes, R. (1990): Optimale Bestellpolitik bei sinkenden Beschaffungspreisen. Diskussionsbeitrag Nr. 158, Fernuniversität Hagen.

Lee, S.-B. und P.H. Zipkin (1989): A dynamic lot-size model with make-or-buy decisions. Management Science 35, S. 447 - 458.

Li, J.; H.-S. Lau und A.H.-L. Lau (1991): A two-product newsboy problem with satisficing objective and independent exponential demands. IIE Transactions 23, S. 29 - 39.

Lozano, S.; J. Larraneta und L. Onieva (1991): Primal-dual approach to the single level capacitated lot-sizing problem. EJOR 51, S. 354 - 366.

Maes, J.; J.O. McClain und L.N. van Wassenhove (1991): Multilevel capacitated lotsizing complexity and LP-based heuristics. EJOR 53 , S. 131-148.

Magnanti, T.L. und R. Vachani (1990): A strong cutting plane algorithm for production scheduling with changeover costs. Operations Research 38, S. 456 - 473.

Marsten, R.E. (1975): The use of the boxstep method in discrete optimization. Mathematical Programming Study 3, S. 127 - 144.

Maxwell, W.L. und J.A. Muckstadt (1985): Establishing consistent and realistic reorder intervals in production-distribution systems. Operations Research 33, S. 1316 - 1341.

Naddor, E. (1971): Lagerhaltungssysteme. Harri Deutsch, Frankfurt/Main - Zürich.

Orlicky, J. (1975): Material requirement planning. McGraw-Hill, New York u.a.

Pochet, Y. und L.A. Wolsey (1991): Solving multi-item lot-sizing problems using strong cutting planes. Management Science 37, S. 53 - 67.

Rao, S.S. und H. Bahari-Kashani (1990): Economic order quantity and storage size - some considerations. Engineering Costs and Production Economics 19, S. 201 - 204.

Robrade, A.D. (1991): Dynamische Einprodukt-Lagerhaltungsmodelle bei periodischer Bestandsüberwachung. Physica, Heidelberg.

Roll, Y. und R. Karni (1991): Multi-item, multi-level lot sizing with an aggregate capacity constraint. EJOR 51, S. 73 – 87.

Rosling, K. (1986): Optimal lot-sizing for dynamic assembly systems. In: Axsäter, S. et al. (Hrsg.), Lecture Notes in Economics and Mathematical Systems 266: Multi-Stage Production Planning and Inventory Control, Springer, Berlin u.a., S. 119 – 131.

Roundy, R. (1986): A 98%-effective lot-sizing rule for a multi-product, multi-stage production / inventory system. Mathematics of Operations Research 11, S. 699 – 727.

Roundy, R. (1989): Rounding off to powers of two in continuous relaxations of capacitated lot sizing problems. Management Science 35, S. 1433 – 1442.

Salomon, M. (1991): Deterministic lotsizing models for production planning. Springer, Berlin u.a.

Saydam, C. und M. McKnew (1987): A fast microcomputer program for ordering using the Wagner-Whitin algorithm. Production and Inventory Management 28/4, S. 15 – 19.

Schenk, H.Y. (1991): Entscheidungshorizonte im deterministischen dynamischen Lagerhaltungsmodell. Physica, Heidelberg.

Schmidt, M. (1991): Exakte Verfahren für Losgrößenprobleme vom Wagner-Whitin-Typ. Diplomarbeit, Fachgebiet Operations Research, TH Darmstadt.

Schneeweiß, C. (1981): Modellierung industrieller Lagerhaltungssysteme. Springer, Berlin u.a.

Schwarz, L.B. und L. Schrage (1975): Optimal and system myopic policies for multi-echelon production/ inventory assembly systems. Management Science 21, S. 1285 – 1294.

Schweitzer, P.J. und E.A. Silver (1983): Mathematical pitfalls in the one machine multiproduct economic lot scheduling problem. Operations Research 31, S. 401 – 405.

Silver, E.A. und H.C. Meal (1973): A heuristic for selecting lot-size quantities for the case of a deterministic time-varying demand rate and discrete opportunities for replenishment. Production and Inventory Management 14/2, S. 64 – 74.

Soom, E. (1976): Optimale Lagerbewirtschaftung in Industrie, Gewerbe und Handel. Paul Haupt, Bern – Stuttgart.

Tempelmeier, H. (1988): Material-Logistik, Quantitative Grundlagen der Materialbedarfs- und Losgrößenplanung. Springer, Berlin u.a.

Trigeiro, W.W.; L.J. Thomas und J.O. McClain (1989): Capacitated lot sizing with setup times. Management Science 35, S. 353 – 366.

Wagelmans, A.; S. van Hoesel und A. Kolen (1989): Economic lot-sizing: an O(n log n)-algorithm that runs in linear time in the Wagner-Whitin case. Research Memorandum RM 89-037, Limburg University, Maastricht.

Wagner, H.M. und T.M. Whitin (1958): Dynamic version of the economic lot size model. Management Science 5, S. 89 – 96.

Webster, F.M. (1989): A back-order version of the Wagner-Whitin discrete-demand EOQ algorithm by dynamic programming. Production and Inventory Management 30, S. 1 – 5.

Wissebach, B. (1977): Beschaffung und Materialwirtschaft. Neue Wirtschafts-Briefe, Herne - Berlin.

Yanasse, H.H. (1990): EOQ systems: the case of an increase in purchase cost. Journal of the Operational Research Society 7, S. 633 – 637.

Yilmaz, C. und W.J. Boe (1988): Three major effects on the performance of lot-sizing techniques. Engineering Costs and Production Economics 15, S. 261 – 265.

Zangwill, W.I. (1969): A backlogging model and a multi-echelon model of a dynamic economic lot size production system - a network approach. Management Science 15, S. 506 – 527.

Zipkin, P.H. (1991): Computing optimal lot sizes in the economic lot scheduling problem. Operations Research 39, S. 56 – 63.

Zoller, K. und A. Robrade (1987): Dynamische Bestellmengen- und Losgrößenplanung. Verfahrensübersicht und Vergleich. OR Spektrum 9, S. 219 – 233.

EIN NON-BIPARTITES ZUORDNUNGSMODELL ZUR KOORDINIERUNG VON TRANSPORTEN

Dieter Feige, Dresden

Zusammenfassung: Im Vortrag wird ein Transportproblem zur Koordinierung von Zielfahrten vorgestellt. Diese Aufgabe wird als spezielles non-bipartites Zuordnungsproblem modelliert und gelöst. Dazu werden die Modelldaten als Dreiecksmatrix dargestellt. Für diese Matrix wird der Begriff *"Reihe"* als Kombination von Spalten und Zeilen definiert. Basierend auf dem *"Reihen"*-Begriff werden die Gültigkeit der Äquivalenzbedingung gezeigt und Lösungsverfahren entwickelt.

Abstract: The paper presents a transport problem describing the coordination of trips. It is modelled and solved as a special non-bipartit assignment problem. The model data are represented as a triangular matrix, for which the term *"Reihe"* as a combination of colums and rows is defined. On the basis of this *"Reihe"* term the validity of the conditions of equivalence are shown and approach methods are developed.

1. Problemstellung

Das vorgestellte Transportproblem hat seinen Ursprung in Untersuchungen zur *Transportkoordinierung*, die zu Anfang der achtziger Jahre vor allem in Dresden intensiv betrieben wurden.[1] Der Begriff *"Transportkoordinierung"* wird für alle logistischen Tätigkeiten verwendet, die durch zweckmäßige Gestaltung der Transportdurchführung den Transportaufwand minimieren.

Eine Teilaufgabe aus diesem Problemkreis hat das Ziel, eine Menge von Zielfahrten so zu Hin- und Rückfahrten zu kombinieren, daß die dafür benötigten summarischen Leerfahrweiten minimal werden. Die Besonderheit der Aufgabe besteht darin, daß die Menge der zu koordinierenden Fahrten von vornherein **nicht** in Hinfahrten und Rückfahrten geteilt werden kann. Eine Modellierung der Aufgabe als klassisches lineares Zuordnungsproblem ist somit nicht möglich. Es muß vielmehr ein non-bipartites Zuordnungsproblem formuliert werden, welches folgende allgemeine Aufgabenstellung löst:

Aus n Objekten (z.B. Zielfahrten) sind $\frac{n}{2}$ Paare so zu bilden, daß die dabei auftretenden summarischen Kosten (z.B. Leerfahrweiten) minimal werden.

Eine Zielfahrt i ist durch den *Beladeort A_i* und den *Entladeort B_i* charakterisiert. Für ein beliebiges Paar *(i,j)* aus zwei Zielfahrten i und j bestehen folgende Kombinationsmöglichkeiten (Bild 1):

1. Koordinierung in der Reihenfolge $i \to j$,
2. Koordinierung in der Reihenfolge $j \to i$,
3. unkoordinierte Einzelfahrten i und j.

---

[1]   Seit etwa 1980 war die Hochschule für Verkehrswesen *"Friedrich List"* Dresden ein wissenschaftliches Zentrum für diese Arbeiten. Unter anderem wurden regelmäßige wissenschaftliche Veranstaltungen unter der Bezeichnung *Erfahrungsaustausch zu Transportkoordinierung und Transportoptimierung mit EDV* durchgeführt, an denen auch Wissenschaftler und Praktiker aus Nachbarstaaten beteiligt waren.

Operations Research Proceedings 1991
© Springer-Verlag Berlin Heidelberg 1992

Jede Kombination kann auf Ladungs- und Zeitverträglichkeit geprüft werden. Für die zulässigen Kombinationen werden die erforderlichen Leerfahrweiten (Anfahrt vom Fahrzeugstandort, Fahrt vom 1. Entladeort zum 2. Beladeort und Rückfahrt zum Fahrzeugstandort) ermittelt. Die geringste Leerfahrweite kennzeichnet die beste Kombination und bildet die Bewertungsgröße (Kostenkoeffizient) c_{ij} des Paares (i,j).

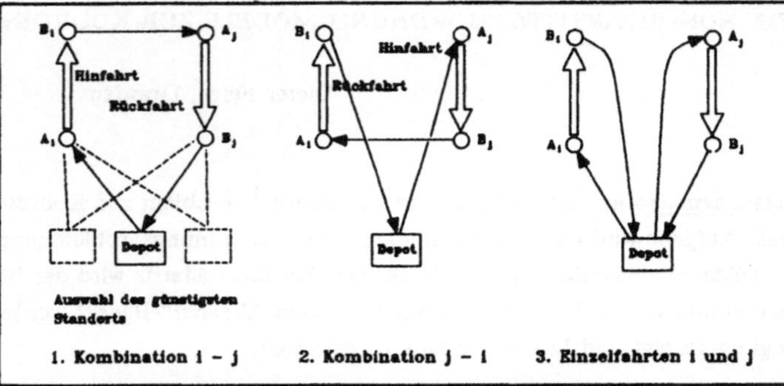

Bild 1: Kombinationsmöglichkeiten zweier Zielfahrten

Für alle möglichen Paarungen (i,j) erhält man die Bewertungen

$$C = (c_{ij}), \quad i=1(1)n-1, \quad j=i+1(1)n, \tag{2}$$

die eine Dreiecksmatrix bilden.

Innerhalb dieser Dreiecksmatrix sind nur solche Elemente (i,j) enthalten, deren Indizes die Bedingung $i<j$ erfüllen. Die Kombination eines Objektes k ist aber mit allen anderen Objekten möglich und umfaßt somit die Elemente

$$(l,k), \quad mit \; l < k \leq n$$

und

$$(k,l), \quad mit \; k < l \leq n.$$

Alle mit k indizierbaren Elemente werden als *Reihe* k bezeichnet (Bild 2).

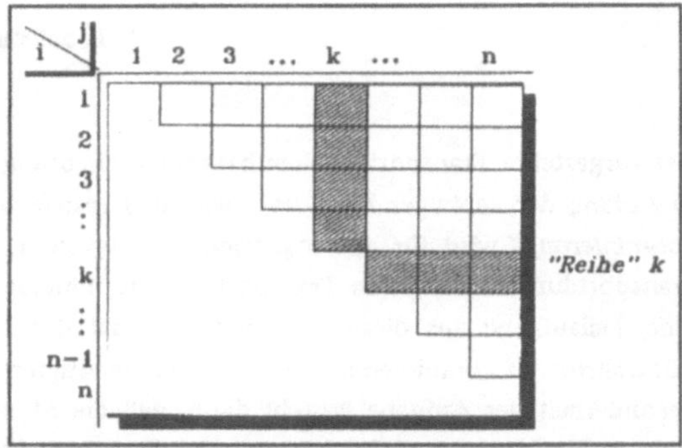

Bild 2: Bewertungsmatrix

2. Mathematisches Modell und Grundlagen

Für die Formulierung des mathematischen Modells und für die anschließenden Darlegungen werden folgende Bezeichnungen verwendet:

$$N = \{ \, (i,j) \mid i=1(1)n-1, \; j=i+1(1)n \, \}$$ – Menge der zulässigen Matrixelemente;

$$B = \{ \, (i,j) \in N \mid x_{ij} = 1 \, \}$$ – Menge der Lösungselemente;

$$X = \{ \, x_{ij} \mid (i,j) \in N \, \}$$ – zulässige Lösung.

Die Optimierungsaufgabe lautet:

$$Z = \sum_{i=1}^{n-1} \sum_{j=i+1}^{n} c_{ij} \cdot x_{ij} \;\;\rightarrow\;\; \textit{Minimum!} \tag{2}$$

$$\left.\begin{array}{l} \displaystyle\sum_{j=2}^{n} x_{kj} = 1, \;\; \textit{für } k=1, \\[2ex] \displaystyle\sum_{i=1}^{k-1} x_{ik} + \sum_{j=k+1}^{n} x_{kj} = 1, \;\; \textit{für } k=2(1)n-1, \\[2ex] \displaystyle\sum_{i=1}^{n-1} x_{ik} = 1, \;\; \textit{für } k=n; \end{array}\right\} \tag{3}$$

$$\begin{array}{l} x_{ij} \in \{\,0,\,1\,\}, \;\; \textit{für } (i,j) \in N; \\[1ex] x_{ij} = 0, \;\;\;\;\;\; \textit{für } (i,j) \notin N. \end{array} \tag{4}$$

Bei *LAWLER* (1976) findet man eine analoge Aufgabenstellung in Graphenform, welche *"Nonbipartit Weighted Matching Problem"* genannt wird.[2] Die anschauliche und im Regelfall auch speichergünstige Graphendarstellung führt aber keineswegs zu einfachen Lösungsverfahren. *LAWLER* gibt Verfahren an, deren Komplexität bei $O(n^3)$ .. $O(n^4)$ liegen.[3]

Die Optimierungsaufgabe (2) bis (4) kann auch durch ein *spezielles lineares Zuordnungsproblem* mit quadratischer Kostenmatrix

$$D = (d_{ij})_{n \cdot n} \quad \textit{mit } d_{ii} = \infty \tag{6}$$

abgebildet werden, für das aber zusätzlich die schwer erfüllbare Bedingung

$$x_{ij} = x_{ji} \;\; \textit{für } \forall i,j, \tag{7}$$

gelten muß und in dessen Lösung die Diagonalelemente nicht einbezogen werden dürfen.

Wenn auch wegen (7) die Lösung des Ersatzproblems mit bekannten linearen Algorithmen nicht möglich ist, so kann doch das lineare Zuordnungsproblem unter Weglassung der Bedingung (7) als Relaxation für das Koordinierungsproblem dienen und eine untere Schranke ermitteln.

Auch liegt der Gedanke nahe, die Ähnlichkeit beider Modelle für die Konstruktion von Lösungsverfahren auszunutzen.

---

[2] Siehe /3/, S.217 ff.
Ebenda auf S.220 wird eine dem Transportkoordinierungsproblem völlig analoge Aufgabenstellung, das Problem der *"Homosexuellen Partnerschaft"* *(homosexual marriage)*, behandelt und auf Schwierigkeiten der Lösung hingewiesen.

[3] *LAWLER* /3/ führt auf S.217 in die Erweiterung der algorithmischen Techniken der bipartiten Graphen auf die nonbipartiten Graphen ein und verweist darauf, daß spezielle Techniken erforderlich sind ("..can be solved only by the proper treatment of "bloosoms"..").

Grundlage dafür bietet die Ersetzung der Zeilen und Spalten des klassischen Zuordnungsproblems durch die oben definierten *"Reihen"* für das Koordinierungsproblem (siehe Bild 2). Über diese Reihen werden folgende Problemeigenschaften in das Modell übertragen:

1. Eine zulässige Lösung besteht aus genau $m = \frac{n}{2}$ Zuordnungen. Deshalb muß n geradzahlig sein (was gegebenenfalls durch Aufnahme eines fiktiven Objekts erreicht werden kann).

2. Jeder Reihenindex $k = 1, 2, .. , n$ darf in einer zulässigen Lösung **nur einmal** auftreten, d.h., bei einer zulässigen Lösung muß in jeder Reihe genau ein Element (i,j) zur Lösung gehören.

3. Jedes zulässige Matrixelement *(i, j)* gehört zu zwei verschiedenen Reihen, die sich in diesem Element kreuzen. Es sind das die Reihen $k=i$ und $l=j$.

Führt man außerdem in das Modell reihenbezogene Randwerte $a_k = 1$ ein, so kann eine zulässige Lösung recht einfach auf folgende Weise erhalten werden (Bild 3):

Algorithmus: Zulässige Lösung

```
∀ a[k]:=1;
WHILE ∃ a[k]>0 DO
    Wähle ein Element (k,l), für das gilt:
        a[k]=1 AND a[l]=1;
    x[k,l]:=1; a[k]:=0; a[l]:=0;
END.
```

Eine Näherungslösung des Koordinierungsproblems kann dadurch ermittelt werden, daß die Auswahl der Elemente unter Berücksichtigung der Bewertungen c_{ij} nach Prioritätsregeln oder Strafkosten erfolgt. [4]

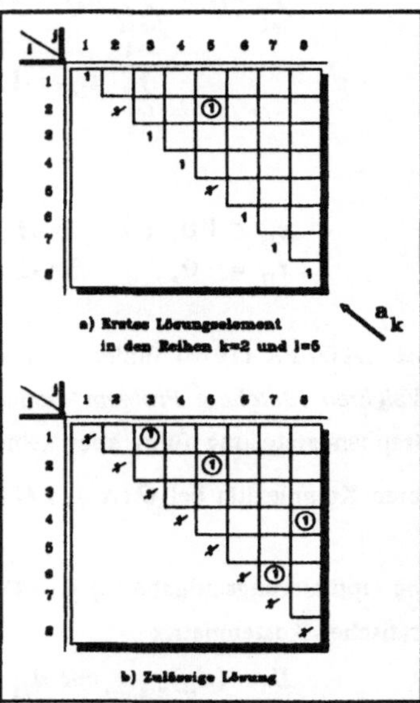

Bild 3: Zulässige Lösung

Exakte Verfahren für gewöhnliche Zuordnungs- und Transportprobleme nutzen häufig die Äquivalenz von Kostenmatrizen hinsichtlich der Optimallösung. Auch für die in *"Reihen"* gegliederte Dreiecksmatrix gilt folgender <u>Satz:</u>

Sind u_k, $k=1(1)n$, beliebige reelle und den Reihen zugeordnete Zahlen und ist

$$\bar{c}_{ij} = c_{ij} - u_i - u_j, \quad (i,j) \in N, \tag{8}$$

dann gilt für jede zulässige Lösung X des Restriktionensystems (3)-(4)

$$Z = \bar{Z} + w \tag{9}$$

mit

$$\bar{Z} = \sum_{i=1}^{n-1} \sum_{j=i+1}^{n} \bar{c}_{ij} \cdot x_{ij} \tag{10}$$

und der Reduktionskonstanten

$$w = \sum_{k=1}^{n} u_k . \tag{11}$$

---

[4] Näherungsverfahren auf dieser Grundlage wurden 1982 in /2/ veröffentlicht.

Beweis:

$$
\bar{Z} = \sum_{i=1}^{n-1} \sum_{j=i+1}^{n} \bar{c}_{ij} \cdot x_{ij} =
$$

$$
= \sum_{i=1}^{n-1} \sum_{j=i+1}^{n} (c_{ij} - u_i - u_j) \cdot x_{ij} =
$$

$$
= \sum_{i=1}^{n-1} \sum_{j=i+1}^{n} c_{ij} \cdot x_{ij} - \sum_{i=1}^{n-1} u_i \cdot \sum_{j=i+1}^{n} x_{ij} - \sum_{j=2}^{n} u_j \cdot \sum_{i=1}^{j-1} x_{ij} = \qquad (12)
$$

$$
= Z - \left(\sum_{i=1}^{n-1} u_i \cdot \sum_{j=i+1}^{n} x_{ij} + \sum_{j=2}^{n} u_j \cdot \sum_{i=1}^{j-1} x_{ij} \right).
$$

Durch Auflösung des Klammerausdrucks erhält man bei Berücksichtigung der Restriktionen (3)

$$
\sum_{i=1}^{n-1} u_i \cdot \sum_{j=i+1}^{n} x_{ij} + \sum_{j=2}^{n} u_j \cdot \sum_{i=1}^{j-1} x_{ij} = u_1 \cdot 1 + u_2 \cdot 1 + .. + u_n \cdot 1 =
$$

$$
= \sum_{k=1}^{n} u_k = w . \qquad (13)
$$

Das Einsetzen von (13) in (12) führt dann zu

$$
\bar{Z} = Z - \sum_{k=1}^{n} u_k = Z - w , \qquad (14)
$$

was zu beweisen war.

Auf Grundlage dieser Äquivalenzbeziehung können in Analogie zum klassischen Transport- oder Zuordnungsproblem Lösungsverfahren für das Koordinierungsproblem konstruiert werden. In /2/ wird ein primal-duales Lösungsverfahren beschrieben. Dieses Verfahren ist jedoch nicht ohne Probleme. Zum einen muß die Konstruktion von Kettenzügen *"Brechpunkte"* an den Übergangsstellen vom Spaltenteil zum Zeilenteil einer Reihe berücksichtigen (was allerdings nicht allzu schwer ist). Zum anderen treten jedoch infolge des starken inneren Problemzusammenhangs sowohl Doppelmarkierungen auf, die besonders behandelt werden müssen, als auch Alternativsituationen bei der Markierung, die verzweigend weiter untersucht werden müssen.
Ein anderes Verfahren wird im nächsten Abschnitt vorgestellt.

3. Ein exaktes Lösungsverfahren

Für die Konstruktion des Lösungsverfahrens wird von der Idee der *kürzesten Wege zur Flußvergrößerung*, bekannt als *augmenting-path* - Methode [5] , ausgegangen. Eine Partiallösung vorausgesetzt wird in anschließenden Interationsschritten der jeweils kürzeste Weg zur Aufnahme des nächsten $e_k = 1$ in die Lösung gesucht (Bild 5).
Bild 4 zeigt die allgemeine Struktur des Lösungsverfahrens.
Die Startroutine **Initial** enthält, neben der Festlegung von Ausgangswerten für die Verfahrensvariablen, die Funktion zur Reduktion der Dreiecksmatrix. Das geschieht auf folgende Weise:

---

[5] Vgl. den FORTRAN-Code von DERIGS (1980) in /1/, S.1–15.

```
Algorithmus:  Anfangsreduktion
```

```
FOR k:=1 TO n DO
  u[k]:=min{c[k,l]}, l={1..n}\{k}
  FOR l:=1 TO n DO
    IF l<>k THEN
      i:=min{k;l}
      j:=max{k;l}
      c[i,j]:=c[i,j]-u[k]
    END
  END
END.
```

Infolge der Matrixreduktion entsteht in jeder Reihe mindestens ein Nullelement. Es werden nun möglichst viele Zuordnungen in diese Nullelemente plaziert und dadurch eine optimale Partiallösung ermittelt.

Die verbliebenen Randwerte $a_k=1$ müssen mit Kettenzügen bei *minimaler Vergrößerung der Zielfunktion* in die Lösung aufgenommen werden (ein Beispiel wird in Bild 5 gezeigt).

Kernstück des Verfahrens ist ein spezieller Algorithmus zur Ermittlung dieser minimalen Kettenzüge. Er wird durch den Block *Weg(k1)* verkörpert.

Besonderheiten gegenüber der Augmenting-path-Methode sind:

1. Die Korrektur der Dualvariablen ist problematisch, weshalb diese im Verlaufe des Lösungsprozesses nicht verändert werden.

2. Wegen 1. können Lösungselemente mit $c_{ij} > 0$ auftreten, die als *"negative Kanten"* in den Wegalgorithmus eingehen.

Bild 6 zeigt die für das Lösungsverfahren benötigte Datenstruktur. Die neu eingeführten Bezeichner bedeuten:

LS   Verweis auf das Lösungselement der Reihe,

cPlus   Bewertung c_{ij}, $i=min\{k,l\}$, $j=max\{k,l\}$, des positiven Eckpunktes (des neuen Lösungselements) der Reihe k,

Marke   Markierung der Reihe k, wenn diese auf dem aktuellen Weg liegt,

V   Index der Vorgängerreihe zu k innerhalb des Weges,

Vmin   Indizes des besten gefundenen Weges mit der Länge dZmin und dem Abschluß in der Reihe lmin.

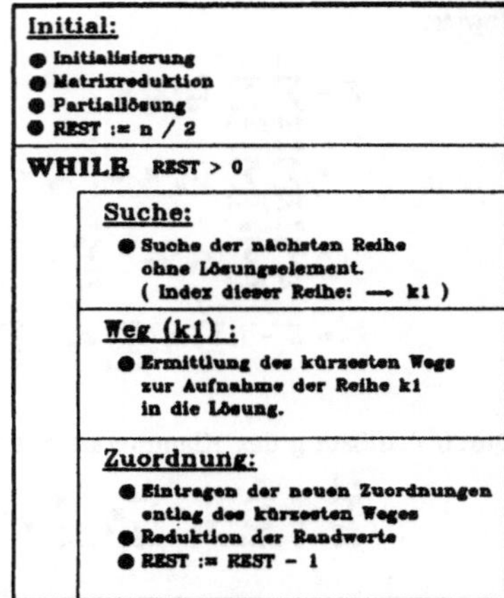

Bild 4:   Struktur des Lösungsverfahrens

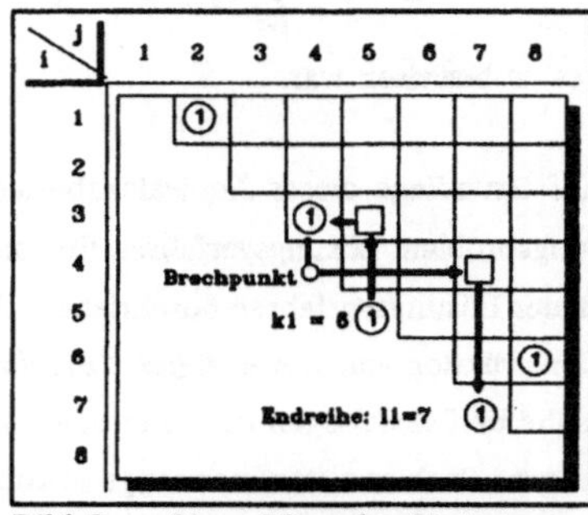

Bild 5:   Vergrößernder Kettenzug (aus k1=6)

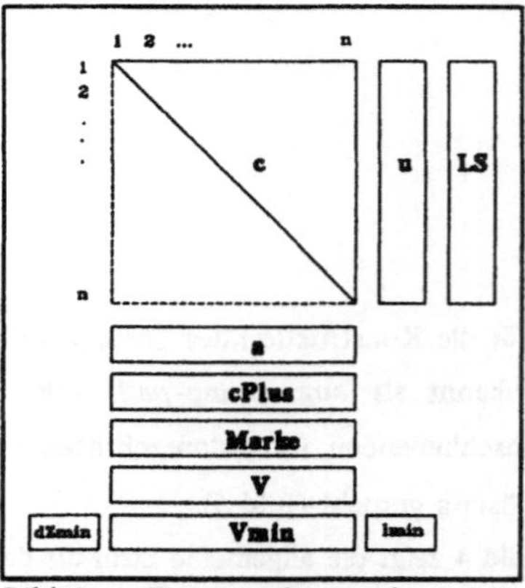

Bild 6:   Datenstruktur des Lösungsverfahrens

Aus **Vmin** kann beginnend mit dem Index **lmin** der Kettenzug zu *k1* rekonstruiert werden.

Kernstück des Lösungsverfahrens ist die Routine *Weg(kl)* . Sie dient zur Ermittlung des kürzesten Weges (d.h. Kettenzuges) zur Einbindung der Reihe *kl* in die Lösung. Bild 7 zeigt das Struktogramm.

Wegen $c_{ij} \geq 0$ für Lösungselemente kann die Schranke zum Abbruch einer Verzweigung nicht die gewohnte Schärfe besitzen.

In diesem Algorithmus wird für die Schrankenprüfung ein Wert DIF gebildet, der die Bewertungssumme aller nicht im bisherigen Wege eingeschlossenenen Lösungselemente erhält. Die bisherige Weglänge kann sich im Extremfall bei Weiterführung der Verzweigung um den Betrag DIF verringern. Deshalb lautet die etwas *"weiche"* Abbruchbedingung:

$$dZ + c_{kl} - \mathrm{DIF} \geq dZ_{min} \tag{15}$$

Bisherige Testrechnungen zeigten, daß bereits die Partiallösung mehr als die Hälfte aller Reihen eingebunden hatte. In vielen Fällen waren nur noch etwa 20% der Reihen über den Wegealgorithmus einzubauen. Allerdings nimmt der Zeitbedarf für die letzten Wege zu und es kann sich erforderlich machen, einen Abbruch der Suche nach kürzeren Wegen bei einer bestimmten Anzahl von erfolglosen Suchschritten ("Step-Max") vorzunehmen. In diesem Falle ist jedoch die Optimalität der Lösung nicht garantiert.

```
Initialisierung:
FOR k=1..n DO BEGIN
   V[k]:=0; cPlus[k]:=0; Marke[k]:=FALSE;
END;
DIF:= Summe der c[i,j] der Lösungselemente;
Marke[kl]:=TRUE;
Anfangsweg wird kürzeste direkte Verbindung
   zwischen kl und einer Reihe l mit a[l]=1.
   Merken als: Vmin, dZmin, lmin.
k:=kl;  dZ:=0;

WHILE k>0
   dZ:=dZ-cPlus[k];   cPlus[k]:=0

   ll:= { l | min(c[k,l] } für:
        l  - unmarkiert
        (k,l) - unmarkiert
        dZ+c[k,l]-DIF < dZmin  { Schrankenprüfung }

                    ll gefunden ?
   ja                                         nein

   l:=ll   { pos. Eckpunkt }       { Rückwärts }
   V[l]:=k;  cPlus[k]:=c[k,l];     dZ:=dZ-cPlus[k]
   dZ:=dZ+c[k,l]                   cPlus[k]:=0
   Markierung des Elements (k,l)   Löschen aller Markierungen
                                       für Elemente (k,l) in k,
          a[l]=1 ?                      wenn l unmarkiert
   ja            nein              Marke[k]:=FALSE
                                   l:=V[k]
   dZ<dZmin  {neg.Eckpunkt}
      ?       k:=LS[l]                    l>0?
   ja    n    V[k]:=l           ja                  nein
             dZ:=dZ-c[k,l]
 {neuer Weg} DIF:=DIF-c[k,l]   {über Lös.-El.}   {in kl}
 Vmin:=V  %  Marke[k]:=TRUE     dZ:=dZ+c[k,l]
 lmin:=l     Marke[l]:=TRUE     DIF:=DIF+c[k,l]     k:=0
 dZmin:=dZ                      Marke[l]:=FALSE
                                k:=V[l]
```

Bild 7:   Struktogramm des Algorithmus *"Weg"*
(Mit c[k,l] wird der Koeffizient des Elements im Kreuzungspunkt der Reihen **k** und l bezeichnet.)

4. Heuristische Verfahren

In Dispositionssystemen sind schnelle heuristische Verfahren vorteilhaft. Für das betrachtete Problem eignet sich eine Kombination aus Konstruktions- und Verbesserungsverfahren.

Konstruktionsverfahren:

Ermittlung einer zulässigen Lösung mit einem Strafkostenverfahren. Reduktion der Dreiecksmatrix: alle Lösungselemente erhalten die Bewertung $\overline{c_{ij}} = 0$.

Verbesserungsverfahren:

Ausgehend von einem negativ bewerteten Lösungselement werden auf einem Kreis alternierend Lösungselemente und Nichtlösungselemente ausgetauscht.

Als einfach und dennoch effizient erwiesen sich Verfahren des Austauschs von zwei ("2-Tausch") und drei ("3-Tausch") Lösungselementen mit Nichtlösungselementen. Das Prinzip dieser Austauschverfahren zeigt Bild 8. Nach Ausführung des Tauschs werden die Dualvariablen so verändert, daß alle Lösungselemente Nullbewertungen erhalten.

Allgemein sind Austauschverfah-

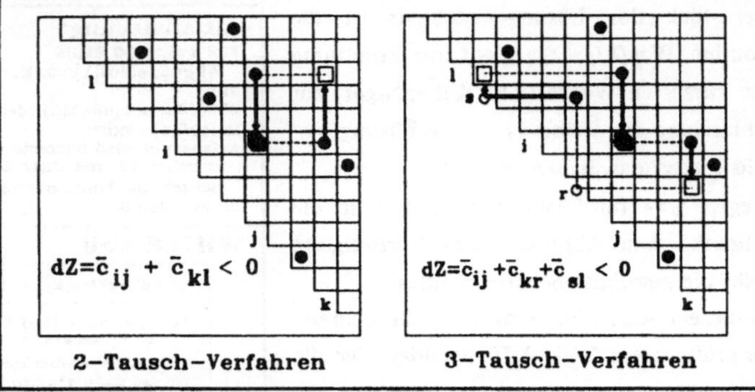

Bild 8: Verbesserungsverfahren (Prinzip)

ren bis zur Ordnung $\frac{n}{2}$ möglich. Letzteres führt zum Optimum, läßt aber lange Rechenzeiten erwarten.

Testrechnungen mit dem 3-Tausch-Verfahren ergaben auf einem AT-286 mit 12 MHz Taktfrequenz für Probleme der Größe n=50 etwa 3 Sekunden und für n=100 etwa 20 Sekunden Rechenzeit. Bei Anwendung des 3-Tausch-Verfahrens betrug die maximale Abweichung vom Optimum bei 71% der Lösungen weniger als 5% und bei 94% der Lösungen weniger als 10%.

Schlußbemerkungen

Die Arbeiten an diesem Problem sind Bestandteil einer Aufgabe, an der am Institut für Wirtschaftsinformatik der Hochschule für Verkehrswesen Dresden bereits seit mehreren Jahren gearbeitet wird. Unter dem Arbeitstitel "TOS" (Transport-Optimierungs-System) wird ein Bausteinsystem entwickelt, welches algorithmisch die wichtigsten Aufgaben im Bereich der Transportplanung und -disposition abdecken soll und mit gleichfalls entwickelten Dialogbausteinen zu nutzerspezifischen Anwendungslösungen zusammengesetzt werden kann. Für operationelle Anwendungen ist ein Näherungsverfahren mit 2- und 3-Tausch-Verbesserungen gut geeignet.

Literatur:

/1/ Burkard, R.E.; Derigs, U.
     Assignment and Matching Problems: Solution Methods with FORTRAN-Programms.
     Springer-Verlag, Berlin Heidelberg New York (1980)

/2/ Feige, D.
     Beiträge zur Transportoptimierung.
     Schriften der Militärakademie Dresden, Heft 198,
     Dresden (1982)

/3/ Lawler, E.L.
     Combinatorial Optimization: Networks and Matroids.
     Holt, Rinehardt and Winston
     New York   Chicago   San Francisco u.a. (1976)

Tourenplanung mit zusätzlichen Nebenbedingungen

Bernhard Fleischmann, Martin Gietz
Universität Augsburg
Lehrstuhl für Produktion und Logistik
Memminger Straße 14
8900 Augsburg

Außer den üblichen Restriktionen der Tourenplanung - begrenzte Fahrzeugkapazitäten bei heterogenem Fuhrpark, begrenzte Tourdauer, Kundenzeitfenster - treten in Problemen der Praxis häufig noch zusätzliche Bedingungen auf, wie verbotene Fahrzeug/Kunden-Zuordnungen, Fahrzeugzeitfenster und eingeschränkte zeitliche Verfügbarkeit der auszuliefernden Ware. Alle diese Bedingungen schränken direkt oder indirekt die mögliche Zuordnung der Touren zu den Fahrzeugen ein. Während solche Einschränkungen bei Anwendung von Standardmethoden meist erst in einem zweiten Schritt nach der eigentlichen Tourenplanung berücksichtigt werden, stellen wir eine Erweiterung des Savingsverfahrens vor, bei der alle Bedingungen schon in den Aufbau der Touren integriert sind. Dabei wird ständig eine zulässige Zuordnung der Touren zu den Fahrzeugen eingehalten. Auf diese Weise lassen sich auch mehrfache Einsätze eines Fahrzeugs erfassen.

Im Anschluß an das Savingsverfahren wird die Reihenfolge der Kunden innerhalb jeder Tour unter Beachtung der Zeitfenster mit einem kombinierten 2-opt-/Or-opt-Verfahren nachoptimiert. Wir geben dazu eine besonders effiziente Implementierung an, die die in der Literatur genannten Ergebnisse in Lösungsgüte und Schnelligkeit übertrifft.

Es wird über numerische Erfahrung berichtet soie über die Anwendung in einem sehr großen Tourenplanungsproblem, der Auslieferung von Tageszeitungen und Zeitschriften in einer Großstadt. Eine besondere Bedingung dabei ist, daß die Tageszeitungen erst kurz vor der Auslieferung gedruckt werden und die gesamte Ware nicht auf einmal, sondern nach einem gestaffelten Zeitplan zur Auslieferung verfügbar ist.

EINDEPOT-TOURENPLANUNG FÜR EINEN HETEROGENEN FUHRPARK
AUF DER BASIS VON KOSTEN-SAVINGS

H. Gehring[*] und P. Röscher[+]

[*]Prof. Dr. Hermann Gehring, FernUniversität, Fachbereich Wirtschaftswissenschaft, Kleine Str. 22, 5800 Hagen
[+]Dipl.-Inform. Peter Röscher, Freie Universität Berlin, Fachbereich Wirtschaftswissenschaften, Garystr. 21, 1000 Berlin 33

Gegenstand des Beitrags ist die Eindepot-Tourenplanung für einen heterogenen Fuhrpark unter Berücksichtigung von praktischen Restriktionen. Die heterogenen Transportmittel schlagen sich in unterschiedlichen Ladekapazitäten sowie unterschiedlichen fixen und variablen Kosten nieder. Berücksichtigt werden außerdem verschiedene Zeitrestriktionen (Kundenbedienungszeitfenster, Einsatzzeiten für Fahrer und Fahrzeuge, Pausen- und Ruhezeitregelungen) sowie 0-1-Restriktionen, welche die Bedienung bestimmter Kunden durch bestimmte Fahrer bzw. Fahrzeuge aus unterschiedlichen Gründen (Selbstentlader, Fahrer-Kunden-Konflikte usw.) ausschließen.

Zur Lösung der skizzierten Problemstellung wurde ein heuristisches Verfahren entwikkelt, welches folgende Elemente des klassischen Savings-Verfahrens verwendet: Paralleler Aufbau von Touren ausgehend von Pendeltouren, Verfahrenssteuerung mittels einer Savingsliste. Anstelle der üblichen Entfernungs-Savings werden hier allerdings Kosten-Savings eingesetzt. Kosten-Savings gestatten insbesondere das Einbeziehen unterschiedlicher Fahrzeugkosten. Hinzu kommen weitere über den Standard-Savingsansatz hinausgehende Verfahrenselemente, die u.a. der Berücksichtigung von Pausen- und Ruhezeitregelungen sowie Kundenbedienungszeitfenstern im Rahmen einer präzisen Zeitrechnung dienen.

Das auf einem marktüblichen PC (80386-Prozessor, 20 MHz Taktfrequenz) implementierte Verfahren wurde an Problemfällen aus der Praxis, teils mit mehr als 100 Kunden, getestet. Erwartungsgemäß hing die Rechenzeit von der Kundenanzahl und dem Anteil der Kunden mit Zeitfenstern ab. Für einen Problemfall mit 70 Kunden, für die durchweg Zeitfenster vorgegeben waren, betrug die CPU-Zeit beispielsweise etwa 1 Minute. Die Kosten der mit dem Verfahren ermittelten Tourenpläne unterschritten die jeweiligen auf manuelle Dispositionen zurückgehenden Istkosten um 10-15 Prozent.

Diskrete Losgrößenplanung bei dynamischem Bedarf
und mehrstufigen Produktionsprozessen

Knut Haase

Institut für Betriebswirtschaftslehre
Christian-Albrechts-Universität zu Kiel
Ohlshausenstraße 40
2300 Kiel 1

Die Losgrößenplanung besitzt im Rahmen der Produktionsplanung und -steuerung einen bedeutenden Stellenwert. Die Qualität ermittelter Losgrößen hinsichtlich der praktischen Umsetzung ist insbesondere von der Abbildungsschärfe des bei der Planung berücksichtigten Modells abhängig. In vielen realen Produktionsabläufen werden verschiedene Endprodukte mit genereller Erzeugnisstruktur erstellt, die zusammen mit den eingehenden Teilen um knappe Kapazitäten konkurrieren. In der Literatur zur Produktionswirtschaft finden sich aber nur wenige Arbeiten, die für derartig umfassende Fragestellungen ein Modell formulieren und hierzu Lösungsverfahren vorschlagen. Insbesondere die hohe Komplexität solcher Ansätze dürfte dazu beitragen, daß nur wenige Überlegungen in dieser Richtung unternommen werden.

In diesem Vortrag stellen wir u. a. ein Modell vor, das im Gegensatz zu bestehenden Vorschlägen die Reihenfolgebeziehungen der einzelnen Arbeitsgänge berücksichtigt, so daß eine zulässige Kapazitätsplanung gewährleistet ist. Die Berücksichtigung einzelner Arbeitsgänge erfordert, den Planungshorizont in zahlreiche kurze Perioden (z.B. Schichten) einzuteilen. Das Modell ist eine Erweiterung des von Fleischmann in EJOR 44 (1990) untersuchten "Discrete Lot-sizing and Scheduling Problem".

Wir entwickeln eine stochastische Heuristik, in der mit Hilfe eines Kosten-Dringlichkeitskriteriums die Losgrößen ermittelt werden. Sequentielle Test steuern dabei die Anzahl stochastischer Durchläufe mit der eine Parametereinstellung untersucht wird. Parametereinstellungen, die mit einer vorgebenen Wahrscheinlichkeit ein verbessertes Ergebnis erwarten oder nicht erwarten lassen, werden länger betrachtet bzw. schneller verlassen. Die Güte der Ergebnisse dieses Verfahrens wird anhand eines Vergleichs mit optimalen Lösungen skizziert.

AUSWIRKUNGEN VON LAGERDISPOSITIONSREGELN AUF DIE "NERVOUSNESS" VON MATERIALBEDARFSPLÄNEN IN ROLLIERENDER PLANUNGSUMGEBUNG

Thomas Jensen

Universität Bielefeld
Fakultät für Wirtschaftswissenschaften
Postfach 8640 - 4800 Bielefeld 1

Im Rahmen der Materialbedarfsplanung zu berücksichtigende stochastische Einflüsse finden ihre Ursachen in den innerhalb von Produktionssystemen und ihrer Umgebung auftretenden Störungen. Die als Reaktion auf diese Störungen im Rhythmus rollierender Planungsumgebungen erzeugten revidierten Pläne, die durch Planungsentscheidungen eine Transformation der ursprünlichen Störungen bewirken, stellen für folgende Planungen in sachlich oder zeitlich nachgelagerten Planungsprozessen eine zusätzliche Quelle stochastischer Einflüsse dar. Diese Abweichungen zwischen aufeinanderfolgenden Materialbedarfsplänen und die sich daraus ergebenden Probleme bei der Erstellung und Umsetzung dieser Pläne werden in der Literatur zur Materialbedarfsplanung unter dem Stichwort "Nervousness" diskutiert.

Besondere Bedeutung kommt in diesem Zusammenhang -insbesondere in mehrstufigen- Produktions- und Lagerhaltungssystemen- dem Einsatz von Losgrößenverfahren zu, da diese mit der Reaktion auf stochastische Bedarfe zugleich eine sowohl terminlich als auch quantitativ verzerrte und verstärkte Weitergabe der ursprünglichen Störungen bewirken.

Anhand einfacher periodischer Lagerdispositionsregeln wird für ein einstufiges Lagerhaltungsmodell mit stationärer stochastischer Nachfrage zunächst analytisch gezeigt, in welcher Weise die Notwendigkeit, im Rahmen eines rollierenden Planungsverfahrens durch Neuplanungen auf stochastische Bedarfe zu reagieren, von der Wahl der Dispositionsregel und deren Steuerungsparametern abhängt.

Aufbauend auf diesen Ergebnissen wird ein Ansatz vorgestellt, der eine Bestimmung der Steuerungsparameter unter Berücksichtigung einer Restriktion bezüglich eines akzeptierten Planänderungsniveaus ermöglicht.

Qualitätssicherung im Logistikkanal

Horst Krampe
Hochschule für Verkehrswesen "Friedrich List" Dresden

Thesen:

1. Die Qualitätssicherung gewinnt auch im Transport- und Dienstleistungsgewerbe zunehmend an Bedeutung. Sehr oft wird die Güte einer logistischen Leistung nicht mehr nur am Preis, sondern vor allem am Lieferservice gemessen.

2. Die logistische Aufgabe besteht in der Bereitstellung der richtigen Güter am richtigen Ort zum richtigen Zeitpunkt in der richtigen sortenmäßigen Zusammensetzung zu richtigen kostenmäßigen Bedingungen.

3. Die qualitativen Faktoren der Logistikaufgabe bestehen also in

    - einer hohen Pünktlichkeit und Zuverlässigkeit,

    - einer bedarfsgerechten Frequenz des Transportangebotes,

    - einer weitgehenden Flexibilität der Logistiksysteme und

    - einem geringen Schadens- und Verlustrisiko.

4. Aus diesem Grunde müssen für den Logistikkanal präventive Qualitätssicherungssysteme entwickelt werden.

5. Zum Formalismus des Qualitätssicherungssystems gehören

    - die Bestimmung der Kundenanforderungen und deren Gewichtung,

    - das Festlegen von Kennzahlen zur Bewertung,

    - die Bewertung der eigenen Leistung bezüglich der Kundenanforderung und im Vergleich zu den Wettbewerbern,

    - die Untersuchung der Abhängigkeit der Bewertungsgrößen und das Ableiten von Schwerpunkten für die Qualitätssicherung.

6. Der mathematische Kern der Qualitätssicherung besteht in der Ermittlung der Wahrscheinlichkeiten für das Auftreten von Fehlern, der Bestimmung von Risiken für die Fehlererkennung durch den Kunden und der Fehlerfolgeabschätzung.

7. In der Logistikkette bestimmen vor allem die Schnittstellen im Stoff- und Informationsfluß auf intra- und interorganisatorischer Ebene die Qualität der logistischen Leistung.

8. Mit dem Bilden größerer Systeme aus vorher weitgehend autarken Teilsystemen, eine typische Aufgabenstellung bei der Schaffung des gemeinsamen europäischen Marktes, entsteht das Problem der Systemsteuerung. Eine wesentliche Voraussetzung für die Lösung komplexer Steuerungsaufgaben in Logistiksystemen sind schnittstellenübergreifende Informationssysteme.

Logistikgerechte Produktverpackung

Karl-Peter Schuster, GUF Gesellschaft für Unternehmensführung mbH,
Postfach 74 03 46, D 2000 Hamburg 74

Eine logistikgerechte Konzeption der Produktverpackung wird vorgestellt,
die bereits erfolgreich in einem Unternehmen eingeführt wurde und dort
jährliche Einsparungen in Höhe von 500 TDM ermöglicht.

Behandelt wird die Optimierung von Verpackungsmaterialien mit dem Ziel
einer Kostensenkung durch Standardisierung und Normierung bei allen Arten und Typen (wie z.B. Faltschachteln, Flaschen, Tuben, Kartonagen und
Versandkartons). Die Vorgehensweise berücksichtigt sowohl technische und
wirtschaftliche Gesichtspunkte als auch ökologische und kundenorientier-
te Interessen.

Die ganzheitliche Betrachtung der Verpackung innerhalb des logistischen
Netzes zwingt zu einer Abstimmung von Einzelpackung, Verkaufseinheit und
Versandgebinde mit der Palette. Kundengerechte Abgabeeinheiten müssen
in praxisgerechte Versandkartons hinsichtlich Gewicht abgepackt werden.

Die Kernaufgabe besteht in der Optimierungsrechnung zur Ermittlung von
wenigen Versandkartons für alle Einzelpackungen des Produktspektrums bei
Maximierung des Nutzungsgrades des Stauraumvolumens der vorgegebenen Palette. Dabei sind unter Berücksichtigung der firmenspezifische Restriktionen die bestmöglichen Packschemata sowohl der Versandkartons auf der
Palette als auch der jeweiligen Einzelpackungen in dem günstigsten Ver-
sandkarton aufzuzeigen. Bekannte mathematische Verfahren und auf dem
Markt angebotene PC-Software unterstützen diese Aufgabe.

Ablauf- und aufbauorganisatorische Maßnahmen haben zusätzlich wesentliche Verbesserungen in der Verpackungstechnik ermöglicht. Die Neugestaltung der Verpackungsmaterialien mit dem Ziel der Reduzierung der Typenvielfalt und damit der Kosten (weniger Materialeinsatz, weniger Lager-
fläche, weniger Maschinenumstellungen, weniger Verwaltungsaufwand, verringerter Arbeitsaufwand) konnte durchgesetzt werden.

Die vorgetragene Thematik ist veröffentlicht in: Schuster K-P (1991) Logistikgerechte
Konzeption sowie Realisierung der Produktverpackung und ein praktischer Anwendungsfall
OR Spektrum Band 13, Heft 4, S. 254-263 (Sonderheft Verpackungslogistik).

EINE DETERMINISTISCHE ERWEITERUNG DER PROJEKTPLANUNGSMETHODE CPM

Philipp Derr, Karlsruhe

Zusammenfassung: Im Rahmen der klassischen Projektplanungsmethode CPM lassen sich zwar die zwischen den Vorgängen eines Projekts auftretenden "UND–Anordnungsbeziehungen" modellieren, nicht jedoch die "ODER–Anordnungsbeziehungen". Wir stellen, aufbauend auf dem der CPM–Methode zugrundeliegenden Projektmodell, eine Projektplanungsmethode vor, mit der sowohl UND– als auch ODER–Anordnungsbeziehungen beschrieben werden können und die zudem die anwenderfreundlichen Eigenschaften der CPM–Methode, wie einfache Projektdatenerfassung und einfache Planungsverfahren, besitzt. Wir legen hierbei Wert auf eine relationale und damit von einer Netzplan–Darstellung unabhängige Beschreibung der Projektstruktur. Mit der vorgestellten Projektplanungsmethode lassen sich insbesondere auch solche Projekte bearbeiten, deren Netzplan–Darstellung Zyklen positiver Länge aufweist.

Abstract: The classical method of project planning CPM allows the modelling of "AND–relations" between the activities of a project, but "OR–relations" cannot be described within this method. By building up the project model which the CPM–method is based on we introduce a method of project planning which permits both AND– and OR–relations between the activities and furthermore possesses important properties of the CPM–method like easy determination of the project data and simple planning algorithms. Doing this we attach importance to a description of the project structure which is relational and therefore independent from any network representation of the project. Especially with the presentet method projects can be planned that have a network representation with cycles of positive length.

Unter einem **Projekt** P verstehen wir eine endliche Menge A von Vorgängen (die **Vorgangsmenge** von P), eine Menge S von Ausführungsvorschriften für diese Vorgänge (die **Struktur** von P) sowie eine Abbildung $D:A\to\mathbb{N}$, die jedem Vorgang i aus A eine **Ausführungsdauer** aus $\mathbb{N}:=\{1,2,3,\dots\}$ zuordnet.

Wir sagen, daß **eine Ausführungsvorschrift für das Projekt** P **gilt**, falls diese Vorschrift in der Struktur von P liegt oder aus den in der Struktur von P enthaltenen Vorschriften folgt. Jede Ausführung der Vorgänge aus A, bei der die Ausführungsvorschriften aus der Struktur S von P befolgt werden und bei der jeder Vorgang aus A genau einmal ausgeführt wird, nennen wir eine **Ausführung des Projekts** P. Hierbei nehmen wir an, daß eine Ausführung des Projekts P stets zum Zeitpunkt Null beginnt und daß die Anfangs– und Endzeitpunkte der Vorgangsausführungen stets aus $\mathbb{N}_0:=\mathbb{N}\cup\{0\}$ sind. Des weiteren setzen wir voraus, daß eine Ausführung des Projekts P möglich ist.

Operations Research Proceedings 1991
© Springer-Verlag Berlin Heidelberg 1992

Ein **Projektmodell** ist eine Menge von Forderungen an die Struktur eines Projekts. Zum Beispiel fordert das der Projektplanungsmethode CPM zugrundeliegende Projektmodell, daß die Projektstruktur ausschließlich **einfache Ende-Start-Vorschriften** enthält. Das sind Ausführungsvorschriften der Form: »Die Ausführung des Vorgangs i muß beendet sein, bevor der Vorgang j ausgeführt werden kann«. Wir bezeichnen dieses Projektmodell im weiteren als **CPM-Modell** und jedes diesem Modell entsprechende Projekt als ein **CPM-Projekt.**

Die CPM-Methode zeichnet sich durch zwei für die Praxis bedeutende Eigenschaften aus:
(E1): Die Projektdaten (Vorgangsmenge, Struktur, Ausführungsdauern) lassen sich einfach ermitteln.
(E2): Es gibt einfache Planungsverfahren zur Bestimmung von frühest möglichen Anfangszeitpunkten und Pufferzeiten.

Dem gegenüber steht der Nachteil, daß die Vorgänge eines CPM-Projekts ausschließlich über **UND-Anordnungsbeziehungen** wie »Die Ausführung des Vorgangs i_1 und die Ausführung des Vorgangs i_2 müssen beendet sein, bevor der Vorgang j ausgeführt werden kann« miteinander verbunden sein dürfen und nicht über **ODER-Anordnungsbeziehungen** wie »Die Ausführung des Vorgangs i_1 oder die Ausführung des Vorgangs i_2 muß beendet sein, bevor der Vorgang j ausgeführt werden kann«.

Unser Ziel ist es nun, eine Projektplanungsmethode bereitzustellen, die es auf der einen Seite erlaubt, sowohl UND- als auch ODER-Anordnungsbeziehungen zu modellieren, und die auf der anderen Seite die Eigenschaften (E1) und (E2) der CPM-Methode besitzt. Wir legen hierbei insbesondere Wert auf eine relationale und somit von einer Netzplan-Darstellung unabhängige Beschreibung der Projektstruktur. Im Abschnitt 1 werden wir mit den sogenannten "deterministischen Projekten" eine hierfür geeignete Erweiterung des CPM-Modells vorstellen und für diese Projekte ein Modellierungsverfahren angeben. Danach beschäftigen wir uns mit der Zeitplanung bei den deterministischen Projekten und berechnen zunächst im Abschnitt 2 die frühest möglichen Anfangszeitpunkte und abschließend im Abschnitt 3 Pufferzeiten.

1. DETERMINISTISCHE PROJEKTE

Wir lösen die uns gestellte Aufgabe, indem wir in der Projektstruktur Ausführungsvorschriften der folgenden Form zulassen: »Die Ausführung eines der Vorgänge $i_1,\ldots,i_n$ muß beendet sein, bevor der Vorgang j ausgeführt werden kann« ($n \in \mathbb{N}$). Eine solche Ausführungsvorschrift nennen wir allgemeine **Ende-Start-Vorschrift.** Wir stellen zunächst fest, daß jede einfache Ende-Start-Vorschrift auch eine allgemeine Ende-Start-Vorschrift ist (Fall n=1). Des weiteren erlauben es uns die allgemeinen Ende–Start–Vorschriften, UND– sowie ODER–Anordnungsbeziehungen zu beschreiben.

Ein Projekt, dessen Struktur ausschließlich allgemeine Ende–Start–Vorschriften enthält, nennen wir ein **deterministisches Projekt**. Offenbar ist jedes CPM–Projekt ein spezielles deterministisches Projekt. Wir zeigen nun, daß sich auch bei den deterministischen Projekten die Projektdaten auf einfache Weise ermitteln lassen.

Es sei ab jetzt P ein beliebiges deterministisches Projekt. Wir betrachten die Relation $R \subseteq \mathbb{P}(A) \times A$ ($\mathbb{P}(A)$ bezeichnet das System aller nichtleeren Teilmengen von A), die durch alle für das Projekt P gültigen allgemeinen Ende–Start–Vorschriften induziert wird. Für einen Vorgang $i \in A$ und eine Menge von Vorgängen $B \subseteq A$ ist $(B, i) \in R$ genau dann, wenn für P die allgemeine Ende–Start–Vorschrift »Die Ausführung eines Vorgangs aus B muß beendet sein, bevor der Vorgang i ausgeführt werden kann« gilt. Ist $(B, i) \in R$, dann nennen wir B eine **Vorgängermenge** des Vorgangs i.

Man überlegt sich leicht, daß die Relation R die folgenden zwei Eigenschaften besitzt:
(R1): Ist $(B_1, i) \in R$ für alle $i \in B_2$, dann ist auch $(B_1 \backslash B_2, i) \in R$ für alle $i \in B_2$.

(R2): Ist $(B_1, i) \in R$ und $B_1 \subseteq B_2$, dann ist auch $(B_2, i) \in R$.

Eine Relation $\subseteq \mathbb{P}(A) \times A$ mit den Eigenschaften (R1) und (R2) bezeichnen wir als **Projektrelation**.

Die für das Projekt P gültigen allgemeinen Ende–Start–Vorschriften induzieren somit eine Projektrelation. Wir bemerken in diesem Zusammenhang, daß wenn P ein CPM–Projekt ist, die für P gültigen einfachen Ende–Start–Vorschriften eine strikte Ordnungsrelation in A induzieren (vgl. /3/).

Bei der Strukturanalyse des deterministischen Projekts P ist es nun nicht nötig, zu jedem Vorgang alle Vorgängermengen zu ermitteln. Es genügt, so viele Vorgängermengen zu bestimmen, daß hierdurch die Projektrelation R eindeutig festgelegt ist.

(1.1.) DEFINITION:
Für jeden Vorgang $i \in A$ sei $\mathfrak{A}_i$ ein System von Vorgängermengen von i. Dann heißt die Familie $(\mathfrak{A}_i \mid i \in A)$ **Vorgängerliste** zu R, falls R die bezüglich der Ordnungsrelation $\subseteq$ kleinste Projektrelation ist, die alle Paare (B, i) mit $i \in A$ und $B \in \mathfrak{A}_i$ enthält.

Das deterministische Projekt P ist nun offenbar eindeutig bestimmt, wenn wir die Vorgangsmenge A, die Ausführungsdauern D_i ($i \in A$) sowie eine Vorgängerliste zur Projektrelation R kennen. Folglich besteht die Modellierung eines Sachverhalts als deterministisches Projekt P aus der Bestimmung der Vorgangsmenge, der Ausführungsdauern und einer Vorgängerliste. Während uns die ersten beiden Aufgaben keine besonderen Schwierigkeiten bereiten, fehlt uns zur Lösung der dritten Aufgabe noch eine einfache, praxisnahe Beschreibung der Vorgängerlisten zu R. Es gilt (vgl. /2/):

(1.2.) SATZ:

Für jeden Vorgang i aus der Vorgangsmenge A sei $\mathfrak{V}_i$ ein Untermengensystem von $\mathbb{P}(A)$. Dann ist die Familie $(\mathfrak{V}_i \mid i \in A)$ genau dann eine Vorgängerliste zu $\mathbb{R}$, wenn für jeden Vorgang $i \in A$ das Folgende für das deterministische Projekt P gilt:

a.   »Aus jeder Menge aus $\mathfrak{V}_i$ muß die Ausführung eines Vorgangs beendet sein, bevor der Vorgang

   i ausgeführt werden kann«

b.   »Der Vorgang i kann ausgeführt werden, sobald aus jeder Menge aus $\mathfrak{V}_i$ die Ausführung eines

   Vorgangs beendet ist«

Mit dem Satz (1.2.) erhalten wir das nachstehende Verfahren für die Modellierung eines Sachverhalts als deterministisches Projekt P.

(1.3.) MODELLIERUNGSVERFAHREN:

1. Bestimme die Vorgangsmenge A.

2. Bestimme für jeden Vorgang i aus A die Ausführungsdauer D_i.

3. Bestimme eine Vorgängerliste $(\mathfrak{V}_i \mid i \in A)$ zur Projektrelation $\mathbb{R}$:

   Betrachte nacheinander jeden Vorgang $i \in A$. Kann der Vorgang i ausgeführt werden, ohne daß die Ausführung irgendeines Vorgangs aus A beendet sein muß, dann setze $\mathfrak{V}_i := \emptyset$. Anderenfalls bestimme so lange Vorgängermengen zu i (d. h. Teilmengen B von A mit der Eigenschaft: »Die Ausführung eines Vorgangs aus B muß beendet sein, bevor der Vorgang i ausgeführt werden kann«), bis der Vorgang i ausgeführt werden kann, sobald aus jeder dieser Mengen die Ausführung eines Vorgangs beendet ist. Sind $B_1, \dots, B_n$ die auf diese Weise zum Vorgang i bestimmten Vorgängermengen, dann setze $\mathfrak{V}_i := \{B_1, \dots, B_n\}$.

2. FRÜHEST MÖGLICHE ANFANGSZEITPUNKTE BEI DETERMINISTISCHEN PROJEKTEN

Wir zeigen nun, daß es für die deterministischen Projekte ein einfaches Verfahren zur Berechnung der frühest möglichen Anfangszeitpunkte gibt. Hierzu sei $\varphi = (\mathfrak{V}_i \mid i \in A)$ eine mit dem Modellierungsverfahren (1.3.) erhaltene Vorgängerliste zur Projektrelation $\mathbb{R}$ des deterministischen Projekts P.

Unter einem **Zeitplan** AZ verstehen wir eine Abbildung von der Vorgangsmenge A in die Menge $\mathbb{N}_0$. Ist AZ ein Zeitplan, dann interpretieren wir den Funktionswert AZ_i als Anfangszeitpunkt des Vorgangs i bei einer Ausführung der Vorgänge aus A. Ein Zeitplan beschreibt daher stets eine mögliche Ausführung der Vorgänge aus A. Wir nennen einen Zeitplan **zulässig**, falls er eine mögliche

Ausführung des Projekts P beschreibt. Es läßt sich zeigen, daß ein Zeitplan AZ genau dann zulässig ist, wenn $\max\limits_{B\in\mathscr{V}_i}\ \min\limits_{j\in B}(AZ_j+D_j) \leq AZ_i$ für alle Vorgänge $i\in A$ gilt. Mit $\mathscr{Z}$ bezeichnen wir die Menge aller zulässigen Zeitpläne.

Für $i\in A$ sei FAZ_i der frühest mögliche Anfangszeitpunkt von i bei einer Ausführung von P und FAZ derjenige Zeitplan, der jedem Vorgang i seinen frühest möglichen Anfangszeitpunkt FAZ_i zuordnet.

Unsere Aufgabe ist es, den Zeitplan FAZ zu bestimmen. Dazu charakterisieren wir diesen Zeitplan zunächst mit Hilfe der uns zur Verfügung stehenden Projektdaten: A, D_i $(i\in A)$, $(\mathscr{V}_i\,|\,i\in A)$.

(2.1.) DEFINITION:

Ein Zeitplan $AZ\in\mathscr{Z}$ heißt **minimal an der Stelle** $i\in A$, falls $\max\limits_{B\in\mathscr{V}_i}\ \min\limits_{j\in B}(AZ_j+D_j) = AZ_i$ gilt $(\max\emptyset:=0)$.

Offenbar wird ein zulässiger Zeitplan AZ, der an der Stelle $i\in A$ minimal ist, unzulässig, wenn man (ausschließlich) den Funktionswert AZ_i verkleinert. Den Zeitplan FAZ können wir nun an seinen minimalen Stellen erkennen (vgl. /2/):

(2.2.) SATZ:

FAZ ist der einzige zulässige Zeitplan, der an jeder Stelle $i\in A$ minimal ist.

Für die Bestimmung des Zeitplans FAZ bietet sich damit die folgende Vorgehensweise an (vgl. /2/): Ausgehend von einem zulässigen "Startzeitplan" AZ^0, berechnet man durch Verbesserung an nicht minimalen Stellen eine sich dem Zeitplan FAZ nähernde Folge zulässiger Zeitpläne. Hierbei verbessert man einen an der Stelle i nicht minimalen Zeitplan $AZ\in\mathscr{Z}$, indem man

$$AZ_i:=\max\limits_{B\in\mathscr{V}_i}\ \min\limits_{j\in B}(AZ_j+D_j)$$

setzt. Da ein Zeitplan nur Werte in $\mathbb{N}_0$ annimmt, bricht diese Folge nach endlich vielen Schritten mit einem Zeitplan ab, der an jeder Stelle $i\in A$ minimal ist. Nach Satz (2.2.) ist dies der Zeitplan FAZ.

(2.3.) ALGORITHMUS:

1. Berechne den Startzeitplan AZ^0:

    begin

        $C:=A;$

        $\mathscr{W}_i:=\mathscr{V}_i\ (i\in A);$

        while $\mathscr{W}_i=\emptyset$ für ein $i\in C$ **do**

        begin

            wähle ein $i\in C$ mit $\mathscr{W}_i=\emptyset;$

$$AZ_i^0 := \max_{B \in \mathcal{V}_i} \quad \min_{j \in B \setminus C} (AZ_j^0 + D_j);$$

entferne i aus C;

entferne für jedes $j \in C$ alle Mengen B aus $\mathcal{V}_j$ die den Vorgang i enthalten;

    end;

  end.

2. Berechne FAZ:

begin

    $AZ := AZ^0;$

    while es existiert ein $i \in A$ mit AZ nicht minimal an i **do**

    begin

        wähle ein $i \in A$ mit AZ nicht minimal an i;

$$AZ_i := \max_{B \in \mathcal{V}_i} \min_{j \in B} (AZ_j + D_j);$$

    end;

    $FAZ := AZ;$

  end.

$$\text{Laufzeit} = O\left(|A|^3 \cdot \max_{i \in A} |\mathcal{V}_i| \cdot \max_{i \in A} \max_{B \in \mathcal{V}_i} |B| \cdot \max_{i \in A} D_i\right)$$

Ist P ein CPM–Projekt, dann ist bereits $AZ^0 = FAZ$.

3. PUFFERZEITEN BEI DETERMINISTISCHEN PROJEKTEN

Wir nehmen jetzt zusätzlich an, daß für jeden Vorgang i des deterministischen Projekts P ein spätest zulässiger Endtermin $ET_i \in \mathbb{N}$ ($ET_i \geq FAZ_i + D_i$) vorgegeben ist. Mit ET bezeichnen wir die Abbildung, die jedem Vorgang i seinen Endtermin ET_i zuordnet. Eine Projektausführung, bei der alle vorgegebenen Endtermine eingehalten werden, nennen wir **termingerecht**. Unsere Aufgabe ist es, für jeden Vorgang $i \in A$ eine möglichst große Zeit f_i zu bestimmen, so daß eine Ausführung von P termingerecht ist, solange der Anfangszeitpunkt jedes Vorgangs $i \in A$ kleiner oder gleich $FAZ_i + f_i$ ist. Diese Zeiten entsprechen offensichtlich den Gesamtpufferzeiten bei der CPM–Methode.

(3.1.) DEFINITION:

Eine **Pufferzeit** ist eine bezüglich der Ordnungsrelation $\leq$ ($f \leq g :\Leftrightarrow f_i \leq g_i$ für alle $i \in A$) maximale Abbildung $f : A \to \mathbb{N}_0$ mit der Eigenschaft, daß eine termingerechte Projektausführung möglich ist, bei der die Ausführung jedes Vorgangs $i \in A$ f_i Zeiteinheiten nach seinem frühest möglichen Anfangszeitpunkt FAZ_i beginnt.

Offenbar ist f genau dann eine Pufferzeit, wenn $FAZ+f$ ein bezüglich der Ordnungsrelation $\leq$ maximaler Zeitplan der Menge der zulässigen termingerechten Zeitpläne $\mathcal{Z}_{ET} := \{AZ \mid AZ$ ist ein zulässiger Zeitplan, $AZ+D \leq ET\}$ ist. Unsere Aufgabe ist es somit, einen solchen maximalen Zeitplan $\overline{AZ}$ aus $\mathcal{Z}_{ET}$ zu bestimmen. $\overline{AZ}-FAZ$ ist dann eine Pufferzeit. Wie im letzten Abschnitt beginnen wir damit, die gesuchten Zeitpläne mit Hilfe der uns bekannten Projektdaten zu charakterisieren.

(3.2.) DEFINITION:
Ein Zeitplan $AZ \in \mathcal{Z}$ heißt **an der Stelle** $i \in A$ **maximal,** falls ein Vorgang $j \in A$ existiert, so daß gilt:
(m1): $AZ_j = AZ_i + D_i$.
(m2): Es existiert eine Vorgängermenge $B \in \mathcal{V}_j$ mit $i \in B$ und $\min\limits_{k \in B \setminus \{i\}} (AZ_k + D_k) > AZ_j$ $(\min \emptyset := \infty)$.
$M(AZ,i)$ bezeichnet die Menge aller $j \in A$, so daß für AZ, i und j die Aussage (m2) gilt.

Man überlegt sich leicht, daß ein zulässiger Zeitplan AZ, der an der Stelle $i \in A$ maximal, ist unzulässig wird, wenn man (ausschließlich) den Funktionswert AZ_i vergrößert. Die maximalen Zeitpläne lassen sich nun an ihren maximalen Stellen erkennen (vgl. /2/):

(3.3.) SATZ:
Ein Zeitplan $AZ \in \mathcal{Z}_{ET}$ ist genau dann ein maximaler Zeitplan von $\mathcal{Z}_{ET}$, wenn AZ an jeder Stelle $i \in A$ mit $AZ_i + D_i < ET_i$ maximal ist.

Der Satz (3.3.) legt die folgende Vorgehensweise nahe, um eine Pufferzeit zu bestimmen (vgl. /2/): Ausgehend von dem Zeitplan FAZ, berechnet man durch Verbesserung an nicht maximalen Stellen eine sich einem maximalen Zeitplan nähernde Folge von Zeitplänen aus $\mathcal{Z}_{ET}$. Hierbei verbessert man einen an der Stelle i nicht maximalen Zeitplan $AZ \in \mathcal{Z}_{ET}$, indem man

$$AZ_i := \min\left[\min\limits_{k \in M(AZ,i)} (AZ_k - D_i), ET_i - D_i \right]$$

setzt. Da ein Zeitplan nur Werte in $\mathbb{N}_0$ annimmt, bricht diese Folge nach endlich vielen Schritten mit einem Zeitplan $\overline{AZ}$ ab, der an jeder Stelle i mit $\overline{AZ}_i + D_i < ET_i$ maximal ist. Nach Satz (3.3.) ist dann $\overline{AZ}-FAZ$ eine Pufferzeit.

(3.4.) ALGORITHMUS:
Berechne eine Pufferzeit f:
begin
    $AZ := FAZ;$

while es existiert ein $i \in A$ mit $AZ_i + D_i < ET_i$ und AZ nicht maximal an i **do**

begin

  wähle ein $i \in A$ mit $AZ_i + D_i < ET_i$ und AZ nicht maximal an i;

  berechne $M(AZ, i)$;

  $$AZ_i := \min\left[\min_{k \in M(AZ,i)} (AZ_k - D_i),\ ET_i - D_i\right];$$

end;

  $f := AZ - FAZ$;

end.

$$\text{Laufzeit} = O\left(|A|^3 \cdot \max_{i \in A} |\mathfrak{V}_i| \cdot \max_{i \in A} \max_{B \in \mathfrak{V}_i} |B| \cdot \max_{i \in A} (ET_i - D_i - FAZ_i)\right)$$

Ist P ein CPM–Projekt und ist $ET_i = ET_j$ für alle $i, j \in A$, dann berechnet der Algorithmus (3.4.) gerade die Gesamtpufferzeiten der Vorgänge aus A.

<u>Literatur</u>:

/1/   Altrogge G.
    Verallgemeinerungen in der Struktur und Erweiterungen in der Zeitanalyse bei
    Vorgangspfeil–Netzplänen.
    Zeitschrift für Oper. Res., 20 (1975) 5

/2/   Derr, Ph.
    Ein Modell für die Planung von Projekten mit GERT–Projektstruktur.
    Dissertation, Universität Karlsruhe (1991)

/3/   Kaerkes, R.
    Vorlesungen über Ordnungen und Netzplantheorie.
    Schriften zur Informatik und Angew. Mathematik, Bericht Nr. 45, RWTH Aachen (1978)

/4/   Morlock, M.
    Zeitplanung mit einer Erweiterung von CPM
    ZAMM 60 (1980)

ENTSCHEIDUNGSUNTERSTÜTZUNGSSYSTEM FÜR DAS ENTWICKLUNGS-PROGRAMM-MANAGEMENT (EPMS)

Dipl.oec. Steffen Gackstatter, Stuttgart-Hohenheim

Zusammenfassung: Die Unterstützung von Managemententscheidungen in der FuE erfordert konsolidierte Programminformationen, aber auch Details zu einzelnen Projekten. Das vorgestellte System bietet deshalb die Möglichkeit, Informationen auf unterschiedlichen Hierarchieebenen abzufragen.

Abstract: Support of R&D-Management-Decisions requires consolidated information. Nevertheless, project details cannot be neglected. Therefore, the EPMS provides the opportunity to get information out of different hierarchical levels of project management.

1. Wozu rechnergestütztes FuE-Management?

Die Entwicklung des rechnergestützten Entscheidungsunterstützungssystems (EUS) für das FuE-Management basiert auf drei Aspekten: dem Problem, dem System und den Benutzern./1/

Aufgrund einer Vielzahl parallel zu bearbeitender Entwicklungsaufträge stehen FuE Abteilungen häufig vor dem **Problem** komplexer Entscheidungen und Informationsflüsse. Nur selten kann sich ein Entwicklungsleiter ad hoc einen Überblick verschaffen, um Zusammenhänge und Synergieeffekte direkt zu erkennen. Eben das ist jedoch Voraussetzung sowohl für operative Entscheidungen, wie Projektannahme oder -ablehnung, als auch für strategische Entscheidungen, die das Entwicklungsprogramm als Ganzes betreffen. Gerade bei der hohen Unsicherheit von FuE Entscheidungen wäre ein Instrument wünschenswert, das die entscheidungsrelevanten Informationen jederzeit ohne größeren Aufwand bereitstellt. Statt dessen verbringen immer noch viele Manager einen großen Teil ihrer Arbeitszeit mit Datensuche, -aufbereitung und -analyse.

Gesucht wird ein **System**, das Datenmanagement, Analysemodelle, Präsentationstechniken und einfache Programmiertechniken für schnelle Anwendungsentwicklungen umfaßt. Bei 61,5% der FuE-Projekte werden heute rechnergestützte Projektmanagementsysteme eingesetzt, wobei dies nur in 9% zur Mehrprojektplanung erfolgt./2/ Eine vom Manager flexibel gestaltbare Konsolidierung der Informationen ist mit den vorhandenen Systemen in aller Regel nicht möglich./3/
Mit dem in diesem Vortrag vorgestellten Entwicklungs-Programm-Management-System (EPMS) dagegen erhält der Benutzer sowohl Programm- als auch Multiprojekt- und Projektinformationen.

Die potentiellen **Benutzer** des EPMS stammen aus allen Managementebenen, vom Projektleiter bis zur Entwicklungs- oder Geschäftsleitung.

Operations Research Proceedings 1991
© Springer-Verlag Berlin Heidelberg 1992

294

2. Datenmodellierung für FuE-Entscheidungen

Voraussetzung für die Datenmodellierung ist die **organisatorische Einbindung** des Entwicklungsauftrags - im Folgenden Projekt genannt - in die Unternehmensstruktur. Denkbar ist, daß ein Projekt von mehreren Abteilungen durchgeführt wird, oder daß eine Abteilung mehrere Projekte gleichzeitig bearbeitet. Durch Schlüsselung der Projektnummer ist diese Zuordnung eindeutig definierbar.

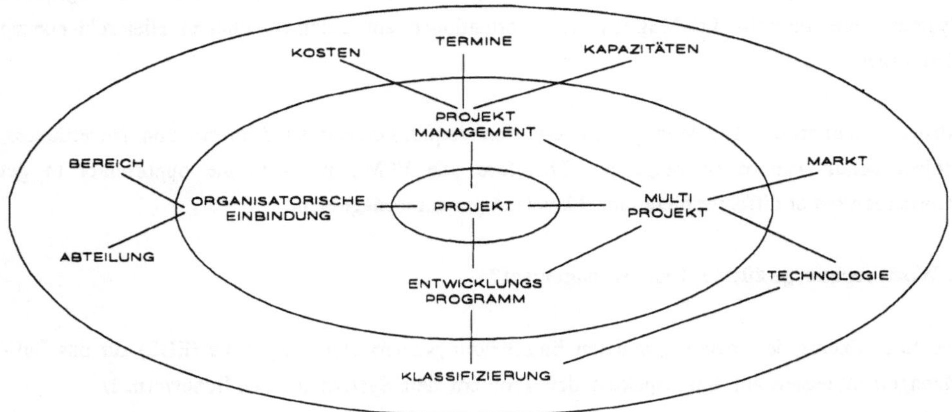

Abb.1: FuE Management - Datenmodell

Das **Entwicklungsprogramm** setzt sich zusammen aus der Gesamtheit aller Projekte. Insbesondere für strategische Entscheidungen ist es notwendig, dieses Entwicklungsprogramm mit Hilfe von geeigneten Klassifizierungskriterien zu strukturieren./4/ Nur so wird es möglich, eine sinnvolle Datenselektion und damit Informationsauswertungen zu betreiben. Durch die Zuordnung der Projekte zu Kunden, Erzeugnisklassen, Projektarten und Entwicklungsstrategien sind Verbundeffekte, aber auch Unausgewogenheiten im Programm zu erkennen.

Zusätzlich zu den konsolidierten Daten ist die Betrachung von Einzelprojektdaten aller in der ausgewählten Klasse befindlichen Projekte unerlässlich. Die in der **Multi-Projekt-Sicht** zusätzlich berücksichtigten Umweltdaten über Wettbewerber und Technologien dienen zusammen mit den entsprechenden Unternehmensdaten als Grundlage für die Portfolioanalyse.
Eine daraus resultierende weitere Klassifizierungskomponente unterteilt die Projekte in Basis-, Schlüssel- und Schrittmachertechnologien.

Nicht zu vernachlässigen sind die klassischen, aus dem **Projektmanagement** stammenden Elemente: Termine, Kosten und Kapazitäten, deren Plan- und Istwerte das Gerüst des Systems darstellen. Die bisherige Erfahrung mit EPMS hat gezeigt, daß gerade die Plankostenverteilung für verschiedene Projektmerkmale häufig Gegenstand der Analysen war.

3. Entwicklungs-Programm-Management-System (EPMS)

3.1 Überblick

Zur Programmentwicklung wurde der EUS-Generator STRATAGEM und das Grafikpaket TELLAGRAPH (beides von Computer Associates) verwendet./5/ Das System ist lauffähig auf IBM Mainframe und DEC VAX. Durch Verwendung einer 4GL-Sprache ist für die Applikationsentwicklung mit diesem EUS-Generator nur ein verhältnismäßig geringer Aufwand notwendig.

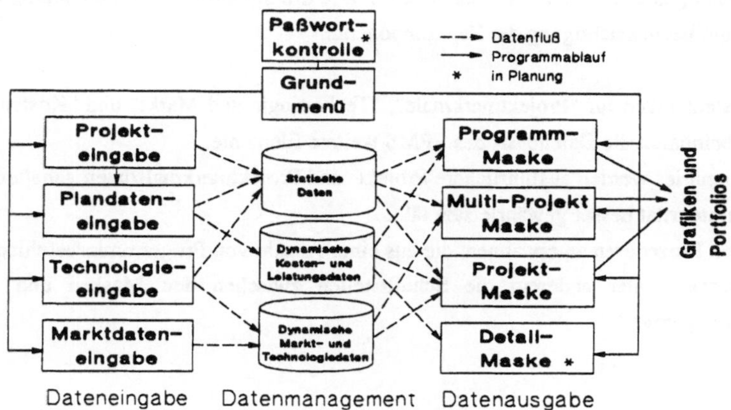

Abb.2: Überblick EPMS

Der Überblick über die Elemente des EPMS zeigt die Dreiteilung in Dateneingabe, -management und -ausgabe. Um in das System zu gelangen, sind die Zugriffsrechte mit Hilfe eines Paßwortes abzuklären. Im Grundmenü hat der berechtigte Benutzer dann die Möglichkeit, Dateneingabe- oder Datenausgabemasken aufzurufen.

Der interaktive Mensch-Computer-Dialog wird durch standardisierten Bildschirmaufbau, tastaturarme Bedienung, Funktionstastennutzung und zahlreiche Hilfsfunktionen erleichtert. Die Daten in dem vorgestellten Beispiel stammen aus der Automobilzulieferbranche.

3.2 Dateneingabe

Das EPMS in dieser Form arbeitet als stand-alone Programm, das heißt, sämtliche Daten sind hier noch manuell einzugeben. In einem zu implementierenden System sind Schnittstellen für Datenimport und -export zu internen und externen Datenbanken sowie zu anderen Programmen unerlässlich.

Die Eingabe der Projektdaten erfordert eine besondere Sorgfalt, um Vollständigkeit und Konsistenz garantieren zu können. Im EPMS wird das durch den sukzessiven Aufbau der Eingabemasken unterstützt, um so das Auslassen von Eingabefeldern zu verhindern.

3.3 Datenmanagement

Um eine möglichst flexible Datenabfrage zu erreichen, ist eine relationale Datenhaltung vorauszusetzen. Die relationalen Datenbanken im EPMS lassen sich nicht in Form von sonst üblichen Tabellen, sondern als Würfel darstellen. Diese dreidimensionale Datenhaltung ermöglicht insbesondere die Berücksichtigung der Zeitkomponente.

Neben den Datenbanken für "Projektmerkmale", "Technologie und Markt" und "Kosten, Termine, Kapazitäten" beinhaltet die Datenbasis des EPMS weitere Elemente:
In Data Dictionnaries werden ausführlichere Projekt- und Projektmerkmalsdaten gehalten, wodurch sich die Datenintegrität besser gewährleisten läßt.
Schließlich sind Prozeduren zu erwähnen, die aus einer Anzahl von Programmierbefehlen bestehen. Durch sie werden unter anderem die Schnittstellen zwischen den Masken und damit die Benutzerführung geregelt.

3.4 Datenausgabe

Wie in Abbildung 3 erkennbar, kann der Benutzer des EPMS auf drei Ebenen Informationen abfragen. Die Zuordnung der Managementhierarchie zu den Ausgabemasken ist lose zu sehen, zumal selbst der Entwicklungsleiter Detailinformationen über kritische Projekte für seine Entscheidungen benötigt.

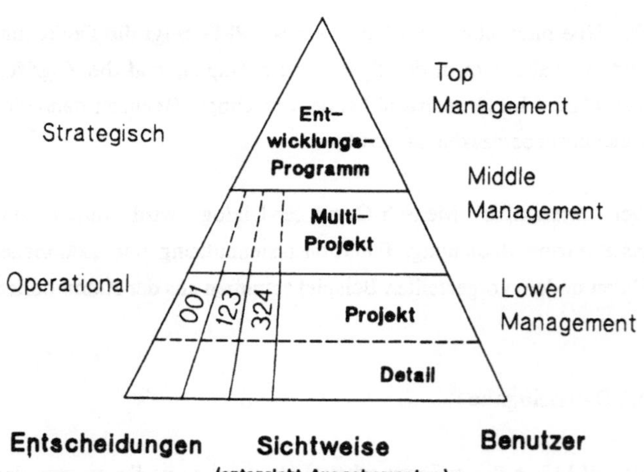

Abb.3: Entscheidungshilfen durch das EPMS

Programmaske

Nach Auswahl der gewünschten Klassifizierungskriterien bekommt der Benutzer direkt Informationen über die Kostenverteilung. Neben den Plankosten lassen sich Istkosten, Plan-Ist-Vergleiche oder Trends erfragen. Die auf dem Bildschirm invers hervorgehobenen Arbeitsfelder führen zu pull-down Menüs oder Windows mit weiteren Alternativen. Für Präsentationszwecke und zur besseren Übersichtlichkeit lassen sich Halbjahresvergleiche und andere Auswertungen auch in Grafikform darstellen.

PLANKOSTEN IN TDM	A	B	C	D	E	F	TOTAL
PROJEKTART							
GRUNDSATZ	296	60	0	17	30	20	423
NEUENTWICKLUNG	273	4	0	130	50	0	457
VARIANTEN	77	0	50	30	0	0	157
STUDIE	10	100	0	50	60	70	290
SERIENBETREUUNG	160	0	30	20	0	6	216
SONSTIGES	50	0	0	0	40	0	90
TOTAL	866	164	80	247	180	96	1,633

Abb.4: Bildschirmmaske Entwicklungsprogramm

Multiprojektmaske

Um festzustellen, welche Projekte für kritische Programmergebnisse verantwortlich sind, bietet das EPMS für den vorher gewählten Ausschnitt des Entwicklungsprogramms Multiprojektinformationen an. Projekte, deren Istkosten über den Plankosten liegen oder deren erwarteter Meilenstein bis dato noch nicht erreicht ist, werden dabei durch exception reporting farblich hervorgehoben. Statt Kosten- und Leistungsstand sind nun auch Markt- und Technologiedaten durch einfache Funktionstastenbedienung abrufbar.

Das aufgezeigte Portfolio ist bewußt mit Information-Overload befrachtet, um die verschiedenen möglichen Abfragen zu verdeutlichen. Die Position der Projekte ergibt sich in dieser Grafik aus der erwarteten Technologieattraktivität und relativen Ressourcenstärke. Neben der zeitlichen Veränderung weisen Pfeile auch auf optimistische und pessimistische Schätzungen hin. Kreis und Ring geben Istkosten bis dato und Gesamtplankosten an. Kosten- und Leistungsstandüberschreitungen sind durch Farben bzw. Schraffuren zu erkennen.

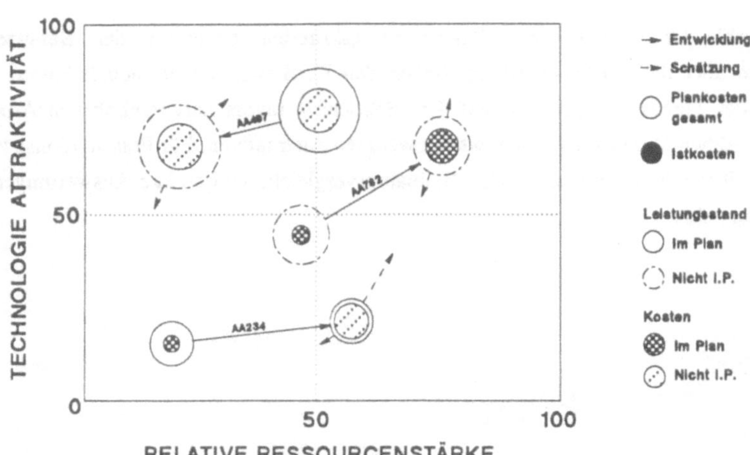

Abb.5: Bildschirmmaske Portfolio

Projektmaske

Vom Grundmenü ausgehend oder direkt aus der Multiprojektmaske gelangt der Benutzer zu den detaillierten Projektinformationen. Die abgebildete, vierteilige Grafik unterstützt die Abbruchentscheidung für kritische Projekte. Auf einem Bildschirm erfolgt die Beurteilung der Stärken und Schwächen bezüglich Technologie, Markt, Kosten und Leistungsstand.

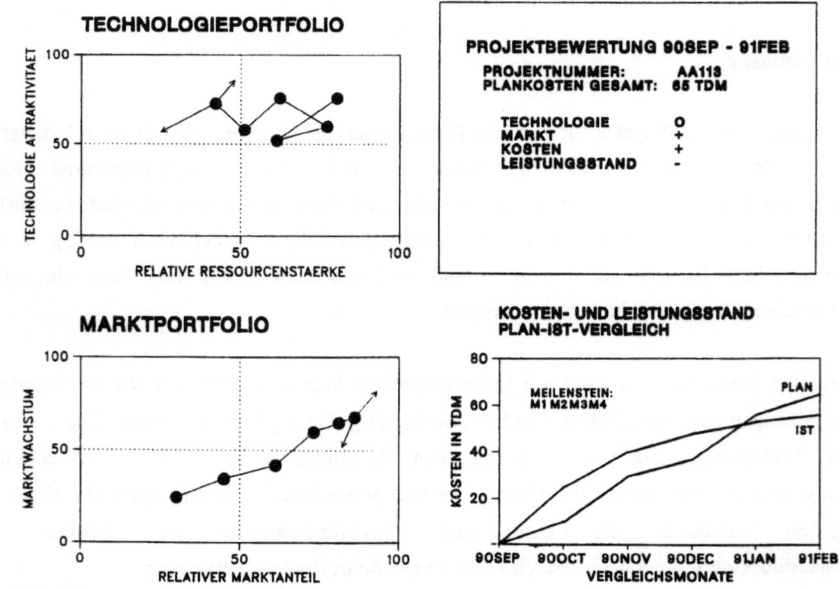

Abb.6: Bildschirmmaske Projektentscheidung

4. Systembewertung

Die nur unzureichende Quantifizierbarkeit von Kosten- und besonders von Nutzenfaktoren eines solchen EUS beschränken die Anwendbarkeit analytischer Bewertungsmethoden. Der Wert aktueller, übersichtlich dargebotener Informationen hängt in starkem Maße von der subjektiven Einschätzung des Benutzers ab.

Zur Systembewertung erfolgt hier die Auflistung aller Kosten-Nutzen Faktoren mit der Mind-Mapping-Methode. Jedes Unternehmen muß diese Faktoren mit seinen spezifischen Anforderungen und Möglichkeiten vergleichen.

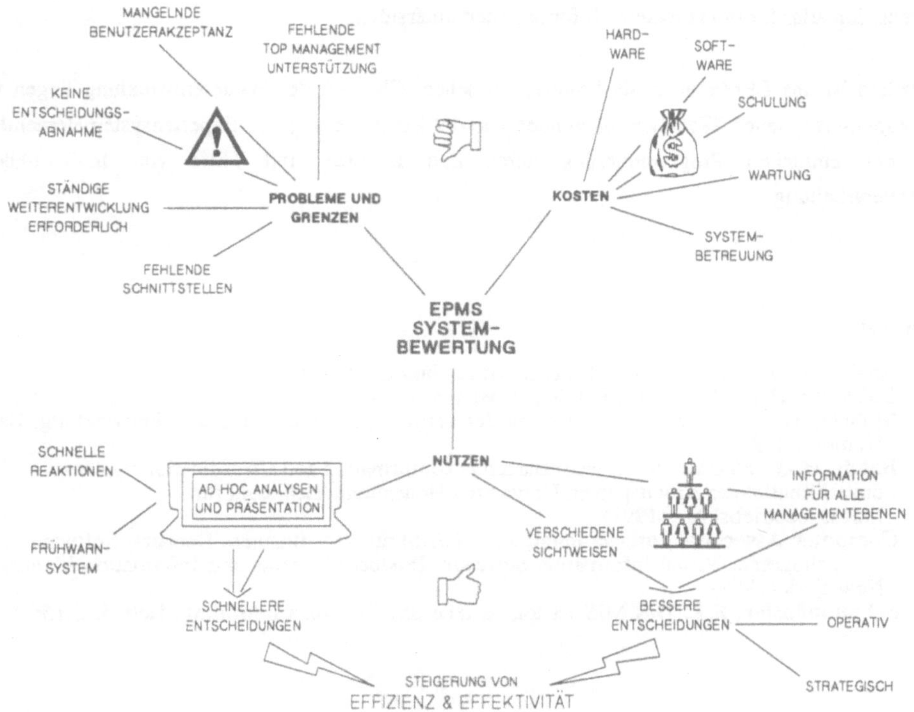

Abb.7: Systembewertung EPMS

Besonderes Gewicht liegt auf dem Aspekt der Benutzerakzeptanz, die am besten zu erreichen ist, indem künftige Anwender schon bei der Applikationsentwicklung mit einbezogen werden.
Der infolge der interaktiven Systemnutzung effizienter durchführbare Entscheidungsprozeß wird auch effektiver, wenn verlustbringende Projekte frühzeitig aus dem Entwicklungsprogramm eliminiert werden können.

5. Zusammenfassung und Ausblick

Entscheidungsträger im FuE Management verfügen noch über überraschend wenig rechnergestützte Hilfsmittel. Durch das EPMS werden sie in die Lage versetzt, ad hoc Abfragen zu starten, um individuell für sie zusammengestellte Entwicklungsprogramminformationen zu erhalten.
Die einfache, schnelle Grafikerstellung ermöglicht dem Manager die Vorlage aktueller Unterstützungsinformationen, selbst während eines Gruppenentscheidungsprozesses.

Durch drill-down Menüs, also hierarchisch verkettete Berichte, sind mit dem EPMS aber auch detailliertere Informationen über mehrere Projekte oder Einzelprojekte erhältlich./6/
Das EPMS kann somit als EUS oder als Executive Information System bezeichnet werden, welches den Entscheidungsträger durch Sammlung, Konsolidierung, Aufbereitung, Analyse und Präsentation aller für ihn relevanten Informationen unterstützt.

Trotzdem ist das EPMS noch als Prototyp zu sehen. Chancen der Weiterentwicklung liegen in Verbindung mit neuen Techniken begründet, wie der Eingliederung von Expertensystemelementen und der einfachen Programmierung durch den Benutzer mit Hilfe von Individueller Datenverarbeitung.

Literatur:

/1/ **Alter, S.L.**: Decision Support Systems, Massachusetts (1980)
/2/ **Bullinger, H.J.**: IAO Studie, FuE heute, München (1990)
/3/ **Möhrle, M.G.**: Informationssysteme in der betrieblichen Forschung und Entwicklung, Bad Homburg (1991)
/4/ **Bahde, H.-J.**: PROMICS: Projectmanagement-Information and Classification System, unveröffentlichtes Arbeitspapier, Universität Hohenheim, Lehrstuhl für Industriebetriebslehre (1991)
/5/ **Computer Associates International, Inc.**: CA-Stratagem, Business Decision Software und CA-Tellagraph, Visual Information Software, Product Concepts and Information Manuals, New York (1988)
/6/ **Schmidhäusler, F.J.**: Das MIS ist tot, es lebe das EIS, in: Controlling, Heft 3, S.156-158 (1990)

Zur strategischen Auswahl interdependenter Projekte bei konkaver Ressourcenabhängigkeit der Erfolgswahrscheinlichkeiten

Kurt Heidenberger
Universität Bremen, FB 7 - Wirtschaftswissenschaft, Postfach
330440, 2800 Bremen 33

Häufig werden strategisch relevante Projekte unabhängig voneinander beurteilt unter Vernachlässigung ihres Ablaufs in der Zeit und ihrer multiplen Ressourceninterdependenzen. Dies führt in der Regel zu suboptimalen Entscheidungen. Dynamische, strategisch orientierte Simultananalysen erlauben hingegen, gerade diese Faktoren zu berücksichtigen. Das Referat stellt ein entsprechendes Modell der gemischtganzzahligen Programmierung vor. Es erweitert klassische Entscheidungsbaumansätze vor allem um die Mehrdimensionalität und das Konzept der konkaven Ressourcenabhängigkeit der Erfolgswahrscheinlichkeiten. Ebenfalls berichtet wird über die Einbettung dieses Modells in ein Entscheidungsunterstützungssystem auf PC-Basis. Dessen weitgehend graphische Benutzeroberfläche visualisiert insbesondere die optimalen Entscheidungspfade sowie die resultierenden Aufwands- und Ertragsverteilungen. Das Modell kann sowohl privatwirtschaftliche als auch öffentliche Projektauswahlentscheidungen unterstützen.

Ein Modell zur Diagnose strategischer Issues

Franz Liebl, München

Tiefgreifender ökonomischer und politischer Wandel hat in den letzten Jahren dem Management von Diskontinuitäten eine herausragende Bedeutung zukommen lassen. Einen wichtigen theoretischen Beitrag zu seiner Propagierung und Implementierung hat Ansoff mit der Metapher der „Schwachen Signale" und dem Prozeß des strategischen Issue-Managements geleistet.

Während im Bereich der strategischen Unternehmensplanung bereits eine Reihe von strukturierten und quantitativen Methoden zur Verfügung stehen, hat das Management strategischer Issues noch in vieler Hinsicht als methodisch unterentwickelt zu gelten. Zwar sind im Bereich des scanning und monitoring von Umweltentwicklungen erste Ansätze erkennbar, jedoch muß es letzten Endes Ziel sein, im Rahmen einer modellgestützten Issue-Diagnose die strategischen Implikationen eines Trends zu eruieren; denn nur die strategisch relevanten Issues sollen aus der Vielzahl von Umweltentwicklungen ausgefiltert werden.

Mit Hilfe eines als Dialogprogramm konzipierten „*Strategischen Issue-Analyse-Modells*" kann eine solche Beurteilung erfolgen. Aufbauend auf dem Bezugsrahmen von Porter werden strategisch relevante Sachverhalte formuliert, die auf Veränderungstendenzen untersucht werden. Für jede interessierende Umweltentwicklung können Evidenzen und Ausmaß dieser Veränderungen festgestellt werden. Als Resultat erhält der Anwender die Bewertung eines Umwelttrends, ausgedrückt in strategischen Kategorien (z.B. Wettbewerbskräfte im Sinne Porters). Die Modellergebnisse beschreiben die Unschärfe der strategischen Situation und können Hinweise auf akuten Handlungsbedarf oder auf Bereiche, in denen Informationsdefizite bestehen, geben.

Da eine genauere Analyse zutage fördert, daß eine starke Verwandtschaft zwischen den Unschärfebegriffen von Ansoff und der KI-Forschung besteht, sind deren Ansätze zur Verarbeitung von Unschärfe im Rahmen der Problemstellung nutzbringend einsetzbar. Für die Abbildung des strategischen Wissens wird im Dialogprogramm das Konzept der kognitiven Karten herangezogen; die programmtechnische Implementierung findet *frame*-basiert unter dem Programmsystem *HyperCard* statt.

Ein Simulationssystem zur Gestaltung von zeiteffizienten Abläufen in der Produkt- und Verfahrensentwicklung

Prof. Dr. H. Schelle, Universität der Bundeswehr München,
Fakultät für Informatik
Institut für Angewandte Systemforschung und Operations Research
Werner Heisenberg Weg 39, 8014 Neubiberg
Dipl.-Inf. R. Schnopp, Siemens AG, München
Dipl.-Inf. M. Hoppe; Dipl.-Inf. S. Springer, BW

__Zusammenfassung__: Es wird ein Simulationsmodell vorgestellt, das es gestattet, die Auswirkungen verschiedener Formen der Projektorganisation auf die Durchlaufzeit von Entwicklungsprojekten zu untersuchen.
__Abstract__: The authors present a simulation model that allows to evaluate the impact of different forms of project organizations on the completion time of development projects.

1. Einleitung

Die weltweite Zunahme des Wettbewerbsdrucks stellt auch an die Produkt- und Verfahrensentwicklung immer größere Anforderungen. Dabei zeigt sich in vielen Fällen deutlich, daß neben der Qualität nicht die Kosten, sondern die Zeit der wichtigste Faktor für die Entwicklung ist. Erfolgreich am Markt kann z.B. ein Konsumgut oft nur noch sein, wenn man als Erster erscheint, da sich dann die Entwicklungskosten durch einen höheren Preis und eine entsprechend lange Monopolstellung amortisieren. Das folgende Bild zeigt das Ergebnis von Modellrechnungen, in denen der Einfluß der Verlängerung der Entwicklungszeit und der Erhöhung der Entwicklungskosten auf das Ergebnis verglichen wurde.
Auf die Entwicklungszeit wirken viele Faktoren ein; eine wesentliche Frage ist dabei die nach der Beziehung zwischen der Organisationsform in/unter der Entwicklungen realisiert werden und der Dauer der jeweiligen Produkt- oder Verfahrensentwicklung. Gerade hier bietet die Organisationstheorie allerdings wenig Hilfe. Für Innovationsprojekte werden kaum verwertbare und überdies unverbindliche und zum Teil widersprüchliche Erfolgsrezepte gegeben. /1/ Das Problem der zeitoptimalen Organisationsform von Innovationsprozessen ist unseres

Operations Research Proceedings 1991
© Springer-Verlag Berlin Heidelberg 1992

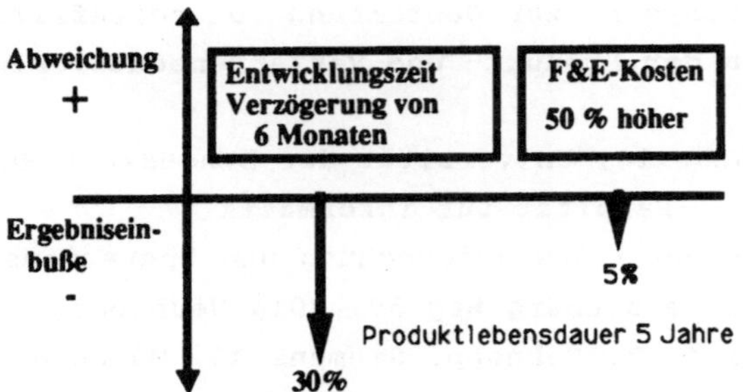

Quelle: Schmelzer, H.J.; Buttermilch, K.-H.: Reduzierung der
Entwicklungszeiten in der Produktentwicklung als ganzheitliches
Problem, in: Brockhoff, K. et alii (Hrsg.): Zeitmanagement in
Forschung und Entwicklung, zfbf, Sonderheft 23 (88), S.43-73,
hier S. 46.

Wissens bislang noch nicht aufgegriffen und befriedigend behandelt
worden. So bleibt beispielsweise die Frage, ob eine reine Projektorganisation oder die klassische Stab-Linien-Organisation oder eine andere Organisationsform bei Entwicklungen vorzuziehen ist, unbeantwor-
tet. Dabei macht man sich relativ leicht klar, daß es nicht ohne Einfluß auf die Dauer des Prozesses sein kann, ob eine oder 10 verschiedene Funktionseinheiten/Abteilungen an der Entwicklung von der Idee
bis zur Serieneinführung beteiligt sind. Frese /2/ faßt den derzeitigen Stand der Organisationsforschung wie folgt zusammen: "Die kritische Auseinandersetzung mit den Ergebnissen der empirischen Organisationsforschung zeigt, daß gegenwärtig kein empirisch abgesicherter
organisationstheoretischer Aussagenbestand vorliegt. Eine wissenschaftliche Absicherung von Effizienzaussagen ist deshalb kaum möglich".
Einen gewissen Ausweg, diese Frage zu klären, bietet die Simulation
von Entwicklungsprozessen in unterschiedlichen organisatorischen
Strukturen. Damit lassen sich erste Erkenntnisse über die Zeiteffizienz bestimmter Organisationsformen gewinnen. Von einer befriedigenden Antwort auf diese Fragen darf man einen nicht unerheblichen Beitrag zur Ergebnissicherung und Stärkung der Wettbewerbsstellung von
Unternehmen erwarten.
Im folgenden Beitrag wird ein Simulationssystem vorgestellt, das es
gestattet, Entwicklungsorganisationen und Entwicklungsabläufe zu modellieren und auf ihren jeweiligen Zeitbedarf hin zu untersuchen.

2. Das Simulationssystem ZEUS

Diesen Ansatz haben die Autoren mit dem Simulationsystem ZEUS verfolgt. ZEUS ist das Akronym für zeitoptimale Entwicklungsorganisation unterstützt durch Simulation. Mit dem System ist es möglich, Entwicklungsvorhaben in verschiedenen Organisationsformen zu simulieren. Die Zeiteffizienz von Organisationsformen hängt u.a. von der Anzahl der parallel verfolgten Entwicklungen ab. Das System erlaubt es daher, beliebig viele, gleichzeitig laufende Entwicklungsvorhaben zu definieren und in verschiedenen Organisationsformen hinsichtlich ihrer Dauer zu analysieren.

2.1. Grundstruktur des Systems

Das System ist objektorientiert. "Atome" der Modellierung sind einerseits mit Eigenschaften versehene Mitarbeiter, die Teams, Gruppen oder Abteilungen zugeordnet werden können und andererseits Aktivitäten des Entwicklungsprozesses, die in zeitliche und sachliche Anordnungsbeziehungen zu einander gebracht werden können. Die Personen werden durch bestimmte zeitrelevante Charakteristika, wie Erfahrung, Motivation, Arbeitsverteilung sowie Aussagen zur Fehlerbehebungsfähigkeit beschrieben. Die einzelnen Aktivitäten eines Entwicklungsprozesses werden durch ihren Zeitverbrauch (Bearbeitungs-, Transport-, Liege- und Wartezeit), sowie durch ihre Vorgänger und Nachfolger und die Anzahl und Art der möglichen Fehler, die bei der Verrichtung der Aktivität auftreten können, charakterisiert. Über die Allokation der Mitarbeiter zu bestimmten Entwicklungsaktivitäten werden die Ressourcen zugeteilt. Das folgende Bild zeigt die Grobstruktur des Simulationsmodells.

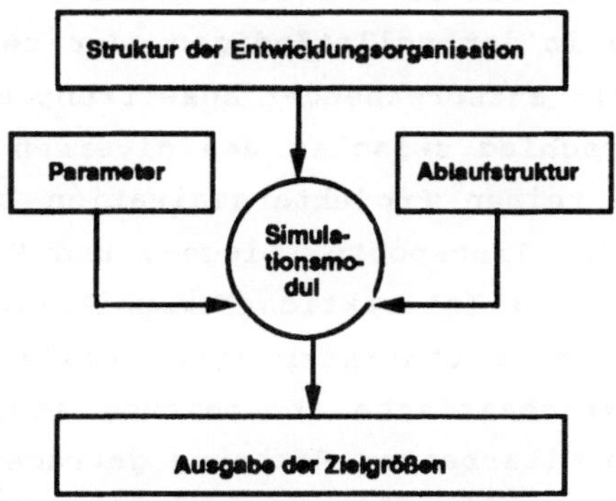

Über die Priorisierung von verschiedenen anstehenden Entwicklungsvorhaben wird es schließlich möglich, die Zeiteffizienz unterschiedlicher Organisationsformen durch die stochastische Simulation der Abläufe zu studieren. ZEUS bietet z.B. die Wahl zwischen funktionaler, d.h. herkömmlicher, hierarchisch angelegter Organisation, in der die einzelnen Aktivitäten des Entwicklungsvorhabens in den fachlich zuständigen Abteilungen durchgeführt werden und der reinen Projektorganisation, in der die Mitarbeiter aus den einzelnen Abteilungen herausgelöst werden und ein Team auf Zeit bilden, das gemeinsam an dem Projekt arbeitet. Der Unterschied zwischen beiden Extremformen besteht unter anderem in der Vereinfachung der Interaktionsstruktur, die in der Simulation zu einer erheblichen Verringerung des Zeitbedarfs für Entwicklungsprojekte führt. Mit dem Instrument ist es möglich, in der Praxis begreiflicherweise nicht durchführbare Entwicklungen ein und desselben Funktionsumfangs in unterschiedlichen organisatorischen Umgebungen nachzuvollziehen und zu analysieren. Damit wird es wenigstens ansatzweise möglich zu klären, welchen Einfluß die Organisationsform auf die zeitliche Effizienz von Entwicklungen hat.

2.2 Annahmen und Anforderungen

Im folgenden soll kurz auf die wesentlichen Annahmen des Modells ZEUS eingegangen werden. Zunächst wird in dem Modell unterstellt, daß die an der Entwicklung beteiligten Mitarbeiter mehr oder weniger erfahren und motiviert sind. Höhere Motivation und Erfahrung wirken sich zeitverkürzend aus. Neben der eigentlichen Entwicklung neuer Produkte und Verfahren sind als sogenannte "Grundlast" bezeichnete Aktivitäten durchzuführen, die mit der Entwicklung inhaltlich nichts zu tun haben, aber Kapazität in Anspruch nehmen. Daneben wird modelliert, daß Mitarbeiter sowohl Fehler machen als auch beheben können. Die Wirkung von Fehlern zeigt sich in der vollständigen oder teilweisen Wiederholung von Aktivitäten mit entsprechender Auswirkung auf die Dauer.
Der prinzipielle Unterschied zwischen den diversen möglichen Organisationsformen und der reinen Projektorganisation besteht im Extremfall im Verschwinden der Transport-, Liege-, und Wartezeiten und damit in einer effizienteren Interaktion/Kommunikation der beteiligten Personen. Dem stochastische Charakter einer realen Entwicklung wird im Modell durch die stochastische Abarbeitung einzelner Aktivitäten durch die zugeordneten Mitarbeiter Rechnung getragen. Die Organisationstruktur läßt sich durch die Gliederung in Abteilungen, Unterabtei-

lungen und Gruppen abbilden. Diesen Objekten sind als Elemente Mitarbeiter mit den erwähnten Eigenschaften zugeordnet. Entwicklungsvorhaben werden nun in dieser Struktur durch die Übertragung der Aktivitäten einer Entwicklung auf bestimmte Personen, die die erforderliche Qualifikation haben, abgewickelt. Soweit einige grundlegende Annahmen.

Nun zu den Anforderungen. Eine wesentliche Anforderung war die Realisierung eines Baukastenprinzips zum schnellen Aufbau und zur kurzfristigen Veränderung von komplexen Organisationen und Prozessen. Wesentlich war weiterhin, daß nicht nur ein Entwicklungsvorhaben modelliert werden sollte, sondern beliebig viele. Als organisatorische Referenzform ist die reine Projektorganisation im System fest verankert.

Als wesentliche Einflußgrößen einer zeiteffizienten Abwicklung sind modellierbar:

- Personen mit den erwähnten Eigenschaften.
- Personen, die neben der eigentlichen Entwicklungsaufgabe andere Aktivitäten, "Grundlasten" genannt, durchführen.
- Personen, deren täglicher Arbeitsablauf stochastisch bestimmt ist.
- Personen, die mit unterschiedlicher Dauer (Überstunden) arbeiten.
- Personen, die mit einer bestimmten Wahrscheinlichkeit Fehler begehen und Fehler bei bestimmten Aktivitäten entdecken können.

Das Simulationsystem ist auf einem PC ablauffähig. Die Oberfläche bzw. die Bedienung wird durch eine Maus gesteuert und ist in Menü-/ Fenstertechnik ausgeführt. Die Ergebnisdarstellung ist für alle möglichen Aggregationsstufen der modellierten Organisationsform möglich. Die jeweiligen Zeitkategorien werden getrennt ausgewiesen.

2.3 Vorgehen bei der Simulation

Ziel der Arbeit mit ZEUS ist es, wie schon erwähnt, durch mehrere Simulationsläufe die zeitoptimale Organisationsform für einzelne, mehrere oder alle Entwicklungsprozesse zu finden. Dabei kann man die Organisationstruktur, die Entwicklungsprozesse, sowie die Parameter optional verändern. Als Ausgangspunkt der Modellierung wird zunächst die in der Realität vorhandene Organisationsstruktur eingegeben. Den verschiedenen Abteilungen bzw. Gruppen wird die entsprechende Anzahl von Mitarbeiter mit der erforderlichen Erfahrung und Qualifikation zugeordnet. Die so aufgebaute Struktur wird mit den in der Organisation ablaufenden Entwicklungsprozessen verknüpft. Das heißt im einzelnen, daß jedem Arbeitspaket im Entwicklungsprozeß mindestens ein Mitarbeiter zugeordnet wird. Damit werden sowohl die Aufbau- als auch die Ablaufstrukturen der verschiedenen Entwicklungsvorhaben abgebildet. Man kann nun durch Modifikation der Strukturen als auch der Prozesse Untersuchungen über die Zeiteffizienz von prozeß- oder strukturorientierten Maßnahmen gewinnen.

Die Zielgrößen, die in der derzeitigen Version von ZEUS zur Verfügung stehen, können auf drei verschiedenen Abstraktionsebenen ausgewertet werden:

- Auf Abteilungsebene

Hier können pro Abteilung

- die aktuelle Bearbeitungszeit
- die Plandauer
- der Grundlastanteil

  und

- die Summe der Liege- und Transportzeiten

für alle Entwicklungsprozesse abgerufen und dargestellt werden. Es ist somit zum Beispiel ersichtlich, in wieweit eine Abteilung zur Verlängerung der Gesamtdurchlaufzeit eines, mehrerer oder aller Prozesse beigetragen hat, wie groß abteilungsbezogen die Grundlasten waren und wie groß die Anzahl an Tagen war, die der Liegezeit zugerechnet werden müssen.

In vielen Fällen ist diese Abstraktionsebene nicht detailliert genug um z.B. Engpässe zu erkennen, deshalb ist es möglich, die Ergebnisse für jede Abteilung jeweils bezogen auf die Qualifikationsklassen der Mitarbeiter zu analysieren. In diesem Fall gibt es auch die Möglichkeit die Summe der einer bestimmten Qualifikationsgruppe unterlaufenen Fehler zu erfassen. Für eine noch detailliertere Analyse können auf Mitarbeiterebene:

- die Summe der Überstunden
- die Bearbeitungsdauer
- die geplante Dauer und
- die Summe der Grundlast ausgegeben werden.

Nach jedem Simulationslauf liegen die Ergebnisse der Simulation für die Gesamtorganisation, für die einzelnen Abteilungen und für jeden Mitarbeiter vor.

2.4 Zur Validierung des Systems

Die Validierung des Systems ist erst an einem einzigen realen Fall erfolgt. Die Ergebnisse haben allerdings gezeigt, daß die Annahmen weitgehend zutreffend sind. Die simulierten Durchlaufzeiten stimmen mit den real erhobenen gut überein. Selbstverständlich sind noch weitere Validierungsversuche erforderlich und vorgesehen.

3. Erste Ergebnisse mit dem System

Im folgenden wird das Ergebnis verschiedener Simulationsläufe vorgestellt. Als Prozeß ist ein Ablauf für die Entwicklung elektronischer Baugruppen unterlegt, wie er im Unternehmen vorkommt. Die Organisation besteht aus elf Abteilungen, die alle an der Entwicklung beteiligt sind. Es wird angenommen, daß zu einem Zeitpunkt nur eine Entwicklung stattfindet. Folgende Organisationsformen werden miteinander verglichen:

- die existierende Funktional- Organisation (Ausgangs-Organisation)
- eine Matrix-Organisation
- eine reine Projektorganisation.

Die Unterschiede in der Modellierung bestehen darin, daß im Gegensatz zur Ausgangs-Organisation, der funktionalen Organisation, die Transport-, Liege-, und Wartezeiten in den beiden anderen untersuchten Strukturen verringert werden. Da die Durchlaufzeit für eine Entwicklung entscheidend von der Grundlast beeinflußt wird, die den Mitarbeiter zugewiesen ist, ist die Untersuchung auch jeweils für unterschiedliche Grundlasten durchgeführt worden. Mit jeder Organisationsform wurden 100 Simulationsläufe gemacht. Es zeigt sich, daß ungeachtet der jeweiligen Grundlast, die Durchlaufzeiten einer Matrix-Organisation im Durchschnitt um 17 % länger und die Durchlaufzeit der vorhandenen Funktional-Organisation sogar um 33 % länger sind, als die Entwicklungsdauer bei Abwicklung in einer reinen Projektorganisation. Für das untersuchte Beispiel bestätigt sich damit die Vermutung, daß die organisatorische Lösung des reine Projektmanagement mit Abstand die zeiteffizienteste Struktur darstellt.

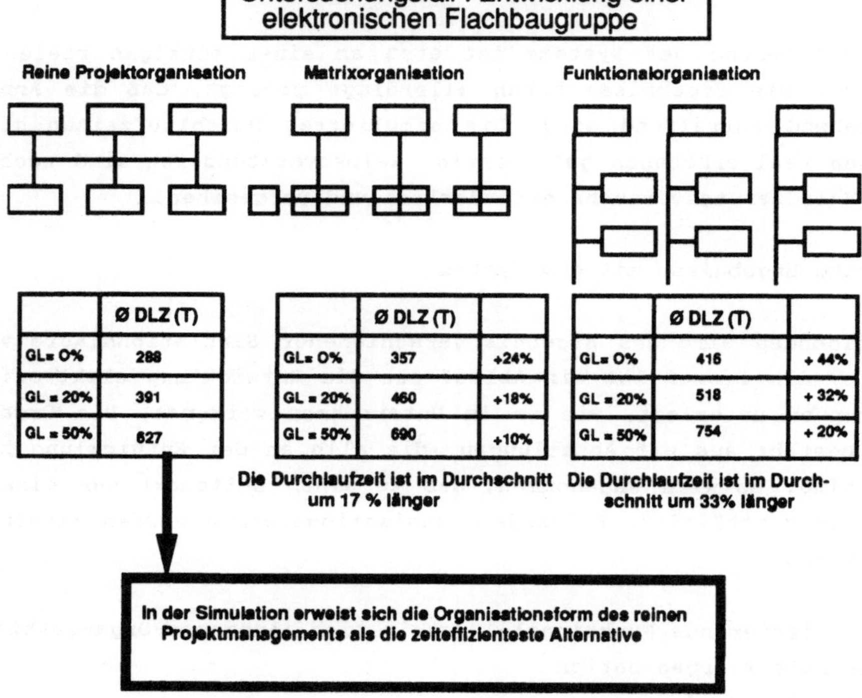

4. Zusammenfassung und Kritik

Als Simulationsystem zur organisatorischen d.h. strukturellen und kapazitativen sowie zur prozessualen Gestaltung sowohl einzelner als auch mehrerer Entwicklungsabläufe bis hin zur Gestaltung ganzer Entwicklungsbereiche ist ZEUS durchaus den Simulationssystemen aus dem Fertigungsbereich ähnlich. (vgl z. B. SIMKIT von Intellicorps).
Als Einschränkung muß man festhalten, daß das System lediglich für die Analyse und Gestaltung produktnaher Entwicklungen und der dazugehörenden Organisationen entwickelt wurde. Forschungsaktivitäten im Sinne von Grundlagen oder produktferne Themen sogenannte "Vorfeldaktivitäten" und die dazugehörigen Organisationen sind nicht Gegenstand der Betrachtung. Die Unterschiede zwischen beiden Themenbereichen sind so gravierend, insbesondere hinsichtlich der Unsicherheiten und Risiken des Erfolges und der Dauer der einzelnen Aktivitäten und des Gesamtprojekts, daß von einer Anwendung für diesen Themenbereich abgesehen wurde.

Ein wesentlicher Kritikpunkt ist, daß viele mögliche Zusammenhänge für die bislang in der Literatur noch nicht einmal Hypothesen vorliegen, nicht berücksichtigt wurden. So ist es z.B. denkbar, daß die Organisationsform des reinen Projektmanagements wegen der "Laufbahnunsicherheit", die sie möglicherweise bei Mitarbeitern erzeugt, zu verringerter Motivation und als Folge davon zu erhöhten Durchlaufzeiten führen kann. Ähnliche Effekte könnten beispielsweise auch von Konflikten ausgehen, wie sie sich in der Matrixorganisation aus der Aufgabe des Prinzips der Einheit der Auftragserteilung ergeben könnten. Auch positive Effekte auf die Durchlaufzeiten, die z.B. aus einer besonders sorgfältigen Schnittstellenabsprache durch einen mit den nötigen Kompetenzen versehenen Projektleiter resultieren könnten, wurden nicht beachtet. In all diesen Fällen wurde mit der ceterisparibus-Klausel gearbeitet, das heißt mit der Annahme, daß sich die verschiedenen Organisationsformen bei diesen Einflußgrößen nicht wesentlich unterscheiden, ein zweifellos nicht sehr befriedigender, aber angesichts der geringen empirischen Evidenz unvermeidbarer Ausweg.

Literatur

/1/ Gemünden, H. G,
Erfolgsfaktoren des Projektmanagements- eine kritische Bestandsaufnahme der empirischen Untersuchungen,
Projektmanagement 1&2, S. 4-15 (1990)

/2/ Frese, E.
Grundlagen der Organisation. Die Organisationstruktur der Unternehmung.
4. durchgesehene Auflage. Wiesbaden, S. 454 (1988)

Ansätze zur Organisation und Steuerung der Forschung und Entwicklung
bei Unternehmen mit internationalen FuE-Standorten

Dipl.oec. Birgit Schnelle-Zürn, Stuttgart-Hohenheim

Zusammenfassung:
Das Thema der Internationalisierung der Forschung und Entwicklung (FuE) gewinnt in Multinationalen Unternehmen (MNU) zunehmend an Bedeutung. Mit den verschiedenen Modellen internationaler FuE gehen unterschiedliche Anforderungen an die Organisation und Steuerung des FuE-Bereichs einher, die in diesem Beitrag diskutiert werden.

Abstract:
The internationalization of Research and Development (R&D) has become more and more important to Multinational Companies. Starting from the various models of international R&D one can find different demands for the organisation and control of R&D that are to be discussed in this article.

1.   Einleitung

Zunehmende Internationalisierungstendenzen und Verflechtungen der Wirtschaft haben im letzten Jahrzehnt verstärkt auch Auswirkungen auf den FuE-Bereich. Nach anfänglicher Zurückhaltung investieren immer mehr weltweit tätige Unternehmen in internationale FuE-Einrichtungen. Vor allem in der pharmazeutischen Industrie ist der Auslandsanteil an den gesamten FuE-Ausgaben sehr hoch, bei Bayer betrug er 1989 36,9%, bei Hoechst 40% und bei Boehringer Ingelheim sogar 46%. Doch auch in anderen Branchen werden FuE-Aktivitäten verstärkt dezentralisiert, so gab Bosch beispielsweise 1989 knapp 180 Millionen Mark für FuE außerhalb Deutschlands aus, was einem Anteil von fast 10% an den gesamten FuE-Ausgaben entspricht /1/.

Ziel dieses Beitrags ist es, einen Überblick über internationale Formen der FuE zu geben. Zunächst werden in Kapitel 2 und 3 die vielfältigen Modelle und Ziele weltweiter FuE vorgestellt. Hieraus ergeben sich Probleme der Organisation und Steuerung, auf die im 4. Kapitel näher eingegangen werden soll.

Unter internationalen Unternehmen sollen im folgenden Industrieunternehmen verschiedener Größe und Branche subsumiert werden, die folgende Eigenschaften aufweisen:
- wirtschaftliche Tätigkeit in mindestens einem Land außerhalb des Stammlandes
- Vertretung betrieblicher Funktionalbereiche in den Filialen
- Ausübung von Managementfunktionen in der Zentrale und in den Filialen.

Operations Research Proceedings 1991
© Springer-Verlag Berlin Heidelberg 1992

2.   Idealmodelle internationaler FuE

Abhängig von Philosophie und Zielvorstellungen der Unternehmen gibt es verschiedene Ansätze für eine Ausgestaltung internationaler FuE, die mit der Gesamtstrategie des Unternehmens eng verzahnt sind. Wesentliches Unterscheidungsmerkmal für die drei Idealmodelle ist die Marktorientierung der Unternehmung am Heimat-, Auslands- oder Weltmarkt. In diesem Kapitel werden Kennzeichen der einzelnen Ansätze aufgezeigt, die im 4. Kapitel problematisiert werden sollen.

2.1   Stammlandorientierte FuE

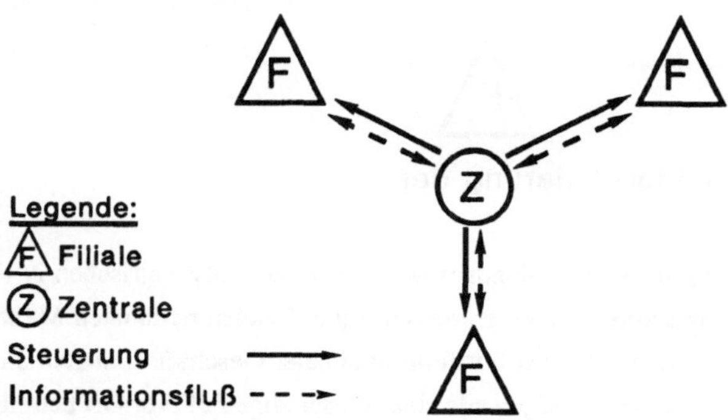

Abb 1: Stammlandorientierung der FuE

Die stammlandorientierte FuE ist geprägt durch eine ethnozentrische/2/, d.h. auf den Heimatmarkt ausgerichtete Grundhaltung des Unternehmens. Schwerpunktziel des Unternehmens ist die Sicherung des Fortbestehens der Zentrale, die den Mittelpunkt des Gesamtunternehmens darstellt. Sie plant und steuert sämtliche Aktivitäten, also auch die Auslandsgeschäfte der Filialen, die im wesentlichen in der Zentrale entwickelte Produkte absetzen /3/. Diese Organisationsform bildet sich häufig in Unternehmen, die erst im Anfangsstadium ihrer internationalen Tätigkeit sind.

Die zentrale FuE hat weiterhin die Kontrolle über die Entwicklungsprojekte und führt sowohl sämtliche Forschungsprojekte, als auch alle wesentlichen Entwicklungstätigkeiten durch. Mit einer effizient arbeitenden zentralen FuE-Abteilung lassen sich "Economies of scale", also Kostenersparnisse durch Größenvorteile erzielen /4/. Die Aufgabe der internationalen Entwicklungsabteilungen besteht lediglich in der Adaption von Produktteilen an spezifische Marktanforderungen im Gastland. Solche Anpassungsentwicklungen können z.B. auf Grund von unterschiedlichen Normen in den verschiedenen Zielländern nötig werden, es handelt sich aber um größen- und mengenmäßig unbedeutende Projekte. Es ist fraglich, ob man in diesem Falle überhaupt von internationaler FuE sprechen kann, zumal eine lokale Präsenz der FuE im Gastland nicht unbedingt erforderlich und sinnvoll ist.

Häufig werden die internationalen Tätigkeiten vielmehr organisatorisch durch eine Exportabteilung in der FuE-Zentrale gesteuert. Der Formalisierungsgrad solcher stammlandorientierter FuE ist hoch, wodurch eine enge Kopplung der Filialen an die Zentrale mit relativ geringem administrativen Aufwand verbunden ist.

2.2 Auslandsmarktorientierte FuE

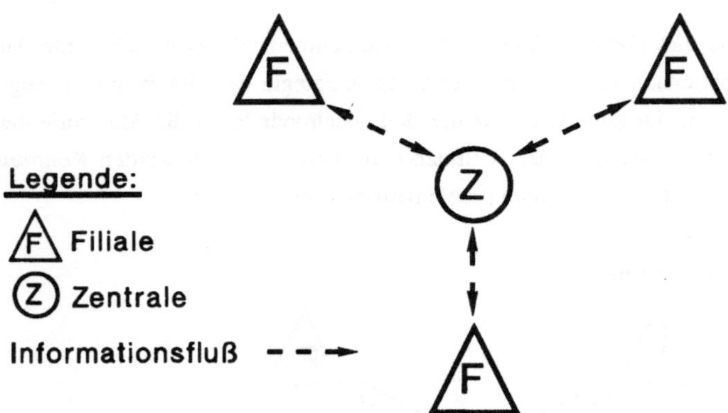

Abb. 2: Auslandsmarktorientierung der FuE

Eine vollkommen andere Ausrichtung liegt der auslandsmarktorientierten, polyzentrischen/2/ FuE-Strategie zugrunde, bei welcher der internationale Unternehmenserfolg auf vielen nationalen Märkten gesichert werden soll. Das Unternehmen wird dabei als Portfolio nationaler Geschäftseinheiten angesehen, die relativ autonom auf ihren Märkten agieren und jeweils eine selbständige FuE vor Ort betreiben /3/.

Die Entscheidungen und Verantwortlichkeiten sind dezentralisiert, die FuE-Filialen können auf ihren Märkten eigenständig tätig werden und dort auftretende Trends und Bedarfe direkt in ihrer Entwicklungsarbeit umsetzen. Die Aufgaben der zentralen FuE bestehen nur noch in einer einfachen Finanzkontrolle und im Pflegen informeller Kontakte mit den FuE-Filialen, um innerhalb des Unternehmensverbands den Zusammenhalt zu gewährleisten. Somit stellt sie eine Art Stabstelle dar, die die FuE-Einheiten der Filialen unterstützt.

2.3 Weltmarktorientierte FuE

Eine über alle Filialen hinweg erfolgende gemeinsame Abstimmung des Angebots und eine globale Ausrichtung der Strategie auf den Weltmarkt ist Kennzeichen der geozentrischen/2/ Unternehmung. Die Zentrale fungiert als Dreh- und Angelpunkt und plant, steuert und kontrolliert die FuE weltweit. Sie hat Doppelentwicklungen zu vermeiden und soll die Portfolio-Balance im Gesamtunternehmen halten /3/.

Bei dieser globalen FuE-Strategie hängt die Aufteilung der FuE-Bereiche auf internationale Standorte nicht mehr direkt mit den einzelnen Nachfragemärkten zusammen. Es ist beispielsweise auch eine reine Forschungsstation ohne eigenen Markt als Form einer internationalen FuE-Filiale denkbar, bei der sich die Standortwahl aus angebotsseitigen Gründen ergeben kann (klimatische Gegebenheiten, Universitätsnähe).

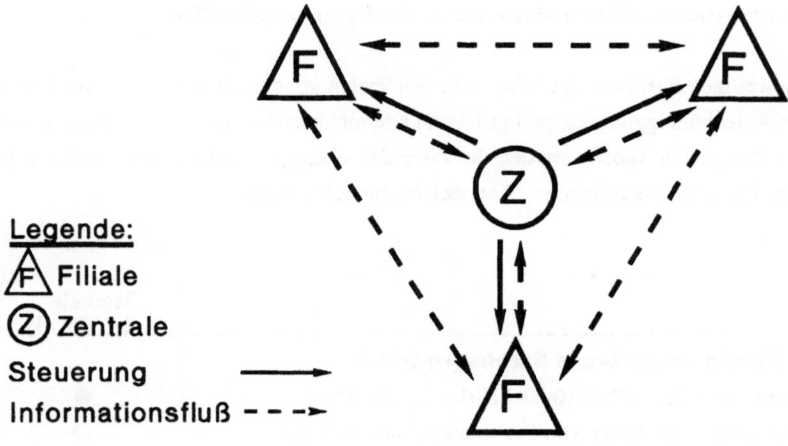

Abb. 3: Globale FuE

Innerhalb der Gruppe weltmarktorientierter FuE ist zwischen zwei Ausprägungen zu unterscheiden, die sich aus dem unterschiedlichen Spezialisierungsgrad der Filialen ergeben /5/.

2.3.1 Globale FuE mit Produktspezialisierung

Bei dieser Strategie ist jede Filiale für mindestens ein Produkt als Ganzes verantwortlich, dessen Entwicklung dezentral in der Filiale erfolgt. Das fertige Produkt sowie das FuE-know how werden innerhalb des weltweiten FuE-Netzes weitergegeben. Das Spezialwissen jeder einzelnen Tochter wird also über die Filialgrenzen hinaus genutzt. Die Informationsweitergabe erfolgt dezentral direkt von Filiale zu Filiale, um zeitliche Verzögerungen und damit einhergehende Absatzeinbußen zu vermeiden.

2.3.2 Globales FuE-Netz

Die Filialen und die Zentrale entwickeln bei dieser Form einer globalen FuE-Strategie kein ganzes Produkt, sondern je nur einen Teil des Ganzen, wobei die jeweiligen Qualifikationen der Filialen genutzt werden. National suboptimal erscheinende Tätigkeiten können zu weltweiter Optimalität führen. Die FuE-Zentrale hat den Gesamtüberblick über die Entwicklungsarbeiten der Töchter zu behalten.

Der Hauptunterschied zur produktspezialisierten globalen FuE (2.3.1) besteht in der Aufspaltung des Produktentwicklungsprozesses auf mehrere Standorte mit wechselseitigen und daher komplexeren Informationsflüssen.

3.　　Ziele internationaler FuE und deren Zuordnung zu den Modellen

Die Wahl der jeweiligen FuE-Strategie hängt von den Zielen ab, die damit erreicht werden sollen /6/, wobei man markt-, technologieseitige, politische und unternehmensinterne Zielsetzungen unterscheiden kann. In der nachfolgenden Tabelle werden die Ziele den oben genannten vier Modellen zugeordnet, wobei nur eindeutige Zusammenhänge zur Kennzeichnung geführt haben.

Ziele	Modell 1	2	3	4
I. Marktseitig (betrifft Angebot- und Nachfragemärkte)				
- direkter Kundenkontakt -> Bedürfnislokalisierung, Feedback	●			
- direkter Kontakt zu Zulieferern von FuE-Material und Anlagen -> kurze Beschaffungszeiten	○	○	○	
- Zugang zu Ressourcen (Mitarbeiter und Material), die auf Heimatmarkt nicht, bzw. in zu geringem Umfang verfügbar sind -> quantitative Gründe	●	○	○	
- Zugang zu qualitativ hochwertigen Ressourcen, insb. Personal (Nähe von Universitäten,...)			●	●
- Ausnutzen von länderspezifischen, für die FuE relevanten Bedingungen (Klima, Boden, ...)	●	○	○	
II. Technologieseitig				
- Nähe zu Technologiezentren, wissenschaftlicher Intelligenz, Universitäten -> Inspiration für die eigene FuE, Informationen über interessante Technologiefelder	○		●	●
- Nähe zur Konkurrenz -> Wissensakquisition vor Ort, "Strategischer Horchposten"		○	○	○
III. Politisch				
- Zugang zu staatlichen Förderprogrammen		●	○	○
- Überwindung des Protektionismus, falls Auslandsaktivität an Minimalwertschöpfung geknüpft ist	○	○	○	○
IV. Unternehmensintern				
- Nähe zu Produktionsstätten (Simultaneous Engineering-Gedanke)		●		
- Kostensenkung:　　　- Produkt (Low-Cost-Design)			●	○
- Ressourcen (Personalkosten,..)			○	
- Transaktionskosten von Informationen		○		
- Zeitliche Effizienzsteigerung (24-Stunden-F&E)			○	○

Legende:　　　　Modell 1: Stammlandorientierung　　　　　　　　○: wichtiges Ziel
　　　　　　　　Modell 2: Auslandsmarktorientierung　　　　　　　●: Ziel von beson-
　　　　　　　　Modell 3: Weltmarktorientierung (ganze Produkte)　　　derer Bedeutung
　　　　　　　　Modell 4: Weltmarktorientierung (Teilprodukte)

4.　Problemfelder und Lösungsansätze bei der Umsetzung der Strategien

Die Modelle internationaler FuE werden in diesem Kapitel hinsichtlich zweier Problemfelder untersucht. Ferner sollen Lösungsansätze für die Probleme gefunden werden.

- Das organisatorische Problem besteht im Finden des Optimums zwischen den Extremen der <u>zentralen Kontrolle</u> mit dem Ziel der Vermeidung von Ineffizienz und Doppelarbeit und der <u>Autonomie</u> internationaler FuE-Filialen, die lokales Unternehmertum und Fachwissen vor Ort besser nutzen kann.
- Der Steuerungsaspekt beinhaltet schwerpunktmäßig die Optimierung des Informationsflusses zwischen den FuE-Standorten und den dort tätigen Mitarbeitern, da ohne schnelle und vollständige Informationsverbreitung kein sinnvoller Ablauf der Unternehmensaktivitäten gewährleistet ist /7/.

Die organisatorische Form internationaler FuE ist bestimmend für die Steuerung der Filialen, wobei die zentrale Kontrolle mit der Stammlandorientierung, die Autonomie mit der Auslandsmarktorientierung einhergeht und das globale FuE-Netz auf Weltmarktebene eine Verbindung der beiden Extreme darstellt.

* Bei der **stammlandorientierten** internationalen FuE übernimmt die Filiale mindestens einen Produktbereich und eventuell eine dazugehörige Applikationsabteilung der FuE von der Mutter und stellt somit von der Struktur her ein verkleinertes Abbild der Mutter dar.

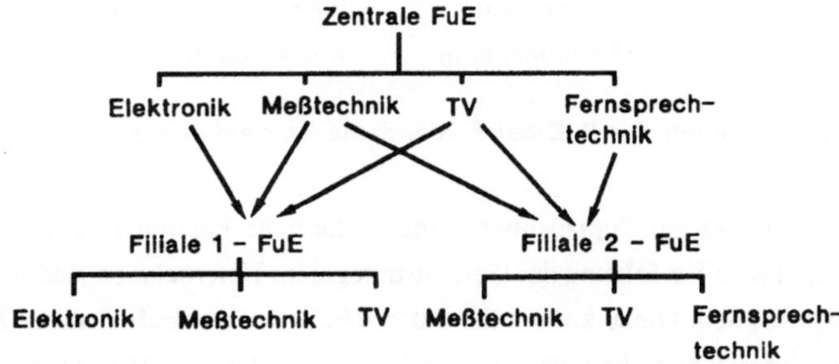

Abb. 4: Organisation bei stammlandorientierter FuE

Organisatorisch bildet sich eine reine Spiegelbildorganisation der Töchter zur Mutter. Es kann zu einem Motivationsproblem bei den FuE-Mitarbeitern in den Außenstellen aufgrund ihrer mangelnden Produktverantwortung und ausschließlichen Tätigkeiten der reinen Anpassungsentwicklung kommen.

Bezüglich der Steuerung liegt ein Risiko in der geringen Sensitivität der Zentrale gegenüber Auslandsmarktentwicklungen. Die Kenntnis des Auslandsmarkts steht nicht im Mittelpunkt des Interesses der Zentrale, so daß es bei heterogenen Märkten zu Entwicklungen kommen kann, die am Auslandsmarkt vorbeigehen. Dortige Absatzeinbußen haben aber negative Auswirkungen auch auf die Zentrale.

Oft lassen sich Separationstendenzen der Filialen nicht vermeiden. Es etabliert sich, vor allem, wenn vor Ort auch produziert wird, quasi automatisch eine FuE mit eigenen Ideen und Entwicklungen, die nicht mehr von der Zentrale gesteuert werden kann.

Es zeigt sich also, daß eine stammlandorientierte FuE mit kleinen unbedeutenden FuE-Abteilungen im Ausland nur im Anfangsstadium der Internationalisierung angebracht erscheint. Die Möglichkeiten der internationalen FuE, wie z.B. die Nutzung von Fähigkeits- und Leistungspotentialen der FuE-Mitarbeiter im Ausland, lassen sich mit diesem Ansatz nicht ausschöpfen. Auf einer zweiten Stufe entsteht daher oft eine an die Marktbedürfnisse vor Ort angepaßte FuE entsprechend dem Modell der Auslandsmarktorientierung.

* Eine **auslandsmarktorientierte** FuE kann sich auch durch Akquisitionen von Unternehmen im Ausland mit eigener FuE bilden. Bei diesen relativ autonomen FuE-Bereichen in den einzelnen Filialen entsteht eine Aufbauorganisation von mehr oder weniger unabhängigen FuE-Bereichen, die eigene Produktlinien entwickeln. Zentrale FuE-Aufgaben bleiben im Mutterunternehmen (meist als Stabstelle).

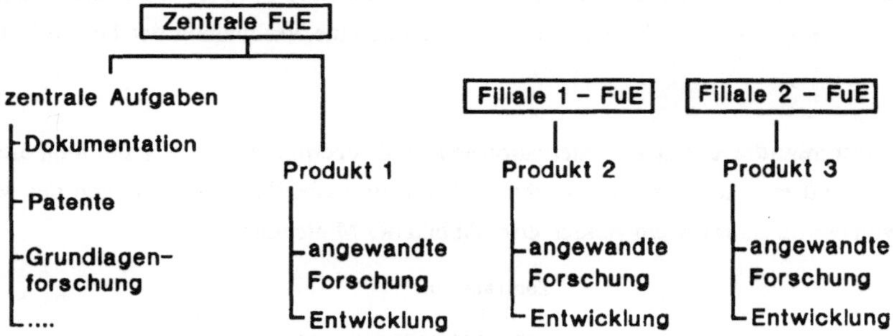

Abb. 5: Organisation der FuE bei Auslandsmarktorientierung

Die Gefahr von parallel laufenden Doppelentwicklungen, die hohe Ressourcenbindung in der FuE der Filialen und eine mangelhafte Verfolgung der Gesamtstrategie im Unternehmen sind die Hauptproblemfelder dieser FuE-Organisation. Hinzu kommt die unklare Funktion der FuE-Zentrale hinsichtlich ihrer Steuerungsaufgaben, wodurch es zu Identifikationsproblemen der dortigen Mitarbeiter kommen kann.

Eine Ansammlung autonomer FuE-Bereiche enthält, vor allem vor dem Hintergrund sich ständig annähernder Marktbedürfnisse, zu viele Ineffizienzen, die langfristig nicht tragbar sind. Es muß vermehrt zu Austauschbeziehungen zwischen den Filialen, zu Vernetzungsbestrebungen mit gleichzeitiger Nutzung des Wissens anderer FuE-Bereiche und somit zu einer zunehmend globalen Sichtweise kommen.

* **Die Organisation der globalen** FuE besteht aus einem Netzwerk formaler Informations- und Kommunikationsstrukturen, die durch dv-technische Möglichkeiten wie "Wide Area Networks" unterstützt werden können.

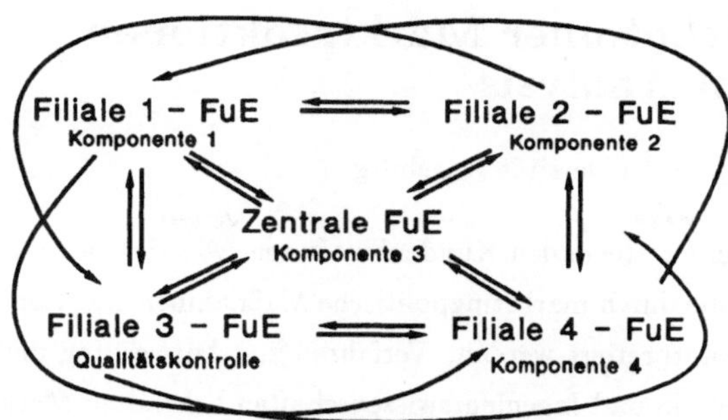

Abb. 6: Globales FuE-Informations- und Kommunikationsnetz

Neben formalen Informations- und Kommunikationswegen muß sich außerdem ein informales Netz an persönlichen Kontakten (Cross-Konferenzen, Reisen) etablieren, um den wirklich effizienten Austausch von Erkenntnissen und Ergebnissen und die Realisierung weltweiter Lernprozesse zu gewährleisten /8/.

Die Weitergabe des Wissens an andere FuE-Bereiche sollte über klare Transferpreise und Lizenzen geregelt werden, um mangelhafte Informationsweitergabe der Filialen zu vermeiden. Ferner bedarf es einer Entsprechung der Qualitätsstandards der einzelnen FuE-Bereiche, vor allem bei Teilentwicklungen für ein gemeinsames Produkt. Dies ließe sich durch eine lokal zentralisierte Qualitätskontrolle erreichen, die sich nicht zwangsläufig in der Unternehmenszentrale befinden muß.

Das "Not-Invented-Here-Syndrom" bei FuE-Bereichen, die Produkt- oder Teilentwicklungen von anderen Filialen übernehmen sollen, ist eines der Kernprobleme des globalen FuE-Netzes. Es sollte daher Wert darauf gelegt werden, daß sämtliche Unternehmensteile die Gesamtstrategie des Unternehmens kennen und mittragen.

* Wie die Ausführungen gezeigt haben, läßt sich eine evolutionäre Entwicklung von MNU mit zentral orientierter FuE hin zu Unternehmen mit einem globalen FuE-Netz erkennen, dessen Leistungsfähigkeit entscheidend von einem funktionsfähigen Kommunikationsnetz abhängt. Die Entwicklung zu einem globalen Netz an FuE-Einrichtungen bietet interessante Potentiale für zukünftige Erfolgssteigerungen in der FuE und stellt heute eine große Herausforderung für die Theorie und Praxis dar.

Literatur:

/5/ **Bartlett, C.A., Ghoshal, S.:** Internationale Unternehmensführung: Innovation, globale Effizienz, differenziertes Marketing, Frankfurt a.M., New York 1990

/3/ **Bartlett, C.A.; Ghoshal, S.:** Managing innovation in the transnational corporation in: Bartlett, C.A., Doz, Y., Hedlund, G.(Hrsg.): Managing the Global Firm, London, New York 1990, S. 215-255

/8/ **Hakanson, L.:** International decentralisation of R&D - the organizational challenges in: Bartlett, C.A., Doz, Y., Hedlund, G.(Hrsg.): Managing the Global Firm, London, New York 1990, S. 256-278

/6/ **Krubasik, E., Schrader, J.:** Forschungs- und Entwicklungsstrategien in: Macharzina, K., Welge, M.K. (Hrsg.): Handwörterbuch Export und internationale Unternehmung (HWInt), Stuttgart 1989, Sp. 687-698

/7/ **Meyer, A. de, Mizushima, A.:** Global R&D management in: R&D Management, vol. 19, no. 2, 1989, S. 135 - 146

/1/ **o.V.:** Forschen für Deutschland (F+E-Report) in: Manager Magazin, 20. Jg., 1990, Heft 9, S. 155-173

/4/ **Pearce, R.D.:** The Internationalisation of Research and Development by Multinational Enterprises, Houndsmills, Basingstoke, Hampshire, London 1989

/2/ **Perlmutter, H.V.:** The tortous evolution of the mulitnational corporation in: Columbia Journal of World Business, vol. 4, 1969, S. 9-18

Auswertung dichotomer Marktreaktionen mittels Survival Analysis

Thomas Bausch, Otto Opitz, Universität Augsburg

Zusammenfassung: Bei feststehenden Kundenbeständen, wie sie etwa im Bereich des Direktmarketing vorliegen, können die durch marketingpolitische Maßnahmen erzielten Marktreaktionen häufig als dichotome Prozesse interpretiert werden. Verfahren zur Auswertung dichotomer Prozeßverläufe werden durch die aus Medizin und Ingenieurswissenschaften bekannten Methoden der Survival Analysis bereitgestellt. Der vorliegende Beitrag diskutiert die Anwendungsmöglichkeiten dieser Verfahrensklasse für das Marketing. Dabei werden einerseits die Eignung zu analytischen und andererseits zu prognostischen Zwecken diskutiert. Die gefundenen Ergebnisse werden anhand von zwei empirischen Studien präsentiert.

Abstract: In direct marketing the list of customers often can be assumed to be well known. In this situation the instruments of marketing policy entail market responses which can be explained as results of dichotomous processes. Methods for analysing these processes have been developed in medicine or engineering and are summarized as Survival Analysis. The aim of this paper is to discuss examples in marketing using Survival Analysis for analytical purposes as well as in the area of forecasting. The results will be presented by means of two empirical studies.

1 Einleitung

Marketingpolitische Aktionen erzielen oft Wirkungen, die sich in ihrem zeitlichen Ablauf als dichotome Prozesse interpretieren lassen. Beispiele dafür sind Kauf bzw. Nichtkauf eines Neuproduktes, Wiederkauf bzw. Markenwechsel für einen Artikel, Vertragsverlängerung bzw. Vertragsende zwischen einem Kunden und einem Dienstleistungsanbieter. Insbesondere im Direktmarketing, also etwa bei Versandhäusern, Buchclubs, Versicherungen oder Banken hat man oft genau abgegrenzte Kundenmengen, die in Form von Zieladreßdatenbanken im Detail bekannt sind. Für die Unternehmensleitung ist es dann von Interesse, die Entwicklung derartiger dichotomer Prozesse über die Zeit zu beobachten und daraus Vorhersagen für die weitere Zukunft abzuleiten. Derartige Informationen dienen der Erfolgsbeurteilung von durchgeführten Marketingaktionen und beeinflussen die Planung zukünftiger Aktionen, wie etwa die weitere Bevorratung oder die Durchführung zusätzlicher Werbemaßnahmen.

Aus der Medizin, Biologie und den Ingenieurswissenschaften sind unter dem Begriff "Survival Analysis" Verfahren zusammengefaßt, die sich mit der Bestimmung von Überlebenswahrscheinlichkeiten bzw. Ausfallwahrscheinlichkeiten für Populationen bzw. Anlagenkomponenten beschäftigen. Eine Übertragung dieser auf dichotomen Prozessen aufbauenden Analyseverfahren auf die oben geschilderten Fragestellungen liegt nahe und soll daher im folgenden untersucht werden. Dabei werden wir im anschließenden Abschnitt die wesentlichen Grundideen der Survival Analysis diskutieren und in

Operations Research Proceedings 1991
© Springer-Verlag Berlin Heidelberg 1992

einem dritten Abschnitt deren Anwendung im Rahmen empirischer Untersuchungen vorstellen. Eine zusammenfassende kritische Würdigung der gefundenen Ergebnisse schließt die Arbeit ab.

2 Survival Analysis mit zensierten Daten

Ausgangspunkt ist eine stetige, nichtnegative Zufallsvariable T, die die Zeit bis zum Eintreten des interessierenden Ereignisses angibt, beispielsweise den Kauf eines Produktes nach Durchführung einer Werbeaktion. Aus der Dichtefunktion $f(t)$ von T erhalten wir die Verteilungsfunktion $F(t)$ mit

$$F(t) = P(T \leq t) = \int_0^t f(x)dx$$

sowie die Überlebens- oder Zuverlässigkeitsfunktion $S(t)$ mit

$$S(t) = P(T \geq t) = \int_t^\infty f(x)dx = 1 - F(t).$$

Damit fällt S monoton mit $S(0) = 1$ und $\lim_{t \to \infty} S(t) = 0$. Die Ausfallrate oder Hazardfunktion $h(t)$ ist durch die Gleichung

$$h(t) = \lim_{\Delta t \to 0} \frac{P(t \leq T < t + \Delta t | T \geq t)}{\Delta t} = \frac{f(t)}{S(t)}$$

gegeben. Näherungsweise beschreibt der Ausdruck $h(t) \cdot \Delta t$ die Wahrscheinlichkeit für das Eintreten des interessierenden Ereignisses im Intervall $[t, t + \Delta t)$ unter der Bedingung, daß das Ereignis bis t noch nicht eingetreten ist. In der Anwendung sind nun eine Reihe von speziellen Verteilungstypen denkbar, beispielsweise die Exponential-, Weibull-, Rayleigh-, Gamma- und Lognormalverteilung. Ihre speziellen Eigenschaften werden etwa in /5/ oder /6/ diskutiert. Ein ähnlicher Ansatz wird auch bereits in /7/, S. 325 ff. mit dem Modell STEAM (Stochastic Evolutionary Adoption Model) vorgeschlagen. Für den Markteintritt und die Verbreitung neuer Produkte werden dort Kaufentscheidungen einzelner potentieller Kunden mit Wiederholungskäufen als nichthomogene Poissonprozesse aufgefaßt, wobei die Zeit zwischen zwei Kaufentscheidungen durch eine Hazardfunktion der angegebenen Art beschrieben wird.

Wir behandeln nun folgendes speziellere Problem: Für n Untersuchungsobjekte werden die als unabhängig angenommenen und identisch verteilten Zufallsvariablen $T_1, \ldots, T_n$ wie angegeben erklärt und interpretiert. Ist ein Verteilungstyp vorgegeben, so kann man die unbekannten Parameter auf Basis der Realisationen $t_1, \ldots, t_n$ schätzen. Soll nun eine Parameterschätzung erfolgen, ohne daß alle Realisationen bekannt sind, so spricht man von zensierten Daten und unterscheidet zwei Haupttypen:

Typ-I (Zeitzensur):
Man geht von festen Zeitpunkten $c_1, \ldots, c_n$ aus und definiert die Zufallsvariablen $Z_i, Y_i (i = 1, \ldots, n)$ durch:

$$Z_i = \left\{ \begin{array}{ll} 1 & \text{falls } T_i \leq c_i \\ 0 & \text{falls } T_i > c_i \end{array} \right\} \quad , \quad Y_i = \min(T_i, c_i).$$

Die Zufallsvariable Z_i erhält den Wert 1, falls das interessierende Ereignis des Untersuchungsobjektes i nicht später als c_i eintritt, andernfalls gilt $Z_i = 0$. Ferner erhält Y_i den Wert t_i, wenn die Realisation

t_i die Bedingung $t_i \leq c_i$ erfüllt, andernfalls gilt $Y_i = c_i$. Die Untersuchung wird also für jedes Untersuchungsobjekt i mit Erreichen des Zeitpunktes c_i abgebrochen, man spricht von <u>Zeitzensur</u>.

Sind die Zufallsvariablenpaare (Z_i, Y_i) unabhängig, und ist ein Verteilungstyp für S gegeben, so hat die Likelihoodfunktion die Form (/5/, S. 36 f.)

$$L = \prod_{i=1}^{n} f(y_i)^{z_i} S(y_i)^{1-z_i}, \text{mit} \quad \begin{cases} f(y_i) = 1 & \text{für } y_i > c_i \\ S(y_i) = 1 & \text{für } y_i \leq c_i \end{cases}$$

aus der je nach Verteilungstyp von F Maximum-Likelihood Schätzer für die unbekannten Verteilungsparameter abgeleitet werden können.

Typ-II (Anteilszensur):

Man geht von einem festen $r < n$ aus und registriert die r frühesten Realisationen $t_{(1)}, \ldots, t_{(r)}$ der Zufallsvariablen $T_1, \ldots, T_n$, also etwa $0 \leq t_{(1)} \leq t_{(2)} \leq \ldots \leq t_{(r)}$. Die Untersuchung wird in diesem Fall abgebrochen, wenn das interessierende Ereignis bei r von n Untersuchungsobjekten eingetreten ist. Man spricht von einer <u>Anteilszensur</u>. Ist der Verteilungstyp von S gegeben, so hat die Likelihoodfunktion die Form (/5/, S. 32)

$$L = \frac{n!}{(n-r)!} f(t_{(1)}) \cdot \ldots \cdot f(t_{(r)}) \left[S(t_{(r)}) \right]^{n-r},$$

die ebenfalls die Bestimmung von Maximum-Likelihood Schätzern erlaubt. Weitere Schätzverfahren für die Verteilungsparameter, wie etwa best linear unbaised estimators (b.l.u.e.) oder best linear invariant estimators (b.l.i.e.) sind ebenfalls bekannt und werden hinsichtlich ihrer Bestimmung und Eigenschaften in /5/ diskutiert.

Liegen für verschiedene der obengenannten Dichtefunktionen Parameterschätzungen vor, so stellt sich die Frage nach dem am besten geeigneten Verteilungsmodell. Eine gute Möglichkeit bieten hier nichtparametrische Anpassungstests, wie sie etwa in /1/ diskutiert werden. Im Bereich der Survival Analysis hat sich dabei neben einer Reihe von speziellen Testverfahren für einzelne Verteilungen (vgl. etwa /6/ S. 212 ff. sowie /5/ S. 431 ff.) trotz des stetigen Charakters der Verteilungen der Chi-Quadrat Anpassungstest etabliert, da dieser eine gute Vergleichbarkeit der Ergebnisse garantiert.

Will man schließlich bei gegebenem Dichtefunktionstyp zwei verschiedene empirische Untersuchungsreihen, wie sie sich etwa beim Einsatz zweier alternativer Prospekte oder Angebotspreise auf zwei Testpopulationen ergeben, auf Signifikanz der Unterschiede testen, so stehen ebenfalls verschiedene Testprozeduren, wie etwa Likelihood-Ratio Tests (/6/ S. 287) zur Verfügung. Neben diesen parametrischen Ansätzen findet man Abwandlungen spezieller nichtparametrischer Tests, wie etwa Gehan's verallgemeinerten Wilcoxon Test oder Mantel und Haenszel's Chi-Quadrat Test (/6/ S. 123 ff.), die der speziellen Struktur zensierter Daten Rechnung tragen.

Eine Ausweitung der klassischen Survival Analysis im Hinblick auf die Erklärung der Hazardfunktion durch eine oder mehrere Covariate U erlauben spezielle Regressionsmodelle. Eine ausführliche Diskussion, insbesondere im Hinblick auf das in /2/ vorgeschlagene Proportional Hazard-Modell mit

$$h(t, u) = h(t)e^{u\beta}$$

findet man in /4/.

Im folgenden sollen nun die Eignung sowie die Eigenschaften der Survival Analysis zur Analyse von dichotomen Marktreaktionen anhand verschiedener empirischer Beispiele verdeutlicht werden.

3 Anwendungsbeispiele

Ein Softwarevertrieb mit Exklusivvertriebsrecht eines Spezialpaketes für die Bundesrepublik Deutschland plant eine Update-Aktion auf eine neue Release. Zu diesem Zweck wurde eine repräsentative Stichprobe vom Umfang 100 aus allen registrierten Kunden gezogen. Für diesen Testbestand wird nun eine Test-Updateaktion durchgeführt und es werden über 24 Tage die eingehenden Bestellungen registriert. Die Ergebnisse der Aktion sind in Tabelle 1 zusammengefaßt.

Eine Analyse der Absatzdaten mit klassischen Sättingsmodellen, wie etwa der logistischen Funktion oder den Ansätzen von Gompertz, Morgan-Mercer-Floding oder Richards (/8/ S. 49 f.) liefert bei Bestimmtheitsmaßen von $R^2 \geq 0.98$ recht unterschiedliche Sättigungsabsätze zwischen 49% bei Anwendung der logistischen Funktion und 100% im Fall des Ansatzes von Richards.

Tag	Updates	Restkunden	Tag	Updates	Restkunden	Tag	Updates	Restkunden
1	0	100	9	4	84	17	0	60
2	0	100	10	5	79	18	2	58
3	1	99	11	5	74	19	1	57
4	2	97	12	3	71	20	3	54
5	2	95	13	2	69	21	1	53
6	3	92	14	4	65	22	2	51
7	1	91	15	2	63	23	1	50
8	3	88	16	3	60	24	0	50

Tabelle 1: Tägliche Absätze und Nichtkäufer im Verlauf der Updateaktion

Im folgenden soll eine Auswertung mit Hilfe der Survival Analysis erfolgen. Die Daten sind zeitzensiert, also vom Typ I mit $c_1 = \ldots = c_{100} = 24$. Für alle im Abschnitt 2 angegebenen Verteilungen wurden die Parameter mit Hilfe der Maximum-Likelihood Methode geschätzt. Dabei stellte sich heraus, daß die Anpassung an die Daten am besten für die Lognormalverteilung gelingt.

Die grafische Darstellung der Ergebnisse in Abbildung 1 zeigt jedoch, daß sich aus der Art des klassischen Survivalansatzes für die vorliegende Fragestellung Probleme ergeben. Wegen $\lim_{t \to \infty} S(t) = 0$ wird unterstellt, daß letztendlich auch alle Kunden mit einem Update reagieren. In Abbildung 1 wird diese Tatsache durch die "Lognormalverteilung bei 100% Käufern" dargestellt. Die Parameterschätzung führt zu einer Survivalfunktion, die im mittleren Bereich zu flach und im Endbereich zu steil verläuft.

In der Realität existieren jedoch erfahrungsbedingt mehr oder weniger präzise Vorinformationen über

- den Prozentsatz p letztendlich nicht reagierender Kunden und/oder

- den Zeitpunkt t^*, nach dem keine Absätze mehr zu erwarten sind.

In die Maximum-Likelihood Schätzung müßten zwei weitere Variablen p, t^* einbezogen werden, die gegebenenfalls gewisse Restriktionen in Form von Ober- und Unterschranken erfüllen. Anstelle dieses rechentechnisch aufwendigen Problems diskutieren wir Alternativen, die einerseits einfach und plausibel sind, andererseits zu recht guten Ergebnissen führten.

Ist p bekannt, so wird die Parameterschätzung lediglich auf $(100\text{-}p)\%$ der Gesamtkunden bezogen und man kann die gefundene Survivalfunktion S im einfachsten Fall linear in die Funktion S_p mit

$$S_p(t) = \frac{p}{100} + (1 - \frac{p}{100}) \cdot S(t) \quad \text{mit} \quad S_p(0) = 1 \quad \text{und} \quad \lim_{t \to \infty} S_p(t) = \frac{p}{100}$$

überführen. In unserem Beispiel war aus vergangenen Aktionen bekannt, daß nie mehr als 65% der Kunden ein Update durchführen, da einige das Produkt nicht mehr nutzen und andere hin und wieder ein Update auslassen. Unter Verwendung dieser Zusatzinformation wurde eine neue Schätzung auf Basis der ersten Modifikation durchgeführt, die zu der deutlich verbessert angepaßten Survivalfunktion in Abbildung 1 führt. S_p wird im Diagramm dabei mit "Lognormalverteilung bei 65% Käufern" bezeichnet.

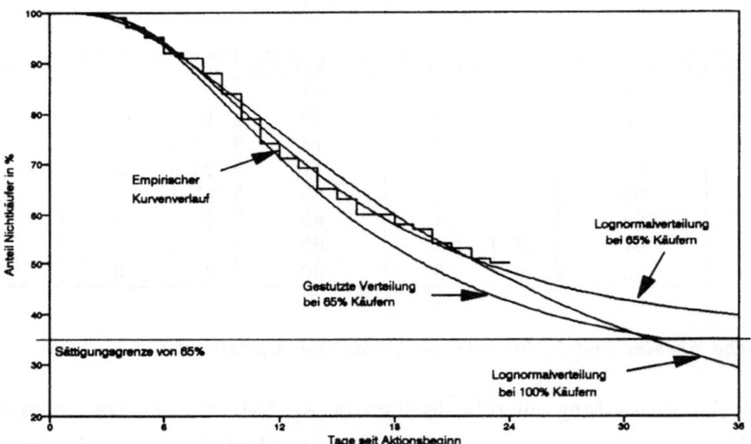

Abbildung 1: Modellierung einer Software-Updateaktion durch Lognormalverteilungen

Läßt sich auch t^* festlegen, so kann eine weitere Modifikation des Ansatzes über gestutzte Verteilungen erfolgen (/3/ S. 148 f.). Die gestutzte Dichtefunktion $f^*(t)$ zu $f(t)$ hat dabei die Gestalt

$$f^*(t) = \begin{cases} \dfrac{f(t)}{F(t^*)} & \text{für } t \in [0, t^*] \\ 0 & \text{sonst} \end{cases}$$

und liefert die zugehörige Survivalfunktion

$$S^*(t) = \begin{cases} \displaystyle\int_t^{t^*} f^*(x)dx & \text{für } t \leq t^* \\ 0 & \text{sonst} \end{cases}$$

Führt man schließlich die Funktion S^* wie oben in S_p^* über, so gilt $S_p^*(0) = 1$ sowie $S_p^*(t) = p/100$ für $t \geq t^*$.

In unserem Beispiel konnte $t^*=48$ angenommen werden, da zu diesem Zeitpunkt die Markteinführung der neuen Version eines Konkurrenzproduktes bevorstand. Mit Hilfe von S_p ergab sich eine Rest-kaufwahrscheinlichkeit von $S_p(48) = 0.0283$. Dies bedeutet zugleich, daß t^* nahe zu dem in der Praxis häufig verwendeten Abschneidepunkt $e^{(\hat{\mu}+2*\hat{\sigma})}$ liegt, der auf Basis von S_p den Wert 50.9 er-reicht. Die Annahme von 48 Tagen für das Prozeßende kann somit als realistisch bis optimistisch eingestuft werden. In Abbildung 1 wird sichtbar, daß die entsprechend gestutzte Verteilung bei 65% Sättigungsabsatz sich im mittleren Bereich der empirischen Absatzkurve besser als die nicht-gestutzte Verteilung anpaßt. Sie neigt jedoch gegen Ende eher zu einer leichten Überschätzung des Updateaufkommens.

Der Zeitpunkt t^* kann andererseits näherungsweise bestimmt werden, falls ein $p^* > p$ existiert, das als der Kundenabsatz interpretiert werden kann, der für die Absatzplanung nicht mehr entschei-dungsrelevant ist. Mit S_p wird nun t^* aus der Gleichung

$$t^* = S_p^{-1}\left(\frac{p^*}{100}\right)$$

bestimmt. Dieser Schätzwert bietet zugleich eine weitere Möglichkeit zur Plausibilitätsprüfung der Schätzergebnisse von S_p, da meist zumindest eine Eingrenzung für t^* in Form des frühesten bzw. spätesten Prozeßendes angegeben werden kann. Liegt nun t^* weit außerhalb dieses Intervalls, so kann davon ausgegangen werden, daß der festgesetzte Sättigungsabsatz von 100-p% nicht realistisch ist, bzw. die Modellierung der Absatzkurve durch den gewählten Verteilungstyp nicht hinreichend genau gelingt.

Die gefundenen Ergebnisse erlauben für vergleichbare Beispiele neben einer differenzierten zeitge-nauen Planung der Bevorratung sowie der Kapazitätsplanung hinsichtlich Personal und Raum in der Versandabteilung auch eine differenzierte Informationspolitik über die Verfügbarkeit des Updates. So können die Kunden in mehreren kurz aufeinanderfolgenden Zyklen zu einem Update aufgefordert werden, wodurch eine gleichmäßigere Auslastung der verfügbaren Kapazität möglich wird. Dies setzt jedoch voraus, daß die Kunden nicht mittels Sekundärinformationsquellen wie etwa Computerfach-zeitschriften über die Verfügbarkeit des Updates informiert werden.

Es stellt sich schließlich die Frage, ob die vorgestellten Verfahren auch bei einmaligen Aktionen, d.h., ohne Durchführung von Marketing Pretests, zur Überwachung und Erstellung von Absatzprogno-sen eingesetzt werden können. Die Vorgehensweise stellt sich schematisch dabei wie folgt dar: In jedem Zeitpunkt t seit Beginn der Aktion wird eine bestmögliche Modellierung der bislang vorlie-genden Marktreaktionen durch eine Survivalfunktion vorgenommen. Diese dient zur Erstellung der kurz-, mittel- und langfristigen Absatzprognosen. Die Vorgehensweise soll ebenfalls an einem zweiten empirischen Beispiel verdeutlicht werden.

Ein Verlagshaus, das im Direktmarketing mit Loseblattwerken tätig ist, bringt ein neues Werk auf den

Markt. Bereits 10 Tage nach Beginn der Aktion wird jeweils begleitend zu den täglichen Beobachtungen eine Prognose für die Absätze in den nächsten 5, 25 und 100 Tagen erstellt. Abbildung 2 stellt den Absatzverlauf sowie die Prognosen über nahezu 2 Jahre dar. Hinsichtlich der Prognosequalität lassen sich die folgenden Aussagen treffen:

- Die kurzfristige Prognose (5 Tage) stabilisiert sich sehr schnell und verläuft bereits nach 50 Tagen fast deckungsgleich mit dem realen Absatzverlauf. Zu Beginn neigt die Prognose zu einer leichten Überschätzung des kurzfristigen Absatzes, was jedoch gerade zu Beginn einer Aktion zu einer Sicherung der Lieferbereitschaft führt. Die Prognose gleicht sich auch an den Strukturbrüchen, d.h., bei Auftreten der zweiten und dritten Verkaufswelle schnell dem realen Verlauf wieder an.

- Die mittelfristige Prognose (25 Tage) neigt zu Beginn zu einer drastischen Überschätzung des Absatzes, da für den Prognosehorizont einfach zu wenig Information vorliegt. Sie stabilisiert sich nach ca. 50 Tagen und neigt ebenfalls zu einer geringfügigen Überschätzung des Absatzes. Die Strukturbrüche führen zu einer meßbaren Unterschätzung.

- Die langfristige Prognose (100 Tage) stabilisiert sich nach ca. 75 Tagen und überschätzt vor den Strukturbrüchen die Absätze deutlich. Sie kann jedoch vor den Strukturbrüchen als Schätzung für den Sättigungsabsatz herangezogen werden. Außerdem eignet sie sich als Indikator für Strukturbrüche. Ein Unterschreitung des Ist-Absatzes durch die Prognose kann als deutliches Zeichen einer weiteren Verkaufswelle gewertet werden.

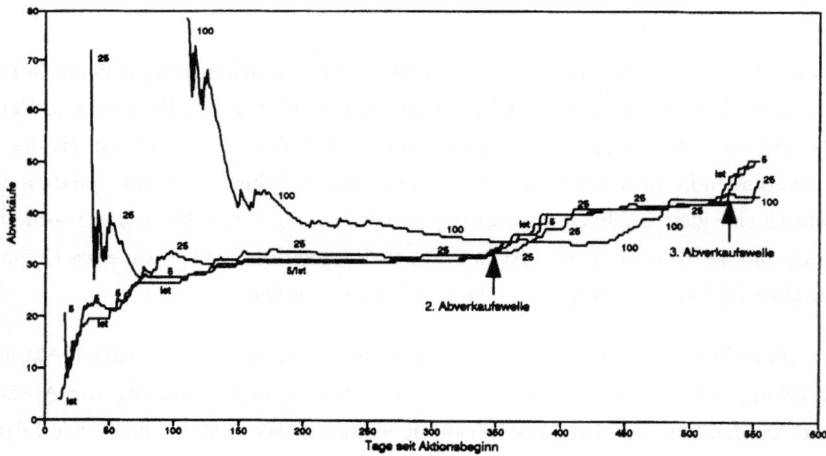

Abbildung 2: Kurz-, Mittel- und Langfristprognose mittels Survival Analysis

Es zeigt sich damit, daß ohne Strukturbrüche alle drei Prognosetypen brauchbare Planungsinformationen liefern. Außerdem können mit Hilfe der Langfristprognosen Strukturbrüche erkannt werden. Diese Information kann dann so genutzt werden, daß die neue Verkaufswelle als ein eigener Prozeß auf den Restkundenbestand, der in den bisherigen Wellen nicht reagiert hat, verstanden wird. Es wird somit zu Beginn einer weiteren Welle $t = 0$ gesetzt und eine neue prozeßbegleitende Analyse gestartet.

4 Abschließende Bemerkungen

Die vorgestellten Beispiele zeigen, daß die stochastischen Verfahren der Survival Analysis zur Analyse und Prognose von dichotomen Marktreaktionen gut geeignet sind. Sie lassen sich für bestimmte Fragestellungen des Marketing so modifizieren, daß sie den realen Prozeßgegebenheiten gut angepaßt sind. Ferner erlauben sie auf der Basis verschiedener parametrischer und nichtparametrischer Tests eine solide Beurteilung der Anpassungsgüte. Werden mit Hilfe von Mittel- bis Langfristprognosen Prozeßverläufe deutlich über- oder unterschätzt, so kann auf Strukturbrüche geschlossen werden. Andererseits hängt die Anwendbarkeit entscheidend von der Kenntnis des Kundenumfangs ab. Ferner sollten Vorstellungen über den Verlauf von S für große t, d.h., über mögliche Sättigungsgrenzen und den Zeitpunkt des Prozeßendes existieren. Für die Anwendung der diskutierten Verfahren bietet sich daher insbesondere der Bereich des Direktmarketing an.

5 Literaturhinweise

/1/ Büning, H.; Trenkler, G.: Nichtparametrische Statistische Verfahren; Berlin 1978.

/2/ Cox, D.R.: Regression Models and Life Tables; J.R. Stat. Soc. Series B, 34 (1972), 187-202.

/3/ Hartung, J.: Statistik (4. Auflage); München 1985.

/4/ Kalbfleisch, J.D.; Prentice, R.L.: The Statistical Analysis of Failure Time Data; New York 1980.

/5/ Lawless, J.F.: Statistical Models and Methods for Lifetime Data; New York 1982.

/6/ Lee, E.T.: Statistical Methods for Survival Data Analysis; Wadsworth 1984.

/7/ Massy, W.F.; Montgomery, D.B.; Morrison, D.G.: Stochastic Models of Buying Behavior; Cambridge, Mass. 1970.

/8/ NCSS: Reference Manual 5.9 Curve Fitter; Kaysville 1991.

A knowledge based system for the brand manager

Soumitra Dutta
INSEAD
Boulevard de Constance
77305 Fontainebleau Cedex
FRANCE

Berend Wierenga
Erasmus University
P.O. Box 1738
3000 DR Rotterdam
The Netherlands

The job of a brand manager requires the consideration of a large number of entities or factors such as: characteristics and situation variables of the own brand, of competing brands, possible marketing actions that can be taken, competitive actions, major players in the distribution channel (e.g. retailing chains), etc. Moreover there are many interactions between these factors. Determining the effects of any action(s) on the various elements in the system is a non-trivial task requiring the use of both quantitative and qualitative reasoning. Mathematical models (such as the Multiplicative Competitive Interaction model Cooper & Nakanishi 88) have been used to model certain quantitative aspects of these interactions. They are however weak at modelling the qualitative and heuristic aspects of these systems. This paper explores the use of concepts from artificial intelligence (AI) for modelling and supporting the decision processes of a brand manager. Most prior applications of AI in marketing (see references) have focussed on building rule-based expert systems. Simple rule-based structures have important limitations in modelling complex systems. This paper studies the application of both object oriented programming (OOP), combined with framebased knowledge representation, and rule-based heuristic techniques to the (above) specified marketing situation. Integrating OOP and rule-based reasoning significantly extends the power of simple rule-based systems and yields several advantages in modelling the complex decision situation confronting a brand manager. The framebased knowledge structure makes it possible to handle deeper levels of reasoning: so-called model-based reasoning. A prototype system, BRANDFRAME, has been built to illustrate these ideas.

In subsequent research the validity of BRANDFRAME as a valid representation of the monitoring, analysis and decision making tasks of a brand manager will be tested in empirical settings.

References:

- Burke, R.R., A. Rangaswamy, J. Wind & J. Eliashberg (1990) *A Knowledge-Based System for Advertising Design*, Marketing Science, 9, no. 3 (Summer), 212-229

- Cooper, C.G. & M. Nakanishi (1988) *Market Share Analysis*, Boston: Kluwer Academic Publishers

- Gaul, W. & M. Both (1990) *Computergestützes Marketing*, Berlin: Springer Verlag

- Wierenga, B. (1990) *The First Generation of Marketing Expert Systems*, Working Paper no. 90-009, Marketing Department, The Wharton School, University of Pennsylvania, Philadelphia

Computer-Assisted Market Research & Marketing

Wolfgang Gaul
Institut für Entscheidungstheorie und Unternehmensforschung
Universität Karlsruhe, Postfach 6980, Kaiserstraße 12, 7500 Karlsruhe 1

In the beginning, a short survey concerning computer-assisted DSS for market research and marketing will be given where information-oriented, model-oriented, and knowledge-oriented support is described.

Then, efforts undertaken at the Institute of Decision Theory and Operations Research to develop tools for computer-assisted support for selected market research and marketing problems will be reported.

Finally, we present a running system, developed at our institute, and demonstrate part of the software facilities by means of an example and on the basis of a case study evaluated in collaboration with a market research institute.

INDIVIDUELLE ADOPTION UND AGGREGIERTE
VERALLGEMEINERTE LOGISTISCHE DIFFUSION

Lothar Knüppel

Universität Bielefeld, Fakultät für Wirtschaftswissenschaften
Postfach 8640, D-4800 Bielefeld 1

Das älteste und wohl bekannteste Diffusionsmodell, die logistische
Kurve, beschreibt die Ausbreitung einer neuen Marke, eines neuen
Produkts, einer neuen Technologie usw. wie alle S-förmigen Basis-
modelle (Exponential-, Bass-Modell usw.) auf aggregiertem Niveau.
Die gemessene Variable "Anteil der Adopter" oder "Verkäufe" betrachtet
die Reaktion des Gesamtmarkts, nicht aber den individuellen Adopter.
Dieser Ansatz ist gebräuchlich und empirisch praktikabel, wirft aber
die Frage auf: Kann das logistische Diffusionsmodell durch Aggregation
des inviduellen Verhaltens heterogener Adopter hergeleitet werden?
Von den hierzu bekannten insgesamt 7 Modellen (Mahajan/Muller/Bass,
Jl of Marketing 1990) führt nur das Oren/Schwartz-Modell (Jl Fore-
casting 1988) sowie das im deutschsprachigen Bereich bekannte Kotz/
Spremann-Modell (ZOR 1980) auf das konventionelle logistische Modell.

Dieser Beitrag gibt zwei Modelle an, die beide die Heterogenität
zwischen den potentiellen Adoptern in Form verschiedener individueller
Adoptionswahrscheinlichkeiten für das neue Produkt modellieren und
nach Aggregation zu verallgemeinerten logistischen Diffusionsmodellen
führen. Das erste Modell beschreibt und aggregiert das individuelle
Verhalten in der Tradition der stochastischen Modelle des Käuferver-
haltens, das zweite führt explizit individuelle Zielfunktionen mit
Risikoaversion ein. Die Auswirkungen der Heterogenität neuer Produkte
und Bayes'schen Lernens auf individuelle Adoptionswahrscheinlichkeiten
bzw. Nutzen werden einbezogen.

Die Entwicklung solcher Modellansätze kann die Wirkung von Marketing-
Variablen auf die Ausbreitung eines neuen Produkts über deren Effekt
auf die individuellen Konsumenten modellieren und einer empirischen
Überprüfung zugänglich machen.

Auswirkung von Aktionen auf den Sortimentsverbund — Eine empirische Untersuchung mittels multivariater Logitmodelle

Martin Lukanowicz & Christian Buchta
Institut für Höhere Studien
Wien

Der Begriff Sortimentsverbund umfaßt die zwei Extremformen Substitution und Komplementarität. Untersuchungen zum Kaufverbund gehen vom Wirkungsmaß *Kauf* aus. Verbund bezieht sich auf jene Artikel, die der Kunde aus Gründen der Beschaffungsrationalisierung oder beeinflußt durch absatzpolitische Maßnahmen der Anbieter in einem einzigen Einkaufsvorgang zusammenfaßt. Untersuchungen zeigen, daß zwischen den Warengruppen fast ausnahmslos komplementäre Beziehungen bestehen (vgl. [HRU91]).

Unsere Arbeit untersucht Änderungen des Sortimentsverbunds durch absatzpolitische Maßnahmen. Als Datenmaterial der empirischen Untersuchung wurden als Wirkungsgröße tageweise Einkaufsaktdaten einer Unternehmung des Lebensmitteleinzelhandels (Scannerdaten), und als Einflußgröße wochenweise Wurfzettel beworbener Warengruppen verwendet. Die Warengruppensystematik wurde von der untersuchten Unternehmung übernommen.

Zuerst wurde für gepoolte Datensätze (jeweils zwei Tage an denen unterschiedliche Warengruppen beworben wurden) ein multivariates Logitmodell, das die Wahrscheinlichkeit des Kaufs der Warengruppe i unter der Bedingung des Kaufs der Warengruppen $j \neq i$ modelliert, geschätzt. Zur Parameterschätzung wurde ein modifizierter Marquardt/Levenberg Algorithmus (Ridge Regression) verwendet.

In dieses Modell wurden dann zusätzliche Dummyvariablen für Aktionswarengruppen eingefügt, d.h. die Verbundkoeffizienten der Aktionswarengruppen wurden aufgespalten in: $\beta_{ij} \longrightarrow \beta_{ij}^{keineAktion}$ und γ_{ij} wobei $\gamma_{ij} = \beta_{ij}^{Aktion} - \beta_{ij}^{keineAktion}$ (vgl. [JOHN84]). Es ergibt sich folgendes multivariates Logitmodell:

$$P(X_i = 1 \mid \forall X_j \text{ mit } j \in N_i) = \frac{exp^{\beta_i + \sum_{j \in N_i} \beta_{ij} X_j + \sum_{l \in A_i} (\beta_{il} + D_l \gamma_{il}) X_l}}{1 + exp^{\beta_i + \sum_{j \in N_i} \beta_{ij} X_j + \sum_{l \in A_i} (\beta_{il} + D_l \gamma_{il}) X_l}}$$

Es entsprechen β_i dem Logarithmus der Wettchance des Kaufs bzw. Nichtkaufs der abhängigen Warengruppe, $\sum_{j \in N_i} \beta_{ij} X_j$ der Änderung der Wettchance durch Verbundkäufe und $\sum_{l \in A_i} (\beta_{il} + D_l \gamma_{il}) X_l$ durch aktionsbedingte Verbundkäufe.

In der empirische Untersuchung konnte für 1/3 der beworbenen Warengruppen keine signifikanten Verbundbeziehungen und für 1/3 der Warengruppen keine signifikanten Änderungen der Verbundbeziehungen durch Aktionen nachgewiesen werden. Für die Gruppe der signifikanten Änderungen der Verbundbeziehungen durch Aktionen erscheint eine Unterscheidung der Wirkung (vgl. [BLAT90]) in *reine Aktionskäufe* (Verbund geht durch Aktion zurück), *zusätzlicher Verbund* durch Aktion und *Ladenwahl* (Verbund kommt nur durch Aktionskäufe zustande) als sinnvoll.

Literatur

[HRU91]   H. Hruschka: *Bestimmung der Kaufverbundenheit mit Hilfe eines probabilistischen Meßmodells*, zfbf 43 (5/1991), S. 418–433

[JOHN84]   J. Johnston: *Econometric Methods*, 3rd Edition, McGraw-Hill, Auckland, 1984

[BLAT90]   R.C. Blattberg; S.A. Neslin: *Sales Promotion — Concepts, Methods, and Strategies*, Prentice Hall, New Jersey, 1990

ZUR PREISBILDUNG IM EUROPÄISCHEN MARKT

Ulrich Lutz, Karlsruhe

Zusammenfassung: Auf der Grundlage von Preisdaten aus verschiedenen Ländern der Europäischen Gemeinschaft werden landesspezifische Automobilpreisstrukturen aufgezeigt. Das Ausmaß der Wirkung unterschiedlicher Einflüsse internationaler Preisbildung wird analysiert.

Abstract: Using price data from different countries in the European Community country specific car price structures are represented. The extent to which different features influence international pricing is analysed.

Verwendete Preisdaten

Die Datengrundlage enthält Automobilpreiserhebungen der europäischen Verbraucherorganisation BEUC (Bureau Européen des Unions de Consommateurs) in Brüssel, die auf einer Studie aus dem Jahr 1989 beruhen. Dabei gehen die Fahrzeugendpreise abzüglich anschaffungsbezogener Steuern in die Untersuchung ein. Preise für ein bzgl. Bezeichnung und Hubraum identisches Fahrzeugmodell liegen jeweils für sechs bis zwölf EG-Mitgliedstaaten vor. Die insgesamt 202 verwendeten Preisbeobachtungen werden nach Fahrzeugklasse (Kleinwagen, untere Mittelklasse, gehobene Mittelklasse) und Herstellerland (Deutschland, Frankreich, Japan) in Datengruppen aufgeteilt. Die "BEUC-Daten" sind zur Beschreibung einer Preisdifferenzierung geeignet.

Um dem Umstand Rechnung zu tragen, daß namensgleiche Fahrzeuge in der EG nicht zwangsläufig mit demselben Ausstattungsumfang angeboten werden, werden zum Vergleich ausstattungsbereinigte Preisdaten verwendet, wie sie von acht Automobilherstellern zur Verfügung gestellt wurden. Es wird für jede Marke ein Fahrzeugmodell ausgewählt, für das Preise in allen oder zumindest in einer möglichst großen Zahl von EG-Ländern vorliegen (insgesamt 83 Beobachtungen). Die Listenpreise sind in diesen Daten um landesspezifische Abweichungen in der Serienausstattung, um die Mehrkosten für die Ausstattung von Fahrzeugen mit Rechtslenkung und gegebenenfalls um die Ausrüstung mit Abgaskatalysator korrigiert, womit sie insbesondere zur Erfassung einer nicht-kosteninduzierten Preisdiskriminierung geeignet sind.

Struktur der Preisdaten

Es wird – wie bei mehreren Untersuchungen, die den Preis als von verschiedenen Einflüssen abhängige Variable betrachten (z.B. KNETTER (1989), YAMAWAKI (1987)) – ein log-linearer Regressionsan-

Operations Research Proceedings 1991
© Springer-Verlag Berlin Heidelberg 1992

satz verwendet, um zunächst absatzlandspezifische Preiseffekte zu schätzen:

$$log\ p_j = \sum_i \pi_i y_{ji} + \sum_k \pi_k z_{jk} + \epsilon_j$$

i: Fahrzeugmodell

j: Beobachtung

k: Absatzland

$$y_{ji} = \begin{cases} 1 & \text{falls es sich bei Beobachtung } j \\ & \text{um Fahrzeugmodell } i \text{ handelt} \\ 0 & \text{sonst} \end{cases}$$

mit p_j: Preisbeobachtung j

π_i: Absatzlandunabhängiger Preis für Fahrzeugmodell i

$$z_{jk} = \begin{cases} 1 & \text{falls Beobachtung } j \\ & \text{Absatzland } k \text{ betrifft} \\ 0 & \text{sonst} \end{cases}$$

π_k: Preiseffekt des Absatzlandes k $\qquad$ ϵ_j: Zufallsabweichung

Auf Basis der Preiseffekte π_k werden mittels geeigneter Transformation Preisniveaus der verschiedenen Absatzländer bestimmt und in Tabelle 1 vergleichbaren früheren Ergebnissen von MERTENS/GINSBURGH (1985) und GINSBURGH/VANHAMME (1989) gegenübergestellt. Das

Basis	Jahr	B	D	DK	E	F	GB	GR	I	Irl	L	NL	P
Mertens/Ginsburgh (1985)	1983	100	123			117	144		132				
Ginsburgh/Vanhamme (1989)	1987	100	109			110	114		116				
BEUC-Daten	1989	100	111	80	120	107	130	85	119	118	103	104	114
Deutsche Fahrzeuge		100	108	85	120	106	126	91	115	122	102	106	114
Französiche Fahrzeuge		100	111	75	114	109	130	80	123	114	102	103	106
Japanische Fahrzeuge		100	112	80	166	93	137	75	124	117	109	109	132
Kleinwagen		100	113	79	112	107	111	84	123	121	102	101	99
Untere Mittelklasse		100	108	74	116	104	136	77	118	111	102	107	105
Gehobene Mittelklasse		100	108	83	126	109	125	75	115	118	102	101	129
Hersteller-Daten	1990	100	104	86	114	107	109	103	108	116	102	103	114

Tabelle 1: Gegenüberstellung landesspezifischer Preisniveaus für verschiedene Datengruppen

Ausmaß der landessystematischen Preisdifferenzierung war in der Veröffentlichung von GINSBURGH/VANHAMME (1989) gegenüber MERTENS/GINSBURGH (1985) zurückgegangen. Seitdem bewegt es sich in den von diesen Autoren betrachteten Ländern mit Ausnahme von Frankreich wieder ein wenig auf das Niveau von 1985 zu. Verwendet man die Standardabweichung landesspezifischer Preise für jedes Fahrzeugmodell als einfaches Maß für die landessystematische Preisdifferenzierung, so erweist sich diese im Rahmen der betrachteten Daten bei französischen und insbesondere bei japanischen Fahrzeugen als signifikant höher als bei deutschen. Die relative Preisstreuung nimmt, trotz leichterer Kompensierbarkeit von Arbitragekosten, tendenziell mit dem Absolutpreis eines Fahrzeugs zu.

Zur Verdeutlichung der Preisstrukturen im europäischen Automobilmarkt werden die Absatzländer nach modellunspezifischen Preisresiduen klassifiziert. Wie in Abbildung 1 (a) dargestellt, identifiziert das Ward-Verfahren nach dem Ellenbogenkriterium drei Cluster: Teure Märkte (E,GB,I,Irl,P), die durch die Ausrüstung der Fahrzeuge mit Rechtslenkung bzw. durch strenge Kontingente gegenüber japanischen Importen gekennzeichnet sind, mittelteure Märkte (B,D,F,L,NL) und günstige Märkte (DK,GR), deren Gemeinsamkeit insbesondere in einer sehr hohen Steuerbelastung bei der Kraftfahrzeuganschaffung besteht.

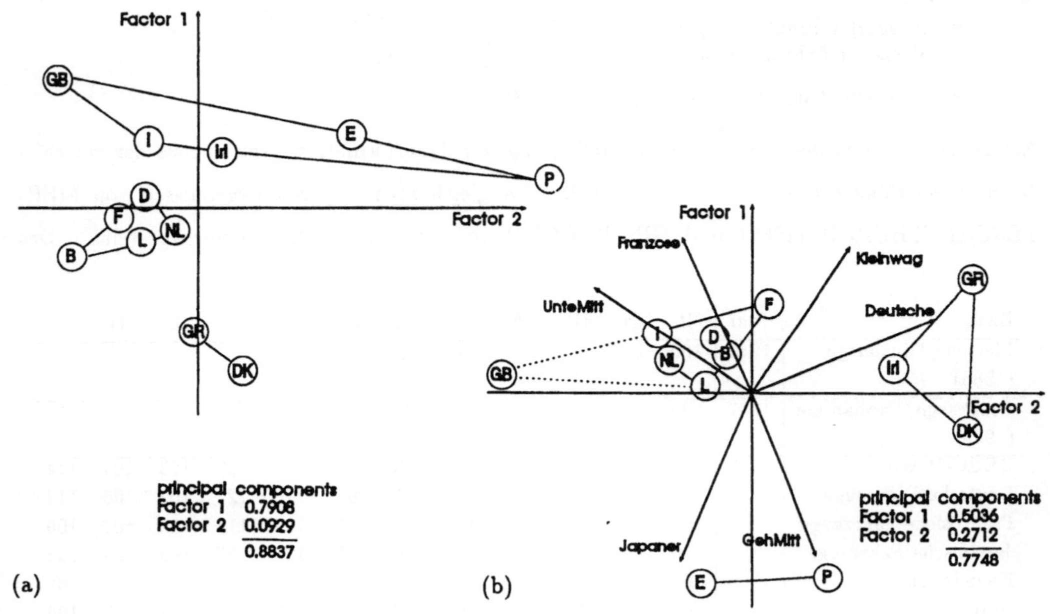

Abbildung 1: Klassifizierung von Märkten nach Automobilpreisen

Werden die Preisdaten hinsichtlich der absatzlandesspezifischen Preisniveaus standardisiert, so ergibt sich gemäß Abbildung 1 (b) ein iberisches Cluster, in dem japanische und größere Fahrzeuge relativ teuer sind, ein eher zentraleuropäisches Cluster, von dem sich Großbritannien in der Vier-Cluster-Lösung absetzt, und ein Cluster weiterer EG-Randstaaten, in denen deutsche Automobile relativ teuer sind.

Determinanten internationaler Preisfindung

Unabhängig von der aktuell vorgegebenen Preisdatengrundlage stellt die Literatur eine Vielzahl von Begründungsmöglichkeiten für internationale Preisdifferenzen bereit. Zur automobilspezifischen Betrachtung internationaler Preisbildungsfaktoren werden in Tabelle 2 den in verschiedenen Quellen diesbezüglich genannten Einflüssen entsprechende Variablen (VAR) zugeordnet, deren zu unterstellende Wirkungsrichtung (WR) in Bezug auf den Preis in aller Regel bekannt ist. Daten für die vorgestellten Variablen, die mit den entsprechenden Preisbeobachtungen korrespondieren, werden aus Sekundärquellen entnommen. Dazu gehören allgemeine Wirtschaftsstatistiken, Angaben einzelner Automobilhersteller sowie Veröffentlichungen des Verbands der Automobilindustrie (VDA) und anderer Institutionen.

Einfluß	Quelle z.B.	VAR	Variablenbezeichnung	WR
Transportkosten	Daems (1979), Markl (1991)	x_1	Entfernung	+
Zusatzkosten	Cavusgil (1988)	x_2	Arbeitskosten	+
Rechtslenkung	*ein Automobilhersteller* (1990)	x_3	Rechtslenkerdummy	+
	Kommission der EG (1982)			
Katalysator	CLCA (1990)	x_4	Katalysatordummy	+
Kaufkraft pro Kopf	van Bael (1983)	x_5	BIP in Kaufkraftstandards	+
	ein Automobilhersteller (1990)	x_6	BIP in ECU	+
		x_7	Einkommen	+
Marktsättigung	BEUC (1989)	x_8	KFZ-Zulassungsdichte	–
Marktwachstum	Nagle (1987)	x_9	KFZ-Zulassungswachstum	+
Steuer	Walldorf (1987), BEUC (1989)	x_{10}	Steuersatz	–
Inländer-Goodwill	Mertens/Ginsburgh (1985)	x_{11}	Inländerdummy	+
Dominanz inlän-	Davidson et al. (1989),	x_{12}	Existenz inländischer Anbieter	+
discher Anbieter	Kommission der EG (1982)	x_{13}	Marktanteil der Inländer	+
Japanische Konkurrenz	Mertens/Ginsburgh (1985)	x_{14}	Marktanteil der Japaner	–
Marktabschottung	BEUC (1989)	x_{15}	Existenz eines Kontingents	+
Marktposition	Gilligan/Hird (1986)	x_{16}	Relativer Marktanteil	+/–
Rabattniveau	CLCA (1990),	x_{17}	Rabattkennzahl	+
	Gilligan/Hird (1986)			
Wechselkurs	CLCA (1990),	x_{18}	Wechselkurskennzahl	+
-verschiebung	Markl (1991),	x_{19}	Wechselkursveränderungsrate	+
Inflation im	Ginsburgh/Vanhamme (1989),	x_{20}	Inflationskennzahl	+
Absatzland	van Bael (1983)	x_{21}	Inflationsrate	+

Tabelle 2: Beschreibung der Bestimmungsfaktoren internationaler Automobilpreise

Strukturierung der Variablen mittels Faktorenanalyse

Zur Strukturierung der Variablen wurde eine Hauptkomponentenanalyse vorgenommen. Mit 6 Faktoren können 88.13% der Varianz der ursprünglichen Daten erklärt werden. Die Faktorladungen nach einer Varimax-Rotation sind Tabelle 3 zu entnehmen. Werte, die eine bestimmte Größenordnung überschreiten, sind unterstrichen und werden bei der folgenden Interpretation der Faktoren hauptsächlich berücksichtigt:

Faktor 1 repräsentiert mit Kaufkraftgrößen, den damit stark korrelierten Arbeitskosten und einem entsprechenden Stadium des Automobils im internationalen Produktlebenszyklus den Entwicklungsstand bzw. Wohlstand eines Absatzlandes. Faktor 2 steht unter Einbeziehung der Besteuerung der Kraftfahrzeuganschaffung sowie der Wechselkurs- und Inflationskennzahlen für volkswirtschaftliche Einflußgrößen. Faktor 3 beschreibt die absatzlandspezifische Wettbewerbssituation insbesondere un-

Variablenbezeichung	VAR	Faktor 1	Faktor 2	Faktor 3	Faktor 4	Faktor 5	Faktor 6
Entfernung	x_1	-0.40229	-0.50129	-0.02256	-0.06046	-0.48478	-0.02520
Arbeitskosten	x_2	0.86520	0.33644	-0.04120	0.05692	0.05835	0.24707
Rechtslenkerdummy	x_3	-0.13452	0.04518	-0.07388	0.93204	-0.02335	-0.19493
Katalysatordummy	x_4	0.09636	0.09063	-0.04628	-0.00748	0.06021	0.93689
BIP in Kaufkraftstandards	x_5	0.92509	0.28642	0.12358	-0.04311	0.06224	0.00831
BIP in ECU	x_6	0.95238	0.19229	-0.00603	-0.16496	0.06827	0.03050
Einkommen	x_7	0.92083	0.27753	0.10418	-0.07996	0.06801	-0.00239
KFZ-Zulassungsdichte	x_8	0.81401	0.41773	0.21409	-0.04755	0.08404	0.08254
KFZ-Zulassungswachstum	x_9	-0.76663	0.27888	0.50192	-0.00868	-0.02036	0.01794
Steuersatz	x_{10}	-0.00574	-0.74020	-0.47799	-0.14336	-0.07087	-0.10405
Inländerdummy	x_{11}	0.15481	-0.05468	0.30284	0.04190	0.75697	0.12375
Existenz inländischer Anbieter	x_{12}	0.24104	0.17206	0.73732	0.23055	0.02097	0.34986
Marktanteil der Inländer	x_{13}	0.42910	-0.08155	0.75828	0.25157	0.14998	0.13863
Marktanteil der Japaner	x_{14}	0.04744	-0.23957	-0.90242	0.26174	0.00935	0.14557
Existenz eines Kontingents	x_{15}	-0.30015	0.05247	0.84353	0.06239	-0.04399	-0.27223
Relativer Marktanteil	x_{16}	-0.02530	0.03830	-0.19250	-0.02239	0.90237	-0.03484
Rabattkennzahl	x_{17}	-0.03580	0.17927	0.21449	0.88658	0.05875	0.23404
Wechselkurskennzahl	x_{18}	0.34341	0.81309	0.15071	0.07089	-0.07058	0.03993
Wechselkursveränderungsrate	x_{19}	0.19113	0.87426	0.17720	-0.01441	-0.02363	-0.06641
Inflationskennzahl	x_{20}	-0.59481	-0.73497	0.15232	-0.12361	-0.07999	-0.16256
Inflationsrate	x_{21}	-0.56398	-0.73659	0.18167	-0.12562	-0.08421	-0.17533
Erklärungsanteil		0.3896	0.1838	0.0996	0.0848	0.0699	0.0537

Tabelle 3: Faktorladungen der einzelnen Variablen nach Varimax-Rotation

ter Einbeziehung von Variablen, die Indikatoren für die Dominanz inländischer Hersteller und für die Abschottung gegenüber japanischen Importen darstellen. Faktor 4 integriert den Rechtslenkerdummy und das ebenfalls auf den britischen Inseln besonders hohe Rabattniveau (Korrelation 0.73). Faktor 5 steht für die herstellerspezifische Wettbewerbssituation mit dem relativen Marktanteil und dem Inländerdummy. In Faktor 6 wird vornehmlich die kostensteigernde Wirkung der Katalysatorausrüstung berücksichtigt.

Auswertung in Bezug auf die Automobilpreise

Mit dem Ansatz

$$log\, p_j = \sum_i \pi_i y_{ji} + \sum_f b_f x_{jf} + \epsilon_j$$

mit $\quad x_{jf}$: Ausprägung des Faktorwertes von Faktor f bei Beobachtung j

$\qquad b_j$: Regressionsparameter von Faktor f

wird der multiple Zusammenhang zwischen Faktoren und Preisbeobachtungen analysiert. Parameterschätzungen und entsprechende Signifikanzniveaus für die verschiedenen betrachteten Datengruppen können der Tabelle 4 entnommen werden. Signifikanzniveaus unter 0.05 wurden mit einem Stern gekennzeichnet. Die Werte für das Bestimmtheitsmaß R^2 beziehen sich auf den Anteil der verbleibenden Preisvarianz, die nicht durch die verschiedenen Fahrzeugmodelle i erklärt werden kann.

Es sind – mit zwei Ausnahmen – die Parameterschätzungen der Faktoren 1 bis 4 in allen Datengruppen signifikant. Schließt man die Faktoren 5 und 6 aufgrund mangelnder Signifikanz aus der Regressionsgleichung aus, so verändern sich die Ergebnisse für die Faktoren 1 bis 4 und die Bestimmtheitsmaße nur geringfügig.

	Faktor 1	Faktor 2	Faktor 3	Faktor 4	Faktor 5	Faktor 6	R^2
BEUC-Daten	-0.017237	0.026178	0.032898	0.029780	-0.002420	0.002905	0.6855
	* (0.0001)	* (0.0001)	* (0.0001)	* (0.0001)	(0.3607)	(0.2728)	
Deutsche	-0.017897	0.019182	0.023423	0.028176	-0.005758	0.006512	0.5715
Fahrzeuge	* (0.0002)	* (0.0001)	* (0.0001)	* (0.0001)	(0.3854)	(0.2762)	
	(0.8861)	(0.1282)	* (0.0437)	(0.7310)	(0.6142)	(0.5452)	
Französische	-0.008399	0.031513	0.040973	0.031978	-0.003317	0.003312	0.8363
Fahrzeuge	* (0.0489)	* (0.0001)	* (0.0001)	* (0.0001)	(0.4198)	(0.3917)	
	* (0.0386)	(0.1749)	(0.0611)	(0.0911)	(0.8268)	(0.9158)	
Japanische	-0.034333	0.034153	0.032276	0.026826	-0.012738	-0.002443	0.6954
Fahrzeuge	* (0.0019)	* (0.0135)	* (0.0286)	* (0.0027)	(0.4785)	(0.7287)	
	(0.0982)	(0.5429)	(0.9648)	(0.7204)	(0.5653)	(0.4496)	
Kleinwagen	-0.004913	0.027440	0.030795	0.036874	0.004477	0.004553	0.8036
	(0.1828)	* (0.0001)	* (0.0001)	* (0.0001)	(0.2615)	(0.2742)	
	* (0.0013)	(0.7110)	(0.6013)	(0.0656)	(0.0859)	(0.6909)	
Untere	-0.009442	0.035887	0.036232	0.035985	0.003497	0.005631	0.7854
Mittelklasse	(0.0531)	* (0.0001)	* (0.0001)	* (0.0001)	(0.3979)	(0.2476)	
	(0.1079)	(0.0896)	(0.4806)	(0.2130)	(0.1559)	(0.5733)	
Gehobene	-0.030629	0.021967	0.030986	0.021378	-0.010966	0.001130	0.7584
Mittelklasse	* (0.0001)	* (0.0001)	* (0.0001)	* (0.0001)	* (0.0148)	(0.7430)	
	* (0.0006)	(0.2575)	(0.6071)	* (0.0229)	(0.0555)	(0.6006)	
Hersteller-	-0.021700	0.012166	0.016641	0.013979	-0.001834	0.001947	0.5154
Daten	* (0.0001)	* (0.0036)	* (0.0001)	* (0.0008)	(0.6132)	(0.6123)	
	(0.2352)	* (0.0009)	* (0.0001)	* (0.0002)	(0.5229)	(0.4177)	

Werte in Klammern: Signifikanzniveau (t-Test)
erster Klammerwert unter Parameterschätzung für Parameterwert unterschiedlich von Null
zweiter Klammerwert für Parameterwert unterschiedlich von dem mit den BEUC-Daten geschätzten

Tabelle 4: Regressionsergebnisse der Faktorwerte

In Faktor 1 spiegelt sich die Tatsache wieder, daß sich das Automobil in Märkten mit hoher Kaufkraft in einem relativ fortgeschrittenen Stadium des Produktlebenszyklus befindet. Der erreichten Marktsättigung muß trotz hoher Kaufkraft in den entsprechenden Märkten durch niedrige Preise Rechnung getragen werden. Diese Aussage trifft für Fahrzeuge der gehobenen Mittelklasse signifikant stärker, für Kleinwagen signifikant schwächer zu als für das Gros der Fahrzeuge. Kleinwagenpreise werden demnach weniger nach dem Entwicklungsstand eines Landes differenziert. Kleinwagen befinden sich somit auch in weniger wohlhabenden Ländern in einem vergleichsweise gereiften Stadium des internationalen Produktlebenszyklus.

Die Preisdifferenzierung durch unvollständige Preisanpassung an Wechselkursveränderungen sowie die Berücksichtigung verschiedener Steuersätze im Nettopreis überwiegen die Anpassung an die allgemeine Preisentwicklung im Absatzland. Diesbezüglich weicht keine Untergruppe der BEUC-Daten signifikant vom Hauptdatensatz ab.

Ein begrenzter absatzlandspezifischer Wettbewerb erhöht durchweg das Preisniveau. Französische Hersteller orientieren ihre Preise signifikant stärker an der Wettbewerbssituation als deutsche und übertreffen in der Parameterschätzung das Niveau der Japaner, die von Kontingenten unmittelbar betroffen sind und somit rationalerweise höhere Preise fordern. Französische Hersteller gehen insofern marktorientierter vor als deutsche, woraus stärkere Korrekturerfordernisse resultieren können, wenn beispielsweise einzelstaatliche Kontingente nach und nach ihre Bedeutung verlieren.

Rechtslenkung und landesüblich hohe Rabattgewährung stehen innerhalb der untersuchten Daten durchweg im Zusammenhang mit höheren Preisen. Bei Fahrzeugen der gehobenen Mittelklasse ist dieser Einfluß signifikant schwächer, was sich in der Art interpretieren läßt, daß die Kosten für eine Umrüstung auf Rechtslenkung bei teureren Automobilen relativ wenig ins Gewicht fallen bzw. die Rabattgepflogenheiten in dieser Klasse wenig bedeutsam sind. Der Rechtslenkereffekt als solcher ist selbst bei den Hersteller-Daten signifikant, womit sich zeigt, daß neben Mehrkosten für Rechtslenkung und umfangreiche Ausstattungsmerkmale, die in den Hersteller-Daten korrigiert wurden, auch die durch Produktdifferenzierung bewirkte Marktisolation Konsequenzen hat.

Der Zusammenhang zwischen den Werten bei Faktor 5 und den Preisbeobachtungen ist nur bei den Daten für Fahrzeuge der gehobenen Mittelklasse signifikant. Wie sich in gesonderten Betrachtungen zeigt, verhalten sich die beiden stark in Faktor 5 repräsentierten Variablen Inländerdummy und relativer Marktanteil in allen anderen Fällen in bezug auf den Preis gegenläufig. Der Inländerstatus geht mit Ausnahme der genannten Fahrzeugklasse mit höheren Preisen einher, starke Marktpositionen werden im Rahmen der betrachteten Daten durch moderate Preisgestaltung verteidigt.

Bei den ausstattungsbereinigten Hersteller-Daten fallen die entsprechenden Parameterschätzungen außer bei Faktor 1 geringer aus als für die BEUC-Daten, da auch die entsprechende Preisstreuung im Falle der Preisdiskriminierung geringer ist. Die Parameterstruktur bleibt insbesondere im Hinblick auf die Vorzeichen erhalten. Da bei den Hersteller-Daten die überwiegende Mehrzahl der Preisbeobachtungen deutschen Fahrzeugen zuzuordnen ist, liegt eine Gegenüberstellung mit den Parameterschätzungen der Gruppe deutscher Fahrzeuge nahe. In diesem Fall weicht nur noch die Parameterschätzung für Faktor 4 signifikant ab. Ein entsprechender Unterschied ist hier zu erwarten, da die Ausstattungsbereinigung bei Rechtslenkerfahrzeugen unter Einbeziehung der entsprechenden Umrüstkosten die größte Auswirkung hat. Grundsätzlich sind die Aussagen zur Begründung einer Preisdifferenzierung in gemildertem Maße auf die Preisdiskriminierung übertragbar.

Literatur

/1/ BEUC (Bureau Européen des Unions de Consommateurs)
EEC Study on Car Prices and Progress towards 1992
Brüssel, October 15 (1989)

/2/ Cavusgil, S.T.
Unravelling the Mystique of Export Pricing
Business Horizons, May/June, 54-63 (1988)

/3/ CLCA (Comité de Liaison de la Construction Automobile)
Industry Reply on BEUC's complaint against the Motor Vehicle Sector
unveröffentlicht, Brüssel (1990)

/4/ Daems, H.
A Study on Price Differences in the Markets in Belgium and Europe
Brüssel (1979)

/5/ Davidson, R.; Dewatripont, M.; Ginsburgh, V.; Labbé, M.
On the Welfare Effects of Anti-Discrimination Regulations in the EC Car Market
International Journal of Industrial Organization, 7, 205-230 (1989)

/6/ *ein Automobilhersteller*
Schreiben an die Kommission der EG, Generaldirektion Wettbewerb
unveröffentlicht (1990)

/7/ Gilligan, C.; Hird, M.
International Marketing – Strategy and Management
London (1986)

/8/ Ginsburgh, V.; Vanhamme, G.
Price Differences in the EC Car Market – Some Further Results
Annales d'Economie et de Statistique, No. 15/16, 137-149 (1989)

/9/ Knetter, M.M.
Price Discrimination by U.S. and German Exporters
The American Economic Review, March, 198-210 (1989)

/10/ Kommission der Europäischen Gemeinschaften
Twelfth Report on Competition Policy
Brüssel (1982)

/11/ Markl, R.
Wechselkursveränderungen bei unvollkommener Konkurrenz
Frankfurt (1991)

/12/ Mertens, Y.; Ginsburgh, V.
Product Differentiation and Price Discrimination in the European Community
The Journal of Industrial Economics, December, 151-166 (1985)

/13/ Nagle, T.T.
The Strategy and Tactics of Pricing
Prentice Hall (1987)

/14/ Van Bael, I.
The Draft EEC Regulation on Selective Distribution of Motor Vehicles
Revue Suisse du Droit Internationale de la Concurrence, 19, 3-22 (1983)

/15/ Walldorf, E.G.
Auslandsmarketing
Wiesbaden (1987)

/16/ Yamawaki, H.
Export Pricing Behavior and Market Stucture
Discussion Paper, WZB Berlin (1987)

Allocating the marketing budget to segments, products, and promotional
tools - The application of a marketing model

Jens R. Maier
Assistant Professor of Marketing
London Business School
Sussex Place
Regent's Park
London NW1 4SA
UK

John Saunders
National Westminster Bank
Professor of Marketing
University of Technology
Loughborough LE11 3TU
UK

Government regulations in the UK force pharmaceutical companies to operate
within heavily constrained levels of marketing expenditure. We are
reporting on the development and application of a marketing model
allocating the fixed marketing budget of a pharmaceutical company to
market segments, products, and promotional tools such as sales force,
advertising and direct mail.

Based on market research data on a representative sample of 2,000 doctors,
segments in the market of general practitioners are identified which
display a difference in response to promotional activities.

An allocation model is developed predicting market shares and,
subsequently, profits taking the interaction of promotional tools into
account. The parameterisation is achieved through subjective estimation
in interactive sessions with marketing managers.

A Gompertz model is found to best represent the estimated responses for
the various permutations of products, segments and promotional tools.

Optimisation techniques are applied to the constrained, non-linear
problem, maximising gross profit. The paper concludes with a discussion
of the results, the limitations of the work and an outline of future
research.

A CONCEPT FOR CONSTRUCT VALIDATION OF EXPERT SYSTEMS IN MARKETING

Bruno Neibecker, Universität Karlsruhe (TH)

Abstract: The rationale for a theory-based Expert System in an unstructured domain in Marketing is adapted from the Holistic Construal and the relativistic view. It is applied in the knowledge base from ESWA (Expert System for advertising evaluation). The validity has been shown using objective market research data.

Zusammenfassung: Die Grundlagen für ein theoriebasiertes Expertensystem in einem schlecht strukturierten Marketingbereich werden auf der Basis des "Holistic Construal" und des "relativistic view" dargestellt und in der Wissensbasis von ESWA (Expertensystem zur Werbewirkungsanalyse) umgesetzt. Die Validität wird mittels objektiver Marktforschungsergebnisse belegt.

Theory-based Knowledge Engineering

Today the first generation of Marketing Expert Systems (XPS) has been established (DECKER;GAUL 1990). But as WIERENGA (1990) mentioned, "validation of marketing expert systems has received limited attention until now" and the question arises, why the demand for a "strong" validation is so much degraded.

The logical empiricist model vs. the Holistic Construal: Before explaining the theoretical model behind ESWA, the structural dimension of the process of theory construction is briefly discussed. On the one side are philosophers of science, on the other formal methodologists and statisticians. The Holistic Construal has its roots in both the philosophy of science and multivariate statistics. It should be seen as a methodological program to bridge the philosophical and statistical traditions by beeing concerned with conceptual and empirical issues (BAGOZZI 1984).

According to SUPPE (1974, pp. 50-53) and BAGOZZI (1984) we may characterize the logical empiricist model of the structure of theory as follows: Scientific theories are formulated in terms of a language L and a logical calculus K. L consists of the theoretical language L_T and an observation language L_O. The empirical meaning of the theory is said to occur through the correspondence rules C.

The conjunction of T, C, and O forms the entire structure of the theory.

A shortcoming in the logical empiricists tradition is the way, how theoretical terms receive empirical meaning, i.e. the observational content associated with the theoretical terms. Here, logical empiricist prefer a one-way and upward flow of meaning from observations to the theoretical terms. In contrast to this view, the Holistic Construal is open for a downward flow of meaning from theoretical terms to observable terms, an upward and/or nondirectional-associative empirical meaning. Finally the conceptual and empirical meaning of the theorectical terms are contaminated by errors in observations because theory and measurements must be constructed in an imperfect world - this "spurious meaning" occurs as random measurement error and as systematic error. Using the conventions of the causal diagram BAGOZZI (1984) formulates a Holistic Construal. This Holistic Construal represents an ideal which would go far toward making our theories more explicit and subject to detailed evaluation. In

342

practice it is seldom implemented, but it is a good outgoing point for structure the discussion in theory-based knowledge engineering.

In addition to the Holistic Construal, the critical relativism is advocated as a philosophical foundation in Marketing and consumer inquiry (PETER 1991). Relativists argue that there is no single criterion that can be universally applied to judge theories, research results, or scientific knowledge. Rather, which criteria are applied depends on the particular context and the relevant goals and values of individual researchers and research communities. Relativists recognize the subjective component in science and thus even open the discussion for heuristic knowledge modelling in XPSs.

Constructing theories the flow of meaning is basically downward - that means, theoretical terms are regarded to imply particular observations. Applying theories to decision support, the process of reasoning is one of upward and inductive thinking.

This is relevant for the inference process of a diagnostic XPS, where the diagnostic facts are scrutinized to coincide with a specific, single case. Based on the confirmed facts the inference process works upward to more complex and theoretical terms. It should be mentioned that this flow of meaning is independent from the inference technique, e.g. backward or forward chaining.

In our knowledge modelling we like to - where ever possible - follow the advanced view of the Holistic Construal, completed by heuristic rules in a relativists view. Therefore the explanation component of the XPS must clarify what standards are used to judge the knowledge claims, what research community and what particular context are central for the rule formulation. Furthermore it has to be clear where subjective beliefs and expert experience is implemented.

<u>Validation of ESWA</u>: The adaptation of psychometric evaluation techniques becomes as more a central point, as the use of uncertain and qualitative knowledge becomes important for an adequate knowledge engineering. In general the validation process requires (O'LEARY 1987): (1.) to ascertain what the system knows, does not knows, or knows incorrectly, (2.) to ascertain the level of expertise of the system, (3.) to determine if the system is based on an adequate theory for decision making in the particular domain, and (4.) to determine the reliability of the system. To transform this in operational terms, the validity concepts known from psychometric theory, e.g. face validity, criterion related validity and construct validity may be adapted for XPS validation (NEIBECKER 1984; 1990).

<u>Face validity (Content validity)</u>: This validity deals essentially with subjective judgements of the appropriateness of the measurement instrument. Naturally, this judgement must be based on intuitive considerations whether a procedure omitted any major attributes, facts, theories etc., respectively if the instrument (i.e. XPS) "looks like" it measures what it is intended to measure. Most of the ongoing validation in XPS evaluation seems to revolve around this kind of validation, but face validity is far from completeness. <u>Criterion related validity</u>: Criterion related validity is probably the most common type in Marketing. This technique involves comparing test or scale scores with one or more external variables, known or believed to measure the attribute under study. The result is an objective validity score in respect of the underlying external variable, usually received through some statistical measure of correlation. This is particularly useful when a new measurement technique (e.g. an XPS interpreted as a measurement instrument) has been developed. <u>Construct validity</u>: Construct validity is the concern to tie theoretical constructs into a network of related concepts including observable terms. Thus with the Holistic Construal and the method of causal modelling a formal basis to model the constructs,

operationalizations, and propositions of the theory structure is available.

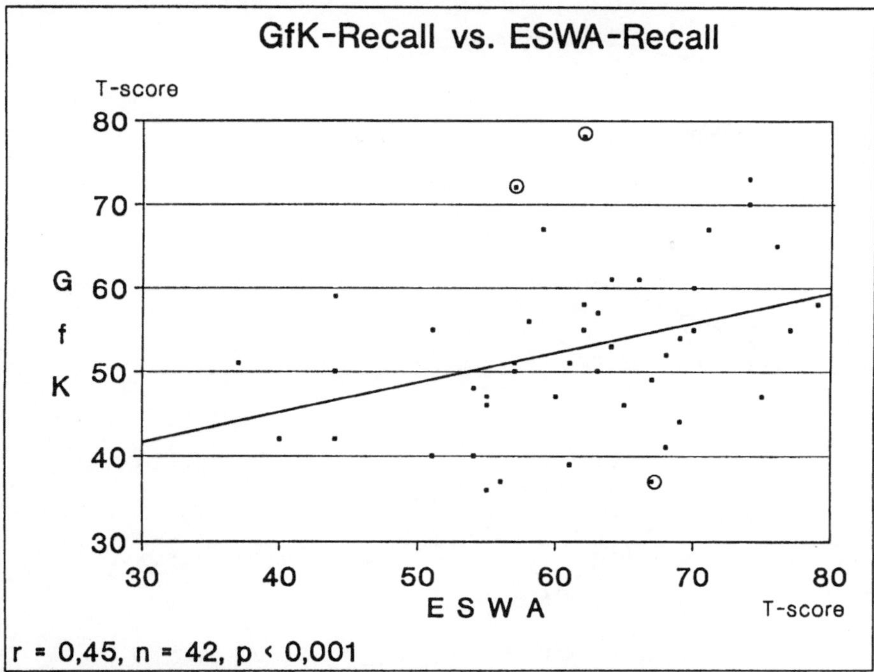

Fig. 1: Criterion related validity for Recall

Stage of validation for ESWA: A graph-theoretical definition of the ESWA inference engine can be found in KROEBER-RIEL/LORSON/NEIBECKER (1991). The subparts for uncertain knowledge processing are implemented as follows (NEIBECKER 1990): Multiple evidence is updated according to PROSPECTOR: $O(H/E'_1,...,E'_n)=(\Pi_{i=1...n}\, \beta'_i)*O(H)$. The odds on H in the light of the new evidence $E'_1,...,E'_n$, attenuated for observational uncertainty, is updated by multiplying the prior odds on H by the overall likelihood ratio β' ($\beta'=[P(H/E')/P(^- H/E')]/O(H)$). Output Certainty is updated according to PROSPECTOR, but could be markedly simplified by introducing a consistent scale constituting transformation: $P(H/E')=P(H/E)*P(E/E') +P(H/^- E)*P(^- E/E')$. To take into consideration the specific influence conditions in communication theory and Marketing, where compensatory knowledge accumulation and intercorrelated subdimensions and measures are typical, an adequate algorithm from psychometric theory was adapted for input certainty. The combined input certainty ($P(I)$) of a complex rule with two or more (k) antecedents is calculated as: $P(I)=1-[(k-\Sigma w_{ii})/R^*]$. R^* equals the sum of all elements in the matrix of correlation of the k antecedents, reflecting a possible intercorrelation between these variables, the term ($k-\Sigma w_{ii}$) accounts for the difference between certainty for all antecedents and the respective observational evidence w_{ii} for each antecedent (the diagonal elements in the correlation matrix), expressed as "reliable" variance (NUNNALLY 1978, pp. 246-249).

ESWA is a completely fuzzy-based XPS which has undergone an objective validity test. Up to now, the findings for the criterion related validity of ESWA-results with copy-test results from AD*VANTAGE PRINT (GFK-Market Research, Nürnberg, Germany) are available.

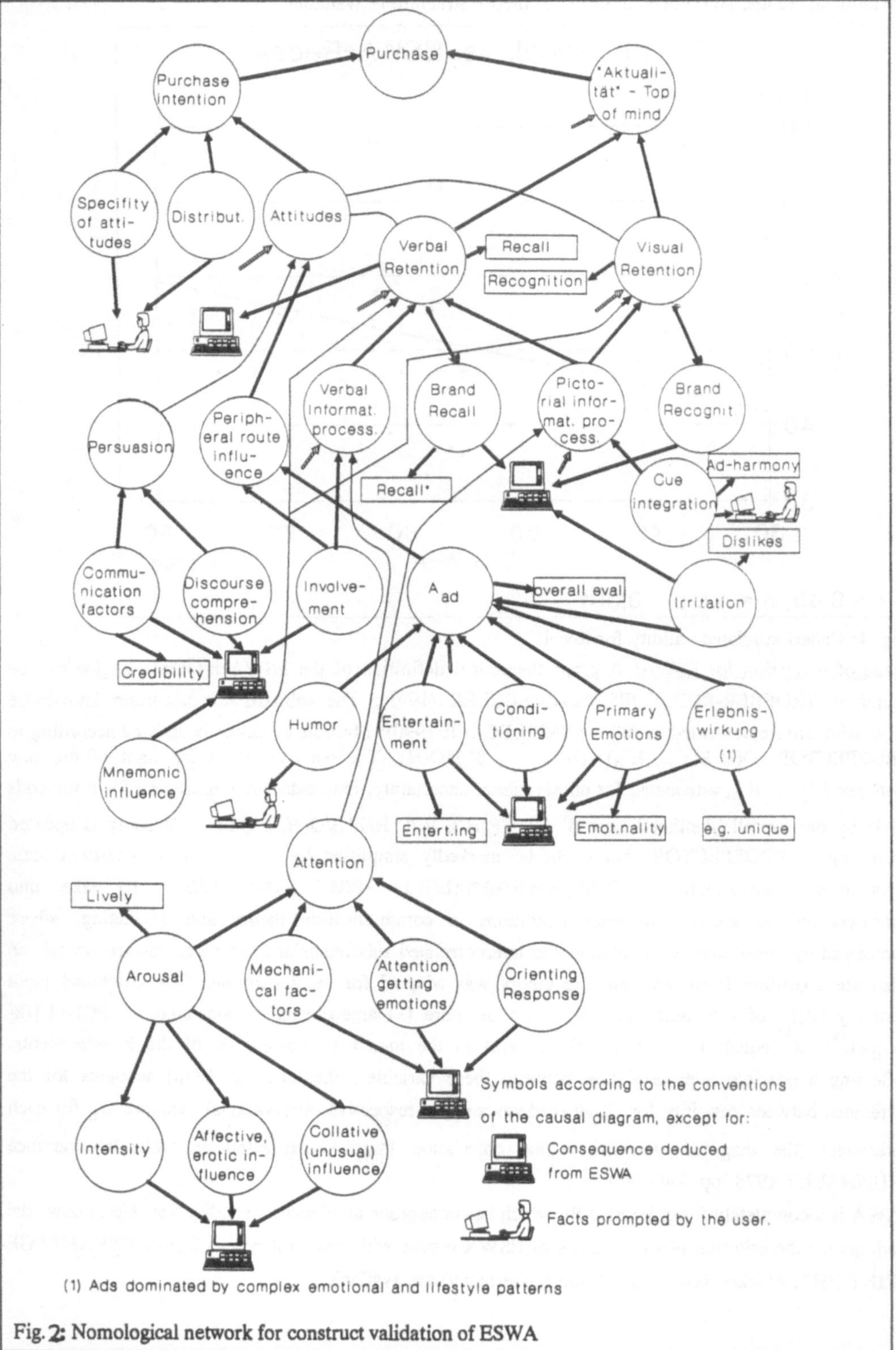

Fig. 2: Nomological network for construct validation of ESWA

Fig. 1 shows the correlation between GFK-results for unaided recall and the predicted results in T-scores (a standard scale ranging from 0-100, with a mean of 50). GFK-results are transformed into a T-scale, ESWA itself presents results in the light of a T-scale. Actually 45 ads are available with the ESWA score for recall, to be derived from an evaluation session of about one hour for each ad, and with complete blindness to the copy-test results. Including the three outliers, the correlation diminishes to $r=0.35$, still significant at the 1%-level. This is a convincing proof of the appropriateness of the ESWA knowledge base including the inference algorithm for uncertain knowledge.

To analyze the outliers, one recall score for an outlier-ad belongs to a campaign, as a consequence the available score represents the mean for the campaign ads only. Another stands for the top brand in the market, giving the recall score an additional shift. This should be reflected in a later version of the ESWA knowledge base. On the other side it is also possible, that some outliers are due to extreme demand characteristics during the test procedure.

Beyond a pure validation, an objective validity coefficient (e.g. a correlation) can be used to supplement copy-test procedures. If we have a certain confidence in the XPS-results (e.g. for recall), we can evaluate a new ad by copy-tests and in addition by ESWA. If the new data point, consisting of pretest- and ESWA-score, exhibit validity, the correlation and the significance will be improved, resulting from an increase in the covariance. Because the "objective" copy-test scores may be biased also, this procedure would give us a inexpensive possibility for a kind of "cross" validation.

Even for emotional reaction, a subdomain which often has been hypothesized not to be accessible for XPSs, we obtain a significant correspondence between objective results and XPS expertise ($r=0,49$, $n=44$, $p<0,001$). Other correlations are moderately, but significant correlated (e.g. attitude toward the ad (Aad) $r=0.28$, $p<0.036$; GFK attitude shift with ESWA argument quality $r=0.26$, $p<0.04$) or not correlated as expected (e.g. GFK attitude shift with ESWA persuasion $r=0.01$, $p>0.1$; GFK likes with ESWA attitudes $r=0.17$, $p>0.1$).

As a final step, if more cases are available, a construct validation could be accomplished, at least for relevant subparts, according to the causal (nomological) network outlined in Fig. 2. For theoretical background see Neibecker (1990) and Kroeber-Riel (1990).

Literature:

/1/ Bagozzi, R.P.: A Prospectus for Theory Construction in Marketing. Journal of Marketing 48, 11-29, (1984).
/2/ Decker, R.; Gaul, W.: Einige Bemerkungen über Expertensysteme für Marketing und Marktforschung. Marketing ZFP 12, 257-271 (1990).
/3/ Kroeber-Riel, W.: Konsumentenverhalten. München: Vahlen (1990).
/4/ Kroeber-Riel, W.; Lorson, T.; Neibecker, B.: Expertensysteme in Marketing und Werbung. DBW Die Betriebswirtschaft (i.V.)
/5/ Neibecker, B.: The Validity of Computer-Controlled Magnitude Scaling to Measure Emotional Impact of Stimuli. Journal of Marketing Research 21, 325-331 (1984).
/6/ Neibecker, B.: Werbewirkungsanalyse mit Expertensystemen. Heidelberg: Physica (1990).
/7/ Nunnally, J.C.: Psychometric Theory. New York et al.: McGraw-Hill (1978).
/8/ O'Leary, D.E.: Validation of Expert Systems-With Applications to Auditing and Accounting Expert Systems. Decision Sciences 18, 468-486 (1987).
/9/ Peter, J.P.: Philosophical Tensions in Consumer Inquiry. Robertson, T.S.; Kassarjian, H.H. (Eds.): Handbook of Consumer Behavior. Englewood Cliffs: Prentice Hall, 533-547 (1991).
/10/ Suppe, F.(Ed.): The Structure of Scientific Theories. Urbana et al.:University of Illinois (1974).
/11/ Wierenga, B.: The First Generation of Marketing Expert Systems. Working Paper 90-009. Wharton School, University of Pennsylvania (1990).

KONNEKTIONISTISCHE TOURENPLANUNG
FÜR DIE DEZENTRALE VERTRIEBSAUSSENDIENSTSTEUERUNG

Wolfram Pietsch, Münster
Alexander Teubner, Dortmund

Zusammenfassung

Die Aufstellung effizienter Tourenpläne stellt eine wichtige Aufgabe im Rahmen der industriellen Vertriebslogistik dar. Der dezentrale Einsatz konventioneller Tourenplanungssysteme war bisher, u.a. wegen der hohen technischen Anforderungen, nicht möglich. Konnektionistische Verfahren ermöglichen die effiziente Lösung spezifischer Anwendungsprobleme, die weder mit konventionellen Algorithmen noch mit Expertensystemen befriedigend gelöst wurden; sie zeichnen sich u.a. durch (quasi-) parallele Verarbeitung, ein gutes Näherungsverhalten und Lernfähigkeit aus. Es werden Vorteile und Einsatzmöglichkeiten konnektionistischer Verfahren für die Tourenplanung verdeutlicht und ein Prototyp eines konnektionistischen Softwaresystems vorgestellt. Bei einem kundenorientierten Ansatz ist neben den logistischen Restriktionen der relative Wert des persönlichen Kundenbesuchs (abhängig vom Umsatzpotential und der üblichen Besuchsfrequenz) zu berücksichtigen.

1.   Computer Aided Selling

Analog zu den verschiedenen C-Technologien im Produktionsbereich wurde für den Einsatz von Computersystemen im Außendienst der Begriff 'Computer Aided Selling' - kurz CAS - geprägt /1, 3/. Durch Unterstützung von Sach- und Dispositionsaufgaben soll das CAS die Effektivität der Außendienstarbeit erhöhen. Neben Verkaufszielvorgabe und -bewertung stellen dabei Kundenbewertung und -auswahl die wesentlichen dispositiven Aufgaben dar /1, 2/. Zur Unterstützung der Kundenbewertung stehen verschiedene Methoden wie z.B. die ABC-Analyse, mathematische Entscheidungsmodelle oder die Portfolioanalyse zur Verfügung /1/. Die Ergebnisse der Kundenbewertung können für die Besuchsplanung - den wohl am stärksten diskutierten Aufgabenbereich im Rahmen der Außendienststeuerung - genutzt werden.

Die Besuchsplanung umfaßt Kundenauswahl und Tourenplanung /1/. Die Bestimmung optimaler Tourenpläne ist besonders schwierig, da diese von der Auswahl der zu besuchenden Kunden beeinflußt wird. Das Operations Research (OR) stellt verschiedene Modelle und Methoden für die Lösung der Tourenplanungsaufgabe zur Verfügung, es ist aber kein Opti-

Operations Research Proceedings 1991
© Springer-Verlag Berlin Heidelberg 1992

mierungsmodell bekannt, daß die Abhängigkeit von Besuchs- und Tourenplanung berücksichtigt /1/. Wird die Tourenplanung jedoch lösgelöst von der Kundenbewertung durchgeführt, ist denkbar, daß in einer bestimmten Planperiode ein Kunde, der direkt an der ermittelten Reiseroute liegt, nicht für einen Besuch vorgesehen wird, ein anderer Kunde mit einer nur unwesentlich höheren Besuchspriorität, angefahren wird, obwohl er weit entfernt von den anderen Orten der Besuchstour liegt. Für das CAS sollten Kundenauswahl und Tourenplanung verbunden werden. In Ermangelung praktikabler simultaner Ansätze wird vorgeschlagen, zuerst die zu besuchenden Kunden und dann die Reiseroute festzulegen, obwohl diese (sequentielle) "Vorgehensweise theoretisch nicht »exakt« ist" /7/.

Eine weitere Schwäche der gängigen Tourenplanungsmodelle besteht in der zugrundeliegenden Annahme, daß eine feste Zuordnung zwischen reisenden Verkäufern zu Kunden vorgegeben ist. Von einer solchen festen Zuordnung kann jedoch in der Praxis nicht immer ausgegangen werden. So ist fraglich, ob eine detaillierte Vorgabe der Besuchsaktivitäten für die kundenbezogene Außendienstarbeit förderlich ist; es bietet sich vielmehr die Dezentralisierung der Besuchsorganisation an: Kundenbewertung, -auswahl und Besuchsplanung liegen in der Verantwortung des Verkäufers, es wird lediglich ein Verkaufsgebiet zugeteilt und das angestrebte Verkaufsziel vorgeben /1/.

Abgesehen von diesen spezifischen Anforderungen an die Tourenplanung, unterliegt das Grundmodell der Tourenplanung für die praktische Anwendung einem schwerwiegenden Nachteil: Die Bestimmung einer aufwandsminimalen Rundreise bei einer steigenden Anzahl von Orten ist durch eine kombinatorische Explosion der Lösungsalternativen gekennzeichnet, d.h. die Performanz des Lösungsverfahrens ist bei größeren Planungsproblemen nicht ausreichend.

Die aufgezeigten Probleme beschränken die Möglichkeiten des Einsatzes von Besuchsplanungsmethoden in CAS-Systemen derart, daß Zentes sogar vom "Tod des Handlungsreisenden«-Modells" /8/ spricht. Es soll im folgenden gezeigt werden, daß sich durch den Einsatz konnektionistischer Modelle neue Perspektiven für die Besuchsplanung ergeben. Dabei können auch die Erfordernisse einer dezentralen Vertriebsaußendienststeuerung berücksichtigt werden.

2. Der konnektionistische Lösungsansatz

Die Ursprünge konnektionistischer Modelle reichen bis in die 60er Jahre zurück. In letzter Zeit wurden Forschung und Anwendung vor allem in Zusammenhang mit dem durch Analogien aus der Neurobiologie motivierten Modell der Neuronalen Netze vorangetrieben. Neuronale Netze stellen informationsverarbeitende Systeme dar, die aus vielen einfachen Verarbeitungseinheiten bestehen, die - in Anlehnung an das biologische Vorbild der Nervenzellen - meist als Neuronen bezeichnet werden /4/. Die einzelnen Neuronen arbeiten parallel und stehen - vergleichbar zu der engmaschigen Verknüpfung von Nervenzellen (über Axone und Synapsen) - in enger Kommunikationsbeziehung zueinander.

Durch die Orientierung an biologischen Informationsverarbeitungsprinzipien erhofft man sich, von den vorteilhaften Eigenschaften des Gehirns im Hinblick auf die Verarbeitung riesiger, z.T. unzuverlässiger und unvollständiger Datenmengen zu profitieren. Bei Anwendung der traditionellen Lösungsansätze auf komplexe Problemstellungen wächst der Berechnungsaufwand exponentiell mit der Anzahl der zu berechnenden Daten. Ein wesentlicher Vorteil einer konnektionistischen Lösung besteht darin, daß es in bestimmten Fällen möglich ist, größere Datenvolumina durch eine erhöhte Anzahl von Verarbeitungselementen zu begegnen. Bei entsprechender Modellformulierung und -implementierung können deshalb mit Hilfe konnektionistischer Modelle Anwendungsprobleme näherungsweise gelöst werden, die mit konventionellen Verfahren nicht oder nur bedingt angegangen werden konnten.

2.1 Das Modell von Kohonen

Für die konnektionistische Bestimmung von Tourenplänen ist aus unserer Erfahrung ein Neuronales Netz besonders geeignet, das die Neuronen in eine räumliche Beziehung stellt: die 'Self organizing feature maps' von Kohonen /5/. Die wesentliche Eigenschaft konnektionistischer Modelle, die im Sinne des Ansatzes von Kohonen konstruiert sind, ist es, eine Musterverteilung eines mehrdimensionalen Eingaberaums durch einen Lernvorgang *merkmalserhaltend* auf eine Neuronenschicht niedriger Dimensionalität - üblich sind ein- oder zweidimensionale Verbunde - abzubilden; man spricht in diesem Zusammenhang auch von einer 'Topological Feature Map'. Die Erhaltung der Merkmale erstreckt sich sowohl auf die Topologie als auch auf die statistische Verteilung der Eingabemuster. Deshalb werden Kohonen-Netze sehr häufig zur Analyse und mehrdimensionalen Klassifikation von Objekten eingesetzt.

2.2 Lösung des euklidischen TSP

Für die Reiseplanung entwickelten wir zunächst eine einfache Lösung, die auf die Minimierung der euklidischen Distanz zwischen den einzelnen Orten abzielt - es wird implizit davon ausgegangen, daß zwischen den einzelnen Orten ausschließlich Verbindungen per Luftlinie möglich sind bzw. zugelassen werden. Abbildung 1 gibt eine grafische Veranschaulichung des konnektionistischen Modells.

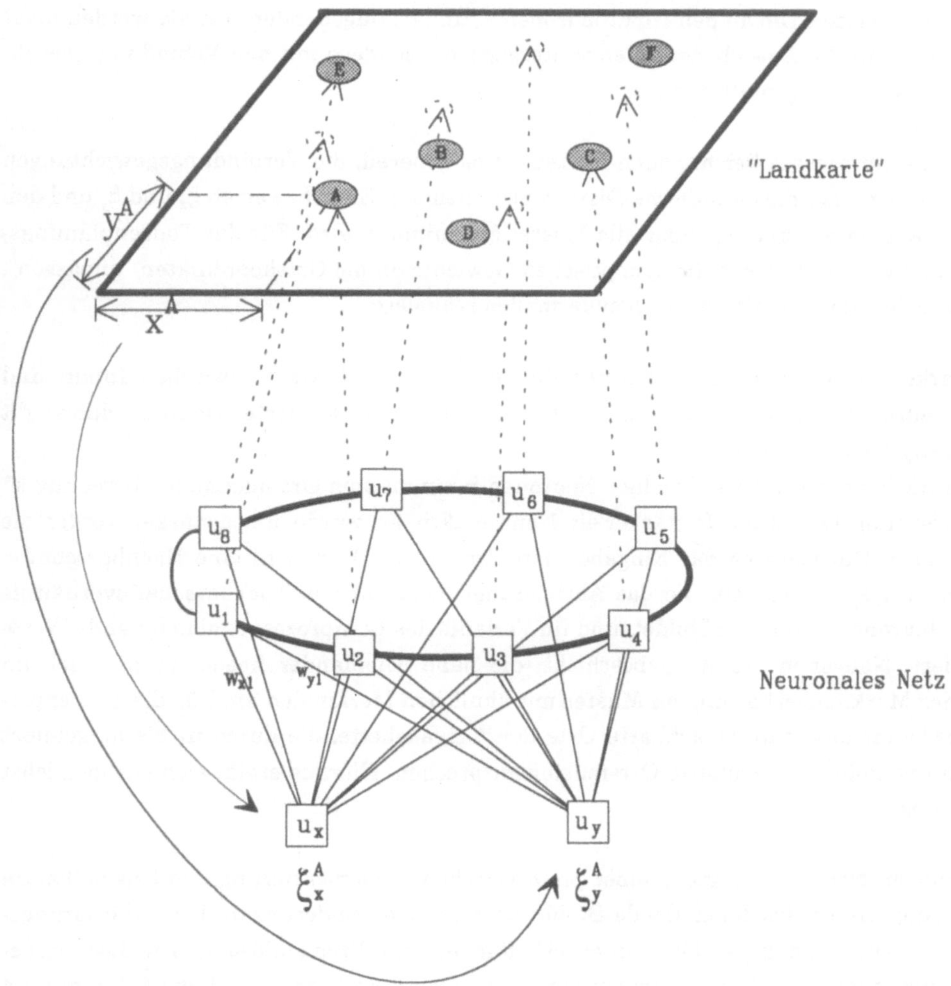

Abb. 1   **Konnektionistisches Modell für die Tourenplanung**

Das Ergebnis des Tourenplanungsproblems, welches durch die Feature map beschrieben werden soll, ist eine geschlossene Tour. Diese läßt sich durch eine feste Reihenfolge von Städten beschreiben, wie sie durch eine eindimensionale Anordnung K entlang einer Kette mit n_K Ortsvektoren (k) dargestellt werden kann. Diese Kette findet sich in der Abbildung in den Outputneuronen u_1 bis u_n des Neuronalen Netzes wieder. Damit eine geschlossene Tour dargestellt wird, wird das "letzte" Neuron der Kette (u_n) mit dem ersten (u_1) verbunden. Das Neuronale Netz verfügt nur über zwei Inputneuronen u_x, u_y, die mit jedem der Outputneuronen vernetzt sind (vollständige Vernetzung). Diese Inputneuronen geben ein präsentiertes Muster $\xi = (\xi_x, \xi_y)$ über synaptische Verbindung w_{xk}, w_{yk} an die n_K Outputneuronen u_k weiter. Die an den Inputneuronen u_x und u_y eingehenden Signale werden nicht unverändert an die Ausgabeneuronen weitergegeben, sondern mit den Vebindungsgewichtungen $w_k = (w_{xk}, w_{yk})$ multipliziert.

Ziel des Lernprozesses bei Kohonen-Netzen ist es generell, die Verbindungsgewichtungen so einzustellen, daß die euklidische Distanz zwischen den Eingabewerten ξ_x und ξ_y und den Gewichtswerten w_{xk} und w_{yk} über alle Muster ξ^i minimiert wird. Für das Tourenplanungsproblem heißt das, daß sich die synaptischen Gewichte an die Ortskoordinaten "anpassen". Innerhalb des Modells wird dies folgendermaßen realisiert:

Die Stärke der Aktivierung wird durch die synaptischen Gewichte zwischen Input- und Outputneuronen bestimmt. Sei u_{k*} das am stärksten aktivierte Neuron, dann gilt
$$|\xi^i\text{-}w_{k*}| = \min_k (|\xi^i\text{-}w_k|),$$
d.h. die Aktivierungsstärke einzelner Neuronen k nimmt vom Ort maximaler Erregung k* mit Entfernung $|k*\text{-}k|$ ab. Je stärker ein Neuron aktiviert wurde, umso stärker werden die synaptischen Gewichte an das Eingabemuster angepaßt. Dazu wird eine Nachbarschaftsfunktion $\Lambda(k_i,k_j)$ entwickelt, die das Aktivierungsnivau auf das Nachbarschaftsverhältnis zweier Neuronen u_i und u_j abbildet, und im Verlaufe des Lernprozesses abnehmende Werte produziert. Neuronen der Ausgabeschicht, die nahe beieinander liegen, passen sich im Sinne der Merkmalserhaltung an Muster mit ähnlichen Merkmalen an. Für die Tourenplanung bedeutet das, daß benachbarte Orte der Ausgabekette, die durch u_1 bis u_n gebildet wird, auf räumlich benachbarte Ortsmuster ansprechen. Hieraus ergibt sich ein möglichst kurzer Weg.

Das Kohonen-Netzwerk zeigte in einer prototypischen Implementierung und beispielhaften Evaluierung eine zufriedenstellende Stabilität gegenüber Änderungen der Kalibrierungsparameter sowie ein gutes Näherungsverhalten bei der Problemlösung. Die Lösungsgeschwindigkeit war sehr hoch. So wurde ein Tourenplan für 25 Orte auf einem PC in nur 1,4 Sekunden generiert. Die Qualität der gefundenen Lösungen war im Vergleich zu anderen Netzwerken besser. Bei einem 10-Städte Problem war die durchschnittliche Länge der gefundenen Touren nur ca. 3% größer als die der optimalen Tour.

2.3   Erweiterungen

Das einfache Modell ist kaum von praktischer Bedeutung; wir schlagen deshalb zwei Erweiterungen vor: Die erste Erweiterung wird dadurch motiviert, daß in der Außendienstpraxis sinnvoll sein kann, zur Betreuung eines regionalen Marktes auch mehrere Verkäufer "kundenunspezifisch" einzusetzen /6/; dann ist eine "multiple Tourenplanung" erforderlich. Die zweite Erweiterung zielt auf die Berücksichtigung der Interdependenz zwischen Kundenbewertung und -auswahl durch eine "simultane Besuchs- und Tourenplanung" ab.

2.3.1 Multiple Tourenplanung

Werden mehrer Verkäufer ohne feste Zuordnung zu bestimmten Kunden für ein bestimmtes Verkaufsgebiet eingeteilt, sind die Kundenbesuche auf mehrere Rundreisen mit vergleichbarem Aufwand zu verteilen. Zur Lösung dieses Problems kann prinzipiell analog zum o.a. einfachen Modell verfahren werden - das Ziel hat sich nicht verändert: Die Zeit des/der Verkäufer/s soll sinnvoll genutzt werden. Vereinfacht und anschaulich läßt sich das erweiterte Problem in diesem Sinne wie folgt formulieren: Für eine vorgegebene Anzahl von Städten ist eine vorgegebene Anzahl von geschlossenen Rundreisen zu finden, die an einem bestimmten Ausgangsort beginnen und enden, so daß die gesamte umfaßte Distanz minimiert wird. Es ist zu beachten, daß jede Stadt außer dem Ausgangsort genau einmal von einem Reisenden besucht wird, und die von den Reisenden zurückzulegenden Wege in etwa gleich lang sind. Durch Erweiterung des o.a. Lösungsansatzes kann auch für diese erweiterte Problemstellung ein konnektionistisches Modell formuliert werden:

Gegeben sei eine Anzahl von n Orten, die durch ihre Koordinaten $\xi^i = (\xi_x^i, \xi_y^i)$ in der Ebene gekennzeichnet sind. Für diese Orte soll eine Anzahl n_r von Touren festgelegt werden. Jede einzelne Tour r (r = 1..n_r) wird durch eine ringförmige Anordnung K^r von Units dargestellt. Die Folge der Gewichtsvektoren w_{xk} und w_{yk} dieser Units definiert den Verlauf des Weges. In jedem (Lern-) Schritt wird zufällig ein Ort ξ^i ausgewählt. Falls es sich nicht um den Ausgangsort handelt, wird das Ortsmuster allen n_r Unit-Anordnungen präsentiert. Andernfalls wird das Muster n_r-mal an eine Anordnung angelegt, während sich alle anderen nach dem fiktiven Muster eines von den vorgegebenen Städten weit entfernten Ortes ausrichten.

Für ein ähnliches Anwendungsproblem wurde von Goldstein eine spezfische Aktivierungsfunktion entwickelt /2/; wir konnten den Ansatz wie folgt übertragen: Sei u_{k*} das am stärksten aktivierte Neuron, $DIST^r$ die vom Reisenden r zurückzulegende Strecke und $DIST^{avg}$ die durchschnittlich von den Reisenden zu bewältigende Distanz. Dann soll für u_{k*} gelten:
$$\{ |\xi^i - w_{k*}^r| * (DIST^r / DIST^{avg}) \} = \min_{r,k} \{ |\xi^i - w_k^r| * (DIST^r / DIST^{avg}) \}.$$
Durch den Distanzterm wird die Aktivierung der Units mit der relativen Wegstrecke für eine einzelne Tour gewichtet. Ist $DIST^r$ kleiner als $DIST^{avg}$, erhöht sich die Aktivierung, andernfalls wird sie herabgesetzt. Sieht man der Gewichtung ab, entspricht diese neue Aktivierungsfunktion derjenigen, die schon für die Lösung des 'einfachen' TSP verwendet wurde. Ist das maximal erregte Neuron gefunden, werden dessen synaptische Gewichte sowie die seiner Nachbarn modifiziert. Dabei ist zu beachten, daß dieser Lernvorgang nur in der Anordnung K^r durchgeführt wird, der das Neuron u_{k*} angehört. Der Lernschritt wird sonst wie bei der 'einfachen' Tourenplanung ausgeführt. Die positiven Sinumlationergebnisse von Goldstein /2/ fanden wir in einer protoypischen Implementierung und Evaluierung auch für die multiple Tourenplanung bestätigt.

2.3.2   Simultane Besuchs- und Tourenplanung

Im Rahmen der Besuchsplanung soll festgelegt werden, welche Kunden zu besuchen sind und welche nicht. Um diese Entscheidung betriebswirtschaftlich sinnvoll treffen zu können, sind die (potentiellen) Kunden zudem nach ihrer Bedeutung zu bewerten /1/. Die Festlegung der Besuchsreihenfolge und die Auswahl der zu besuchenden Kunden sollte dabei simultan erfolgen. Simultane Besuchs- und Tourenplanung bedeutet dann, Reiseziele und Routen in Abhängigkeit von der ordinalen Größe 'relative Wichtigkeit des Kundenbesuches' zu bestimmen. Auch dieses Problem ist prinzipiell durch ein konnektionistisches System nach den Prinzipien des Kohonen-Modells lösbar. Wir entwickelten dazu folgenden Ansatz:

Für die simultane Besuchs- und Tourenplanung muß die relative Wichtigkeit eines Kundenbesuches mit in die Tourenplanung einbezogen werden. Bei den o.a. Modellen, beeinflussen alle Muster die 'Feature map' mit der gleichen Wahrscheinlichkeit. Die Wichtigkeit eines Kunden kann durch Manipulation der statistischen Verteilung, mit der die Eingabemuster in einer Merkmalskarte berücksichtigt werden, in das konnektionistische Modell eingebracht werden. Dazu werden für das Anlernen des Netzes nicht alle Muster verwendet, sondern nur bestimmte Muster gemäß einer Dichtefunktion P ausgewählt: $P(\xi)$ gibt an, mit die welcher Wahrscheinlichkeit das Muster ξ ausgewählt werden soll; der Wert von $P(\xi^i)$ wird durch Bewertung der 'relative Wichtigkeit' des Besuchs von Ort i geschätzt.

Diese Lösungsidee wurde anhand von Simulationen auf Praktikabilität geprüft. Verwendet man die ursprüngliche Lernregel, so zeigt sich, daß eine geringe Häufigkeit des Auftretens eines Musters durch einen starken Lerneffekt kompensiert wird. Im Grundmodell wird die Anpassung der synaptischen Gewichte vor allem durch die Distanz $|\xi^i\text{-}w_k|$ bestimmt. Dieses bedeutet, daß das Muster eines abseits gelegenen Ortes eine besonders intensive Veränderung der Wegstrecke bewirkt. Dies widerspricht dem Ziel Tourenplanung; Orte, die abseits von der Wegstrecke liegen, sollen gerade nicht mit in die Tour eingeplant werden.

Um diesen Effekt zu vermeiden, wird dem Distanzterm eine Funktion f mit sinkenden Skalenerträgen ($d^2f\ /\ d\ DIST^2 < 0$) vorgeschaltet - für die explemplarische Evaluierung des Netzwerks wurde $f = (DIST)^{1/2}$ gewählt. Die Änderung der Gewichtsvektoren berechnet sich dann wie folgt:

$$\Delta w_{lk} = \{ \Lambda(k^*,k) * (\xi_l\text{-}w_{lk})^{1/2} \} \text{ für } \xi_l\text{-}w_{lk} \geq 0 \text{ und } l=x,y, \qquad \text{sowie}$$

$$\Delta w_{lk} = - \{ \Lambda(k^*,k) * (|\xi_l\text{-}w_{lk}|)^{1/2} \} \text{ für } \xi_l\text{-}w_{lk} < 0 \text{ und } l=x,y$$

Auch für die exemplarische Evaluierung der zweite Erweiterung wurde ein prototypischer Netzwerksimulator erstellt. Die Simulationsergebnisse unterstützten die Praktikabilität der Quadratwurzelfunktion. Für den praktischen Einsatz ist jedoch eine Funktion zu suchen, die die aktuellen "Verzerrungen" bei der Kundenbewertung am besten kompensiert.

3. Fazit

Zur Beurteilung der dargestellten konnektionistischen Verfahren für den praktischen Einsatz steht noch eine umfassende Evaluierung anhand realistischer Problemstellungen und -größen aus. Die dargestellten Ergebnisse geben jedoch Anlaß zu der Hoffnung, daß die Restriktionen der konventionellen Verfahren für die Tourenplanung durch geeignet konstruierte konnektionistische Systeme gelockert werden können. Damit ergeben sich insbesondere für die dezentrale Vertriebsaußendienststeuerung neue Möglichkeiten. Unterschiedliche Szenarien zeichnen sich ab: Das Spektrum reicht vom individuellen CAS-System für die Besuchsplanung, das auf einem Laptop bzw. Handhelt ablauffähig ist, bis hin zum teildezentralisierten Vertriebsaußendienststeuerungssystem mit Controlling-Funktionen, das via BTX angeboten wird, oder auch direkt über über DATEX-P angewählt werden kann.

Die dargestellten Ergebnisse wurden im Zusammenhang mit einem von der DFG geförderten Forschungsvorhabens erarbeitet, das die "Nutzung und Erweiterung konnektionistischer Verfahren für betriebswirtschaftliche Anwendungen" behandelt. Neben der exemplarischen Evaluierung der Einsatzpotentiale konnektionistischer Modelle in bezug auf unterschiedliche Anwendungsfelder (zur Zeit neben der Vertriebsaußendienststeuerung u.a. Fertigungssteuerung, Datenanalyse und Klartextverschlüsselung) sollen Möglichkeiten der Animation und interaktiven Steuerung des Lösungsprozesses sowie die Kopplung mit konventionellen und wissensbasierten Softwaremodulen untersucht werden.

Literatur

/1/   Gey, T: EDV-Orientierte Außendienststeuerung; Wiesbaden 1990.

/2/   Goldstein, J.: Self-Organizing Feature Maps for the Multiple Travelling Salesman Problem (MTSP); International Neural Network Conference (INNC), Paris 1990.

/3/   Hermanns, A., Prieß, S.: Computer Aided Selling (CAS) - Computereinsatz im Aussendienst von Unternehmen; München, 1987.

/4/   Kemke, C.: Der Neuere Konnektionismus; Informatik Spektrum Vol. 4 (1988) Nr. 5, S. 143-162.

/5/   Kohonen, T.: Self-Organizing and Associative Memory; 2. Auflage, Berlin 1988.

/6/   Kotler, P.: Marketing-Management; 4. Auflage, Stuttgart 1989.

/7/   Mertens, P., Griese, J.: Industrielle Datenverarbeitung, Band 1, Andministrations- und Dispositionssysteme; 4. Auflage, Wiesbaden 1982.

/8/   Zentes, J.: Grundlagen des Marketing; 2. Auflage, Stuttgart 1988.

QUANTIFYING BRAND EQUITY MAPS

Jan-Benedict E.M. STEENKAMP
AGB Professor of Marketing Research
Wageningen University
Hollandseweg 1
6706 KN Wageningen
The Netherlands

Donna L. HOFFMAN
Associate Professor of Marketing
University of Texas at Dallas
Richardson TX 75083
U.S.A.

We conceptualize brand equity as the discrepancy between the actual quality of a brand and consumers' perceptions of its quality. In this paper we develop a methodology which quantifies and represents graphically the relationship between objective quality, perceived quality, and brand equity. Our perspective on brand equity measurement, in contrast to the behavioral approach of Kamakura and Russell (1990), allows us to link brand equity explicitly to consumers' perceptions of product quality. Conceptualizing brand equity in the context of quality permits the development and testing of several new hypotheses concerning the relationship between a) brand equity and market characteristics (e.g. price dispersion and market concentration), b) brand equity and product characteristics (e.g. durables versus nondurables; search, experience, and credence attributes; and functional versus image attributes) and c) brand equity and consumer characteristics (e.g., involvement). Construction of the brand equity map is based on a magnitude estimation task and an alternating least squares optimal scaling method. The procedure is empirically illustrated for a high-tech consumer durable.

SEGMENTATION PROCEDURES FOR CONJOINT MODELS:
A MONTE CARLO STUDY OF PERFORMANCE

Marco Vriens, Tom Wilms and Michel Wedel
Department of Marketing and Marketing Research, University of Groningen
P.O. Box 800, 9700 AV Groningen, The Netherlands.

Benefit segmentation procedures in conjoint analysis group consumers according to the relative utilities attached to the various attributes. Traditionaly a two-stage procedure is used for benefit segmentation, in which conjoint models are estimated at the individual level, and estimated utilities are clustered to obtain segments. This two-stage procedure has a number of drawbacks, which were discussed by e.g. Wedel and Kistemaker (1989). One of the most important flaws is its failure to optimize some measure of the accuracy with which preferences are predicted within segments. The methods proposed by Hagerty (1985), Kamakura (1988), DeSarbo, Oliver and Rangaswamy (1989), Wedel and Kistemaker (1989) and Wedel and Steenkamp (1989) were developed to overcome this flaw and use simultaneous estimation and segmentation. Comparisons of the methods to date have been limited to a few studies on empirical data, while the performance of the methods may vary under different conditions. In this study we investigate the relative performance of these methods and the two-stage procedure, under a variety of conditions, in a Monte Carlo study. In the synthetic data sets the following five factors are systematically varied: 1) the number of subjects, 2) the number of degrees of freedom for estimation at the individual level, 3) the number of segments, 4) the error in the preferences and 5) the distribution of partworths within segments. Performance will be measured by: 1) recovery of partworths, 2) recovery of segment membership, and 3) predictive accuracy.

References.

DeSarbo, W.S., R.K. Oliver & A. Rangaswamy (1989). *Psychometrika* 54,707-736.

Hagerty, M.R. (1985). *Journal of Marketing Research* 22, 194-205.

Kamakura, W.A. (1988). *Journal of Marketing Research* 25, 157-167.

Wedel, M. & C. Kistemaker (1989). *International Journal of Research in Marketing* 6, 45-59.

Wedel, M. and J.B.E.M. Steenkamp (1989). *International Journal of Research in Marketing* 6, 241-258.

Normative validation of market share functions

Marcel Weverbergh & Marc Logman
UFSIA (University of Antwerp)
Prinsstraat 13
2000 Antwerpen
Belgium

Market share models have been analyzed thoroughly with respect to their forecasting accuracy. In this paper we address the normative implications of market share models, in the framework of dynamic games.

First, the idea of normative validation is situated in the discussion relative to classical validation tools. Second, linear sum constrained market share models are formulated and related to dynamic games. The Nash equilibria for these games are analyzed.

The third part is concerned with an application relating advertising and promotion to market share. For various specifications the resulting market equilibrium (in the Nash sense) is computed. The results show that unrealistic equilibrium levels are an indication that a harmful degree of misspecification or some form of selection bias is present in the model.

Basic model

$$\max_{U_i} \; \Pi_i = \int_0^\infty e^{-rt} \, (Y_i - U_i) \; dt \quad i=1,..N$$

$$\dot{Y}_i = \alpha_i + \beta \, U_i \, / \, (U_i + \Sigma_{j \neq i} \, U_j) \quad - \rho Y_i$$

$$U_i(t) \geq 0 \qquad\qquad \beta = \text{communication effectiveness}$$
$$0 \leq Y(0) \leq 1 \qquad \rho = 1 - \lambda : \text{decay coefficient}$$

with $\dot{\Pi}_i$ = net discounted contribution of brand i (relative to the total market contribution)

Y_i = gross contribution of brand i (relative to the total market contribution)

U_i = communication expenditures of brand i (relative to the total market contribution)

r = discount rate

Data

-   prescription drug
-   yearly data for eight brands over a five year period

AGGREGATION BIAS RESULTING FROM
NONLINEARITY IN SCANNER RETAIL DATA

Dick R. Wittink, Cornell University
John C. Porter, A. C. Nielsen Company

Abstract: We compare the substantive conclusions obtained from a nonlinear model of sales and promotional variables based on store-level data with the results available from a model of linearly aggregated market-level data. The aggregation bias in parameter estimation due to nonlinearity is in the predicted direction, and is shown to be very large for some parameter estimates.

1.　　Introduction

The availability of data from retail outlets equipped with scanners has had considerable influence on econometric model building in marketing. Although a vast body of econometric research based on warehouse withdrawal and store audit data exists (see Hanssens et al. 1990), the validity of substantive conclusions is often in doubt due to, among other things, aggregation issues. For example, the audit data obtained initially for market status reports of national brands were aggregated over stores and gathered on a bimonthly basis. On the other hand, scanner data are summarized by week, which corresponds with the interval used by retailers to determine prices, store advertising, and promotion programs. And these data are easily maintained separately for the stores. Store-level, weekly scanner data are believed to be especially suitable for econometric model building. Indeed, econometric models have been developed, estimated and tested, using such disaggregate data. Results from these models are also available for commercial purposes from research suppliers such as A.C. Nielsen and IRI.

To investigate one type of aggregation bias, we compare the substantive conclusions obtained from a model of store-level data with the conclusions reached from a model of market-level data (aggregated across stores). Corporate clients of market research suppliers normally do not have access to the store data used by the research suppliers for the estimation of econometric model parameters. The client does receive market-level status reports on a weekly basis. The question that arises is can the market-level data offer the same insights about the effects of marketing programs as are obtained from the store-level data. Clients have a natural curiosity to use the market-level data not only for their intended purpose (market-status reporting) but also for learning about the sales effects of marketing activities.

Operations Research Proceedings 1991
© Springer-Verlag Berlin Heidelberg 1992

For the comparison, we assume that there is no interest in learning whether stores differ in the parameters of interest (since these differences cannot be learned from the market-level data). The model specification for the pooled store-level data is the one that has been adopted by A. C. Nielsen for commercial purposes (see Wittink et al. 1988). The bias that is of primary interest results from linear aggregation of data (across stores) when the model for the disaggregate data is nonlinear in the variables. In general, it is well-known that consistent results can only be obtained if the data are aggregated properly, _given_ the model specification at the disaggregate level. That is, consistent aggregation requires the use of arithmetic averages if the model is linear and additive, but geometric averages if the model is multiplicative. In this paper we investigate the direction and magnitude of the bias that results from inconsistent aggregation of marketing data.

2. Pooling Versus Aggregating

For a given metropolitan area (e.g., the greater Chicago area in the United States), weekly data are available for a sample of 40 to 100 stores. The store-level data are pooled such that one set of parameter estimates is obtained separately for each metropolitan area. Either the data or the model can be specified to eliminate the cross-sectional (between-store) variation. In that way the pooled data provide parameter estimates based on time-series variation (see Wittink et al. 1991), as is true for the aggregated data.

Given that the stores may differ in responsiveness to marketing programs as well as in the nature of these programs, the results are subject to a common aggregation (or pooling) bias. In case of a _linear_ model, both pooled and aggregate data provide consistent parameter estimates only if there is no covariance between the marketing variable values and the corresponding parameters, measured across the stores (Krishnamurthi et al. 1989). Currently, no empirical evidence on such covariances is available. However, the assumption of parameter homogeneity for pooled store-level data produces results that have excellent predictive validity (Blattberg and George 1990). Also, pooled results have been shown to be vastly superior to obtaining separate parameter estimates for each store (Hill et al. 1990). If there is a bias due to nonzero covariances, the bias is conceptually similar for pooled and aggregated data.

The multiplicative model for store-level data uses unit brand sales as the criterion variable (store i, week t) and price, feature advertising and display for the brand as well as for competing brands as predictor variables. The price variable is specified as the actual price in store i, week t, relative to the normal price in that store. To remove the variation between stores, the model includes a set of indicator variables representing the stores. Alternatively, the criterion variable is defined as the units sold of a brand in store i, week t, relative to average or normal sales for that brand in store i. Feature advertising and display are indicator variables. The model also includes weekly indicators to accommodate seasonal differences and/or the effects of missing variables (e.g., manufacturer advertising or coupon distribution) common to the stores located in a given metropolitan area. The price parameters are directly interpretable as own- and cross-price elasticities, associated with temporary price cuts. The feature advertising and display parameters are transformed for use as multipliers (e.g., a multiplier of 1.5 for display implies that unit sales is 50 percent higher when the brand is displayed than when it is not displayed, everything else being equal). Empirical comparisons of the multiplicative model with an additive (linear) model favor the multiplicative specification (Blattberg and Wisniewski 1989). The pooled results from the multiplicative model have also been shown to lead to superior predictive validity than that provided by simpler models including a naive model (Wittink et al. 1988).

The aggregate model is also multiplicative. However, the price variables are defined as sales-weighted average prices, because the prices are defined as revenue divided by unit sales. The feature advertising and display variables are defined as the percent of stores (weighted by the stores' All Commodity Volumes) with such activities for the brands. The pooled and aggregate models are specified to be as similar as possible to facilitate the comparison of results.

3.   Nonlinearity Bias

For the pooled model, logarithmic values of sales and price data are used. It is well known that the logarithm of the (linearly aggregated) sum is not equal to the sum of the logarithmic values. Given store heterogeneity in sales and prices, in a given week, it is easy to show that a nonlinearity bias results when the linearly aggregated data are used. Specifically, we can show that the logarithms of the sum have smaller differences in the time variation of logarithmic price values and larger differences in the logarithmic sales values, relative to the sum of the logarithmic values. Thus, we predict that the aggregation bias due to nonlinearity causes the (absolute) estimated price elasticities to be higher for aggregate than for pooled data, if the aggregate price is the average of the individual store prices.

In practice, brand managers receiving status reports based on aggregated data see only a sales weighted aggregate price (i.e. aggregate price equals total revenue divided by total unit sales). It can be shown that this definition reduces the estimated elasticity relative to using an unweighted average price (the equivalent of the price variable in store-level data). The combination of a nonlinearity bias that increases the estimated elasticity and a definition bias that decreases the elasticity relative to the pooled results makes it difficult to predict the total substantive difference between pooling and aggregation.

Yet other factors complicate the comparison between aggregate and pooled data results. For example, suppose that in week t no stores feature the brand under study in their advertising. In week $(t + 1)$ some of these stores do feature the brand. In both weeks stores differ in the price they charge but the prices do not change from week t to $(t + 1)$. Now, if the stores featuring the brand in week $(t + 1)$ have a price for the brand that differs systematically from the other stores, then the aggregate brand price changes, as long as the feature has a positive effect on sales. This suggests that there may also be a systematic bias in the price parameter estimate resulting from the distribution of the feature and display activities across the stores. The direction and magnitude of this bias depends, however, on the average difference in price between stores that do and stores that do not feature the brand. Display activities can cause similar biasing effects. On balance, it is impossible to predict the difference in estimated price elasticities between store (pooled)- and market (aggregate)-level data.

For the feature and display variables, the only systematic effect on parameter estimates appears to be related to the nonlinear effect. The bias results because the logarithmic values of the linear aggregates have larger differences over time than the aggregates of the logarithmic values, for promotional variables with a positive impact on unit sales. We predict that the aggregation bias tends to result in excessively high parameter estimates for the own brand's feature and display variables. The magnitude of the bias for all parameter estimates of the predictor variables is also influenced by the magnitude of price variation over time and the percent of stores featuring or displaying a brand. For example, the smaller the percent of stores featuring or displaying (except when this percent is zero), the greater the aggregation bias for own feature and display effects. One further complication appears to be that the aggregate data are likely to have higher (absolute) correlations between the predictors than the pooled data. Thus, the reliability of the parameter estimates at the aggregate level is also affected (more than what is implied by the difference in the number of data points).

4.   <u>Empirical Comparisons</u>

For the empirical comparisons we use the sample of store data as well as the (linearly) aggregated market-level scanner data available for four metropolitan areas in the United States: Atlanta, Chicago, Los Angeles, and New York. We use two years (104 weeks) of data for each of these areas. We selected peanut butter as the product category. This category is dominated by three manufacturer brands that compete with each other throughout the country: JIFF (Procter and Gamble), Peter Pan (CPC) and Skippy (Beatrice/Hunt-Wesson). Minor brands, including store and generic brands, are ignored because those brands are infrequently promoted and the competitive effects of those activities on national brands' sales is minimal (Blattberg and Wisniewski 1989). We focus our attention on the two major product sizes, 18 and 28 oz., and report only the estimated own-brand parameters for the three brands. Both multiple and simple regression analyses were carried out separately for each metropolitan area. The multiple regression results are used to suggest the difference in substantive conclusions between "best-effort" econometric modeling using either the store-level or market-level data. The simple regression results (<u>one</u> predictor variable at a time) indicate what "back-of-the-envelope" calculations may show (see Little 1989), also based on multiplicative specifications.

Parameter estimation is accomplished by transforming the variables to obtain a model that is linear in the parameters. Ordinary least squares regression analysis is the estimation procedure. For the purpose of empirical comparisons, we report only the own-brand effects for price, feature advertising and display. For each of the three own-brand predictor variable parameters, 24 estimates (three brands, four metropolitan areas, two sizes) can be obtained for each model. However, for one brand the 28 oz. size was not in distribution in Los Angeles, leaving 23 values. We show the mean own parameter estimates by predictor variable, separately for the 18 and 28 oz. sizes, in Table 1.

Table 1
Mean Effects

a. Full Model Results

Store-Level Model	Own Price Elasticity	Own Feature Multiplier	Own Display Multiplier
18 oz.	-2.00	1.48	1.67
28 oz.	-2.39	1.36	1.80
Market-Level Model			
18 oz.	-2.34	2.05	8.00
28 oz.	-2.12	4.26	14.15

b. Simple Regression Results

Store-Level Model	Own Price Elasticity	Own Feature Multiplier	Own Display Multiplier
18 oz.	-2.82	1.57	1.72
28 oz.	-3.11	1.40	1.99
Market-Level Model			
18 oz.	-3.89	5.31	39.00
28 oz.	-2.97	5.75	48.00

The results show remarkable stability in estimated price elasticities. The smallest (based on absolute values) elasticity is –2.00 (store-level, 18 oz., full model) and the largest is –3.89 (market-level, 18 oz., simple regression). The simple regression results always have stronger elasticities due to omitted variables' effects. However, the store-level parameter estimates for the full model do not appear to be systematically higher nor lower than the corresponding market-level results.

The multiplier estimates show dramatic differences in the predicted direction. The market-level multipliers are always higher than the store-level results. Also, the simple regression results differ marginally from the multiple regression results for the store-level data. The market-level differences, however, are much greater, suggesting that the predictor variable correlations are further from zero for the market- than for the store-level data. The nonlinearity bias is especially high for the display variable. This is consistent with the idea that displays occur less frequently or for a smaller percent of stores than feature advertisements occur (i.e. the magnitude of the bias increases as the percent of stores promoting goes toward zero).

It is, of course, impossible to claim that the store-level results are correct. Nevertheless, the average store-level effects shown in Table 1 are intuitively reasonable. The full-model, store-level results indicate an (average) price elasticity of about –2. The feature multiplier indicates that unit sales of a brand on average increase by 36 or 48 percent relative to "normal" sales. For display, the increase is 67 or 80 percent. The full-model, market-level results show about the same price elasticity, but much greater feature and display effects. For the 28 oz. size, the multipliers indicate that sales are on average 4.26 times normal if a brand is featured, and 14.15 times normal if a brand is displayed. In the absence of other marketing activities (i.e., price is held constant), these market-level results are highly implausible.

We do not present the details of, for example, the frequency with which individual parameter estimates are statistically insignificant. However, it is useful to note that, as expected, the reliability of the estimates is much greater for the store-level than for the market-level models. Other analyses indicate that there is little consistency between the ordering of brand-city combinations according to effect magnitudes for market- and store-level results. Thus, if there is a fixed budget to be allocated for promotions to brand-size-city allocations, the allocation based on store-level results would have little in common with the market-level-based allocations.

Finally, there may be alternative reasons for the observed differences. Even though the differences for the multipliers are in the predicted direction, we may consider other explanations such as errors in variables. For example, if store-level data are subject to random error, and aggregation reduces this noise, the store-level parameter estimates are (more) biased toward zero. However, the (reported) frequency of display is smaller than the frequency of feature advertising, and the magnitude of the random error in recording display and feature advertising should then be related to this frequency. Instead, we find the difference between the market-and store-level results to be much greater for display than for feature advertising. This finding is consistent with the fact that the nonlinearity bias increases as the (average) percent of stores engaging in an activity decreases. The errors-in-variables explanation requires that the descriptive data on display activities are more inaccurate than the data on feature activities. There is no reason to believe this, in part because of the promises of validity and reliability in descriptive data made by commercial market research firms.

5.   Conclusions

It is easy to show that linear aggregation of data makes it impossible to obtain the same inferences about the effects of predictor variables from market-level data if the (correct) model at the disaggregate level is nonlinear in the variables. We have shown in this paper how different the conclusions can be when a nonlinear model of (linearly aggregated) market-level data is used compared with a nonlinear model of store-level data. This problem is important for marketing managers who use linearly aggregated data to learn the market status of brands. Our results indicate that these managers should not use aggregated data for formal econometric model building or "back of the envelope" calculations, to learn the sales effects of marketing activities. The market-level data are useful only for learning the status of brands and the status of marketing activities. For further detail of the model specifications used, variable definitions, analytical expressions for the direction of the bias (positive, negative) and sensitivity analyses for the bias as a function of the magnitude of the true parameter, the percent of stores engaging in an activity, etc. see Wittink et al. (1991).

References

BLATTBERG, Robert C. and E. I. George,
"Shrinkage Estimation of Price and Promotion Elasticities: Seemingly Unrelated Equations,"
Technical Report No. 79, Graduate School of Business, University of Chicago (1990).

BLATTBERG, Robert C. and Kenneth J. Wisniewski,
"Price-Induced Patterns of Competition,"
Marketing Science, 4 (Fall), 291-309 (1989).

HANSSENS, Dominique M., Leonard J. Parsons, and Randall L. Schultz,
Market Response Models," Econometric and Time Series Analysis,
Boston: Kluwer Academic Publishers (1990).

HILL, R. Carter, Phillip A. Cartwright, and Julia F. Arbaugh,
"Using Aggregate Data to Estimate Micro-Level Parameters with Shrinkage Rules,"
Proceedings Joint Statistical Meetings, Forthcoming (1990).

KRISHNAMURTHI, Lakshman, S. P. Raj, and Raja Selvam,
"Statistical and Managerial Issues in Cross-Sectional Aggregation,"
Working Paper, Northwestern University (1989).

LITTLE, John D. C.,
"Merchandising Measures for a Product Line,"
Marketing Center Working Paper 89-1, School of Management, MIT (1989).

WITTINK, Dick R., Michael J. Addona, William J. Hawkes, and John C. Porter,
"SCAN*PRO: The Estimation, Validation, and Use of Promotional Effects Based on Scanner Data,"
Working Paper, Cornell University (1988).

WITTINK, Dick R., John C. Porter, and Sachin Gupta,
"Biases in Parameter Estimates from Linearly Aggregated Market-Level Data When the Disaggregate Model is Nonlinear,"
Working Paper, Cornell University (1991).

Optimal Control of Multiproduct Production-Inventory Systems with Stochastic Demand

Serpil Erdogmus Erol, Yalcin Erol
Gazi University, Ankara, Turkey

Models and algorithms used for their solution of production planning-manpower scheduling have been developed using deterministic demand so far. But, it is not possible to know how the event will develop. Therefore, in this research multiproduct production problems with stochastic demand are handled.

When multiproduct production planning problems are formulated as discrete-time stochastic control problems large scale, complex problems are encountered. In order to avoid difficulties occured in the solution of this kind of problems Pontragin's maximum principle is used in association with duality theory. By this approach the large scale problem is reduced to lower scale subproblems. The optimal values of dual variables are calculated by subgradient optimization method.

Besides contraints on production amounts, the optimal solution also takes into account that the expected inventory levels of all future periods must satisfy inventory contraints with some safety margins. These safety margins depend on the inventory fluctuations.

Closed form expressions for the optimal objective function and optimal feedback control law have been derived for each product.

Production - Smoothing in The Pekelman Model Under Environmental Constraints

Richard F. Hartl

Technisch Universität Wien
Inst.f. Ökonometrie, O.R. & Systemtheorie
Argentinierstraße 8
A-1040 Wien

E-Mail: E119RSK@AWITUW01.BITNET

Starting point of this paper is the *Pekelman* model, in which optimal production/inventory and pricing decisions are determined simultaneously. It is known that problems of this type can be solved using a forward algorithm of Arrow-Karlin type.

Since environment *pollution* has become an increasingly important issue, in most countries the government imposes penalties or constraints on the emission rates of the firms.

In this paper we investigate the effects of different tax or penalty schemes on the optimal production and pricing decisions of the firms. Assuming that new emissions are roughly proportional to the production rate, it is shown that a *linear tax* on emissions has no effect on the optimal production smoothing plan. In this case the production rate decreases at every instance by a constant amount and the price increases by a constant amount. Therefore also the emissions decrease by a constant amount.

In order to cut down pollution peaks, the government would have to impose a *progressive tax* scheme, i.e., put extremely high penalties on high emissions and relatively mild penalties on moderate emissions. Then on intervals with empty inventories, the firms would increase their prices and decrease the production rate which, in turn, would decrease emissions. Furthermore the smoothing of the fluctuating demand pattern would be stronger which implies that the *pollution peaks decrease* considerably while on intervals with little pollution the emissions might increase.

KARMARKAR-ÄHNLICHE VERFAHREN IN DER LINEAREN OPTIMIERUNG

Joachim Käschel, Chemnitz

Zusammenfassung: In diesem Beitrag wird ein Verfahren mit verschiedenen Modifikationen zur Lösung linearer Optimierungsprobleme vorgestellt, bei dem, ausgehend von einer zulässigen Lösung, eine Fortschreitungsrichtung als Kombination des Zielfunktionsvektors und einer in das Innere des Restriktionsgebietes zeigenden Richtung ermittelt wird. Letzere wird durch eine einfache heuristische Regel bestimmt, weshalb die Konvergenz des entstehenden Verfahrens nicht gezeigt werden kann.

Abstract: In this paper a method together with some modifications for solving linear optimization problems is proposed, in which in an iteration point the direction to the next point can be obtained by combining the objective vector with an interior direction. For the determination of the interior direction a simple heuristical rule is given. Therefore the convergence of the resulting method can not be proved without any further condition.

1. Einleitung

Das Projektionsverfahren von Karmarkar zur Lösung von Linearen Optimierungsproblemen kann man auf verschiedene Weise geometrisch interpretieren. Für uns ist folgende Darstellung interessant, wobei wir die Lösbarkeit des Problems voraussetzen:

$$\langle c, x \rangle \longrightarrow \max$$
$$x \in R$$

Aus der Menge der zulässigen Lösungen R ist ein innerer Punkt x° bekannt. Der Vektor der Zielfunktion c wird einer Folge von Projektionen $\{P_t\}$ unterworfen, so daß die entstehende Folge $\{x^t\}$ mit

$$x^t = x^{\circ} + \gamma_{max} P_t \, c$$
$$\gamma_{max} = \max \{ \gamma : x^{\circ} + \gamma P_t \, c \in R \}$$

gegen die optimale Lösung x^* des Linearen Optimierungsproblems konvergiert.

Der Hauptaufwand im Verfahren von Karmarkar ist die Berechnung der Projektion in jeder Iteration. Deshalb wurden von verschiedenen Autoren Versuche unternommen, diesen Aufwand zu reduzieren.

Operations Research Proceedings 1991
© Springer-Verlag Berlin Heidelberg 1992

Wir stellen im weiteren ebenfalls eine Möglichkeit vor, die als Ersatz für die Projektion zur Anwendung kommen kann. Die Beweise aller Aussagen findet man in KÄSCHEL /1/.

2. Idee des Verfahrens

Wir betrachten im weiteren Lineare Optimierungsprobleme der Form

$$\langle c,x \rangle \longrightarrow \max$$
$$x \in R \tag{1}$$

mit $R=\{x \in R^n:\ Ax \leqq b\}$, $c,x \in R^n$, $b \in R^m$ und A vom Typ m*n. Es sei weiter $\text{int}(R) \neq \varnothing$. Zur Motivation der Vorgehensweise ersetzen wir den Restriktionsbereich R durch eine Kugel K und lösen die Aufgabe

$$\langle c,x \rangle \longrightarrow \max$$
$$x \in K = \{x \in R^n:\ g(x)= \sum_{i=1}^{n} x_i^2 \leqq p^2\}\ . \tag{2}$$

Betrachten wir nun die Geometrie des Problems (2):

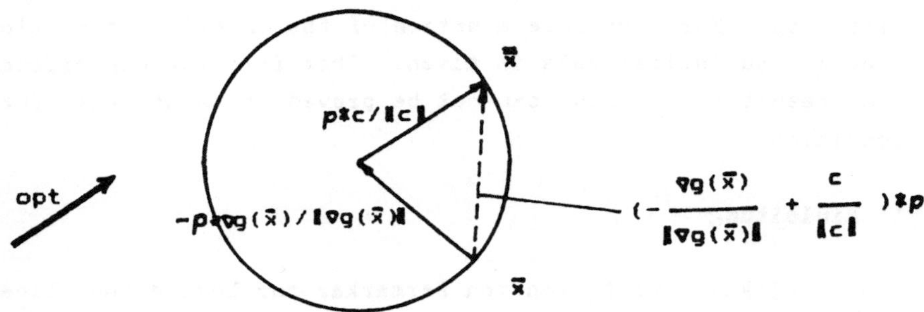

Abb. 1 "Minimierung einer linearen Funktion über einer Kugel"

Es sei $\bar{x} \in K$ ein Randpunkt von K, d.h. es gilt $g(\bar{x})=p^2$. Die Richtung r, die uns zum Optimum $\tilde{x}$ führt, kann hier sofort angegeben werden:

$$r = p*(\nabla g(\bar{x})/\ \|\nabla g(\bar{x})\| + c/\|c\|)\ .$$

Diese Richtung r besteht aus zwei Teilen. Der erste Anteil wird von einer Richtung, die in das Innere von K zeigt, gebildet, den zweiten Anteil liefert der Zielfunktionsvektor.

Wollen wir nun die Idee dieses Zuganges auf Lineare Optimierungsaufgaben der Form (1) übertragen, so entsteht die Frage, wie der erste Anteil, die innere Richtung, zu ermitteln ist. Danach läßt sich bereits ein einfacher Algorithmus formulieren:

Algorithmus (A1):

(0) Initialisierung:

$\bar{x} \in R$, $x^0 := \bar{x} + \gamma_{max} c$ mit $\gamma_{max} = \max\{\gamma \in R^1 : \bar{x} + \gamma c \in R\}$, $t=0$

(1) Innere Richtung:

Berechne eine Richtung s^t, so daß $x^t + \gamma s^t \in int(R)$ für ein $\gamma > 0$.

(2) Fortschreitungsrichtung:

Setze $r^t = s^t / \|s^t\| + c / \|c\|$

(3) Iteration:

$x^{t+1} = x^t + \gamma_t r^t$ mit $\gamma_t = \max\{\gamma : x^t + \gamma r^t \in R\}$

(4) $t := t+1 \Longrightarrow$ (1)

Im weiteren untersuchen wir diesen Algorithmus genauer.

2. Berechnung einer inneren Richtung

Es sei x^t der aktuelle Iterationspunkt. Entsprechend der für die Aufgabe (2) skizzierten Vorgehensweise bilden wir die innere Richtung aus den Antigradienten der aktiven Restriktionen. Dazu bezeichnen wir die Zeilen der Matrix A mit a^i und setzen voraus, daß $\|a^i\| = 1$:

$$s^t = \sum_{i \in I(x^t)} g_i \cdot (-a^i) \ , \ \sum_{i \in I(x^t)} g_i = 1, \ g_i \geq 0 \ \forall i \ ,$$

wobei $I(x^t) = \{i : \langle a^i, x^t \rangle = b_i \}$.

Daß dies stets möglich ist, sichert folgende Aussage.

Lemma 1:

Es sei card $I(x^t) = m_o > 0$. Dan gilt für die Mengen

$$L = \{r = \sum_{i \in I(x^t)} g_i \cdot (-a^i) : g_i \geq 0 \ \forall i \}$$
$$S = \{s \in R^n : \langle a^i, s \rangle \geq 0 \ \forall i \in I(x^t), \ s \neq 0 \}$$

$L \wedge S \neq \varnothing$.

Da wir an einer möglichst "zentralen" Richtung interessiert sind, können wir das Richtungssuchproblem

$$\sum_i |\sum_j g_j (-a^j) + a^i|^2 \longrightarrow \min$$
$$\langle a^i, \sum_j g_j (-a^j) \rangle \geq 0 \quad \forall i \in I(x^t) \qquad (3)$$
$$g_j \geq 0 \quad \forall j \in I(x^t)$$

benutzen, um s^t zu ermitteln. Wiederum haben wir eine Aufgabe zu lösen, die aufwandsmäßig den Projektionen in Karmarkars Algorithmus in nichts nachsteht. Deshalb versuchen wir, die Lösung dieser nichtlinearen Richtungssuchaufgabe zu umgehen.

Offensichtlich läßt sich die Lösung des unrestringierten Problems zu (3) sofort angeben:

$$g_i = 1/n_o \quad i \in I(x^t) \tag{4}$$

mit n_o=card $I(x^t)$>0.

Man überlegt sich leicht, daß für n_o=1 und n_o=2 die Lösung (4) auch die Lösung des restringierten Problems (3) ist. Aber auch in einer Vielzahl anderer Fälle, so zeigt es eine Reihe von Testbeispielen, ist diese Lösung (4) anwendbar.

Somit scheint der Versuch, diese Lösung zu "probieren", als lohnend einzustufen, was in folgendem Algorithmus zur Ermittlung der inneren Richtung zum Ausdruck kommt.

Algorithmus (A2):

(0) Initialisierung:

$\bar{x} \in R$, $I(\bar{x})=\{i: \langle a^i,\bar{x}\rangle=b_i\}\pm\emptyset$, n_o=card $I(\bar{x})$, t=1

(1) Ansatz:

$$s^t = \sum_{i \in I(\bar{x})} (-a^i)/n_o$$

(2) Zulässigkeitstest:

$\langle a^{i_o},s^t\rangle=\max \{\langle a^i,s^t\rangle: i \in I(\bar{x})\}$

falls $\langle a^{i_o},s^t\rangle \leqq 0$: s^t ist die gesuchte Richtung

andernfalls: ==> (3)

(3) Iteration:

$$s^{t+1}:=n_o s^t/(n_o+1) - a^{i_o}/(n +1) \quad ==> (2)$$

Das Konvergenzverhalten dieses Algorithmus beschreibt folgendes Lemma:

Lemma 2:

Eine nach dem Verfahren (A2) konstruierte Folge von Richtungen s^t ist entweder endlich und endet auf einer zulässigen Richtung, oder sie ist unendlich, dann besitzt sie wenigstens einen Häufungspunkt. Jeder Häufungspunkt ist eine zulässige Richtung.

Damit ist der Algorithmus (A1) durchführbar, wobei folgende Probleme auftreten können:

a) Es ist denkbar, daß in Schritt (2) die Richtung r^t=0 ist. Dann liegt, vgl. nachfolgendes Lemma 3, bereits eine optimale Lösung des Problems (1) vor.

b) Im Schritt (3) kann y_t=0 sein, wenn r^t keine zulässige Richtung ist. Dann berechnen wir

$$r^t(\beta_{max}) = s^t/\|s^t\| + \beta_{max} c/\|c\|$$

mit $$\beta_{max} = \max \{\beta : s^t/\|s^t\| + \beta c/\|c\|\}$$

und verwenden diese Richtung im Algorithmus (A1) anstelle von r^t.

Lemma 3:
Gilt im Schritt (2) des Algorithmus (A1), daß $r^t=0$ ist, so liegt mit x^t bereits eine optimale Lösung des Ausgangsproblems vor.

$r^t(\beta)$ ist offensichtlich $\forall \beta \geq 1$ eine Wachstumsrichtung, für $\beta < 1$ muß dies nicht mehr gelten. Daß dies keine Durchführungsprobleme mit sich bringt, sichert folgendes Theorem.

Theorem 1:
Es sei $r^t(\beta_{max})$ mit $\beta_{max} < 1$ keine Wachstumsrichtung für die Aufgabe (1). Dann ist x^t eine optimale Lösung dieser Aufgabe.

3. Eigenschaften des Algorithmus (A1)

Aufgrund der Richtungskonstruktion weist die erzeugte Folge von Lösungen Monotonieeigenschaften auf:

Lemma 4:
Der Algorithmus (A1) erzeugt bei Verwendung der Richtung $r^t(1)$ eine bezüglich der Zielfunktion $\langle c,x \rangle$ monoton wachsende Folge:
$$\langle c,x^{t+1} \rangle > \langle c,x^t \rangle \quad \forall t.$$

Wegen Theorem 1 bleibt die Monotonie auch erhalten, wenn anstelle von $r^t=r^t(1)$ eine Richtung $r^t(\beta_{max})$ mit $\beta_{max} < 1$ genutzt werden muß.
Aus der Monotonie der Zielfunktionswerte läßt sich für Lineare Optimierungsaufgaben mit kompaktem zulässigen Bereich R die Konvergenz der Iterationsfolge bzw. die Existenz von Häufungspunkten ableiten. Es läßt sich allerdings ohne weitere Bedingungen an r^t nicht zeigen, daß einer der Häufungspunkte auch eine optimale Lösung ist. Das sogenannte Zick-Zack-Verhalten in der Nähe von (optimalen und nichtoptimalen) Häufungspunkten ist typisch für diesen Algorithmus (A1). Zick-Zack bedeutet:
$$\exists t_o, q \quad \text{mit} \quad I(x^t)=I(x^{t+q}) \quad \forall t \geq t_o.$$
Zur Behandlung dieses Verhaltens schlagen wir die aus den Verfahren der zulässigen Richtungen bekannte ε-Technik vor:
$$I_\varepsilon(x^t) = \{i:\ b_i -\varepsilon \leq \langle a^i,x^t \rangle \leq b_i\},\ \varepsilon > 0,$$
$$s^t = \sum_{i \in I_\varepsilon(x^t)} g_i(-a^i).$$

In Testrechnungen ließen sich mit dieser Technik alle Zick-Zack-Verhalten beheben und Konvergenz zu optimalen Lösungen sichern, allerdings stieg der Aufwand im Algorithmus (A2) durch die größere Indexmenge $I_\varepsilon(x^t) \supseteq I(x^t)$.

Der Vorteil dieser ε-Technik kann geometrisch verdeutlicht werden:

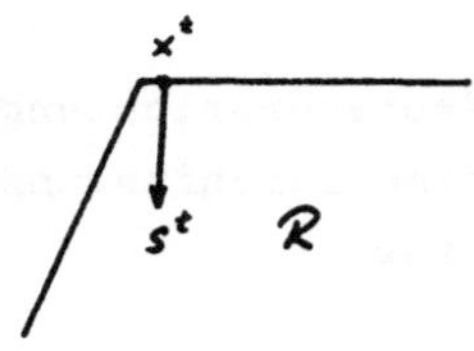
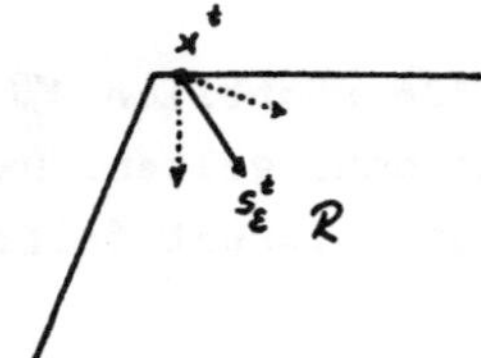

Abb. 2 " ε-Technik"

4. Einige Modifikationen des Algorithmus (A1)

(1) Nach jeder Iteration wird versucht, in Richtung c voranzuschreiten:

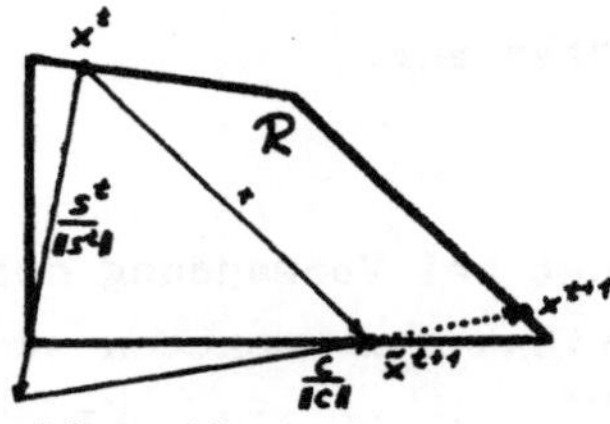

Abb. 3 "Modifikation 1"

Mit dieser Modifikation kann man zeigen, daß für Aufgaben der Form

$$\langle c,x \rangle + \langle d,y \rangle \longrightarrow \max$$
$$A_1 x + A_2 y \leqq b$$
$$A_3 x - E\, y = 0$$
$$x,y \geqq 0$$

mit $A_1, A_2, A_3 \geqq 0$, $b,c,d \geqq 0$ stets die a-priori-Richtung $s^t = \sum_i (-a^i)/n_e$, $n_e = \text{card } I(x^t)$, anwendbar ist.

(2) Man berechnet x^{t+1} tatsächlich in zwei Schritten:
$$\tilde{x}^{t+1} = x^t + \gamma_{max}\, s^t/2 \; , \quad \gamma_{max} = \max\{ \gamma : x^t + \gamma s^t \in R \}$$
$$x^{t+1} = \tilde{x}^{t+1} + \gamma_{max}\, c \quad , \quad \gamma_{max} = \max\{ \gamma : \tilde{x}^{t+1} + \gamma c \in R \}.$$

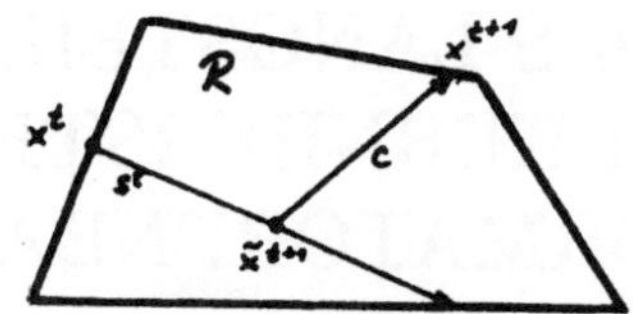

Abb. 4 "Modifikation 2"

(3) Man arbeitet im Algorithmus (A1) generell mit der Richtung
$r^t(\beta_{max})= s^t/\|s^t\| + \beta_{max}c/\|c\|$.

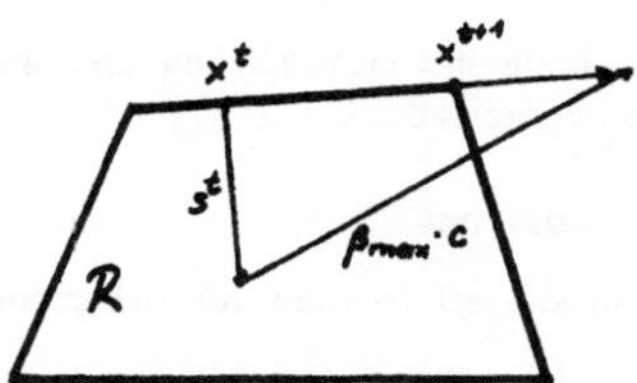

Abb. 5 "Modifikation 3"

Dies ist nur in Optimumsnähe oder als Anti-Zick-Zack-Technik
zu empfehlen. In anderen Fällen verzichtet man sonst auf den
Vorteil, den Restriktionsbereich R "durchqueren" zu können,
und bewegt sich statt dessen simplexartig auf dem Rand von
R.

5. Abschließende Bemerkungen

Das beschriebene Verfahren wurde bisher an über 100 Aufgaben der
Form (1) erfolgreich getestet. Zwar ermittelt man die optimale
Lösung nur näherungsweise, dafür aber deutlich schneller als
mit verschiedenen Simplexcodes, wenn man mit 96% bis 98% Genauigkeit bezüglich des optimalen Zielfunktionswertes bereits
zufrieden ist.

Literatur:

/1/ Käschel, J. "Grundlagen betriebswirtschaftlicher Optimie-
    rungssoftware", Dissertation B, TU Chemnitz, 1991
/2/ Karmarkar, N. "A new polynomial-time algorithm for linear
    programming", Combinatorica, 4, 1984, 373-395

OPTIMIERUNG DES LÄNGSTEILENS VON BLECHEN BEI DER KERNHERSTELLUNG IM TRANSFORMATORENBAU

Bernd Luderer, Chemnitz

Kerstin Singer, Chemnitz

Zusammenfassung

Für ein eindimensionales Zuschnittproblem mit terminlichen und weiteren Bedingungen wird ein heuristischer Lösungsalgorithmus vorgestellt.

Abstract

For a one-dimensional cutting problem subject to time and other constraints a heuristic solution algorithm is presented.

1 Aufgabenstellung

Das Thema der hier vorgestellten Arbeit ist eine Produktionsplanungsaufgabe mit determinierter Nachfrage, in der der eindimensionale Zuschnitt mit einer Zeitbedingung und Elementen der Lagerhaltung verknüpft ist. Es handelt sich um den Zuschnitt schmaler Streifen unterschiedlicher Länge aus breitem Bandmaterial, so daß man genauer von einer zweidimensionalen Aufgabe sprechen müßte. Wegen der konkreten Art der Daten kann man den Fall aber auf ein eindimensionales Problem reduzieren.

Der Zuschnitt der Streifen aus dem Bandmaterial erfolgt durch Längsteilen. Bei einem solchen Längsteilvorgang werden mehrere gleiche oder verschiedene Streifenbreiten kombiniert, deren maximale Anzahl abhängig von der vorgegebenen Zahl der Trennmesser ist. Neben der Breite und Länge der Streifen ist auch noch ein Termin für die Fertigstellung des Auftrages gegeben. Die Einhaltung des Termins ist für das Unternehmen von größter Wichtigkeit. Ein zweites Ziel besteht in der Abfallminimierung. Als weitere Rahmenbedingungen sind u.a. die konkreten Vorräte von Bandmaterial der verschiedenen Breiten, die Mindestteillänge für die Längsteilung und die begrenzte Kapazität des Lagers für die zugeschnittenen Streifen zu beachten.

Da es sich um ein recht komplexes Problem handelt, sind verschiedene Modellansätze und Lösungszugänge denkbar, aber nicht unbedingt realisierbar. So

Operations Research Proceedings 1991
© Springer-Verlag Berlin Heidelberg 1992

wurde zunächst, einem Zugang in [1] folgend, ein diskretes Vektoroptimierungs-
modell aufgestellt, das aber eine zu große Dimension (1000 bis 5000 Nebenbedingungen) besitzt, um effektiv lösbar zu sein. Auch ein dualer Zugang (vgl.
[2]), der koppelnde Nebenbedingungen in der Lagrangefunktion berücksichtigt, erwies sich als nicht brauchbar, vor allem wegen der Unzulässigkeit nichtoptimaler
Lösungen. Erfolgversprechend scheint ein Zugang zu sein, der unter Nutzung
eines linearen Modells zunächst nur die Bedarfsdeckung per Ende des Planungs-
zeitraumes sichert. Dabei werden im nichtoptimalen Fall neue Zuschnittvarianten
durch das Lösen von Rucksackproblemen generiert (siehe z.B. [4]). Hier muß allerdings ein Programm nachgeschaltet werden, das die Menge optimaler Varianten
den Tagen so zuordnet, daß die Termine der Posten eingehalten werden.

Als der konkreten Situation am besten angepaßt erwies sich ein heuristischer
Algorithmus, der dynamische Elemente enthält und somit unempfindlich gegenüber eintretenden Veränderungen ist. Dieser wird nun näher vorgestellt.

2 Der Algorithmus

Die Menge aller Aufträge, zusammengesetzt aus Breite, Länge und Termin, zum
Zuschnitt von Spaltbändern wird nach Umfang und Dringlichkeit in eine Liste
eingeordnet. Aus den „wichtigsten" Breiten werden mehrere Varianten zusammengestellt. Zur Bestimmung der Dringlichkeit eines Auftrages wird eine Prio-
ritätenfunktion eingeführt. Für diese Funktion wurde folgende Vorschrift entwickelt :

$$priorität = (länge\_des\_auftrages/verbleibende\_tage) \cdot (breite) \cdot (faktor1).$$

Erfahrungen aus Beispielrechnungen haben die Aufwertung der Priorität „brei-
terer" Streifen notwendig erscheinen lassen. Außerdem wird diese Regel in den
letzten (ca. 5) Tagen vor dem Endtermin dahingehend geändert, daß die Priorität
dann verstärkt wächst.

Damit Varianten in eine geordnete Folge gebracht werden können, muß ebenso
für die Varianten eine Gütefunktion eingeführt werden. Sie soll als Variantenwert
bezeichnet werden. In die Bewertung einer Variante fließen die Prioritäten der
beteiligten Breiten ein. Es werden der Abfall und die Tatsache, daß ein Wechsel
stattfinden muß, durch Abzüge bestraft. Die Vorschrift lautet :

$$\begin{aligned}
variantenwert \; = \; & (summe_der_prioritäten) \\
& - (abfall \cdot faktor2) \\
& - (wechsel \cdot faktor3) \\
& + (variantenwert_von_vorgängervariante).
\end{aligned}$$

376

Die konkrete Wahl der Prioritätenregel und der Funktion des Variantenwertes
haben wesentlichen Einfluß auf den Ablauf des Programmes, d.h. die Auswahl
der Varianten. Um vorausschauende Entscheidungen zu fällen, wird einige Tage
im voraus abgeschätzt, welche Folgen die Wahl der einzelnen Varianten, und zwar
der besten Varianten, auf die folgenden Tage hätte. Dazu wird eine Baumstruktur
generiert:

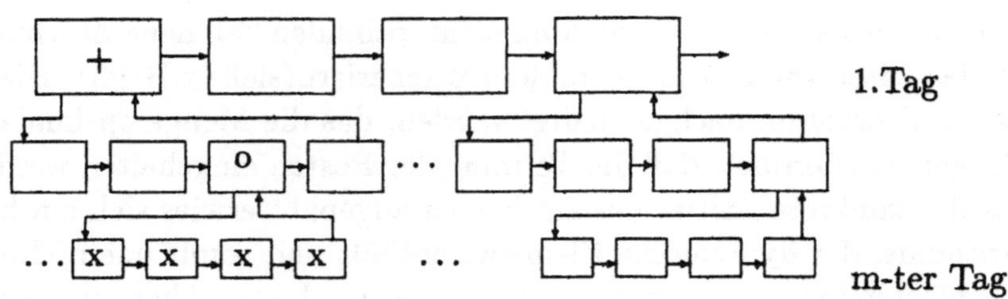

Bild 1: Durch Varianten gebildete Baumstruktur

Jedes Kästchen stellt eine Variante dar. Die k-te Zeile entspricht den besten
Varianten für den k-ten Tag, d.h., die Anzahl der Kästchenzeilen entspricht der
Anzahl der Tage, die voraus berechnet werden. Die Pfeile verdeutlichen, welche
Vorgängervarianten als realisiert angenommen werden, d.h., die Varianten mit
dem „x" sind unter der Voraussetzung die besten, daß am Tag zuvor die Variante mit dem „o" und davor die Variante mit dem „+" zugeschnitten wurden.
Während der Generierung des Baumes wird aber noch nicht entschieden, daß z.B.
die Variante „+" für den aktuellen Tag wirklich gewählt wird. Diese Entscheidung soll erst nach Vergleich aller Variantenwerte fallen, nämlich für die Variante
des aktuellen Tages, die die beste Variante am m-ten Tag erzeugt.
Verkürzter Ablaufplan:

a. | Liste der angeforderten Streifen nach Prioritäten ordnen. |

↓

b. | Baum aufbauen mit einigen ausgewählten Varianten, die sich für den
Zuschnitt am 1.Tag anbieten und den Nachfolgevarianten, die jeweils unter der Annahme erzeugt werden, daß ihre Vorgängervariante
tatsächlich realisiert.wurde. Wiederholung für die Nachfolger der
Nachfolgevarianten. |

↓

c. | Wähle die Variante, für die es am m-ten Tag danach die beste
Nachfolgevariante gibt. |

$\downarrow$

<table>
<tr><td>d.</td><td>Nimm diese in den Zuschnittplan auf und ziehe von der Prioritätenliste die entsprechenden Forderungen ab, die mit dieser Variante erfüllt werden.</td></tr>
</table>

$\downarrow$

<table>
<tr><td>e.</td><td>Lösche alle nichtgewählten aktuellen Varianten und deren Nachfolger, vervollständige den Baum wieder durch Anfügen einer neuen „Schicht" von Folgevarianten und gehe zu c.</td></tr>
</table>

Das realisierte Programm überwacht außerdem stets den Bestand an Ausgangsmaterial und die Vorräte an Streifen, die über die geforderte Menge hinaus zugeschnitten wurden. Letztere werden bei der Hinzunahme von neuen Aufträgen natürlich zuerst berücksichtigt.

3 Beispiele

Der Algorithmus wurde anhand von praxisnahen Daten, wie auch an akademischen Beispielen erprobt.

- So wurden die Auswirkungen der Festlegung der Mindestteillänge, d.h. die Einteilung des Tages in unteilbare Schichten, getestet. Dabei wird klar, daß zu kurze Schichten häufige Wechsel und damit das Erreichen einer unteren Effektivitätsgrenze wahrscheinlich machen. Zu lange Schichten dagegen führen zu hohen Lagerbelastungen und der Blockierung von Schnittkapazitäten.

- Um den realen Bedingungen in einem Unternehmen näher zu kommen, wurden periodische Abläufe simuliert. Dabei erkennt man, daß sich die Lagerbestände in einem gewissen Intervall einpegeln.

- Ein schwieriges Problem ist die Überwindung von eventuell unvermeidlichen Terminüberschreitungen während des Rechnungslaufes. Es wurden diesbezüglich die Auswirkungen der Größe, also Tiefe und Breite, des Baumes getestet. Je tiefer der Baum ist, um so weiter wird in die Zukunft vorausgeschaut und um so bessere Ergebnisse kann man erwarten. Diese Erwartung wird im allgemeinen bestätigt, stellt aber keine monotone Eigenschaft dar, d.h., Gegenbeispiele schwächen diese Aussage wieder ab.

- In weiteren Beispielen wurden die Einflüsse spezieller Parameter und Umstände getestet. So wirkt sich z.B. die Größe von $faktor3$ tatsächlich auf die Anzahl der Wechsel und damit auf Aufwand und Effektivität positiv aus.

Demonstrationsbeispiel:
Den Ausgangspunkt bildet die Auftragsliste, die nach Prioritäten geordnet wurde (siehe dazu Tafel 1). Der Übersichtlichkeit wegen wurde von nur einer möglichen Ausgangsbreite 1000mm und einem leeren Streifenlager ausgegangen. Es wurde hier mit einer „Breite" und „Tiefe" des Baumes von je 2 gerechnet. Das bedeutet, daß aus der Menge der erzeugten Varianten nur für die jeweils besten zwei und nur für eine weitere Schicht die Auswirkungen der Wahl einer von beiden verfolgt wird. (In der Skizze war eine „Breite" von 4 und eine „Tiefe" von 3 angedeutet.) In Tafel 2 ist der berechnete Zuschnittplan dargestellt. Dabei bedeuten „Br.i" die i-te gesetzte Streifenbreite und „Rs.j" die noch verbleibenden Restschichten bis zum Endtermin. Jeder Tag wurde in zwei Schichten eingeteilt und in jeder Schicht sollen 3000m (bzw. 2750m, wenn ein Variantenwechsel stattfindet) zugeschnitten werden. D.h., 3000m ist die sog. Mindestteillänge. In Tafel 3 sind die verbliebenen Aufträge zusammengefaßt. Unter den gesetzten Parametern konnten nicht mehr genügend Varianten aus diesen Streifen gebildet werden. Es wird dem Nutzer an dieser Stelle empfohlen, entweder neue Aufträge in die Liste aufzunehmen oder mehr Abfall zuzulassen oder andere Parameter zu lockern.

4 Schlußfolgerungen

Aus den zahlreichen bisher durchgeführten Beispielrechnungen (siehe [3]) können einige Konsequenzen gezogen werden:

- Die Mindestteillänge sollte den konkreten Längenverteilungen der Posten angepaßt sein.

- Abfalloses Zuschneiden kann mit dem Setzen der entsprechenden Parameter erreicht werden. Es ist dann damit zu rechnen, daß der Algorithmus eher abbricht, da keine oder nicht genügend Varianten gefunden werden, die diese Forderungen erfüllen. In diesem Fall müssen entweder Zugeständnisse bei der Lagerbelastung oder beim Abfall gemacht werden oder neue Posten aufgenommen werden.

- Problematisch ist die unterschiedliche Länge des Ausgangsmaterials. Die Rollen haben zwar verschiedene, aber genormte Breiten. Entsprechendes gilt aber nicht für die Längen, so daß nicht von einer von vornherein bekannten Schichtleistung ausgegangen werden kann. Es wird eine Mischung und damit Mittelung der verschieden langen Rollen empfohlen.

- Stellt sich während der Rechnung für einen oder mehrere Aufträge heraus, daß ihre Endtermine überschritten werden müssen, so besteht ein besonderes

Breite	Länge	Resttage	Priorität	Breite	Länge	Resttage	Priorität
680	4400	13	7.67	380	2340	15	0.987
680	4400	15	6.64	320	2760	15	0.981
640	3600	13	5.90	400	1320	9	0.977
620	3600	13	5.72	220	3700	15	0.904
580	3800	13	5.65	200	2400	10	0.800
640	3600	15	5.11	170	2760	10	0.781
540	3600	13	4.98	380	1100	9	0.774
620	3600	15	4.96	260	2220	13	0.740
580	3800	15	4.89	300	1200	9	0.666
600	2800	13	4.73	200	2400	12	0.666
500	3600	13	4.61	170	2760	12	0.651
540	3600	15	4.32	260	2220	15	0.641
660	2800	15	4.10	200	2400	15	0.533
500	3600	15	3.99	170	2760	15	0.521
460	3200	13	3.77	140	2040	10	0.475
240	9200	10	3.68	260	960	9	0.462
460	3180	15	3.25	200	1700	13	0.435
240	9200	12	3.06	140	2040	12	0.396
240	9200	15	2.45	200	1700	15	0.377
440	2820	9	2.29	100	2040	10	0.340
420	2040	9	1.58	220	780	9	0.317
420	2640	13	1.42	140	2040	15	0.317
220	3720	10	1.36	100	2040	12	0.283
420	2580	15	1.20	110	1700	13	0.239
320	2760	13	1.13	170	720	9	0.226
220	3700	12	1.13	100	2040	15	0.226
380	2280	13	1.11	110	1700	15	0.207
340	1600	9	1.00	100	650	9	0.120

Tafel 1: Auftragsliste - nach Prioritäten geordnet

Rest	Br.1	Br.2	Br.3	Br.4	Br.5	Rs.1	Rs.2	Rs.3	Rs.4	Rs.5	Wechsel
0	680	220	100	0	0	26	20	20	0	0	1
0	680	220	100	0	0	29	23	23	0	0	0
0	640	220	140	0	0	24	28	18	0	0	1
0	580	420	0	0	0	23	15	0	0	0	1
0	620	240	140	0	0	22	16	26	0	0	1
0	540	460	0	0	0	21	21	0	0	0	1
0	620	240	140	0	0	24	18	18	0	0	1
0	580	200	220	0	0	23	13	13	0	0	1
0	660	240	100	0	0	18	12	10	0	0	1
0	500	240	260	0	0	17	21	17	0	0	1
0	540	460	0	0	0	20	20	0	0	0	1
0	500	240	260	0	0	19	13	19	0	0	1
0	440	240	320	0	0	6	8	14	0	0	1
0	340	170	170	320	0	5	5	7	17	0	1
0	400	380	220	0	0	4	4	10	0	0	1
0	300	240	460	0	0	3	5	11	0	0	1
0	680	320	0	0	0	10	10	0	0	0	1
0	440	240	320	0	0	1	7	13	0	0	1
0	580	420	0	0	0	8	8	0	0	0	1
10	200	240	240	200	110	5	5	11	7	7	1
0	170	420	170	240	0	4	10	10	10	0	1
0	500	500	0	0	0	5	9	0	0	0	1
10	200	680	110	0	0	8	8	8	0	0	1

Tafel 2: Variantenliste

Breite	Länge	Resttage	Priorität	Breite	Länge	Resttage	Priorität
640	850	2	1208	660	2800	4	17.59
540	850	2	1019	620	850	2	11.70
380	630	2	266.0	620	850	4	5.01
660	50	2	73.33	540	850	4	4.37
640	3600	4	21.94	380	2340	4	4.23

Tafel 3: Noch nicht erledigte Aufträge

Problem in der Überwindung dieser Situation. Ist der Fall aufgetreten, daß einzelne Posten nicht termingerecht bearbeitet werden können, muß mindestens versucht werden, sie dann so schnell wie möglich nachzuholen. Es bieten sich insbesondere zwei Möglichkeiten an, die Priorität eines solchen Postens zu wählen:

a. Sie soll im Vergleich zu den anderen Posten sehr hoch sein, damit die Wahrscheinlichkeit, daß der Posten in der nächsten besten Variante auftritt und damit demnächst bearbeitet wird, steigt.

b. Die Priorität soll sehr gering, z.B. negativ, sein, um diesen Fall mit einer Strafe zu belegen.

Die Variante a) kann dazu führen, daß Terminüberschreitungen öfter als nötig auftreten, da mit den überhöhten Prioritäten auch Varianten mit hohen Variantenwerten entstehen, und maximale Variantenwerte sind letztlich das Ziel der Auswahl. Mit anderen Worten: Der Weg a) gleicht einer Belohnung. Die Variante b) führt dazu, daß die Posten an das Ende der Prioritätenliste rutschen und somit erst am Schluß, wenn alle anderen Posten nahezu abgearbeitet sind, in Betracht gezogen werden. Das darf natürlich nicht passieren. Als Ausweg wurden die Prioritäten zwar mit negativen Werten belegt, aber diese Posten werden in gewissem Umfang dann gleich „gesetzt", also als Bestandteil der Varianten fest vorgegeben.

Literatur

[1] W. Dinkelbach. *Entscheidungsmodelle*. De Gruyter, Berlin, New York, 1982.

[2] K. Richter, P. Bachmann, S. Dempe. *Diskrete Optimierungsmodelle. Effektive Algorithmen und näherungsweise Lösung*. Verlag Technik, Berlin, 1988.

[3] K. Singer. *Optimierung des Längsteilens von Blechen bei der Kernherstellung im Transformatorenbau*. Diplomarbeit, Technische Universität Chemnitz, Fachbereich Mathematik, 1991.

[4] J. Terno, R. Lindemann, G. Scheithauer. *Zuschnittprobleme und ihre praktische Lösung*. Fachbuchverlag, Leipzig, 1987.

EINE INNERE-PUNKT-PROZEDUR ZUR BESCHLEUNIGUNG
DES SIMPLEXALGORITHMUS

Walter Schneider, Linz

Zusammenfassung: Addiert man sämtliche "$\leq$" bzw. "$\geq$"-Restriktionen von **Ax** $\lesseqgtr$ **b**, so erhält man die Linearkombinationen $1_\leq$ bzw. $1_\geq$, welche eine konvexe Hülle des Ausgangsproblems definieren /3/.

Die Dualisierung ergibt 2 Hyperspalten, deren Lösung einen inneren Punkt von **Ax** $\lesseqgtr$ **b** definieren. Startet man die Optimierung mit diesem Punkt, so verringert sich die Anzahl Iterationen bis zum Optimum um ca 13%,bei Verwendung handelsüblicher LP-Software. Sonderfälle und deren Lösung werden ebenfalls behandelt.

Abstract: Adding all "$\leq$" and "$\geq$"-constraints of **Ax** $\lesseqgtr$ **b** we get the 2 hyperplanes $1_\leq$ and $1_\geq$, which are a convex-hull to **Ax** $\lesseqgtr$ **b** /3/.

Dualising this procedure we'll get 2 hyperplanes defining an inner-point. Starting from this point we get a speed-up of the simplex of about 13% (always using commercial LP-software). Special effects and their solution are pointed out.

1.Die konvexe-Hülle ist beschränkt

Beispiel:

$$
\begin{aligned}
g_1 &:= \ x_1 + 3x_2 \leq 12 \\
g_2 &:= 2x_1 + \ x_2 \leq 14 \\
g_3 &:= 2x_1 + 2x_2 \leq 11 \\
g_4 &:= \ x_1 \qquad\ \leq \ 3 \\
g_5 &:= \qquad\quad x_2 \leq \ 3,5
\end{aligned}
\right\} > c_{i,\leq} \ (i = 1,5)
$$

$$
\begin{aligned}
g_6 &:= \ x_1 + \ x_2 \geq \ 4 \\
g_7 &:= 5x_1 + \ x_2 \geq \ 5 \\
g_8 &:= -x_1 + \ x_2 \geq \ 2 \\
g_9 &:= \ x_1 \qquad\ \geq \ 1 \\
g_{10} &:= \qquad\quad x_2 \geq \ 2
\end{aligned}
\right\} > c_{j,\geq} \ (j = 6,10)
$$

$> $ **Ax** $\lesseqgtr$ **b**

$$z(\mathbf{x}):= 2x_1 + 3x_2 \implies \text{Max!}; \ \mathbf{x} \geq 0$$

Bildet man die Linearkombinationen:

$$1_\leq := \sum_{i=1}^{l} c_{i,\leq} \qquad \text{(für unser Beispiel}:= 6x_1 + 7x_2 \leq 43,5)$$

bzw.:

$$1_\geq := \sum_{j=l+1}^{m} c_{i,\geq} \qquad \text{(für unser Beispiel}:= 6x_1 + 4x_2 \geq 14),$$

so gilt: $1_\leq$ und $1_\geq$ beinhalten den von **Ax** $\lesseqgtr$ **b** definierten Lösungsraum. Siehe auch nachfolgende Skizze:

Operations Research Proceedings 1991

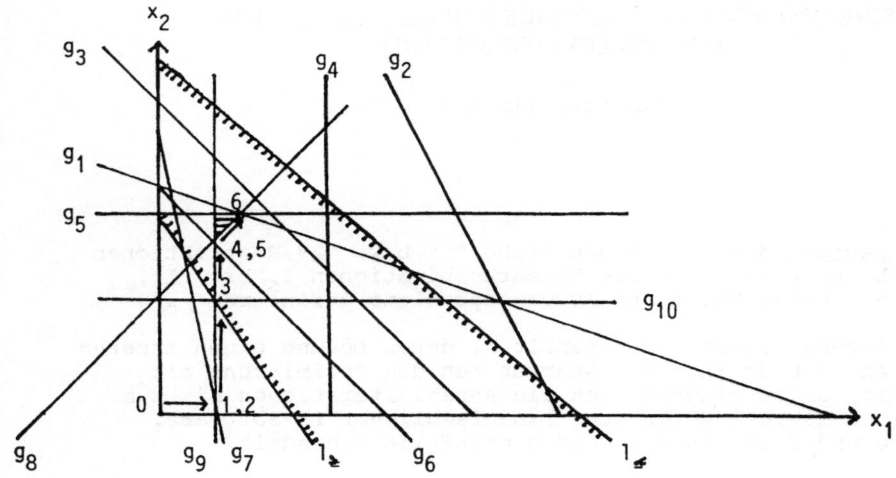

1.1 Das Verfahren

Idee: Man berechnet das, von $1_<$, $1_>$ sowie $z(\mathbf{x})$ definierte Optimum
und rechnet nachfolgend die jeweils meistverletzte Restrik-
tion postoptimal ein. Es ergibt sich für unser Beispiel:

1.Schritt (Optimum des umschreibenden Lösungsraums):

TO	x_1	x_2	b
$s(\mathbf{x})$	6	4	14
$z(\mathbf{x})$	2	3	0
x_{13H}	6	7	43,5
$-x_{14}$	6	4	14

$\vdots$

T3	x_{13}	x_1	b
$z(\mathbf{x})$	$-3/7$	$-4/7$	$-261/14$
x_{14}	$4/7$	$-18/7$	$76/7$
x_2	$1/7$	$6/7$	$87/14$

schlaffe Restriktion (   )

OPTIMUM DES
UMSCHREIBENDEN
LÖSUNGSRAUMS

$$x_2 = 87/14$$

2.Schritt (postopt. Einrechnen der meistverletzten Restriktion):

Das Bestimmen des Verletzungsgrades erfolgt durch Einsetzen des aktuellen Lösungsvektors $x_2 = 87/14$ in die
Ursprungsgleichungen $g_1, \ldots, g_8$.

	T3	x_{13}	x_1	b
g_1		0	1	12
	z(x)	-3/7	-4/7	-261/14
3	x_2	1/7	6/7	87/14
	x_3	-3/7	**-11/7**	-93/14
	T4	x_{13}	x_3	b
g_8		0	0	-2
	z(x)	-3/11	-4/11	-357/22
-1	x_2	-1/11	6/11	57/22
1	x_1	3/11	-7/11	93/22
	x_{10}	**-4/11**	13/11	-80/22
	T5	x_{10}	x_3	b
	z(x)	-3/4	-5/4	-27/2
	x_2	-1/4	1/4	7/2
	x_1	3/4	1/4	3/2
	x_{13}	11/4	-13/4	10

Die meistverletzte Restriktion g_1 wird postoptimal eingerechnet

Die meistverletzte Restriktion g_8 wird postoptimal eingerechnet

$x_1 = 1,5$; $x_2 = 3,5$
Sämtl.Restriktionen erfüllt! ==>
OPTIMALE LÖSUNG!

schlaffe Restr.

Die Vorgangsweise in der Graphik:

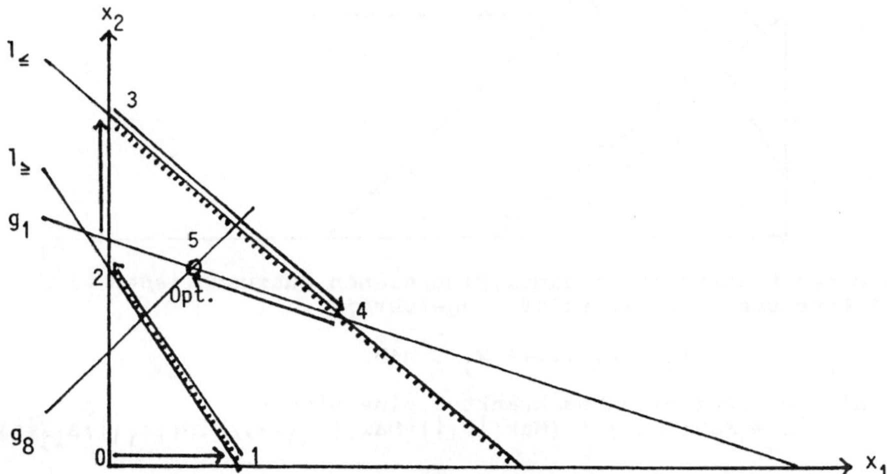

Anstatt 6 Folgetableaus mit jeweils 10 Zeilen (normale Vorgangsweise) benötigt man nur noch 5 Folgetableaus zu 2-3 Zeilen.

<u>**Folgende Sonderfälle treten auf:**</u>

a) Die konvexe Hülle hat keine Lösung ==> Das Ausgangsproblem hat
   ebenfalls keine Lösung.

b) Die konvexe Hülle ist unbeschränkt ==> Das Ausgangsproblem:

- hat eine Lösung.
- hat keine Lösung.
- ist unbeschränkt.

2.Die konvexe-Hülle ist unbeschränkt

Beispiel:

$$
\begin{aligned}
g_1 &:= x_1 + x_2 \le 8 \\
g_2 &:= x_1 \le 4 \\
g_3 &:= -4x_1 + 2x_2 \le 2 \\
g_4 &:= x_2 \ge 4 \\
g_5 &:= 4x_1 + 4x_2 \ge 16
\end{aligned}
\quad
\begin{aligned}
l_\le &:= -2x_1 + 3x_2 \le 14 \\
l_\ge &:= 4x1 + 5x2 \ge 20
\end{aligned}
$$

$$z(\mathbf{x}) := x_1 + x_2 ==> \text{Max!}; \ \mathbf{x} \ge 0$$

Ursprungsproblem und konvexe Hülle sind in nachfolgender Graphik dargestellt:

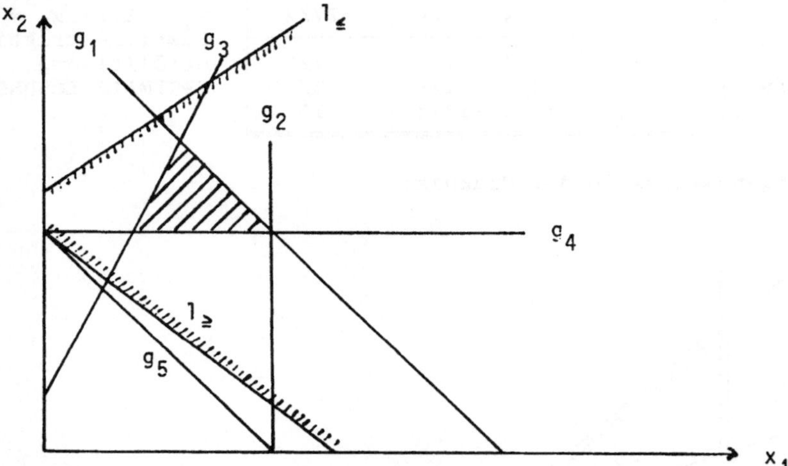

Um Unbeschränktheit in sämtl.Dimensionen auszuschließen wird eine
45° Hyperebene l_z wie folgt eingeführt:

$$l_z := x_i + \ldots + x_j \le n*M$$

mit: n = Anzahl unbeschränkter Dimensionen

$$M = \text{Max}(|b_i|) + (\text{Max}(|b_i|)*\text{Max}(|a_{ij}|))/\text{Min}(|a_{ij}|; a_{ij} \ne 0)$$

Für unser Beispiel ergeben sich $l_<$, $l_>$ bzw. l_z wie folgt:

$$
\begin{aligned}
l_\le &:= -2x_1 + 3x_2 \le 14 \\
l_\ge &:= 4x_1 + 5x_2 \ge 20 \\
l_z &:= 1x_1 + 1x_2 \le 80
\end{aligned}
$$

$$z(\mathbf{x}) := 1x_1 + 1x_2 ==>\text{Max!}$$

Mit dem, in Kapitel 1.1 beschriebenen Verfahren ergibt sich:

__1.Schritt__ (Optimum des umschreibenden Lösungsraums):

T0	x_1	x_2	b
s($\mathbf{x}$)	1	1	0
z($\mathbf{x}$)	1	1	0
x_{8H}	-2	3	14
$-x_9$H	4	5	20
x_{10}	1	1	80

$\vdots$

	T2	x_{10}	x_2	b	
	z($\mathbf{x}$)	-1	0	-80	
(	x_8	2	5	174	)
	x_1	1	1	80	
(	x_9	4	-1	300	)

OPTIMUM DES
UMSCHREIBENDEN
LÖSUNGSRAUMS

$x_1 = 80$

__2.Schritt__ (postopt. Einrechnen der meistverletzten Restriktion):

	T2	x_{10}	x_2	b
g_2		0	0	
	z($\mathbf{x}$)	-1	0	-80
1	x_1	1	1	80
	x_7	-1	-1	-76

Die meistverl.
Restriktion g_2
wird postoptimal
eingerechnet

	T3	x_{10}	x_7	
g_3		0	0	2
	z($\mathbf{x}$)	-1	0	-80
-4	x_1	0	1	4
2	x_2	1	-1	76
	x_5	-2	6	-134

Die meistverl.
Restriktion g_3
wird postoptimal
eingerechnet

$\vdots$

	T5	x_3	x_7		
	z($\mathbf{x}$)	-1	0	-8	
	x_1	0	1	4	
	x_2	1	-1	4	
(	x_5	-2	6	10	)

$x_1 = 4$;
$x_2 = 4$.

Sämtliche
Restriktionen
erfüllt!   ==>
OPTIMALE LÖSUNG!

3.Die Dualisierung des Verfahrens

Wir bilden das zu Beispiel 1 gehörige duale Problem, wobei die
nachfolgenden Spalten a, b, c wie folgt definiert sind:

$$a := \text{duale Formulierungt von } l_{\leq},$$
$$b := \text{duale Formulierungt von } l_{\geq},$$
$$c := \text{duale Formulierungt von } l_{z}$$

und erhalten:

P_B A_B^{*-1} $\|$ α	P_B	y Indx	Y1 Y2 Y3 Y4 Y5	Y6 Y7 Y8 Y9 Y10	a b c	s1 s2	h1 h2	b
		$z(y)$	-12-14-11-3-3.5	4 5 2 1 2	-43.5 14-84	0 0	0 0	
		$s(y)$	0 0 0 0 0	0 0 0 0 0	0 0 0	0 0	1 1	
			1 2 2 1 0	-1-5 1-1 0	6 -6 1	-1 0	1 0	2
			3 1 2 0 1	-1-1-1 0 -1	7 -4 1	0-1	0 1	3
$P_{NB}-\alpha*A_{NB}$								

1.Schritt Wir optimieren mit Hilfe der rev.Simplexmethode zuerst
den Matrixteil $(a,b,c,s_1,s_2,h_1,h_2|RHS)$ und erhalten:

Tableau 0 $P_B^{*}{}^{-1}_{}$ A_B^{-1} $\|$ α	P_B	y Indx	Y1...Y10	a	b	c	s1	s2	h1	h2	b
		$z(y)$	-12... 2	-43.5	14	-84	0	0	0	0	
		$s(y)$	0... 0	0	0	0	0	0	-1	-1	
-1	-1	h_1	1... 0	6	-6	1	-1	0	1	0	2
-1	-1	h_2	3...-1	7	-4	1	0	-1	0	1	3
$s(P_{NB}-\alpha*A_{NB})$				13	-10	2	-1	-1	/	/	
7/6	0	a			-1				1/6	0	1/3
-1	-1	h_2			3				-7/6	1	2/3
$s(P_{NB}-\alpha*A_{NB})$				0	3	-1/6	7/6	-1	/	/	
4.2	-43.5	a					4/18		-4/18	1/3	10/18
-9.8	14	b					7/18		-7/18	1/3	4/18
$z(P_{NB}-\alpha*A_{NB})$				0	0	-78.4	4.2	-9.8	/	/	
0	-43.5	a							0	1/7	3/7
-6.2	0	s_1							-1	6/7	4/7
$z(P_{NB}-\alpha*A_{NB})$				0-	10.9	-77.8	0	-6.2	/	/	

2.Schritt Ausgehend von der Voroptimierung des 1.Schritts wird die
Gesamtmatrix, exclusiv dem Matrixteil (a,b,c), mit Hilfe
der revidierten Simplexmethode optimiert:

Beginnend mit dem Endtableau der Voroptimierung (1.Schritt) ergibt sich:

Tableau 3a		y_i	Y_1 Y_2 Y_3 Y_4 Y_5	Y_6 Y_7 Y_8 Y_9 Y_{10}	s_1 s_2	h_1	h_2	b
0	−43.5	a	3/7			0	1/7	3/7
−6.2	0	s_1	11/7			−1	6/7	4/7
$z(p_{NB}-\alpha*A_{NB})$			6.6 1.4 2.7 −7.8 −3	−2.2 −4.2 −4.2 −1.2 1	−6.2 0	/	/	

Tableau 4		y_i	Y_1 Y_2 Y_3 Y_4 Y_5	Y_6 Y_7 Y_8 Y_9 Y_{10}	s_1 s_2	h_1	h_2	b
−4.2	−43.5	a				3/11 −1/11	2/11	
−2.6	−12	y_1				−7/11 6/11	4/11	
$z(p_{NB}-\alpha*A_{NB})$			0 2.6 −.9 −2.9 1.2	−2.8 3.6 −.6 −18.7 −3.2	−2.6 −4.2	/	/	

Tableau 5		y_i	Y_1 Y_2 Y_3 Y_4 Y_5	Y_6 Y_7 Y_8 Y_9 Y_{10}	s_1 s_2	h_1	h_2	b
−1.5	2	y_8				3/4 −1/4	3/4	
−3.5	−12	y_1				1/4 1/4	5/4	
$z(p_{NB}-\alpha*A_{NB})$			0 −1 0 −7.5 −1.5	−1 0 −1.5 −6 −0.5	−3.5 −1.5	/	/	

4. Diskussion des Verfahrens

Werden Matrizen durch Zufallszahlengeneratoren erstellt, so ist die Beschleunigung bei der Anzahl Iterationsschritte nicht groß. Begründung: es entsteht eine Unzahl "ähnlicher" Dimensionen und Restriktionen, die im Optimum nicht zum Tragen kommen, sehr wohl aber Einfluß auf die Konstruktion der Vektoren a bzw. b nehmen und damit den Ausgangspunkt ungünstig legen.

Wie "sinnvoll" eine zufällig erstellte Matrix ist, zeigt sich an der Anzahl im Optimum bindender Restriktionen. Unter Berücksichtigung dieses Einflußfaktors ergaben sich folgende Werte:

Anzahl im Optimum bindender Restriktionen in % (Sinnhaftigkeit d.Matrix)	Beschleunigung gegenüber Normalverfahren (LINDO-Standardsoftware)
46,01	4,25%
53,74	12,85%

Sinnhaftigkeit einer Matrix und Beschleunigung erscheinen damit direkt proportional; d.h. 7,7% zusätzlich bindende (sinnvolle) Restriktionen bewirken eine weitere Beschleunigung von 8,6%.

Für den Fall von durchschnittlich 53,74% im Optimum bindender
Restriktionen ergaben sich folgende Werte:

| Größe m*n | Belegungsdichte der Matrix in Prozent | | | | | | | | | | | | | | |
| | 10% | | | | | 20% | | | | | 30% | | | | |
	a	b	c	d	e	a	b	c	d	e	a	b	c	d	e
25*50	13	52	33	29	87,9	15	60	37	25	67,6	14	56	37	37	100,0
25*75	15	60	31	39	126,0	17	68	54	32	59,3	14	56	57	51	89,5
25*100	13	52	38	26	68,4	15	60	57	58	102,0	16	64	74	64	86,5
50*100	21	42	80	57	71,3	23	46	58	65	112,0	16	32	48	34	70,8
50*150	23	46	110	89	80,9	22	44	107	88	82,2	Abbruch				
50*200	27	54	125	123	98,4	Abbruch									
75*150	30	40	129	118	91,5	Abbruch									

Mit: a ... Anzahl Restriktionen die im Optimum binden;
     b ... Prozentueller Anteil im Optimum bindender Restriktionen
          m (Zeilenzahl) = 100%;
     c ... Anzahl Iterationen des Standardverfahrens;
     d ... Anzahl Iterationen des neuen Verfahrens;
     e ... Beschleunigungsfaktor des neuen Verfahrens in Prozent.

Vorteile des Verfahrens:

- **Das Verfahren ist spaltenorientiert und leicht an bestehende
  Standardsoftware anzupassen.**
- **Es bringt eine Beschleunigung sowohl bei zufällig generierten
  Matrizen, als auch bei Realproblemen, wobei bei Realproblemen
  eine Beschleunigung von über 13% zu erwarten ist.**

Literatur:
/1/ Aitkinson, K. E.
    Elementary Numerical Analysis
    John Willey & Sons, Inc., New York 1985.

/2/ Bunday, B. D.
    Basic Optimisation Methods
    Edward Arnold (Publishers) Ltd., London 1984.

/3/ Schneider, W.
    Ein Verfahren z.Rechen- & Speicherplatzeinsparung beim Simplex
    OR-Proceedings 1984, Springer Verl.,Berlin-Heidelberg-New York

/4/ Thompson, W.
    Computing in Applied Science
    John Wiley & Sons, Inc., New York 1984.

Stochastic Integer Programming

Leen Stougie

University of Amsterdam

The study of stochastic linear programming problems has resulted in an abundancy of literature, indicating on one hand the proceeds of the investigations and on the other the complexity of the problem type. In stochastic integer programming this complexity is multiplied by the inherent complexity of the general integer programming problem, established in the theory of computational complexity. This, together with the fact that very few researchers have thorough knowledge of both stochastic and integer programming, is the cause of the poor state of the art of the field.

For specific problems their special structure can be explored in devising on optimal or heuristic solution method. Analysis of such examples in connection with different models for stochastic integer programs will be given.

Solving stochastic integer programs to optimality, in general seems hopeless. For some easy integer programming components a L-shaped type of algorithm has been propared recently. Apart from the algorithmic side, research has been conducted to the study of the structure of stochastic integer programming objective functions. The first steps in this direction will be presented.

This survey will be concluded with pointing out the challenges that we are confronted with in pursuing further research in this almost virgin field.

Packing irregular figures in two dimensions via tabu search

J. Blazewicz, R. Walkowiek

Institute of Computing Science
Technical University Poznan
Poznan, Poland

Abstract:

The problem to be considered is one of packing (cutting) two-dimensional figures in a rectangular sheet of material in order to minimize its unused part. The figures are assumed to be of arbitrary shapes. In the talk, a heuristic based on tabu search is proposed, and its experimental evaluation is presented.

Einige Bemerkungen zu algorithmischen Verbesserungen für den Preflow-Push-Ansatz zur Bestimmung maximaler Flüsse

U. Derigs, W. Meier
Universität zu Köln

1. Einleitung

Sei G = (V,E) ein gerichteter Graph und c(u,v) ϵ **N** die Flußkapazität für jede Kante (u,v) ϵ E. In V seien zwei Knoten ausgezeichnet, die Quelle s und die Senke t, s $\neq$ t, wobei gelte

$$\{ u \mid (u,s) \epsilon E \} = \{ v \mid (t,v) \epsilon E \} = \phi.$$

Weiterhin setzen wir n := |V| und m := |E|. Ein s-t-Fluß ist nun eine Funktion f:E $\to$ **R** mit der Eigenschaft

$$\sum_{(u,v)\in E} f(u,v) - \sum_{(v,w)\in E} f(v,w) = 0 \quad \forall \, v \in V\backslash\{s,t\} \quad (1.1)$$

$$f(u,v) \leq c(u,v) \qquad \forall \, (u,v) \in E \quad (1.2)$$

Der Flußwert ist dann gegeben durch

$$|f| := \sum_{(s,v)\in E} f(s,v) = \sum_{(u,t)\in E} f(u,t) \quad (1.3)$$

und das Max-Flow-Problem kann wie folgt definiert werden:

$$\max \{ \, |f| \mid f \text{ s-t-Fluß in } G \, \} \quad (1.4)$$

2. Klassische Lösungskonzepte

Der Residuumsgraph G_f = (V,E_f) bezüglich eines Flusses f ist wie folgt definiert:

$$E_f := \{ (u,v) \mid (u,v) \in E, f(u,v) < c(u,v) \} \cup$$
$$\cup \{ (u,v) \mid (v,u) \in E, f(v,u) > 0\} \quad (2.1)$$

Operations Research Proceedings 1991
© Springer-Verlag Berlin Heidelberg 1992

Weiterhin ist die residuelle Kapazität $r_f(u,v)$ einer Kante (u,v) gegeben durch

$$r_f(u,v) := \begin{cases} c(u,v) - f(u,v), & \text{für } (u,v) \in E_f \cup E \\ f(v,u), & \text{für } (u,v) \in E_f \setminus E \end{cases} \qquad (2.2)$$

s-t-Pfade in G_f werden flußerweiternde Pfade genannt, und ein Fluß f ist genau dann ein maximaler Fluß in G, wenn G_f keinen s-t-Pfad enthält.

Der Markierungsalgorithmus von Ford und Fulkerson /6/ baut nun den maximalen Fluß sukzessive über die Bestimmung flußerweiternder Pfade im Residuumsgraphen auf. Wird dabei jeweils ein in Bezug auf die Kantenzahl kürzester s-t-Pfad ausgewählt, so ist die Anzahl der Iterationen/Erweiterungen O(nm), d.h. polynomial. Werden diese kürzesten erweiternden Pfade mittels einfacher breadth-first-Suche ermittelt, so ergibt sich insgesamt eine Laufzeit von $O(nm^2)$.

Der Algorithmus von Dinic /5/ ermittelt jeweils mehrere unabhängige kürzeste erweiternde Pfade durch Aufbau des sogenannten Schichtgraphen und die Bestimmung sogenannter blockierender Flüsse, was zu einer Reduzierung der Laufzeit auf $O(n^2 m)$ führt.

Karzanov /8/ entwickelte einen Algorithmus der Komplexität $O(n^3)$, der auf der Bestimmung sogenannter Präflüsse basiert. Ein Präfluß ist dabei eine Funktion $f:E \to \mathbb{R}$ mit den Eigenschaften

$$\sum_{(u,v) \in E} f(u,v) - \sum_{(v,w) \in E} f(v,w) \geq 0 \quad \forall \, v \in V \setminus \{s,t\} \quad (2.3)$$

$$f(u,v) \leq c(u,v) \qquad \forall \, (u,v) \in E \quad (2.4)$$

Präflüsse stellen somit eine Relaxierung des Flußkonzeptes dar.

Durch die Verwendung komplexer Datenstrukturen konnte die Komplexität dieser klassischen Max-Flow-Verfahren in den letzten Jahren immer weiter reduziert werden - jedoch um den Preis kaum implementierbarer und daher "unpraktischer" Algorithmen. In jüngster Zeit wurde von Goldberg und Tarjan /7/ ein neuer Ansatz vorgestellt, der sowohl mit Präflüssen arbeitet als auch eine Relaxierung für die Bestimmung der Pfadlängen im Residuumsgraphen benutzt, und der sowohl vom Konzept her einfach als auch in Bezug auf die notwendigen Datenstrukturen implementierbar ist.

3. Der Preflow-Push-Algorithmus

Sei $f:E \to \mathbb{R}$ ein Präfluß. Eine Funktion $d:V \to \mathbb{N} \cup \{0\}$ heißt zulässige Markierung bezüglich f, falls gilt:

$$d(t) = 0 \qquad\qquad (3.1)$$
$$d(u) \leq d(v) \; \textit{für} \; (u,v) \in G_f \quad (3.2)$$

Beispiele für zulässige Markierungen sind etwa die sogenannte naive Markierung mit $d(u) = 1$ für alle $u \in V\backslash\{t\}$ und die sogenannte exakte Markierung, bei der d(u) für jeden Knoten u die Länge des kürzesten u-t-Pfades in G_f angibt. Es ist offensichtlich, daß d(u) nicht größer als die Länge eines u-t-Pfades in G_f sein kann, und d(s) somit eine untere Schranke für die kürzeste s-t-Pfadlänge angibt.

Eine Kante $(u,v) \in G_f$ mit $d(u) = d(v) + 1$ heißt zulässig und ein s-t-Pfad, der nur aus zulässigen Kanten besteht, ist somit ein kürzester s-t-Pfad in G_f. Das Prinzip der Erweiterung über kürzeste erweiternde Pfade kann somit durch das Prinzip der Erweiterung über zulässige s-t-Pfade ersetzt werden. Dieses Prinzip ist in sofern eine "Relaxierung", da die Markierungen nur für Kanten auf dem zulässigen/kürzesten s-t-Pfad exakt sein müssen.

Sei nun f ein Präfluß, dann definieren wir

$$\Delta f(v) := \begin{cases} \infty, & \textit{für } v = s \\ 0, & \textit{für } v = t \\ \sum_{(u,v) \in E} f(u,v) - \sum_{(v,w) \in E} f(v,w), & \textit{für } v \in V\backslash\{s,t\} \end{cases} \qquad (3.4)$$

als den Überschuß des Knotens v.

Für $u \in V$ mit $\Delta f(u) > 0$ und $(u,v) \in G_f$ zulässig definieren wir die folgenden Operationen

PUSH(u,v)

```
ε := min ( Δf(u),r_f(u,v) }
IF (u,v) ∈ E
    THEN f(u,v) := f(u,v) + ε
    ELSE f(u,v) := f(u,v) - ε
```

<u>**RELABEL(u)**</u>

$$d(u) := \min (d(v) + 1 \mid (u,v) \in E_f)$$

Der Preflow-Push-Algorithmus besteht nun aus der sukzessiven Anwendung dieser beiden Schritte. Dabei enthält der Algorithmus eine Reihe von Freiheitsgraden, wie

- die Wahl der Startmarkierung
- die Selektion eines Knotens aus U_f

Eine ausführliche numerische Untersuchung, wie diese Freiheitsgrade genutzt werden können und welchen Einfluß dies auf das Laufzeitverhalten hat, findet sich bei Derigs und Meier /3/, wo insbesondere auch eine zusätzliche RELABEL-Operation vorgeschlagen wird. Mit einer Zahl $z \in \{ 0, 1, ..., n \}$ und $d(v) \neq z$ für alle $v \in V$ wird die Markierung wie folgt geändert:

$$d(v) \leftarrow \begin{cases} n, & \text{für } v \in V \text{ mit } d(v) > z \\ d(v), & \text{sonst} \end{cases}$$

Diese sogenannte globale Markierungsänderung verringert die Rechenzeit signifikant, und es zeigte sich, daß mit dieser Modifikation der Preflow-Push-Ansatz allen in der Literatur veröffentlichten Implementierungen des Dinic-Algorithmus und des Karzanov-Algorithmus überlegen ist.

4. Algorithmische Verbesserungen

Vor kurzem gelang es Ahuja und Orlin /1/ den Skalierungsansatz auf den Preflow-Push-Algorithmus zu übertragen. Die Idee ist dabei, die Knoten zuerst zu betrachten, die am meisten zur Erweiterung des Flusses beitragen können. Daher wird der Algorithmus in Phasen aufgeteilt, in deren Verlauf immer nur Knoten mit "großem Überschuß" betrachtet werden. Dabei hat ein Knoten großen Überschuß, wenn $U(v) > \frac{\Delta}{k}$ gilt. Dabei wird Δ, beginnend bei $\Delta = k^{\lceil \log_k U \rceil}$, bei jedem Phasenwechsel durch den Skalierungsfaktor k dividiert, wobei U eine obere Schranke für die Kantenkapazitäten ist. Das so verbesserte Verfahren hat dann eine

Komplexität von $O(nm + n^2 \log_2 U)$.

Cheriyan, Hagerup und Mehlhorn /2/ bemerkten bei dieser Methode den Nachteil, daß während einer Phase in einem PUSH-Schritt eine Kante betrachtet werden kann, deren Kapazität relativ klein im Vergleich zu Δ ist. Nach diesem PUSH-Schritt hat sich der Überschuß des Knotens u daher nicht wesentlich verringert. Es erscheint daher vorteilhaft, in jeder Phase nicht das gesamte Netzwerk, sondern ein Teilnetzwerk zu betrachten, das nur die Kanten (u,v) genügend hoher Kapazität enthält $c(u,v) \geq \frac{\Delta}{k\beta}$ mit einer geeigneten Konstanten ß. Dieses sogenannte Oberflächennetzwerk muß zu Beginn jeder Phase neu bestimmt werden und wächst im Verlauf des Verfahren monoton, bis es das gesamte Netzwerk umfaßt. Bei geeigneter Wahl der Parameter ergibt sich ein Verfahren der Komplexität $O(\sqrt{n^3}\sqrt{m} + n^2\log_2 U + nm)$.

Wir haben diese Algorithmen implementiert und mit dem "einfachen" Preflow-Push-Ansatz verglichen. Bei allen Implementierungen wurde dabei die globale Markierungsänderung durchgeführt, da sie sich in jedem Fall als vorteilhaft erwiesen hat. Die folgende Tabelle gibt einen Ausschnitt aus den in Derigs und Meier /4/ enthaltenen numerischen Untersuchungen, wobei der Graphengenerator RMFGEN (siehe dazu auch /3/) verwendet wurde. RMFGEN erzeugt Stufennetzwerke, die aus einer Reihe von B "frames" aufgebaut sind. Jeder "frame" besteht dabei wiederum aus A Knoten.

Obwohl diese Skalierungsverfahren also eine bessere Komplexität haben sind sie in der Praxis dem "einfachen" Preflow-Push-Algorithmus unterlegen. Eine genauere Untersuchung dieses Sachverhalts sowie eine Beurteilung der verwendeten Datenstukturen findet sich bei Derigs und Meier /4/.

A	B	$|V|$	$|E|$	Preflow-Push	Ahuja/ Orlin	Cheriyan/ Hagerup/ Mehlhorn
12	2	288	1344	.068	.073	.071
	4	576	2976	.140	.196	.254
	8	1152	6240	.349	.533	.652
	16	2304	12768	.748	1.280	1.790
	32	4608	25824	2.296	3.899	5.439
	64	9216	51936	5.684	7.440	15.493
16	2	512	2432	.162	.157	.142
	4	1024	5376	.401	.438	.543
	8	2048	11264	1.147	1.515	1.888
	16	4096	23040	2.585	4.088	5.125
	32	8192	46592	5.139	9.091	15.636
	64	16384	93696	21.618	42.469	76.134

Tabelle: Rechenzeiten in CPU-Sekunden auf einer IBM 6000/320

5. Literaturhinweise

/1/   Ahuja, R. K.; Orlin J. B.

A Fast and Simple Algorithm for the Maximum Flow Problem.

Operations Research 37 (1989), 748-759

/2/   Cheriyan, J.; Hagerup, T.; Mehlhorn K.

Can a Maximum Flow be Computed in o(nm) Time?

erscheint in: Proceedings of the 17th International Colloquium on Automata, Languages and Programming, London (1990).

/3/   Derigs, U.; Meier, W.

Implementing Goldberg's Max-Flow-Algorithm - A Computational Investigation.

ZOR - Methods and Models of Operations Research 33 (1989), 383-403.

/4/   Derigs, U.; Meier, W.

An Evaluation of Algorithmic Refinements and Proper Data-Structures for the Preflow-Push-Approach for Maximum Flow.

Arbeitsbericht, Universität zu Köln, (1991).

/5/   Dinic, E. A.

Algorithm for Solution of a Problem of Maximum Flow in a Network with Power Estimation.

Soviet Mathematics Doklady, Vol. II, No. 5 (1970), 1277-1280

/6/   Ford, L. R.; Fulkerson, D. R.

Maximal Flow through a Network.

Canadian Journal of Mathematics 8 (1956), 399-404.

/7/   Goldberg, A. V.; Tarjan, R. E.

A New Approach to the Maximum Flow Problem.

Journal of the ACM 35 (1986), 921-904.

/8/   Karzanov, A. V.

Determining the Maximal Flow in a Network by the Method of Preflows.

Soviet Mathematics Doklady 15 (1974), 434-437.

/9/   Meier, W.

Neue Ansätze zur Bestimmung maximaler Flüsse in Netzwerken.

Diplomarbeit, Universität Bayreuth (1987).

Über die Matching Relaxation für das Set Partitioning Problem

U. Derigs und A. Metz

Universität zu Köln

1. Einleitung

Sei A eine $(m \times n)$ 0–1 Matrix und $c \in \mathbb{R}^n$ ein Kostenvektor, dann läßt sich das Set Partitioning Problem wie folgt formulieren:

$$
\begin{aligned}
& min\ c'y \\
(SP) \qquad & Ay = 1 \\
& y \in \{0,1\}^n
\end{aligned}
$$

Dieses Problem ist sowohl aus theoretischer Sicht als auch aus praktischer Sicht von elementarer Bedeutung, da sich einerseits fast alle Probleme der diskreten Optimierung auf dieses Problem zurückführen lassen und auf der anderen Seite eine Anzahl von realen OR-Problemen im Routing- und Scheduling-Bereich als Set Partitioning Probleme formuliert werden können.

Das Set Partitioning Problem ist NP-vollständig, die Bestimmung einer zulässigen Lösung und die Bestimmung einer optimalen Lösung sind von gleichem Schwierigkeitsgrad und bis heute ist noch keine allgemein akzeptierte Lösungsmethode hinsichtlich der Rechenzeit und der Lösungsgüte entwickelt worden.

Eine Anzahl von Ansätzen verwenden zur Lösung des Set Partitioning Problems die LP-Relaxation mit einer sich hieran anschließenden Branch- und Bound-Phase. Diese Vergehensweise erweist sich jedoch im Falle von 'dünn' besetzten Matritzen A als ungünstig, da sehr degenerierte Basen auftreten. Einen anderen Weg schlagen Nemhauser und Weber /7/ ein. Sie transformieren das Set Partitioning Problem in ein Matching Problem mit zusätzlichen Nebenbedingungen, das sie mittels Lagrange' Relaxation lösen.

Wir wollen hier die Idee von Nemhauser und Weber aufgreifen, da Set Partitioning Probleme mit 'dünn' besetzten Matrizen in gewissem Grade dem Matching-Problem ähnlich sind, für das heute effiziente Verfahren vorliegen /4/, und da neuere Verfahren in der nichtlinearen Optimierung entwickelt wurden, die zur Lösung des Lagrange' Dualproblemes eingesetzt werden können.

Operations Research Proceedings 1991
© Springer-Verlag Berlin Heidelberg 1992

2. Der matching-basierte Ansatz zur Lösung des Set Partitioning Problems

Sei $G = (V, E)$ ein Graph. Ein Matching $X \subseteq E$ ist eine Teilmenge der Kantenmenge, so daß keine zwei Kanten aus X mit einem gemeinsamen Knoten inzidieren. Ist X ein Matching in G, dann bezeichnen wir mit $V(X)$ die Menge der unter X gematchten Knoten. Jedes Matching X in einem Graphen G läßt sich durch einen Inzidenzvektor x, $x \in \{0,1\}^{|E|}$ repräsentieren, wobei gilt:

$$x_e = \begin{cases} 1 & \text{falls } e \in X \\ 0 & \text{sonst} \end{cases} \quad .$$

Erfüllt nun die Matrix A von (SP) die Bedingung:

$$(1) \qquad \sum_{i=1}^{m} a_{ij} = 2 \quad \text{für } j = 1, \ldots, n \ ,$$

so kann A als Knoten-Kanten Inzidenzmatrix eines (Multi-) Graphen, etwa $G = (V, E)$, aufgefaßt und (SP) als Matching Problem auf G interpretiert werden. Dieser Zusammenhang bildet die Basis für den Ansatz von Nemhauser and Weber /7/, den wir nun kurz darstellen:

Seien $a^1, \ldots, a^n$ die Spaltenvektoren der Set Partitioning-Matrix A. O.B.d.A können wir annehmen, daß die Matrix A keine identischen Spalten enthält, d.h. $a^i \neq a^j$, gelte für $1 \leq i \neq j \leq n$, da bei identischen Spaltenvektoren lediglich nur jene Spalte mit den geringsten Kosten zu berücksichtigen ist. In der Transformation wird jeder Spaltenvektor a^j mit p_j von Null verschiedenen Elementen durch $s_j = \lfloor (p_j + 1)/2 \rfloor$ Spaltenvektoren $\hat{a}^j_1, \ldots, \hat{a}^j_{s_j}$, die höchstens zwei von Null verschiedene Elemente aufweisen ersetzt, so daß gilt $a^j = \hat{a}^j_1 + \ldots + \hat{a}^j_{s_j}$. Die Kosten $\hat{c}$ für die neuen Spaltenvektoren sind so zu wählen, daß $c_j = \hat{c}_{j1} + \ldots + \hat{c}_{js_j}$. Bei der Transformation ist zu beachten, daß Spalten, die weniger als zwei von Null verschiedene Elemente aufweisen, unverändert übernommen werden, d.h. $\hat{a}^j_1 = a^j$. Diese Transformation liefert das folgende Set Partitioning Problem:

$$(SP') \qquad \begin{aligned} &min \ \hat{c}'\hat{y} \\ &\hat{A}\hat{y} = 1 \\ &\hat{y} \in \{0,1\}^s \end{aligned}$$

wobei $s = \sum_{j=1}^{n} s_j$.

Fügt man zu (SP') die folgenden sogenannten *column joining constraints*, $\hat{y}^j_k = \hat{y}^j_{k+1}$, $k = 1, \ldots, s_j - 1$, für $j = 1, \ldots, n$, hinzu, so ergibt sich eine eindeutige Beziehung zwischen den zulässigen Lösungen der Probleme (SP) und (SP').

Enthält dabei die Matrix $\hat{A}$ nur Spalten, die genau zwei von Null verschiedene Elemente aufweisen, so ist die Transformation von (SP) in ein Matching-Problem beendet. Ansonsten bezeichne J_1 die Indexmenge der Spalten, die genau eine 'Eins' aufweisen, und sei:

$$L_i := \{ \, j \in J_1 \mid \hat{a}_{ij} = 1 \, \} \quad \text{für } i = 1, \ldots, m \quad .$$

Für jede Menge $L_i \neq \emptyset, i = 1, \ldots, m$, wird nun ein Zeilenvektor $\bar{a}_i$ mit:

$$\bar{a}_{ij} = \begin{cases} 1 & \text{für } j \in L_i \\ 0 & \text{sonst} \end{cases}$$

zum Problem hinzugefügt. Das hieraus entstehende Problem (SPS) lautet dann:

$$\begin{aligned} min\ \hat{c}'\hat{y} \\ \hat{A}\hat{y} = 1 \\ \bar{A}\hat{y} \leq 1 \\ S\hat{y} = 0 \\ \hat{y} \in \{0,1\}^s \quad , \end{aligned}$$

(SPS)

wobei $S\hat{y} = 0$ die Menge der *column joining constraints* repräsentiert. Die Matrix $\left(\frac{\hat{A}}{\bar{A}}\right)$ erfüllt die Bedingung (1).

Bezeichne $\mathcal{M}$ die Menge aller Matchings im durch $\left(\frac{\hat{A}}{\bar{A}}\right)$ induzierten Graphen G, dann ist (SP) äquivalent zu:

(MPS) $\qquad\qquad\qquad min\ c'x$

(2) $\qquad\qquad\qquad\qquad X \in \mathcal{M}$

(3) $\qquad\qquad\qquad\qquad V(X) \supseteq \{1, \ldots, m\}$

(4) $\qquad\qquad\qquad\qquad Sx = 0 \qquad\qquad .$

Die Lösung von (SP) wird nun durch die Lösung von (MPS) ersetzt, wobei wir in unserem Ansatz zwei Phasen unterscheiden

- Lagrange' Relaxation

- Bestimmung guter zulässiger Lösungen für (MPS) bzw. (SP).

3. Lagrange' Relaxation von (MPS)

Die Dualisierung der Nebenbedingungen $Sx = 0$ führt zu den folgenden Problemen:

$(MPSLR(v))$ $\qquad\qquad\qquad R(v) = min\ \{(c + vS)'x \mid \text{ s.t. } (2), (3)\} \qquad .$

und ein Matching X heiße v-optimal, wenn X optimale Lösung von $(MPSLR(v))$ ist.

Aus der Theorie der Lagrange'schen Relaxation ist bekannt, daß der optimale Zielfunktionswert von $(MPSLR(v))$ eine untere Schranke für den optimalen Zielfunktionswert von (MPS) und somit auch für (SP) ist. Eine beste untere Schranke erhält man durch Lösung des sogenannten der Lagrange'schen Dualproblems

$$(MPSLD) \qquad\qquad \max_{v} \ R(v) \ \ .$$

Hierbei ist wesentlich, daß bei der Lösung von $(MPSLR(v))$ nur noch reine Matching-Probleme (ohne Nebenbedingungen) auftreten, für die effiziente Lösungsverfahren zur Verfügung stehen.

Da die Lagrange' Funktion $R(v)$ konkav, stückweise linear und stetig ist, und sich als Einhüllende einer endlichen Familie von linearen Funktionen darstellt, können Standardmethoden aus dem Bereich der 'nichtglatten' Optimierung zur Lösung von $(MPSLD)$ herangezogen werden, wobei die Elemente des Subdifferentials

$$\partial R(v) := \{ \ w \in \mathbb{R}^n \mid w'(v - z) \leq R(z) - R(v) \ \} \ \ ,$$

auch Subgradienten genannt, als Substitute für die Gradienten gewählt werden.

Ein klassisches Subgradienten-Verfahren zur Optimierung der Lagrange' Funktion ist bei Fisher /5/ beschrieben. Hier erfolgt eine Berechnung von $R(v)$ und der dazugehörigen Subgradienten an den iterativ bestimmten Stellen:

$$v^k := \begin{cases} 0 & \text{falls } k = 0 \\ v^{k-1} + \gamma^{k-1} \frac{Sx^{k-1}}{\|Sx^{k-1}\|} & \text{sonst} \end{cases} \ \ .$$

Die geringe Information, die durch einen einzigen Subgradienten wiedergegeben wird, führt in der Praxis zu schlechten Suchrichtungen, so daß häufig eine Konvergenz des gesamten Verfahrens nicht erzielt werden kann. In der Kiev-Methode wird nun versucht, diesen Mangel durch Verwendung der letzten beiden Subgradienten zu beheben. Sei $\alpha \in \,]0,1[$, dann definiere:

$$v^k := \begin{cases} 0 & \text{falls } k = 0 \\ v^1 + \gamma^0 \frac{Sx^0}{\|Sx^{k-1}\|} & \text{falls } k = 1 \\ v^{k-1} + \gamma^{k-1} \frac{\alpha Sx^{k-1} + (1-\alpha)Sx^{k-2}}{\|\alpha Sx^{k-1} + (1-\alpha)Sx^{k-2}\|} & \text{sonst} \end{cases}$$

Einen weiteren Schritt in dieser Richtung geht die sogenannte Bundle-Technik /8/. Hier wird die neue Suchrichtung als Linearkombination der vorher bestimmten Subgradienten bestimmt.

4. Berechnung von 'guten' zulässigen Lösungen.

In diesem Abschnitt skizzieren wir heuristische Konstruktionsvefahren, die v-optimale Matchings in zulässige Lösungen für das Set Partitioning Problem (SP) transformieren, sowie eine enumerative Methode die nach der Relaxationsphase zum Einsatz gelangt und aufbauend auf einer Folge von k-besten Matchings eine Optimallösung von (SP) bestimmt.

Die Lösung von $(MPSLD)$ erfordert in jedem Iterationsschritt die Lösung eines reinen Matching-Problems, dessen zugehörige Optimallösung eine zulässige Lösung von (SP) induziert oder nicht. Sei nun X ein v-optimales Matching, das keine zulässige Lösung für (SP) induziert, d.h. die Bedingung $Sx = 0$ ist nicht erfüllt. Ein solches Matching bildet die Basis für unsere heuristischen Konstruktionsverfahren. Bezeichne

$$J^- := \{j \mid \sum_{i=1}^{m} a_{ij} \geq 3\} \,, \ 1 \leq j \leq n.$$

$J^+ :=$ die Menge aller Spalten $j \in J^-$ mit $x_k^j = 1$, $1 \leq k \leq s_j$ und

$I^+ :=$ die Menge aller Zeilen i von A mit $a_{ij} = 1$ für $j \in J^+$.

Zuerst werden nun alle Spalten j aus J^- entfernt mit $a_{ij} = 1$ für ein $i \in I^+$. Die hieraus resultierende Spaltenmenge sei mit J^1 bezeichnet. Bezüglich der Menge J^1 kann nun das folgenden Set Packing Problem definiert werden:

$$(SPP) \qquad \begin{aligned} max \ & \sum_{j \in J^1} (\sum_{i=1}^{m} a_{ij}) z_j \\ & \sum_{j \in J^1} a^j z_j \leq 1 \\ & z_j \in \{0,1\} \ \text{ for } \ j \in J^1 \end{aligned} \ .$$

Zur Lösung von (SPP) verwendeten wir ein beschränktes Enumerationsverfahren. Unter allen möglichen optimalen Lösungen wird dann die kostenminimale ausgewählt.

Dann induziert

$$J^2 := J^+ \cup \{\, j \in J^1 \mid z_j = 1 \,\}$$

eine 'zulässige Teillösung' für (SP).

Um die so gewonnene Teillösung zu einer zulässigen Lösung für das Set Partitioning Problem zu erweitern, definieren und lösen wir ein Matching Problem für ein reduziertes Set Partitioning Problem. Zuerst werden aus A alle Spalten $j \in J^2$ und alle Spalten entfernt, die ein von Null verschiedenes Element in einer Zeile enthalten, die durch J^2 überdeckt wird. Weiterhin werden alle Zeilen, die durch J^2 überdeckt werden, und alle Spalten, die mehr als zwei von Null verschiedene Elemente aufweisen, entfernt. Die so konstruierte Matrix $\bar{A}$ enthält dann entweder eine Zeile deren Komponenten alle identisch Null sind oder das dazugehörige Set Partitioning Problem kann in ein Matching Problem transformiert werden. Ist das so gewonnene Matching Problem zulässig und bezeichne J^3 in diesem Fall die Menge von Spalten von A, die durch das optimale Matching induziert werden, so ist

$$y_j := \begin{cases} 1 & \text{falls } j \in J^2 \cup J^3 \\ 0 & \text{sonst} \end{cases}$$

eine zulässige Lösung für (SP).

Da bei großen Matrizen A die Lösung von (SPP) sehr zeitaufwendig ist, wurden Modifikationen des obigen Konstruktionsverfahren entwickelt. Zum einen ist es möglich ganz auf die Lösung des Problems (SPP) zu verzichten und somit nur mit $J^2 := J^+$ zu starten zum anderen kann eine suboptimale Lösung von (SPP) durch einen Greedy-Ansatz ermittelt werden.

In /1/ wurde gezeigt, wie Matching-Probleme mit Nebenbedingungen durch Konstruktion einer Folge von k-besten Matchings optimal gelöst werden können. Hier wird diese Idee aufgegriffen, um in einer sich der Relaxationsphase anschließenden Optimierungsphase eine optimale Lösung für (SP) zu bestimmen.

Sei v^* die optimale Lösung von $(MPSLD)$, dann definieren wir $\bar{c} := (c + v^*S)$. Für das Matching-Problem

$$(\overline{MP}) \qquad\qquad min\{\bar{c}(X) \mid X \in \mathcal{M}\}\,,$$

bestimmen wir die Folge der 'k-besten Matchings', d.h. die Matching-Folge $(X_i \mid i = 1, 2, \ldots)$ mit $\bar{c}(X_i) \leq \bar{c}(X_{i+1})$. Die Berechnung dieser Matching-Folge kann dabei in der Iteration i abgebrochen werden, falls eine zulässige Lösung $\tilde{X} = X_j$ für (MPS) konstruiert wurde mit $j \leq i$ und $c(\tilde{X}) \leq \bar{c}(X_i)$. In diesem Fall ist $\tilde{X}$ eine optimale Lösung für (MPS). Eine ausführliche Beschreibung der zugrundeliegenden Theorie und eine detaillierte Darstellung der Konstruktion der Folge der k-besten Matchings durch ein Suchbaum-Verfahren ist in /3/ zu finden.

5. Numerische Ergebnisse

Im Mittelpunkt unserer numerischen Analyse stand neben der reinen Rechenzeitbewertung auch eine qualitative Analyse der in FORTRAN 77 implementierten Optimierungsstrategien. Unsere Untersuchungen basierten auf einer großen Anzahl zufällig erzeugter Set Partitioning Probleme und wurden auf einer HP-9000 unter HP-UX durchgeführt.

Zur Lösung von $(MPSLD)$ wurden die folgenden Subgradienten-Verfahren getestet:

- die Bundle-Technik (BT),

- die Kiev-Methode (KI) und

- die Fisher-Regel (FR).

Bei allen drei gewählten Verfahren wurde die Relaxations-Phase terminiert, sobald eines des folgenden Stop-Kriterien erfüllt war:

- der neue Subgradient ist der Null-Vektor,

- der Wert der Lagrange-Funktion $R(v)$ erhöhte sich in den letzten 30 Iterationen um weniger als 0,1% ,

- die Anzahl der Subgradienten-Iterationen überschreitet 301.

Bei der in der Relaxations-Phase eingebetteten Suche nach 'guten' zulässigen Lösungen für das Set Partitioning Problem wurden simultan die in Abschnitt 4 beschriebenen Konstruktionsverfahren eingesetzt.

Den durch die Bundle-Technik generierten (sub-) optimalen Parameter v^* verwendeten wir zur Initialisierung einer zweiten Optimierungsphase, in der die Folge von k-besten Matchings mit dem Ziel konstruiert wurde, eine optimale Lösung für das Set Partitioning Problem zu finden. Im k-best Ansatz wurde die Anzahl der bei der Baumsuche in einer Kandidatenliste gespeicherten zu betrachtenden offenen Probleme/Knoten auf 2000 beschränkt.

In den Tabellen 1 und 2 zeigen wir die Ergebnisse für die in der Relaxationsphase verwendeten Subgradienten-Optimierungsvarianten für zufällig erzeugte Set Partitioning Probleme, deren Matrizen A eine durchschnittliche Dichte von cirka 2% aufweisen und deren Zilefunktionskoeffizienten im Intervall $[0, C]$ mit $C = 100, 1000$ erzeugt wurden.

C	m	n	durchschnittliche CPU-Zeit		
			BT	KI	FR
100	100	500	63.241	48.405	6.863
		600	95.526	62.151	7.042
		700	88.031	63.388	8.244
		800	133.062	66.798	11.704
		900	169.018	76.112	6.289
1000	100	500	50.045	42.568	5.360
		600	82.053	66.267	8.152
		700	71.525	54.220	5.540
		800	112.983	71.796	6.340
		900	127.240	74.429	14.815

Tabelle 1: Durchschnittliche CPU-Zeit (in Sekunden) für die Relaxationsphase.

Aus der Tabelle 1, in der die jeweiligen CPU-Zeiten angegeben sind, läßt sich entnehmen, daß die Subgradienten-Optimierung mittels der Fisher-Regel hinsichtlich der Rechenzeit die beiden anderen Strategien dominiert. Dieses Ergebnis relativiert sich jedoch bei der Betrachtung der Tabelle 2, mit der eine qualitative Aussage über die Güte der verschiedenen Varianten getroffen werden kann. Diese Tabelle enthält den zu Ende der Relaxationsphase vorliegenden durchschnittlichen Fehler (duality gap), d.h. die Differenz zwischen der besten unteren Schranke und der besten gefundenen zulässigen Lösung für das zugrundeliegende Set Partitioning Problem. Hier wird deutlich, daß die kurzen Rechenzeiten der Fisher-Regel mit Einbußen in Bezug auf die Qualität verbunden sind. Die besten Ergebnisse wurden hier für die Bundle-Technik erzielt, welche jedoch die höchsten Rechenzeiten erforderte.

c	m	n	durchschnittlicher Fehler		
			BT	KI	FR
100	100	500	.572	1.457	10.695
		600	2.034	2.910	15.275
		700	2.053	2.997	16.642
		800	2.309	2.618	16.692
		900	3.857	4.449	18.233
1000	100	500	1.504	1.855	11.483
		600	1.546	2.417	11.230
		700	1.639	2.621	14.685
		800	1.850	2.662	12.152
		900	3.117	3.459	15.802

Tabelle 2: Durchschnittlicher Fehler (gap) der Ansätze (in Prozent der oberen Schranke).

Die Tabelle 3 enthält die Ergebnisse für die zweite Phase des Matching-Ansatzes zur Lösung des Set Partitioning Problems. In dieser Tabelle sind neben der durchschnittlichen Rechenzeit und des durchschnittlichen Fehlers auch die durchschnittliche Anzahl der notwendigen Partitionen des k-best Ansatzes wiedergegeben. Hier wird deutlich, daß die Beschränkung der Kandidatenliste auf 2000 Einträge nicht ausreicht das Set Partitioning Problem optimal zu lösen. Auf der anderen Seite wurde diese Beschränkung gewählt, um die Rechenzeit der k-best Phase in vertretbaren Größenordnungen zu halten. Die hohen Rechenzeiten dieser zweiten Phase lassen sich dadurch erklären, daß in jedem Partitionsschritt bis zu $n/2$ Matching-Probleme gelöst werden müssen.

c	m	n	durch-schnittl. CPU-Zeit	durch-schnittl. Anzahl der Partitionen	durch-schnittl. Fehler
100	100	500	258.285	456.900	.000
		600	1156.972	2109.000	.882
		700	1364.249	2312.300	.763
		800	1439.374	2229.700	1.596
		900	1684.904	2538.900	3.332
1000	100	500	483.046	1173.200	.747
		600	840.479	1530.200	.648
		700	895.919	1319.900	1.066
		800	1488.966	2146.900	1.137
		900	1756.186	2833.200	1.840

Tabelle 3: Ergebnisse der k-best Phase (ohne CPU-Zeit der Relaxationsphase).

In einer zweiten Untersuchung haben wir unseren matching-basierten Ansatz mit dem jüngst veröffentlichten Verfahren von Fisher und Kedia /6/ verglichen. Es zeigte sich, daß die Kombination der Bundle-Technik mit dem k-best Ansatz hinsichtlich der benötigten Rechenzeit und der Qualität der Lösung diesem Ansatz in den meisten der zufällig erzeugten Beispielen und für fast alle der von Fisher und Kedia verwendeten Set Partitioning Beispiele von Balas und Ho /2/ mindestens ebenbürtig ist.

Abschießend ist anzumerken, daß der matching-basierte Ansatz zwangsläufig für dichte A-Matrizen ineffizient wird.

Literaturverzeichnis

/1/ **Ball M., Derigs U., Hilbrand C., Metz A.** [1990]: Matching Problems with Generalized Upper Bounds Side Constraints. *Networks 20, 703-721.*

/2/ **Balas E., Ho A.** [1980]: Set Covering Algorithms using Cutting Planes, Heuristics, and Subgradient Optimization: A Computational Study. *Mathematical Programming 12, 37-60.*

/3/ **Derigs U., Metz A.** [1990]: On the Construction of the Set of k-Best Matchings and their Use in Solving Constrained Matching Problems. *Working Paper.*

/4/ **Derigs U., Metz A.** [1991]: Solving large-scale matching problems combinatorially. *Mathematical Programming 50, 113-121.*

/5/ **Fisher M.L.** [1981]: The Lagrangean Relaxation Method for Solving Integer Programming Problems. *Management Sci. 27, 1-18.*

/6/ **Fisher M.L., Kedia P.** [1990]: Optimal Solution of Set Covering / Partitioning Problems using Dual Heuristics. *Management Science Vol.36, No.6.*

/7/ **Nemhauser G.L., Weber G.** [1979]: Optimal Set Partitioning, Matching and Lagrangean Duality. *Naval Res. Logistics Q.26, 553-563.*

/8/ **Zowe J.** [1987]: Optimization with Nonsmooth Data. *OR Spektrum 9, 195-201.*

BAYTHE-NET - eine Modell- und Methodenbank
zur Graphen- und Netzwerkoptimierung

U.Derigs u. S.Vogel , Universität zu Köln

Abstract: We give an outline of the architecture and functionality of BAYTHE-NET a microcomputer-based interactive system for graph manipulation and network optimization.

Zusammenfassung: Wir stellen das System BAYTHE-NET vor, eine interaktive Modell- und Methodenbank zur Graphen- und Netzwerkoptimierung auf PC-Basis.

1.Einleitung

Die am Lehrstuhl für Betriebsinformatik und Operations Research der Universität Bayreuth von den Autoren entwickelte Modell- und Methodenbank zur Graphen- und Netzwerkoptimierung (BAYTHE-NET) bietet dem Benutzer unter einer einheitlichen Oberfläche interaktiven Zugriff auf effiziente Methoden zur Lösung klassischer graphentheoretischer Optimierungsprobleme sowie eine benutzerfreundliche Kommandosprache zur flexiblen Verwaltung und Manipulation einer Graphen-Datenbasis.

BAYTHE-NET ist auf IBM PC-kompatiblen Arbeitsplatzrechnern mit mindestens 512 KB Hauptspeicher unter dem Betriebssystem MS-DOS (Version 3.3 oder höher) lauffähig. Die Problemgröße (Graphengröße) ist in der vorliegenden (Ausbildungs-) Version auf maximal 100 Knoten und 1000 Kanten beschränkt.

2. Aufbau und Grundfunktionen von BAYTHE-NET

Das BAYTHE-NET-System umfaßt in der Methodenbank eine Sammlung von Lösungsmethoden für Standard-Graphenoptimierungsprobleme, die jeweils als geschlossene Einzelprogramme realisiert sind. Diese Programme sind dabei als vom Anwender nicht manipulierbare Programmdateien abgelegt und können nur über die Kommandosprache des Systems aktiviert und zur Ausführung gebracht werden.

In der Datenbasis sind vom Benutzer definierte Graphen in einer für das System spezifischen Speicherform als Datenfiles abgelegt.

Über die einfach zu erlernende Kommandosprache kann der Benutzer

(1) die Datenbasis manipulieren
(2) durch Kombination eines Datenfiles (Graph) mit einem Programmfile (Methode) die Lösung eines spezifischen Problems und
(3) die Ausgabe von Information über Graphen und Problemlösungen veranlassen.

Operations Research Proceedings 1991
© Springer-Verlag Berlin Heidelberg 1992

Um mit dem System BAYTHE-NET arbeiten zu können, muß zunächst das DOS-Betriebssystem geladen sein. In der folgenden Abbildung sind der Aufbau sowie einige grundlegende Befehle und Grundfunktionen von BAYTHE-NET angegeben.

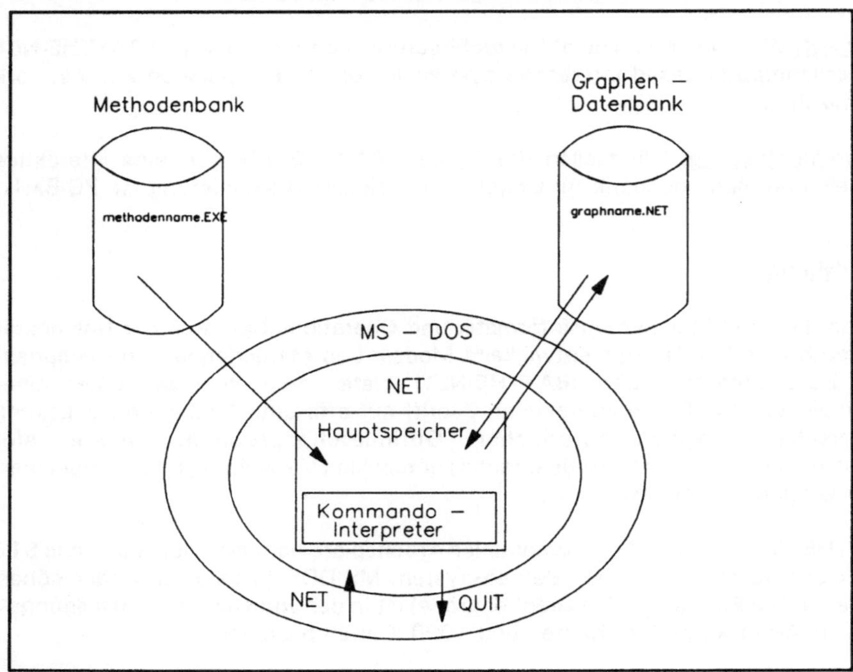

Abb. 1:   Aufbau und Grundfunktionen des BAYTHE-NET-Systems

Grundlegend für das Verständnis der Arbeitsweise des Systems ist das Grundprinzip, daß zu jeder Zeit (höchstens) ein Graph im Arbeitsspeicher des Rechners resident ist. Alle Operationen im Hinblick auf Manipulation, Berechnung oder Informationsausgabe beziehen sich dann stets auf diesen Graphen. Wir bezeichnen diesen Graphen als den zur Zeit im System aktiven Graphen. Ein im Arbeitsspeicher aktiver Graph (bzw. die zugehörige Datendatei) kann dann modifiziert und jeweils unter Angabe eines Namens auf einem externen Speichermedium (Diskette, Festplatte) abgespeichert werden.

Ein Graph kann vom Benutzer entweder

- mittels eines CREATE-Befehls über die Tastatur neu eingegeben werden oder
- mittels eines GET-Befehls unter Angabe des Dateinamens aus der Graphen-Datenbank in den Hauptspeicher geladen werden.

3.   Repräsentierung von Graphen im NET-System

Die Repräsentierung von Graphen bezieht sich dabei auf drei Ebenen:

- die **physikalische Ebene**, d.h. die auf einem Speichermedium abgespeicherte Grapheninformation in Form einer BAYTHE-NET - spezifischen Graphendatei,

- die **Verfahrens-Ebene**, d.h. die für ein in der BAYTHE-NET Methodenbank enthaltenes Programm individuelle Eingabeform der Graphenstruktur und

- die **logische Ebene**, d.h. die Ebene auf der der Benutzer die Graphen der Datenbasis definiert, manipuliert und mit Verfahren der Methodenbasis verknüpft.

Die Kenntnis des konkreten Aufbaus einer BAYTHE-NET-Graphendatei, d.h. die physikalische Repräsentierung auf dem (externen) Speichermedium, ist für den Benutzer dabei nur von Bedeutung, wenn bereits außerhalb des BAYTHE-NET-Systems gespeicherte Daten (= Graphen) in das NET-System importiert werden sollen und zu diesem Zweck in eine den NET-Konventionen entsprechende Dateiform transformiert werden müssen. An dieser Stelle sei nur erwähnt, daß es sich bei den Datendateien um leicht zu erstellende Text-(ASCII)-Dateien handelt, die mit Hilfe eines Texteditors bearbeitet werden können.

Für die Anwendbarkeit der Verfahren der Methodenbank ist für den Anwender die Kenntnis des programmindividuellen Inputs (Arraystrukturen,Parameter etc.) nicht erforderlich, es genügt, die Kenntnis über die globalen, logischen Anforderungen an die Anwendbarkeit ,d.h. vorgeschriebener Graphtyp (gerichtet o. ungerichtet) und notwendige "Bewertungen".

Die (Daten-) Transformation zwischen den einzelnen Ebenen wird vom System übernommen, wobei Unstimmigkeiten im Hinblick auf Kompatibilität des Graphen und der Methode überprüft und dem Benutzer mitgeteilt werden.

Im folgenden soll nur kurz die Repräsentierung der im System BAYTHE-NET verarbeiteten Graphen auf der für den Benutzer wesentlichen logischen Ebene beschrieben werden.

Um in BAYTHE-NET mit einem Graphen arbeiten zu können, muß ihm bzw. der ihn repräsentierenden Datei ein _Name_ zugewiesen werden. Eine solche benutzerindividuelle Namensvereinbarung gilt dabei nicht nur für Graphen, auch Knoten werden mit einem frei wählbaren Namen bezeichnet und angesprochen. Eine Kante wird anhand der Namen ihrer beiden Endknoten identifiziert. Folglich darf, um Eindeutigkeit zu gewährleisten, ein in BAYTHE-NET zu verwaltender und zu verarbeitender Graph keine Mehrfachkanten besitzen.

Die meisten Anwendungen beziehen sich auf bewertete Graphen, d.h. es ist dabei erforderlich, sowohl den Knoten als auch den Kanten spezielle Bewertungen zuweisen zu können. So ist es etwa bei der Lösung einer Transportaufgabe notwendig, den Kanten die Entfernungen zwischen den jeweiligen Endknoten und jedem Knoten eine Nachfrage- oder Angebotsmenge zuzuordnen. BAYTHE-NET sieht aus diesem Grund für Knoten und Kanten eine bestimmte Menge von Bewertungsmöglichkeiten vor.

Auf der logischen Ebene wird ein Graph durch zwei Objekttypen repräsentiert - die Knoten(menge) und die Kanten(menge). Diesen Objekttypen sind dabei bestimmte für die jeweilige Optimierungsaufgabe relevante Attribute zugeordnet. Insofern ist auf logischer Ebene eine Modellierung der Knoten- und Kanteninformation durch zwei Relationen naheliegend. Die für einen Graph jeweils konkret betrachtete Attributkombination muß stets bei der Definition des Graphen in der sogenannten FORMAT-Spezifikation, in der auch der Graphtyp angegeben ist, festgelegt werden.

Im NET-System sind dabei für jeden Knoten die Attribute NAME und SUPPLY vorgesehen, wobei das Attribut "NAME" als Schlüsselattribut fungiert, d.h. dieses Attribut ist für jeden Knoten zwingend mit einem Wert zu besetzen und je zwei Knoten eines Graphen müssen sich bezüglich dieses Attributwertes unterscheiden. Die Aufrechterhaltung dieser sogenannten Entitäts-Integritätsbedingung wird dabei vom System automatisch überwacht und sichergestellt.

Für jede Kante sind zunächst die beiden Kantenattribute FROM und TO zwingend notwendig. Diese Attributkombination bildet dabei einen sogenannten Fremdschlüssel, d.h. die für eine Kante hier aufgeführten Werte müssen stets in der zugehörigen Knoten-Relation als Werte des Attributs NAME für einen Knoten angenommen werden. Wiederum wird die Aufrechterhaltung dieser sogenannten Referenz-Integritätsbedingung vom System automatisch gewährleistet. Darüber hinaus stehen noch die Kantenattribute COST, LOWER und UPPER zur Verfügung.

4. Aufbau der BAYTHE-NET-Kommandosprache

Der Benutzer kommuniziert mit dem NET-System über eine einfache Kommandosprache, die über einen Umfang von ca. 30 verschiedenen Kommandos verfügt. Diese Kommandosprache ist sehr schnell zu erlernen, da die meisten Befehle aus mnemotechnischen Gründen direkt an bekannte Graphenoperationen, Algorithmennamen oder entsprechende MS-DOS-Kommandos angelehnt sind. Das Vokabular der NET-Kommandosprache orientiert sich dabei an den englisch-sprachlichen Standardbegriffen, die sich insbesondere wegen ihrer kurzen Wortlängen und hohen Prägnanz anbieten.

Ein Kommondointerpreter zerlegt eine vom Benutzer eingegebene Textzeile in ihre einzelnen Wörter und überprüft diese auf syntaktische Fehler, d.h. formale Richtigkeit, und führt anschließend entweder die entsprechende Aktion aus oder zeigt dem Benutzer durch eine entsprechende Meldung einen Eingabefehler an. BAYTHE-NET verfügt über vier verschiedene Klassen von Befehlen

(a) Befehle zur Aktivierung eines Graphen

Um mit dem NET-System ein Graphenproblem bearbeiten zu können, ist es notwendig, als erstes den zugehörigen Graphen im Zentralspeicher (als

Graphendatei) zu aktivieren. Prinzipiell bietet BAYTHE-NET hierfür zwei Vorgehensweisen an:

- Das "Laden" einer auf einem externen Speicher (Diskette oder Festplatte) abgelegten Datei, in welcher die Beschreibung des Graphen bereits in einer für BAYTHE-NET interpretierbaren Form abgelegt wurde.
- Die unmittelbare Konstruktion des Graphen/der Graphendatei durch den Benutzer über einen CREATE-Befehl, d.h. die Eingabe der Daten über die Tastatur.

Das CREATE-Kommando besteht dabei aus vier (logischen) Teilen

- dem Schlüsselwort CREATE für die Graphengenerierung
- der Angabe eines eindeutigen Graphen-Namens
- der Angabe des Graphentyps sowie
- der sogenannten FORMAT-Klausel mit Angabe der Attribute.

(b) Kommandos zum Editieren und Modifizieren von Graphen

Insbesondere nach Einlesen eines Graphen vom externen Speicher wird der Benutzer Informationen über die Graphenstruktur benötigen bzw. er wünscht die vorliegende Graphenstruktur abzuändern. Das NET-System bietet hierfür zwei Klassen von Kommandos an:

- Die Befehle INFO und LIST, mit denen Informationen über die Graphenstruktur abgefragt werden können, sowie
- die Kommandos ADD, CHANGE und DELETE, mit denen ein im Arbeitsbereich aktivierter Graph modifiziert werden kann.

(c) Befehle zum Verändern der Systemvoreinstellungen

Mit Hilfe dieser sogenannten SET-Befehle kann die Voreinstellung der Systemwerte für die Attribute verändert sowie in beschränktem Maße die Graphencharakteristik modifiziert werden.

(d) Prozeduraufrufe für die Optimierungsroutinen der Methodenbank

Durch Aufruf des jeweiligen Prozedurnamens wird das Optimierungsverfahren auf dem aktiven Graphen zum Ablauf gebracht, d.h. die Graphenstruktur wird vom System in eine vom Verfahren benötigte Struktur transformiert und als Input mit dem Programmcode gebunden. Einen Überblick über die zur Verfügung stehenden Prozeduren bzw. Optimierungsprobleme, die in BAYTHE-NET zur Zeit implementiert sind gibt der nachfolgende Abschnitt.

5. Graphenoptimierungsprobleme und BAYTHE-NET- Programme

Die folgende Tabelle gibt einen kurzen Überblick über die Graphenprobleme, die mit
Hilfe von Verfahren der BAYTHE-NET-Methodenbank gelöst werden können, die
jeweils spezifische Graphenstruktur und den BAYTHE-NET-Prozeduraufruf:

Graphenproblem	Graphtyp	Attribute	Prozeduraufruf
Minimale spannende Bäume	UNDIR	COST	MST
Kürzeste Wege	DIR	COST	SPT
Maximale Flüsse	DIR	UPPER	MAXFLOW
Kostenminimale Flüsse	DIR	SUPPLY LOWER UPPER COST	COSTFLOW
Optimale Zuordnungen	BIP	COST	ASSIGN
Maximale Matchings	UNDIR	-	CMP
Optimale Matchings	UNDIR	COST	SMPMAX SMPMIN
Kürzeste Briefträgertouren	UNDIR	COST	CPP

Literatur:

/1/   Derigs U.; Vogel S.

BAYTHE-NET - Bayreuther Modell- und Methodenbank zur Graphen- und
Netzwerkoptimierung
Bamberg, 1990

Eine objektorientierte Implementierung der Tabusuche

Gerald Hammer

Lehrstuhl für Anwendungen des Operations Research

Universität Karlsruhe, Postfach 6980, Kaiserstraße 12, 7500 Karlsruhe 1

Unter den heuristischen Methoden der Kombinatorischen Optimierung hat die Tabusuche in letzter Zeit besondere Aufmerksamkeit gefunden. Zwar ist sie, nach den vorliegenden Erfahrungen zu urteilen, spezialisierten Verfahren in vielen Fällen noch unterlegen, dieser Nachteil wird aber durch die große Anwendungsbreite kompensiert.

Auf Grund ihres Charakters einer "Metaheuristik" liegt es nahe, Tabusuche objektorientiert zu formulieren. Im vorliegenden Fall wird Eiffel™ sowohl zur Spezifikation als auch zur Implementierung verwendet. Bei der Entwicklung wiederverwendbarer Softwarekomponenten gilt es einerseits, möglichst einfache Schnittstellen auf einem hohen Abstraktionsniveau vorzusehen, andererseits die Effizienz des Verfahrens nicht durch unfruchtbare Allgemeinheit zu beeinträchtigen.

Die Implikationen dieser Forderungen für die Formulierung geeigneter Eiffel-Klassen werden diskutiert, sowie die damit in ausgewählten Beispielen gewonnenen Erfahrungen. Es zeigt sich dabei, daß sich die Tabusuche in natürlicher Weise als Spezialfall einer größeren Klasse globaler Suchverfahren darstellen läßt.

Ein weiterer Aspekt ist die Parallelisierung, über die im Rahmen der Tabusuche positive Erfahrungen berichtet worden sind. Sie kann in den gewählten Ansatz, die geeignete Umgebung vorausgesetzt, problemlos einbezogen werden.

ANALYSIS OF HEURISTICS FOR THE GENERAL CAPACITATED ROUTING PROBLEM

Klaus Jansen, Trier

Abstract: This paper presents heuristics which are based on a tour splitting of a general routing tour for solving the general capacitated routing problem (GCRP). This problem is a generalization of the vehicle routing problem (VRP) and the capacitated arc routing problem (CARP).

Zusammenfassung: In dieser Arbeit werden Heuristiken zur Lösung des allgemeinen kapazitäts-beschränkten Routing Problems vorgestellt. Dieses Problem ist eine Verallgemeinerung des Fahrzeug Routing Problems und des kapazitären Kanten Routing Problems.

1 Introduction

A difficult combinatorial optimization problem is to find an optimal route for a single vehicle on a given network. A network is given as a connected graph G consisting of a set V of nodes, a set E of edges and given positive weights (or costs, distances) $c : E \to \mathbb{R}^+$ on the edges. This model of a graph can be extend to a multi graph $G = (V, E, \beta_1, \beta_2)$ with disjoint sets V, E and mappings $\beta_1, \beta_2 : E \to V$ to allow parallel edges. The general problem is to find a minimum tour containing specified nodes $V' \subset V$ and specified edges $E' \subset E$.

Most of the well known problems are defined on networks without allowing parallel edges. The problem of visiting all nodes in such a given network with minimum cost is the classical traveling salesman problem (TSP). The general TSP is usually defined as the problem of finding a tour of minimum total cost which visit each node exactly once. Here the TSP allows multiple visits and is a special case of the general TSP in which the costs satisfy the triangle inequality. The problem of covering all edges of a network with minimum total cost is the chinese postman problem (CPP). The goal of the general routing problem (GRP) is to find a minimum cost cycle which visits each node in a required subset V' and traverses each edge in a required subset E' of the network.

For these NP-hard problems different approximative algorithms are analysed. The performance of these heuristics is measured by the maximum ratio of the approximative solution value to the optimum value. The best-known algorithm for TSP is due to Christofides [4] with ratio $\frac{3}{2}$. Since we can incorporate the constraint that a node must be served by splitting the node into two nodes

Operations Research Proceedings 1991
© Springer-Verlag Berlin Heidelberg 1992

joined by a zero-length edge, we note that this method can be also extend to the GRP with the ratio $\frac{3}{2}$.

A modification of these problems is given by a capacity limit $q \in \mathbb{N}$ for the vehicles and by a demand $d(v), d(e) \in \mathbb{N}_0$ for each node v and edge e. Given a specified node $v_0 \in V$, the depot, the problem is to find a set of tours which passes through the depot where each node v with demand $d(v) > 0$ and each edge with demand $d(e) > 0$ is served at least once and where the total served-demand for each tour does not exceed the capacity q. In the general case it is not allowed to split the demand over different vehicles. Therefore we assume that $d(e), d(v) \leq q$. The objective is to minimize the total tour costs. We call this problem the general capacitated routing problem (GCRP).

The well-known capacitated problems can be classified as node routing and arc routing problems. The vehicle routing problem (VRP) corresponds to the TSP with given demands $d(v)$ for the nodes. An arc oriented problem is the capacitated arc routing problem (CARP) with demands $d(e) \geq 0$ for each edges.

2 Bounds

In this section we give some bounds between the optimum solution of the capacitated problem and the solution of the uncapacitated problem or the instance of the problem. We define $V' = \{v \in V | d(v) > 0\}$ and $E' = \{e \in E | d(e) > 0\}$. These are the nodes and edges which must be visited by the tours at least once. The value of an optimum solution will be denoted with $R^*(V', E')$ and the value generated by a heuristic H with $R^H(V', E')$. The length of the optimum GRP-Tour which visits all nodes in $V' \cup \{v_0\}$ and covers all edges in E' will be denoted by $T^*(V' \cup \{v_0\}, E')$.

At this point we assume that for each pair of nodes v_i, v_j with $i \neq j$ there is an edge e connecting these nodes with cost equal to the minimum cost path of length $c_s(v_i, v_j)$ between v_i and v_j.

Now we define for each node $v \in V'$ and each edge $e \in E'$ a cost-measure $h(v) = c_s(v_0, v)$, $h(e) = max\{h(\beta_1(e)), h(\beta_2(e))\}$. In addition $h_{mid}(e) = \frac{1}{2}(h(\beta_1(e)) + h(\beta_2(e)) + c(e))$ describes the middle value for an edge. With this values we can describe the total distances:

$$h_{sum}(V', E') = \sum_{v \in V'} h(v) + \sum_{e \in E'} h_{mid}(e).$$

For the weighted case we define the weighted total distances:

$$h_{wgt}(V', E') = \sum_{v \in V'} d(v)h(v) + \sum_{e \in E'} (d(e) - 1)h(e) + h_{mid}(e).$$

2.1 Theorem: [7]

$$R^{*}(V', E') \geq \begin{array}{l} \frac{2}{q} h_{sum}(V', E'), \\ \frac{2}{q} h_{ugt}(V', E'). \\ T^{*}(V' \cup \{v_0\}, E'). \end{array}$$

$\square$

For the simpler case of the vehicle routing problem with euclidean distances a part of these bounds are given in a paper of Haimovich, Rinnooy Kan and Stougie [6].

3 Equal demand

In this section we look at the simpler case in which all demands $d(e), d(v)$ are zero or one. This problem was analysed at first by Altinkemer and Gavish [1] for the vehicle routing problem. They proved that the ratio of their heuristic is at most $2 - \frac{1}{q}$.

The first heuristic is called the first optimal tour partitioning (FOTP). It starts with the optimal GRP-tour through the nodes V' and edges E'. These nodes and edges are also called customers. The path through the n customers is partitioned into $\lceil \frac{n}{q} \rceil$ disjoint segments (or paths) where each segment with exception of the last one contains q customers. After that splitting we get a set of tours by connecting the depot v_0 with the first and last customer of each segment.

A modification of this algorithm is known as the iterated optimal tour partitioning (IOTP). In this approach the construction above will be done q times. For that we choose as first segment $[x^{(1)}, \ldots, x^{(i)}]$ with $i \leq q$ and apply the FOTP heuristic to the rest tour. We do this for $1 \leq i \leq q$ and choose the best solution. The cumulative length of the q solutions is equal to:

$$2 h_{sum}(V', E') + \quad (q - 1) T^{*}(V' \cup \{v_0\}, E').$$

The best of the q solutions must be less than the average value. Hence for the general case, we get

3.1 Theorem:

$$\frac{R^{IOTP}(V', E')}{R^{*}(V', E')} \leq 2 - \frac{1}{q}.$$

$\square$

For the case $E' = \emptyset$ the same bound was shown by Atinkemer and Gavish [1]. A clearly better approach is to search for a partition of the tour in segments with at most q elements. This can be done by the shortest path method. In papers of Beasley [3] or Mole. Johnson and Wells [9] partition algorithms base on this idea. Let $x^{(1)},\ldots,x^{(n)}$ be the route through the customers. Then we define a digraph

$$D = (\{0,\ldots,n\},\{(i,j)|i < j, j \leq i+q\}$$

where the cost $c_{(i,j)}$ is the length of the route which visits the customers $[x^{(i+1)},\ldots,x^{(j)}]$. This algorithm is called shortest optimal tour partitioning (SOTP). It is clear that this heuristic is better than the IOTP or FOTP heuristic. but not optimal.

3.2 Theorem: [7,8]

1. There is a set of vehicle routing problems with customers V_q'' for a capacity $q \geq 2$ and

$$R^{IOPT}(V_q''.\emptyset) = (2 - \frac{1}{q})\, R^*(V_q''.\emptyset).$$

2. There is a set of capacitated arc routing problems with nodes V_q and customers E_q for a capacity $q \geq 2$ with

$$R^{IOPT}(\emptyset.E_q) = (2 - \frac{1}{q})\, R^*(\emptyset.E_q).$$

$\square$

From the definition it is clear, that $R^{SOTP} \leq R^{IOPT}$ and that $R^{IOPT} \leq (2 - \frac{1}{q})\, R^{SOPT}$. We note that is bound is sharp, too. We have seen that the bound $R^{IOTP} \leq (2 - \frac{1}{q})R^*$ is approachable for each q. Also the inequality $R^{SOTP} \leq (2 - \frac{1}{q})R^*$ is satisfied. There is hope that there is a better bound for the SOTP heuristic. because the bound $R^{IOTP} \leq (2 - \frac{1}{q})R^*$ is satisfied. Unfortunatly. the following theorem holds.

3.3 Theorem: [7,8]

1. There is a set of vehicle routing problems with

$$lim_{q \to \infty} \frac{R^{SOTP}(V_q.\emptyset)}{R^*(V_q.\emptyset)} = 2.$$

2. There is a set of capacitated arc routing problems with nodes V_q and customers E_q for a capacity q where

$$R^{SOPT}(\emptyset.E_q) = (2 - \frac{1}{q})\, R^*(\emptyset.E_q).$$

$\square$

We notice that the heuristics FOTP, IOTP and SOTP presuppose the availability of an optimal GRP tour. If the graph

$$G^* = (\{v | v \in \epsilon \in E' \text{ or } v \in V'\} \cup \{v_0\}, E')$$

is connected, the GRP tour can be generated in polynomial time. The general problem of finding such a tour is NP - hard. That means that these partitioning heuristics are based on an approximation of this tour. We denote a tour partitioning heuristic which starts from an approximation of the optimal GRP tour with αTP where the length of each approximated tour is bounded by $\alpha T^*(V' \cup \{v_0\}, E')$. An upper bound of a solution produced by IαTP is given by Haimovich and Rinnooy Kan [5] for the VRP. We can generalize it for the general capacitated routing problem to:

$$R^{I\alpha TP}(V', E') \leq \frac{2}{q} h_{sum}(V', E') + (1 - \frac{1}{q})\alpha T^*(V' \cup \{v_0\}, E')$$

and by using the bounds for $R^*(V', E')$ we get the result:

$$R^{I\alpha TP}(V', E') \leq R^*(V', E') + \alpha(1 - \frac{1}{q}))R^*(V', E').$$

The GRP problem can be solved as mentioned before with the approximation value $\alpha = \frac{3}{2}$. With this heuristic we get the upper bound $\frac{5}{2} - \frac{3}{2q}$.

4 Unequal demand

Let us now consider the case of unequal demands. We assume that it is not allowed to split the demand of a customer over several vehicles. There is a heuristic of Altinkemer and Gavish [2] for the vehicle routing problem. We can generalize this heuristic for the general capacitated routing problem GCRP as follows.

In the first phase we apply the IOPT heuristic with capacity $q_s = \lceil \frac{q}{2} \rceil$ on the following graph. Define for each node v of demand $d(v)$ a series of $d(v)$ copies having unit demand and interdistance zero. For an edge ϵ take a chain of $d(\epsilon)$ edges with unit demand where the distances are zero or $c(\epsilon)$. The first phase generates $\lceil \frac{\sum_{v \in V'} d(v) + \sum_{\epsilon \in E'} d(\epsilon)}{q_s} \rceil$ segments. As result we get a set of routes in which splitting is allowed. We can assume that the $d(\epsilon)$ or $d(v)$ parts of a customer are visited one by one. An upper bound of the total length of these routes can be obtained as for the splitting-case. We denote $R_s^{IOTP}(V', E')$ as the total length and get:

$$R_s^{IOTP}(V', E') \leq \frac{2}{q_s} h_{wgt}(V', E') + (1 - \frac{1}{q_s})T^*(V' \cup \{v_0\}, E').$$

In the second phase the routes are transformed such that the non-splitting condition is satisfied. We start with the first segment. The last customer of a segment s_j is considered one by one and is taken complete in this segment if the customer is feasible with respect to the capacity q. If not we take him as startpoint of the next segment. We denote $R_u^{IOTP}(V'.E')$ as the length of the transformed set of routes.

4.1 Lemma: [7]

$$R_u^{IOTP}(V'.E') \leq R_s^{IOTP}(V'.E').$$

$\square$

With the first result and the bounds for $R^*(V'.E')$ we get the following bound for $R_u^{IOTP}(V'.E')$.

4.2 Theorem:

$$\frac{R_u^{IOTP}(V'.E')}{R^*(V'.E')} \leq (1 + \frac{q-1}{q_s}).$$

$\square$

For even q we get as upper bound $3 - \frac{2}{q}$ and for odd q the bound $3 - \frac{4}{q+1}$. This result is also a generalization of the bound for the vehicle routing problem with even q of Haimovich and Rinnooy Kan [5].

4.3 Theorem: [7]

1. There is a set of VRP's with unequal weights and nodes $V_{m.q}$ depending on the even capacity q with

$$lim_{m \to \infty} \frac{R^{IOTP}(V_{m.q}.\emptyset)}{R^*(V_{m.q}.\emptyset)} = (3 - \frac{2}{q}).$$

2. There is a set of arc routing problems in dependence to even q with

$$R^{IOTP}(\emptyset.E_q) = (3 - \frac{2}{q}) \, R^*(\emptyset.E_q).$$

$\square$

Now we want to consider an extension of the shortest path partitioning algorithm which was given for the TSP by Beasley [3] and Mole. Johnson and Wells [9]. Their algorthm is also a special case of our algorithm for the GCRP. For that we must only modify the set of edges

$$E' = \{(i.j) | i < j. \sum_{k=i+1}^{j} d(x^{(k)}) \leq q\}$$

of the digraph D. The cost of edges remains equal and the shortest path in D gives us a best splitting of the GRP tour. It is clear that this modifation is better than the IOTP algorithm. The negative point is, that there are examples for the VRP and CARP which can be given also for this algorithm.

4.4 Theorem: [7,8]

1. There is a set of VRP's with unequal weights depending on the capacity with

$$lim_{q \to \infty} \frac{R^{SOTP}(V_q, \emptyset)}{R^*(V_q, \emptyset)} = 3.$$

2. There is a set of CARP's with unequal weights depending on the capacity and

$$lim_{q \to \infty} \frac{R^{SOTP}(\emptyset, E_q)}{R^*(\emptyset, E_q)} = 3.$$

$\square$

For the IOTP and SOTP heuristics we need at first a GRP tour. But it is no polynomial algorithm known for the determination of the optimal GRP tour. Hence, in the general case we must approximate the GRP tour as for the equal-demand case. We have noted above that there is one heuristic due to Christofides with approximative ratio $\alpha = \frac{3}{2}$. We can apply the same method as for the equal case:

$$R^{I \circ TP}(V', E') \le \frac{2}{q_s} h_{wgt}(V', E') + (1 - \frac{1}{q_s})\alpha \; T^*(V' \cup \{v_0\}, E').$$

By using the bounds for $R^*(V', E')$ we get:

$$R^{I \circ TP}(V', E') \le \frac{q}{q_s} R^*(V', E') + \alpha(1 - \frac{1}{q_s}))R^*(V', E').$$

With the approximation value $\alpha = \frac{3}{2}$ we get for even q the upper bound $\frac{7}{2} - \frac{3}{q}$ and for odd q the value $\frac{7}{2} - \frac{5}{q+1}$.

References

[1]   K. Altinkemer and B. Gavish,
Heuristics for equal weight delivery problems with constant error guarantees,
Report Graduate School of Management, University of Rochester, 1985.

[2]   K. Altinkemer and B. Gavish,
Heuristics for unequal weight delivery problems with a fixed error guarantee,
Operations Research Letters, 6 (1987) 149-158.

[3]   J.E. Beasley,
Route first- cluster second methods for vehicle routing,
Omega 11 (1983) 403-408.

[4]   N. Christofides,
Worst case analysis of a new heuristic for the traveling salesman problem,
Management science research report 388, Carnegie-Mellon University, Pittsburgh, PA, (1976).

[5]   M. Haimovich and A.H.G. Rinnooy Kan,
Bounds and heuristics for capacitated routing problems.
Mathematics of Operations Research, 10 (1985) 527-542.

[6]   M. Haimovich, A.H.G. Rinnooy Kan and L. Stougie,
Analysis of heuristics for vehicle routing problems,
in: B.L. Golden and A.A. Assad, ed., Vehicle Routing: Methods and Studies (North Holland, Amsterdam, 1988) 47-61.

[7]   K. Jansen,
Bounds for the general capacitated routing problem,
to appear.

[8]   C-L. Li and D. Simchi-Levi,
Worst case analysis of heuristics for multidepot capacitated vehicle routing problems,
ORSA J. on Computing 2 (1990) 64-73.

[9]   R.H. Mole, D.G. Johnson and K. Wells,
Combinatorial analysis for route first- cluster second vehicle routing,
Omega 11 (1983) 507-512.

A HEURISTIC ALGORITHM FOR THE FREQUENCY ASSIGNMENT PROBLEM IN MOBILE PHONE

Ulrich MOLL and Dietmar SCHWEIGERT

1. A graphtheoretical model for mobile phone systems:

A mobile phone system connects telephones in cars with the regular telephone system via radio channels (see fig. 1).

In the Federal Republik of Germany for example there exists now the mobile phone system C-450 with about 180 transmitters in 180 cells covering Germany and 222 radio channels for approximately 50000 cars equipped with telephones. As there is very strong demand for telephones in cars, this system is planned to be enlarged in the near future. The main problem is the limited range of frequencies and there is also interest in keeping the number of transmitters low.

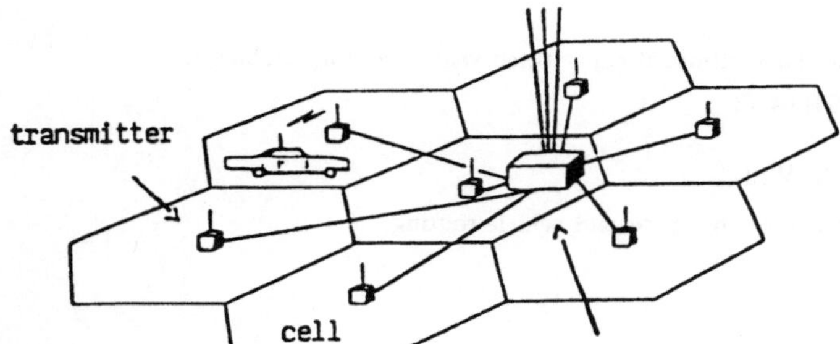

fig. 1

Operations Research Proceedings 1991
© Springer-Verlag Berlin Heidelberg 1992

The main objectives for the construction of a public mobile phone system are large subscriber capacity and an efficient use of the spectrum of frequencies, since frequencies (radio channels) are rare. In the last thirty years the "cellular concept" has been developed, which contains the following ideas:

i) Frequency reuse. Frequency reuse refers to the use of the same radio channels in different cells, which are separated from each other by sufficient distances so that co-channel interference is not possible (fig.2).

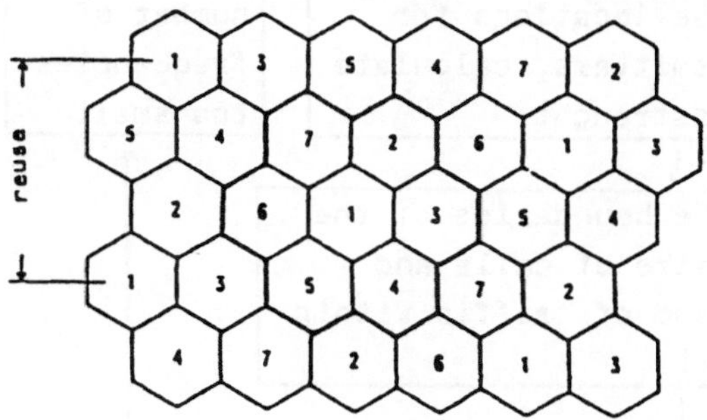

fig.2

ii) Cell splitting. Because of the limited number of channels, strong growth in traffic demands may require a revision of cell boundaries such that a single large cell has to be divided into several smaller cells. This method will cause costs, as the construction of additional transmitters in new cells is expensive (fig.3).

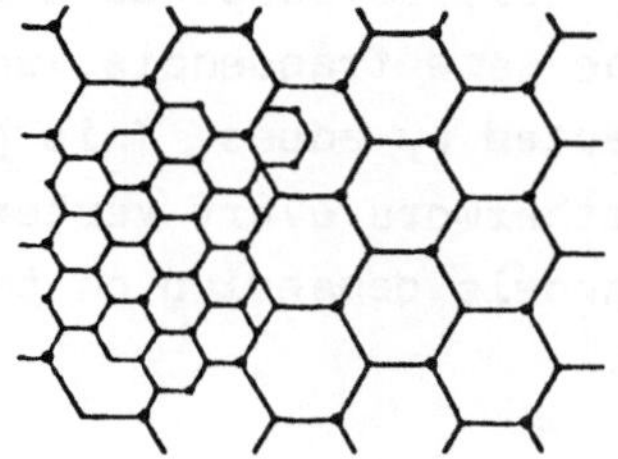

fig.3

In this paper we deal with the problem of assigning frequencies to the transmitters. The following sketch presents
an overview where this problem (*) is located in a decision support system[1] for planning a mobile radio system.

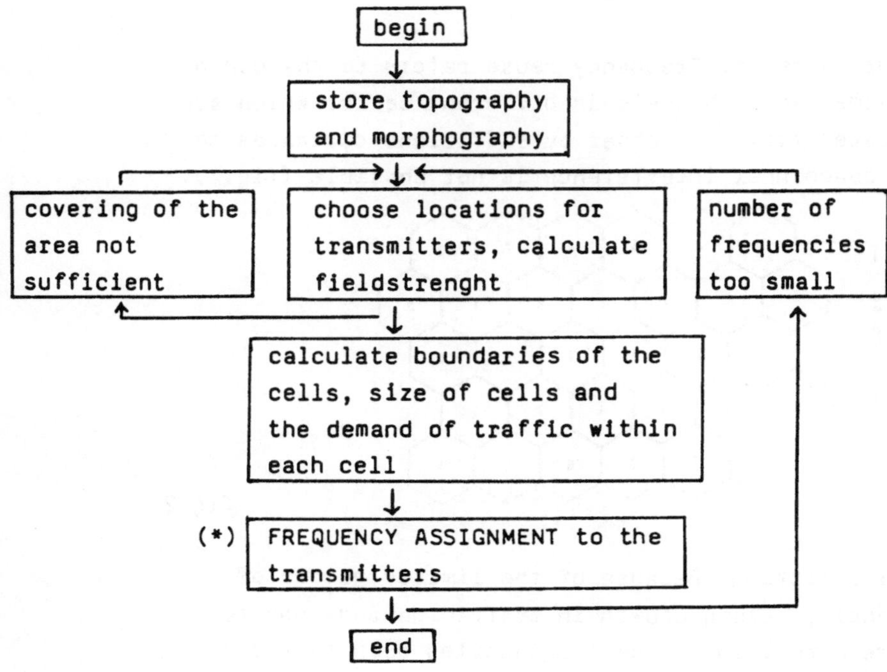

fig.4

For the heuristic solution of (*) we use a well known
graphtheoretic model. To every cell corresponds a vertex
and vertices of cells where the same frequencies would
interfere each other are connected by edges. This graph is
called interference graph. Furthermore every vertex i has
a number B(i) of demand of channels depending on the

---

1) developed by Siemens AG, transmission systems division,
   München

traffic in the cell. The problem can now be interpreted
as a multicoloring of the interference graph: vertices/
cells which are connected by an edge have to be assigned
different colors/channels.
The above problem is called "frequency assignment problem"
or shortly FAP.

2. A heuristic graph-coloring algorithm for the FAP:

We present here the problem (*) in a slightly simplified
mathematical formulation:

Input: A set of n transmitters, a set of m channels and
   an interference matrix $M=M(i,j),i,j=1..n$.
   $M(i,j) = 1$ in the case that transmitter i would inter-
           fere transmitter j;
   $M(i,i) = 1$, because a frequency can be used only once at
           the same transmitter.
   In all other cases $M(i,j) = 0$. Furthermore a vector $B=$
   $B(i),i=1..n$ is given, where the i-th component is the
   demand of channels in cell i. There are further technical restrictions, which we dropped here for the sake of
   simplicity[1].

Output: A frequency assignment, which minimizes the number
   of frequencies under the given restrictions (including
   an answer to the question, whether an assignment with m
   channels is possible), i.e. a channel-table T with
   $T(i,j)=1$, if channel i should be used at station j;
   $T(i,j)=.$, if channel i is forbidden at station j.

Lemma: FAP is equivalent to the node-coloring-problem(NCP).

---

1) special forbidden channels at some transmitters, some
   additional rules for channel-assignment at the same
   transmitter

For the heuristic approach we use an algorithm for
generating the maximal cliques of the interference graph
given by the matrix $M(i,j)$. This is the algorithm 457 in
(3) by Bron and Kerbosch.
Because of the special structure of the interference graph,
there are only a few (we suspect $O(n)$) maximal cliques.
Next we sum up the number of demands for every maximal
clique and sort the list of maximal cliques according to
decreasing demand.
The clique with maximum demand is a lower bound for the
chromatic number of the interference graph $(cl(M) \leq \chi(M))$.

$cl(M)$ denotes the number of colors (= frequencies) required
for the maximal clique of greatest demand, $\chi(M)$ is the chromatic number of M.
Algorithm NCM (neighbour-clique-method):

0. input: n, m, M, B

1. calculate all maximal cliques of M with "Bron and
   Kerbosch"-algorithm
2. sort list of maximal cliques according to decreasing
   demand in every maximal clique
3. color the first clique in the above list with the
   first $cl(M)$ colors
4. repeat until all nodes have been assigned colors:
   - choose nearest neighbouring clique (which means select
     the maximal clique, where most of the nodes have
     already assigned colors or in other words, where a
     minimum number of nodes is without colors.

     Since it is found in practice that maximal cliques
     are not disjoint, each maximal clique usually has
     at least one neighbouring clique. If there is more
     then one such clique, select this with the largest
     demand still not satisfied.)
   - assign to the unsatisfied nodes of this clique the
     least numbers available.

5. output: channel table T, where the total number of dif-
       ferent colors (frequencies) is equal to the chro-
       matic number as calculated by the algorithm NCM.

3. Results and complexity:

As the problem FAP contains the graph-coloring problem
(take $B(i) = 1$), it is NP - complete and on the assumption that $P \neq NP$ there will not exist an algorithm for
solving it in polynomial time (6).

The algorithm presented here is a heuristic, especially
designed for the FAP. According to our experience in
mobile phone applications algorithm NCM nearly always
found a solution with $cl(M)$ colors, which must be optimal,
since $cl(M)$ is a lower bound for the chromatic number.
Since the local clique numbers differ in such cases because of varying traffic in cities and rural areas,
mostly $\chi(M) = cl(M)$ holds.

Assuming interference graphs having $O(n)$ maximal cliques
the time consumption of NCM is about $O(n^3)$, besides the
clique-search (which is NP-complete too, but practically
works).
For example the clique-search for a C-450 example (180
transmitters and 222 possible channels) can be done in
3-4 CPU sec. on a SIEMENS 7.561, a whole frequency
assignment in about 20 CPU sec..
But algorithm NCM also works well for other structured
graphs like bipartite ones, for which it delivers the
optimal result, or plane graphs, where our algorithm usually
needs 4-5 colors. For another example we discovered, that the
graph in fig. 5 from Christofides (4) can be colored
with 4 colors contrary to the statement in the book
(5 colors).

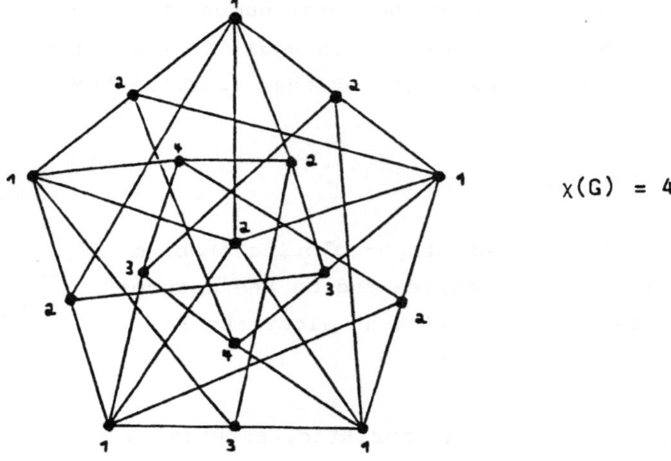

$\chi(G) = 4$

fig. 5

Finally we show an example with 35 transmitters (fig. 6):

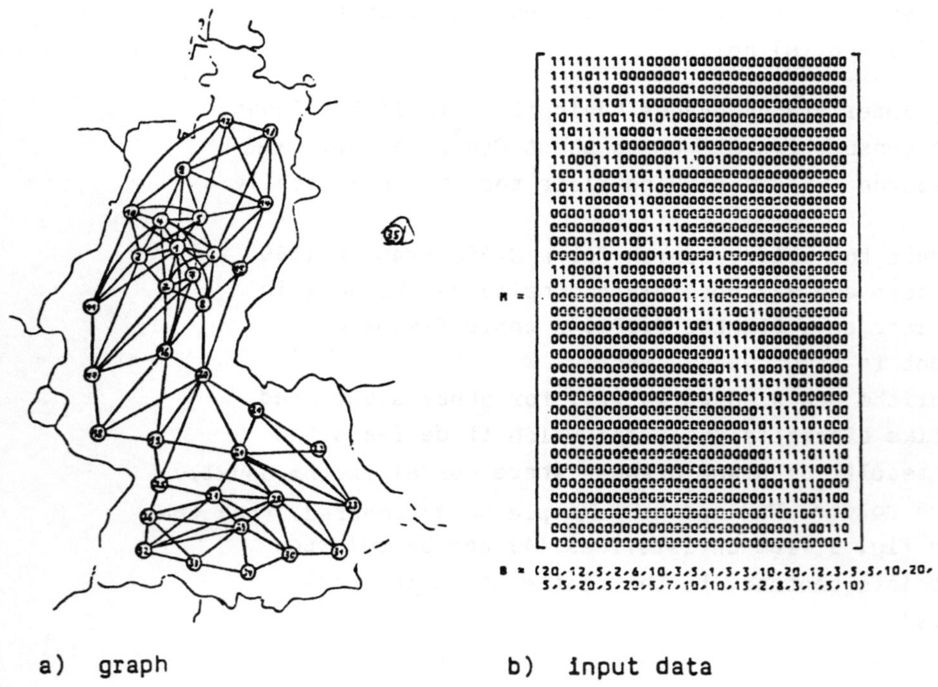

a) graph

b) input data

transmitter | 123456789012345678901234567890123456789012345

```
transmitter | 123456789012345678901234567890123456789012345
            |
channel   1 | 1.................1..1..1...1.1...1.....1
          2 | 1.................1..1..1...1.1...1.....1
          3 | 1.................1..1..1...1.1.........11
          4 | 1.................1..1..1...1.1.........11
          5 | 1.................1..1..1...1.1.........11
          6 | 1.............1..1....1..1.........1......11
          7 | 1.............1..1....1..1.........1......11
          8 | 1.............1..1...1..1.........1.....1.1
          9 | 1..............1......1..1.......1.......1
         10 | 1..............1......1..1.......1.......  1
         11 | 1..............1......1..1.......1....
         12 | 1..............1......1..1.......1....
         13 | 1..............1......1..1.......1....
         14 | 1..............1......1..1.......1....
         15 | 1..............1......1..1.......1....
         16 | 1...............1......1..1.....1...1.
         17 | 1...............1......1..1.....1...1.
         18 | 1...............1......1..1.....1...1.
         19 | 1...............1......1..1.....1...1.
         20 | 1...............1......1..1.....1...1.
         21 | .1..1......1.1.....1..1.....1...1.
         22 | .1..1......1.1.....1..1.....1...1.
         23 | .1..1......1.1.....1..1.....1...1.
         24 | .1..1......1.1.....1..1.....1....
         25 | .1..1......1.1.....1..1.....1....
         26 | .1..1......1....1..1...1...1. ...
         27 | .1......1..1.....1..1...1...1. ...
         28 | .1......1..1.....1..1...1...1. ...
         29 | .1......1..1.....1..1...1...1. ...
         30 | .1......1..1.....1..1...1...1. ...
         31 | .1......1..1....1. ...1.1... ...
         32 | .1.. .... .1....1. ...1.1... ...
         33 | ..1..1..1...... 1.......1....1.....
         34 | ..1..1.....1.. 1.......1....1.....
         35 | ..1..1.....1.. 1.......1....1.....
         36 | ..1..1.....1.. 1.......1....1.....
         37 | ..1..1.....1.. 1.......1....1.....
         38 | .. ..1.... 1.. ..1. ...1....1.....
         39 | .. ..1.... 1.. ..1. ...1....1.....
         40 | .. ..1.... 1.. ..1. ...1....1.....
         41 | .. ..1..  ..   . ...1....1.....
         42 | .. ..1..  ..   . ...1....1.....
         43 | ...1...1....1...  ......1...... .1.
         44 | ...1...1....1...  ......1...... .1.
         45 | .. ..1. .1... ......1...... .1.
         46 | .. ..1  ..   ...1.    .  .
         47 | .. ..1  ..   ...1.    .  .
         48 | .... .1.  ..   ..1.    .  .
         49 | .... .1.  ..   ..1.    .  .
         50 | .... .1.  ..   ..1.    .  .
         51 |
         52 |
         53 |
         54 |
         55 |
```

$cl(G) = \chi(G) = 50$

c) channel table T

fig. 6

References:

(1)   CH. BOCQUET (1987), Prévision du champ éléctrique pour
       un système de radiotéléphone dans le domain de 450 Mhz,
       thèse pour le doctorat, L'institut national poly-
       technique de Toulouse

(2)   CH. BOCQUET, P. LORBER, E.-C. ZSCHERPE (1986), Planung der
      optimalen Funkbedeckung in Mobilfunknetzen + Funktechnische
      Versorgung in Ballungsräumen, Siemens AG, telcom report 9,
      Sonderheft: Nachrichtenübertragung auf Funkwegen

(3)   C. BRON, J. KERBOSCH (1973), Finding all cliques of an un-
      directed graph, Comm. ACM, vol. 16, 575-576

(4)   N. CHRISTOFIDES (1975), Graph theory, an algorithmic approach,
      Academic Press, 127-128

(5)   J. DÉNES, A.D. Keedwell, Frequency allocations for a
      mobile telephone system,IEEE Trans. on Communications,
      C-36 (1988), 765-767

(6)   A. GAMST, W. RAVE (1982), On frequency assignment in
      mobile automatic telephone systens, Proc. Globecom '82,
      IEEE, B3.1.1-B3.1.7

(7)   A. GAMST, Homogeneous distribution of frequencies in a
      regular hexagonal cellsystem, IEEE Trans. on Vehicular
      Technology, VT-31 (1982), 132-144

(8)   M. GAREY, D.S. JOHNSON (1976), The complexity of near-
      optimal graph coloring, J. ACM, vol. 23, 43-49

(9)   W. K. HALE (1980), Frequency assignment: Theory and applica-
      tions, Proc. IEEE (68), 1497-1514

(10) M. C. GOLUMBIC (1980), Algorithmic graph theory and perfect
      graphs, Academic Press

(11) U. MOLL (1987), Ein heuristischer Graphenfärbungsalgorithmus
      mit Anwendung im Mobilfunk, Kaiserslautern

Ulrich MOLL, Siemens AG, Bereich Übertragungssysteme, Hofmannstr. 51,
D-8000 München 70, Fed. Rep. of Germany
Dietmar SCHWEIGERT, FB Mathematik, Universität Kaiserslautern,
D-6750 Kaiserslautern, Fed. Rep. of Germany

RANK and CHROMATIC NUMBER

Cyriel VAN NUFFELEN

University of Antwerpen, U.F.S.I.A., B-2000 Antwerpen, Belgium

The rank-coloring conjecture essentially states that the rank of the adjacency matrix (vertex-vertex matrix) calculated over the real numbers $r(G)$ is an upper bound for the chromatic number $\gamma(G)$ of a graph G. This conjecture is suggested by the following propositions.

For a non-trivial graph and ommitting trivial cases, we have:

(1) Let $\omega(G)$ be the clique number, then $\omega(G) \leq r(G)$ and $\omega(G) = r(G) = k$ if and only if G is complete k-partite.

(2) Either $\gamma(G) \leq r(G)$ or $\gamma(\bar{G}) \leq r(\bar{G})$, where $\bar{G}$ is the complementary graph.

(3) If $G \neq K_n$ then $\gamma(G) + \gamma(\bar{G}) \leq r(G) + r(\bar{G})$.

(4) If G is γ-imperfect-critical, then $\gamma(G) \leq r(G)$.

(5) If $\gamma(G) \leq 5$, then $\gamma(G) \leq r(G)$.

Recently, this conjecture of 1976 attracted a certain interest. First, because it is related to an important open question in communication complexity. Second, one counterexample was found by ALON and SEYMOUR in 1989 (with $\gamma(G) = 32$, $r(G) = 29$ and 64 vertices) and a second was found by TRAPPERS in 1990 (with $\gamma(G) = 64$, $r(G) = 58$ and 128 vertices), but Trappers proved at the same time that these two were the only one in their kind for graphs with less then 500.000 vertices. Several questions related to this conjecture remains open.

A DYNAMIC PROGRAMMING APPROACH FOR SOLVING SEQUENTIAL INTERVAL CUTTING PROBLEMS

Knut Richter, Chemnitz

Zusammenfassung: Eine Klasse von sequentiellen Zuschnittproblemen aus der Textilindustrie wird formuliert und mit Hilfe der dynamischen Optimierung gelöst. Anschließend folgt eine Stabilitätsanalyse der gewonnenen Lösung.

Abstract: A class of sequential cutting problems from textile industry is studied and solved by the method of dynamic programming. The stability of the solution generated is also investigated.

1. Introduction

A number of (curtain bale) pieces has to be cut down sequentially to sizes acceptable for customers. The sizes are of two types: single pieces and double pieces (pairs). A single piece cut down from some original piece will have a minimum length a and a maximum length b. Double pieces (pairs) are cut down from two original pieces which appear one after the other and satisfy the following conditions: each piece has a minimum length c and the common length is between a and b. All inputs are supposed to be integers. Then three problems can be formulated.

Problem 1: Given m pieces with lengths L_i. Cut them down in such a way that the unusable rest is minimal.

Let now profit parameters p and q for one unit of length of single or double pieces be introduced. Then every cutting solution can be evaluated in profit terms and a second problem arises.

Problem 2: Given the same pieces as in problem 1. Cut them down in such a way that the total profit is maximal.

Operations Research Proceedings 1991
© Springer-Verlag Berlin Heidelberg 1992

Problem 1 is obviously a special case of problem 2; if p = q the unusable rest is minimized in problem 2. A third interesting problem is associated with problem 2:

<u>Problem 3</u>: Given an optimal (profit-maximum) cutting solution for problem 2. For which profit inputs remains this solution optimal?

Below the mathematical model of problem 2 will be provided. The model for the first problem can be derived from it. Then a certain single piece optimization problem will be studied which helps to determine the objective function of the model correctly. Finally, an attempt will be made to describe the so-called stability regions of the optimal solution, i. e. the set of profit parameters demanded in problem 3 is to be found. So far, only problem 1 has been reported in literature (comp. /2/).

Before providing the model, let an example A be displayed. Only m=3 pieces with lengths L_i = 3; 6; 12 are considered, and c, a and b equal 2, 5 and 7, respectively. If p = q = 1, then the following solution is optimal (comp. Fig. 1a).

```
I///////I I////+++++++I I++++xxxxxxxxxxooooooooooooI
I// 3 /I I/2 /++ 4 ++I I+2 +xxx 5 xxxxoo 5 oooooI
I///////I I////+++++++I I++++xxxxxxxxxxooooooooooooI
    first pair  second pair single        single
                           piece No.1 piece No. 2
```

Fig. 1a: Solution to the cutting problem (example A)

If the parameter p changes for instance to p = 5 (example B), then another solution is optimal (comp. Fig. 1b).

```
I       I I////////////I I++++++++++++++oooooooooooooI
IunusedI I//// 6 ////I I++++ 6 +++++oooo 6 oooooI
I       I I////////////I I++++++++++++++oooooooooooooI
         single piece  single piece  single piece
         No. 1         No. 2         No. 3
```

Fig. 1b: Optimal solution for changed profit parameters (example B)

2. The model

Let the lengths L_i be separated into three integers x_i, y_i, z_i, where x_i and y_{i+1} form a pair and z_i will be cut down to single pieces. The restrictions provided below model the case of feasible pair formulation and suppose the possible unusable rest to be included in z_i:

$$
\begin{array}{ll}
x_i + y_i + z_i = L_i & \quad)\\
x_i,\ y_i = 0 \text{ or } \geq c,\ \text{integer} & \quad)\\
x_i \geq c \text{ iff } y_{i+1} \geq c & \quad)\quad (R)\\
z_i \geq 0,\ \text{integer},\ y_1 = x_m = 0 & \quad)\\
a \leq x_i + y_{i+1} \leq b \text{ if } x_i \geq c & \quad)
\end{array}
$$

The maximal length of single pieces which can be cut down from a piece of length z will be denoted by $L(z)$. Then the objective function of profit maximization is

$$P(x,y,z) = \sum_i (pL(z_i) + q(x_i + y_i)).$$

The model for problem 2 is then

$$P(x,y,z) \longrightarrow \max, \qquad (M)$$
$$(x,y,z) \in R.$$

The function $L(z)$ can be determined directly.

<u>Theorem</u> 1(/2/): $L(z) = z$ if $\lceil z/b \rceil \leq \lfloor z/a \rfloor$ and

$$L(z) = \lfloor z/b \rfloor b \text{ in the other case,}$$

where $\lceil x \rceil$ ($\lfloor x \rfloor$) is the minimal (maximal) integer not less (greater) than x.

Due to the structure of R and P the model is nonlinear and discrete. Thus the approach of dynamic programming (comp. /1/) is an appropriate tool to solve this problem.

3. The dynamic programming recursion

Let $F(i,x)$ denote the maximal profit for the pieces i, i+1,...,m with x length units from piece i-1 for forming a pair. Then

$$F(i,x) = \max\{P(x,y,z) + F(i+1, L_i - y - z):$$
$$y,\ z \text{ integer},\ y + z \leq L_i,\ x = 0 \longrightarrow y = 0, \qquad (F)$$
$$x \geq c \longrightarrow y \geq c,\ a \leq x + y \leq b\}.$$

The recursion can be started with $F(m+1,0) = 0$ and $F(m+1,x) = -M$ if x is positive, where M is a sufficiently large number.

If the right-hand side in (F) is denoted by $F(i,x,y,z)$, then this relation can be shortly expressed by $F(i,x) = \max F(i,x,y,z)$. Then values $y(i,x)$ and $z(i,x)$ for all suitable i and x will be found such that

$$F(i,x) = F(i,x,y(i,x),z(i,x)).$$

A feasible collection of values $G = \{i,x,y(i,x),z(i,x)\}$ is called <u>generalized solution</u>. Obviously, there may be more than one generalized solution for an instance of model (M). An optimal solution can be found using the following procedure:

$x_0 := 0$; FOR $i := 1$ TO m DO BEGIN $x := x_{i-1}$; $y_i := y(i,x)$; $z_i := z(i,x)$;

$x_i := L_i - y_i - z_i$ END

Let example A be considered. Then the generalized solution G1 is provided in Tab. 1.

x	i=1			i=2			i=3		
	y	z	F	y	z	F	y	z	F
0	0	0	21	0	6	18	0	12	12
2				3	0	18	5	7	12
3				2	0	18	2	10	12
4							2	10	12
5							2	10	12

Tab. 1: Generalized solution G1 and values $F(i,x)$ for example A

Another generalized solution G2 can be found, if $y(2,3)=2$ is used. The optimal solution generated from G1 is $S1 = \{ x_0=0,\ y_1=3,\ z_1=0,\ x_1=3,\ y_2=2,\ z_2=0,\ x_2=4,\ y_3=2,\ z_3=10 \}$. The maximal profit is 21. This solution is also generated from other generalized solutions. Thus, if some real instance of model (M) is regarded, then the relationship of the generalized and optimal solutions can be illustrated by Fig. 2.

4. Stability analysis of optimal and generalized solutions

The model (M) is now regarded as a parametric problem $M(p,q)$ and an optimal solution $S(p,q)$ is then depending on the parameters as well. Let the set of profit inputs leading to a given optimal solution be denoted

instance of model (M)					

G1	G2	G3	G4	G5	G6
S1		S2			S3

Fig. 2: Relationship of generalized and optimal solutions

by $V_{S*} = \{(p,q): S(p,q) = S*\}$.

The set V_{S*} can be determined easily if all feasible solutions are known. Let $S_1,\dots,S_N$ be these solutions and let $L(S_i)$ and $Q(S_i)$ denote the total lengths of single pieces and pairs, respectively. Then V_{S*} is provided by the inequalities

$$pL(S*)+qQ(S*) \geqq pL(S_i)+qQ(S_i), \quad i=1,2,\dots,N.$$

If q is supposed to be constant then lower and upper bounds for p can be found which will be denoted by p_l and p_u. Then the parameters

$$low*= p_l-p \quad \text{and} \quad up*=p_u-p$$

can be determined. The set V_{S*} is then given by the inequalities:

$$(p+low*)q´/q \leqq p´\leqq (p+up*)q´/q,$$

where p and q are the initial positive inputs.

For example A and solution S1 the following parameters can be determined: $p_l=1$, $p_u=11/8$, $low*=0$ and $up*=3/8$.

<u>Theorem</u> 2(/3/): V_{S*} is an nonempty closed convex cone in R_+^2.

It is easier to determine the parameter set for generalized solutions. The information from the recursion (F) and from length parameters $L(i,x)$ which display the length of single pieces and are provided by the following recursion will be used.

$L(m+1,0):=0$; FOR i:=m DOWNTO 1 DO FOR ALL SUITABLE x DO FOR ALL SUITABLE y AND z DO $L(i,x,y,z):= L(z) + L(i+1,L_i-y-z)$; $L(i,x):=$ $L(i,x,y(i,x),z(i,x))$

Now, for all suitable i,x,y,z the values

$$R(i,x,y,z) = \frac{F(i,x)-F(i,x,y,z)}{L(i,x,y,z)-L(i,x)}$$

are found and then

$$low = \max_i \max\{R(i,x,y,z): L(i,x,y,z) < L(i,x)\}$$
$$up = \min_i \min\{R(i,x,y,z): L(i,x,y,z) > L(i,x)\}. \tag{B}$$

These values provide the bounds for changing the parameter p. They will be used in the following statement.

<u>Theorem</u> 3(/2/): Let G be a generalized solution for an instance of model (M) and let the parameters low and up be determined from this solution. Then the set (p',q') of inputs for which the generalized solution is valid is given by $(p+low)q'/q \leq p' \leq (p+up)q'/q$.

This inequality is $8q' \leq 8p' \leq 11q'$ for example A with $p=q=1$. The parameters low and up come from low = $R(2,3,4,0) = (18-18)/(7-10) = 0$ and up = $R(1,0,0,3) = (21-18)/(18-10) = 3/8$. For example A, the inequality above provides also the parameter set for the optimal solution S1. This is, however, not the usual case. In general, the relations low $\geq$ low* and up $\leq$ up* hold for the optimal solution with bounds low* and up*. How can these values be estimated? The answer is given by

<u>Theorem</u> 4 (/3/): Let $x^* = (x_0^*, x_1^*,\ldots,x_{m-1}^*)$ be the components of the optimal solution S and let <u>low</u> and <u>up</u> be determined in (B) for $x_i = x_i^*$. Then <u>low</u> $\leq$ low* and <u>up</u> $\geq$ up* hold.

These bounds can then easily be used to establish V_{S^*}.

<u>References</u>:

/1/ Bellman, R.
   Dynamic Programming, Princeton, Princeton University Press (1957)

/2/ Richter, K.
   Solving sequential interval cutting problems via dynamic programming, accepted by the European J. Oper. Research

/3/ Schönherr, K.
   Stabilität spezieller Zuschnittprobleme, TU Chemnitz, Fachbereich Mathematik, Diplomarbeit (1991)

Interval Scheduling Using Network Flows

G. Ruhe

Leipzig

A generalization of the Fixed Job Scheduling Problem is considered where the different jobs and machines are subdivided into classes. A Boolean matrix describes which job class may be performed by which machine class. Two related NP-complete non-preemptive scheduling problems with fixed start and finishing time for each job are investigated. The problems are transformed into flow problems with additional constraints and integrality demand. Different solution approaches producing upper and lower bounds are discussed. Numerical results are presented.

ABOUT THE GAP BETWEEN THE OPTIMAL VALUES OF THE INTEGER AND CONTINUOUS RELAXATION ONE-DIMENSIONAL CUTTING STOCK PROBLEM

Guntram Scheithauer, Dresden
Johannes Terno, Dresden

Abstract: The purpose of this paper is to show that the gap is possibly smaller than 2. Some helpful results are summarized.

Zusammenfassung: Es werden Ergebnisse vorgestellt und diskutiert, die bei der Untersuchung der maximalen Differenz zwischen den Optimalwerten des ganzzahligen und stetigen eindimensionalen Zuschnittproblems erhalten wurden.

1   Introduction

The well-known one-dimensional cutting stock problem arises when larger stock length are to cut into shorter piece length. The standard linear programming formulation given by GILMORE and GOMORY (1961) is the following. Let be given the stock length L and the piece lengths l_i, $i = 1, \ldots, m$, not larger than L, and order quantities b_i of piece i, $i = 1, \ldots, m$. A cutting pattern is a combination of pieces having a total length not larger than L. It can be represented by a nonnegative integer vector $a^j = (a_{1j}, \ldots, a_{mj})^T$. The objective is to minimize the number of stock lengths needed to fulfill the order demands. Hence,

$$z(x) \quad = \quad e^T x = min \tag{1}$$
$$Ax \quad = \quad b \tag{2}$$
$$x \quad \geq \quad 0 \tag{3}$$
$$x \quad\quad integer \tag{4}$$

where the cutting patterns a^j, $j = 1, \ldots, n$, are the columns of A and $b = (b_1, \ldots, b_m)^T$, $e = (1, \ldots, 1)^T$, $x = (x_1, \ldots, x_n)^T$.

Relaxing the integrality constraint leads to a linear program having an optimal solution x_c. x_c is in general fractionally. Let x_{int} denotes an optimal integer solution.

DIEGEL (1988) suggests the following proposition: the gap between $z(x_{int})$ and $z(x_c)$ is less than 1. Two examples and some motivations seem to verify this proposition.

But FIELDHOUSE (1990) presents counterexamples with

$$z(x_{int}) - z(x_c) = 1.0333\ldots$$

In the paper we show for some special cases that

$$z(x_{int}) \leq \lceil z(x_c) \rceil + 1 \tag{5}$$

Operations Research Proceedings 1991
© Springer-Verlag Berlin Heidelberg 1992

where $\lceil a \rceil$ denotes the smallest integer not smaller than a. Furthermore $\lfloor a \rfloor$ defines the largest integer not larger than a and $\{a\}$ is the fractional part of a.

2 Results

2.1 Problemreduction

The continuous solution x_c can be dissected according to integer and fractional parts of its components, hence

$$x_c = \lfloor x_c \rfloor + \{x_c\}.$$

With $\alpha = e^T \lfloor x_c \rfloor$ and $\beta = e^T \{x_c\}$ one has

$$z(x_c) = \alpha + \beta.$$

Rounding down yields residual order quantities

$$\Delta b = b - A\lfloor x_c \rfloor.$$

If there exists an integer solution x_{red} for (1) - (4) with right hand side Δb fulfilling

$$z(x_{red}) \leq \lceil \beta \rceil + 1$$

then

$$\lfloor x_c \rfloor + x_{red}$$

is an integer solution of the initial problem which performs the assertion (5).

Hence, it is only necessary to consider right hand sides b which yield to continuous solutions having components less than 1.

2.2 Fundamental statements

According to the previous section we may assume in the following that the components of solutions of the relaxation problem (1) - (3) have values less than 1. For abbreviation we set

$$k_i = \lfloor \frac{L}{l_i} \rfloor, \qquad i = 1, \ldots, m. \tag{6}$$

A cutting pattern $a^j = (a_{1j}, \ldots, a_{mj})^T$ is called elementary if

$$a_{ij} = \begin{cases} k_i & \text{if } i = j, \\ 0 & \text{if } i \neq j. \end{cases}$$

Let

$$\gamma = \sum_{i=1}^{m} \frac{b_i}{k_i} \tag{7}$$

be the objective function value using only elementary patterns.

In general, the optimal function value β is less than γ, i.e.

$$\beta \leq \gamma. \tag{8}$$

Lemma 1 *Let be given positive integers k_i and b_i, $i = 1, \ldots, m$, with $b_i \leq k_i, i = 1, \ldots, m,$. Then there exist $\lceil \gamma \rceil + 1$ nonnegative integer vectors $a^j = (a_{1j}, \ldots, a_{mj})^T$ with*

$$\sum_{j=1}^{\lceil \gamma \rceil + 1} a_{ij} = b_i, \qquad i = 1, \ldots, m,$$

$$\sum_{i=1}^{m} \frac{a_{ij}}{k_i} \leq 1, \qquad j = 1, \ldots, \lceil \gamma \rceil + 1. \tag{9}$$

Proof: The proof is done by induction. The proposition is fulfilled for $n = 1$ with $a_{11} = b_1$, $a_{12} = 0$. Let

$$\gamma_n = \lceil \sum_{i=1}^{n} \frac{b_i}{k_i} \rceil. \tag{10}$$

Case a): Let be $k_{n+1} = k_r$ for one r with $1 \leq r \leq n$. Then one can define $b_r^{(1)} = b_r + b_{n+1}$. If $b_r^{(1)} \leq k_r$ all is done, otherwise we have $b_r^{(1)} \leq 2k_r$ and with $b_r^{(2)} := b_r^{(1)} - k_r$, $b_r^{(2)} \leq k_r$, we get

$$\lceil \sum_{i=1, i \neq r}^{n} \frac{b_i}{k_i} + \frac{b_r^{(2)}}{k_r} \rceil = \gamma_{n+1} - 1.$$

Since $b_i \leq k_i$ for all $i \neq r$ and $b_r^{(2)} \leq k_r$ there exist γ_{n+1} nonnegative integer vectors a^j and with $a_{r, \gamma_{n+1}+1} := k_r$, $a_{i, \gamma_{n+1}+1} := 0$, $i \neq r$, it follows the statement.

Case b): Because of case a) we may assume $1 \leq k_1 < k_2 < \ldots < k_{n+1}$. Hence $k_{n+1} \geq n + 1$. Because of $\gamma_n \leq \gamma_{n+1}$ there exist $\gamma_{n+1} + 1$ nonnegative integer n-dimensional vectors $a^j = (a_{1j}, \ldots, a_{nj})^T$ with

$$\sum_{j=1}^{\gamma_{n+1}+1} a_{ij} = b_i, \qquad i = 1, \ldots, n,$$

and

$$\sum_{i=1}^{n} \frac{a_{ij}}{k_i} \leq 1, \qquad j = 1, \ldots, \gamma_{n+1} + 1.$$

Now we consider these vectors as $(n + 1)$-dimensional vectors setting

$$a_{n+1,j} := \lfloor (1 - \sum_{i=1}^{n} \frac{a_{ij}}{k_i}) k_{n+1} \rfloor. \tag{11}$$

Hence

$$1 - \frac{1}{k_{n+1}} < \sum_{i=1}^{n+1} \frac{a_{ij}}{k_i} \leq 1, \qquad j = 1, \ldots, \gamma_{n+1} + 1.$$

According to (10) we have

$$b_{n+1} \leq k_{n+1} \left(\gamma_{n+1} - \sum_{i=1}^{n} \frac{b_i}{k_i} \right).$$

Hence,

$$b_{n+1} - \sum_{j=1}^{\gamma_{n+1}+1} a_{n+1,j} \leq k_{n+1} \left(\gamma_{n+1} - \frac{1}{k_{n+1}} \sum_{j=1}^{\gamma_{n+1}+1} a_{n+1,j} - \sum_{i=1}^{n} \frac{b_i}{k_i} \right)$$

$$= k_{n+1} \left(\gamma_{n+1} - \frac{1}{k_{n+1}} \sum_{j=1}^{\gamma_{n+1}+1} a_{n+1,j} - \sum_{i=1}^{n} \left(\frac{1}{k_i} \sum_{j=1}^{\gamma_{n+1}+1} a_{ij} \right) \right)$$

$$
\begin{aligned}
&= k_{n+1}\left(\gamma_{n+1} - \sum_{j=1}^{\gamma_{n+1}+1}\sum_{i=1}^{n+1}\frac{a_{ij}}{k_i}\right)\\
&< k_{n+1}\left(\gamma_{n+1} - (\gamma_{n+1}+1)\left(1-\frac{1}{k_{n+1}}\right)\right)\\
&= k_{n+1}\left(-1 + \frac{\gamma_{n+1}}{k_{n+1}} + \frac{1}{k_{n+1}}\right)\\
&\leq 1.
\end{aligned}
$$

Because of the integrality of b_{n+1} and the $a_{n+1,j}$ it follows

$$
\sum_{j=1}^{\gamma_{n+1}+1} a_{n+1,j} \geq b_{n+1}
$$

and we can choose suitable nonnegative integers $a'_{n+1,j}$, $j = 1,\ldots,\gamma_{n+1}+1$, with

$$
a'_{n+1,j} \leq a_{n+1,j} \quad\text{and}\quad \sum_{j=1}^{\gamma_{n+1}+1} a_{n+1,j} = b_{n+1}.
$$

This completes the proof.

Lemma 2 *Let be given positive integers k_i and b_i, $i = 1,\ldots,m$. Then there exist $\lceil\gamma\rceil+1$ nonnegative integer vectors $a^j = (a_{1j},\ldots,a_{mj})^T$ with*

$$
\sum_{j=1}^{\lceil\gamma\rceil+1} a_{ij} = b_i, \qquad i = 1,\ldots,m,
$$

$$
\sum_{i=1}^{m}\frac{a_{ij}}{k_i} \leq 1, \qquad j = 1,\ldots,\lceil\gamma\rceil+1.
$$

Proof: Let $\alpha_i := \lfloor\frac{b_i}{k_i}\rfloor$ and $\beta_i := b_i - \alpha_i k_i$. It holds

$$
\gamma = \sum_{i=1}^{m}\frac{b_i}{k_i} = \sum_{i=1}^{m}\alpha_i + \sum_{i=1}^{m}\frac{\beta_i}{k_i} =: \Gamma_1 + \Gamma_2
$$

Because of Lemma 1 there exist $\lceil\Gamma_2\rceil+1$ nonnegative integer vectors a^j with

$$
\sum_{j=1}^{\lceil\Gamma_2\rceil+1} a_{ij} = \beta_i, \qquad i = 1,\ldots,m,
$$

and

$$
\sum_{i=1}^{m}\frac{a_{ij}}{k_i} \leq 1, \qquad j = 1,\ldots,\lceil\Gamma_2\rceil+1.
$$

Using α_i times the corresponding elementary patterns the assertion is proved.

Theorem 1 *Let β be the optimal function value of problem (1) - (3) and γ be defined according to (7). If $\lceil\beta\rceil=\lceil\gamma\rceil$ then there exists an integer solution of problem (1) - (4) with objective function value not larger than $\lceil\beta\rceil+1$.*

Proof: Because of Lemma 1 resp. 2 there exist $\lceil\gamma\rceil + 1 = \lceil\beta\rceil + 1$ nonnegative integer vectors a^j which fulfill condition (2). Since the a^j represent feasible cutting patterns the assertion is proved.

2.3 Generalizations

Let

$$\kappa := \sum_j \text{sign}(x_j).$$

If x corresponds to a continuous solution then obviously $\kappa \leq m$.

Lemma 3 *If $\lceil \beta \rceil = 1$ or $\lceil \beta \rceil \geq \kappa - 1$ then the assertion (5) is fulfilled.*

Proof: For $\beta \leq 1$ $\sum_j a^j \{x_j\}$ is by itself a cutting pattern. In the other case we get κ patterns by rounding up.

The difference $\sum_{i=1}^m \frac{a_{ij}}{k_i} - 1$ seems to be an essential characterization for a cutting pattern and also for instances of cutting problems. Generally holds

$$\gamma - \beta = \sum_i \frac{1}{k_i} \sum_j a_{ij} x_j - \sum_j x_j = \sum_j x_j \left(\sum_i \frac{a_{ij}}{k_i} - 1 \right) \tag{12}$$

Lemma 4 *If $\sum_i a_{ij}/k_i \leq 1$ for all columns j then (5) is fulfilled.*

Proof: Formula (12) yields $\gamma - \beta \leq 0$. Together with (8) the premises of the theorem are fulfilled.

Remark: In general, there is

$$\max \left\{ \sum_i \frac{a_{ij}}{k_i} : \sum_i a_{ij} l_i \leq L, a^j = (a_{1j}, \ldots, a_{mj}) \in Z_+^m \right\} \leq 1.7.$$

This follows from a Lemma given in COFFMAN et al. (1980). In the following an example with $\lceil \beta \rceil < \lceil \gamma \rceil$ is described.

Let $L = 35$.

i	l_i	k_i	b_i	a^1	a^2	a^3
1	15	2	1	1	1	0
2	10	3	1	2	0	0
3	6	5	6	0	3	5

With the continuous solution $x_1 = 0.5$, $x_2 = 0.5$, $x_3 = 0.9$ one has

$$\beta = 1.9 < 2 < \gamma = \frac{61}{30}.$$

It is to denote that there exists optimal integer solutions with only 2 patterns. It is remarkable that all patterns in the example with $L - \sum_i a_{ij} l_i > l_3$ have the property $\sum_i \frac{a_{ij}}{k_i} \geq 1$.

2.4 The largest gap found

The following example enlarges the gap given by FIELDHOUSE(1990).

Let $L = 132$.

i	l_i	k_i	b_i
1	44	3	2
2	33	4	3
3	12	11	6

Here we have

$$\beta = \gamma = \frac{2}{3} + \frac{3}{4} + \frac{6}{11} = \frac{259}{132} = 1.962121\ldots$$

There exists no integer solution with 2 patterns. Hence, the gap equals $1.0378\ldots$.

The same gap arises if the pieces with length 33 are replaced by pieces of lengths 66 and 33 each having order quantity 1.

References

[1] E.G.Coffmann,jr., M.R.Garey, D.S.Johnson, R.E.Targon, Performance bounds for level oriented two-dimensional packing algorithms, SIAM J.Comput. 9 (1980)p.808-826.

[2] A.Diegel, Integer LP solution for large trim problems, Working Paper 1988 University of Natal, South Africa.

[3] M.Fieldhouse, The duality gap in trim problems, SICUP-Bulletin No. 5,1990.

[4] P.C.Gilmore, R.E.Gomory, A linear Programming approach to the cutting stock problem, Op. Res. 9(1961)p.849-859.

[5] J.Terno, R.Lindemann, G.Scheithauer, Zuschnittprobleme und ihre praktische Lösung, Verlag Harry Deutsch Thun und Frankfurt/Main 1987.

ALGORITHMS FOR THE CONTAINER LOADING PROBLEM

Guntram Scheithauer, Dresden

Abstract: In this paper we consider the three-dimensional problem of optimal packing of a container with rectangular pieces. We propose an approximation algorithm based on the "forward state strategy" of dynamic programming. A suitable description of packings is developed for the implementation of the approximation algorithm, and some computational experience is reported.

Zusammenfassung: Zur näherungsweisen Lösung von Containerbeladungsproblemen wird ein allgemeiner Algorithmus, der auf der "Forward State Strategy" der Dynamischen Optimierung basiert, vorgestellt. Eine für die Implementierung passende Darstellung von teilweisen Packungen wird entwickelt und Ergebnisse einiger Testrechnungen werden angegeben.

1 Introduction and Problem Formulation

The effective employment of capacity gets a more and more increasing importance in many problems of production and transportation planning. The reasons in transportation are e.g. the enlarging trade and growing transportation costs. In many cases the effective loading of cars, trails, trucks or ships can be modeled as a three-dimensional packing or container loading problem, i.e. as a problem of optimal allocation of rectangular pieces (boxes) within a container.

There are to distinguish two kinds of problems. The first problem has the objective to find an allocation of boxes having maximal valuation sum of the allocated boxes or, equivalently, minimal waste. The second problem contains the calculation of the minimal number of identical containers or a minimal (in a given sense) subset of different containers required to pack all given pieces. For both problems the terms "packing" and "loading problem" are used in the literature.

The aim of this paper is to propose an approximation algorithm for the so-called Container Loading Problem (CLP), i.e. the three-dimensional problem of the first kind. Further on, remarks are given on an implementation of the approximation algorithm on a PC computer.

At first we briefly review some of the work connected with the CLP. In the one-dimensional case the CLP reduces to the well-known Knapsack Problem. The Knapsack Problem is one of the most investigated problems because of its simple structure and the fact that the main difficulties of discrete optimization problems are contained in the Knapsack Problem. A review of literature and algorithms is given by DUDZINSKI and WALUKIEWICZ (1987).

The second kind of the one-dimensional problem is called Loading (EILON and CHRISTOFIDES (1971)) or 0/1 Loading Problem (INGARGIOLA and KORSH (1975)). In both papers exact solution algorithms are described and a heuristic procedure is given.

For the two-dimensional case of the CLP there exists a large number of publications. Most of them are related to the Cutting Stock Problem. DYCKHOFF (1988) investigates relations between

Operations Research Proceedings 1991
© Springer-Verlag Berlin Heidelberg 1992

Cutting, Packing and other problems and introduces a typology of such problems.

Here we only state some of the fundamental papers. In the beginning of the sixties GILMORE and GOMORY (1961, 1963, 1965) considered the problem of computing optimal guillotine cutting patterns. The proposed algorithms are based on recursion formulas of dynamic programming.

BEASLEY (1985) gave a 0/1 model for the general two-dimensional (non-guillotine) problem. But his exact solution algorithm does not seem to be usable for problems of medium size because of the rapidly growing number of variables and constraints.

A further problem under investigation is the so-called Pallet Loading Problem, e.g. due to K.DOWSLAND (1984, 1987). But here only identical pieces are to be packed on a pallet.

A translation of BEASLEY's 0/1-model of computing optimal patterns to the three-dimensional case is possible in a straightforward way. Indeed, the number of 0/1-variables and constraints increases much more faster as in the two-dimensional case. Therefore, a practical application does not seem likely.

As stated by W.DOWSLAND (1985) there is only a small number of published work with respect to the three-dimensional case. One reason for it may be the commercial aspects.

The three-dimensional problem considered by SCULLI and HUI (1988) is more oriented on testing of several strategies of packing and unloading of a container with identical boxes.

HAESSLER and TALBOT (1989) reduce the three-dimensional problem considered to a two-dimensional one by defining stocks of pieces which use the height of the container in a sufficient good manner. Moreover, questions of meeting demand quantities are discussed there.

SCHNEIDER (1988) proposes an algorithm for a special three-dimensional guillotine cutting problem which is not usable for the general CLP.

Some references related to three-dimensional problems and many for the cutting stock problem can be found in TERNO, LINDEMANN and SCHEITHAUER (1987).

It is well known that the Knapsack Problem belongs to the NP-hard problems, hence the CLP also does. Therefore, it is necessary to look for good approximation algorithms.

As a measure of quality we would like to have performance bounds on the ratio of the values obtained by the approximation algorithm and an optimal algorithm (as for the bin packing algorithms). But the three-dimensional bin packing algorithm considered by SCHEITHAUER (1991) does not correspond in a good manner to a practical allocation of pieces and has no good performance bound.

Summarizing, there do not exist known algorithms for the general CLP. In this paper we propose an approximation algorithm for the CLP. This algorithm can be used as a basis algorithm for problems related to the CLP and which occur when dealing with additional restrictions.

In the paper we use the following notation. Let be given a container having length L, width W and height H. The small pieces (boxes) T_i have length l_i, width w_i, height h_i, supply s_i and valuation v_i, $i = 1, \ldots, n$. We assume that the sum of the piece volumes is larger than the container volume. The goal is to find an allocation of given pieces within the container such that the sum of valuations is maximal. Obviously, if the valuation equals the volume for each piece then the objective is to find an allocation with minimal waste.

We restrict our investigations on orthogonal packings and assume that the length axis of the pieces in the allocation must be parallel to the length axis of the container; and the same must hold for the width and height directions.

We identify the length direction with the x-direction, the width direction with the y-direction and the height direction with the z-direction in spatial space. Further on, the lower left front corner of the container is located at the origin, and the lower left front corner of a piece is called reference point of the piece.

2   The approximation algorithm

Let be given any allocation (packing) of a subset of pieces within the container. How can it be described? If the piece T_i takes the space between the two points (x, y, z) and $(x + l_i, y + w_i, z + h_i)$ within the container then we call (x, y, z) the location point of the piece T_i (i.e. the reference point is moved to the location point). A sequence of 4-tuples $(x_j, y_j, z_j, \pi_j), j = 1, \ldots, p$, describes a packing of p pieces in an unique manner (where x_j, y_j and z_j are the coordinates of the location point of the j-th piece $T_{\pi_j}; \pi_j \in \{1, \ldots, n\}$) if there are not any conflicting situation such that two pieces take the same space and all p pieces are packed within the container. Such a sequence is called packing pattern.

If there exists a space in the packing left over, large enough to pack one more piece, we can get a new packing. The corresponding pattern consists of one more 4-tuple. Thus, we have the basic principle of our algorithm. Starting with the empty container we pack one piece, obtain a pattern, look for a sufficiently large empty space, pack a new piece, and so on. Considering all possibilities of choosing a piece and the allocation space we follow the well-known "forward state strategy" of dynamic programming (as e.g. used by HU (1969) for the Shortest Path Problem or by OZDEN (1988) for the Linear Integer Programming Problem).

A packing of p pieces represents a state of stage (level) p in the sense of dynamic programming. The number of such states is infinite but only a finite number of states is necessary to compute an optimal packing.

Of course, a location strategy must be used like the "bottom up - left justified strategy" of several bin packing algorithms. A more detailed description is given in the next section in connection with another representation of packings.

Nevertheless, this finite number of admissible states is in general too large to handle (e.g. to store all states in a computer). One possibility to overcome this difficulty and to get an approximation algorithm is to create a "measure" β of "goodness or quality" of a state. Using this measure we can reject all states s which violate a threshold bound from further computations or, as we have used, we take only a finite number, say k, of the best states with respect to β and use only these k states to compute the states of the next stage. (The corresponding properties of β are discussed in section 3.)

In the algorithm we use the following notations:

B = set of basic states (in stage $j - 1$)

N = set of new states computed (in stage j)

k = a given parameter (with $card(B) \leq k$)

N_k = set of the k best new states with respect to β

v^* = value of the best known state s

Approximation Algorithm CL (Container Loading)

Initialize:

$\quad$ B contains the empty container s_0 , $v(s_0) := 0$,

$\quad$ N is set to be empty, $v^* := 0, j := 0$;

Main part:

$\quad$ repeat $j := j + 1$,

$\quad\quad$ for each $s \in B$

$\quad\quad\quad$ for each available piece T_i

$\quad\quad\quad\quad$ for all admissible location points

$\quad\quad\quad\quad\quad$ compute the corresponding new state s',

$\quad\quad\quad\quad\quad$ if $s' \notin N$ then $N := N \cup \{s'\}$, $v(s') := v(s) + v_i$

$\quad\quad\quad\quad\quad$ else if $v(s) + v_i > v(s')$ then $v(s') := v(s) + v_i$,

$\quad\quad\quad\quad\quad$ if $v(s') > v^*$ then $v^* := v(s')$, $s^* := s'$;

$\quad\quad$ if $card(N) > k$ then reduce N to N_k;

$\quad\quad$ set $B := N$ and $N := \emptyset$;

$\quad$ until $B = \emptyset$;

Solution: s^* is the approximate solution of the CLP.

We give some remarks to the CL algorithm.

1. Within the CL algorithm a local optimization takes place in each stage j. Among all new states the k best with respect to β are chosen, i.e. patterns with j pieces and large β-value.

2. Because of the upper bound s_i on the packing for piece T_i BELLMAN's optimality criterion on dynamic programming is in general not valid, i.e. an optimal packing of the container does not require optimal packings with j pieces.

3. The given general CL algorithm allows a lot of modifications with respect to application oriented restrictions. E.g., to reduce the computational effort only a subset of available pieces should be chosen for calculating new states, or only a part of location points may be investigated to get a special packing structure .

3 The concept of contours

Using the pattern description of a packing we get some difficulties connected with computational aspects. E.g., the search of not used empty space in a packing is very expensive and also the question of admissible location points is not easy to answer. For that reason we use another representation of a packing or pattern in an implementation of the CL algorithm.

Let be given a feasible packing of a subset of pieces within the container. The projection of the packed pieces into the x, y-plane defines a dissection of the bottom area of the container which can be made to a rectangular dissection by lengthening some or all of the lines up to the next cross line or the border line of the container. We assign to each rectangle of the dissection a value of used height and allow in the following only the packing of pieces above these height values. More formally we define:

A rectangular dissection of the bottom area of the container together with corresponding height values is called contour. A contour can be represented by a set $\{(x_i, y_i, l_i, w_i, z_i) \ : \ i = 1, \ldots, r\}$ of 5-tuples where (x_i, y_i) gives the lower left corner of a rectangle with length l_i and width w_i and z_i denotes the used height. (It is to remark that exactly one height value is assigned to each interior point of all rectangles. The points belonging to the border lines of the rectangles may have formally more than one height values, but these points are not of importance for the following investigations.)

The allocation of one new piece above a given contour yields a new contour. Hence, each packing can be represented by a sequence of contours where the successor contour results from the predecessor by packing one piece.

For the rectangles $R_i = (x_i, y_i, l_i, w_i)$, $i = 1, \ldots, r$, of a rectangular dissection we define the following relation $"<_R"$:

$$R_i <_R R_j \quad \Longleftrightarrow \quad x_i < x_j + l_j \text{ and } y_i < y_j + w_j.$$

((x, y) denotes the bottom left and $(x + l, y + w)$ the upper right corner of a rectangle.) We say that a contour $C = \{(R_i, z_i) \ : \ i = 1, \ldots, r\}$ is monotonous if $z_i \geq z_j$ for all R_i, R_j with $R_i <_R R_j$ $(i, j = 1, \ldots, r)$.

Further on, the contour C is said to be above the contour $C' = \{(R'_i, z'_i) \ : \ i = 1, \ldots, r'\}$ if for all (x, y) with $(x, y) \in int(R_i) \cap int(R'_j)$ $z_i \geq z'_j$ is valid (shortly: $C' \leq_c C$).

The use of the relations $<_R$ and $<_c$ corresponds directly with the investigations of LIPOVETSKIJ (1988) about so-called z-sequences in the two-dimensional case.

Let be given a packing pattern $\{(x_j, y_j, z_j, \pi_j) \ : \ j = 1, \ldots, p\}$. Now our aim is to construct a sequence $C_0, C_1, \ldots, C_p$ of monotonous contours with $C_0 <_c C_1 <_c \ldots <_c C_p$ where C_j results from C_{j-1} by packing one piece above C_{j-1} , $j = 1, \ldots, p$. For that reason, each piece T_i with location point (x_i, y_i, z_i) has to be packed before the piece T_j if $x_i < x_j + l_j$, $y_i < y_j + w_j$ and $z_i < z_j + h_j$. This relation can be extended to a partial order relation by applying the transitive closure. Hence, there exists a sequence $T_{\pi_1}, \ldots, T_{\pi_p}$ which does not violate this relation.

Although the packing of one piece on a monotonous contour yields in general a contour which is not monotonous, the above relation ensures the existence of a sequence of monotonous contours. Summarizing, we have:

For any packing (or packing pattern) of p pieces there exists a sequence $C_0, C_1, \ldots, C_p$ of monotonous contours and a sequence $\pi_1, \ldots, \pi_p$ of piece indices such that C_j results from C_{j-1} by packing T_{π_j} on top of $C_{\pi_{j-1}}$.

The representation of the monotonous contour for a given packing is in general not unique since there may exist different rectangular dissections. One question is, how many rectangles are at most required for a monotonous contour of p pieces? From the practical point of view the following question is of more importance : which location points are admissible to obtain good packings?

To answer these questions we will consider in the following only so-called "normalized" packing patterns. A packing pattern is said to be normalized if each packed piece touches with their bottom, left and front side at least one other packed piece or the "walls" of the container. This definition corresponds to these of HERZ (1972) and BEASLEY (1985) for normalizing two-dimensional cutting patterns. With other words, a normalized packing pattern is a "bottom-left-front justified" pattern. Obviously, to each packing pattern there exists a normalized one. Hence, we may restrict in the following our investigations to normalized packings.

Let us consider the contour $C = \{(R_i, z_i) \; : \; i = 1, \ldots, r\}$. We define two indices of neighboring rectangles for a given rectangle R_i:

$$l(R_i) := \begin{cases} 0, & \text{if } x_i = 0 \\ j, & \text{with } x_j + l_j = x_i \text{ and } y_j \leq y_i < y_j + w_j, \end{cases} \qquad \text{(left neighbor of } R_i),$$

$$b(R_i) := \begin{cases} 0, & \text{if } y_i = 0 \\ j, & \text{with } y_j + w_j = y_i \text{ and } x_j \leq x_i < x_j + l_j, \end{cases} \qquad \text{(bottom neighbor of } R_i).$$

(For convenience we use $z_0 = H$.)

For a normalized packing pattern with the contour C we define the set

$$P(C) := \left\{ (x_i, y_i, z_i) \; : \; i \in \{1, \ldots, r\}, \; z_i < z_{l(R_i)}, \; z_i < z_{h(R_i)} \right\}.$$

This set contains all admissible location points for the construction of optimal packings, i.e. to each possible location point there exists one element of $P(C)$ which yields to a packing of the same or a better valuation. Moreover, we can state:

Two contours C and C' describe the same monotonous contour if $P(C) = P(C')$.

Further on, for each contour C with $card(P(C))$ admissible location points there exists a representation with at most $2 * card(P(C)) - 1$ rectangles.

But the cardinality of $P(C)$ can increase linearly in p. To avoid storage problems we use an input parameter r to bound the number of rectangles within a contour. If the algorithm produces a contour with more than r rectangles then we try to find an equivalent contour with at most r rectangles and, if this it not possible, we look for a "neighboring" contour with at most r rectangles.

Returning to the CL algorithm, now a state can be described by a contour and the corresponding packed pieces. Let $v(s)$ denote the valuation of state s and $f(s)$ the volume enclosed by the contour s. Then the measure β should fulfill the following conditions:

1. If $f(s) = f(s')$ and $v(s) > v(s')$ then $\beta(s) > \beta(s')$.

2. If $f(s) > f(s')$ and $v(s)/f(s) = v(s')/f(s')$ then $\beta(s) > \beta(s')$.

In the implementation of the CL algorithm we have used $\beta(s) := (v(s) + \alpha)/(f(s) + \gamma)$ with $\gamma > 0$ and $\alpha \leq 0$.

4 Remarks to computational experiments

The CL algorithm was coded in TURBO PASCAL, version 5.0, and was tested on a PC. The time required to obtain a packing depends in a straightforward manner on the parameter k, i.e. on the number of states used to generate successor states. But this effort can be reduced by help of a dominance test to decide whether a new (still to generate) state possibly belongs to the k best new states or not. For instances with up to 100 packed pieces the computer time is in the range of some seconds (for $k = 1, 2$) and a few minutes (for $k \approx 5$). As to expect, the value of the obtained packing does not correlate in a strong sense to the parameter k. But it is to observe, on average, a larger k yields a better solution.

5 Variants of the CL algorithm

As discussed in section 2 some modifications of the CL algorithm are possible. We have implemented three variants.

Variant 1: This variant is the basic algorithm as given in section 2 (all possibilities of allocation are investigated).

Variant 2: At first a layer parallel to the bottom side is packed. Then a second layer follows, and so on, until the container is filled.

Variant 3: Here the layers are parallel to the y, z-plane.

6 Conclusional remarks

In the paper an approximation algorithm is proposed for the three-dimensional container loading problem. The well-known "forward state strategy" of dynamic programming is also applicable to this three-dimensional problem. The proposed CL algorithm can be used as a basis for developing algorithms which handle additional and application oriented restrictions. The concept of contours described is very suitable for an implementation of the CL algorithm. Some computational experiments made show that problems of medium size can be handled on PC computers in acceptable time. The necessity of further theoretical investigations results from induviduell practical restrictions given by the users.

7 References

Beasley, J.E., An exact two-dimensional non-guillotine cutting tree search procedure. Oper. Res. 33, 49-64 (1985)

Beasley, J.E., Algorithms for unconstraint two-dimensional guillotine cutting. J. Oper. Res. Soc. 36, 297-306 (1985)

Dowsland, K.A., The three-dimensional pallet chart; an analysis of the factors affecting the set of feasible layouts for a class of two-dimensional packing problems. J. Oper. Res. Soc. 35 (1984)

Dowsland, K.A., An exact algorithm for the pallet loading problem. European J. Oper. Res. 31, 78-84 (1987)

Dowsland, W.B., Two and three dimensional packing problems and solution methods. New Zealand Oper. Res. 13, 1-18 (1985)

Dudzinski, K.; Walukiewicz, S., Exact methods for the knapsack problem and its generalizations. European J. Oper. Res. 28, 3-21 (1987)

Dyckhoff, H., A typology of cutting and packing problems. European J. Oper. Res. (1990)

Eilon, S.; Christofides, N., The loading problem. Management Sci. 17, 259-268 (1971)

Gilmore, P.C.; Gomory, R.E., A linear programming approach to the cutting stock problem, part I. Oper. Res. 9, 849-859 (1961)

Gilmore, P.C.; Gomory, R.E., A linear programming approach to the cutting stock problem, part II. Oper. Res. 11, 863-888 (1963)

Gilmore, P.C.; Gomory, R.E., Multistage cutting stock problems of two or more dimensions. Oper. Res. 13, 94-120 (1965)

Haessler, R.W.; Talbot, F.B., Load planning for shipments of low density products. European J. Oper. Res. (1990)

Herz, J., Recursive computational procedure for two-dimensional cutting. IBM J. Res. Develop. 16 462-469 (1972)

Hu, T.C., Integer programming and network flows. Addison-Wesley, New York (1969)

Ingargiola, G.; Korsh, J., An algorithm for the solution of 0-1 loading problems. Oper. Res. 23, 1110-1119 (1975)

Lipovetskij, A.J., Algorithms for non-guillotine rectangular cutting. Reports of the Ufa Aviation Institute (in Russian) (1988)

Ozden, M., A solution procedure for general knapsack problems with a few constraints. Comput. Oper. Res. 15, 145-155 (1988)

Scheithauer, G., A three-dimensional bin-packing algorithm. J. Inform. Process. Cybernet. EIK 27, 263-271 (1991)

Schneider, W., Trim-loss minimization in a crepe-rubber mill; optimal solution versus heuristic in the 2(3)-dimensional case. European J. Oper. Res. 34, 273-281 (1988)

Sculli, D.; Hui, C.F., Three dimensional stacking of containers. Omega 16, 585-594 (1988)

Terno, J.; Lindemann, R.; Scheithauer, G., Zuschnittprobleme und ihre praktische Lösung. Fachbuch Verlag Leipzig (1987)

KOMBINATORISCHE OPTIMIERUNG UND QUASIKONVEXITÄT
- EIN ÜBERBLICK -

Egon Seiffart, Magdeburg

Zusammenfassung: Zugrundegelegt werden allgemeine kombinatorische Optimierungsprobleme. Es werden quasikonvexe und streng quasikonvexe Zeilfunktionen für kombinatorische Probleme auf Strukturgraphen definiert, deren Basis Nachbarschaften in der Menge der zulässigen Lösungen bilden. Die gewählte Definition ist eine adäquate Übertragung der Quasikonvexität der "stetigen" Optimierung auf kombinatorische Optimierungsprobleme. Für spezielle Eigenschaften der Zeilfunktion über dem Strukturgraphen werden effiziente (polynominale) Lösungsmöglichkeiten abgeleitet Spezielle kombinatorische Optimierungsprobleme werden diskutiert.

Abstract: In this paper we consider combinatorial optimization problems. We define structural relations between different neighbourhood graphs and quasiconvex and strictly quasiconvex objective functions over neighbourhood graphs. The conception of the quasiconvexity of objective functions has been adequately transfered from the field of nondiskrete optimization to combinatorial optimization problems. We consider special combinatorial optimization problems. In these special cases the objective funktion is quasiconvex over simple neighbourhood graphs and so these problems can be efficient (polynomial) solved by a Greedy-Algorithm.

1. Die kombinatorische Optimierung hat sich in den zurückliegenden Jahren vordergründig und unmittelbar aus den Bedürfnissen und Problemen der Anwendung weiterentwickelt.
Es ist bekannt, daß bei zahlreichen Problemen der Praxis, insbesondere bei ökonomischen und produktionstechnischen Anwendungen, mathematische Modelle der "kontinuierlichen" oder "stetigen" Mathematik nicht benutzt werden können, da mathematische Begriffe wie Setigkeit, Differenzierbarkeit, Grenzwert nicht einsetzbar sind (z.B. bei Zuordnungs-, Reihenfolge-, Transport-, Flußproblemen u.a.)
Zur Lösung derartiger Probleme sind diskrete und kombinatorische mathematische Srukturen zu entwickeln und zu analysieren und auf der

Operations Research Proceedings 1991

Grundlage dieser Analyse sind dann optimale Lösungen algorithmisch zu bestimmen. Die Aufgabe und das Ziel der kombinatorischen Optimierung besteht als letztendlich darin, solche Algorithmen zu entwickeln, die besser als die vollständige Enumeration sind.
Ein Problem

$$\min(\ z(x)\ /\ x \in X\ ) \tag{1}$$

wird als kombinatorisches Optimierungsproblem bezeichnet, wenn folgende Bedingungen gelten: M sei eine endliche, nichtleere Menge und X sei eine nichtleere Menge von Teilmengen von M. Eine Menge $x \in X$ wird als zulässige Lösung und X selbst als zulässige Lösungsmenge bezeichnet. Weiter sei $(H,\leq)$ eine geordnete Menge. Die Zielfunktion $z(x)$ sei eine Abbildung z von X auf H; $z: X \rightarrow H$.
Bei einem kombinatorischen Optimierungsproblem sind zwei Strukturen bestimmend:
1.-die kombinatorische Struktur der Menge X und 2.-die Struktur der Zielfunktion z.
Im folgenden soll die Frage gestellt werden: Gegeben ist eine Klasse X, welche Struktur ist für eine Zielfunktion $z: X \rightarrow H$ und für die geordnete Menge H zu fordern, so daß das Problem $\min(\ z(x)/x \in X)$ mit einem effizienten Algorithmus gelöst werden kann.

2. Bei der Entwicklung von diskreten Strukturen waren und sind Versuche und erzielte Ergebnisse von Bedeutung, spezielle Struktureigenschaften und darauf aufbauende Lösungsalgorithmen der "stetigen" Optimierung auf kombinatorische Optimierungsprobleme adäquat zu übertragen, um so geeignete Lösungsalgorithmen zu entwickeln. So nehmen konvexe und quasikonvexe Funktionen z.B. in der Theorie der stetigen nichtlinearen Optimierung einen zentralen Platz ein, so vor allem bezüglich der Ableitung von Optimalitätsbedingungen. Es existieren theoretisch und praktisch effektive Verfahren zur Bestimmung eines globalen Optimums solcher Funktionen. So hat z.B. eine quasikonvexe Funktion $z(x)$ aus dieser Funktionenklasse noch die Eigenschaft, daß auf konvexen Mengen die dazugehörenden Niveaumengen der Zielfunktion konvex sind. Daher bilden die globalen Minima eine konvexe Menge. Für streng quasikonvexe Funktionen ist jedes lokale Minimum gleichzeitig global minimal. Auf diesen Eigenschaften basieren in der quasikonvexen "stetigen" nichtlinearen Optimierung alle theoretischen und praktischen Lösungsalgorithmen. Die Frage, kann die Eigenschaft der Quasikonvexität auf kombinatorische Probleme so übertragen werden, daß ähnliche Theoreme existieren und eine analoge Lösungmethodik genutzt werden kann, ist positiv zu beantworten. Im folgenden wird eine ent-

sprechende Definition der Quasikonvexität gegeben, entsprechende Theoreme angeführt und einfache Greedy-Algorithmen erörtert. An einer Beispielauswahl soll die einheitliche Lösungsmethode erläutert und angewandt werden.

In der Arbeit /4/ wurde die Einführung der Quasikonvexität für eine spezielle Klasse, nämlich für Permutationsprobleme gegeben. In den Arbeiten /1/,/3/,/5/,/6/,/7/ wurde dieses Konzept auf beliebige diskrete und kombinatorische Optimierungsprobleme weitestgehend verallgemeinert, so daß eine erste geschlossene Lösungsmethodik für derartige quasikonvexe Probleme vorliegt.

Zur Definition der Quasikonvexität für ein kombinatorisches Optimierungsproblem der Form (1) wird eine zunächst ganz beliebige Nachbarschaftsstruktur durch eine Abbildung $N:\ X \rightarrow Pot(X)$ der zulässigen Lösungsmenge X in eine Potenzmenge $Pot(X)$ definiert. Jeder zulässigen Lösung $x \in X$ werden also andere zulässige Lösungen entsprechend der Abbildung N als Nachbarn zugeordnet. Diese Nachbarschaftsstruktur kann zweckmäßig durch einen ungerichteten Nachbarschaftsgraphen $G(X,U)$ beschrieben werden. Die Knotenmenge des Graphen entspricht der Menge der zulässigen Lösung X und die Kantenmenge U repräsentiert eine vorgegebene spezielle Nachbarschaftsstruktur. Sie ist wie folgt definiert:

$$U = \{\ (x,x') \in X^2 /\ x' \in N(x,G)\ \},$$

wobei $N(x,G)$ die Menge aller Nachbarn der zulässigen Lösung x darstellt, die durch die angegebene Abbildung N vorgegeben sind. Folgende weiteren Voraussetzungen gelten: 1. Die Nachbarschaftsstruktur ist symmetrisch, d.h. es gilt:

$$\forall\ x,x' \in X \text{ und } x' \in N(x,G) \leftrightarrow x \in N(x',G)$$

und 2. $G(X,U)$ sei zusammenhängend und schlingenfrei, d.h. zwei beliebige Knoten von G sind durch eine Kette verbunden und x ist zu sich selbst nicht gleichzeitig Nachbar. Eine Kette ist eine Folge $x_1, x_2, \ldots, x_k$ von Nachbarn (Knoten) mit $x_i \in G$ $(i=1,\ldots,k-1)$ und der Eigenschaft $(x_i, x_{i+1}) \in U$ $(i=1,\ldots,k-1)$. Die Menge der Knoten einer solchen, x_1 und x_k verbindenden Kette wird mit $K[x_1, x_k, G]$ bezeichnet. Eine Kette heißt einfach, wenn in ihr nicht zweimal derselbe Knoten auftritt. Weiter sei

$$N_{max}(G) = \max\{\ |N(x,G)|,\ x \in X\}$$

Die Größe d charakterisiere die Dimension von $N_{max}(G)$. Falls $N_{max}(G) = O(d^k)$ ist, so wird $N(x,G)$ eine Nachbarschaft k-ter Ordnung genannt. Ist $N_{max}(G)$ nicht polynomial beschränkt, dann heißt $N(x,G)$ exponentiell. Der Nachbarschaftsgraph $G(X,U)$ wird im folgenden auch als Strukturgraph bezeichnet. Es sei bemerkt, daß solche Strukturgraphen ganz beliebig gebildet werden können.

Auf einem so vorgegebenen Strukturgraphen G wird die Quasikonvexität und die strenge Quasikonvexität einer Zielfunktion des Problems (1) wie folgt definiert:

Definition 1: Eine Zielfunktion z heißt quasikonvex auf G, falls aus $x',x'' \in X$ mit $z(x') \leq z(x'')$ folgt, daß in G eine x' und x'' verbindende Kette K mit der Eigenschaft $z(x) \leq z(x'')$ für alle $x \in K[x',x'',G]$ existiert.

Definition 2: Eine quasikonvexe Zielfunktion z heißt streng quasikonvex auf G falls aus $x',x'' \in X$ mit $z(x') < z(x'')$ folgt, daß in G eine x' und x'' verbindende Kette K mit der Eigenschaft $z(x) < z(x'')$ für alle $x \in K[x',x'',G]$, $x \neq x''$, existiert.

Analoge Definitionen sind für die Quasikonkavität und die strenge Quasikonkavität sowie für die Quasimonotonie anzugeben. Eine Zielfunktion z heißt quasimonoton bzw. streng quasimonoton auf G falls z sowohl quasikonvex als auch quasikonkav bzw. streng quasikonvex als auch streng quasikonkav auf G ist. Es ist zu bemerken, daß aus der Existenz von Ketten mit den in den Definitionen geforderten Eigenschaften jeweils die Existenz von einfachen Ketten mit diesen Eigenschaften folgt. Sie können durch Herausstreichen aller Kreise abgeleitet werden. O.B.d.A. werden nachfolgend nur quasikonvexe und streng quasikonvexe Zielfunktionen betrachtet. Die abgeleiteten Aussagen gelten in analoger Weise auch für das Maximierungsproblem quasikonkaver und streng quasikonkaver Funktionen. Abschließend wird festgelegt: Ein Problem (1) heißt quasikonvex (streng quasikonvex) auf einem Graphen G, falls seine Zielfunktion über G diese Eigenschaft aufweist. Zur Fixierung von Struktureigenschaften quasikonvexer Funktionen werden die folgenden Begriffe und Bezeichnungen eingeführt:

- Eine Lösung $x^+ \in X$ wird lokaler Minimalpunkt (strenger lokaler Minimalpunkt) von z auf G(X,U) genannt, falls für alle $x \in N(x^+,G)$ die Beziehung $z(x^+) \leq z(x)$ ($z(x^+) < z(x)$) gilt.

- Eine Lösung $x^+ \in X$ heißt globaler Minimalpunkt von z auf G, falls $z(x^+) \leq z(x)$ für alle $x \in X$ ist.

- Für ein gegebenes $x' \in X$ sei $A(x')$ die Menge aller Lösungen $x'' \in X$, für die eine x' und x'' verbindende Kette K mit $z(x) = z(x')$ für alle $x \in K[x',x'',G]$ existiert. $A(x')$ ist somit die maximale Menge von Lösungen, die den gleichen Zielfunktionswert wie x' besitzen und bei der der Untergraph $\underline{G} = (A(x'),\underline{U})$ von G zusammenhängend ist. Eine Lösung $x^+ \in X$ heißt dann quasistrenger lokaler Minimalpunkt von z auf G, falls für alle $x',x'' \in X$ mit den Eigenschaften $x' \in A(x^+)$, $x'' \notin A(x^+)$ und $x'' \in N(x',G)$ die Beziehung $z(x'') > z(x')$ gilt.

- Im weiteren bezeichne $X(z,a) \subseteq X$ die Menge mit

$$X(z,a) = \{x \in X/ \; z(x) \leq a, \; a \in H \}.$$

Auf grund der eingeführten Definitionen gelten die folgenden Struktureigenschaften quasikonvexer Funktionen:

Satz 1: Es sei eine Zielfunktion z quasikonvex auf G. Dann sind die
Untergraphen $\underline{G} = \{X(z,a),\underline{U}\}$ von G für alle $a \in H$ zusammenhängend.

Folgerung 1: Ist die Zielfunktion z quasikonvex auf G, so bildet die
Menge ihrer globalen Minimalpunkte einen zusammenhängenden Untergraphen von G.

Satz 2: Die Zielfunktion z sei quasikonvex auf G. Dann ist jeder
quasistrenger lokaler Minimalpunkt von z auf G gleichzeitig globaler
Minimalpunkt.

Folgerung 2: Ist die Zielfunktion z quasikonvex auf G, so ist ein
strenger lokaler Minimalpunkt einziger globaler Minimalpunkt von z.

Satz 3: Die Zielfunktion z sei streng quasikonvex auf G. Dann ist
jeder lokale Minimalpunkt von z auf G gleichzeitig globaler Minimalpunkt.

Die angeführten Sätze schaffen die Voraussetzungen für die Ableitung
einer einheitlichen Lösungsmethodik für quasikonvexe und streng quasikonvexe Funktionen für kombinatorische Optimierungsprobleme. Sie sind
in /3/,/7/ bewiesen.

Für eine quasikonvexe Funktion z auf einem Nachbarschaftsgraphen G
genügt es, einen quasistrengen lokalen Minimalpunkt zu bestimmen.
Liegt von einem Problem (1) eine gegebene Nachbarschaftsstruktur vor,
so kann über ein Verfahren der lokalen Suche ein lokaler Minimalpunkt
ermittelt werden. Nach Satz 3 stellt ein derartiger Punkt eine Optimallösung des Problems (1) bei strenger quasikonvexer Zielfunktion z
dar. Ob ein lokales Suchverfahren für die Lösung eines konkreten Optimierungsproblems ein effektiv anwendbarer Algorithmus ist, hängt von
verschiedenen Bedingungen ab. Eine wesentliche Rolle spielen die
Mächtigkeit der zugrunde liegenden Nachbarschaft, die Bestimmung eines
geeigneten Startpunktes und das Auffinden eines Algorithmus zur effektiven Durchsuchung der gegebenen Nachbarschaft nach Lösungen mit klei-
nerem oder gleichen Zielfunktionswerten.

Um ein lokales Suchverfahren effektiv zu gestalten, ist die Frage nach
Nachbarschaftsgraphen G mit möglichst geeignetem $N_{max}(G) = O(d^k)$
(kleinen) zu stellen. Aus der Definition der Quasikonvexeität folgen
unmittelbar die folgenden Aussagen:Ist ein Problem quasikonvex (streng

quasikonvex) auf einem Nachbarschaftsgraphen $G^1 = (X,U^1)$ so auch auf $G^2 = (X,U^2)$ mit $U^1 \subseteq U^2$. Gleichzeitig besitzt jedes Problem auf dem vollständigen Graphen die Eigenschaft der strengen Quasikonvexität. Daher existieren stets Nachbarschaftsstrukturen, die die Quasikonvexität (strenge Quasikonvexität) auf den beschreibenden Graphen sichern. Aus diesem Grunde besteht ein Ziel der Quasikonvexitätsuntersuchung darin, für spezielle kombinatorische Optimierungsprobleme der Gestalt (1) Nachbarschaften derart zu bestimmen, daß die Zielfunktion quasikonvex (streng quasikonvex) ist und gleichzeitig jede zulässige Lösung eine möglichst geringe Anzahl von Nachbarn aufweist. Für eine Problemklasse sind diejenigen Nachbarschaftsgraphen hervorzuheben, die bei Wahrung der Eigenschaft der Quasikonvexität (der strengen Quasikonvexität) eine minimale Mächtigkeit der Kantenmenge aufweisen. Der Nachweis der Quasikonvexität eines Problems auf einem Nachbarschaftsgraphen $G(X,U)$ ist in der Regel mit erheblichem Aufwand verbunden. Dabei erweist es sich, daß die direkte Benutzung der Definition wenig vorteilhaft ist. Häufig ist es günstiger, die Existenz spesieller Ketten in G gemäß verschiedener Kriterien nachzuweisen (siehe /3/ und /7/).

Die angeführten Strukturaussagen belegen eine adäquate Übertragung der Begriffe Quasikonvexität und streng Quasikonvexität von Zielfunktionen aus der nichtlinearen stetigen Optimierung auf kombinatorische Optimierungsprobleme (1). Die Sätze 1 bis 3 schaffen die Voraussetzungen für die Ableitung einer einheitlichen Lösungsmethodik für quasikonvexe und streng quasikonvexe Funktionen auf geeigneten Strukturgraphen. Für eine Quasikonvexe Funktion z auf einem Nachbarschaftsgraphen G genügt es, nach Satz 2 einen quasistrengen lokalen Minimalpunkt zu bestimmen. das kann durch das folgende allgemeine Vorgehen realisiert werden:

Algorithmus 1 S 1: Bestimme Startlösung $x^+ \in X$; setze $A := \emptyset$; $B = \emptyset$;

S 2: Bilde C: $\{x \in N(x^+,G) \setminus A \, / \, z(x) < z(x^+)\}$;

Falls $C \neq \emptyset \rightarrow$ wähle $x \in C$, setze $x^+ := x$ und gehe zu S 2.

S 3: Setze B: $= B \cup \{x \in N(x^+,G) \setminus A \, / \, z(x) = z(x^+)\}$;

S 4: Falls $B \neq \emptyset \rightarrow$ wähle $x \in B$; setze A: $A \cup \{x^+\}$

B: $= B \setminus \{x\}$, $x^+ := x$ und gehe zu S 2.

x^+ ist quasistrenger lokaler Minimalpunkt!

Ein Verfahren der lokalen Suche ermittelt einen lokalen Minimalpunkt bezüglich einer gegebenen Nachbarschaftsstruktur. Nach Satz 3 stellt ein derartiger Punkt eine Optimallösung des Problems (1) bei streng quasikonvexer Zielfunktion z dar. Ein Algorithmus der lokalen Suche kann wie folgt beschrieben werden:

Algorithmus 2 S 1: Bestimme Startlösung $x^+ \in X$;

        S 2 Bilde D: $\{x \in N(x^+,G) / z(x) < z(x^+)\}$;

        S 3: Falls $D \neq \emptyset \rightarrow$ wähle $x \in D$, setze $x^+: = x$ und

           gehe zu S 2; x^+ ist lokaler Minimalpunkt!

Die Effektivität der Algorithmen hängt bei vorgegebenen speziellen Problemen jeweils von der effektiven Durchsuchung der Nachbarschaft einer zulässigen Lösung ab. Dabei spielt die Mächtigkeit der Nachbarschaft des zugrundeliegenden Strukturgraphen G eine wesentliche Rolle.

3. In der angegebenen Literatur sind für unterschiedliche spezielle kombinatorische Optimierungsprobleme Nachbarschaftsstrukturen angegeben, die die Quasikonvexität der Zielfunktion sichern und die mit den angegebenen Greedy-Algoritmen 1 oder 2 polynomial gelöst werden können. Dazu gehören insbesondere algebraische Transport- und Zuordnungsprobleme, Reihenfolgeprobleme u. a. kombinatorische Probleme. Es werden unterschiedliche Nachbarschaftsgraphen betrachtet. Aus Platzgründen kann darauf nur verwiesen werden. Sehr ausführlich sind Permutationsprobleme der Gestalt

$$\min\{ z(p) / p = (p_1,p_2,\ldots,p_m) \in X \subseteq P_m\} \tag{2}$$

bezüglich der Quasikonvexität untersucht worden(s./3/). Dabei sei die Menge der zulässigen Lösungen X eine Teilmenge der Menge aller Permutationen P_m und $z: X \rightarrow H$. Eine grundlegende Nachbarschaft für Permutationsprobleme ergibt sich aus der Eckpunktnachbarschaft des Zuordnungspolyeders. Seine Eckpunkte können eineindeutig der Menge P_m zugeordnet werden. Zwei Permutationen sind genau dann benachbart, falls sie durch eine beliebige zyklische Vertauschung von Elementen der Permutation auseinander hervorgehen. Ist die Zyklenlänge r beliebig ($2 \leq r \leq m-1$), so liegt der sogenannte Graph der Basistransformationen $G_B(m) = (P_m,U_B)$ vor. Untergraphen entstehen, falls die Zyklenlänge r beschränkt wird. Ist z. B. $r=2$, so entsteht der Graph $G_B^2(m)$, als Graph der Zweiervertauschungen. Werden bei Zweiervertauschungen nur Nachbarpositionen zugelassen, so entsteht der Graph $G_V(m)$, als Graph der Nachbarvertauschungen. Ist eine Zielfunktion z.B. über einem solchen Graphen G_V quasikonvex, so kann die optimale Lösung unmittelbar angegeben werden. So wird z.B. in der Arbeit /9/ gezeigt, wenn ein algebraisches Zuordnungsproblem (s. /2/) die Monge - Bedingung

$$c_{ij} * c_{rs} \leq c_{is} * c_{rj} \quad \text{für} \quad (i,j) < (r,s)$$

erfüllt, wobei c_{ij} ($1 \leq i,j \leq m$) Elemente eines d-monoides H: $(H,*,\leq)$ sind (s. /2/), dann ist das algebraische Zuordnungsproblem quasikonvex über

G_v. Die optimale Lösung kann durch eine einfache Anordnungsregel angegeben werden.

Literatur:

/1/ Blümel, E.
     Zur Quasikonvexität spezieller Permutationsprobleme.
     Dissertation A, TH Magdeburg, (1985)
/2/ Burkard, R.E. and Zimmermann, U.
     Combinatorial Optimization in Linearly Ordered Semimodules: a
     survey.In: Korte, B (ed.): Modern Applied Matematics:Optimization
     and Operatin Research.
     North-Holland, Amsterdam,391-436 (1982)
/3/ Muchow, D.
     Zur Quasikonvexität in der diskreten Optimierung.
     Dissertation A, TH Magdeburg, (1989)
/4/ Seiffart, E.
     Quasikonvexe Funktionen in der Permutationsoptimierung.
     Wiss. Zeitschrift TH Magdeburg, 29, 85-88, (1985)
/5/ Werner, F.
     On the qusiconvexity of a special job shop scheduling problem.
     Wiss. Zeitschrift TH Magdeburg, 31, 43-47, (1987)
/6/ Werner, F.
     Zur Struktur und näherungsweisen Lösung ausgewählter kombina-
     torischer Optimierungsprobleme.
     Dissertation B, TU Magdeburg, (1989)
/7/ Seiffart, E.
     Spezielle kombinatorische Optimierungsprobleme und Quasikonvexi-
     tät- Ein Überblick-;Teil 1: Kombinatorische Optimierungs-
     probleme und Quasikonvexität.
     Preprint 6/91, Techn. Universität, Magdeburg, (1991)
/8/ Werner, F.
     Zu einigen Nachbarschaftsstrukturen für Iterationsverfahren zur
     näherungsweisen Lösung spezieller Reihenfolgeprobleme.
     Optimization, 19, 539-556, (1988)
/9/ Seiffart, E.
     Algebraic transportation and assigment problems with "Monge-
     Property" and "Quasi-Convexity".
     Erscheint in "Discrete Applied Mathematics".

HERDENDYNAMIK UND HERDENPRODUKTIVITÄT IM STATIONÄREN GLEICHGEWICHT: ALGORITHMEN, ANWENDUNGSGEBIETE, ERWEITERUNGSAUSSICHTEN

Richard BAPTIST[1], Wolfgang PITTROFF[2] , Christian F. GALL[2]

[1]Universität Nairobi, Dept. of Animal Production, POB 29053, Nairobi, Kenia

[2]Universität Hohenheim, Institut für Tierproduktion in den Tropen und Subtropen (480), D-7000 Stuttgart 70

Zusammenfassung: Drei methodische Ansätze der Modellierung von Herdendynamik und Herdenproduktivität von Tierproduktionssystemen werden kurz beschrieben und vergleichend besprochen. Anwendungsgebiete und künftige Erweiterungen werden diskutiert.

Abstract: Three methodological approaches to modeling herd dynamics and herd-level productivity at the stationary state of livestock populations are presented and discussed. Scope of application, focussing on the planning of resource allocation in animal production systems, is discussed. Future extensions are described.

1. EINLEITUNG

/7/ besprach Anfang 1991 insgesamt 42 rechnergestützte Ansätze mathematischer Modellierung von Tierproduktionsystemen auf verschiedenen Aggregationsebenen; Eine systematische Zusammenstellung dieser Modelle anhand 14 methodischer Kriterien belegte die methodische Vielgestaltigkeit gegenwärtiger Ansätze der Modellierung von Tierproduktionsystemen. Ob und wie demographische Gesichtspunkte von den Modellen berücksichtigt wurden, diente als eines der methodischen Kriterien zu ihrer Einordnung. Fünf Gruppen wurden unterschieden (Tabelle 1)

MODELLKRITERIEN (DEMOGRAPHIE)	MODELLE (ANZAHL)
(1) nicht berücksichtigt	3
(2) dynamisch - stochastisch	6
(3) dynamisch - deterministisch	10
(4) statisch - stochastisch	2
(5) statisch - deterministisch	3
Σ	24

Tabelle 1: Demographie als Modellmerkmal

Modelle, die das demographische Gleichgewicht mathematisch ableiten, wurden in der fünften Gruppe zusammengefaßt. Unter allen 24 Modellen (aus 42), die Tierproduktion auf Herdenniveau simulieren, waren nur zwei (/2/, /7/), die eine mathematische Ableitung von Produktivität im demographischen Gleichgewichtszustand (steady state) versuchen. Der Ableitungsansatz wird offensichtlich wesentlich weniger häufig als der Simulationsansatz verwandt. Dies reflektiert nicht notwendigerweise eine methodische Überlegenheit, sondern eher eine Bevorzugung eines einfacher zu implementierenden Ansatzes. Wenn das gleiche Ziel angestrebt wird, nämlich die Vorhersage des Gleichgewichtszustandes von Nutztierpopulationen, ist die mathematische Ableitung effizienter und genauer. Es besteht daher der Bedarf,

Operations Research Proceedings 1991
© Springer-Verlag Berlin Heidelberg 1992

(a) gegenwärtig verwandte Algorithmen zu untersuchen;

(b) den Anwendungsbereich darzustellen;

(c) die Aussichten für mögliche Weiterentwicklungen zu besprechen.

2. METHODISCHE ANSÄTZE

2.1 Domäne

Abbildung 1 gibt die gemeinsame Domäne der im folgenden beschriebenen Algorithmen wieder.

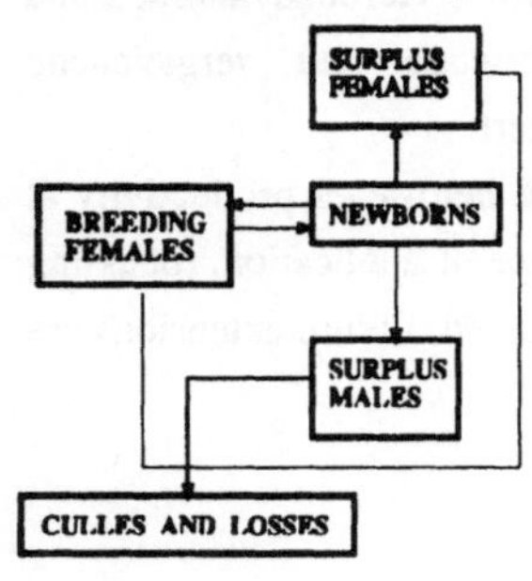

Abbildung 1

Das zu untersuchende System ist eine Herde von weiblichen Zuchttieren, einschließlich ihrer weiblichen und männlichen Nachkommen. Männliche Zuchttiere beeinflussen die Herdendynamik nicht und können deshalb gesondert berücksichtigt werden. Die einzige Quelle für neuzugehende Tiere ist die Herde selbst, das heißt, Tiere gelangen nur durch eigene Nachzucht in die Herde, nicht etwa durch Zukauf. Das Nachstellen weiblicher Zuchttiere wird reguliert, um die Herdengröße konstant zu halten. Überzählige Tiere werden aufgezogen, nehmen aber nicht an der Zucht teil. Senken sind Verluste und Tiere, die nach definierten Managementkriterien geplant aus der Herde entfernt werden (in der Fachterminologie: "keulen"). Die "natürlichen" Steuervariablen des modellierten Prozesses "Herdendynamik" sind die den Tieren inhärenten Fitness-Eigenschaften. (Abbildung 2, Tabelle 2)

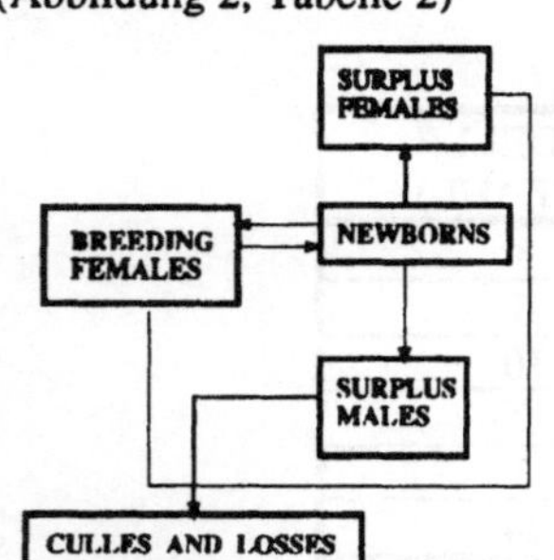

Abbildung 2

DEMOGRAPHIE IM STATIONÄREN GLEICHGEWICHT:
- **zeit-konstante Transfers zwischen Tierkategorien**
- **konstante Populationsgröße**

PRODUKTIVITÄT IM STATIONÄREN GLEICHGEWICHT:
- **gesamter Wert aller Produkte (Milch, Fleisch, Wolle, Dünger, Arbeit)**
  geteilt durch:
- **Futterenergiebedarf in Trockenmasseeinheiten**

Natürlich-inhärent	Management-bezogen
Überleben	Keulungsrate pro Trächtigkeit
Alter bei der ersten Fortpflanzung	Verkaufsalter überzähliger weiblicher Tiere
Zwischenwurfzeit	Verkaufsalter überzähliger männlicher Tiere
Wurfgröße	Höchstalter weiblicher Zuchttiere
Anzahl gekeulter Zuchttiere pro Trächtigkeit	

Tabelle 2: Steuervariablen der Herdendynamik

Zusätzlich zu diesen wird die Herdendynamik von Managementmaßnahmen, d.h. das geplante Entfernen von Tieren mit bestimmten Eigenschaften, etwa weibliche Zuchttiere mit ungenügender

Fruchtbarkeitsleistung oder eines bestimmten Alters (=Keulen), gesteuert. Männliche und überzählige weibliche Nachzucht verlassen die Herde mit geschlechtsspezifischen Alter.

Die Parametersätze für natürliche und management-bezogene Steuervariablen werden als zeitkonstant angenommen d.h., die Fitness-Eigenschaften der Tiere verändern sich nicht während einer Modellrechnung, und die Kriterien, nach denen Tiere gekeult werden, sind während eines Laufes immer die gleichen. Der Gleichgewichtszustand der Herdendynamik wird anhand der Herdenstruktur und der Gleichgewichtsraten für Geburten, Verluste und Selektion von Tieren beschrieben. (Abbildung 4). Produktivität im Gleichgewichtszustand der Herde wird bestimmt als der monetäre Wert des gesamten Outputs pro Einheit Futterenergiebedarf, gemessen als Trockenmasseaufnahme der Tiere. Ihre Quantifizierung bedarf der Angabe zusätzlicher Steuervariablen, die Leistungsniveaus, Energiemetabolismus und monetäre Werte der produzierten Outputs beschreiben. Der resultierende Index dient als Optimierungskriterium für das Management der Herde, d.h. die Struktur der Herde (Alters- und Geschlechtsklassen, die diesen Index maximiert, ist optimal.

2.1.1 Markov-Ketten

/3/ verwandten Transitionsmatritzen in einem Markov-Ketten Ansatz zur Ableitung von Herdenstruktur und Erwartungswert für Nutzungsdauer von Kühen für Rinderherden im stationären Gleichgewicht. Die Autoren bevorzugten Transitionsmatrizen, weil sie konzeptionell einfach sind und wenig Anforderungen an die Berechnung stellen. Diese Vorteile sind jedoch nur für sehr weit vereinfachte Modelle zu sehen, wie das von /3/ vorgestellte. Verluste und gekeulte Tiere werden in einer einzigen Kategorie zusammengefaßt, was die Bewertung des Einflusses wichtiger Managementmaßnahmen auf die Produktivität unmöglich macht. Das Zeitintervall, in dem das Modell fortgeschrieben wird, ist ein Jahr, während in der Praxis wichtige Entscheidungen in kürzeren Abschnitten getroffen werden müssen. Auch unter diesen sehr weit vereinfachenden Bedingungen enthält eine Transitionsmatrix fast nur strukturelle Nullen (Abbildung 3).

$\pi 2$		$.153$	0	$.847$	0	0	0	0	0	0		$\pi 1$
$\pi 3$		$.160$	0	0	$.840$	0	0	0	0	0		$\pi 2$
$\pi 4$		$.174$	0	0	0	$.826$	0	0	0	0		$\pi 3$
$\pi 5$		$.161$	0	0	0	0	$.839$	0	0	0		$\pi 4$
$\pi 6$		$.176$	0	0	0	0	0	$.824$	0	0		$\pi 5$
$\pi 7$		$.199$	0	0	0	0	0	0	$.801$	0		$\pi 6$
$\pi 8$		$.279$	0	0	0	0	0	0	0	$.721$		$\pi 7$
$\pi 9$		1	0	0	0	0	0	0	0	0		$\pi 8$
1		1	1	1	1	1	1	1	1	1		$\pi 9$

Abbildung 3: Markov-Transitionsmatrix

Eine Darstellung der Rechenweges ist daher sehr umfangreich. Im Rahmen dieses Beitrages kann jedoch nur versucht werden, einen "visuellen" Eindruck der besprochenen Algorithmen zu vermitteln. Wenn das Keulen von Tieren aus der Herde getrennt von den Verlusten erfaßt werden soll und zusätzlich in verschiedene Kategorien unterteilt wird, wachsen die resultierenden Transitionsmatrizen enorm an. Das gleiche gilt für das Verwenden von kürzeren Zeitintervallen. Nur ein kleiner Teil aller Einträge wird unter diesen Bedingungen von Null verschieden sein. Daher müssen platzsparende Techniken verwandt werden, wenn der Algorithmus rechnergestützt implementiert werden soll.

2.1.2 Differential- Gleichungen.

/2/ implementiert einen Algorithmus, der auf Differentialgleichungen basiert. Wie Markov-Ketten- und versicherungsmathematischer Ansatz beruht er auf Transitionswahrscheinlichkeiten, die hier in ihren natürlichen Logarithmus umgewandelt werden. Die Projektion der Größe einer Alterskohorte erfolgt analog der Verhulstgleichung durch Integration über den Vorhersagezeitraum. Der mathematisch elegante Ansatz ist jedoch in seiner praktischen Anwendbarkeit begrenzt. LPEC kann nur eine einzige Verlustrate für Alterskohorten berücksichtigen, und die Keulungsrate für weibliche Zuchttiere ist konstant. Zuchttiere können nicht aufgrund des Erreichens eines bestimmten Alters aus der Herde entfernt werden.

$$P3 = \int_{t=0}^{t=Am_{fr} - Aw_{fr}} \frac{k_{rf}e^{(-D_3 t)}}{e^{(-D_3 (Am_{fr} - Aw_{fr}))}}\, dt = \frac{k_{rf}\, e^{(-D_3 t)}}{-D_3\, e^{(-D_3 (Am_{fr} - Aw_{fr}))}} + C$$

Abbildung 4: Differentialgleichung zur Projektion der Größe einer Alterskohorte

Abbildung 4 zeigt eine der verwandten Differentialgleichungen. Sie illustriert die Komplexität des Ansatzes, der aus einer Vielzahl ähnlicher Gleichungen besteht. In speziellen Fällen (/7/) kann dieses Modell zur Schlußfolgerung führen, daß das Keulen von weiblichen Zuchttieren ganz vermieden werden muß, während in Wirklichkeit die Maximierung der Produktivität die größtmögliche Keulungsrate, die die Population noch lebensfähig erhält, erfordert. Obwohl es prinzipiell möglich ist, den Ansatz entsprechend zu erweitern, würde das zu einer noch wesentlich höheren mathematischen Komplexität führen, die in keinem Verhältnis zur beabsichtigten Anwendung stünde.

2.1.3 Versicherungsmathematischer Ansatz

Der versicherungsmathematische Ansatz von /7/ ist diskontinuierlich und baut auf Lebens- und Fruchtbarkeitstafeln auf, wie sie in Tabelle 3 dargestellt sind.

i	p	q	r	s	t	u	v	w	x	y
1	0.9913	1	0	0.7500	1	1	0.000	0	0.0087	0.0000
2	0.9913	0.9913	0	0.7500	1	1	0.000	0	0.0087	0.0000
3	0.9913	0.9826	0	0.7500	1	1	0.000	0	0.0086	0.0000
4	0.9913	0.9740	0	0.7500	1	1	0.000	0	0.0085	0.0000
5	0.9913	0.9655	0	0.7500	1	1	0.000	0	0.0084	0.0000
6	0.9913	0.9570	0	0.8500	1	1	0.000	0	0.0084	0.0000
7	0.8909	0.9487	1	0.8500	0.7500	1	0.000	0	0.1035	0.0000
8	0.8909	0.8452	1	0.8500	0.7500	0.7500	1	0	0.0922	0.1882
9	0.8909	0.7530	1	0.8500	0.7500	0.7500	1	1	0.0616	0.0000
10	0.8909	0.6708	1	0.8500	0.7500	0.7500	1	1	0.0549	0.0000
11	0.8909	0.5976	2	0.8500	0.6375	0.7500	1	1	0.0489	0.0000

Tabelle 3:Natalitäts- und Mortalitätsraten für Alterskohorten

Die Einträge für diese Tafeln werden auf der Basis von frei spezifizierbaren Parametern für Überlebenswahrscheinlichkeit und Fruchtbarkeit generiert. Die Einträge selbst sind die

Übergangswahrscheinlichkeiten für monatliche oder wöchentliche Alterskohorten. Sie werden in vergleichweise einfachen Formeln zur Ableitung verschiedener Lebenserwartungen und der Herdenstruktur im stationären Gleichgewicht verwandt. Abbildung 6 zeigt einige der 21 notwendigen und hinreichenden Gleichungen zur Illustration, wie ein versicherungsmathematischer Algorithmus einen Produktivitätsindex im stationären Gleichgewicht ableitet.

$$y_i = q_i p_i (u_{i-1} - u_i)$$

$$a = \sum_{i=1}^{n} q_i p_i t_i (v_{i+1} - v_i)$$

Abbildung 5 (y_i=Anteil gekeulter weiblicher Zuchttiere; a= erwartete Anzahl Trächtigkeiten für ein weibliches Zuchttier zum Zeitpunkt seiner Geburt; q_i=Anteil Neuzugänge durch Geburten, die am Beginn der Zeiteinheit i potentiell am leben; p_i=Überlebensraten für weibliche Zuchtiere pro Zeiteinheit; t_i=Anteil überlebender weiblicher Zuchtiere, die an der Fortpflanzung teilnehmen und für die eine Trächtigkeit erwartet wird, d.h., die noch nicht als steril identifiziert sind; v_i=Trächtigkeitsnummern von Tieren, die zu Beginn der i-ten Zeiteinheit ihres Lebens sterben, bevor sie ihre Trächtigkeit beenden konnten.)

Der Algorithmus identifziert die Kombination von Selektionsaltersgrenzen, die den Produktivitätsindex maximiert.

3. ANWENDUNGEN

Die zukünftige Produktionsleistung einer Herde wird davon beeinflußt, wieviele Tiere aus den einzelnen Kategorien durch natürliche Ursachen oder durch Managementmaßnahmen die Herde verlassen. Daraus ergibt sich die Notwendigkeit, in der Modellierung von Tierproduktionssystemen demographische Gesichtspunkte zu berücksichtigen. Dies gilt sowohl für statische als auch für dynamische Ansätze. Dynamische Modelle sind flexibel hinsichtlich Anfangszustand, Zeithorizont, Diskontierungsrate, Managementstrategien und Stochastizität. Der Preis für diese Flexibilität ist jedoch die fehlende allgemeine Anwendbarkeit. Dynamische Programmierung ist sehr mächtig, muß jedoch von Spezialisten für einzelne Anwendungsprobleme individuell entwickelt werden. (/21/, /17/, /11/, /14/) Gegenwärtig können verfügbare Programme nicht für unterschiedliche Spezies oder Produktionssysteme ohne vollständige Neuprogrammierung verwandt werden. Viele nicht-optimierende dynamische Modelle simulieren deterministische oder stochastische Übergänge zwischen Alterskohorten (z.B. /1/, /10/, /19/, /22/, /13/, /15/). Diese Modelle sind einfacher zu implementieren, produzieren jedoch eine Vielzahl schwierig zu interpretierender Ergebnisse, die vom Anfangszustand, Planungshorizont und Managementregime abhängen. Statische Modelle werden auch "steady state" oder "stationary state" Modelle genannt, da sie die Herdenproduktivität im stationären Gleichgewicht der untersuchten Population modellieren. Sie abstrahieren vom Anfangszustand und der Zeit, die eine Population benötigt, um Zusammensetzung und Output zu stabilisieren, nachdem ein Veränderung in biologischen, ökonomischen oder Managementparametern eintrat. Sie untersuchen eine hypothetische, unendlich große Population, in welcher sich die Effekte der induzierten Veränderungen stabilisiert haben. Struktur, Output und Wachstumsrate jeder überlebensfähigen Population erreichen nach genügend Zeit Konstanz. Management- und Selektionsregimes, die die Populationsgröße erhalten, sind die am meisten relevanten im Vergleich und der Analyse von Systemen. Wenn der Untersuchungszweck diese Abstraktion rechtfertigt, kann die "steady state" Analyse das Managementregime optimieren, ohne eine Initialpopulation zu definieren oder einen Zeithorizont zu setzen.

Natürlich kann kein wissenschaftliches Konzept von "Produktivität" alle relevanten Fragen beantworten. Dynamische Modelle können eingesetzt werden, wenn die Fragestellung Mittelwerte, Verteilungen, und Konfidenzintervalle der Ergebnisse von Managemententscheidungen beinhaltet. Viele solcher Modelle ignorieren absichtlich die Interaktionen zwischen Fitness und Herdenmanagement und analysieren Tierproduktion auf der Ebene landwirtschaftlicher Betriebe, mit beliebigen Zukaufsmöglichkeiten ohne Einfluß auf die Produktivität. Modellierung auf der Ebene des stationären Gleichgewichts untersucht sich selbst erhaltende Populationen. Es stellt eine erweiterte Form von Produktivitätsindices dar, mit einer Vielzahl von Anwendungsmöglichkeiten in der Analyse von Tierproduktionssystemen (/20/). Das "steady state"-Konzept wurde in einer Reihe von eigenen Untersuchungen zur Anwendung gebracht. (/4/, /5/, /6/, /8/, /9/, /12/). Tabelle 4 faßt mögliche Anwendungsgebiete zusammen.

Tierproduktion	Tierzucht	Wildtier-Management
Herdenmonitoring	Ökonomische Gewichte für indirekte Selektionsmerkmale	Planung von "Gamecropping"
Bewertung von Entnahmeraten	Produktivitätsvergleiche zwischen Rassen	Schätzung der Überlebenswahr-scheinlichkeiten von Wildtier-beständen
Drifteffekte in Nomadenherden		

Tabelle 4. Anwendungsgebiete von PRY

4. ERWEITERUNGSAUSSICHTEN

Der versicherungsmathematische Ansatz wurde als ein interaktives Softwarepaket für PC's implementiert (PRY). Dieses Paket setzt die Schrittweite des Modells als Monat oder Woche, um sowohl für lang- als auch für schnellebige Nutztierrassen einsetzbar zu sein.

Obwohl der Algorithmus unkompliziert ist, mag seine Computer-Implementierung nicht genügend transparent sein, um potentiellen Benutzern ohne Validierung vertrauenswürdig zu erscheinen. Eine häufig verwandte Technik, um die operationelle Gültigkeit (/18/) eines computergestützten Modelles aufzuzeigen, ist seine Untersuchung im Vergleich mit Feld- oder experimentellen Daten. Ein solcher Vergleich ist jedoch für "steady state" Modelle wegen der benötigten Zeit, Anzahl Beobachtungen und Konstanz der experimentellen Bedingungen nicht durchführbar. Nur durch Computersimulation können ausreichend empirische Daten unter standardisierten Bedingungen gewonnen werden. Ein eigenes stochastisches Modell wurde benutzt, um Geburten, Verluste und Selektionen in geschlossenen, endlichen Populationen zu simulieren und daraus entprechende demographische Raten abzuleiten. Die simulierten Gleichgewichtsparameter bestätigten die Ableitungen des versicherungsmathematischen Algorithmus des "steady state" Modells.

Die wichtigsten Vorteile des versicherungsmathematischen Ansatzes bestehen in der Möglichkeit, realistische Selektions- und Herdenmanagementregimes zu modellieren und diese für das erwartete

Maximum des Produktivitätsindexes zu optimieren. Eine Anzahl möglicher Erweiterungen werden das "steady state" Konzept weiter verbessern. (Tabelle 5).

Demographie	Produktivitätsindex
Getrennte Berücksichtigung von Keulungsgründen (Sterilität, mangelnde Leistung, Morbidität)	Altersabhängigkeit von Milchleistung
Altersabhängigkeit von Wurfgröße und Zwischenwurfzeit	Defaultparametersets für Spezies, Rasse und Produktionssystem
Defaultparametersets für Steuervariablen	

Tabelle 5: Erweiterungsmöglichkeiten von PRY

Steuerparameter, die die Produktivität wesentlich beeinflussen, wie Milchleistung, Fruchtbarkeitsleitung und Wurfgröße müssen genauer modelliert werden. Selektionsgründe müssen differenzierter spezifiziert werden. Die Anwendung des Modells wird in Zukunft durch eine Datenbasis spezies-, genotyp-, und produktionssystem-spezifischer Parametersets wesentlich vereinfacht werden.

5. REFERENZEN

/1/ Anon.
Livestock Development Planning System--A Micro-Computer Based Planning and Training Tool for Livestock Development Planners. Food and Agricultural Organization, Rome, 108 p. (1986)
/2/ Anon.
LPEC Livestock Production Efficiency Calculator User Guide. PAN Livestock Services Limited, Dept. of Agriculture, Reading, England (1991)
/3/ Azzam, S.M., Azzam, A.M., Nielsen, M.K., Kinder, J.E.
Markov Chains as a shortcut method to estimate age distributions in herds of beef cattle under different culling strategies. Journal of Animal Science, 68, p. 5-14 (1990)
/4/ Baptist, R.
Herd and flock productivity assessment using the standard offtake and the demogram. Agricultural Systems, 28, p. 67-78 (1988)
/5/ Baptist, R.
Simulated livestock dynamics--effects of pastoral offtake practices and drift on cattle wealth. Tropical Animal Health and Production 22, p.67-76 (1990a)
/6/ Baptist, R.
The actuarial approach to evaluate breeding objectives for tropical livestock. Proceedings of the 4th World Congress on Genetics Applied to Livestock Production, XIV, p. 410-413 (1990b)
/7/ Baptist, R.
Actuarial derivation of herd or flock dynamics and productivity at the steady state of culling regimes. Agricultural Systems (in press) (1991)
/8/ Baptist, R., Gall , C.F.
A zootechnical index based on population dynamics and energy flow at the herd or flock level. Proceedings of the Livestock Farming Systems Symposium. Institut National de la Recherche Agronomique, Toulouse, France (in print) (1990)
/9/ Baptist, R., Sommerlatte, M.
Evaluation of cropping strategies in game ranching using a livestock productivity model. Small Ruminant Research, 5, (in print) (1990)
/10/ Blackburn, H.D., Cartwright, T.C., Smith, G.M., Graham, N. McC., Ruvuna, F.
The Texas A&M Sheep and Goat Simulation Models. Bulletin, The Texas Agricultural Experiment Station, 136 p. (1987)

/11/ Boichard, D.
Estimation of the economic value of conception rate in dairy cattle. Livestock Production Science 24, p. 187-204 (1990)

/12/ Fink, H., Sommerlatte, M., Baptist, R.
Estimation of mortality and potential population growth from herd structure and offtake on a Kenyan game ranch. Proceedings of the 4th International Rangeland Congress. Montpellier, France (in print) (1991)

/13/ Foran, B.D., Stafford Smith, D.M., Niethe, G., Stockwell, T., Michell, V.
A comparison of development options on a Northern Australian beef property. Agricultural Systems 34, p. 77-102 (1990)

/14/ Harris, B.L.
Recursive stochastic programming applied to dairy cow replacement. Agricultural Systems 34, p. 53-64 (1990)

/15/ Jalvingh, A.W., Dijhuizen, A.A.,Van Arendonk, J.A.M.
Dynamic livestock modelling for on-farm decision support focussed on reproduction and replacement in swine. 41st Annual Meeting of the European Association for Animal Production, Toulouse, France (1990)

/16/ Kennedy, J.O.S.
Dynamic Programming: Applications to Agricultural and Natural Resources. Elsevier, New York (1986)

/17/ Mace, R., Houston, A.
Pastoralist strategies for survival in unpredictable environments: A model of herd composition that maximises household viability. Agricultural Systems 31, p. 185-204 (1989)

/18/ Sörensen, J.T.
Validation of livestock herd simulation models: A review. Livestock Production Science 26, p. 79-90 (1990)

/19/ Stafford Smith, D.M., Foran, B.D., Bosman, O.
Rangepack HerdEcon User's Guide. CSIRO, Divison of Wildlife and Rangeland Research, Alice Springs, Australia. (1988)

/20/ Upton, M.
Livestock productivity assessment and herd growth models. Agricultural Systems 29, p. 149-164 (1989)

/21/ Van Arendonk, J.A.M.
Management guides for insemination and replacement decisions. Journal of Dairy Science 71, p. 1050-1057 (1988)

/22/ von Kaufmann, R. , McIntyre, J., Itty, P., Edjigayehu Seyoum
ILCA Bio-Economic Herd Model for MIcrocomputer (IBIEHM) User's Manual and Technical Reference Guide. International Livestock Centre for Africa, Addis Ababa, Ethiopia (1990)

Substitutionsprozesse in Energiesystemen am Beispiel des Haushaltssektors

Martin Christian, Albrecht Reuter
Institut für Energiewirtschaft und Rationelle Energieanwendung (IER)
Universität Stuttgart, W-7000 Stuttgart 80, Pfaffenwaldring 31

Rolf Reiner, Nils Empacher
Institut für Theoretische Physik
Universität Stuttgart, W-7000 Stuttgart 80, Pfaffenwaldring 57

Im Bereich der Raumwärmebereitstellung privater Haushalte der Bundesrepublik Deutschland können vielschichtige Substitutionsprozesse beobachtet werden. Beispielsweise sank der Anteil kohlebeheizter Wohnungen von 90% im Jahr 1960 auf ca. 8% im Jahr 1989. Gleichzeitig erhöhte sich der Wohnungsanteil mit Gasheizungen von 1,5% auf ca. 29%. Ziel des dargestellten interdisziplinären Projekts ist es, Substitutionsprozesse in ihrem wirtschaftlichem und sozialen Kontext besser zu verstehen, um die Auswirkungen energiepolitischer Eingriffe auf diese Umstrukturierungsprozesse quantitativ analysieren zu können. Dazu soll ein Energieplanungsinstrumentarium entwickelt werden, das es erlaubt, Energieträgersubstitutionsprozesse retrospektiv zu analysieren und auf der Basis der daraus erzielten Ergebnisse mögliche zukünftige Entwicklungswege aufzuzeigen.

Kern der Analyse ist ein nichtlineares dynamisches Substitutionsmodell, das in Form eines Satzes von Differentialgleichungen das aggregierte Ergebnis individueller Entscheidungsprozesse darstellt. Ausgangspunkt der Modellformulierung ist das nutzenorientierte Entscheidungsverhalten der einzelnen Haushalte, innerhalb eines gewissen Zeitraumes entweder das vorhandene Heizsystem beizubehalten oder durch ein alternatives System zu ersetzen. Auch wenn von der Prämisse nutzenorientierter Entscheidungen ausgegangen wird, läßt sich das Verhalten einzelner Haushalte nicht genau prognostizieren: Einerseits werden dieselben Entscheidungsaspekte individuell unterschiedlich gewichtet, andererseits muß davon ausgegangen werden, daß der Informationsstand über den betreffenden Marktsektor (Maßnahmen zur Modernisierung der Heizanlage, etc.) individuell variiert. Daher wird das Entscheidungsverhalten mit Übergangswahrscheinlichkeiten je Zeiteinheit (stochastisch) modelliert.

Der Mastergleichungsformalismus erlaubt die selbstkonsistente Aggregation des individuellen Verhaltens zu quantitativen Modellen der Dynamik auf der Systemebene (zeitliche Entwicklung der Beheizungsstruktur).

Die Kalibrierung der Modellparameter (dynamische Nutzenfunktionen, Nachfrageflexibilitäten) für spezifische regionale (und sektorale) Anwendungen erfolgt mittels geeigneter Optimierungsalgorithmen aus empirischem Datenmaterial (Paneldaten, Erhebungsdaten, etc.).

Visualisierung und Präsentation von Simulationsmodellen und -resultaten

Peter Lorenz

Magdeburg

Spätestens seit der massenhaften Verbreitung graphisch anspruchsvoll gestalteter Computerspiele erwarten die Auftraggeber und Nutzer von Simulationsmodellen visuell erfaßbare Modellbeschreibungen und Resultatdarstellungen.

Die Entwickler von Simulationssoftware sind dabei, sich auf diese Erwartungen einzustellen.

Verfügbare Simulationssysteme helfen ihren Anwendern auf verschiedenartige Weise,

- geometriebezogene Modelldaten aus graphischen Vorlagen automatisch zu übernehmen,

- nachzubildende Prozesse mit graphischen Hilfsmitteln zu entwerfen und sie automatisch in interne Modelldarstellungen zu überführen,

- während eines Simulationslaufes Bewegungen simulierter Objekte zu visualisieren und Wertänderungen simulierter Größen anzuzeigen,

- nach Abschluß eines Simulationslaufes Resultate und protokollierte Prozeßabläufe in visuell leicht faßlicher Form zu präsentieren.

Der Vortrag soll

- eine Übersicht über die in verbreiteten Simulationssystemen angebotenen Visualisierungs- und Präsentationstechniken liefern,

- verbreitete Mängel, Unzulänglichkeiten und offene Probleme darstellen und

- Grenzen der Möglichkeiten graphischer Modellbeschreibung und Prozeßdarstellung erörtern.

Aus dieser Darstellung werden Vorschläge zur Klassifikation von Attributen und Methoden der Visualisierung von Simulationsmodellen und -resultaten abgeleitet und mögliche Entwicklungswege für die Zukunft diskutiert.

PLUS-P: Ein dynamisches Planspiel zur Unternehmenssimulation

Universität des Saarlandes
Dipl.-Kfm. Hans Oberschulte
Lehrstuhl für Organisation, Personal- und Informationsmanagement
(Prof. Dr. Christian Scholz)
Im Stadtwald, Gebäude 16
6600 Saarbrücken

PLUS-P ist ein PC-gestütztes Planspiel zur Unternehmenssimulation unter besonderer Berücksichtigung des Personalbereiches. Ziel dieses Planspiels ist neben der Vermittlung von General Management Kenntnissen das Hervorheben der Bedeutung vernetzten Denkens im Systemzusammenhang. Dabei erfolgt ein bewußtes Abwenden von der üblicherweise praktizierten ausschließlichen linearen Optimierung quantitativer Entscheidungsparameter zugunsten der Erreichung von Satisfizierungszielen in den Unternehmensbereichen. Studenten und (zukünftige) Führungskräfte erkennen auf diese Weise die vorrangige Bedeutung des gegenseitigen Abgleichs aller betrieblichen Teilbereiche vor der Optimierung einzelner Abteilungen.

PLUS-P berücksichtigt auch sogenannte weiche Faktoren: Die Aktivitäten der Spielerteams wirken sich nicht nur quantitativ, sondern auch qualitativ auf den Unternehmenserfolg am jeweiligen Periodenende aus. Das nach außen gerichtete Unternehmensimage beispielsweise ergibt sich unter anderem aus den Aktivitäten in der Werbung oder beim Umweltschutz. Im Ergebnis wirkt sich das Image auf verbesserte/verschlechterte Chancen auf dem Arbeits-, dem Absatz- und dem Rohstoffmarkt aus. Ähnliche Wirkungszusammenhänge sind für die Unternehmenskultur, die Fluktuation, den Leistungsgrad und den Krankenstand implementiert.

Der dynamische Charakter von PLUS-P äußert sich auf den verschiedenen Märkten, in denen die Unternehmen konkurrieren. Im Personalbereich - dem Schwerpunkt des Planspiels - wird beispielsweise bis auf die Ebene individueller Mitarbeiter agiert. Aufgrund von freiwilligen Kündigungen oder Entlassungen gelangen Mitarbeiter aus dem Unternehmen auf den externen Arbeitsmarkt und stehen dort für die Mitarbeiterrekrutierung der Konkurrenzunternehmen bereit. Spielerteams, die neue Mitarbeiter einstellen möchten, konkurrieren untereinander bei der Mitarbeiterbeschaffung. Die "Bewerbung" neuer Mitarbeiter bei einem Unternehmen ist neben quantitativen Faktoren wie Lohnangebot oder Altersgrenze auch beispielsweise vom jeweiligen Unternehmensimage abhängig. Ähnliche Konkurrenzsituationen bestehen auf dem Rohstoff- und auf dem Absatzmarkt.

Im Hinblick auf die EDV-technische Umsetzung lag ein Schwergewicht auf maximaler Benutzerfreundlichkeit. Menügeführt und mittels aufwendiger Fenstertechnik sind die Teilnehmer in der Lage, auch ohne jegliche EDV-Kenntnisse das Planspiel detailliert anzuwenden. Schriftliche Notizen erübrigen sich aufgrund der Darstellungsweise am Bildschirm fast vollständig. Auch kann auf ein Handbuch praktisch verzichtet werden.

SIMULATING ANIMAL PRODUCTION SYSTEMS

Wolfgang PITTROFF[1], Thomas C. CARTWRIGHT[2], Harvey D. BLACKBURN[3], Christian F. GALL[1]
[1] University of Hohenheim, Institute of Animal Production in the Tropics and Subtropics, P.O Box 70 05 62, 7000 Stuttgart 70, FRG
[2] Texas A&M University, Dept. of Animal Science, College Station, TX 77843, USA
[3] US-Agency for International Development, S&T/AGR, Washington D.C. 20523-1809, USA

Zusammenfassung: Eine kurze Übersicht über den theoretischen Hintergrund, Design und methodische Probleme von Simulationsmodellen von Tierproduktionssystemen wird gegeben. Mögliche zukünftige Anwendungen als Ergänzung zu Sektormodellen im Gefolge veränderten Planungsbedarfs durch Anpassungen in der Agrarpolitik an Marktungleichgewichte werden diskutiert.

Abstract: A brief overview on the rationale, design and methodological problems of simulation models of animal production systems is given. Future applications as a complement to macro-economic sector modelling in the context of revised agricultural policies are discussed.

1. INTRODUCTION

Resource management in livestock production is becoming increasingly problematic. Low levels of average farm income in developed countries despite considerable government subisidies to the livestock industry (120 Billion US$ in the OECD countries in 1990, /10/), environmental concerns about pollution caused by high-intensity animal husbandry /4/ and the alarming loss of semi-arid and arid grazing lands throughout the world due to mismanagement /9/ are problems of global importance.

Because of the many complex interrelationships involved, resource planning in agricultural sciences has been identified as a classical OR problem long ago /7/. OR applied to livestock production systems in the past focused mainly on linear programming for resource optimization on farm level and sector models for macro-economic analysis.

A relatively new technology in animal science is the development and application of simulation models of animal production systems. This paper aims to:

o explain the rationale of simulation models of animal production systems;

o present design prototypes;

o discuss basic methodological problems;

o relate simulation models to future resource allocation problems in animal production;

The limits of this presentation allow but an introductory overview.

2. PROPERTIES OF LIVESTOCK PRODUCTION SYSTEMS

A livestock production system is an agro-ecosystem. This means it is time-dynamic, complex and to a varying degree understood, i.e. stochastic. On the level of producers, animal production systems are herds, or in other words, small populations of animals. Their productivity as the ratio of output to input is not easily defined; both input and output are quite diverse and occasionally difficult to evaluate.

Although the productive units are individual animals, assessment of productivity is complicated by the fact that herd productivity is not the simple sum of the productivity of the individuals in the herd. A few examples illustrate this:

Operations Research Proceedings 1991
© Springer-Verlag Berlin Heidelberg 1992

1) In an intensive dairy production system such as those prevalent in Europe, the characteristics "time between calvings" and "milk yield" are positively correlated. Milk, however, is only one component of the overall offtake. The calf also is of economic value and an increase in the time between calvings obviously reduces the lifetime calf-crop of the cow.

2) In an extensive beef cattle production system, early weaning of calves tends to improve reproductive performance of the cows. However, although more calves might be produced by the cow, less will survive because early weaning reduces the calf's ability to survive in an extensive production system.

3) Selection for increased growth rate results in a higher weight/age relation for steers but also older age at puberty for heifers, which reduces the reproduction rate of the herd.

These simple examples show that overall offtake of an animal production system is the result of a complex set of interactions. Some traits, such as yield and product quality traits, are directly observable on individual animals, while others, like fitness traits (reproductive performance, survival) can be measured only when evaluating production units (herds) across time. However, the joint and interactive effects of yield and fitness traits determine productivity and profitability of the production system for the producer. These joint and interactive effects are not tractable with the mathematical methods used traditionally (profit functions, budgeting, mathematical programming), as shown by /1/.

Successful management of a livestock production system depends on the choice of the "right" match of livestock performance potential, feed and technology input levels for given ecological and economic conditions. The meaning of "right" depends in many countries on economic conditions largely determined by government policy decisions. According to /12/, in some industrialized countries, "right" is accquiring the connotation of sustainable, because aspects such as environmental degradation caused by animal production, conflicting interests in land use, animal welfare and conservation of rural areas are becoming increasingly important. The same holds for developing countries where the resource base of many livestock production systems is seriously threatened.

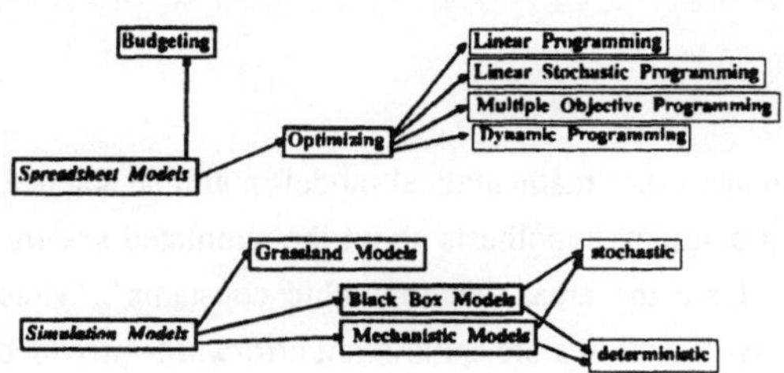

Figure 1: Operations Research in animal science

The need to consider time-varying, non-additive interactions among the major decision variables in livestock production led to the development of simulation models. Many other OR approaches to modeling of animal production systems are also pursued (see figure 1) but a complete presentation and discussion is beyond the scope of this paper.

3. PROPERTIES OF SIMULATION MODELS OF LIVESTOCK PRODUCTION SYSTEMS
3.1 DESIGNS

Simulation models of animal production systems set their boundaries usually around the herd. They do not attempt to model the entire sector. Yield potential of the animals, environmental factors such as feed supply and management variables are state and driving variables. Simulation models may be differentiated in two basic design types: black box models (Figure 2) and mechanistic models (Figure 3).

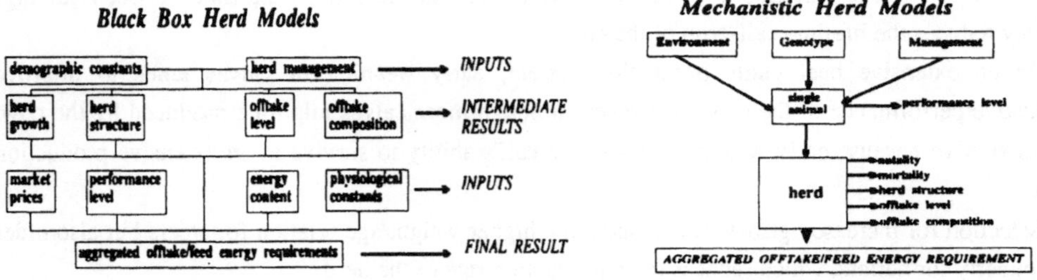

Figure 2 (following /1/): Black Box Models
Figure 3: Mechanistic Models

Mechanistic models simulate the fate of individual animals as a function of inputs including animal genotype, environment and management. Genotype is represented by inherent performance potentials. In order to realize its potential, the animal requires protein and energy. According to the nutrient supply and additional environmental factors the animal may, or may not realize its genotypic performance potentials. Reproductive performance is a result of inherent potential, management and condition of the animal. Demographic parameters are derived from the simulation of individuals within a herd structure by maintaining all relationships between them analogous to real-world livestock herds.

Black box models specify natality- and mortality rates as demographic constants. Herd management is given, for example, as weaning age, culling age, replacement policy. Animal performance levels are set as external inputs. All parameters are specified independently from each other. No functional relationships between environmental conditions and animal performance are simulated. For example, a black box model could not adjust milk yield downwards when the energy supplied to the cowherd decreases. Accordingly, simulated herd productivity is the result of a black box mechanism.

3.2 PROBLEMS

3.2.1 --- related to model design

Invariably, black box models are easier to use than any other mathematical model in animal science. However easy to use, a black box model represents a complex hypothesis about the simulated system. Reliable empirical data are essential and most critical are the areas "demographic constants", "yield level" and "physiological constants." However, sensitivity analyses are quite straightforward--provided the model design matches the objectives of the study. For example, in order to analyze the influence of herd structure on the time-dynamic development of herd productivity, age cohort models with non-overlapping generations are inadequate. A number of black box models employ Monte Carlo routines to specify input parameters. However, in many cases the model does not consider that these parameters are interrelated. Quite often, they follow different, sometimes unknown types of distributions. Consequently, variance-covariance matrices of stochastically modeled driving variables are at best extremely difficult to derive. Only one black box model (/3/), to our knowledge, attempts to address the problem of correlation between crucial driving variables. Stochastic simulation makes sensitivity analysis and statistical evaluation of simulated output data difficult. Many repetitions must be run, auto-correlation has to be taken into account and distributional properties of output data have to be analyzed with respect to aggregation level and accounting interval.

Mechanistic models use empirical relationships to describe biological functions. These relationships are not universal, such as in any ecosystem model, and must therefore be adapted to the specific production system to be simulated. Adapting a mechanistic model to a different production system is usually a formidable task involving model extension, calibration and re-parametrization, which may not be feasible outside the group which developed the simulation model. Many important physiological functions are understood and described only imperfectly. An important and often cited example is food intake of ruminants, the animal-environment interface. Some progress has been made for very intensive production systems, but food intake on extensive grazing land is still largely a black box.

3.2.2 --- related to model application and output analysis

Analysis and interpretation of output data are dependent upon the time horizon choosen. The differences between steady state and finite time horizon output analysis have been discussed extensively in other disciplines. For animal production system simulation models, this issue is not resolved.

In order to free results from the effects of extreme variations in herd size and herd structure, herd-level population simulation models simulate herds in so-called "steady state". A steady state model assumes herd growth to be zero. /13/ extends the concept of a steady state herd to a "stationary state" population of infinite size and maintains that standardized comparisons of livestock productivity between policy alternatives require independence from time horizon, herd size and initial conditions.

This terminology leads to serious misconceptions. The notion of "steady state" (pointing to infinite horizon analysis) in the way it is used in simulation theory implies that the system is stationary, that driving variables are time constant and that a infinite time horizon is assumed. Independence from the initial state is required and serial correlation is of concern because "steady state" means that the results may be extrapolated across an infinite time horizon. This understanding of steady state is not a realistic assumption and therefore the opposite of what is of interest in simulating a livestock production system. Major driving variables exhibit trends (genetic potentials of plants and animals), cycles or drastic perturbations (prices) or major fluctuations (environmental variables). Any policy must be evaluated on account of either its robustness in coping with probable changes in driving variables or its performance over a time horizon during which no major changes in these driving variables have to be expected. This puts rigid restrictions on the interpretation of output data. They have to be seen as being confined to the domain of the parameters supplied as driving variables. Since steady state models (stationary state models, /13/) of the black box type use time constant demographic parameters, they do not consider herd dynamics as a major source of the variability of system productivity. On the other hand, mechanistic models can assess the dynamic effects of the interaction of animal genotype, environment and management on the structure of and the offtake from simulated herds. This property is a necessity for the evaluation of the transition period following policy changes. A new policy may be identified as being of superior economic efficiency in stationary state model calculations but still pose unacceptable risks to producers when they adopt it. It may reduce profit margins to insufficient levels (e.g. in the introduction of a rotational grazing scheme in extensive rangelands), it might have a high failure risk (establishment of improved sown pastures under highly variable environmental conditions), or the transition period might be simply too long (genetic improvement of livestock). The abstraction from initial conditions, therefore, is not acceptable for a tactical, micro-economic analysis of livestock production on the level of producers. On the other hand, only a black box design assuming infinite population size and time constant transfers between animal classes can optimize culling regimes for given demographic parameters. Consequently, both model designs have to be considered as being complementary rather than competing. In any case, they have to assume a finite time horizon for the analysis of their output data. The complicated issues associated with the output analysis of steady-state performance of stochastic systems as discussed by /2/ and /8/ are not of concern. The question of which type of finite horizon analysis is appropriate is unresolved. In the case of mechanistic models, purely deterministic designs produce vectors of singular results. Traditionally, these data are fed into economic analysis, e.g., linear programming models. This approach appears to be contradictory. Two groups of driving variables have to be considered as uncontrollable in a real production system: genetic potential within the limits of genetic variability; and the environmental parameters considered, like rainfall, temperature, or forage availability and quality. The specification of mean genotypic performance potentials as driving variables for a mechanistic model implicitly assumes an infinite population size. However, this assumption is not matched by the finite number of animals being used as basis for deriving measurements of herd productivity. At least the separation of the effects of herd size on simulated system performance from other factors is required. This problem is not very important in situations where genetic variability can be assumed to have a minor effect on overall systems performance, but it should not be overlooked in crossbreeding programs, especially in developing countries with ususally large differences in genotypic potential between the breeds involved in the crossbreeding scheme. However, only simulation models (as opposed to normative models) are capable of incorporating these characteristics.

Stochastic processes generated by incorporation of stochastic driving variables into deterministic models (e.g., the specification of environmental driving parameters in Monte Carlo routines) are considered to allow for the application of analysis of variance. For animal production system models, this remains to be evaluated.

4. RESOURCE ALLOCATION IN ANIMAL PRODUCTION

Interestingly, agriculture is one of the largest absorbents of government subsidies. This was not only true for the previously communist countries but remains to be so also for the so-called free-trading countries. The IMF usually demands rigorous cuts in government spending for subsidizing food before extending credits to developing countries, but Europe, Japan and the USA themselves appear to be exempted from this rule. Government subsidies to the agricultural sector in Europe, Japan and the USA are usually justified with the necessity to protect the economic base of the rural population. In that respect, the extraordinary amounts of money spent in the past seem to have yielded rather meager results. Another interesting effect of the policy of subsidizing the entire agricultural sector is that consumers pay with their tax money for the export of food at considerable lower price levels than they have to pay themselves.

In a micro-economic and macro-economic cost-benefit analysis of the German dairy herd improvement schemes, a heavily subsidized activity in European cattle production in general, /6/ and /14/ achieve what might appear as the quadrature of the circle: to justify government subsidies for the increase in production of a good which cannot be sold except being again heavily subsidized. The rationale of this study is expressed in the following (/6/, p. 125, translation by the authors):

"Considering the discrepancy between administratively fixed prices for agricultural commodities and the long-term equilibrium prices in a free economy, a macro-economic evaluation of cost and benefit [of government subsidized performance recording] in addition to the conventional micro-economic analysis is indispensable. Macro-economic evaluation of cost and benefits describes the objective of government interventions, which, however, will not be achieved because breeders organizations base selection goals on the economic objectives of their clients, i.e. individual producers. Accordingly, breeders organizations consider prices and costs relevant on the micro-economic level. It follows that the efficiency of government subsidies can be assessed only based on results which consider micro-economic prices but value costs and returns in macro-economic terms."

This point of view cannot be sustained without introducing other objectives for government spending. The same authors define a level of self-sufficiency of 106% for milk as desirable. For an export-oriented country such as Germany, relying heavily on free trade, this is a truly remarkable opinion.

In developing countries, resource allocation in livestock production is even more complicated. Neither demand nor supply can be estimated reliably in a *status quo ante* analysis and the national livestock sectors are extremely vulnerable to export offensives frequently launched by the industrialized countries which need to discharge their overproduction. However, a widely cited paper /5/ called for a framework for livestock development planning based on a sectoral assessment of demand and supply. /5/ acknowledged the scarcity of available data to make such a model operational, yet at the same time disregarded simulation models of animal production systems as of little practical value for the planning of livestock development. In a situation where the payment of subsidies for animal agriculture does not only produce heavy market desequilibriums but also leads to major perturbations of world trade and the national economies of many developing countries, the dominance of demand-driven sector models which are based on questionable assumptions as planning tools is disturbing.

Some of the questions which need to be considered in the future, are:

1) If the conservation of agriculturally used lands becomes a strong issue, as it presently appears, what are appropriate genotypes for animals to be productive on these lands on a level of production intensity compatible with the conservation of the resource base? (This issue pertains to both industrialized and developing countries.)

2) If a certain degree of self-sufficiency for basic animal products is to be maintained, what is the appropriate combination of regional characteristics of primary resources (e.g. grassland, mixed cultures or agricultural areas), animal genotype and management system to assure a minimum level of government subsidies?

3) If, in the anticipated course of European economic integration, stratification and regionalization of resource allocation in animal production on a European scale is to be achieved, what are the relevant

parameters for breed characteristics, management systems, environmental conditions and subsidy levels?

4) If ruminant production in developed countries will be reduced to more extensive levels of management when, as must be anticipated, grain prices will reach a equilibrium without government subsidies, what are appropriate breeding goals and economic weights for performance traits?

5) What is the appropriate combination of livestock breeds and management systems to sustain low input animal husbandry in developing countries?

These questions make the need for quantitative methods capable of addressing the interactions between biological, ecological and economic dimensions of animal agriculture abundantly clear. Linear and normative models will have to be complemented by system simulation. Numerous applications of herd-level simulation models have shown that they can provide numerical solutions to these questions. Especially mechanistic simulation models which are based on functional relationships between the three major factor sets in the space of a livestock production system can serve to synchronize animal and environment. More than 60 studies have been completed in USA, Latin-America and Africa with the simulation models of beef, sheep and goat production systems developed at Texas A&M University alone; a comprehensive review on simulation models and their applications in animal production in 1991 yields more than 200 references (/11/).

5. CONCLUSION

Substantial changes in agricultural policies as a consequence of necessary government budget balancing in industrialized countries are inevitable. These changes are likely to affect animal production considerably. The level of intensity of production will have to be adjusted downward. Adequate planning of resource allocation will become more important. This planning has to consider regional characteristics of agro-ecosystems, interactions between animal breeds and environmental conditions and characteristics of individual farms. Protection of the resource base of animal husbandry is becoming increasingly important on a world-wide scale. Assessment of sustainable livestock production systems mandates the analysis of long-term effects of production intensity and the quantification of offtake levels synchronized with environmental conditions. Simulation models, which can simultaneously model the most important interactive effects within a livestock production system on the level of individual producers will play a major role in providing the necessary data. Their methodological problems are a reflection of our imperfect knowledge about livestock production systems. Contrary to normative models, simulation models can integrate important aspects of the dynamics of livestock production systems, as more detailed knowledge becomes available.

REFERENCES:
/1/ Baptist, R.
Determination in animal breeding of economic weights for fitness components of productivity--a methodological outlook. Unpublished manuscript, University of Nairobi, Kenya. (1990)
/2/ Bratley, P., Fox, B.L., Schrage, L.E.
A Guide to simulation. Springer Verlag, New York (1983)

/3/ Dijkhuizen, A.A., Stelwagen, J., Renkema, J.A.
A stochastic model for the simulation of management decisions in dairy herds, with special reference tp production, reproduction, culling and income. Preventive Veterinary Medicine 4, p. 273-289 (1986)
/4/ Follet, R.F. (ed.)
Nitrogen management and groundwater protection. Elsevier Science Publ., Amsterdam, (1989)
/5/ Hallam, D., Gartner, J.A., Hrabovsky, J.P.
A quantitative framework for livestock development planning: Part 1:--The planning context and an overview. Agricultural Systems 12, p. 231-249 (1983)
/6/ Henze, A., Zeddies, J., Fewson, D., Niebel, E.
Leistungsprüfungen in der Tierzucht. Schriftenreihe des Bundesministers für Ernährung, Landwirtschaft und Forsten Heft 234. Landwirtschaftsverlag Münster-Hiltrup (FRG), 331 p (1980)
/7/ Kennedy, J.O.S.
Dynamic Programming: Applications to Agricultural and Natural Resources. Elsevier, New York (1986)
/8/ Law, A.M., Kelton, W.D.
Simulation Modeling & Analysis. McGraw-Hill, Inc. (1991)
/9/ Mensching, H.G.
Desertifikation. Ein weltweites Problem der ökologischen Verwüstung in den Trockengebieten der Erde. Wissenschaftliche Buchgesellschaft, Darmstadt, FRG (1990)
/10/ OECD.
Agricultural Policies, Markets and Trade: Monitoring and Outlook 1991. OECD Paris (1991)
/11/ Pittroff, W., T.C. Cartwright.
Modeling livestock systems--a review. In preparation.
/12/ Sörensen. J.T., Kristensen, E.S.:
Systemic Modelling: A research methodology in livestock farming. Proceedings of the Livestock Farming Systems Symposium: Institut National de la Recherche Agronomique, Toulouse, France (in print) (1990)
/13/ Upton, M.
Livestock productivity assessment and herd growth models. Agricultural Systems 29, p. 149-164 (1989)
/14/ Zeddies, J.
Population sector models: Relationship between models for several levels. p. 159-170 In: Korver, S., van Arendonk, J.A.M. (eds): Modelling of Livestock Production Systems. Kluwer Academic Publishers, Dordrecht, NL (1988)

STABILITY IN MULTIOBJECTIVE POSSIBILISTIC LINEAR PROGRAMMING

Robert Fullér

Department of Operations Research,
Computer Center, L.Eötvös University
H-1502 Budapest 112, P.O.Box 157

We consider certain multiobjective possibilistic linear programming problems (MPLP) introduced by Buckley in [1]:

$$\max \quad Z=(\bar{c}_1 x,\ldots,\bar{c}_k x)$$

$$\text{subject to} \quad \bar{a}_i x * \bar{b}_i, \quad i=1,\ldots,m, \quad x \geq 0$$

where $\bar{a}_i=(\bar{a}_{i1},\ldots,\bar{a}_{in})$, $\bar{c}_k=(\bar{c}_{k1},\ldots,\bar{c}_{kn})$ are vectors of fuzzy numbers,

$\bar{b}_i$ is a fuzzy number, $x=(x_1,\ldots,x_n)$ is a vector of (non-fuzzy) decision variables, and $*$ denotes $<$, $\leq$, $=$, $\geq$ or $>$ for each i.
An important question is the influence of the perturbations of the fuzzy parameters to the possibility distribution, $Pos[Z=z]$, of the objective function Z. In other words: How does $Pos[Z=z]$ change as the fuzzy number parameters are varied?
We show that the possibility distribution of the objective function of a MPLP with continuous fuzzy number parameters is stable under small perturbations of the fuzzy parameters. Furthermore, we give an upper estimation for the distance

$$\sup_{z}\|Pos[Z=z]-Pos[Z^\delta=z]\|,$$

where $Pos[Z^\delta=z]$ denotes the possibility distribution of the objective function of a δ-perturbed MPLP problem.

Reference

[1] J.J. Buckley, Multiobjective possibilistic linear programming, Fuzzy Sets and Systems, 35(1990) 23-28.

INTERPRETATION UND ANALYSE VON FUZZY-DATEN

Jörg Gebhardt, Rudolf Kruse und Detlef Nauck
Institut für Betriebssysteme und Rechnerverbund
Technische Universität Braunschweig
Bültenweg 74/75, W-3300 Braunschweig

Zusammenfassung

In diesem Aufsatz stellen wir ein integrierendes Modell zur Interpretation und Analyse vager und unsicherer Daten vor. Wir gehen insbesondere auf die possibilistische Sichtweise von Fuzzy–Daten ein und betrachten Anwendungen im Bereich der statistischen Inferenz, speziell Aspekte der auf Fuzzy–Daten generalisierten Testtheorie.

Exemplarisch zeigen wir die effiziente Bestimmung der Testfunktion des Fuzzy-χ^2-Tests.

Abstract

In this paper we present an integrating model for the interpretation and analysis of vague and uncertain data. We clarify the possibilistic view of fuzzy data and consider applications in the field of statistical inference, especially related to hypothesis testing based on fuzzy data.

As an example we show the efficient calculation of the test function of the fuzzy χ^2-test.

Einleitung

Die Repräsentation vagen und unsicheren Wissens hat sich in den vergangenen Jahren zu einem wichtigen Forschungszweig verschiedener Wissenschaften entwickelt. Die diesbezüglich etablierten Ansätze entstammen insbesondere der Bayes–Theorie, Shafer's Evidenztheorie, dem Transferable–Belief–Modell und der Possibilitätstheorie mit ihren bekannten Referenzen zur Theorie der Fuzzy–Mengen /5/.

Einige dieser Modelle sind immer wieder kritisiert worden, da sie zwar eine klare Semantik der Operationen auf unscharfen Daten spezifizieren, aber zum Teil die Interpretation der Daten selbst und folglich auch die für Aspekte des Decision Making fundamentale Interpretation der aus Verknüpfungen resultierenden Daten nicht deutlich machen.

Um dieser Problematik zu begegnen, stellen wir das Kontextmodell /1/ vor, das sich als formal fundiertes integrierendes Modell zur Interpretation und Analyse vager und unsicherer Daten versteht.

Operations Research Proceedings 1991
© Springer-Verlag Berlin Heidelberg 1992

Im Sinne des Kontextmodells liegt der Ursprung unscharfen Datenmaterials in Situationen, die es uns aufgrund der Unvollständigkeit der verfügbaren Informationen nicht erlauben, ein Objekt eines vorgegebenen Objekttyps zustandsabhängig durch ein Tupel dieses Objekt vollständig charakterisierender Attributwerte zu beschreiben. Die beiden wichtigsten Arten von Unschärfe, die uns in diesem Zusammenhang interessieren, sind Vagheit und Unsicherheit.

Vagheit bezieht sich auf die Spezifikation eines vagen Charakteristikums zur Darstellung impräziser, eventuell einander widersprechender und partiell inkorrekter Beobachtungen eines unzugänglichen Originalcharakteristikums in einer endlichen Zahl vorgewählter konkurrierender Betrachtungskontexte. Die Einbeziehung solcher konkurrierender Kontexte entspricht im wesentlichen der Umsetzung des typischerweise als Fuzziness bezeichneten Unschärfephänomens, während Impräzision lediglich die Unmöglichkeit anzeigt, ohne zusätzliche Informationen die kontextabhängig zugewiesenen Charakteristika (das sind Teilmengen des Wertebereichs des dem jeweiligen Attribut zugeordneten Datentyps) zu elementaren Charakteristika zu spezialisieren. Vagheit ist demnach die Kombination der beiden unabhängigen Unschärfearten von Fuzziness und Impräzision.

Im Gegensatz dazu bezieht sich Unsicherheit stets auf die Bewertung vager Charakteristika. Falls wir ein vages Charakteristikum dazu verwandt haben, eine vage Beobachtung eines unzugänglichen Elementarcharakteristikums zu spezifizieren, muß ein Decision Maker in die Lage versetzt werden, seinen Vertrauensgrad in diese vage Beobachtung entweder durch objektives Messen oder subjektives Bewerten zu quantifizieren. Aus diesem Grund bietet die Maßtheorie die geeigneten Grundlagen zur Modellierung von Unsicherheitsaspekten.

Das Kontextmodell: Grundlagen

Das Kontextmodell ist ein von Gebhardt und Kruse /1/ entwickeltes Modell zur integrierenden Repräsentation vagen und unsicheren Wissens. Da es diverse Ansätze der Unschärfemodellierung, wie sie zum Beispiel in der Bayes–Theorie, Shafer's Evidenztheorie /5/ und in der Possibilitätstheorie benutzt werden, in Beziehung zu setzen vermag, beschränken wir uns im folgenden auf eine vereinfachende, für die Analyse von Fuzzy–Daten ausreichende Einführung grundlegender Begriffsbildungen.

Sei D eine nichtleere *Menge von Datenelementen* (interpretiert als Wertebereich eines Datentyps, universe of discourse bzw. frame of discernment) und C eine nichtleere endliche *Menge von Kontexten.*

$\Gamma_C(D) \overset{\text{Df}}{=} \{\mu \mid \mu : C \to 2^D\}$ heißt *Menge aller vagen Charakteristika von D bezüglich C.*

Bei Vernachlässigung der Kontexte bezeichne $\Gamma(D) \overset{\text{Df}}{=} \{A \mid A \subseteq C\}$ die Menge aller (*gewöhnlichen, impräzisen*) *Charakteristika* von D.

Wir nennen $\mu \in \Gamma_C(D)$ *elementar*, falls $(\forall c \in C)(|\mu(c)| = 1)$, und *leer*, falls $\mu(C) = \{\emptyset\}$, d.h., falls alle *Projektionen* $\mu(c), c \in C$ *widersprüchlich* sind.

Seien $\mu_1, \mu_2 \in \Gamma_C(D)$. μ_1 heißt *spezifischer* als μ_2 (μ_1 ist eine *Spezialisierung* von μ_2; μ_2 ist *korrekt* bezüglich μ_1), wenn $(\forall c \in C)(\mu_1(c) \subseteq \mu_2(c))$.

Wir beziehen jede Eigenschaft P, die für vage Charakteristika aus $\Gamma_C(D)$ definiert wird, auch auf gewöhnliche Charakteristika $A \in \Gamma(D)$, falls die *Extension* μ_A^C von A bezüglich C, definiert durch $\mu_A^C : C \to 2^D$, $\mu_A^C(c) \stackrel{\text{Df}}{=} A$, diese Eigenschaft P erfüllt.

Sei P_C eine endliches Maß auf dem meßbaren Raum $(C, 2^C)$. Dann heißt $\mu \in \Gamma_C(D)$ *bewertet* bezüglich des Kontextmaßraumes $(C, 2^C, P_C)$.

Im Falle eines Wahrscheinlichkeitsmaßes P_C fallen bewertete vage Charakteristika mit den von Matheron /6/ begründeten Zufallsmengen strukturell zusammen. Es sei jedoch darauf hingewiesen, daß diese eine andere Semantik haben.

Seien $\Gamma_C^+(D) \stackrel{\text{Df}}{=} \Gamma_C(D) \backslash \{\mu_\emptyset^C\}$ und $C_\mu \stackrel{\text{Df}}{=} \{c \in C \mid \mu(c) \neq \emptyset\}$.

Für $\mu \in \Gamma_C^+(D)$ nennen wir $Sel(\mu) \stackrel{\text{Df}}{=} \{S \mid S : C_\mu \to D \ \wedge \ (\forall c \in C_\mu)(S(c) \in \mu(c))\}$ die *Menge aller Selektoren von* μ.

Für das leere vage Charakteristikum definieren wir $Sel(\mu_\emptyset^C) \stackrel{\text{Df}}{=} \emptyset$.

Sei $\mu \in \Gamma_C^+(D)$ bewertet bezüglich $(C, 2^C, P_C)$ und $\mathcal{B}$ eine geeignete σ–Algebra über D. Für $A \in \mathcal{B}$ heißt

$$\underline{ACC}_\mu(A) \stackrel{\text{Df}}{=} inf\{P_C(S^{-1}(A)) \mid S \in Sel(\mu)\} \ minimaler \ Akzeptanzgrad \ \text{(Notwendigkeitsgrad)},$$

$$\overline{ACC}_\mu(A) \stackrel{\text{Df}}{=} sup\{P_C(S^{-1}(A)) \mid S \in Sel(\mu)\} \ maximaler \ Akzeptanzgrad \ \text{(Möglichkeitsgrad)}$$

von A bezüglich μ. Dabei sei $sup\emptyset = inf\emptyset = 0$.

Falls μ die Spezifikation einer vagen Beobachtung eines unzugänglichen Elementarcharakteristikums $Orig_\mu \in \Gamma(D)$, des sogenannten *Originals* von μ ist, gibt $\underline{ACC}_\mu(A)$ offensichtlich das minimale und $\overline{ACC}_\mu(A)$ das maximale Maß der die Aussage $Orig_\mu \subseteq A$ unterstützenden Kontexte aus C an, wenn alle Projektionen von μ zu Elementarcharakteristika spezialisiert werden.

Folglich spiegelt $\underline{ACC}_\mu(A)$ die pessimistischste, $\overline{ACC}_\mu(A)$ die optimistischste Bewertung von A wider.

In praktischen Anwendungen wird man oftmals nicht in der Lage sein oder aus Komplexitätserwägungen auch nicht immer die Absicht haben, jede vage Beobachtung eines Elementarcharakteristikums $Orig_\mu \in \Gamma(D)$ mit Hilfe eines bezüglich $(C, 2^C, P_C)$ bewerteten vagen Charakteristikums $\mu \in \Gamma_C(D)$ zu spezifizieren. Wenn die Kontextmenge C und damit insbesondere auch die Projektionen $\mu(C), c \in C$ nicht direkt zugänglich sind, bzw. nicht detailliert betrachtet werden sollen, empfiehlt sich eine vereinfachende, einen etwaigen Informationsverlust hinnehmende koordinierende, approximative Darstellung von μ.

Dies motiviert die folgende Begriffsbildung: Sei $\mu \in \Gamma_C(D)$ ein bezüglich $(C, 2^C, P_C)$ bewertetes vages Charakteristikum von D.

Dann heißt

$\pi[\mu] : D \to I\!R_0^+$, $\pi[\mu](d) \stackrel{\mathrm{Df}}{=} P_C(\{c \in C \mid d \in \mu(c)\})$ *die von μ induzierte Possibilitätsfunktion.*

$POSS(D) \stackrel{\mathrm{Df}}{=} \{\pi \mid \pi : D \to I\!R_0^+ \wedge |\pi(D)| \in I\!N\}$ sei die *Menge aller Possibilitätsfunktionen über D.* Für $\mu \in \Gamma_C(D)$ und $d \in D$ gibt $\pi[\mu](d)$ an, für welches Maß an Kontexten aus C die Spezialisierung der impräzisen Projektionen $\mu(c)$, $c \in C$ zum Elementarcharakteristikum $\{d\}$ möglich ist.

Demnach ist $\pi[\mu](d)$ das Maß der dem Original $Orig_\mu = \{d\}$ von μ nicht widersprechenden Kontexte aus C.

Interpretation von Fuzzy–Daten

Die Interpretation von Fuzzy–Mengen /7/ und die wichtigsten Operationen auf Fuzzy–Mengen sind innerhalb des Kontextmodells über das Konzept der Possibilitätsfunktion motivierbar. Sei dazu $F(D) \stackrel{\mathrm{Df}}{=} \{\pi \mid \pi : D \to [0,1] \wedge |\pi(D)| \in I\!N\}$ die *Menge aller Fuzzy-Mengen von D* mit endlichem Wertebereich. $F(D)$ ist gleich der Menge aller Possibilitätsfunktionen, die durch vage Charakteristika $\mu \in \Gamma_C(D)$ induziert werden, für die bezüglich eines beliebigen Kontextmaßraumes $(C, 2^C, P_C)$ mit Kontextmenge C und Wahrscheinlichkeitsmaß P_C eine Bewertung vorliegt.

Es ist zu beachten, daß diese Sichtweise sowohl mit der *epistemischen* als auch mit der *physikalischen* Interpretation von Fuzzy–Mengen vereinbar ist:

Bei der epistemischen Interpretation fungiert das zugrunde liegende vage Charakteristikum μ als bewertete vage Beobachtung eines Elementarcharakteristikums $Orig_\mu \in \Gamma(D)$, während bei der physikalischen Interpretation μ als vages Konzept angesehen wird, auf dem man ohne die explizite Voraussetzung eines Originals operieren kann, da μ lediglich als formale Darstellung eines vagen Charakteristikums von D, d.h. als Spezifikation in verschiedenen Kontexten konkurrierender gewöhnlicher Charakteristika aufgefaßt wird.

Es läßt sich zeigen, daß das aus der mehrwertigen Logik bekannte und von Zadeh in der Theorie der Fuzzy–Mengen spezialisierend angewandte *Extensionsprinzip* /7/ unter recht allgemeinen Bedingungen ein adäquates Verfahren darstellt, um Operationen auf Datenelementen in Operationen auf durch bewertete vage Charakteristika induzierte Possibilitätsfunktionen zu erweitern, ohne inkonsistent in bezug auf das Kontextmodell zu sein. Wir gehen hier auf die Details nicht näher ein, sondern verwenden das Extensionsprinzip für einige grundlegende Betrachtungen in der Statistik mit durch Fuzzy–Mengen repräsentierten Daten.

Statistische Analyse von Fuzzy–Daten

Wir untersuchen zwei verschiedene Ansätze für die Anwendung von Fuzzy–Mengen in der mathematischen Statistik.

Der erste Ansatz geht auf das Konzept der Fuzzy–Zufallsvariablen /2/ zurück, die in Generalisierung zu gewöhnlichen Zufallsvariablen Abbildungen $X : \Omega \to F(I\!R)$ mit geeigneten Meßbarkeitseigenschaften bezüglich eines gewählten Wahrscheinlichkeitsraumes $(\Omega, \mathcal{B}, P)$ sind.

Mit Hilfe von Zadeh's Extensionsprinzip ist es möglich, die notwendigen Fuzzifizierungen bekannter Konzepte aus der Wahrscheinlichkeitstheorie vorzunehmen. Kruse und Meyer /2/ zeigten, daß alle wichtigen Grenzwertsätze (z.B. starkes Gesetz der großen Zahlen, zentraler Grenzwertsatz, Theorem von Gliwenko–Cantelli) ihre Analoga im generalisierten Rahmen der Fuzzy–Zufallsvariablen haben.

Eine wesentliche Konsequenz des auf Fuzzy–Zufallsvariablen beruhenden Zugangs zur Fuzzy–Statistik liegt darin, daß die Zuordnung von Vagheit und Unsicherheit direkt abhängig ist von den Elementarausgängen des zugrunde liegenden Zufallsexperiments. In diesem Aufsatz folgen wir dem alternativen Ansatz, die vorhandene Unschärfe allein auf die bewertete vage Beobachtung der Realisierung von Zufallsstichproben zu beziehen, nicht aber vom Zufallsexperiment abhängig zu machen.

Als ein Beispiel diskutieren wir die Bestimmung von Fuzzy–Parametertests.

Ein Beispiel: Fuzzy Parametertests

Sei $F_N(I\!R) \stackrel{\text{Df}}{=} \{\mu \in F(I\!R) \mid (\exists x)(\mu(x) = 1)\}$ die *Klasse aller normalen Fuzzy–Mengen über $I\!R$ mit endlichem Wertebereich.*

Außerdem sei $F_C(I\!R) \stackrel{\text{Df}}{=} \{\mu \in F_N(I\!R) \mid (\forall \alpha \in (0,1])(\mu_{\bar{\alpha}} \ kompaktes \ Intervall)\}$,

wobei $\mu_{\bar{\alpha}} \stackrel{\text{Df}}{=} \{x \in I\!R \mid \mu(x) \geq \alpha\}, \alpha \in [0,1]$ als *α–Niveaumenge* von $\mu \in F_N(I\!R)$ bezeichnet wird. $\{A_\alpha \mid \alpha \in (0,1)\}$ heißt Mengenrepräsentation von μ, wenn $0 < \alpha \leq \beta < 1 \implies A_\beta \subseteq A_\alpha \subseteq I\!R$ und $(\forall x \in I\!R)(\mu(x) = sup\{\alpha I_{A_\alpha}(t) \mid t \in (0,1)\})$. I_{A_α} sei dabei die charakteristische Funktion von A_α.

Sei $(\Omega, \mathcal{B}, P)$ ein Wahrscheinlichkeitsraum und $X : \Omega \to I\!R$ eine generische Zufallsvariable mit induzierter Verteilungsfunktion $F_X = F_X(\gamma)$, die von einem Parameter $\gamma \in \Gamma$ eines vorgegebenen Parameterraumes $\Gamma \subseteq I\!R^k, k \in I\!N$ abhängt.

Des weiteren seien $\mathcal{D}$ eine Klasse von Verteilungsfunktionen, $F_X \in \mathcal{D}, D : \Gamma \to \mathcal{D}$ eine Abbildung und $\Gamma_0, \Gamma_1 \subseteq \Gamma$ zwei disjunkte Parametermengen.

Eine Funktion $\Phi : I\!\!R^n \to \{0,1\}$ heißt nicht–randomisierter Parametertest für $(\delta, \Gamma_0, \Gamma_1)$ bezüglich D mit Signifikanzniveau $\delta \in (0,1)$, Nullhypothese $H_0 : \gamma \in \Gamma_0$ und Alternativhypothese $H_1 : \gamma \in \Gamma_1$, wenn Φ $\mathcal{B}$-$\mathcal{B}_1$-meßbar ist ($\mathcal{B}_1$ bezeichne die Borelsche σ-Algebra über $I\!\!R$) und $(\forall \gamma \in \Gamma_0)(E_\gamma(\Phi(X_1, \ldots, X_n)) \le \delta)$ für alle $X_1, X_2, \ldots, X_n$ i.i.d. F_X gilt.

Das Extensionsprinzip /7/ führt uns auf die Fuzzifizierung $\tilde\Phi$ von Φ, nämlich

$$\tilde\Phi : [F_N(I\!\!R)]^n \to F_N(\{0,1\}),$$

$$\tilde\Phi[\mu_1, \ldots, \mu_n](t) \overset{\mathrm{Df}}{=} sup\{min\{\mu_1(x_1), \ldots, \mu_n(x_n)\} \mid (x_1, \ldots, x_n) \in I\!\!R^n, \Phi(x_1, \ldots, x_n) = t\}$$

wobei $sup\Phi \overset{\mathrm{Df}}{=} 0$ vorausgesetzt werde.

Im allgemeinen ist die Bestimmung von $(\Phi[\mu_1, \ldots, \mu_n])_{\tilde\alpha}$ sehr aufwendig. Es ist jedoch möglich, effiziente Algorithmen zur Berechnung der wichtigen Testfunktionen der ein- bzw. zweiseitigen Fuzzy-t-Tests, Fuzzy-χ^2-Tests und Fuzzy-F-Tests zu formulieren. Einige dieser Algorithmen verlangen allerdings tiefergehende Betrachtungen. Aus diesem Grund beschränken wir uns an dieser Stelle auf die Präsentation eines einfachen, auf den χ^2-Test bezogenen Verfahrens.

Satz

Sei $\mathcal{N}$ die Klasse aller Normalverteilungen $N(\mu, \sigma^2)$ und $X : \Omega \to I\!\!R$ eine $N(\mu_0, \hat\sigma^2)$-verteilte Zufallsvariable mit bekanntem Erwartungswert μ_0, jedoch unbekanntem $\hat\sigma \in \Gamma$, $\Gamma \overset{\mathrm{Df}}{=} I\!\!R^+$.

Wir definieren $D : \Gamma \to \mathcal{N}$, $D(\sigma) \overset{\mathrm{Df}}{=} N(\mu_0, \sigma^2)$, $\Gamma_0 \overset{\mathrm{Df}}{=} \{\sigma_0\}$, $\Gamma_1 \overset{\mathrm{Df}}{=} \Gamma \backslash \Gamma_0$

und geben $X_1, X_2, \ldots, X_n$ i.i.d. F_X sowie ein $\delta \in (0,1)$ vor. $\Phi : R^n \to \{0,1\}$ sei der nicht-randomisierte zweiseitige χ^2-Test für $(\delta, \Gamma_0, \Gamma_1)$ und D. Sei $\tilde\Phi : [F_N(I\!\!R)]^n \to F_N(\{0,1\})$ der zugehörende Fuzzy-Parametertest.

Falls $(\mu_1, \ldots, \mu_n) \in [F_C(I\!\!R)]^n$ gilt, dann ist $\{\Phi[(\mu_1)_{\tilde\alpha}, \ldots, (\mu_n)_{\tilde\alpha}] \mid \alpha \in (0,1)\}$ eine Mengenrepräsentation von $\tilde\Phi[\mu_1, \ldots, \mu_n]$. Für $\alpha \in (0,1]$ erhält man:

$$\tilde\Phi[(\mu_1)_{\tilde\alpha}, \ldots, (\mu_n)_{\tilde\alpha}] = \begin{cases} \{0\} & , falls \ \ I_\alpha[\mu_1, \ldots, \mu_n] > \sigma_0^2 \chi^2_{\frac{\delta}{2}}(n) \ \wedge \ S_\alpha[\mu_1, \ldots, \mu_n] < \sigma_0^2 \chi^2_{1-\frac{\delta}{2}}(n) \\ \{1\} & , falls \ \ S_\alpha[\mu_1, \ldots, \mu_n] \le \sigma_0^2 \chi^2_{\frac{\delta}{2}}(n) \ \vee \ I_\alpha[\mu_1, \ldots, \mu_n] \ge \sigma_0^2 \chi^2_{1-\frac{\delta}{2}}(n) \\ \{0,1\} & , sonst \end{cases}$$

Dabei bezeichne $\chi^2_{\frac{\delta}{2}}(n)$ das $\frac{\delta}{2}$-Quantil der χ^2-Verteilung mit n Freiheitsgraden und

$$I_\alpha[\mu_1, \ldots, \mu_n] \overset{\mathrm{Df}}{=} \sum_{\substack{i=1 \\ \mu \le inf(\mu_i)_{\tilde\alpha}}}^{n} (inf(\mu_i)_{\tilde\alpha} - \mu)^2 \ + \ \sum_{\substack{i=1 \\ \mu \ge sup(\mu_i)_{\tilde\alpha}}}^{n} (\mu - sup(\mu_i)_{\tilde\alpha})^2$$

$$S_\alpha[\mu_1, \ldots, \mu_n] \overset{\mathrm{Df}}{=} \sum_{i=1}^{n} max\{(inf(\mu_i)_{\tilde\alpha} - \mu)^2, (sup(\mu_i)_{\tilde\alpha} - \mu)^2\}$$

Abschließende Bemerkungen

Aufgrund des großen Rechenaufwandes, den Operationen im Bereich der Fuzzy–Statistik im allgemeinen mit sich bringen, entwickelten wir ein interaktives Programmsystem /2,4/ mit Namen SOLD (Statistics On Linguistic Data), das statistische Berechnungen anhand von Fuzzy–Daten unterstützt.

Das SOLD–Dialog–System stellt eine Weiterentwicklung eines unter VM/CMS erstellten Batch–Systems /3/ dar, das in PASCAL als dialogorientierte Forschungsversion unter GEMDOS auf Rechnern des Typs ATARI vorliegt.

Kommerzielle Versionen des SOLD–Systems entstanden im Rahmen eines Kooperationsvertrages mit der Siemens–AG. Sie sind unter BS 2000 und SINIX verfügbar.

Literatur

/1/ Gebhardt, J.; Kruse, R.
The Context Model – A Uniform Approach to Vagueness and Uncertainty.
Proc. IFSA 1991, Brussels, 82-85 (1991)

/2/ Kruse, R.; Meyer, K. D.
Statistics with Vague Data.
Series Mathematical and Statistical Methods, Reidel, Dordrecht, Netherlands (1987)

/3/ Kruse, R.
On a Software Tool for Statistics on Linguistic Data.
Fuzzy–Mengen and Systems 24, 377-383 (1988)

/4/ Kruse, R.; Gebhardt, J.
On a Dialog–System for Modelling and Statistical Analysis of Linguistic Data.
Proc. IFSA 1989, Seattle, 157-160 (1989)

/5/ Kruse, R.; Schwecke, E.; Heinsohn, J.
Uncertainty Handling in Knowledge Based Systems: Numerical Methods.
Series Artificial Intelligence, Springer, Berlin (1991)

/6/ Matheron, G.
Random Sets and Integral Geometry.
Wiley, New York (1975)

/7/ Zadeh, L. A.
The Concept of a Linguistic Variable and its Application to Approximate Reasoning.
Inform. Sci. 8, 199-249, 301-157, and 9, 43-80 (1975)

TWO TYPES OF FUZZY LINEAR PROGRAMMING PROBLEMS
ON CENTERED FUZZY NUMBERS

Margit KOVÁCS

Computer Center, Eötvös Loránd University
Budapest 112, P.O.Box 157, H-1502, HUNGARY

In the lecture a special class of fuzzy linear programming will be treated. It will be supposed that both the coefficients of the objective and constraints functions and the unknown decision variables are centered fuzzy numbers of given basis. The idea of centered fuzzy numbers and the arithmethic operations on them was introduced in [1] as follows:

A centered fuzzy number μ is given by a pair (α, f), where f is a normal fuzzy number such that $0 \in \ker f$ and $\mu(x) = f(x - \alpha)$ for every $x \in I\!R$. f is the generator function and α is the center of the fuzzy number. We will assume that the subset of generator functions closed for the $\vee, \wedge$ and $*$ fuzzy set-operations and it contains the characteristic function of zero. Furthermore, $\mathcal{F}$ will denote the set of all centered fuzzy numbers on a given set of generator functions.

Let $\circ$ be an arithmetic operation on $I\!R$ and let $*$ be either a t-norm or a t-conorm. Then the $*$ -extended $\circ^{(*)}$ operation on centered fuzzy numbers is defined as follows:

$$(\alpha, f) \circ^{(*)} (\beta, g) = (\alpha \circ \beta, f * g).$$

Between the centered fuzzy numbers the relation $\leq_{\mathcal{F}}$ is defined by using the lexicographic ordering of the pairs (α, f), i.e. $(\alpha, f) \leq_{\mathcal{F}} (\beta, g)$ iff either $\alpha < \beta$ or $\alpha = \beta$ and $f(x) \leq g(x)$ for every x.

With the operations and ordering given above we define a linear programming problem $FLP(R, \#, *)$ on $\mathcal{F}$:

$$(\gamma_1, c_1) \bullet^{(*)} (\xi_1, x_1) +^{(\#)} \ldots +^{(\#)} (\gamma_n, c_n) \bullet^{(*)} (\xi_n, x_n) \longrightarrow \inf$$

subject to

$$(\alpha_{i1}, a_{i1}) \bullet^{(*)} (\xi_1, x_1) +^{(\#)} \ldots +^{(\#)} (\alpha_{in}, a_{in}) \bullet^{(*)} (\xi_n, x_n) \leq_{\mathcal{F}} (\beta_i, b_i), \quad i = 1, \ldots, m,$$

$$(0, \chi) \leq_{\mathcal{F}} (\xi_i, x_i), \quad i = 1, \ldots, n.$$

We will discuss the optimality conditions for the following two cases: $\#$ is the $\vee$ operation and $*$ is a t-norm or $\#$ is the $\wedge$ operation and $*$ is a t-conorm.

<u>References</u>

[1] Kovács,M.,Tran,L.H.: Algebraic structure of centered M-fuzzy numbers, Fuzzy Sets and Systems, **39** 1991 91-99.

FUZZINESS IN LINEAR PROGRAMMING PROBLEMS

Jaroslav Ramik

Faculty of Business Studies
Silesian University
733 01 Karvina
Czechoslovakia

In this paper a brief review of some basic developments in the field of fuzzy optimization is presented. A particular problem of fuzzy linear programming (LP) with fuzzy parameters is discussed. Fuzziness is considered in parameters of the objective function(s), in the parameters of constraints, when comparing the individual effects of objectives and constraints and when summing up separate parts of objectives and constraints.

First, we deal with the following LP problem:

$$\max \ c^T x, \ c \in \mathcal{C} \subset E_n,$$

subject to

$$A x \leq b, \ A \in \mathcal{A} \subset E_{mxn}, \ b \in \mathcal{B} \subset E_m,$$

$$x \geq 0.$$

We don't know exactly the values of the coefficients A, b and c in their domains of variations $\mathcal{A}$, $\mathcal{B}$ and $\mathcal{C}$, respectively. In the first part of the paper a crisp case is considered: the coefficients take their values from the given sets with the same possibility (or probability) of realization of each value. In the second part the uncertainity sets $\mathcal{A}$, $\mathcal{B}$ and $\mathcal{C}$ are considered to be fuzzy sets.

The presented approach comprises many different approaches known from literature, e.g. Zimmermann's or Bellmann-Zadeh's and many others. In principle, a fuzzy optimization problem is transformed into some equivalent nonfuzzy problem which, in turn, can be solved by using some traditional techniques and widely available commercial software packages.

FISC: ein Fuzzy–Inferenzsystem auf der Basis der Kompatibilität

Mohsen Rezagholi

Institut für Wirtschaftsinformatik der Johann Wolfgang Goethe–Universität
Mertonstraße 17, Postfach 11 19 32, 6000 Frankfurt am Main 11

Abstract

Das Inferenzsystem FISC (Fuzzy Inference System based on Compatibility) wird anhand des 4–Tupels $(R, Q, k, f(Q))$ definiert. R ist eine heterogene Relation, Q ist eine Bedingungsmenge, $k : Q \times R \longrightarrow [0, 1]$ ordnet jedem Tupel $t \in R$ dessen Kompatibilitätsgrad mit Q zu und $f(Q)$ stellt die Antwort des Systems dar. Das Inferenzsystem FISC wird auf Grundlage des Mustervergleichs als ein allgemein einsetzbares Inferenzsystem entwickelt. Die Daten werden aufgrund ihrer Kompatibilität mit einem gegebenen Muster inferiert. Da FISC mittels eines einzigen Vergleichsgrads, nämlich des Kompatibilitätsgrads, operiert und keinen Implikationsoperator anwendet, weist es die Mängel und die Unzulänglichkeiten der heute verfügbaren Fuzzyinferenzsysteme nicht auf, die solche Operatoren verwenden bzw. durch Anwendung der Möglichkeits– und Notwendigkeitsgrade inferieren. Darüber hinaus ermöglicht FISC die Verarbeitung operativer Produktionsregeln, deren then–Teile bekanntlich nicht in die Möglichkeitsfunktionen übertragen werden können.

Zur Durchführung von Mustervergleichsoperationen werden auf der Basis von Kardinalität bzw. von Integration je eine Methode entwickelt. Beide Methoden werden nach demselben Prinzip determiniert, so daß die von ihnen gelieferten Ergebnisse ohne weiteres mittels logischer Operatoren zusammengesetzt werden können.

FISC kann sowohl fuzzyrelational als auch fuzzydeduktiv inferieren. Die Aggregationsoperationen der fuzzyrelationalen Inferenz vollziehen sich auf der Basis einer fuzzyrelationalen Algebra, die bezüglich der relationenorientierten Operation Join neu definiert wird. Zu diesem Zweck werden zunächst die fuzzyfunktionalen Abhängigkeiten anhand einer neuen Definition der semantischen Ähnlichkeit definiert. Zur deduktiven Inferenz stehen der generalisierte Modus ponens und der generalisierte Modus tollens zur Verfügung. Beide Inferenzprozeduren operieren im Wahrheitsraum.

FUZZY CONTROL UND FUZZY LOGIC-BASIERTE EXPERTENSYSTEME

Heinrich Rommelfanger

Institut für Statistik und Mathematik
J. W. Goethe-Universität Frankfurt am Main
6000 Frankfurt am Main 11, Mertonstr. 17-25

Um Produktions- und Entscheidungsprozesse zu automatisieren, ist es notwendig, den gesamten Verfahrensablauf so in ein mathematisches Modell abzubilden, daß die eingehenden Informationen von Computern verarbeitet werden können. Dies gelingt aber nur bei einfach zu strukturierenden Problemen, für die nur wenige, ausreichend genau in Ja/Nein-Form beschriebene Informationen notwendig sind. Kompliziertere Steuerungs- und Entscheidungsabläufe bleiben dagegen menschlichen Experten vorbehalten. Denn im Gegensatz zu Computern zeichnet sich das menschliche Denkvermögen dadurch aus, daß es die Fähigkeit besitzt, auch ungenaue, unscharfe und bruchstückhafte Informationen zu verarbeiten.

Man kann nun versuchen, den menschlichen Experten zu modellieren, in dem man ihn bei seiner Arbeit beobachtet oder ihn befragt. Das Expertenwissen ist dabei kein umfassendes und allgemeines Theoriegebäude, sondern eher eine Zusammenfassung von Regeln, die der Experte bei seinem Entscheidungsablauf selbst beherzigt. Die Angabe der Regeln erfolgt dabei nur selten in Form mathematischer Folgerungen, sondern zumeist mit Hilfe linguistischer Beschreibungen. Daher ist die Modellierung solcher Expertenregeln auf der Grundlage der zweidimensionalen Logik kaum möglich und führt leicht zu fehlerhaften Modellen. Ein besserer Weg bietet die Fuzzy Logic. Vor allem in Japan sind auf dem Gebiet der Kontrolle von Fertigungs- und Transportsystemen zahlreiche Fuzzy Logic-basierte Steuerungsalgorithmen entwickelt worden, die in der Praxis mit viel Erfolg eingesetzt werden.

In diesem Beitrag wird aufgezeigt, wie in diesen unter dem Namen Fuzzy Control bekannten Algorithmen die Expertenregeln mittels Fuzzy Variablen formuliert, mit Fuzzy Operatoren veknüpft und in aktuellen Situationen verarbeitet werden. Die recht einfach konstruierten Fuzzy Controller erweisen sich in der Praxis den vergleichbaren, auf der klassischen Mathematik basierenden Steuerungsalgorithmen überlegen; insbesondere lassen sie sich leicht auf modifizierte Aufgabenstellungen anpassen. Da sich in einem auf der Fuzzy Logic basierenden System geringe Änderungen nur zu geringen Auswirkungen führen, weisen Fuzzy Controller eine hohe Stabilität auf, die sich beim Weglassen einiger Regeln zwar verschlechtert, aber zumeist nicht versagt. Dank der Entwicklung sogenannter Fuzzy Chips lassen sich diese Fuzzy Control-Verfahren schnell und ohne großen Rechenaufwand durchführen.

Desweiteren wird untersucht, ob und wie diese Fuzzy Logic-Algorithmen auch bei nicht-technischen Expertensysteme angewandt werden können. Da hier zumeist einmalige und nicht eine Kette von Entscheidungen getroffen werden müssen, ist auf jeden Fall größere Sorgfalt auf die Formulierung der Regeln und deren Verknüpfungen zu legen.

FUZZY LINEAR PROGRAMMING WITH
T-NORM BASED EXTENDED ADDITION

Heinrich Rommelfanger, J. W. Goethe University, Frankfurt am Main, Germany
Tibor Keresztfalvi* , L. Eötvös University, Budapest, Hungary

Abstract: This paper propose to use Yager's parameterized t-norm T_p to solve multicriteria fuzzy linear optimization problems. Considering flat fuzzy numbers with linear reference functions the T_p-based additions in objectives and/or in left-hand sides of constraints lead to flat fuzzy numbers having linear reference functions as well (independently of the value of parameter p). Varying the parameter p the decision maker can choose different aggregation concepts for particular constraints or objectives between the extremes of pessimistic $T_p = T_\infty = \min$ and optimistic $T_p(x,y) = T_1(x,y) = \max\{0, x+y-1\}$ approaches and simultaneously control the growth of spreads i. e. the growth of uncertainty in calculations.

Zusammenfassung: In diesem Beitrag wird empfohlen bei der Lösung von linearen Optimierungssystemen mit Fuzzy-Daten eine erweiterte Addition zu verwenden, die auf Yagers parametrisierte t-Norm T_p basiert. Es kann gezeigt werden, dass - unabhängig von der Wahl des Parameters p - mit dieser erweiterten Addition LR-Fuzzy-Zahlen mit linearen Referenzfunktion wieder zu LR-Fuzzy-Zahlen des gleichen Typs addiert werden. Durch Änderung des Parameters p zwischen den Extremen $T_p = T_\infty = \min$ und $T_p(x,y) = T_1(x,y) = \max\{0, x+y-1\}$ kann die Grösse der Spreizungen der aufaddierten Fuzzy-Zahlen gesteuert und damit die Menge der zulässigen Lösungen beeinflusst werden.

1. Introduction

Let us consider a multicriteria LP-model of the form

$$\left. \begin{array}{c} c_{11}\,x_1 + c_{12}\,x_2 + \ldots + c_{1n}\,x_n \\ \vdots \qquad \vdots \qquad\qquad \vdots \\ c_{r1}\,x_1 + c_{r2}\,x_2 + \ldots + c_{rn}\,x_n \end{array} \right\} \longrightarrow \max$$

subject to

$$a_{i1}\,x_1 + a_{i2}\,x_2 + \ldots + a_{in}\,x_n \le b_i \qquad i = 1,\ldots,m$$

$$x_j \ge 0 \qquad j = 1,\ldots,n$$

(1)

Solving real decision problems, we often encounter the difficulty that the parameters a_{ij}, c_{kj}, $b_i \in \mathbb{R}$ are not known exactly. A suitable way to model these imprecise data is to use fuzzy sets.

* Supported by the German Academic Exchange Service (DAAD)

Operations Research Proceedings 1991
© Springer-Verlag Berlin Heidelberg 1992

Replacing the crisp parameters by fuzzy sets $\tilde{A}_{ij}$, $\tilde{C}_{kj}$ and $\tilde{B}_i$ we get a multicriteria fuzzy LP-model (2).

Following the methods described in ROMMELFANGER /9,11/ we assume that a compromise solution of (1) is got by an interactive process which is based on fuzzy aspiration levels $\tilde{D}_k$ specified for each of the goals.

In doing so, the task at each iteration step is to find a solution of the system of fuzzy constraints

$$\tilde{C}_{k1}\,x_1 + \tilde{C}_{k2}\,x_2 + \ldots + \tilde{C}_{kn}\,x_n \gtrsim \tilde{D}_k \qquad k = 1,\ldots,r \tag{2}$$

$$\tilde{A}_{i1}\,x_1 + \tilde{A}_{i2}\,x_2 + \ldots + \tilde{A}_{in}\,x_n \lesssim \tilde{B}_i \qquad i = 1,\ldots,m \tag{3}$$

for $x_j \geq 0$, $j = 1,\ldots,n$ where $\tilde{D}_k$ are the aspiration levels specified by decision maker.

The majority of approaches in the literature use Zadeh's extension principle based on the minimum-norm for summarizing the left sides of the constraints (2), (3).

DUBOIS and PRADE /1/ showed that if all the coefficients $\tilde{C}_{kj} = \left(c_{kj}^L, c_{kj}^R, \gamma_{kj}^L, \gamma_{kj}^R\right)_{LR}$ or $\tilde{A}_{ij} = \left(a_{ij}^L, a_{ij}^R, \alpha_{ij}^L, \alpha_{ij}^R\right)_{LR}$, $j = 1\ldots n$ are (flat) fuzzy numbers of the same LR-type than the left sides of (2), (3) may be summed up to LR-fuzzy intervals

$$\tilde{C}_k(x_1,\ldots,x_n) = \left(c_k^L, c_k^R, \gamma_k^L, \gamma_k^R\right)_{LR} \tag{4k}$$

where

$$c_k^L = \sum_{j=1}^n c_{kj}^L x_j \qquad c_k^U = \sum_{j=1}^n c_{kj}^U x_j \qquad \gamma_k^L = \sum_{j=1}^n \gamma_{kj}^L x_j \qquad \gamma_k^U = \sum_{j=1}^n \gamma_{kj}^U x_j \tag{5k}$$

or

$$\tilde{A}_i(x_1,\ldots,x_n) = \left(a_i^L, a_i^U, \alpha_i^L, \alpha_i^U\right)_{LR} \tag{6i}$$

where

$$a_i^L = \sum_{j=1}^n a_{ij}^L x_j \qquad a_i^U = \sum_{j=1}^n a_{ij}^U x_j \qquad \alpha_i^L = \sum_{j=1}^n \alpha_{ij}^L x_j \qquad \alpha_i^U = \sum_{j=1}^n \alpha_{ij}^U x_j \tag{7i}$$

In the literature, there exist different concepts for interpreting the inequality relation in fuzzy constraints

$$\tilde{C}_k \gtrsim \tilde{D}_k \qquad k = 1,\ldots,r \tag{8}$$

$$\tilde{A}_i \lesssim \tilde{B}_i \qquad i = 1,\ldots,m \tag{9}$$

Well known interpretation of the inequality relation $\lesssim$ in fuzzy constraints of type (9) are those of NEGOITA, SULARIA /5/, TANAKA, ASAI /13/, RAMIK and RIMANEK /8/, SLOWINSKI /12/ and ROMMELFANGER /9,11/; see the detailed survey in /10/.

In this paper we adopt from /11/ the very flexible interpretation $"\lesssim_R"$:

$$\tilde{A}_i(\mathbf{x}) \lesssim_R \tilde{B}_i \qquad \Longleftrightarrow \qquad \begin{cases} \displaystyle\sum_{j=1}^n \left(a_{ij}^U + \alpha_{ij}^U R^{-1}(\epsilon)\right)x_j \leq b_i + \beta_i R^{-1}(\epsilon) & (10) \\[1.5em] \displaystyle\mu_{H_i}\left(\sum_{j=1}^n a_{ij}^U x_j\right) \to \max & (11) \end{cases}$$

where

$$\mu_{H_i}(y) = \begin{cases} 1 & \text{if } y < b_i \\ \mu_{B_i}(y) & \text{if } y \geq b_i \end{cases} \tag{12}$$

and μ_{B_i} is the membership function of the LR-fuzzy number $\tilde{B}_i = (b_i, \beta_i^L, \beta_i^U)_{LR}$.

SLOWINSKI /12/ called the inequality (10) the *pessimistic index* in comparison with another inequality which was named as *optimistic index*. But, we think the denotation *pessimistic* is correct, because the summarizing of the left sides of fuzzy constraints (3) is based on the pessimistic minimum-operator so that the spreads $\alpha_i^U = \sum_{j=1}^n \alpha_{ij}^U x_j$ increase largely with the number and size of the variables x_j.

In this paper we present a new, more flexible alternative for summarizing the left sides of the constraints (3), when the extended addition is based on Yager's parametrized t-norm T_p. Varying the parameter p the decision maker can choose different aggregation concepts between the pessimistic minimum-operator and the optimistic Lukasiewicz's t-norm $T_1(x,y) = T_L(x,y) = \max\{0, x+y-1\}$.

2. Modelling the fuzzy parameters

For simplifying the formulas we remark that in practice all the (flat) fuzzy numbers in (3) may be described by piecewise linear membership functions. A practical way of modelling suitable membership functions is proposed in /11/. At first the decision maker has to specify some prominent membership levels. E.g.

$\alpha = 1$: $\mu_{B_i}(y) = 1$ means that the value y with certainty belongs to the set of available values,

$\alpha = \lambda_A$: $\mu_{B_i}(y) \geq \lambda_A$ means that the decision maker (DM) is willing to accept y as an available value for the time being. A value y with $\mu_{B_i}(y) \geq \lambda_A$ has a good chance of belonging to the set of available values. Corresponding values of y are relevant to the decision. Obviously, a value y with $\mu_{B_i}(y) = \lambda_A$ is a sort of aspiration level.

$\alpha = \epsilon$: $\mu_{B_i}(y) < \epsilon$ means that y has only a very little chance of belonging to the set of available values. The DM neglects the values with $\mu_{B_i}(y) < \epsilon$.

Subsequently the decision maker has to fix values $b_i^{\lambda_A}$ and b_i^ϵ such that $\mu_{B_i}(b_i^{\lambda_A}) = \lambda_A$ and $\mu_{B_i}(b_i^\epsilon) = \epsilon$.

Then the polygon line from $(b_i, 1)$ over $(b_i^{\lambda_A}, \lambda_A)$ to (b_i^ϵ, ϵ) is a suitable approach to μ_{B_i} on the interval $[b_i, b_i^\epsilon]$. For all $y \notin [b_i, b_i^\epsilon]$ we set $\mu_{B_i}(y) = 0$. Taking pattern from LR-type fuzzy numbers we symbolize a fuzzy number with this special membership function by $\tilde{B}_i = \left(b_i; 0, 0; \beta_i^{\lambda_A}, \beta_i^\epsilon\right)^{\lambda_A, \epsilon}$, where

$$\beta_i^{\lambda_A} = b_i^{\lambda_A} - b_i \qquad \text{and} \qquad \beta_i^\epsilon = b_i^\epsilon - b_i$$

If required, the decision maker may specify some additional membership levels and additional points $(y, \mu_{B_i}(y))$ on the polygon line.

On the analogy, the fuzzy aspiration level $\tilde{D}_k$ can be described by

$$\tilde{D}_k = \left(d_k; \delta_k^{\lambda_A}, \delta_k^\epsilon; 0, 0\right)^{\lambda_A, \epsilon}$$

The coefficients $\tilde{A}_{ij}$ and $\tilde{C}_{kj}$ may be characterized by trapezoid fuzzy intervals. As the spreads of the coefficients are much smaller then those of the right sides, we will neglect the level λ_A and use the representation

$$\tilde{A}_{ij} = (a_{ij}^L, a_{ij}^U, \alpha_{ij}^{L\epsilon}, \alpha_{ij}^{U\epsilon})^\epsilon \qquad \text{and} \qquad \tilde{C}_{kj} = (c_{kj}^L, c_{kj}^U, \gamma_{kj}^{L\epsilon}, \gamma_{kj}^{U\epsilon})^\epsilon$$

3. t-norm based addition

A real operation $* : I\!\!R \times I\!\!R \to I\!\!R$ can be extended to fuzzy sets on $I\!\!R$ in the sense of Zadeh's extension principle as follows

$$\mu_{\tilde{a}*\tilde{b}}(z) = \sup_{x*y=z} T\big(\mu_{\tilde{a}}(x), \mu_{\tilde{b}}(y)\big) \qquad z \in I\!\!R \tag{13}$$

where $\tilde{a}, \tilde{b} \in \mathcal{F}(I\!\!R)$ and $T : [0,1] \times [0,1] \to [0,1]$ is an arbitrary t-norm. As it was mentioned above, linear optimization methods known from the literature use mostly the minimum-norm ($T = \min$).

For getting a more flexible concept, now we propose to define the addition via the extension principle based on a t-norm having zero divisor, namely, on Yager's parametrized t-norm:

$$T_p(x,y) = \max\left\{0, 1 - \big((1-x)^p + (1-y)^p\big)^{1/p}\right\} \qquad x,y \in [0,1], \quad p > 0 \tag{14}$$

or in case of n variables

$$T_p(t_1,\ldots,t_n) = \max\left\{0, 1 - \left(\sum_{i=1}^n (1-t_i)^p\right)^{1/p}\right\} \qquad t_1,\ldots,t_n \in [0,1] \tag{15}$$

For the special case, that all the coefficients $\tilde{A}_{ij}$ are trapezoid fuzzy intervals of type $\tilde{A}_{ij}(x) = (a_{ij}^L, a_{ij}^U, \alpha_{ij}^L, \alpha_{ij}^U)$ there exist the following theorem:

Theorem 1. Suppose the coefficients $\tilde{A}_{ij}$ of the left hand side of the inequality constraints

$$\tilde{A}_{i1} x_1 + \tilde{A}_{i2} x_2 + \ldots + \tilde{A}_{in} x_n \lesssim \tilde{B}_i \qquad i = 1,\ldots,m \tag{16i}$$

are trapezoid fuzzy intervals of type $\tilde{A}_{ij}(x) = (a_{ij}^L, a_{ij}^U, \alpha_{ij}^L, \alpha_{ij}^U)$. If the addition is extended by Yager's t-norm T_p (14) with $p \geq 1$ then

$$\tilde{A}_i(\mathbf{x}) = \tilde{A}_{i1} x_1 + \tilde{A}_{i2} x_2 + \ldots + \tilde{A}_{in} x_n = (a_i^L(\mathbf{x}), a_i^U(\mathbf{x}), \alpha_i^L(p,\mathbf{x}), \alpha_i^U(p,\mathbf{x})) \tag{17}$$

is also a fuzzy interval with linear reference functions and

$$a_i^L(\mathbf{x}) = \sum_{j=1}^n a_{ij}^L x_j \qquad\qquad a_i^U(\mathbf{x}) = \sum_{j=1}^n a_{ij}^U x_j$$

$$\alpha_i^L(p,\mathbf{x}) = \left\|(x_1 \alpha_{i1}^L, \ldots, x_n \alpha_{in}^L)\right\|_q = \left((x_1 \alpha_{i1}^L)^q + \ldots + (x_n \alpha_{in}^L)^q\right)^{1/q} \tag{18}$$

$$\alpha_i^U(p,\mathbf{x}) = \left\|(x_1 \alpha_{i1}^U, \ldots, x_n \alpha_{in}^U)\right\|_q = \left((x_1 \alpha_{i1}^U)^q + \ldots + (x_n \alpha_{in}^U)^q\right)^{1/q}$$

where $q \geq 1$ such that $\frac{1}{p} + \frac{1}{q} = 1$.

Remark. We can see that $\alpha_i^L(p,\mathbf{x})$ and $\alpha_i^U(p,\mathbf{x})$ decrease while p decreases (q increases). This property provides a good possibility of controlling the growth of spreads i.e. the growth of uncertainty during the calculations. From (20) it follows that using T_p-based addition we neglect the combinations

$$\left\{(t_1,\ldots,t_n)\ \middle|\ T_p\big(\mu_{A_{i1}}(t_1),\ldots,\mu_{A_{in}}(t_n)\big)=0\right\} \tag{21}$$

Decreasing the parameter p the zero divisor of T_p becomes greater, that is, the set of neglected combinations and the risk taken by decision maker increases.

Both extreme cases are worth mentioning:

(i) If $p=1$ (and $q=\infty$) then $T_p=T_L$ is the well known Lukasiewicz's t-norm: $T_1(x,y)=T_L(x,y)=\max\{0,x+y-1\}$. In this case $\tilde{A}_i(\mathbf{x})$ have the smallest spreads

$$\alpha_i^L(1,\mathbf{x})=\max\{x_1\alpha_{i1}^L,\ldots,x_n\alpha_{in}^L\}$$
$$\alpha_i^U(1,\mathbf{x})=\max\{x_1\alpha_{i1}^U,\ldots,x_n\alpha_{in}^U\}$$

but the decision maker takes the greatest risk.

(ii) It is also easy to see that if p tends to infinity then T_p tends to the min-norm and we come back to the min-based addition. Thus, if $q=1$ (and $p=\infty$) then $\tilde{A}_i(\mathbf{x})$ have the greatest spreads:

$$\alpha_i^L(\infty,\mathbf{x})=x_1\alpha_{i1}^L+\ldots+x_n\alpha_{in}^L$$
$$\alpha_i^U(\infty,\mathbf{x})=x_1\alpha_{i1}^U+\ldots+x_n\alpha_{in}^U$$

and there are no neglected values in (21) with positive grade of membership.

On the other hand, the 1-level set $[a_i^L(\mathbf{x}),a_i^U(\mathbf{x})]$ does not change with the parameter p.

4. Optimization process

Using the extended addition based on the t-norm T_p we have an opportunity to change the inequality relation $\lesssim_R$ to

$$\tilde{A}_i(\mathbf{x})\lesssim_{KR}\tilde{B}_i \qquad\Longleftrightarrow\qquad \begin{cases} a_i^U(\mathbf{x})+\alpha_i^U(p,\mathbf{x})(1-\epsilon)\le b_i+\beta_i^\epsilon & (22)\\[2mm] \mu_{H_i}\big(a_i^U(\mathbf{x})\big)\to\max & (11) \end{cases}$$

For linear reference function R and for $p=\infty$ this version is identical with the original form, but in general this inequality can be varied with p.

Now, the decision maker has two ways to express his risk mentality:

(i) by specifying the values a_{ij}^ϵ, c_{kj}^ϵ, b_i^ϵ, d_k^ϵ;

(ii) by choosing a value $p\in[1,+\infty[$ for each objective and for each constraint independently.

In order to demonstrate the influence of p, we consider the following simple example:

$$(2,3;1;1)^\epsilon x_1+(4,5;1.5;2)^\epsilon x_2\lesssim(30;0;6)^\epsilon$$

(i) using the min-operator we get according to (10)

$$4x_1+7x_2\le 36$$

(see the set of feasible solutions X_∞ in Figure 1.)

(ii) using the other extreme, Lukasiewicz's t-norm (i.e. $p = 1$) we get

$$3x_1 + 5x_2 + \max\{x_1, 2x_2\} \le 36$$

which is equivalent to the system

$$\begin{cases} 4x_1 + 5x_2 \le 36 \\ 3x_1 + 7x_2 \le 36 \end{cases} \tag{23}$$

The set of feasible solutions of (23) is by the set M_1 greater than X_∞, i.e. equal to $X_1 = X_\infty \cup M_1$. If the number and the size of the variables x_j increase, the part of M_1 in X_1 increase too.

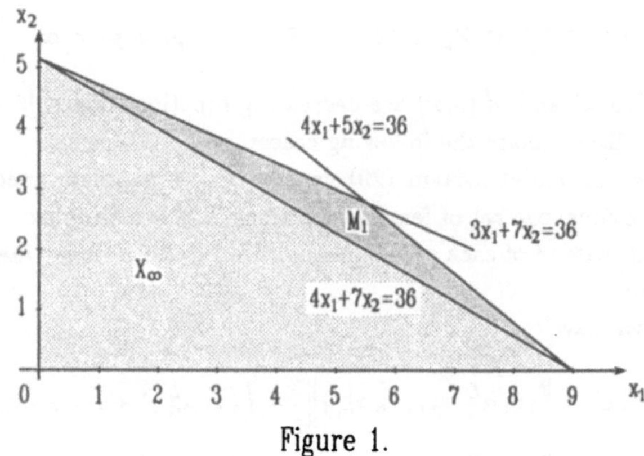

Figure 1.

Returning to the system of fuzzy inequalities (2), (3), we model the fuzzy aspiration level $\tilde{D}_k$ in analogy to $\tilde{B}_i$ as $\tilde{D}_k = \left(d_k; \delta_k^{\lambda_A}, \delta_k^{\epsilon}\right)^{\lambda_A, \epsilon}$ and introduce for the extended addition of the left sides $\tilde{C}_k(\mathbf{x}) = \tilde{C}_{k1} x_1 + \tilde{C}_{k2} x_2 + \ldots + \tilde{C}_{kn} x_n$, based on t-norm T_p the corresponding notations

$$c_k^L(\mathbf{x}) = \sum_{j=1}^n c_{kj}^L x_j \qquad\qquad c_k^U(\mathbf{x}) = \sum_{j=1}^n c_{kj}^U x_j$$

$$\gamma_k^L(p, \mathbf{x}) = \left\| (x_1 \gamma_{k1}^L, \ldots, x_n \gamma_{kn}^L) \right\|_q = \left((x_1 \gamma_{k1}^L)^q + \ldots + (x_n \gamma_{kn}^L)^q \right)^{1/q} \tag{24}$$

$$\gamma_k^U(p, \mathbf{x}) = \left\| (x_1 \gamma_{k1}^U, \ldots, x_n \gamma_{kn}^U) \right\|_q = \left((x_1 \gamma_{k1}^U)^q + \ldots + (x_n \gamma_{kn}^U)^q \right)^{1/q}$$

Using the inequality relation $\lesssim_{KR}$ we have

$$\tilde{D}_k \lesssim_{KR} \tilde{C}_k(\mathbf{x}) \qquad \Longleftrightarrow \qquad \begin{cases} c_k^L(\mathbf{x}) - \gamma_k^L(p, \mathbf{x})(1 - \epsilon) \ge d_k - \delta_i^{\epsilon} & (25) \\ \\ \mu_{Z_k}\left(c_k^L(\mathbf{x})\right) \to \max & (26) \end{cases}$$

where

$$\mu_{Z_k}(y) = \begin{cases} 1 & \text{if } y > d_k \\ \\ \mu_{D_k}(y) & \text{if } d_k - \delta_k^{\epsilon} \le y \le d_k \\ \\ 0 & \text{if } y < d_k - \delta_k^{\epsilon} \end{cases} \tag{27}$$

Therefore, the system (2), (3) is equivalent to the crisp optimization problem

$$\left(\mu_{Z_1}\left(c_1^L(\mathbf{x})\right),\ldots,\mu_{Z_r}\left(c_r^L(\mathbf{x})\right),\mu_{H_1}\left(a_1^U(\mathbf{x})\right),\ldots,\mu_{H_m}\left(a_m^U(\mathbf{x})\right)\right) \longrightarrow \max \tag{28}$$

subject to

$$\begin{cases} -c_k^L(\mathbf{x}) + \gamma_k^L(p,\mathbf{x})(1-\epsilon) \leq -d_k + \delta_i^\epsilon & k=1,\ldots,r \\[2mm] a_i^U(\mathbf{x}) + \alpha_i^U(p,\mathbf{x})(1-\epsilon) \leq b_i + \beta_i^\epsilon & i=1,\ldots,m \\[2mm] x_j \geq 0 & j=1,\ldots,n \end{cases} \tag{29}$$

Denoting by X_p the set of feasible solutions of the constraint system (29), we have

$$X_\infty \subset X_{p_2} \subset X_{p_1} \subset X_1 \qquad \text{if} \qquad 1 < p_1 < p_2 < \infty$$

because the spreads $\alpha_i^U(p,\mathbf{x})$ and $\gamma_k^L(p,\mathbf{x})$ are decreasing functions of $p \in [1,+\infty]$.

In particular, we can discriminate the following cases:

- *(i)* if $p = \infty$, the constraint system (29) consist of $r + m$ linear inequalities and n non-negative-restrictions; the set of feasible solutions X_∞ is a simplex.
- *(ii)* if $p = 1$, we get instead of each of the inequalities in (29) n linear inequalities, so that X_1 is a simplex too.
- *(iii)* if $p \in]1,+\infty[$ we have

$$\alpha_i^L(p,\mathbf{x}) = \left\|\left(x_1\alpha_{i1}^L,\ldots,x_n\alpha_{in}^L\right)\right\|_q = \left(\left(x_1\alpha_{i1}^L\right)^q + \ldots + \left(x_n\alpha_{in}^L\right)^q\right)^{1/q} \tag{30}$$

$$\alpha_i^U(p,\mathbf{x}) = \left\|\left(x_1\alpha_{i1}^U,\ldots,x_n\alpha_{in}^U\right)\right\|_q = \left(\left(x_1\alpha_{i1}^U\right)^q + \ldots + \left(x_n\alpha_{in}^U\right)^q\right)^{1/q}$$

$$\gamma_k^L(p,\mathbf{x}) = \left\|\left(x_1\gamma_{k1}^L,\ldots,x_n\gamma_{kn}^L\right)\right\|_q = \left(\left(x_1\gamma_{k1}^L\right)^q + \ldots + \left(x_n\gamma_{kn}^L\right)^q\right)^{1/q} \tag{31}$$

$$\gamma_k^U(p,\mathbf{x}) = \left\|\left(x_1\gamma_{k1}^U,\ldots,x_n\gamma_{kn}^U\right)\right\|_q = \left(\left(x_1\gamma_{k1}^U\right)^q + \ldots + \left(x_n\gamma_{kn}^U\right)^q\right)^{1/q}$$

with $q = \frac{p}{p-1}$. In these cases the inequalities in (29) can not be replaced by linear ones, but the set of feasible solutions X_p is convex for all $p \in]1,+\infty[$. Convexity of X_p can easily be proved using the triangle inequality for $\|\cdot\|_p$.

As to practical problems, a decision maker is not interested in getting the complete solution of the system (28), (29), but he needs a procedure which generates a so-called compromise solution.

In order to determine a compromise solution, we introduce Zadeh's minimum-operator as an appropriate preference function. Obviously, the compromise objective function

$$\Lambda(\mathbf{x}) = \min\left\{\mu_{Z_1}\left(c_1^L(\mathbf{x})\right),\ldots,\mu_{Z_r}\left(c_r^L(\mathbf{x})\right),\mu_{H_1}\left(a_1^U(\mathbf{x})\right),\ldots,\mu_{H_m}\left(a_m^U(\mathbf{x})\right)\right\} \tag{32}$$

expresses the total satisfaction of the decision maker on X_p.

If X_p is not empty, the decision problem

$$\max_{\mathbf{x}\in X_p} \min\left\{\mu_{Z_1}\left(c_1^L(\mathbf{x})\right),\ldots,\mu_{Z_r}\left(c_r^L(\mathbf{x})\right),\mu_{H_1}\left(a_1^U(\mathbf{x})\right),\ldots,\mu_{H_m}\left(a_m^U(\mathbf{x})\right)\right\}$$

is equivalent to the optimization problem

$$\Lambda \longrightarrow \max$$

subject to $\qquad\qquad\qquad\qquad\qquad\qquad\qquad\qquad\qquad\qquad$ (33)

$$\Lambda \le \mu_{Z_k}\left(c_k^L(\mathbf{x})\right) \qquad k = 1,\ldots,r$$
$$\Lambda \le \mu_{H_i}\left(a_i^U(\mathbf{x})\right) \qquad i = 1,\ldots,m$$
$$\mathbf{x} \in X_p\,, \quad 0 \le \Lambda \le 1$$

Following the explanation in /11/, we adopt that all the piecewise linear functions μ_{Z_k} and μ_{H_i} are concave membership functions. Then, if $p = 1$ or $p = \infty$, the system (33) is a crisp LP-problem and a solution can be got by using the well-known simplex procedures.

But, for $p \in]1,+\infty[$ we arrive at a non-linear problem. If X_p is convex then the set of feasible sulotions of the system (33) is convex too and there exists an optimal solution of (33), see. e.g. NEUMANN /6/. For getting a compromise solution one of the reduced gradient methods can be applied.

References

/1/ Dubois, D.; Prade, H.: *Fuzzy Sets and Systems: Theory and applications*, Academic Press, London (1980)

/2/ Fullér, R.; Keresztfalvi, T.: On generalization of Nguyen's theorem, *Fuzzy Sets and Systems*, **41**, (1991)

/3/ Kovács, M.: Stable embedding of ill–posed linear equality and inequality systems into fuzzified systems, *Fuzzy Sets and Systems*, (to appear)

/4/ Kovács, M.: On the g–fuzzy linear systems, *BUSEFAL*, **37**, 69–77 (1988)

/5/ Negoita, C. V.; Sularia M.: On fuzzy mathematical programming and tolerances in planning, *Economic Computation and Economic Cybernetics Studies and Research*, **3**, (1976)

/6/ Neumann K.: Operation Research Methods, (in German), Vol. I., Carl Hauser Verlag, München, p.229 (1975)

/7/ Nguyen, H. T.: A note on the extension principle for fuzzy sets, *J. Math. Anal. Appl.*, **64**, No. 2., 369–380 (1978); or UCB/ERL Memo M–611. Univ. of California, Berkeley (1976)

/8/ Ramík, J.; Rímanek, J.: Inequality between fuzzy numbers and its use in fuzzy optimization, *Fuzzy Sets and Systems*, **16**, 123–138 (1985)

/9/ Rommelfanger, H.: Interactive decision making in fuzzy linear optimization problems, *European J. of Operational Research*, **41**, 210–217 (1989)

/10/ Rommelfanger, H.: Inequality relations in fuzzy constraints and its use in linear fuzzy optimization, in: J. L. Verdegay and M. Delgado, eds. *The interface between artificial intelligence and operations research in fuzzy environment*, Verlag TÜV Rheinland 195–211 (1989)

/11/ Rommelfanger, H.: FULPAL: An interactive method for solving (multicriteria) fuzzy linear programming problems. in: R. Slowinski and J. Teghem, eds. *Stochastic versus fuzzy approaches to multiobjective mathematical programming under uncertainty*, Kluwer Academic Publishers, Dordrecht (1990)

/12/ Slowinski, R.: A multicriteria fuzzy linear programming method for water supply system development planning, *Fuzzy Sets and Systems*, **19**, 217–237 (1986)

/13/ Tanaka, H.; Asai, K.: Fuzzy linear programming problems with fuzzy numbers, *Fuzzy Sets and Systems*, **13**, 1–10 (1984)

/14/ Zadeh, L. A.: Fuzzy Sets, *Information and Control*, **8**, 338–353 (1965)

SOME EXPERIENCE WITH AN INTERACTIVE METHOD FOR MULTIOBJECTIVE FUZZY LINEAR PROGRAMMING

Roman SLOWINSKI

Institute of Computing Science
Technical University of Poznan
Piotrowo 3a
60-965 Poznan, Poland

We present some practical experience with a visual interactive method, called 'FLIP', for solving MOLP problems with fuzzy coefficients. Three real-life problems have been formulated in terms of MOLP problems: (a) composition of a daily diet for farm animals, (b) farm structure optimization and (c) land-use planning problem. Due to uncertainty and imprecision of some data, some coefficients in the objectives and on the both sides of the constraints are given as L-R (flat) fuzzy numbers. For a given decision x, the key problem consists in the comparison of objectives and goals, and left- and right-hand-sides of the constraints, which are fuzzy numbers. 'FLIP' solves this problem using two indices, (optimistic and pessimistic) and two parameters responsible for the safety of the assertion that $\tilde{a} \geq \tilde{b}$. Using the comparison principle, the fuzzy MOLP problem is translated to a non-fuzzy multiobjective linear fractional programming (MLFP) problem. The latter is solved using an interactive sampling method. A sample of efficient points is presented to the DM both numerically and graphically. Graphics show mutual positions of fuzzy numbers corresponding to objectives and goals on the one hand, and to left- and right-hand-sides of constraints, on the other hand. The DM intervenes in two steps of 'FLIP'. First, when fixing the safety parameters and then in the course of the guided generation and evaluation of the efficient points of the associate MLFP problem. An evaluation of the quality of successive proposals (solutions) is based on the following characteristics: (i) scores of fuzzy objectives in relation to the goals, (ii) dispersion of values of the fuzzy objectives due to uncertainty, (iii) safety of solutions or risk of violation of the constraints. The graphics provide the most comprehensive synthesis of these characteristics. Application of 'FLIP' to the three problems listed above shows practical interest of using fuzzy sets approach to multiobjective optimization under uncertainty and imprecision.

FUZZY-ENTSCHEIDUNGSMODELLE FÜR DIE PLANUNG DER PERSONALBEREITSTELLUNG

Thomas Spengler, Frankfurt am Main

Zusammenfassung: Es wird gezeigt, wie über neuere Verfahren der unscharfen linearen Programmierung relationale und terminologische Unschärfen in Personalplanungsmodelle integriert werden können. Dabei wird der explizite Ansatz der Personalplanung [Abstimmung von Personalbedarf und -ausstattung unter expliziter Berücksichtigung des Personaleinsatzes] verwendet.
Abstract: This paper presents the integration of relational and terminological vagueness into models of personnel management by modern techniques of fuzzy linear programming. For that purpose the explicit procedure of personnel planning is applied (coordination of personnel demand and available personnel structure by taking into account personnel assignment directly).

Vorbemerkung

In der Literatur zur Personalplanung werden (überwiegend) deterministische und stochastische Modelle formuliert. Unschärfen wurden hingegen bisher eher selten in die Überlegungen einbezogen, obwohl die Problembereiche der Personalbereitstellung (Personalbedarf, -ausstattung, -einsatz) /2/ häufig mehrfach durch Vagheiten gekennzeichnet sind. So ist es z.B. oft nicht möglich, Leistungsfaktoren, Absentismus- und Fluktuationsraten, Personalbedarfe und/oder -ausstattungen, Rekrutierungspotentiale sowie Personalkosten durch scharfe Größen zu repräsentieren. Daneben kann die Zielerreichung mitunter dadurch erhöht werden, daß der Personalbedarf "nur ungefähr" durch den Personaleinsatz gedeckt werden soll, d.h. Über- und Unterdeckungen des Bedarfs an Arbeitskräften werden innerhalb klar abgegrenzter Toleranzintervalle akzeptiert.

A. Die betrachtete Entscheidungssituation

Um zu zeigen, wie man relationale und terminologische Unschärfe in die Personalplanung integrieren kann, gehen wir von der folgenden (vereinfachten) Entscheidungssituation aus: Es sind in den nächsten T

Operations Research Proceedings 1991
© Springer-Verlag Berlin Heidelberg 1992

Perioden Q Tätigkeitsarten zu erledigen. Dazu können Mitarbeiter aus insgesamt R Arbeitskräftekategorien herangezogen werden. Die tätigkeitsspezifischen Personalbedarfe liegen - ebenso wie die arbeitskräftekategorienspezifischen Absentismusraten - in Form von LR-Fuzzy-Intervallen, die Entlassungsobergrenzen und Rekrutierungspotentiale in Form von LR-Fuzzy-Zahlen vor. Gesucht ist jene Personalstruktur und derjenige Personaleinsatzplan, die den Personalbedarf kostenminimal (Lohn-, Einstellungs-, Entlassungskosten) decken. Zur Formulierung eines entsprechenden Ansatzes definieren wir folgende Symbole:

$\underline{R}$.= $\{r \mid r=1,2,\ldots,R\}$ Menge der Arbeitskräftekategorien

$\underline{Q}$.= $\{q \mid q=1,2,\ldots,Q\}$ Menge der Bedarfskategorien

$\underline{T}$.= $\{t \mid t=1,2,\ldots,T\}$ Menge der Teilperioden

R_q .= $\{r \mid$ Arbeitskräfte der Art r können für Tätigkeiten der Art q bereitgestellt werden$\}$ [Bereitstellungsspektrum]

Q_r .= $\{q \mid$ für Tätigkeiten der Art q können Arbeitskräfte der Art r verwendet werden$\}$ [Verwendungsspektrum]

PA_{rt} .= Anzahl verfügbarer Arbeitskräfte der Art r (Personalausstattung) in t

PE_{rqt} .= Zahl der Arbeitskräfte der Art r, die für Tätigkeiten der Art q in t eingesetzt werden

$h_{r,t}$ $(f_{r,t})$.= Anzahl der in t einzustellenden (zu entlassenden) Arbeitskräfte der Art r

$\tilde{H}_{r,t}$.= $(H^{*}_{r,t};0;\bar{\beta}_{r,t})$.= unscharfe Obergrenze der Einstellungsvariablen [LR-Fuzzy-Zahl][1]

$\tilde{F}_{r,t}$.= $(F^{*}_{r,t};0;\bar{\delta}_{r,t})$.= unscharfe Obergrenze der Entlassungsvariablen [LR-Fuzzy-Zahl]

$\widetilde{PB}_{q,t}$.= $(\underline{PB}^{*}_{q,t};\overline{PB}^{*}_{q,t};\underline{P}_{q,t};\bar{P}_{q,t})$.= unscharfer ("gegebener") Personalbedarf zur Erledigung von Tätigkeiten der Art q in Periode t [LR-Fuzzy-Intervall][2]

$\oint^{r,t}_{G}(\oint^{r,t}_{H})$ $[\oint^{r,t}_{F}]$.= Gehalts- (Einstellungs-) [Entlassungskosten] für eine Arbeitskraft der Art r in t

$\bar{a}_{r,t}$.= $(\underline{a}_{r,t};\bar{a}_{r,t};\underline{s}_{r,t};\bar{s}_{r,t})$.= (unscharfe) Anwesenheitsrate von Arbeitskräften der Art r in Periode t [LR-Fuzzy-Intervall]

Wir sind nun in der Lage, ein entsprechendes, auf dem expliziten Ansatz der Personalplanung /2/, /3/ basierendes Modell zu formulieren:

---

[1] Im folgenden werden LR-Fuzzy-Zahlen als Tripel angegeben. Die erste Angabe bezieht sich auf den Gipfelpunkt, die zweite (dritte) auf die linke (rechte) Spreizung. Wir unterstellen, daß die LR-Funktionen (auch bei den LR-Fuzzy-Intervallen) zu linearen Zugehörigkeitsfunktionen führen.

[2] Im folgenden werden LR-Fuzzy-Intervalle als 4-Tupel angegeben. Die erste (zweite) Angabe bezieht sich auf den linken (rechten) Stützpunkt auf dem 1-Niveau, die dritte (vierte) auf die linke (rechte) Spreizung.

<u>Modell I:</u>
<u>Zielfunktion:</u>

$$\sum_{t,r} (\ \phi_G^{r,t}\ PA_{r,t}\ +\ \phi_H^{r,t}\ h_{r,t} +\ \phi_F^{r,t}\ f_{r,t}\ )\ \overset{!}{=}\ \text{Min} \qquad [1]$$

<u>Restriktionen:</u>

Abstimmung Personaleinsatz - Personalbedarf:

$$\sum_{r \in R_q} \tilde{a}_{r,t}\ PE_{r,q,t} \overset{\sim}{=} \widetilde{PB}_{q,t} \qquad\qquad \forall\ q,t \qquad [2]$$

Abstimmung Personaleinsatz - Personalausstattung:

$$\sum_{q \in Q_r} PE_{r,q,t} \leq PA_{r,t} \qquad\qquad \forall\ r,t \qquad [3]$$

Personalausstattungsskontration:

$$PA_{r,t} = PA_{r,t-1} + h_{r,t} - f_{r,t} \qquad\qquad \forall\ r,t \qquad [4]$$

Obergrenzen:

$$h_{r,t} \overset{\sim}{\leq} \tilde{H}_{r,t} \qquad\qquad \forall\ r,t \qquad [5]$$

$$f_{r,t} \overset{\sim}{\leq} \tilde{F}_{r,t} \qquad\qquad \forall\ r,t \qquad [6]$$

Nichtnegativitätsbedingungen für alle Variablen:

$$PE_{r,q,t};\ PA_{r,t};\ h_{r,t};\ f_{r,t} \geq 0 \quad \forall\ \text{relevanten } r,q,t \qquad [7]$$

[2] ist durch die beiden folgenden Fuzzy-Restriktionen zu ersetzen:

$$\sum_{r \in R_q} \tilde{a}_{r,t}\ PE_{r,q,t} \overset{\sim}{\geq} \widetilde{PB}_{q,t} \qquad [2a]$$

$$\sum_{r \in R_q} \tilde{a}_{r,t}\ PE_{r,q,t} \overset{\sim}{\leq} \widetilde{PB}_{q,t} \qquad [2b]$$

B. Linearer Kompromißansatz

Wird in Restriktion [2a] die Grenze $\underline{PB}_{q,t}^{*}$ unterschritten, so muß die Abweichung vom Entscheidungsträger bewertet werden.

Dazu führen wir die unscharfe Menge $\tilde{N}_{q,t}^{u}$ ein, deren Zugehörigkeitswerte $\mu_{\tilde{N}_{q,t}^{u}}$ ($\sum_{r \in R_q} \tilde{a}_{r,t}\ PE_{r,q,t}$) den Nutzen des Entscheidungsträgers ausdrücken, daß zur Deckung von $\widetilde{PB}_{q,t}$ die Quantität $\sum_{r \in R_q} \tilde{a}_{r,t}\ PE_{r,q,t}$ zur Verfügung gestellt wird.

Für (jede) Restriktion (vom Typ) [2a] wird nun eine Surrogatungleichung

$$\sum_{r \in R_q} (\tilde{a}_{r,t} - \underline{a}_{r,t})\ PE_{r,q,t} \geq \underline{PB}_{q,t}^{*} - \underline{P}_{q,t} \qquad \forall\ q,t \qquad [8]$$

und ein Ziel

504

$$\mu_{\tilde{N}_{q,t}^u}(g_{q,t}^u) \overset{!}{=} \text{Max} \qquad \text{mit } g_{q,t}^u := \sum_{r \in R_q} \underline{a}_{r,t} \, PE_{r,q,t} \tag{9}$$

und

$$\mu_{\tilde{N}_{q,t}^u}(g_{q,t}^u) = \begin{cases} 0 & \text{für } g_{q,t}^u < \underline{PB}_{q,t}^* - d_{q,t}^u \\[2ex] \dfrac{g_{q,t}^u - (\underline{PB}_{q,t}^* - d_{q,t}^u)}{d_{q,t}^u} & \text{für } \underline{PB}_{q,t}^* - d_{q,t}^u \leq g_{q,t}^u < \underline{PB}_{q,t}^* \\[2ex] 1 & \text{für } \underline{PB}_{q,t}^* \leq g_{q,t}^u \end{cases} \tag{10}$$

$$\text{wobei } d_{q,t}^u := \text{Abweichungstoleranzparameter}[3]$$

in Ansatz gebracht /6, S.240/.

Bezüglich der Restriktion [2b] verfahren wir analog: Wird hier die Grenze $\overline{PB}_{q,t}^*$ überschritten, so ist dies über die unscharfe Menge $\tilde{N}_{q,t}^o$ zu bewerten. Für (jede) Restriktion (vom Typ) [2b] wird dann eine Surrogatungleichung

$$\sum_{r \in R_q} (\overline{a}_{r,t} + \overline{s}_{r,t}) \, PE_{r,q,t} \leq \overline{PB}_{q,t}^* + \overline{P}_{q,t} \qquad \forall \, q,t \tag{11}$$

und ein Ziel

$$\mu_{\tilde{N}_{q,t}^o}(g_{q,t}^o) \overset{!}{=} \text{Max} \qquad \text{mit } g_{q,t}^o := \sum_{r \in R_q} \overline{a}_{r,t} \, PE_{r,q,t} \tag{12}$$

und

$$\mu_{\tilde{N}_{q,t}^o}(g_{q,t}^o) = \begin{cases} 0 & \text{für } g_{q,t}^o > \overline{PB}_{q,t}^* + d_{q,t}^o \\[2ex] 1 - \dfrac{g_{q,t}^o - \overline{PB}_{q,t}^*}{d_{q,t}^o} & \text{für } \overline{PB}_{q,t}^* + d_{q,t}^o \geq g_{q,t}^o > \overline{PB}_{q,t}^* \\[2ex] 1 & \text{für } \overline{PB}_{q,t}^* \geq g_{q,t}^o \end{cases} \tag{13}$$

$$\text{mit } d_{q,t}^o \text{ als Abweichungstoleranzparameter } [\, d_{q,t}^o \leq \overline{P}_{q,t} \,]$$

in Ansatz gebracht.

Ähnlich verfahren wir bezüglich der Restriktionen [5] und [6], die wir durch die Surrogatungleichungen

$$h_{r,t} \leq H_{r,t}^* + \overline{\beta}_{r,t} \qquad \qquad \forall \, r,t \tag{14}$$

$$f_{r,t} \leq F_{r,t}^* + \overline{\delta}_{r,t} \qquad \qquad \forall \, r,t \tag{15}$$

---

[3] Dabei gilt $d_{q,t}^u \leq \underline{p}_{q,t}$, da der Entscheidungsträger Abweichungen von $\underline{PB}_{q,t}^*$, die über $\underline{p}_{q,t}$ hinausgehen nicht akzeptieren kann. Wollte er auch solche Abweichungen einbeziehen, dann müßte er $\underline{\tilde{PB}}_{q,t}$ neu bestimmen.

sowie die Ziele

$$\mu_{\tilde{N}^h_{r,t}} (h_{r,t}) \quad \overset{!}{=} \quad \max \qquad [16]$$

$$\mu_{\tilde{N}^f_{r,t}} (f_{r,t}) \quad \overset{!}{=} \quad \max \qquad [17]$$

ersetzen.

Dabei gilt

$$\mu_{\tilde{N}^h_{r,t}} (h_{r,t}) = \begin{cases} 0 & \text{für } h_{r,t} > H^*_{r,t} + d^h_{r,t} \\[2mm] 1 - \dfrac{(h_{r,t} - H^*_{r,t})}{d^h_{r,t}} & \text{für } H^*_{r,t} + d^h_{r,t} \geq h_{r,t} > H^*_{r,t} \\[2mm] 1 & \text{für } H^*_{r,t} \geq h_{r,t} \end{cases} \qquad [18]$$

mit $d^h_{r,t}$ als Abweichungstoleranzparameter [$d^h_{r,t} \leq \bar{\beta}_{r,t}$].

$\mu_{\tilde{N}^f_{r,t}} (f_{r,t})$ [19] wird analog zu [18] definiert (h, H*, d^h, $\bar{\beta}$ werden hier durch f, F*, d^f, $\bar{\delta}$ ersetzt).

Der nun vorliegende Ansatz ist äquivalent dem Mehrzieloptimierungssystem:

$$Z \quad \overset{!}{=} \quad \min \quad \wedge \quad D \quad \overset{!}{=} \quad \max \qquad [20]$$

$$\text{mit} \quad Z = Z(PA_{r,t}, \; h_{r,t}, \; f_{r,t}) \qquad [1]$$

und

$$D = \begin{bmatrix} \mu_{\tilde{N}^u_{q,t}} (g^u_{q,t}) & \forall & q,t \\[3mm] \mu_{\tilde{N}^o_{q,t}} (g^o_{q,t}) & \forall & q,t \\[3mm] \mu_{\tilde{N}^h_{r,t}} (h_{r,t}) & \forall & r,t \\[3mm] \mu_{\tilde{N}^f_{r,t}} (f_{r,t}) & \forall & r,t \end{bmatrix} \qquad [21]$$

<u>u.d.N.:</u> [3], [4], [7], [8], [11], [14], [15]

Zur Formulierung eines problemadäquaten Ersatzprogramms wollen wir nun nicht mehr (direkt) die Zielfunktion [1], sondern die entsprechende Nutzenbewertung des Entscheidungsträgers verwenden. Dazu definieren wir die unscharfe Menge $\tilde{G}$ = {(w, $\mu_{\tilde{G}}$ (w)) | w ϵ R} der zufriedenstellenden Zielwerte. Über die Zugehörigkeitsfunktion $\mu_{\tilde{G}}$(w) bringt der Entscheidungsträger seine Zufriedenheit mit der Ausprägung w der Zielfunktion [1] zum Ausdruck. Zur Generierung dieser Zugehörigkeitsfunktion werden zwei Modelle gegenübergestellt, bei denen die Zielfunktion [1] die Ausprägung $\bar{w}$ bzw. $\underline{w}$ aufweist.
Sei $\bar{w}$ die Ausprägung der Zielfunktion bei optimaler Lösung des Mo-

506

dells H1, das aus der Zielfunktion [1] sowie aus den Restriktionen
[3], [4], [7], [8], [11] und

$$\sum_{r \in R_q} \underline{a}_{r,t}\, PE_{r,q,t} \geq \underline{PB}^*_{q,t} \qquad\qquad \forall\ q,t \qquad\qquad [22]$$

$$\sum_{r \in R_q} \overline{a}_{r,t}\, PE_{r,q,t} \leq \overline{PB}^*_{q,t} \qquad\qquad \forall\ q,t \qquad\qquad [23]$$

$$h_{r,t} \leq H^*_{r,t} \qquad\qquad \forall\ r,t \qquad\qquad [24]$$

$$f_{r,t} \leq F^*_{r,t} \qquad\qquad \forall\ r,t \qquad\qquad [25]$$

besteht und sei $\underline{w}$ die Ausprägung der Zielfunktion [1] bei optimaler
Lösung des Modells H2, das aus [1], [3], [4], [7], [8], [11], [14],
[15] besteht.
Es ist offensichtlich, daß $\underline{w}$ nicht größer werden kann als $\overline{w}$.
Da wir hier als Präferenzkriterium die Minimierung anstreben, kennzeichnet $\underline{w}$ jenen Schwellenwert, unterhalb dessen [1] sehr "günstig" und
$\overline{w}$ jenen Schwellenwert, oberhalb dessen [1] sehr "ungünstig" ausgeprägt
ist. Wählt der Entscheidungsträger nun die Relationen

$$\underline{w} \leq w_o \ \wedge\ \overline{w} \geq w_o + d_o \qquad\qquad [26]$$

dann kann die gesuchte Zugehörigkeitsfunktion für den Fall $\underline{w} < \overline{w}$ wie
folgt definiert werden:[4]

$$\mu_{\tilde{G}}(w) = \begin{cases} 0 & \text{für } w > w_o + d_o \\[2mm] 1 - \dfrac{w - w_o}{d_o} & \text{für } w_o \leq w \leq w_o + d_o \\[2mm] 1 & \text{für } w < w_o \end{cases} \qquad [27]$$

$$\text{mit } d_o\ .= \text{Abweichungstoleranzparameter}$$

Wählt man den Minimumoperator als Präferenzoperator, dann lautet das
lineare Ersatzprogramm für Modell I wie folgt /4, S.6/, /6, S.242/:

<u>Modell II</u>

$$\pi \ \overset{!}{=}\ Max \qquad\qquad [28]$$

<u>u.d.N.:</u>   [3], [4], [8], [11], [14], [15]   sowie

$$d_o\, \pi + \sum_{t,r} \left(\phi_G^{r,t} PA_{r,t} + \phi_H^{r,t} h_{r,t} + \phi_F^{r,t} f_{r,t} \right) \leq w_o + d_o \qquad [29]$$

---

[4] Für den (Ausnahme-) Fall $\underline{w} = \overline{w}$ kann dieses analytische Kriterium nicht angewendet werden; $\mu_{\tilde{G}}(w)$ ist dann vom Entscheidungsträger "vorzugeben" [wie z.B. bei /5/].

$$d_{q,t}^{u} \, \pi - \sum_{r \in R_q} \underline{a}_{r,t} \, PE_{r,q,t} \leq - (PB_{q,t}^{*} - d_{q,t}^{u}) \qquad \forall \quad q, t \qquad [30]$$

$$d_{q,t}^{o} \, \pi + \sum_{r \in R_q} \overline{a}_{r,t} \, PE_{r,q,t} \leq \overline{PB}_{q,t}^{*} + d_{q,t}^{o} \qquad \forall \quad q, t \qquad [31]$$

$$d_{r,t}^{h} \, \pi + h_{r,t} \leq H_{r,t}^{*} + d_{r,t}^{h} \qquad \forall \, r,t \qquad [32]$$

$$d_{r,t}^{f} \, \pi + f_{r,t} \leq F_{r,t}^{*} + d_{r,t}^{f} \qquad \forall \, r,t \qquad [33]$$

$$\pi ; PA_{r,t} ; PE_{r,q,t} ; h_{r,t} ; f_{r,t} \geq 0 \quad \forall \text{ relevanten } r,q,t \qquad [34]$$

Die Größe π symbolisiert den Durchschnitt aus Zielen und Restriktionen, der sich nach dem Zadeh'schen Symmetrieprinzip /1/ über den Minimum-Operator bestimmt. Damit kann π selbstverständlich nicht größer werden als die Zugehörigkeitswerte der einzelnen Restriktionen zur "Unscharfen Entscheidung". Das Optimum liegt bei derjenigen Variablenkonstellation, die π maximiert, so daß wir im Kompromißprogramm die Zielfunktion [28] verfolgen und π im Intervall [0,1] liegt. π bringt den auf das Intervall [0,1] normierten Nutzen zum Ausdruck, den die im Kompromißprogramm ermittelte Variablenkonstellation dem Entscheidungsträger (mindestens) stiftet.[5]

Literatur

/1/ Bellmann, R.E./Zadeh, L.A.
Decision-Making in a Fuzzy Environment.
Management Science, Vol. 17., No. 4, B-141 - B-164 (1970).

/2/ Kossbiel, H.
Personalbereitstellung und Personalführung.
Allg. Betriebswirtschaftslehre, hrsg. v. H.Jacob, 5. überarb. Aufl.
1045-1257 (1988).

/3/ Muche, G.
Personalplanung bei gegebener Personalausstattung.
Göttingen: Vandenhoeck & Ruprecht (1989)

/4/ Negoita, C. V./Sularia, M.
On Fuzzy Mathematical Programming and Tolerances in Planning
Economic Computation and Economic Cybernetics Studies and
Research, 3-15 (1976).

/5/ Rödder, W./Zimmermann, H. J.
Analyse, Beschreibung und Optimierung von unscharf
formulierten Problemen.
Zeitschrift für Operations Research, Bd. 21, 1-18 (1977).

---

[5] Eine Langfassung der vorliegenden Arbeit (30 Seiten) /7/ kann beim Autor angefordert werden.

/6/   Rommelfanger, H.
        Entscheiden bei Unschärfe. Fuzzy Decision Support-Systeme.
        Berlin-Heidelberg-New York: Springer (1988).

/7/   Spengler, Th.
        Fuzzy-Entscheidungsmodelle für die Planung der
        Personalbereitstellung.
        unveröffentlichtes Arbeitspapier
        Frankfurt a.M. (1990)

/8/   Zadeh, L. A.
        Fuzzy Sets.
        Information and Control 8, 338-353 (1965).

MAINTENANCE POLICIES WITH MINIMAL REPAIR

Frank Beichelt, Mittweida

Abstract: During the work of a system two types of failures may occur: Type 1 failures are removed by minimal repairs, type 2 failures are removed by replacements. Characteristic reliability criteria are derived. The results are shown to be a suitable theoretical background for investigating repair cost limit replacement policies. The case of Weibull-distributed lifetimes is discussed in detail.

Zusammenfassung: Während der Betriebszeit eines Systems können zwei Typen von Ausfällen eintreten: Typ 1-Ausfälle werden durch minimale Reparaturen und Typ 2-Ausfälle durch vollständige Erneuerungen behoben. Charakteristische Zuverlässigkeitskenngrößen werden abgeleitet. Die erhaltenen Resultate werden benutzt, um Instandhaltungsstrategien auf der Basis von Reparaturkostenlimits zu analysieren. Explizite Resultate werden für den Fall Weibull-verteilter Lebensdauern angegeben.

Failure Model

The lifetime X of a system is assumed to be a random variable with distribution function $F(t)$, survival function $\bar{F}(t) = 1 - F(t)$, density function $f(t) = F'(t)$, and failure rate $q(t) = f(t)/\bar{F}(t)$. Next the case is considered that every system failure is removed by a minimal repair in negligible time. By definition, a minimal repair enables the system to continue its work, but it does not affect the failure rate of the system, i.e., the failure rate after a minimal repair is equal to the failure rate immediately before the failure. Let X_n be the time to the n th failure or minimal repair, respectively, $n = 1, 2, \ldots$ and $f_n(t)$ be its density. Then it is well-known /2/ that the random vector $(X_1, X_2, \ldots X_n)$ has the common probability density function

$$f(x_1, x_2, \ldots, x_n) = \begin{cases} q(x_1)q(x_2)\ldots q(x_{n-1})f(x_n), & x_1 < x_2 < \ldots < x_n, \\ 0 \text{ otherwise}, & n \geq 2. \end{cases} \tag{1}$$

Further,

$$f_n(t) = \frac{(Q(t))^{n-1}}{(n-1)!} f(t), \quad \text{where } Q(t) = \int_0^t q(x)dx.$$

If M_t denotes the random number of failures (minimal repairs) in $(0, t)$, then

$$"M_t = n" = "X_n < t \leq X_{n+1}", n = 0, 1, 2, ..., X_0 = 0.$$

From (1),

$$P(M_t = n) = \frac{(Q(T))^n}{n!} e^{-Q(t)}, n = 0, 1, 2, ...$$

In particular, $(M_t)_{t>0}$ is a nonhomogeneous Poisson process with mean $E(M_t) = Q(t)$.

Now it will be assumed that two types of system failures may occur:

Type 1: failures of this type are removed by minimal repairs.

Type 2: failures of this type are removed by replacements.

Thus, type 1 failures may be interpreted as slight ones, whereas type 2 failures may be complete system breakdowns. A failure occuring at system age t is with probability $p(t)$ of type 2 and with probability $\bar{p}(t) = 1 - p(t)$ of type 1. This failure model has been first introduced in /1/, later the special case $p(t) \equiv p$ has been reconsidered in /3/. Here those results are presented necessary for the analysis of repair cost limit replacement policies. All maintenance actions are assumed to take only negligible times and a replaced system is "as good as new".

Within the failure model described the most simple maintenance policy is the following one:

Policy 1. The system is maintained according to the failure type.

Let a cycle be here and in what follows the time between two neighbouring replacements. The random cycle length is denoted by Y. Let further $G(t) = P(Y < t)$ and $\bar{G}(t) = 1 - G(t)$. Then,

$$P(t < Y \leq t + h \mid Y > t) = p(t)q(t)h + o(h)$$

so that

$$\frac{G(t + h) - G(t)}{h} \bigg/ \bar{G}(t) = p(t)q(t) + \frac{o(h)}{h}.$$

Letting $h \to 0$,

$$G'(t)/G(t) = p(t)q(t).$$

Hence $p(t)q(t)$ is the failure rate belonging to $G(t)$ so that

$$\bar{G}(t) = exp(- \int_0^t p(x)q(x)dx).$$

Let N be the random number of type 1 failures within a cycle. Then,

$$P(N = 0) = \int_0^\infty p(t)f(t)dt,$$

and for $n \geq 1$, using (1)

$$P(N = n) = \frac{1}{n!} \int_0^\infty \left(\int_0^t p(x)q(x)dx \right)^n p(t)f(t)dt.$$

Hence,

$$E(N) = \sum_{n=0}^\infty nP(N = n) = \int_0^\infty Q(t)dG(t) - 1.$$

Let c_m and c_r denote the mean cost of a minimal repair and replacement, respectively. Then the average maintenance cost per unit time (maintenance cost rate) is

$$K_1 = \frac{\left(\int_0^\infty Q(t)dG(t) - 1 \right)c_m + c_r}{\int_0^\infty \bar{G}(t)dt}.$$

In particular, for $p(t) \equiv p$ there hold $\bar{G}(t) = (\bar{F}(t))^p$ and

$$K_1 = \frac{\frac{1-p}{p}c_m + c_r}{\int_0^\infty \bar{G}(t)dt}. \tag{2}$$

Repair Cost Limit Maintenance Policies

Repair cost limit maintenance policies are characterized as follows: when a system failure occurs the necessary repair cost is estimated. If the estimated cost exceeds a fixed level – called repair cost limit – then the system is not (minimal) repaired but replaced by a new one. Up to now repair cost limit maintenance policies have been essentially analyzed by applying dynamic programming /4/.

It is obvious that the failure type model of the preceding section applies to the repair cost limit model when the failure type is generated by the random repair cost C in the following way: A type 1 (type 2) failure occurs if $C \leq c$ ($C > c$). If $R(x) = P(C < x)$ denotes the distribution function of C then

$$\bar{p} = R(c), \, p = \bar{R}(c) \tag{3}$$

are the probabilities of type 1 and type 2 failures, respectively. In what follows it will be assumed that p does not depend on time, i.e., neither C nor c depend on the system age at failure. However, it is obvious to assume

$$R(x) = \begin{cases} 1, & \text{if } x \geq c_r, \\ 0, & \text{if } x < 0 \end{cases} \quad 0 \leq c \leq c_r.$$

The following maintenance policy is the analogue to policy 1.

Policy 2. On failure the system is replaced by an equivalent new one if the random repair cost C exceeds a given repair cost limit c; otherwise a minimal repair is carried out.

Since p as given by (3) does not depend on time, formula (2) can be applied for computing the corresponding maintenance cost rate $K_2(c)$. But an important peculiarity of the repair cost limit model has to be taken into account: the mean repair cost c_m for removing type 1 failures depend now on c and, therefore, on p :

$$c_m = \frac{1}{R(c)}(\int_0^c \bar{R}(x)dx - c\bar{R}(c)). \tag{4}$$

Note that c_m is the mathematical expectation of C on condition that $C \leq c$. Thus, (2), (3), and (4) yield the maintenance cost rate

$$K_2(c) = \frac{\frac{1}{R(c)}(\int_0^c \bar{R}(x)dx + c_r) - c}{\int_0^\infty (\bar{F}(t))^{R(c)}dt}.$$

By applying numerical methods it is principally easy to obtain a repair cost limit being at least approximately optimal with respect to $K_2(c)$. However, in case of Weibull-distributed lifetimes more detailed information on an optimal repair cost limit can be obtained. Hence, let

$$F(t) = exp(-at^b), \; t \geq 0, \; b \geq 1.$$

Then the maintenance cost rate is

$$K_2(c) = a^{1/b}(\Gamma(1 + \frac{1}{b}))^{-1}(\bar{R}(c))^{1/b-1}\left(\int_0^c \bar{R}(x)dx + (c_r - c)\bar{R}(c)\right).$$

An optimal $c = c^*$ satisfies the equation

$$\frac{1}{\bar{R}(c)}\int_0^c \bar{R}(x)dx + \frac{1}{b-1}c = \frac{1}{b-1}c_r.$$

Numerical results

Let be $c_r = 1$ and $E(C) = 0,5$. Then tables 1 and 2 show for uniformly and truncated normally distributed repair costs optimal repair cost limits c^* and the corresponding relative maintenance cost rates $H(c^*) = K(c^*)/K(0)$. Note that c^* does not depend on a and that $K(0)$ refers to the policy "only replacements are carried out".

	Table 1.			Table 2.		
	C uniformly distributed			C truncated normally distributed		
	b	c^*	$H(c^*)$	b	c^*	$H(c^*)$
	1,0	1,000	0,500	1,0	1,000	0,500
	1,5	0,553	0,784	1,5	0,545	0,798
	2,0	0,423	0,877	2,0	0,422	0,899
	3,0	0,293	0,945	3,0	0,295	0,955
	4,0	0,225	0,969	4,0	0,227	0,974

In this numerical example, the effects of different repair cost distributions on the optimal cost behavior are comparatively small.

References

/1/ Beichelt, F.
A general preventive maintenance policy.
Mathem. Operationsf. und Statistik 7, 927-932 (1976)

/2/ Beichelt, F.; Franken, P.
Zuverlässigkeit und Instandhaltung.
München-Wien: Carl Hanser Verlag (1984)

/3/ Fontenot, R.A.; Proschan, F.
Some imperfect maintenance models.
In: Reliability Theory and Models. New York: Academic Press (1984)

/4/ White, D.J.
Repair limit replacement.
OR Spectrum 11, 143-149 (1989).

ANALYTISCHE UNTERSUCHUNG ASYMMETRISCHER PRIORITÄTSGESTEUERTER WARTESYSTEME

Gunter Bolch, Erlangen
Albert Scheuerer, Reichertswinn

Zusammenfassung: In der vorliegenden Arbeit werden approximative analytische Beziehungen für die Leistungsgrößen asymmetrischer Wartesysteme hergeleitet. Asymmetrisch bedeutet hier, daß die einzelnen Bedieneinheiten unterschiedliche Bedienraten haben. Die betrachteten Größen sind die mittlere Wartezeit, die mittlere Warteschlangenlänge oder die mittlere Antwortzeit des Wartesystems. Außer der FIFO-Warteschlangendisziplin werden auch noch die Abarbeitung nach statischen und dynamischen Prioritäten untersucht. Ein Vergleich mit Simulationsergebnissen bestätigt die Richtigkeit der Ergebnisse und die Genauigkeit der Approximationen.

Abstract: In this contribution approximate analytical formulas for the mean waiting time of asymmetric multiserver queueing systems are considered. Asymmetric means that the different servers have different service rates. Besides the FIFO queueing discipline static and dynamic priorities are also be examined. The accuracy of the results is shown by comparing them with the simulation results.

1. Einleitung

Zur Leistungsbewertung von Rechensystemen werden häufig Warteschlangenmodelle verwendet, da diese viele wichtige Eigenschaften von Rechensystemen unmittelbar nachbilden können. Dabei wird das Rechensystem durch ein einzelnes Wartesysytem oder durch ein Netz von Wartesystemen, die man dann auch Knoten nennt, dargestellt. Mit Hilfe des Warteschlangenmodells können Leistungsgrößen wie Durchsatz, Auslastung, Antwortzeit oder Warteschlangenlängen ermittelt werden.

Ein Wartesystem besteht aus einer oder mehreren Bedieneinheiten (single oder multiple server) und einer Warteschlange für die auf Bearbeitung wartenden Aufträge. Es wird charakterisiert durch die Verteilung der Zwischenankunftszeiten (A) und der Bedienzeiten (B), die Anzahl der parallelen Server (m) und die Abarbeitungsstrategie für die Aufträge in der Warteschlange (Kurzschreibweise: A/B/m-Strategie).

In den bisherigen Arbeiten wurden identische Bedienzeiten für die m parallelen Server vorausgesetzt (symmetrisches Wartesystem). Die vorliegende Arbeit befaßt sich mit dem, auch für die praktische Anwendung wichtigen, Fall, daß diese Voraussetzung nicht mehr erfüllt ist (asymmetrisches Wartesystem).

2. Approximationen der mittleren Wartezeit

2.1 Asymmetrische G/G/m-FIFO-Systeme

Ein asymmetrisches FIFO-System mit beliebiger Verteilung der Zwischenankunfts- und Bedienzeiten wird durch folgende Parameter bestimmt:

- m: Anzahl der Bedieneinheiten

Operations Research Proceedings 1991
© Springer-Verlag Berlin Heidelberg 1992

- λ: Ankunftsrate
- μ_k: Bedienrate von Bedieneinheit k $(1 \le k \le m)$
- $\bar{x}_k = 1/\mu_k$:   mittlere Bedienzeit von Bedieneinheit k $(1 \le k \le m)$
- c_a: Variationskoeffizient der Verteilung der Zwischenankunftszeit
- c_b: Variationskoeffizient der Verteilung der Bedienzeit
- Strategie zur Auswahl einer Bedieneinheit bei mehreren freien
  Bedieneinheiten:
  Strategie 1 (S1):   Die schnellste freie Bedieneinheit wird ausgewählt.
  Strategie 2 (S2):   Zufällige Auswahl unter den freien Bedieneinheten.

Zur Herleitung einer Formel für die Wartezeit in einem asymmetrischen Wartesystem benötigt man die Wahrscheinlichkeit p_k, daß ein Auftrag von einer bestimmten Bedieneinheit k bedient wird. Wir gehen von der folgenden Annahme aus:

$$p_k = \frac{\mu_k}{\sum\limits_{l=1}^{m}\mu_l} \; ; \qquad (1 \le k \le m) \tag{1}$$

Wie gut diese Annahme ist, und für welche Strategie sie geeigneter ist, wird im Abschnitt 3 (Validierung der Approximationen) diskutiert. Mit diesen Wahrscheinlichkeiten können wir die Auslastung der einzelnen Bedieneinheiten bestimmen:

$$\rho_k = \frac{\lambda * p_k}{\mu_k} = \frac{\lambda}{\mu_k} * \frac{\mu_k}{\sum\limits_{l=1}^{m}\mu_l} = \frac{\lambda}{\sum\limits_{l=1}^{m}\mu_l} \; ; \qquad (1 \le k \le m) \tag{2}$$

Man sieht sofort, daß die Auslastung der einzelnen Bedieneinheiten identisch ist. Daher kann man für die Auslastung des Gesamtsystems schreiben:

$$\rho = \rho_k \; ; \qquad (1 \le k \le m) \tag{3}$$

Die mittlere Bedienzeit kann man mit Hilfe der Wahrscheinlichkeiten p_k berechnen:

$$\bar{x} = \sum\limits_{k=1}^{m} p_k * \bar{x}_k = m \, / \sum\limits_{l=1}^{m}\mu_l \tag{4}$$

2.1.1 M/G/m-Systeme

Wir können nun schon dazu übergehen, die Wartezeit zu bestimmen; wie bei symmetrischen M/G/m-Systemen verwenden wir für die Wartezeit W die folgende Approximation /2/:

$$W = W_0 + \frac{N}{m} * \bar{x} \, , \tag{5}$$

wobei W_0 die Zeit darstellt, die vergeht, bis die erste Bedieneinheit frei ist, und N die mittlere Warteschlangenlänge bezeichnet.
Mit dem Satz von Little kommen wir zu folgendem Ergebnis:

516

$$W = \frac{W_0}{1 - \dfrac{\lambda * \bar{x}}{m}}$$

Wegen

$$\frac{\lambda * \bar{x}}{m} = \frac{\lambda * [m / \sum\limits_{k=1}^{m} \mu_k]}{m} = \frac{\lambda}{\sum\limits_{k=1}^{m} \mu_k} = \rho$$

gilt

$$W = \frac{W_0}{1 - \rho} \tag{6}$$

wie beim symmetrischen System.

Wir müssen nur noch W_0 bestimmen. Nach /7/ gilt für die mittlere Restbedienzeit R_k einer Bedieneinheit bei allgemeiner Bedienzeitverteilung und exponentieller Zwischenankunftszeit:

$$R_k = \frac{\bar{x}_k}{2} * (1 + c_b^2) \tag{7}$$

Somit ergibt sich als Restbedienrate:

$$\mu_{R_k} = \frac{1}{R_k} = \frac{2}{\bar{x}_k (1 + c_b^2)}$$

Sind alle Bedieneinheiten aktiv, so erhalten wir für die Gesamt-Restbedienrate:

$$\mu_R = \sum_{k=1}^{m} \mu_{R_k} = \sum_{k=1}^{m} \frac{2}{\bar{x}_k (1 + c_b^2)}$$

und für die Gesamt-Restbedienzeit:

$$R = \frac{1}{\mu_R} = \frac{1}{\sum\limits_{k=1}^{m} \dfrac{2}{\bar{x}_k (1 + c_b^2)}} = \frac{1 + c_b^2}{2 * \sum\limits_{k=1}^{m} \dfrac{1}{\bar{x}_k}} \tag{8}$$

Mit

$$\bar{x} = \frac{m}{\sum\limits_{k=1}^{m} \dfrac{1}{\bar{x}_k}}$$

lautet die Formel für die Restbedienzeit:

$$R = \frac{\bar{x} (1 + c_b^2)}{2 * m} , \tag{9}$$

somit genauso wie beim symmetrischen Modell /2/.

Mit der Wahrscheinlichkeit P_m, daß das System aktiv ist, erhalten wir für W_0:

$$W_0 = \frac{\overline{x}}{2*m} * (1 + c_b^2) * P_m \tag{10}$$

Für symmetrische M/M/m-Systeme ist in /7/ die Wahrscheinlichkeit P_m wie folgt angegeben:

$$P_m = \sum_{k=m}^{\infty} p_k = \sum_{k=m}^{\infty} p_0 * \frac{m^m * \rho^k}{m!} = \frac{(m*\rho)^m}{m!\,(1-\rho)} * p_0 \tag{11}$$

mit

$$p_0 = \cfrac{1}{\left[\displaystyle\sum_{k=0}^{m-1} \frac{(m*\rho)^k}{k!}\right] + \frac{(m*\rho)^m}{m!*(1-\rho)}}$$

Für P_m existiert für M/G/m-Systeme keine exakte Formel mehr (Wie man zu Approximationen kommt, ist in /2/ nachzulesen).

Es scheint sinnvoll zu sein, die Formel für P_m auch für asymmetrische Systeme zu übernehmen, wenn man für ρ wieder

$$\rho = \frac{\lambda}{\displaystyle\sum_{k=1}^{m} \mu_k}$$

einsetzt.

Auf diese Weise können wir jetzt eine Näherung für die Wartezeit in M/G/m-Systemen angeben:

$$W_{MGm} = \frac{P_m * \overline{x}\,(1+c_b^2)}{(1-\rho)*2*m} = W_{MMm} * \frac{1+c_b^2}{2} \tag{12}$$

Dies sind die gleichen Formeln wie beim symmetrischen Modell.

2.1.2 G/G/m-Systeme

Es liegt nahe, nun den Übergang zu G/G/m-Systemen zu vollziehen:

Bei der Bestimmung der Restbedienzeit einer aktiven Bedieneinheit ist es sinnvoll, M/G/m-Systeme analog als Spezialfälle von G/G/m-Systemen zu betrachten und deshalb den Faktor $1 + c_b^2$ durch $c_a^2 + c_b^2$ zu ersetzen /1,2/ und man erhält:

$$R_k = \frac{\overline{x}_k}{2} \left[c_a^2 + c_b^2\right]$$

und für die Restbedienzeit eines asymmetrischen Systems, vorausgesetzt, daß alle Bedieneinheiten beschäftigt sind:

$$R = \cfrac{1}{\displaystyle\sum_{k=1}^{m} \cfrac{2}{\overline{x}_k \left[c_a^2 + c_b^2 \right]}} = \frac{\overline{x}}{2m} * \left[c_a^2 + c_b^2 \right] \tag{13}$$

und für die mittlere Wartezeit:

$$W_{GGm} = \frac{P_m}{1-\rho} * \frac{\overline{x}}{2m} \left[c_a^2 + c_b^2 \right] = W_{MMm} * \frac{c_a^2 + c_b^2}{2} \tag{14}$$

Das ist wiederum die gleiche Formel wie beim symmetrischen Modell /2/.

Als Alternative zu den obengenannten Formeln wurde auch die Approximation von Cosmetatos /4/ und Kimura /8,11/ untersucht. Auch hier können die Formeln für den symmetrischen Fall übernommen werden, wenn man für ρ Gleichung (3) verwendet.

2.2 Approximationen für Prioritätensysteme

Die Formeln für symmetrische Systeme in /3,6,7/ können auch hier übernommen werden, wenn man für die Auslastung

$$\rho_i = \frac{\lambda_i}{\displaystyle\sum_{k=1}^{\infty} \mu_{ik}} \tag{15}$$

und für

$$W_0 = \cfrac{P_m}{2 \displaystyle\sum_{k=1}^{m} \cfrac{\displaystyle\sum_{i=1}^{P} \lambda_i \overline{x}_{ik}}{\displaystyle\sum_{i=1}^{P} \lambda_i \overline{x}_{ik}^2 \left[c_{a_i}^2 + c_{b_i}^2 \right]}} \tag{16}$$

verwendet /9/. Der Index i steht für die jeweilige Prioritätsklasse.

Geichung (16) gilt für G/G/m-Systeme, sie enthält als Spezialfall auch M/G/m-Systeme ($c_{a_i}^2 = 1$) und M/M/m-Systeme ($c_{a_i}^2 = c_{b_i}^2 = 1$).

3. Validierung der Approximationen

Die Validierung erfolgte mit dem Programmsystem PRIORI /10/, in der alle bekannten und die hier vorgestellten neuentwickelten Formeln für FIFO- und Prioritätssysteme mit einer oder mehreren Bedieneinheiten implementiert sind. PRIORI enthält auch einen Simulationsbaustein.

Insgesamt zeigen die Simulationsergebnisse, daß die analytisch berechneten Resultate bei M/M/m-Systemen sowohl bei FIFO-Systemen als auch bei den Systemen mit statischen und dynamischen Prioritäten gute Approximationen darstellen. Dies trifft vor allem dann zu, wenn die Bedienraten nicht zu sehr voneinander abweichen; der Faktor 10 sollte dabei nicht überschritten werden, denn die analytischen Resultate werden sonst doch immer ungenauer. In der Praxis dürfte eine derartige Streuung der Bedienzeiten ohnehin kaum vorkommen, so daß man de facto ohne Einschränkungen von guten

Näherungen sprechen kann.

Häufig liegen die analytischen Resultate zwischen den Simulationsergebnissen, die mit Hilfe von Strategie 1 gewonnen wurden, und denen, die sich bei Anwendung von Strategie 2 ergeben haben (Bei einigen Beispielen liefern aber beide Strategien höhere Werte als die analytisch berechneten). Dies läßt vermuten, daß bei Strategie 1 im allgemeinen die schnelleren Bedieneinheiten eine höhere Auslastung als die langsameren haben, für die Wahrscheinlichkeiten p_k der schnelleren Bedieneinheiten also gilt: $p_k > \mu_k / \sum_{l=1}^{m} \mu_l$. Dagegen gilt für die langsameren Bedieneinheiten: $p_k < \mu_k / \sum_{l=1}^{m} \mu_l$. Bei Strategie 2 scheint es genau umgekehrt zu sein.

Diese Beobachtungen über die Auslastung der Bedieneinheiten werden durch einige Simulationsergebnisse weitgehend bestätigt (siehe Anhang).

Während es natürlich zu erwarten war, daß bei Strategie 1 die schnelleren Bedieneinheiten eine höhere Auslastung haben als die langsameren, war die Tatsache, daß bei Strategie 2 die Auslastungen sich unterscheiden, nicht unbedingt vorauszusehen (wir waren bei der Herleitung der analytischen Ergebnisse zu der Annahme gelangt, daß die Auslastung der Bedieneinheiten gleich ist). Die Auslastungen der Bedieneinheiten liegen aber bei beiden Strategien meist ziemlich nahe beieinander, so daß man die Annahme, daß alle Bedieneinheiten gleich ausgelastet sind, als einigermaßen zutreffend bezeichnen kann.

Daß die Ergebnisse der Simulationen mit Strategie 1 unter den Resultaten, die mit Hilfe von Strategie 2 gewonnen wurden, liegen, ist keine Überraschung; schließlich hat ja die Auswahl der jeweils schnellsten freien Bedieneinheit den Zweck, die Abarbeitung von Aufträgen zu beschleunigen und somit Wartezeit und Warteschlangenlänge zu verkürzen. Der Unterschied wird - ebenso erwartungsgemäß - umso deutlicher, je geringer die Auslastung ist und je mehr Bedieneinheiten vorhanden sind, weil hier eben durchschnittlich mehr Bedieneinheiten frei sind als bei hoher Auslastung und geringer Anzahl der Bedieneinheiten.

Bei M/G/m-Systemen sind unsere Approximationen etwas schlechter. Das liegt sicher daran, daß hier schon die Formeln für den symmetrischen Fall approximativ sind.

Literaturverzeichnis:

/1/   Allen, A. O.:
        Probability, Statistics and Queueing Theory
        Academic Press, New York, 1990, S. 341

/2/   Bolch, G.:
        Approximation von Leistungsgrößen symmetrischer Mehrprozessorsysteme
        Computing 31, 1983, S. 305-315

/3/   Bolch, G.; Bruchner W.:
Zur Leistungsanalyse symmetrischer Mehrprozessorsysteme mit dynamischen Prioritäten
Elektronische Rechenanlagen 1, 1984, S. 12-19

/4/   Cosmetatos, G. P.:
Some Approximate Equilibrium Results for the Multiserver Queue (M/G/r)
Operational Research Quarterly 27, 1976, S. 615-620

/5/   Bär, M.; Fischer, K.; Hertel, G.:
Leistungsfähigkeit - Qualität - Zuverlässigkeit
transpress Verlagsgesellschaft Berlin, 1988, S. 65-78

/6/   Jäkel, Horst:
Analyse von Multiple-Server-Systemen mit Prioritäten
Diplomarbeit am IMMD (IV) der Universität Erlangen-Nürnberg, 1991

/7/   Kleinrock, Leonhard:
Queueing Systems, Volume I: Theory
John Wiley & Son, New York, 1975

/8/   Kimura, T.:
Heuristic Approximations for the Mean Waiting Time in the G/G/s Queue
Report No.B55, Tokyo Institute of Technology, Tokyo 1985

/9/   Scheuerer, Albert:
Analytische Untersuchung nichtsymmetrischer Mehrprozessorsysteme und Erweiterung des Programmsystems PRIORI
Studienarbeit am IMMD (IV) der Universität Erlangen-Nürnberg, 1989

/10/   Scheuerer, Albert:
Validierung und Modifikation des Programmsystems PRIORI zur Analyse von Prioritätssystemen
Diplomarbeit am IMMD (IV) der Universität Erlangen-Nürnberg, 1990

/11/   Tijms, H.C.:
Stochastic Modelling and Analysis: A Computational Approach
John Wiley & Son, New York, 1986, S. 374

/12/   Trivedi, K.S.:
Probability and Statistics with Reliability, Queueing and Computer Science Application
Prentice Hall, Englewood Cliffs, New Jersey, 1982, S. 393-397

Anhang:

Gegenüberstellung von analytischen Resultaten und Simulationsergebnissen

Erläuterung der verwendeten Bezeichnungen:

- $\rho(A)$:   analytisch berechnete Auslastung
- $\rho(S1)$:   durch Simulation bei Strat. 1 ermittelte Auslastung
- $\rho(S2)$:   durch Simulation bei Strat. 2 ermittelte Auslastung
- $Q(A)$:   analytisch berechnete mittlere Warteschlangenlänge
- $Q(S1)$:   durch Simulation bei Strategie 1 ermittelte WS-Länge
- $Q(S2)$:   durch Simulation bei Strategie 2 ermittelte WS-Länge

Dabei bedeutet:

- Strategie 1:   Auswahl des für die jeweilige Klasse schnellsten freien Prozessors
- Strategie 2:   Zufällige Auswahl eines freien Prozessors

Ergebnisse für asymmetrische M/M/5-FIFO-Systeme

λ	μ_k	$\rho(A)$	$\rho(S1)$	$\rho(S2)$	$Q(A)$	$Q(S1)$	$Q(S2)$
73	10, 15, 20, 20, 25	0.811	0.799	0.819	2.472	2.367	2.495
73	16, 17, 18, 19, 20	0.811	0.807	0.812	2.472	2.476	2.500
73	5, 10, 18, 22, 35	0.811	0.808	0.844	2.472	2.443	2.626
81.11	4, 8, 16, 32, 40	0.811	0.826	0.858	2.472	2.549	2.713
81.11	8, 9, 20, 31, 32	0.811	0.807	0.839	2.472	2.456	2.606
81.11	8, 14, 20, 26, 32	0.811	0.801	0.830	2.472	2.442	2.569
λ	μ_k	$\rho(A)$	$\rho(S1)$	$\rho(S2)$	$Q(A)$	$Q(S1)$	$Q(S2)$
81.11	10, 15, 20, 25, 30	0.811	0.799	0.824	2.472	2.425	2.523

Durch Simulation ermittelte Auslastung ρ_k der einzelnen Prozessoren:

Prozessor	0	1	2	3	4
(S1)	0.763	0.769	0.791	0.821	0.853
(S2)	0.883	0.847	0.819	0.795	0.776

Ergebnisse für ein asymmetrisches $M/E_2/5$-FIFO-System

λ	μ_k	$\rho(A)$	$\rho(S1)$	$\rho(S2)$	$Q(A)$	$Q(S1)$	$Q(S2)$
81.11	10, 15, 20, 25, 30	0.811	0.800	0.825	1.854	1.854	1.962

Durch Simulation ermittelte Auslastung ρ_k der einzelnen Prozessoren:

Prozessor	0	1	2	3	4
(S1)	0.762	0.769	0.792	0.822	0.853
(S2)	0.884	0.849	0.820	0.797	0.777

**Ergebnisse für ein asymmetrisches $M/M/3$-System
mit statischen Prioritäten ohne Verdrängung**

Prio.-Kl.	λ	μ_k	$\rho(A)$	$\rho(S1)$	$\rho(S2)$	$Q(A)$	$Q(S1)$	$Q(S2)$
gesamt	21.9		0.811	0.807	0.828	2.857	2.788	2.852
1	9	4, 9, 14	0.333	0.333	0.341	2.248	2.187	2.234
2	9	4, 9, 14	0.333	0.331	0.340	0.496	0.490	0.503
3	3.9	4, 9, 14	0.144	0.143	0.148	0.112	0.110	0.115

SENSITIVITY AND EFFICIENCY ANALYSIS IN QUEUEING MODELS

Günter Hertel, Dresden

Abstract: The sensitivity of secondary characteristics about primary influence in queueing models are discussed. A new characteristic, the efficiency is introduced. With the minimal sensitivity and the maximal efficiency one can get two interesting working points for the systems utilization range, which are limiting the market capability.

Zusammenfassung: Es wird die Sensibilität von sekundären Größen gegenüber primären Einflüssen in Bedienungsmodellen diskutiert. Eine neue Kenngröße, die Effizienz, wird eingeführt. Mit der minimalen Sensibilität und der maximalen Effizienz erhält man zwei interessante Arbeitspunkte für die marktorientierte Systembelastung.

1) SENSITIVITY OF THE MEAN QUEUEING LENGTH ELq ABOUT THE TRAFFIC VALUE RHO; THE COEFFICIENS OF VARIATION VTa, VTs OF THE INTERARRIVAL AND SERVICE TIME, RESP. IN THE GI/GI/c/oo QUEUEING MODELS

An useful feature for the sensitivity of the secondary characteristics about one or more primary characteristics is the so called relative sensitivity which is the partial derivation of the secondary feature to the primary one. This feature has been introduced in the reliability theory by *Gruhn* et al. (1979) and in the queueing theory by *HO* et al. (1983) *Jirina* (1989) and by *Hertel* (1986). We repeat in this paragraph the relative sensitivity of the mean queueing length ELq about the traffic value RHO and c. v. VTa, VTs, resp., where

$$RHO = ETs \,/\, ETa \tag{1}$$

and Eta, ETs are the expected values of the interarrival and service times, resp.. We use a quite well approximation by *Kluge* (1987) for ELq. The steady-state probabilities of GI/GI/c/oo-models are to be shown in *Hertel* (1986) and *Fischer; Hertel* (1988). Especially for GI/GI/1/oo one can find the solution

$$ELq(GI/GI/1/oo) \approx RHO^2 \,/\, (1 - RHO) \,/\, G \quad \text{where} \tag{2}$$

$$G = 2/\,[C \bullet V^2Ts + V^2Ta] \quad \text{and} \tag{2a}$$

$$C = RHO^{1-V^2Ta} \bullet (1 + V^2Ta) - V^2Ta \tag{2b}$$

A "graphical" discussion is to be found in fig 1 and 2 .

Operations Research Proceedings 1991
© Springer-Verlag Berlin Heidelberg 1992

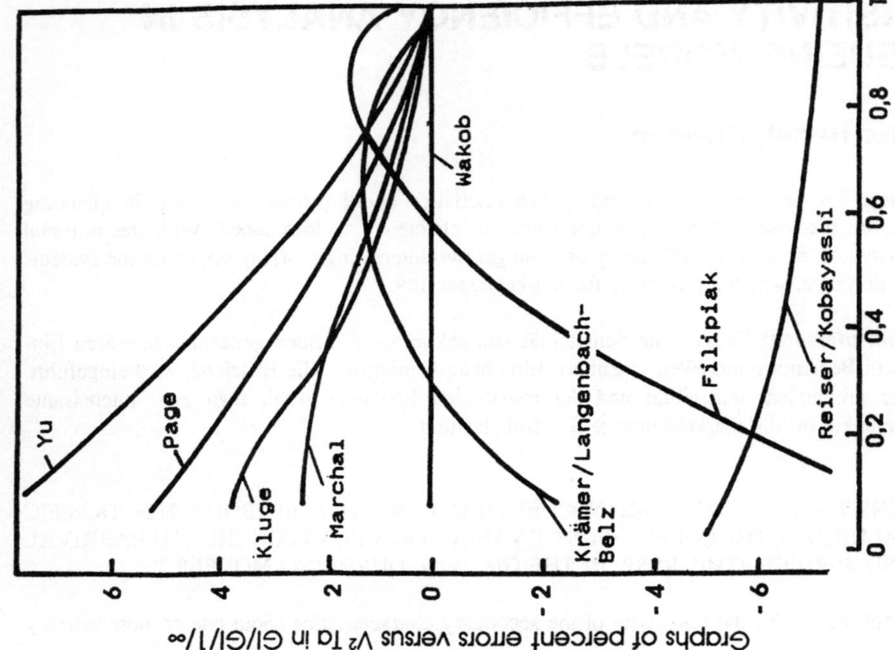

Fig. 2: $GI/E_3/1/\infty$ for RHO = 0.8

Fig. 1: $GI/E_2/1/\infty$ for RHO = 0.8

The relative sensitivities dELq / dV²Ts / ELq, dELq / dV²Ta / ELq and dELq / dRHO /ELq are the partial derivations of the mean queueing length ELq to the square c. v. of service, interarrival time and to the traffic value RHO, resp., divided by the expected value ELq. The solutions are used for the graphic in fig. 3 (see *Fischer* and *Hertel* (1990)).

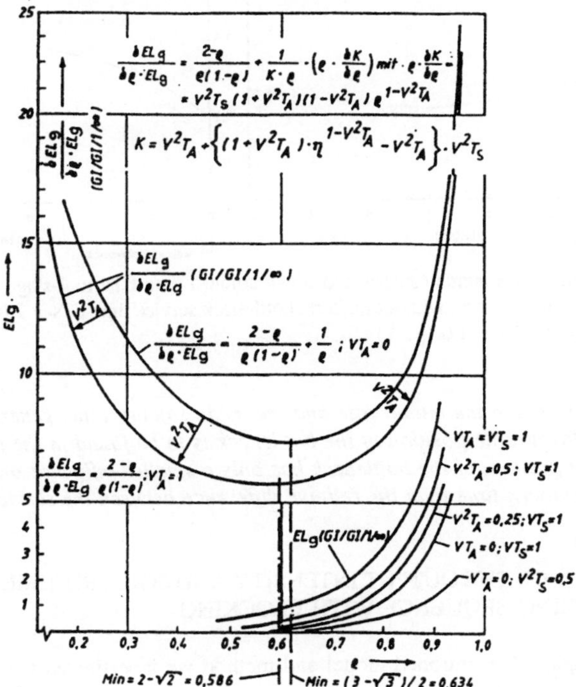

2) SENSITIVITY OF THE OUTPUT INTENSITY AND SOJOURN TIME ABOUT THE POSITION OF BOTTLENECKS IN QUEUEING SEQUENCIES WITH BLOCKING DISCIPLIN

In order to investigate the impact of bottlenecks on the output rate lambda (output) we investigated (*Hertel, Wendler*, 1990) the following queueing model with saturated stream (ST) and blocking disciplin:

$$ST/M/1 \rightarrow ./M/1/m_2 \rightarrow ... \rightarrow ./M/1/m_n$$

with exponential service times and m_i buffer size (i = 1 ... n) and n stages.

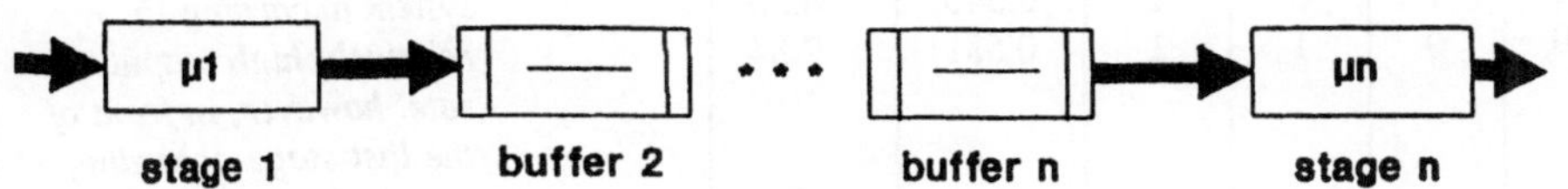

Fig. 4: Queueing sequence

We mastered the calculation of the secondary characteristics by an approximation method (*Brandwajn* and *Jow*, 1988). ı The figures 5 and 6 give a generally valid example of the influence of the bottleneck position:

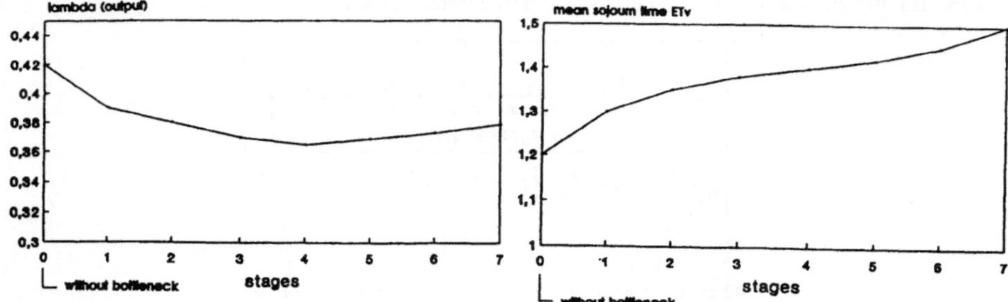

Fig. 5, 6: Output rate lamda (output and mean sojourn time ETv in 7-stage queueing sequence with saturated stream, without buffers, bottleneck service time $ETs_i = 2.0$ and service times of the stages $ETs_k = 1.0$ ($j<>k$)

Some remarks:
(k)   Bottlenecks reduce the output rate and the mean sojourn time, generally spoken
(kk)   The most favourable position of the bottleneck is to be found in the first stage
(kkk) Indeed, the position of the bottleneck has only a smaller influence on the output rate and the mean sojourn time than the relative difference between the service rates in the whole sequence

3) SENSITIVITY OF THE OUTPUT INTENSITY AND SOJOURN TIME ABOUT BUFFERS IN A QUEUEING SEQUENCE WITH BLOCKING

With in the paragraph 2 mentioned model and method we investigated the influence of buffers in queueing sequencies. The table 1 shows only one example with generally valid results.

Tab.1: Influence of buffers on the output rate lambda (output) and the mean sojourn time ETv in a 5-stage sequence without bottlenecks

m2	m3	m4	m5	lamda	Etv	Some remarks
2	0	0	0	0.511	11.34	*(m) Buffers increase the output*
0	2	0	0	0.535	10.00	
0	0	2	0	0.535	8.41	*(mm) The accident caused by*
0	0	0	2	0.513	7.63	*the expotential service*
1	1	0	0	0.535	10.58	*times "swallows" all*
1	0	1	0	0.543	9.68	*expected effects*
1	0	0	1	0.529	9.26	*(mmm) The best position of a*
0	1	1	0	0.552	9.02	*buffer is the middle of the*
0	1	0	1	0.540	8.56	*system according to*
0	0	1	1	0.531	7.84	*relatively high output rate, however, in front of the last stage according to a low mean sojourn time.*

Obviously, there are contradictory interests, only solvable on a higher aggregate level.
Table 2 shows the influence of bottlenecks with buffers in a 7-stage sequence as an example.

Tab. 2: Influence of bottlenecks with buffers on mean output rate and on ETv
$n=7$; $m_{buffer} = 1$; $ETs_{bottleneck} = 2$; $ETs_{else} = 1$

| | output rate lambda | | | mean sojourn time ETv | | |
| Buffer | Bottleneck in | | | Bottleneck in | | |
	stage 2	stage 4	stage 6	stage 2	stage 4	stage 6
in stage 1	%	0.360	0.363	%	16.82	18.72
in front of bottleneck	0.387	0.378	0.388	14.63	15.86	16.63
behind the bottleneck	0.409	0.381	0.381	13.12	14.05	15.51
in stage 7	0.372	0.358	%	12.01	13.98	%

Some remarks:

(n) *According to a high output, the buffer should be positioned immediately behind a front bottleneck, to protect the charged stage from blocking. However, bottlenecks at the end of the system prefer a fronted buffer, to prevent a total blocking on the system by the bottleneck*

(nn) *According to Etv see the remarks to tab. 1: A short sojourn time is supported by a buffer in front of the last stage in every case.*

(nnn) *The problem of the most advantageous combination of bottleneck and buffer is to solve on a higher aggregate level, too.*

4) SENSITIVITY OF THE QUEUEING LENGTH ABOUT THE RELIABILITY OF CHANNELS

In order to take the reliability/maintainability of the service channels into the consideration of queueing models different ways have been choosen. Their advantages and disadvantages are to be shown in an overview by *Bär, Fischer* and *Hertel* (1988). We recommend *Gaver*'s idea (1962) to the service Ts, up- and down-times Tu, Td, resp. simultaneously in the so-called modified occupation time MOT. The d. f. of. MOT has been constructed for different kinds of failures:

(x) Preemptive loss disciplin with exponentially Ts, Tu, Td (*Hertel* and *Neumann*, 1984) and with arbitrarilly distributed Td (*Hertel* and *Kotthoff*, 1984)

(xx) Head of the line disciplin (*Hertel* and *Neumann*, 1986)

(xxx) Preemptive resume disciplin with exponentially Tu and arbitrarilly distributed Ts, Td (*Gaver*, 1962)

We found (*Hertel*, 1986; *Bär, Fischer* and *Hertel*, 1988) the failure kind (xxx) is a very good approximation for the others. That's why we have enlarged *Gaver*'s result (1962) to the arbitrary d. f. of. Ts, Tu, Td (*Grün* and *Hertel*, 1987/88):

$$RHO\ (MOT) = RHO\ /\ A \tag{3}$$

$$V^2MOT \sim V^2Ts + A*(1 - A)*(V^2Tu + V^2Td)*ETd/ETs \tag{4}$$

where A is the availability of the server:

$$A = ETd / (ETd + ETu) \tag{5}$$

and RHO(MOT), V^2MOT are the modified traffic value and the c. v. of modified occupation time MOT, resp..

Please notice, (4) is exactly valid for the failure kind (xxx) under *Gaver*'s assumptions and a very good approximation for nonexponential d. f. of Tu and for other failure kinds.

Replacing RHO in (1), (2), by RHO (MOT) and V^2Ts in G (see (2)) by V^2MOT all interesting features of GI/GI/c/oo with unreliable channels are calculable. In the case where exact formulas for GI/GI/c/oo are existing this procedure also leads to exact results (see f.e. *Hertel*, 1986).

Because of the trivial structure of (4) it is not efficient to calculate the partial derivations of V^2MOT. It is obvious,

(y)   A high availability alone is not sufficient

(yy)   A high availability should be connected with a lower value of ETd / ETs

(yyy)   The queueing length is not only a function of the traffic value RHO but also of c. v. of all the r. v. Ta, Tu, Td, Ts.

5)   EFFICIENCY ANALYSIS OF QUEUEING SYSTEMS

We define the efficiency Q of a queueing system as the quotient of the number Lb of simultaneously served customers in the system divided by the sojourn time Tv of a customer:

$$Q = Lb / Tv \tag{6}$$

Consequently the expected value of efficiency is:

$$EQ = ELb / ETv \tag{7}$$

Because of ETv = ELq + ETs   and   (8)

ELb = lambda * ETs   as well as   ETs = eta / lambda   (9) (10)

where eta is the utilisation rate of the system-capacity (in case of 1-chanel System eta $\equiv$ RHO else eta = RHO/c) we get a normalized mean efficiency EQN

$$\boxed{EQN = eta / (1 + ELq / eta)} \qquad 0 <= EQN <= 1 \tag{11}$$

Eq. 11 has a very interesting feature:

There is a maximum efficiency maxEQN in the range of 0 < maxEQN < 1.

Tab.3 shows the maximal values of some queueing models in relation to the minimal sensitivity about the utilisation rate where we use eq. (2) for the mean queueing length ELq.

Tab. 3: Minimal relative sensitivity minEMPF and maximal normalized efficiency maxEQN
of several 1-channel queueing models

Model	utilization rate eta_{inf}	minEMPF	utilization rate eta_{sup}	maxEQN
M/M/1/oo	0.5000	4.00	0.5000	0.2500
D/GI/1/oo	0.5860	5.83	-	-
M/D/1/oo	0.5000	4.00	0.5858	0.3431
E2/E2/1/oo	0.5317	4.66	0.5847	0.3695
E2/E5/1/oo	0.5139	4.34	0.6212	0.4209
E5/E2/1/oo	0.5525	5.19	0.6194	0.4454
E2/E6/1/oo	0.5116	4.30	0.6271	0.4281
E6/E2/1/oo	0.5560	5.27	0.6243	0.4561

Some remarks:

(z) *The maximal efficiency maxEQN can be achived by a regular value of $0 < eta < 1$.
Only in the case of deterministic arrival stream and service maxEQN' = 1 is possible*

(zz) *The higher value of maxEQN the better controlled is the process*

REFERENCES

Bär, M., K. *Fischer* and G. *Hertel* (1988): Leistungsfähigkeit - Qualität - Zuverlässigkeit. Theoretische Grundlagen für komplexe Systeme (Performance - Quality - Reliability) transpress, Berlin/Germany

Brandwajn, A. and Y. L. *Jow* (1988): An approximation method for tandem queues with blocking.-In: Opns. Res., Baltimore, **36**, pp. 73-83

Filipiak, J. (1984): Location of a boundary for diffusion equation of a single server queue. Centre National d'Etudes des Telecommunication NT/PAA/ATR/SST/1460

Fischer, K. and G. *Hertel* (1988): Reliability Consideration of Networks and Hierarchical Systems.- In: Proceedings of the 12th Int. Teletraffic Conf.(ITC 12), Torino/Italy, pp 4.2.B3.1-4.2B3.

Fischer, K. and G. Hertel (1990): Bedienungsprozesse im Transportwesen. (Queueing theory and applications). transpress-Verlagsgesellschaft Berlin/Germany.

Gaver, D. P. jur. (1962): A Waiting Line With Interrupt Service, incl. Priorities.-In: J. Roy. Stat. Soc., 24B, pp73

Gruhn, G., V. V. *Kavarov*, V. P. *Meschalkin* and W. *Neumann* (1979): Zuverlässigkeit von Chemieanlagen. Deutscher Verlag für Grundstoffindustrie. Leipzig/Germany

Grün, M. and G. *Hertel* (1987/88): Qualität, Zuverlässigkeit und Leistung diskreter Systeme.-In: Standardisierung und Qualität, Berlin/Germany, **33**, pp. 194-197, зз, pp. 228-231, **34**, pp. 20-22, 28

Hertel, G. (1986): Analytische Modellierung und formelmäßige Behandlung von Standard-Bedienungssystemen mit störanfälligen Kanälen. University of Transport and Communications, Dresden/Germany. Habilitation Thesis.

530

Hertel, G. (1989): OR-Modelle zur Beurteilung der Belastbarkeit von Gleisentwicklungen unter Berücksichtigung von Störungen.-In: Wiss. Zeitschrift, University of Transport and Communications, Dresden/Germany, 27(1990)2.-pp. 275-294

Hertel, G. and S. *Kotthoff* (1984): Zur Invarianz der Verlustwahrscheinlichkeit bezüglich des Verteilungsgesetzes der Instandhaltungszeit bei Fernsprechsystemen mit störanfälligen Kanälen.-In: Wiss. Zeitschrift, University of Transport and Communications, Dresden/Germany, 33, 4, pp. 973-982

Hertel, G. and R. K. *Neumann* (1984): Kanalbelegungszeitverteilungen bei Kanalausfällen in M/M/s-Bedienungssystemen.-In: messen-steuern-regeln, Berlin/Germany, 27, **12**, pp. 545-547

Hertel, G. and R. K. *Neumann* (1986): Ein Bedienungssystem mit störanfälligen Kanälen, bei dem die Instandsetzung erst nach Beendigung der laufenden Bedienung beginnt.-In: Wiss. Zeitschrift, University of Transport and Communication, Dresden/Germany, **33**, pp. 525-533

Hertel, G. and E. *Wendler* (1990): Quality of Queueing Sequencies with Blocking.-In: IIR-Reports of Academy of Science Berlin/Germany, 9/1990, pp. 87-96

Ho, Y. C. et. al. (1983): SPEEDS: A new technique for the analysis and optimization of queueing networks. Techn Report No. 677, Div. of Apll. Sci., Harvard University, Cambridge, Mass., USA, Feb. 1983

Jirina, M. (1989): Practical sensitivity and intensitivity in computer and communication network models.-In: Proceed. of the 14th IFIP conf. on System Modelling and Optimization, Leipzig/Germany, Juli, 3-7, Poster Contributions, par I, pp. 105-106

Kluge, P.D. (1977): Zur Praktikabilität stochastischer Modelle in der sozialistischen Betriebswirtschaft und Beiträge zu ihrer Erhöhung am Beispiel von Bedienungsmodellen. University of Economics, Berlin/Germany. Habilitation Thesis.

Krämer, W. and *Langenbach-Belz*, M. (1976): Approximate formulas for the delay in the queueing system GI/G/1.-In: 8the Int. Teletraffic Cong. (ITC8), Melbourne, Australia, pp. 235.1-235.8

Marchal, W. G. (1976): An approximate formula for waiting time in single server queues. A.IIE Trans.,8,pp. 473

Page, E. (1972): Queueing theory in OR. Russak Comp., New York

Reiser, M. and *Kobayashi*, H. (1974): Accuracy of the diffusion approximation for some queueing systems. IBM J.Res.Devel., pp. 110-124

Wakob, H. (1984): Ableitung eines generellen Wartemodells zur Ermittlung der planmäßigen Wartezeiten im Eisenbahnbetrieb. Technical Univers. Aachen/Germany. Thesis A

Yu, P. S. (1977): On accuracy improvement and applicability conditions of diffusion approximation with applications to modelling of computer systems. TR 129. Digital Systems Laboratory, Stanford University, USA

Author:

Dr.-Ing. habil. *Günter Hertel*, "Friedrich-List" University of Transport and Communications, Faculty of Transport Engineering and Logistics. Friedrich-List-Platz 1, D-O-8010 Dresden

THE SEPARABLE MULTICHAIN MARKOV DECISION PROBLEM

Lodewijk C.M. Kallenberg, Leiden

Abstract: Separable Markovian decision problems have the property that for certain pairs of states and actions: (i) the immediate reward is the sum of terms due to the current state and action, (ii) the transition probability depends only on the action and not on the state from which the transition occurs. For the discounted case and the unichain undiscounted case an LP formulation is known, which involves a substantially smaller number of variables than in the LP formulation of a general Markov decision problem. This paper solves the multichain case.

Zusammenfassung: Separabele Markoffsche Entscheidungsprobleme haben die Eigenschaft, daß für einige Paare von Zustanden und Aktionen:(i) die unmittelbare Auszahlung die Summe ist von zwei Gliedern, das eine abhängig vom Zustand und das zweite von der Aktion , (ii) die Übergangswahrscheinlichkeiten nur abhängig sind von der Aktion und nicht vom Zustand aus welchem die Aktion getroffen ist. Man hat bewiesen, daß für diskontierte Probleme und auch für undiskontierte Probleme mit nur einer Markoff-Kette eine lineare Optimierungs-formulierung möglich ist mit weniger Variabelen als im allgemeinen Modell. In dieser Arbeit wird dieses Problem für undiskontierte Modelle mit mehr Markoff-Kette gelöst.

1. Introduction

Linear programming for Markovian decision problems with discounting was introduced in /4/. The simpler formulation for separable problems is given in /2/. For the undiscounted reward criterion the LP approach was introduced in /1/, /10/ and /7/. In /3/ the simplified LP formulation is discussed for separable problems in case that an optimal policy with a single ergodic chain exists. In this paper it will be shown that also in the general case (all optimal policies have multiple ergodic chains) an optimal policy can be computed with a simplified linear program.

2. Description of the Model

A **Markovian decision chain** can be defined as follows. At the beginning of each period $t = 1,2,\ldots$ a process is observed by a decision maker to be in one of the states of a **finite state space** $E = \{1,2,\ldots,N\}$. When the process is observed in state i the decision maker chooses an action a from a **finite action set** $A(i)$, and the following happens: an **immediate reward** r_{ia} is earned and the process moves to state j with **transition probability** p_{iaj}.

Operations Research Proceedings 1991
© Springer-Verlag Berlin Heidelberg 1992

A policy R is sequence of decision rules, one decision rule for each period. These rules may depend on the history of the process. A <u>deterministic and stationary</u> policy is a function f that assigns to each state i an action $f(i) \in A(i)$. Let $\{X_t, t = 1,2,...\}$ and $\{Y_t, t = 1,2,...\}$ be the sequences of random variables denoting the observed states and chosen actions, respectively. The <u>average expected reward</u> for policy R and initial state i is denoted by $\phi_i(R)$ and defined by

$$\phi_i(R) = \liminf_{T \to \infty} \tfrac{1}{T}\Sigma_{t=1}^{T}\Sigma_{j \in E}\Sigma_{a \in A(j)} \; P_R[X_t=j,Y_t=a|X_1=i] \cdot r_{ja} \tag{1}$$

Let $\phi_i^* := \sup_R \phi_i(R)$, $i \in E$. ϕ^* is called the <u>value-vector</u>. A policy R^* is <u>average optimal</u> if

$$\phi_i(R^*) = \phi_i^*, \; i \in E. \tag{2}$$

It is well-known (see /5/) that there exists a deterministic and stationary average optimal policy. For the sequel of this paper we have the following <u>assumptions</u>:

(a) In some states, say the states of $E_1 = \{1,2,...,m\}$, there are subsets of the action set, say subset $A_1(i)$ in state $i \in E_1$, such that:

    (i) $r_{ia} = s_i + t_a$, $i \in E_1$, $a \in A_1(i)$;

    (ii) p_{iaj} is independent on i for every $j \in E$: $p_{iaj} = p_{aj}$, $j \in E$.

(b) The action subsets are nested: $A_1(1) \supseteq A_1(2) \supseteq \cdots \supseteq A_1(m) \neq \emptyset$.

Let $E_2 := E \backslash E_1$ and $A_2(i) := A(i)\backslash A_1(i)$, $1 \le i \le m$, $A_2(i) := A(i)$, $m+1 \le i \le N$. We also introduce the notation $B(i) := A_1(i) - A_1(i+1)$, $1 \le i \le m-1$ and $B(m) := A_1(m)$. Then $A_1(i) = \cup_{j=i}^{m} B(j)$, and the sets $B(j)$ are disjunct. It is possible that E_1, E_2, $A_2(i)$ or $B(i)$ is empty.

The following observation stems from /3/. If the system is observed in a state $i \in E_1$, and the decision maker will choose an action from $A_1(i)$, but he has not yet decided which one, the decision process can be modelled as follows. First, he earns a reward s_i and the systems makes a zero-time transition to an additional state N+i. In this state the decision maker has two options: either he takes an action $a \in B(i)$ or he takes an action from $A_1(i) - B(i) = A_1(i+1)$. In the first case a reward t_a is earned and the process moves to state j with probability p_{aj}, $j \in E$, in the second case he is in the same situation as a decision maker in state N+i+1, i.e. a zero-time transition is made from state N+i to state N+i+1.

The above observation intuitively explains why the following semi-Markov model is considered:

- state space: $E' = \{1,2,...,N+m\}$;

- action set :
$$A'(i) = \begin{cases} \{0\} \cup A_2(i) & i = 1,2,\ldots,m \\ A_2(i) & i = m+1,m+2,\ldots,N \\ \{0\} \cup B(i-N) & i = N+1,N+2,\ldots,N+m-1 \\ B(m) & i = N+m \end{cases}$$

- rewards :
$$r'_{ia} = \begin{cases} r_{ia} & 1 \leq i \leq N, \quad a \in A_2(i) \\ s_i & 1 \leq i \leq m, \quad a = 0 \\ t_a & N+1 \leq i \leq N+m, \ a \in B(i-N) \\ 0 & N+1 \leq i < N+m, \ a = 0 \end{cases}$$

- transition probabilities:
$$p'_{iaj} = \begin{cases} p_{iaj} & 1 \leq i \leq N, \quad a \in A_2(i), \ 1 \leq j \leq N \\ 1 & 1 \leq i \leq m, \quad a = 0, \ j = N+i \\ p_{aj} & N+1 \leq i \leq N+m, \ a \in B(i-N), \ 1 \leq j \leq N \\ 1 & N+1 \leq i < N+m, \ a = 0, \ j = i+1 \\ 0 & \text{elsewhere} \end{cases}$$

- transition times:
$$\nu'_{ia} = \begin{cases} 1 & 1 \leq i \leq N+m, \ a \neq 0 \\ 0 & 1 \leq i < N+m, \ a = 0 \end{cases}$$

Since there are zero-time transitions, the approach described in Chapter 7 of /8/ is not applicable. Another difficulty is that there is no one-to-one correspondence between the deterministic and stationary policies of the original problem and the semi-Markov model. In the next section it will be shown that a linear program, that directly provides a deterministic and stationary average optimal policy, can be formulated.

3. Linear programming solution

In this section the LP formulation is introduced and it is shown that both the value vector and an optimal policy can be obtained from the LP solution.
Consider the <u>primal program</u>

$$\text{minimize } \Sigma_{j=1}^N \phi_j + \Sigma_{j=1}^m \psi_j \tag{3}$$

s.t.

$$\begin{aligned}
\Sigma_{j=1}^N (\delta_{ij} - p_{iaj})\phi_j &\geq 0, & 1 \leq i \leq N, \ a \in A_2(i) \\
\phi_i - \psi_i &\geq 0, & 1 \leq i \leq m \\
-\Sigma_{j=1}^N p_{aj}\phi_j + \psi_i &\geq 0, & 1 \leq i \leq m, \ a \in B(i) \\
\psi_i - \psi_{i+1} &\geq 0, & 1 \leq i \leq m-1
\end{aligned}$$

$$\phi_i \quad + \Sigma_{j=1}^N (\delta_{ij} - p_{iaj}) u_j \geq r_{ia}, \quad 1 \leq i \leq N, \ a \in A_2(i)$$

$$u_i - v_i \geq s_i, \quad 1 \leq i \leq m$$

$$\psi_i \quad - \Sigma_{j=1}^N p_{aj} u_j + v_i \geq t_a, \quad 1 \leq i \leq m, \ a \in B(i)$$

$$v_i - v_{i+1} \geq 0, \quad 1 \leq i \leq m-1$$

(δ is the Kronecker delta).

The corresponding <u>dual program</u> is (the dual variables corresponding to the constraints of (3.1) are y_{ia}, μ_i, z_{ia}, σ_i, x_{ia}, λ_i, w_{ia} and ρ_i, respectively).

$$\text{maximize } \Sigma_{i=1}^N \Sigma_{a \in A_2(i)} r_{ia} x_{ia} + \Sigma_{i=1}^m s_i \lambda_i + \Sigma_{i=1}^m \Sigma_{a \in B(i)} t_a w_{ia} \qquad (4)$$

s.t.

$$\Sigma_{i=1}^N \Sigma_{a \in A(i)} (\delta_{ij} - p_{iaj}) y_{ia} + \Sigma_{i=1}^m \delta_{ij} \mu_i - \Sigma_{i=1}^m \Sigma_{a \in B(i)} p_{aj} z_{ia} + \Sigma_{a \in A(j)} x_{ja} = 1,$$
$$1 \leq j \leq N$$

$$\sigma_j - \sigma_{j-1} + \Sigma_{a \in B(j)} w_{ja} - \mu_j + \Sigma_{a \in B(j)} z_{ja} = 1, \ 1 \leq j \leq m$$

$$\Sigma_{i=1}^N \Sigma_{a \in A_2(i)} (\delta_{ij} - p_{iaj}) x_{ia} + \Sigma_{i=1}^m \delta_{ij} \lambda_i - \Sigma_{i=1}^m \Sigma_{a \in B(i)} p_{aj} w_{ia} = 0, \ 1 \leq j \leq N$$

$$\rho_j - \rho_{j-1} + \Sigma_{a \in B(j)} w_{ja} - \lambda_j = 0, \ 1 \leq j \leq m$$

$$\rho_0 = \rho_m = \sigma_0 = \sigma_m = 0$$

$$\text{for every } i \text{ and } a: \ x_{ia}, \ y_{ia}, \ z_{ia}, \ w_{ia}, \ \lambda_i, \ \mu_i, \ \rho_i, \ \sigma_i \geq 0$$

The results are presented in the following two Theorems.

Theorem 1:

(i) The LP programs (3) and (4) have finite optimal solutions;

(ii) If (ϕ, ψ, u, v) is an optimal solution of program (3), then $\phi = \phi^*$, i.e. ϕ is the value-vector, and $\psi_j = \max_{a \in A_1(j)} \Sigma_k p_{ak} \phi_k^*$, $j = 1, 2, \ldots, m$.

Theorem 2:

Let $(y, \mu, z, \sigma, x, \lambda, w, \rho)$ be an extreme optimal solution of program (4).
Define m_i and n_i by:

$$m_i := \min \{j \geq i \mid \Sigma_a w_{ja} > 0\}, \ i \in E, \text{ and}$$
$$n_i := \min \{j \geq i \mid \Sigma_a (w_{ja} + z_{ja}) > 0\}, \ i \in E.$$

Take any deterministic and stationary policy f such that in state i:

$$x_{if(i)} > 0 \text{ if } \Sigma_a x_{ia} > 0; \qquad (5)$$

$$w_{m \ f(i)} > 0 \text{ if } \Sigma_a x_{ia} = 0 \wedge \lambda_i > 0; \qquad (6)$$

$$y_{if(i)} > 0 \text{ if } \Sigma_a x_{ia} = 0 \wedge \lambda_i = 0 \wedge \Sigma_a y_{ia} > 0; \qquad (7)$$

$$w_{n_i f(i)} > 0 \text{ if } \Sigma_a x_{ia} = 0 \wedge \lambda_i = 0 \wedge \Sigma_a y_{ia} = 0 \wedge \Sigma_a w_{n_i a} > 0; \qquad (8)$$

$$z_{n_i f(i)} > 0 \quad \text{if } \Sigma_a x_{ia} = 0 \wedge \lambda_i = 0 \wedge \Sigma_a y_{ia} = 0 \wedge \Sigma_a w_{n_i a} = 0. \qquad (9)$$

Then, f is well-defined and an average optimal policy.

Remark: If the LP problem (4) is solved by the simplex method, then an extreme optimal solution of (4) and an optimal solution of program (3) are simultaneously obtained. Hence, both the value-vector and the average optimal policy are determined.

4. Applications

Replacement problem
Consider the following Markovian decision problem. At the begin of each period an item is observed in one of the states $\{1,2,\ldots,N\}$. The decision maker has two options in each state i: either to do nothing or to replace the item by another of a certain state $j \in \{1,2,\ldots,N\}$. The data of this problem are:

$$u_i \quad = \text{trade-in value of an item in state i} \qquad , \quad i = 1,2,\ldots,N;$$
$$s_a \quad = \text{cost to buy another item of state a} \qquad , \quad a = 1,2,\ldots,N;$$
$$t_a \quad = \text{cost of operating an item a for one period} \qquad , \quad a = 1,2,\ldots,N;$$
$$p_{ij} = \text{probability that an item of state i is transfered}$$
$$\text{to state j in one period} \qquad , \quad i,j = 1,2,\ldots,N.$$

The corresponding Markov decision problem has the following parameters:

$$E = \{1,2,\ldots,N\};$$
$$A(i) = \{0\} \cup \{1,2,\ldots,N\};$$
$$r_{ia} = \begin{cases} -t_i & i=1,2,\ldots,N; a=0; \\ u_i-(s_a+t_a) & i=1,2,\ldots,N; a=1,2,\ldots,N; \end{cases}$$
$$p_{iaj} = \begin{cases} p_{ij} & i,j = 1,2,\ldots,N; \ a = 0; \\ p_{aj} & i,j = 1,2,\ldots,N; \ a = 1,2,\ldots,N. \end{cases}$$

The linear program to solve this problem as general Markov decision problem contains $2N(N+1)$ variables and $2N$ constraints (cf. /7/). For the reduced formulation as separable problem, we obtain

$$E_1 = E;$$
$$E_2 = \emptyset;$$
$$A_1(i) = \{1,2,\ldots,N\}, \ i = 1,2,\ldots,N;$$
$$A_2(i) = \{0\} \qquad , \ i = 1,2,\ldots,N.$$

Notice that $m = N$, $B(i) = \emptyset$ for $i = 1,2,\ldots,N-1$, and $B(N) = \{1,2,\ldots,N\}$. From the last set of constraints of (3.2), we obtain

$$\rho_j = \Sigma_{k=1}^{j} \lambda_k \qquad , \ j = 1,2,\ldots,N-1;$$
$$\sigma_j = \Sigma_{k=1}^{j} \mu_k + j \qquad , \ j = 1,2,\ldots,N-1.$$

Hence, the variables ρ and σ can be deleted and (5) can be formulated as:

$$\text{maximize } \sum_{i=1}^{N} (-t_i)x_i + \sum_{i=1}^{N} u_i\lambda_i + \sum_{a=1}^{N} (-s_a-t_a)w_a \tag{10}$$

s.t.

$$\sum_{i=1}^{N}(\delta_{ij}-p_{ij})y_i + \mu_j - \sum_{a=1}^{N} p_{aj}z_a + x_j = 1, \quad 1 \le j \le N;$$

$$- \sum_{j=1}^{N} \mu_j + \sum_{a=1}^{N} z_{ja} + \sum_{a=1}^{N} w_a = N;$$

$$\sum_{i=1}^{N}(\delta_{ij}-p_{ij})x_i + \lambda_j - \sum_{a=1}^{N} p_{aj}w_a = 0, \quad 1 \le j \le N;$$

$$\text{for every } i \text{ and } a: x_i, y_i, z_a, w_a, \lambda_i, \mu_i \ge 0.$$

This linear program has only 6N variables and 2N+1 constraints. Let (y,μ,z,x,λ,w) be an extreme optimal solution of (10), and let the set E_0 and the action a_0 defined by

$$E_0 := \{i \in E \mid x_i > 0\} \cup \{i \in E \mid x_i + \lambda_i = 0 \text{ and } y_i > 0\};$$

$$a_0 \text{ is any action such that } \begin{cases} w_{a_0} > 0 & \text{if } \sum_{a=1}^{N} w_a > 0 \\ z_{a_0} > 0 & \text{if } \sum_{a=1}^{N} w_a = 0. \end{cases}$$

The optimal policy is obtained by the following rule:

$$\begin{cases} \text{if } i \in E_0: & \text{do nothing;} \\ \text{if } i \notin E_0: & \text{replace the item by an item of state } a_0. \end{cases}$$

Inventory problem

Consider the following inventory model. At the end of each period, the amount i of inventory is observed, where $0 \le i \le N$. The possible actions are: either to order nothing or to order a-i items, where $i+1 \le a \le N$. We assume that the delivery is instantaneous and that there is no backlogging. The ordering costs are $K + c\cdot(a-i)$ when $a-i > 0$ items are ordered. Let d_a be the expected one-period holding and penalty cost if a items are on hand at the beginning of the period, and let p_j be the probability for a demand of j items during the next period (the demands are assumed independent and identically distributed). The data of the corresponding Markovian decision problem are:

$$E = \{0,1,\ldots,N\};$$

$$A(i) = \{0\} \cup \{i+1,i+2,\ldots,N\};$$

$$r_{ia} = \begin{cases} -d_i & a=0; 0\le i\le N \\ -K -c\cdot(a-i)-d_a & i+1\le a\le N; 0\le i\le N \end{cases}$$

$$p_{iaj} = \begin{cases} \sum_{k\ge i} p_k & a = 0; 0\le i\le N; \quad j = 0 \\ p_{i-j} & a = 0; 0\le i\le N; \quad 1 \le j \le i \\ 0 & a = 0; 0\le i\le N; \quad i+1 \le j \le N \end{cases}$$

$$p_{iaj} = \begin{cases} \Sigma_{k \geq a} \, p_k & i+1 \leq a \leq N; \; 0 \leq i \leq N; \qquad j = 0 \\ p_{i-j} & i+1 \leq a \leq N; \; 0 \leq i \leq N; \quad 1 \leq j \leq i \\ 0 & i+1 \leq a \leq N; \; 0 \leq i \leq N; \; i+1 \leq j \leq N \end{cases}$$

The linear program to solve this problem as general Markov decision problem has $(N+1)(N+2)$ variables and $2(N+1)$ constraints. In the reduced formulation of this separable problem, we have:

$$E_1 = \{0,1,\ldots,N-1\}; \; E_2 = \{N\};$$

$$A_1(i) = \{i+1,i+2,\ldots,N\}, \; 0 \leq i \leq N-1; \; A_2(i) = \{0\}, \; 0 \leq i \leq N.$$

Hence, $B(i) = \{i+1\}$ for $0 \leq i \leq N-1$. The dual linear program (4) becomes:

maximize $\Sigma_{i=0}^{N} \, (-d_i)x_i + \Sigma_{i=0}^{N-1} \, (-K+ci)\lambda_i + \Sigma_{i=0}^{N-1} \, [-c(i+1) - d_{i+1}]w_{i+1}$
s.t.

$$y_0 - \Sigma_{i=0}^{N} \, (\Sigma_{k \geq i} \, p_k)y_i + \mu_0 - \Sigma_{i=0}^{N-1} \, (\Sigma_{k \geq i+1} \, p_k)z_{i+1} + x_0 \; = 1;$$

$$y_j - \Sigma_{i=j}^{N} \, p_{i-j}y_i + \mu_j - \Sigma_{i=j}^{N} \, p_{i-j}z_i + x_j \; = 1, \; 1 \leq j \leq N-1;$$

$$[1-p_0]y_N - p_0 z_N + x_N \; = 1;$$

$$\sigma_j - \sigma_{j-1} + w_{j+1} - \mu_j + z_{j+1} \; = 1, \; 0 \leq j \leq N-1;$$

$$x_0 - \Sigma_{i=0}^{N} \, (\Sigma_{k \geq i} \, p_k)x_i + \lambda_0 - \Sigma_{i=0}^{N-1} \, (\Sigma_{k \geq i+1} \, p_k)w_{i+1} \; = 0;$$

$$x_j - \Sigma_{i=j}^{N} \, p_{i-j}x_i + \lambda_j - \Sigma_{i=j}^{N} \, p_{i-j}w_i \; = 0, \; 1 \leq j \leq N-1;$$

$$[1-p_0]x_N - p_0 w_N \; = 0;$$

$$\rho_j - \rho_{j-1} - \lambda_j + w_{j+1} \; = 0, \; 0 \leq j \leq N-1;$$

$$\rho_0 = \rho_{N-1} = \sigma_0 = \sigma_{N-1} = 0;$$

for every i : $x_i, \, y_i, \, z_i, \, w_i, \, \lambda_i, \, \mu_i, \, \rho_i, \, \sigma_i \geq 0.$

This linear program has only $8N-2$ variables and $2(2N+1)$ constraints. Let $(y,\mu,z,\sigma,x,\lambda,w,\rho)$ be an extreme optimal solution. An optimal policy is given by the following rule, where

$$\begin{cases} m_i := \min\{j \geq i+1 \mid w_j > 0\}; \\ n_i := \min\{j \geq i+1 \mid w_j + z_j > 0\}. \end{cases}$$

if $x_i > 0$: no order;
if $x_i = 0$ and $\lambda_i > 0$: order $(m_i - i)$ items;
if $x_i + \lambda_i = 0$ and $y_i > 0$: no order;
if $x_i + \lambda_i + y_i = 0$: order $(n_i - i)$ items.

Totally separable problem

Suppose that the Markov decision problem has the following structure:

$$E = \{1,2,\ldots,N\};$$
$$A(i) = \{1,2,\ldots,M\}, \ i \in E;$$
$$r_{ia} = s_i + t_a, \ 1 \leq i \leq N, \ 1 \leq a \leq M;$$
$$p_{iaj} = p_{aj} \text{ for every } i,a \text{ and } j, \text{ i.e. the transitions are independent of } i.$$

Examples of this model can be found in /12/. Without exploiting the structure, the linear program has 2NM variables and 2N constraints. The next Theorem shows that an optimal myopic solution exists. In this solution action a_* is optimal in state i, where a_* is defined by

$$t_{a_*} + \Sigma_{j=1}^{N} p_{a_* j} s_j = \max_{1 \leq a \leq M} \{t_a + \Sigma_{j=1}^{N} p_{aj} s_j\} \tag{11}$$

This result is a special case of the stochastic game studied in /11/ and /12/.

Theorem 3:

The policy f with $f(i) = a_*$, where a_* is defined in (11), is an optimal policy for the totally separable problem.

<u>Literature:</u>

/1/ DeGhellinck GT (1960) Les problèmes de décision sequentielles. Cahiers du Centre d'Etudes de Recherche Opérationelle 2:161-179.
/2/ DeGhellinck GT and Eppen GD (1967) Linear programming solutions for separable Markovian decision problems. Management Science 13:371-394.
/3/ Denardo EV (1967) Separable Markovian decision problems. Management Science 14:451-462.
/4/ D'Epenoux F (1960) Sur un problème de production et de stockage dans l'aléatoire. Revue Française de Recherche Opérationelle 14:3-16.
/5/ Derman C (1970) Finite state Markovian decision processes. Academic Press, New York.
/6/ Doob JL (1953) Stochastic processes. Wiley, New York.
/7/ Hordijk A, Kallenberg LCM (1979) Linear programming and Markov decision chains. Management Science 25:352-362.
/8/ Kallenberg LCM (1983) Linear programming and finite Markovian control problems. Mathematical Centre Tract #148, Mathematical Centre, Amsterdam.
/9/ Kemeny JG, Snell JL (1960) Finite Markov chains. Von Nostrand, Princeton.
/10/ Manne AS (1960) Linear programming and sequential decisions. Management Science 6:259-267.
/11/ Parthasarathy T, Tijs SH and Vrieze OJ (1984) Stochastic games with state independent transitions and separable rewards. In: selected topics in Operations Research and Mathematical Economics (Eds. Hammer G and Pallaschke D), Springer, Berlin.
/12/ Sobel MJ (1981) Myopic solutions of Markov decision processes and stochastic games. Operations Research 29:995-1009.

New modes for product form networks

R. Schassberger
TU Braunschweig

Abstract

Product form queuing networks can be viewed as networks of quasireversible nodes. The classical nodes of this type form the BCMP and Kelly networks. We describe two new quasireversible nodes.

LADDER-VERTEILUNG UND RUINWAHRSCHEINLICHKEIT STOCHASTISCHER RISIKOPROZESSE

Volker Schmidt, Freiberg

Zusammenfassung: Für eine Klasse stochastischer Prozesse der kollektiven Risikotheorie wird die Frage diskutiert, wie die Voraussetzungen für die Gültigkeit einer Formel für die Ruinwahrscheinlichkeit bzw. für die zugehörige Ladder-Verteilung solcher Prozesse abgeschwächt werden können, wenn Ergebnisse über zufällige markierte Punktprozesse benutzt werden.

Abstract: For a certain class of stochastic processes considered in collective risk theory we discuss the problem how we can weaken the assumptions for the validity of a formula concerning the ruin probability and the first decreasing ladder height distribution of such processes using results for random marked point processes.

1. Einleitung

In der kollektiven Risikotheorie werden stochastische Prozesse $\{X(t); t \geqq 0\}$ der Gestalt

$$X(t) = ct - \sum_{k=1}^{\Phi(t)} X_k \tag{1}$$

betrachtet, wobei $\Phi(t)$ die Gesamtanzahl der Schadenereignisse, die im Zeitintervall $(0,t]$ eintreten, X_k die zugehörigen Schadenhöhen und c die Prämienrate bezeichnet. Zu bestimmende Größen sind die Ruinwahrscheinlichkeit, d.h. die Wahrscheinlichkeit dafür, daß der Risikoprozeß $\{X(t)\}$ nach einer endlichen Zeitdauer $\tau = \inf\{t \geqq 0 : X(t) < 0\}$ das Nullniveau zum ersten Mal unterschreitet, bzw. die Ladder-Verteilung, d.h. die Verteilung des dabei entstehenden Defizits Z mit $Z = -X(\tau)$, falls $\tau < \infty$, und $Z = \infty$, falls $\tau = \infty$. Es ist wohlbekannt (vgl. z.B. /4/, Kap. XII), daß

$$P(\tau < \infty) = \frac{\lambda}{c} E(X_0) \tag{2}$$

und

$$P(Z < x) = \frac{\lambda}{c} \int_0^x (1 - F(s)) \, ds, \qquad x \geqq 0, \tag{3}$$

falls (1) $\{\Phi(t); t \geqq 0\}$ ein homogener Poisson-Prozeß mit der Intensität λ ist,

(ii) $\{X_n\}$ eine Folge unabhängiger und identisch verteilter Zufallsgrößen mit der Verteilungsfunktion F ist, (iii) $\{\Phi(t); t \geq 0\}$ und $\{X_n\}$ voneinander unabhängig sind und (iv) $\lambda E(X_0) < c$ gilt.

Kürzlich wurde in einer Reihe von Arbeiten die Frage untersucht, wie die in (i) bis (iii) enthaltenen Unabhängigkeitsvoraussetzungen abgeschwächt werden können, so daß dabei die Gültigkeit der Formeln (2) und (3), gegebenenfalls in einer leicht modifizierten Form, erhalten bleibt. Ein erstes Ergebnis dieser Art wurde in /3/ erzielt (vgl. auch /7/), wobei gezeigt wurde, daß die Bedingung (i) für die Gültigkeit von (2) nicht notwendig ist und daß (2) für einen beliebigen Prozeß $\{\Phi(t); t \geq 0\}$ mit homogenen nichtnegativen ganzzahligen Zuwächsen (die nicht unabhängig und poissonverteilt sein müssen) gilt. Die Bedingungen (ii) und (iii) wurden dagegen in /3/ unverändert vorausgesetzt, während (iv) durch $\bar{\Phi} E(X_0) < c$ ersetzt wurde; $\bar{\Phi} = \lim\limits_{t \to \infty} \frac{1}{t} \Phi(t)$. In /2/ wurden zwei einfache Beweise dafür angegeben, daß (3) und damit auch (2) für eine beliebige stationäre Folge $\{X_n\}$ gilt, falls die Bedingungen (i) und (iii) erfüllt sind und falls $\lambda \bar{X} \leq c$; $\bar{X} = \lim\limits_{n \to \infty} \frac{1}{n} \sum\limits_{k=1}^{n} X_k$. Das Hauptergebnis der Arbeit /6/ besteht darin zu zeigen, daß eine modifizierte Fassung der ersten Beweisvariante in /2/ dafür benutzt werden kann, um die Gültigkeit von (3) auch dann nachzuweisen, wenn $\{X_n\}$ eine stationäre Folge und gleichzeitig $\{\Phi(t); t \geq 0\}$ ein beliebiger Prozeß mit homogenen nichtnegativen ganzzahligen Zuwächsen ist, so daß $\bar{\Phi} \bar{X} \leq c$. Insbesondere brauchen dann die zufälligen Anzahlen von Schadenereignissen, die in disjunkten Zeitintervallen eintreten, weder unabhängig noch poissonverteilt zu sein, und auch die Abstände zwischen aufeinanderfolgenden Schadenzeitpunkten sowie die Schadenhöhen können abhängige Zufallsgrößen sein. Die Unabhängigkeitsbedingung (iii) wurde jedoch in /6/ vorausgesetzt.

In /6/ wurde außerdem vermerkt, daß sich (2) nicht nur als Folgerung aus (3) ergibt, sondern daß man eine modifizierte Form von (2) unabhängig von (3) und ohne jegliche Unabhängigkeitsvoraussetzungen beweisen kann. Dies ergibt sich aus der Tatsache, daß die Ruinwahrscheinlichkeit $P(\tau < \infty)$ gleich der Wahrscheinlichkeit dafür ist, daß ein bestimmtes stationäres Einbedienersystem G/G/1 nicht leer ist. Die Wahrscheinlichkeit $P(Z < x)$ für $x < \infty$ läßt sich allerdings nicht auf so einfache Weise durch ein Ergebnis der Warteschlangentheorie ausdrücken. Deshalb erfordert die Untersuchung der Frage, ob auch (3) bzw. eine geringfügig modifizierte Fassung dieser Formel ohne jegliche Unabhängigkeitsvoraussetzungen gilt, eine neue Beweisidee. Die in /9/ gegebene positive Antwort auf diese Frage wird im nachfolgenden Abschnitt genauer diskutiert. Sie beruht auf der Anwendung von Ergebnissen über zufällige markierte Punktprozesse, wobei insbesondere der

Begriff der Palmschen Verteilung eines stationären markierten Punktprozesses benutzt wird.

2. Modellbeschreibung und Ergebnisse

Der Ausgangspunkt unserer Überlegungen ist die Annahme, daß der in (1) definierte Risikoprozeß $\{X(t); t \geq 0\}$ durch einen stationären markierten Punktprozeß $\{(T_n, X_n)\}$ induziert wird. Dabei seien die T_n zufällige Zeitpunkte, zu denen Schadenereignisse eintreten, und die X_n die zugehörigen zufälligen Schadenhöhen. Die Gesamtanzahl $\Phi(t)$ der Schadenereignisse, die im Zeitintervall $(0,t]$ eintreten, ist somit durch

$$\Phi(t) = \#\{n : T_n \in (0,t]\} \tag{4}$$

gegeben. Die Voraussetzung, daß $\{(T_n, X_n)\}$ ein stationärer markierter Punktprozeß ist, bedeutet, daß 1) $\#\{n : |T_n| < d\} < \infty$ für jedes $d < \infty$ gilt, d.h., in endlichen Zeitintervallen treten nur endlich viele Schadenereignisse ein, und daß 2) die Verteilung der Folge $\{(T_n + t, X_n)\}$ der Zufallsvektoren $(T_n + t, X_n)$ nicht von der reellen Zahl $t \in R$ abhängt, d.h., der betrachtete Zufallsmechanismus ist invariant bezüglich beliebiger (nichtzufälliger) Verschiebungen der Zeitskala. Es sei vermerkt, daß die in /2/, /3/ und /6/ betrachteten Modelle als Spezialfälle in unserem Modell enthalten sind.

Eine wichtige Charakteristik von $\{(T_n, X_n)\}$ ist die Intensität $\lambda = E\#\{n : T_n \in (0,1]\}$, d.h. die mittlere Anzahl von Schadenereignissen je Zeiteinheit. Wir setzen $0 < \lambda < \infty$ voraus. Außerdem betrachten wir die Palmsche Verteilung P_0 von $\{(T_n, X_n)\}$, die durch

$$P_0(.) = \lambda^{-1} E(\#\{k : T_k \in (0,1], \{(T_n - T_k, X_n)\} \in (.)\}) \tag{5}$$

gegeben ist und die die Verteilung des Punktprozesses $\{(T_n, X_n)\}$ aus der Sicht eines zufällig ausgewählten Punktes T_k von $\{(T_n, X_n)\}$ beschreibt. Die Palmsche Verteilung P_0 kann als bedingte Verteilung von $\{(T_n, X_n)\}$ gedeutet werden unter der Bedingung, daß im Nullpunkt ein Punkt des Punktprozesses $\{(T_n, X_n)\}$ liegt. P_0 ist invariant bezüglich (zufälliger) Verschiebungen des Nullpunktes von Punkt zu Punkt des Punktprozesses $\{(T_n, X_n)\}$. Mit F_0 bezeichnen wir nun die Palmsche Markenverteilungsfunktion von $\{(T_n, X_n)\}$, die durch $F_0(x) = P_0(X_0 < x)$ gegeben ist und die als Verteilungsfunktion der Marke eines zufällig ausgewählten Punktes (des sogenannten "typischen" Punktes) gedeutet werden kann. Es sei vermerkt, daß $P_0(X_0 < x) = P(X_0 < x)$ gilt, falls die Unabhängigkeitsbedingung (iii) erfüllt ist, und daß deshalb in diesem Fall die Palmsche Markenverteilungsfunktion F_0 mit der in Abschnitt 1 betrachteten Verteilungsfunktion F übereinstimmt.

In /6/ wurde vermerkt, daß die Ruinwahrscheinlichkeit $P(\tau < \infty) = P(Z < \infty)$ durch eine einfache Formel ausgedrückt werden kann, die sich nur geringfügig von (2) unterscheidet, ohne daß irgendwelche Unabhängigkeitsvoraussetzungen erforderlich sind. Es gilt nämlich

$$P(\tau < \infty) = E(\min\{1, \frac{\Phi}{c}\overline{X}\})\tag{6}$$

bzw., falls $\{(T_n, X_n)\}$ ergodisch ist,

$$P(\tau < \infty) = \min\{1, \frac{\lambda}{c}E_0(X_0)\},\tag{6'}$$

wobei $E_0(X_0) = \int_0^\infty (1 - F_0(s))\,ds$ (vgl. auch /9/). Die Bestimmung der Verteilung von Z ist dagegen ein komplizierteres Problem. In /9/ wurde jedoch gezeigt, daß die einfache Gestalt von (3) im wesentlichen erhalten bleibt, falls $\Phi\overline{X}\leq c$ gilt, wobei keinerlei Unabhängigkeitsvoraussetzungen benutzt wurden. Dieses Ergebnis basiert auf der in /9/ hergeleiteten Differentialgleichung

$$\frac{d^+}{da}P(Z_a < x) = \frac{\lambda}{c}(P_0(Z_a < x) - P_0(Z_{a-X_0} < x, X_0 < a) + F_0(a) - F_0(a+x-0)),\tag{7}$$

wobei Z_a das Defizit bei der ersten Unterschreitung des Nullniveaus bezeichnet, falls der Risikoprozeß $\{X(t); t \geq 0\}$ vom Niveau $a \geq 0$ startet, d.h., falls $X(0) = a$. Durch Integration von (7) ergibt sich nämlich für $Z = Z_0$

$$P(Z < x) = \frac{\lambda}{c}\int_0^x (1 - F_0(s))\,ds, \qquad x \geq 0,\tag{8}$$

falls mit Wahrscheinlichkeit Eins

$$\Phi\overline{X} \leq c.\tag{9}$$

Ist die Bedingung (9) nicht erfüllt, dann ist es im allgemeinen schwierig, eine geschlossene Formel für die Verteilung von Z anzugeben, weil die Wahrscheinlichkeiten $P(Z < x)$ dann nicht nur von der Intensität λ, sondern auch von der Form der Verteilung des Punktprozesses $\{T_n\}$ abhängen. Wenn das Produkt $\lambda E_0(X_0)$ aber nur wenig von c abweicht, dann kann die in /9/ hergeleitete Formel (8) in vielen Fällen zur näherungsweisen Bestimmung der Verteilung von Z benutzt werden. Ist $\{T_n\}$ zum Beispiel ein Erneuerungsprozeß, ein Markowsch modulierter Poisson-Prozeß oder allgemein ein Markowscher Erneuerungsprozeß, dann gilt (vgl. /9/)

$$\sup_{0 \leq x \leq \infty} |P(Z < x) - \frac{\lambda}{c}\int_0^x (1 - F_0(s))\,ds| \leq |1 - \frac{\lambda}{c}E_0(X_0)|.$$

Für $a > 0$ ist die Bestimmung der Verteilung von Z_a mittels geschlossener Formeln nur in Spezialfällen möglich. Dies trifft auch für die Ruinwahrscheinlichkeit $P(Z_a < \infty)$ zu. Es gibt aber zahlreiche Verfahren zur näherungsweisen Bestimmung bzw. zur Abschätzung von $P(Z_a < \infty)$. Eine Möglichkeit hierfür basiert auf der Gleichung

$$P(Z_a < \infty) = P(V > a),$$

wobei V die virtuelle Wartezeit in einem stationären Einbedienersystem der Warteschlangentheorie bezeichnet (vgl. /1/, /6/, /7/).

Literatur:

/1/ Asmussen, S.; Rolski, T.
Computational methods in risk theory: A matrix-algorithmic approach.
Preprint. Aalborg University (1991)

/2/ Asmussen, S.; Schmidt, V.
The ascending ladder height distribution for a certain class of dependent random walks.
Preprint. Aalborg University (1991)

/3/ Björk, T.; Grandell, J.
An insensitivity property of the ruin probability.
Scand. Act. J. 1985, 148-156 (1985)

/4/ Feller, W.
An introduction to probability theory and its applications, vol.2.
New York: Wiley (1971)

/5/ Franken, P.; König, D.; Arndt, U.; Schmidt, V.
Queues and point processes.
Chichester: Wiley (1982)

/6/ Frenz, M.; Schmidt, V.
An insensitivity property of ladder height distributions.
J. Appl. Probability 29 (1992)

/7/ Grandell, J.
Aspects of risk theory.
Berlin: Springer (1991)

/8/ König, D.; Schmidt, V.
Zufällige Punktprozesse.
Stuttgart: Teubner (1991)

/9/ Miyazawa, M.; Schmidt, V.
On ladder height distributions of general risk processes.
Preprint. Science University of Tokyo (1991)

OPTIMAL STOPPING IN A RESEARCHER'S PROBLEM

W. Stadje, Osnabrück

We consider a researcher, for example a mathematician, who has a certain range of appealing problems to investigate. After choosing one he makes himself acquainted with the necessary background material and then continues to work on the subject as long as he expects to produce further results which are worth his efforts. Usually, after a certain amount of working time the topic is exhausted to a certain extent, at least from the researcher's point of view, so that he decides to select a new problem. The researcher wants to organize this whole procedure so as to maximize his long-run average output.

In this paper a stochastic model for the above decision problem and a method of handling it are proposed. The special convenient feature of the suggested behavioral rule is that one can follow it without exact knowledge of the underlying stochastic structure. We shall show that the rule is nevertheless optimal in the long run.

APPROXIMATIONS FOR THE OVERFLOW PROBABILITY IN FINITE-BUFFER QUEUES

Henk C. Tijms, Vrije Universiteit, Amsterdam

Abstract: This paper presents and motivates a new heuristic for the overflow probability in finite-buffer queues.

Zusammenfassung: Diese Arbeit gibt eine Motivierung für eine neue Approximation für die Verlustwahrscheinlichkeit in Wartesystemen mit beschränkter Kapazität.

1. Introduction

A practically important problem in computer and communication systems is the calculation of the overflow probability in finite-capacity queueing systems. Consider a queueing system where customers arrive and depart one at a time, and where the system capacity is N customers (including any customer in service). A customer who finds upon arrival N other customers in the system is turned away and has no further effect on the system. A common heuristic for the overflow probability (or the long-run fraction of customers that is turned away) is

$$\sum_{j=N}^{\infty} \pi_j^{(\infty)},$$
(1)

where $\{\pi_j^{(\infty)}\}$ is the equilibrium distribution of the number of customers present just prior to an arrival epoch in the corresponding *infinite-capacity* model. That is, the overflow probability is approximated by the equilibrium probability that in the infinite-capacity model a customer finds upon arrival N or more other customers present. Numerical investigations in /1/ indicate that this heuristic which is commonly used in practice may perform very poorly. Therefore the following new approximation for the overflow probability was proposed in /1/:

$$\frac{(1-\rho)\sum_{j=N}^{\infty}\pi_j^{(\infty)}}{1-\rho\sum_{j=N}^{\infty}\pi_j^{(\infty)}},$$
(2)

where ρ denotes the traffic intensity for the (infinite-capacity) queueing model. The more refined heuristic (2) performs much better than the crude heuristic (1). It is practically very useful for dimensioning the buffer size, including situations in which an extremely small overflow probability is required.

In this paper a motivation for the new heuristic (2) will be given. Using simple probabilistic arguments, it will be shown that the heuristic (2) is exact for both the finite-capacity, single-server queue M/G/1/N with general services and the finite capacity, multi-server queue M/M/c/N with exponential services.

2. The overflow probability

Consider the finite-capacity M/G/c/N queueing system in which customers arrive according to a Poisson process and any customer finding upon arrival N($\geq$c) other customers present is turned away. Denote by

λ = the average arrival rate of customers

α = the average service time per customer.

It is assumed that the traffic intensity

$$\rho = \frac{\lambda\alpha}{c} < 1.$$

Further, it is assumed in the sequel that for the multi-server case (c>1) the service times have an *exponential* distribution. However, for the single-server case (c=1) a general service-time distribution is allowed.

Defining a cycle as the time elapsed between two consecutive arrivals who find the system empty, the following concepts are introduced for the finite-capacity model:

T = the length of a cycle

T_j = the amount of time in a cycle during which j customers are present (j=0,1,...,N)

N_j = the number of service completions in a cycle at which j customers are left behind (j=0,1,...,N-1).

Also, for the finite-capacity model, let

μ_j = the expected time from a service completion epoch at which j customers are left behind until the next service completion epoch (j=0,1,...,N-1).

The corresponding quantities for the infinite-capacity queueing model are denoted by T^∞, T_j^∞, N_j^∞ and $\mu_j^{(\infty)}$.

The following relations are obvious:

$$E(T) = \mu_0 + \sum_{j=1}^{N-1} E(N_j)\,\mu_j, \tag{3}$$

548

$$E(T^{\infty}) = \mu_0^{(\infty)} + \sum_{j=1}^{\infty} E(N_j^{\infty}) \, \mu_j^{(\infty)}. \tag{4}$$

Also, using the exponential assumptions made, it follows from the lack of memory of the exponential distribution that

$$\mu_j = \mu_j^{(\infty)} \qquad \text{for } j = 0,1,\ldots,N-1, \tag{5}$$

$$\mu_j^{(\infty)} = \frac{\alpha}{c} \qquad \text{for } j \geq c. \tag{6}$$

For the finite-capacity model, let

p_j = the long-run fraction of time that j customers are present $(j=0,1,\ldots,N)$.

Similarly, $p_j^{(\infty)}$ is defined for the infinite-capacity model. Then by a standard result from the theory of regenerative processes,

$$p_j = \frac{E(T_j)}{E(T)} \qquad \text{for } j = 0,1,\ldots,N. \tag{7}$$

and

$$p_j^{(\infty)} = \frac{E(T_j^{\infty})}{E(T^{\infty})} \quad \text{for } j = 0,1,\ldots \ . \tag{8}$$

Next, we relate $E(N_j)$ and $E(T_j)$. Clearly, the expected number of downcrossings in a cycle from $j+1$ to j customers equals the expected number of upcrossings in a cycle from j to $j+1$ customers. The first quantity is per definition equal to $E(N_j)$, while the second quantity is equal to $\lambda E(T_j)$ on basis of results in /2/ and the assumption of Poisson arrivals. Thus

$$E(N_j) = \lambda E(T_j) \qquad \text{for } j = 0,1,\ldots,N-1 \tag{9}$$

Similarly,

$$E(N_j^{(\infty)}) = \lambda E(T_j^{\infty}) \qquad \text{for } j = 0,1,\ldots \ . \tag{10}$$

We are now in a position to prove

<u>Theorem</u> 1. For both the M/G/1/N queue and the M/M/c/N queue

$$p_j = \gamma p_j^{(\infty)} \quad \text{for } j = 0,1,\ldots,N-1, \tag{11}$$

where

$$\gamma = \left\{ 1 - \rho \sum_{j=N}^{\infty} p_j^{(\infty)} \right\}^{-1}. \tag{12}$$

<u>Proof</u>. First, it is observed that N_j has the same distribution as N_j^{∞} for any $j=0,1,\ldots,N-1$. Hence it holds that

$$E(N_j) = E(N_j^{\infty}) \qquad \text{for } j = 0,1,\ldots,N-1. \tag{13}$$

It now follows from (7)-(10) and (13) that

$$p_j = \gamma \, p_j^{(\infty)} \qquad \text{for } j = 0,1,\ldots,N-1, \tag{14}$$

where the constant γ is given by

$$\gamma = \frac{E(T^{\infty})}{E(T)}. \tag{15}$$

Dividing both sides of (3) by $E(T^{\infty})$ and using the relations (5), (7)-(10) and (13) yields

$$\frac{1}{\gamma} = \frac{\mu_0^{(\infty)}}{E(T^{\infty})} + \sum_{j=1}^{N-1} \lambda p_j^{(\infty)} \mu_j^{(\infty)}. \tag{16}$$

Also, by dividing both sides of (2) by $E(T^{\infty})$ and using (6), (8) and (10), we obtain

$$1 = \frac{\mu_0^{(\infty)}}{E(T^{\infty})} + \sum_{j=1}^{N-1} \lambda p_j^{(\infty)} \mu_j^{(\infty)} + \frac{\lambda \alpha}{c} \sum_{j=N}^{\infty} p_j^{(\infty)}. \tag{17}$$

Together (16) and (17) imply the desired result.

From Theorem 1 and the relation $\sum_{j=0}^{N} p_j = 1$, it follows that

$$p_N = \frac{(1-\rho)\sum_{j=N}^{\infty} p_j^{(\infty)}}{1-\rho \sum_{j=N}^{\infty} p_j^{(\infty)}}.$$

Next, using the property Poisson arrivals see time averages (see /2/), it follows for the finite-capacity model that the overflow probability equals p_N. Also, by this same property, the customer-average probabilities $\pi_j^{(\infty)}$ are equal to the time-average probabilities $p_j^{(\infty)}$ for all j. This proves the final theorem:

__Theorem__ 2. For both the M/G/1/N queue and the M/M/c/N queue, the overflow probability equals

$$\frac{(1-\rho)\ \sum_{j=N}^{\infty}\pi_j^{(\infty)}}{1-\rho\ \sum_{j=N}^{\infty}\pi_j^{(\infty)}},$$

where for the infinite capacity model $\pi_j^{(\infty)}$ denotes the long-run fraction of customers who find upon arrival j other customers present.

<u>Literature</u>:

/1/ Tijms, H.C.

Heuristics for finite-buffer queues.

Probability in the Engineering and Informational Sciences 6 (1992), to appear.

/2/ Wolff, R.W.

Poisson arrivals see time averages.

Operations Research 30, 223-231 (1982).

Flexible Capacity

Jan van der Wal
Eindhoven University of Technology

Abstract:

We consider a production lines which has been designed in order to produce a more or less constant number of products per day. Unfortunately demand is not constant. If products are made to order only (because of customer specificatons) idleness is unavoidable if the capacity of the line equals or exceeds the mean demand. The company we studied did not like idleness. If there were no customer orders they produced a standard product that could be rebuild to match the customer specifications later on. Of course this leads to extra costs for rebuilding. In practice it also led to enormous inventories when demand dropped.

In this paper we study the effect of allowing idleness. Clearly, idleness is not for free, employees cannot be send home without pay. Further the production leadtimes should be small, so overtime might be necessary in some cases. We will discuss the balance between idleness, overtime and leadtime.

PROGNOSEEIGNUNG VON FEHLERKORREKTURMODELLEN MIT KOINTEGRATION
dargestellt am Beispiel des Schweinemarktes

Clemens Fuchs, Hohenheim

Abstract: Error correction models (ECM) with cointegration are evaluated for forecasting purposes. Due to severe policy shocks in the EC during the 1980s the structure of market models is difficult to determine. Therefore, it is expected that the use of databased models like ECM can give better predictions than structured simultaneous equation systems. The database includes five selected time series of the agricultural markets in the FRG: feeder pig price, hog price, beef price, barley price and stock of gestating sows. For prediction horizons above 6 months the quality of the forecasted values for feeder pig price and hog price can be improved by using error correction models compared to other methods (ARIMA-models).

Zusammenfassung: Der Einsatz von Fehlerkorrekturmodellen (FKM) mit Kointegration zu Prognosezwecken wird geprüft. Aufgrund von Strukturbrüchen auf den Agrarmärkten der EG in den 80er Jahren ist die Struktur von Marktmodellen sehr schwierig zu bestimmen. Daher ist zu erwarten, daß datenbasierte Modelle, wie sie FKM darstellen, bessere Prognosen ergeben als strukturierte Mehrgleichungsmodelle. Datengrundlage für das FKM sind fünf Zeitreihen: die Preise für Ferkel, Schlachtschweine, Rindfleisch, Futtergerste und der Bestand an tragenden Sauen. Im Vergleich zu anderen Prognosemethoden (ARIMA-Modellen) kann die Prognosegüte für die Zeitreihen Ferkelpreis und Schlachtschweinepreis bei Prognosehorizonten von über einem halbem Jahr durch den Einsatz von Fehlerkorrekturmodellen verbessert werden.

1 Einleitung

Der empirischen Wirtschaftsforschung stehen mit der Entwicklung von Fehlerkorrekturmodellen (error correction models) und der Berücksichtigung von Kointegration neue Methoden zur Verfügung um dynamische ökonomische Zusammenhänge zu untersuchen. Meistens als Vektormodell eingesetzt, werden mehrere Zeitreihen in die Analyse einbezogen. Die Unterscheidung zwischen kurzfristiger Anpassung und langfristigem Verhalten läßt neue Einsichten in das ökonomische Geschehen gewinnen. Ein FKM kann beispielsweise folgendermaßen beschrieben werden (JOHANSEN und JUSELIUS, 1989):

$$\Delta Y_t = \Gamma_1 \Delta Y_{t-1} + \ldots + \Gamma_{k-1} \Delta Y_{t-k+1} + \Pi Y_{t-k} + \mu + \Psi D_t + \epsilon_t \tag{1}$$

wobei Y die Matrix der p Zeitreihen $[y_1, \ldots, y_p]$, Γ und Π Koeffizientenmatrizen, Δ die normale Differenzenbildung und k den maximalen time lag darstellen. Die Veränderung einer Zeitreihe Δy_t erklärt sich im FKM aus den kurzfristigen Anpassungen, welche sich aus den letzten k-1 Veränderungen aller Zeitreihen $\Delta Y_{t-1}, \ldots, \Delta Y_{t-k+1}$ ergeben, und aus den Abweichungen vom langfristigen Gleichgewicht im Niveau der Variablen Y_{t-k}. Das langfristige Gleichgewicht findet in der Matrix Π Berücksichtigung und bildet

Operations Research Proceedings 1991
© Springer-Verlag Berlin Heidelberg 1992

die Kointegration verschiedener Variablen ab. Ergänzt wird die Gleichung durch eine Konstante und zentrierte saisonale Dummyvariable.

Wichtige Anregungen zur Entwicklung von FKM erfolgten durch SIMS. ENGLE und GRANGER haben eine zweistufige, JOHANSEN (1987) hat eine einstufige Schätzmethode für FKM entwickelt. Letztere kommt in dieser Analyse zur Anwendung.

2 Datengrundlage

Auf dem Schweinemarkt gibt es die seit langem bekannten zyklischen Mengen- und Preisschwankungen. Die Bestrebungen, diese Fluktuationen abzuschätzen und die Planungssicherheit zu erhöhen sind vielfältig und gehen bis auf HANAU zurück. Seit Anfang der 80er Jahre wurde der Schweinezyklus zeitweise von dem insgesamt sinkenden Preisniveau wichtiger Agrarprodukte wie Getreide, aber auch Ferkel und Schweinefleisch, überlagert. Daher entstand Mitte der 80er Jahre der Eindruck, der Schweinezyklus sei ausgesetzt. Seit dem Jahre 1989 sind jedoch wieder starke Preisausschlägen beobachtbar. Weitere zumeist politikbedingte Einflüsse wie die Garantiemengenregelung für Milch, das Produktionsschwellenkonzept und die damit verbundene Absenkung des Preisniveaus bei Getreide und auch die Wiedervereinigung der beiden deutschen Staaten sowie der Zusammenbruch der Wirtschaft Osteuropas führten fortwährend zu Schocks auch im Agrarmarktgefüge und hatten Strukturbrüche zur Folge. Dies erschwert Prognosen außerordentlich und läßt sie sehr viel unsicherer werden als in relativ ruhigen Zeiten mit konstant nach innen und außen wirkenden EG-Marktordnungsmaßnahmen.

Als Modell des Schweinemarktes liegt die Berücksichtigung von Angebot, Nachfrage und den daraus resultierenden Preisen nahe. Verflechtungen zu anderen Märkten, wie Faktormärkten (z.B. Futtermittel) und Märkten von Substitutionsgütern (z.B. Rindfleisch) sind ebenfalls einzubeziehen. Angesichts der erheblichen Variabilität des Marktgeschehens werden monatliche Preisprognosen als notwendig erachtet. Daher ist es notwendig, tertialweise erhobene Bestandszahlen zu interpolieren. Der Zeitreihenanalyse liegen folgende Zeitreihen ab Juli 1974 zugrunde: Ferkelpreis (y1), Schlachtschweinepreis (y2), Rindfleischpreis (y3), Futtergerstepreis (y4) und Bestand an tragenden Sauen (y5). Mit den Daten bis einschließlich Juni 1984 wird ein erstes FKM geschätzt, welches in Kapitel 3 nach einer kurzen Modelleinführung als Beispiel dargestellt wird.

3 Datenbasierte Modelle

Bei datenbasierten Modellen, wie sie Fehlerkorrekturmodelle darstellen, findet eine Vorauswahl über die Art und Anzahl der zu berücksichtigenden Zeitreihen statt. Die Struktur weiterer Verknüpfungen im Modell wird jedoch insofern offengelassen, als die Daten und die auf sie angewendeten statistischen Prüfverfahren über die im einzelnen einzubeziehenden Parameter und damit die exakte Modellstruktur entscheiden. Wichtige Fragen, wie z.B. die Zeitverzögerung von Reaktionen der Wirtschaftsteilnehmer, kurz- und langfristige Einflüsse, ergeben sich aus den Tests.

Da bei der gegenwärtigen, und eingangs kurz geschilderten wirtschaftlichen Situation auf den Agrarmärkten in der EG und insbesondere auch auf dem Schweinemarkt eine große Unsicherheit über die tatsächlichen wirtschaftlichen Zusammenhänge besteht, sind besonders datenbasierte Modelle für Marktanalyse und -prognose geeignet.

3.1 Stationärität

Die Zeitreihenmodelle basieren auf der Theorie stationärer Zeitreihen. Eine stationäre Zeitreihe ist z.B. ein Zufallsprozeß ϵ_t (weißes Rauschen), welcher sich durch einen Mittelwert von Null und konstante Varianz über die Zeit auszeichnet:

$$\epsilon_t \sim N(0, \sigma^2) \tag{2}$$

Die Prüfung der hier verwendeten fünf Zeitreihen auf Stationarität wird mit Hilfe des erweiterten Dicky-Fuller-Tests (ADF) auf Einheitswurzeln durchgeführt. Der Vergleich mit der von FULLER erstellten Teststatistik zeigt, daß die Zeitreihe für den Ferkelpreis und eingeschränkt auch diejenige des Preises für Schlachtschweine in ihren Niveaus den Anforderungen an Stationarität entsprechen (FUCHS). Die weiteren drei Zeitreihen sind selbst bei einem Signifikanzniveau von lediglich 0,90 nicht stationär. Erst durch Differenzierung können diese in stationäre Zeitreihen transformiert werden. Daraus ergibt sich die Notwendigkeit, mit diesen Variablen Vektormodelle auf der Basis differenzierter Zeitreihen zu schätzen. Durch Differenzierung gehen jedoch Informationen verloren, so daß erst die zusätzliche Berücksichtigung der Niveaus der Variablen, wie es im FKM geschieht, eine Modellverbesserung darstellt. Eine Möglichkeit hierzu bietet der nachfolgend dargestellte Ansatz der Kointegration.

3.2 Kointegration

Bei mehreren endogenen Variablen kann Stationarität zusätzlich auch durch Variablenkombination erreicht werden, wenn Kointegration vorliegt. Normalerweise ergibt die Kombination von zwei Variablen x und y integriert von der Ordnung 1, wieder eine integrierte Variable. Oftmals kann für bestimmte ökonomische Zeitreihen jedoch festgestellt werden, daß sie sich gemeinsam entwickeln. Subtrahiert man in diesen Spezialfällen solche Zeitreihen, so erhält man eine Variable, welche zumindest auf den ersten Blick stationär aussieht. Statistisch heißen die Variablen x und y - integriert von der Ordnung 1 - kointegriert, wenn die lineare Regression

$$u_t = y_t - \mu - \gamma x_t \tag{3}$$

stationär ist (ENGLE und GRANGER). Dies bedeutet, daß sich die Variablen x und y in einem statistischen Gleichgewicht befinden, für welches ökonomische Erklärungen, z.B. relativ eng gekoppelte Preis-Kosten-Verhältnisse, bestehen. Beide nicht stationäre Variablen laufen bei visueller Betrachtung nicht auseinander. Die Abweichungen vom ökonomischen Gleichgewicht sind dann stationär. Das FKM erzeugt kointegrierte Variablen oder hat solche als Modellbestandteil. In diesem Fall ist es wichtig, die Variablen in ihren Niveaus, d.h. nicht differenziert, einzubeziehen, was durch die Koeffizienten der Matrix Π in Formel (1) erfolgt.

3.3 Time lags

Mit Hilfe eines vektor-autoregressiven Modells (VAR) wird der maximale time lag getestet. Im Beispiel wurde die Zeitverzögerung von 8 Monaten absteigend bis zu 1 Monat geprüft. Die Minimierung der Teststatistiken für das vorliegende Fünf-Variablen-Modell erfolgt im VAR in Niveaus hinsichtlich des Schwarz-Kriteriums (JUDGE, S. 687) schon mit einem Monat, hinsichtlich des Hannan-Quinn-Kriteriums (JUDGE, S. 687) dagegen bei 2 Monaten. Dies ergibt insgesamt sehr kurze Zeitverzögerungen, welche in den folgenden Berechnungen zwei Monate betragen, da ein FKM mindestens die differenzierten Zeitreihen für t-1 und die Niveaus der Zeitreihen um eine weitere Periode verzögert, d.h. t-2, berücksichtigt.

3.4 Parameterschätzung bei Fehlerkorrekturmodellen

Einen Hinweis auf das Vorliegen von Kointegration gibt das Maximum-Likelihood-Verfahren (ML) von Johansen (JOHANSEN und JUSELIUS), welches hier zur Parameterschätzung verwendet wird. Beim ML-Verfahren werden die Modellparameter simultan geschätzt. Es unterscheidet sich dadurch vom Engle-Granger-Verfahren (ENGLE und GRANGER), welches zweistufig vorgeht. Letzteres schätzt im ersten Schritt die Kointegratonsvektoren und im zweiten Schritt die weiteren Parametermatrizen des Modells.

Beim ML-Verfahren von JOHANSEN wird die Parametermatrix Π , welche die Abweichungen vom langfristigen Gleichgewicht berücksichtigt, in die zwei Matrizen α und β' zerlegt:

$$\Pi = \alpha\beta' \tag{4}$$

wobei α und β' pxr-Matrizen von vollem Spaltenrang, mit p als Varibalenanzahl und r der Anzahl von kointegrierten Vektoren ($\beta_1'Y_{t-k}$) sind. RÜDEL weist darauf hin, daß das ML-Verfahren besonders bei kleinen Stichproben einen Effizienzgewinn erbringt.

3.5 Empirische Ergebnisse der Analyse auf Kointegration

Das erste Prognosemodell umfaßt die bereits in Kapitel 2 eingeführten 5 Zeitreihen (p=5), eine maximale Zeitverzögerung von 2 Monaten (k=2) und ist mit den Werten von Juli 1974 bis einschließlich Juni 1984 geschätzt. Für einen kointegrierten Vektor spricht der durchgeführte λ_{max}- und der Trace-Test (FUCHS). Weitere Tests können auf die Eigenvektoren β und ihre Gewichte α angewandt werden und helfen, den Aufbau der Matrix Π detailliert zu bestimmen. Ein LR-Test auf schwache Exogenität weist bei den Variablen $y2$ und $y5$ auf einen geringen Einfluß der langfristigen Komponenten des Modells auf die Preise für Schlachtschweine und den Bestand an tragenden Sauen hin. Bei Auswahl eines kointegrierten Vektors β und bei zwei linearen Restriktionen für α ergibt sich die Tabelle 1 dargestellte Π - Matrix.

Die kurzfristigen dynamischen Abhängigkeiten im FKM sind in der Parametermatrix Γ erfaßt. Sie ist ebenfalls in Tabelle 1 mit den jeweiligen T-Werten angegeben. Hier werden die Regressionskoeffizienten der um einen Monat verzögerten Differenzen erster Ordnung dargestellt. Sie geben den verzögerten Einfluß von Veränderungen der Zeitreihen zum Zeitpunkt t wider. Betrachtet man das Signifikanzniveau der Koeffizienten, so fällt auf, daß für die Werte zur Erklärung des Rindfleischpreises (Gleichung 4 des FKM) nur schwache Signifikanz besteht. Da diese Variable jedoch insbesondere den Schlachtschweinepreis miterklärt, ist die Variable für das Modell insgesamt wichtig.

Der negative Regressionskoeffizient (-0,439) von $\Delta y4_{t-1}$ in Gleichung 2 beruht auf den saisonal gegenläufigen Preisbewegungen bei Schlachtschweinen und Rindfleisch. Steigende Schweinefleischpreise lassen den Ferkelpreis, den Schlachtschweinepreis und den Futtergerstenpreis mit einem time lag von einem Monat ansteigen. Ein Anstieg der Ferkelpreise bewirkt eine steigende Zahl an tragenden Sauen. Eine isolierte Betrachtung dieser Regressionskoeffizienten ist zwar möglich, soll hier jedoch nicht weiter durchgeführt werden, da dynamische Effekte des FKM eine Wirkung des Gesamtmodells sind und alle Koeffizienten einschließen. Die dynamischen Zusammenhänge können sehr viel besser mit Impulse-Response-Funktionen untersucht werden. Es ist ersichtlich, daß Schocks über mehrere Monate nachwirken, die Ausschläge der Zeitreihen laufen jedoch meistens nach ca. 3 bis 5 Monaten aus und wirken in keinem Fall länger als 12 Monate nach.

Es wurde wiederholt eine Parameterneuschätzung für das FKM mit einer Zeitverzögerung von k=2 und der Variablenanzahl p=5 durchgeführt. Insbesondere aufgrund von EG-Preisvorschlägen und -beschlüssen ergaben sich Anhaltspunkte dafür, daß eine Überprüfung der Modellparameter und damit auch der Modellstruktur in Bezug auf die Anzahl der Kointegrationsvektoren r und der Anzahl linearen Restriktion für α notwendig sein könnte.

4 Prognose des Schweinemarktes

Die Prüfung der Prognosegüte und der Vergleich mit anderen Modellen erfolgt ex-post für den Zeitraum von Mitte 1984 bis Ende 1990. Dazu werden ab Juni 1984 ex-ante-Prognosen erstellt. Der Prognostiker kann in diesem Fall versuchen, einigermaßen pragmatisch vorzugehen und auf die Verwertung von Informationen, welche er angesichts der Rückverlegung des Prognosezeitpunktes ohne Zweifel hat, zu verzichten.

4.1 Maße zur Messung der Prognosegüte

Als Beurteilungskriterien werden unter den vielen möglichen Fehlermaßen für Prognosen der mittlere absolute prozentuale Fehler (MAPE) und THEILs U2-Wert ausgewählt. Der MAPE erlaubt einen Vergleich zwischen tatsächlichen und prognostizierten Werten jeweils für die Prognoseschrittweite h, während U2 den Vergleich zweier verschiedener Prognosen, der naiven No-change-Prognose und der Prognose mit einem statistischen Modell, erlaubt. Ein U2-Wert von 1 bedeutet, daß die Prognose mit dem statistischen Modell keine bessere Prognose als die No-change Prognose erbringen kann; folglich führt U2 > 1 sogar zu einer Verschlechterung gegenüber der No-change Prognose und erst bei U2 < 1 ergibt sich eine Verbesserung.

4.2 Prognosegüte des Fehlerkorrekturmodells

Mit dem Fehlerkorrekturmodell mit fünf Variablen werden ex-ante-Prognosen für die Prognosehorizonte von einem bis zu 18 Monaten durchgeführt. Im vorliegenden Prognosezeitraum ergeben sich z.B. für Einschrittprognosen 77 Wertepaare von Prognosen und tatsächlichen Werten (Tabelle 2). Bei der Überprüfung der Prognosegüte für das Schweinemarktmodell sind insbesondere der Ferkelpreis (y1) und der Schlachtschweinepreis (y2) als wichtige Kennwerte für Planungsentscheidungen und Rentabilität der Schweineproduktion heranzuziehen.

Beim <u>Ferkelpreis</u> (y1) steigt der MAPE schon nach einem Prognosehorizont von 3 Monaten auf über 10 % und von einem Jahr sogar auf über 20 % an. Hervorzuheben ist jedoch der relativ gute U2-Wert in Höhe von 0,75 bis 0,88. Beim <u>Schlachtschweinepreis</u> (y2) steigt die Fehlerquote (MAPE) bei einem Prognosehorizont von 6 Monaten auf über 10 % an und erreicht nach 1,5 Jahren über 15 %. Im Vergleich zur alternativen No-change Prognose ergibt das statistische Modell jedoch immer noch bessere Ergebnisse. Durch den sehr stark ausgeprägten Saisonverlauf bei <u>Futtergerste</u> (y3) kann das FKM nur zu den Prognosehorizonten bessere Ergebnisse liefern, die von einem Jahr abweichen. Bei der Annahme, daß der Preis des Monats im folgenden Jahr derselbe wie im Vorjahr sein wird, ist die Fehlerquote erheblich geringer als beim FKM. Eine gute Prognose des <u>Rindfleischpreises</u> (y4) gelingt nicht und ist auch nicht Ziel dieses Modells. Sollte der Rindfleischpreis prognostiziert werden, so wäre es erforderlich, ein anderes, speziell auf diese Variable abgestimmtes, Modell zu verwenden. Auf den Rindfleischpreis als Variable kann jedoch ebensowenig verzichtet werden wie auf den Futtergerstenpreis, da beide signifikanten Einfluß auf die wesentlichen zu erklärenden Variablen haben. Bei der Variablen <u>Bestand an tragenden Sauen</u> (y5) ist zu berücksichtigen, daß das Modell monatliche Prognosen erstellt, welche kaum mit der linearen Interploation zwischen den Zeitpunkten der Viehzählung übereinstimmen können. Langfristig können aber auch hier bessere Prognosen als bei der No-change Prognose erstellt werden.

Speziell für den Schlachtschweinepreis wird ein Vergleich mit einem ARIMA-Modell durchgeführt, welches auf der differenzierten Zeitreihe y2 basiert und enthält moving-average-Parameter bis t-16 (MA_{t-1} , ..., MA_{t-16}) sowie zwei saisonale moving-average-Parameter (SMA_{t-12} und SMA_{t-24}) enthält. Mit diesem Vergleichsmodell können leicht bessere kurzfristige Prognosen erstellt werden, wogegen das FKM eine Verbesserung bei Prognosen für den Planungshorizont von über 6 Monaten bringt. Für längere Horizonte haben jedoch FKM eindeutige Vorteile. Darüber hinaus bestehen verschiedene Ansatzpunkte, um die FKM weiterzuentwickeln.

Mit der Technik des Conditional Forecasting lassen sich exogene Einflüsse leicht in ihren multiplen und dynamischen Auswirkungen auf das zukünftige Marktgeschehen simulieren. Es kann gezeigt werden, daß sich Informationen, die sich aus politischen Entscheidungen ergeben und das zukünftige Agrarpreisniveau betreffen, dazu eignen, die Prognosegüte weiter zu verbessern (FUCHS). Hierzu werden die Agarpreisvorschläge der EG-Kommission und die Preisbeschlüsse des Minsterrats herangezogen. Ist der Preisvorschlag der Kommission oder der Preisbeschluß des Ministerrats bekannt, so können die daraus erwartbaren Auswirkungen in die Prognosen einbezogen werden. Auf dem Getreidesektor z.B. ist durch die enge Bindung zwischen Erzeugerpreis und Interventionspreis anzunehmen, daß sich eine Senkung des Interventionspreises von 5 % bis auf den Erzeugerpreis durchsetzen wird. Dies hat dann wiederum Auswirkungen auf den Schweinemarkt. Der Vergleich von ex-post Modellschätzungen von ARIMA-Modell und Fehlerkorrekturmodell zeigt für das Fehlerkorrekturmodell ein erheblich größeres Potential auf, die Prognosegüte in weiterer Forschungsarbeit zu verbessern.

Tabelle 1: Parametermatrizen des FKM; Zeitreihen von Juli 1974 bis Juni 1984

	Eigenvektor β	Gewichte α
Gl.1	-0,2193	0,4628
Gl.2	11,2458	0
Gl.3	-0,3321	0,2218
Gl.4	-0,8873	0,0141
Gl.5	0,0071	0

Matrix Π	y1	y2	y3	y4	y5
Gl.1	-0,1014979	5,204843	-0,1537245	-0,4106614	0,0032901
Gl.2	0	0	0	0	0
Gl.3	-0,0486484	2,494705	-0,0736808	-0,1968318	0,0015769
Gl.4	-0,0031029	0,159119	-0,0046995	-0,0125544	0,0001005
Gl.5	0	0	0	0	0

Matrix Γ (t-Werte)

	$\Delta y1_{t-1}$	$\Delta y2_{t-1}$	$\Delta y3_{t-1}$	$\Delta y4_{t-1}$	$\Delta y5_{t-1}$
Gl.1	0,003	16,269	0,287	-5,781	-0,043
	(0,0)	(3,8)	(0,7)	(1,6)	(1,3)
Gl.2	-0,003	0,311	-0,010	-0,439	-0,003
	(0,5)	(2,1)	(0,7)	(3,5)	(2,6)
Gl.3	-0,084	2,051	-0,075	-0,963	-0,001
	(2,4)	(2,0)	(0,8)	(1,1)	(0,1)
Gl.4	-0,006	0,131	0,018	0,048	0,000
	(1,4)	(1,1)	(1,6)	(0,5)	(0,3)
Gl.5	0,525	-2,260	-0,588	-14,209	0,741
	(2,0)	(0,3)	(0,8)	(2,1)	(11,8)

Tabelle 2: Ergebnisse der Prognoseprüfung;
Zeitraum der Prognoseerstellung: Juni 1984 bis November 1990

Prognosehorizont h	1	2	3	6	9	12	15	18
Anzahl Werte N	77	76	75	72	69	66	63	60

FKM

Ferkelpreis (y1)

	1	2	3	6	9	12	15	18
MAPE in %	3,68	6,98	9,75	14,31	16,60	19,28	21,18	23,01
U2	0,77	0,82	0,84	0,88	0,87	0,85	0,78	0,75

Schlachtschweinepreis (y2)

	1	2	3	6	9	12	15	18
MAPE in %	3,30	6,24	8,54	11,39	11,65	14,07	16,70	16,57
U2	0,88	0,92	0,95	0,96	0,96	0,93	0,90	0,82

Futtergerstepreis (y3)

	1	2	3	6	9	12	15	18
MAPE in %	2,42	3,47	4,48	5,87	8,04	9,98	11,02	12,28
U2	0,61	0,48	0,48	0,51	0,76	1,44	0,87	0,85

Rindfleischpreis (y4)

	1	2	3	6	9	12	15	18
MAPE in %	1,43	2,23	2,96	4,51	5,58	6,90	8,18	9,24
U2	1,00	1,04	1,07	1,06	1,13	1,19	1,16	1,14

Bestand an tragenden Sauen (y5)

	1	2	3	6	9	12	15	18
MAPE in %	1,35	1,48	1,56	2,01	2,49	3,34	4,28	4,82
U2	2,67	1,58	1,22	0,97	0,92	0,92	0,93	0,92

ARIMA-Modell

Schlachtschweinepreis (y2)

	1	2	3	6	9	12	15	18
MAPE in %	3,29	5,32	6,89	10,24	12,04	15,79	19,71	21,25
U2	0,87	0,84	0,86	0,92	1,06	1,07	1,06	1,05

<u>Literatur:</u>

/1/ Box, G.E.P.; Jenkins, G.M.
     Time Series Analysis - Forecasting and Control.
     San Francisco (1976)

/2/ Engle, R.F.; Granger, C.W.J.
     Co-Integration and Error Correction: Representation, Estimation, and Testing.
     Econometrica 55, 251-276 (1987)

/3/ Fuchs, C.
     Prognosen mit Fehlerkorrekturmodellen.
     Agrarwirtschaft 40, 205-215 (1991)

/4/ Fuller, W.A.
     Introduction to Statistical Time Series.
     New York: Wiley (1976)

/5/ Hanau, A.
     Die Prognose der Schweinepreise.
     Berlin: Vierteljahreshefte zur Konjunkturforschung,
     SH 2, 7, 18 (1927, 1928, 1930)

/6/ Johansen, S.
     Structural Analysis of Cointegration Vectors.
     Mimeo., University of Copenhagen (1987)

/7/ Johansen, S.; Juselius, K.
     The Full Information Maximum Likelihood Procedure for Inference on Cointegration
     with Applications.
     Institute of Mathematical Statistics, University of Copenhagen, Preprint 4,
     January (1989)

/8/ Judge, G.G.; Griffiths, W.E.; Hill, R.C.; Lütkepohl, H.; Lee, T.C.
     The Theory and Practice of Econometrics.
     New York: Wiley (1985)

/9/ Rüdel, T.
     Kointegration und Fehlerkorrekturmodelle - mit einer empirischen
     Untersuchung zur Geldnachfrage in der Bundesrepublik Deutschland.
     Heidelberg (1989)

/10/ Sims, C.A.
     Macroeconomics and Reality.
     Econometrica 48, 1-48 (1980)

/11/ Theil, N.
     Economic Forecasts and Policy.
     Amsterdam (1958)

/12/ Wolters, J.
     Zur ökonomischen Modellierung kurz- und langfristiger Abhängigkeiten -
     dargestellt am Beispiel der Zinsstruktur.
     Heidelberg: Nakhaeizadeh, G. und K.-H. Vollmer (Hrsg.): Neuere Entwicklungen in
     der Angewandten Ökonometrie, 155-176 (1990)

AGRICULTURAL SUPPLY MODELS IN THE NERLOVIAN FRAMEWORK
AN APPLICATION TO SUGARBEET PLANTINGS IN CHILE

Juan Gutierrez Teutsch
Depto. de Ingeniería Industrial
Universidad de Santiago de Chile
Avda. Ecuador 3769, Santiago, Chile

ABSTRACT

This paper examines the possibility of estimating agricultural supply
response models for chilean farmers in the beet sugar industry
As economic modelling criteria, the partial adjustment - adaptive
expectation framework is adopted.

Considering the particular features of the agroindustry mentioned
above, the Nerlove method is proposed.

The data sample covers the years 1953/54 to 1986/87, a total of 34
observations with explanatory variables, where appropriate, expressed
in December 1987 prices. The data sources are Annual Report published
by INDUSTRIA AZUCARERA NACIONAL S.A. (IANSA) and Instituto Nacional de
Estadísticas (INE).

Maximum- likelihood and Cochrane -Orcutt methods are used to estimate
the proposed models, considering the possible existence of
autocorrelated errors.

Results obtained suggest that modelling approach and estimation methods
are appropriate. Furthemore, the analysis identifies the most
important predictive variables and computes the long-run supply
elasticity for sugarbeet, production inputs, cross elasticity of
competitive commodities, and also computes the adjustment coefficients.
The conclusions are considered important, in the decisional process
of resource assignment, played by the economic agents involved in the
agroindustrial sector analized.

MulTi - Ein Programm zur multiplen Zeitreihenanalyse

Knut Haase

Institut für Betriebswirtschaftslehre
Christian-Albrechts-Universität zu Kiel
Ohlshausenstraße 40
2300 Kiel 1

Die in den letzten Jahren stark vorangeschrittene Computertechnologie
hat den praktischen Einsatz hochkomplexer statistischer Verfahren zur
Datenanalyse mittels eines herkömmlichen PC´s ermöglicht.

In diesem Vortrag wird ein menügesteuertes und daher leichtbenutzbares
Programm zur Analyse multipler Zeitreihen vorgestellt. Es bietet dem
Benutzer eine Palette von Modellen für den datengenerierenden Prozeß.
Zur Auswahl und Spezifikation der Modelle stellt das Programm eine
Reihe von statistischen Tests, Kriterien und Schätzverfahren zur Ver-
fügung. Ist ein Modell spezifiziert, geschätzt und geprüft, so kann es
mit Hilfe des Programms zur Prognose und zur strukturellen Analyse der
beteiligten Variablen eingesetzt werden.

Die Möglichkeit Schätzergebnisse wichtiger statistischer Kenngrößen
einzusehen und verschiedene Grafikroutinen zu nutzen, unterstützen den
Benutzer zusätzlich bei Entscheidungen, die während einer Analyse erforderlich sind. Unzulässige Eingaben werden weitestgehend abgefangen
und durch geeignete Meldungen kommentiert.

Für die Benutzung des Programms sind Vorkenntnisse in der Computerbe-
dienung nicht erforderlich, wohl aber Grundkenntnisse über die Vorgehensweise bei einer Analyse multipler Zeitreihen. Das Programm kann z.
B. zur Werbewirkungsanalyse oder zur Analyse von Finanzmarktdaten benutzt werden. Darüber hinaus kann es auch im Rahmen der Statistikaus-
bildung etwa bei der Vorbereitung von Beispielen und Demonstrationen
in der Vorlesung eingesetzt werden.

Intervallschätzung bei sequentiellen Tests dichotomer Merkmale
(Estimation during or after sequential tests of attributes)

Andreas Lamers, Münster

Zusammenfassung: Die bedingte Stichprobenverteilung gibt die Wahrscheinlichkeit für das Erreichen eines beliebigen Punktes im Stichprobenraum unter Beachtung der Entscheidungsregel eines sequentiellen oder mehrstufigen Tests an. Darauf aufbauend können exakte Konfidenzintervalle für ein dichotomes Untersuchungsmerkmal während eines laufenden Tests oder nach Abschluß des Tests bestimmt werden.

Summary: In this paper a method for obtaining confidence intervals for attributes based on an sequential or multiple test will be presented. This method is based upon the concept of conditional sampling distribution, which gives the probability for reaching a sampling point in sequential or multiple sampling.

1. Einführung

Sequentielle oder mehrstufige Testverfahren, beispielsweise der sequentielle Verhältnistest nach WALD, zeichnen sich gegenüber nichtsequentiellen Tests gleicher Macht durch einen im allgemeinen *geringeren durchschnittlichen Stichprobenumfang* aus. Auf der anderen Seite sind jedoch Punkt- oder Intervallschätzungen auf der Grundlage einer sequentiell erhobenen Stichprobe mit erheblichen Problemen verbunden. Hier soll eine Methode zur Ableitung von Konfidenzintervallen für ein dichotomes Untersuchungsmerkmal - ein qualitatives Merkmal mit zwei Ausprägungen - vorgestellt werden, mit der eine theoretisch exakte Intervallschätzung *während* einer laufenden Testauswertung oder *nach Abschluß* eines beliebigen sequentiellen Tests möglich ist.

2. Grundlagen sequentieller Testverfahren

Als Ausgangspunkt soll der Sequentialtest (sequentielle Verhältnistest) nach WALD dienen, der zu den bekanntesten sequentiellen Tests gehört /1/ /2/. Als Beispiel wird eine Anwendung im wirtschaftlichen Prüfungswesen zum Zwecke einer Ordnungsmäßigkeitsprüfung unterstellt; Untersuchungsmerkmal ist hier der Fehleranteil Θ eines Prüffeldes. Dabei ist eine Entscheidung zwischen zwei Punkthypothesen zu treffen:

Die *Nullhypothese* H_0: $\Theta = \Theta_0$ besagt, daß das Prüffeld einen niedrigen Fehleranteil Θ_0 besitzt, der als ordnungsmäßig akzeptiert wird.

Die *Alternativhypothese* H_A: $\Theta = \Theta_A$ ($\Theta_A > \Theta_0$) besagt, daß das Prüffeld einen nicht ordnungsmäßigen Fehleranteil Θ_A aufweist.

Operations Research Proceedings 1991
© Springer-Verlag Berlin Heidelberg 1992

Als Beispiel werden die Werte Θ_0=0,01 und Θ_A=0,05 und für die zulässigen Wahrschein-lichkeiten eines Fehlers erster bzw. zweiter Art die Werte α=0,05 und β=0,05 gewählt. Diese Parameterkombination ist bei Ordnungsmäßigkeitsprüfungen gebräuchlich; jedoch können auch andere Fehlerniveaus ($0<\alpha<1-\beta$) vorgegeben werden.

Der Sequentialtest nach WALD unterstellt, daß jeweils ein Stichprobenelement entnommen und geprüft und eine von drei möglichen Entscheidungen getroffen wird:

1. Solange sich ein Zufallsweg im *Indifferenzbereich* (Weiterprüfungsbereich) befindet, ist die Stichprobe fortzusetzen.

2. Bei Erreichen oder Überschreiten der *Annahmegrenze* ist die Stichprobe mit der Entscheidung "Annahme (Nichtrückweisung) der Nullhypothese" zu beenden.

3. Bei Erreichen oder Überschreiten der *Rückweisungsgrenze* ist die Stichprobe mit der Entscheidung "Rückweisung der Nullhypothese" zu beenden.

Im Modell der *Entnahme mit Zurücklegen* oder bei *unendlich großer Grundgesamtheit* erhält man parallele Geraden als Bereichsgrenzen des Sequentialtests nach WALD, die für das vorgestellte Beispiel in der *Abbildung 1* dargestellt sind; dabei wird ein Abbruch spätestens bei 500 Elementen unterstellt.

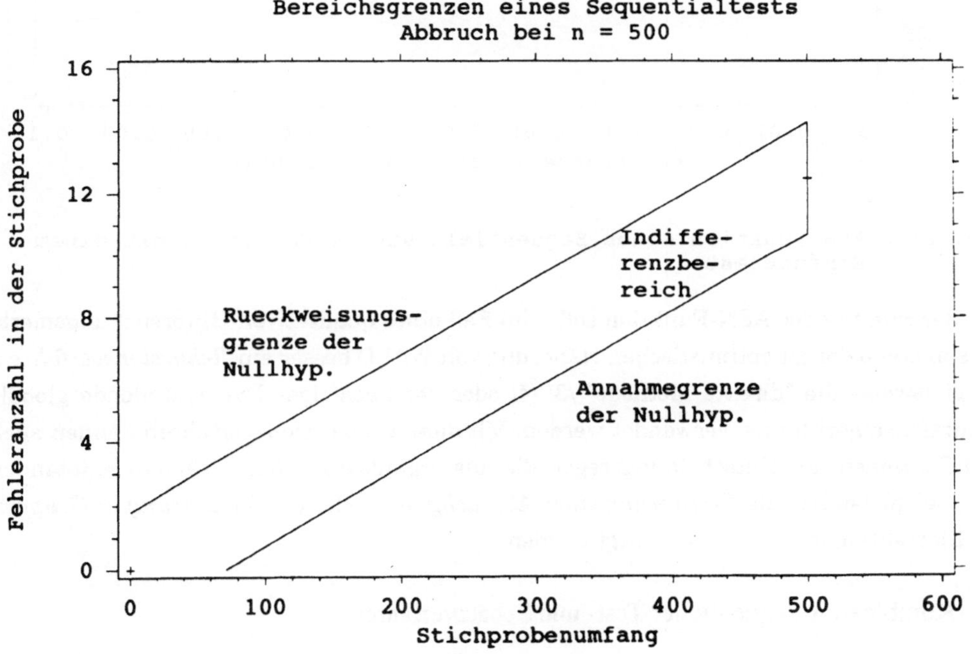

Abb. 1:   Entscheidungsbereiche eines Sequentialtests für ein Beispiel

Ein Grund für die Verbreitung des Sequentialtests nach WALD ist die Tatsache, daß der entscheidungsnotwendige Stichprobenumfang im Durchschnitt geringer ist als bei einem Einfachtest gleicher Macht. Für unser Beispiel ist die Funktion des durchschnittlichen Stichprobenumfangs (Average Sample Number Function, ASN-Funktion) in der *Abbildung 2* wiedergegeben. Man erkennt deutlich die gegenüber einem vergleichbaren Einfachtest (n=190, c=4) im Durchschnitt möglichen Einsparungen.

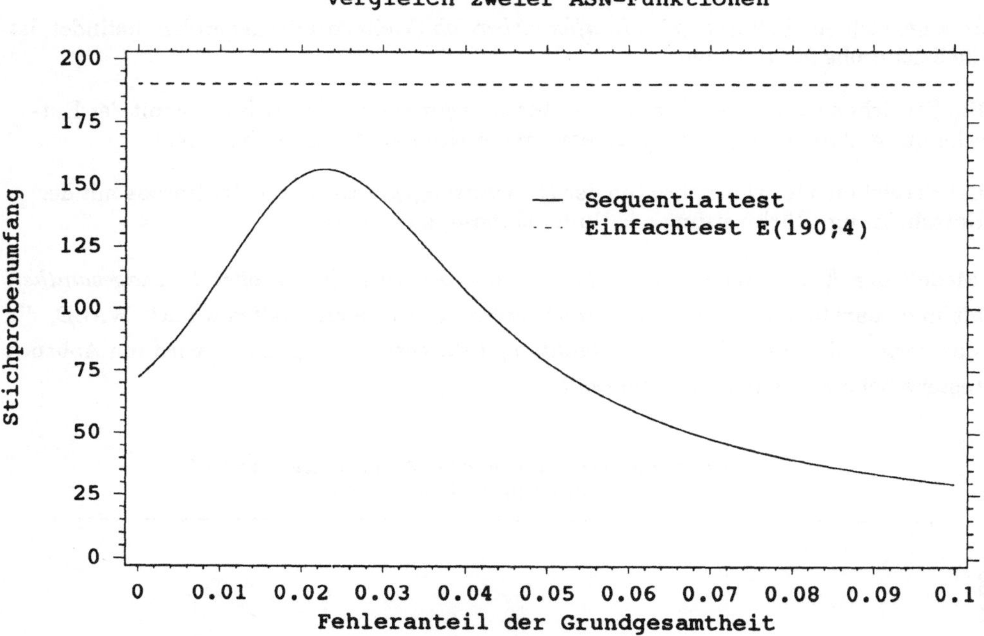

Abb. 2: ASN-Funktion eines Sequentialtests im Vergleich mit einem Einfachtest

Zur Berechnung der ASN-Funktion sollte im Fall eines qualitativen Untersuchungsmerkmals anstelle der zu optimistischen Näherung von WALD besser ein *Rekursionsverfahren*, beispielsweise die "direkte Methode" /3/ /4/ oder der nachfolgend vorzustellende globale Rekursionsalgorithmus, verwendet werden. Mit diesen Rekursionsverfahren können auch Modifikationen der Entscheidungsregel, die aus organisatorischen Gründen entstanden sind, beispielsweise die *Einführung einer Abbruchgrenze* oder die *Auswertung in Gruppen* von Elementen, leicht berücksichtigt werden.

3. Kombination sequentieller Test- und Schätzverfahren

Ausgehend von einer sequentiell erhobenen Stichprobe können Punktschätzwerte oder Konfidenzintervalle nicht ohne weiteres bestimmt werden. Die "klassischen" Schätzverfahren, die unabhängige Elementarereignisse unterstellen, sind in aller Regel nicht anwendbar, weil die Fortsetzung der Entnahme von den Ergebnissen der bisherigen Stichprobenelemente abhängt. "Naive" Schätzverfahren, in denen diese Abhängigkeit nicht berücksichtigt wird, führen deshalb fast immer zu fehlerhaften Schätzungen. Beispielsweise kann man zeigen, daß die bekannte *Maximum-Likelihood-Schätzfunktion* für den Fehleranteil bei sequentiell erhobenen Stichproben im allgemeinen nicht erwartungstreu ist.

Eine *erwartungstreue Punktschätzung* ist für beliebige sequentielle Tests mit dem sogenannten GMS-Verfahren möglich /5/. Dieses Verfahren bestimmt den Quotienten aus der *Anzahl zulässiger Zufallswege* vom Punkt mit den Koordinaten 1,1 und vom Koordinatenursprung zum aktuellen Punkt P(x;n). Dabei wird mit x die Fehleranzahl in der Stichprobe und mit n der aktuelle Stichprobenumfang bezeichnet. Ein Zufallsweg heißt dann zulässig, wenn er - von seinem letzten Punkt abgesehen - vollständig innerhalb des Indifferenzbereichs des Tests verläuft. Nachteilig ist der numerische Aufwand, der sich jedoch für bestimmte Sonderfälle, beispielsweise für das "Inverse Sampling", erheblich reduzieren läßt.

Intervallschätzverfahren gestatten im Gegensatz zu Punktschätzverfahren die Angabe eines Vertrauensbereiches für das Untersuchungsmerkmal. Für geschlossene Sequentialtests sind erstmals 1958 Konfidenzintervalle abgeleitet worden, die auf einer bestimmten Ordnung aller erreichbaren Punkte der Annahme- und Rückweisungsgrenze basieren /6/ /7/. Gravierender Nachteil des Verfahrens von ARMITAGE und der darauf aufbauenden Arbeiten /8/ /9/ ist die Tatsache, daß eine Intervallschätzung erst *nach Abschluß* des Tests vorgesehen ist; Zwischenauswertungen während eines laufenden Tests sind damit nicht möglich.

4. Grundlagen der "bedingten" Intervallschätzung

Das vom Verfasser entwickelte Konzept der *bedingten Stichprobenverteilung* gestattet sowohl eine Zwischenauswertung als auch die Bestimmung exakter Konfidenzintervalle nach Abschluß des Tests. Die *bedingte Verteilungsfunktion* F*(x;n/Θ) gibt für jeden beliebigen Punkt im Stichprobenraum die Wahrscheinlichkeit an, *höchstens* den diesem Punkt entsprechenden *Stichprobenfehleranteil* zu erreichen. Analog kann die *bedingte Wahrscheinlichkeitsfunktion* der Stichprobe f*(x;n/Θ) als Wahrscheinlichkeit dafür bestimmt werden, *genau* einen bestimmten Punkt P(x;n) im Stichprobenraum zu realisieren. Bei der Berechnung von Werten dieser Funktionen ist die Entscheidungsregel des betrachteten Tests zu beachten, das heißt, es dürfen jeweils nur Zufallswege, die innerhalb des Indifferenzbereichs liegen, berücksichtigt werden.

$$F^*(x;n/\Theta) = \sum_{k=0}^{x} K^*(x;n^*(k)) \cdot \Theta^x \cdot (1-\Theta)^{n^*(x)-x}$$

Hier bezeichnen K*(x;n) die Anzahl der zulässigen Zufallswege vom Koordinatenursprung zum Punkt P(x;n) und n*(x) den Stichprobenumfang, der in einer Stichprobe mit x Fehlern maximal erreichbar ist; dieser ist als

```
n*(x) = min{n,a(x)}              (x = 0, 1, ...) .
```

definiert. Die Funktion a(x) bezeichnet diejenigen Stichprobenumfänge, bei denen ein Zufallsweg mit x Fehlern die Annahmegrenze der Nullhypothese des betrachteten Tests erreicht. In die Berechnung werden also unter Umständen auch Punkte einbezogen, die auf der Annahmegrenze liegen und bei einem Stichprobenumfang n*(x) < n zur Beendigung des Tests führen. Für den Punkt P(7;200) sind alle in unserem Beispiel in die Funktion F*(x;n/Θ) einbezogenen Punkte in der *Abbildung 3* durch Kreuze markiert.

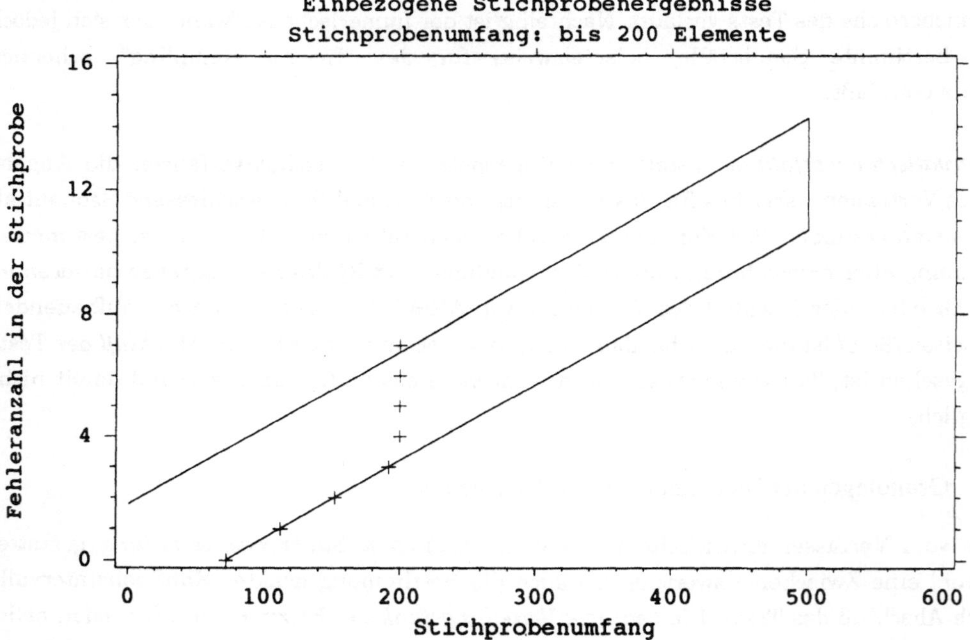

Abb. 3: Ableitung der bedingten Verteilungsfunktion für ein Beispiel

Ausgehend von der bedingten Stichprobenverteilung können die *OC-Funktion* oder die *Gütefunktion* des Tests einfach bestimmt werden; auch die *Weiterprüfungswahrscheinlichkeit*, also die Wahrscheinlichkeit dafür, bis zum Stichprobenumfang n keine Entscheidung zu treffen, sowie die daraus abgeleitete *ASN-Funktion* können leicht berechnet werden; auf eine Wiedergabe der entsprechenden Formeln muß jedoch im Rahmen dieses Beitrags verzichtet werden.

Große Bedeutung für die praktische Akzeptanz des Verfahrens hat die Geschwindigkeit, mit der die Werte der bedingten Verteilung bestimmt werden. Günstiger als die "direkte Methode" ist hier der vom Verfasser entwickelte *globale Rekursionsalgorithmus*, der meist nur relativ wenige Rekursionsschritte erfordert. Dabei wird die Funktion K*(x;n), die die Anzahl zulässiger Zufallswege zu einem beliebigen Punkt P(x;n) angibt, anhand der folgenden Gleichung bestimmt.

$$
K*(x;n) = \begin{cases}
\sum_{k=z}^{x} \binom{n-k}{x-k} \cdot S(k;z) & \text{für } z \le x \le n; \ x < x_{AB} \\[2ex]
K*(x-1;n-1) & \text{für } z \le x \le n; \ x = x_{AB} \\[2ex]
0 & \text{sonst,}
\end{cases}
$$

Die Koeffizienten S(k;z) (k=0,1...,x) werden rekursiv berechnet, wobei die Rekursionsstufe z, das ist die Zahl der Wiederholungen der Rekursionsformel, nur von der Anzahl möglicher Annahmeentscheidungen bis zum Stichprobenumfang n abhängt. Damit wird die Rekursionsstufe durch

$$
a(z-1) < n \le a(z) \qquad (z=0,1,\ldots)
$$

definiert. Die Berechnung von Werten der Funktion K*(x;n) ist mit diesem Algorithmus, auf dessen Wiedergabe verzichtet werden muß, sehr schnell möglich, und damit kann auch die bedingte Stichprobenverteilung leicht bestimmt werden. Damit findet man - in Anlehnung an CLOPPER und PEARSON /10/ - die folgenden *Definitionsgleichungen* für die Intervallgrenzen Θ_u und Θ_o eines zweiseitigen, wahrscheinlichkeitssymmetrischen *Konfidenzintervalls*

$$
F*(x-1;n/\Theta_u) \ge 1 - \frac{\gamma}{2} \qquad\qquad (0 < x \le n)
$$

und

$$
F*(x;n/\Theta_o) \le \frac{\gamma}{2} . \qquad\qquad (0 < x \le n)
$$

Die Lösungen dieser Definitionsgleichungen sind - wie bei der unbedingten Intervallschätzung - im allgemeinen nur iterativ zu bestimmen.

Für das vorgestellte Beispiel sollen ausgewählte 95%-Konfidenzintervalle nach dem Konzept der bedingten Verteilung im Vergleich mit entsprechenden "naiven" (unbedingten) Konfidenzintervallen vorgestellt werden. Zunächst wird in *Abbildung 4* ein Stichprobenumfang von maximal 100 Elementen betrachtet, dabei können zwischen 1 und 5 Fehlern in der Stichprobe auftreten. Im Falle einer fehlerfreien Stichprobe wäre die Entnahme bereits beim Stichprobenumfang von 72 beendet worden. Im linken Teil der Abbildung 4

sind die für einen maximalen Stichprobenumfang von 100 interessierenden Stichprobenergebnisse und im rechten Teil die entsprechenden Konfidenzintervalle einander gegenübergestellt. Für zwei oder drei Fehler, also für Punkte etwa in der Mitte des Indifferenzbereichs, sind die Intervalle praktisch identisch. Dagegen liegen für größere Fehleranzahlen die naiven Intervallgrenzen zu hoch; für $x=0$ dagegen liegt die Obergrenze des
naiven Intervalls deutlich zu niedrig. Diese Abweichungen sind darauf zurückzuführen,
daß in der Nähe der Bereichsgrenzen die Zahl zulässiger Zufallswege deutlich kleiner ist
als bei einer uneingeschränkten Zufallsauswahl.

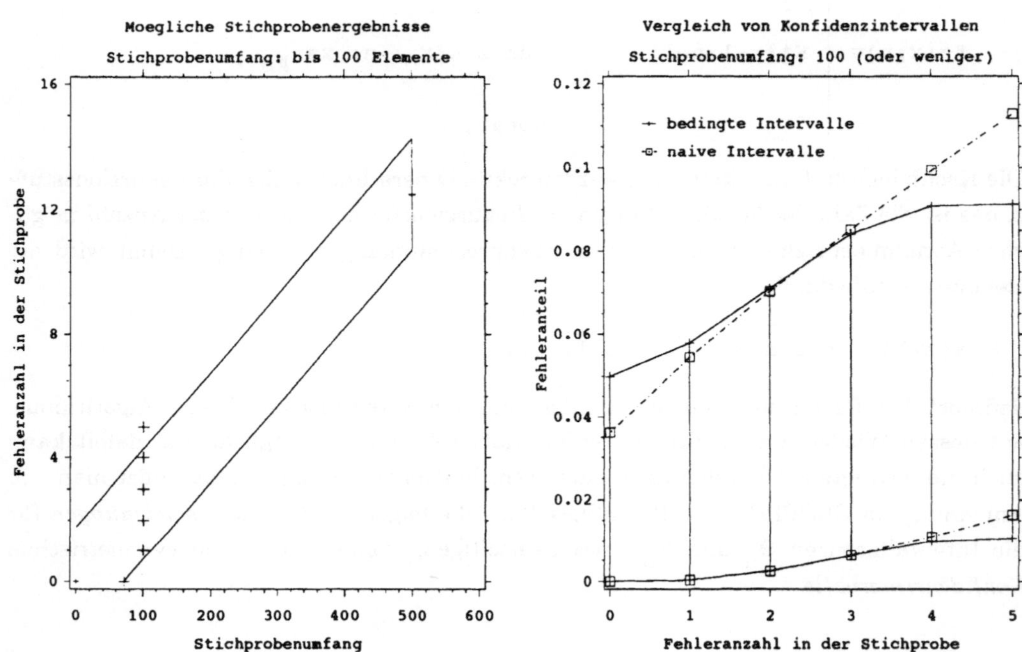

Abb. 4: Vergleich exakter und naiver 95%-Konfidenzintervalle für
einen Stichprobenumfang von maximal 100 Elementen

In der *Abbildung 5* sind die entsprechenden Ergebnisse für einen Stichprobenumfang von
bis zu 300 Elementen einander gegenübergestellt. Auffällig ist hier vor allem, daß die bedingten Intervallgrenzen fast konstant sind und daß die obere Grenzen des bedingten
Konfidenzintervalls überwiegend oberhalb der Intervallgrenze bei naiver Schätzung liegt.
Dieser Effekt zeigt sich bei größeren Stichprobenumfängen noch ausgeprägter: Die
bedingten Konfidenzintervalle bleiben fast konstant, und die oberen Intervallgrenzen liegen deutlich über denen der naiven Intervalle.

Der für größere Stichprobenumfänge zu beobachtende Effekt ist darauf zurückzuführen,
daß die Wahrscheinlichkeit für das Erreichen großer Stichprobenumfänge sehr gering und

deshalb der Einfluß auf die Intervallschätzung praktisch zu vernachlässigen ist. Dagegen nehmen die Abweichungen zwischen den bedingten und den "naiven" (unbedingten) Konfidenzintervallen mit steigendem Stichprobenumfang zu.

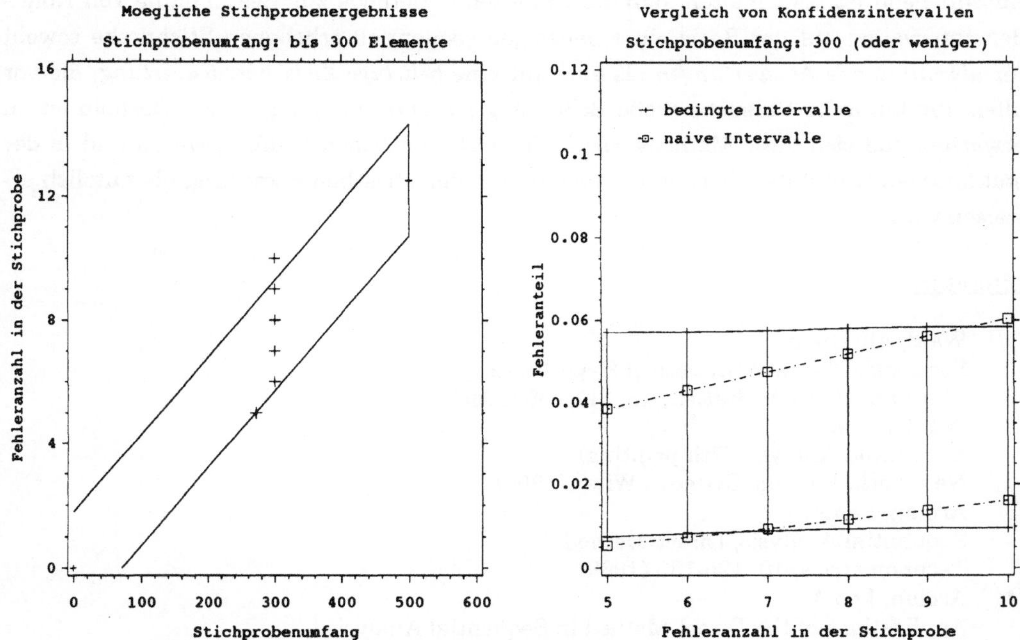

Abb. 5: **Vergleich exakter und naiver Konfidenzintervalle für einen Stichprobenumfang von maximal 300 Elementen**

Aus diesen Ergebnissen, die für andere sequentielle oder mehrstufige Tests in ähnlicher Form zu beobachten sind, kann man folgende Schlußfolgerungen ableiten:

1. Extrem hohe Stichprobenumfänge besitzen bei sequentiellen Tests oft nur einen vergleichsweise geringen Informationsgehalt und sollten durch Vorgabe einer geeigneten Abbruchregel vermieden werden.

2. Die Abweichungen zwischen exakten und "naiven" Konfidenzintervallen sind vor allem für große Stichprobenumfänge oder für Punkte in der Nähe der Bereichsgrenzen des Tests ausgeprägt, weshalb von einer "naiven" Schätzung unbedingt abzuraten ist.

5. Zusammenfassung und Ausblick

Dieser Beitrag zeigt, daß von einer naiven Intervallschätzung auf der Grundlage sequentiell erhobener Stichproben dringend abgeraten werden muß. Statt dessen ist - unter Verwendung eines Rechners - eine exakte Intervallschätzung nach dem Konzept der bedingten Stichprobenverteilung durchzuführen. Der Verfasser hat, aufbauend auf dem globalen Rekursionsalgorithmus, ein leistungsfähiges, menügesteuertes Programmsystem entwickelt, das in Kürze für IBM Personal Computer oder Kompatible unter PC-DOS bzw. MS-DOS (ab Version 3.0) verfügbar sein wird.

Abschließend ist festzuhalten, daß die vorgestellte Methode zur Bestimmung von Konfidenzintervallen auf der Basis einer beliebigen sequentiell erhobenen Stichprobe sowohl für *abschließende Auswertungen* als auch für eine *beliebige Zwischenauswertung*, die vor allem für klinische Versuche große Bedeutung hat /11/, gut geeignet ist. Deshalb ist zu erwarten, daß sich diese Methode sowohl im wirtschaftlichen Prüfungswesen und in der statistischen Qualitätssicherung als auch in der biometrischen Forschung als nützlich erweisen wird.

<u>Literatur:</u>

/1/ Wald, Abraham
     Sequential Tests of Statistical Hypotheses.
     The Ann. of Math. Statist., 16, 117-186 (1945)
/2/ Wald, Abraham
     Sequential Analysis (7th printing).
     New York, London, Sydney : Wiley (1965)
/3/ Aroian, Leo A.
     Sequential Analysis, Direct Method.
     Technometrics, 10, 125-132 (1968)
/4/ Aroian, Leo A.
     Applications of the Direct Method in Sequential Analysis.
     Technometrics, 18, 301-306 (1976)
/5/ Girshick, M. A.; Mosteller, F.; Savage, L. J.
     Unbiased Estimates for Certain Binomial Sampling Problems with Applications. The Ann. of Math. Statistics 17, 13-23 (1946)
/6/ Anscombe, F. J.
     Sequential Estimation (with Discussion),
     Journal of the Royal Statistical Society, Series B, 15, 1-29 (1953)
/7/ Armitage, P.
     Numerical Studies in the Sequential Estimation of a Binomial Parameter.
     Biometrika 45, 1-15 (1958)
/8/ Duffy, D. E.; Santner, T. J.
     Confidence Intervals for a Binomial Parameter Based on Multistage Tests.
     Biometrics 43, 81-93 (1987)
/9/ Jennison, C.; Turnbull, B. W.
     Confidence Intervals for a Binomial Parameter Following a Multistage Test With Application to MIL-STD 105D and Medical Trials.
     Technometrics 25, 49-58 (1983)
/10/ Clopper, C. J.; Pearson, E. S.
     The Use of Confidence or Fiducial Limits illustrated in the Case of the Binomial.
     Biometrika, 26, 404-413 (1934)
/11/ Jennison, C.; Turnbull, B. W.
     Statistical Approaches of Interim Monitoring of Medical Trials: A Review and Commentary.
     Statistical Science 5, 299-317 (1990)

CLASSMASTER PROGRAM FOR CLASSIFICATION MAKING AND ANALYSING

Boris Mirkin, Moscow

Abstract: The concept of a program package devised by the author and his collaborators at Moscow in 1989-1991 is discussed. The program is based on a special bilinear model for data aggregation which: (i) justifies processing of mixed data, (ii) allows both developing of new clustering methods and using some known ones, and (iii) leads to the decomposition of the squared scatter of the data by the elements of the obtained solution giving a new interpretation for such known pair-wise correlation coefficients as the correlation ratio, chi-square or Goodman-Kruskall's tau, as well as some new tools to analyse associations between sets of the variables.

1. Preliminaries. The term "classification" concerns to the following semantic values, in each of European languages:

a) this is a set of classes, or of groups of objects (cases) which are homogenious in some sense;

b) this is a way to form a set of classes;

c) this is a way to include an arbitrary concrete object into a classification.

We prefer to use it in the first of these considering the others as some background of it and using special concepts for them (classifying or classification making for *b*) and decision rules or recognition for *c*)).

Classification is considered here as a tool for usual purposes of supporting and enrichment the knowledge system associated to a concrete data: to give general expression for various concrete cases or situations, to fix or to discover concepts, to state or to reveal regularities.

In the following discussion we will discuss only the concepts associated with the *typology* concept as a form of classification. This concepts presumes the classes are to be presented with so called *types* which are "standard points" or "representatives" or "models" of the classes. These types are described with their features fixed in a set of the variables. To realise the opportunities of the concept formalising in the data analysis context let us consider a unidimensional situation. For example, let it be the typology making problem for a set of various societies by a quantitative potentially observed variable measuring the "democracy" level for any society. In simplest case we might like to form two types of democracy level, high (H) and low (L), only. We should take some two points, H and L, on the axe of the democracy level variable, and consider any society as belonging to H if it is placed on the scale higher than H, or to L if it is placed lower than L. As a formal description of the type H we may consider *the proposition "the democracy level is more than* H", or *the set of societies placed higher than* H, or some *"standard" (average) value of the variable in this set*. The two extremal situations are important here. The first one, H=L, implies that each society belongs to one and only one of the types, so the typology presents a partition of the set of all the societies. The second situation is when both of the values, H and L, are out of the range of the democracy level variable. This is the case of so called ideal types; each of them presents a tendency which is nonachievable by any real object.

2. Multidimensional models. For multidimensional case we use three kinds of the cluster structures (partitions, fuzzy clusters, ideal types; the last one seems to be nontraditional in clustering research) reflecting the three considered opportunities, respectively: a) L=H, b) L<H and both belong to the range,

c) both L and H are out of the range. The general concept of cluster structure in this framework can be presented in the following way. For a given set of N multivariate objects presented with the points y_i $=(y_{ik})$ $(i=1,..., N, k=1,...,n)$ in the variable space R^n , the cluster structure is a set of pairs (c_t,z_t) presenting clusters t $(t=1,...,m)$, where $c_t =(c_{tk})$ is the point of R^n presenting the "standard point" of the cluster (we refere to it as a *nucloid*) and $z_t=(z_{it})$ is a *belongingness* vector with the components z_{it} expressing degree of membership of the object i to the cluster t, $0<=z_{it}<=1$. In the case when every z_{it} must be equal to 0 or 1 only, we refere to the cluster structure as a *hard* one, using the term *fuzzy* for the other situations. If the total of z_{it} by t does not more than 1 for every i $(i=1,...,N)$ the cluster structure is referred to as *nonoverlapped* one.

To discover a cluster structure in the observed data $\{y_{ik}\}$ we mainly use the following (bi)linear model described in /1,2/ :

$$y_{ik} = \sum_t c_{tk}z_{it} + e_{ik} \quad ,$$

where e_{ik} are the residuals to be minimised by unknown c_{tk} , z_{it}.

It can be shown easily that the cluster structure (c_t,z_t) defined by this model corresponds to one of the following two unidimensional cases above: either to a), iff it is hard one, or to c), if it is fuzzy; in this last case the standard points c_t are to be the "extreme" points of the whole set of the observed points.

To obtain any cluster structure corresponding to the unidimensional case b) we use more traditional model of fuzzy clustering (see, for example, /3/). Let us formulate some mathematical properties of the model applied, to save simplicity, to the nonoverlapped hard cluster structure only.

Proposition 1. For the three clustering criteria: least squares, least modules, or minmax, the optimal standard point components c_{tk} are, respectively, means, medians, or midpoints of the ranges of the variables k in the clusters t .

Proposition 2 /2/. There holds the standard decomposition of the squared scatter of the observed data in the two terms: the "unexplained" squared residuals and the "explained" cluster structure contribution; the contribution of the pair (variable k, cluster t) equals $\#tc_{tk}$, where $\#t$ is amount of the points in the cluster t , and the contribution of the pair (point y_i , cluster t) is equal to the scalar product (y_i , c_t). If the matrix of the data $\{y_{ik}\}$ is centered and normed, the contribution of the pair (variable k, the partition consisting of all the clusters) is proportional to the squared correlation ratio of the variable by the partition, and for the case when k is a nominal variable presented with the centered dummy (Boolean) variables for each of its grades, the contribution equals chi-square Pearson contingency coefficient or Goodman-Kruskall's tau depending on the fact the centered dummy variables were normed or not (norming presumes any Boolean column with M ones divided by squared root of M/N).

Proposition 3. The Isodata clustering method (when Euclidean point-to-point distance is used) is the alternating least squares minimising procedure for fitting the bilinear model (the well-known k-means method and Ward's agglomerative procedure also could be interpreted as the methods to fit the model).

3. Typology making peculiarities. In the traditional programs for multivariate statistics the clustering procedures are considered as some engineering schemes (usually, agglomerative or k-means methods are available) to produce clusters basing on some a priori information from the user. This information includes:

(a) the distance or proximity measure between the entities;

(b) the way to compute the point-to-set or set-to-set distance measure basing on the point-to-point measure chosen in (a);

(c) the elements of the cluster structure which are necessary to begin computations (like the number of the clusters or initial partition);

(d) the rule to stop the computations.

As a rule, this kind of information, besides of a part of (c), does not relate to the contents of the real scientifical or managerial problem which is to be resolved. This implies the following two disadvantages of the programs: first, the user has to choose the parameters having no interpretation at his substantial terms, and, second, there is no possibility to estimate the influence of these choices on the found solution and so to separate the contribution of the method in the results.

The user of ClassMaster package faces a different menu, based on the properties of the bilinear model. He has to choose mainly the parameters of the cluster structure he wants to obtain: its kind (hard nonoverlapped clusters (partition), fuzzy clusters or ideal types) and some of a priori or hypotetic information on the clusters: the number of the clusters, the hypothetical centers in some or all of them (each is given by a point or a logic condition on the variables), the lists of the objects the user wants to keep in the same clusters, the list of the pairs of the objects which have to be sent into the same or into the different clusters; and he may omit any part of this information. He may also to input some information on the variables: their relative weights or the origins (if no a priori information on the clusters this last information can be important defining the centers of the variables which make influence on the solution and have a natural interpretation). The user here has to select the criterium of fitting the model, which is directly linked to the following choices: what kind of the central point is computed (mean, median or midrange, see Proposition 1), what is the norming (standard error, linear deviation, range, respectively) applied, what a distance is used (Euclidean, city-bloc or uniform, respectively). We believe that to answer on the question "what the way to determine the central value is preferred" is easier than to select a distance metric directly. And last, not least, it is possible to classify using nominal and Boolean variables as well as quantitative ones simultaneously. There was a version of Isodata algorithm developed, based on the bilinear model (see Propositions 1-3) to implement each of these data.

So ClassMaster, as a tool for typology making, has the following three adwantages comparing to the traditional packages: 1) more natural parameters to select, 2) more essential information on the cluster structure wanted to input, 3) mixed data can be used.

4. Tools to analyse classifications. There are the following three sets of interpretative tools to describe and to analyse the classifications either designed with the program or inputed as nominal variables (for saving of brevity we discuss only the nonoverlapped hard cluster structure case which is basic in the program):

1) the sets of the elements of the clusters, their nucloids c_t (in standartised and initial scales), the relative contributions of the objects and of the variables into each of the clusters ;

2) two-dimensional distributions of the variables both in table and graphic forms, and corresponding correlation coefficients ;

3) two decision rules to determine or to recognize the clusters: logistic regression and logic formulae.

574

The first two tools are supported with an interactive graphic system and can be used for nonformal description of the clusters in terms of the variables. The relative contributions of the objects is a mean to reveal the objects which are "atypic", "intermediate" ones .

The third tool gives the description which is much more formalised and can be used for various purposes. Here we shall discuss the problem of revealing of correlations between two sets of the variables. The user encounters the problem every time when he can distinguish between the sets of the variables relating to different aspects of the phenomenon in question. Contemporary theory of data analysis proposes the following two tools to resolve the problem: correspondence analysis and canonical correlation analysis. ClassMaster allows us to propose another approach based on clustering with logic description of the classes.

To analyse interrelations between two sets of the variables, X and Y, we use the following procedure. At first, to obtain a hard cluster structure for the set of observed data by the set X of the variables is to be obtained, describing each of the clusters with a logic formula (which is conjunction of the statements about the ranges of the most important by their contributions variables x in the cluster, see Proposition 2). Each logic formule is accompanied with two figures: *the error 1* (number of the cases from the cluster which do not satisfy it) and *the error 2* (number of the cases which do not belong to the cluster but satisfy the formule). This description can be interpreted as the statement " any object belongs to the cluster iff it satisfies the formule". So the logic description is better if the errors 1, 2 are smaller. Then the partition of the set of objects corresponding to this hard cluster structure is considered in the space Y , describing the clusters with logic formulae again, this time in terms of the Y-variables. If we obtain for a cluster both of the X- and Y- formulae have small errors, we may say that the regularity "these formulae are equivalent" is stated with a small error. If not, we believe for this cluster no association of this form can be stated. The author considers this way of association analysis looks as much more easy to understand than canonical correlations or even correspondence analysis visualisation for any user who is not a professional statistician.

The opportunity to save intermediate or expert classifications as nominal variables seems to be a key one to perform the analyses based on the tool sets varying the active sets of the variables.

5. Conclusion. Some new opportunities, which are available with ClassMaster program, have been described here. The following three ways of future developments of the program seem to be possible:

a) to develop a version oriented for a special application field (like sociology or medicine);

b) to add some supplementary cluster structures to be revealed (like mixtures of distributions or regression-wise clusters);

c) to make a knowledge supporting and generating system on the base of empirical data (developing the ideas described in the section 4 of this paper).

Literature.

/1/   Mirkin, B.G.
       Method of principal cluster analysis.
       Automation and Remote Control 10, 131-142 (1987).

/2/   Mirkin, B.G.
       A sequential fitting procedure for linear data analysis models.
       Journal of Classification, 7, 167-195 (1990).

/3/   Hathaway, R.J.; Bezdek, J.C.
       Recent convergence results for the c-means clustering algorithms.
       Journal of Classification, 5, 237-248 (1988).

DIE LATENT–CLASS–ANALYSE – EIN PRAKTIKABLES KLASSIFIKATIONSVERFAHREN AUCH IN DER ABSATZFORSCHUNG ?

Gertrud Moosmüller

Zusammenfassung: Die Latent–Class–Analyse, ein multivariates Klassifikationsverfahren, soll auf ihre Einsatzmöglichkeit im Bereich der Marktforschung untersucht werden. Zuerst wird das unrestringierte Latent–Class–Modell (LCM) dargestellt, das die Grundidee der LCA bei Vorliegen polychotomer Daten aufzeigen soll. Anschließend wird auf neuere Entwicklungen eingegangen, die eine geeignete Einbeziehung ordinalskalierter Merkmale in die Analyse versuchen. Dies ist vor allem beim Einsatz der LCA innerhalb der Absatzforschung von Bedeutung.

Abstract: This paper is concerned with the application of Latent–Class–Analysis (LCA), a special form of Latent–Structure Analysis, in consumer research. First, the unrestricted Latent–Class–Model (LCM) shall be demonstrated, when polychotomous variables with not ordered categories are given. This model can show the basic ideas of LCA. Then, new developments in LCA are touched, which try the wright treatment of variables with ordered categories. The application of LCA to such kind of variables is of great interest in consumer research and the practicability of this method shall be tested.

Das unrestringierte Latent–Class–Modell bei Vorliegen polychotomer Daten

Die LCA ist ein multivariates Verfahren, mit dessen Hilfe eine Gesamtheit/Stichprobe von Individuen/Objekten auf der Grundlage qualitativer Merkmale klassifiziert werden kann. Sie stellt somit eine Methode dar, die z.B. in der Absatzforschung zur Zielgruppenfindung dienen kann. Eine Untersuchung über das Medienverhalten von $T = 2036$ Personen soll die Praktikabilität dieses Verfahrens auf diesem Gebiet testen. Die Ergebnisse werden im folgenden dargestellt, wobei zuerst auf das Grundmodell der LCA, das unrestringierte LCM bei Vorliegen polychotomer Merkmale eingegangen wird, um die Grundidee der LCA zu verdeutlichen. Anschließend werden zwei Erweiterungen dieser Analysemethode vorgestellt, die die Einbeziehung ordinalskalierter Merkmale erlauben. Der erste Ansatz stammt von CLOGG und führt zu einer speziellen Form restringierter LCM; ein weiterer Vorschlag kommt von ROST und stellt eine Übertragung des Partial–Credit–Models von MASTERS/WRIGHT dar.

Gegeben sei

$\underline{Y}$: $= (n \times 1)$–Vektor der manifesten, beobachtbaren, polychotomen Variablen Y_j $(1 \leq j \leq n)$ mit den möglichen Realisationen $y_{j_{k_j}}$ $(0 \leq k_j \leq K_j - 1)$. Diese Merkmale (Items) können z.B. Fragen darstellen, die in K_j verschiedenen Kategorien beantwortet werden können. Deshalb existieren $\prod\limits_{j=1}^{n} K_j$ mögliche verschiedene Antwortmuster σ.

$\underline{X}$: $= (m \times 1)$–Vektor der latenten, nicht beobachtbaren Variablen, deren Verteilung als diskret angenommen wird; im allgemeinen wird $\underline{X} = X$ gesetzt, d.h. eine eindimensionale latente Struktur vermutet, auf der die betrachteten Individuen angeordnet sind. Da die Verteilung von X als

Operations Research Proceedings 1991

diskret unterstellt wird, mit $v^\alpha := W(X = x^\alpha)$, $1 \leq \alpha \leq \mathcal{A}$, erfolgt eine Einteilung der latenten Dimension in $\mathcal{A}$ Klassen und v^α ist die Wahrscheinlichkeit, daß ein Individuum der Klasse α angehört. Damit muß gelten

$$\sum_{\alpha=1}^{\mathcal{A}} v^\alpha = 1 \; . \tag{1}$$

$q^\alpha_{j_{k_j}} := W(Y_j = y_{j_{k_j}} \mid X = x^\alpha)$, $1 \leq j \leq n$, $1 \leq \alpha \leq \mathcal{A}$, $0 \leq k_j \leq K_j - 1$, ist die Wahrscheinlichkeit, daß das Merkmal Y_j eine Ausprägung in Kategorie k_j annimmt, wenn $X = x^\alpha$. Da eine Person ein Item nur in einer Kategorie beantworten kann, gilt

$$\sum_{k_j=1}^{K_j-1} q^\alpha_{j_{k_j}} = 1, \; 1 \leq j \leq n, \; 1 \leq \alpha \leq \mathcal{A} \; . \tag{2}$$

Deshalb kann $q^\alpha_{j_{k_j}}$ auch durch

$$q^\alpha_{j_{k_j}} = P(Y^*_{j_{k_j}} = y^*_{j_{k_j}} \mid X = x^\alpha) \tag{3}$$

wiedergegeben werden, mit

$$Y^*_{j_{k_j}} = \begin{cases} 1, & \text{if } Y_j = y_{j_{k_j}} \text{ for } X = x^\alpha \\ 0, & \text{if } Y_j \neq y_{j_{k_j}} \text{ for } X = x^\alpha \end{cases} \; . \tag{3a}$$

Die grundlegende Annahme der LCA ist die Annahme der "<u>lokalen stochastischen Unabhängigkeit</u>", d.h. der beobachtete Zusammenhang zwischen den manifesten Variablen wird allein auf ihre Verknüpfung mit der latenten Struktur zurückgeführt; er verschwindet, wenn X konstant gehalten wird. Die Antworten einer Person auf die verschiedenen Items werden somit als stochastisch unabhängig angesehen, wenn diese Person einer bestimmten Klasse angehört. Damit kann die Wahrscheinlichkeit dafür, daß ein spezielles Antwortmuster σ resultiert, mit

$$\pi_\sigma := \sum_{\alpha=1}^{\mathcal{A}} v^\alpha q^\alpha_\sigma := \sum_{\alpha=1}^{\mathcal{A}} v^\alpha \prod_{j=1}^{n} \prod_{k_j=0}^{K_j-1} q^{\alpha \; y^*_{j_{k_j}}}_{j_{k_j}}, \quad 1 \leq \sigma \leq \prod_j K_j \; , \tag{4}$$

angegeben werden, wobei q_σ^α die bedingte Wahrscheinlichkeit darstellt, daß das Antwortmuster σ auftritt, wenn eine Person der Klasse α angehört.

(1) und (4) stellen die Grundgleichungen des unrestringierten LCM mit polychotomen Items dar.

Die interessierenden unbekannten Modellparameter v^α (Klassengrößen) und $q_{j_{k_j}}^\alpha$ (klassenspezifische Itemantwortwahrscheinlichkeiten) können mit Hilfe der Maximum–Likelihood–Methode geschätzt werden, wobei die Multinomialverteilung der Antwortmuster zu beachten ist. Die Log–Likelihoodfunktion lautet damit

$$\log L = \sum_\sigma t_\sigma \log \pi_\sigma = \sum_\sigma t_\sigma \log \left[\sum_\alpha v^\alpha \prod_j \prod_{k_j} q_{j_{k_j}}^\alpha{}^{y^*_{j_{k_j}}} \right] , \tag{5}$$

mit $t_\sigma : =$ Anzahl der Individuen in der Stichprobe mit Antwortmuster σ. Das daraus resultierende Gleichungssystem ist

$$\sum_\sigma \frac{t_\sigma}{\pi_\sigma} (q_\sigma^\alpha - q_\sigma^{\mathcal{A}}) = 0 , \quad \alpha = 1,\dots,\mathcal{A} - 1 \quad \text{und}$$

$$\sum_\sigma \frac{t_\sigma}{\pi_\sigma} v^\alpha \left[q_\sigma^\alpha \left(\frac{y^*_{j_{k_j}}}{q_{j_{k_j}}^\alpha} - \frac{y^*_{j_{K_j-1}}}{q_{j_{K_j-1}}^\alpha} \right) \right] = 0 \ , \ 1 \le j \le n; \ 1 \le \alpha \le \mathcal{A}; \ 0 \le k_j \le K_j - 2 ; \tag{6}$$

es kann z.B. mit Hilfe des iterativen Proportional–Fitting–Algorithmus von GOODMAN gelöst werden, der einen speziellen EM–Algorithmus darstellt.

Sind die Bedingungen für die (lokale) Identifizierbarkeit der Parameter erfüllt, kann die Modellgeltung mit PEARSONS χ^2– oder mit der Likelihood–Ratio–Statistik überprüft werden.

Dieses Grundmodell der LCA wird auf die vorliegenden Daten bezüglich des Medienverhaltens von $T = 2036$ Personen angewandt, wobei folgende Merkmale ausgewählt werden:

Y_1:   "Alter"

Y_2:   "Haben Sie gestern ferngesehen <u>und</u> beziehen Sie Ihre Informationen hauptsächlich aus diesem Medium?"

Y_3:   "Haben Sie gestern eine 'politische' Sendung gesehen?"

Y_4:   "Geschlecht"

Y_5:   "Haben Sie gestern eine Tageszeitung gelesen <u>und</u> beziehen Sie Ihre Informationen hauptsächlich aus diesem Medium?"

Die Merkmale werden dabei folgendermaßen kodiert:

$$
y_1 := \begin{cases} 2, \text{ falls die betrachtete Person über 45 Jahre alt ist} \\ 1, \text{ falls die betrachtete Person zwischen 26 und 45 Jahre alt ist} \\ 0, \text{ falls die betrachtete Person unter 26 Jahre alt ist} \end{cases}
$$

$$
y_2 := \begin{cases} 1, \text{ falls \underline{beide} Teile der Frage mit "ja" beantwortet werden} \\ 0, \text{ sonst} \end{cases}
$$

$$
y_3 := \begin{cases} 1, \text{ falls die Frage mit "ja" beantwortet wird} \\ 0, \text{ sonst} \end{cases}
$$

$$
y_4 := \begin{cases} 1, \text{ falls die betrachtete Person männlichen Geschlechts ist} \\ 0, \text{ sonst} \end{cases}
$$

$$
y_5 := \begin{cases} 1, \text{ falls \underline{beide} Teile der Frage mit "ja" beantwortet werden} \\ 0, \text{ sonst} \end{cases}
$$

Für $\Lambda = 4$ Klassen sind die Parameter identifizierbar und es ergibt sich eine gute Modellanpassung. Die resultierenden Schätzergebnisse für die latenten Parameter sind in Tabelle 2 aufgeführt, wobei sich die Ergebnisse für die dichotomen Merkmale Y_2 bis Y_5 jeweils auf die Ausprägungskategorie "1" beziehen.

Es ergeben sich dabei zwei Klassen (Klasse 1 und 4) mit "hochinformierten" Personen; die Personen der Klasse 4 beziehen dabei ihre Informationen hauptsächlich aus dem Medium 'TV', die Personen der Klasse 1 dagegen aus den 'Tageszeitungen'. In beiden Klassen ist die relative Häufigkeit der über 45jährigen hoch, die der unter 26jährigen niedrig. Der Anteil von Männern und Frauen ist in Klasse 1 fast gleich groß, in Klasse 4 überwiegt etwas der Anteil der Frauen. Die Klassen 2 und 3 enthalten "weniger informierte" Personen, wobei in Klasse 2 der Anteil der unter 26jährigen sehr hoch ist; die Informationen werden hier mehr aus den 'Tageszeitungen' als aus dem Medium 'TV' bezogen. Dies steht im Gegensatz zu Klasse 3. In Klasse 2 überwiegen etwas die Männer; in Klasse 3 ist der Anteil der Frauen sehr hoch. Für die Größen der Klassen 1 und 2 ergeben sich ungefähr gleiche Werte; Klasse 3 ist am kleinsten, Klasse 4 am größten.

<u>Vorschläge zur Einbeziehung ordinalskalierter Variablen in der LCA</u>

Soll die LCA z.B. im Bereich der Absatzforschung eingesetzt werden, so entsteht häufig das Problem der möglichen Einbeziehung ordinalskalierter Merkmale. Meistens werden diese Variablen als polychotom behandelt, wobei der wohlbekannte Informationsverlust in Kauf benommen wird. Neuere Vorschläge in der LCA sollen dieses Problem lösen. Zwei Vorschläge zur typengerechten Behandlung solcher Variablen sollen noch kurz vorgestellt werden:

Der erste Vorschlag stammt von CLOGG, der die Ausprägungen eines ordinalskalierten Merkmals als Indikatoren für geordnete latente Klassen betrachtet. Diese Ordnung wird durch eine geeignete Vorabfestlegung bestimmter klassenspezifischer Itemantwortwahrscheinlichkeiten definiert. Damit erhält man spezielle restringierte LCM, d.h. es werden bestimmte Zusatzrestriktionen bezüglich der klassenspezifischen Itemantwortwahrscheinlichkeiten aufgestellt, wobei die Ordnungsregel lautet: Eine Person, die der Klasse α angehört, darf nur positive Antwortwahrscheinlichkeiten für Itemkategorien aufweisen, die dieser Klasse oder den unmittelbar benachbarten Klassen $(\alpha - 1)$ bzw. $(\alpha + 1)$ zugeordnet sind. Positive Antwortwahrscheinlichkeiten in benachbarten Kategorien werden als "Antwortfehler" betrachtet; für alle anderen Kategorien sind sie nicht erlaubt.

Dieser Vorschlag wird auf die Daten bezüglich des Medienverhaltens der 2036 Personen angewandt, wobei zusätzlich das ordinalskalierte Merkmal

Y_6: "Wie stark würden Sie das 'Fernsehen' vermissen, wenn aus technischen Gründen längere Zeit ein Übertragungsausfall vorliegt?"

betrachtet wird. Diese Variable besitzt die Rangstufen "4" ("würde ich sehr vermissen") bis "1" ("würde ich überhaupt nicht vermissen"). Unterstellt man wiederum $\Lambda = 4$ Klassen, wobei Personen, die das Fernsehen sehr vermissen, der Klasse 4, ..., Personen, die es überhaupt nicht vermissen der Klasse 1 angehören sollen, müssen folgende Zusatzrestriktionen eingeführt werden:

$$q_{6_4}^1 = q_{6_3}^1 = q_{6_4}^2 = q_{6_1}^3 = q_{6_1}^4 = q_{6_2}^4 = 0 \, . \tag{7}$$

Die Maximum–Likelihood–Schätzung der restlichen Parameter führt zu Gleichungssystem (6), das nun jedoch die Bestimmungsgleichungen für die restringierten Parameter nicht mehr enthält; es kann ebenfalls mit Hilfe des iterativen Proportional–Fitting–Algorithmus gelöst werden. Die Bedingungen für die Identifizierbarkeit der Parameter entsprechen denen im unrestringierten Modell, wobei die geringere Anzahl von zu schätzenden Parametern zu beachten ist. Anschließend muß wiederum die Modellanpassung überprüft werden. Für die vorliegenden Daten sind die Schätzergebnisse in Tabelle 3 aufgeführt; diese können analog zu oben interpretiert werden.

Ein Problem dieses Vorschlag von CLOGG ist jedoch die ex–ante–Fixierung bestimmter Parameter, die eine zu strenge Restriktion darstellt, und nicht aus den geordneten Kategorien der Merkmale gefolgert werden kann. Außerdem erfolgt die Ordnung der latenten Klassen willkürlich und würde die Kenntnis der latenten Struktur verlangen (welche Klasse ist "latent hoch", welche "latent niedrig"?). Weiterhin können die Schätzergebnisse der nicht vorab festgelegten Parameter der unterstellten Ordnung der Kategorien widersprechen, da die sich ergebenden klassenspezifischen Itemlösungswahrscheinlichkeiten für die Klassen $(\alpha - 1)$ oder $(\alpha + 1)$ größer sein können als die für Klasse α.

Wegen dieser Mängel soll noch kurz auf einen zweiten, von ROST stammenden Vorschlag eingegangen werden. Dieser stellt eine Übertragung des Partial–Credit–Modells, eines speziellen RASCH–Modells, von MASTERS/WRIGHT auf die LCA dar; d.h. es erfolgt die Übertragung des sog. "Threshold"– Konzepts, das wegen der nötigen Anordnung der Schwellen (Thresholds, Übergangspunkte) auf einem latenten Kontinuum ursprünglich auf Modelle mit einer als stetig unterstellten laten Variablen beschränkt ist. Um dieses Problem zu umgehen, wird pro Klasse und Item eine stetige Variable eingeführt, die die Antworttendenz der jeweiligen Klasse bezüglich eines Items wiedergibt. Auf dieser latenten Dimension sind dann die klassenspezifischen Schwellenwerte pro Ausprägungskategorie eines Items angeordnet. Diese Schwellenwerte werden über die logistische Funktion mit den Thresholdwahrscheinlichkeiten verknüpft. Die Ordnung der Kategorie wird durch sinkende Thresholdwahrscheinlichkeiten bzw. positive Differenzen zwischen den Schwellenwerten ausgedrückt. Die Thresholdwahrscheinlichkeiten geben dabei die Wahrscheinlichkeit dafür an, daß eine Person der Klasse α das Item Y_j in der Kategorie $y_{j_{k_j}}$ beantwortet, wenn es die vorhergehende Kategorie schon "erreicht" hat und damit eine Antwort in Kategorie $y_{j_{k_j-1}}$ <u>oder</u> in Kategorie $y_{j_{k_j}}$ geben kann. Diese Idee kann folgendermaßen formalisiert werden: Die Thresholdwahrscheinlichkeiten sind definiert als

$$\tau^{\alpha}_{j_{k_j}} := \frac{q^{\alpha}_{j_{k_j}}}{q^{\alpha}_{j_{k_j-1}} + q^{\alpha}_{j_{k_j}}} \, , \ 1 \leq i \leq n; \ 1 \leq \alpha \leq A \, ; 1 \leq k_j \leq K_j - 1 \, . \tag{8}$$

Somit können die klassenspezifischen Itemwahrlösungswahrscheinlichkeiten für Kategorie $y_{j_{k_j}}$ als

$$q^{\alpha}_{j_{k_j}} = q_{j_{k_j-1}} \cdot \frac{\tau^{\alpha}_{j_{k_j}}}{1 - \tau^{\alpha}_{j_{k_j}}} \, , \ 1 \leq j \leq n \, , 1 \leq k_j \leq K_j - 1 \tag{9}$$

angegeben werden. Um die Ordnung der Kategorien berücksichtigen zu können, wird nun pro Kategorie ein Schwellenwert $s^{\alpha}_{j_{k_j}}$ eingeführt und in Analogie zum Partial–Credit–Modell über die logistische Funktion mit den Thresholdwahrscheinlichkeiten verbunden, also

$$\tau^{\alpha}_{j_{k_j}} = \frac{\exp s^{\alpha}_{j_{k_j}}}{1 + \exp s^{\alpha}_{j_{k_j}}} \, , \ 1 \leq j \leq n; \ 1 \leq \alpha \leq A; 1 \leq k_j \leq K_j - 1 \, . \tag{10}$$

Die $q^{\alpha}_{j_{k_j}}$ können somit mit Hilfe dieser Schwellenwerte angegeben werden, so daß sie in den Modellgleichungen nicht mehr erscheinen:

$$\pi_\sigma = \sum_{\alpha=1}^{A} v^\alpha \prod_{j=1}^{n} \prod_{k_j=0}^{K_j-1} \frac{\exp \sum_{k_j^*=0}^{k_j'} s_{j k_j^*}^\alpha}{\sum_{k_j'=0}^{K_j-1} \exp \sum_{k_j^*=0}^{k_j'} s_{j k_j^*}^\alpha}, \tag{11}$$

mit $s_{j_0}^\alpha \equiv 0$, $1 \leq j \leq n$; $1 \leq \alpha \leq A$; $1 \leq \sigma \leq \prod_{j=1}^{n} K_j$. Der Vorteil, die Modellgleichungen in den $s_{j_{k_j}}^\alpha$ statt in den $q_{j_{k_j}}^\alpha$ auszudrücken, ist, daß die Ordnung der Itemkategorien keine Ordnung der Antwortwahrscheinlichkeiten impliziert, sondern nur eine Ordnung der Thresholds. Geordnete Kategorien werden durch fallende Übergangswahrscheinlichkeiten $\tau_{j_{k_j}}^\alpha$ ausgedrückt. Die $s_{j_{k_j}}^\alpha$ stellen die Punkte dar, wo die Thresholds auf dem latenten Kontinuum angeordnet sind, das für jedes Item unterstellt wird, und die Antworttendenz einer speziellen Klasse ausdrückt. Die interessenden Modellparameter können ebenfalls mit Hilfe der Maximum–Likelihood–Methode geschätzt werden, wobei die Ergebnisse für die $q_{j_{k_j}}^\alpha$ über die Schätzergebnisse der Thresholds rückgerechnet werden können.

Das Problem dieses Ansatzes ist, daß die Ordnung der Kategorien ein <u>Ergebnis</u> des Schätzvorganges ist, obwohl diese Ordnung ex ante unterstellt wird. Außerdem resultieren sehr oft Modelle, deren Parameter nicht identifizierbar sind. Das größte Problem bei der Anwendung dieser Modelle ist die große Anzahl von Variablen im Verhältnis zur Stichprobengröße.

Es sind also positive Tendenzen zur Einbeziehung ordinalskalierter Variablen in der LCA zu vermerken. Die Anwendung der LCA auf dem Gebiet der Absatzforschung ist dann anzuraten, wenn die Anzahl der Variablen in Relation zum Stichprobenumfang sehr klein ist, damit die zu bestimmenden latenten Parameter v^α und $q_{j_{k_j}}^\alpha$ identifizierbar sind. In diesen Fällen kann die LCA der Zielgruppenfindung dienen und als praktikables Klassifikationsverfahren auf diesem Gebiet angesehen werden.

σ	t_σ	σ	t_σ
0 0 0 0 0	51	0 0 0 0 1	35
1 0 0 0 0	66	1 0 0 0 1	76
2 0 0 0 0	69	2 0 0 0 1	57
0 1 0 0 0	20	0 1 0 0 1	7
1 1 0 0 0	28	1 1 0 0 1	9
2 1 0 0 0	44	2 1 0 0 1	13
0 0 1 0 0	16	0 0 1 0 1	8
1 0 1 0 0	27	1 0 1 0 1	29
2 0 1 0 0	31	2 0 1 0 1	47
0 1 1 0 0	28	0 1 1 0 1	15
1 1 1 0 0	81	1 1 1 0 1	66
2 1 1 0 0	224	2 1 1 0 1	95
0 0 0 1 0	51	0 0 0 1 1	40
1 0 0 1 0	51	1 0 0 1 1	74
2 0 0 1 0	24	2 0 0 1 1	48
0 1 0 1 0	22	0 1 0 1 1	5
1 1 0 1 0	15	1 1 0 1 1	11
2 1 0 1 0	8	2 1 0 1 1	7
0 0 1 1 0	10	0 0 1 1 1	10
1 0 1 1 0	16	1 0 1 1 1	36
2 0 1 1 0	15	2 0 1 1 1	59
0 1 1 1 0	23	0 1 1 1 1	3
1 1 1 1 0	65	1 1 1 1 1	62
2 1 1 1 0	142	2 1 1 1 1	97

Tabelle 1

	Klasse 1	Klasse 2	Klasse 3	Klasse 4
$\hat{v}^\alpha$	0,2115	0,2116	0,1725	0,4044
$\hat{q}^\alpha_{1_0}$	0,0241	0,5035	0,1781	0,0656
$\hat{q}^\alpha_{1_1}$	0,3825	0,4894	0,2470	0,3032
$\hat{q}^\alpha_{1_2}$	0,5934	0,0071	0,5749	0,6310
$\hat{q}^\alpha_2$	0,0984	0,1779	0,4301	0,9960
$\hat{q}^\alpha_3$	0,4784	0,1511	0,3162	0,9995
$\hat{q}^\alpha_4$	0,5262	0,5531	0,1751	0,4465
$\hat{q}^\alpha_5$	0.8534	0,4432	0,1113	0,3783

Tabelle 2

	Klasse 1	Klasse 2	Klasse 3	Klasse 4
$\hat{v}^\alpha$	0,1916	0,2543	0,1823	0,3718
$\hat{q}^\alpha_{1_0}$	0,0134	0,5114	0,2513	0,1038
$\hat{q}^\alpha_{1_1}$	0,3548	0,4688	0,3474	0,3466
$\hat{q}^\alpha_{1_2}$	0,6318	0,0198	0,4013	0,5496
$\hat{q}^\alpha_2$	0,1195	0,1547	0,4204	0,9873
$\hat{q}^\alpha_3$	0,4563	0,1602	0,2957	0,9926
$\hat{q}^\alpha_4$	0,5242	0,5637	0,1859	0,4680
$\hat{q}^\alpha_5$	0,8499	0,4583	0,1095	0,3464
$\hat{q}^\alpha_{6_1}$	0,7048	0,3780	0,0000	0,0000
$\hat{q}^\alpha_{6_2}$	0,2952	0,4341	0,1989	0,0000
$\hat{q}^\alpha_{6_3}$	0,0000	0,1879	0,3871	0,1053
$\hat{q}^\alpha_{6_4}$	0,0000	0,0000	0,4140	0,8847

Tabelle 3

<u>Literatur:</u>

/1/ ANDRICH, D.
Application of the psychometric rating model to ordered categories which are scored with successive integers.
Applied Psychological Measurement, 2, 581 − 594 (1978)

/2/ ANDRICH, D.
An extention of the Rasch model for ratings providing both location and dispersion parameters.
Psychometrika, 47, 105 − 113 (1982)

/3/ CLOGG, C.C.
Some latent structure models for the analysis of Likert−type data.
Social Science Research, 8, 287 − 301 (1979)

/4/ CLOGG, C.C.New developments in latent structure analysis.
Jackson, D.J., Borgatta, E.F. (ed.): Factor analysis and measurement in sociological research.
London, 215 − 246 (1981)

/5/ FORMANN, A.K.
Die Latent−Class−Analyse. Einführung in Theorie und Anwendung.
Weinheim: Beltz−Verlag (1984)

/6/ GOODMAN, L.A.
The analysis of systems of qualitative variables when some of the variables are unobservable.
Part I − a modified latent structure approach.
American Journal of Sociology, 79, 1179 − 1259 (1974a)

/7/ GOODMAN, L.A.
Exploratory latent structure analysis using both identifiable and unidentifiable models.
Biometrika, 61, 215 − 231 (1974b)

/8/ GOODMAN, L.A.
On the estimation of parameters in latent structure analysis.
Psychometrika, 44, 123 − 128 (1979)

/9/ MASTERS, G.N.
A Rasch model for partial credit scoring.
Psychometrika, 47, 149 − 174 (1982)

/10/ MASTERS, G.N., WRIGHT, B.D.
The essential process in a family of measurement models.
Psychometrika, 49, 529 − 544 (1984)

/11/ ROST, J.
Rating scale analysis with latent class models.
Psychometrika, 53, 327 − 348 (1988)

STANDARDIZING MULTIDIMENSIONAL SPACE FOR DUAL SCALING

Shizuhiko Nishisato, Toronto, Canada

Abstract: In dual scaling and multiple correspondence analysis, the total contribution of each variable is inversely related to its marginal distribution, which can be understood as due to the removal of a trivial solution. This study examines effects of standardizing the contribution of each variable on the outcome of dual scaling and shows important implications for quantification of categorical data, in particular, for graphical display of quantified results.

Zusammenfassung: In der Dual Scaling und der Multiple Correspondence Analyse steht der Gesamtbeitrag jeder Variablen im umgekehrten Verhältnis zu ihrer Randverteilung, was durch den Abzug eines bedeutungslosen Ergebnisses erklärt werden kann. Diese Forschungsstudie untersucht die Auswirkung von Standardisierungen der Beiträge jeder Variablen in Bezug auf das durch Dual Scaling erreichte Ergebnis und weist auf wichtige Folgerungen zur Quantifizierung von kategorisch angelegten Daten, insbesondere solche, die der grafischen Darstellung von Quantitätsergebnissen dienen.

Introduction: In dual scaling and correspondence analysis, the data matrix in the form of joint frequencies or incidence numbers is "standardized" by the square-roots of the row and the column marginals, prior to the quantification. This pre-processing of the data, however, does not standardize categorical data in the traditional sense, but rather presents a serious source of outliers in quantification. The present study will start with elucidating the mathematical structure of the incidence matrix (e.g., multiple-choice data), which defines the total space for quantification. It will be shown that multidimensional space used in dual scaling is far from being smooth, or rather that quantified data points are under uneaven influences of their respective constraints. If one considers binary response patterns generated by n vaiables, all the possible patterns can geometrically be located at the same distance from the centroid if the dimensionality of the space is expanded to 2 to the power n-th. In dual scaling, even when the space of dimensionality is extended to the rank of the incidence matrix, the quantified data points are not equidistant from the origin, but are located at places which vary from point to point to an astonishing degree. The present study proposes genuine standardization of the space on the basis of mathematical descriptions of data constraints. This standardization presents a number of implications for data analysis by dual scaling: How are the two methods, standardized and traditional, different?; Once the space is standardized, can we analyze mixed (categorical and continuous) data?; Can we handle outliers more appropriately?

Mathematical Structure: In order to characterize the total space for quantification, let us start with a brief summary of the formulation of dual scaling. Define the following notation:

Operations Research Proceedings 1991
© Springer-Verlag Berlin Heidelberg 1992

$F = (f_{ij})$ = the Nxm (1,0) response-patterns (i.e., incidence) matrix, where N is the number of respondents and m is the total number of response options of n multiple-choice items. (For multiple-choice data, a typical element is sometimes indicated by f_{ijp} to refer to subject i's response to option p of item j. See the definition of f_{jp} for (9).)

$f_r = (f_i.)$ = the Nx1 vector of row marginals of F

$f_c = (f._j)$ = the mx1 vector of column marginals of F

$D_r = \mathrm{diag}(f_i.)$

$D_c = \mathrm{diag}(f._j)$

$f_t = \Sigma\Sigma f_{ij}$

1_k = the kx1 vector of 1's

y = an Nx1 vector of weights for the rows of F

x = an mx1 vector of weights for the columns of F

Since the unit and the origin of quantified data are arbitrary, they are conveniently set by the following conditions:

$$y'D_r y - x'D_c x - f_t , \quad \text{and} \quad f_r'y - f_c'x - 0 . \tag{1}$$

The optimal vector for the columns of F, x, can be determined by maximizing the ratio of the between-row sum of squares to the total sum of squares, that is, the squared correlation ratio, η^2, where under the two conditions of (1)

$$\eta^2 - x'F'D_r^{-1}Fx/x'Dx \tag{2}$$

This maximization problem results in the generalized eigenequation

$$(F'D_r^{-1}F - \eta^2 D_c)x - 0 , \tag{3}$$

or, the standard form,

$$(D_c^{-1/2}F'D_r^{-1}FD_c^{-1/2} - \eta^2 I)D_c^{1/2}x - 0 . \tag{4}$$

One may wish to "standardize" F to B, where $B = D_r^{-\frac{1}{2}}FD_c^{-\frac{1}{2}}$ and write (4) as

$$(B'B - \eta^2 I)D_c^{1/2}x - 0 . \tag{5}$$

Equation (4) is always satisfied, irrespective of data matrix F, when [I] $x = 0$, and [II] $x = 1$ and $\eta = 1$. These are called trivial solutions. The first trivial solution, [I], is the familiar one for a set of homogeneous equations, and this plays no important role in quantification. The second trivial solution, [II], is a solution peculiar to quantification of categorical data, and it is discarded as trivial since it does not satisfy conditions (1) but it satisfies (4) irrespectively of data matrix F. Intuitively, too, [II] is not a solution sought, for it amounts to placing all the responses into a single category, thus not discriminating between any responses. The first trivial solution is avoided by solving the determinantal equation, $|B'B - \eta^2 I| = 0$. The second trivial solution is handled first by removing it from the equation and by submitting the residual matrix, C, to the eigenequation, where

$$C - D_c^{-1/2} F' D_r^{-1} F D_c^{-1/2} - D_c^{1/2} 1 1' D_c^{1/2} / f_t \; . \tag{6}$$

This correction can easily be shown to be equivalent to subtracting from F matrix F_0 which is expected when the rows and the columns of F are statistically independent, that is, $F_0 = f_r f_c' / f_t$. In other words,

$$C - D_c^{-1/2} (F - F_0)' D_r^{-1} (F - F_0) D_c^{-1/2} \; . \tag{7}$$

Matrix C of (8) is also equivalent to the matrix of sums of squares and cross products of variates corrected for zero origin and standardized by marginals. This can be shown as follows. Replace matrix F with the matrix of deviations from the column means, $(I-P)F$, where $P = 1(1'1)^{-1}1'$. Noting that $D_r = nI$, we obtain

$$D_c^{-1/2} F' (I - P) D_r^{-1} (I - P) F D_c^{-1/2} - D_c^{-1/2} F' D_r^{-1} F D_c^{-1/2} - D_c^{-1/2} F' 1 (1'1)^{-1} 1' F D_c^{-1/2} / n$$
$$- D_c^{-1/2} F' D_r^{-1} F D_c^{-1/2} - D_c^{1/2} 1 1' D_c^{1/2} / f_t - C \tag{8}$$

The diagonal elements of C indicate relative distances of the corresponding variables away from the origin in the multidimensional space. Matrix C is mxm. Let us indicate by SS(jp) the diagonal element of C for item j and option p, that is, the sum of squares for option p of item j, and by f_{jp} the number of subjects who chose option p of item j, that is, $f_{jp} - \sum_{i=1}^{N} f_{ijp}$. Then,

$$SS(jp) = (N - f_{jp}) \,/\, (nN) \;. \tag{9}$$

Let us indicate by SS(j) the sum of SS(jp) over m_j options of item j, that is, the sum of squares of item j. Then,

$$SS(j) = \Sigma SS(jp) = \Sigma[(N - f_{jp})/nN] = (m_j N - \Sigma f_{jp})/(nN) = (m_j - 1)/n \;, \tag{10}$$

noting that $\Sigma_p f_{jp} = N$. The sum of SS(j) over n items, referred to as the total variance and is indicated by SS(t), is given by

$$SS(t) = \sum_j [(m_j - 1)/n] = (\Sigma m_j - n)/n = \overline{m} - 1 \;. \tag{11}$$

Formula (9) shows that the amount of variations of each option in the total "non-trivial" space is a linearly decreasing function of f_{jp}. This means that an option chosen by a fewer subjects contributes linearly more to the entire set of non-trivial solutions than an option chosen by more subjects. Notice that this reciprocal relationship is a by-product of the second trivial solution and nothing else. As for items, rather than options, formula (10) indicates that the amount of variations generated by an item is proportional to the number of response options. Formula (11) presents a summary statement of formula (9). Recall that the derived weights are scaled in terms of (1). Therefore, it would be interesting to look at the effects of this jagged total space on weights themselves. Since each of (m-n) non-trivial solutions is scaled by (1),

$$(m - n)x'D_c x = (m - n)f_t \tag{12}$$

for the entire space of (m-n) dimensions. As for item j which has m_j options, the sum of squares of weighted responses, $x'_j D_{cj} x_j$, is known to be proportional to the square of the product-moment correlation between item j and the total scores, r^2_{jt}, (Mosier, 1946) and the exact relation (Nishisato, 1982) is given by

$$x'_j D_j x_j = r^2_{jt}[f_t/(n\eta^2)] \;, \tag{13}$$

where $r^2_{jt} = (x'_j F'_j F x)^2/(x'_j D_j x_j x' F' F x)$. The contribution of $x'_j D_j x_j$ of item j to the entire space is

$$\Sigma x'_j D_j x_j = f_t(m_j - 1) \;. \tag{14}$$

The sum of squares of responses weighted by option p of item j, over the entire (m-n) dimensions is given by

$$\sum_{k-1}^{m-n} f_{jp} x_{jpk} - f_{jp} \sum_{k-1}^{m-n} x_{jpk} - (N-f_{jp}) n^2 N/(nN) - n(N-f_{jp}) . \tag{15}$$

The jaggedness of the (m-n) dimensional space may not appear serious enough to pay any attention to, but it has decisive effects on data analysis. Table 1 shows some relevant information obtained from multiple-choice data, collected by Peter Tung from fifty high-school students on eleven questions. The table lists option frequencies, f_{jp}, the total option contributions of formula (15), the sums of squares of weights of option p over twenty-five dimensions, Σx_{jp}^2 (i.e., (15)/f_{jp}), optimal option weights on Dimension 1 (the non-trivial solution with the largest squared correlation ratio), x_j, and the sums of squares of responses to item j weighted by x_j over twenty-five dimensions (i.e., (14)). Observe enormous differences in Σx_{jp}^2. Option 2 of item 7 and option 4 of item 4 were each chosen by only one subject, and the corresponding value of Σx_{jp}^2 is 539. Dual scaling of the data resulted in the weights for these options which are of unusually large absolute values, 10.05, an example of "outliers" (responses which drastically influence the results). Compare the situation with that of PCA, in which the sum of square of a variables over the entire space, Σx_{jp}^2, is exactly 1. The fact that the values of Σx_{jp}^2 are so vastly different from option to option has serious implications. Not only the upper bounds of option weights vary, but also these bounds directly influence the value of r_{jt}^2 as may be inferred from (13). In other words, interpretations of the results are drastically affected by f_{jp}, whose influence stems from the removal of the second trivial solution for analysis. It may be especially disheartening to some researcher to learn that those options chosen by a smaller number of subjects have greater contributions to defining the total non-trivial space than other more popular options. What should be done about it?

Standardization: As was clearly demonstrated in Table 1, the contributions of options and those of items to the total space vary so much within them. Therefore, there are two cases of interest: (Case 1) option standardization, (Case 2) item standardization. Define two mxm diagonal matrices, D_o and D_i. The diagonal elements of D_o are square roots of the reciprocals of SS(jp) of (9), and the diagonal elements of D_i are square roots of the reciprocals of SS(j) for m_j options of item j, these m_j options being standardized by the same constant. Premultiplication and postmultiplication of matrix C by D_o results in the matrix C for Case 1, and that by D_i yields the matrix C for Case 2. Once C is adjusted in this way, C of Case 1 now has all the diagonal elements being equal to 1, and C of Case 2 has the property that the m_j elements of item j sum up to 1. Therefore, Case 1 standardizes each option of n items equally, leaving item contributions proportional to the number of options, mj,

Table 1

Jagged Total Non-Trivial Space of Twenty-Five Dimensions

Example: Data by Peter Tung (N=50, m=36, n=11)

Item	Option	f_{jp}	$\Sigma f_{jp} x_{jp}^2$	Σx_{jp}^2	x_1	SS(item)
8	2	2	528	264.0	-2.08	550
	1	48	22	0.5	.09	
1	1	15	385	25.7	-1.21	550
	2	35	165	4.7	.52	
11	2	19	341	17.9	-1.34	550
	1	31	209	6.7	.92	
3	1	25	275	11.0	.31	550
	2	25	275	11.0	-.31	
7	2	1	539	539.0	10.05	1,100
	3	5	495	99.0	-1.38	
	1	44	66	1.5	-.07	
6	2	2	528	264.0	6.65	1,100
	3	9	451	50.1	-.93	
	1	39	121	3.1	-.13	
5	1	10	440	44.0	-.39	1,100
	3	10	440	44.0	-.09	
	2	30	220	7.3	.16	
10	4	5	495	99.0	2.64	1,650
	3	12	418	34.8	-.52	
	1	15	385	25.7	-.29	
	2	18	352	19.6	-.14	
4	4	1	539	539.0	10.05	2,200
	5	2	528	264.0	-.07	
	3	7	473	67.6	-1.41	
	2	15	385	25.7	-.25	
	1	25	275	11.0	.15	
9	1	5	495	99.0	.03	2,200
	5	6	484	89.7	-1.65	
	4	8	462	57.8	-1.42	
	3	12	418	34.8	-.28	
	2	19	341	17.9	1.29	
2	1	10	440	44.0	1.11	2,200
	2	10	440	44.0	-.06	
	3	10	440	44.0	-.06	
	4	10	440	44.0	-.13	
	5	10	440	44.0	-.86	

Table 2

Optimal Scores under Different Transformations

Subject	S	S*	O	I	R
1	37	-42	-70	-50	-59
2	20	-62	-75	-45	-61
3	25	-52	-69	-46	-57
4	95	06	-52	-67	-66
5	22	-47	-68	-48	-52
6	21	-08	-26	-18	-24
7	30	-48	-71	-44	-58
8	22	-35	-49	-26	-44
9	27	-36	-56	-37	-47
10	28	-30	-51	-37	-45
11	-46	60	61	76	76
12	-05	00	-09	15	03
13	-48	32	43	69	57
14	-61	89	86	88	106
15	-52	79	88	92	93
16	-44	57	57	75	73
17	-94	142	150	165	168
18	10	-02	-23	01	-07
19	25	-15	-47	-33	-27
20	295	174	-25	-113	-19
21	-35	35	12	17	49
22	-21	18	02	12	26
23	-29	56	40	67	58
24	23	-15	-43	-35	-29
25	-05	-06	-24	-03	-03

Notes: decimal points are omitted; results are on
Dimension 1, except for S* which is on Dimension 2

Table 3

Item-Total Correlations under O and I in Two Dimensions

No. of options	Item number	O 1	I 1	O 2	I 2
2	8	45	47	06	60
2	1	60	68	26	30
2	11	74	75	31	13
2	3	12	16	12	63
3	7	51	54	80	53
3	6	55	59	78	50
3	5	20	05	33	33
4	10	12	25	55	32
5	4	60	55	84	72
5	9	64	68	51	09
5	2	67	55	44	36

(Note: decimal points are omitted)

while Case 2 standardizes items, within which option contributions remain inversely related to f_{jp}. At the present moment, the combination of these two transformations, standardizing both options and items simultaneously, is not considered (Note: This combination can be attained by standardizing C of Case 1 by the square root of m_j). The same data as used for Table 1 were analyzed in four ways: (S) standard dual scaling, (O) option standardization, (I) item standardization, and (R) dual scaling of a reduced matrix, obtained by discarding three responses of the subject who contributed to the exceptionally large option weights of items 7, 4 and 6. Table 2 shows scores of the first twenty-five subjects (due to the space limitation), and Table 3 is for item-total correlations obtained under O and I. In comparing S, R and O, it is clear that those three responses from one subject created the first dimension of S, and that the second dimension of S is very much like the first dimension of R and O. Furthermore, one can add that option standardization has the effect of preventing outliers from influencing data sturucture unduely. As for the comparision between O and I (Table 3), Dimension 1 shows the effect of item standardization: r_{jt} of I tends to be higher than r_{jt} of O when the number of options is small, and this relation is reversed as the number of options increases. In addition to a more detailed examination of similarities and differences between O and I, it is important to explore what criteria O and I optimize. This inquiry, however, must wait for future research.

This research was supported by the Natural Sciences and Engineering Research Council of Canada

Literature:

MOSIER, C. I.
Machine methods in scaling by reciprocal averages.
Proceedings, Research Forum, 35-39.
Endicath, N.Y.: International Business Corporation (1946)

NISHISATO, S.
Shitsuteki Data no Suryoka (Quantification of Qualitative Data).
Tokyo: Asakura Shoten (1982)

Multivariate ARIMA-Modelle. Struktur und Einsatzmöglichkeiten

Prof. Dr. Karl Weber, Justus-Liebig-Universität Giessen,
Licher Strasse 74, D-6300 Giessen

Neben den univariaten kommt den multivariaten ARIMA-Modellen zur Prognose zentraler Zeitreihen in zunehmendem Masse Bedeutung zu.
Die multivariaten ARIMA-Modellen lassen sich in zwei Kategorien einteilen; sie werden als Transferfunktions- resp. Interventionsmodelle bezeichnet.
Die Transferfunktionsmodelle sind dadurch charakterisiert, dass die primär interessierende Zeitreihe (output series, y_t) durch eine oder mehrere eigenständige Inputreihen (input series) beeinflusst wird.
Vorzugsweise wird mit nur einer Einflussgrösse (cause variable, x_t) gearbeitet, so dass

$$y_t = \nu(B) \, x_{t-b} + n_t \qquad , \quad t = 1(1)T$$

gilt, wobei b die Verzögerungszeit (pure delay) und n_t den kombinierten Einfluss nicht explizit erfasster Einflussfaktoren (noise) angeben. Weiterhin wird

$$\nu(B) = \nu_o + \nu_1 B + \nu_2 B^2 + \ldots + \nu_k B^k$$

als Transferfunktion k-ten Grades bezeichnet. Dabei wird unterstellt, dass die vorerwähnten Zeitreihen bereits stationär sind.
Zur Bearbeitung solcher Modelle kann alternativ auf die Box-Jenkins (BJ-) oder Liu-Hanssens (LH-)Technik zurückgegriffen werden.
Der Einsatz von Transferfunktionsmodellen wird anhand praktischer Beispiele (unter Verwendung leistungsfähiger Softwarepakete) aufgezeigt.
Die Interventionsmodelle dienen zur Bearbeitung von Zeitreihen, deren Verlauf durch sogenannte Leitereignisse (intervention variable) beeinflusst erscheint. Auch hierzu werden die üblichen Grundansätze und Praxisbeispiele (aus der Elektrizitätswirtschaft) vermittelt.

METHODS AND PROBLEMS IN DISCRETE MCDM

Rüdiger Armann, Merseburg

Abstract: Using the instrument of multicriteria optimization for decision making we have to note that the "solution" of the problem is in general not a single one. In this paper some aspects are discussed, such as how to manage an interactive procedure even if the subproblems are of $\mathcal{NP}$-hard complexity.

Zusammenfassung: Wenn man zur Entscheidungsfindung die mehrkriterielle Optimierung benutzt erhält man im allgemeinen keine einzelne "Lösung". Nachfolgend werden einige Aspekte diskutiert, wie man den interaktiven Lösungsprozeß gestalten kann, auch wenn die entstehenden Teilprobleme von der Komplexität $\mathcal{NP}$-hard sind.

1. Introduction

The single criterion optimization, which was common in the last 40-50, years was a rather idealistic method for finding a decision to a real life problem because it tried to determine the "best" of all possible alternatives. Only in a few cases is one alternative the best for all of the criteria which naturally influence a decision at the same time. Consequently, there are different alternatives which cannot be strictly divided into "better" and "worse". We will consider the linear integer multiobjective programming problem in the following form:

$$z = Cx \longrightarrow v\text{-min!}$$
$$\text{s.t.} \quad Ax = b \tag{1}$$
$$x \geq 0 \text{ , integer}$$

Because the set of the feasible alternatives in the objective space is only partially ordered, we have to define what we are about to call a solution.

Definition: A feasible alternative $z^1 = Cx^1$ *is called efficient, non-dominated or PARETO-optimal if there is no other feasible alternative* $z^2 = Cx^2$ *such that* $z^1 \geq z^2$, $z^1 \neq z^2$ *holds. The point* x^1 *is called functionally efficient. The set of all functionally efficient points of problem* (1) *is denoted by* Eff .

Most procedures for solving multiobjective problems are based on the principle of generating a sequence of single objective problems which can be solved by conventional algorithms. Because of the non-convexity of integer problems, a special effort is necessary.

Before starting such an algorithm, it is necessary to know what the final result of the procedure is expected to be. It may be unacceptable to obtain all efficient solutions because the number of solutions may be very large or even infinite. A sample of efficient solutions which represents the complete set in an appropriate way could be grounds for finding a final and single decision for the given problem. In chapter 2 a basic type of algorithm is described which can provide such a representation.

Obviously, the extent of such a representation and the expense of computation are

Operations Research Proceedings 1991
© Springer-Verlag Berlin Heidelberg 1992

proportional. For the purposes of decision-making, namely in an interactive procedure, computation time should be as short as possible. In chapter 3 a probabilistic evaluation of the number of efficient points which enables a computer program to give an estimation of the extent of the representation of the efficient set is outlined. Following the same idea, several heuristics and probabilistic algorithms for obtaining speedy answers within an interactive procedure are discussed in chapter 4.

2. Algorithms of the SOLAND-type

Because integer problems are non-convex, the surrogate problem with a parameterized objective

$$
\begin{aligned}
w^T C x &\longrightarrow \min! \\
\text{s.t.} \quad A x &= b \\
x &\geq 0 \quad \text{integer} \\
w &> 0
\end{aligned}
\tag{2}
$$

cannot be sure of finding every efficient solution. SOLAND /14/ introduced another parameter vector which determines restrictions for the objectives. For the problem of linear multiobjective programming under consideration, we obtain the following form:

$$
\begin{aligned}
w^T C x &\longrightarrow \min! \\
\text{s.t.} \quad A x &= b \\
x &\geq 0 \quad \text{integer} \\
C x &\leq \beta \\
w &> 0 \quad \beta \in B \subseteq \mathbb{R}^n.
\end{aligned}
\tag{3}
$$

It can be shown that the parameterized problem (8) has for $w > 0$ and a suitable parameter set B (where $B = \mathbb{R}^n$ is possible), the same set of solutions as the multiobjective problem (1) has. According to a particular pair of parameters (w, β), a particular optimal solution of (8), which is also a functionally efficient solution of (1), will be obtained. Several algorithms of the SOLAND-type are described e.g in ARMANN /4/, LYSKA /10/, REUTER /12/ and SLOWINSKI /13/. Assuming that there is a finite number of efficient solutions, one can try to find them all by solving a sufficiently large number of scalarized subproblems of type (8). Neither can the total number of efficient solutions of a given problem be known nor may it be useful to compute them all; in ARMANN /4/ a method is shown for obtaining a "discrete representation" of the set of efficient points. The basic idea is a special rule for generating pairs of parameter vectors (w_k, β_k), $k=1,\ldots,K$ such that by solving the K scalarized problems

$$
\begin{aligned}
w_k^T C x &\longrightarrow \min! \\
\text{s.t.} \quad A x &= b \\
x &\geq 0 \ , \ \text{integer} \\
C x &\geq \beta_k, \\
w &> 0 \ , \ \beta_k \in B \subseteq \mathbb{R}^n.
\end{aligned}
\tag{3_k}
$$

K efficient solutions of problem (1) will be obtained. This forms the kernel of the LIMES computer program for solving medium sized linear integer multiobjective programs in an interactive procedure. Given the difficulties which may arise even when solving a single integer programming problem it might be sufficient to compute only approximate solutions of the subproblems (3_k); k=1,...,K. In REUTER /13/ methods incorporating the results of the ε-solutions of LORIDAN /10/ are discussed.

3. The amount of conflict and the number of efficient points

The conflict among the objectives has been considered e.g. in STEUER /15/, where it has also been shown that for a given set of feasible alternatives the number of the resulting efficient alternatives can vary from only one to the complete set of alternatives. In the first case we may characterize the objectives to be in full cooperation or without conflict. In the second case no alternative can be preferred or neglected, the objectives are in full conflict or without cooperation. In this view the conflict among the objectives is the basic property of multicriteria decision making. In the case of full cooperation of all criteria or objectives, it would be sufficient to examine only one of them, like is done in the conventional single criteria optimization.

An attempt to quantify this conflict is given in ARMANN /3/ with the aim of finding some expectation for the number of efficient points. A theoretical result of estimating the number of efficient points is given in PODINOVSKIJ/NOGIN /11/ in the following form:

$$E_N(q) = N \sum_{k=0}^{N-1} (-1)^k \; C_{N-1}^k \; (k+1)^{-q} \tag{4}$$

E(N,q) is the expectation for the number of efficient points depending on the number N of feasible alternatives and the number q of objectives.

This equation holds under the assumption that the feasible alternatives are equally and independently distributed in the coordinates of the objective space

To illustrate the results of this formula it should be mentioned that in the case of 1,000 feasible alternatives and 20 objectives one has to expect more than 99.9% efficient alternatives. For N = 1,000,000 , q=20 we would obtain E(N,q) > 890,000. Such a huge number of efficient alternatives can hardly be used for decision making. Furthermore, the assumptions for the formula can be affected by restrictions from the feasible set and cooperation or conflict among the objectives.

Finding the number of efficient solutions of a given problem may have the same complexity as finding all these solutions themselves. Apart from the extreme cases of total conflict and no conflict among the objectives, there will be no general method.

Some results for the total conflict among the objectives for linear and certain nonlinear objectives are given in ARMANN /2/ and WEIDNER /16/.

As a step in the direction of the estimation of the number of efficient points we will study the domination structure in a multiobjective problem and the individual portion of the single objectives.

We consider the more general problem

$$f(x) \longrightarrow v\text{-min!}$$
$$x \in X \in \mathbf{R}^n, \quad f: X \longrightarrow \mathbf{R}^q \tag{5}$$
$$f_i: X \longrightarrow \mathbf{R}, \quad i=1,\dots,q.$$

We denote

$$\delta_i(x) := \{ y \in X \mid f_i(y) \leq f_i(x), x \in X \}$$
$$Eq_i(x) := \{ y \in X \mid f_i(y) = f_i(x), x \in X \} \tag{6}$$
$$d_i(x) := \delta_i(x) \setminus Eq_i(x)$$
$$= \{ y \in X \mid f_i(y) < f_i(x), x \in X \}$$

and

$$Eq(x) := \bigcap_{i=1}^{q} Eq_i(x)$$
$$\delta(x) := \bigcap_{i=1}^{q} Eq_i(x) \tag{7}$$
$$d(x) := \delta(x) \setminus Eq(x)$$

Thus, we can define the set of efficient points in a proper way:

$$x \in Eff(X,f) \longleftrightarrow \delta(x) = Eq(x)$$
$$\text{or} \quad x \in Eff(X,f) \longleftrightarrow d(x) = \emptyset \tag{8}$$

From this we can see that a point $y \in d(x)$ dominates the point $x \in X$.

Now we will consider how a single objective effects this domination structure:

Definition: The objective f_i, $i \in \{1,\dots,q\}$ is called

- dispensable in $x^o \in X$ if $\delta_i(x^o) \subseteq \delta(x^o)$,

- preemptive in $x^o \in X$ if $\delta_i(x^o) = \delta(x^o) \setminus Eq_i(x^o)$.

These properties can be defined globally if they hold for all $x^o \in X$.

Dispensability means that leaving out a specific objective would not influence the domination structure in x^o or in $X^o \subseteq X$. Preemptivity means that only this specific objective determines the domination structure in x^o or in $X^o \subseteq X$.

In the following, a practicable way of determining the extent of conflict and its application is outlined.

Definition: $PD(x^o,d(x^o),X) = P(y \in d(x^o) / y \in X \setminus \{x^o\})$ is called the probability of dominance at x^o w.r.t. X and the dominance structure is given by $d(.)$.

From this we obtain that $PD(x,d(x),X) = 0 \ \forall \ x \in X$ holds if all feasible alternatives are efficient, this is the case of total conflict.

$PD(x^o,d(x^o),X) = 1$ is theoretically possible but, for $X = \mathbf{R}^n$ and linear or convex objectives we obtain $PD(x^o,d(x^o),\mathbf{R}^n) \in \{ 0; 0.5 \}$, where 0 represents the total conflict and 0.5 stands for total cooperation or a single objective.

This is because in the convex case, $d(.) \subseteq H^n$ holds. For the purposes of scaling we will give the following definition:

Definition 3: $w(x^o,d(x^o)) = 1 - PD(x^o, d(x^o), H^n)$ is called extent of conflict in $x^o \in X$ w.r.t. the domination structure $d(.)$.

Thus, we obtain $w(x, d(x)) \in \{0; 1\}$, where $w(x, d(x)) = 1$ does not necessarily mean that the objectives are in total conflict, because $w(.,.)$ is an estimation based on geometrical probability.

Obviously, for linear objectives $w(x,d(x)) = $ const. holds for all $x \in X$.

Therefore, this is the most practical case for such an estimation. For nonlinear convex objectives the consideration can only be a local one. For more general problems this method may be not practicable.

Nevertheless, this method of estimating the conflict may be used in a great variety of practical problems. It can be investigated whether, in a given problem, the conflict among the objectives is too small and would be treated better as a single objective one. On the other hand, the conflict may be recognized as beeing too large, so that all feasible alternatives of the problem will most likely become efficient. In this case a multiobjective procedure would be useless because no real subset of alternatives could qualify for decision making.

A small example is now given which demonstrates the sensitivity of multiobjective problems to small perturbations in the objectives with the result of dramatic changes in the efficient set:

$$-x \longrightarrow \min!$$
$$x - \alpha y \longrightarrow \min! \quad \text{s.t.} \quad x^2 + y^2 \leq 1 \, , \, \alpha \in \mathbb{R} \, , \, \beta \in \{ 0; 1 \}$$
$$- \beta y \longrightarrow \min!$$

$\text{Eff}(\alpha > 0, \, \beta = 0) = \text{Eff}(\alpha > 0, \, \beta = 1)$ (last objective seems to be dispensable)
$\text{Eff}(\alpha = 0, \, \beta = 0) = \{ x^2 + y^2 \leq 1 \}$ (total conflict)
$\text{Eff}(\alpha > 0, \, \beta = 1) = \{ x^2 + y^2 = 1 \, , \, y > 0 \}$
$\text{Eff}(\alpha < 0, \, \beta = 1) = \{ x^2 + y^2 \leq 1 \}$ (total conflict)
$$\neq \text{Eff}(\alpha < 0, \, \beta = 0)$$

In calculating the extent of conflict for this example, we obtain:

$$w(x, d(x)) = \begin{cases} 1 - (\arctan \alpha)/(2\Pi) & \text{for } \alpha \geq 0, \, \beta = 1 \\ 1 & \text{for } \alpha < 0, \, \beta = 1 \\ 1 - (\arctan |\alpha|)/(2\Pi) & \text{for } \qquad \beta = 0 \end{cases}$$

Thus, $w \approx 1$ holds for $0 \leq \alpha \ll 1$. This might suggest thatthe problem is not posed in the right way or may indicate that leaving out a certain objective can affect the result.

The formula of PODINOVSKIJ/NOGIN can now be replaced in the following way:

$$E_N(w) = N \sum_{k=0}^{N-1} (-1)^k (k+1)^{\frac{\ln(1-w)}{\ln 2} - 1} \tag{9}$$

Figure 1 shows the ratio $\text{rel}E_N(w) = E_N(w)/N$ for some N.

4. Heuristic algorithms for solving scalarized problems

Because of the $\mathcal{NP}$-hard complexity of most integer problems, heuristic procedures are widely used to obtain a solution very quickly, taking into consideration the fact of not having an exact solution. Methods of the well-known HILLIER-type (see HILLIER /7/, ARMANN /1/) are used in the LIMES procedure. Three methods tested for several integer and combinatorial problems, e.g. the 442-city travelling salesman problem of GRÖTSCHEL and PADBERG's 532-city problem, are discussed in DUECK /6/. The three algorithms are all of a similar type. The first one is the well-known "Algorithm of Simulated Annealing" by KIRKPATRICK et al /8/:

a) choose an initial configuration and an initial temperature $T>0$

b) choose a new configuration which is a stochastic small   perturbation of the old one

c) compute $\Delta E := $ quality(new configur.) $-$ quality(old configur.)

d) IF $\Delta E > 0$ THEN   old configur. := new configur.

      ELSE with probability $\exp(\Delta E/T)$ DO

       old configur. := new configur.

e) IF after a long time there is no increase in quality or too many iterations,
   THEN lower temperature T

f) IF after some time there is no change in quality, THEN   stopp.

g) GOTO b)

The second algorithm by DUECK/SCHEUER /5/ is called "Threshold Accepting Algorithm". Here $T > 0$ is not the temperature but rather a threshold for accepting a certain loss in the quality of the new configuration. Step d) is replaced as follows:

d') IF $\Delta E > -T$ THEN old configur. := new configur.

The parameter control, especially, seems to be simpler, than in the procedure above.

The third method called "The Great Deluge Algorithm" by DUECK /6/ uses an acceptance threshold $T < 0$ such that it has to be diminished in the absolute value during the procedure. Such a threshold presumes a strict increase in quality which appears to be convenient only for local search or convex problems.

The second algorithm has been tested successfully for solving the scalarized integer subproblems (3_k) and also for some nonlinear problems. In the general integer case, a rule for restricting the search radius for the variables was introduced. In the case of 0-1 problems this was replaced by a rule for determining the number of variables to be switched in the new configuration. Finally, a version of this procedure was tested which can deal with 0-1 variables, other integer variables and noninteger variables at the same time. Problems with up to 500 variables could be solved very quickly.

References

/1/ ARMANN, R.: Zur Anwendung heuristischer Methoden in der nichtlinearen ganz zahligen Optimierung, Dissertation, TH Leuna- Merseburg 1981

/2/ ARMANN, R.:Über die Konkurrenz bei Vektoroptimierungsproblemen, Proceedings of the Conference "Nichtlineare Optimierung 1987", In: Aus dem wissenschaftlichen Leben der PH "N. K. Krupskaja", Halle, Heft 4, 1987, S. 7-11

/3/ ARMANN, R.: Widerspruch und Kooperativität in der Vektoroptimierung, Wiss. Zeitschrift der TH Ilmenau, 33(1987)6, pp.121-126

/4/ ARMANN, R.: Solving multiobjective programming problems by discrete representation, optimization $\underline{20}$(1989)4, 483-492

/5/ DUECK, G.; SCHEUER, T.: Threshold accepting: A general purpose optimization algorithm appearing superior to simulated annealing, Technical Report 88.10.011, IBM Heidelberg Scientific Center

/6/ Dueck, G.: New optimization heuristics: The Great Deluge Algorithm and the Record-to Record Travel, Technical Report 89.06.011, IBM Heidelberg Scientific Center

/7/ HILLIER, F.S.: Efficient heuristic procedures for integer linear programming with an interior, J. Oper. Res. $\underline{13}$(67), 600-637

/8/ KIRKPATRICK, S.; GELATT, C.D.; VECCHI, M.P.: Optimization by simulated annealing, Science $\underline{220}$(83), 671-680

/9/ LORIDAN, P.: ε-solutions in vector minimization problems, J. Optimiz. Theory and Appl., $\underline{43}$(84), 265-276

/10/ LYSKA, W.: Ein neuer parametrischer Zugang zur Vektoroptimierung, Wiss. Zeitschrift der TH ILmenau, $\underline{28}$(82), 77-90

/11/ PODINOVSKIJ, V.V./NOGIN, V.D.: Pareto-optimal'nye resheniya mnogokritrial'nych zadach, Biblioteka Moskva: "Nauka", Glavnaya Redaktsya Fiziko-Matematicheskoj Literatury, 1982

/12/ REUTER, H.: Zur Lösung linearer stetiger und gemischt-ganzzahliger Vektoroptimierungsprobleme, Diss. A, TH Leuna-Merseburg, 1987

/13/ SLOWINSKY, R.: A multicriteria fuzzy linear programming method for water supply devolopment planning, Fuzzy Sets and Systems $\underline{19}$(86), 217-237

/14/ SOLAND, R.M.: Multicriteria optimization: A general characterization of efficient solutions, Decision Sciences $\underline{10}$,(1979), pp.26-38

/15/ STEUER, R. E.: Multiple Criteria Optimization: Theory, Computation and Applicacation, Wiley, New York, 1986

/16/ WEIDNER, P.: On interdependencies between objective functions and dominance sets in vector optimization, in Seminarberichte Nr. 90 der HUB, 1987

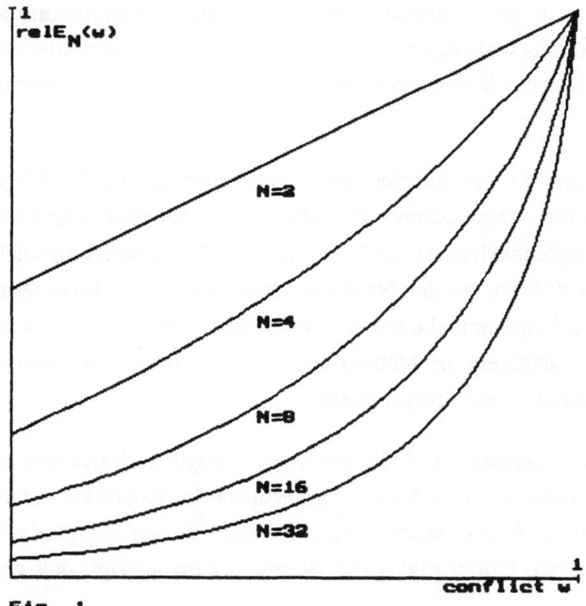

Fig. 1

INDIVIDUELLE UND ORGANISATORISCHE KONSEQUENZEN VON ENTSCHEI-DUNGSANOMALIEN

Wolfgang Klose, FU Berlin

Zusammenfassung: In diesem Beitrag wird der Konservatismus-Effekt diskutiert, der - als bekannter empirischer Befund zu sog. Entscheidungsanomalien - eine systematische Abweichung vom Bayes-Theorem beschreibt. Es wird gezeigt, daß der Konservatismus-Effekt als Beharrungseffekt gedeutet werden kann und möglicherweise ökonomisch relevante Nachteile i.F.v. hohen Kosten der Fehlentscheidung impliziert. Sowohl individuelle als auch organisatorische Vorkehrungen zur Anomalienkompensation sind notwendig und möglich.

Abstract: This article describes the well-known conservatism phenomenon as a systematic deviation from optimal Bayesian inference behavior. It is shown that conservatism can be interpreted as an anchor-effect which can lead to economic relevant disadvantages in sense of high costs of faulty judgments and decisions. In consequence there is a necessity for individual and organizational precautions to compensate this bias.

1. Einleitung

Anomalien menschlichen Entscheidungsverhaltens werden seit geraumer Zeit von experimentellen Psychologen und Ökonomen als Beweise für unzureichende bzw. irrationale Problemwahrnehmungs- und -lösungsfähigkeit im Rahmen der Diskussion um die Erwartungsnutzentheorie angeführt. In Laborexperimenten und Felduntersuchungen werden dabei regelmäßig normativen Konzepten und entscheidungslogischen Entwürfen empirisch beobachtbares Entscheidungsverhalten gegenübergestellt.

Dieser Beitrag befaßt sich mit dem sog. Konservatismus-Effekt (im folgenden als K-Effekt bezeichnet). Die Art der hier aufgeworfenen Fragestellung zielt darauf ab, ob Entscheidungsträger in der Lage sind, gegebene a-priori-Wahrscheinlichkeiten im Lichte neuer Informationen in solche a-posteriori-Wahrscheinlichkeiten zu überführen, die sich bei Anwendung des Bayes-Theorems ergeben würden. Der K-Effekt, als Entscheidungsanomalie bei der Überprüfung der sog. intuitiven statistischen Kompetenz von Entscheidungsträgern problematisiert insb. die Informationsverarbeitungsfähigkeiten bei der Ziehung probabilistischer Rückschlüsse.

Ausgehend von einer empirischen Untersuchung zum K-Effekt werden mögliche Varianten dieser Entscheidungsanomalie vorgestellt. Unterschiedliche Erklärungsversuche des K-Effekts verdeutlichen mögliche kognitive Mechanismen zur Anomaliendeutung und tragen so zum Prozeß des Verstehens dieser Entscheidungsanomalie bei. Durch praktische Beispiele wird gezeigt, daß der K-

Operations Research Proceedings 1991
© Springer-Verlag Berlin Heidelberg 1992

Effekt ökonomische Relevanz besitzt, d.h. auf die Entscheidungsrealität übertragbar ist und zu hohen Kosten der Fehlentscheidung führen kann. Schließlich werden Konsequenzen für individuelle und organisatorische Maßnahmen diskutiert, die als Vorkehrungen zur Abschwächung bzw. Kompensation des K-Effekts dienen können.

2. Empirische Befunde

In der Mehrzahl laborexperimenteller Untersuchungen zum K-Effekt wurde das sog. Bookbag-Pokerchip-Paradigma, eine Variante des Urnen-Experiments, bei unterschiedlichen Versuchspersonen eingesetzt. Die typische Aufgabenstellung eines derartigen wohl-formulierten Entscheidungsproblems kann wie folgt gekennzeichnet werden (vgl. EDWARDS, S. 20f.):

Gegeben sind zwei gleiche Urnen (Bookbags) A und B mit je 100 Kugeln (Pokerchips). Urne A enthält 70 rote und 30 blaue Kugeln, Urne B hingegen das umgekehrte Verhältnis, also 70 blaue und 30 rote Kugeln. Eine Urne wird nun durch Münzwurf zufällig ausgewählt, wobei die a-priori-Wahrscheinlichkeiten für beide Urnen 0.5 betragen. Eine Zufallsstichprobe durch sequentielle Ziehung von 12 Kugeln mit Zurücklegen ergebe 8 rote und 4 blaue Kugeln. Die Versuchspersonen sollen nun die a-posteriori-Wahrscheinlichkeiten dafür angeben, daß die Kugeln aus Urne A bzw. B entnommen wurden.

Als typisches Ergebnis dieses und ähnlicher Experimente ergab sich, daß Personen nur selten a-posteriori-Wahrscheinlichkeiten abgeben, die den Werten entsprechen, die sich nach dem Bayes-Theorem ergeben. Bei richtiger Anwendung des Bayes-Theorems sollte für Urne A ein Wert von 0.964 errechnet werden. Die Schätzungen der Versuchspersonen lagen im obigen Experiment jedoch nur zwischen 0.7 und 0.8. Diese durch Minderbewertung der eingehenden Informationen auftretende Differenz wird als Konservatismus-Effekt bezeichnet. Die Versuchspersonen "verharren" mehr oder weniger stark in ihren a-priori-Wahrscheinlichkeiten.

Das am häufigsten verwendete Maß zur Bewertung der individuellen Schätzleistungen ist das sog. accuracy ratio-Maß (AR). Dieses Genauigkeitsmaß - oft auch als Gewichtsverhältnis (impact ratio) bezeichnet - drückt das Verhältnis der Zahlenwerte zwischen subjektiver Wahrscheinlichkeitsrevision des Schätzers (SR) und Wahrscheinlichkeitsrevision über das Bayes-Theorem (BR) aus:

$$AR = SR\,/\,BR \quad \text{mit } BR > 0$$

Aus Varianten experimenteller Untersuchungen zum K-Effekt ergeben sich folgende, mit Hilfe des AR-Maßes interpretierbare Ergebnisse (vgl. SCHAEFER, S. 47):

a)   Radikalismus: AR > 1 und SR > BR

b)   Optimalität: AR = 1 und SR = BR

c)   Konservatismus: 0 < AR < 1 und SR < BR

d)   Keine Revision der a-priori-Wahrscheinlichkeit: AR = SR = 0

e)   Versuchsperson revidiert um einen geringeren Betrag, aber in entgegengesetzter Richtung:
     -1 < AR < 0 und | SR | < BR

f)   Revision des gleichen Betrages in unterschiedlicher Richtung: AR = -1 und | SR | = BR

g)   Versuchsperson revidiert stärker als Bayes-Theorem, aber in die falsche Richtung:
     AR < -1 und | SR | > BR.

Im Gegensatz zu den Fällen a) bis c) stimmen in den Fällen e) bis g) die Richtungen der Revisionen nicht überein.

3.   Deutungsversuche und ökonomische Relevanz

Zur Deutung des K-Effekts werden im wesentlichen vier unterschiedliche Erklärungsversuche vorgeschlagen. Ihnen liegen experimentelle Untersuchungen zugrunde, aus denen die Autoren Bestätigungen ihrer Hypothesen ableiten (vgl. LEE, SCHAEFER):

a) Misaggregation: Der intuitive Informationsverarbeiter schätzt den Informationsgehalt richtig ein. Bedeutung und diagnostischer Wert der Informationen werden erkannt, jedoch erfolgt die Aggregation aufgrund begrenzter Informationverarbeitungskapazität nicht korrekt. Ein Teil der Informationen geht bei der Informationsverarbeitung verloren.

b) Misperception: Informationsverarbeitung bzw. Aggregation erfolgt vollständig gemäß dem Bayes-Theorem. Der Entscheidungsträger unterschätzt aber den diagnostischen Wert, also den Informationsgehalt der eingehenden Daten.

c) Response-Bias: Aggregation und Ausschöpfung des diagnostischen Wertes der Daten funktionieren einwandfrei. Die Versuchspersonen vermeiden jedoch extreme Wahrscheinlichkeiten in der Nähe von 0 und 1.

d) Artefakt: Die intuitiven Urteilsfähigkeiten von Individuen werden verteidigt, indem darauf hingewiesen wird, daß konservative Wahrscheinlichkeitsurteile dadurch verursacht werden können, daß Menschen von ihren realen, alltäglichen Erfahrungen auf die Laborsituation extrapolieren. So sind in der realen Umwelt Informationen zumeist nicht bedingt unabhängig, die Umwelt nicht stationär und die Informationen selten vollständig reliabel. Wenden Versuchspersonen nun ihre "Lebenserfahrungen" auf Laborsituationen an, gelangen sie oft zu verzerrten Urteilen.

In späteren Erklärungsversuchen wurden auch sog. kognitive Heuristiken, also Vereinfachungsregeln zur Reduktion des mentalen Informationsverarbeitungsaufwandes, als mögliche Deutung (nicht nur) des K-Effekts vorgeschlagen (vgl. Kahneman/Slovic/Tversky).

Über die konkurrierenden Interpretationsansätze zum K-Effekt und seinen erwähnten Varianten wurde häufig diskutiert. Die Auseinandersetzungen sollen hier nicht wiedergegeben werden. Für diesen Beitrag ist vor allem interessant, daß der K-Effekt als eine beachtliche Inkonsistenz des Bayes-Theorems zu werten ist und im Falle dauerhaften Auftretens möglicherweise zu schwerwiegenden Konsequenzen führen kann. Neben eher kritischen Stellungnahmen findet der K-Effekt auch in der neueren entscheidungstheoretischen Literatur weitgehend Beachtung (u.a. WRIGHT). Seine Stabilität ist durchaus plausibel: Wenn ein Entscheidungsträger a-priori-Wahrscheinlichkeiten gebildet hat und laufend neue Informationen eingehen, spricht viel für einen "Beharrungseffekt", also für einen "anchor onto old information with insufficient adjustment" (SCHOEMAKER, S. 552).

Entscheider begehen offenbar Vereinfachungsfehler, die zu Fehlentscheidungen führen können. Anforderungen der normativen Entscheidungstheorie, hier des Bayes-Theorems, werden scheinbar nicht nur quantitativ, sondern auch qualitativ verletzt, weil insbesondere statistische Konzepte nur unzureichend gelernt oder angewendet werden.

Bevor die Frage nach den Konsequenzen für individuelle und organisatorische Vorkehrungen zur Verminderung der K-Anomalie diskutiert wird, soll im folgenden anhand von zwei kurzen Beispielen gezeigt werden, daß der K-Effekt auf reale Entscheidungssituationen übertragbar ist und zu hohen Kosten der Fehlentscheidung führen kann.

Am Beispiel der in den 70er Jahren aufgetretenen Ölkrise verdeutlicht ANSOFF die Notwendigkeit der Bewältigung sog. strategischer Diskontinuitäten. Dies sind schwer vorhersehbare Ereignisse, die einen Anpassungszwang implizieren, weil existenzielle Bedrohungen (z.B. Ruin) oder Chancenpotentiale vorliegen. Diese überraschenden Ereignisse teilen sich i.d.R. durch schwache Signale (weak signals) mit, die oft kaum oder nur unzureichend wahrgenommen und verarbeitet werden. Die mangelnde Anpassungsleistung kann durch einen dauerhaften K-Effekt erklärt werden. Verspätete oder nicht existierende Anpassungsmaßnahmen aufgrund der Vernachlässigung schwacher Signale führen oft zwangsläufig zu hohen Kosten der Fehlentscheidung. Sie wirken sich auf eine Verschlechterung der Wettbewerbsfähigkeit eines Unternehmens aus. Das Auftreten strategischer Diskontinuitäten ist also eine Folge unzureichender Adaption von Wahrscheinlichkeitsurteilen oder Erwartungen über Umweltzustände. Ökonomisch relevante Entscheidungsträger in Unternehmen verharren zu lange in ihren a-priori-Erwartungen. Sie neigen dazu, schwache Signale - insbesondere wenn sie gewissen Auffassungen widersprechen - zu verdrängen und auf eine Reduktion der Ungewißheit im Zeitablauf zu warten. Es müssen folglich Vorkehrungen getroffen werden, daß Entscheidungsträger schwache Signale wahrnehmen und die Informationen über drohende Überraschungen effizient verarbeiten.

Zu vergleichbaren Ergebnissen bzgl. der ökonomischen Relevanz von Entscheidungsanomalien kommen MOSKOWITZ/MASON. Sie setzen sich konkret mit dem K-Effekt auseinander und sehen den Hauptgrund für das Scheitern von Management-Informationssystemen (MIS) darin, daß bei MIS-Entwicklern weitgehende Unkenntnis bzgl. der Beziehungen zwischen Informationsmerkmalen und Verhaltensdeterminanten der MIS-Benutzer bestehen. In eigenen empirischen Untersuchungen kommen sie zum Ergebnis, daß der K-Befund auch außerhalb der künstlichen Laborwelt sowohl bei Individuen als auch in Gremien bzw. Organisationen relevant ist.

Welche individuellen und organisatorischen Vorkehrungen können nun gegen den K-Effekt und möglicherweise andere Entscheidungsanomalien getroffen werden?

4.   Individuelle Vorkehrungen

Ansatzpunkte zur Kompensation bzw. Verringerung der K-Anomalie bestehen in Maßnahmen, die zunächst hauptsächlich die individuelle Ebene betreffen. Sie gelten für Entscheidungssituationen, deren Merkmale auf konservative Wahrscheinlichkeitsrevisionen schließen lassen (wie z.B. Zeitdruck, hohe Informationsmenge und eingeschränkte Informationsverarbeitungskapazitäten).

Ein früher Vorschlag für die Entwicklung eines Systems der individuellen Entscheidungsunterstützung zur Überwindung konservativer Wahrscheinlichkeitsurteile stellt das sog. PIP-System (probabilistic information processing) dar. Entscheidungsträger bestimmen lediglich die sog. Likelihoods und ein Computer berechnet automatische die a-posteriori-Wahrscheinlichkeiten anhand des Bayes-Theorems. Diese rechnergestützte Entscheidungshilfe ist eine Kompensationsmaßnahme auf der Grundlage der erwähnte Misaggregation-Deutung des K-Effekts.

Ferner erscheint im Lichte der aufgezeigten Konsequenzen die Notwendigkeit von Regeln zur Selbstkontrolle gegen Nichtadaption für diejenigen Problemstellungen angebracht, in denen Fehlentscheidungen tendenziell zu hohen Kosten führen können. Eine permanente Anpassung an schwache Signale ist zweifelsohne aufgrund hoher Informationsverarbeitungskosten teuer. Komplexitätsreduktion ist auch bei der Bildung und Revision von Wahrscheinlichkeitsurteilen ökonomisch sinnvoll. Dennoch erscheinen intraindividuelle Maßnahmen zur strategischen Selbstbindung von Entscheidungsträgern, die an den dargestellten Deutungsversuchen des K-Effekts anknüpfen, durchaus fruchtbar.

Neben dem erwähnten "Expertensystem" zur Automatisierung des Informationsaggregationsprozesses (PIP), könnte im Rahmen von Entscheidungstrainingsmaßnahmen erlernt werden, daß die Datenbasis genauer geprüft und rechtzeitig analysiert werden muß. Dies führt zur besseren Einschätzung des Informationsgehalts der Daten (s. Misperception-Deutung) und zur Vermeidung von individuellen Überraschungen. Intraindividuelle Regeln zur Selbstkontrolle sind aber auch dort unvermeidlich, wo festgefügte Überzeugungen nicht angepaßt werden. Eine nützliche Gegenmaßnahme kann darin bestehen, vermehrt über falsifizierende Ereignisse nachzudenken und diese in persönlichen Entscheidungskalkülen zu berücksichtigen. Dauerhaft auftretende schwache Signale i.S.v. konfliktinduzierenden Informationen führen in der Summe zu "starken" Signalen, die - zu spät erkannt - zu hohen Kosten der Fehlentscheidung führen. Etablierte Vereinfachungsmechanismen sind im Zeitablauf anzupassen, wenn Vereinfachungsfehler verringert werden sollen. Dabei empfiehlt sich eine inkrementale Vorgehensweise, bei der das Individium nicht völlig neue Routinen entwickelt, sondern alte, bewährte Routinen ändert. Im Ölkrisen-Beispiel bestand ein wesentlicher Vereinfachungsfehler darin, daß die Entscheidungsträger trotz schwacher Signale dauerhaft vermuteten, es werden keine Kartelle gebildet.

Für den Fall der Richtigkeit der Response-Bias-Deutung sollte Entscheidungsträgern verdeutlicht werden, daß auch extreme Revisionswerte möglich sind. Häufige Anwendungen des Bayes-Theorems in unterschiedlichen Entscheidungskontexten vermitteln wichtige Erfahrungen und verbessern die intuitive statistische Kompetenz, wie im Falle der Meteorologen nachweisbar ist, die dem K-Effekt weniger stark unterliegen.

5.   Organisatorische Vorkehrungen

Auch im Falle der abschließend zu erörternden organisatorischen Maßnahmen zur Anomalienkompensation soll von den Deutungsversuchen des K-Effekts ausgegangen werden. Die Steuerungs- und Gestaltungsmaßnahmen organisatorischer Entscheidungsprozesse überschneiden sich teilweise mit den individuellen Vorkehrungen. Sie beziehen sich dennoch vor allem auf die zusätzlichen Möglichkeiten und Grenzen aggregierter Entscheidungsprozesse.

Instanzen, also übergeordnete Entscheidungsebenen, nehmen ebenfalls nicht alle Signale wahr. Organisatorische Regeln können dafür sorgen, daß untergeordnete Entscheidungsträger konservative Beharrungstendenzen der Instanzen verringern, indem z.B. ein Meldesystem etabliert wird, das vornehmlich "schlechte" Ereignisse mitteilt. Ferner könnten Stäbe oder Organisationsberater als "institutionelle Bedenkensträger" in Entscheidungssituationen hinzugezogen werden, bei denen Entscheidungsanomalien besonders zu vermuten sind.

Insbesondere für die strategische Unternehmensplanung erscheint es unerläßlich, die Sensibilität hinsichtlich der Wahrnehmung und Verarbeitung schwacher Signale zu fördern. Die Installierung eines strategischen Frühwarnsystems zur Früherkennung von Gewinnpotentialen und unternehmerischen Bedrohungen ist eine oft geforderte Maßnahme. Sie erlangt auch im Lichte des K-Effekts an Gültigkeit.

Überlegungen von ANSOFF machen ebenfalls deutlich, wie wichtig es für strategische Informationssysteme ist, bereits vage und schwer interpretierbare Informationen zu erfassen, auszuwerten und Entscheidungsträgern zur Verfügung zu stellen. Auch hier ist die Beteiligung relevanter Organisationsmitglieder zweckmäßig.

MOSKOWITZ/MASON schlagen zur Kompensation des K-Effekts in Organisationen, insbesondere für MIS-Entwickler, folgende Maßnahmen vor:

a)   an den Bedingungen zur Entstehung suboptimalen Entscheidungsverhaltens ansetzende "counter-biases", z.B. Kontrollmaßnahmen bezüglich Rechtzeitigkeit und Aktualität der Informationsübermittlung. Reorganisationsmaßnahmen im Berichtswesen sind erforderlich, wenn die Analyse der Zeitverzögerungen zwischen Eingangs- und Übermittlungszeitpunkten relevanter Daten besonders groß sind und bestimmte Typen von Informationen regelmäßig vor anderen weitergegeben werden, also die Form der Datenpräsentation zu Fehlentscheidungen führen kann.

b)   die Verankerung eines flexiblen, anpassungsfähigen Kontrollsystems mit zusätzlichem Belohnungssystem für gute Wahrscheinlichkeitsurteile und Feedback-Mechanismen, um Wahrscheinlichkeitslernen zu fördern.

Regelmäßige Treffen und Gruppendiskussionen zwischen Organisationsmitgliedern zur Analyse der Folgen von Vereinfachungen in Entscheidungsprozessen werden vermutlich das Bewußtsein für Entscheidungsanomalien schärfen. Wünschenswert sind schließlich Anreizsysteme, die auch die Freiwilligkeit der angesprochenen individuellen und organisatorischen Regulierungsmaßnahmen unterstützen. Dies wird nicht zuletzt auch eine Aufgabe der Organisationskultur sein, deren Ziel es ist, die Dauerhaftigkeit freiwilliger Kooperation zu sichern und zur Vermeidung von Organisationsfehlern (z.B. Entscheidungsanomalien) beizutragen.

6.   Schlußbemerkung

In diesem Beitrag wurde gezeigt, daß der K-Effekt als Entscheidungsanomalie in empirischen Untersuchungen zum Bayes-Theorem nachzuweisen ist. Seine ökonomische Bedeutung wurde anhand von realen Entscheidungssituationen verdeutlicht, bei denen die Kosten der Fehlentscheidung die Notwendigkeit zu vorkehrenden Maßnahmen zwingend erscheinen lassen. Kompensierende Maßnahmen wurden sowohl auf individueller als auch auf aggregierter Ebene diskutiert. Die diesem Beitrag zugrundeliegende Sichtweise einer Verbindung zwischen Entscheidungsfehlern und organisatorischen Vorkehrungen wirft zahlreiche Fragestellungen auf, die in der zukünftigen entscheidungstheoretischen Forschung zu diskutieren sind.

Literatur:

/1/   Ansoff, H.I.
       Managing Surprise and Discontinuity - Strategic Response to Weak Signals.
       ZfbF 28, 129-152 (1976)

/2/   Edwards, W.
       Conservatism in human information processing.
       In: Kleinmuntz, B. (ed.): Formal Representation of Human Judgment.
       New York: Wiley (1968)

/3/   Kahneman, D.; Slovic, P.; Tversky, A.(eds.)
       Judgment and Uncertainty: Heuristics and Biases.
       Cambridge u.a.: Cambridge University Press (1982)

/4/   Lee, W.
       Psychologische Entscheidungstheorie - Eine Einführung.
       Weinheim, Basel: Beltz-Verlag (1977)

/5/   Moskowitz, H.; Mason, R.O.
       Accounting for the Man - Information Interface in Management Information Systems.
       Omega 1, 679-694 (1973)

/6/   Schaefer, R.E.
       Probabilistische Informationsverarbeitung
       Bern: Hans Huber-Verlag (1976)

/7/   Schoemaker, P.J.H.
       The Expected Utility Model - Its Variants, Purposes, Evidence and Limitations.
       Journal of Economic Literature 20, 529-563 (1982)

/8/   Wright, G.
       Behavioral Decision Theory - An Introduction.
       Harmondsworth: Penguin (1984)

AUSSCHREIBUNGEN ALS INFORMATIONSAUFDECKUNGSMECHANISMEN IN ORGANISATIONEN

Matthias Kräkel, FU Berlin

__Zusammenfassung:__ In diesem Beitrag wird gezeigt, wie innerhalb einer Organisation eine optimale Selektion eines Agenten durch einen Prinzipal im Hinblick auf einen spezifischen Auftrag erfolgen kann. Die verschiedenen Agenten weisen unterschiedliche Kosten (bzw. Zeiten) für die Auftragserfüllung auf, die dem Prinzipal jedoch nicht bekannt sind. Diese asymmetrische Informationsverteilung soll nun durch einen geeigneten Ausschreibungsmechanismus abgebaut werden, mit dem jeder Agent zu self selection gezwungen wird, wodurch der Agent mit den größten komparativen Kostenvorteilen für den Auftrag ausgewählt werden kann.

__Abstract:__ This article describes the optimal selection of an agent by a principal for a specific task inside an economic organization. Concerning this task the heterogeneous agents have different production costs (respectively terms), which are unknown to the principal. This asymmetric information problem can be solved using an appropriate auction mechanism that forces each agent to self selection. In this way the agent with the greatest cost advantages is selected.

1. Einleitung

In den Arbeiten zur Auktionstheorie [1] stand die Frage nach der optimalen Auktion bzw. Ausschreibung lange Zeit im Vordergrund. Den Ausgangspunkt bildete hierbei das Optimierungsproblem eines Auktionators (Ausschreibers), diejenigen optimalen Auktionsregeln (Ausschreibungsregeln) zu bestimmen, die anschließend als Regeln eines nichtkooperativen Spiels zwischen den konkurrierenden Bietern zu einem (einer) maximalen (minimalen) erwarteten Kaufpreis (Zahlung) führen. Dieses Optimierungs- bzw. Mechanismus-Design-Problem konnte von MYERSON (1981) für risikoneutrale und von MASKIN/RILEY (1984) für risikoaverse Bieter gelöst werden. Für die vorliegende Arbeit ergibt sich ein leicht modifiziertes Optimierungsproblem, da in einer umfassenderen Problemstellung die Verbindung zwischen einer Ausschreibung und einem incentive contract diskutiert wird, wobei sich insbesondere die Frage nach der optimalen Höhe des Kostenbeteiligungsparameters stellt. Dazu wurde ein Modellrahmen von McAFEE/McMILLAN (1986) gewählt, der jedoch in erweiterter Form nun auch eine Diskussion der Vickrey-Ausschreibung miteinbezieht. Die bisherigen Untersuchungen im Rahmen der Auktionstheorie behandelten zumeist Auktionen und Ausschreibungen als externe Marktmechanismen. Hier nun soll stattdessen eine unternehmensinterne Verwendung von Ausschreibungsregeln geprüft werden, wodurch zusätzliche

---

[1] Einen Überblick über die bisherige Literatur geben u.a. McAFEE/McMILLAN (1987). Da Auktionen bzw. Ausschreibungen Spiele mit nichtstetigen Auszahlungsfunktionen bilden, wurde verstärkt auch die Frage nach der Existenz von Bietgleichgewichten diskutiert. Vgl. hierzu MILGROM/WEBER (1985).

Operations Research Proceedings 1991
© Springer-Verlag Berlin Heidelberg 1992

Ziele eines Ausschreibers wie beispielsweise Aufdeckung von Kosteninformationen und eine effiziente Allokation innerhalb der Unternehmung relevant werden.

Gegeben sei im folgenden ein Prinzipal-Agent-Problem, bei dem der Prinzipal einen spezifischen Auftrag an einen von mehreren Agenten vergeben will. Für eine unternehmensinterne Allokation von Aufträgen auf Agenten durch einen Prinzipal lassen sich zahlreiche Beispiele anführen: In größeren Werbeagenturen werden Werbeaufträge den unterschiedlichen Abteilungen zugewiesen, in Software-Unternehmen werden einzelne Kundenaufträge verschiedenen Projektgruppen zugeordnet usw. Da die einzelnen Agenten für verschiedene Aufträge unterschiedliche Fertigungskosten (bzw. -zeiten) besitzen, ergibt sich für den Prinzipal das Ziel, für den einzelnen Auftrag den jeweils geeigneten Agenten zu finden und eine der Leistungserfüllung entsprechende Entlohnung des Agenten zu realisieren. Hierzu kann vom Prinzipal ein Ausschreibungsmechanismus herangezogen werden, der zu einer optimalen Allokationsentscheidung und in Verbindung mit einem incentive contract zu einer anreizkompatiblen Entlohnung führt. Im weiteren Verlauf soll daher diskutiert werden, inwieweit sich eine Tiefstpreis- und eine Vickrey-Ausschreibung als interne Allokationsmechanismen eignen.

2. Modellbeschreibung

Die Annahmen des Modells entsprechen weitgehend denen in McAFEE/McMILLAN (1986), wo jedoch die Problematik öffentlicher Ausschreibungen in einem gesamtwirtschaftlichen Kontext diskutiert wird. Ausgegangen sei von einem risikoneutralen Prinzipal und n risikoaversen Agenten. Die ex post realisierten (Opportunitäts-)Kosten für die Auftragserfüllung durch den Agenten i können aus Sicht dieses Agenten vor der Auftragsvergabe durch die Zufallsvariable

$$C_i = \bar{c}_i + W - e_i \qquad i = 1,\dots,n \tag{1}$$

beschrieben werden. $\bar{c}_i$ bezeichnet die erwarteten Kosten des Agenten i, die nur i genau bekannt sind, für die anderen Agenten und den Prinzipal dagegen eine Zufallsvariable $\bar{C}_i$ darstellen mit Verteilungsfunktion $G(\bar{c}_i)$ und Dichtefunktion $G'(\bar{c}_i) = g(\bar{c}_i)$. Sämtliche Zufallsvariablen $\bar{C}_i$ ($i = 1,\dots,n$) seien unabhängige Stichprobenzüge derselben Verteilung $G(\bar{c}_i)$. W steht als Zufallsvariable für diejenigen Kosten, die vor Beginn der Ausschreibung von keinem der Beteiligten vorhersehbar sind. Hierbei sei W ein kleines, versicherungstechnisch neutrales Risiko im Sinne von PRATT (1964), d.h. es gelte $E[W] = 0$, und $Var[W] = \sigma_W^2$ sei relativ klein. e_i schließlich gibt an, um wieviel der Agent i die Kosten reduzieren kann, wenn er zusätzliche, über seine Normalleistung hinausgehende Aktivitäten zur Kostenreduzierung unternimmt. Die Kosteneinflußgröße e_i ist somit für den Agenten i ein Handlungsparameter und wird optimal von i ausgewählt. Es wird angenommen, daß jedem Agenten die gleiche Risikonutzenfunktion $u(x)$ zugeordnet werden kann, die durch konstante absolute Risikoaversion gekennzeichnet ist:

$$u(x) = 1 - e^{-Rx} = 1 - exp\{-Rx\} \tag{2}$$

mit $R = -u''(x)/u'(x) = const$ als Arrow-Pratt-Maß.[2] Ferner sei davon auszugehen, daß der für

---

[2] Vgl. u.a. PRATT (1964).

die Auftragsfertigung ausgewählte Agent über den Prinzipal entlohnt wird, wobei es im Interesse
des Prinzipals liege, die Zahlung an den ausgewählten Agenten zu minimieren. Daher sei vom
Prinzipal eine anreizkompatible Entlohnungsfunktion in Form eines incentive contract gewählt, die
folgende Zahlung an den Agenten i $(i = 1, \ldots, n)$ vorsieht:

$$Z_i = \begin{cases} \alpha C_i + (1 - \alpha)y & \text{,wenn } i \text{ die Ausschreibung gewinnt} \\ 0 & \text{,wenn } i \text{ die Ausschreibung nicht gewinnt.} \end{cases} \tag{3}$$

Hierbei bezeichnet α $(0 \leq \alpha \leq 1)$ den vom Prinzipal gewählten Kostenbeteiligungsparameter, also
den Prozentsatz, mit dem sich der Prinzipal an den ex post realisierten Kosten des fertigenden
Agenten beteiligt. y ergibt sich aus den festgelegten Ausschreibungsregeln. Der Gewinn (bzw.
die Entlohnungsbemessungsgrundlage) des Agenten i $(i = 1, \ldots, n)$ kann nun beschrieben werden
durch

$$\begin{aligned} \pi_i(\bar{c}_i, e_i) &= \alpha C_i + (1 - \alpha)y - C_i - h(e_i) \\ &= (1 - \alpha)(y - \bar{c}_i - W + e_i) - h(e_i) \quad , \end{aligned} \tag{4}$$

wobei die Arbeitsleidfunktion $h(e_i)$ für den Geldbetrag steht, den der Agent i als Ausgleich für
die zusätzlichen Aktivitäten akzeptieren würde, die zu einer Kostenreduktion von e_i führen. Es
soll $h'(e_i) > 0$ und $h''(e_i) > 0$ gelten. Damit es zu zusätzlichen kostenreduzierenden Maßnahmen
kommt, gelte ferner $(1 - \alpha)e_i > h(e_i)$.

3. Optimale Selektion durch eine Tiefstpreisausschreibung

Bei einer Tiefstpreisausschreibung konkurrieren die Agenten um den zu vergebenden Auftrag, indem jeder Agent dem Prinzipal verdeckt eine Preisofferte übermittelt und anschließend der Agent
mit dem niedrigsten Gebot für die Auftragsfertigung ausgewählt wird. Die Zahlung des Prinzipals
erfolgt gemäß (3), wobei y dann für das niedrigste abgegebene Gebot steht. Im folgenden soll
zunächst die spieltheoretisch optimale Bietstrategie (Nash-Gleichgewichtsbietstrategie) des Agenten i $(i = 1, \ldots, n)$ charakterisiert werden.

Der Ex-ante-Erwartungsnutzen eines Agenten i $(i = 1, \ldots, n)$, also der Erwartungsnutzen aus
der Teilnahme an der internen Ausschreibung vor Abgabe einer Preisofferte, kann folgendermaßen
geschrieben werden:

$$\begin{aligned} EAEU(\bar{c}_i, e_i) &= E_W \left[u(\pi_i(\bar{c}_i, e_i)) \right] \, Pr\{i \text{ gewinnt}\} \\ &= u\Big((1 - \alpha)[b_i - \bar{c}_i + e_i] - \rho((1 - \alpha)W) - h(e_i)\Big) Pr\{i \text{ gewinnt}\}. \end{aligned} \tag{5}$$

$Pr\{i \text{ gewinnt}\}$ steht für die Wahrscheinlichkeit, daß i die Ausschreibung gewinnt, und $\rho((1 - \alpha)W)$ für die Risikoprämie, die der Agent ex ante als Kompensation dafür verlangt, daß er das
Kostenrisiko $(1 - \alpha)W$ tragen muß. b_i bezeichnet das Gebot des i. Das aus Sicht von i optimale
e_i ergibt sich aus folgendem Satz, der zudem das _erste_ Ergebnis bildet:[3]

---

[3] Zu dem optimalen e_i in der Tiefstpreisausschreibung vgl. auch McAFEE/McMILLAN (1986), S. 328-329.

<u>Satz:</u> Der optimale Wert für die zusätzliche Kostenreduzierung, e_i, ist unabhängig vom jeweiligen Ausschreibungsmechanismus, der zur Ermittlung des Gewinners und zur Bestimmung des Fixums y in der Entlohnungsfunktion $Z = \alpha C_i + (1 - \alpha)y$ verwendet wird. Dieser optimale Wert beträgt grundsätzlich $e_i^* = e^*(\alpha) = h'^{-1}(1 - \alpha)$, $\forall i$. Diese Aussage gilt also sowohl für Ausschreibungsregeln, die ein deterministisches Fixum vorsehen, als auch für solche, die zu einem stochastischem Fixum führen.

<u>Beweis:</u> Betrachtet sei eine Ausschreibungsregel, die ein Fixum Y vorsieht. Die für das optimale e_i zu maximierende Zielfunktion lautet

$$E_Y[EAEU(\bar{c}_i, e_i)] =$$
$$u\Big((1 - \alpha)[E[Y] - \bar{c}_i + e_i] - \rho((1 - \alpha)Y) - \rho((1 - \alpha)W) - h(e_i)\Big) \, Pr\{i \text{ gewinnt}\}$$

mit $\rho((1 - \alpha)Y)$ als Risikoprämie für das Risiko $(1 - \alpha)Y$, wobei

$$\rho((1 - \alpha)Y) \begin{cases} = 0 & \text{, wenn das Fixum } Y \text{ deterministisch ist} \\ \neq 0 & \text{, wenn das Fixum } Y \text{ stochastisch ist.} \end{cases}$$

Die notwendige Optimalitätsbedingung verlangt

$$u' \cdot \{(1 - \alpha) - h'(e_i)\} \cdot Pr\{i \text{ gewinnt}\} = 0 \quad ,$$

was zu $e_i = e^*(\alpha) = h'^{-1}(1 - \alpha)$ führt. Die hinreichende Bedingung

$$u'' \cdot \{(1 - \alpha) - h'(e_i)\} \cdot Pr\{i \text{ gewinnt}\} + u' \cdot (-h''(e_i)) \cdot Pr\{i \text{ gewinnt}\} < 0$$

ist wegen $(1 - \alpha) - h'(e_i) = 0$, $u' > 0$ und $h'' > 0$ erfüllt. $\qquad \square$

Daher läßt sich (5) schreiben als

$$EAEU(\bar{c}_i, e^*(\alpha)) = EAEU(\bar{c}_i) = \tag{5a}$$
$$u\Big((1 - \alpha)[b_i - \bar{c}_i + e^*(\alpha)] - \rho((1 - \alpha)W) - h(e^*(\alpha))\Big) \, Pr\{i \text{ gewinnt}\} \, .$$

Da das optimale Niveau kostenminimierender Aktivitäten für jeden Agenten i bzw. jeden Bieter i gleichgroß ist, ergibt sich eine symmetrische Bieterkonstellation, bei der sich die Bieter lediglich noch durch die Kosten $\bar{c}_i$ unterscheiden, d.h. die Bietstrategie des Agenten i wird allein durch die Variable $\bar{c}_i$ charakterisiert. Daher ergibt sich aus den Bietstrategien auch ein symmetrisches Nash-Gleichgewicht, wobei die Strategie des Agenten i ($i = 1, \ldots, n$) als $b_i = \beta_T(\bar{c}_i)$ geschrieben werden kann. Als <u>zweites</u> Ergebnis läßt sich demnach festhalten: Da die abgegebenen Preisofferten eindeutig die jeweils erwarteten Kosten $\bar{c}_i$ ($i = 1, \ldots, n$) widerspiegeln und vom Prinzipal der Agent mit dem niedrigsten Gebot ausgewählt wird, wird über eine Tiefstpreisausschreibung eine optimale Selektion bzw. eine effiziente Auftragsallokation gewährleistet.[4]

---

[4] Falls die Agenten unterschiedliche Nutzenfunktionen und/oder unterschiedliche Arbeitsleidfunktionen besitzen, spiegeln die Gebote zusätzlich zu den erwarteten Kosten $\bar{c}_i$ Kosten in Form der individuellen Risikoprämie ρ_i sowie Kosten in Form des individuellen Arbeitsleids h_i wider.

Ein Tupel $(b_1, \ldots, b_n)$ bildet ein Nash-Gleichgewicht, wenn jede Strategie b_i $(i = 1, \ldots, n)$ als jeweils beste Antwort auf die Strategien der anderen Bieter (5a) maximiert. Geht man davon aus, daß β_T eine monoton steigende Funktion von $\bar{c}_i$ ist, so daß $Pr\{i \text{ gewinnt}\} \equiv (1 - G(\bar{c}_i))^{n-1}$, läßt sich die gesuchte Gleichgewichtsstrategie $\beta_T(\bar{c}_i)$ anhand der notwendigen Optimalitätsbedingung in Verbindung mit (2) durch die Differentialgleichung

$$\beta_T'(\bar{c}_i) = \frac{n-1}{R(1-\alpha)} \; \frac{g(\bar{c}_i)}{1 - G(\bar{c}_i)} \; (exp\{R\Psi(\bar{c}_i)\} - 1) \tag{6}$$

beschreiben mit

$$\Psi(\bar{c}_i) := \left\{ (1 - \alpha)[\beta_T(\bar{c}_i) - \bar{c}_i + e^*(\alpha)] - \rho((1 - \alpha)W) - h(e^*(\alpha)) \right\} \; .$$

Angenommen sei nun, daß den Agenten durch den Prinzipal eine Budgetgrenze p_0 vorgegeben ist, die von den abgegebenen Geboten nicht überschritten werden darf. Dann existiert für die Agenten ein Einstiegskostenniveau $p_0 - \tau$, bei dem das gerade noch zulässige Gebot $b_i = \beta_T(p_0 - \tau) = p_0$ das Argument von $u(\cdot)$ in dem Ausdruck (5a) für den Ex-ante-Erwartungsnutzen den Wert Null annehmen läßt. Mit Hilfe der Anfangsbedingung $\beta_T(p_0 - \tau) = p_0$ läßt sich (6) nun schreiben als

$$\beta_T(\bar{c}_i) = p_0 - \int_{\bar{c}_i}^{p_0 - \tau} \frac{n-1}{R(1-\alpha)} \; \frac{g(x)}{1 - G(x)} \; (exp\{R\Psi(x)\} - 1) \; dx \; , \tag{7}$$

$$\text{wobei} \quad \tau \equiv \frac{h(e^*(\alpha)) + \rho((1 - \alpha)W) - (1 - \alpha)e^*(\alpha)}{1 - \alpha} \; .$$

Bezeichnet $\bar{C}_{(1)}$ die niedrigste geordnete Statistik der n geordneten Statistiken $\bar{C}_{(1)} < \cdots < \bar{C}_{(n)}$, so lautet die ex ante erwartete Zahlung des Prinzipals gemäß (3) in Verbindung mit (7):

$$E_{\bar{C}_{(1)}}\left[E_W[\alpha(\bar{C}_{(1)} + W - e^*(\alpha)) + (1 - \alpha)\beta_T(\bar{C}_{(1)})] \right] = \tag{8}$$

$$\alpha \left\{ E[\bar{C}_{(1)}] - e^*(\alpha) \right\} + (1 - \alpha)p_0 - \frac{n-1}{R} \cdot$$

$$E_{\bar{C}_{(1)}}\left[\int_{\bar{C}_{(1)}}^{\Omega(\alpha)} \frac{g(x)}{1 - G(x)} \left(exp\{R\{(1 - \alpha)[\beta_T(x) - x + e^*(\alpha)] \right.\right.$$

$$\left.\left. - \rho((1 - \alpha)W) - h(e^*(\alpha))\}\} - 1 \right) dx \right]$$

$$\text{mit} \quad \Omega(\alpha) := p_0 - \tau = p_0 - \frac{h(e^*(\alpha))}{1 - \alpha} - \frac{\rho((1 - \alpha)W)}{1 - \alpha} + e^*(\alpha) \; .$$

Hieraus lassen sich als <u>drittes</u> Ergebnis sechs unterschiedliche Effekte lokalisieren, die den - aus Sicht des Prinzipals - optimalen Kostenbeteiligungsparameter α determinieren: Der Ausdruck (8) beschreibt eine Summe aus drei verschiedenen Termen. Das α außerhalb der Klammer des ersten Summanden bewirkt einen reinen *Kostenbeteiligungseffekt*. Steigt dieses α, so steigt auch der Teil der realisierten Kosten, der vom Prinzipal getragen wird, und damit auch die erwartete Zahlung des Prinzipals. Die Wirkung des α in $e^*(\alpha)$ dagegen kann als *Moral-Hazard-Effekt* bezeichnet werden:

Es war $e^*(\alpha) = h'^{-1}(1 - \alpha)$. Wegen $h''(e_i) > 0$ ist $h'(e_i)$ eine monoton steigende Funktion, was daher auch für ihre Umkehrfunktion h'^{-1} gilt, so daß durch eine Zunahme von α die zusätzlichen kostenreduzierenden Aktivitäten vom Agenten eingeschränkt werden und hierdurch die erwartete Zahlung des Prinzipals steigt. Von einer Veränderung des einzigen α im zweiten Summanden geht eine Art *Festpreiseffekt* aus, da der Betrag $(1 - \alpha)p_0$ dem ausgewählten Agenten als Teil der Entlohnung fest zugesichert ist. Der Effekt, der durch eine Veränderung von α in $h\big(e^*(\alpha)\big)$ bewirkt wird, kann als *Arbeitsleideffekt* definiert werden, welcher dem Moral-Hazard-Effekt genau entgegenwirkt. Eine Erhöhung von α führt zu einer Verringerung von $e^*(\alpha)$ und damit auch zu einer Verringerung des Arbeitsleids $h\big(e^*(\alpha)\big)$, so daß die erwartete Zahlung des Prinzipals sinkt. Die Wirkung des Moral-Hazard-Effekts und des Arbeitsleideffekts tritt an verschiedenen Stellen in (8) auf, wobei die Wirkungsrichtung jeweils die gleiche ist. Der Term $\rho\big((1 - \alpha)W\big)$, der die Risikoprämie beschreibt, taucht ebenfalls mehrmals in (8) auf. Nach PRATT (1964) gilt für diese Prämie

$$\rho\big((1 - \alpha)W\big) = \frac{1}{2}(1 - \alpha)^2 \sigma_W^2 R + o\big((1 - \alpha)^2 \sigma_W^2\big) \quad .$$

Dabei steht $o(\cdot)$ für einen Ausdruck, der kleinerer Ordnung als $\cdot$ ist. Die Veränderung $\frac{\partial}{\partial \alpha}\big\{\rho\big((1 - \alpha)W\big)\big\} < 0$ kann als *Risk-Sharing-Effekt* bezeichnet werden. Mit einer Zunahme der Kostenbeteiligung des Prinzipals verringert sich das Kostenrisiko des Agenten, damit die Risikoprämie und hierdurch schließlich auch die erwartete Zahlung des Prinzipals.[5] Als letztes zu beschreibendes α verbleibt das α in $(1 - \alpha)$ vor der eckigen Klammer im Exponentialterm des dritten Summanden in (8). Eine Veränderung dieses α kann als eine Art *antizipierter Cost-Underrun-Effekt* charakterisiert werden: Steigt α, so sinkt die Beteiligung des Agenten am cost underrun, worauf der Agent mit einer Erhöhung der Preisofferte reagiert, was die erwartete Zahlung des Prinzipals ansteigen läßt.

Für eine Minimierung der erwarteten Zahlung müßte der Prinzipal einen möglichst hohen Kostenbeteiligungsparameter α bestimmen, um dem Festpreis-, dem Arbeitsleid- und dem Risk-Sharing-Effekt Rechnung zu tragen, während Kostenbeteiligungs-, Moral-Hazard- und antizipierter Cost-Underrun-Effekt für ein möglichst kleines α sprechen. Ein optimales α müßte aufgrund der bestehenden Gegenläufigkeiten daher zu einem möglichst guten Ausgleich zwischen den sechs Effekten führen.[6]

4. Optimale Selektion durch eine Vickrey-Ausschreibung

Bei einer Vickrey-Ausschreibung wird ebenfalls der Agent mit der niedrigsten Preisofferte ausgewählt. Die Zahlung des Prinzipals erfolgt gemäß (3), wobei jedoch hier y für das zweitniedrigste

---

[5] In dem Ausdruck $\Omega(\alpha)$ für die obere Integralgrenze werden sowohl der Arbeitsleid- als auch der Risk-Sharing-Effekt durch die Division mit $1-\alpha$ abgeschwächt.

[6] Zu einer Bestimmung der Einflußgrößen auf α aus gesamtwirtschaftlicher Sicht vgl. McAFEE/McMILLAN (1986).

abgegebene Gebot steht. Aus Sicht des Agenten i lautet die Zahlung des Prinzipals demnach:

$$Z_i = \begin{cases} \alpha C_i + (1 - \alpha)B_{(1);(n-1)} & \text{, wenn } i \text{ gewinnt} \\ 0 & \text{, wenn } i \text{ nicht gewinnt.} \end{cases} \tag{9}$$

$B_{(1);(n-1)}$ steht dabei für die niedrigste geordnete Bietstatistik der Konkurrenten aus Sicht von i. Der Ex-ante-Erwartungsnutzen des Agenten i $(i = 1, \ldots, n)$ aus der Teilnahme an der internen Ausschreibung beträgt daher

$$EAEU(\bar{c}_i) = \tag{10}$$
$$u\left((1 - \alpha)\left[B_{(1);(n-1)} - \bar{c}_i + e^*(\alpha)\right] - \rho((1 - \alpha)W) - h(e^*(\alpha))\right) Pr\{B_{(1);(n-1)} > b_i\} \, ,$$

wobei b_i wiederum für das Gebot von i steht. Es kann nun als <u>viertes</u> Ergebnis gezeigt werden, daß für die hier verwendete Vickrey-Ausschreibung eine Gleichgewichtsbietstrategie existiert, die *ex-ante-dominant* ist, die also unabhängig davon, welche Strategien die anderen Agenten wählen, zu einem maximalen Ex-ante-Erwartungsnutzen führt. Jeder Agent kann mit seinem Gebot lediglich die Gewinnwahrscheinlichkeit direkt beeinflussen. Aus diesem Grund strebt jeder Agent zunächst einmal die Abgabe eines möglichst geringen Gebots an. Dabei ist jedoch zu beachten, daß bei einem Gewinn der Ausschreibung das "Fixum" $B_{(1);(n-1)}$ aus Sicht von i im ungünstigsten Fall nur marginal oberhalb der eigenen Preisofferte b_i liegt. Demnach ist die Bietstrategie b_i ex-ante-dominant, die als potentielles "Fixum" $B_{(1);(n-1)}$ im ungünstigsten Fall zu einem Argument von Null für die Nutzenfunktion in (10) führen würde. Die ex-ante-dominante Strategie $b_i = \beta_V(\bar{c}_i)$ des Agenten i $(i = 1, \ldots, n)$ lautet also

$$\beta_V(\bar{c}_i) = \bar{c}_i - e^*(\alpha) + \frac{\rho((1 - \alpha)W) + h(e^*(\alpha))}{1 - \alpha} \tag{11}$$

Untersucht man auch für die Vickrey-Ausschreibung die relevanten Effekte, die aus Sicht des Prinzipals die optimale Höhe des Kostenbeteiligungsparameters determinieren, so kommt man zu dem Ergebnis, daß hier lediglich noch vier verschiedene Effekte zu beachten sind: der Moral-Hazard-, der Risk-Sharing- und der Arbeitsleideffekt sowie eine Art Festpreiseffekt.

Als Abschluß soll auf die Frage eingegangen werden, ob der Prinzipal über die Vickrey-Regel die Risikoprämie $\rho((1 - \alpha)W)$ abschöpfen kann, ohne dabei die Moral-Hazard-Gefahr zu erhöhen. Prinzipiell ist eine derartige Abschöpfung der Risikoprämie durchaus möglich (<u>fünftes</u> Ergebnis): Bis auf den ersten Term in (11), $\bar{c}_i$, sind dem Prinzipal sämtliche Bestandteile der Bietstrategie bekannt. Daher kann der Prinzipal bei der Abgabe eines Gebots $\beta_V(\bar{c}_i)$ automatisch über (11) auf die erwarteten Kosten $\bar{c}_i$ zurückschließen. Dann aber weiß bei Bekanntgabe der realisierten Kosten c_i wegen (1) der Prinzipal auch, wie hoch die realisierten, unvorhersehbaren Kosten $w = c_i - \bar{c}_i + e^*(\alpha)$ sind.[7] Daher könnte der Prinzipal das Entlohnungsschema dahingehend verändern, daß er dem Gewinner der Ausschreibung die Übernahme sämtlicher unvorhergesehener Kosten zusichert, wodurch der risikoneutrale Prinzipal die Risikoprämie von dem ausgewählten risikoaversen Agenten

---

[7] Die Kleinbuchstaben c_i und w stehen für die realisierten Werte der Zufallsvariablen C_i und W.

abschöpfen kann, ohne daß sich der Agent dadurch - in Nutzenwerten gemessen - verschlechtert. Die Moral-Hazard-Gefahr würde durch diese Vorgehensweise nicht erhöht werden, da α nicht verändert wurde. Bestehen bleibt allerdings das Standardproblem, das sich dann ergibt, wenn zur Bekanntgabe der realisierten Kosten c_i eine entsprechende Meldung der Kosten durch den Agenten benötigt wird. Sind die gemeldeten Kosten ex post vom Prinzipal nicht nachprüfbar, so könnte der Agent durch eine Übertreibung der gemeldeten Kosten seine Entlohnung erhöhen. Durch eine falsche Angabe von c_i könnte dann aber auch nicht mehr auf w zurückgeschlossen werden. Dieses Problem der Meldung von Kosten durch den Agenten wird jedoch zum Teil entschärft, da es sich hierbei um eine interne Ausschreibung handelt. Zum einen dürfte es durch die räumliche und fachliche Nähe des Prinzipals für den Agenten schwierig sein, zusätzliche Kosten für die Meldung zu erfinden. Der Prinzipal wird i.d.R. anhand von Belegen über eingesetzte Materialien und Arbeitszeiten durchaus beurteilen können, welche gemeldeten Kosten tatsächlich zu den unvorhersehbaren Kosten zu zählen sind und welche nicht. Zum anderen ist auch das Potential an Sanktionen für den Prinzipal größer als das eines externen Ausschreibers.

5. Schlußbemerkung

Es konnte gezeigt werden, daß sich sowohl die Tiefstpreis- als auch die Vickrey-Ausschreibung als interne Selektionsmechanismen eignen, da beide Ausschreibungsregeln eine eindeutige Entscheidung für den optimalen Agenten ermöglichen. Deutlich wurde jedoch auch, daß die Vickrey-Ausschreibung bei der praktischen Anwendung erhebliche Vorzüge besitzt. Hierbei sind insbesondere die einfache Kalkulation sowie die Ex-ante-Dominanz der Gleichgewichtsbietstrategie zu nennen. Die Ergebnisse lassen vermuten, daß Ausschreibungen und Auktionen allgemein als Informationsaufdeckungsmechanismen auch andere wichtige Aufgaben in Organisationen erfüllen können.

Literatur:

/1/   Maskin, E.; Riley, J.
       Optimal Auctions with Risk Averse Buyers.
       Econometrica 52, 1473-1518 (1984)

/2/   McAfee, R.P.; McMillan, J.
       Bidding for Contracts: A Principal-Agent Analysis.
       Rand Journal of Economics 17, 326-338 (1986)

/3/   McAfee, R.P.; McMillan, J.
       Auctions and Bidding.
       Journal of Economic Literature 25, 699-738 (1987)

/4/   Milgrom, P.R.; Weber, R.J.
       Distributional Strategies for Games with Incomplete Information.
       Mathematics of Operations Research 10, 619-632 (1985)

/5/   Myerson, R.B.
       Optimal Auction Design.
       Mathematics of Operations Research 6, 58-73 (1981)

/6/   Pratt, J.W.
       Risk Aversion in the Small and in the Large.
       Econometrica 32, 122-136 (1964)

ZUM DERZEITIGEN STAND MATHEMATISCHER UNTERSUCHUNGEN FÜR VEKTOR-OPTIMIERUNGSPROBLEME

Reinhard Nehse, Ilmenau

Zusammenfassung: Es wird ein Überblick über den gegenwärtigen Stand zu folgenden Problemen der Vektoroptimierung gegeben: Dichtheit und Zusammenhang der Mengen (eigentlich) effizienter Lösungen sowie Testprobleme.

Abstract: A survey will be given on recent results in vector optimization for following problems: Density and connectedness of the (proper) efficient set as well as test problems.

In der Arbeit soll eine Übersicht gegeben werden zur mathematischen Forschung auf drei Gebieten der Vektoroptimierung (Mehrzielentscheidungsprobleme), die einerseits inhaltlich sehr enge Beziehungen zueinander aufweisen und andererseits unmittelbaren Nutzen für den Anwender stiften können. Es werden für

$$\text{VOP:} \qquad f(x) \longrightarrow \max \quad , \; x \in \Omega,$$

wobei $\emptyset \neq \Omega \subseteq X$, X ein reeller Vektorraum, $f : \Omega \longrightarrow Z$, Z ein durch einen nichttrivialen, konvexen, echten, spitzen Kegel K halbgeordneter reeller lokalkonvexer Hausdorffraum seien, Ergebnisse zu den Problemkreisen

Dichtheitsaussagen,

Zusammenhangsfragen,

Testprobleme

angegeben. Die hier benutzten, recht allgemeinen Voraussetzungen erhalten ihre Berechtigung besonders dadurch, daß die zu nennenden Resultate gegebenenfalls auch auf Probleme der optimalen Steuerung mit vektorwertigem Zielkriterium angewendet werden sollen, also für X gewisse Funktionenräume zugelassen werden müssen.

Will man jedoch eine gegebene, beliebig oft differenzierbare Funktion nebst deren Ableitungen simultan etwa durch eine Potenzreihe und deren Ableitungen approximieren, so ist für Z ein unendlich-dimensionaler Raum nötig.

In Spezialfällen (insbesondere im Abschnitt 4) werden allerdings endlichdimensionale, euklidische Vektorräume mit der üblichen Topologie und der koordinatenweisen Halbordnung bevorzugt.

Operations Research Proceedings 1991
© Springer-Verlag Berlin Heidelberg 1992

1. Notwendige Begriffe und Grundlagen

Bezeichne Z' den topologischen Dualraum von Z (Raum der auf Z stetigen linearen Funktionale),
$$q\text{-int } K' := \{\ u \in Z' / \langle u,z \rangle > 0 \quad \forall\, z \in K \setminus \{0\}\}$$
das *Quasi-Innere* des positiven Dualkegels K' von K und
$$M := f(\Omega) := \{\ z \in Z / \exists\, x \in \Omega:\ z = f(x)\}.$$
$z \in M$ heißt *Lösung von VOP* (*effizienter Punkt von M*) genau dann, wenn
$$M \cap z + K = \{z\}$$
erfüllt ist; $E(M)$ bezeichne die *Menge aller effizienten Punkte von M* und
$$\arg E := \{x \in \Omega / \exists\, z \in E(f(\Omega)):\ z = f(x)\ \}$$
die *zugehörige Lösungsmenge* (*Menge der Pareto-optimalen Punkte von VOP*). Ordnet man VOP für fixiertes $u \in q\text{-int } K'$ das Problem

$$\langle u,z \rangle \longrightarrow \max \quad ,\ z \in M, \tag{1.1}$$

zu mit der Lösungsmenge $\arg \max \langle u,z \rangle$, dann bezeichnet
$$PE(M) := \bigcup_{u\, \in\, q\text{-int } K'} \arg \max \langle u,z \rangle$$
die *Menge der eigentlich effizienten Punkte* von M. Für diese gilt bekanntermaßen (sei dazu $q\text{-int } K' \neq \emptyset$)

$$PE(M) \subseteq E(M). \tag{1.2}$$

Da (1.1) als gewöhnliches Optimierungsproblem häufig zur Ermittlung von Elementen aus $E(M)$ genutzt wird, hat man die pragmatische Frage: Unter welchen Voraussetzungen kann jede effiziente Lösung hinreichend genau durch eine eigentlich effiziente Lösung approximiert werden, d.h., wann gilt

$$E(M) \subseteq cl\ PE(M)\ ? \tag{1.3}$$

Hier bezeichnet cl die *Abschließung* der entsprechenden Menge. Sätze, die die Gültigkeit von (1.2) und (1.3) sicherstellen, nennt man *Dichtheitsaussagen* für die eigentlich effizienten Lösungen von VOP (vgl. Abschnitt 2).
Die Verbindung zur Problematik des Zusammenhangs von Mengen erhellt die oftmals genutzte Aussage:

Gilt für zwei nichtleere Mengen A und B eines topologischen Raumes $A \subseteq B \subseteq cl\ A$ und ist A zusammenhängend (vgl. Abschnitt 3), dann ist auch B zusammenhängend.

2. Dichtheitsaussagen

Für den endlichdimensionalen, linearen Fall gehen Aussagen dieses Typs auf die frühen Fünfziger zurück (vgl. [1]), und sie wurden später verschärft zu $E(M) = PE(M)$ (vgl. [3]), wobei natürlich für $K = R_+^p$ die Bedingung q-int $K' \neq \emptyset$ erfüllt ist.

Allerdings ist das nicht mehr so in allgemeineren Räumen; Bedingungen, die q-int $K' \neq \emptyset$ sichern, sind in [5], [7], [11] zu finden. Sie bilden auch den Hintergrund für die relativ umständlichen Voraussetzungen in den beiden folgenden Sätzen, die die bisher allgemeinsten Resultate beinhalten.

<u>Satz</u> [8], [12]: *Sei Z ein normierter Raum, der durch einen abgeschlossenen konvexen Kegel K halbgeordnet ist. Hat K eine abgeschlossene beschränkte Basis B (d.h., B ist konvex und jedes $x \in K$, $x \neq 0$ hat genau eine Darstellung der Form $x = \lambda b$ mit $\lambda > 0$, $b \in B$) und ist M konvex sowie $\underline{z} \in E(M)$ derart, daß*

$$\{ z \in M \,/\, \| \underline{z} - z \| \stackrel{\angle}{=} 1 \} \tag{2.1}$$

schwach kompakt ist, dann gilt: Für jedes $\varepsilon > 0$ gibt es ein

$$u_\varepsilon \in \text{q-int } K' \text{ und } z_\varepsilon \in M \text{ mit}$$

$$z_\varepsilon \in \arg\max_{z \in M} \langle u_\varepsilon, z \rangle \text{ und } \| \underline{z} - z_\varepsilon \| \stackrel{\angle}{=} \varepsilon.$$

Ohne die Existenz einer Basis für K und ohne die Kompaktheit für (2.1) zu fordern, kommt der folgende Satz aus. Obwohl die Kompaktheit von M vorausgesetzt werden muß, ist das enthaltene Resultat auch für einige Räume anwendbar (z.B. $C[a,b]$, l^∞, L^∞), für die der vorangegangene Satz kein Hilfsmittel darstellt.

<u>Satz</u> [2]: *Seien Z ein normierter Raum, $K \subset Z$ ein echter konvexer Kegel, der folgende Bedingung erfülle: Bezeichnet $B(Z')$ die abgeschlossene Einheitskugel in Z', so existiere eine nichtleere Menge $D \subseteq \text{q-int } K' \cap B(Z')$*
mit den Eigenschaften:

Zu jedem $d_1, d_2 \in D$ existiert ein $d_3 \in D$ mit $d_1 - d_3$, $d_2 - d_3 \in K'$.
Falls $z \in Z$ und $0 \stackrel{\angle}{=} \langle u, z \rangle$ für alle $u \in D$, dann ist $z \in K$.
Unter diesen Voraussetzungen gelten für jede konvexe kompakte Menge M die Beziehungen (1.2) und (1.3).

Mit dem bisher benutzten Begriff der eigentlichen Effizienz ist man offenbar an die Konvexität der Menge M bzw. $M - K$ gebunden. Um dies zu überwinden, nutzen wir als Verallgemeinerung:

$z \in M$ heißt *v-eigentlich effizient*, wenn es eine nichtleere, offene, konvexe Menge $\mathbb{C} \subset Z$ gibt mit $cl\ \mathbb{C} + (K \setminus \{0\}) \subseteq \mathbb{C}$, $M \cap z + C = \emptyset$. Um die Analogie zu dem vorher benutzten Begriff der eigentlichen Effizienz zu sehen, zitieren wir den

<u>Satz</u> [6]: *Seien* $\emptyset \neq M \subseteq \mathbb{R}^p$, $\mathbb{R}^p$ *koordinatenweise halbgeordnet.* $\underline{z} \in M$ *ist v-eigentlich effizient genau dann, wenn es eine stetige, konkave, streng monotone Funktion* $u: \mathbb{R}^p \longrightarrow \mathbb{R}$ *gibt mit* $\underline{z} \in \arg \max_{z \in M} u(z)$.

Obwohl diese Aussage in [4] sowohl vom Begriff als auch hinsichtlich der benutzten Räume wesentlich verallgemeinert wurde, gelingt auch dort nur der Nachweis eines (1.2) entsprechenden Resultats; eine tatsächliche Dichtheitsaussage vom Typ (1.3) steht also für den nichtkonvexen Fall noch aus.

3. Zusammenhangsfragen

Aus praktischer Sicht kommt man diesen Fragestellungen auf folgende Weise nahe: Angenommen, man hat bereits eine Lösung $\underline{x} \in \arg E$ bzw. $\underline{z} \in E(M)$ und der DM möchte sich durch sukzessive "kleine" Veränderungen (also durch aufeinanderfolgendes "Betrachten" von Umgebungen der jeweiligen Lösungen) einen Überblick über die Gesamtmenge $\arg E$ bzw. $E(M)$ verschaffen, so gelingt das, falls die Mengen zusammenhängend sind. Dabei wird als Definition benutzt:
Eine Menge A eines topologischen Raumes X heißt *separierbar*, wenn es in X zwei offene Mengen $\mathcal{O}_1$ und $\mathcal{O}_2$ gibt mit den Eigenschaften

$$A \subseteq \mathcal{O}_1 \cup \mathcal{O}_2, \quad A \cap \mathcal{O}_1 \cap \mathcal{O}_2 = \emptyset,$$

$$A \cap \mathcal{O}_1 \neq \emptyset, \quad A \cap \mathcal{O}_2 \neq \emptyset.$$

Jede nicht separierbare Menge heißt *zusammenhängend*.
Für lineare Aufgaben bekommt man mit elementaren Schlußweisen

$$E(M) = \cup\, M_i, \quad \arg E = \cup\, \Omega_j,$$

wobei die M_i und Ω_j die endlich vielen effizienten bzw. Pareto-optimalen Facetten maximaler Dimension von M bzw. Ω sind und es zu jedem i ein k gibt ($i \neq k$), so daß M_i und M_k wenigstens eine Ecke gemeinsam haben (analog für Ω_j).

Für den nichtlinearen Fall hat man

<u>Satz</u> [13]: *Seien* $\emptyset \neq \Omega \subseteq X = \mathbb{R}^n$ *abgeschlossen und konvex,* $Z = \mathbb{R}^p$ *mit der üblichen koordinatenweisen Halbordnung, also* $K = \mathbb{R}^p_+$ *und* $f = (f_1, f_2, \ldots, f_p)^T$. *Sind die Mengen*

$$S_a = \{\; x \in \Omega \;/\; a \leq f(x) \;\}\;, \quad a \in M = f(\Omega), \; kompakt \qquad (3.1)$$

und f_i *streng quasikonkav auf* Ω *für alle* i *[d.h.* $x, y \in \Omega$ *und* $t \in (0,1)$ *implizieren* $f_i(tx + (1-t)y) > \min \{f_i(x), f_i(y)\}$*], dann ist* arg $E \neq \emptyset$ *und zusammenhängend.*

Sind anstelle von (3.1) die Ausschnitte $M_a := f(S_a)$ *kompakt, d.h.,* M *ist* $\mathbb{R}^p_+$*-kompakt, dann ist* $E(M)$ *zusammenhängend.*

Eine entsprechende Aussage gilt für schwach effiziente Lösungen von VOP, wenn die f_i nur quasikonkav sind.

Verallgemeinerungen finden sich in [9], [10]. Neben der in Abschnitt 1 genannten Aussage werden als Beweismittel verwendet:

Ist $\{A_i / \; i \in I \;\}$ *eine Familie von zusammenhängenden Mengen eines topologischen Raumes* X *mit* $\cap \{A_i / \; i \in I \;\} \neq \emptyset$ *, dann ist auch* $\cup \{A_i / \; i \in I \;\}$ *zusammenhängend.*

Hat man eine Punkt-Menge-Abbildung ψ *aus einem topologischen Raum in einen weiteren topologischen Raum, die oberhalbstetig (im Sinne von BERGE) ist, so vererbt sich der Zusammenhang einer Menge im Urbildraum von* ψ *auf die Bildmenge, falls nur die einzelnen Bildmengen von* ψ *stets nichtleer und zusammenhängend sind.*

4. Testbeispiele

Naturgemäß werden in jüngster Zeit verstärkt dialogfähige Verfahren zur (approximativen) Lösung von Vektoroptimierungsproblemen kreiert, wobei als Grundlage unterschiedliche Lösungsverfahren der skalaren nichtlinearen Optimierung (Straftechniken, SQP-Methoden, Trust-Region-Ansätze,...) dienen, deren Effektivität und Stabilität bekannt sind.
Seltener wird aber der Frage nachgegangen, inwieweit alle effizienten (bzw. eigentlich effizienten oder schwach effizienten) Lösungen bzw. die zugeordneten Mengen optimaler Punkte anrg E, arg PE bzw arg SE auf diese Weise überhaupt erhalten werden könnten. Als Ursache sind hierfür zu nennen:

- Bei praktischen Problemen ist die Menge der effizienten Lösungen häufig unbekannt.
- Akademische Beispiele sind bisher selten so angesetzt worden, daß

sie unterschiedlichen Forderungen genügen, z.B. Wechsel der Dimension im Bild- und/oder Urbildraum (bez. der vektorwertigen Zielfunktion), wobei gleichzeitig aber die Menge der effizienten (oder ε-effizienten) Elemente bekannt ist.

Daher seien hier einige hinreichend allgemeine Beispiele angegeben, die diese Unzulänglichkeiten überwinden helfen (vgl. auch [5]).

In diesem Abschnitt seien stets $X = \mathbb{R}^n$, $Z = \mathbb{R}^p$ mit der üblichen koordinatenweisen Halbordnung, also $K = \mathbb{R}^p_+$ und $f = (f_1, f_2, \ldots, f_p)^T$.

Die einzelnen Typen unterscheiden sich insbesondere hinsichtlich der Konvexität und des Zusammenhangs der interessierenden Mengen.

Typ I: $f(\Omega) - \mathbb{R}^p_+$ ist konvex und $\mathbb{R}^p_+$-kompakt, also ist $E(f(\Omega))$ zusammenhängend.

Seien in VOP für gegebene $a_{ij} \in \mathbb{R}$, $l, u \in \mathbb{R}^n$ mit $l \leq u$, $1 \leq p$

$$f_i(x) = -\sum_{j=1}^{n}(x_j - a_{ij})^2 \quad , \quad i = 1, \ldots, p,$$

$$\Omega = \{\, x \in \mathbb{R}^n /\; l \leq x \leq u \,\}.$$

Dann ist

$$\arg E = \{\, x \in \mathbb{R}^n /\; x_j = l_j, \text{ falls } \sum_{i=1}^{p}\lambda_i a_{ij} \leq l_j \;;$$

$$x_j = u_j, \text{ falls } u_j \leq \sum_{i=1}^{p}\lambda_i a_{ij} \;;$$

$$x_j = \sum_{i=1}^{p}\lambda_i a_{ij} \text{ sonst}; \quad 0 \leq \lambda_i \;, \sum_{i=1}^{p}\lambda_i = 1 \,\}.$$

Typ II: $f(\Omega) - \mathbb{R}^p_+$ ist nicht konvex, aber $\arg E$ zusammenhängend.

Seien in VOP für gegebene $a_i \in \mathbb{R}_+$, $l, u \in \mathbb{R}^n$ mit $l \leq u$, $2 \leq p, n$

$$f_1(x) = -\sum_{j=1}^{n} x_j \;, \quad f_p(x) = \prod_{j=1}^{n} x_j \;,$$

$$f_i(x) = -\sum_{j=1}^{n}(x_j - a_i)^2 \quad , \quad i = 2, 3, \ldots, p-1,$$

$$\Omega = \{\, x \in \mathbb{R}^n_+ /\; l \leq x \leq u \,\}.$$

Dann ist

$$\arg E = \{\, x \in \mathbb{R}^n_+ /\; l \leq x \leq u, \; x_1 = x_2 = \ldots = x_n \,\}.$$

Typ III: $f(\Omega) - \mathbb{R}^p_+$ ist nicht konvex, $E(f(\Omega))$ und $\arg E$ nicht notwendig zusammenhängend.

Seien in VOP für gegebene $a_{ik} > 0$, $b^{ik} \in \mathbb{R}^n$, $1 \leq p, q$

$$f_i(x) = \sum_{k=1}^{q} a_{ik}\exp(-\| x - b^{ik} \|^2) \;, \quad i = 1, \ldots, p, \tag{4.1}$$

$$\Omega = \mathbb{R}^n, \; \|.\| \text{ die euklidische Norm.} \tag{4.2}$$

Eine approximative Lösungsmenge beschreibt der

__Satz__ [5]: *Gegeben sei VOP mit (4.1) und (4.2). Sind für $\varepsilon > 0$ die Voraussetzungen*

$$\min_{\substack{i,j=1,\ldots,p \\ k,l=1,\ldots,q \\ k \neq l}} \| b^{lk} - b^{jl} \|^2 > 4 \ln (q\, a_{max}\varepsilon^{-1})$$

mit $a_{max} = \max \{ a_{ik} / i=1,\ldots,p,\ k=1,\ldots,q \}$;

$$\min_{i=1,\ldots,p} \ln (a_{ik}\varepsilon^{-1}) > \max_{i,j=1,\ldots,p} \| b^{ik} - b^{jk} \|^2 \quad \forall\, k = 1,\ldots,q;$$

für jedes $k,l \in \{ 1, \ldots, q\}$ *existiert ein* $i \in \{ 1, \ldots, p\}$, *so daß*

$$\ln (a_{ik}a_{il}^{-1}) > \max_{j=1,\ldots,p} \| b^{ik} - b^{jk} \|^2 \ ;$$

$$(q - 1) a_{min} > \varepsilon \quad \textit{mit} \quad a_{min} = \min \{ a_{ik} / i=1,\ldots,p,\ k=1,\ldots,q \}$$

erfüllt, dann ist

$$\arg E^{\varepsilon} = \bigcup_{k=1}^{q} \Omega_k \quad \textit{mit}$$

$$\Omega_k = \{\ x \in \mathbb{R}^n / \ x = \sum_{i=1}^{p} \lambda_i b^{ik}\ ,\ 0 \leq \lambda_i\ ,\ \sum_{i=1}^{p} \lambda_i = 1\ \}$$

die Menge der ε-*Pareto-optimalen Elemente von VOP in folgendem Sinne:* $x \in \Omega$ *heißt* ε-*Pareto-optimal für VOP, wenn für gegebenes* $\varepsilon > 0$ *und ein* $\underline{x} \in \arg E$ *gilt* $\| f(\underline{x}) - f(x) \| < \varepsilon$.

Zum Beispiel findet man für

$$f_1(x) = \exp(-\|x - \tbinom{1}{1}\|^2)+5 \exp(-\|x - \tbinom{6}{-10}\|^2)+7 \exp(-\|x - \tbinom{10}{2}\|^2),$$

$$f_2(x) = 9 \exp(-\|x - \tbinom{2}{1}\|^2)+3 \exp(-\|x - \tbinom{7}{-10}\|^2)+\exp(-\|x - \tbinom{10}{2,5}\|^2)$$

und $\varepsilon = 10^{-5}$

$$\arg E^{\varepsilon} = \{\ x \in \mathbb{R}^2 / \ x = \tbinom{1}{1} + t\, \tbinom{1}{0},\ t \in [0,1]\}$$

$$\cup \{\ x \in \mathbb{R}^2 / \ x = \tbinom{6}{-10} + t\, \tbinom{1}{0},\ t \in [0,1]\}$$

$$\cup \{\ x \in \mathbb{R}^2 / \ x = \tbinom{10}{2} + t\, \tbinom{0}{0,5},\ t \in [0,1]\}$$

als Menge ε-Pareto-optimaler Elemente für die in der Abbildung markierte Menge der effizienten Lösungen $E(f(\mathbb{R}^2))$, denn es sind – wie man leicht nachrechnet – für dieses ε alle Voraussetzungen des zitierten Satzes erfüllt.

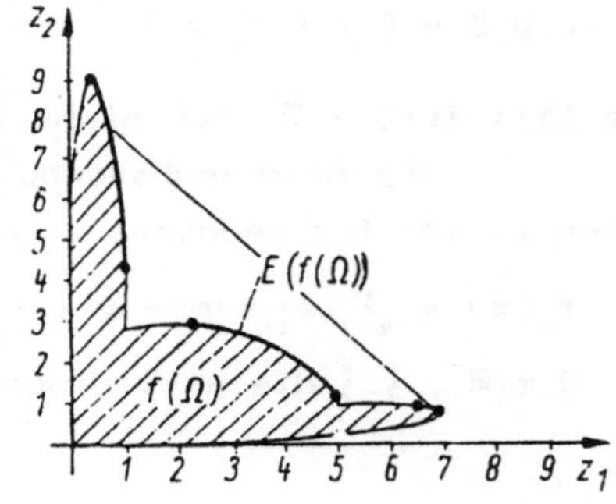

<u>**Literatur:**</u>

[1]   Arrow, K.J; Barankin, E.W.; Blackwell, D.
      Admissible points of convex sets.
      In Kuhn, H.W.; Tucker, A.W.(eds.)
      Contributions to the Theory of Games.
      Princeton N.J.: Princeton Univ. Press (1953), 87 - 91

[2]   Dauer, J.P.; Gallagher, R.J.
      Positive proper efficient points and related cone results in
      vector optimization theory.
      SIAM J. Contr. Optimiz. 28, 158 - 172 (1990)

[3]   Focke, J.
      Vektormaximumproblem und parametrische Optimierung.
      Math. Operationsf. und Statist. 4, 365 - 369 (1973)

[4]   Gerth, C.; Weidner, P.
      Nonconvex separation theorems and some applications in vector
      optimization.
      J. Optim. Theory Appl. 67, 297 - 320 (1990)

[5]   Göpfert, A.; Nehse, R.
      Vektoroptimierung - Theorie, Verfahren und Anwendungen.
      Leipzig: B.G. Teubner Verlagsgesellschaft (1990)

[6]   Iwanow, E.; Nehse, R.
      Über eigentliche effiziente Lösungen von Vektoroptimierungsauf-
      gaben (russ.).
      Wiss. Zeitschr. TH Ilmenau 30(5), 55 - 60 (1984)

[7]   Jahn, J.
      Mathematical Vector Optimization in Partially Ordered Linear
      Spaces.
      Frankfurt/M. etc.: Verlag Peter Lang (1986)

[8]   Jahn, J.
      A generalization of a theorem of Arrow, Barankin and Blackwell.
      SIAM J. Contr. Optimiz. 26, 999 - 1005 (1988)

[9]   Luc, D.T.
      Theory of Vector Optimization.
      Berlin etc.: Springer-Verlag (1989)

[10] Luc, D.T.
      Contractibility of efficient point sets in normed spaces.
      Nonlinear Analysis, Theory, Meth., Appl. 15, 527 - 535 (1990)

[11] Nehse, R.
      Zwei offene Probleme in der Vektoroptimierung.
      Wiss. Zeitschr. TH Ilmenau 37(3), 45 - 53 (1991)

[12] Petschke, M.
      On a theorem of Arrow, Barankin and Blackwell.
      SIAM J. Contr. Optimiz. 28, 395 - 401 (1988)

[13] Warburton, A.R.
      Quasiconcave vector maximization: Connectedness of the sets of
      Pareto optimal and weak Pareto optimal alternatives.
      J. Optim. Theory Appl. 40, 537 - 557 (1983)

BANDBREITEN-EFFEKTE BEI DER BESTIMMUNG VON ZIELGEWICHTEN

Rüdiger von Nitzsch
Institut für Wirtschaftswissenschaften, RWTH Aachen
Templergraben 64, 5100 Aachen

Martin Weber
Lehrstuhl für Allgem. BWL und Entscheidungsforschung, Universität Kiel
Olshausenstr. 40-44, 2300 Kiel

Nahezu alle Modelle zur Unterstützung von Mehrfachzielentscheidungen nehmen in irgendeiner Form eine Gewichtung der Ziele vor. Bei der Ermittlung der „Zielgewichte" zeigt sich die Problematik, daß eine isolierte Interpretation dieser Zielgewichte grundsätzlich nicht möglich ist. So besteht in den additiven Modellen eine feste Beziehung zwischen dem Zielgewicht und der Bandbreite der möglichen Zielausprägungen. Die Zielgewichte können nur in Verbindung mit dieser Bandbreite interpretiert und ermittelt werden.

In einer empirischen Untersuchung (/1/) wurde getestet, ob sich Entscheider bei der Angabe von Zielgewichten konsistent zu diesem von der Theorie geforderten Zusammenhang verhalten können. Zwei Verfahren zur Bestimmung von Zielgewichten wurden betrachtet. In beiden Verfahren waren die Entscheider nicht in der Lage, die von der Theorie in Abhängigkeit der Bandbreiten geforderte Adjustierung der Zielgewichte durchzuführen.

Literatur:

/1/ von Nitzsch, R.; Weber, M. (1990)
    Bandbreiten-Effekte bei der Bestimmung von Zielgewichten.
    Arbeitsbericht 90/04 des Instituts für Wirtschaftswissenschaften,
    Rheinisch-Westfälische Technische Hochschule Aachen.

Real-life Anwendungen mehrkriterieller Optimierungen

Reinhard Straubel
Zentralinstitut für Kybernetik und Informationsprozesse
Kurstraße 33, O - 1086 Berlin

1) *Problemstellung* :

Am Beispiel eines nicht-konvexen (multimodalen) Vektoroptimierungsproblems mit nicht-zusammenhängenden Bereichen der Entscheidungsvariablen wird zunächst auf die Notwendigkeit der Verwendung heuristischer Optimierungsmethoden (Evolutionsverfahren usw.) hingewiesen, mit denen sowohl kontinuierliche, ganzzahlige als auch gemischte Probleme gelöst werden können.

2) *Struktur einer Programm-Familie REH*

Solche allgemeinen Problemstellungen können mit einem interaktiven Programmsystem *REH* gelöst werden, dessen Struktur sowohl für MODM- als auch MADM-Aufgaben folgende Möglichkeiten beinhaltet :
- **Vorbereitungsebene** zum "Handling" mit externen Parametern,
- **Simulations-Spiel-Ebene** zur Gewinnung eines Überblicks über das (eventuell zeitabhängige) Verhalten der implementierten Problemstellung durch "Spiele gegen den Rechner",
- **"utopische" Ebene** zur Ermittlung des vollständigen Wertebereichs jedes einzelnen Zielkriteriums,
- **Testebene** zur Überprüfung der Realisierbarkeit von Vorgaben des Nutzers bezüglich erreichbarer numerischer Werte der Zielkriterien,
- **PARETO-Optimierungs-Ebene** zur Gewinnung von mehrkriteriellen Entscheidungsvorschlägen in Übereinstimmung mit der subjektiven Präferenz des Nutzers.

3) *Bisherige Anwendungen* :

Mit dem beschriebenen Programm-System wurden inzwischen folgende real-life Problemstellungen gelöst, die kurz skizziert werden :
- **ökonomische Anwendungen**
   ökonomische Planansatzrechnungen,
   Rekonstruktionsfolge von SO_2-Emittenten (*REH-AIR*),
   Beitrag zum IIASA-Projekt "saurer Regen",
   Wasser-Qualitäts-Management in Fließgewässern (*REH-SPROX*),
   Betriebswirtschaftliche Produktionssteuerung (*REH-BW*)
- **industrielle Anwendungen**
   Konstruktion von Bremssystemen für Lastkraftwagen,
   3-dimensionale Steuerung eines Roboterarms,
   Havariesteuerung in einem Elektroenergieverbundsystem,
   Qualitätssicherung der Glasproduktion in einer Schmelzwanne,
   Parameteridentifikation eines Dummy in PKW-crash-Versuchen
- **wissenschaftliche Anwendungen**
   Nichtlineare mehrkriterielle Regressionsanalysen

DIE BEWERTUNG RISIKOBEHAFTETER ENTSCHEIDUNGSVARIANTEN BEI UNSCHARFEN WAHRSCHEINLICHKEITEN

Gernot Zellmer, Berlin

Es wird folgendes Entscheidungsproblem betrachtet: Gegeben seien m Varianten V_i (i=1(1)m). Ihre Bewertung erfolgt anhand eines Maximierungskriteriums, bezüglich dessen mindestens der Wert K_O erreicht werden soll. Auf Grund der Unbestimmtheit sind n mögliche Umweltsituationen S_j (j=1(1)n) in Betracht zu ziehen, so daß jeder Variante eine Menge von Zielerreichungsgraden $\{w_{ij}\}$ entspricht.
Die Varianten V_i seien sämtlich risikobehaftet, d.h. die Mengen
$J_i = \{j: w_{ij} < K_O\}$ sind nicht leer.
Es wird gezeigt, daß im Falle bekannter Wahrscheinlichkeiten $p_j = P(S_j)$ das mit der Variante V_i verbundene Risiko mit Hilfe des sogenannten Risikokoeffizienten r_i beurteilt werden kann, der sich nach folgender Formel berechnen läßt:

$$r_i = \frac{\sum_{j \in J_i} (K_O - w_{ij}) * p_j}{\sum_{j \notin J_i} (w_{ij} - K_O) * p_j}$$

Im weiteren wird angenommen, daß die p_j linguistische Variable sind, die sich als diskrete Fuzzy-Zahlen P_j beschreiben lassen. Es wird zunächst gezeigt, wie sich in diesem Fall untere und obere Schranken für die Risikokoeffizienten ermitteln lassen. Anschließend werden unter Nutzung des Erweiterungsprinzips von ZADEH Formeln zur Bestimmung der Zugehörigkeitsfunktionen der unscharfen Risikokoeffizienten R_i hergeleitet. Um eine Vorzugsvariante in dem gegebenen Entscheidungsproblem zu ermitteln, müssen diese unscharfen Mengen verglichen werden. Das geschieht mit Hilfe eines von ORLOVSKIJ vorgeschlagenen Algorithmus zur Berechnung der Zugehörigkeitsfunktion der unscharfen Menge nichtdominierter Varianten.

Dr. Frank Blumberg, Universität Hohenheim

Gliederung:
1. Beschaffungsmanagement
2. Wissensbasierte Systeme
3. Wissensbasiertes EinkaufsBeratungsSystem (WEBS)
4. Schlußbetrachtung

Zusammenfassung: Mit dem System WEBS wird der Prototyp eines wissensbasierten Systems zur Lieferantenbewertung vorgestellt und sein Einsatz anhand eines praxisbezogenen Beispiels demonstriert.

Abstract: A prototype of a knowledge-based system named WEBS assisting the rating of suppliers is presented and demonstrated by a practice-related example.

1. Beschaffungsmanagement

1.1 Aufgaben und Ziele der Beschaffung

Unabhängig von der Art der Unternehmung sind fortwährend Beschaffungsentscheidungen zu treffen, da jede Unternehmung laufend eine Reihe von Rohstoffen, Gütern und Dienstleistungen sowie Kapital und Informationen beschaffen muß. Grundaufgabe der Beschaffung ist dabei, die zur Produktion benötigten Güter in der erforderlichen Menge und Qualität zur richtigen Zeit und am richtigen Ort bereitzustellen.

Der Einkaufsprozeß selbst läßt sich nach erfolgter Bedarfsmeldung in folgende Phasen untergliedern:
- Informationssammlung und -auswertung,
- Ableitung der quantitativen und qualitativen Einflußfaktoren aus der Einkaufspolitik und ihre Gewichtung,
- Lieferantenbewertung und -auswahl,
- Bestellentscheidung.

Die Lieferantenbewertung und -auswahl ist dabei als zentrale Tätigkeit anzusehen, die unter der Zielsetzung *Sicherstellung der Versorgung* bei gleichzeitiger *Optimierung der Kosten/Nutzen-Relation* erfolgt. Die Problematik der Beschaffung entspringt dabei im wesentlichen zwei Gründen:
- zum einen kann - außer für reine Wiederholkäufe - die Beschaffungsentscheidung nur aufgrund unvollständiger Information getroffen werden,
- zum anderen bestehen zwischen den Beschaffungszielen i.d.R. Konkurrenzbeziehungen.

1.2 Ziele und Verfahren der Lieferantenbewertung

Die Notwendigkeit der systematischen Bewertung von Lieferanten ergibt sich aus dem Bedarfsdeckungsziel der Unternehmung. Aufgabe der Lieferantenbewertung ist es daher, eine beschaffungszielgerechte Selektion von Lieferanten zu ermöglichen /5, S. 39/.

Operations Research Proceedings 1991
© Springer-Verlag Berlin Heidelberg 1992

Art, Anzahl und Bedeutung der dabei zu berücksichtigenden Bewertungskriterien sind von den Eigenschaften der beschaffenden Unternehmung, von der Beschaffungssituation und von den Eigenschaften des zu beschaffenden Teils abhängig. Die i.d.R. eingesetzten Verfahren umfassen Checklistenverfahren, Notensysteme, Punkt- und Prozentbewertungssysteme, Lieferantenprofile und Kennzahlenverfahren.

1.3 Die Beschaffung im PPS-Umfeld

Die Produktionsplanung und -steuerung auf der einen, die Beschaffung auf der anderen Seite weisen eine Vielzahl von Schnittstellen auf. Die wesentlichen Schnittstellen sind dabei:

- *funktionale* Schnittstellen, die gemeinsame Arbeitsbereiche bilden und folglich in Kooperation zu bearbeiten sind (insbes. die Ermittlung des Bedarfs an Fremdbezugsteilen und die Bestimmung der Bedarfstermine), und

- *informationstechnische* Schnittstellen, über die eine gemeinsame Datennutzung erfolgt.

Eine Vielzahl der im Rahmen der Beschaffung benötigten Informationen werden im Rahmen der PPS verwaltet und bilden zusammen mit den lieferantenspezifischen Konditionen die Grunddaten der Beschaffung. Dies sind insbesondere Informationen über Beschaffungsteile, den Beschaffungsteilen zugeordnete Lieferanten und lieferantenspezifische Informationen.

Bei der informationstechnischen Unterstützung der Beschaffungsfunktionen dominieren die Fragen der datenmäßigen Verknüpfung und der organisatorischen Regelung integrierter Abläufe, während im Rahmen einer betriebswirtschaftlichen Betrachtungsweise die entscheidungsbezogenen Fragestellungen der Beschaffungsfunktion im Vordergrund stehen. Da bei der Lieferantenauswahl ein interaktiver Entscheidungsprozeß vorliegt /6, S. 374/, bildet diese Teilfunktion der Beschaffung unter der Beachtung der zuvor genannten Problematik ein mögliches Einsatzgebiet für wissensbasierte Systeme.

2. Wissensbasierte Systeme

Wissensbasierte Systeme lassen sich als ein Teilbereich der Forschungen im Bereich der Artificial Intelligence folgendermaßen definieren /3, S. 26/:

- Wissensbasierte Systeme sind Programme, die sich durch die Trennung anwendungsspezifischer Methoden in der Wissensbank und der anwendungsunabhängigen Ablaufsteuerung durch die Inferenzmaschine auszeichnen (programmtechnische Dimension).

- Wissensbasierte Systeme bezeichnen Programme, die Entscheidungen auf dem Kenntnis- und Wissensstand von Fachleuten unterstützen oder vorschlagen sollen. Dazu wird das Verfügungswissen des Experten explizit in symbolischer Form, in einem Programm oder als Datenmenge dargestellt (aufgabenorientierte Dimension).

2.1 Wissensbasierte Systeme: Eigenschaften und Anforderungen im PPS-Umfeld

Wissen und Inferenz bilden das tragende Fundament wissensbasierter Systeme, wobei genaugenommen Inferenz ebenfalls Wissen darstellt, und zwar Wissen über die Verarbeitung von Wissen (*Meta-Wissen*). Das Hauptmerkmal wissensbasierter Systeme ist dabei die *explizite* Repräsentation von Wissen, woraus die Fähigkeit wissensbasierter Systeme abgeleitet ist, ihre Ergebnisse durch Angabe des benutzten Wissens in begrenztem Umfang verständlich erklären zu können (*Transparenz*).

Die Trennung von problemspezifischem Wissen und der Steuerung des Problemlösungsprozesses ermöglicht die inkrementelle Entwicklung des Systems; die Trennung in einzelne Komponenten resultiert in einer im Vergleich zu konventionellen Systemen hohen *Flexibilität* (Wartung, Erweiterung, Änderung).

Der Umgang mit wissensbasierten Systemen erfordert deutlich weniger programmiersprachliches Wissen auf Endbenutzerseite (*Benutzerfreundlichkeit*). Über eine entsprechende Gestaltung der Dialogkomponente(n) wird die Einbettung in hybride Systeme ermöglicht.

Entscheidungs- und Arbeitsprozesse im Industriebetrieb setzen Fachwissen voraus, d.h. daß nach Arbeit und Kapital das Wissen und die Erfahrung der Beschäftigten sowie das in Produktionsanlagen vergegenständlichte Wissen über betriebsspezifische Produktionsprozesse zu einem weiteren Produktionsfaktor herangewachsen ist /7, S. 621/. Wissensbasierte Systeme bieten die Möglichkeit, dieses Wissen breiter verfügbar zu machen und dem Betrieb mittel- bis langfristig zu erhalten (*Kompetenzsicherung*).

Neben den generellen Anforderungen an die Eigenschaften wissensbasierter Systeme stellt die Überwindung bekannter Defizite bisher entwickelter Systeme den größten Teil eines Pflichtenheftes zur Entwicklung wissensbasierter Systeme dar. Ein im PPS-Umfeld sehr wesentliches Defizit besteht in der mangelnden Integration wissensbasierter Systeme in das jeweilige Anwendungsumfeld. Weitere Defizite, die dem routinemäßigen Einsatz wissensbasierter Systeme bis auf Ausnahmen bisher entgegenstanden, sind Defizite im Leistungsvermögen und in der Portierbarkeit /1, S. 115 ff./.

2.2 Integrationsaspekte wissensbasierter Systeme /1, S. 120 ff./

Durch die Vernachlässigung der strategischen Planung betrieblicher Informationssysteme in der Vergangenheit entstanden die vieldiskutierten starren Insellösungen; mit eine der wesentlichen Aufgaben von CIM ist daher die Schaffung von Kompatibilitäten zwischen bestehenden Insellösungen /2, S. 149/. Wissensbasierte Systeme erlauben hierbei im Gegensatz zu normativen Schnittstellendefinitionen sehr offene und damit flexible Schnittstellen, da sie neben der reinen Datenerkennung auch entsprechende Dateninterpretationen durchführen können. Zerlegt man die im Rahmen des PPS-Umfelds anzufindenden Aufgabenstellungen in Teilaufgaben, so lassen sich konventionell lösbare Teilaufgaben genauso identifizieren wie Teilaufgaben, die adäquat nur durch wissensbasierte Systeme bearbeitet werden können. Je nach Betrachtungsebene können dabei einzelne Aufgaben zu kompletten Funktionsgruppen oder zu

Modulen einer Funktionsgruppe zusammengefaßt werden. Damit ergeben sich drei Zielrichtungen der Integration wissensbasierter Systeme in *CIM-Prozeßketten*:

- Funktionssysteme, die ein relativ abgegrenztes Aufgabenspektrum abdecken,
- Module, die innerhalb eines Funktionssystems spezifische Teilaufgaben abdecken, und
- Handler, die zwischen Funktionssystemen koordinierende Aufgaben übernehmen.

Ausgangspunkt vieler Integrationskonzepte ist die Erwartung, daß die informationstechnische Integration Entscheidungs- und Kommunikationsprozesse rationalisiert sowie den Informationsfluß optimiert, daß dadurch die Transparenz betrieblicher Abläufe und die Flexibilität verbessert werden /4, S. 81/. Dabei wird oft übersehen, daß der erhöhte Komplexitätsgrad der eingesetzten Technologie wieder neu zu bewältigende technische und soziale Fragen hervorbringt. Ein entsprechendes Konzept der *Organisationsanpassung* soll sicherstellen, daß wissensbasierte Systeme als organisatorisch abgestimmte Werkzeuge Entscheidungsprozesse unterstützend beschleunigen, die vorhandene Kompetenz des Entscheidungsträgers erweitern und insgesamt zu einer Erhöhung der Informationsverfügbarkeit beitragen.

Nur die wenigsten wissensbasierten Systeme können autonom ohne umfangreiche Ein- und Ausgabedaten arbeiten. Viele Systeme sollen in bestehende Datenbestände eingreifen und auf bestehender Hardware unter gegebenen Betriebssystemen implementiert werden. Die sukzessive Weiterentwicklung von Art und Umfang entsprechender Schnittstellen kann dabei in mehreren Integrationsstufen beschrieben werden. Ausgehend von einer isolierten Insellösung des wissensbasierten Systems können über manuelle Schnittstellen schließlich komplexe Programm-zu-Programm-Verbindungen realisiert werden.

3. Wissensbasiertes EinkaufsBeratungsSystem (WEBS) /1, S. 170 ff./

3.1 Konzeption und WEBS-Systemstruktur

Die primäre Aufgabe von WEBS liegt darin, dem Einkäufer als System zur Entscheidungsunterstützung bei der Lieferantenbewertung und -auswahl zur Seite zu stehen. WEBS soll dabei in die funktionale und informationsverarbeitungstechnische Umgebung eines vorhandenen PPS-Systems eingebunden werden.

In das vorgestellte Integrationsmodell wissensbasierter Systeme wird WEBS wie folgt eingeordnet:

- in Bezug auf die zugehörige Prozeßkette übernimmt WEBS Teilfunktionen der Beschaffungsaufgabe und bildet daher eine modulare Komponente,
- in Bezug auf die Integration in die IV-Umgebung agiert WEBS in seiner bisherigen Implementierung als teilintegriertes System,
- in Bezug auf das organisatorische Umfeld unterstützt WEBS arbeitsplatzorientiert die Aufgaben und Funktionen der Lieferantenbewertung und -auswahl.

Für die Entwicklung von WEBS wurde unter Berücksichtigung der Verfügbarkeit verschiedener Entwicklungswerkzeuge und der formulierten Integrationsaspekte ein PC-orientierter Ansatz gewählt. Den Anforderungen an Entwicklungswerkzeuge wissensbasierter Systeme folgend, wurde für die Entwicklung von WEBS als Kernsprache PROLOG verwendet. Um die Funktionen der Datenverwaltung im Rahmen der PPS nachzubilden, wurde ein relationales Datenbanksystem verwendet (dBASE).

WEBS besteht als voll modulares System aus den folgenden Komponenten:

- der Anwendungssteuerung,
- einer Shell,
- Dialogroutinen,
- anwendungsneutralen Hilfsroutinen,
- den Grunddaten der Bewertung (Bewertungsdaten),
- weitgehend methodenunabhängigen Bewertungsregeln,
- spezifischen Bewertungsmethoden und
- der Schnittstelle zu den in Form relationaler Datenbank-Dateien verwalteten Stammdaten.

Die in der vorliegenden Implementierung von WEBS enthaltene prototypische Shell beinhaltet im wesentlichen die Inferenzkomponente und Erklärungsprimitive. Beide Funktionen bauen direkt auf PROLOG-Klauseln auf, da die Mehrzahl der verwendeten Daten in Form relationaler Datenbanken verwaltet und bei der Datenbankabfrage in entsprechende PROLOG-Klauseln umformuliert werden.

3.2 Definition einer prototypischen Wissensbasis

Die *PPS-Datenbank* in WEBS enthält - neben den Bedarfen aus der Materialwirtschaft - Teilestammdaten und Beschaffungsteilklassifikationen, Lieferantenstammdaten und deren Verknüfung mit teilebezogenen Informationen sowie Wareneingangsbewertungen.

Die *Bewertungsdaten* von WEBS lassen sich inhaltlich in Daten über berücksichtigbare Beschaffungsziele, in Daten zur Umsetzung der Leistungsbewertung der Lieferanten in numerische Werte und in teilebezogene Daten differenzieren.

Die in WEBS zum jetzigen Zeitpunkt verfügbaren Bewertungsdimensionen umfassen Termin-, Mengen- und Preisabweichungen sowie Qualitätsbeurteilungen und Sicherheitsbewertungen. In diesem Rahmen werden einzelnen Lieferanten spezifische Kriterienausprägungen aus einer vereinbarten Werteskala zugeordnet. Zusätzlich kann die Leistung eines Lieferanten in Relation zu Bezugsgrößen bewertet werden. Beispielhaft sind in WEBS eine Bewertung des Preises in Bezug auf den minimalen Angebotspreis bzw. einen vorgegebenen Bezugspreis, und eine Bewertung der Lieferzeit in Bezug auf die minimale bzw. eine vorgegebene Lieferzeit implementiert.

In Bezug auf eine konkrete Beschaffungssituation werden, neben den zu berücksichtigenden Beschaffungszielen, Informationen über die den einzelnen Zielen zugeordnete Wertigkeit benötigt, falls die Einzelbewertungen zu einer Gesamtbewertung des Lieferanten verdichtet werden sollen. Dabei kann eine teilespezifische oder teilegruppenspezifische Beschaffungsstrategie angegeben werden, alternativ wird unterstellt, daß die verwendeten Bewertungskriterien gleichgewichtet werden können.

In der WEBS-Komponente *Bewertungsregeln* befinden sich weitgehend methodenunabhängige Bewertungsprimitive. Dazu zählen z.B. die Verfahren der Zuordnung von Punkten zu Ausprägungen von Werteskalen und die arithmetische Verdichtung von Einzelbewertungen zu einem Gesamtpunktwert. Weiterhin enthält diese Komponente die wesentlichen Basisprädikate, um Vergleichsrelationen definieren zu können, und die Grundprädikate zur Erstellung von paarweisen Dominanzrelationen.

Die Komponente *Bewertungsmethoden* enthält eine Sammlung implementierter Methoden und Verfahren der Lieferantenbewertung. Zusätzlich repräsentiert diese Komponente die Grundstruktur einer Methodenbank, d.h. sie enthält PROLOG-Routinen, welche Informationen über die Methodenbasis zur Verfügung stellen bzw. den Benutzer bei der Methodenvorbereitung und Methodenanwendung unterstützen. Neben der Bewertungsmethode Scoring enthält WEBS zur Zeit noch *Dominanzrelationen*, die paarweise ermittelt und der aktiven Wissensbasis hinzugefügt werden, und *Anforderungsprofile*, die entweder als Vergleichswerte dem Alternativenraum hinzugefügt oder als Filter verwendet werden können.

3.3   WEBS-Benutzerschnittstelle und Erklärungskomponente

Die Dialogroutinen von WEBS stellen dem Benutzer als Interaktionselemente u.a. Fenster, Auswahllisten und Pop-Up-Menüs zur Verfügung. Bei den verwendeten Fenstern wird zwischen Ein- und Ausgabefenstern unterschieden, die sich mit der Maus beliebig anordnen und in der Größe verändern lassen. Auswahllisten enthalten eine Liste von Schaltern, über die jeweils genau eine Alternative mit der Maus ausgewählt werden kann. Sie werden u.a. bei der manuellen Zuordnung von Eingangsbewertungen für Lieferanten, bei der Erstellung von teilebezogenen Vergleichsskalen und von Anforderungsprofilen verwendet. Pop-Up-Menüs sind der Benutzersteuerung von WEBS vorbehalten und enthalten die Menüsteuerung von WEBS, wobei Haupt- und Untermenüs jeweils situativ angepaßt werden können.

Der während einer Konsultation abgewickelte Dialog wird im wesentlichen durch den Benutzer gesteuert, das System bietet dabei situationsbezogene Informationen über den Leistungsumfang und die momentanen Aktionsmöglichkeiten an. Die Tastatureingaben wurden auf das notwendige Minimum beschränkt, die Interaktion erfolgt weitgehend über die genannten Elemente unter intensiver Nutzung der Maus.

Der Erklärungsbedarf des Benutzers während der Konsultation, d.h. dem Benutzer Informationen über den Bearbeitungsstand der laufenden Konsultation zu geben, wird folgendermaßen abgedeckt:
- Die Menüstrukturen von WEBS sind von ihren jeweiligen Bezeichungen her weitgehend selbsterklärend und werden jeweils den situativen Bearbeitungsmöglichkeiten angepaßt.
- Werden Tastatureingaben seitens des Benutzers angefordert, kann über die Eingabe *warum* eine Erklärung zu der angeforderten Eingabe und ihrem Kontext angefordert werden.

Für die Erklärung von (Zwischen-)Ergebnissen bzw. die Begründung für die Ablehnung anderer Ergebnisse sind zwar die notwendigen Voraussetzungen gegeben, zum jetzigen Zeitpunkt stehen diese Prädikate aber noch nicht im Menüsystem von WEBS zur Verfügung, da die Shell momentan nur vollständige Erklärungen des Inferenzpfades liefert (komplette Auflistung aller PROLOG-Bearbeitungsschritte).

Eine Lösung für das Problem der "Übererklärung" und für Erklärungen in Bezug auf verwendbare Methoden und der Ergebnisse ihrer Anwendung bietet sich in einer entsprechenden Erweiterung der Methodenbank an. Das Menüsystem im Bereich der Methodenbank wurde daher um methodenspezifische allgemeine Informationen und um Erklärungen zu Ergebnissen der Methodenanwendung ergänzt.

3.4   Konsultationsverlauf

Der typische Ablauf einer WEBS-Konsultation läßt sich wie folgt beschreiben:
- Aus der PPS werden Bedarfsmeldungen abgerufen und an WEBS übergeben.
- Für die jeweilige Bedarfsmeldung erfolgt von WEBS aus der Zugriff auf die Teile- und Lieferantenstammdaten.
- Durch Vorschalten von Filterbedingungen erfolgt eine Vorselektion dieser Lieferanten.
- Es erfolgt eine teilebezogene Vorabbewertung der Lieferanten unter Verwendung der Eingangsbewertungen. Für Relativbewertungen wird zuvor die Bezugsgröße bestimmt.
- Auf dieser Basis werden dem Benutzer die in der Methodenbank spezifizierten Bewertungsmethoden angeboten, er aktiviert eine bzw. sukzessive mehrere Bewertungsmethoden.
- WEBS arbeitet i.d.R. interaktiv die entsprechende Bewertungsmethode ab, generiert und präsentiert die methodenspezifischen Ergebnisse.
- Auf der Basis der Bewertungsergebnisse selektiert der Benutzer einen oder mehrere Lieferanten, denen Beschaffungsaufträge zugeordnet werden sollen.

Diese Bearbeitungsfolge ist jedoch nicht zwingend durch die Ablauflogik von WEBS vorgegeben, sondern sie wird durch die Struktur der Systemsteuerung und durch die gewählten Bewertungsmethoden bestimmt. Weiterhin beschreibt dieser Text lediglich die erste mehrerer möglicher Iterationen, da der Benutzer zum einen alternative Bewertungsmethoden aktivieren, zum anderen Modifikationen früherer Verfahrenschritte vornehmen kann. Beispiele hierfür sind etwa das Ändern von Eingangsbewertungen einzelner Lieferanten, das manuelle Hinzufügen oder Löschen von Lieferanten, Modifikationen in Art und Anzahl der zu berücksichtigenden Bewertungskriterien und Änderungen an Werteskalen und Punktlisten.

3.5   WEBS-Beurteilung

WEBS stellt von seiner Konzeption her ein System zur Unterstützung der Lieferantenauswahlentscheidung des Einkäufers bei konkreten Beschaffungssituationen dar. Die Arten der Unterstützungsleistung von WEBS umfassen dabei im wesentlichen folgende Aspekte:
- WEBS führt teile- und lieferantenorientierte Datenbankabfragen durch und stellt dem Einkäufer damit eine problembezogene Schnittstelle zur PPS-Datenbasis zur Verfügung.
- WEBS stellt in Form einer Methodenbank spezifische Bewertungsmethoden zur Verfügung. Im Rahmen der Methodenbankverwaltung stellt WEBS methodenspezifische Hilfen und Erklärungen zur Verfügung.
- Bei der Aktivierung von Bewertungsmethoden werden von WEBS diejenigen Informationen ermittelt, die für die Methodenanwendung im konkreten Fall benötigt werden.
- Der Bewertungsprozeß selbst wird von WEBS transparent gestaltet.
- Die ermittelten Bewertungsergebnisse sind durch den Benutzer jederzeit hinterfragbar.

4. Schlußbetrachtung

Am Beispiel von WEBS zeigen sich die Nutzungspotentiale benutzerorientierter, intelligenter Entscheidungsunterstützungssysteme, die sich an den spezifischen Bedürfnissen des Entscheidungsträgers ausrichten lassen. Die Unterstützungsleistung solcher Systeme kommt dabei im wesentlichen erst durch dessen spezifische Erklärungsleistung zur Geltung. Nicht-transparente Systeme, deren Vorgehensweise und deren verwendete Methodik für den Entscheidungsträger nicht nachvollziehbar, nicht hinterfragbar bzw. nicht widerlegbar sind, führen aufgrund der immanenten Verknüpfung von Entscheidungsverantwortung mit dem Entscheidungsträger dazu, daß solche Systeme im praktischen Einsatz selten oder nicht in vollem Umfang genutzt werden.

Die ergonomische Gestaltung wissensbasierter Systeme ermöglicht durch die Übertragung von dem Benutzer bekannten Methoden und Konzepten und der menschenorientierten Gestaltung der Nutzungsoberflächen dieser Systeme die Realisierung weitgehender Synergieeffekte in der Zusammenarbeit zwischen dem Menschen und informationstechnischen Systemen. Die Weiterentwicklung von WEBS muß demzufolge in Zusammenhang mit konkreten Produktionsumgebungen fortgesetzt werden, um endbenutzerspezifische Änderungen und Erweiterungen der Benutzeroberfläche und der Methodenbank auch unter beschaffungsstrategischen Gesichtspunkten vorzunehmen. Die wesentlichen Grundlagen und die gängigen methodischen Konzepte stehen hierzu mit der vorliegenden Implementierung zur Verfügung, wobei auch eine Übertragung der nicht-anwendungsbezogenen Konzepte von WEBS in alternative Einsatzbereiche erfolgen kann. Kriterien hierfür wären beispielsweise eine mehrzielorientierte Betrachtung des Entscheidungsgegenstandes, eine relativ große Menge zu bewertender Alternativen und Kenntnisse über relevante Methoden und Verfahren des Einsatzbereichs.

Für die Entwicklung und den Einsatz wissensbasierter Systeme kommt es jedoch wesentlich darauf an, deren Integration in die existierende Umgebung effizient zu bewerkstelligen. Integration ohne entsprechende organisatorische Konsequenzen führt jedoch zu erheblichen Reibungsverlusten, im Extremfall zum Scheitern der Systemeinführung. Die vorgestellten Architekturprinzipien von WEBS können dabei vielfältige Gestaltungsansätze zur Realisierung offener Systemarchitekturen aufzeigen.

Literatur:

/1/ Blumberg, F.
Wissensbasierte Systeme in
Produktionsplanung und -steuerung
Heidelberg: Physica (1991)

/2/ Bullinger, H.-J./Kornwachs, U.
Expertensysteme
Stuttgart: Beck (1990)

/3/ Coy, W./Bonsiepen, L.
Erfahrung und Berechnung - Kritik der
Expertensystemtechnik
Berlin, Heidelberg, New York: Springer (1989)

/4/ Esser, E./Kemmner, G.-A.
CIM: Mythen und Fakten der
computergesteuerten Produktion
io 5, 81-85 (1989)

/5/ Harting, D.
Wertgestaltender Einkauf
Beschaffung aktuell 8, 39-42 (1990)

/6/ Scheer, A.-W.
Wirtschaftsinformatik - Informationssysteme
im Industriebetrieb
Berlin, Heidelberg, New York: Springer (1988)

/7/ Specht, D.
Wissensbasierte Systeme in der Produktion
ZWF CIM 11, 617-622 (1989)

KÜNSTLICHE INTELLIGENZ - PRODUKTMARKTVORHERSAGE DURCH GEEIGNETES SOFTWAREPAKET

Dipl.-Betriebswirt Günter M. Bönisch, 5063 Overath, Aggerhof 8,
Abteilungsleiter Controlling und Marketing,
Prokurist der Dörrenberg Edelstahl GmbH, Engelskirchen

1   PROJEKTBESCHREIBUNG

Bei technisch wirtschaftlichen Vorhersagen steht die gewerbliche Wirtschaft vor dem
Problem, von der Fülle der angebotenen Prognosemethoden die richtigen und überhaupt
anwendbaren auszuwählen. Das ist auch bei Produktmarktvorhersage der Fall.

Die Anwender der Prognosemethoden sind oft Kaufleute und Ingenieure, die keine
Spezialausbildung bzgl. Prognosemethoden haben und die meisten Methoden inhaltlich
nicht kennen. Bei konkreten Anwendungsfällen sind viele Prognosemethoden oft nicht
anwendbar, weil die nötigen Ausgangsdaten fehlen. Andere Prognosemethoden wiederum
passen nicht zum Problem und lösen es daher falsch. Das Ergebnis ist oft
wirtschaftlicher Verlust.

Die Anwendung der KÜNSTLICHEN INTELLIGENZ der Computertechnik auf dieses Problem
bedeutet, daß der Computer nach Art des Vorhersageproblems und gemäß den zur
Verfügung stehenden Daten selbst die anwendbaren Prognosemethoden auswählt und dem
Benutzer offeriert, bzw. ausführt.

Das hier dargestellte Projekt stellt die wissenschaftlichen Erkenntnisse in Form
eines Computer-Programmpaketes dar, das durch die Anwendung der Methoden der
KÜNSTLICHEN INTELLIGENZ eine elegante, effiziente und von jedermann benutzbare
Lösung für die erwähnten Schwierigkeiten bietet. Ein Expertensystem unterstützt
dabei den Benutzer, damit dieser im *Dialog mit dem Computer sein
Produktmarktvorhersageproblem richtig analysieren und lösen kann.*

Die hier dargestellte Software ist auf den neuesten, leistungsfähigen und trotzdem
preiswerten Personalcomputersysteme lauffähig, gleichzeitig kann sie jedoch auch
die Daten der zentralen Computeranlage im Terminalmodus nutzen.

Dieses Programmpaket ersetzt nicht den Fachberater, sondern es hilft den
Mitarbeitern in der Wirtschaft, ihre Probleme besser zu analysieren und die
entsprechenden Experten herauszufordern.

A DECISION SUPPORT SYSTEM FOR PACKAGING LINES IN FOOD INDUSTRY

G.D.H. Claassen, Wageningen

P. van Beek, Wageningen

Abstract: This paper discusses the development and implementation of a pilot Decision Support System for the bottleneck packing facilities of a large dairy company. We propose a decomposition of the (planning and scheduling) problem into two levels: a tactical- and operational level. On the tactical level a feasible (daily) 'master production schedule' of the orderbook is determined. A Mixed Integer Linear Programming model is the basis for drawing up this schedule. On the operational control level the problem falls apart in two (separate) sequencing subproblems, for whose solution some common heuristic approaches have been chosen.

Zusammenfassung: In diesem Vortrag wird die Entwicklung und Implementation eines Pilot Decision Support Systems für die Planung der Verpackungsabteilung eines Molkereibetriebs besprochen. Die Lösung dieser Planungsprobleme wird auf zwei Ebenen vorgenommen: auf der taktischen Ebene und auf der operationalen Ebene. Auf der taktischen Ebene wird täglich ein Produktionsplan des Auftragsbuches bestimmt. Ein gemischt ganzzahliges lineares Optimierungsmodell ist die Grundlage in dieser Phase. Auf der operationalen Ebene werden zwei Reihenfolgeprobleme gelöst. Für die Lösung dieser Problemen sind heuristische Algorithmen entwickelt worden.

1. Introduction

The efficient generation of 'high quality' schedules can be of crucial importance due (especially in agri-business) to the stringent requirements with respect to freshness, extent of assortment and orders, decrease in quality, and other specific requirements of the market. Increasing flexibility of packaging lines should get a high priority in order to meet the due-dates, to gain shorter leadtimes, to maximize the utilisation of resources and to minimize the changeover costs.

This paper describes an approach to a scheduling and planning problem for the bottleneck packing facilities of a large dairy factory and could be formulated as to develop and evaluate a pilot Decision Support System (DSS) in order to generate and present 'high quality' schedules with a reasonable efficiency. The pilot interactive planningsystem should combine the power of the human judgement

Operations Research Proceedings 1991
© Springer-Verlag Berlin Heidelberg 1992

and experience on the one hand with the accuracy of the computer on the other hand.

The cheese production division of the dairy company produces every week about 5 million pounds of cheese. After production and a maturation period between three weeks and two years in a large storage yard, the company offers about 400 hundred different kinds of varieties. In the packaging compartment the potential number of end-products increases extremely to 2500. In order to handle a throughput of five million pounds a week, the department under consideration has the disposal of ten packaging lines. The job arrival process can be classified as a deterministic dynamic shop with a horizon of two weeks. In general the jobs can only be processed on one specific packaging line, however there are also some jobs that can be processed on several lines. Actually, a packaging line is build up by m-machines arranged in series and the processing time of a job depends on the bottleneck operation to be performed. A jobs requires m operations, each operation being performed on a different machine. The flow of work is unidirectional; each job must visit each machine in the prescribed order. It is not possible to interrupt a job's processing on a machine before completion (non-preemptive). So the whole problem can be seen as a generalisation of an open, nonpreemptive, n-job m-machine flow shop problem (Hax,1984).

In order to break down the complexity of the stated problem, several researchers have proposed a decomposition of the problem into control levels. Hax (1984) describes the framework of Robert N. Anthony (1965). He classifies decisions into three categories: strategic planning, tactical planning and operational control. Our research has only focussed on the tactical - and operational control level.

2. Problem analysis

The ultimate goal of the management team of the cheese production division was twofold. At first they want to support the planner, concerned with the planning and scheduling of the packaging lines, by setting up an effective and efficient working-schedule of the orderbook. Subsequently the system should have a supporting task at the order entry level. If the sales manager has the disposal of a thorough overview of the working-schedule of the packaging department, the order-acceptance will be able to anticipate on the remaining capacity.

2.1. Starting points

In practice a scheduler has a restricted knowledge of the process of intermittently arriving jobs. In order to anticipate in an adequate way on the future demand, a packaging plan should not only be based on the jobs in the orderbook. If a reliable estimation of the future demand is taken into account, the system will be forced to level peak-production which is mostly related to some fixed days within the planning horizon. In this connection we presume that a rolling planning horizon of two weeks is long enough to anticipate on a short-term trend in orderbooking. An approximation of the future demand is based on the orderprocess of the last two weeks.

At the packaging department we define **clusters**. Although the jobs within a cluster consist of several unique operations, the outward appearance of the final product can be different. However, there are no or negligible changeover costs within each cluster. Between the various clusters the jobs require different operations, each operation being performed on a different machine. So, when it comes to switching over from one cluster to another on a specific packaging line, the changeover time will be substantial. For example, if the customer wants the cheese to be wraped up in paper the packaging line has to be enlarged by an automatic wrap-up-machine. Within this cluster a switch over to an other kind of paper will force no substantial adjustment of the packaging line.
We distinguish about fifty different clusters; forty of them can be processed on only one, not necessarily the same, packaging line. The remaining clusters can be worked up on several, mostly not identical, lines working in parallel.

2.2. Tactical planning

Our main goal on the tactical planning level is to determine a feasible (daily) 'master packaging schedule' of the orderbook. The main emphasis is to meet the duedates of the individual jobs (Just In Time) and to minimize the changeover time on the packaging lines. Early handling of orders is possible but, regarding the maturation period of the cheese (availability), limited to a small extent. Changeover time reduction is achieved by scheduling the jobs daily to production lots of one or more clusters taking into account the availability and duedates of the individual jobs. This kind of production scheduling problem turns out to have a great similarity with the wellknown "capacitated facility location problem" (Schrage,1975). However, in our case the managerial decisions require the consideration of more than one goal (normally: costs):

- As already stated a part of the jobs can be processed on alternative, not necessarily identical, packaging lines with different processing times. In order to optimize the capacity utilization, the elapsed time between the arrival and completion of the jobs on the shop floor (the mean flow time) has to be minimized.

- Apart from the crews of regular labor, the packaging department has the disposal of a special shift. This shift only works in the evening and is able to process all clusters on any packaging line. Strictly speaking the special shift has nothing to do with overtime; this special shift supplies extra capacity, if necessary, in a flexible manner. Moreover it will be possible to augment the available capacity by overtime of the regular labor. In order to create a smooth working-schedule, the hours of overtime and special shift have to be minimized.

Because the above mentioned decision criteria are incommensurable with each other, we approached the problem as a goal programming model. The hours of overtime as well as the special shift are modelled as deviational variables which are a part of the capacity constraints (slack) and the objective function. By means of weighing coefficients in the objective function we are able to include all the, more or less conflicting, criteria into the model and give them their own priority. Mathematically the problem can be stated as a Mixed Integer Linear Programming model (MILP), in which the index j refers to the individual jobs of the orderbook ($j=\{1..J\}$), l to the packaging lines ($l=\{1..L\}$) and i to the potential clusters I ($i=\{1..I\}$). The index t denotes the specific day within the planninghorizon T ($t=\{1..T\}$).

Let

$WST_{j,t}$ be a weighing coefficient for the starting time t of each job j

$WPT_{j,l}$ be a weighing coefficient for the processing time of each job j on packagingline l

$WFD_{l,t}$ be a weighing coefficient for the forecast demand on day t at each packagingline l

$WSC_{i,t}$ be a weighing coefficient for setting up a cluster i on day t

$WSS_{l,t}$ be a weighing coefficient for the hours of special shift scheduled on packagingline l on day t

$WOT_{l,t}$ be a weighing coefficient for the hours of overtime scheduled on packagingline l on day t

$PT_{j,l}$ be the processing time of job j on packagingline l

$RM_{l,t}$ be the total manhours of regular labor available on packagingline l on day t

$RZS_{l,t}$ be the total manhours of special shift labor available on packagingline l on day t

RZO_l be the total manhours of overtime labor available on packagingline l

JOB_i be the set of all so far collected jobs within the planning horizon, belonging to cluster i

and define the variables

$X_{j,l,t}$ = the fraction of job j to be processed on packagingline l on day t

$$Y_{i,t} = \begin{cases} 1 & \text{if cluster } i \text{ will be setup on day } t \\ 0 & \text{otherwise} \end{cases}$$

$ZS_{l,t}$ = the planned hours of special shift on packagingline l on day t

$ZO_{l,t}$ = the planned hours of overtime on packagingline l on day t

then the model can be stated as:

$$\text{MINIMIZE} \left\{ \sum_{j=1}^{J} \sum_{l=1}^{L} \sum_{t=1}^{T} (WST_{j,t} + WPT_{j,l} + WFD_{l,t}) X_{j,l,t} + \sum_{i=1}^{I} \sum_{t=1}^{T} WSC_{i,t} Y_{i,t} \right.$$

$$\left. + \sum_{l=1}^{L} \sum_{t=1}^{T} WSS_{l,t} ZS_{l,t} + \sum_{l=1}^{L} \sum_{t=1}^{T} WOT_{l,t} ZO_{l,t} \right\} \tag{1}$$

S.T.

$$\sum_{l=1}^{L} \sum_{T=1}^{T} X_{j,l,t} = 1 \qquad\qquad \textit{for all } j \tag{2}$$

$$\sum_{j=1}^{J} PT_{j,l} * X_{j,l,t} - ZS_{l,t} - ZO_{l,t} \leq RM_{l,t} \qquad\qquad \textit{for all } l,t \tag{3}$$

$$\sum_{l=1}^{L} ZS_{l,t} \leq RZS_{l,t} \qquad\qquad \textit{for all } t \tag{4}$$

$$\sum_{t=1}^{\frac{1}{2}T} ZO_{l,t} \leq RZO_l \qquad\qquad \textit{for all } l \tag{5}$$

$$\sum_{t=\frac{1}{2}T}^{T} ZO_{l,t} \leq RZO_l \qquad\qquad \textit{for all } l$$

$$ZO_{l,t} + ZS_{l,t} \leq RM_{l,t} \qquad\qquad \textit{for all } l,t \tag{6}$$

$$\sum_{l=1}^{L} X_{j,l,t} - Y_{i,t} \leq 0 \qquad\qquad \textit{for all } i,t \tag{7}$$

$$\textit{for all } j \in JOB_i$$

$$JOB_i \subset JOB := \{ 1,2,..J \}$$

$$Y_{i,t} \in \{0,1\} \qquad \text{for all } i,t \qquad (8)$$

$$X_{j,l,t} \geq 0 \qquad \text{for all } j,l \qquad (9)$$
$$AV_j \leq t \leq DD_j$$

$$ZO_{l,t} \, , \, ZS_{l,t} \geq 0 \qquad \text{for all } l,t$$

Equation (2) ensures that all the jobs are processed within the planning horizon T. Constraints (3) constitute the capacity constraints. They stipulate that a nine-hours working-day can be augmented by the available special shift ($ZS_{l,t}$) or by overtime of the regular labor ($ZO_{l,t}$). The constraints (4) provide a daily maximum on the total manhours of special shift labor, while the constraints in (5) restrict the total manhours of overtime to a weekly, legal limit. In addition, the combined manhours of overtime - and special shift labor are also restricted by constraint (6). The constraints in (7) imply that a job j can only be processed on day t if a cluster i (with $j \in JOB_i$) will be setup that particular day. Moreover these VUB (Variable Upper Bounds) constraints enrich the modelformulation in such a way that the LP-solution of the problem tends to give answers which are mostly integer in the Y_i's (Schrage,1975; van Roy,1984; Cornuejols,1991). The constraints in (8) and (9) provide some additional bounds on the variables ($X_{j,l,t}$), ($Y_{i,t}$), ($ZS_{l,t}$) and ($ZO_{l,t}$).

2.3. Operational control

The tactical planning is concerned with the clustering of the jobs into batches and allocate them to a particular packaging line within a feasible timetable. In this way the stated problem can be reduced substantially. Actually the remaining problem can be partitioned into two sub-problems. In both cases the problem is litterally the same as sequencing, however the measures of performance are fairly different. On the one hand the processing sequence of the clusters on each packaging line has to be determined. This problem, with sequence-dependent setup times, can be interpreted as the well-known 'asymmetric traveling salesman problem' for whose solution a heuristic approach has been chosen based on a savingsalgorithm.

On the other hand the sequence in which the individual jobs within a cluster are processed, has to be determined. This sequence depends on several (logical) rules. The enclosed planning criteria in descending order of importance are:

- In order to minimize the remaining lots in the storage yard, the quantity of the various cheese products ought to be in accordance with the fixed batches in the warehouse; at least as much as possible. For this purpose the orders within a batch are clustered in accordance with production code and article number. Together, these distinguishing marks make up an indication about the cheese product and packaging specification, ordered by the customer.

- By clustering the jobs to customer-name, it is possible to avoid a large, intermediate inventory level on the expedition department.

- As the administrative realization of the orders (invoicing) can not start previous to the completion of the packaging process, the invoice clerks are served most by clustering the jobs to increasing extent. This working method prevents an excessive supply of orders on the invoice department at the end of the day.

3. Results

This section describes the judgement of the planners after the pilot interactive planningsystem has been implemented and evaluated in a real world environment. For about two months the planning model has been run several times a day. Its major benefit is the generation of packaging line schedules in a more effective and efficient way. The quality of the final schedule turned out to be at least equal or even better than the solutions sought by hand. The gain of efficiency enables the planner to 'optimize' his own performance with respect to his mission in the remaining time.

Without the DSS the planner can take just a few hours in order to finish the daily planning and scheduling problem at the agreed time. Occasionally he has to start the scheduling process even before all the jobs for the next day are booked. This working method implies that the remaining jobs, partly with a duedate of only one day ahead in the planning period, will never fit optimally into the completed schedule. Moreover coping with rush orders is an extremely difficult task.

With the help of the interactive planningsystem a planner is able to generate schedules at any time and within a reasonable amount of time. So he can postpone the start of his scheduling task at least until all the orders with a duedate of the next day are booked. The system has also showed to be very useful in generating alternatives or revised plans when unforeseen disturbances occur; for example a breakdown of a packaging line or a sudden change in demand (rush-orders).

Because the planner posesses always more information than the system, we have created the opportunity to review the generated schedule. In this connection the gain of time during the scheduling process, due to the improvement in efficiency, is of great value. With the help of a menu-driven, User-Interface (UI) the planner is able to manipulate the parameters of the calculating modules in such a way that the solution will be tuned to the actual and future situation on the packaging department. In most cases the generated schedules have proven to be a good starting point and they are at least equal or even better than an average plan set up by hand in the present situation. An additional advantage of the various utilities of the user friendly and fully interactive UI is the possibility to employ the human judgement and experience optimally, in order to improve the generated timetable.

The (daily) graphical presentation of the complete orderbook and the proposed final working-schedule to the salesmanager at the order entry level, has proven to be very valuable. It enables the order-acceptance to anticipate on the remaining capacity. As a result the interactive planningsystem has allowed for a better and smoother working-schedule for the packaging department.

4.   Literature

Cornuejols, G.; Sridharan, R.; Thizy, J.M.
A comparison of heuristics and relaxations for the capacitated plant location problem.
European Journal of Operational Research 50, 280-297 (1991)

Hax, A.C.; Candea, D.
Production and inventory management.
Prentice-Hall Inc., (1984)

Roy, T.J. van
A cross decomposition algorithm for capacitated facility location.
Operations Research Society of America 34, No.1, 145-163 (1984)

Schrage, L.
Implicit representation of variable upper bounds in linear programming.
Mathematical Programming Study 4, 118-132 (1975)

Wassenhove, L.N. van; Vanderhenst, P.
Planning production in a bottleneck department.
European Journal of Operational Research 12, 127-137 (1983)

Management von Expertensystem-Entwicklungsprojekten

Leonhard von Dobschütz
Institut für Europäische Wirtschaftsstudien
Europäisches Studienprogramm für Betriebswirtschaft
Pestalozzistr. 73
7410 Reutlingen

In der Fachliteratur wurden bisher vor allem verfahrenstechnische und anwendungsbezogene Aspekte von Expertensystemen (XPS) behandelt. Wenig bekannt ist jedoch, was die Durchführung eines XPS-Entwicklungsprojektes konkret für ein Unternehmen bedeutet. Die Fragen, die es dabei zu beantworten gilt, sind z.B.:

- Mit welchem Aufwand ist zu rechnen ?
- Wie groß soll das Entwicklungsteam sein und wie zusammengesetzt ?
- Welche Organisationsform soll gewählt werden ?
- Wie wird i.b. das Management beansprucht ?

Nachdem sich inzwischen mehr als 100 Expertensysteme im betrieblichen Einsatz befinden, lassen sich die mit der Projektentwicklung gemachten Erfahrungen auswerten und anderen Unternehmen zugänglich machen. Zu diesem Zweck wurden 27 XPS-Entwicklungsprojekte analysiert. Dabei wurden vornehmlich zwei Ziele verfolgt:

1. Entwicklung eines Klassifizierungsansatzes (geringe/hohe Komplexität des Wissens und der Technologie) für Expertensysteme, der sich besonders für die Analyse unterschiedlicher Managementaspekte von XPS-Entwicklungsprojekten eignet.

2. Prüfen einzelner Hypothesen über Charakteristika von Expertensystemen in den Komplexitätsklassen, um Managern und Projektleitern Anhaltspunkte für die Planung, Organisation und Durchführung von XPS-Projekten zu geben.

Die Ergebnisse der Untersuchung lassen sich wie folgt zusammenfassen:

- Der gewählte Klassifizierungsansatz erweist sich als brauchbar, um Anhaltspunkte über o.g. Managementaspekte größerer XPS-Entwicklungsprojekte zu gewinnen.

- Es zeigt sich, daß das Management der Wissenskomplexität eine größere Hebelwirkung auf den Ressourcenverbrauch (Kapazität, Zeit, Kosten) ausübt als das der Technologiekomplexität; daß mit zunehmender Technologiekomplexität verstärkt knappe Spezialkenntnisse und Spezialfähigkeiten zum Einsatz kommen, wodurch zugleich die Ansprüche an das Projektmanagement steigen.

Aus diesen und weiteren Beobachtungen lassen sich Empfehlungen für das Projektmanagement von XPS-Projekten ableiten.

METHODEN DER PLANUNGSUNTERSTÜTZUNG IN DER PRODUKTIONSPLANUNG

- Dargestellt am Beispiel der Deutschen Lufthansa AG -

Rolf Franken,Köln   Leena Suhl, Berlin

Zusammenfassung: In diesem Vortrag sollen Möglichkeiten für den Einsatz von programmierbaren Planungsmethoden bei der Kapazitäts- und Flugplanung einer Linienfluggesellschaft aufgezeigt und diskutiert werden. Die praktischen Erfahrungen resultieren aus den Entwicklungsarbeiten an einer "Flight-Scheduling-Workbench" für die Deutsche Lufthansa AG. Bei der Entwicklung wird parallel von zwei unterschiedlichen Perspektiven an dem Problem gearbeitet. Einerseits wird das Ziel einer Automatisierung der Planung über Heuristiken bzw. über exakte Optimierungsverfahren verfolgt. Andererseits wird aufbauend auf den "manuellen" Operationen der Planer an einer Planungsunterstützung in Richtung eines KI-Planungsverfahrens gearbeitet. Die Flight-Scheduling-Workbench soll beide Ansätze vereinen und dem Planer als Instrumentenkasten zur Verfügung stehen.

Abstract: In this talk we discuss the use of decision support methods for capacity planning and flight scheduling in commercial airlines. We consider methods which can be used in a "Flight-Scheduling-Workbench" currently being developed at Lufthansa German Airlines. We follow two approaches: On one hand we develop heuristic and optimal algorithms to solve the mathematical optimization problem. On the other hand, we build an AI based system covering planning operations that the human flight schedulers are actually using. The Flight-Scheduling-Workbench will combine both approaches and provide a toolbox for flight schedulers to facilitate their work in a very complex planning environment.

1. Problemstellung der Kapazitäts- und Flugplanung

Das Produkt einer Linienfluggesellschaft - der Flug - ist ein Versprechen,

- innerhalb eines Kalenderzeitraumes (Flugplanperiode)
- an bestimmten Wochentagen (Verkehrstage)
- zu gegebenen Zeiten (Departure- und Arrival-Zeiten)
- auf einer bestimmten Strecke
- mit einer zu erwartenden Kapazität (Flugzeugmuster)

eine Transportleistung durchzuführen.

Für Produkte dieser Art werden von den Produktmanagern der Airline Produktideen entwickelt, die in allen Attributen mehr oder weniger genau spezifiziert sein können. Statt Wochentagen werden z.B. nur Wochenfrequenzen angegeben, statt Zeiten grobe Intervalle oder gar nichts. Die Kapazitätsschätzung ist nur ein Richtwert und kann nach oben oder unten verändert werden.

Die Aufgabe der Kapazitäts- und Flugplanung ist es, aus diesen Wünschen einen realisierbaren Flugplan aufzustellen, d.h. für eine zu bestimmende Flotte (Flugzeugmusterzusammensetz-

Operations Research Proceedings 1991
© Springer-Verlag Berlin Heidelberg 1992

ung) einen konsistenten Arbeitsplan (Rotationsplan = Zuordnung von voll definierten Flügen zu den vorhandenen Flugzeugen) zu erstellen, der alle Wünsche abdeckt. Dabei sind vielfältige Realisierungsrestriktionen einzuhalten (Verfügbarkeit von Crews, Wartungs- und Abfertigungskapazitäten; Start- und Landeerlaubnisse auf den Flughäfen (Slots) usw.). Zielsetzung ist die Wirtschaftlichkeit des Planes, die zunächst einmal durch das Subziel der Flottenminimierung repräsentiert wird.

Output der Kapazitäts- und Flugplanung ist also die Festlegung der Flotte und damit der notwendigen Flugzeugeinkäufe, der Flugplan und der Rotationsplan als Grundlage für die nachgelagerten Planungsstufen der Kapazitätseinsatzplanung (Crewplanung, Flugzeugeinsatz- und Wartungsplanung, Abfertigungsplanung an den Stationen).

Die Bedürfnisse der nachgelagerten Planungs- und Steuerungseinheiten werden z.T. durch bewußt eingeplante Puffer berücksichtigt oder in einem interaktiven Koordinationsprozeß angeglichen.

2. Algorithmische Ansätze zur Lösung des Kapazitäts- und Flugplanungsproblems

In diesem Abschnitt werden Methoden diskutiert, die von einer vordefinierten Menge von Inputdaten mit einer schrittweise wohldefinierten Algorithmus eine Lösung generieren. Ein Algorithmus kann für die Kapazitäts- und Flugplanung entweder ein exaktes Optimierungsverfahren oder eine heuristische Methode repräsentieren.

2.1 Problembeschreibung

Bei der Deutschen Lufthansa werden die Produktideen von einzelnen Produktmanagern zu einem Sollprogramm zusammengefügt. Die Angaben werden z.B. in folgender Form gegeben:

- Flug LH 414 FRA YMX PHL
    Abflug montags, mittwochs ung freitags
    zwischen 10 und 12 Uhr
    mit einer DC10

- Flug LH 6203 TXL FRA
    Abflug täglich 7.00
    mit einem Airbus A300-600

- Flug LH 736 FRA HKG
    Abflug mittwochs und sonntags
    egal welche Uhrzeit
    mit einer Boeing 747-400

Zu jeder Flugstrecke ist eine zu erwartende Blockzeit (Flugzeit plus Rollen am Flughafen) für jedes in Frage kommende Flugzeugmuster gegeben. An jedem Flughafen gibt es eine musterabhängige minimale Bodenzeit (Abfertigungszeit).

Aus den Flugwünschen ergibt sich ein Sollprogramm für jedes Muster (z.B. DC10, Boeing 737). Bei der Flug- und Kapazitätsplanung werden die Wünsche für ein Muster zu Rotationen von einzelnen Flugzeugen zusammengesetzt. Die Rotationen sollen so generiert werden, daß die Flottengröße möglichst minimal ist.

Wir betrachten das wöchentliche Problem: die Rotationen werden für eine Woche generiert. Wir gehen davon aus, daß die Sollprogramme für einzelne Flotten balansiert sind, d.h. an jedem Flughafen ist die Anzahl der ankommenden Flüge gleich der Anzahl der abfliegenden Flüge. Eine zusätzliche Bedingung für Flüge mit Zeitfenstern ist: Die Flüge mit einer Flugnummer an verschiedenen Wochentagen müssen an diesen Tagen zum selben Zeitpunkt abfliegen.

2.2 Lösung als Optimierungsproblem

Die Flüge innerhalb einer Woche können als Knoten in einem Netzwerk interpretiert werden. Es existiert eine gerichtete Verbindung zwischen zwei Flügen, wenn der zweite als ein Nachfolger des ersten Fluges durchgeführt werden kann; d. h. der Ankunftsort des ersten Flüges ist gleich dem Abflugort des zweiten Fluges und der zweite Flug folgt zeitlich nach dem ersten. Andernfalls existiert keine Verbindung zwischen zwei Knoten.

Das Ziel ist es, alle Flüge mit möglichst wenigen Flugzeugen durchzuführen so, daß die gegebenen zeitlichen Bedingungen (Zeitfenster, Flugnummer-Bedingungen, Blockzeiten und Bodenzeiten) eingehalten werden. Dieses Problem kann als ein nichtlineares Netzwerk-Optimierungsproblem mit Zeitfenstern und zusätzlichen Bedingungen formuliert werden: Es wird ein Knoten (Quelle) hinzufügt, aus dem neue Flugzeuge in Einsatz genommen werden. Für jedes neue Flugzeug werden hohe Kosten angesetzt, damit die Anzahl der Flugzeuge minimiert wird. In dem Fall von n Flügen ist eine mathematische Formulierung

$$\text{Min} \sum_{i,j} c_{ij} x_{ij} \tag{2-1}$$

$$\sum_{k} x_{kj} = \sum_{k} x_{jk} = 1 \qquad \forall j = 1, ..., n \tag{2-2}$$

$$a_i \leq T_i \leq b_i \qquad \forall i = 1, ..., n \tag{2-3}$$

$$x_{ij} \cdot (T_j - T_i - t_i) \geq 0 \qquad \forall (i,j) \tag{2-4}$$

$$x_{ij} \in \{0,1\} \qquad \forall (i,j) \tag{2-5}$$

$$T_j - T_i = d_{ij} \qquad \text{für } (i,j) \in I \tag{2-6}$$

wo $x_{ij} = 1$ eine Vorgänger-Nachfolger-Relation mit demselben Flugzeug bedeutet, c_{ij} ist der Kostenfaktor zwischen i und j, T_i die Anfangszeit vom Flug i (kontinuierliche Entscheidungsvariable), t_i Summe der Blockzeit und der minimalen Bodenzeit vom Flug i, $[a_i, b_i]$ der zulässige Abflugs-Zeitintervall des Fluges i. Die Bedingungen (2-2) stellen zum einen die Bilanzgleichungen dar; zum anderen wird erreicht, daß jeder Flug exakt einmal durchgeführt wird. Zeile (2-3) definiert die Zeitfenster für alle Flüge, und (2-4) garantiert, daß ein Nachfolger-Flug erst dann startet, wenn der Vorgänger die minimale Bodenzeit gestanden hat. Die Gleichungen (2-6) sind eine Formulierung für die Flugnummer-Bedingungen. Die Menge I bezeichnet hier die Flugpaare (i,j), für die ein fester Abflugzeit-Differenz d_{ij} definiert ist.

Das Problem (2-1) - (2-6) hat die Form eines m-Traveling-Salesman-Problems mit Zeitfenstern und Nebenbedingungen. Ein ähnliches Problem ohne die Flugnummerbedingungen (2-6) ist als ein Set Partitioning Problem mit Column Generation gelöst worden /1/. Die Bedingungen (2-6) machen diese Methode in der Form für uns unbrauchbar. Es wäre denkbar, Column Generation so zu modifizieren, daß auch (2-6) berücksichtigt werden kann. Bei der Lufthansa ist dieser Ansatz nicht verfolgt, weil das Problem sehr komplex ist. Dagegen sind effiziente Heuristiken entwickelt worden, die künftig in Flight-Scheduling-Workbench eingesetzt werden.

2.3 Lösung mit heuristischen Methoden

Wenn keine Zeitfenster gegeben sind, d. h. alle Flüge sollen zu festgegebenen Zeitpunkten abfliegen, ist die optimale Flottengröße leicht in einem Durchgang zu bestimmen. Weil für viele Flüge alternative Flugzeuge in Frage kommen, werden je nach Methode (last-in-first-out, first-in-first-out, usw.) unterschiedliche Rotationen generiert, die alle die optimale Flottengröße aufweisen.

Wenn Zeitfenster und Nebenbedingungen gegeben sind, ist die flottenminimale Lösung nicht einfach zu bestimmen. In unserem Projekt wurde ein neuer heuristischer Algorithmus zur flugbezogenen Zuordnung entwickelt, der folgende Merkmale aufweist:

- die Abflugzeiten sind entweder fest, liegen in einem Zeitintervall oder sind frei innerhalb eines Tages

- Toleranzen in Block- und Bodenzeiten sind erlaubt - von den Plandaten wird nur abgewichen, wenn dies zu einer besseren Lösung führt

- die Flüge mit derselben Flugnummer werden zum selben Abflugzeitpunkt fixiert

- wenn gewünscht, werden mehrere Flugzeugmuster als austauschbar behandelt

- standardmäßig wird in Deutschland der LIFO- und im Ausland der FIFO-Algorithmus benutzt - größere Lücken in Deutschland sind günstig, weil man da eventuell ein Hin- und Rückflug hineinschieben kann

- die Flüge werden sortiert nach der erstmöglichen Abflugzeit zu den einzelnen Flugzeugen zugeordnet.

Dem Benutzer wird die Möglichkeit gegeben, Eingabedaten gezielt zu ändern und what-if-Analysen durch mehrere Durchläufe des Algorithmus zu machen. Eine der interessantesten Ergebnisse für Flugplaner sind "Lücken" in einzelnen Rotationen, d.h. Zeiten wo ein Flugzeug längere Zeit ohne einen Auftrag steht - dort wird Kapazität verschenkt. Ein zweites Ergebnis sind Engpässe in den Rotationen: Situationen, wo eine kleine Änderung der Eingabedaten zu einer höheren Auslastung führt. Solche kritischen Punkte des erzeugten Flugplanes werden automatisch für den Benutzer zur weiteren Verarbeitung aufbereitet.

3. Intelligente Unterstützung der manuellen Planung

3.1 These: Der Algorithmus ist nur die zweitbeste Lösung

Die Argumente gegen eine algorithmische Lösung des Kapazitäts- und Flugplanungsproblems basieren auf zwei Grundlagen:

1. Bei aller Mächtigkeit heutiger OR-Verfahren ist die algorithmische Lösbarkeit eines hinreichend vollständig formalisierten Optimierungsproblems nicht absehbar. Ganz abgesehen davon ist eine solche Formalisierung bis heute nicht durchgeführt worden. Viele Restriktionen entziehen sich aufgrund ihrer Variabilität einer sinnvollen Formalisierung.

2. Die Freiheitsgrade in der Formalisierung sind so groß, daß der Planer immer durch teilweises Außerkraftsetzen von Regeln und Parametern in der Problemformalisierung das Problem soweit verändern kann, daß seine "neue" Lösung besser ist als das vorher algorithmisch bestimmte Optimum. (Wer die Spielregeln eines Spieles in dessen Verlauf bestimmen kann wird immer gewinnen.)
Der Grund für diese Möglichkeiten liegt in der Natur der in das Problem eingehenden Plandaten und Restriktionen:

- Flugzeiten, Bodenzeiten (für Abfertigung), Wartungszeiten usw. sind selbst Plandaten, die auf statistisch ermittelten und mit den Betroffenen abgestimmten Standards bzgl. Arbeitszeit, Fluggeschwindigkeit usw. basieren. Durch eine Vereinbarung schneller zu fliegen oder zu arbeiten können diese Größen partiell verändert (verlängert oder verkürzt) werden. Dabei ist jedoch das Expertenwissen über den individuellen Fall notwendig bzw. es muß eine kommunikative Abstimmung mit den Betroffenen geben.

- Die Flüge sowie Bodenereignisse (z.B. Wartung) lassen sich in einem gewissen Rahmen zeitlich verschieben ohne signifikante Einschränkung ihres Zielbeitrages. Notwendig ist dazu eine Abstimmung mit den betroffenen Planungseinheiten (Produktmanagement, Technik).

- Slots lassen sich z.B. durch Tauschgeschäfte mit anderen Airlines bekommen, auch wenn die Flughafenkapazität erschöpft ist. Usw.

3.2 Die "manuellen" Operationen als Basis für eine Planungsunterstützung

Die Alternative zur algorithmischen Lösung ist ein Ansatz, der von den bisherigen "manuellen" Verfahren der Planer ausgeht mit dem Ziel die Planer bei ihrer Arbeit "intelligent" zu unterstützen.

Die manuellen Verfahren der Planer haben eine inkrementelle Grundstruktur. Die Wünsche des Produktmanagements für einen neuen Flugplan werden mit einem Basisplan verglichen und aus den Abweichungen einzelne Planungsaufgaben in Form von Neueinfügungen, Streichungen und Änderungen von Flügen generiert. Diese Aufgaben werden einzeln durch Einarbeiten in den bisherigen Flugplan oder Aufstellen neuer Rotationen (damit verbunden Beschaffung neuer Flugzeuge) abgearbeitet. Die Bearbeitungsstrategien der einzelnen Planer können dabei sehr unterschiedlich sein.

Bei allen Unterschieden in der individuellen Strategiebildung weisen die manuellen Verfahren der Planer jedoch wichtige Gemeinsamkeiten auf:

1. Die Denkweise aller Planer orientiert sich an einer geringen Zahl von "Bildern", die ähnlich zu den bisherigen EDV-Listenoutputs sind oder als eine Art Gantt-Diagramm per Hand gemalt werden.

2. Die Operationen zur Manipulation eines Planes sind prinzipiell identisch. Da sie jedoch z.T. mit Eingriffen in die Problemstruktur (Veränderung von Ausgangsdaten, Restriktionen usw.) verbunden sind, ist ihr Einsatz von der individuellen Sicht des Planers über den damit zu erzielenden Lösungsfortschritt abhängig.

Zu den manuellen Operationen in einem Rotationsplan gehören:

- Einfügen oder Löschen eines Fluges oder einer Rotation,

- (zeitliches) Verschieben eines Fluges oder Bodenereignisses,

- Umsetzen eines Fluges oder der Teilstrecke (Leg) eines Fluges in eine andere Rotation, evtl. sogar in eine Rotation eines anderen Flugzeugmusters (größeres oder kleineres Flugzeug), Vertauschen von zwei Flügen in verschiedenen Rotationen,

- Verändern der Blockzeiten (Flug- + Rollzeit) eines Fluges oder der Standardbodenzeit an einem Airport,

- Vertauschen von Rotationsverweisen (Auseinanderschneiden der Flugketten an einem bestimmten Ort zu einer bestimmten Zeit und Vertauschen der Folgeketten).

Bei der Ausführung einzelner Operationen können durchaus inkonsistente Zwischenstände in einem Plan entstehen. Beurteilt wird immer nur der Endzustand des Gesamtplanes nach Abschluß eines frei definierbaren Änderungskomplexes.

Der größte Teil der Bearbeitungsziele bei der Planung läßt sich auf das Schaffen von freier Kapazität in einer Rotation eines Flugzeugmusters reduzieren. Diese freie Kapazität kann dann genutzt werden, um die gewünschte Planänderung (Einfügen eines neuen Fluges, Ändern eines bestehenden Fluges) durchzuführen.

Der Einsatz von einzelnen Operationen bzw. Operationenketten und die Beurteilung ihrer Ergebnisse ist stark geprägt von dem Wissen und der Erfahrung der Planer. Dies gilt -bei gegebenem Ziel - sowohl für das Entdecken von Ansatzpunkten zur Durchführung einer der Operationen wie auch für die Auswahl alternativ möglicher Operationen.

3.3 Ansätze für eine Planungsunterstützung

Die Grundlage für die Unterstützung der Planung ist die Implementierung der Sichtweisen der Planer - ihrer mentalen Bilder - und ihrer Operationen in Form einer interaktiven graphischen Benutzeroberfläche, die dem Planer ermöglicht alle seine bisher mit Buntstiften auf dem Papier durchgeführten Planmanipulationen am Bildschirm durchzuführen. /2/ Damit behält der Planer die gleiche Aufgabe und Bearbeitungsstrategie wie bisher und muß sich "nur" an ein neues Arbeitsmedium gewöhnen.

Ausgehend von der "dummen" Repräsentation der manuellen Operationen lassen sich schrittweise Hilfen für den Planer aufbauen, die es ihm ermöglichen, seine Bearbeitungsstrategie effizienter zu gestalten ohne die Kontrolle über die Operationen zu verlieren. Sein individuelles Wissen über die Möglichkeiten von Eingriffen in die Problemstruktur und seine Bewertung von Zwischenzuständen bleiben dabei erhalten.

Der erste Schritt zur intelligenten Planungsunterstützung ist das Anbieten von Suchfunktionen nach Ansatzpunkten für die einzelnen Operationen bei einem gegebenen Ziel sowie von Analysen über die möglichen Zielbeiträge, die einzelne Operationenklassen leisten können. Die einzelnen Operationenklassen ergeben sich danach, wie stark bzw. von welcher Art ihr Eingriff in die ursprüngliche Problemstruktur ist.

Einige der Operationen bzw. Operationenklassen können durch mehrfache Anwendung auf die rekursiv entstehenden Planzustände verschiedene Zielbeiträge für die Erreichung des Gesamtzieles leisten. Diese Zielbeiträge (z.B. Teilintervallketten innerhalb eines Zeitintervalles für welches freie Kapazität benötigt wird) lassen sich nur partiell ordnen. Über Planungsprozesse im Sinne eines KI-Planungsverfahrens lassen sich unterschiedliche Teilergebnisse generieren, die dem Planer einzeln zur Bewertung vorgelegt werden können. Er kann sich unter den Vorschlägen den aussuchen, der nach seinen Beurteilungsmaßstäben am günstigsten ist.

Endziel der Entwicklung eines intelligenten Unterstützungssystems ist die Integration von Maßstäben und Regeln für die Beurteilung der Zielbeiträge und die "Zulässigkeit" bestimmter Operationen als Basis für die Kontrollstruktur eines umfassenden KI-Planungsprozesses für die Lösung eines inkrementellen Planungsproblems. Die eingehenden Regeln und Parameterwerte müssen dabei von den Planern editierbar sein. Das System soll dann komplette Vorschläge für die Lösung machen. Die Entscheidung über die definitive Umsetzung einer Lösung soll weiter bei dem Planer bleiben.

4. Das Konzept der Flight-Scheduling-Workbench

Der Ansatz, den manuellen Planungsansatz durch ein KI-Planungssystem zu unterstützen, ist auch nicht unumstritten. Die Kritik gegen diesen Ansatz basiert auf zwei Grundlagen:

1. Wenn nur inkrementell geplant wird, ist es nie möglich nachzuweisen, daß die entwickelte Lösung auch wirklich hinreichend gut ist und nicht durch einen noch so schlechten Algorithmus eine wesentlich bessere Lösung gefunden werden kann.

2. Durch die "willkürlichen" Eingriffe in die Problemstruktur werden Flugplanzustände geschaffen, die für weitere inkrementelle Änderungen zu inflexibel sind (keine Puffer mehr) außerdem können diese Eingriffe zu Problemen bei weiteren Planungsstufen bzw. der Realisierung führen.

Die zweite Argumentation basiert primär auf der fehlenden Nachvollziehbarkeit der Beurteilungskriterien bei Struktureingriffen und dem Zielkonflikt zwischen Kapazitätsauslastung und der höheren Realisationsflexibilität aufgrund von Puffern.

Betrachtet man den gesamten organisatorischen Aufgabenkomplex der Kapazitäts- und Flugplanung, so zeigt sich außerdem eine Vielzahl von Problemstellungen, wo eine grobe automatische Planung unter Vernachlässigung vieler Restriktionen wesentlich bessere Ergebnisse liefern kann als die bisher manuell durchgeführten Verfahren. Dazu gehören:

• Die Kapazitätsplanung, bei der aufgrund der Produktionswünsche eine schnelle Abschätzung der notwendigen Flugzeugflotte erfolgen muß. Dabei reicht die Zeit für die Erstellung eines geprüften Flugplanes i.a. nicht aus.

• Für viele Konzepte und Ideen wäre es sinnvoll, über die Möglichkeit schneller "What-if-Analysen" zu verfügen, z.B. bei der Einrichtung neuer "Zentralflughäfen" (hubs).

Über die planerischen Tätigkeiten hinaus muß der Flugplaner eine große Zahl von Analysen und Bewertungen von Flugplänen durchführen, die als klassische EDV-Aufgaben zu bezeichnen sind. [s. /2/ S.257]

Aus allen Gründen zusammen ist bei der Deutschen Lufthansa AG die Entscheidung gefallen, kein starres Planungssystem zu schaffen, sondern eine "Flight-Scheduling-Workbench", die unter einer einheitlichen Benutzeroberfläche eine Vielzahl von Instrumenten für die Planungsunterstützung zur Verfügung stellt und deren Einsatz dem Flugplanungsexperten überläßt.

Die Flight-Scheduling-Workbench ist also ein Planungsunterstützungssystem, welches dem Planer Daten (Pläne, Informationen über Airports, Aircraft und Strecken), Methoden (automatische Planungsverfahren, Analysefunktionen, intelligente Hilfen für eine interaktive manuelle Planung am Bildschirm), Kommunikationshilfen (Mail, Anschluß an andere DV-Systeme) und eine organisatorischen Rahmen für die multipersonelle Planung zur Verfügung stellt. Die Benutzung erfolgt über eine komfortable Benutzeroberfläche, deren Informationsdarstellung sich an den mentalen Bildern der Planer orientiert und vielfältige Hilfen und Erklärungen liefert. Dieser Aufwand ist wichtig um den Computer zu einem akzeptablen Kommunikationspartner des Planers zu machen.

Literatur

/1/   Desrosiers, Jaques; Soumis, Francois; Desrochers, Martin
      Routing with Time Windows by Column Generation.
      Networks 14, 545-565 (1984)

/2/   Franken, Rolf
      Objektorientierte Gestaltung von Planungsunterstützungssystemen für die Produktionsplanung.
      Wirtschaftsinformatik 32, 253-262 (1990)

Entscheidungsunterstützendes System für die Verfahrensauswahl von Luftreinhaltetechniken

Dieter Hackenberg, Karlsruhe
Roland Hillenbrand, Karlsruhe
Otto Rentz, Karlsruhe

Abstract: A decision support system for a selected area of emission control technologies (dedusting, desulphurization, denitrification) in the frame of the TA Luft has been developed and implemented on a personal computer within an expert system shell.
The analysis of the decision process and the relevant techno-economic field is documented and first results of the resulting deterministic, static decision model within an expert system are shown.

Zusammenfassung: Für einen ausgewählten Bereich von Emissionsminderungstechniken zur Luftreinhaltung (Entstaubung, Entschwefelung, Stickoxidminderung im Bereich der TA Luft) wurde ein entscheidungsunterstützendes System für die Verfahrensauswahl geeigneter Luftreinhaltetechniken entwickelt, welches auf einem Personal Computer mittels eines Expertensystem-Shells implementiert wurde.
Nach Analyse des betrachteten Entscheidungsprozesses potentieller Betreiber sowie des entsprechenden technisch-ökonomischen Umfeldes wurde das Konzept für die zu verarbeitenden Entscheidungsregeln entwickelt. Hierfür wurde ein deterministisches und statisches Entscheidungsmodell ausgewählt. Mittels dieses Modellansatzes wird es möglich, rechtliche, technische und ökonomische Einflußfaktoren in geeigneter Weise im Modell zu berücksichtigen.

1   Einführung

Die Hilfsmöglichkeiten durch den Einsatz von entscheidungsunterstützenden Systemen im Bereich des Umweltschutzes bei der Verminderung und Vermeidung von schädlichen Emissionen technischer Anlagen werden immer mehr erkannt. Mittels moderner Datenverarbeitungs- und Kommunikationstechniken können zukünftig Wissenslücken und Informationsdefizite bei der Auswahl von Handlungsalternativen überbrückt werden und einen effektiven präventiven Umweltschutz ermöglichen. Die vorgestellten Forschungsergebnisse basieren auf den Projekten "Informationssystem für Umwelttechnologien - Umwelttechnologie-Datenbank" /1/ und "Entwicklung eines entscheidungsunterstützendes Systems für Emissionsvermeidungs- und Emissionsminderungstechniken" /2/, die vom Projekt "Europäisches Forschungszentrum für Maßnahmen zur Luftreinhaltung" am Kernforschungszentrum Karlsruhe getragen werden. Ergebnis des ersten Projektes ist ein datenbankbasiertes Informationssystem für Emissionsminderungstechniken (TEMITEC). Projektbegleitend konstituierte sich der Arbeitskreis "Datenbank Rauchgasreinigung (DABARA)", der aus Vertretern der Industrie, Behörden, Ingenieurbüros und Ministerien unter der Federführung des Ministeriums für Umwelt des Landes Baden-Württemberg besteht.

Operations Research Proceedings 1991
© Springer-Verlag Berlin Heidelberg 1992

2   Analyse des Entscheidungsproblems

Im Rahmen dieser Arbeit werden exemplarisch Luftreinhaltemaßnahmen zur Entstaubung, Entschwefelung und Stickoxidminderung von Feuerungsanlagen im Geltungsbereich der TA Luft (1-50 MW_{th}) betrachtet. Ferner wird auf den Entscheidungsprozeß potentieller Betreiber von Emissionsminderungsanlagen eingegangen.

Im Laufe des realen Entscheidungsprozesses bei der Verfahrensauswahl von Emissionsminderungsmaßnahmen werden mehrere Phasen durchschritten, die prinzipiell einem Top-Down-Ansatz entsprechen, d.h. daß man vom Allgemeinen immer mehr ins Spezielle dringt, wobei prinzipiell immer Rücksprünge zum Anfang des Entscheidungsprozesses möglich sind (z.B. Änderung der Ausgangslage, zusätzliche Konfigurationen).[1]

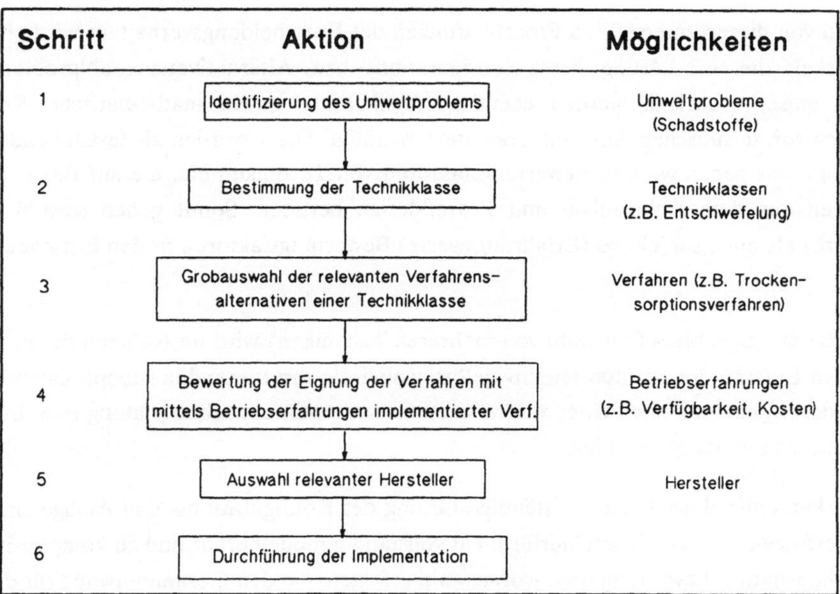

<u>Abbildung 1:</u>   Entscheidungsprozess zur Implementation eines Emissionsminderungsverfahrens

Zu Beginn steht die Identifizierung bzw. Analyse des Umweltproblems, worin die zu ergreifenden Umweltschutzmaßnahmen von behördlicher bzw. betrieblicher Seite definiert werden. Somit wird die für diesen Anwendungsfall notwendige Emissionsminderungstechnikklasse (z.B. Entschwefelung, Stickoxidminderung) festgelegt. Es ist durchaus möglich, die einzelnen Klassen zu kombinieren.

---

[1] In Aggteleky /3/ werden die Phase 3 - 6 in Vorarbeiten, Projektstudie und Ausführungsplanung unterschieden, welche sich mit dem methodischen Vorgehen in dieser Arbeit inhaltlich deckt.

Nach Auswahl der Technikklasse besteht zunächst ein Informationsbedarf an allgemeinen Technikcharakterisierungen, d.h. Einsatzbereichen und Technikbeschreibungen, um im Rahmen einer Vorauswahl die Menge der Alternativen zu verkleinern und einen ersten Überblick zu erhalten.

Im weiteren Verlauf nimmt die technisch-ökonomische Eindringtiefe des Informationsbedarfes zu, da konkret für die eigene Feuerungsanlage spezifische Fragen bzgl. der Anwendbarkeit eines Emissionsminderungsverfahrens beantwortet werden müssen. Dies bezieht sich insbesondere auf bisherige Betriebserfahrungen mit Anlagen zur Emissionsminderung dieses Verfahrenstyps, zumal den reinen Herstellerangaben nicht immer vertraut werden kann.

Mit der Entscheidung für eine Emissionsminderungstechnik geht auch die Auswahl des geeigneten Herstellers einher. Dieser Schritt ist letztlich entscheidend für den Betreiber.

Ausgehend von dieser unterstellten Prozeßhaftigkeit des Entscheidungsverhaltens wird eine Heuristik entwickelt, die eine Lösung dieses Konfigurations- bzw. Alternativenauswahlproblems bringt. Innerhalb dieser Heuristik werden chemisch-physikalische sowie mathematische Regeln zur Berechnung von technischen Auswahlparametern benötigt. Diese werden als feststehendes Wissen integriert. Ferner gehen weitere Bewertungsfaktoren von Techniken ein, die auf Basis vielfältiger Erfahrungen aus dem Anlagenbau und Prozeßdesign beruhen. Somit gehen sowohl objektive (beweisbare) als auch subjektive (Erfahrungswerte) Bewertungsfaktoren in den Entscheidungsprozess ein.

Das Entscheidungsproblem (Auswahl von mehreren Techniken) wird im Rahmen dieser Heuristik in mehreren Entscheidungsstufen selektiv gelöst, wobei die resultierenden suboptimalen Lösungen jeder Minderungstechnik noch einer zusätzlichen Gesamtoptimalitätsbetrachtung (u.a. Energieträgersubstitution) unterzogen werden.

Prinzipiell kann allerdings keine vollständige Lösung des Konfigurations- und Anlagenauslegungsproblems erfolgen, da das Wissen hierfür nicht vollständig modellierbar und zu komplex ist. So soll hier eine Alternativenbewertung bzw. -vorauswahl erfolgen, die den Gesamtaufwand für den realen Entscheidungsprozess vermindert.

Das Entscheidungsmodell ist sowohl symbolisch als auch als mathematisch einzustufen /4/. Ferner wird von einem deterministischen Zustand ausgegangen (im Sinne eines Optimierungsmodelles) /5/. Auswertungen sollen nicht nur im Sinne einer optimalen Lösung, sondern auch hinsichtlich der Ergebnisstabilität im Rahmen von Sensitivitätsanalysen erfolgen.

Das auf dem System basierende Wissen ist ein dynamisches Wissen, das sich fortlaufend ändern kann. Deshalb wird im resultierenden System die Datenbasis vom eigentlichen Modellablauf getrennt, um eine anwendergerechte leichte Anpassung der Umgebungsvariablen zu ermöglichen.

3 Modellbildung für den technisch-ökonomischen Auswahlprozeß

Bei der Betrachtung des technisch-ökonomischen Auswahlprozesses sind eine Reihe von rechtlichen, ökologischen, technischen und ökonomischen Vorgaben von Bedeutung.

Wichtige rechtliche Rahmenbedingungen für die Begrenzung von Emissionen (z.B. Grenzwerte) sind das Bundes-Immissionsschutzgesetz und die TA Luft. Im Zuge der Dynamisierung wurden vom Länderausschuß für Immissionsschutz (LAI) weitergehende Vorschläge zur Emissionsminderung und -vermeidung erarbeitet. In Bezug auf anfallende Reststoffe und Abwässer sind als gesetzliche Rahmenbedingungen die Vorgaben des Abfallgesetzes und des Wasserhaushaltsgesetzes bei der Alternativenauswahl zu berücksichtigen.

Die betrachteten Feuerungen werden einerseits zur öffentlichen Wärmeversorgung und andererseits zur Erzeugung von Prozeßdampf in der Industrie eingesetzt. Diese beiden Anwendungsbereiche sind durch stark unterschiedliche Betriebsweisen gekennzeichnet, die die Verfahrensauswahl ebenfalls beeinflussen.

Aus den Erfahrungen mit der Datenbank TEMITEC und durchgeführten Betreiberbefragungen stellen sich folgende Ziele als die wichtigsten für den Betreiber einer genehmigungspflichtigen Feuerungsanlage dar:
- Gewährleistung einer sicheren Energieversorgung mit der benötigten Energieform und -menge,
- Flexibilität hinsichtlich weiterer Verschärfung von Emissionsgrenzwerten,
- Minimierung der Umweltbelastung des gesamten Energieumwandlungsprozesses inklusive Emissionsminderung auf die Medien Boden, Wasser und Luft,
- geringstmögliche zusätzliche Kosten für die Energieversorgung eines Unternehmens.

Aus dieser Zielsetzung lassen sich verschiedene technische Restriktionen (Entscheidungskriterien) ableiten. Eine auszuwählende Emissionsminderungsmaßnahme muß beispielsweise folgende sich an der Feuerungsanlage und der Energieversorgung orientierenden Restriktionen erfüllen:
- Unterschreitung des geforderten Grenzwertes,
- Einhaltung der geforderten Flexibilität und Verfügbarkeit,
- Brennstoffband und Leistungsbereich von Feuerungsanlage und Emissionsminderungsmaßnahmen müssen übereinstimmen.

Das zu optimierende Ziel ist die Minimierung der durch die Emissionsminderungsmaßnahmen an einer Feuerungsanlage entstehenden zusätzlichen Kosten. Für dieses Optimierungsproblem existieren betriebswirtschaftliche Methoden /6, 7/, die auch eine problemadäquate Modellierung ermöglichen. Für das anstehende Kostenminimierungsproblem wurde die Kostenvergleichsrechnung gewählt, da es sich hier um eine Investitionsentscheidung handelt, bei der die jährlichen Gesamtkosten der verschiedenen Alternativen unter gleichbleibenden Randbedingungen miteinander verglichen werden können.

Die Gesamtkosten setzen sich aus der Summe der Gesamtkosten der Einzelmaßnahmen zusammen. Die jährlichen Gesamtkosten für eine Einzelmaßnahme (EM) ergeben sich nach folgender Gleichung /8/:

$$KG = K_I + K_B + K_P + K_R$$

mit: KG: = Gesamtkosten einer Einzelmaßnahme (EM) im [DM/a]
      K_I: = investitionsabhängige Kosten der EM in [DM/a]
      K_B: = betriebsmittelverbrauchsabhängige Kosten der EM in [DM/a]
      K_P: = Personalkosten der EM in [DM/a]
      K_R: = Reststoffentsorgungskosten der EM in [DM/a]

Auf diese Kostenarten haben eine Reihe von technischen und ökonomischen Parametern Einfluß:

- Investitionshöhe,

- jährliche Betriebsstunden,

- Additivauswahl und damit verbundene Kosten,

- Wartungsfreundlichkeit, ...

Zur Vermeidung und Minderung der Emissionen von Feuerungsanlagen bestehen eine Vielzahl von Emissionsminderungsmaßnahmen, die die Emissionen von SO_2, NO_x und Staub mindern können. Mit Emissionsvermeidungsmaßnahmen soll durch Brennstoffbehandlung und Primärmaßnahmen das Entstehen von Schadstoffemissionen bei der Verbrennung gemindert oder vermieden werden. Diese Maßnahmen lassen sich nicht bei allen Brennstoffen bzw. Feuerungsanlagen anwenden. Für die Beseitigung oder Minimierung bereits entstandener Emissionen aus dem Rauchgas werden Sekundärmaßnahmen eingesetzt. Diese mindern die Emissionen eines oder mehrerer Schadstoffe.

Um belastbares Datenmaterial für die Beschreibung der verschiedenen Alternativen zur Emissionsminderung im Modell zu erhalten, wurden die Maßnahmen berücksichtigt, die im betrachteten Leistungsbereich bereits Anwendung finden und dem Stand der Technik entsprechen. Im folgenden sind einige wichtige entscheidungsrelevante technische Parameter der verschiedenen Emissionsminderungsmaßnahmen aufgeführt, anhand deren die Bewertung der verschiedenen Techniken erfolgt:

- Maximal mögliche Abscheideleistung,
- Kapazitätsgrenzen im Geltungsbereich der TA Luft,
- Zeitverfügbarkeit,
- Flexibilität bei Lastschwankungen (Lastfolgeverhalten und Regelbarkeit bei sich ändernden Betriebsbedingungen),
- Minimallast bei der eine Emissionsminderungsmaßnahme betrieben werden kann,
- Brennstoffspezifischer Einsatz,
- Kombinationsmöglichkeiten mit anderen Emissionsminderungsmaßnahmen,
- benötigte Additive,
- Umweltfaktor unter Berücksichtigung der Additivausnutzung und des Abscheidegrades.

Aus der Zielsetzung und den Entscheidungskriterien ergibt sich für den Auswahlprozeß folgende Vorgehensweise:

1. Anlagenspezifische Prüfung, ob eine Emissionsminderungsmaßnahme nach den für diesen Feuerungskessel geltenden Vorgaben erforderlich ist,

2. Auswahl der unter den Rahmenbedingungen technisch möglichen Emissionsminderungsmaßnahmen,

3. Ermittlung der jährlichen Gesamtkosten der verschiedenen Alternativen,

4. Suche nach der ökonomisch günstigsten Emissionsminderungsmaßnahme (evtl. Kombinationen von Einzelmaßnahmen).

Mit dieser Vorgehensweise ist es möglich, rechtliche, technische und ökonomische Einflußgrößen in gleicher Weise im Modell zu berücksichtigen.

4 Prototyp des entscheidungsunterstützenden Systems für Luftreinhaltetechniken mittels eines Expertensystem-Shells

Für die Implementation des entscheidungsunterstützenden Systems wurde das Expertensystem-Shell NEXPERT OBJECT eingesetzt. Dieses System ist ein hybrides Entwicklungswerkzeug für wissensbasierte Applikationen, das sowohl regel- als auch frameorientiert arbeitet. Durch eine benutzerfreundliche Benutzerschnittstelle unter Windows läßt es sich für anwendungsorientierte Systementwickler gut einsetzen. Die Wissensbasis kann durch zahlreiche graphische Möglichkeiten und Listenausgabe der Regeln transparent dokumentiert werden. Durch die Einbindung in die Windows-Umgebung sind zahlreiche Schnittstellen zu anderen Programmen möglich, die es wiederum erlauben, selbst für die eigene Anwendung eine ansprechende Benutzerschnittstelle zu implementieren. Diese Aspekte des Expertensystem-Shells konnten für den ersten Prototypen erfolgreich genutzt werden.

In der Abbildung 2 ist ein Auszug der Wissenbasis dargestellt, wobei die Hypothese "kessel_belegt" die zu untersuchenden Kesselbedingungen darstellt und sowohl durch Interaktionen mit dem Nutzer und als auch durch Dateiabfragen geladen werden. Innerhalb einer Session wird zunächst nach den Rahmenbedingungen für den Auswahlprozeß gefragt, d.h. für welchen Kessel unter welchen technischen Bedingungen die Emissionsminderung durchgeführt werden soll. Im Rahmen der Alternativenauswahl werden auch Energieträgersubstitutionen betrachtet, d.h. daß Änderungen am Feuerungskessel durchgeführt werden, damit andere Brennstoffe eingesetzt werden können. Danach wird der Bewertungs- und Auswahlprozeß für alle substituierenden Energieträger parallel durchgeführt. Die technisch geeigneten Emissionsminderungsmaßnahmen werden bewertet und sortiert nach jährlichen Gesamtkosten als Ergebnistabelle ausgegeben, deren Teillösungen noch weiter spezifiziert bis hin zu den einzelnen Betriebsmittelkosten (Abbildung 3) dargestellt werden können.

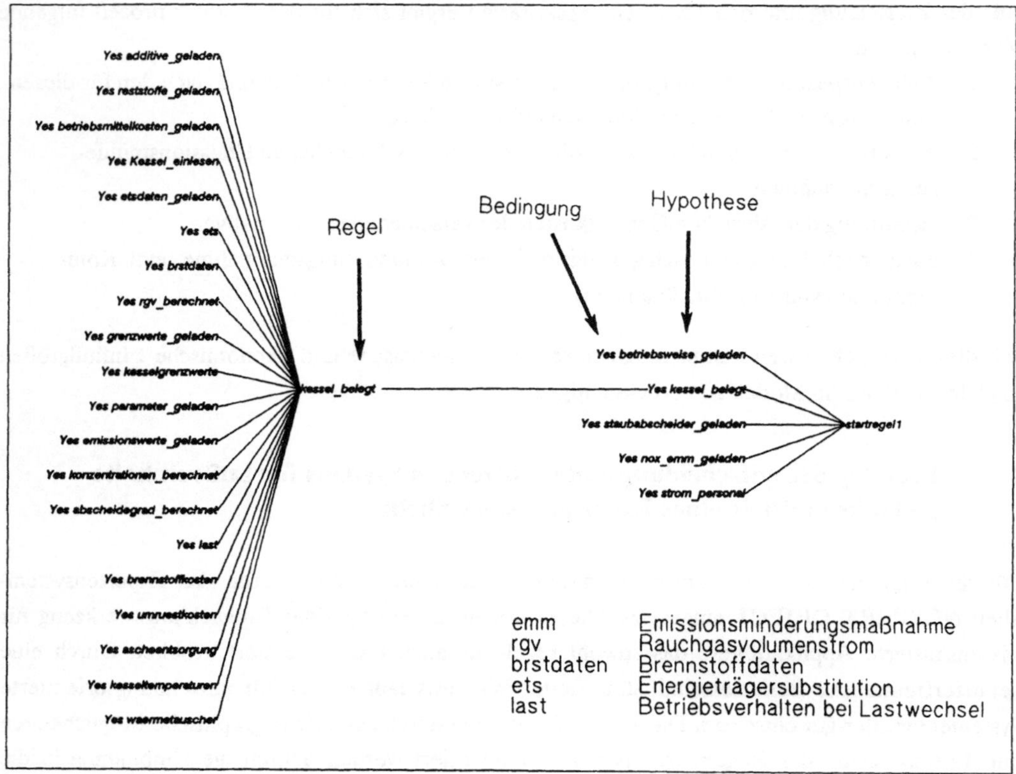

<u>Abbildung 2:</u>   Exemplarischer Auszug aus der Wissensbasis

5 Ausblick

In den weiteren Arbeiten soll dieser erste Prototyp des entscheidungsunterstützenden Systems hinsichtlich der Ergebnisstabilität überprüft werden. Hierzu wird die Sensitivitätsanalyse eingesetzt. Mit den Ergebnissen sollen ferner Prognosen für den potentiellen Einsatz der betrachteten Emissionsminderungstechniken und deren ökonomische Auswirkungen analysiert werden. Hierbei ist zu klären, ob die technisch-ökonomische Eindringtiefe des zugrundeliegenden Modells ausreicht, um eine praxisrelevante Unterstützung des Entscheidungsprozesses zu ermöglichen.

Es ist ferner vorgesehen, das entscheidungsunterstützende System auf weitere Bereiche von Umwelttechniken auszuweiten.

```
IIP                      T E M I T E C                        26.07.91
                    - Gesamtkosten in DM/Jahr -

Brennstoffkosten Steinkohle    1333000      Wärmerückgewinnung:  Ja

Alkali-TAV mit Staubabscheider              Investitionsabh.Kosten....:    523500
                                            Betriebsmittel............:    278800
                                            Reststoffentsorgung.......:     75600
                                918000      Personal..................:     40200


Elektrischer Staubabscheider                Investitionsabh.Kosten....:    188800
                                            Betriebsmittel............:     20000
                                286000      Reststoffentsorgung.......:     63900
                                            Personal..................:     13200

SCR    (STK)                                Investitionsabh.Kosten....:     41600
                                            Betriebsmittel............:     46100
                                 88000      Personal..................:


GESAMTKOSTEN .............:    2625000      GESAMTINVESTITIONEN..[DM].:    3900413

F1 Hilfe F3 Staub F4 NOX F5 SO2 F6 Betriebsm. F7 Wärmerückg. F9 Druck F10 Zurück
```

Abbildung 3:   Exemplarische Ergebnismaske für eine potentielle Konfiguration von Emissionsminderungsmaßnahmen

Literaturverzeichnis

/1/   Hackenberg D.; Hillenbrand R.; Rentz O.
Informationssystem für Umwelttechnologien - Umwelttechnologie-Datenbank.
Karlsruhe: KfK-PEF 66 (1990)

/2/   Hackenberg D.; Hillenbrand R.; Rentz O.
Entwicklung eines entscheidungsunterstützendes Systems für Emissionsvermeidungs- und Emissionsminderungstechniken.
8. PEF-Statuskolloquium Karlsruhe: KfK-PEF 80, 807-818 (1991)

/3/   Aggteleky B.
Fabrikplanung: Werksentwicklung und Betriebsrationalisierung.
München: Hanser-Verlag (1980)

/4/   Kahle E.
Betriebliche Entscheidungen.
München: Oldenbourg Verlag (1981)

/5/   Dinkelbach W.
Entscheidungsmodelle.
Berlin: de Gruyter Verlag (1982)

/6/   Rentz O.
Zum Problem der wirtschaftlichen Auswahl von Entstaubern.
Wasser, Luft und Betrieb 14, 1 - 5 (1970)

/7/   Rentz O.
Techno-Ökonomie betrieblicher Emissionsminderungsmaßnahmen.
Berlin: E. Schmidt Verlag (1979)

/8/   Verein Deutscher Ingenieure (Hrsg.)
VDI 3800: Kostenermittlung für Anlagen und Maßnahmen zur Emissionsminderung
Düsseldorf: VDI-Verlag (1979)

Application–Interfaces for AI–Environments in Example of the WIMDAS–Project[1]

Fred Hantelmann
Universität der Bundeswehr Hamburg
Institut für Informatik
Holstenhofweg 85
D-2000 Hamburg 70
w_mf@unibwh.uucp

Abstract: As part of the WIMDAS–Project a software system has been developed to support knowledge-based data analysis using an expert system written in Prolog. In this article it is discussed how applications like database server, window system, graphics and library functions are consulted by the expert system. The interfaces between the Prolog-based expert system and the applications are defined in an object oriented syntax. The WIMDAS software system consists of several process moduls and is designed for distributed computing.

Zusammenfassung: Im Rahmen des WIMDAS–Projekts wurde ein Software-System zur wissensbasierten Daten-Analyse entwickelt, wobei ein in Prolog geschriebenes Expertensystem eingesetzt wird. In diesem Artikel wird diskutiert, wie von dem Expertensystem aus Applikationen wie Datenbank-Server, Window-System, Grafik und Bibliotheks-Routinen genutzt werden. Die Schnittstellen zwischen dem Prolog basierten Expertensystem und den Applikationen sind in einer objekt-orientierten Syntax definiert. Das WIMDAS Software-System besteht aus verschiedenen Prozeß-Moduln und ist für verteilte Systeme ausgelegt.

1 Introduction

As a goal of the WIMDAS–Project (WIssensbasiertes MarketingDaten-Analyse-System) a software system has been developed to support *knowledge-based analysis* of marketing data (see Böckenholt, Both, Gaul and Schader in the bibliography). In contrast to the *DINDE*-System (see Oldford and Peters, [21]), a Lisp system designed to analyze statistical data that is runable upon Xerox LOOPS, the WIMDAS software system has been developed for a heterogenous computer network. The system is parted into process modules that interchange information with each other using *interprocess communication*.

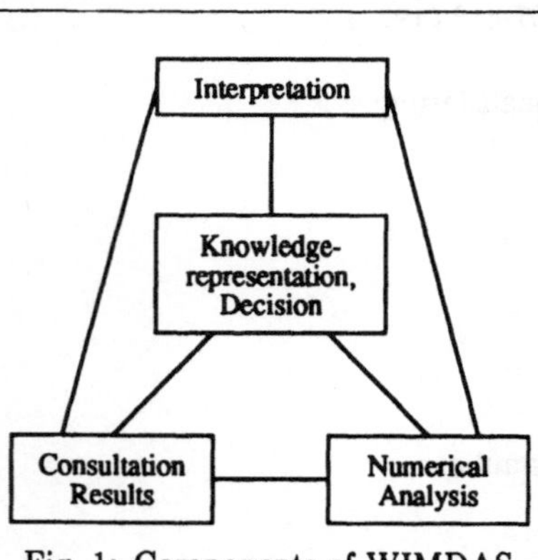

Figure 1 shows a draft scheme of the basic modules of WIMDAS. Designing the architecture of the software system it has been tried to adopt standards as available from software vendors. The implementation of the several modules within the WIMDAS software system has given a task of choosing a mechanism for interfacing between the components. With regard to modern communication methods (see, e.g., Pflügl and Damm, [22]), the system has not been realized as a simple pipeline but as a distributed system.

Fig. 1: Components of WIMDAS

Upon a single task operating system like MS-DOS a modular software system only can be computed with sequential tasks. A time sharing operating system offers quasi-parallel tasks, which may be given different priorities. In a distributed system

---

[1]Research has been supported by the Deutsche Forschungsgemeinschaft.

Operations Research Proceedings 1991
© Springer-Verlag Berlin Heidelberg 1992

several independent microprocessors can handle processes in parallel and the input and output of those processes must be organized. Additionally, the subprocesses of the main task have to be synchronized.

A standard description of a layered communication model is given by the Open Systems Interconnection Reference Model (OSI, [6]). Parts of OSI are integrated in the System V Interface Definition (SVID) of the UNIX operating system to support *Network Computing*. The WIMDAS software system takes advantage of level 3 (Internet-Protocol IP) of OSI for low-level socket communication, level 5 and 6 (Remote Procedure Call RPC and External Data Representation XDR) is used for database access. Each module of the WIMDAS system may run on a single processor, the system at all may run on one or several (physically different) machines.

For example, the data and/or results of a consultation reside in a relational database and a special hardware is used to give maximum performance on file access. The knowledge-based component orders information on database description from the database server. Depending on that information one or more numerical methods (algorithms) are invoked. The method component orders the data to be analized from the database server and gives back the results, if desired. For maximum performance the numerical is solved by a software running on a special number cruncher hardware. If the knowledge-based component gets information on an algorithm having successfully finished, the system may invoke further analysis on (old and new) data or trigger the graphical component of WIMDAS for interpretation of the results by the user.

The purpose of the WIMDAS software system is to work inside a *heterogenous computer network* having features as follows:

- The computer network is running a multi task operating system supporting level 3,5 and 6 of the OSI Reference Model (i.e. UNIX System V Release 3 or 4).
- Inside the computer network a database server supporting a query language like SQL is available (Oracle, Informix, Ingres or compatibles).
- There exist compilers for FORTRAN, Pascal, C and there is an interpreter or compiler for Prolog.
- Graphical kernel systems like GKS or PHIGS are available.
- The user interface is managed by a window system (SunView, X11).

During the following parts of this article the interfaces between several programming tools and furthermore between the modules of the WIMDAS software system are discussed. The system architecture is based on the client/server principle. The communication is realized using a special codeing that is defined in an object oriented syntax.

2 Input/Output Facilities of the System Components

The components of the WIMDAS software system have been implemented as process modules based on an excerpt of industrial standards. The latter are the tools, and the functionality and applicability is derived from the facilities of the tools. In a *distributed system* it depends on technical (hardware and software) details, if communication between different process modules succeeds.

Own research has shown that comfortable network services only are available through the C runtime library. A complex set of functions is part of the C runtime system to interface between concurrent processes. The interclient communication interfaces between the process modules of WIMDAS have been realized with a small set of functions programmed in C.

2.1 Knowledge-Based Component in Prolog

The Prolog language offers input/output access based on channels. If Prolog is invoked as an interpreter, the terminal automatically is opened for input and output with physical devices *keyboard* and *display*. A file can be opened either with *readonly* or *writeonly* access (cf. Clocksin and Mellish [4]).

A connection to a generic communication channel like a socket is not defined within Prolog; the language itself has no paradigms allowing software systems based on the client/server concept.

Commercially available implementations of the Prolog language (i.e. IF/Prolog, BIM_PROLOG, etc.) provide programming interfaces to enrich the builtin predicates. The application developer can define predicates that are hard to formulate in Prolog (i.e. algorithms) and bind the object code to the executable file or generate a new interpreter by linking the system together with the application code. Note that the developer of application code is responsible to ensure proper mapping of the different variable/data representation between Prolog and the language to interface with! The implementations for UNIX normally are programmed in C; it seems natural that the standard programming interface has a C language binding.

The knowledge-based component of the WIMDAS software system is programmed in Prolog. The stock of Prolog predicates has been expanded giving access to sockets by predicates as summarized in table 1. The *Channel* parameter contains a combination of *Hostname* and a number, the *Socket_Address*. *Message* is a (variable length) argument list that may contain different types of data. The *read_socket()* predicate blocks if no data is present! To be sure that *read_socket()* will not block a *poll_socket()* should be called first.

create_socket(Channel)	*connect_socket(Channel)*
read_socket(Channel, Message)	*write_socket(Channel, Message)*
close_socket(Channel)	*shutdown_socket(Channel)*
poll_socket(Channel)	*call_rpc(Service, Message, Answer)*

Tab. 1: Prolog language enhancements as of WIMDAS

A more sophisticated enhancement of the Prolog language has been implemented by the *call_rpc()* predicate. The *Service* list contains a *hostname* and three numbers (*prognum, versnum, procnum*). *Message* and *Answer* are lists containing data for application input (*Message*) and, if successfully done, the output data (*Answer*). The necessary filtering for transport of information in external data representation (XDR) is transparent to the user, the information is formatted as a byte stream and decoded using xdr_bytes(). All on RPC and XDR is found at Corbin, [5].

2.2 Numerical Analysis in FORTRAN, Pascal or C

Representatively for the large number of currently specified programming languages the input/output facilities of FORTRAN, Pascal and C are discussed. The read and write operations available with the named languages work on channels, the data is treated as a stream.

Due to historical reasons the read and write operations of FORTRAN (*read, write, print*) are defined on files and on string variables. The language description of Pascal does not provide read/write operations on string variables, only file access is supported (*read, readln, write, writeln*). The C language offers several read and write functions, which are part of the C runtime library. Files may be consulted using *fscanf* and *fprintf*, data can be read or written from/to strings through *sscanf* or *sprintf*, generic I/O channels (sockets) may be accessed using *read* or *write*. For terminal I/O the functions *scanf* and *printf* are provided.

The C language has been designed during the developement of the UNIX operating system. As an enhancement to the "terminal devices" *stdin* and *stdout* as available from FORTAN or Pascal, the C runtime system supports an output channel (*stderr*) which is used to report error messages. A more important feature of C is that memory contents can be treated in a basically manner, comparable to functionality that normally only is possible using assembler language.

Most available implementations of C compilers offer programming interfaces to connect object modules derived from C functions with subroutines, procedures or functions generated from FORTRAN or Pascal sources. The task to ensure such connections is to properly format the parameters to the language dependant representation. By the way, a connection FORTRAN $\leftrightarrow$ C $\leftrightarrow$ Pascal can be established.

2.3 Consultation Results in a Database

A session with a database system (Oracle, Informix, Ingres or equivalent) normally follows the scheme shown in figure 2. The user access into the database is supported by a workbench or by an application program interface. A standard language interface for database retrieval is given by SQL.

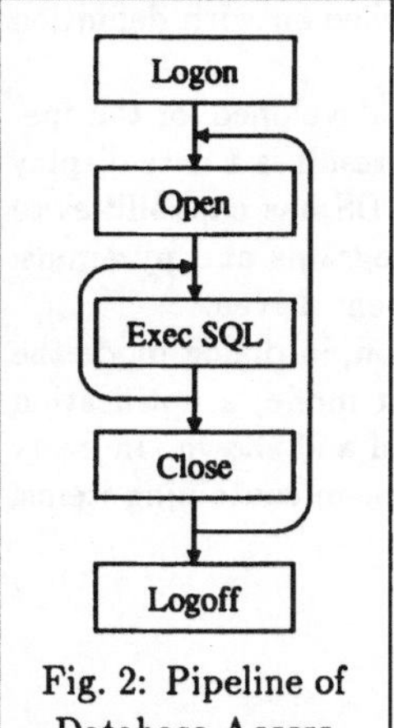

Fig. 2: Pipeline of Database Access

Some implementations of Prolog provide language enhancements for accessing a database system. For example, the IF/Prolog (cf. [16]) implementation contains an interface to Oracle. Only eight additional predicates have been implemented (giving full access to all features of Oracle): *oracle_logon* and *oracle_logoff* are used to connect or disconnect from the database system, *oracle_exec* executes an SQL command (if it is not SELECT), and *oracle_fetch_n* retrieves data from the database. For manipulation of some Oracle specific switches four commands, *oracle_commit*, *oracle_rollback*, *oracle_auto_on* and *oracle_auto_off* have been added. The last two functions toggle if database operations are temporary and a manipulation of the database only is invoked by *oracle_commit* or if operations directly manipulate the database and *oracle_rollback* does not work.

Disregarding the predicates for manipulation of the Oracle state list, the interface from IF/Prolog to Oracle is done with six predicates: *oracle_logon*, *oracle_logoff*, *oracle_exec*, *oracle_fetch_n*, *oracle_commit* and *oracle_rollback*. The implementation is based on the Oracle interface tool for applications written in C (Pro*C, cf. [20]).

Practical experiences have shown that a 'normal' installation of a connection Prolog ↔ Oracle requires both beeing installed on a single hardware (see Marx and Schader [19]) with influencing each others runtime performance. Realizing a connection Prolog ↔ Oracle-based on a client/server mechanism and using I/O enhancements as presented in (2.1), the following appearances have to be taken into account:

Inside the Prolog-based application the functions used to access the database have to be formatted into a message. The database server needs a parser to detect the desired task and to invoke related database functions. For proper data interchange a codeing scheme should be defined. On the Prolog side, incoming data has to be mapped into the Prolog specific data representation.

2.4 Interpretation with Graphic

The current state of standardization of computer graphics has taken part of ANSI and ISO specifications with the definition of GKS and PHIGS (cf., i.e.,Hantelmann [11]). The GKS, for example, is a graphics system that has been designed by a highly dedicated group of graphics experts. It has been defined independently of programming languages and major goals of GKS were portability of computer graphics applications as well as device independence.

The GKS has been defined as a 2D graphical kernel system offering non hierarchical segmentation of graphical objects. PHIGS is designed for formulation of three dimensional objects in a three dimensional graphical world, and graphical objects may be organized in a hierarchical database.

Both GKS and PHIGS provide graphical input that has been specified from an abstraction of (technical) graphical input devices. The input devices are parted into six classes: *Choice*, *Locator*, *Pick*, *String*, *Stroke* and *Valuator*. Graphical output is done on graphical workstations. Output information may be archived in metafiles for future access, metafiles may be shared between several applications. Current standards of metafile formats are given by GKSM and CGM (→ [7], [17]).

So far, neihter an integration of a graphical workstation into a window system nor access to network services are specified for graphical kernel systems. Graphical kernel systems are defined in a basically manner and as tools. A computer graphics application is built from these tools and the connection to network services may be part of the application. Some implementations of GKS or PHIGS provide interfaces for window systems like SunView or X11; the missing standardization of such interfacing is not a lack of graphical kernel system standards any more.

Though being specified as independent of programming languages, there are standard definitions of language bindings for FORTRAN and C. The IF/Prolog package contains a Prolog language binding for GKS; a software developer may compute graphics based on a descriptive computer language. In Hantelmann [12] it has been outlined, that for Polog-based programming of computer graphics in most cases a lot of trouble is taken to produce large code that lacks an overview. An alternate strategy to a language binding as implemented in IF/Prolog has been researched on with definition of a special graphical subsystem as the result.

As part of the WIMDAS software system a graphical subsystem has been developed for the special purpose of presenting statistical data for interpretation and learning. The result is a data display subsystem (DDS) based on a graphical kernel system (GKS, PHIGS). The DDS has capabilities to produce line charts, pie charts, bar charts, scatterplots, cloud charts, dendrograms and pyramids. The DDS uses ASCII encoded input streams and can be batch, dialog and event driven.

The batch mode normally is used to simply present statistical information, in dialog mode the appeareance of graphical primitives may be interactively designed. In event mode, a notification mechanism is listening on a socket and incoming information is directly parsed and shown. In every mode the syntax of the data looks the same; it has been defined as a data stream containing items, that are composed of a keyword and related data.

3 Human Computer Interface

Since window systems are widely available, the communication interface of human and computer is no more limited on a single terminal channel. The required hardware for running window systems contains of a bitmap display, a keyboard, a mouse and a sufficient amount of memory. The visible elements of a window system, i.e. frames, scrollbars, buttons, slider, icons etc., are administrated by a window manager that runs upon a window server, who interfaces to the operating system.

The well known window systems MS-Windows or SunView both work locally on a workstation, the X11 [23], NeWS [10] or 4Sight [13] window systems are network transparent (the window server and the application program, the client, may reside on different hosts). The input and output of the client always is driven by the window server and organized by the window manager. The communication of client and server is based on the protocol specification of the underlying window system (X11, NeWS, DGL). In a network transparent window system the rate of transferred data may depend on the available technology, such as Ethernet [15], FDDI [1] or Ultranet.

Window-based input and output is not specified within the Prolog language. Available implementations of Prolog like IF/Prolog or BIM_Prolog are enriched by packages that allow access to window systems like SunView or X11. In an ancient version of IF/Prolog the SunView interface was programmed in a client/server technology (SunView is no more supported by IF/Prolog). The interface was designed in an object oriented syntax. The implementation was not very fast, but it was easy to handle.

The available X11 interface for IF/Prolog is designed as a language interface that is as complex as the Xlib programming library. A large amount of codeing is required to support window-based I/O using such an interface, and the application programmer has to know all about the basic philosophy of X11.

The user interface of the WIMDAS software system has been genarated in a similar way as the old SunView interface of IF/Prolog, but it is based on the XView toolkit. On the side of Prolog, a windowing package has been installed that generates an object oriented stream of data, which is piped to a HCI process. On side of the HCI process the input data is taken from the socket of the pipe and related window commands are invoked. Incoming input from the user is encoded by the HCI process and then sent to the windowing package through a pipe. The capability of window-based I/O is not a builtin of a Prolog application; the Prolog application starts the HCI process using the system call *fork()* from the C runtime library implicitly if a *hciserver_init()* is called.

Through an application program interface the HCI process can be compiled for SunView or X11 compatibility. The X11 implementation is based on the Open Look interface toolkit (olit), the look and feel of the WIMDAS software system under X11 follows the guidelines of Open Look.

4 Table of underlying Programming Tools

The WIMDAS software system has been developed for a heterogenous computer network. The user interface, the used database and the knowledge-based component have been implemented on Sun workstations. The algorithms for numerical analysis of data currently are computed on a Convex C220, a special number cruncher in massiv parallel processor architecture. Following table 2 shows the software components of WIMDAS and the used programming tools.

	Knowledgerep., Decision	Consultation Results	Numerical Analysis	Interpretation
FORTRAN			•	
Pascal			•	
C	•	•	•	•
Prolog	•			
Oracle		•		
GKS/PHIGS				•
SunView/XView				•

Tab. 2: software components of WIMDAS and used programming tools.

The items in the last two lines are exclusive. The now preferred window system now is X11 using the XView interface, but SunView is still supported. So far, the DDS exists based on GKS and PHIGS. The PHIGS-based implementation provides three dimensional charts (clouds, wire mesh) and three dimensional coordinate transformations (translation, rotation, zoom, set clipping volume) may be interactively given by the user for "better looking" onto the data. The GKS-based version of the DDS only provides two dimensional displays.

5 Design of the Communications Protocols

The modular architecture of the WIMDAS software system (see figure 1) has been realizided as a collection of standalone programs that communicate with each other through pipes. The "peripheral modules" are triggered by the knowledge-based component with commands following a formal language that has been designed with respect to the specific application. Figure 1 does not contain the user interface and the process control module that now are standalone programs and have been part of the knowledge-based component in an early release of the WIMDAS software system.

The communication from and to the knowledge-based component has been realized on top of the Prolog language enhancements as discussed in 2.1. This has given a technical tool to ensure interprocess communication. Then the question was how to design a syntax of the data stream to get a proper mapping of information represented as facts on the side of Prolog onto a list of a procedure identifier and related data as awaited by the rest of the system.

The communication language between knowledge-based component and database has been defined with respect to special requests into the database as needed. This has given an improvement of performance (see Marx and Schader [19]). The encoding and decoding of information is done by predicates written in Prolog. Database access is realized using the RPC protocol. The knowledge-based component is in a wait state until the database access is finished.

Algorithms are invoked by a list containing a keyword and related parameters. The list is formatted by a the knowledge-based component and an ASCII data stream is transported onto a socket. On side of the method component, a proposal interpreter triggers methods or method chains which are identified by keywords. While computing method the knowledge-based component may generate further proposals and deliver the encoded list to the proposal interpreter. Several methods may be computed in parallel on one or more microprocessors; the proposal interpreter schedules the tasks to a site that has been choosen by the user. If no host has been specified, it selects a computational resource having free capacity. If a method has finished successfully, the knowledge-based component is given a message. The results normally are stored into the database.

A similar technique enables the communication with the DDS (see Hantelmann [14] for more details). To help on interpretation and learning of data several types of statistical graphs can be prepared. Depending on the qualities of the data to be interpreted a data formatter first generates a data stream containing a syntactically complete information on type of statistical graph, graphical attributes, explanatory variables and responses. This stream is given onto a socket. The DDS, if already active, listens onto that socket and immediately interprets the incoming information. By the way, monitoring of interim results inside a chain of methods is possible. Within the current implementation of the DDS into the WIMDAS software system no information retrieval from the interpretation module is required. What type of information to fetch from the interpretation module after a graphical input from the user has been given is currently under discussion.

Controling the user interface from Prolog is a more complex task. First a window frame with active areas like buttons, slider, textfields etc. must be specified. Every active area represents a channel for communication input and output. The description of the frame and panel elements with all attributes is controlled by a Prolog package generating streams of object oriented data which is put onto a socket. This is recognized by the HCI process as an event and incoming data is parsed immediately with updating the window. If the user has given an input to the HCI process, the information is packed into an encoded stream and given onto a socket. This stream contains a channel identifier and the data taken from that channel. The Prolog package registers incoming data from the socket through the notification mechanism of the window system and maps the data onto Prolog representation.

All protocols discussed here follow a keyword data syntax. The data stream between the knowledge-based component and the other modules is built from ASCII characters. Every item of that information is put into a single line, items are readable. The advantage is a comfortable protocol verification and has been useful while developing the system. To minimize traffic on the computer network a flag may be set to tell the system that packed binary encoding should be used.

6 System Control, Broadcasting

The strategy of interfacing a Prolog-based rule system with applications as implemented in the WIMDAS software system differs from common all-in-one systems by a multy process software architecture. Several process modules having functionality that is controlable by formal languages communicate with each other through high level input and output channels. To ensure presence of such application services as ordered by the Prolog-based rule system the several modules have been overlaid by a control program. Administration of used application resources is to manage the presence of ordered service programs and channels used for communication.

In a computer network several hosts may offer distributed services. Sharing a large application between several computational resources the different tasks have to be synchronized. Performance of the system may be optimized if computational permormance and task costs are known. A knowledge-based system may be useful to support task distribution based on utilization of the several hosts inside the network.

At last it should be noted that distributed software systems are fragile if they are not fault tolerant. Distributed systems are in an indefinite state if an involved subprocess dies. If an application service is lost due to abnormal termination of a subprocess the control program has to restart that service and invoke the task again. This is possible if the complete information on task identification and data is stored in the control program until the task has finished with success.

References

/1/ ANSI X3T9.5
(IEEE 802.5)
Global Engineering Documents (1989)

/2/ Böckenholt, I.;Both, M.; Gaul, W.
PROLOG-Based Decision Support for Data
Analysis in Marketing. In: Gaul, Schader
(eds.): Data, Expert Knowledge and
Decisions.
Springer-Verlag, 19–34 (1988)

/3/ Böckenholt, I.; Both, M.; Gaul, W.
A Knowledge-Based System for Supporting
Data Analysis Problems.
Decision Support Systems 5, 345–354 (1989)

/4/ Clocksin, W.F.; Mellish, C.S.;
Programming in Prolog (3rd ed.).
Springer-Verlag (1987)

/5/ Corbin, J. R.;
The Art of Distributed Applications:
Programming Techniques for Remote
Procedure Calls.
Springer-Verlag (1991)

/6/ DIN ISO 7498
Basic OSI Reference Manual
Beuth-Verlag (1984)

/7/ DIN 66252 Teil 1
GKS Anhang E
Beuth Verlag (1986)

/8/ Gaul, W.; Both, M.
Computergestütztes Marketing.
Springer-Verlag (1990)

/9/ Gaul, W.; Schader, M.; Both, M.
Knowledge-Oriented Support for Data
Analysis Applications to Marketing.
In: Gaul, Schader (eds.): Knowledge, Data
and Computer-Assisted Decisions.
Springer-Verlag, 259–271 (1990)

/10/ Gosling, J.; Rosenthal, D.; Arden, M.
The NeWS Book.
Springer-Verlag (1989)

/11/ Hantelmann, F.
Normendschungel — Grafikstandards unter
UNIX.
Heise-Verlag: ix 6, 96–101 (1989)

/12/ Hantelmann, F.
Grafische Präsentation statistischer Daten
unter UNIX: Ein Konzept zur Gestaltung von
Grafiksubsystemen für KI-Umgebungen.
Verlag Anton Hain: Methods of Operations
Research 63, 359–368 (1990)

/13/ Hantelmann, F.; Schader, M.
IRIS' Stew. Heise-Verlag: ix 3, 114–121 (1990)

/14/ Hantelmann, F.
Graphical Data Analysis in a Distributed
System.
To appear in Nova Science Publishers:
Proceedings INRIA Conference on
Symbolic-Numeric Data Analysis (1991)

/15/ IEEE 802.3
IEEE Service Center (1982)

/16/ IF/Prolog Version 3.4
Advanced Features Manual.
Interface Computer GmbH (1988)

/17/ ISO 8632/1–4
Metafile for Transfer and Storage of Picture
Description Information (CGM)
ISO (1987)

/18/ Jacobs, T. W. R.
The XView Toolkit — An Architectural
Overview. Sun Microsystems (1988)

/19/ Marx, S.; Schader, M.
On the Database Component in the
Knowledge-Based System WIMDAS.
In: Ihm, Bock (eds.): Classification, Data
Analysis and Knowledge Organization.
Springer-Verlag, 189-195 (1991)

/20/ Neville, D.
Pro*C Users Guide.
Oracle Corporation (1985)

/21/ Oldford, R. W.; Peters, S. C.
DINDE: Towards more sophisticated software
environments for statistics. SIAM J. Sci. Stat.
Comput. Vol. 9 No. 1, 191–211 (1988)

/22/ Pflügl, M.; Damm, A.
Kommunikationsmechanismen verteilter
Systeme und ihre Echtzeitfähigkeit.
Informatik-Spektrum 12, 121-132 (1989)

/23/ Quercia, V.; O'Reilly, T.
X Window System User's Guide.
O'Reilly & Associates Inc. (1988)

Modellbildung, Analyse und Entscheidung

Modellbasiertes Problemlösen

Prof. Dr. Ulrich D. Holzbaur
Fachhochschule Aalen
Fachbereich Wirtschaftswissenschaften
Beethovenstr. 1
7080 Aalen

Ein wichtiger Aspekt des Operations Research ist die Unterstützung von Planungs- und Entscheidungsprozessen durch Modelle.

Jede Art von Problemlösung, die kognitive oder kommunikative Prozesse beinhaltet, erfordert ein Modell. Modelle sind die gemeinsame Basis von Entscheidungsunterstützung, Expertensystemen und mathematischer Optimierung. Alles was wir über reale Systeme erfahren wollen, ohne mit dem System selbst zu experimentieren, können wir nur anhand eines Modells herausbekommen. Dabei kann aber die aus dem Modell abgeleitete Entscheidung nur so gut sein wie das verwendete Modell. Damit stellt der Prozeß der Modellbildung häufig eine entscheidende Schwachstelle bei der Problemlösung dar.

Die Lösung eines Problems mit Hilfe von Modellen geschieht in drei Hauptschritten: erstens der Umsetzung des Problems in ein Modell, zweitens der Lösung des Problems im Modell und drittens der Umsetzung der Modellösung in die Realität.

Wenn noch kein Modell des realen Problems vorhanden ist, muß es im Rahmen der Problemlösung geschaffen werden. Je mehr die Lösung komplexer Systeme durch Rechner automatisiert wird, um so mehr verschiebt sich der Schwerpunkt praktischen Arbeitens vom Lösen komplexer formaler Probleme zum Aufstellen mathematischer Modelle und zur Modellierung von Realweltausschnitten. Wir betrachten deshalb nicht nur einzelne Modelle und die dazugehörigen Analyse- und Optimierungsverfahren, sondern auch den Prozeß der Modellierung selbst.

Dabei wird die Modellbildung im Kontext der Problemlösung betrachtet. Neben einem allgemeinen Schema des modellbasierten Problemlösens und Entscheidens betrachten wir das Vorgehen bei der Modellbildung. Als Basis für die Modellauswahl dient eine Klassifizierung der verschiedenen Modelle. Für das Vorgehen werden Algorithmen, Heuristiken und mathematische Modelle des Modellbildungsprozesses betrachtet.

An Electronic Advisor for Graduates

H.-J. Lenz, B. Berendt

At the Free University of Berlin about 400 students per term are finishing their undergraduate studies in economics and are swapped to graduate phase. There background knowledge is rather erratic, unsound and incomplete and contradictive for making a rational decision about the fields of interest for studying economics. The final examination includes 5 slots like general theory, business administration, statistics, econometrics, operations research etc.

The formal problem is to allocate about 400 students into 400 not necessarily overlapping combinations of 5 slots, where each student selects one and only one combination. However, this selection is done by trial and error based on informations and experience mentioned above. Formally, the student has to select one combination out of about 20**5!

We consider this allocation problem on the individual consulting level as a sequentiel classification problem supporting vagueness and learning by a Non-Idiot-Bayesian Approach.

WISSENSBASIERTE BERATUNG IN FERTIGUNGSPLANUNG UND -STEUERUNG

Prof.Dr.sc. J. Lippold, Ingenieurhochschule Mittweida

Die Produktionsplanung und -steuerung (PPS) wird seit Jahren rechentechnisch unterstützt.
Lang- und mittelfristige Planungsaufgaben (Mengen-, Kapazitäts- und Terminplanung) verwenden analytische Modelle, effiziente Algorithmen und Methoden. Für die operative Planung und Werkstattsteuerung ist die Unterstützung noch begrenzt und die Ergebnisse bestehender Systeme sind oft unbefriedigend.
Umfang und Vielfalt der zur integrierten Fertigung notwendigen Informationsverarbeitung sind zunehmend nur beherrschbar, wenn große Teile der zu bewältigenden intellektuellen Routinearbeiten auf Rechner übertragen werden können.
Hier werden wissensbasierte Systeme zukünftig eine Rolle spielen. Es sind komplexere Aufgabenstellungen mit mehr Randbedingungen zu lösen und alle Aktivitäten müssen in ein Gesamtsystem mit globalen und dezentralen betriebswirtschaftlichen Zielsetzungen integriert werden, die oft gegenläufiger Art sind.
Fertigungsplanung und -steuerung werden zukünftig neben quantitativ-analytischen Methoden auch qualitativ-logische Wirkungszusammenhänge zufallsabhängiger Fertigungsprozesse einbeziehen müssen, indem für die vielfältigen Einzelaufgaben bewährte Methoden und Algorithmen u.a. der traditionellen Operationsforschung mit Werkzeugen der Wissensverarbeitung verknüpft werden. Der so entstehende Leitstand erreicht mit einem wissensbasierten Kernel, einer leistungsfähigen Datenverwaltung und einem ansprechenden graphischen Mensch-Maschine-Interface "intelligente" Fähigkeiten, die auch in zunehmend komplizierter werdenden Entscheidungssituationen sinnvolles Handeln unterstützen.
Der Fertigungsleitstand hat die Aufgabe, dem Disponenten in einer <u>situationsorientierten Werkstattsteuerung</u> systematisch Unterstützung anzubieten. Es werden Vorschläge für geeignete Aktionen in Abhängigkeit von der aktuellen Situation des Fertigungsprozesses vom wissensbasierten Kernel unterbreitet.

Zur Unterstützung von Szenario-Workshops durch Group Decision Support Systems

Jürgen MOORMANN, Frankfurt

Als wichtiger Bestandteil der strategischen Unternehmensplanung gilt die Entwicklung von Umweltszenarios und der daraus abgeleiteten Risiken und Chancen für das Unternehmen. Typischerweise werden diese Szenarios in Workshops erarbeitet, an denen eine Gruppe von Personen beteiligt ist.

In diesem Beitrag wird untersucht, inwieweit der Prozeß der Szenario-Erstellung durch den Einsatz von DSS-Technologie unterstützt werden kann. Relevant erscheint insbesondere der Ansatz der Group Decision Support Systems (GDSS), über den in der neueren Literatur verstärkt berichtet wird.

Es wird der Prozeß der Szenario-Analyse skizziert und das GDSS-Konzept erläutert. Darauf aufbauend wird ein Konzept zur GDSS-basierten Unterstützung von Szenario-Workshops entwickelt. Ein Ausblick auf zukünftige Entwicklungen schließt den Beitrag ab.

Systemtheoretische Repräsentation von Strukturen und Bewertungsfunktionen über zeitabhängigen betrieblichen numerischen Daten

Prof. Dr. Walter Augsburger, Bamberg

Dipl. Inf. Wiss. Klaus Helge Rieder, Bamberg

Dipl. Kfm. Hans–Jürgen Schwab, Bamberg

Zusammenfassung: Die Aufbereitung, Beobachtung und Bewertung des zeitlichen Verlaufes einer Vielzahl von Kennzahlenwerten ist für die Vorbereitung mannigfaltiger unternehmerischer Entscheidungen hilfreich. Viele der dabei anfallenden Tätigkeiten können durch den Einsatz moderner Informatikmethoden und Workstations effizient unterstützt werden.

Dies setzt jedoch eine formale Spezifikation von Objekten und Strukturen voraus, auf die der Anwender betriebliche Sachverhalte abbilden kann.

In diesem Tagungsbeitrag wird eine Spezifikation vorgestellt. Sie ist Grundlage des im Projekt "EISREVU"[1] entwickelten Softwaresystemes, das den Endanwender bei der individuellen Modellierung und Verwaltung von ablauffähigen Modellen, die dieser Spezifikation genügen, unterstützt.

Abstract: For preparing different kinds of management decissions it is useful to prepare, to watch and to validate the behaviour of many time series. A great deal of work involved can be supported by modern methods of computer science and workstations.

This requires a formal specification of objects and structures onto which the user can map his business's structures.

This paper presents the specification for the "EISREVU" software. It supports the user in individually modelling and administrating models according to this specification.

1 Einführung in die Problemstellung

Numerische Daten in Form von Kennzahlen werden in Unternehmen häufig als Entscheidungshilfe herangezogen. Die Kennzahlen sowie die Regeln für deren Bewertung unterscheiden sich dabei von Entscheidungsträger zu Entscheidungsträger.

Aus dieser einfachen Erkenntnis heraus entstand die Motivation, ein flexibles Modellierungssystem für Kennzahlensysteme und Bewertungsfunktionen für Folgen von Kennzahlenwerten zu entwickeln. Neben der Modellierungsmöglichkeit besitzt dieses Softwaresystem auch die Fähigkeit, die vom Anwender entwickelten Modelle zu verwalten und die Kennzahlenwerte automatisch zu überwachen.

[1] Das Projekt "EISREVU" (Entscheidungsunterstützendes Informationssystem für Energieversorgungsunternehmen) wird finanziell und fachlich durch die Unternehmen Mainkraftwerke AG und Energieversorgung Oberfranken AG gefördert.

Das Softwaresystem "EISREVU" ist auf graphikfähigen, vernetzten Workstations unter UNIX V.3 und BSD 4.3 als Mehrprozeßsystem mit Prolog und C implementiert.

Operations Research Proceedings 1991
© Springer-Verlag Berlin Heidelberg 1992

In diesem Tagungsbeitrag werden (in vereinfachter Form) die Strukturen und die Objekttypen vorgestellt[2], auf die ein Anwender betriebliche Sachverhalte aus seinem Unternehmen bzw. der Unternehmensumwelt abbilden kann. Nicht eingegangen wird aus Platzgründen in unserer Modelldarstellung

1. auf Strukturen über Dämonen, die aus Gründen der besseren Transparenz für den Benutzer eingeführt wurden,

2. auf die Organisation der Modelle in größeren Einheiten mit Hilfe von Obersystemen,

3. auf die Zugriffsrechte einzelner Benutzer mit Hilfe von Zuordnungsrelationen und

4. die Möglichkeiten zur Verwaltung zusätzlicher textueller Information.

Unter dem Begriff "Modell" verstehen wir die Repräsentation von Systemen mit Relationen über Kennzahlen und Bewertungsfunktionen. Eine formale Definition unseres Systembegriffs "Modell" erfolgt in Abschnitt 2.1.

Wir verstehen unter einem Objekt[3] ein Tupel, dessen Komponenten Elemente von Mengen bzw. Mengen, Relationen sowie andere hierarchisch tieferstehende Objekte sein können.

In der hier vorgestellten systemetheoretischen Spezifikation werden zunächst auf einer

1. "globalen Ebene" die Strukturen über den Objekten unterschiedlichen Typs (unter Vernachlässigung der Ausprägung der strukturellen Beziehungen zwischen diesen und dem inneren Aufbau der Objekte) und auf einer

2. "lokalen Ebene" der innere Aufbau der Objekte mit den o.g. Komponenten dargestellt und in Abschnitt 4 ein

3. Beispiel für Operationen, die zu einem sinnvollen Umgang mit den Objekten und Strukturen notwendig sind, gebracht.

Dieses 2 Ebenenkonzept wurde auch konsequent bei der Implementation umgesetzt. Der Anwender kann zwischen einer globalen Sicht auf das vom ihm entwickelte Kennzahlenmodell und Editoren wechseln, in denen er lokal die innere Struktur seiner Objekte festlegen kann. Bei den ersten Pilotanwendungen hat sich dieses 2 Ebenenkonzept als sehr nützlich erwiesen.

2 Beschreibung der globalen Strukturen

2.1 Modelle

Die Modelle bilden die formale abstrakte Repräsentation der Objekte, der Struktur von Objekten und der Relationen zwischen den Objektmengen, die ein Anwender selbst definiert. Ein Modell $m \in M$ ist ein

---

[2] Zur Notation und relationenalgebraischen Fachbegriffen s. [3].

[3] Der hier verwendete Objektbegriff ist also eher mit dem Elementbegriff der allgemeinen Systemtheorie verwandt als mit dem Objektbegriff, der in den objektorientierten Programmiersprachen anzutreffen ist.

System:

$$m = (n_{mo}, TM, O, \Gamma_{mo}).$$

Ein Modell besteht aus

- einem eindeutig identifizierenden Namen n_{mo}, der als Schlüssel dient,

- einer Menge von Teilmodellen TM,

- einer Menge O von Objekten unterschiedlichen Typs deren Elemente aus

  - einer Menge von Zeitreihenobjekten Z,

  - einer Menge von Dämonen D,

  - einer Menge von Klassen K (in die die Zeitreihenobjekte, die ein Dämon überwachen kann, eingeteilt werden)

  stammen $O = Z \cup D \cup K$;

- einer Relation $\Gamma_{mo} \subset (D \cup K \cup Z_H) \times (K \cup Z)$, die die Abhängigkeiten der Objekte beschreibt.

  Die Relation Γ_{mo} setzt sich zusammen aus

  - einer Relation $\Gamma_{de} \subset D \times (Z \cup K)$, die die Abhängigkeiten der Dämonen D von den Zeitreihenobjekten Z und den Klassen K beschreibt,

  - einer Relation $\Gamma_{kl} \subset K \times (Z \cup K)$, die die Abhängigkeiten der Klassen K von Klassen K und Zeitreihenobjekten Z beschreibt,

  - einer Relation $\Gamma_{zr} \subset Z_H \times (Z_H \cup Z_E)$, die die Abhängigkeiten der höheren Zeitreihenobjekte Z_H von höheren Z_H und elementaren Zeitreihenobjekten Z_E beschreibt. Damit wird ausgedrückt, daß Zeitreihenwerte höherer Zeitreihenobjekte $z_H \in Z_H$ aus den Zeitreihenwerten anderer Zeitreihenobjekte berechnet werden.

  Die Relation Γ_{mo} kann durch folgende wichtige Bedingungen charakterisiert werden:

  1. Asymmetrie, d.h. die Transponierte von $\Gamma_{mo} : \Gamma_{mo}^T$ ist Teilmenge von $\overline{\Gamma_{mo}}$.

  2. Nichtexistenz von zyklischen Abhängigkeiten zwischen den Objekten: $\Gamma_{mo}^+ \subset \overline{I}$ wobei Γ_{mo}^+ die transitive Abhängigkeit der Objekte beschreibt[4]. Damit ist automatisch auch

  3. Irreflexivität von $\Gamma_{mo} : \Gamma_{mo} \subset \overline{I}$ gegeben.

Die Abhängigkeiten zwischen den Objekttypen lassen sich als System $(\{Z_E, Z_H, K, D\}, R)$ veranschaulichen. Die Relation R, als Matrix dargestellt, trägt an den Stellen eine "1", wenn zwischen den Objekttypen eine funktionale Abhängigkeit herrscht, andernfalls eine "0".

---

[4] Der Operator + bildet die transitive Hülle einer Relation.

	Z_E	Z_H	K	D
Z_E	0	0	0	0
Z_H	1	1	0	0
K	1	1	1	0
D	1	1	1	0

2.2 Teilmodelle

Mit Hilfe von Teilmodellen kann der Anwender seine Modelle strukturieren und nach sachlogischen Gesichtspunkten übersichtlich gruppieren. In Teilmodellen wird also numerische Information aufbereitet und verdichtet. Ein Teilmodell $tm \in TM$ ist durch folgende Attribute charakterisiert:

- einen Namen n_{tmo}, mit dem es innerhalb des Modells identifiziert wird,

- einer Menge von Objekten O_i, die ihrerseits aus

    - einer Menge von Zeitreihenobjekten $Z_i \subset Z$,

    - einer Menge von Klassen $K_i \subset K$ und

    - einer Menge Dämonen $D_i \subset D$

  besteht,

- eine Relation $\Gamma_{tmo} \subset (D_i \cup K_i \cup Z_i) \times (K_i \subset Z_i)$, die die Abhängigkeiten zwischen den Objekten beschreibt:

$$tm = (n_{tmo}, O_i, \Gamma_{tmo}).$$

Die Abb. 1 stellt die bis jetzt dargestellte Sichtweise noch einmal graphisch dar.

3 Beschreibung der lokalen Objektstrukturen

3.1 Zeitreihenobjekte

Wir unterscheiden zwischen der Menge der elementaren Zeitreihenobjekte[5] Z_E und der Menge der höheren Zeitreihenobjekte Z_H. Die elementaren Zeitreihenobjekte stellen in den Modellen diejenigen "Kennzahlen" dar, die direkt aus den operativen Systemen stammen. Damit handelt es sich bei elementaren Zeitreihenobjekten, bildlich gesprochen, um die Kennzahlen, die den Fuß der "Kennzahlenpyramiden"[6] bilden, in denen die Kennzahlen angeordnet werden. In den Teilmodellen werden Zeitreihenobjekte $z \in Z_E \cup Z_H$ mittels einer vom Endbenutzer definierten Vorschrift $bv : z^k \to z_H, k \in IN$ zu höheren Zeitreihenobjekten $z_H \in Z_H$ verknüpft. Es gilt: $Z_E \cap Z_H = \emptyset$ und $Z = Z_E \cup Z_H$. Zeitreihenobjekte haben folgende Attribute:

---

[5]Ein genauerer Überblick über die Zeitreihenobjekte wird in [2] gegeben.

[6]Modelle oder Teilmodelle müssen keine Pyramidenform besitzen.

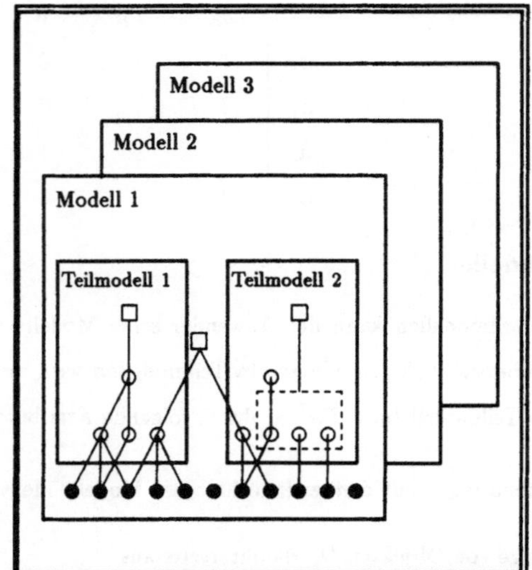

Abbildung 1: Objekte und Relationen von Modellen

- Eine Einheit e, deren Ausprägung aus einer vorgegebenen Menge $E = \{dm, kg, to \ldots\}$ stammen muß.

- Einen Typ y, der sich auf die Zeitreihe bezieht und der aussagt, ob es sich bei den Zeitreihenwerten entweder um normale Werte (value), um Indexzahlen (index), um Prozentwerte (percentage) oder um errechnete Werte (relation), also beispielsweise Mitarbeiter pro Betriebseinheit, handelt.

- Ein weiteres Attribut der Zeitreihenobjekte ist die Periodizität $p \in P$, die ebenfalls nur vorgegebene Ausprägungen annehmen darf. P $= \{$*Jahr, Halbjahr, Vierteljahr, Monat, Tag*$\}$.

- Alle Zeitreihenobjekte tragen einen Namen n aus der Menge der für Zeitreihenobjekte zulässigen Namen NO_{zr}, der innerhalb eines Modells für eindeutige Identifikation sorgt.

- Jedes Zeitreihenobjekt besitzt eine Zeitreihe ts, die aus Tupeln mit Datumsangabe und Zeitreihenwert der Form (d_i, z_i) besteht. An die Zeitreihe ts können beispielsweise neue Elemente angehängt werden. Bei elementaren Zeitreihenobjekten geschieht dies durch einen "Update" mit Zeitreihenwerten aus operativen Systemen, bei höheren Zeitreihenobjekten werden neue Elemente durch Berechnung erzeugt.

- Die höheren Zeitreihenobjekte werden zusätzlich durch eine Berechnungsvorschrift bv aus der Menge aller gültigen Berechnungsvorschriften BV beschrieben. Diese gibt an, wie sich die Zeitreihe berechnet. Diese Berechnungsvorschrift ist bei elementaren Zeitreihenobjekten als ein leeres Wort vorstellbar. Die Syntax und Semantik des Kalküls der Berechnungsvorschrift ist in [1] dargestellt.

- Die Zeitreihenwerte der höheren Zeitreihenobjekte werden aus den Zeitreihenwerten anderer Zeitreihenobjekte $Z_{zr} \subset Z$ direkt berechnet. Die Menge der Z_{zr} wird zur verallgemeinerten Darstellung eines

Zeitreihenobjektes bei Z_E als leer aufgefaßt.

Ein Zeitreihenobjekt $z \in Z$ kann als ein Tupel aus einer Einheit e, einem Typ y, einer Periodizität p, einem Namen n, einer Zeitreihe ts, einer Beschreibungssprache bv und einer Menge von Z_{zr}, aus deren Zeitreihen seine Zeitreihe berechnet wird, beschrieben werden:

$$z = (n, e, y, p, ts, bv, Z_{zr}).$$

3.2 Dämonen

Weitere Objekte innerhalb eines Modells sind Bewertungsfunktionen für die Werte einer Zeitreihe von Zeitreihenobjekten, die "Dämon" genannt werden. Dämonen untersuchen die Zeitreihenwerte von Zeitreihenobjekten auf vorgegebene Muster hin und erstellen, falls diese Muster vorliegen, Meldungen. Dabei können die Dämonen so eingestellt werden, daß sie automatisch, ohne weiteres Zutun des Benutzers dann aktiv werden, wenn sich die Zeitreihen von Zeitreihenobjekten verändern.

"Muster" innerhalb einer Zeitreihe können beispielsweise kurze periodische Schwankungen, Trends oder einfach das Über- oder Unterschreiten vorgegebener Werte sein. Die Meldungen können neben einfachen Texten auch statistische Informationen usw. umfassen. Die Dämonen haben folgende Attribute:

- Sie haben einen Namen $n \in N_{de}$, der als Schlüssel dient.

- Jedem Dämon wird durch den Anwender eine Menge Zeitreihenobjekte $Z_{de} \subset Z$ zugeordnet, die der Dämon überwacht. Diese Zuordnung kann sowohl durch die Angabe der Menge der Z_{de} oder durch die Angabe einer Klasse k_{de} (s. Abbschnitt 3.3) beschrieben werden.

- Die Dämonen werden abhängig von bestimmten Ereignistypen $ev \in \{SELECTION,\ UPDATE,\ CHANGE,\ ALWAYS\}$ aktiv. Wenn die Wertereihe eines Zeitreihenobjektes $z \in Z_{de}$, das dem Dämon zugeordnet ist, verändert wird, löst dies ein UPDATE–Ereignis aus. Wenn die Beschreibung eines höheren Zeitreihenobjektes $z_H \in Z_{de}$, an das der Dämon gebunden ist, verändert wird, löst dies ein CHANGE–Ereignis aus. Wenn der Benutzer den Dämon per Hand aktiviert, löst dies ein SELECTION–Ereignis aus. Alle anderen Ereignisse, die bewirken können, daß der Dämon die Muster der zugeordneten Zeitreihenobjekte Z_{de} als zutreffend erkennt, sind in der Restkategorie ALWAYS eingeordnet[7]. Die Einführung von Ereignistypen erfolgt letztlich aus Effizienzgründen und soll eine ressourcenschonende Abarbeitung der Dämonen ermöglichen.

- Die Verfahren, mit denen ein Dämon die zugeordneten Zeitreihenobjekte untersucht, heißen "Mustererkennungsverfahren" mf. Die Mustererkennungsverfahren $mf \in MF$ stellen eine Abbildung von Zeitreihenwerten auf die Werte wahr oder falsch dar:

$$mf(ts_1, ..., ts_n) \rightarrow \{wahr, falsch\}.$$

---

[7]Dämonen lösen selbst keine Berechnungsvorgänge aus.

Ein Dämon kann über eine Menge MF von Mustererkennungsverfahren verfügen. Mustererkennungsverfahren können durch logisches $\vee$ und $\wedge$, wie im folgenden Beispiel, verknüpft werden:

$$mf_1(ts_1, ts_2, ts_3) \vee mf_2(ts_2, ts_3) \wedge mf_n(ts_4).$$

Dieser logische Ausdruck wird ausgewertet, und falls er den Wahrheitswert "wahr" besitzt, führt der Dämon die zugehörigen Aktionen A aus. Die Aktionen bestehen im wesentlichen in der Berechnung von statistischen Informationen und der Ausgabe von Meldungen MD für die Benutzer.

Ein Dämon d kann formal beschrieben werden als ein Tupel aus einem Namen n, einer Menge von Zeitreihenobjekten Z_{de}, die er beobachtet oder einer Klasse k_{de}, deren Mitglieder der Dämon beobachtet, eines Ereignisstyps ev, auf das hin der Dämon aktiv wird, einer Menge Mustererkennungsverfahren MF, einer Menge Aktionen A und einer Menge von Meldungen MD, die er erzeugt hat:

$$d = (n, Z_{de}, k_{de}, ev, MF, A, MD).$$

3.3 Klassen

Als weitere Objekte existieren in einem Modell noch Klassen K, in die Zeitreihenobjekte eingeteilt werden. Die Definition von Klassen verfolgt das Ziel, Dämonen anstatt an einzelne Zeitreihenobjekte an eine ganze Menge von Zeitreihenobjekten zu binden. Der Dämon überwacht dann nicht einzelne Objekte, sondern alle Klassenmitglieder oder die Mitglieder von (Unter–) Klassen, aus denen eine (Ober–) Klasse besteht. Klassen k haben folgende Attribute:

- einen identifizierenden Namen n_{kl},

- eine Menge von Zeitreihenobjekten $Z_{kl} \subset Z$ oder

- eine Menge von Klassen $K_{kl} \subset K$.

Eine Klasse k läßt sich als ein Tupel beschreiben: $k = (n_{kl}, Z_{kl}, K_{kl})$.
Ein Zeitreihenobjekt kann gleichzeitig in mehreren Klassen "Mitglied" sein. Die Klassen selbst können bezüglich ihrer Mitglieder, also Zeitreihenobjekte oder Klassen, "überlappend" sein.
Die Abhängigkeit der Klassen von Zeitreihenobjekten oder Klassen beschreiben wir mit der Relation: $\Gamma_{kl} \subset K \times (Z \cup K)$, wobei gilt: $\Gamma_{kl} \subset \Gamma_{mo}$.

4 Operationen und Konsistenzbedingungen

In diesem Abschnitt werden die Operationen zum Anlegen von Strukturen, also von Modellen und Teilmodellen und Objekten aus den Mengen der Dämonen D, der Klassen K und der Zeitreihenobjekte Z aufgelistet. Für diese Operation definieren wir einen Operator $\uplus$, mit dem zu einer Menge von Objekten des gleichen Typs bzw. einer Relation aus Tupeln des gleichen Typs ein Objekt oder eine Objektmenge bzw. Tupel des gleichen Typs hinzugefügt werden.

Die Operationen zum Anlegen von Strukturen und Objekten sind unproblematisch. Wir fordern nur und überprüfen auch, daß gleiche Namen nicht doppelt vergeben werden dürfen. Beim Anlegen von neuen Strukturen und Objekten werden die Mengen und die Relationen, in denen die Abhängigkeiten festgehalten sind, verändert. Die Mengen und Relationen, die sich dabei ergeben, sind durch einen Strich gekennzeichnet.

$$\text{Modelle} \quad M' = M \uplus \{m_l \mid i \neq j \iff n_{mo,i} \neq n_{mo,j} \neq n_{mo,l}\}$$
$$\text{mit } i,j,l \in I\!N; \; j,i = 1,\ldots,|M|; \; l = |M| + 1$$

$$\text{Teilmodelle} \quad TM' = TM \uplus \{tm_l \mid i \neq j \iff n_{tmo,i} \neq n_{tmo,j} \neq n_{tmo,l}\}$$
$$\text{mit } i,j,l \in I\!N; \; j,i = 1,\ldots,|TM|; \; l = |TM| + 1$$

$$\text{Dämonen} \quad D' = D \uplus \{d_l \mid i \neq j \iff n_{de,i} \neq n_{de,j} \neq n_{de,l}\}$$
$$\text{mit } i,j,l \in I\!N; \; i,j = 1,\ldots,|D|; \; l = |D| + 1$$
$$\Gamma'_{de} = \Gamma_{de} \uplus (\{d_l\} \times (Z_{de} \cup \{k_{de}\}))$$
$$\Gamma'_{tmo} = \Gamma_{tmo} \uplus (\{d_l\} \times (Z_{de} \cup \{k_{de}\}))$$
$$\Gamma'_{mo} = \Gamma_{mo} \uplus (\{d_l\} \times (Z_{de} \cup \{k_{de}\}))$$

$$\text{Klassen} \quad K' = K \uplus \{k_l \mid i \neq j \iff n_{kl,i} \neq n_{kl,j} \neq n_{kl,l}\}$$
$$\text{mit } j,i,l \in I\!N; \; j,i = 1,\ldots,|K|; \; l = |K| + 1\}$$
$$\Gamma'_{kl} = \Gamma_{kl} \uplus (\{k_l\} \times (Z_{kl} \cup \{K_{kl}\}))$$
$$\Gamma'_{tmo} = \Gamma_{tmo} \uplus (\{k_l\} \times (Z_{kl} \cup \{K_{kl}\}))$$
$$\Gamma'_{mo} = \Gamma_{mo} \uplus (\{k_l\} \times (Z_{kl} \cup \{K_{kl}\}))$$

$$\text{Zeitreihenobjekte} \quad Z' = Z \uplus \{z_l \mid i \neq j \iff n_{zo,i} \neq n_{zo,j} \neq n_{zo,l}\}$$
$$\text{mit } i,j,l \in I\!N; \; j,i = 1,\ldots,|Z|; \; l = |Z| + 1$$
$$\Gamma'_{zr} = \Gamma_{zr} \uplus (\{z_l\} \times Z_{zr})$$
$$\Gamma'_{tmo} = \Gamma_{tmo} \uplus (\{z_l\} \times Z_{zr})$$
$$\Gamma'_{mo} = \Gamma_{mo} \uplus (\{z_l\} \times Z_{zr})$$

In gleicher Weise sind die Löschoperationen auf Strukturen und Objekten definiert. Sie sind ausführlich in [4] dargestellt.

Literatur

[1] Augsburger W., Rieder H., Schwab J.
Endbenutzerorientierte Informationsgewinnung aus numerischen Daten am Beispiel von Unternehmenskennzahlen. In: Rainer Kuhlen (Hrsg.), *Pragmatische Aspekte beim Entwurf und Betrieb von Informationssystemen*, Konstanz, Proc. des 1. Internationalen Symposiums für Informationswissenschaft, 241-255, (1990)

[2] Augsburger W., Rieder H., Schwab J.
Wissensbasiertes, inhaltsorientiertes Retrieval statistischer Daten mit EISREVU. erscheint in: Workshop Information Retrieval, Darmstadt 24.-25. Juni Proceedings; Springer, Informatik Fachberichte, (1991)

[3] Schmidt G., Ströhlein T.
Relationen und Graphen. Springer-Verlag, Berlin et al., (1989)

[4] Schwab J.
Ein computergestütztes Modellierungssystem zur Kennzahlenbewertung. Eingereichte Dissertation, Universität Bamberg, Bamberg, (1991)

OPEREX - EINE EXPERIMENTIER- UND LERNUMGEBUNG FÜR VERFAHREN DER LINEAREN OPTIMIERUNG

Jochen Benz, Frank Strube, Lars Zilch
Fachbereich Angewandte Informatik und Mathematik
der Fachhochschule Fulda, Marquardstr. 35, 6400 Fulda

Verfahren der Linearen Optimierung bilden einen wichtigen Bestandteil der betrieblichen Entscheidungsfindung. Für ihre Anwendung besteht das Problem weniger im Verständnis der gundlegenden Algorithmen, als im Sammeln von Erfahrung im Umgang mit den Methoden.

Aus diesem Grund wurde am Fachbereich Angewandte Informatik und Mathematik der Fachhochschule Fulda die Experimentier- und Lernumgebung OPEREX entwickelt, die in diesem Beitrag vorgestellt wird. Ziel von OPEREX ist es, sowohl Faktenwissen zu vermitteln, als auch Übung im Umgang mit den Methoden zu bieten. Dazu werden dem Studierenden und dem Anwender im Betrieb auf einem MS-DOS Personal Computer die beiden Verfahrensschwerpunkte "Simplexverfahren" und "Transportmethode" geboten. Durch die besonders benutzerfreundliche Gestaltung ist OPEREX sowohl zum Selbststudium als auch zum lehrveranstaltungsbegleitenden Einsatz geeignet. Ein besonderes Schwergewicht von OPEREX ist das rechnerunterstützte Lernen. Das Programm besitzt ein kontextabhängiges Hilfesystem, welches die Verfahren ausführlich erklärt und auch als elektronisches Buch (Hypertextsystem) verwendet werden kann.

OPEREX behandelt im Schwerpunkt "Simplexverfahren" Standardprobleme der linearen Optimierung, Dualität von linearen Optimierungsproblemen, Modifikationen des Simplexverfahrens sowie die parametrische lineare Optimierung. Im Schwerpunkt "Transportmethode" lassen sich verschiedene Verfahren zur Bestimmung einer zulässigen Ausgangslösung, der Iterationsprozeß mit Hilfe der modifizierten Stepping-Stone-Methode sowie Transportprobleme mit zusätzlichen Kapazitätsbeschränkungen bearbeiten.

Begleitet wird die Vorstellung des Programms OPEREX durch eine Vorführung am Personal Computer.

INTEGRIERTE DATENMODELLIERUNG ALS ZENTRALE AUFGABE DES DATENMANAGEMENTS

Stefan Eicker, Münster

Die Daten einer Unternehmung stellen eine Infrastruktur dar, die ganzheitlich und nicht anwendungsspezifisch geplant und verwaltet werden sollte. Dies erfordert die Zusammenfassung aller Aufgaben bezüglich der Daten zu einem Aufgabenbereich, der für die aufeinander abgestimmte Planung, Allokierung, Bereitstellung, Erhaltung etc. aller betrieblichen Datenressourcen zuständig ist. Ein solcher Aufgabenbereich wird hier als *Datenmanagement* bezeichnet.

Eine wesentliche Aufgabe des Datenmanagements ist der Entwurf der betrieblichen Datenressourcen. Für den Datenbankentwurf wurde die ANSI/X3/SPARC-Architektur entwickelt, deren Vorteilhaftigkeit inzwischen allgemein anerkannt ist. Sie unterscheidet zwischen einer externen, einer konzeptionellen und einer internen Sicht auf Daten, wobei die konzeptionelle Sicht als Modell des zugehörigen Anwendungsbereichs bzw. der zugehörigen Anwendung aus Unternehmenssicht definiert ist. Erfahrungsgemäß ist ein solches Modell jedoch nie frei von anwendungsbereich-/anwendungsspezifischen Aspekten.

Ziel des Datenmanagements muß es sein, Unternehmensdatenmodellierung und Anwendungsdatenmodellierung aufeinander abzustimmen. Der Vortrag stellt dazu drei Vorgehensweisen für eine integrierte Datenmodellierung, den Top-down-, den Bottom-up- und den Top-down-bottom-up-Ansatz, mit ihren Vor- und Nachteilen vor und erläutert die Aufgaben der Unternehmensdatenmodellierung und der Anwendungsdatenmodellierung in Abhängigkeit von der gewählten Vorgehensweise. Zur Sprache kommt dabei auch die Verbindung zwischen Unternehmensdatenmodell und Ergebnissen einer evtl. in der Unternehmung eingesetzten Methode zur Unterstützung der IV-Planung. Bezogen auf die Top-down-bottom-up-Vorgehensweise, die zu favorisieren ist, entsteht dadurch eine 4-Ebenen-Architektur für betriebliche Datenressourcen.

Außerdem wird die Problematik der Integration der Datenmodelle "alter" Anwendungsprogramme (sog. "Altlasten") sowie der in einer Unternehmung eingesetzten Standardsoftwareprogramme diskutiert.

DYNAMISCHE OBJEKTBESCHREIBUNG DURCH ROLLEN

Werner Esswein, Bamberg

Zusammenfassung: Grundlage der Planung, Steuerung und Kontrolle des betrieblichen Basissystems durch das betriebliche Informationssystem ist eine formale Beschreibung des Unternehmens. Für diese Beschreibung sind objektorientierte Ansätze vielversprechend.

In diesem Beitrag wird ein Objektmodell vorgestellt, das eine redundanzfreie Typbeschreibung betrieblicher Objekte ermöglicht und das die Rollen, die Objekte im Betrieb spielen, in den Vordergrund stellt. Das vorgestellte Objektmodell gewährleistet darüber hinaus die Identitätswahrung der Objekte bei Typmigration und erlaubt es, objektspezifisches polymorphes Verhalten von vielseitig einsetzbaren Objekten abzubilden.

Abstract: Planning, monitoring and controlling an enterprise by means of an information system requires a formal specification of the problem domain. Object-oriented specification techniques are encouraging for this purpose.

This paper presents an Object Model that leads to a redundancy-free specification of problem domain objects. It focuses on roles played by the problem domain objects. One object can play one or more roles within a type hierarchy.

Object identity is ensured by the model for objects changing one or more of its roles. The polymorphic behaviour of multi-role objects can be easily specified within the model.

Einführung

Das Paradigma der Objektorientierung hat im Bereich der Informationstechnologie weite Verbreitung gefunden. So sind zum Beispiel Bereiche wie die Datenbanktechnologie /1/ /2/ , die Systemanalyse /3/, die Weiterentwicklung von Programmiersprachen /7/ und die Wissensmodellierung stark durch die Objektorientierung beeinflußt.

Im Bereich der Wirtschaftsinformatik sind objektorientierte Ansätze zu beobachten, die das gesamte betriebliche Informationssystem (BI), also die planenden, steuernden und kontrollierenden Bereiche von Unternehmen, durch formale Modelle abbilden /5/. Die entstehenden Unternehmensschemata sollen alle für die Planung, Steuerung und Kontrolle relevanten Aspekte des Betrie-

Operations Research Proceedings 1991
© Springer-Verlag Berlin Heidelberg 1992

bes darstellen, Inkonsistenzen im Aufbau des BI aufdecken und in der Lage sein, Veränderungen im Aufbau des BI nachzuvollziehen. Werden diese Forderungen erfüllt, so bilden diese Schemata die Grundlage für die Integration der betrieblichen Informations- und Entscheidungsaufgaben sowie die Dokumentation der Organisation des Betriebes.

Der Objektbegriff ist nicht eindeutig. Es gibt eine Vielzahl unterschiedlicher Paradigmen, die als objektorientiert bezeichnet werden. Ihnen allen gemeinsam ist, daß die Struktur und das Verhalten realer Objekte zusammengefaßt in ein formales Objekt abgebildet wird. Sie unterscheiden sich jedoch in der Art, wie Objekte gebildet und beschrieben werden.

<u>Anforderungen an Objektmodelle</u>

Aus dem Grundgedanken, reale Objekte in formale Objekte abzubilden, folgt die Forderung, die *Identität* eines realen Objekts in der Diskurswelt nachzuvollziehen. Dieser Aspekt wird insbesondere im Zusammenhang mit objektorientierten Datenbanksystemen /1/ /2/ /8/ diskutiert. Es soll vermieden werden, daß ein reales Objekt in mehrere formale Objekte gleichzeitig oder nacheinander abgebildet wird. Die durch die Modelle abgebildete *Diskurswelt* soll Objekte abstrahiert darstellen und dadurch Ihre Behandlung im BI festlegen. Deshalb ist es erforderlich, Objekte zu *typisieren* und die Menge aller typidentischen Objekte beschreiben zu können. Dies bedeutet, daß alle realen Objekte, die in der Diskurswelt des BI abgebildet werden, in ein vorgegebens *Typschema* eingefügt werden müssen. Das Typschema muß einerseits in der Lage sein, alle relevanten Aspekte realer Objekte abbilden zu können, andererseits sollte es übersichtlich bleiben und Redundanzen in der Typbeschreibung vermeiden. Bei der Abbildung von Objekten im BI können *Redundanzen* sowohl bei der Abbildung von Daten, als auch bei der Abbildung von Verhaltenseigenschaften dieser Objekte auftreten. Datenredundanzen lassen sich durch eine Übertragung der Normalisierungstheorie für Datenbankschemata auf die Objektschemata vermeiden /6/. Zur Vermeidung von Redundanzen bei der Verhaltensbeschreibung steht in den meisten Objektmodelle das Paradigma der Generalisierung bzw. Spezialisierung zur Verfügung, auf das im folgenden bei den Objektmodellen noch eingegangen wird. Reale Objekte sind in der Regel nicht atomar, sondern setzen sich aus mehreren realen Teiobjekten zusammen. Diese Eigenschaft ist bei manchen Objekten relevant für das BI und soll daher im Objektmodell darstellbar sein. Das Problem der Abbildung solcher *komplexer Objekte* wird vorwiegend in der Literatur zu objektorientierten Datenbanksystemen /1/ /2/ behandelt.

Arten von Objektmodellen

Es gibt in der Literatur eine Vielzahl unterschiedlicher Objektmodelle. Sie lassen sich in die zwei Hauptgruppen Smalltalk-artige Modelle und Delegationsmodelle gliedern.

Die Smalltalk-artigen Objektmodelle (SM)

Das SM ist durch folgende sieben Punkte charakterisiert :

1) Eine *Klasse* typisiert Objekte durch die Beschreibung von Variablen und Methoden.

2) Der Klasse können *Klassenvariablen* und *Klassenmethoden* zugeordnet sein, die je Klasse nur einmal existieren und als *Klasseninstanz* bezeichnet werden.

3) Ein Objekt wird als *Instanz* einer Klasse aufgefaßt.

4) Die Klasse ist auch die Menge ihrer Instanzen, also eine Menge typidentischer Objekte.

5) Verfügen mehrere Klassen über einen gemeinsamen Teil von Typeigenschaften, so kann dieser Teil in einer eigenen Klasse beschrieben und auf die anderen Klassen vererbt werden. Die vererbende Klasse wird als *Superklasse*, die erbenden Klassen als *Subklassen* bezeichnet. Die *Generalisierung* der Subklassen zur Superklasse ist eine Typeigenschaft der Instanzen der Klasse.

6) Vererbte Typeigenschaften können in der Subklasse *überschrieben*, d.h. abgeändert werden. Auf diese Weise können Objekte unterschiedlicher Klassen sich unterschiedlich verhalten, obwohl eine gleichnamige Methode angesprochen wird. Diese Eigenschaft wird als *Polymorphismus* bezeichnet.

7) Instanzen bzw. Klasseninstanzen können durch *Nachrichten* an andere Instanzen bzw. Klasseninstanzen Methoden dieser Instanzen auslösen.

In Abbildung 1 (Abb.1) ist ein Beispiel für eine Smalltalk-Klassenhierarchie dargestellt. Auf diesem Grundmodell basieren objektorientierte Programmiersprachen (z.B.: C++, Turbo Pascal 5.5), objektorientierte Datenbanksysteme (z.B.: Gemstone) sowie Wissensrepräsentationssprachen (z.B.: EGERIA, Knossos). Eine häufig geforderte Erweiterung ist die Möglichkeit, Variablen und Methoden mehrerer Superklassen auf eine Subklasse vererben zu können. Diese Forderung führt zu Konflikten, wenn Kreisstrukturen entstehen, da Eigenschaften auf unterschiedlichen Wegen vererbt werden können und daher auch unterschiedlich überschrieben worden sein können. Im Beispiel aus Abb. 1 ist ein solcher Fall gegeben, wenn ein Gesellschafter gleichzeitig Mitarbeiter des Unternehmens ist und daher eine gemeinsame Subklasse der beiden entsprechenden Superklassen in die Klassenstruktur eingefügt wird.

Der wesentliche Nachteil dieser Modelle ist, daß ein Objekt als Instanz einer Klasse betrachtet wird. Ändern sich die Eigenschaften des Objekts im Laufe seiner Lebensdauer, etwa wenn einem Angestellten die Prokura erteilt wird, so muß das Objekt in ein anderes Objekt überführt werden. Auch können Objekte, die in mehrfacher Weise auftreten, etwa als Kunde und Lieferant, entweder als mehrere Objekte abgebildet werden, was ebenso wie der obige Fall die Identität verletzt, oder für jede mögliche Kombination von Objekttypen, die zur Abbildung eines realen Objekts dienen kann, muß eine eigene Klasse definiert werden.

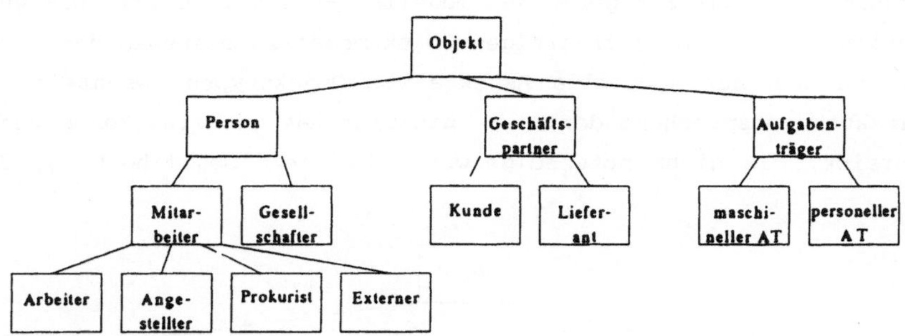

Abb.1 : Smalltalk - Klassenhierarchie

Die Delegationsmodelle

Der Bereich der Wissensmodellierung stellt an ein Objektmodell weniger die Anforderung viele typidentische Objekte verwalten zu können, sondern mehr die Forderung ähnliche Objekte gegeneinander abzugrenzen /4/ /9/. Die Delegationsmodelle stellen daher zwar ähnlich den Smaltalk-artigen Modellen eine Objekttyphierarchie als Typbeschreibung zur Verfügung, die Objekte entsprechen jedoch nicht notwendigerweise einer Typbeschreibung, sondern verwenden eine Objekttypbeschreibung als Ausgangspunkt für ihre *individuelle Typbeschreibung*. Die Klassentypbeschreibung kann bei der Bildung eines Objekts durch beliebige Variablen und Methoden ergänzt werden und bestehende Variablen und Methoden können überschrieben werden. Auf diese Weise entstehen Objekte, die ihre Eigenschaften beliebig verändern und Eigenschaften beliebig vieler Klassen annehmen können. Dies bedeutet, daß die in den Klassen festgelegten Eigenschaften keinen Typcharakter für die Objekte haben, sondern nur *Prototypen* von Objekten beschreiben.

Diese Objektmodelle sind jedoch für Datenbanksysteme nicht geeignet, da über die Struktur und den Speicherbedarf der Objekte im voraus keine Angaben gemacht werden können und der Zugriff auf die Objekte außer über den Objektidentifikator für jedes Objekt spezifisch möglich sein muß. Auch widerspricht diese individuelle Objektbeschreibung dem organisatorischen Anspruch, be-

triebliche Abläufe einheitlich zu regeln, da jedes Objekt die Abläufe durch
seine Methoden beliebig verändern kann.

Um die Vorteile beider beschriebenen Modellgruppen in enem Objektmodell zu
vereinen ist ein neuer anderer Ansatz erforderlich.

Das Objekt-Rollenmodell (ORM)

Das ORM ist ein streng typgebungenes Objektmodell. Die Typbeschreibung erfolgt in einer *Rollentyphierarchie (RTH)*, die große Ähnlichkeit mit der Klassenhierarchie Smalltalk-artiger Objektmodelle hat (vgl. Abb.2). Die wesentlichen Unterschiede zu Smalltalk-artigen Objektmodellen bestehen darin, daß ein
Knoten in der RTH nur spezielle Aspekte von Objekttypen beschreibt, keinen
Objektcharakter entsprechend der Klasseninstanz hat und eine Menge von Objekten beschreibt, die nicht notwendigerweise in ihrer Gesamtheit typidentisch
sind.

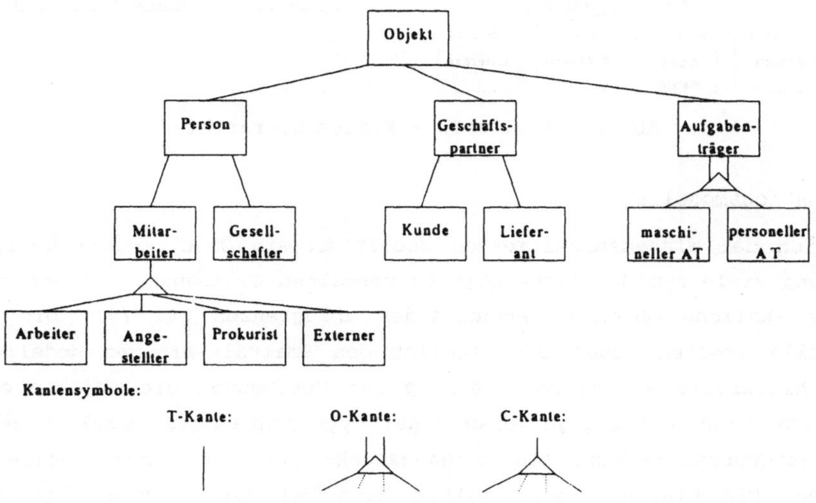

Abb.2 : Rollentyphierarchie

Der Wurzel - Rollentyp

Die Wurzel jeder Rollentyphierarchie ist ein Rollentyp, dem ein Objekt, das
Systemobjekt, zugeordnet ist. Das Systemobjekt enthält Methoden zum Erzeugen
und Löschen von Objekten sowie zum Verändern des Typs von Objekten, die Typmigration. Durch den Wurzel - Rollentyp wird jedem Objekttyp der Objektidentifikator zugeordnet.

Rollentypen (RT)

Jeder RT kann durch ein oder mehrere Subrollentypen spezialisiert werden. Die Spezialisierung erfolgt durch zusätzliche Variablen und Methoden sowie das Überschreiben von Variablen und Methoden des Superrollentyps. Die multiple Vererbung ist ausgeschlossen. Der RT 'Kunde' enthält beispielsweise nur diejenigen Variablentypen und Methoden, die erforderlich sind, um ein Objekt in seiner Rolle als Kunde des Unternehmens im betrieblichen Informationssystem zu behandeln.

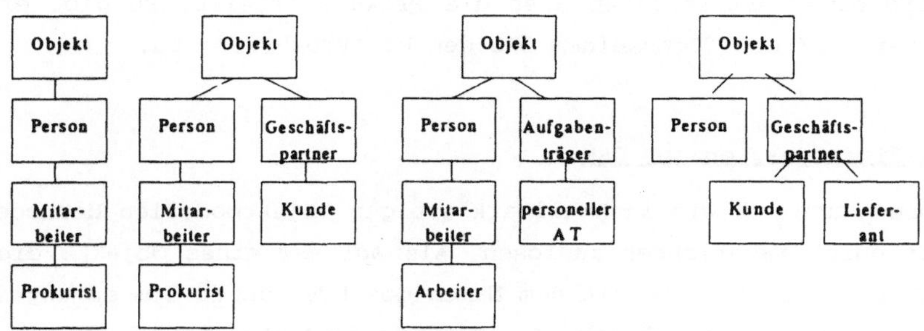

Abb.3 : Beispiele zulässiger Objektrollenbäume

Der Objektrollenbaum (ORB)

Jede Typbeschreibung eines Objekts ist ein zusammenhängender Teilbaum der Rollentyphierarchie, der ORB , mit einer Wurzel (vgl. Abb.3).

Spezialisierungsformen in der RTH

Die Zulässigkeit von Objekttypbeschreibungen kann durch Kantensymbole in der Rollentyphierarchie eingeschränkt werden. Es stehen die Kantentypen *Typerweiterung (T)*, *obligate Spezialisierung (O)* und *wahlweise Spezialisierung (C)* zur Verfügung. Sei S ein Superrollentyp und $B_1..B_n$ die Subrollentypen von S.
- Sind S und B_1 durchch eine T-Kante verbunden, so sind alle ORBe zulässig, die keine Kanten vom Typ O und C verletzen. Im Beispiel sind also ORBe zulässig die neben der Wurzel nur den RT 'Person', die RTn 'Person' und einen oder zwei der RTn 'Mitarbeiter' und 'Gesellschafter' beinhalten.
- Sind S und $B_1..B_m$ mit m ≤ n durch eine Kantenkombination O verbunden, so muß jeder ORB, der S enthält auch genau einen RT aus $\{B_1..B_m\}$ enthalten. Jeder ORB des Beispiels, der den RT 'Aufgabenträger' beinhaltet muß entweder den RT 'Maschineller AT'oder den RT 'Personeller AT' enthalten.
- Sind S und $B_1..B_m$ mit m ≤ n durch eine Kantenkombination C verbunden, so kann jeder ORB, der S enthält höchstens einen RT aus $\{B_1..B_m\}$ enthalten. Ein Mitarbeiter kann also im Beispiel nur entweder Arbeiter, Angestellter oder Prokurist sein.

Die Typmigration von Objekten

Objekte in einem ORM-System können einen zusätzlichen RT in Ihren ORB aufnehmen, wenn sie den Superrollentyp des aufzunehmenden RTs in ihrem ORB haben und sie durch die Aufnahme keine Kantenrestriktionen der RTH verletzen. Ebenso können sie einen RT aus ihrem ORB entfernen, wenn keine Subrollentypen des RT im ORB enthalten ist. Durch O-Kanten verbundene RTs können nur gemeinsam aufgenommen und entfernt werden. Durch diesen Mechanismus kann ein Objekt seinen Typ in jeden zulässigen Typ ändern ohne seine Identität aufgeben zu müssen. Wird einem Angestellten also die Prokura erteilt, so gibt er den RT 'Angestellter' auf und fügt seinem ORB den RT 'Prokurist' zu.

Dynamische Eigenschaften des ORM

Objekte können ähnlich wie in Smalltalk-artigen Objektmodellen Methoden anderer Objekte durch Nachrichten auslösen. Als *Adresse* eines Objekts dient sein Identifikator in Kombination mit dem Namen des RTs, unter dem es angesprochen wird. Ist in dem angesprochenen RT die erforderliche Methode definiert, so wird sie ausgeführt. Anderenfalls wird auf dem Weg vom angesprochenen RT zu Wurzel des ORB nach der erforderlichen Methode gesucht und nach dem Auffinden diese ausgeführt. Dies entspricht der Vererbung von Methoden in Klassenhierarchien. Führt auch diese Suche nicht zum Erfolg, so wird in den Subrollentypen des angesprochenen RT nach der Methode gesucht, sofern diese RTs im ORB des Objektes vorhanden sind. Auf diese Weise können sich Objekte, die in ihrer Rolle des RT angesprochen polymorph verhalten, wenn sie unterschiedliche ORBe haben. Wird die gesuchte Methode dort nicht oder mehrfach in unterschiedlichen RTs gefunden, wird keine Methode ausgelöst. Das mehrfache Auffinden einer Methode in Subrollentypen entspricht einem Konflikt der Vererbung bei multipler Vererbung. Dieser Konflikt kann systematisch ausgeschlossen werden, indem mehrfache Definition von Methoden in unterschiedlichen RTn nur zugelassen wird, wenn derern gemeinsames Auftreten in einem ORB durch O oder C Kanten ausgeschlossen ist. Werden beispielsweise Berichte über den Geschäftsverlauf an alle Mitarbeiter versandt, so können Arbeiter, Angestellte und Prokuristen unterschiedlich detaillierte Versionen des Berichts erhalten. Ein *objektinterner Polymorphismus* ergibt sich daraus, daß unterschiedliche Methoden in ein und demselben Objekt auf die gleiche Nachricht ausgelöst werden können, wenn das Objekt unter unterschiedlichen RTn angesprochen wird. Soll also beispielsweise ein Mitarbeiter, der auch Gesellschafter des Unternehmens ist eine Mitteilung als Mitarbeiter erhalten, geht diese Mitteilung ihm per Hauspost zu, die Einladung zur Gesellschafterversammlung dagegen wird an seine Privatadresse geschickt.

Das ORM stellt eine Synthese aus Smalltalk-artigen Objektmodellen und Delegationsmodellen dar. Es genügt den anfangs genannten Anforderungen an Objektmodelle besser als jedes einzelne der Ausgangsmodelle, indem es sowohl die strenge Typbindung der Smalltalk-artigen Objektmodelle als auch die einfache Typmigration der Delegationsmodelle bietet. Die Beziehungen von Objekten im ORM untereinander wurde im Rahmen dieser Arbeit nur ansatzweise dargestellt. Die Beurteilung möglicher Beziehungsarten ist nur anhand einer prototypischen Implementierung des Modells möglich. Die Erstellung eines solchen Prototypen ist beabsichtigt.

Literatur:

/1/ Atkinson M.; Bancilhon F.; DeWitt D.; Dittrich K.; Maier D.; Zdonik S.
    The Object-Oriented Database System Manifesto.
    Proceedings DOOD 1989 Kyoto, 28-36 (1989)

/2/ Bertino E.; Martino L.
    Object-Oriented Database Management Systems: Concepts and Issues.
    IEEE Computer, April 1991, 33-47 (1991)

/3/ Coad P.; Yourdon E.
    Object-Oriented Analysis.
    New Jersey: Prentice-Hall (1990)

/4/ Dayal U.; Buchmann A. P.; McCarthy D. R.
    Rules Are Objects Too: A Knowledge Model For An Active, Object-Oriented
    Database System.
    New York: Dittrich K. R. (Hrsg.), Advances in Object-Oriented Database
    Systems, Lecture Notes in Computer Science, Bd. 334, Springer Verlag 129-
    143 (1988)

/5/ Ferstl O. K.; Sinz E. J.
    Objektmodellierung betrieblicher Informationssysteme im Semantischen
    Objektmodell (SOM).
    Wirtschaftsinformatik, Dezember 1990, 566-582, (1990)

/6/ Mayr H. C.; Dittrich K. R.; Lockemann P. C.
    Datenbankentwurf.
    Berlin: Lockemann P. C.; Schmidt J. W. (Hrsg.), Datenbankhandbuch, 486-
    562, Springer Verlag (1987)

/7/ Moon D. A.
    The Common Lisp Object-Oriented Programming Language Standard.
    New York: Kim W.; Lochovsky F. H. (Hrsg.) Objekt- Orientsd Concepts,
    Databases, and Applications 49-78, ACM Press (1989)

/8/ Paton N. W.; Gray P. M. D.
    Identification of Datsabase Objects by Key.
    New York: Dittrich K. R. (Hrsg.), Advances in Object-Oriented Database
    Systems, Lecture Notes in Computer Science, Bd. 334, Springer Verlag 280-
    285 (1988)

/9/ Sciore E.
    Object Specialization.
    ACM Transactions on Information Systems, April 1989, 103-122 (1989)

Konzeption und Implementierung eines heuristischen Auswahlprinzips zur angebotsorientierten Standortauswahl

R. Fahrion, Heidelberg

Zusammenfassung: Es werden zwei Verfahren ausgegeben, die ein Hybrid zwischen einer traditionellen Standortplanung in der Ebene, einem graphentheoretischen p–Zentrum und einer Optimierung der Beziehungen zwischen Nachbarknoten im Sinne der Layout-Planung, darstellen. Die Verfahren sind für Mikrocomputer auf der Basis AT 80386 implementiert. Der Rechenaufwand liegt für Auswahlprobleme mit hundert Knoten und bis zu 60 Auswahlknoten im Sekundenbereich.

Abstract: This paper deals with a hybrid of two algorithmus which includes a traditional location problem in the plane, a graph-theoretic p-centre, and the optimization of relations between neighboring nodes in the sense of a layout-planning problem. The procedures are implemented on AT 80386 microcomputers. The amount of computing time is for problems with 100 nodes and up to 60 selected nodes within the range of a few seconds.

1. Einleitung und Übersicht

Man unterscheidet in der Standortplanung im wesentlichen drei Teilbereiche: Volkswirtschaftlich gesehen interessiert man sich für die Ansiedlung von Wirtschaftszweigen in bestimmten Regionen eines Landes, in betriebswirtschaftlicher Hinsicht konzentriert man sich auf die Frage der Plazierung von Produktionsstandorten, und in der innerbetrieblichen Layout-Planung steht die räumliche Anordnung der Organisationseinheiten im Vordergrund (Domschke/1/). In der betrieblichen Standortplanung dominieren Beschaffung und Absatz als Standortfaktoren, während in normativer Hinsicht die Transportkosten entscheidend sind. Methodisch lassen sich zwei Schwerpunktbereiche abgrenzen: Zum einen konzentrieren sich die Lösungsansätze von Standortproblemen in der Ebene auf die Wahl einer geeigneten Entfernungsmessung, zum andern sind die graphentheoretischen Ansätze zur Layout-Planung sowie zur Lösung von'Zentren'-Problemen relevant.

Die Standortbestimmung in der Ebene geht von der Annahme aus, daß alle Nachfrageorte in der Ebene liegen und jeder (geographische Koordinaten–) Standort möglich ist. Außerdem kann die Entfernung zwischen zwei Standortknoten in einer geeigneten, (etwa euklidischen,) Metrik gemessen werden. In dieser Problemklasse sind die sog. Standort–Einzugsbereichsprobleme relevant, die nachfrageorientiert sind und sich auf die Bestimmung einer bestimmten Anzahl von Auslieferungslagern mit gegebener Angebotsmenge konzentrieren, sodaß die Nachfrager möglichst gut und aus Anbietersicht kostengünstig bedient werden können. Bei diesen Problemen handelt es sich im Grundsatz um eine Kopplung des klassischen Steiner–Weber–Problems und des Transportproblems. In den bekannten heuristischen Verfahren wird daher auch versucht, den Transportalgorithmus mit dem Steiner–Weber–Auswahlprinzip zu koppeln.

Demgegenüber sind in graphentheoretischen Standortauswahlverfahren alle Knoten als Nachfrageorte ausgezeichnet, allerdings beschränkt sich die Menge der auszuwählenden Knoten — im Gegensatz zu den genannten Location–Allocation–Problemen — auf die gegebene Knotenmenge. Graphentheoretische Auswahlverfahren sind daher mehr für die betriebliche Standortplannung und Layout–Planung geeignet.

Eine besondere Problemklasse, die in der Literatur sehr ausgiebig diskutiert wurde, stellt die Ermittlung sog. p–Zentren auf ungerichteten Graphen dar. P–Zentren sind Teilmengen mit p Knoten, die derart gefunden werden müssen, daß der Minimalabstand der auszuwählenden Knoten maximal ist. Diese Problemklasse ist NP–vollständig und daher für eine praxisrelevante Problemgröße durch

Operations Research Proceedings 1991
© Springer-Verlag Berlin Heidelberg 1992

vollständige Enumeration nicht zu lösen. Es gibt einige heuriristische Lösungsverfahren, jedoch sind empirische Ergebnisse nur für kleines p (p≤ 4) bekannt.

In dieser Arbeit wird ein heuristisches und angebotsorientiertes Standort–Auswahlverfahren vorgeschlagen, das keiner der genannten Problemklassen eindeutig zugewiesen werden kann. Es handelt sich gewissermaßen mehr um einen Hybridansatz zwischen einer Standortplanung mit euklidischen Distanzen in der Ebene und der Suche nach einem p–Zentrum, wobei Nachfrager und Anbieter in jedem der Knoten präsent sind, und eine bestimmte Auswahl von Anbieterknoten vorzunehmen ist. Man könnte daher von einem p–'Angebots'zentrum sprechen, in dem die Knoten eine (noch näher zu spezifizierende) Gleichmäßigkeit in ihrer geometrischen/geographischen Verteilung aufweisen. Es sind also nicht die Transportkosten entscheidend wie bei Warehouse–Location–Problemen, wo ein Gesamtangebot möglichst kostengünstig in die Nachfrageknoten zu bringen ist. Vielmehr ist die Nachfrage in jedem Ort gegeben, wo das verfügbare Angebot möglichst viele Nachfrager erreichen soll. Eine solche Fragestellung ergibt sich zum Beispiel in Media–Mix–Modellen zur Reichweitenoptimierung. Weiterhin erfolgt in jedem Knoten eine Angebotsdifferenzierung hinsichtlich unterschiedlicher Preisgruppen. Diese Differenzierung wird in der Größe 'Angebotsstärke' und 'Knotenintensität' erfaßt. Über die Bewertungsfunktion lassen sich damit verschiedene a priori Angebotsstrategien berücksichtigen.

Eine dritte Komponente würde man dem Bereich der Layout–Planung zuordnen. Es geht dabei um die Maximierung der Beziehung zwischen Nachbarknoten, die parametrisch ebenfalls in die Bewertungsfunktion aufgenommen werden. Es wird also möglich sein, gewisse Auswahlpräferenzen in das Verfahren einfließen zu lassen.

Für eine gegebene Startsituation mit n Knoten und m Auswahlknoten wird im nächsten Abschnitt der Algorithmus zur Bestimmung des heuristischen m–Angebotszentrums angegeben. In Abschnitt 3 folgt ein Algorithmus zur bestmöglichen Zuordnung bzw. Aufteilung der Angebotsressourcen bei gegebener Gesamtinvestitionssumme eines Nachfragers. Ein geeigneter Zerlegungsprozeß der Knotenmenge eröffnet hierbei die Möglichkeit, die Knoten hinsichtlich der Angebots- und Nachfragestärke zu unterscheiden. Beide Algorithmen sind in einem komfortablen interaktiven Programmsystem realisiert und auf Mikrocomputern implementiert worden. Die Hinweise zur Software beschränken sich auf die Programmablaufpläne im Anhang. Die PAP können für das leichtere Nachvollziehen der in Abschnitt 2 und 3 beschriebenen Algorithmen herangezogen werden. In Abschnitt 4 werden die Ergebnisse für ein Fallbeispiel mit n = 100 Knoten und m ≤ 60 Auswahlknoten zusammengestellt, sowie die Angebotsmengen–Zuordnung mit der zugehörigen Aufteilung des Investitionsbudgets eines Nachfragers tabellarisch ausgewiesen.

2. Algorithmus zur Bestimmung eines angebotsorientierten heuristischen m–Zentrums

Das skizzierte Auswahlproblem zeigt eine starke Ähnlichkeit zu den bekannten p–Zentren auf ungerichteten Graphen (siehe z.B. Domschke und Drexl (1984), Kap. 4). Diese erhält man dadurch, daß man in p–elementigen Teilmengen der Knotenmenge die Minimalabstände von Knoten der Teilmengen zu allen Knoten der Gesamtmenge ermittelt. Der größte dieser Minimalabstände charakterisiert das p–Zentrum. P–Zentren lassen sich für kleine Problemdimensionen noch vollständig enumerativ bestimmen, für eine größere Dimension ($n \geq 50, p \leq 4$) sind in der Literatur einige heuristische Verfahren bekannt (Garfinkel (1977), Handler (1979), siehe Domschke und Drexl (1984), S. 107). Das heuristische Vorgehen dieser Verfahren besteht darin, daß im Graphen p Subgraphen als minimal spannende Bäume bestimmt werden und dann ein schnelleres Verfahren zur Bestimmung eines 1–Zentrums in jedem der Teilbäume verwendet werden kann (z. B. das als r–Überdeckungsproblem aufgefaßte Verfahren von Kariv und Hakimi (1979) mit dem Aufwand $O(n)$). P–Zentrenprobleme auf ungerichteten Graphen sind NP–vollständig. Daher ist für Probleme mit $n = 100$ Knoten und

$p \leq 20$ Zentren, deren heuristische Lösbarkeit auf Mikrocomputern in Abschnitt 4 gezeigt wird, mit den bisher bekannten Verfahren nicht zu erreichen. Der grundsätzliche Unterschied der bisherigen heuristischen Verfahren und der hier präsentierten Vorgehensweise wird darin bestehen, daß hier keine Zerlegung der Knotenmenge in p–elementige Teilmengen gesucht wird, sondern die Auswahl-Knotenmenge in einem Iterationsprozeß sukzessive aufgebaut wird. Außerdem wird der Angebotsaspekt in der Auswahlfunktion berücksichtigt.

Das Verfahren beginnt mit einer einelementigen Auswahlmenge, die einen der Knoten mit kleinstem Abstand zum geometrischen Schwerpunkt enthält. Danach wird in einem Iterationsprozeß über alle Nicht–Auswahlknoten der Minimalabstand zu den Knoten der Auswahlmenge ermittelt. Dies ist die Minimal–Teilstrategie des erwähnten Maximin–Prinzips. Die Maximal–Teilstrategie besteht in der Aufnahme eines Knotens aus der Nicht–Auswahlmenge, der einen maximalen Abstand zu den Minimal–Auswahlknoten hat. Hierbei wird eine Bewertungsfunktion verwendet, welche durch bestimmte Präferenzparameter beeinflußbar ist. Das Verfahren endet, wenn die gewünschte Anzahl von Auswahlknoten erreicht ist. Folgende Einzelschritte des Knotenauswahlverfahrens sind durchzuführen:

Schritt 1: (Initialisierung)
Wähle $i_1 \in I_1$ beliebig, $I_1 = \{j \in N \mid d(k_i, k_j) \leq d(k_i, k_1)\}$, k_1 beliebig

Setze für $\ell = 1 : A^{(\ell)} = \{i_1\}$, $G^{(\ell)} = \{\}$, N sei die Menge der natürlichen Zahlen.
Setze $n_1 = n - 1, n_2 = 1$.

Schritt 2: Solange $n_2 < m$ ist, sind die folgenden Schritte 3 bis 5 auszuführen:

Schritt 3: Für alle $k_i, i \in N{-}G^{(\ell)}$ sind die folgenden Teilschritte (1) bis (7) auszuführen:

(1) $\quad q_j := d_{ij}\quad$ für alle $\quad j \in A^{(\ell)}$,

(2) $\quad q_{min} := \min_{j \in A^{(\ell)}} q_j,$

(3) $\quad p_j := d_{ij}\quad$ für alle $\quad j \in N - G^{(\ell)}\quad$ und $\quad i \neq j$

(4) $\quad P := \{k \in N \mid p^{(k)} = \min_{\substack{j \in N - G^{(\ell)} \\ i \neq j}} p_j\}$

(5) $\quad q^{(\alpha,\beta)} := q_{min}^{\alpha} v_i^{\beta}$, $v_i = $ Angebotsstärke im Knoten k_i.
$\alpha = $ Präferenzfaktor für die Gleichmäßigkeit der Verteilung der Knotenauswahlmenge
$\beta = $ Präferenzfaktor für Auswahlknoten mit hoher Angebotsintensität

(6) $\quad$ Wähle $k \in P$ beliebig, ϵ eine vorgegebene Knoten–'Trennschärfe'.
Falls $p^{(k)} < \epsilon$, $\quad$ so setze $\quad q := q^{(\alpha,\beta)} \epsilon^{-\gamma}$,
sonst setze $\quad q := q^{(\alpha,\beta)}[p^{(k)}]^{-\gamma}, \gamma \in [0,1]$,
$\gamma = $ Präferenzfaktor für die verstärkte Einbeziehung von Nachbarknoten

(7) $\quad$ Zwischenspeicherung der Bewertung im i-ten Iterationsschritt:

$$b^{(i)} := q$$

Schritt 4: Bestimmung der Maximin–Bewertung:

$$b^{(i_{\ell+1})} := \max_{i \in N - G^{(\ell)}} b^{(i)}$$

Schritt 5:   Neue Knotenauswahlmenge:

$$A^{(l+1)} := A^{(l)} \cup \{i_{l+1}\},$$
$$G^{(l+1)} := G^l \cup \{i_{l+1}\},$$

Setze $l := l + 1, n_2 := n_2 + 1, n_1 := n_1 - 1.$

Gehe nach Schritt 2.

Der Algorithmus endet, wenn card $(A^{(l)}) = m$. Dann enthält $A^{(l)}$ die Indizes der Auswahlknoten.

3. Angebotsmengen-Zuordnung bei gegebener Nachfrage

Wir wollen nun die im letzten Abschnitt mit Algorithmus 1 bestimmte Menge der Auswahlknoten als Angebotsorte für beliebige Ressourcen auffassen. Wenn wir annehmen, daß in jedem Auswahlknoten dasselbe Angebot zur Verfügung steht, so stellt sich die Frage, wie ein Nachfrager mit dem in den Auswahlknoten verfügbaren Angebot bedient werden kann. Hierzu wäre eine Differenzierung des Gesamtangebots in den Auswahlknoten nach Angebotsgruppen mit unterschiedlichen Preisen vorzunehmen. Beispielsweise könnte das Angebot in einem Knoten in der Existenz unterschiedlicher Medien bestehen (Rundfunk, Zeitung, Regionalfernsehen u.a.), sodaß ein Nachfrager (etwa ein Unternehmen mit einem bestimmten Werbeetat) einen Media-Mix mit möglichst guter Reichweite sucht. Hierbei kann nun die Situation auftreten, daß in einem Knoten die nachgefragte Menge nicht vollständig erfüllt werden kann, und damit das Angebot weiterer Knoten in Anspruch genommen werden muß. Für eine Präzisierung des weiteren Vorgehens führen wir die folgenden Bezeichnungen ein:

p =   Anzahl der Angebotsgruppen in jedem der mit Algorithmus 1 bestimmten Auswahlknoten.

a_{ij} =   Angebotsmenge im Auswahlknoten i von Angebotsgruppe j (gemessen in ganzzahligen Einheiten).

G_{ij} =   Angebotsmenge im Auswahlknoten i von Angebotsgruppe j, mit der ein Nachfrager maximal bedient werden kann.

p_{ij} =   Angebotspreis für eine Einheit der Angebotsgruppe j im Knoten i $(i = 1, \ldots, m;$ $j = 1, \ldots, p)$.

N_{ij} =   Nachgefragte Menge in Angebotsgruppe j im Auswahlknoten i $(i = 1, \ldots, m;$ $j = 1, \ldots, p)$.

Aus der Sicht des Anbieters läßt sich nun das wertmäßige Angebot S_i im Auswahlknoten i durch

$$S_i := \sum_{j=1}^{p} a_{ij} p_{ij} \tag{1}$$

berechnen. Weiterhin können wir die Kennzahl

$$\eta_i := \frac{\sum_{j=1}^{p} G_{ij}\, p_{ij}}{\sum_{j=1}^{p} a_{ij}\, p_{ij}} = \frac{G_i}{S_i} \tag{2}$$

definieren, wobei G_i das wertmäßige Angebot ist, mit dem ein Nachfrager im Knoten i maximal bedient werden kann. η_i kann als 'Angebotsstärke' des Knotens i für einen Nachfrager aufgefaßt werden. Um den nachfolgenden Algorithmus zu vereinfachen, werden wir mit dem Gesamtpreis operieren, den ein Nachfrager einzusetzen bereit ist (z.B. den verfügbaren Werbeetat):

$$\mu = \sum_{i=1}^{m} \sum_{j=1}^{p} N_{ij} p_{ij} \tag{3}$$

Wir gehen also von einem Betrag aus, der — abhängig vom Angebot in den Auswahlknoten — derart aufzuteilen ist, daß entweder die Nachfrage erfüllt werden kann, oder die nichterfüllbare Nachfrage durch das Angebot anderer Knoten abgedeckt wird. Im praktischen Fall wären hierfür Knotenmengen zu unterscheiden, die entweder eine große Fläche überspannen, z.B. ein Land, und das Angebot durch verschiedene Werbeträger wie Zeitung, Rundfunk, Fernsehen geleistet würde, oder einen städtischen Bereich überspannen und das Angebot z.B. in der Bereitstellung von freien Plakatflächen bestehen könnte.

Neben der Angebotsstärke (2) benötigen wir eine Entsprechung auf der Nachfrageseite. Unter Verwendung von (1) und (3) bezeichnen wir

$$\psi := \frac{\mu}{\sum_{i=1}^{m} \sum_{j=1}^{p} a_{ij} p_{ij}} = \frac{\mu}{\sum_{i=1}^{m} S_i} \tag{4}$$

als 'Nachfragestärke'.

Wir zerlegen nun die Menge der Auswahlknoten in zwei disjunkte Teilmengen derart, daß eine Unterscheidung in Knoten mit einer größeren bzw. kleineren Angebotsstärke im Vergleich zur Nachfragestärke möglich wird. Danach wird in einem Iterationsprozeß jeweils nur noch diejenige Knotenmenge betrachtet, die eine weitere Umverteilung der noch nicht erfüllten Nachfrage zuläßt. Nach Beendigung der Iteration sind diejenigen Knoten bestimmt, deren Angebot zur Erfüllung der Nachfrage μ zusätzlich beitragen. Weiterhin läßt sich der relative Anteil eines Angebotsknotens in Bezug zum Gesamtangebot bestimmen, dessen preisgewichtete Summation zu einer Abschätzung der möglicherweise nicht erfüllbaren Nachfrage führt:

Algorithmus 2 (Angebotsmengen–Zuordnung)

Schritt 1:   (Initialisierung)
Setze $L := M,\, M1 := \{\}\, M2 := \{\}, \rho^{(0)} := \mu;$

Schritt 2:   Berechne S_i, ψ, η_i für $i \in L$

Schritt 3:   Falls $\psi \geq \eta_i$ für $i \in L$, setze $M_1 := M_1 \cup \{i\}$,
(Die Nachfrage kann nur durch die Angebotsmengen von mehreren Knoten erfüllt werden.)
Falls $\psi < \eta_i, i \in L$, setze $M_2 := M_2 \cup \{i\}$.

Schritt 4:   Bestimme den noch nicht zugewiesenen Betrag

$$\rho^{(1)} := \rho^{(0)} - \sum_{i \in M_1} S_i \eta_i = \rho^{(0)} - \sum_{i \in M_1} G_i$$

Schritt 5:   Falls $L \neq M_2$ und $M_2 \neq \{\}$, so ist $L := M_2$ und $\rho^{(0)} := \rho^{(1)}$ zu setzen und mit Schritt 2, sonst mit Schritt 6 fortzufahren. M_2 enthält bei Übergang zum nächsten Schritt alle diejenigen Knoten, die zur Deckung der Nachfrage erforderlich sind.

Schritt 6: Setze $M_1 := M - M_2$. Berechne für jeden Knoten $i \in M_1$ und für $j = 1, \ldots, p$ die möglichen ganzzahligen Angebotsanteile

$$z_{ij}^{(1)} = [a_{ij}\, \eta_i + 0.5]$$

wobei $[x]$ die größte natürliche Zahl $\leq x$ ist.

Schritt 7: Die Restanteile sind

$$\sigma_{ij}^{(1)} := \begin{cases} a_{ij}\, \eta_i & , \quad \text{falls} \quad z_{ij}^{(1)} = 0 \\ 0 & , \quad \text{sonst} \end{cases}$$

Schritt 8: Bestimme die globale Rest-Angebotsstärke für alle Knoten in M_2:

$$\eta^{(2)} := \frac{\mu - \sum_{i \in M_1} \sum_{j=1}^{p} (z_{ij}^{(1)} + \sigma_{ij}^{(1)}) p_{ij}}{\sum_{i \in M_2} S_i}$$

Schritt 9: Bestimme für jeden Knoten $i \in M_2$ und für $j = 1, \ldots, p$ die (auf M_2) bezogenen ganzzahligen Rest-Angebotsanteile

$$z_{ij}^{(2)} := [a_{ij}\, \eta^{(2)} + 0.5]$$

mit $\eta^{(2)}$ aus Schritt 8, sowie

$$\sigma_{ij}^{(2)} := \begin{cases} a_{ij}\, \eta^{(2)} & , \quad \text{falls} \quad z_{ij}^{(2)} = 0 \\ 0 & , \quad \text{sonst.} \end{cases}$$

Schritt 10: Die nicht erfüllbare Nachfrage beträgt wertmäßig für die Angebotsgruppe j:

$$R_j := \mu - \left(\sum_{i \in M_1} z_{ij}^{(1)} p_{ij} + \sum_{i \in M_1} z_{ij}^{(2)} p_{ij} \right.$$
$$\left. + \left[\sum_{i \in M_1} \sigma_{ij}^{(1)} + \sum_{i \in M_2} \sigma_{ij}^{(2)} + 0.5 \right] \right), \; j = 1, \ldots, p.$$

Bemerkung

(1) Der Ausdruck $\sum_{i \in M_1} \sum_{j \in p} (z_{ij}^{(1)} + \sigma_{ij}^{(1)}) p_{ij}$ gibt den Anteil des wertmäßigen Angebots an, der durch die Knoten in M_1 abgedeckt wird. Hiermit läßt sich dann der Faktor $\eta^{(2)}$ in Schritt 8 bestimmen, der als Angebotsstärke — im Sinne der Festlegung in (2) — für Knoten in M_2 zu verstehen ist.

(2) Die nicht erfüllbare Nachfrage, die wertmäßig in Schritt 10 bestimmt wird, könnte zur gesamten Nachfragesumme μ in (3) in Beziehung gesetzt werden, um eine Art Nachfrage–Erfüllungsgrad zu erhalten.

(3) Die Restgrößen $\sigma_{ij}^{(r)}$, $r = 1, 2$ sind ohne große Bedeutung, sondern fallen aufgrund der gewünschten Ganzzahligkeit des Angebots $z_{ij}^{(j)}$, $j = 1, 2$ für die disjunkten Knotenmengen M_1 und M_2 an.

4. Software Implementierung und Fallbeispiele

Die beiden Algorithmen in Abschnitt 2 und 3 sind in Turbo-Pascal 5.5 programmiert worden. Das Programmsystem ermöglicht dem Benutzer, neben der menügeführten Durchführung der beiden Algorithmen, die Eingabe- und Ergebnisdaten graphisch und tabellarisch auszuweisen. Für eine Beispieldatei mit n = 100 Knoten benötigt das Programm für die Durchführung von Algorithmus 1 auf der Basis IBM AT 80386 zur Berechnung sämtlicher Distanzen ca. fünf Sekunden. Die Rechenzeiten für die Knotenauswahl betragen ungefähr (abhängig von den gewählten Präferenzparametern α, β und γ):

m	10	20	30	40	50	60
Rechenzeit (in Sek.)	2	5.5	8	9	11	12

Für Algorithmus 1 wird die Lage der Knoten im Koordinatensystem für die gesamte Knotenmenge und für die Auswahlknotenmenge gezeigt. Exemplarisch sei hier für n = 80 Knoten und m = 20 Auswahlknoten die geographische Verteilung der Gesamtknoten und der Auswahlknoten für vier verschiedene Parameterkonstellationen gezeigt:

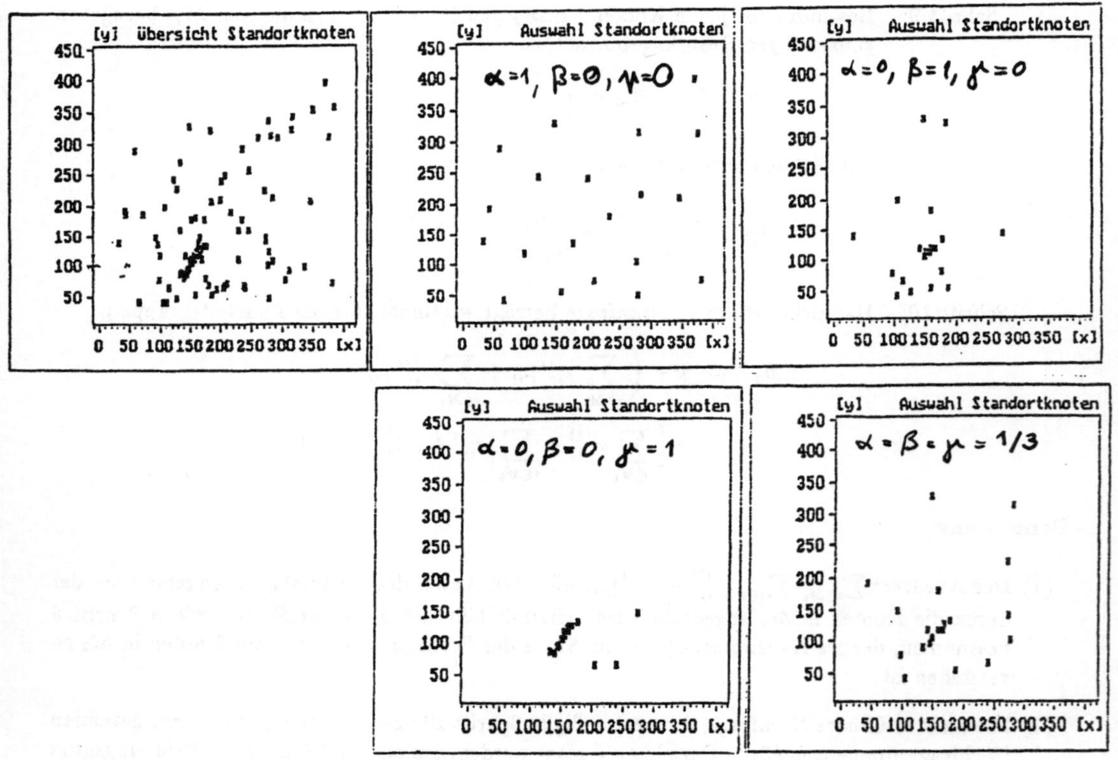

Für die in Abschn. 3 ausgeführte Angebotsmengenzuordnung (Algorithmus 2) in den Auswahlknoten ist ein weiteres Pascal-Programm erstellt worden. Zur Ausführung verzweigt das Programm in ein Modul, das zur Eingabe der geplanten Investitionssume des Nachfragers auffordert. Die Iteration wird für die Knotenzerlegung M_1 und M_2 durchgeführt, wobei wahlweise jeder Zerlegungsschritt ausgewiesen werden kann. Die den Auswahlknoten zuordenbare Angebotsmengen zur möglichst guten Erfüllung der Nachfrage ($z_{ij}^{(1)}$ und $z_{ij}^{(2)}$) und deren Investitionsbeträge, sowie die Restanteile $\sigma_{ij}^{(1)}$ und $\sigma_{ij}^{(2)}$ gemäß der Schritte 7 und 9, die sich aufgrund der Ganzzahligkeitsforderung für $z_{ij}^{(1)}$ und $z_{ij}^{(2)}$ ergeben, können ausgewiesen werden. Die Gesamtsumme der Investitionsbeträge wird mit der ursprünglich geplanten Investitionssumme verglichen. Exemplarisch erhält man für ein Nachfrager-Budget von DM 300 000 und für ein Gesamtangebot von DM 681 800 die folgende Ergebnisausgabe:

Kno-ten	Angebots-Anteil (%) wertmäßig	Maxim. Angebot G (i)	Angebot ausge-schöpft	Zugeteilte Nachfragemenge (Angebotsmenge in Klammern)			
				PKl_1	Pkl_2	Pkl_3	Pkl_4
1	1.17	8	ja	0 (0)	3 (10)	3 (12)	2 (6)
2	2.20	4	ja	0 (5)	1 (5)	2 (25)	1 (10)
3	0.56	12	nein	0 (0)	0 (0)	6 (10)	1 (2)
4	0.51	2	ja	0 (2)	1 (5)	1 (5)	0 (2)
5	0.69	3	ja	0 (3)	1 (7)	2 (10)	0 (0)
6	0.43	1	ja	0 (0)	0 (5)	0 (5)	0 (1)
7	0.26	5	nein	0 (0)	0 (0)	3 (6)	0 (0
8	0.15	3	nein	0 (0)	1 (2)	1 (2)	0 (0)
9	0.85	20	nein	0 (0)	6 (10)	6 (10)	1 (2)
10	2.57	30	ja	2 (5)	9 (20)	14 (30)	5 (10)
11	0.51	8	ja	0 (0)	5 (10)	3 (5)	(0.0)
12	0.09	1	ja	0 (0)	0 (0)	1 (2)	0 (0)
13	0.22	5	nein	0 (0)	0 (0)	3 (5)	0 (0)
14	0.37	7	nein	0 (0)	3 (5)	3 (5)	0 (0)
15	0.91	8	ja	1 (2)	2 (5)	4 (10)	2 (5)
16	0.22	3	ja	1 (1)	1 (2)	1 (2)	1 (1)
17	11.29	100	ja	7 (20)	40 (120)	43 (130)	10 (30)
18	41.07	900	nein	55 (100)	222 (400)	277 (500)	55 (100)
19	35.93	900	nein	28 (50)	111 (200)	222 (400)	111 (200)

Die vollständige Ergebnisausgabe für weitere Fallbeispiele wird während des Tagungsreferats gezeigt. Die Software kann auf Anfrage jederzeit zur Verfügung gestellt werden.

Literaturhinweise

/1/ **Domschke W., Drexl A.** (1984): *Logistik: Standorte.* Oldenburg Verlag München, Wien.

/2/ **Kario O., Hakimi S. L.** (1979): *An Algorithmic Approach to Network Location Problems*, I The p-centers. SIAM J. Appl. Math. 37, 513-538.

Solving nonlinear optimization problems by a coarse-grained parallel approach

Manfred Grauer, Harald Boden and Frank Brüggemann
University of Siegen, Postbox 10 12 40, D-5900 Siegen

In many practical design and control tasks in engineering and in economic planning arises the need to solve nonlinear mathematical optimization problems of the following type:

$$\min \left\{ f(\mathbf{x}) \mid g_i(\mathbf{x}) \leq 0, \ \mathbf{x} \in R^n, \ i = 1,\dots,m \right\}.$$

The functions $f(\mathbf{x})$ and $g_i(\mathbf{x})$ are frequently composed of highly nonlinear objective functions and constraints whose evaluation may lead to time-consuming simulation runs. In these cases assumptions about unimodality, convexity and smoothness of the well-known solution methods in nonlinear optimization are mostly not valid. To attack such problems one usually tries different algorithms from different starting points and looks for the best sequential combination of these solution techniques.

Here we focus on the idea of using **different algorithms** with different features in **parallel** for the solution of the **same** problem. The three algorithms are from the classes: **(I) derivative methods, (II) random and (III) direct search methods**.

Algorithms of these three classes of methods work in parallel, each on its own processor. The whole system has been implemented in a typical master-slave manner. The master-modul is responsible for the interaction with the host (user) and the communication between the slaves. The communication is realized via asynchronous message-passing between master and slaves.

In this was an **coarse-grained (problemoriented or functional) parallelism** is realized. In addition this approach allows the use of massive parallelism within the algorithms.

Up to now the numerical results for the studied class of optimization problems support the expected effect that the presented coarse-grained parallel approach allows faster and more roboust solution than each of the algorithms applied alone. The study is understood as a first exploratory step towards the distributed/parallel solution of constrained optimization problems on dedicated transputersystems and networks of UNIX-workstations.

The coarse-grained parallel solution concept is realized on a network of processors with distributed memory. Computational results from a series of test runs with nonlinear optimization problems will be reported.

Untersuchungen zur Anwendung der nicht-linearen Datenspeicherung für ein Museumsinformationssystem und Realisierung eines Prototyps

Manfred Grauer, Christoph Gülicher und P. Bürkner*

Universität-GH-Siegen, Institut für Wirtschaftsinformatik, D-5900 Siegen

*Fa. CREMER & BREUER Keramische Betriebe GmbH, D-5020 Frechen

Zum Aufbau von Informations- und Publikationssystemen werden in letzter Zeit auch Ansätze mit nicht-sequentiellen Dokumentstrukturen zur Organisation großer multimedialer Informationsmengen technisch realisierbar und genutzt. Derartige Anwendungen in musealen Bereichen und multimediale Ausstellungskonzepte scheinen dabei eine prädestinierte Anwendung von Hyper-/Multimediasystemen zu sein, wie auch das RACE-Projekt zum "Europäischen Museumsnetzwerk" zeigt.

Der entwickelte Prototyp sollte das Konzept eines multimedialen Informationssystems für das öffentliche Museum "KERAMION" der Firma *CREMER & BREUER Keramische Betriebe GmbH, Frechen* aufzeigen. Die Ansprüche an das System waren Eigenschaften wie Aktualität, multiple Auswertungs- und Verknüpfungsmöglichkeiten, sowie die Möglichkeit, gespeicherte Objektdaten in Form von Bilddateien auf einem Monitor zu visualisieren.

Zur Umsetzung der geplanten Informationsstrukturierung der keramischen Objekte wurde als konzeptuelles Schema auf der Basis des E-R-M-Ansatzes entwickelt, welches dann auf die relationale (logische) Ebene transformiert wurde. Der lauffähige Prototyp des multimedialen KERAMION-Informationssystems archiviert und erfaßt drei Typen von Datensätzen: Kunstobjekte, Künstler und Objekt-Standorte. Zur Visualisierung wurden digitalisierte 2-D und 3-D-Farbbilder der Objekte getestet.

Die verwendete Hardware-Umgebung des *Commodore Amiga* erwies sich in Kombination mit der eingesetzten Datenbank- und Digitalisierungs-Software als leistungsfähig genug und kostengünstig. Mit IBM-kompatiblen und MacIntosh-Systemen wurden ebenfalls Tests durchgeführt.

Die weitere Entwicklung des vorgestellten Prototyps eines multimedialen Informationssystems wird unter den Aspekten geführt, andere regionale Museen einzubinden und ganzheitliche Gesichtspunkte des Informationsmanagements des Unternehmens zu berücksichtigen.

Datenintegration verteilter, heterogener CIM-Applikationen

Helge Heß, Christian Houy,

Joachim Klein, Rudi Herterich,

August-Wilhelm Scheer

Institut für Wirtschaftsinformatik

Im Stadtwald

6600 Saarbrücken

Am Institut für Wirtschaftsinformatik (IWi) in Saarbrücken wird seit 1989 im Rahmen des ESPRIT II - Projekts no.2527 (CIDAM - CIM system with distributed Database and configurable Modules) in Zusammenarbeit mit Industriepartnern ein Softwaresystem entwickelt, das die Konsistenz des Datenbestandes eines Unternehmens über heterogene EDV-Systeme hinweg unterstützt. Die individuell konfigurierbare Schnittstelle INMAS (Interface Management System) ermöglicht den Datenaustausch zwischen Datenhaltungssystemen unterschiedlicher CIM-Komponenten.

In herkömmlich inkrementell gewachsenen EDV-Strukturen erfolgt eine Datenintegration zwischen verschiedenen CIM-Systemen in erster Linie durch direkten Dateitransfer. Das erfordert eine hohe Anzahl von Bridge-Programmen und verhindert in vielen Fällen einen zeitnahen Update der Daten. Durch Verwendung einer neutralen Datenstruktur, in der die zu übertragenden Daten zwischengespeichert werden, reduziert sich beim Einsatz von INMAS die Anzahl der Schnittstellen. Jede CIM-Komponente muß nur noch mit INMAS gekoppelt werden. INMAS als Schnittstellen-Manager ist als zentrale Einheit für die Datenkonsistenz aller gekoppelten Komponenten verantwortlich. Hierbei werden Mechanismen eingesetzt, die aus jüngsten Forschungsergebnissen im Bereich verteilter Datenbanken resultieren. Grundlage der neutralen Struktur bildet das Unternehmensdatenmodell von Prof. Scheer, welches Datenobjekte eines Unternehmens und ihre Beziehungen beschreibt.

Das gesamte INMAS-System besteht aus Konfigurationssystem, Laufzeitsystem, SQL-Gateway und INMAS-Datenbasis. Im Konfigurationssystem werden die Datenstrukturen der zu koppelnden Systeme beschrieben, Transformationsregeln zwischen Attributwerten der realen Daten und den Daten der neutralen INMAS-Datenbasis und umgekehrt spezifiziert. Weiterhin werden INMAS-relevante Ereignisse in den Applikationen definiert und die zugehörigen Aktivitäten festgelegt. Der Anstoß des INMAS-Laufzeitsystems erfolgt ereignisgesteuert durch die CIM-Applikation, in der eine Datenänderung stattgefunden hat. Aufgrund einer Triggernachricht wird die zur Konfigurationszeit definierte Aktivitätenkette, die die Vorgehensweise beim Datenaustausch zwischen den CIM-Komponenten beschreibt, ausgewählt und abgearbeitet. Alle lesenden und schreibenden Zugriffe auf die Datenbanken erfolgen mit Hilfe eines SQL-Gateway.

Die Entwicklung erfolgt mit der objektorientierten Umgebung Smalltalk-80, die eine hohe Entwicklungsproduktivität und eine komfortable Anpassung des Systems an die bei Industriepartnern gewonnenen Ergebnisse ermöglicht.

VERFAHREN ZUR SICHERUNG DER DATENINTEGRITÄT IN KOSTENINFORMATIONSSYSTEMEN

Dr. Richard Lackes, Fernuniversität Hagen

Abstract: Computer-aided cost information systems offer unquestionable advantages towards traditional cost accounting systems, however, they also lead to some new problems for example the problem of securing the semantic data integrity, especially in case of automated data transfer. Often standard software for cost accounting systems neglect this problem or are only restricted to rudimentary plausibility tests. The present paper presents a procedure to secure the data integrity in cost information systems referring to cost centre planning. This procedure detects and localizes more complex, semantic mistakes on the basis of graph-theoretical methods.

Zusammenfassung: EDV-orientierte Kosteninformationssysteme bieten gegenüber traditionellen Kostenrechnungssystemen eine Reihe unbestreitbarer Vorteile, führen allerdings auch zu einigen, bislang seltener aufgetretenen, neuen Problemen wie beispielsweise das Problem der Sicherung der semantischen Datenintegrität, insbesondere bei automatisierten Datenübernahmen. Die am Markt angebotenen Standardsoftwarepakete zur Kostenrechnung vernachlässigen häufig dieses Problem oder beschränken sich lediglich auf rudimentäre Plausibilitätsprüfungen. In der vorliegenden Arbeit wird am Beispiel der Kostenstellenplanung ein solches Verfahren zur Sicherung der Datenintegrität in Kosteninformationssystemen vorgestellt, das auf der Basis graphentheoretischer Methoden komplexere, semantische Fehler aufdeckt und lokalisiert.

1. Das Problem der Datenintegrität in Kosteninformationssystemen

Unter einem Kosteninformationssystem (KIS) versteht man ein institutionalisiertes Informationssystem zur "rechnerischen Erfassung, Planung und Kontrolle des Faktorverbrauchs für innerbetriebliche Geschäftsvorfälle, die im Rahmen des betrieblichen Kombinationsprozesses zur Umwandlung von Produktionsfaktoren in betriebliche Leistungen führen" [DEL (1979), S. 321; KIL (1988), S. 15 f.; KOS (1979), S. 5; LAC (1989); SCHW (1986), S. 25]. Das generelle Sachziel besteht darin, betriebsinterne Kosten- und Erlösinformationen bereitzustellen, um Daten für Entscheidungsprozesse (dispositive Zwecke), Kontrollprozesse und Dokumentationszwecke liefern zu können (vgl. Abbildung 1) [HUM (1986), S. 26 f.; KIL (1988), S. 21 f.; KLO (1976), S. 11 f.; SCHW (1986), S. 57 ff.].

EDV-Instrumente wie Datenbanksysteme und Standardsoftware bieten eine Reihe von Vorteilen bezüglich des Aufwands für die Datenaufnahme, -erfassung und -auswertung. Aus dem zunehmenden EDV-Einsatz resultieren aber auch einige EDV-spezifische Probleme wie das Datenintegritätsproblem für die Kostendatenbank, insbesondere bei automatisierten Datenübernahmen. Die forcierten Anstrengungen zum Einsatz integrativer Konzepte, wie beispielsweise beim Computer Integrated Manufacturing (CIM), führen - gefördert durch die Installation von vernetzten Kommunikationssystemen - zu einer engeren Anbindung des Kosteninformationssystems an vor- und nachgelagerte betriebliche Planungs- und Informationssysteme [SCHE (1988)]. Neben den unstrittigen Vorteilen einer integrativen Gestaltung bleibt zu bedenken, daß automatische Datenübernahmen und dezentrale Dateneingaben die Fehleranfälligkeit des Informationssystems ceteris paribus erhöhen. Integritätsüberprüfungen sind bei integrierten Systemen umso wichtiger, weil nicht nur die Fehleranfälligkeit, sondern auch die Schwere der Fehlerwirkungen zunimmt.

Operations Research Proceedings 1991
© Springer-Verlag Berlin Heidelberg 1992

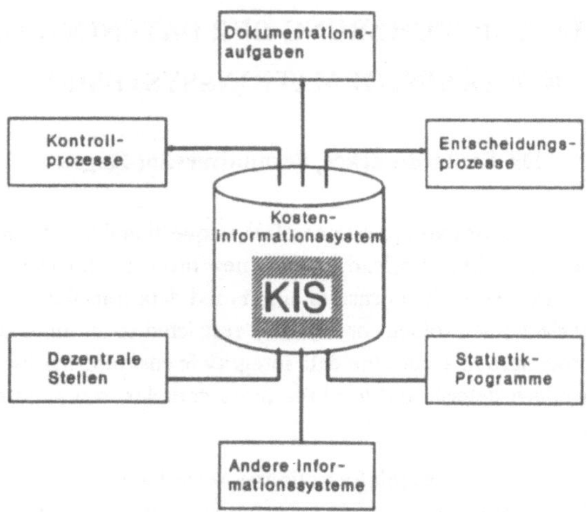

Abbildung 1: Datenquellen und Datennutzung des Kosteninformationssystems

Es ist zweifelhaft, ob in den am Markt angebotenen Standardsoftwareprodukten zur Kosten- und Leistungsrechnung genügend Datenkontrollfunktionen implementiert wurden. Zumeist werden über unmittelbare Plausibilitätskontrollen (z.B. Verbot der Eingabe negativer Zahlen) hinausgehende Datenprüfungen nicht durchgeführt. Sind erst einmal fehlerhafte Daten in das System eingedrungen, ist bereits die Fehlerentdeckung sehr schwierig. Kaum lösbar werden dann die Fehlerlokalisation und -behebung. Wo früher ein "erfahrener Kostenrechner" mit geschultem Blick fehlerhafte Daten erkannt hatte, sind nun bei automatisierten Systemen maschinelle "Fehlerentdeckungsroutinen" zu entwickeln und zu implementieren. Aus diesen Gründen und zur Bewältigung der gestiegenen Anforderungen an das Kosteninformationssystem scheint es sinnvoll, eine mehrstufige Planungs- und Kontrollhierarchie mit separaten Datenkontrollebenen zu implementieren [LAC (1990)]. Im folgenden sollen im speziellen Kontrollroutinen zur Sicherung der Datenintegrität auf der Plandatenebene vorgestellt werden.

Die erfaßten Plandaten stammen zu einem großen Teil aus den Angaben (Schätzungen, Messungen, Berechnungen) der zuständigen Kostenstellen- bzw. Abteilungsleiter auf dezentraler Ebene. Die dezentralen Datenquellen bergen aber die Gefahr, daß bewußt oder unbewußt inkorrekte Plan- bzw. Erfassungsdaten in die Kostendatenbank gelangen. Im ersten Fall handelt es sich um eine Art "Immunisierung", um so Kostenwirtschaftlichkeitskontrollen unterlaufen bzw. scheinbare "Einsparungserfolge" erzielen zu können. Im zweiten Fall sind die Fehler auf einen zu geringen Überblick über die betrieblichen Prozesse bzw. auf mangelnde Erfahrung oder auf technische Fehler (z.B. bei den Erfassungsgeräten) zurückzuführen. Gerade bei häufigen Produkt- und Verfahrensinnovationen, die durch die zunehmende Umweltdynamik und Flexibilität erforderlich werden, sind valide Plandaten schwierig zu ermitteln [FAN (1991)]. Charakteristisch an der Datengenerierung für Kosteninformationssysteme ist, daß der Einfluß menschlicher Datenerfasser zurückgeht und damit die menschliche Fähigkeit, in komplexen Datenmengen, relativ leicht "durch Hinschauen" Fehler zu entdecken, verlorengeht. Daher müssen verstärkt Prüfroutinen implementiert werden, die als Datenbankmonitore eine Gatekeeper-Funktion bezüglich der Dateneingabe übernehmen können.

2. Fehlerarten und Kontrollkriterien

Zur Sicherstellung der Datenintegrität sind die folgenden Arten von Fehlern zu unterscheiden:
- Lokale Fehler (kontextfreie Fehler)
- Globale Fehler (kontextsensitive Fehler)

Bei lokalen bzw. kontextfreien Fehlern handelt es sich um Datenfehler, die unabhängig von der Datenumgebung oder des Systemzustands sind. Ein Beispiel hierfür wären Kostendaten mit negativem Vorzeichen (z.B. negative kalkulatorische Abschreibungskosten). Kontextsensitive bzw. globale Fehler dagegen sind wesentlich schwieriger als Fehler erkennbar (und lokalisierbar), da sie nur in Abhängigkeit von ihrer Datenumgebung als falsch identifiziert werden können.

Für die Fehlerentdeckung lassen sich "harte" und "weiche" Identifizierungskriterien unterscheiden. Harte Kriterien sind in der Lage, mit Sicherheit Fehler zu identifizieren. Jedoch werden nur in seltenen Fällen - wenn Konsistenzbedingungen verletzt sind - harte Kriterien greifen können. Die meisten Kontrollprozesse zu Struktur-, Planungs- und Erfassungsdaten des Kostenrechnungssystems arbeiten mit weichen Kriterien, also "schwachen" Argumenten (Faustregeln, Indizien) wie sie in der Künstlichen Intelligenz Verwendung finden, und lediglich potentielle Fehlerquellen und Mängel indizieren. Im folgenden soll ein Verfahren diskutiert werden, das auf der Basis hinreichender (harter) Fehlerkriterien die Planung der innerbetrieblichen Leistungsverrechnung kontrolliert. Ihr Vorteil ist, daß so zum einen eindeutig auf falsche Daten und nicht nur auf Fehlerindizien hingewiesen werden kann und eine Anwendung auch ex ante - ohne weitere Vergleichsdaten - gewährleistet ist. Ihr Nachteil besteht darin, daß nicht alle, sondern nur "relativ massive" Fehler aufgedeckt werden.

3. Potentielle Integritätsverletzungen in der Datenbasis der innerbetrieblichen Leistungsplanung

Die innerbetriebliche Leistungsverrechnung dient der Verrechnung der für die Erstellung eigengefertigter Produkte und Dienstleistungen geplanten bzw. erbrachten Kosten auf die verbrauchenden Stellen. In der Kostenplanungsphase einer flexiblen, auf Teilkosten arbeitenden Kostenrechnung werden die proportionalen, d.h. von der Stellenleistung abhängigen Verbrauchsmengen an sekundären Kostenarten (Leistungen von Hilfskostenstellen) in Mengeneinheiten pro Bezugsgrößeneinheiten geplant. Diese Leistungsplanung soll nun auf Integritätsverletzungen überprüft werden.

Es seien N Hilfskostenstellen gegeben, die jeweils eine spezifische Leistung, ein Produkt, erstellen und untereinander Leistungen austauschen, so daß eine N^2-dimensionale Leistungsverflechtungsmatrix L entsteht. Ein Element $L_{i,j}$ der Matrix L gibt an, wieviele Leistungseinheiten (LE) die Stelle j von Stelle i braucht, um selbst 1 LE herzustellen (Meßdimension $[LE_i / 1 \cdot LE_j]$). Die konkreten Datenwerte (Bedarfswerte bzw. Produktionskoeffizienten) seien bei dezentraler Kostenplanung dadurch gewonnen worden, daß jeder Kostenstellenverantwortliche den für die Erzeugung einer Leistungseinheit seiner Stelle erforderlichen Bedarf an Stellenleistungen aller übrigen Stellen schätzt.

Da alle Daten dezentral ohne Rückkopplung erhoben wurden, ist zu überprüfen, ob diese Angaben insgesamt überhaupt korrekt bzw. konsistent sein können (konsistente Daten sind zwar noch keine korrekten Daten, inkonsistente aber stets falsche). Das ist nur dann der Fall, wenn keine Sekundärstelle existiert, die für die Erstellung einer Leistungseinheit indirekt über die interdependenten Verflechtungen mehr als eine Mengeneinheit von sich selbst benötigt (eine direkte Inkonsistenz ist leicht an der Verflechtungsmatrix L zu erkennen, nämlich wenn $L_{i,i} \geq 1$ für ein $i \in \{1,...,N\}$. Ein Beispiel (vgl. Abb. 2) soll dies verdeutlichen:

Abbildung 2: Beispiel einer Leistungsverflechtung

Falls in obigem Beispiel der Stellenverantwortliche der Sekundärstelle 1 zur Produktion einer Leistungseinheit einen Bedarf von 0,58 LE_2 der Stelle 2 zu benötigen glaubt und umgekehrt zur Produktion einer Leistungseinheit der Stelle 2 von deren Stellenverantwortlichem y LE_1 der Stelle 1 für erforderlich gehalten werden, dann muß gelten: 0,58 * y < 1 bzw. y < 1/0,58 $\approx$ 1,724. Denn die Stelle 1 braucht 0,58 LE_2/LE_1 und diese wiederum y LE_1/LE_2, so daß die Stelle 1 indirekt 0,58 * y LE_1 für die Produktion einer in den Hauptkostenstellenbereich zu liefernden Leistungseinheit benötigt. Wenn also y $\geq$ 1/0,58 sein sollte, ist sicherlich mindestens eine der beiden Mengenbedarfsdaten falsch! Genau für diese potentiellen Integritätsverletzungen sollen im folgenden Methoden zur Aufdeckung entwickelt werden.

4. Verfahren zur Überprüfung der Datenintegrität

4.1. Vorgehensstrategie

Es sei $R_i^{(a)}$ der abgeleitete, reflexive Bedarf einer Stelle i (i = 1,...,N) für die Bereitstellung genau einer (externen) Leistungseinheit. $R_j^{(i)}$ sei der für die Bereitstellung von einer (externen) LE_i der Stelle i erforderliche, abgeleitete Bedarf von Leistungen der Stelle j. Sie bestimmen sich wie folgt [KLO (1969), S. 77 ff.; ANG (1963), S. 70 ff.]:

$$R_i^{(a)} := \sum_{\substack{j=1 \\ j \neq i}}^{N} L_{i,j} * R_j^{(i)} + L_{i,i} * 1$$

wobei $R_j^{(i)} := \sum_{\substack{k=1 \\ k \neq i}}^{N} L_{j,k} * R_k^{(i)} + L_{j,i} * 1 \quad (j=1,...,N), \quad (j \neq i)$

Für alle $i \in \{1,...,N\}$ muß sicherlich gelten, daß $R_i^{(a)} < 1$ ist.

Ist die Datenintegrität verletzt, erhält man bei der innerbetrieblichen Leistungsverrechnung nach dem Gleichungsverfahren ökonomisch nicht interpretierbare, negative Verrechnungspreise. Ebenso ergeben sich in diesem Falle negative Bedarfe in der Lösung des obigen Gleichungssystems. Das in Abbildung 3 skizzierte Beispiel soll die Ausführungen verdeutlichen.

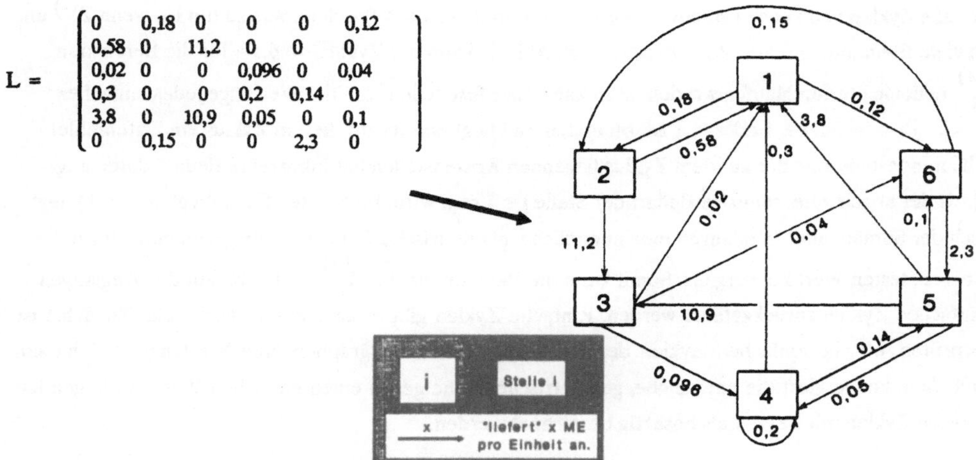

Abb. 3: Beispiel einer Leistungsverflechtungsmatrix und des dazugehörigen Leistungsverflechtungsgraphen

In diesem Beispiel führt die Mengenverflechtung L nach obigem Gleichungssystem für 1 LE der Stelle 1 zum abgeleiteten Bedarf $R_1^{(a)}$ = -4,319. Des weiteren zu $R_2^{(1)}$ = -9,886; $R_3^{(1)}$ = -0,934; $R_4^{(1)}$ = -1,123; $R_5^{(1)}$ = -8,558; $R_6^{(1)}$ = -21,166. Man kann hieraus sicherlich schließen, daß die Datenintegrität "irgendwo" verletzt wird. Da aber nicht nur überprüft werden soll, ob Inkonsistenzen auftreten - das hätte man auch ersehen können, wenn negative Verrechnungspreise für Sekundärleistungen nach dem Gleichungsverfahren errechnet werden [MÜN (1969), S. 134 f.] -, sondern das Ziel vor allem darin besteht, die Datenfehler zu spezifizieren und zu lokalisieren, bieten sich graphentheoretische Instrumente [AHO (1976), S. 50 f.; BRU (1974), S. 553 f.; DOM (1981), S. 3 f. u. S. 54; MEH (1984), S. 38 f.] zur besseren Fehlerlokalisierung an.

Ein nichtnegativ bewerteter, gerichteter Graph G = (V,E,f) besteht aus einer Knotenmenge V, einer Kantenmenge E ⊆ V x V und einer Kantenbewertung f: E ---> $\Re_+$. Die Folge w = <$v_1,v_2,...,v_n$> von Knoten v_i ∈ V (i=1,...,n; n≥1) mit (v_j,v_{j+1}) ∈ E für alle j=1,...,n-1 heißt Weg. Falls der Anfangs- und Endknoten eines Weges w sind, d.h. $v_1 = v_n$, so ist w ein **Zyklus**. Man bezeichnet einen Weg w als einfach, wenn kein Knoten auf dem Weg mehrfach vorkommt, d.h. $v_i \neq v_j$ für alle i,j ∈ {1,...,n}, i ≠ j. Ein Zyklus ist dann einfach, wenn bis auf den Anfangs- und Endknoten alle Knoten verschieden sind.

Die **Länge l eines Weges** w = <$v_1,v_2,...,v_n$> sei definiert als

$$l(w) = \prod_{i=1}^{n-1} f((v_i,v_{i+1})) \quad (= \text{Produkt der Kantenbewertungen auf dem Weg})$$

Aus der Leistungsverflechtungsmatrix L für den Sekundärstellenbereich läßt sich leicht (vgl. Abb. 3) ein entsprechender Verflechtungsgraph transformieren. Da L nur nichtnegative Einträge enthält und nur tatsächliche Leistungsverflechtungen abgebildet werden, haben alle Wege stets eine positive Länge. Der abgeleitete, reflexive Bedarf pro Leistungseinheit einer Sekundärstelle i (i ∈ {1,...,N}) berechnet sich aus der Länge aller Zyklen im Graphen von Knoten (Stelle) i nach i, deren innere Knoten stets ≠ i sind. Sei $Z^{(i)}$ die Menge aller Zyklen von Knoten i zu Knoten i ohne inneren Knoten i, die im Leistungsgraph existieren. Dann erhält man den abgeleiteten, reflexiven Bedarf der Stelle i durch:

$$R_i^{(a)} := \sum_{z \in Z^{(i)}} l(z) \qquad (i=1,...,N)$$

Da über alle Zyklen von i nach i summiert werden soll, stellt sich das Problem, was zu tun ist, wenn $Z^{(i)}$ unendlich viele Elemente enthält. Zum Beispiel (vgl. Abb. 3) kann der Zyklus $<5,6,5>$ für die Berechnung von $R_1^{(a)}$ beliebig oft durchlaufen werden. Man kann aber feststellen, daß die Weglänge jedes einfachen Zyklus $<j,...,j>$ entweder ≥ 1 oder < 1 ist. Im ersten Fall liegt bereits auf diesem Zyklus ein Datenfehler vor (d.h., mindestens eine der auf dem Zyklus liegenden Kostenstellen hat inkorrekte Bedarfsdaten angegeben), da der abgeleitete, reflexive Bedarf der Stelle j ≥ 1 sein wird. Im zweiten Fall (Weglänge < 1) liegt bezüglich der Summe aller Weglängen eine unendliche, geometrische Reihe vor, die gegen einen leicht berechenbaren, festen Wert konvergiert. Somit kann die Berechnung der $R_i^{(a)}$ (i = 1,...,N) auf die Weglängen aller einfachen Zyklen zurückgeführt werden. Einfache Zyklen gibt es aber nur endlich viele. Zunächst ist zu überprüfen, ob alle einfachen Zyklen des Leistungsverflechtungsgraphen eine Weglänge < 1 haben, denn nur dann konvergiert die unendliche, geometrische Reihe gegen einen endlichen Wert. Im folgenden sollen solche Zyklen mit $l(z) \geq 1$ als **bösartig** bezeichnet werden.

4.2. Aufdeckung bösartiger Zyklen

Zur Aufdeckung bösartiger Zyklen ist folgende Überlegung hilfreich. Wenn alle einfachen Zyklen des Graphen eine Weglänge < 1 haben, muß der längste, einfache Zyklus von Knoten i (i $\in$ {1,...,N}) nach Knoten i ebenfalls eine Länge < 1 haben. Folglich braucht man nur die längsten Zyklen von i aus zu suchen und zu überprüfen. Algorithmen zur Bestimmung der längsten Wege in Netzwerken sind seit langem in der Literatur bekannt [BRU (1974), S. 553ff.]. Die dort übliche additive Weglängenberechnung kann nach Logarithmieren der Weglängen verwendet werden. Das primäre Ziel für den Einsatz des FORD-Verfahrens, dessen logischer Ablauf in der Abb. 4 dargestellt ist, besteht im Erkennen aller "bösartigen" Zyklen. Die Werte der längsten Wege sind sekundär. Das FORD-Verfahren ist daher zusätzlich wie folgt zu ergänzen:

1. Wenn ein Zyklus z = $<v,...,v>$ gefunden wurde, darf der Algorithmus nicht abbrechen, sondern muß, damit alle bösartigen Zyklen gefunden werden, lediglich den zum zweiten Mal erreichten Knoten v sperren und keine Wege von ihm aus weiterverfolgen. Ansonsten würde der Algorithmus nicht terminieren.

2. Die Ausgabe des Algorithmus besteht in der Menge aller bösartigen Zyklen $z_1,...,z_t$ mit ihren Weglängen $l(z_i)$ (i = 1,...,t), die vom Startknoten r aus erreicht werden. Alle erreichten Knoten sind zu markieren.

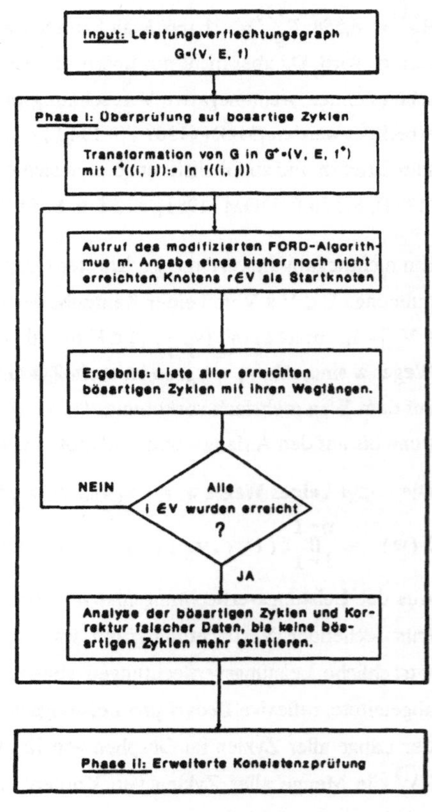

Abbildung 4: Modifizierter FORD-Algorithmus zur Überprüfung auf bösartige Zyklen

Für das Beispiel der Abbildung 3 erhält man als Resultat 2 bösartige Zyklen: z_1 = < 1,6,5,1 > mit $l(z_1)$ = 1,049 und z_2 = < 6,5,3,6 > mit $l(z_2)$ = 1,003. Auf mindestens einer der Kanten dieser Zyklen wurden falsche Angaben gemacht. Somit ist der Fehlerort eingekreist auf die Angaben der Kanten (1,6), (6,5), (5,1), (5,3), (3,6). Die Kante (6,5) ist in beiden bösartigen Zyklen enthalten, so daß einiges dafür spricht, daß ihre Datenangabe - Bedarf 2,3 [LE$_6$/LE$_5$] laut Stellenverantwortlichem der Stelle 5 - inkorrekt ist. Im Beispiel sei die Bedarfsangabe des Stellenverantwortlichen durch einen einfachen Übertragungsfehler mit 2,3 statt 0.23 eingegeben worden. Nach der Korrektur (Kante (6,5) auf 0,23 geändert) gilt: $l(z_1)$ ≈ 0,105 und $l(z_2)$ ≈ 0,100. Beide Zyklen sind nun "gutartig".

4.3. Der Kleene-Algorithmus zur Aufdeckung weiterer Integritätsverletzungen

Leider kann nicht gefolgert werden, daß, wenn keine bösartigen Zyklen existieren, der Leistungsverflechtungsgraph konsistent ist. Denn die Konsistenz ist nur dann gewährleistet, wenn die Summe der (multiplikativen) Weglängen aller Zyklen ohne inneren Knoten i von beliebigen Startknoten i ∈ V kleiner als 1 ist. Die Phase I überprüft letztlich nur, ob gilt ($Z^{(i)}$ sei die Menge aller Zyklen von Startknoten i ohne inneren Knoten i):

$$\max_{z \in Z^{(i)}} \{l(z)\} < 1 \quad \text{für alle } i \in V,$$

d.h., ob der längste Zyklus eine Weglänge kleiner als 1 ist.

Daher ist die Summe der Weglängen aller Zyklen von jedem Knoten i ∈ V aus - ohne inneren Knoten i - zu ermitteln. Dieses Problem kann mit Algorithmen zur Lösung des "allgemeinen Wegproblems in Graphen" [MEH (1984), S. 133 f.] bzw. zur Berechnung der "transitiven Hülle" eines Graphen gelöst werden [AHO (1976), S. 195; MEH (1984), S. 139 f.]. Voraussetzung ist allerdings, daß eine Abschlußoperation * mit

$$a^* := \sum_{i=0}^{\infty} a^i = 1 + a^1 + a^2 + \dots \qquad \text{auf der Menge der Zyklenlängen definiert ist.}$$

Das ist mit einem endlichen Wert der Fall, wenn keine Zyklen z mit $l(z) \geq 1$ existieren (daher zuvor die Prüfung auf bösartige Zyklen). Dann gilt :

$$l(z)^* := \sum_{i=0}^{\infty} l(z)^i = \frac{1}{1 - l(z)}$$

Die Grundidee dieses auf S.C. Kleene [KLE (1956), S. 3 ff.; AHO (1976), S. 198] zurückgehenden Algorithmus ist die, daß sich die Weglängen wie folgt rekursiv berechnen lassen. Die Knoten seien von 1 bis N fortlaufend durchnumeriert. Dann setzt sich die Summe aller Weglängen von Knoten i nach Knoten j, deren Wege nur durch Knoten mit Nummern ≤ k (k ≤ N) führen, additiv zusammen aus (vgl. die graphische Darstellung in Abbildung 5):

1. der Summe aller Weglängen von i nach j, deren Wege nur durch Knoten mit Nummern ≤ k-1 führen.

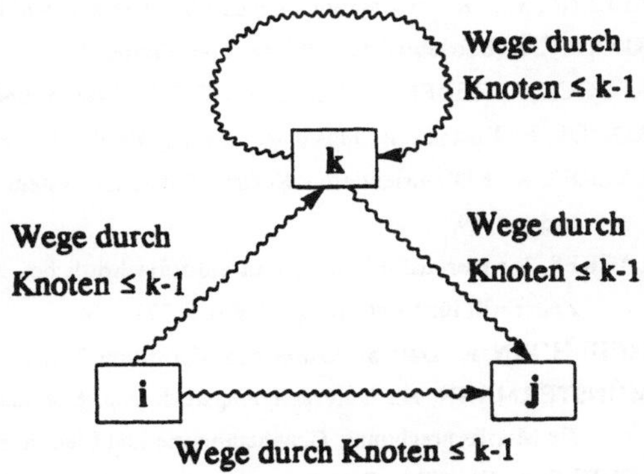

Abbildung 5: Wege von Knoten i nach Knoten j

2. der multiplikativen Weglänge von } wobei alle Wege nur durch Knoten $\leq$ k-1 führen
 • Knoten i nach Knoten k, dann } dürfen.
 • beliebig oft von Knoten k nach Knoten k (Zyklen)
 • und von Knoten k nach Knoten j,

Für k = 0 erhält man als Weglängen die Längen der Direktverbindungen zwischen zwei Knoten. Mit diesem Algorithmus wird sukzessiv die Weglängenberechnung durchgeführt und die momentane Weglänge überwacht [LAC (1989), S. 303]. Sobald bei den relevanten Datenelementen ein Ergebnis über 1 auftritt, ist die Integritätsbedingung im bislang untersuchten Teilgraphen verletzt. Die Ausgabe des modifizierten Kleene-Algorithmus besteht in den abgeleiteten, reflexiven Bedarfsmengen $R_v^{(a)}$ ($v \in \{1,...,N\}$) und allen Integritätsverletzungen mit ihrer Lokalisation.

5. Ansätze für erweiterte Integritätsprüfungen

Erweiterungen dieses grundsätzlichen Ansatzes zur Überprüfung der Datenintegrität wären insofern denkbar, als die Daten auch bei reflexiven, abgeleiteten Bedarfen von weniger als 100 % weiter untersucht werden könnten, wenn sie z.B. einen bestimmten Schwellenwert überschreiten (oder z.B. vom Vorjahreswert stark abweichen). In dem Fall würde die Integritätskontrolle auf Fehlerindizien (weiche Fehlerkriterien) ausgedehnt.

LITERATURVERZEICHNIS

AHO, A.V., HOPCROFT, J.E., ULLMANN, J.D.: The Design and Analysis of Computer Algorithms. 3. Aufl., Reading (Mass.) 1976.

ANGERMANN, A.: Entscheidungsmodelle. Frankfurt a. M. 1963. BRUCKER, P., DINKELBACH, W. (Netzwerke, 1974): Längste Wege in Netzwerken - kritische Wege in Netzplänen. In: WiSt 3 (1974), S. 553-558.

BRUCKER, P., DINKELBACH, W.: Längste Wege in Netzwerken - kritische Wege in Netzplänen. In: WiSt 3 (1974), S. 553-558.

DELLMANN, K.: Zum Stand der betriebswirtschaftlichen Theorie der Kostenrechnung. In: ZfB 49 (1979), S. 319-332.

DOMSCHKE, W.: Logistik; Band 1 Transport: Grundlagen, lineare Transport- und Umladeprobleme. München 1981.

FANDEL, G.: Produktion I. Produktions- und Kostentheorie. 3. Aufl., Berlin u.a. 1991.

HUMMEL, S.,MÄNNEL, W.: Kostenrechnung: Band 1: Grundlagen, Aufbau und Anwendung. 4. Aufl., Wiesbaden 1986.

KILGER, W.: Flexible Plankosten- und Deckungsbeitragsrechnung. 9. Aufl., Wiesbaden 1988.

KLEENE, S.C.: Representation of events in nerve nets and finite automata. In: Automata Studies, Princeton, S. 3-40.

KLOOCK, J.: Betriebswirtschaftliche Input-Output-Modelle. Wiesbaden 1969.

KLOOCK, J., SIEBEN, G., SCHILDBACH, T.: Kosten- und Leistungsrechnung. Düsseldorf 1976.

KOSIOL, E.: Kosten- und Leistungsrechnung. Berlin-New York 1979.

LACKES, R.: EDV-orientiertes Kosteninformationssystem. Flexible Plankostenrechnung und neue Technologien. Wiesbaden 1989.

LACKES, R.: Herausforderungen an ein fortschrittliches Kosteninformationssystem. In: KRP Kostenrechnungspraxis - Zeitschrift für Controlling, 6/1990, S. 327 - 338.

MEHLHORN, K.: Data Structures and Algorithms 2: Graph Algorithms and NP-Completeness. Berlin u.a. 1984.

MÜNSTERMANN, H.: Unternehmungsrechnung. Untersuchungen zur Bilanz, Kalkulation, Planung mit Einführung in die Matrizenrechnung, Graphentheorie und Lineare Programmierung. Wiesbaden 1969.

SCHEER, A.-W.: CIM - Der computergesteuerte Industriebetrieb. 3. Aufl., Berlin u.a. 1988.

SCHWEITZER, M.; KÜPPER, H.-U.: Systeme der Kostenrechnung. 4. Aufl., Landsberg a.L. 1986.

Asynchronous parallel processing
in local networks

D. C. Mattfeld, C. Bierwirth and S. Stöppler

University of Bremen*

Abstract

Solving large scaled optimization problems with parallel search methods requires a hardware, which allows to run processes simultaniously and which offers a data communication media. The involved processors can either be integrated in a multiprocessor system using a shared memory or in a distributed system with message connection. This may be a Transputer as well as a cluster of independent workstations in a local area network. The advantage of a LAN is a simple realization of global information and a variable definition of the processors topologie. Hence we think, that parallel processing in a LAN is a strong alternative to the common use of transputer technologies.

We used UNIX workstations connected by Ethernet using TCP/IP to implement PARNET as a general framework for parallel applications. Asynchronous algorithms with a communication demand to a subset of the network nodes are supported. Shared memory is provided across the network, synchronized by semaphores. Pseudo-parallelity (more than one process reside on a node) is performed, if more application processes than nodes available are defined.

As an experimental validation of PARNET we analysed the performance of a parallel genetic algorithm. The behaviour of the system and computed results for travelling salesman problems will be presented.

EDV-gestützte Multiprojektplanung mit gaphischen Hilfsmitteln

Dr. Martin G. Möhrle
Universität Kaiserslautern
Postfach 3049
W-6750 Kaiserslautern
Telefon: 0631/205-2936
Telefax: 0631/205-3381

In vielen Abteilungen und Unternehmensbereichen ist eine Vielzahl von Projekten **parallel** zu planen, zu koordinieren und zu kontrollieren. Das gilt insbesondere für viele **Abteilungen in der Forschung und Entwicklung** (FuE) sowie für zahlreiche **EDV-** und **OR-Abteilungen**. Zur **Multiprojektplanung** sind daher verschiedene Modelle entwickelt worden, u.a. basierend auf linearer Optimierung, Entscheidungsbäumen, Punktbewertungs- und finanzmathematischen Verfahren.

Aufbauend auf die EDV-gestützte Informationsverarbeitung kann das genannte Repertoire um **graphische Hilfsmittel** erweitert werden, mit denen Grunddaten und Ergebnisse in einer dem Anwender nahekommenden Form aufbereitet werden können. Besonders geeignet erscheinen hier **Projekt-Portfolios**. In ihnen werden alle Projekte in einer Matrix mit den zwei zentralen, jeweils individuell bestimmten Bewertungskriterien positioniert. Zusätzlich kann ein weiteres Kriterium durch die **Fläche des Positionierungskreises** eingebunden werden.

Beispielsweise dienen beim FuE-Programm-Portfolio, das alle Projekte einer FuE-Abteilung umfaßt, die **technische** und die **wirtschaftliche Attraktivität** als Bewertungskriterien und Achsen. Das **Projektvolumen**, definiert als **Summe** der noch ausstehenden Projektaufwendungen, wird durch die Kreisfläche wiedergegeben.

Graphiken der vorgestellten Art vermitteln dem Anwender einen Überblick über die **mehrdimensionale Verteilung der Projekte**, und er kann jedes einzelne Projekt **im Gesamtzusammenhang** beurteilen.

Anwendung von Auswahlalgorithmen zur experimentellen Systemanalyse in Ökonomie und Ökologie

Johann-Adolf Müller
Hochschule für Ökonomie Berlin, Fachbereich Wirtschaftsinformatik
H.-Duncker-Str.8 Berlin O 1157

Die experimentelle Systemanalyse in Ökonomie und Ökologie ist auch nach Einbeziehung von Methoden der Wissensverarbeitung (z.B. zur Auswahlberatung und Nutzerführung) mit verschiedenen methodologischen Problemen (z.B. Unbestimmtheitsprinzip nach Kalman, Regularisierung nach Tichonov, Mengenprinzip der Modellbildung) verbunden. Ihre Überwindung ist durch die Auswahl von Modellen optimaler Kompliziertheit unter Nutzung äußerer Information, z.B. auf der Grundlage der Prinzipien der Selbstorganisation, möglich.

Verschiedene erfolgreiche Anwendungen derartiger induktiver Methoden zur Analyse und Vorhersage volkswirtschaftlicher, betriebswirtschaftlicher und ökologischer Systeme bestätigen, daß insbesondere bei kleinem Stichprobenumfang die Auswahl von Strukturvarianten der Modelle entsprechend dem GMDH-algorithmus (Group method of data handling) eine effektive Möglichkeit darstellt, um zu Modellen optimaler Kompliziertheit zu kommen.

Im Beitrag werden nicht nur verschiedene Algorithmen und Auswahlkriterien sowie deren Eigenschaften vorgestellt, sondern auch Probleme bei der Validierung der Modelle, der Auswahl exogener Triebkräfte, der Gewährleistung der Stabilität der simultanen Gleichungssysteme u.a. untersucht und Möglichkeiten zur Einbeziehung von A-priori Information, z.B. zur Bildung eines Nucleus-Modells, aufgezeigt. Ergebnisse bei der Analyse und Vorhersage ökonomischer und geoökologischer Systeme zeigen darüberhinaus, daß eine praktische Modellerstellung durch die Verwendung nichtparametrischer Modelle (z.B. durch Nutzung der Analogiemethode oder unter Verwendung neuronaler Netze, die durch assoziative Wissensverarbeitung ein internes Modell erstellen) zu ergänzen ist.

Quantitative und qualitative Aspekte prototypingorientierter Systementwicklung

Gustav Pomberger, Hubert Rumerstorfer

Institut für Wirtschaftsinformatik, Johannes Kepler Universität, Altenbergerstr. 69 A-4040 Linz, Austria, e-mail: K2G01290@AEARN

Im Rahmen eines Forschungsprojektes *Prototypingorientierte Softwareentwicklung - theoretische, technische und organisatorische Grundlagen* war ein Teilziel die Evaluation der Praxistauglichleit der dabei entwickelten Methoden und Werkzeuge. Zu diesem Zweck wurden zwei Projekte industrieller Auftraggeber übernommen: ein betriebswirtschaftlich orientiertes - die *Realisierung eines Projektmanagement- und Informationssystemes* - und ein technisch orientiertes Projekt - *Realisierung der Steuerungssoftware eines Pfannenofens*. Das Forschungsprojekt wurde an der Universität Linz in Kooperation mit der Universität Zürich, gefördert von Siemens München und den Austrian Industries durchgeführt.

In diesem Vortrag sollen die Ergebnisse und Erfahrungen bei der prototyping-orientierten Realisierung des Projektmanagement- und Informationssystemes präsentiert werden.

Schwerpunkte der Präsentation sind das angewandte Vorgehensmodell, die eingesetzten Werkzeuge, die Architektur des verteilten Informationssystems, das Datenmodell der relationalen Datenbank, Aspekte der Gestaltung der grafischen Benutzeroberfläche, die eingesetzten statistischen- und Prognoseverfahren, quantitative und qualitative Aspekte der Implementierung. Eine Darstellung der durch die neuen Methoden und Werkzeuge erzielten Rationalisierungs- und Qualitätssteigerungseffekte und einen Bericht über die Akzeptanz des entwickelten Systems (es ist seit 1.2.1991 im Einsatz) runden die Präsentation ab. Es soll vorallem auch gezeigt werden, daß es mit konventionellen Mitteln vollkommen ausgeschlossen ist, ein Softwaresystem mit so hoher Komplexität in der zur Verfügung stehenden Zeit von einem Mannjahr zu entwickeln. Eine Demonstration der entwickelten Software soll belegen, daß das entwickelte System vollständig implementiert ist.

Die folgenden Stichworte sollen die Funktionalität des entwickelten Informations-systems grob umreißen: Verwaltung von Großprojekten des Industrieanlagenbaus, Kosten- und Ressourcenplanung, Personaldisposition, Projektkalkulation, Aufwandser-fassung und Vergleich von Plan- und Istdaten, Client- Serverarchitektur (Multi-User-betrieb mit dzt.11 Netzknoten), flexible Informationsgewinnung für unterschiedliche Benutzerklassen im Direktzugriff (Projektmitarbeiter, Projektleiter, Abteilungs-leiter, Topmanagement), hohe Datensicherheit.

Ablaufsteuerung in CIM-Systemen

Berthold Reinwald

Universität Erlangen-Nürnberg (IMMD VI)
Martensstraße 3, 8520 Erlangen

Ein Wirtschaftsbetrieb besteht aus einer Vielzahl von Funktionseinheiten, die im Hinblick auf die gemeinsamen Unternehmensziele in kontrollierter Weise zusammenwirken müssen. Die Kooperation der Funktionseinheiten spiegelt sich in einem Netz von Abhängigkeiten zwischen den Funktionseinheiten wider. In einem Kooperationsprojekt der Universität Erlangen-Nürnberg (IMMD VI) mit einem Softwarehaus im Umfeld der rechnergestützten Fertigung und einem Produktionsbetrieb wurden in einer realen Umgebung die Abhängigkeitsstrukturen zwischen Funktionseinheiten eines Betriebes analysiert. Als Anwendungsfeld ist die Arbeitsvorbereitung im Produktionsvorfeld des Herstellerbetriebs ausgewählt worden. Der Schwerpunkt der Analyse lag in der Untersuchung der Vorgänge und Abläufe einschließlich der Datenflüsse zwischen den Arbeitsschritten im Bereich der Arbeitsvorbereitung. Das Ergebnis der Analyse ist ein Netz von Arbeitsschritten (Aktivitäten), das den Daten- und Kontrollfluß (Ablauflogik) zwischen den Arbeitsschritten repräsentiert.

Der aktuelle Stand der Technik entspricht einer manuellen Koordination der Aktivitäten. Nach der Beendigung einer Aktivität (z.B. Operationsplanung) werden die generierten Ergebnisse (z.B. Arbeitsplan) ausgedruckt und an die nachfolgenden Anwendungsbereiche verteilt. Dabei müssen alle Nachteile einer nicht integrierten Datenverarbeitung in Kauf genommen werden. Die Ausführung der Aktivitäten erfolgt völlig isoliert voneinander. Es gibt keinen Überblick über den aktuellen Stand des Arbeitsfortschritts. Um diese Unzulänglichkeiten zu beheben, befindet sich seit März 1990 an der Universität Erlangen-Nürnberg (Lehrstuhl für Datenbanksysteme) das System ActMan (*Act*ivity *Man*agement) in Entwicklung. Zielsetzung des Systems ist die Realisierung einer Kontrollkomponente zum

- Auslösen von Aktivitäten entsprechend einer definierten Ablauflogik und
- Steuern des Datenflusses zwischen den Aktivitäten.

Dazu ist die Ablauflogik der Aktivitäten in einem Aktivitätennetz zu definieren. Das Aktivitätennetz enthält alle Aktivitäten einer Anwendung und deren Abhängigkeiten sowohl auf Daten- als auch auf Kontrollebene (Auslösen von Aktivitäten nach Abschluß aller Vorgängeraktivitäten). Nachfolgende Darstellung zeigt ein Aktivitätennetz für die Arbeitsvorbereitung:

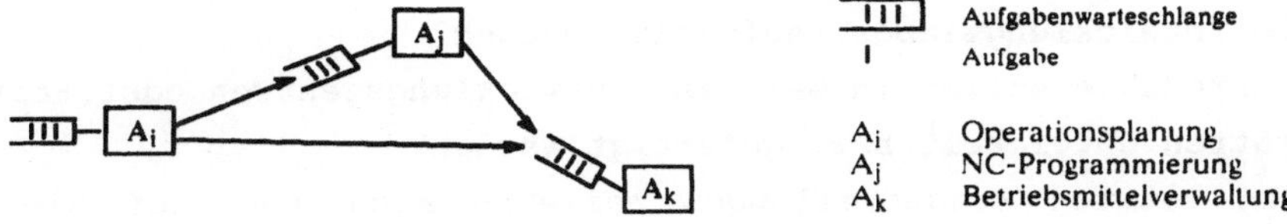

Die Kooperation der verschiedenen Aktivitäten kommt durch das Versenden von Aufgaben zwischen den Aktivitäten zustande. Sollen beispielsweise nach der Operationsplanung NC-Programme erstellt werden, so schickt die Operationsplanung NC-Programmier-Aufgaben an die NC-Programmierung. Da eine Aktivität gleichzeitig mehrere Aufgaben auch von verschiedenen Vorgängeraktivitäten erhalten kann, bildet sich vor jeder Aktivität eine Warteschlange.

Die Konzeption des ActMan-Systems ist abgeschlossen. Die Implementierbarkeit des Konzepts wurde prototypisch in einer DEC-Rechnerumgebung unter VAX/VMS nachgewiesen. Derzeit findet eine Validierung des Ansatzes beim Projektpartner statt.

EIN DECISION SUPPORT SYSTEM FÜR DEN ENTWURF EINER GLOBALEN FERTIGUNGS-
STRATEGIE

Franz Schober, Freiburg i.Br.

Zusammenfassung: Der Unterstützung der Formulierung inteinationaler
Strategien durch Entscheidungsmodelle und den Computer kommt aufgrund
der weltweiten Entwicklung der Geschäftstätigkeiten steigende Bedeutung zu. Das vorliegende Decision Support System verbindet Aspekte der
qualitativen Standortbewertung und der quantitativen Produktionsallokation zu einer integrierten, globalen Fertigungsstrategie.
Abstract: The support of international strategy formulation by decision models and the computer becomes more and more important, due to
the worldwide development of business activities. The suggested decision support system combines aspects of qualitative site appraisal and
of quantitative production allocation into an integrated global manufacturing strategy.

1. Problemstellung

In einer Welt fortschreitender Internationalisierung der Geschäftstätigkeiten spielen die Beurteilung und der Vergleich von
Standortfaktoren eine wichtige Rolle. Die folgenden Entscheidungssituationen mögen dies verdeutlichen:
- Sollen Produkte einer Unternehmung in einem Land X angeboten werden,
  und welche?
- Soll im Land Y eine Fertigungsstätte oder eine andere Einrichtung,
  z.B. ein Entwicklungslabor, aufgebaut werden?
- Welche Produkte sollen in welchen Entwicklungszentren oder Fertigungsstätten entwickelt bzw. gefertigt werden?
Die beiden letzten Fragestellungen beziehen sich u.a. auf die Fertigungsstrategie einer Unternehmung. Obwohl die Fertigungsstrategie
streng genommen nicht völlig isoliert von anderen Unterneh-
mensstrategien betrachtet werden kann, soll sie doch im vorliegenden
Beitrag in den Mittelpunkt der Untersuchung gestellt werden. Konkret
wird das folgende Entscheidungsproblem untersucht: Gegeben sind mehrere Werke in unterschiedlichen Ländern und mehrere Produktgruppen.
Gesucht ist eine optimale Zuordnung der Produktgruppen zu den Werken,
wobei verschiedene Nebenbedingungen wie z.B. Betriebsgrößen zu berück-

Operations Research Proceedings 1991
© Springer-Verlag Berlin Heidelberg 1992

sichtigen sind. Vordergründig handelt es sich hier um die Frage nach dem optimalen internen Standort für ein gegebenes Produktportfolio bei gegebener Zahl und geographischer Lage der Fertigungsstätten. Für viele internationale Unternehmungen ist dies eine Kernfrage der strategischen Planung. Jedoch kann durch alternative Annahmen über die Zahl und geographische Lage der Fertigungsstätten auch das externe Standortproblem analysiert werden, d.h. die Frage, in welchen Ländern zusätzliche Kapazitäten aufgebaut oder vorhandene Kapazitäten abgebaut werden sollen.

Die Fragestellung ist sehr eng mit dem Problem der komparativen ökonomischen Standortvorteile einzelner Länder und deren Ursachen verknüpft. Im Zusammenhang mit der derzeit beobachtbaren Globalisierung der Unternehmenstätigkeit und vor allem auch mit den Entwicklungen im EG-Binnenmarkt tritt die Diskussion der Standortvorteile verschärft in den Vordergrund. Die Diskussion spielte jedoch bereits in der klassischen volkswirtschaftlichen Theorie eine wichtige Rolle und wurde von der neoklassischen Wachstumstheorie weitergeführt. Sie wurde im betriebswirtschaftlichen Bereich vor allem durch die Arbeiten von PORTER /1/ belebt, der im Gegensatz zum vorwiegend makroökonomischen Ansatz der neoklassischen Schule einen industrieökonomischen Ansatz vertritt. Wir werden für die Bewertung der Standortfaktoren das Modell von PORTER in etwas modifizierter Form zugrunde legen. Konkret ist dabei die Frage zu beantworten, wie sich eine bestimmte Produktgruppe mit den externen Gegebenheiten eines Standorts verträgt (externe Standortbewertung).

Falls eine Produktionsstätte mehrere Produktgruppen umfaßt, tritt jedoch auch das Problem der internen Verträglichkeit auf. Manche Produkte passen hinsichtlich der verwendeten Produkttechnologie, der eingesetzten Produktionstechnologie und anderer interner Faktoren besser zueinander als andere Produkte. Damit muß neben der externen Standortbewertung (Produkt zu Land) auch eine interne Standortbewertung (Produkt zu Produkt) vorgenommen werden.

Externe und interne Verträglichkeiten lassen sich nur zum Teil in physischen oder monetären Einheiten messen. Wichtige Einflußgrößen entziehen sich einer solchen Quantifizierung im engeren Sinn. Das vorliegende Decision Support System ist deshalb zweistufig aufgebaut (siehe Abb. 1): In der ersten Stufe erfolgen zunächst die externe und die interne Standortbewertung mittels eines qualitativen Multiattribu-

tiv-Ansatzes. In der zweiten Stufe gehen die im engeren Sinn quanti-
fizierbaren Größen in ein Optimierungsmodell zur Produktionsallokation
und damit auch Ressourcenallokation ein. Die Standortbewertungen der
ersten Stufe wirken als Restriktionen im Optimierungsprozeß der zweiten Stufe.

Das System fußt auf praktischen Erfahrungen des Autors in einer großen
multinationalen Industrieunternehmung. Das Allokationsmodell und seine
Anwendbarkeit sind in /2/ im Detail beschrieben, dazu eine modellgestützte Einbettung der Fertigungsstrategie in eine Unternehmensgesamt-
strategie. Der Aspekt der internen Standortbewertung ist bereits in
/3/ dargestellt. Neu hinzu kommen in diesem Beitrag die Behandlung der
externen Standortfaktoren sowie die Synthese zu einem integrierten System. Die folgende Darstellung konzentriert sich auf die wesentlichen
Elemente der Modellkonstruktion.

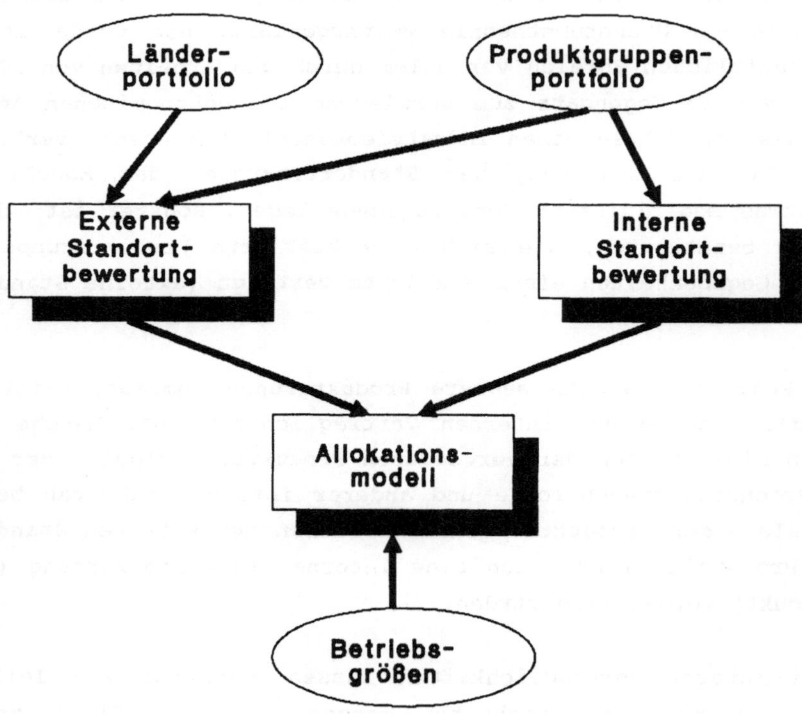

Abb. 1: Übersicht über das Gesamtsystem

2. Externe Standortbewertung

Abb. 2 zeigt die Struktur eines Multiattributiv-Modells zur subjektiven und qualitativen Bewertung der externen Standortfaktoren. Wir können hier nicht im Detail auf die Bewertungsmethode eingehen (für einen Überblick über die verschiedenen Multiattributiv-Ansätze siehe /4/), sondern nur zusammenfassend festhalten, daß es mittels Vergabe von ordinal gemessenen Verträglichkeiten eines Produkts mit einem einzelnen Attribut, auf einer Skala von 0 bis 10, und Vergabe von Gewichten für die einzelnen Attribute gelingt, einen Index der Gesamtverträglichkeit P_{km} von Produktgruppe k mit Werk m (= Land m) zu errechnen. Der Index P_{km} liegt dann ebenfalls auf einer Skala von 0 bis 10, wobei größere Werte eine höhere Verträglichkeit signalisieren. Da im Gesamtsystem eine Aufteilung der Fertigung einer Produktgruppe auf mehrere Werke zulässig ist, fordern wir eine durchschnittliche Mindestverträglichkeit $PMIN_k$ je Produktgruppe in der Form

$$\sum_m P_{km}\, z_{km} \;\geqslant\; PMIN_k \qquad \text{für alle Produktgruppen k} \qquad (1)$$

Mit z_{km} wird dabei der Anteil an der Gesamtproduktion von Produktgruppe k bezeichnet, der Werk m zugewiesen wird.

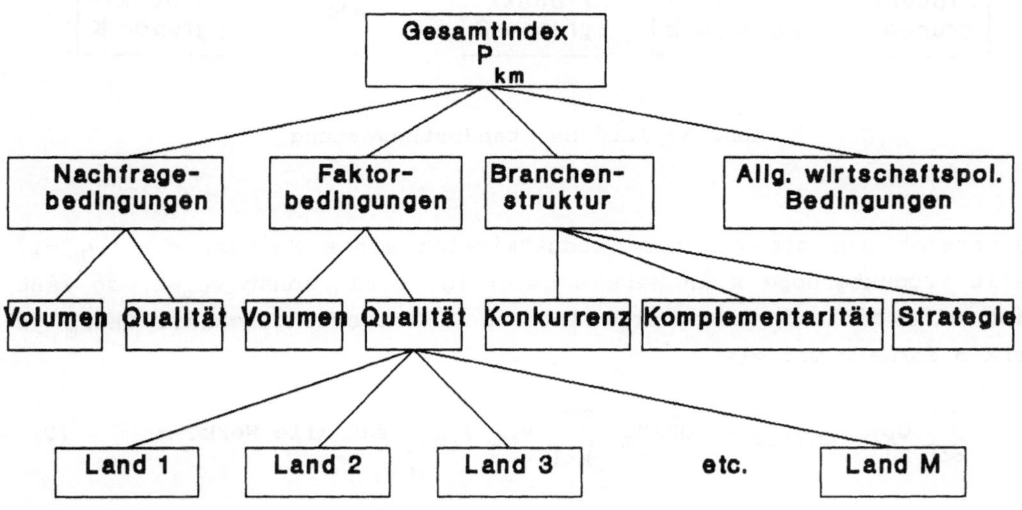

Abb. 2: Externe Standortbewertung

3. Interne Standortbewertung

Abb. 3 zeigt die Struktur des multiattributiven Bewertungsmodells für die internen Standortfaktoren. Dabei werden die Produktgruppen zunächst paarweise hinsichtlich ihrer gegenseitigen Verträglichkeit beurteilt. Methodisch in analoger Form wie bei der Bewertung der externen Standortfaktoren läßt sich ein ordinaler Verträglichkeitsindex Q_{kl} zwischen Produktgruppe k und Produktgruppe l auf einer Skala von 0 bis 10 messen, wobei größere Werte auf eine höhere Verträglichkeit hinweisen.

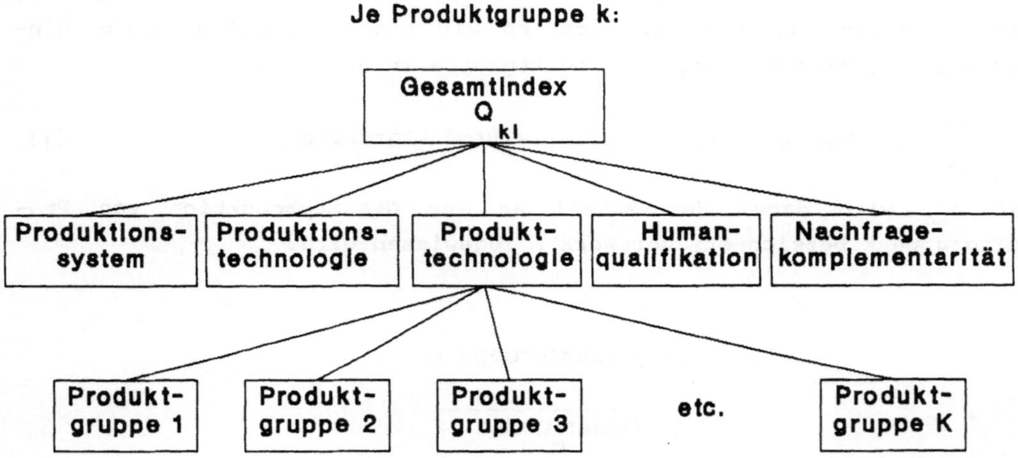

Abb. 3: Interne Standortbewertung

Beschreibt man mit v_{km} die Produktmission eines Werkes, d.h. $v_{km}=1$, falls Produktgruppe k in Werk m gefertigt wird, sonst $v_{km}=0$, so läßt sich eine minimal akzeptierte interne Gesamtverträglichkeit $QMIN_m$ je Werk m fordern mittels

$$\sum_{k<l} Q_{kl}\, v_{km}\, v_{lm} \geq QMIN_m \sum_{k<l} v_{km}\, v_{lm} \qquad \text{für alle Werke m} \qquad (2)$$

Natürlich ließe sich Restriktion (2) formal auch auf einen direkten Vergleich von mehr als jeweils zwei Produktgruppen erweitern, jedoch auf Kosten polynomialer Terme höherer Ordnung, wodurch die Lösbarkeit des Gesamtmodells stark beeinträchtigt würde, ohne wesentliche zusätzliche Vorteile bei der Modellierung der Realsituation zu gewinnen.

Externe und interne Standortbewertung lassen sich leicht mit Hilfe von Standardsoftware zur Entscheidungsanalyse, aber auch mit eigener Software implementieren. Es soll deshalb nicht näher auf die Implementierungsaspekte eingegangen werden. Es sei jedoch auf eine Schwäche beider Ansätze hingewiesen, nämlich auf die teilweise Interdependenz der Einzelattribute. So ist beispielsweise hohe Faktorqualität in Abb. 2 häufig mit hoher Nachfragequalität verbunden. Ebenso hängen in Abb. 3 oft Produkt- und Produktionstechnologie eng miteinander zusammen. Streng genommen müßte bei nicht-orthogonalen Attributen der Multiattributiv-Ansatz als Bewertungsmethode ausscheiden. Alternativ wäre hier ein geeignetes Expertensystem zur mehrdimensionalen Bewertung denkbar, wie es z.B. in einem anderen Anwendungskontext in /5/ vorgeschlagen wird.

4. Allokationsmodell

Im Allokationsmodell werden die physisch und monetär unmittelbar meßbaren bzw. prognostizierbaren Größen verarbeitet. Die qualitativen Standortbewertungen und die minimal akzeptierten Anspruchsniveaus gehen in Form von (1) und (2) als Restriktionen in das Allokationsmodell ein. Das Allokationsmodell ist statisch formuliert, d.h. nur der Zustand im letzten Jahr eines Planungszeitraums wird berücksichtigt. Eine solche Betrachtungsweise kommt einer Sicht der strategischen Planung sehr entgegen, bei der die langfristigen Auswirkungen wesentlicher Entscheidungsalternativen zunächst losgelöst von den detaillierten Übergangsstrategien und damit auch losgelöst vom Implementierungsweg beurteilt werden.

Wir betrachten als Zielfunktion des Allokationsmodells die entscheidungsabhängigen Kosten C in der Form

$$\text{Min } C = \sum_{k,m} (c_{km}\, y_{km} + d_{km}\, v_{km}) \tag{3}$$

wobei y_{km} die Produktionsvolumina für Produktgruppe k bezeichnet, die Werk m zugewiesen werden, und v_{km} die Produktmissionen, siehe Gleichung (2). Mit y_{km} und v_{km} sind die Entscheidungsvariablen des Modells festgelegt. Die variablen Kosten werden mit c_{km} und die fixen Kosten mit d_{km} bezeichnet.

Sämtliche Größen in (3) beziehen sich auf das letzte Jahr des Planungszeitraums. Die Kostenwerte werden länderspezifisch angesetzt (entsprechend dem Land, in dem Werk m vorgesehen ist). Auf die Messung der Größen soll hier im einzelnen nicht eingegangen werden (siehe /2/), jedoch sei zusammenfassend bemerkt, daß Personal-, Material- und sonstige Kosten sowie Abschreibungen zu berücksichtigen sind. Zudem sind die Kostenwerte mittels eines länderspezifischen Inflationsindex zu bereinigen und mittels Wechselkursprognosen auf ein einheitliches Währungssystem umzurechnen. Auch spielen Annahmen über den Produktivitätsfortschritt eine Rolle, wobei im einzelnen Anwendungsfall zu überprüfen ist, ob Produktivitäten und deren Veränderungen länderspezifisch anzusetzen sind, oder ob sie vielmehr einheitlich durch die in der Unternehmung weltweit eingesetzte Technologie bestimmt werden, was oft der Fall ist.

Die Produktionsallokationen y_{km} müssen einen prognostizierten Gesamtbedarf D_k erfüllen, d.h.

$$\sum_m y_{km} = D_k \qquad \text{für alle Produktgruppen k} \qquad (4)$$

Damit kann z_{km} in (2) durch y_{km}/D_k ersetzt werden.

Zusätzlich macht es in der Regel wenig Sinn, Produktionsallokationen unterhalb einer Minimalschranke H_k vorzusehen:

$$y_{km} \geqslant H_k\, v_{km} \qquad \text{für alle Produktgruppen k und alle Werke m} \qquad (5)$$

Eine wesentliche Restriktion des Allokationsmodells betrifft die Betriebsgrößen. Wir wollen sie hier für die Ressource "Personal" formulieren, sie kann jedoch auch für andere Ressourcenarten, z.B. eingesetztes Vermögen, zum Ansatz kommen. Dies ist insbesondere dann von Interesse, wenn das Allokationsmodell mit einem Finanzierungsmodell gekoppelt wird, siehe /2/. Bezeichnet man mit r_{km} die variablen Personalpoduktivitäten im letzten Jahr des Planungszeitraums umd mit s_{km} die fixen Personalproduktivitäten, sowie mit $RMIN_m$ und $RMAX_m$ minimale und maximale Schranken für die Betriebsgrößen, so ist für alle Werke m anzusetzen:

$$RMIN_m \leq \sum_k (r_{km} \, y_{km} + s_{km} \, v_{km}) \leq RMAX_m \tag{6}$$

Des weiteren sind logische Restriktionen zu formulieren, um zum einen die richtige Wahl der Null/Eins-Variablen v_{km} in Abhängigkeit von y_{km} zu gewährleisten, um zum andern die nichtlinearen Terme in (2) in äquivalente lineare Terme zu transformieren, falls als Optimierungssoftware wie in unserem Fall ein kommerzielles gemischt-ganzzahliges Optimierungssystem /6/ verwendet wird. Jedoch soll hier auf diese mehr lösungstechnische Seite der Modellierung nicht näher eingegangen werden.

<u>Literatur</u>:

/1/ Porter,M.E.
The Competitive Advantage of Nations.
London-Basingstoke: MacMillan (1990)

/2/ Schober,F.
Modellgestützte strategische Planung für multinationale Unternehmungen.
Berlin u.a.: Springer-Verlag (1988)

/3/ Schober,F.
Optimale Investitions- und Standortentscheidungen für Produkte mit stark veränderlicher Lebenskurve.
Dissertation Universität München (1972)

/4/ Corstjens,M.L.; Gautschi,D.A.
Formal Choice Models in Marketing.
Marketing Science 2/1, 19-56 (1983)

/5/ Plattfaut,E.; Kraetzschmar,G.; Mertens,P.
STRATEX - ein prototypisches Expertensystem zur Unterstützung der strategischen Unternehmensplanung.
Strategische Planung 3/2, 71-103 (1987)

/6/ LINDO/LINGO Optimierungssystem.
Chicago: LINDO Systems Inc. (1990)

Berechnung von Stromerzeugungskosten mit Hilfe der Barwertmethode

Karsten Ständer
RWE Energie AG
Abt. KN-EK
Postfach 10 31 65
4300 Essen 1

Für das Stromerzeugungsunternehmen RWE stellt sich die Frage nach den Kosten unterschiedlicher Stromerzeugungsvarianten. Sowohl bei der Bewertung von Investitionsalternativen als auch bei der Preisgestaltung für Strom wird dies offenkundig. Da Investitionen in Kraftwerke als auch in Verteilernetze sehr hoch sind und der Kapitalrückfluß erst nach Jahren einsetzt, muß eine Bewertungsmethode verwendet werden, die die unterschiedlichen Zahlungszeitpunkte berücksichtigt.

Die Methode, die beim RWE mit Hilfe eines Rechenprogramms eingesetzt wird, ist die Barwertmethode. Dabei werden Einnahmen und Ausgaben auf einen theoretischen Zeitpunkt abgezinst, aufsummiert und voneinander abgezogen. Dieser Wert, den man so erhält, heißt Kapitalwert einer Investition und dient als Vergleichsgröße zur Bewertung einer Alternative.

Die Einnahmen der RWE Energie AG resultieren aus dem Verkauf des erzeugten Stroms, weil nie mehr Strom erzeugt als verkauft wird. Sie können deshalb jährlich als Produkt aus Erzeugung und einem mittleren Preis dargestellt werden. Der mittlere Preis, der gerade den Kapitalwert Null ergibt, liefert dann eine Meßgröße der spezifischen Stromerzeugungskosten einer Erzeugungsvariante.

Da - wie gesehen - die Erzeugung von Strom immer direkt abhängig vom Verbrauch ist, werden Kraftwerke mit unterschiedlicher Auslastung eingesetzt. Die Summe der Erzeugungen ergibt das Verbrauchsdiagramm einer Periode. Beim Vergleich von Erzeugungskosten stellt sich heraus, daß in den Auslastungsstufen allein aus Kostengründen nicht immer dieselben Varianten am günstigsten sind. Das ist auch ein Grund dafür, daß Strom in Deutschland in einer Vielfalt von Kraftwerkstypen erzeugt wird.

Skalierung – Methoden zur Synthese von Wissen mehrerer Experten einer Domäne

Prof.Dr.Dr.h.c. M.G. Zilahi-Szabó
Dipl.-Ing. Hans-Martin Kraus

Auf dem Gebiet der Jahresabschlussanalyse kleiner und mittlerer Unternehmen steht die Wissensakquisiton vor folgendem gordischen Knoten.

Behält man die Restriktion bei, streng nur das Wissen eines Experten dieser Domäne zu extrahieren, so wird man nur eine Sichtweise repräsemtieren, z.B. die eines Bankers, oder die eines Produktions-Fachmannes, oder die eines Planers, etc.. Löst man diese Fessel, so ergibt sich zwar eine vielschichtige Expertise, deren Teile werden sich aber unter Umständen konterkarrieren und so ein widersprüchliches Bild erzeugen.Was tun?

Der folgende Ansatz setzt voraus, daß alle diese Experten ihre Aussagen unter Benutzung von Kennzahlen erzeugen und auf diese Weise das Problem des zu beurteilenden Unternehmens identifizieren. Die hierbei heuristisch verknüpften Kennzahlen sollen auf die Dimensionalität ihrer Aussagen hin überprüft werden und so auch Rendundanz im synthetisierten Wissensmodell vermieden werden. Das geschieht vor dem Hintergrund unterschiedlicher Erfahrungskontexte, respektive Datenmengen, die eine Realität in der Erfahrungen erworben, also auch überprüft werden können repräsentiert.

Dabei sollen multivariate statistische Methoden (Skalierungen) als ein akzessorisches Instrument der Wissensakquisition eingesetzt werden. Es soll eine Multidimensionale Skalierung und zu deren Kontrast eine Faktorenanalyse an einem Beispiel dargestellt werden.

Bei der Analyse mittlerer und kleiner Unternehmen werden diese oft in diesen Kennzahlen mit den Durchschnitten einer Referenzgruppe verglichen. Die Komposition dieser Referenzgruppe beeinflußt die Qualität der Vergleiche. Multivariate Clusterung und das Mit-Einbeziehen der Varianz in den Vergleichsprozess wird die Expertise transparenter gestalten. Auf diese Weise können das Faktenwissen der Experten (Faustzahlen) überprüft und die statistische Verteilung, und somit die Eignung zu Vergleichen untersucht werden.

Diese Instrumente unterstützen den Knowledge-Engineer in Entscheidungen der Reduktion von aussageähnlichem Wissen mehrerer Experten bei dessen Synthese in einem Expertensystem.

Verzeichnis der Autoren und Referenten